U0687479

最新版

2025年

执业兽医资格考试

（兽医全科类）

临床科目应试指南

《执业兽医资格考试应试指南》编写组　编

中国农业出版社

北　京

本书编写组

审稿人员

陈焕春　陈杖榴　陆承平　王　哲　崔治中　高得仪

编写人员

兽医临床诊断学

主编　邓干臻
编者　邓干臻　庞全海　夏兆飞　熊惠军

兽医内科学

主编　黄克和
编者　黄克和　韩　博　徐世文　唐兆新

兽医外科与外科手术学

主编　侯加法
编者　侯加法　刘　云　李云章　丁明星　周庆国　毕可东

兽医产科学

主编　余四九
编者　余四九　靳亚平　李建基　李铁栓　黄利权

中兽医学

主编　许剑琴　王自力
编者　许剑琴　钟秀会　韦旭斌　胡元亮　刘钟杰　宋晓平　郭世宁
　　　王自力　史万玉　付本懂　于文会　孙红祥　段慧琴　李金贵
　　　范云鹏　范　开　刘家国

目录

第一篇

兽医临床诊断学

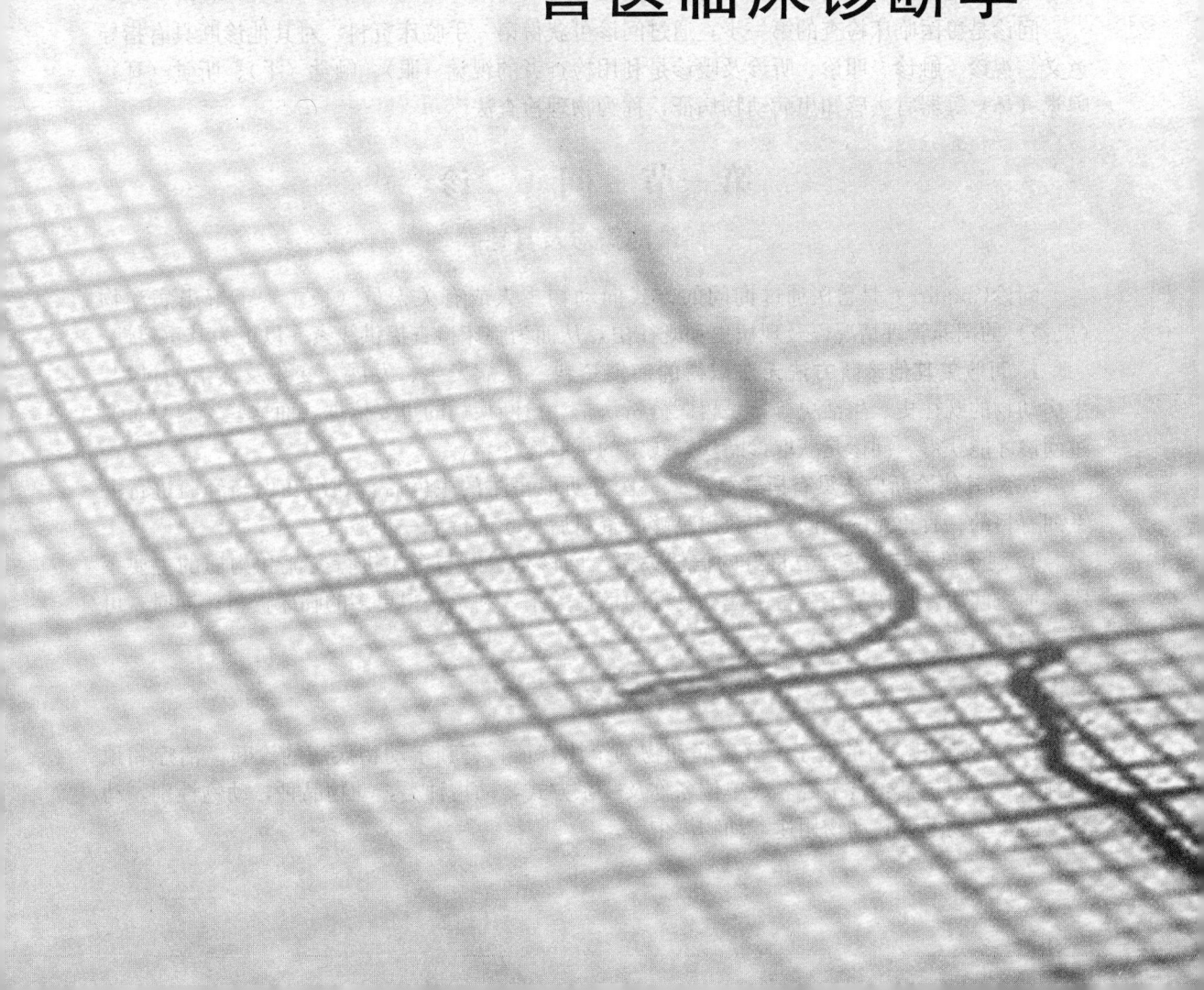

第一单元　兽医临床诊断的基本方法★

问诊是兽医临床检查的第一步，通过问诊可获得第一手临床资料，对其他诊断具有指导意义。视诊、触诊、叩诊、听诊及嗅诊是利用检查者的视觉（眼）、触觉（手）、听觉（耳）、嗅觉（鼻）等器官去感知患病动物病征，称为**物理检查法**。

第一节　问　诊

一、问诊的概念及其重要性

问诊（inquire）是兽医通过询问的方式向动物主人或有关人员（畜主）了解患病动物（患畜）的饲养管理情况以及现病史和既往史，从而为临床检查提供线索。以下为其重要性。

1. 可收集其他诊断方法无法取得的病情资料　疾病发生、发展、变化及诊治的过程，患病动物的既往史、生活史等，是兽医分析病情、诊断疾病的重要依据，而这些资料只有通过问诊才能获得。问诊是获取诊断疾病线索的重要途径。

2. 对其他诊断方法具有指导意义　兽医在听取畜主的主诉后，利用知识与经验进行一系列有目的、有重点的询问，在获得足够的资料后，才进行下一步检查。

3. 利于兽医与畜主建立良好的信任关系　问诊是兽医与畜主进行交流和沟通的主要手段。通过问诊，兽医易于与畜主建立良好的信任关系，利于获得更多的临床资料；同时，可减少医疗纠纷。

二、问诊的内容

1. 病例登记　目的在于了解患病动物的个体特征，有利于动物疾病的诊断、治疗和预后判断。内容包括：畜主姓名或单位名称及联系方式，动物种类，动物品种，动物性别，动物年龄，动物毛色，动物用途，动物体重等。

2. 主诉　即畜主对动物及其患病情况的表达。记录主诉应尽可能用畜主描述的现象，而不是兽医对患病动物的诊断用语，主诉应当用最简明的语句加以概括。

3. 现病史　指动物现在所患疾病的全部经过，即现发疾病的可能病因，疾病发生、发展、诊断和治疗的过程。包括：

（1）发病时间、地点及周围环境等。

（2）此次动物发病是单发、散发，还是群发。

（3）动物患病后的主要症状。

（4）与动物本次发病有关的各种原因及诱因。

（5）疾病经过和伴随症状。

（6）诊断和治疗情况等。

4. 日常管理　询问动物的饲养管理情况；繁殖和配种方式及配种制度；植被、土壤和饮水等周围环境以及舍外大气候，尤其应注意水产动物的周围环境状况；周围近期有无新引进的动物，新引进的动物是否带来新的疾病等。

5. 既往史　包括患病动物以前的健康状况，以及对动物现生活地区的主要动物传染病、寄生虫病和其他病史，对药物、食物和其他接触物的过敏史，以及家族病史等。

三、问诊的方法和技巧

1. 问诊的基本方法与技巧

（1）主动创造一种宽松和谐的环境，以解除畜主的不安心情。

（2）尽可能让畜主充分地陈述和强调他认为重要的情况和感受。

（3）追溯早期症状开始的确切时间，直至目前的演变过程。

（4）在问诊的两个项目之间使用过渡语言，向畜主说明将要讨论的新话题及其理由，使畜主不会困惑你为什么要改变话题以及为什么要询问这些情况。

（5）根据具体情况采用不同类型的提问方式。

（6）问诊时要注意系统性、必要性和目的性。

2. 特殊情况的问诊技巧

（1）畜主情绪低落时，兽医应予以安抚、理解并减慢问诊速度，待其镇静后，再继续询问动物病史。

（2）畜主表现焦虑和抑郁时，应鼓励他们讲出实话。但在给予宽慰和保证的同时，应注意分寸，切不可为解除畜主的焦虑而对畜主予以医疗上的保证，以免出现医疗纠纷。

（3）畜主不停地讲、兽医不易插话及提问时，兽医应根据初步判断，在畜主提供不相关的内容时，巧妙地打断；或分次进行问诊、告诉畜主问诊的内容及时间限制等。但均应有礼貌、诚恳地表述，切勿表现得不耐烦而失去畜主的信任。

（4）畜主表现出莫名的愤怒和不满时，兽医应采取坦然、理解、不卑不亢的态度，尽量寻找畜主发怒的原因，切忌使其迁怒其他医生或医院其他部门。提问应该缓慢而清晰，对既往史及生活史或其他可能比较敏感的问题，询问要十分谨慎，或分次进行。

（5）患畜多种症状并存时，应注意在畜主描述的大量症状中抓住关键、把握实质；同时考虑其可能由精神因素引起，一经核实，不必深究，必要时可建议其进行精神检查。初学者在判断功能性问题时应特别谨慎。

（6）遇文化程度低的畜主时，问诊应通俗易懂、言简意赅、减慢提问速度，并注意必要的重复及核实，避免使用兽医专业术语进行问诊。语言不通者，最好找翻译如实翻译。有时体语、手势加上不熟练的语言交流也可抓住主要问题。

（7）对残疾畜主除了需要更多的同情、关心和耐心之外，还需要花更多时间收集病史。问诊时切忌触及畜主的忌讳。

（8）对老年畜主应先用简单清楚、通俗易懂的一般性问题提问，减慢问诊进度，使之有足够时间思索、回忆，必要时做适当的重复。

（9）遇未成年畜主时，最好请家长带动物来就诊。若家长不能到场，则应注意其记忆及表达的准确性，最好与家长电话沟通。

四、问诊的注意事项

（1）**建立良好的兽医与畜主关系** 首先，兽医要先向畜主做自我介绍，用语言或肢体语言表示愿意尽自己的所能满足畜主的要求。其次，问诊应注意礼仪，要体现出对动物的关爱。鼓励畜主提问，了解畜主对动物疾病的看法，以及前来给动物看病的期望等。问诊结束时，应感谢畜主和动物的合作、告知畜主医患合作的重要性，说明下一步要求畜主给动物做什么、下次就诊时间或随访计划等。问诊一般由畜主叙述开始，逐步深入，进行有目的、有层次和有顺序的询问。兽医在与动物接触之前，应与动物进行交流，在解除动物对兽医的敌意后，再开始对动物实施临床检查和治疗。

（2）**问语通俗易懂** 必须用通俗易懂的词语代替晦涩难懂的专业术语。问诊语言还应该和就诊者当地的语言习惯结合起来。

（3）**避免诱问和逼问** 在问诊时，可有目的、有计划地提出一些问题，以引导畜主提供正确而有助于诊断的资料，但切忌暗示性套问或有意识地诱导其提供符合询问者主观印象所要求的材料。当畜主的回答与兽医的想法有距离时，不应暗示其提供兽医主观所希望的答案或逼问。

（4）**避免重复提问** 提问时要注意系统性、目的性和必要性，兽医应全神贯注地倾听畜主的回答，不应同一个问题反复提问。但为了核实资料，同样的问题有必要多问几次。

（5）**问诊的真实性** 为收集到尽可能准确的病史，有时兽医要引证核实畜主所提供的信息。如所答非所问或没有理解兽医的意思，可用巧妙而仔细的各种方法检查其理解程度。兽医可要求畜主重复所讲的内容，或提出一种假设的情况，看其能否做出适当的反应。

对于有些畜主故意夸大病情、隐瞒病情、弄虚作假，甚或故意考问兽医的情况，兽医要以实事求是的科学态度正确分析判断，结合自己的检查，明辨是非，发现不可靠或含糊不清之处，要反复询问，从不同角度询问，以求获得可靠病史。切忌主观臆断，随便进行预后判定，也不要轻易对畜主持怀疑态度。

（6）**验证与补充** 注意及时核实畜主叙述的资料，询问病史的每一部分结束时都应进行归纳小结，目的是：①唤起兽医的记忆以免忘记要问的问题；②让畜主知道兽医如何理解患病动物的病史；③提供机会核实畜主所述病情，病史核实通常在小结时进行，也可用于难以插话的畜主或使其专心倾听；④提供机会澄清所获信息。问诊即将结束时，尽可能有重点地重述一下病史，看畜主有无补充或纠正之处，以提供机会核实畜主所述的病情或澄清所获信息。

（7）对重危病畜的问诊，往往需要在高度浓缩动物病史的同时对动物实施主要体检，二者可同时进行。对重危病畜的畜主，兽医不能催促，应待经初步治疗使动物病情稳定后，再详细询问动物病史。病危或患病晚期动物的畜主可能有懊丧、抑郁等情绪，应给予特别关心。兽医亲切的语言，真诚的关心，表示愿意尽自己所能挽救动物生命，对畜主都是极大的安慰和鼓励，有利于获得准确而丰富的资料。

（8）其他动物医院转来的病情介绍、化验结果和病历摘要，应当给予足够的重视，但只能作为参考材料。原则上本院兽医必须亲自询问病史、检查体格，并以此作为诊断的依据。

（9）严格执行兽医医疗机构病历管理规定，医院有责任（义务）为患病动物的病历内容保密。

第二节 视 诊

视诊（inspection）是兽医利用视觉直接或借助器械观察患病动物的整体或局部表现的诊断方法。视诊的适应范围包括群体检查和个体检查，可分成全身状态的视诊、局部视诊及特殊部位的视诊三方面。

一、视诊的基本方法

在动物安静或运动的情况下，检查者通过视觉进行直接检查，某些特殊部位需借助仪器设备观察。视诊的一般程序是先检视群体动物，判断其总的营养、发育状态并发现患病的个体。

群体视诊是巡视畜群，发现个体病畜的重要内容。对个体病畜的检查，应先观察其整体状态，再观察其各个部位的变化。一般应先距患病动物一定距离，观察其全貌，然后由前到后，由左到右，边走边看，围绕病畜行走一周，细致观察；先观察其静止状态的变化，再进行牵遛，以发现其运动过程及步态的改变。

二、视诊的主要内容

（1）观察其整体状态。
（2）判断其精神及体态、姿势与运动、行为。
（3）发现其表被组织的病变。
（4）检查其某些与外界直通的体腔。
（5）注意其某些生理活动是否异常。

三、视诊的注意事项

（1）诊查场所应保持安静、整洁、光线充足、温度适宜。视诊时被检查部位应充分暴露，在自然光线下进行。
（2）视诊时应当全面系统，要认真有序，做到细致、准确，一般按照头、颈、胸、腹、脊柱、四肢、生殖器、肛门的顺序进行，并做两侧对比，有重点地进行。遇危重病畜时，应待其病情稳定后再做详细查体。

第三节 触 诊

触诊（palpation）是检查者通过触觉及实体感觉进行检查的一种方法。即检查者用手触摸按压动物体的相应部位，判定病变的位置、大小、形状、硬度、湿度、温度及按压敏感性等，以推断疾病的部位和性质。此外，也可借助于诊疗器械进行间接触诊。

一、触诊的方法和类型

触诊可分为浅部触诊法和深部触诊法两种。

1. 浅部触诊法 以一手轻放于被检查的部位，手指伸直，平贴于体表，利用掌指关节和腕关节的协调动作，适当加压或不加压而轻柔地进行滑动触摸，依次进行触感。检查体表温度时，最好用手背，并应与邻近部位相比较。主要是检查动物体表的温度和湿度，弹性及软硬度，敏感性，病变性状，心脏搏动，肌肉的紧张性，骨骼和关节的肿胀、变形，体表浅在的病变，关节、软组织，以及浅部的动脉、静脉、神经、阴囊和精索等。

2. 深部触诊法 主要检查腹内脏器和腹部异常包块等。检查者以一手或两手重叠，由浅入深，用不同的力量逐渐加压以达深部，以触感深部器官的部位、大小，判断有无疼痛及异常肿块等。临床上，依目的不同可采用不同的手法，如深部滑行触诊法、双手触诊法、深压触诊法、冲击触诊法、切入式触诊法等。

直肠检查指将手指伸入动物的直肠内，去感知骨盆腔或腹腔内组织器官性状的方法。广义上讲，直肠检查也是触诊方法之一。

二、触诊的主要内容

第一，检查动物的体表状态；第二，检查某些器官、组织，感知其生理性或病理性的冲动；第三，了解腹壁及腹腔内组织器官的状态及异物；第四，检查动物组织器官的敏感性。

三、触诊的注意事项

包括：①检查范围由大到小、先周围后中心，用力先轻后重，顺序由浅入深，用力的大小应根据病变的性质、部位的深浅而定。②动物要保定确实，以保证人畜安全。③检查体表的温度和湿度时，应以手背进行，动作要轻柔，应注意躯干与末梢的对比，以及左右两侧、健区与病部的对照检查。④注意区别正常和异常表现。⑤腹部触诊时切不可伤及内脏器官。

第四节 叩　诊

叩诊（percussion）是用手指或借助器械对动物体表的某一部位进行叩击，以引起其振动并发生音响，再借助其发出的音响特性来帮助判断体内器官、组织状况的检查方法。

一、音响的物理学特点

1. 组成音响的三要素

（1）音调　即声音的高低，取决于物体振动的频率。

（2）音强　即声音的强弱程度，取决于发音体振幅的大小，而振幅又与振动物体的弹性、含气量及叩击的力量大小有关。

（3）音色 即声音的品质，是由伴随基音的伴音所决定的，根据音色不同，内耳可分辨出声音的不同。

2. 音时的长短 音时与物体振动时间长短和波速在介质中衰减的快慢有关。物质振动期长，音时也长；波速在介质中衰减缓慢，其音时也长。

3. 介质 音响在介质中传递时，介质密度大、弹性好时，音响传播快；密度小、弹性差的物体其音响传播缓慢。

二、叩诊的应用范围

叩诊被广泛应用于肺、心、肝、脾、胃肠等几乎所有的胸、腹腔器官的检查。

三、叩诊的方法

根据叩诊的手法与目的不同，可分为直接叩诊法与间接叩诊法两种。

1. 直接叩诊法 即用一个（中指或食指）或用并拢的食指、中指和无名指的掌面或指端直接轻轻叩打（或拍）被检查部位体表，或借助叩诊器械向动物体表的一定部位直接叩击。借助叩击后的反响音及手指的振动感来判断该部组织或器官的病变。

2. 间接叩诊法 其特点是在被叩击的体表部位上，先放一振动能力较强的附加物，而后向这一附加物体上进行叩击。附加的物体，称为**叩诊板**。间接叩诊的具体方法主要有指指叩诊法及槌板叩诊法。

（1）指指叩诊法 其手法通常是以左手中指末梢两指节紧贴于被检部位代替叩诊板，其余手指要稍微抬起勿与体表接触；右手各指自然弯曲，以中指（或食指）的指端垂直叩击左手中指第二指节背面。叩击时应以掌指关节及腕关节用力为主，叩击要灵活而富有弹性，不要将右手中指停留在左手中指指背上。对每一叩诊部位应连续均匀叩击2～3下，同时在相应部位左右对比，以便正确判断叩诊音的变化。该法简单、方便，不需用器械，适用于中、小动物和大动物浅表部位的诊查。

（2）槌板叩诊法 其手法通常是以左手持叩诊板，将其紧密地放于欲检查的部位上；以右手持叩诊槌，用腕关节做轴而上下摆动，使之垂直地向叩诊板上连续叩击2～3次，以分辨其产生的音响。

间接叩诊法叩击力量的轻重，视不同的检查部位、病变性质、范围和位置深浅，一般分为轻叩法（又称阈界叩诊法，用于确定心、肝及肺心相对浊音界）、中度叩诊法（适用于病变范围小而轻、表浅的病灶，且病变位于含气空腔组织或病变表面有含气组织遮盖时）和重叩诊法（适用于深部或较大面积的病变，以及肥胖、肌肉发达者）等。

四、叩诊音的种类和性质

临床上将叩诊音分为清音、浊音、实音、鼓音和过清音5种。

1. 清音 是一种音调低、音响较强、音时较长的叩诊音，在叩击富弹性含气的器官时产生。见于正常肺脏区域。

2. 浊音 是一种高音调、音响较弱、音时较短的叩诊音，在叩击覆盖有少量含气组织的实质器官时产生。见于正常肝及心区，病理状况下见于肺有浸润、炎症、肺不张等。

3. 实音 为音调比浊音更高、音响更弱、音时更短的叩诊音。为叩击不含气的实质性脏器时所产生的声音。在病理情况下，大量胸腔积液和肺完全实变也可出现。

4. 鼓音　是一种比清音音响强、音时长而和谐的低音，在叩击含有大量气体的空腔器官时出现。病理状况下见于瘤胃胀气气胸、气腹、肺空洞等。

5. 过清音　是一种介于清音与鼓音之间的叩诊音，此种叩诊音正常时不易听到，可见于肺组织弹性减弱而含气量增多的肺气肿患者。

五、叩诊的注意事项

（1）宜在安静并有适当空间的室内进行，以防其他声音的干扰。

（2）叩诊板（或作叩诊板用的手指）须密贴动物体表，其间不得留有空隙。

（3）叩诊板不应过于用力压迫，除作叩诊板用的手指外，其余不应接触动物的体壁，以免妨碍振动，叩诊应以掌指关节和腕关节活动为主、避免肘关节的运动。应使叩诊槌或用作槌的手指，垂直地向叩诊板上叩击。

（4）叩打应该短促、断续、快速而富有弹性；叩诊槌或用作槌的手指在叩打后应很快地弹开。每一叩诊部位应连续进行 2～3 次，时间间隔均等。

（5）叩诊时用力要均匀一致且不可过重，以免引起局部疼痛和不适。叩诊时用力的大小应根据检查的目的和被检查器官的解剖特点而不同。

（6）叩诊时如发现异常音响，则应注意与健康部位的叩诊音响做对比，并与另一侧相应部位加以比较。应注意在叩打对称部位时的条件要尽可能地相等，当用较强的叩诊所得的结果模糊不清时，则应依次进行中等力量与较弱的叩诊再行比较之。

（7）确定含气器官与无气器官的界限时，先由含气器官部位开始逐渐转向无气器官部位；再从无气器官部位开始而过渡到含气器官部位，应反复交替实施，最后依叩诊音转变的部位而确定其界限。

（8）叩诊时除注意叩诊音的变化外，还应结合听诊及手指所感受的局部组织振动的差异进行综合考虑判断。

奶牛真胃变位时应在左侧或右侧倒数一、二肋间及其周围采取听、叩诊结合的方法，若听到特征性的钢管音，则可做出初步诊断。

第五节　听　诊

听诊（auscultation）是借助听诊器或直接用耳朵听取机体内脏器官活动过程中发出的自然或病理性声音，再根据声音的性质特点，判断其有无病理改变的一种方法。

一、听诊的应用范围

听诊的应用范围很广，包括直接听取动物的嘶鸣、狂吠、呻吟、喘息、咳嗽、喷嚏、嗳气、咀嚼、运步等声音及高朗的肠鸣音等。现代听诊法主要用于检查：心血管系统、呼吸系统、消化系统，以及胎心音和胎动音等。

二、听诊分类及方法

听诊的方法可分为直接听诊法与间接听诊法。

1. 直接听诊法　是不用器械，用耳直接贴于被检查者体表某部位，听取脏器运动时发出的音响的听诊方法。直接听诊需在动物保定确实的情况下进行，在欲听诊动物体表部位垫一听诊布，用耳朵直接贴于动物体表的相应部位进行听诊。

2. 间接听诊法　是借助听诊器进行听诊的方法，即器械听诊方法，为临床常用方法。

三、听诊的注意事项

（1）经常检查听诊器，注意接头有无松动，胶管有无老化、破损或堵塞。

（2）听诊环境要安静和温暖，最好在室内或避风处进行。

（3）听诊器的接耳端，要松紧适宜地插入检查者的外耳道；接体端（听头）要紧密地放在动物体表的检查部位，但也不应过于用力压迫。

（4）听诊过程中，胶管不能与任何物体摩擦，以免干扰听诊效果，必要时可将被毛濡湿。检查时应集中注意力，仔细分辨声音的性质，注意排除其他音响的干扰。

（5）使用一般的听诊方法对猪进行听诊有很大局限性，检查时应注意听取其病理性声音，尤应判明其喘息（呼吸困难）的特点及咳嗽的特性。

（6）患禽呼吸机能发生障碍时，常表现异常呼吸音，呈"嘎嘎"声或"咯咯"声，类似咳嗽音和喘鸣音。

第六节　嗅　　诊

嗅诊（smelling）是用嗅觉发现、辨别动物的呼出气体、口腔臭味、排泄物及病理性分泌物异常气味与疾病之间关系的一种检查方法。异常气味大都来自皮肤、黏膜、呼吸道、胃肠道、泌尿生殖道、呕吐物、排泄物或脓液等。

嗅诊时，检查者可用手将气味扇向自己的鼻部，然后仔细判断气味的特点与性质。临床上经常用嗅诊检查的有汗液、呼出气体、痰液、呕吐物、粪便、尿液和脓液等。

第二单元　整体及一般状态的检查

第一节　整体状态观察

动物整体状态主要包括性别、年龄、精神状况、体格发育、营养状况、姿势与体态、运动与行为。

一、性　　别

检查性别时需注意动物是否被阉割、是否绝育。注意有无生殖器官畸形、发育不完全以及两性畸形等。某些疾病的发生与性别有关，如公畜尿结石、母畜子宫内膜炎和乳房炎等。

二、年　　龄

动物的年龄一般可以通过询问畜主或查阅动物档案获知。牙齿状态、外貌、角轮、禽类的脚鳞及皮肤弹性、面与颈部皱纹、肌肉状态、被毛颜色等可作为判断依据。某些疾病的发生往往与年龄有一定关系，例如，新生仔畜溶血病、犬细小病毒病，老龄动物慢性心脏病、肿瘤等。

三、精神状态

动物的精神状态可根据动物对外界刺激的反应能力及行为表现而判定。临床上主要观察病畜的神态，注意其耳、眼活动，面部的表情及各种反应活动。

四、体格发育

体格发育指动物骨骼与肌肉的外形及其发育程度。体格、发育状况通常可根据骨骼与肌肉的发育程度及各部的比例关系来判定，必要时可用测量器具进行测量。检查体格时应考虑动物品种、年龄等因素。体格分为体格强壮、体格中等和体格纤弱，发育状况分为发育良好和发育不良。体格强弱和发育状况呈一定关系。

五、营养状况

营养状况一般用视诊的方法根据肌肉丰满程度、皮下脂肪蓄积量和被毛的状态和光泽度来判定，必要时可称量体重。临床上将营养状况分为良好、中等、不良和过剩（肥胖）4 种。

六、姿势与体态

姿势与体态指动物在相对静止或运动过程中的空间位置和呈现的姿态。在病理状态下，动物常在站立、躺卧和运动时出现一些特有的异常姿势。

1. 异常站立姿态　典型木马样姿势；站立不稳；长久站立；肢蹄避免负重。

2. 强迫躺卧　强迫躺卧是在驱赶和吆喝时，动物仍卧地不起、不能自行起身和站立的状态，即使人工辅助也不能正常站立。

七、运动与行为

动物运动异常指运动的方向性和协调性发生改变。临床常见的运动和行为异常表现有运动失调（共济失调）、强迫运动、跛行、腹痛、异嗜、角弓反张、攻击人畜、瘙痒等。

第二节　表被状况检查

动物表被状况检查主要包括被毛、皮肤和皮下组织检查。

一、被毛检查

动物被毛的状态主要根据其光泽、长度、分布状态、清洁度、完整性及与皮肤结合的牢固性进行判断。健康动物的被毛整洁、平滑而有光泽、生长牢固，禽类的羽毛平顺、富有光泽而美丽。动物换毛或换羽有一定季节性。被毛状态与季节、气候、品种、皮肤护理以及饲养管理有关。被毛可发生被毛蓬乱、局限性脱毛、被毛污染、毛色异常等病理变化。

二、皮肤检查

皮肤检查主要包括皮肤的颜色、温度、湿度、弹性及其他各种病理变化。皮肤的病变和反应有局部和全身的。不同种类动物还应注意其特定部位。

1. 颜色　皮肤颜色可呈现苍白、黄染、发绀和潮红等变化，不同颜色的变化具有不同的临床意义。

2. 温度　皮肤的温度检查通常用手背或手掌或专用温度计触诊被检部位进行。检查皮温时，应注意皮温分布的均匀性。一般触诊检查的部位是：马的耳根、鼻端、颈侧、腹侧、四肢的系部；牛、羊的鼻镜、角根、胸侧、四肢下部；猪的鼻盘、耳、四肢；禽的冠、肉髯及脚爪等。临床上见有皮温升高、皮温降低、皮温不均（皮温不整）。

3. 湿度　皮肤湿度与汗腺分泌状态有密切关系。马属动物汗腺最发达，其次为羊、牛、猪，犬和猫汗腺极不发达，禽类无汗腺。皮肤湿度改变的病理表现主要有皮肤干燥、发汗增多。

反刍兽的鼻镜，猪的鼻盘及犬、猫的鼻端应经常保持湿润，分布有小而密集的水珠并有光泽感。在热性病及重度消化障碍时，则鼻部干燥，甚至龟裂。

4. 弹性　皮肤弹性与动物品种、年龄、营养状况、皮下脂肪及组织间隙的含液量有关。临床上根据皱褶恢复的速度进行判定。皮肤弹性良好，则立即恢复原状；皮肤弹性减退，则恢复原状缓慢。

皮肤弹性减退,见于慢性皮肤病、螨病、湿疹、营养不良、脱水及慢性消耗性疾病。临床上,常把皮肤弹性减退作为判定动物脱水的指标之一。

5. 皮肤疹疱 皮肤疹疱常是许多疾病的早期征候,多由传染病、中毒病、皮肤病及过敏反应引起。临床上应注意疹疱出现和消失的时间、分布部位、形态大小、颜色的变化规律,有无瘙痒、脱屑现象。常见的皮肤疹疱有斑疹、丘疹、荨麻疹、饲料疹、痘疹、水疱、脓疱、脱鳞屑等。

6. 皮肤完整性 皮肤完整性的破坏除上述发生疹疱外,还应注意检查有无皮肤的创伤、溃疡等。

三、皮下组织检查★★

主要检查皮肤及皮下组织肿胀,应注意肿胀的部位、大小、形态、内容物性状、硬度、温度、移动性及敏感性等。除用视诊和触诊检查外,还可通过穿刺检查进行鉴别。常见的体表肿胀有炎性肿胀、浮肿、皮下气肿、血肿、脓肿、血清肿、疝及肿瘤等。

1. 炎性肿胀 体表炎性肿胀可以局部或大面积出现。另外,临床上也见于某些感染性疾病等。局部炎性肿胀表现为红、肿、热、痛及机能障碍,严重或大面积炎性肿胀有明显的全身反应,如原发性蜂窝织炎。

2. 浮肿 浮肿即皮下组织水肿。

3. 皮下气肿 皮下气肿是由于空气或其他气体积聚于皮下组织内所致。其特点是肿胀界限不明显、触压时柔软而容易变形,并可感觉到由于气泡破裂和移动所产生的捻发音(沙沙声)。

根据皮下气体来源可将皮下气肿分为窜入性气肿和腐败性气肿。

4. 脓肿、血肿、血清肿和淋巴外渗 血肿和血清肿为皮下组织的非开放性损伤,脓肿是由细菌感染引起的局限性炎症过程。其共同特点是在皮肤及皮下组织呈局限性(多为圆形)肿胀,触诊有明显的波动感。

(1)血肿 肿胀发生迅速,触诊有波动感,穿刺可放出血液。

(2)脓肿 初期肿胀、热、痛,而后中央变软,脱毛,有波动感,穿刺有脓液排出。

(3)血清肿 逐渐肿大,隆起界限不明显,触诊有波动感,局部温度不高,穿刺有血清样液排出。

(4)淋巴外渗 触诊波动感,先期局部温度无变化,后期温度下降,穿刺液清亮黏稠。

5. 疝及肿瘤 疝指肠管等脏器从腹腔脱垂到皮下或其他生理乃至病理性腔穴内而形成凸出的肿胀。常见于腹壁、脐部及阴囊部。触之常有波动感,可触及疝环而与其他肿胀相鉴别。

肿瘤是在动物机体上发生异常生长的新生细胞群,形状多种多样,有结节状、乳头状等。应结合其他方面的状况做进一步检查,以诊断其是良性肿瘤还是恶性肿瘤。

第三节 可视黏膜检查

可视黏膜指肉眼能看到或借助简单器械可观察到的黏膜,如眼结膜、鼻腔、口腔、直肠、阴道等部位的黏膜。临床上一般以检查眼结膜为主，牛则主要检查巩膜。

一、眼结膜检查的方法

眼结膜检查一般在自然光线下用视诊的方法进行，应注意眼的分泌物、眼睑状态、结膜颜色以及角膜、巩膜、瞳孔、眼球的状况。应进行两眼的对照比较，必要时还应与其他可视黏膜进行对照。

1. 马　检查者立于马头侧方，一手握住笼头，另一手（检查左眼时用右手、检查右眼时用左手）食指第一指节置于上眼睑中央边缘处，拇指放于下眼睑边缘处，其余三指放在眼眶上部以作支点，拇指向下、食指向上且向眼窝内略加压力，结膜、瞬膜即可露出。

2. 牛　检查牛时，将牛头稍加提举，并扭向一侧即可观察巩膜，必要时可用检查马眼结膜的方法打开上下眼睑检查结膜。

3. 中、小动物眼结膜检查法　通常用两手的拇指和食指配合打开上下眼睑进行检查。

二、眼结膜检查的内容★★

1. 眼睑及分泌物　眼睑肿胀并伴羞明流泪，是眼炎或结膜炎的特征。猪的大量流泪，可见于流行性感冒，于眼窝下方见有流泪的痕迹，提示传染性萎缩性鼻炎的可疑。脓性眼眦是化脓性结膜炎的特征，可见于某些热性传染病，尤其应注意猪瘟。仔猪的眼睑水肿，应注意水肿病。

2. 颜色　眼结膜的颜色及其临床意义见皮肤颜色的改变。

3. 出血点、出血斑　检查眼结膜颜色变化时，应特别注意黏膜上出血点或出血斑的有无。眼结膜上有点状或斑点状出血，常见于败血性传染病、出血性素质疾病，如猪瘟，马出血性紫癜、急性或亚急性传染性贫血等。

第四节　浅表淋巴结及淋巴管的检查

一、淋巴结的检查

浅表淋巴结的检查在确定附近组织器官的感染或诊断某些传染病上有很重要的意义。检查浅表淋巴结时，应注意其大小、结构、形状、表面状态、硬度、温度、敏感度及活动性等，了解病变淋巴结的位置分布。

（一）部位和检查方法

浅表淋巴结的检查主要用视诊和触诊的方法，必要时可配合穿刺检查法，也可通过 X 线或 CT 检查。临床上对大动物主要检查下颌淋巴结、颈浅淋巴结、髂下淋巴结，腹股沟浅淋巴结仅在某些特殊情况下检查；猪主要检查髂下淋巴结和腹股沟浅淋巴结；犬通常检查下颌淋巴结、腹股沟浅淋巴结和腘淋巴结等。

1. 下颌淋巴结　位于下颌间隙中，检查时一手握住笼头，另一手将手指伸入下颌间隙沿下颌支内侧前后滑动，即可触及卵圆形、蚕豆大或桃核大的淋巴结。

2. 咽淋巴结　分咽旁淋巴结和咽后淋巴结，正常时不易摸到。

3. 颈浅淋巴结　又称肩前淋巴结，位于肩关节前上方，检查时将动物头颈略向检查侧弯曲，使肩前皮肤松弛，用手指在肩前凹陷处上下触捏，发现淋巴结后，即将手指深深插入其两侧，握住后仔细触诊。

4. 髂下淋巴结 又称膝上淋巴结、股前淋巴结或膝襞淋巴结，位于髋关节和膝关节之间，股阔筋膜张肌前方，检查时用手放于该位置，以手指前后滑动，即可触及上下方向、呈条柱状的淋巴结。犬无该淋巴结。

5. 腹股沟浅淋巴结 公畜称阴囊淋巴结，母畜称乳房上淋巴结，又称鼠蹊淋巴结，位于骨盆壁腹面、大腿内方，检查时在腹壁下精索前后（公畜）或乳房背侧（母畜）用手指左右触压。

6. 腘浅淋巴结 位于腓肠肌起点的后方与半腱肌之间的沟中。

（二）病理变化和检查意义

浅表淋巴结的病理变化主要表现为急性或慢性肿胀，全身肿胀和局部肿胀，有时可化脓。

1. 全身淋巴结肿胀 可见于急、慢性淋巴结炎，全身感染和某些传染病。

2. 局部淋巴结肿胀 淋巴结引流区域发生局限性炎症、感染而引起肿大。如咽喉炎、化脓性扁桃体炎时，咽和下颌淋巴结肿大；后肢化脓感染时，可引起腹股沟淋巴结肿大。

3. 急性肿胀 触诊时淋巴结体积明显地增大，坚实，表面光滑，分叶结构不明显，活动性有限，且伴有明显的热、痛反应。

4. 慢性肿胀 是因腺体结缔组织增生，淋巴结变形所致。一般呈轻度肿大，质地变硬，表面不平，无热、痛反应，且多与周围组织粘连，不能活动。

5. 化脓 在急性炎症过程中，淋巴结可化脓，特点为淋巴结在显著肿胀、热痛反应的同时，触诊有明显的波动。如进行穿刺，则可流出脓性内容物。下颌淋巴结化脓，是马腺疫的特征之一。颈浅淋巴结化脓，见于猪结核病。

二、淋巴管的检查

正常情况下不易检查到浅表淋巴管，当淋巴管发炎肿胀时，可在面部、颈侧、胸侧、腹侧、四肢等处看到肿胀、变粗甚至呈绳索状的淋巴管。

淋巴管炎性肿胀，通常与相应的淋巴结有关，是由于炎性浸润的结果。此时可见淋巴管呈索状突出于体表，有的在淋巴管上出现豌豆至核桃大的许多结节而呈串珠状。有时结节破溃内容物流出后，即成溃疡。淋巴管附近的皮肤呈现水肿，触压时病畜疼痛。淋巴管肿胀主要见于马流行性淋巴管炎、马皮肤型鼻疽等。

第五节 体温、脉搏、呼吸及血压的测定

体温、脉搏、呼吸数是评价动物生命活动的重要生理指标，称为生命体征或生命征。正常情况下，除外界气候及运动、使役等环境条件的暂时性影响外，一般变化在一个较为恒定的范围之内，但是，在病理过程中会发生不同程度和形式的变化。因此，临床上测定这些指标在诊断疾病和分析病程上有重要意义。

一、体 温

1. 正常体温及其生理影响因素 健康动物的体温见表1-1。

表 1-1　健康动物的体温

动物种类	正常体温（℃）	动物种类	正常体温（℃）
马	37.5～38.5	猪	38.0～39.5
骡	37.5～39.0	犬	37.5～39.0
驴	37.5～38.5	猫	38.5～39.5
奶牛	37.5～39.5	兔	38.5～39.5
黄牛	37.5～39.0	狐狸	38.7～40.1
水牛	36.5～38.5	鸡	40.0～42.0
绵羊、山羊	38.0～40.0	鹅	40.0～41.3
骆驼	36.0～38.5	鸭	41.0～43.0
鹿	38.0～39.0	鸽	41.0～43.0

影响动物体温的因素有动物的年龄、性别、品种、营养及生产性能，动物的兴奋、运动与使役、采食、咀嚼活动之后，外界气候条件（温度、湿度、风力等）和地区性的影响、昼夜温差等。

2. 体温测量的方法　临床测量哺乳动物体温均以直肠温度为标准，而禽类通常测其翼下的温度，小动物可测量腋下和股内侧温度。一般用体温计进行检温。

检温时，先将水银柱甩至 35.0℃ 以下；后用消毒棉轻拭之并涂以滑润剂（如液体石蜡或水）；检温人员用一手将动物尾根部提起并推向对侧，以另一手持体温计徐徐插入肛门中，用附有的夹子夹在尾根毛上加以固定，放开尾巴。体温计在直肠中放置 3min 或 5min，取出后用酒精棉球拭净粪便或黏液，读取水银柱上端的度数即可。测温完毕，应甩动体温计使水银柱降下并用消毒棉清拭，以备下次使用。临床上应对病畜逐日检温，最好每昼夜定期检温两次，并将测温结果记录在病历上或体温记录表上，对住院或复诊病例应描绘出体温曲线表，以观察、分析病情的变化。

体温测量误差的常见原因：①测量前未将体温计的水银柱甩至 35℃ 以下；②没有让动物充分地休息；③频繁下痢、肛门松弛、冷水灌肠后或体温表插入直肠中的粪便中，以及测量时间过短等情况。

3. 体温的病理变化及临床意义

（1）体温升高　体温高于正常为发热，见于各种病原体所引起的全身感染，也见于某些变态反应性疾病和内分泌代谢障碍性疾病。

（2）体温降低　体温低于正常范围，临床上多见于严重贫血、营养不良、休克、大出血以及多种疾病的濒死期等。体温低于 36℃，同时伴有发绀、末梢冷厥、高度沉郁或昏迷、心脏微弱，多提示预后不良。

二、脉　搏

脉搏的频率即每分钟的脉搏次数，以触诊的方法感知浅在动脉的搏动来测定。检查脉搏可判断心脏活动机能与血液循环状态，甚至可判断疾病的预后。

1. 正常脉搏频率及影响因素

（1）脉搏检查的部位及方法　动物种类不同，脉搏检查的部位有一定差异。马通常检查颌外动脉，牛检查尾动脉，小动物检查股动脉或肱动脉。检查时用食指、中指和无名指指腹压于血管上，左右滑动，即可感觉到血管似一富有弹性的橡皮管在指下跳动。检查计数每分钟脉搏次数。

（2）正常动物脉搏的频率 健康动物每分钟的脉搏次数见表1-2。

表1-2 健康动物的脉搏频率

动物种类	脉搏频率（次/min）	动物种类	脉搏频率（次/min）
马、骡	26～42	猪	60～80
驴	42～54	犬	70～120
乳牛、黄牛	50～80	猫	110～130
水牛	30～50	兔	120～140
绵羊、山羊	70～80	狐狸	85～130
骆驼	32～52	鸡（心率）	120～200
鹿	40～80	鸽（心率）	180～250

（3）脉搏的生理性影响因素 正常脉搏的频率受许多因素的影响，如品种、性别、年龄、饲养管理、地理环境、外界温度和湿度、生产性能、紧张和兴奋状态、胃肠充满程度等。

2. 脉搏频率的病理性变化

（1）脉搏频率增加 病理性脉搏加快主要见于发热性疾病、传染病、疼痛性疾病、中毒性疾病、营养代谢病、心脏疾病和严重贫血性疾病。当脉搏数比正常增加一倍以上时，均提示病情严重。

（2）脉搏频率降低 病理性脉搏减慢是心动徐缓的指征。一般可见于引起颅内压增高的脑病、胆血症、某些中毒及药物中毒等。高度衰竭时，也可见有心动徐缓与脉数稀少。脉搏次数的显著减少提示预后不良。

三、呼吸频率

1. 呼吸频率及测定方法 动物的呼吸频率或称呼吸数，以每分钟呼吸次数（次/min）来表示。健康动物的呼吸频率因品种、性别、年龄、劳役、肥育程度、运动、兴奋、海拔和季节等因素的影响而有一定差异。呼吸频率应在动物安静时，根据胸廓和腹壁的起伏动作或鼻翼的开张动作进行计数，亦可通过听取呼吸音来计数。对于鸡，可观察肛门部羽毛的抽动而计算。冬天寒冷时，可观察鼻孔呼出的气流。健康动物的呼吸频率及其变动范围见表1-3。

表1-3 健康动物呼吸频率及其变动范围

动物种类	呼吸频率（次/min）	动物种类	呼吸频率（次/min）
马	8～16	犬	10～30
乳牛、黄牛	10～25	猫	10～30
水牛	10～30	兔	50～60
绵羊、山羊	12～30	狐狸	15～45

（续）

动物种类	呼吸频率（次/min）	动物种类	呼吸频率（次/min）
骆驼	6～15	鸡	15～30
鹿	15～25	鸽	20～35
猪	18～30		

2. 呼吸频率的病理变化

（1）呼吸次数增多　引起呼吸次数增多的常见病因是：①呼吸器官本身疾病；②多数发热性疾病；③心力衰竭及心功能不全；④影响呼吸运动的其他疾病；⑤剧烈疼痛性疾病；⑥中枢神经系统的疾病；⑦某些中毒性疾病等。

（2）呼吸次数减少　临床上比较少见，主要是呼吸中枢的高度抑制。见于脑部疾病和中毒性疾病的后期引起的颅内压增高及濒死期，亦见于引起喉和气管狭窄（吸气缓慢），以及细支气管狭窄（呼气缓慢）性的疾病。呼吸次数的显著减少并伴有呼吸节律的改变，常提示预后不良。

四、血压测定

（一）动脉血压的测定方法

动脉压是指动脉管内的压力，简称血压或体循环血压。心室收缩时，血液急速流入动脉，动脉管达到最高紧张度时的血压，称**收缩压**(高压)。心室舒张时，动脉血压逐渐降低，血液流入末梢血管，动脉管的紧张度最低时的血压，称**舒张压**(低压)。收缩压与舒张压之差称**脉压**，它是了解血流速度的指标。

测定动脉压的方法，有视诊法和听诊法。常用的血压计有汞柱式、弹簧式两种。部位随动物种类不同而异，大家畜（如马、牛）在尾中动脉，小动物（如犬等）在股动脉。测血压时，使动物取站立姿势，将橡皮气囊（或称袖袋）绑在尾根部或股部。橡皮气囊的一端连在血压计上，另一端连在打气用的胶皮球上。在用视诊法测定时，是用胶皮球向气囊内打气，使汞柱或指针超过正常高度的刻度，随后通过胶皮球旁边的活塞缓缓放气，每秒钟放气量以下降2刻度为宜，一边放气，一边观察汞柱表面波动或指针的摆动情况。当开始发现汞柱表面发生波动或指针出现摆动时，这时的刻度数即为心收缩压。以后再继续缓缓放气，直至汞柱的波动或指针的摆动由大变小，由明显变为不明显时，这时的刻度数即为心舒张压。在利用听诊法测定时，是先将听诊器的胸端放在绑气囊部的上方或下方，然后向气囊内打气至200刻度以上，随后缓缓放气，当听诊器内听到第一个声音时，汞柱表面或指针所在的刻度，即为心收缩压。随着缓缓地放气，声音逐渐增强，以后又逐渐减弱，并且很快消失，在声音消失前血压计上的刻度，即代表心舒张压。有人认为，在利用听诊法测马的尾中动脉血压时，以将马尾根部稍上举为宜。在临床上测定血压时，多将两种方法结合起来应用。

另外，临床上还可以采用心电监护仪测定血压。

血压的记录与报告方式为：收缩压/舒张压，单位为 mmHg[①]，如测得的收缩压为110mmHg，舒张压为45mmHg，则记录为110/45mmHg。亦可直接记录为110/45。

---

① mmHg 为非许用单位，1mmHg＝133.32Pa。

（二）正常值

健康动物的血压因种属、年龄和役用情况等不同而不同，另外，也随着所测定的部位而不同（表1-4）。

表 1-4　健康动物的动脉压测定值（mmHg）

动物种类	测定部位	收缩压	舒张压	脉压
马、骡	尾根部	100～120	35～50	65～70
牛	尾根部	110～130	30～50	80
骆驼	尾根部	130～155	50～75	80
绵羊、山羊	股部	100～120	50～65	50～55
犬	股部	120～140	30～40	90～100

（三）临床意义

收缩压的高低主要取决于心肌收缩力的大小和心脏搏出量的多少，舒张压主要取决于外周血管阻力及动脉壁的弹性。例如，在心机能不全，心搏出量减少时，或外周血管扩张（如休克），外周血管阻力降低（如热性病）时，可致血压下降。反之，在动物兴奋、紧张或使役之后，由于心搏出量增多，或由于肾素释放增多，血液中血管紧张素浓度升高时（如急、慢性肾炎），可致血压升高。脉压加大，见于主动脉瓣关闭不全；脉压变小，见于二尖瓣口狭窄。

第六节　群畜临床检查的特点

一、群体动物临床检查的方法和程序

群体检查的主要方法包括休息或安静状态的检查、运动状态的检查和采食饮水时的检查。由于动物群体种类和饲养方式的不同，因此，检查的具体方法、程序和重点也有所差异。

对群体动物的检查，主要可通过问诊和视诊、查阅病历资料、现场巡检、群体及个体的临床观察和检查、病理剖检，结合实验室化验及特殊检查法等，对群体动物的健康提出初步诊断结果，并对潜在发生的疾病提出预警方案。

在检查的程序方面，应掌握以下原则：先调查了解，后进行检查；先巡视环境，后检查畜群；先群体，后个体；先一般检查，后特殊检查；先检查健康畜群，后检查病畜群。

二、群体动物临床检查的内容

1. 群体动物的现状调查　主要检查畜群的规模、组成、来源及繁育情况，场地周围的其他畜群中有无疫情发生及不安全因素，畜禽的既往病史、发病率、死亡率，是否存在隐性传染，检疫内容与结果，以及防疫情况等内容。

2. 畜群的环境检查　调查养殖场的地理位置、植被、土质、水源和水质、气候条件等是否受到"三废"污染，畜舍建筑，饲养密度，通风及光照，保温和降温，畜栏与畜圈，运动场条件，粪便处理，卫生条件及消毒措施等。

3. 饲养管理与生产情况检查　检查饲喂方法及饲喂制度，饲料的组成及营养价值评定，饲料的贮存及加工方法等，动物产品（乳、肉、蛋、毛、皮等）的数量与质量，种公畜的配种能力，母畜的受胎率及繁殖能力等。

4. 某些传染病的定期检疫　尤其注意结核病、布鲁氏菌病的检疫情况，寄生虫学检查，死亡病例死前症状及死后剖检变化等。

5. 群畜的一般检查　在调查了解、查阅病历和记录资料的基础上，对群体动物全面视诊，观察周围环境及畜群的总体情况。然后，依据动物群大小，小群动物采用普查，大群动物采用随机抽查的方法，或挑选可疑动物，按视诊、触诊、叩诊、听诊及嗅诊等物理检查法进行个体详细检查，必要时进行实验室检查或特殊检查。

对牧区的放牧畜群，应跟随出牧、放牧和收牧，检查群畜的精神状态、体态和营养、运动和姿态、采食活动、粪便性状及离群情况等。另外，应于反刍动物饲后安静状态时，观察其反刍活动（如出现时间、持续时间、再咀嚼情况等）、嗳气情况、被毛及舔迹等。

对舍饲畜群的检查，应在饲喂中或饲喂后进行，重点是观察饲料的品质及数量，动物的采食、咀嚼、吞咽、反刍及嗳气、排粪状态有无异常现象，以及有否咳嗽和鼻液等。

第七节　不同种属动物临床检查的要点

一、猪临床检查的要点

猪病的临床检查主要分为四个步骤：病史调查、饲养管理检查、群体检查和个体检查。

1. 病史调查　主要通过问诊进行有关情况的调查。

（1）调查疾病的发生及经过。

（2）调查疾病发生的主要表现。

（3）调查疾病的发展是渐重还是减轻，猪群中是否有类似的病同时或相继发生，病势传播的快慢，以分析病情是否具有传染性以及疾病发展趋势。

（4）调查病猪发病的年龄，有否死亡。

（5）调查以前曾用什么方法治疗，效果如何。

（6）调查病史及疫情。

（7）调查免疫接种程序及操作执行情况，并查明疫苗的来源、效价、运送及保管的方法等。

（8）调查猪群有无消毒设施，驱虫制度及其实施情况；猪群的补给情况，最近有否从外地引入猪只，是否经过检疫与隔离；病猪死亡尸体的处理方法等。

2. 饲养管理检查

（1）检查饲养模式。

（2）检查饲养环境。

（3）检查饲料组成与饲喂方式。

（4）检查饲养管理。

3. 群体检查　群体检查的原则是按静态→动态→饮食状态的顺序进行。按圈舍或批次进行分群，然后一群一群进行检查。主要观察站、卧姿势，精神及营养状况，被毛、呼吸状态，有无咳嗽、喘息、呻吟、嗜睡、兴奋、流涎、离群等异常现象，从中发现病畜。然后，驱赶观察行走时的姿势、精神状态、排泄情况，看其有无行动困难、肢体麻痹、步态蹒跚、弓背弯腰、离群掉队、气喘咳嗽以及排泄姿势与排泄物异常等表现。最后，观察自然状态的饮食欲及饮食量、采食姿势，有无吞咽困难、呕吐流涎、退槽鸣叫等异常表现，从中挑出有病或可疑者。

4. 个体检查 在普遍检查的基础上，从中挑出有病或可疑者。按整体及一般检查、系统检查、实验室检查和特殊检查进行个体检查。以观察其整体状态的变化，特别是对其发育程度、营养状况、精神状态、运动行为、消化与排泄的功能和活动等项内容，更应详加注意。

二、家禽临床检查的要点

家禽疾病的临床检查，首先是检查饲养管理，其次群体检查，最后个体检查。应特别重视病史调查和群体检查。对个体进行系统检查时，重点应放在消化系统、呼吸系统和神经系统的检查。并应注意与实验室诊断和尸体剖检密切结合，才能获得较为科学的诊断结果。

1. 饲养管理情况

（1）家禽病史调查。

（2）病禽与日龄的关系。

（3）环境和防疫以及驱虫情况。

（4）饲养管理、环境控制和生产性能。

2. 禽群症状的观察 在舍内一角或运动场外直接观察，开始时要静静地窥视全群状态，尽量防止惊扰禽群。然后，逐渐靠近，主要观察禽群的各种异常现象。

（1）观察禽群状态，注意观察禽群对外界的反应、精神状态等。

（2）观察采食和饮水情况，根据每天喂给饲料的记录，可准确掌握禽群摄食增减的情况。

（3）看呼吸、听咳嗽，观察呼吸数时，要特别注意有无咳嗽、喷嚏、张口呼吸等现象。

（4）观察运动和行为，病禽往往呆立，翅膀下垂。

（5）观察羽毛、被皮，羽毛有无光泽、整齐还是松乱、有无脱落、颜色变化情况等。

（6）观察粪便及泄殖腔周围状况。

3. 个体状态的观察 对剔出的病禽进行详细的个体检查。病禽数量多时，应选择发病程度和病情不同的家禽进行检查。检查方法可按消化、呼吸、神经系统等，各器官逐个进行检查。

（1）体格状况检查。

（2）皮肤与黏膜检查。

（3）体温检查。

（4）消化器官检查。

（5）呼吸器官检查。

（6）神经器官检查。

（7）病理剖检。在剖检时，一定要尽可能地做到具体、细致，尽可能多剖检一些病死鸡，力求通过剖检找到有代表性的典型病变。

三、反刍动物临床检查的要点

反刍是牛、羊、鹿等反刍动物的特殊消化过程，嗳气是反刍动物正常的生理现象。反刍兽区别于其他动物的特点是具有特殊构造的多室胃，并在消化过程中经过反刍的特有机能活动，因此，在临床诊查过程中，对反刍活动及前胃（瘤胃、网胃、瓣胃）状态的检查，应给予特殊的注意。

另外，由于乳用牛具有极其旺盛的物质代谢活动，以及生殖器官（子宫、卵巢、乳腺）的功能特殊性，在生产实际中很容易发生生产性疾病、生殖器官及乳腺的疾病，因此，在对反刍兽（特别是乳用牛）实施临床诊查时，除按一般常规进行外，应注意以下特定的主要内容。

(1) 病史调查

(2) 精神状态与姿势检查

(3) 被毛皮肤检查

(4) 食欲饮欲检查

(5) 反刍、嗳气检查　健康奶牛采食后 1h 左右开始反刍，每个食团咀嚼 40~80 次，一昼夜反刍 4~8 次。当奶牛患瘤胃积食、瘤胃臌气、创伤性网胃炎、前胃迟缓、胃肠炎、腹膜炎、肝脏疾病、传染病、生殖系统疾病、代谢病和脑、脊髓疾病时都会发生反刍障碍。嗳气减弱见于牛前胃疾病、某些热性病和传染病。嗳气完全停止多是食道梗塞的结果。

(6) 鼻镜检查　健康奶牛鼻镜露水成珠，分布均匀，表现为不干不湿。在患急性发热性疾病时，鼻镜干燥甚至干裂，如牛梨形虫病、牛出血性败血病、瓣胃阻塞等。

(7) 腹围检查　腹围增大主要见于瘤胃积食、皱胃阻塞、瘤胃臌气、肠臌胀、胎水过多、腹水等。根据腹围增大的位置、软硬度和穿刺检查，进一步鉴别。腹围缩小主要见于一些慢性、急性消耗性疾病，严重脱水，以及引起食欲下降的疾病。

(8) 乳房及乳质量的检查　奶牛患各种疾病均可导致产奶量降低，但尤以酮血病和乳腺炎最为严重。临床型酮血病轻症者产奶量持续下降，重症者产奶量骤减。临床重症乳腺炎奶牛表现乳房肿胀、发红、质硬、疼痛明显，乳汁呈淡黄色。恶性乳腺炎病牛发病急，整个乳房肿胀，坚硬，皮肤发紫，疼痛极明显。

(9) 卧地不起综合征检查与鉴别　卧地不起综合征按病因可分为运动器官疾病、传染性疾病、中毒性疾病、营养代谢性疾病、神经性机能障碍。常见于蹄叶炎、创伤性网胃腹膜炎、髋关节损伤、闭孔神经损伤（产后瘫痪）、腓神经损伤、脓毒性子宫炎、乳酸中毒、白肌病、酮病、低钾血症、低镁血症、低磷血症和产后低钙血症等。在类症鉴别时，既要认定运动机能障碍的类型，又要查找病因，收集全身症状和局部病变，逐一鉴别。

四、家兔临床检查的要点

诊断家兔疾病，除按一般常规进行外，应结合家兔的生活特性，注意以下特定的内容。

(1) 整体状态检查

(2) 姿势与精神状态检查

(3) 眼和结膜检查

(4) 采食与粪便检查　家兔有夜食习惯，注意早晨检查。同时，进行粪便检查，如粪量减少，软粪增加，尾根和后肢沾有稀粪，则为下痢疾病征象；粪球细小，过分干燥或粪量减少，则是便秘的表现；粪便稀似湿粉状，带透明黏液或有气泡、血液，多为细菌性肠炎或球虫病的表现。

(5) 呼吸系统检查

（6）尿液检查　尿色常与饲料种类有关，幼兔的尿液多为无色尿，不含任何沉淀物，成年兔的尿液多呈柠檬、琥珀或红棕色。产生血尿的疾病有肾炎、膀胱炎等；茶色尿主要为肝脏损伤性疾病，如肝片吸虫、豆状囊尾蚴病等；乳白色尿则为腹腔结核病、肿瘤等；尿中带脓则为肾盂肾炎、肾积脓等疾病。

五、犬临床检查的要点

由于犬的生物学特性区别于其他动物，犬的品种和用途不同，检查的重点也不全相同，因此，疾病诊断应注意检查以下几方面。

（1）精神状态检查

（2）营养状况检查　若犬身体消瘦，骨骼和关节变形，肌肉松弛无力，被毛粗糙无光、逆立、脱毛等，常是患有寄生虫病、皮肤病、慢性消化道疾病、营养性疾病或某些传染性疾病的表现。

（3）姿态检查　犬在站立或行走时，四肢软弱无力，四肢强拘，不敢负重，则表明四肢有异常。如果犬躺卧时体躯蜷缩，头置于腹下或卧姿不自然，不时翻动，则表明腹痛。

（4）体温检查　健康犬的正常体温，幼年犬为38.5～39℃，成年犬为37.5～38.5℃。如果犬的鼻端（鼻镜）干燥甚至结痂，耳根部皮肤温度较其他部位高，精神不振，食欲不佳而渴欲增加，则表明体温高，主要见于传染性疾病，呼吸道、消化道及其他器官的炎症。而在中毒、重度衰竭、营养不良及贫血等疾病时，体温常降低。

（5）呼吸系统的观察　主要观察呼吸数、呼吸方式（犬的正常呼吸式是胸式呼吸）、呼吸节律及呼吸是否困难。需让患犬处于安静状态下观察。

（6）消化系统的观察　重点检查口腔黏膜的颜色、流涎、饮食欲等。呕吐状况的观察：犬是容易发生呕吐的动物，尤其注意发生呕吐的时间、次数、呕吐物的数量、气味及呕吐物的性质。排粪、排尿状况的观察：尤其注意排粪与排尿的动作、次数，以及粪尿气味、色泽等。犬的排粪姿势都是近乎坐下的下蹲姿势。公犬的排尿姿势是抬举一后肢，然后向身体的侧方排尿；母犬则是后肢稍向前踏，略微下蹲，弓背举尾排尿。

第三单元　心血管系统检查

第一节　心脏的检查

视诊、触诊、叩诊和听诊等是兽医临床上对心脏检查的基本方法，其中触诊和听诊最常用。

一、心脏的视诊和触诊

心脏的视诊和触诊主要用来检查心搏动。**心搏动**又称心冲动，是指在心室起搏时，由于心肌急剧伸张，心脏横径增大并稍向左旋，而使相应部位的胸壁产生的振动。

（一）视诊、触诊心搏动的部位和方法

检查心搏动，一般在左侧进行，必要时可在右侧。马的心搏动在左侧的胸廓下 1/3 的中央水平线上的第 3～6 肋间，在第 5 肋间的下 1/3 的中间处最明显；牛的心搏动在肩端线下 1/2 部的第 3～5 肋间，在第 4 肋间最明显；羊、猪的心搏动部位与牛的基本相同；犬、猫的心搏动在左侧第 4～6 肋间的胸廓下 1/3 处，第 5 肋间最明显。

（二）心搏动的病理变化

1. 心搏动增强　心搏动的强度决定于心脏的收缩力、胸壁的厚度和胸壁与心脏之间的介质状态。心搏动增强时，触诊感到心搏动强而有力，并且区域扩大。病理情况下的心搏动增强，可见于各种能引起心脏机能亢进的疾病，如发热病的初期、心内膜炎、心肌炎、心脏肥大以及伴有剧烈疼痛的疾病等。心搏动过度增强，可伴有整个体壁的震动，称为**心悸**。

2. 心搏动减弱　触诊时感到心搏动力量减弱，区域缩小，甚或难于感知心搏动，见于心脏衰弱的后期，以及心脏与胸壁距离增加的疾病，如胸壁浮肿、胸腔积液、慢性肺泡气肿及心包炎等。处于濒死期的动物，由于心肌收缩力异常微弱，很难感到心搏动。

3. 心搏动移位　心脏受附近肿瘤及邻近器官或渗出液的压迫，可使心搏动移位。心搏动向前移位可见于胃扩张、腹水及膈疝等；向右移位可见于左侧胸腔积液或积气；向后及向上方移位的极为少见。

4. 心区震颤　触诊心区感到有轻微震颤。见于纤维蛋白性心包炎、胸膜炎及心脏瓣膜病。

5. 心区疼痛　触诊心区动物表现回视、躲闪或抵抗等疼痛反应。见于心包炎、创伤性心包炎及胸膜炎等。

二、心脏的叩诊

叩诊的目的，在于确定心脏的大小、形状、敏感性及其在胸腔内的位置。心脏的一小部分与胸壁接触，叩诊呈浊音，称为**心脏绝对浊音区**；心脏的大部分被肺脏所掩盖，叩诊时呈半浊音，称为**心脏相对浊音区**，它标志着心脏的真正大小。

（一）心脏叩诊法

对马、牛等大动物进行心脏叩诊时，应先将其左前肢向前牵引半步。对犬等小动物，可提起其左前肢，以暴露心脏的区域。马的心脏叩诊，是先沿第 3 肋间由上向下叩诊，在由肺的清音转变为半浊音处，以及由半浊音转变为浊音处，分别做出记号；再顺序地沿第 4、5、6 肋间由上向下叩诊，也在声音转变的部位分别做出记号；最后，把转变为半浊音的记号连成一条曲线，即为相对浊音区的后上界，把转变为浊音的记号也连成曲线，即为绝对浊音区的上界。这种沿肋间隙由上向下的叩诊法，称为**垂直叩诊法**。此外，还可用斜线叩诊法，即在髋结节与肘头的连线上，由肺叩诊区内向肘头的方向叩诊，由清音变为半浊音的部位，则代表相对浊音区的后界，而由半浊音转变为浊音的部位，则表示为绝对浊音区的后界。

马心脏的绝对浊音区在左侧，大致为一不等边三角形。其顶点在第 3 肋间、肩关节水平

线下 7～8cm；由顶点斜向第 6 肋骨下端成弧形线行走，即为其后界。整个左侧心脏绝对浊音区的面积，约有手掌心大。相对浊音区位于绝对浊音区的后上方，呈弧形带状，宽 3～4cm，为心脏被肺叶掩盖的部分。右侧的心脏绝对浊音区极小，位于第 3～4 肋间的最下方，只有将右前肢由助手向前牵引，才便于叩诊。

牛的心脏被肺脏覆盖的面积大，其左、右两侧均无绝对浊音区，只有相对浊音区，位于第 3～4 肋间。在对牛心脏进行叩诊时若出现绝对浊音区，即为病理状态。

羊的心脏在左侧胸廓下 1/3 处，在第 3～4 肋间或第 3～5 肋间可叩出相对浊音区。羊的心脏浊音比牛的稍稍明显。

猪的心脏浊音区在左侧胸下的第 2～3 肋间，叩诊呈现很不明显的半浊音。

犬的心脏浊音区比其他动物都明显，其绝对浊音区，左侧位于第 4～6 肋间，上界与肋骨和肋软骨接合部相一致，后界无明显界限而移行为肝浊音区；右侧位于第 4～5 肋间。

（二）心脏叩诊的病理变化

心脏叩诊区发生变化时，还应考虑肺脏的变化。对心脏来讲，相对浊音区的变化较绝对浊音区的变化更具有重要意义。

1. 心脏浊音区增大　相对浊音区增大，是由于心脏容积增大所致，可见于心肥大、心扩张及心包积液等；而绝对浊音区增大，是由于肺脏覆盖心脏的面积缩小所致，如肺萎陷等。

2. 心脏浊音区缩小　绝对浊音区缩小见于肺泡气肿及气胸，相对浊音区缩小见于肺萎陷和覆盖心脏的肺叶部分发生实变的疾病等。

3. 心区叩诊呈鼓音　在渗出性心包炎，如果有腐败菌侵入而产生气体，心区叩诊可呈现鼓音，见于牛的创伤性心包炎。另外，当覆盖心脏的肺叶发生炎性浸润时，由于肺泡内充有液体，肺泡的含气量有一定程度地减少，而致肺组织的弹力减退，此时也可能在原来呈现半浊音的区域出现浊鼓音。这两种鼓音的鉴别要点是，前者同时出现心脏浊音区增大，并有颈静脉怒张、肉垂浮肿、心力衰竭等心包炎的症状；后者主症在呼吸器官，兼有肺炎的症状。

4. 心区叩诊疼痛　在进行心脏叩诊时，动物躲闪、呻吟、不安，则为疼痛的表现，见于心包炎及胸膜炎等。

三、心脏的听诊

（一）心脏的听诊方法

1. 听诊部位　心脏听诊一般在动物左侧进行，必要时可在右侧。

2. 心音的最强听取点　听诊心音最清楚的部位称为心音的最强听取点。几种动物心音最强听取点见表 1－5。

表 1－5　几种动物心音最强听取点

种类	第一心音		第二心音	
	二尖瓣口	三尖瓣口	主动脉瓣口	肺动脉瓣口
马	左侧第五肋间，胸廓下 1/3 的中央水平线上	右侧第四肋骨，胸廓下 1/3 的中央水平线上	左侧第四肋间，肩关节线下方一、二指处	左侧第三肋间，胸廓下 1/3 的中央水平线下方

（续）

种类	第一心音		第二心音	
	二尖瓣口	三尖瓣口	主动脉瓣口	肺动脉瓣口
牛	左侧第四肋间，主动脉瓣口的远下方	右侧第三肋间，胸廓下 1/3 的中央水平线上	左侧第四肋间，肩关节线下方一、二指处	左侧第三肋间，胸廓下 1/3的中央水平线下方
犬	左侧第五肋间，胸廓下 1/3 的中央水平线上	右侧第四肋间，肋骨和肋软骨接合部稍下方	左侧第四肋间，肱骨结节水平线上	左侧第三肋间，接近胸骨处
猪	左侧第四肋间，主动脉瓣口的远下方	右侧第三肋间，胸廓下 1/3 中央水平线上	左侧第四肋间，肩关节线下一、二指处	左侧第三肋间，胸廓下 1/3中央水平线下方

（二）正常心音

在健康动物的每个心动周期中，可以听到"噜-塔""噜-塔"有节律地交替出现的两个声音，称为心音，前一个称为第一心音，后一个称为第二心音，注意两个心音的组成。

（三）心音的病理改变

心音的病理改变包括心音的频率、强度、性质和节律的变化等。

1. 心音频率的改变 包括窦性心动过速和窦性心动过缓。

2. 心音强度的改变 心音的强度是由心音本身的强度和向外传导心音的介质状态等因素决定的。

（1）心音增强 两心音都增强，第一心音增强，第二心音增强。

（2）心音减弱 两心音都减弱，第一心音减弱，第二心音减弱。

3. 心音性质的改变 包括心音混浊和金属样心音。

4. 心音分裂或重复 所谓心音分裂即一个心音没有完全分成两个心音，只是感到一个心音其前后高而中间低。而心音重复则是一个心音完全分成两个心音，其中间有短的间隔。但是心音分裂与重复的临床意义是一致的，因而目前把二者统称为分裂。心音分裂或重复分为第一心音分裂或重复和第二心音分裂或重复。

5. 奔马调 在原有两个心音之外，出现一个额外的声音而形成的三音律，犹如马奔跑时的蹄声，故称为奔马调。根据附加心音出现的时期不同，可分为缩期前奔马调和舒张初期奔马调。

6. 心音节律的改变 由于某些病理因素的影响，心音常呈现快慢不定、强弱不一、间隔不等，称为心律失常。临床上常见的心律失常有期前收缩、阵发性心动过速、心动间歇等。

☆☆**7. 心脏杂音** 心脏杂音是心音以外持续时间较长的附加声音。按杂音发生部位分为心内杂音和心外杂音；按杂音发生原因分为器质性杂音和非器质性杂音；按杂音发生时间分为缩期杂音、张期杂音和连续性杂音。

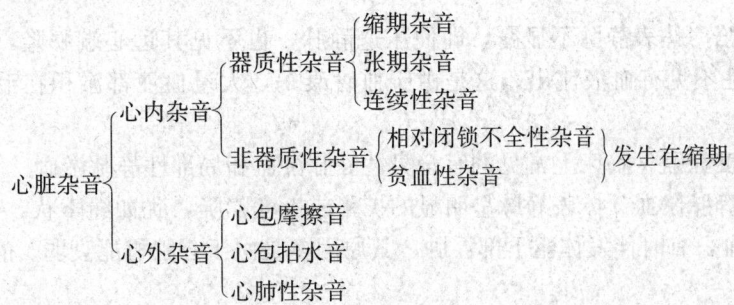

```
           ┌ 缩期杂音
      ┌ 器质性杂音 ┤ 张期杂音
      │            └ 连续性杂音
心内杂音 ┤
      │            ┌ 相对闭锁不全性杂音 ┐
      └ 非器质性杂音 ┤                   ├ 发生在缩期
心脏杂音 ┤            └ 贫血性杂音        ┘
      │
      │   ┌ 心包摩擦音
      └ 心外杂音 ┤ 心包拍水音
          └ 心肺性杂音
```

第二节　血管检查

血管的检查主要包括动脉检查、毛细血管检查和静脉检查。

一、动脉检查

动脉检查通常用触诊法，主要检查动脉的脉搏，判定其频率、节律、性质，以推断心脏机能及血液循环状态，这对疾病的诊断和预后很重要。

（一）检查部位及方法

1. 检查部位　马属动物检查颌外动脉；牛、骆驼检查尾中动脉；羊、猪及犬检查股内侧动脉；家禽检查翼下动脉。但肥猪往往不能触知，故常以检查心跳代替脉搏。

2. 检查方法　一般用右手食指及中指指肚压于血管上，左右滑动，即可感知一富有弹性的管状物在手下跳动，此时可根据脉搏大小（振幅的大小）、强弱（力量的大小）和软硬（脉管的紧张度）分别施以轻压、中压或重压，计算其频率，体会其性质、血液充盈度（血管内容血量）、脉搏形态和节律。按动物不同，其检查方法也不同。

（二）脉搏节律检查

脉搏节律又称脉调，主要指脉搏的规整性和时间间隔的均等性。健康动物的脉搏规整，时间间隔均等，称为节律脉；相反，若脉搏的间隔时间不均等或脉搏不规整，则称为无节律脉。临床上常见的不整脉有间歇脉、脉搏短促，以及二联律、三联律等，关于其临床意义和产生原因，可参考心脏听诊部分。

二、毛细血管及静脉检查

（一）毛细血管再充盈时间测定

1. 方法　助手保定被检动物的头部，并上提其上唇，露出上切齿的齿龈黏膜（家禽暴露上腭黏膜）。检查者左手持秒表，用右手拇指按压被检动物的上切齿外侧的齿龈黏膜2～3s，然后除去拇指的压迫，观察除去压迫后齿龈黏膜恢复原来颜色所需要的时间。

2. 临床意义　在伴有高度全身淤血和脱水的情况下，往往发现毛细血管再充盈时间延长，见于心力衰竭、中毒性休克和内毒素休克等，通常为3～5s。

（二）静脉充盈度的检查

兽医临床上主要检查可视黏膜和体表静脉。动物的静脉充盈度常表现为萎陷和过度充盈。

1. 静脉萎陷　体表静脉不显露，即使压迫静脉，也不见其远心端膨隆，将穿刺针头刺入静脉内，往往不见有血液流出。这是由于血管衰竭，大量血液都淤积在毛细血管床内的缘故。

2. 静脉过度充盈　临床上常见的有全身性静脉淤血和局部性静脉淤血。

3. 全身性静脉淤血　体表静脉呈明显的扩张或极度膨隆，犹如绳索状，可视黏膜发绀，并有树枝状充血，有时伴发体躯下部浮肿。其原因多是由于心脏机能衰弱、静脉血回流障碍所致。

4. 局部性静脉淤血 是局部静脉管受肿瘤等压迫的结果，往往在淤血的静脉管周围发生水肿。

（三）静脉波动的检查

伴随着心脏的活动，表在的大静脉也发生波动，称为**静脉波动**。在临床上主要检查颈静脉波动。颈静脉波动有生理性的，也有病理性的，根据其产生的原理可分为以下3种。

1. 阴性静脉波动 指与心室收缩不相一致的静脉波动，又称**房性静脉波动**。在心脏衰弱时，由于全身静脉淤血严重，阴性静脉波动可以波及颈沟的中部以上。

2. 阳性静脉波动 指与心室收缩相一致的静脉波动，又称**室性静脉波动**。例如，在三尖瓣闭锁不全时，可波及颈沟的上1/3处，又由于是在心室收缩期产生的，故和心搏动及动脉搏相一致。

3. 假性静脉波动 它是由于颈动脉的强力搏动所引起的静脉波动，又称**伪性颈静脉波动**。

区别以上3种静脉波动，除同时检查心搏动及脉搏，观察其是否与心搏动或脉搏同时出现外，更要用静脉波动试验法，即以手指用力压住颈静脉中部，观察静脉波动出现或消失的情况。如近心端及远心端的颈静脉波动明显减弱或消失，即为阴性静脉波动；如远心端静脉波动消失，而近心端的静脉波动不消失，甚至加强，则为阳性静脉波动；如近心端及远心端的静脉波动均不消失，即为假性静脉波动。

第四单元 胸廓、胸壁及呼吸系统的检查

第一节 胸廓、胸壁的检查

胸廓主要检查其大小、外形、对称性及胸壁的敏感性，一般采用视诊和触诊的方法，通常应由前向后、由上而下、从左到右进行全面检查。

一、胸廓的视诊

健康动物胸廓两侧应对称，脊柱平直，肋骨膨隆，肋间隙的宽度均匀，呼吸均匀。

1. 胸廓的形状 主要通过观察动物胸廓两侧的对称性及发育状态来判断病变的部分及程度。常见的病理性异常有以下几种。

（1）桶状胸 特征为胸廓向两侧扩张，左右横径显著增加，呈圆桶形。肋骨的倾斜度减

小，肋间隙变宽。

（2）扁平胸　特征为胸廓狭窄而扁平，左右径显著狭小，呈扁平状。

（3）鸡胸　特征是胸骨柄明显向前突出，常常伴有肋骨与肋软骨交接处出现串珠状突起，并见有脊柱凹凸，四肢弯曲，全身发育障碍，是佝偻病的特征。

（4）两侧胸廓不对称　特征为两侧胸壁明显不对称。检查时，必须两侧对照比较来确定病变的部位和性质。

2. 胸廓皮肤的变化　应注意创伤、皮下气肿、丘疹、溃疡、结节和胸前及胸下浮肿及局部肌肉震颤等。

二、胸壁的触诊

1. 胸壁的温度　局部温度增高，可见于炎症、脓肿等。检查时应左右对照。

2. 胸壁疼痛　触诊胸壁时，病畜表现骚动不安、回顾、躲闪、反抗或呻吟，此为胸壁敏感的表现。胸壁敏感见于胸膜、胸壁皮肤、肌肉或肋骨发炎与疼痛性疾病。

3. 胸膜摩擦感　在胸膜炎时，随呼吸运动，胸膜的壁层和脏层相互摩擦，用手触诊时可感觉到。通常于呼吸两相均可触及，但有时只能在吸气末期触到。较大支气管内啰音粗大而严重时，触诊胸壁可有轻微的震颤感，称为支气管震颤。见于异物性肺炎和肺脓肿破溃等。

4. 皮下气肿　胸部皮下组织有气体积存时称为皮下气肿。以手按压气肿的皮肤，引起气体在皮下组织内移动时，可出现捻发音。严重者气体可由胸壁皮下向颈部、腹部或其他部位的皮下蔓延。

5. 肋骨局部变形　见于佝偻病、软骨病、氟骨病和肋骨骨折等。

第二节　上呼吸道的检查

一、呼出气体的检查

上呼吸道的检查

方法是：将手背或手掌接近鼻端进行感觉，同时用手将动物呼出的气体扇向自己鼻部嗅之进行检查。

1. 两侧气流的强度　健康动物两侧鼻孔呼出气的气流强度一致。检查时，可用双手置于鼻孔前来感知；或当寒冷季节时，直接观察其呼出的气流来判断。

当一侧鼻腔狭窄、一侧鼻旁窦肿胀或大量积脓时，患侧的呼出气流强度较小，并常伴有呼吸的狭窄音及不同程度的呼吸困难；若两侧鼻腔同时存在病变，则依病变的程度和范围不同，两侧鼻孔气流的强度也可不一致。

2. 呼出气的温度　健康动物的呼出气稍有温热感。当体温升高时，呼出气的温度也有所增高。呼出气的温度显著降低，可见于严重的脑病、中毒或虚脱。

3. 呼出气的气味　健康动物的呼出气，一般无特殊气味。当发现呼出气有特殊臭味时，则应注意臭气是来自口腔，还是来自鼻腔。通常一侧性恶臭，为同侧鼻腔发生病变；两侧鼻孔的呼出气体都有同样恶臭气味时，则提示病灶位于两侧鼻腔或咽喉部以下的呼吸器官。

二、鼻及鼻液的检查

1. 鼻的外观检查　以视诊、触诊为主。注意观察鼻孔周围组织，鼻甲骨形态的变化及鼻的痒感等。

(1) 鼻孔周围组织 可发生各种各样的病理变化,如鼻翼肿胀、水疱、脓肿、溃疡和结节等。

(2) 鼻甲骨形态的变化 包括增生、肿胀、萎缩和凹陷等。

(3) 鼻的痒感 当鼻部及其邻近组织发痒时,病畜常在槽头、木桩上擦痒或用自己的前肢搔痒。

(4) 鼻端干燥 牛鼻镜、猪鼻盘和犬、猫的鼻端有特殊的分泌组织,健康动物这些部位经常呈湿润状态。当机体持续发热或代谢紊乱时,鼻端表现干燥,并有热痛感,甚至发生龟裂。鼻端干燥为判断健康与否的指标之一。

(5) 其他 长期持续性流鼻液时,则鼻液流过的皮肤会失去色素,出现一条白色的斑纹,称为鼻分泌沟。猪传染性萎缩性鼻炎时鼻盘歪向一侧。

2. 鼻黏膜的检查 主要用视诊和触诊。视诊光线以白昼光线最好,必要时可用开鼻器、反光镜、头灯或手电筒进行检查。检查时,要适当保定病畜,将头略为抬高,使鼻孔对着光源。用手指或开鼻器适当扩张鼻孔,使鼻黏膜充分显露,即可观察之。检查鼻黏膜时,应注意以下几点。

(1) 颜色 健康动物的鼻黏膜颜色不同,犬为淡红色,马为略呈淡蓝红色,有些牛鼻孔附近的鼻黏膜上常有色素,检查时应予以注意。在病理情况下,鼻黏膜的颜色也有发红、发绀、发白、发黄等变化,其临床意义同其他可视黏膜。

(2) 肿胀 弥漫性肿胀时,鼻黏膜表面光滑平坦、颗粒消失、闪闪有光,触诊有柔软和增厚感。

(3) 水疱 鼻黏膜出现大小由粟粒大到黄豆大的水疱,有时水疱融合在一起破溃而形成糜烂。

(4) 溃疡 浅在性溃疡,偶见于鼻炎、马腺疫、叶斑病和牛恶性卡他热等。马属动物的深在性溃疡,如喷火口状,边缘不齐,溃底深并盖以白膜,严重者可造成鼻中隔穿孔,为鼻疽的特征。

(5) 结节 鼻疽结节,初呈浅灰色,以后呈黄白色,由小米粒大至黄豆大,周围有红晕,界限清晰,多分布于鼻中隔黏膜。

(6) 瘢痕 鼻中隔下部的瘢痕,多为损伤所致,一般浅而小,呈弯曲状或不规则。鼻疽性瘢痕较厚,多呈星芒状为其特点。

(7) 肿瘤 较少见。鼻腔的肿瘤呈疣状凸起,单发或多发,大如蚕豆或更大,蒂短或无蒂,与基部黏膜紧密相连。肿瘤表面光滑闪光,或呈不规则的结节状,或呈污秽不洁的菜花样,质地柔韧。这种病畜常有衄血,鼻腔狭窄音和呼吸困难症状。其确切诊断,须进行病理组织学检查。

(8) 损伤 可见鼻黏膜上有外伤。多由于采食时被带有芒刺的饲料刺伤,检查鼻腔或通过鼻腔插胃管时动作过于粗暴等引起。

3. 鼻液的检查 鼻液是鼻腔黏膜分泌的少量浆液和黏液。健康动物一般无鼻液,冬日天寒有些动物可有微量浆性鼻液,若有大量鼻液,则为病理征象。检查时常见的变化有以下几种。

(1) 鼻液量多 见于呼吸器官的急性广泛性炎症。当重度咽炎或食道梗阻时,可有大量唾液和分泌物经鼻反流。鼻液量少,见于慢性或局限性呼吸道炎症。鼻液量时多时少,特征为当病畜自然站立时，仅有少量鼻液；而当运动后或低下头时，则有大量鼻液流出，以患副鼻窦炎和喉囊炎病畜最为典型，在肺脓肿、肺坏疽和肺结核时，鼻液的量也不定。

★★ （2）鼻液的性状 浆性鼻液无色透明，呈水样，多见于上呼吸道急性卡他性炎的初期。鼻液黏稠呈线状，有腥臭味，为卡他性炎症的特征。鼻液脓性，鼻液黏稠混浊，呈糊状、膏状或凝结成团块，具脓臭或恶臭味，为化脓性炎症的特征。腐败性鼻液，污秽不洁、带灰色或暗褐色，并带有尸臭或恶臭味，常为坏疽性炎症的特征。鼻液带血，呈红色，血量不等，或混有血丝、凝血块或为全血，鲜红色滴流者，常提示鼻出血；粉红色或鲜红而混有许多小气泡者，则提示肺水肿、肺充血和肺出血；大量鲜血急流，伴有咳嗽和呼吸困难者，常提示肺血管破裂，可见于肺脓肿、牛肺结核等；当脓性鼻液中混有血液或血丝时，称为脓血性鼻液，见于鼻炎、肺脓肿、异物性肺炎、牛肺结核、马鼻疽及羊鼻蝇幼虫病等；猪传染性萎缩性鼻炎时，也可见有血性或混血性鼻液；鼻肿瘤时，鼻液呈暗红色或果酱状为其特征。铁锈色鼻液，为大叶性肺炎和传染性胸膜肺炎一定阶段的特征，在病程经过中往往只在短时期内见到，故应注意观察才能发现。

（3）混杂物 混有气泡时，为泡沫状鼻液，呈白色、粉红色或红色；小气泡提示来自深部细支气管和肺，大气泡提示来自上呼吸道和大支气管。鼻液中混有大量唾液和饲料碎粒，乃至饮水经鼻道流出时，则为吞咽或咽下障碍引起食物反流所致。各种动物呕吐时，胃内容物也可从鼻孔中排出，其特征为鼻液中混有细碎的食物残粒，呈酸性反应，并带有难闻的酸臭气味，常提示来自胃和小肠，也可能混有寄生虫的虫体等。

（4）一侧性或两侧性 单侧鼻液是单侧鼻腔的疾病，两侧鼻液则为双侧鼻腔或喉以后器官的疾病。

（5）弹力纤维 出现弹力纤维表示肺组织溶解、破溃或有空洞存在。见于异物性肺炎、肺坏疽和肺脓肿等。

三、喉及气管的检查

1. 外部检查 ①视诊时，重点注意喉部和气管区有无肿胀。喉部肿胀可呈现呼吸和吞咽困难；②触诊，主要用于判定喉及气管疾病时有无疼痛和咳嗽，并可确定喉肿胀的性质；③在给健康动物的喉和气管进行听诊时，可以听到类似"嘛"的声音，称为**喉呼吸音**。此乃气流冲击声带和喉壁形成旋涡运动而产生，并沿整个气管向内扩散，渐变柔和的声音。在气管出现者，称为**气管呼吸音**。在胸壁支气管区出现者，称为**支气管呼吸音**。在病理情况下，喉和气管可出现喉狭窄音、喘鸣音、鼾音等病理呼吸音。

2. 内部检查 大动物需借助于喉气管镜，观察喉和气管黏膜（必要时实施气管切开术观察喉部）有无充血、肿胀以及有无异物和肿瘤等。羊、猪、犬等动物的喉部可直接视诊。小动物可将头略为高举，用开口器打开口腔，将舌拉出口外，并用压舌板压下舌根，同时对着阳光，即可观察喉黏膜及其病理变化。鸡喉部检查时，将头高举，在打开口腔的同时，用捏着肉髯的手，以中指同时向上压迫喉头，则喉部即可显露。注意喉黏膜有无肿胀、出血、溃疡、渗出物和异物等。

四、鼻旁窦的检查

临床上主要检查额窦和上颌窦，以视诊、触诊和叩诊检查为主，亦可配合应用穿刺术、

X线检查或圆锯术探查等方法。

1. 视诊 当发生鼻旁窦炎时，常常从单侧或两侧鼻孔排出多量鼻液，并注意其外形有无变化。

2. 触诊 应注意鼻旁窦区的敏感性、温度和硬度的变化，触诊时需两侧对照进行。

3. 叩诊 健康动物的窦区呈空盒音，声音清晰而高朗。当窦内积液或有肿瘤组织充塞时，叩诊呈浊音。应先轻后重，两侧对照地进行叩诊。

五、上呼吸道杂音

健康动物呼吸时，一般听不到异常声音。病理状况下，常伴随着呼吸运动而出现特殊的呼吸杂音，由于这些杂音都来自上呼吸道，故统称为上呼吸道杂音。上呼吸道杂音包括鼻呼吸杂音、喉狭窄音、喘鸣音、啰音和鼾声。

1. 鼻呼吸杂音

（1）鼻狭窄音（又称为鼻塞音） 主要是由于鼻黏膜高度肿胀、有大量分泌物和鼻腔内瘤体使鼻腔狭窄等多种因素引起的。该杂音吸气时增强，呼气时变弱，伴有吸气性呼吸困难。鼻腔杂音分为干性狭窄音（呈口哨声，提示鼻腔黏膜高度肿胀，或有肿瘤和异物存在，使鼻腔狭窄）和湿性狭窄音（呈呼噜声，提示鼻腔内积聚多量黏稠的分泌物）两种。

（2）喘息声 特征为鼻呼吸音显著增强，呈现粗大的"嚇嚇"声，以呼气时较为明显，病畜多伴有呼吸困难的综合症状。系由于高度呼吸困难而引起的一种病理性呼吸音，但鼻腔并不狭窄。

（3）喷嚏 主要是鼻黏膜受到异常刺激，反射性地引起暴发性呼气，振动鼻翼产生的一种特殊声音。特征为病畜仰首缩颈，频频喷鼻，甚至摇头、蹭鼻、鸣叫等。

（4）喷鼻 为鼻黏膜受到刺激，反射性地引起突然呼气，振动鼻翼而发出的声音。健康马偶尔喷鼻，多因生人、不习惯的声音、吸入灰尘或刺激性气体而引起，而经常性的喷鼻，则为病理现象，见于鼻腔异物、鼻卡他等。

（5）呻吟 为深吸气之后，经半闭的声门缓慢呼气而发生的一种异常声音，常表示疼痛、不适。

2. 喉狭窄音 其性质类似口哨声、呼噜声以至拉锯声，有时声音相当强大，在数十步之外都可听到。是喉黏膜发炎、水肿、肿瘤或异物存在时导致喉腔狭窄变形，在呼吸时产生的异常音。

3. 喘鸣音 为喉部发出的一种特殊的狭窄音。主要见于马属动物。特点是吸气时明显，运动后加剧，并表现吸气性呼吸困难，视诊可见左侧喉软骨较右侧凹陷，压迫右侧勺状软骨可引起窒息。

4. 啰音 当喉和气管内有分泌物时，可听到啰音。若分泌物黏稠，可闻啰音，即类似吹哨音或咝咝音；若分泌物稀薄，则出现湿啰音，即呼噜声或猫鸣音。

5. 鼾声 为一种特殊的呼噜声。此为咽、软腭或喉黏膜发生炎性肿胀、增厚导致气道狭窄，呼吸时发生震颤所致；或由于黏稠的分泌物团块部分地黏着在咽、喉黏膜上，呼吸时部分地自由颤动产生共鸣而产生。

第三节　肺与胸膜的检查

一、视　诊

主要检查动物的呼吸运动。健康动物在静息状态下呼吸运动稳定而有节律。检查呼吸运动时，应注意呼吸的频率、类型、节律、对称性、呼吸困难和呃逆（膈肌痉挛）等。

1. 呼吸类型　即动物呼吸的方式。检查时，应注意胸廓和腹壁起伏动作的协调性和强度。健康动物除犬外均为胸腹式呼吸，即在呼吸时，胸壁和腹壁的起伏动作协调，呼吸肌的收缩强度亦大致相等。健康犬以胸式呼吸占优势。病理性的呼吸类型主要有如下几种。

（1）胸式呼吸　特征为呼吸时，以胸部或胸廓的活动占优势，腹部的肌肉活动微弱或消失，表现胸壁的起伏动作明显大于腹壁，表明病变在腹壁和腹腔器官。

（2）腹式呼吸　特征为腹壁的起伏动作特别明显，而胸壁的活动却极轻微，提示病变多在胸部。临床上单纯的呼吸类型比较少见，在疾病过程中常见一种类型占优势的混合呼吸。

2. 呼吸节律　健康动物呼吸时，有一定的节律。即吸气之后紧接着呼气，每一次呼吸运动之后，稍有休歇，再开始第二次呼吸。每次呼吸之间间隔的距离相等，如此周而复始，很有规律，称为**节律性呼吸**。一般呼气时间略长于吸气时间。健康动物的呼吸节律，可因兴奋、运动、恐惧、尖叫及嗅闻等而发生暂时性的变化。在病理情况下，正常的呼吸节律遭到破坏，称为节律异常。

（1）吸气延长　特征为吸气异常费力，吸气的时间显著延长，提示气流进入肺部不畅，从而出现吸气困难。

（2）呼气延长　特征为呼气异常费力，呼气的时间显著延长，表示气流呼出不畅，从而出现呼气困难。此乃支气管腔狭窄，肺的弹性不足所致。

（3）间断性呼吸　特征为间断性吸气或呼气，即在呼吸时，出现多次短促的吸气或呼气动作。此乃由于病畜先抑制呼吸，然后进行补偿所致。

（4）陈施（Cheyne-Stokes）二氏呼吸　特征为病畜呼吸由浅逐渐加强、加深、加快，当达到高峰以后，又逐渐变弱、变浅、变慢，而后呼吸中断。约经数秒至 $15\sim30s$ 的短暂间歇以后，又重复出现如上变化的周期性呼吸。这种波浪式的呼吸方式，又称**潮式呼吸**，是呼吸中枢敏感性降低的特殊指征。这种呼吸多是神经系统疾病导致脑循环障碍的结果，也是疾病重危的表现。

（5）毕欧特（Biot）氏呼吸　特征为数次连续的、深度大致相等的深呼吸和呼吸暂停交替出现，即周而复始的间停呼吸，又称间停式呼吸。表示呼吸中枢的敏感性极度降低，是病情危笃的标志，提示预后不良。

（6）库斯茂尔（Kussmaul）氏呼吸　特征为呼吸不中断，发生深而慢的大呼吸，呼吸次数少，并带有明显的呼吸杂音，如啰音和鼾声，又称**深大的呼吸**。提示呼吸中枢衰竭的晚期，是病危的象征。

3. 呼吸的对称性　健康动物呼吸时，左右两侧胸壁的起伏强度完全一致，称为**均称呼吸或对称性呼吸**；反之，则称为呼吸不对称。

检查呼吸的对称性时，可站在动物的正后方或在后方高处进行观察。当胸部疾患局限于一侧时，则患侧的呼吸运动显著减少或消失，健康一侧的呼吸运动常出现代偿性加强。

4. 呼吸困难　呼吸困难是一种复杂的病理性呼吸障碍。临床上表现为呼吸费力，辅助呼吸肌参与呼吸运动，并可有呼吸频率、类型、深度和节律的改变。高度的呼吸困难，称为气喘。

5. 呃逆（膈肌痉挛）　即病畜所发生的一种短促的急跳性吸气，此乃膈神经直接或间接受到刺激，使膈肌发生有节律的痉挛性收缩而引起的。其特征为腹部和肷部发生节律性的特殊跳动，称为**腹部搏动**，俗称"跳肷"。严重者，胸壁甚至全身也可出现相应的震动，震动时，可闻"咚咚"之声和呃逆声。

二、叩　诊

目的在于了解胸腔内各脏器的解剖关系和肺的正常体表投影。根据叩诊音的变化来判断肺和胸膜腔的物理状态，发现异常，借以诊断疾病；叩诊亦可作为一种刺激，根据病畜的反应，来判断胸膜的敏感性或疼痛。

（一）叩诊方法

1. 大家畜叩诊法　主要用槌板叩诊法。叩诊时，一手持叩诊板，顺着肋间隙，纵放、密贴；另一手持叩诊槌，以腕关节作轴，垂直地向叩板上进行短促的叩击。一般每点连续叩击二三下，再移至另一处。叩诊肺区时，应沿肋骨水平线，由前至后依次进行，称为**肺区水平叩诊法**；也可自上而下沿肋间隙进行，称为**垂直叩诊法**。不论应用哪一种方式，都应叩完整个肺部，进行对比分析，而不应该单独地叩诊某一点或某一部分。

2. 小动物叩诊法　多用指指叩诊法。即以左手中指作叩诊板，而以弯曲的右手中指作叩诊槌。在叩诊时，板要密布于肋间隙并和肋间隙平行，其他手指宜略微抬起，勿使之与体表接触；叩指要与叩击部位的体表垂直，以腕关节的活动为主，避免肘关节和肩关节参加运动。叩击的动作要灵活、短促而富有弹性。

叩诊力的强弱或轻重，应依体壁的厚薄和病灶的深浅而定，各部位叩诊的强度应大致相等。当发现病理性叩诊音时，可交替使用轻、重叩诊，并和正常的音响反复进行对比，同时还应和对侧相应部位做对照和鉴别。

（二）肺叩诊区

1. 肺叩诊区　即叩诊健康动物肺区时，发出清音的区域。叩诊区仅表示肺可以检查的部分，即肺的体表投影区域，并不完全与肺的解剖界限相吻合。

肺叩诊区一般根据3条假定水平线与肋间交点的连接线，来确定动物肺叩诊区的界限。这3条假定水平线分别为髋结节水平线、坐骨结节水平线和肩端水平线。

2. 肺叩诊区的病理变化　肺叩诊区较正常扩大或缩小达3cm以上时，方可认为是病理征象。叩诊区扩大，主要是肺过度膨胀（肺气肿）和胸腔积气（气胸）所致。叩诊区缩小，主要是腹腔器官对膈的压力增强，并将肺的后缘向前推移所致。

（三）胸、肺区叩诊音★★★★★

叩诊健康大动物肺呈清音，其特点为音调低、音响大、振动持续时间长。而正常犬、猫和兔等小动物的肺，叩诊音均甚清朗，稍带鼓音性质。一般情况下，较深在的病灶（离胸部表面为7cm以上）和小范围的病灶（直径小于3cm）或少量胸腔积液，肺叩诊音常没有明显的改变。病理性肺叩诊音有浊音、半浊音、水平浊音、鼓音、过清音、金属音和破壶音等。

1. 浊音、半浊音　见于叩击不含空气的肺组织时所听到的声音。主要是肺泡内充满炎性渗出物，使肺组织发生实变、密度增加的结果；或为肺内形成无气组织所致。根据病变的大小、深浅和病理发展过程的不同，可将叩诊音分为浊音或半浊音。

2. 鼓音　在健康组织被致密的病变所包围，使肺组织的弹性丧失，传音强化；或肺和胸腔内形成反常的气腔，且空腔壁的紧张力较高；或肺泡内同时有气体和液体存在，使肺泡扩张、弹性降低时，叩之可出现鼓音。主要见于：①浸润部位围绕着健康肺组织；②肺空洞；③气胸；④胸腔积液；⑤膈疝、膈肌破裂使充气肠管进入胸腔时；⑥支气管扩张；⑦皮下气肿等。

3. 过清音　为清音和鼓音之间的一种过渡性声音，其音调近似鼓音。过清音类似于敲打空盒的声音，故亦称空盒音。它表示肺组织的弹性显著降低，气体过度充盈。

4. 破壶音　为一种类似于叩击破瓷壶时所产生的声响。此乃空气受排挤而突然急剧地经过狭窄的裂隙所致，见于与支气管相通的大空洞。

5. 金属音　类似敲打金属板的音响或钟鸣音，其音调较鼓音高朗。当肺部有较大的空洞，且位置表浅，四壁光滑而紧张时，叩诊才发出金属音。

（四）叩诊敏感反应和叩诊抵抗感

1. 叩诊敏感反应　叩诊敏感或疼痛时，病畜表现为回顾、躲闪、抗拒、呻吟等，有时还可引起咳嗽，此为胸膜炎的特征，尤以病初最为明显。亦见于肋骨骨折和胸部的其他疼痛性疾病。

2. 叩诊抵抗感（槌下抵抗）　应用手指直接叩诊时，叩诊指的感觉随叩诊的位置与胸腔内的病变而异。一般叩诊健康肺部时，叩诊指有一种弹性感觉，但在肩胛部、心脏浊音区，此种感觉很轻微，甚至没有。明显的叩诊抵抗感，提示肺实变或胸腔积液。

（五）叩诊气管胸壁听音法

即利用叩诊器叩击气管以产生音响，按叩诊音沿气管、支气管，并通过肺传至胸廓上的强度，来判断肺和胸膜的物理状态。

叩诊时，由助手一人，将叩诊板紧贴于颈部气管的近胸端，用叩诊槌以同等的强度，进行节律性叩击。另一人在胸廓上进行听诊，仔细体会声音的强度和性质而判定之。当肺内有实变时，肺组织的密度增加而致密，故传来的声音大为增强而响亮，类似时钟的滴答声。反之，在渗出性胸膜炎时，传来的叩诊音则显著减弱甚至消失。

三、听　诊

目的是查明支气管、肺和胸膜的机能状态，确定呼吸音的强度、性质和病理呼吸音。

1. 胸、肺听诊法　大动物常用间接听诊法，必要时或在特殊情况下也可采用直接听诊法。小动物只用间接听诊法。肺听诊区和叩诊区基本一致。听诊时，先从中 1/3 开始，由前向后逐渐听取，其次上 1/3，最后听诊下 1/3。每个部位听 2～3 次呼吸音，再变换位置，直至听完全肺。发现异常呼吸音时，宜将该点与其邻近部位比较，必要时还应与对侧相应部位对照听诊。当呼吸音不清楚时，必要时宜以人工方法增强呼吸，为此可将动物做短暂的驱赶运动，或短时间闭塞鼻孔后，引起深呼吸，再行听诊。

2. 生理性呼吸音　动物呼吸时，气流进出细支气管和肺泡时发生摩擦，引起漩涡运动而产生声音。经过肺组织和胸壁时，在体表所听到的声音，即为肺泡呼吸音。在正常肺部可听到两种不同性质的声音，即肺泡呼吸音和支气管呼吸音。检查时应注意呼吸音的强度、音调的高低和呼吸时间的长短以及呼吸音的性质。

（1）肺泡呼吸音　为一种类似柔和吹风样的"夫、夫"音，一般健康动物的肺区内都可听到清楚的肺泡呼吸音。肺泡呼吸音在吸气之末最为清楚。呼气时由于肺泡转为弛缓，则肺泡呼吸音表现短而弱，且仅于呼气初期可以听到。肺泡呼吸音在肺区中1/3最为明显。肩后、肘后及肺之边缘部则较为微弱。在正常情况下，肺泡呼吸音的强度和性质可因动物的种类、品种、年龄、营养状况、胸壁的厚薄及代谢情况而有所不同。生理性的紧张、兴奋、运动、使役及气温的变化等对肺泡呼吸音亦有一定影响。

一般情况下，肺泡呼吸音的强弱依次为：犬、猫＞绵羊、山羊、牛＞马属动物。

牛的肺泡呼吸音仅能在肺区的后1/3部分听到，其余的部分呈现混合性呼吸音。绵羊、山羊的肺泡呼吸音比牛高朗而粗，在整个肺区都可听到。马的肺泡呼吸音较其他动物为弱。

（2）支气管呼吸音　是动物呼吸时，气流通过喉部的声门裂隙产生的旋涡运动以及气流在气管、支气管形成涡流所产生的声音。故支气管呼吸音实为喉呼吸音和气管呼吸音的延续，但较气管呼吸音弱，比肺泡呼吸音强，是一种类似于将舌抬高而呼出气时所发生的"嚇嚇"音。支气管呼吸音的特征为吸气时较弱而短，呼气时较强而长，声音粗糙而高。

生理状况下，马肺部听不到支气管呼吸音；而犬在其整个肺部都能听到明显的支气管呼吸音；牛在第3～4肋间肩关节水平线上下可听到混合性支气管呼吸音；绵羊、山羊和猪的支气管呼吸音大致与牛相同，但更为清楚；其他动物在肺区的前部，较大的支气管接近体表处（称为**支气管区**）可以听到生理性支气管呼吸音，但并非纯粹的支气管呼吸音，而是带有肺泡呼吸音的混合呼吸音。

★★★★★**3. 病理性呼吸音**　病理情况下，除生理性呼吸音的性质和强度发生改变外，常可发现各种各样的异常呼吸音，称为**病理性呼吸音**。

（1）肺泡呼吸音增强　普遍性增强，为呼吸中枢兴奋，呼吸运动和肺换气加强的结果。其特征为两侧和全肺的肺泡音均增强，如重读"夫、夫"之音。局限性增强，亦称代偿性增强，是由于病变侵及一侧肺或一部分肺组织，而使其机能减弱或丧失，使得健康一侧或无病变的部分出现代偿性呼吸机能亢进的结果。

（2）肺泡呼吸音减弱或消失　为肺泡内的空气流量减少或进入肺内的空气流速减慢或呼吸音传导障碍。特征是肺泡音变弱、听不清楚，甚至听不到。可表现为全肺的肺泡音减弱，抑或一侧或某一部分的肺泡音减弱或消失。主要见于：①肺组织的炎症、浸润、实变或其弹性减弱、丧失；②进入肺泡的空气量减少；③胸部剧烈疼痛性疾病；④呼吸音传导障碍的疾病等。

（3）断续呼吸音或齿轮呼吸音　在病理情况下，肺泡呼吸音呈断续性，称为**断续呼吸音**。为部分肺泡炎症或部分细支气管狭窄，空气不是均匀进入肺泡而是分股进入肺泡所致。其特征为吸气时不是连续性的而是有短促的间隙（呼气时一般不改变），将一次肺泡音分为两个或两个以上的分段，又称**齿轮呼吸**。

（4）病理性支气管呼吸音　马的肺部听到支气管呼吸音是病理征象。其他动物在支气管区外的其他部位出现支气管呼吸音，均为病理性支气管呼吸音。当胸腔积液压迫肺组织时，亦可听到较弱的支气管呼吸音。

（5）病理性混合呼吸音　当较深部的肺组织产生炎症病灶，而周围被正常的肺组织所遮盖，或浸润实变区和正常的肺组织掺杂存在时，肺泡音和支气管呼吸音混合出现，称为**混合性呼吸音**或**支气管肺泡呼吸音**。其特征为吸气时主要是肺泡呼吸音，呼气时主要为支气管呼吸音，近似"夫一赫"的声音。吸气时较为柔和，呼气时较粗。

（6）啰音 是呼吸音以外的附加音响，可分为干啰音和湿啰音。**干啰音**是由于气管、支气管或细支气管狭窄或部分阻塞，空气吸入或呼出一湍流所产生的声音，其特征为：①持续时间长，音调较高，类似笛音、口哨音、飞箭音、猫鸣音、鸽子叫声、鼻鼾音等；②呼气和吸气时均可听到，以呼气时最明显；③发生于大支气管时，声音较低，呈猫鸣音或鼻鼾音，而发生于小支气管时，则声音较高、尖锐，呈笛音或口哨音；④不稳定，性质和强度易改变，可因咳嗽而消失，相对于湿啰音，干啰音再次出现需要更长的时间。**湿啰音**为气流通过带有稀薄分泌物的支气管时，引起液体移动或水泡破裂而发生的声音，或为气流冲动液体而形成或疏或密的泡浪，或气体与液体混合而成泡沫状移动所致，又称**水泡音**。此外，肺部如有含液体的较大空洞时亦可产生湿啰音，其特征为：①断续而短暂，一次常连续多个出现，性质类似于用一小细管向水中吹入空气时产生的声音。如呼噜声、沸水声或含漱音。②部位比较恒定，性质不易改变。吸气和呼气时都可听到，但以吸气末期更为清楚。③湿啰音也有容易变动的特点，有时连续不断，有时在咳嗽之后消失，经短时间之后又重新出现。④按支气管口径的不同，可将其分为大、中、小3种。大水泡音产生于大支气管中，如呼噜声或沸腾声；中、小水泡音来自中、小支气管。

（7）捻发音 是由于肺泡内有少量渗出物（黏液），使肺泡壁或毛细支气管壁相互黏合在一起，当吸气时气流使黏合的肺泡或毛细支气管壁被突然冲开所发出的一种爆裂音。为一种极细微而均匀的噼啪音。类似在耳边捻转一簇头发时所产生的声音。其特点为声音短、细碎、断续、大小相等而均匀。一般出现在吸气之末，或在吸气顶点最为清楚。捻发音常发生的部位是肺脏的后下部。捻发音常提示肺实质的病变，也见于毛细支气管炎。

（8）空瓮音 是气流能过细小支气管进入内壁光滑的大的肺空洞时，空气在空洞内共鸣而发出的声音。特征为类似轻吹狭口的空瓶口时所发出的声音，声音柔和而深长，常带金属音调。

（9）胸膜摩擦音 当胸膜炎，特别是纤维蛋白沉着时，呼吸运动时两层粗糙的胸膜面互相摩擦而产生胸膜摩擦音。特征为：①类似于手指在另一手背上进行摩擦时所产生的声音或捏雪声、搔抓声、砂纸摩擦音，声音干而粗糙，声音接近表面，且呈断续性。②吸气和呼气时均可听到，但一般多在吸气之末与呼气之初较为明显。若将听头紧压胸壁，则声音增强。③只能在疾病某一阶段出现，声音不稳定，可在极短时间内出现、消失或再出现，亦可持久存在达数日或更长。④摩擦音可出现在胸膜的任何部位，常发于肺移动最大的部位，即肘后，叩诊区的下1/3，肋骨弓的倾斜部。⑤有明显摩擦音的部位，触诊可出现胸膜摩擦感和疼痛表现。

（10）拍水音（击水音） 为胸腔内有液体和气体同时存在，随着呼吸运动或动物突然改变体位以及心搏动时，振荡或冲击液体而产生的声音。类似于拍击半满的热水袋或振荡半瓶水发出的声音，故亦称**振荡音**。吸气和呼气时都能听到。此外，在肺胸听诊时，尚可听到与呼吸无关的一些杂音，应特别予以注意。

呼吸音的共同特征为伴随着呼吸运动和呼吸节律而出现。病理性呼吸音常伴有呼吸器官疾病的其他症状和变化，其他杂音的发生则与呼吸无关。

第五单元　腹壁、腹腔及消化系统检查

第一节　腹壁及腹腔检查

一、腹壁检查

最常用的方法是视诊、触诊、听诊，必要时可进行腹腔穿刺等检查。

1. 腹壁视诊　除观察被毛、皮肤及皮下组织的表在病变外，应着重判断腹围的大小及外形轮廓的改变。

（1）反刍动物腹围变化　腹围增大，左腹侧上方膨大，肷窝凸出，腹壁紧张而有弹性，叩诊呈鼓音，见于急性瘤胃臌气。左腹侧下方膨大，肷窝消失，叩诊呈浊音，见于瘤胃积食。腹围缩小，主要见于长期饲喂不足、顽固性腹泻及慢性消耗性疾病。右侧腹肋弓后下方膨大，主要见于皱胃积食及瓣胃阻塞。腹部下方两侧膨大，触诊有波动感，叩诊呈水平浊音，见于腹水和腹膜炎。

（2）其他动物腹围变化　腹围增大，是胃肠内容物长期停滞及过度充满或腹腔积液的结果。亦见于大面积的腹下浮肿、腹壁疝、子宫蓄脓及膀胱内高度充满尿液等。腹围缩小，表示胃肠内容物显著减少，可见于剧烈、频繁的腹泻及消耗性疾病。局限性膨大，常见于腹壁疝。

2. 腹壁触诊

（1）敏感性　可见动物表现回视、躲闪、反抗等动作，提示腹膜的炎症。

（2）波动感　冲击触诊，有击水音或感有回击波，见于腹腔积液。

（3）紧张性　增高可见于破伤风，有时也见于传染性脑脊髓炎及胃肠炎等；降低可见于腹泻、营养不良、热性病。

（4）温度、湿度的变化及其诊断意义　详见整体及一般检查部分。

二、腹腔检查

大动物腹腔触诊多采用直肠检查进行判定。小动物较适合腹部触诊。腹腔触诊包括浅表触诊和深部触诊，可以结合叩诊或听诊。触诊疼痛的腹部时，应由浅表触诊逐步过渡到深部触诊，并使紧张的腹部充分松弛。触诊腹部可与直肠检查同时使用。触诊结果为器官能否触及，器官的大小、形状、坚实性（坚实或柔软）、敏感性和位置、表面状态（如太光滑、颗粒状）。

第二节　口、咽及食管检查

一、口腔检查

多采用视诊、触诊、嗅诊，必要时用开口器辅助。注意流涎，气味，口唇，口黏膜的温度、湿度、颜色及完整性（损伤和疹疱），舌和牙齿等有无变化。

（一）开口方法

1. 犬

（1）徒手开口法　用两手把握犬的上下颌骨部，将唇压入齿列，使唇被盖于臼齿上，然后掰开口腔。

（2）布带开口法　用布带或绷带两条，各横置于上下犬齿之后，然后两手同时抓住上、下布带两端，上下拉动打开口腔。

（3）特制开口器（弹簧式或螺旋式）

2. 牛

（1）徒手开口法　检查者站于牛头侧方，先用手轻拍牛的双眼，在其闭眼的瞬间，以一手的拇指与食指捏住鼻中隔或鼻环向上提举，另一手的食指与中指由口角伸入口内，将牛舌向外拉出即可。

（2）开口器开口法　待开口器前端送达牛的口角时，将把柄旋转，即可打开口腔。

3. 羊、猪

（1）徒手开口法　以一手拇指与中指由颊部捏握上颌，另一手拇指及中指由左、右口角处握住下颌，同时上下用力拉开口腔。

（2）开口器开口法　由助手握住羊、猪的两耳进行保定，检查者将开口器平直伸入口内，待开口器前端达到口角时，将开口器的柄用力下压，即可打开口腔进行检查或处理。

4. 禽类　以一手拇指与食指于两侧口角处捏开或用两手分别将之上下拉开即可。

5. 马

（1）徒手开口法　检查者站于马头侧方，一手把住笼头，另一只手食指和中指从一侧口角伸入并横向对侧口角方向，手指下压并握住舌体，将舌拉出的同时用另一只手的拇指从其侧口角伸入并顶住上腭，使口张开。

（2）开口器开口法　一般可使用单手开口器，一手把住笼头，一手持开口器自口角处伸入，随动物张口而逐渐将开口器的螺旋形部分伸入上下齿之间，使口腔张开。

（二）口腔外部的检查

1. 口唇的紧张性降低　表现为下垂，有时口腔不能闭合。一侧性颜面神经麻痹，则唇歪向健康的一侧。

2. 口唇的紧张性增高　表现为双唇紧闭，口角向后牵引，口腔不易或不能打开。

3. 唇部的明显肿胀或坏死　见于口腔黏膜的深层炎症、马传染性脑脊髓炎、饲料中毒以及牛瘟等；马叶斑病时，鼻面部和口唇常肿胀明显，面部呈特征性的河马头样外观。

4. 唇部疹疱　见于口蹄疫、牛瘟、马传染性脓疱口炎。

5. 唇部的结节、溃疡及瘢痕　见于马鼻疽或流行性淋巴管炎。

6. 流涎　常见于各种类型的口炎、伴发吞咽困难的疾病、某些中毒病及神经系统的疾病。

（三）口腔内部的检查

1. 气味　生理状态下，动物口腔内除在采食之后可有某种饲料的气味外，一般无特殊臭味。

2. 黏膜　采用视诊和触诊检查。注意以下几点。

（1）温度　用手指伸入口腔中感知，口腔温度与体温的诊断意义基本一致。仅口温高而体温不高，见于口腔黏膜的炎症。对于牛、猪及犬，应同时触诊鼻镜、鼻盘或鼻端的温度加以比较。

（2）湿度　口腔过湿，可由唾液分泌增多或吞咽障碍而引起；口腔干燥，多见于发热性疾病、重剧胃肠疾病、脱水及阿托品中毒等。

（3）颜色　健康动物口腔黏膜呈粉红色而有光泽。除局部炎症引起的潮红外，口腔黏膜颜色变化与其他部位的可视黏膜颜色变化的意义相同。

（4）出血斑点　可见于出血性素质。舌下部的小出血点，常见于马传染性贫血。

（5）完整性　动物患口炎、水疱病、口蹄疫、痘疮、维生素 C 缺乏症及念珠菌病等，口腔黏膜的完整性常遭到不同程度的损伤。

3. 舌　用视诊和触诊检查。

（1）舌苔　是覆盖在舌体表面上的一层疏松或致密的沉淀物。舌苔薄且色淡表示病程短、病情轻；舌苔厚而色深，则标志病程长、病情较重。

（2）舌色　绛红（深红）色或紫色，提示循环高度障碍或机体缺氧；青紫色、舌软如绵，常提示疾病已到危期。

（3）舌硬化（木舌）　舌硬如木，体积增大，甚至可使之垂于口外，可见于放线菌病。

（4）舌麻痹　表现舌垂于口角外并失去活动能力，见于某些中枢神经系统疾病的后期或饲料中毒。此时，常伴有咀嚼及吞咽障碍。

（5）舌体的咬伤　可因中枢机能扰乱而引起。马舌体的横断性裂创，多因衔勒所致。

（6）动物舌面出现水疱、糜烂和溃疡　见于口蹄疫、水疱性口炎、牛恶性卡他热、牛黏膜病等。

4. 牙齿　主要检查齿列是否整齐，有无松动、龋齿、过长齿、赘生齿、磨灭等情况。

二、咽 检 查

主要采用外部视诊和触诊。小动物亦可打开口腔，进行内部视诊检查。触诊时，用两手同时自咽喉部左右两侧加压并向周围滑动，以感知其温度、敏感性及肿胀程度。

1. 视诊 小动物及禽类，咽的内部视诊比较容易；大动物须借助于喉镜检查。咽部发炎时，动物头颈伸直、咽区肿胀、吞咽障碍。当怀疑有咽部异物阻塞或麻痹性疾病时，应检查咽内部。

2. 触诊 触诊大动物时，应站在颈侧，以两手同时由两侧耳根部向下逐渐滑行并随之轻轻按压以感知其周围组织状态，如出现有明显肿胀和热感并引起敏感反应（疼痛反应或咳嗽时），则多为急性炎症过程。

三、食管检查

颈部食管可进行外部视诊、触诊及探诊，而胸部食管只能进行胃导管探诊或 X 线检查。

1. 视诊 当食管憩室，食管狭窄、扩张时，在动物采食过程中，可见颈部食管部出现界限明显的局限性膨隆。此时将食物向头部方向按摩、推送，可引起嗳气和呕吐动作，当食物被排出，膨隆即可消失。食管呈腊肠样肿大，主见于食管扩张。马患急性胃扩张时，有时可出现食管的逆蠕动现象。

2. 触诊 触诊食管时，检查者应站在动物的左颈侧，面向动物后方，左手放在右侧颈沟处固定颈部，用右手指端沿左侧颈沟直至胸腔入口，轻轻按压，以感知食管状态。注意是否有肿胀、异物、波动感及敏感反应等。

3. 食管（包括胃）**的探诊** 目的在于根据探管深入的长度和动物的反应，确定食道梗阻、狭窄、憩室及炎症的发生部位。亦可借胃导管获取胃内容物进行实验室检查。

第三节 胃导管技术及其应用

一、胃导管使用方法

选择适当长度、外径和硬度的胃导管。

动物保定确实，使用前将胃导管消毒软化（冬季寒冷时）、适当涂布润滑剂。使用时可经口腔或鼻孔插入胃导管至咽喉部，适当抽插刺激动物产生吞咽动作时，适时将胃导管插进食道内并继续深插到颈部下 1/3 处。确定胃导管准确无误地插入食道后，方可实施食道探诊或其他临床操作。操作完毕后，或折叠胃导管末端或堵塞胃导管口或压扁导管末端，缓缓抽出胃导管。然后将胃导管清洗、消毒，备用。

二、胃导管技术的应用

除探诊（见上）外，胃导管的主要作用是导胃、洗胃与投药。

1. 导胃 即通过虹吸原理清除胃内过多的内容物，排出胃内的有毒物质，临床上主要用于治疗胃臌气、扩张、积食及饲料或药物中毒等；或吸取胃液供实验室检查等。

2. 洗胃 一般用温水，低浓度的碳酸氢钠溶液、食盐水或高锰酸钾溶液等经胃导管灌入胃内，再将其与胃内容物的混合物经胃导管导出，其目的是清除胃内可能的有害物质。

小动物的胃导管插入胃内后，在胃导管的外端口连接装有灌洗液的注射器，向胃内注入相当量的灌洗液后，再用注射器抽取出胃内容物，反复灌洗，直至洗出的液体与灌洗液的颜色相同为止。洗胃完毕后，反折胃导管，缓慢拔出。

3. 投药 在药物剂量太大、用药的作用部位在胃肠道、不适宜用其他方法投药、药物剂型为口服剂且药物气味不能被动物接受、动物饮食废绝或吞咽困难的情况下应用。

投药时应配备一连接漏斗。投药结束，应投入少量清水，冲净胃导管内残留的药液，折叠胃导管末端或堵塞胃导管口，然后再慢慢抽出胃导管。

三、应用胃导管的注意事项

(1) 应切实保定好动物，依动物种类和大小，以及投放胃导管目的的不同，选用相应的开口器、口径及长度和软硬适宜的胃导管。胃导管及其他用具使用前应以温水清洗干净，将胃导管前端涂布润滑剂。操作时动作要轻柔，胃导管插入、抽动要徐缓。经口投入时，开口器应压住动物舌部。

(2) 发生呕吐时应防止呕吐物误入气管中。

(3) 反刍动物插入胃导管后，如有气体排出，应鉴别是来自胃内还是呼吸道内。

(4) 投药时，胃导管须插入食道深部或胃内。如果投药中引起咳嗽气喘，或因动物骚动而使胃导管移动脱出时，应暂停投药。在投药过程中，应密切注意病畜表现，一旦发现异常，应立即停止并进行抢救。

(5) 投药和洗胃时，在胃导管的外端连接漏斗，举高漏斗，将液体缓缓倒入漏斗内；洗胃时待漏斗内洗液即将流完时，放低胃导管末端使其低于动物体躯，并同时压低动物头部，依据虹吸原理排出胃内容物。

(6) 洗胃时反复冲洗多次，逐渐排出胃内大部分内容物。洗胃后，有时需投入健康动物胃液，禁食12h，勤饮少量清水。马胃扩张时，开始灌入过多的温水，应格外小心。

(7) 患病动物呼吸极度困难或有鼻炎、咽炎、喉炎等，忌用胃导管投药。

第四节 反刍动物前胃检查

一、瘤胃检查★★★★★

在左侧腹壁上采用视诊、触诊、叩诊和听诊进行检查，了解瘤胃收缩次数和强度及其内容物的性状和数量。必要时，可穿刺检查瘤胃液pH、纤毛虫等。

反刍动物前胃检查

1. 视诊 瘤胃积食和臌气时，肷窝突出与髋结节同高，尤其在急性臌胀时，突出更为显著，甚至与背线一样平。肷窝凹陷加深，见于饥饿和长期腹泻等。

2. 触诊 目的是判定瘤胃的运动机能和内容物的性状。方法是，将手掌摊平或握成拳头，用力紧紧贴放于左侧肷窝部，以克服瘤胃腹肌的张力，使检手密接于瘤胃壁，测定瘤胃的收缩次数和强度。正常时，瘤胃收缩次数为：牛1~3次/min、山羊1~2次/min、绵羊1.5~3次/min，以食后2h最旺盛，食后4~6h后逐渐减弱，饥饿时收缩次数减少。瘤胃臌气时，上部腹壁紧张而有弹性。前胃弛缓时，内容物柔软。瘤胃积食时，内容物坚硬。瘤胃黏膜有炎症时，触压瘤胃患畜呈现躲避或抗拒触压等现象。瘤胃收缩次数减少，收缩力量减弱，收缩时间短促，表示其运动机能减退。瘤胃蠕动停止，触诊时完全感觉不到瘤胃的运动，为其运动机能高度紊乱的表现。瘤胃运动机能增强，见于急性瘤胃臌胀的初期、藜芦中

毒和注射增强瘤胃运动机能的药物后。

3. 听诊　健康牛的瘤胃蠕动音呈雷鸣音或远炮音，为一种由远而近、又由近而远，先弱后强、而后又逐渐减弱的波浪式蠕动音。每次收缩分为两个相连的阶段，第一个收缩时间短而音调低，第二个收缩时间长而音调高。收缩蠕动为 1～3 次/min，每分钟收缩蠕动波延长 15～20s，经短暂休止后再现第二次收缩蠕动。瘤胃听诊的临床意义与瘤胃触诊的临床意义相同。凡影响消化系统的局部性和全身性疾病，均可引起瘤胃蠕动次数减少，甚至停止。当瘤胃弛缓持续多日时，可在上部听到流水音。在左侧腹部前下方（第 11 肋骨下方）听到与瘤胃蠕动不一致的流水音时，应考虑真胃变位。

4. 叩诊　健康牛瘤胃上部叩诊为鼓音，由肷窝向下逐渐变为半浊音，下部完全为浊音。

二、网胃检查★★★★★

主要是用触诊和增加腹压的方法，检查网胃有无疼痛。也可使用金属异物探测仪，探查网胃内的金属异物。

（1）一人站在牛的左侧，另一人站在牛的右侧，两人各用一手在剑状软骨部互握，并向上抬举，同时各把另外一手放在牛的鬐甲部，并向下压。或两人用一木棍（扁担），在剑状软骨部向上抬举，以实施对网胃的压迫。

（2）面向牛的尾方，蹲在牛的左前肢稍后方，以右手握拳，顶在剑状软骨部，肘部抵于右膝上，以右膝频频抬高，抵压网胃部。

（3）双手放在牛的鬐甲部，用力捏起背部皮肤，使成皱襞，或用一手捏住牛的鼻中隔向前牵引，使头颈呈水平状态，用另一只手捏起鬐甲部皮肤，在捏压鬐甲皮肤时，正常牛呈现背腰下凹姿势，但并不试图卧下。

（4）应用以上方法检查时，如病牛出现呻吟、不安、躲闪、反抗或企图卧下等，表明网胃疼痛。

（5）由较陡的坡面向下行走，当牛患创伤性网胃炎时，表现运动小心、步态紧张、四肢集于腹下、不愿前进，甚至呻吟、磨牙等。

（6）采用金属探测仪进行检查，但对于阳性结果，应结合临床症状综合分析。

三、瓣胃检查★★★★★

在右侧第 7～10 肋骨间，肩关节水平线上下 3cm 范围内的瓣胃区用拳叩击，或在第 7～9 肋间用伸直的手指指尖实施压迫，如出现疼痛反应，应考虑瓣胃秘结或创伤性炎症。

瓣胃听诊，正常时可听到微弱的沙沙声，常随瘤胃蠕动音之后出现，于采食后较明显。瓣胃蠕动音减弱或消失，见于瓣胃秘结、严重的前胃疾病及热性疾病。若因瓣胃秘结而体积显著增大时，视诊可见瓣胃区膨隆，有时在靠近瓣胃区的肋弓下部，进行冲击式深触诊，可触及坚实的胃壁。

第五节　胃　检　查

一、反刍动物真（皱）胃检查★★★★★

牛的真胃位于右下腹部第 9～11 肋骨之间，沿肋弓区直接与腹壁接触。皱胃的检查方法包括视诊、触诊、叩诊和听诊。

（1）真胃严重阻塞、扩张时，可以看到右侧腹壁真胃区向外侧突出，左右腹壁显得很不对称。皱胃扭转时，可见右腹膨大或肋弓突起；皱胃左方变位时，可见左侧肋弓突起，而右侧原皱胃区则变得扁平。

（2）沿肋骨弓后下方或与膝关节水平仔细触诊，如病畜表现回顾、躲闪、呻吟、后肢踢腹，则为真胃区敏感的标志。触诊真胃区有坚实感或坚硬，呈长圆形面袋状，伴有疼痛反应，则为真胃阻塞的特征。冲击触诊有波动感，并能听到击水音，提示皱胃扭转或幽门阻塞、十二指肠阻塞。

（3）叩诊真胃出现鼓音，为真胃扩张之征。有时也可以在左侧沿左髋结节与同侧肘突假设连线上进行叩诊，如在左侧肋骨弓区用叩诊和听诊相结合的方法，听到钢管音，则多为真胃左方移位。必要时可穿刺取内容物进行检查。

（4）听诊真胃蠕动音增强，见于真胃炎。蠕动音稀少、微弱，则表示胃内容物干涸或机能减弱，见于真胃阻塞。金属音调的蠕动音见于真胃变位。

二、马属动物胃检查

主要采用视诊、听诊、胃导管探诊、直肠内部触诊，或根据需要取胃内容物进行实验室检验。

当幽门痉挛及急性胃扩张时，有时可见左侧胸廓中部第15～17肋骨间处稍显隆起。若胃内有一定量气体及液、固体内容物混在时，用强力叩诊局部可呈明显的浊鼓音。胃扩张时，在胃区有时可能听到短促而微弱的沙沙声、流水声或金属声。对体躯较小的马（或驹）进行直肠内部触诊，可在左肾前下方摸到紧张而有弹性的胃后壁，呈半圆形并随呼吸动作而前、后移动。随胃扩张的程度不同，脾脏可呈不同程度的向后移位。

三、猪胃检查

猪胃的容积较大，其大弯可达剑状软骨后方的腹底壁。当胃扩张、胃臌气时，胃可伸展到剑状软骨及脐部之间的中点，视诊可见左腹部膨大，取犬坐姿势，呼吸急促，呻吟，两前肢频频交换，触压胃部可引起呕吐。吞食了刺激性食物及猪瘟、副伤寒等时，触压胃部可引起呕吐。胃炎或胃食滞时，在左侧季肋下胃区触诊，可呈疼痛反应或呕吐。

四、小动物胃检查

主要采用视诊、触诊、叩诊、探诊等方法进行检查（主要是犬和猫）。还可以根据需要进行胃镜、胃液、X线等检查。

（1）在胃扭转、胃扩张、胃肿瘤等疾病时，可见到腹围扩大。

（2）通常用双手拇指以腰部作支点，其余四指伸直置于两侧腹壁，缓慢用力触诊感觉腹壁及胃肠的状态。也可将两手置于两侧肋骨弓的后方，逐渐向后上方移动，让内脏器官滑过指端，以行触诊。

（3）一般取仰卧姿势进行叩诊。当空腹叩诊时，从剑状软骨后直到脐部呈鼓音；采食后则呈浊音。在食滞性胃扩张时，浊音区扩大；气胀性胃扩张时，出现大面积鼓音区。胃扭转时，腹部膨胀，叩诊呈鼓音或金属音。

（4）经鼻腔或口腔将胃导管插入食管和胃进行探诊。当气胀性胃扩张时，会从胃导管内排出较多的酸臭气体。在胃扭转时，插入的胃导管停顿于贲门附近，或者当用力而能推进胃内时，则有带臭味的气体和带血的液体从管内逸出。胃探诊时一定要保证兽医和动物的安全，必要时实施麻醉。

第六节　肠管检查

一、反刍动物肠管检查

主要使用听诊和直肠检查。健康反刍动物在腹部右侧后部听诊，可听到稀而弱的肠蠕动音。小肠蠕动音类似于含漱音、流水音；大肠蠕动音类似雷鸣音或远炮音。

1. 肠音增强　听诊肠音高朗，连绵不断，见于急性肠炎、肠痉挛和服用泻剂等。

2. 肠音减弱　听诊肠音短而弱，次数稀少，见于一切热性病及消化机能障碍。

3. 肠音消失　听诊肠音完全停止，为肠管麻痹的表现，见于肠套叠及肠便秘等。

二、马属动物肠管检查

肠音是由于肠管蠕动时肠内容物移动而产生的。临床实践中，肠音听诊区为：左肷部听小结肠音和小肠音，左侧腹部下 1/3 听左侧大结肠音，右肷部听盲肠音，右侧肋弓下方听右侧大结肠音。每处至少听 1min。正常马的小肠音如流水声、含漱声，大肠音如雷鸣音、远炮音。小肠音为 8～12 次/min，大肠音为 4～6 次/min。

1. 肠音增强　听诊肠音高朗，连绵不断，有时离数步远也能听到。

2. 肠音减弱　听诊次数稀少，肠音短促而微弱。肠音消失，听诊肠音完全停止，为肠管麻痹或病情重剧的表现。腹痛病马肠管音消失后，又出现肠音，是趋向好转的表现。

3. 肠音不整　听诊肠音次数不定，时快时慢、时强时弱，而且蠕动波不完整，变化无常。

4. 金属性肠音　听诊肠音如水滴落在金属板上的声音。这是因肠内充满气体，或肠壁过于紧张，肠内容物移动冲击肠壁发生振动而形成的声音。

三、直肠检查

对大动物，以手伸入直肠并经肠壁而间接地对盆腔器官及后部腹腔器官进行检查的方法，称为直肠检查法。用于发情鉴定、妊娠诊断以及疝痛、母畜生殖器官及泌尿器官疾病的诊断。检查时应注意肠内容物的多少、硬度，脏器的形状、位置及有无损伤等。

（一）马

1. 适用范围

（1）腹痛性疾病的部位、性质、程度的判断及鉴别诊断，并兼有治疗作用。

（2）妊娠诊断及母畜生殖器官（卵巢、输卵管、子宫等）疾病的诊断。

（3）检查泌尿器官（肾脏、膀胱等）及肝、脾的病变。

（4）当怀疑有腹膜疾病（如腹膜炎时）、骨盆骨骨折时，直肠检查可作为诊断的参考。

2. 操作准备

（1）术者的指甲要剪短、磨光，充分露出手臂并涂以润滑油类，着胶靴、罩衣，必要时可戴胶手套或塑料手套等。

（2）被检动物应保定确实，最好将动物保定于前高后低的位置。

（3）对表现腹痛剧烈的病畜，可用1%普鲁卡因溶液后海穴封闭。

（4）有肠臌气、腹围膨大的病畜，应先行穿肠放气；对心力衰竭的病例可先注射强心剂。

（5）一般情况下，先用温肥皂水灌肠，以清除直肠内的积粪并使肠管松弛，但若疑有直肠穿孔时，严禁灌肠。

3. 操作方法　以六柱栏保定时，术者站于左后方，一般用右手进行检查。横卧保定时，右侧横卧用右手，左侧横卧用左手，术者取伏卧姿势。将检手的手指集聚成圆锥状，旋转通过肛门、伸入直肠，当直肠内有粪球时，应将其纳入掌心并微屈手指以取出；如膀胱过度充盈、贮积大量尿液时，应进行轻轻按摩以促其排空，如不能自排时，可行人工导尿。检手徐徐沿肠腔方向伸入，尽量使肠管更多地套在手臂上，当患畜努责时，检手可随之后退，如肠壁极度紧张时，可暂时停止前进，待肠壁弛缓时再向前伸入之。一般直至手臂上套有一段直肠狭窄部的肠管后，即可进行各部及器官的触诊。当狭窄部套手困难时，可用检查者胳膊下压肛门，诱使病马作排粪反应以便于狭窄部套在手上。如患畜频频努责时，应暂停检查，并由助手在动物腰荐部强力压捏之，待安静后再行继续检查。检查腹腔器官时，应用并拢的指腹轻轻触摸，严禁手在肠管内随意搔抓或以手指锥刺，前进或后退时，宜缓慢小心，切勿粗暴。检查完毕后，应徐徐抽出检手，解除动物的保定。

4. 检查顺序　肛门→直肠→膀胱→小结肠→左侧大结肠→腹主动脉→左肾→脾脏→前肠系膜根→十二指肠→胃→盲肠→胃状膨大部。

5. 常见变化的临床意义

（1）直肠膨大空虚，表明肠内容物后送停止；肠管壁紧张，同时肠内有多量的黏液蓄积，提示直肠炎症及有肠变位的可疑；直肠内有热感而湿度增高，表示有炎症反应；检手上附有血液，并发现黏膜有裂孔，表明直肠破裂。驴直肠便秘（直肠结症）时，检手可直接触摸到阻塞的大量坚固的粪块。

（2）膀胱敏感、疼痛，表示膀胱有炎症；当触之发现囊内有硬块状物体时，可疑为膀胱结石；高度膨大，充满尿液，提示膀胱括约肌痉挛或膀胱麻痹，尿道结石或阻塞。

（3）小结肠内粪球过大、硬结，有疼痛反应（动物表现骚动不安），提示为小结肠便秘。触诊大结肠内容物硬结，变粗并呈疼痛反应，则提示为结肠便秘。

（4）盲肠肠腔内充满硬固内容物，可为盲肠阻塞（盲肠积粪）；如有大量气体且有明显弹性，外部视诊有显著的腹围增大，则为盲肠臌气。

（5）肾区敏感，触压时呈疼痛反应，提示为肾炎。脾脏位置明显后移，常为急性胃扩张的特征标志。

（6）腹主动脉及前肠系膜动脉根膨大、有明显搏动、紧张而有疼痛反应时，多提示为有寄生虫性动脉瘤可疑。有时也常有肠系膜动脉血栓性腹痛病的发生。

（7）肠管膨大有弹性，检手活动困难，提示为肠臌气；肠管位置不正常或有扭转、移位、缠结、套叠等变化，并多呈剧烈疼痛反应，则有机械性变位或阻塞的可能。

（8）检查公马腹股沟环，感知有绳索状肠管进入腹股沟环，并呈疼痛反应时，则表示有腹股沟管的肠嵌闭。

6. 注意事项

（1）对表现腹痛剧烈的病畜，可先用1%普鲁卡因溶液行后海穴封闭。

（2）必须严格遵守操作要领，以防造成直肠壁穿孔。

（3）要熟悉腹腔、盆腔及其他部位需要检查的器官、组织的正常解剖位置和生理状态。

（4）必须与一般临床检查结果及其所有症状、资料进行全面综合分析，才能得出合理正确的诊断。

（5）检查者应在学习或工作中进行反复多次的练习。

（二）牛

1. 检查方法 可用手或鼻钳钳住鼻中隔或手握鼻环绳，必要时用绳套住后肢进行保定。牛直肠内较滑润，一般不必灌肠，如肠内有积粪时，应先掏出。手伸入直肠后，以水平方向渐次前进，将手进入结肠的最后段 S 状弯曲部，此部移动性较大，故手可以自由活动，然后按顺序检查之。

2. 检查顺序 肛门→直肠→骨盆→耻骨前缘→膀胱→子宫→卵巢→瘤胃→盲肠→结肠袢→左肾→输尿管→腹主动脉→子宫中动脉→骨盆部尿道。

3. 临床意义

（1）膀胱积尿时，膀胱异常膨大；膀胱炎时，则触之敏感，膀胱壁增厚。

（2）触摸瘤胃时感到腹内压异常增高，瘤胃上后盲囊抵至骨盆入口处，甚至进入骨盆腔内，多为瘤胃膨胀或积食。

（3）触之肠袢呈异常充满而有硬块感时，多为肠阻塞。若有异常硬实肠段，触之敏感，并有部分肠管呈臌气者，多为肠套叠或肠变位。

（4）右侧腹腔触之异常空虚，多为真胃左侧变位。

（5）当真胃幽门部阻塞或真胃扭转继发真胃扩张，或瓣胃阻塞抵至肋弓后缘时，有时于骨盆腔入口的前下方，可摸到其后缘。

（6）触摸肾脏敏感、增大、肾分叶结构不清楚，多提示为肾炎。肾盂胀大，一侧或两侧输尿管变粗，多为肾盂肾炎和输尿管炎。

（7）母畜可触诊子宫及卵巢的大小、性状和形态的变化，如卵巢囊肿、永久性黄体、子宫蓄脓等；公畜可触诊副性腺及骨盆部尿路的变化，如前列腺肿大等。

四、猪肠管检查

体瘦而腹壁薄的猪，腹部触诊可感知肠内容物性状。当结肠套叠或肠便秘时，可感知坚硬的粪串或呈块、盘状，同时伴有疼痛反应。听诊肠音高朗、连绵，可见于各种类型肠炎及伴发肠炎的传染病。肠音低沉、微弱或消失，见于肠便秘。视诊脐部有时可发现圆形囊状肿物，触之柔软或有波动，听诊可有肠音，多为脐疝。

肠便秘病猪表现为频频取排粪姿势，初期排干小粪球，以后排粪停止；听诊肠音微弱，有时听到金属性肠音；腹部触诊显示不安，小型瘦弱猪可摸到形如串珠的干粪球。

五、小动物肠管检查

1. 视诊 置小动物于桌子上，从后方观察腹部的轮廓、大小及形状。肠臌气、粪便淤积或便秘时腹围膨大。结肠便秘时，于髂骨结节和季肋部之间出现局限性隆起。肠胃炎、高热性疾病时，营养明显不良，可见腹围极度缩小，肛门及后躯污秽不洁，且有恶臭。剧烈腹痛时呈"祈祷"姿势。

2. 触诊　原地站立或横卧或提举前肢，主人保定好犬、猫头部。检查者面对胃部将两手拇指置于腰部为支点，其余四指伸直于腹壁两侧，缓慢用力压迫，直至两手指端互相接触为止，以感觉腹壁、肠管及可触及的内脏器官的状态。如果将患病犬、猫的前后躯轮流高举，几乎可以触知全部腹腔的脏器。肠胃炎时，有压痛。肠秘结时，在脊柱之下和骨盆入口处之前可以摸到坚硬的香肠状粪条或粪块。肠套叠时，可在右下腹摸到坚实而有弹性的、弯曲的、移动自如的圆柱形的肠管。肠绞窄，尤其与腹腔带蒂的肿瘤相缠结时，可摸到肿瘤及紧张的肿瘤蒂基部。肠扭转时，可发现局部的触痛和臌气的肠管。腹腔积液时，用手掌紧贴一侧腹壁，另一手的手掌或手指从对侧腹壁压迫或轻轻冲击，贴于腹壁的手掌会感到波动，同时可听到水的振荡音。

3. 听诊　健康小动物的肠音如啵音或捻发音。肠音增强，见于急性肠卡他、胃肠炎的初期以及化学药物刺激等。肠音减弱，见于重度胃肠炎后期、肠便秘。肠音消失，见于肠麻痹、肠便秘及肠变位的后期。肠音不整，见于慢性胃肠卡他和大肠便秘的初期。金属音，见于肠臌气。

4. 直肠检查　带上润滑好的手套后，检指轻轻地伸入直肠，依次感觉到肛门紧张度、肠壁硬度和润滑度、直肠内容物物理状态、骨盆和荐骨的轮廓、尿道和动脉、膀胱颈、雄性动物的前列腺和雌性动物的阴道等。

第七节　排粪动作及粪便的感官检查

一、排粪动作的检查

在正常状态下，马、牛、羊排粪时，背腰稍拱起，后肢稍开张并略向前伸；犬排粪采取近于坐下的下蹲姿势。马和山羊在行进中可以排粪。

健康动物每天排粪次数和排粪量为：马、骡 8～12 次、10～25kg，牛 10～18 次、25～35kg，羊 3～8 次、1～3kg，猪 2～5 次、1～3kg，犬 1～3 次、0.3～0.8kg。异常排粪动作有以下几种。

1. 腹泻　动物排粪次数增多，排粪量增加，同时粪便不成形，质地改变，如不断排出粥样、液状或水样稀粪，并带有黏液，有时还带有脓液和血液。

2. 排粪失禁　动物未取排粪姿势而不自主地排出粪便，主要是由于肛门括约肌松弛或麻痹所致。见于荐部脊髓损伤和炎症，也见于大脑的疾病。

3. 便秘　临床上亦称排粪迟缓，患畜表现排粪次数减少、排粪费力、排粪量少，粪便质地干硬而色暗，呈小球状，常被覆黏液。

4. 排粪痛苦　动物排粪时，表现疼痛不安、惊恐、呻吟，拱腰努责。见于腹膜炎、直肠损伤、胃肠炎、创伤性网胃炎、尖锐异物、无肛和肛门堵塞等。

5. 里急后重　动物频取排粪姿势，并强力努责，无粪便排出或仅排出少量粪便或黏液。见于直肠炎及肛门括约肌疼痛性痉挛、犬肛门腺炎。

二、粪便的感官检查

腹泻时，粪便稀薄，呈稀粥状，甚至呈水样。便秘时，粪便干硬而色暗；病程较长的便秘，粪便可呈算盘珠状。前部肠管或胃出血时，粪便呈褐色或黑色（沥青样便）；后部肠管出血时，常见血液附着在粪便表面而呈红色；阻塞性黄疸时，粪为淡黏土色（灰白色）；犊牛白痢及仔猪白痢时，粪呈白色糯糊状。健康草食动物的粪便一般无恶臭气味，猪、犬和猫的粪便较臭。当肠内容物发酵过程占优势时，粪便呈现酸臭味。当肠内容物腐败过程占优势时，粪便呈现腐败臭味。在黏液膜性肠炎、急性结肠炎、犊牛白痢、仔猪白痢时，粪便呈现腥臭味。健康动物的粪便表面有薄层的黏液，使粪便表面具有特别的光泽。病理情况下，粪便中常见黏液量增多，混杂物有：黏液膜、假膜、血液、脓液，以及其他异物或寄生虫等。

第八节　肝、脾检查

肝脏检查，常用触诊和叩诊法，必要时，可进行肝脏穿刺做活组织检查和肝功能检查。中、小动物还可进行超声检查。

一、肝脏检查

肝功能检查

1. 正常位置　正常状态下，叩诊和触诊均不易检查，只有当肝脏有明显肿大时，才具有诊断价值。触诊右侧季肋下部肝区，以手掌平放进行冲击性压迫，如动物表现敏感反应（躲闪、回视、反抗等）时，可提示肝区敏感与实质性肝炎。

2. 肝脏检查的临床意义　触诊发现肝脏肿大、变厚、变硬，疼痛明显；叩诊肝脏浊音区扩大，见于肝炎、肝硬化、肝中毒性营养不良、肝脓肿或肝片吸虫病。牛肝脏高度肿大时，外部触诊可感到硬固物，并随呼吸而前后移动。

二、脾脏检查

常用触诊和叩诊法。必要时，可通过脾脏穿刺、采取脾液进行实验室检查。

1. 牛　正常时，叩诊不能获得牛脾脏的浊音区。当牛患脾炎、炭疽、牛恶性卡他热、牛血孢子虫病时，脾脏肿大，可在肺后界与瘤胃之间，叩诊出一狭长的浊音区；同时在叩击时，病牛常呈现疼痛反应。

2. 马　位于腹腔前部胃的左侧，在肺叩诊区后界的后缘与肋弓之间，可叩诊出一带状的脾脏浊音区。直肠内部触诊为检查脾脏的最好方法，可正确判断位置、大小、表面状态、质地及敏感性等。病理状况下脾脏肿大时，脾脏浊音区向后方扩大，甚至可到达髋结节的垂直线。此时，直肠内触诊可摸到边缘增厚为钝圆的脾脏。

3. 犬　位于左季肋部。在临床上主要采用外部触诊。使犬右侧卧，左手托右腹部，右手在左肋下向深部压迫，借以触知脾脏的大小、形状、硬度和疼痛反应。犬的脾脏肿大，见于白血病、脾脏淀粉样变性、急性脾炎或慢性脾炎、炭疽、吉氏巴贝斯虫病等。

第六单元　泌尿系统检查

泌尿系统的检查方法，主要有问诊、视诊、触诊、导管探诊、肾脏机能检验、排尿和尿液的检查。必要时还可应用膀胱镜、X线等特殊检查法。

第一节　排尿动作及尿液感官检查

一、排尿反射

尿液在肾脏形成之后，进入膀胱内贮存。当贮存于膀胱内的尿液不断增加，内压升高到一定程度时，刺激膀胱壁压力感受器，冲动经传入神经传至脊髓排尿初级中枢，引起盆神经兴奋和腹下神经抑制，从而反射性地使膀胱逼尿肌收缩和括约肌松弛，引起排尿。

脊髓排尿反射初级中枢经常受大脑皮质的调节，受意识所支配，排尿可随意控制。

二、排尿动作检查

膀胱感受器、传入神经、排尿初级中枢、传出神经或效应器官等排尿反射弧的任何一部分异常，腰段以上脊髓受损伤而排尿初级中枢与大脑高级中枢之间传导中断，或大脑高级中枢机能障碍，均可引起排尿动作障碍。

1. 排尿姿势　正常情况下，公犬排尿常将一后肢抬起或跷在墙壁或其他物体上而将尿射于该处。公猫一般为站立或蹲着排尿。母犬、幼犬和母猫呈坐位排尿。公牛和公羊排尿时不做准备动作，阴茎也不需伸出包皮外，腹肌也不参与收缩，只靠会阴部尿道的脉冲运动，尿液断续呈股状一排一停地流出，可在行走中或采食时排尿。母牛和母羊排尿时，后肢展开、下蹲、举尾、背腰拱起。马在运动中不能排尿，正常姿势是前肢略向前伸，腹部和尻部略下沉，公马后肢向后，母马后肢略向前并微弯曲，举尾，先行一次吸气后暂停呼吸，开始排尿，并借腹肌收缩而尿流呈股状射出。排尿时，公马阴茎不同程度伸出于阴鞘外，排尿后开始呼吸时发生轻微呻吟声；母马还可见阴唇有数次缩张。公猪排尿时，尿流呈股状而断续地短促射出。母猪排尿动作与母羊相同。公骆驼排尿时，后肢略向侧方开展，尿呈股状断续地向后方射出，还时不时中断。

2. 排尿次数　健康状况下，24h内排尿：犬3～4次，但公犬常随嗅闻物体而产生尿意，短时间内可排尿10多次；牛5～10次；马5～8次；绵羊和山羊2～5次；猪2～3次。

3. 排尿异常

（1）频尿和多尿　频尿指排尿次数增多，而一次尿量不多甚至减少或呈滴状排出。多见于膀胱炎，膀胱受机械性刺激，尿液性质改变和尿路炎症。多尿指24h内尿的总量增多，其表现为排尿次数增多而每次尿量并不少，或表现为排尿次数虽不明显增加，但每次尿量增多，这是因肾小球滤过机能增强或肾小管重吸收能力减弱所致。见于肾小管细胞受损伤（如慢性肾炎），原尿中的溶质浓度增高，应用利尿剂或大量饮水之后，以及发热性疾病的退热期等。

（2）少尿和无尿　指动物24h内排尿总量减少甚至接近没有尿液排出，临床上表现排尿次数和每次尿量均减少或甚至久不排尿。此时，尿色变浓，尿比重增高，尿中有大量沉积物。可分为：①肾前性（功能性肾衰竭，特点为尿量轻度或中度减少，尿比重增高，一般不出现无尿。多发生于严重脱水或电解质紊乱、外周血管衰竭、充血性心力衰竭、休克、肾动脉栓塞或肿瘤压迫、肾淤血等）。②肾原性〔器质性肾衰竭，特点多为少尿，少数严重者无尿，尿比重大多偏低（急性肾小球肾炎的尿比重增高），尿中出现蛋白质、红细胞、白细胞、肾上皮细胞和各种管型（尿圆柱）。多因肾小球和肾小管严重损害所引起〕。③肾后性（梗阻性肾衰竭，主要是因尿路梗阻所致，见于肾盂或输尿管阻塞，机械性尿路阻塞，膀胱结石或肿瘤压迫两侧输尿管或梗阻膀胱颈，膀胱功能障碍所致的尿闭和膀胱破裂等）。

4. 尿闭　又称尿潴留，指肾脏的尿生成仍能进行，但尿液滞留在膀胱内而不能排出。有完全尿闭和不完全尿闭之分，表现为排尿次数减少或长时间内不排尿。临床上出现少尿或无尿，但膀胱充盈，患畜多有"尿意"，且伴发轻度或剧烈腹痛症状；直肠触诊膀胱膨满、有压痛，加压时尿呈细流状或滴沥状排出。见于尿路阻塞或狭窄，膀胱括约肌痉挛或膀胱（逼尿肌）麻痹，以及导致后躯不全瘫痪或完全瘫痪的脊髓腰荐段病变。

5. 排尿困难和疼痛　是由于某些泌尿器官疾病使得动物排尿时感到非常不适，甚至呈现腹痛样症状和排尿困难。患畜表现弓腰或背腰下沉，呻吟，努责，后肢踏地回顾或蹴踢腹部，阴茎下垂，并常引起排尿次数增加，频频试图排尿而无尿排出，或呈细流状或滴沥状排出（痛性尿淋漓），也常引起排粪困难而使粪停滞。

6. 尿失禁　即动物未采取一定的准备动作和排尿姿势，而尿液不自主地经常自行流出。见于脊髓疾病而致交感神经调节机能丧失。尿失禁时两后肢、会阴部和尾部常被尿液污染、浸湿，久之会引起湿疹，直肠触诊膀胱空虚或有少量尿液。

三、尿液的感官检查★★

1. 尿量　健康状况下，24h内排尿量（L）：马3～6，最多达10；牛6～12，最多达25；绵羊和山羊0.5～2；猪2～5；犬0.25～1。尿量增多，常见于糖尿病、尿崩症及慢性肾炎等。尿量减少，多见于休克、脱水、急慢性肾功能衰竭、尿毒症、心功能不全等。

2. 尿色　健康动物的新鲜尿液均呈深浅不一的黄色，犬尿为黄色，马尿为较深黄色，黄牛尿为淡黄色，水牛和猪尿呈水样外观。陈旧尿液则色泽变深。尿量增加时，尿黄素被稀释而尿色变淡；尿量减少则色即变深。

（1）尿呈棕黄色、黄绿色，振荡后产生黄色泡沫，见于各型黄疸。

（2）红尿是尿变红色、红棕色甚至黑棕色的泛称。血尿指尿中混有血液，因新鲜度不同而呈鲜红、暗红或棕红色，甚至近似纯血样，混浊而不透明。振荡后呈云雾状，放置后有沉淀。尿中仅含有游离的血红蛋白者，称为血红蛋白尿。

3. 透明度　健康动物的尿液一般是清亮透明的。但马属动物刚刚排出的尿在正常情况下呈混浊状，暴露于空气中后，混浊度增加；静置时，在尿表面形成一层碳酸钙的闪光薄膜，而底层出现黄色沉淀。正常反刍动物的新鲜透明尿液在放置不久后也会变混浊。

4. 尿液的混浊度　分为透明、微混、混浊、明显混浊和乳糜状5个程度。马属动物尿液的混浊度增加或其他动物尿液混浊，多见于泌尿或生殖器官疾病或全身性疾病过程中。马属动物的尿液变透明、色淡、清亮如水，多见于纤维性骨营养不良、慢性胃肠卡他等。

5. 黏稠度 各种动物的尿液在正常情况下均为稀薄水样，但马属动物尿液带黏性，有时黏稠如糖浆样，可拉成丝缕。当动物的肾脏、膀胱或尿道有炎症时，尿液的黏稠度增高，严重的甚至呈胶冻样。对于马属动物，当各种原因引起的多尿或尿液呈酸性反应时，尿液的黏稠度会降低。

6. 气味 不同动物新排出的尿液，各具有一定气味。尤其是公山羊、公猫和公猪等的尿液具有难闻的臊臭味。长久尿潴留时，尿会具有刺鼻的氨臭；膀胱或尿道有溃疡、坏死、化脓或组织崩解时，尿会有特殊气味；患羊妊娠毒血症、牛酮病或消化系统的某些疾病时，由于尿液中含有酮体而产生一种果香味；樟脑、乙醚、酚类等可使尿具有该药物的特有气味。

第二节　肾脏及输尿管检查

一、肾脏检查

1. 正常位置 肾脏是一对实质性器官，位于脊柱两侧腰下区，包于肾脂肪囊内，右肾一般比左肾稍在前方。犬肾较大，蚕豆外形，表面光滑。左肾位于第2～4腰椎横突的下面；右肾位于第1～3腰椎横突的下面。右肾位置常有改变。

2. 检查方法 详细询问病史，采用触诊和叩诊等方法进行检查。

（1）肾脏的敏感性增高　肾区疼痛时，病畜表现腰背僵硬、拱起，运步小心，后肢向前移动迟缓。牛有时腰肾区呈膨隆状。马有时呈现轻度肾性腹痛。猪患肾虫病时，拱背、后躯摇摆。此外，应特别注意肾性水肿，通常多发生于眼睑、腹下、阴囊及四肢下部。

（2）触诊或叩诊　为检查肾脏的重要方法。小动物只能行外部触诊，大动物可行外部触诊、叩诊和直肠触诊。直肠触诊应注意检查肾脏的大小、形状、硬度、有无压痛、活动性、表面是否光滑等。肾脏的敏感度增高，见于急性肾炎、肾脏及其周围组织发生化脓性感染、肾脓肿等。

二、输尿管检查

健康动物的输尿管很细，经直肠难于触及。在肾盂积水时，可能发现一侧或两侧肾脏增大，呈现波动，有时还可发现输尿管扩张。输尿管严重发炎时，由肾脏至膀胱的径路上可感到输尿管增粗如手指、紧张而有压痛的索状物。严重的输尿管结石的病例，当直肠触诊时，可发现停留于输尿管中的豌豆大至蚕豆大、坚硬的结石，同时病畜有疼痛反应。

第三节　膀胱及尿道检查

一、膀胱检查

小动物膀胱触诊：将食指伸入直肠，或在腹部盆腔入口前缘施行外部触诊。检查膀胱时，应注意其位置、大小、充满度、膀胱壁的厚度，以及有无压痛等。

膀胱疾患表现有尿频、尿痛、膀胱压痛、排尿困难、尿潴留和膀胱膨胀等。直肠触诊可见膀胱增大、空虚、有压痛，或可能其中含有结石块、瘤体物或血凝块等。

膀胱增大多继发于尿道结石、膀胱括约肌痉挛、膀胱麻痹、前列腺肥大、膀胱肿瘤，以及尿道的瘢痕和狭窄等，或由于直肠便秘压迫引起，此时触诊膀胱高度膨胀。当膀胱麻痹时，在膀胱壁上施加压力，可有尿液被动地流出，随着压力停止，排尿也立即停止。

膀胱空虚除肾源性无尿外，临床上常见于膀胱破裂。此时患畜长期停止排尿，腹部逐渐增大，下腹部向下、向外膨大，腹腔积尿。直肠检查时，膀胱完全空虚，膀胱呈现浮动感，腹腔穿刺时，可排出大量淡黄、微混浊、有尿臭气味的液体，或为深红色混浊的液体；镜检此液体中有血细胞和膀胱上皮。严重病例，在膀胱破裂之前，有明显的腹痛症状，破裂后往往引起腹膜炎和尿毒症，有时皮肤可散发尿臭味。

膀胱压痛见于急性膀胱炎、尿潴留或膀胱结石等。当膀胱结石时，若触诊过度充满的膀胱，可触摸到坚硬如石的硬块物或沉积于膀胱底部的砂石状尿石。

在膀胱的检查中，较好的方法是膀胱镜检查，小动物也可用 X 线造影术。

二、尿道检查

可采用外部触诊、直肠内触诊和导尿管探诊。检查母畜的尿道，可将手指伸入阴道，在其下壁触诊尿道外口，或用导尿管探诊。公畜的尿道，位于骨盆腔内的部分，连同精囊腺和前列腺可由直肠内触诊；位于骨盆及会阴以外的部分，可行外部触诊。雄性反刍动物和公猪的尿道，因有 S 状弯曲，故用导尿管探诊较为困难，而公马的尿道探诊则较为方便。

尿道的病理状态最常见的是尿道炎，尿道结石，尿道损伤，尿道狭窄，尿道被脓块、血块或渗出物阻塞，有时尚可见到尿道坏死。母畜很少发生尿道结石和狭窄，却多发生尿道外口和尿道的炎症性变化。急性尿道炎表现为尿频和尿痛；同时尿道外口肿胀，且常有黏液或脓性分泌物，并可能出现血尿乃至脓尿。慢性者多无明显症状，仅有少量黏性分泌物。尿道结石，触诊时感到膨大、坚硬，压触时疼痛明显。重压结石时，患畜表现剧痛，后躯发抖，停止触压，发抖现象也随之消失。此外，牛和猪尿道结石时，在其阴鞘周围的阴毛上有时可触摸到砂粒样硬固物；阴毛上有白色黏液或被黏着成块者多为尿道炎的象征。尿道狭窄多因尿道损伤而形成瘢痕所致，也可能是不完全结石阻塞的结果。临床表现为排尿困难，尿流变细或呈滴沥状，严重狭窄可引起慢性尿潴留。应用导尿管探诊，如遇有梗阻，即可确定。

三、导　尿　术

导尿术主要用于当膀胱充满而又不能排尿时，导出尿液；必要时可通过导尿术用消毒药进行膀胱冲洗以进行治疗；还可用于采集尿液以供实验室检验。常用与动物尿道内径相适应的橡皮或塑料导尿管，对母畜也可用特制的金属导尿管。

1. 公畜的导尿　动物保定确实，并固定后肢，术者蹲在其右侧，将右手伸入包皮内，抓住龟头，把阴茎拉出一定长度，用温水洗去污垢物，以无刺激消毒液擦洗尿道外口后，将已消毒并涂以润滑油的公畜导尿管缓慢插入尿道内。在公马，当导尿管插至坐骨切迹处，可见马尾轻轻上举，此时如导尿管不能顺利插入，可由助手在坐骨切迹处加以压迫，导管即可转向骨盆腔，再向前推进 10cm 左右，便进入膀胱，如膀胱内有尿，即可见尿液流出。

2. 母畜的导尿　将待检母马于六柱栏内站立保定，用消毒液洗净其外阴部。术者手臂消毒，以一手伸入阴道内摸到尿道外口，用另一手持母马导尿管沿尿道外口徐徐插入膀胱内。必要时可使用开膣器，打开阴道，以便于找到尿道外口。母牛、母犬导管插入方法基本上与母马相同。

第七单元　生殖系统检查

第一节　雄性生殖器官检查

雄性生殖器官包括阴囊、睾丸、精索、附睾、阴茎和一些副性腺体（前列腺、精囊腺和尿道球腺）。临床检查应注意包皮及包皮囊、阴茎和睾丸的大小、形状，尿道口的炎症、肿胀、分泌物等。

一、包皮及包皮囊检查

公猪患包皮炎时，主要表现为肿胀、包皮松弛并积有尿液；触之有捏粉样感觉，有痛感，挤压包皮会排出有明显腥臭味的浆液性或脓性尿液；严重时会在其包皮的前端部形成充满包皮垢和浊尿的球形肿胀，同时包皮口周围的阴毛被尿污染，包皮脂和脓秽物黏着在一起，致使排尿发生障碍。公牛多发生包皮红肿，阴筒肿胀。

公犬患包皮及包皮囊炎时，主要表现为包皮肿胀、捏粉样感觉，包皮口污秽不洁、流出脓样腥臭的液体（要与公犬流精加以区别）；翻开包皮囊可见红肿、溃疡病变，龟头亦有炎症。

二、阴茎检查

公畜阴茎损伤后，会出现局部发炎、肿胀或溃烂，排尿障碍，受伤部位疼痛和尿潴留等症状，严重者可发生阴茎、阴囊、腹下水肿，从而造成局部组织感染、化脓和坏死。如用导尿管探查不能插入膀胱内，或仅导出少量血样液体，则提示有尿道损伤。龟头肿胀时，局部红肿、发亮，有的发生糜烂，甚至坏死，有多量渗出液外溢，尿道可流出脓性分泌物。

三、睾丸和阴囊检查

检查时应注意睾丸的大小、形状、温度、硬度及疼痛等。急性睾丸炎多与附睾炎同时发生，明显肿大、疼痛，阴囊肿大，局部压痛明显，增温，患畜后肢外展，运步障碍。化脓性睾丸炎时，发热不退或睾丸肿胀和疼痛不减，全身症状明显，阴囊逐渐增大，皮肤紧张、发亮，阴囊及阴鞘水肿，并出现渐进性软化病灶，以至破溃。猪患布鲁氏菌病时，睾丸明显肿大。

阴囊及阴鞘水肿，临床表现为阴囊呈椭圆形肿大，表面光滑，膨胀，有囊性感，局部无压痛，压之留有指痕，严重时水肿可蔓延到腹下或股内侧，有时甚至引起排尿障碍。

阴囊显著增大，腹痛明显，触诊阴囊有软坠感，阴囊皮肤温度降低，有冰凉感是阴囊疝的表现。常见于仔猪、仔犬。

四、犬前列腺检查

1. 检查方法　临床上常用视诊和触诊（主要是直肠检查），但较好的方法是超声或 X 线检查，也可以采取细胞学检查。前列腺疾病常见于中老年公犬。

（1）视诊　患犬表现里急后重、努责，大、小便困难，肛门红肿；后肢下蹬，两后肢拘紧，坐立不愿行走；频繁的排便动作但无便或仅有少许黏液状稀便；尿道口有脓性或血性分泌物；腹痛呻吟；白细胞增多，体温或有升高；常伴有结肠炎、尿道炎、阴囊炎等。

（2）触诊　直肠，可在骨盆腔前下方正中线上触及前列腺。手感为骨盆腔内触及大而硬的核桃状的团块，表面不整。严重的前列腺肿胀时，检指向肠管深部进入困难。如果犬只较大而前列腺肿胀不是很大，检查时应该将动物直立，一只手从骨盆腔前缘向骨盆内抵压，配合检指进行检查。严重的前列腺肿胀可以通过体表在骨盆腔前缘触及。

2. 主要病变

（1）前列腺肥大症　又称前列腺增生。一般不表现临床症状，当增生前列腺对直肠和膀胱造成压迫时，可引起便秘和尿淋漓。后腹或直肠检查，可触知前列腺增大、平滑，但无痛感。采样镜检，腺细胞增多，胞内通常有空泡化，炎性细胞少见。

（2）前列腺囊肿　可导致便秘、里急后重、黏液便、尿闭或尿失禁。触诊前列腺肿大，有波动感，但无疼痛。

（3）前列腺肿瘤　食欲不振、消瘦，后肢跛行，少尿、血尿、脓尿、排尿困难，便秘、里急后重；触诊前列腺肿大、敏感。前列腺腺癌的细胞涂片通常显示细胞及其细胞核大小不一，呈圆形或卵圆形，核质比通常很高，核内通常含有多个大小、形态不一的核仁；胞浆高度嗜碱性、空泡化。前列腺肿瘤涂片尚可见红细胞和炎性细胞。

（4）前列腺炎　常发于老龄犬。表现发热、前列腺疼痛，便秘，里急后重，频尿，血尿；触诊前列腺肿大、敏感。射精时采前列腺液镜检可见较多的炎症细胞，且以中性粒细胞为主。

第二节　雌性生殖器官检查

母畜生殖器官包括卵巢、输卵管、子宫、阴道和阴户。阴道检查可借助开膣器。卵巢、子宫的检查，马、牛等大动物多采用直肠检查，也可借助 B 超探查。

一、阴道检查

检查阴道和阴户时可借助开膣器扩张阴道，仔细观察阴道黏膜的颜色、湿度、损伤、炎症、肿物及溃疡。同时，注意宫颈口的状态及阴道分泌物的变化。健康母畜阴道黏膜呈淡粉红色，光滑而湿润。母畜发情期阴唇充血肿胀，阴道黏膜充血。子宫颈及子宫分泌的黏液流入阴道；黏液多呈无色、灰白色或淡黄色、透明，其量不等，有时经阴门流出，常吊在会阴阴唇皮肤上或黏着在尾根部的毛上，变为薄痂。母犬发情后在阴道口流出血液，之后，颜色逐渐由红色变为粉红色，最后为淡黄色。

阴道炎患畜表现拱背、努责、尾根翘起、不时做排尿状，阴门中流出浆液性或黏液-脓性污秽液；犬可流出带血的脓性液体，甚至附着在阴门、尾根部变为干痂；检查见阴道黏膜敏感性增高、疼痛、充血、出血、肿胀、干燥，有时可发生创伤、溃疡或糜烂。

二、子宫检查

子宫的常发病有子宫损伤、子宫破裂、子宫黏膜炎症、子宫脱出等。

直肠检查发现生殖器官某部发育不全、子宫角特别细小时，应怀疑为幼稚病。子宫不完全破裂时，可见产后有少量血水从阴门流出，若子宫破裂发生在分娩时，则努责及阵缩突然停止，宫缩无力，母畜变安静，有时阴道内流出血液。子宫脱或阴道脱时，直肠检查（犬、猫可采取腹壁触诊）可发现肿大的子宫角似肠套叠，子宫阔韧带紧张。病畜阴门可以看到突入阴道内的内翻子宫角。阴道和子宫脱出时，可见阴门外有脱垂物体，在母牛产后胎衣不下时，阴门外常吊挂部分的胎衣。母畜子宫扭转时，腹痛明显，阴道黏膜充血呈紫红色，阴道壁紧张，其特点是越向前越变狭窄，而且在其前端呈较大的明显的螺旋状皱褶，皱褶的方向标志着子宫扭转的方向。犬的子宫脓肿，临床上表现为形体消瘦、腹围扩大、腹部下坠、低热或微热、食欲减退、饮欲增加、阴部流出（开放期）或不流出（闭锁期）液体。

三、卵巢及输卵管检查

动物的卵巢均为左右各一。病理情况下，可出现卵巢机能减退和萎缩、卵巢囊肿等病。

1. 卵巢机能减退、组织萎缩，动物发情周期延长或者长期不发情　直肠检查卵巢既摸不到卵泡，也摸不到黄体，有时只可在一侧卵巢上感觉到有一个很小的黄体遗迹。卵巢往往变硬，体积显著缩小，卵泡萎缩及交替发育都需要进行多次直肠检查，并结合外部的发情表现才能确诊。

2. 卵巢囊肿　牛有卵泡囊肿和黄体囊肿。卵泡囊肿母牛，一般表现无规律的、长时间或连续性的发情征兆（慕雄狂），或长时间不出现发情征象（乏情），有的牛先表现慕雄狂的征兆，而后转为乏情。直肠检查在卵巢上可感觉到有囊肿状结构，囊肿常位于卵巢的边缘，壁厚，如果囊肿壁极厚，且有波动感，则很可能为黄体囊肿，这种牛多数表现为乏情；如囊肿卵巢为圆形、表面光滑，有充满液体、突出于卵巢表面的结构，多为卵泡囊肿。动物黄体囊肿时乏情。

3. 卵巢肿瘤　也较常见，临床上主要是颗粒细胞性肿瘤。有肿瘤时，腹围扩大，两侧对称或不对称，腹内硬肿，大的肿瘤可以占据整个腹腔的大部分。

4. 输卵管常发疾病　主要有输卵管炎、输卵管积液和输卵管伞囊肿。

四、乳房检查

乳房是泌乳母畜的检查重点之一。主要采用视诊、触诊，并注意乳汁的性状。

注意乳房大小、形状，乳房和乳头的皮肤颜色，有无发红、外伤、隆起、结节及脓疱等。触诊可确定乳房皮肤的厚薄、温度、软硬度及乳房淋巴结的状态，有无脓肿及其硬结部位的大小和疼痛程度。检查乳房温度时，应将手背贴于相对称的部位，进行比较。检查乳房皮肤厚薄和软硬时，应将皮肤捏成皱襞或由轻到重施压感觉之。触诊乳房实质及硬结病灶时，须在挤奶后进行。注意肿胀部位的大小、硬度、压痛及局部温度，有无波动或囊性感。将各乳区的乳汁分别挤入手心或盛于器皿内进行观察，注意乳汁的颜色、稠度和性状。如乳汁浓稠，内含絮状物、纤维蛋白性凝块或脓汁、带血，则多为乳腺炎的重要指征，必要时应进行乳汁的化学分析和显微镜检查。

第八单元 神经系统及运动机能检查

第一节 颅腔和脊柱检查

一、颅腔检查

1. 头部外形 应对称，大小和形状符合品种特点，如角距、耳距、眼距适度且两侧对称。幼龄动物颅顶骨不完全闭合属于正常现象，有些动物颅顶可以终生不闭合，如吉娃娃和小鹿犬等。

2. 头部运动 正常头部抬高、降低、侧转灵活，头部的耳孔和鼻孔通畅，眼、耳、嘴活动自如。

二、脊柱检查

正常脊柱包括颈椎、胸椎、腰椎、荐椎和尾椎5个部分，位于体正中背侧，呈一定的曲线。脊柱各部位的活动范围明显不同。尾椎活动范围最大，其次是颈段和腰段，胸段的活动度极小，荐椎几乎不活动。脊柱变形有脊柱病理性上弯、下弯或侧弯。脊柱活动受限见于软组织损伤、韧带劳损、骨质增生和骨质破坏等。

第二节 脑神经及特殊感觉检查

一、嗅神经检查

观察动物寻找食物的能力。嗅觉迟钝、缺失见于大脑炎、颅内肿瘤或囊肿、马传染性脑脊髓炎和犬瘟热等。注意与鼻黏膜疾病相鉴别。

二、视神经检查

1. 视觉检查方法

（1）威胁性试验　检查者用一只手在动物一侧眼睛的前方向，对此侧眼睛做出缓慢左右摆动姿势，注意避免引起强烈的空气流动或触到毛部，健康动物会迅速闭合眼睑或眨眼，并躲避头部。若动物无反应，则为视觉障碍。

（2）障碍试验　即在动物常出入的棚圈、厩舍等处关闭半扇大门，让动物自由出入。若动物碰撞大门，则为视力障碍。也可以观察动物行进时遇到障碍物时的表现，若不知躲避，则为视觉障碍。

（3）视觉放置试验　术者将小动物抱起，让动物面朝桌面，健康动物在其腕部尚未触及桌子前，应先伸出爪部置于桌面。若无此动作，则为视觉障碍。

（4）瞳孔光反射试验　正常情况下，在强光从侧面照射时，此侧瞳孔会迅速缩小，对侧瞳孔由于同感作用也会收缩，除去强光，随即复原。

（5）检眼镜检查　将动物置于安静的暗室内，自然站立或横卧保定。检查人员接近动物，左手执缰，右手持检眼镜。动物在暗室内瞳孔自然放大（若白天检查，需用1‰硫酸阿托品溶液进行散瞳），检查者便可用检眼镜进行眼底检查。

2. 视觉检查内容　包括巩膜、角膜、眼球、瞳孔、视力、瞳孔对光的反应、视乳头等。

三、动眼神经、滑车神经和展神经检查

1. 外形　观察上眼睑是否下垂，有无腹外侧斜视，眼球有无突出或下陷。

2. 眼球运动　观察眼球的运动，开张眼睑是否可引起角膜反应，观察眼球退缩和第三眼睑的脱垂情况。

3. 瞳孔　观察瞳孔的位置、形状、大小，边缘是否整齐，双侧是否对称。

四、三叉神经和面神经检查

1. 检查运动机能时　主要观察咀嚼动作、开口阻力及咀嚼音的强弱判定；触摸咀嚼肌有无萎缩和弹性下降。

2. 检查感觉功能时　做眼睑反射，通过刺激内、外侧眼角，观察动物是否眨眼；作角膜反射，观察动物是否眨眼和眼球退缩；刺激唇部是否躲避；轻轻刺激耳部，是否移动；对于疼痛感觉迟钝的动物，必须用针刺鼻腔黏膜，即可见躲避反应。观察鼻部是否向一侧歪斜（单侧面神经损伤）。

五、听神经检查

1. 听力检查　先将动物眼睛遮盖并避免其他声音的干扰，检查者可从不同距离发出声音。健康动物听到声音后，其头向声音发出方向回顾，同时外耳亦做运动，以获得外界的声音。分听觉迟钝或完全缺失（聋）和听觉过敏。

2. 前庭功能检查　观察动物的姿势、步态、眼球运动。基本临床特征包括共济失调、眼球震颤、头斜向病侧和朝向病侧的圆圈运动。

六、舌咽神经和迷走神经检查

了解并观察有无吞咽困难，饮水呛咳或反流；喉狭窄杂声，人工诱咳等。

七、副神经检查

触摸受神经支配的肌肉及人为抬举头部试验。

八、舌下神经检查

观察动物舐食舐水时舌运动控制情况，或将舌体拉出口角观察其回缩情况。

第三节　运动机能检查

一、四肢骨骼与关节检查

1. 一般检查　以视诊和触诊为主，观察软组织状态、肢蹄位置、活动度等。

2. 肢蹄运动功能检查　留意神经、肌组织的损害，关节的损害，跛行等。

二、肌肉检查

1. 肌力　为肢体作某种主动运动时肌肉最大的收缩力。除肌肉的收缩力量外，还以动作的幅度与速度衡量。观察动物自主活动时肢体的活动幅度和协调性，触诊肌腱的张力及硬度，再对肢体做他动运动以感受其抵抗力。

2. 肌体积　观察肌肉的外形及体积，触摸肢体、躯干乃至颜面的肌肉有无肌萎缩、肥大。并将两侧对称部位进行比较。

3. 肌张力　是静息状态下的肌肉紧张度，由脊髓的基本反射所维持。除触摸肌肉测试其硬度外，还应测试完全放松的肢体被动活动时的阻力大小。两侧对比。

三、不随意运动

不随意运动亦称不自主运动，是随意肌不自主地收缩所发生的一些无目的的异常动作。常见异常如痉挛、震颤、肌纤维颤动、强迫运动等。

四、共济失调

共济失调指患畜的肌肉收缩力正常，但在运动过程中，各肌群不协调，使病畜的体位、运动方向、顺序、匀称性及着地力量等发生改变。分体位平衡失调和运动性失调。运动性失调分脊髓性失调、前庭性失调、小脑性失调、大脑性失调等。

第四节　感觉机能检查

一、浅感觉检查

浅感觉指皮肤和黏膜感觉，包括痛觉、触觉、温觉和电的感觉等。

1. 检查方法　尽可能使动物安静，最好有其熟悉人员在旁。将动物的眼睛遮住，用针头以不同的力量针刺皮肤，观察动物的反应。由感觉较差的臀部开始，沿脊柱两侧向前，直至颈侧、头部。四肢则从末梢部开始逐渐向近心端进行环形针刺。注意反复对比。健康动物针刺后，即表现相应部位被毛颤动，迅速回头、竖耳，身躯晃动，或做踢咬动作。

2. 常见病理变化

（1）感觉过敏　轻微刺激或抚触即可引起强烈反应。

（2）感觉性减退及缺失　对针刺的感觉能力降低或感觉程度减弱，甚至完全缺失。

（3）感觉异常　不受外界刺激影响而自发产生的异常感觉，如痒感、蚁行感、烧灼感等。动物表现对感觉异常部的舌舔、啃咬、摩擦、搔抓，甚至咬破皮肤而露出肌肉。

二、深感觉检查

深感觉(本体感觉) 指位于皮下深处的肌肉、关节、骨、腱和韧带等的感觉，将关于肢体的位置、状态和运动等情况的冲动传到大脑，产生深部感觉，借以调节身体在空间的位置、方向等。

1. 检查方法　临床检查深感觉时，人为地使动物的四肢采取不自然的姿势，使动物的两前肢交叉站立，或将两前肢广为分开，或将前肢向前远放等，以观察动物的反应。在健康动物，当人为地使其采取不自然的姿势后，其便能自动地迅速恢复原来的自然姿势。较长时间内保持人为的姿势而不改变肢体的位置，则为深感觉发生障碍。

2. 常见病理变化　深感觉障碍多同时伴有意识障碍，提示大脑或脊髓被侵害，例如，慢性脑室积水、脑炎、脊髓损伤、严重肝脏病（肝昏迷）及中毒等。

三、特种感觉检查

特种感觉乃由特殊的感觉器官所感受，如视觉、听觉、嗅觉、味觉等。

第五节　反射机能检查

一、通常检查的反射活动及方法

1. 耳反射　用纸卷或毛束等轻触耳内侧被毛，正常时动物会摇耳或转头。神经反射中枢位于延髓和脊髓的第1、2颈椎段。

2. 鬐甲反射或肩峰反射　轻触鬐甲部被毛，正常时肩部及鬐甲部必出现收缩、抖动。神经反射中枢位于脊髓第7颈椎段和第1～4胸椎段。

3. 腹壁反射　用针轻刺腹部皮肤，正常时相应部位的腹肌收缩、抖动。神经反射中枢位于脊髓胸椎、腰椎段。

4. 肛门反射　刺激肛门周围皮肤时，正常时肛门括约肌迅速收缩。神经反射中枢位于脊髓荐椎段。

5. 角膜反射　神经中枢位于延脑，传入神经是眼神经（三叉神经上颌支）的感觉纤维，传出神经为面神经的运动纤维。

6. 膝反射　使动物侧卧位，让被检测后肢保持松弛，用叩诊锤背面叩击膝中直韧带。对正常动物叩击时，下肢呈伸展动作。神经反射中枢位于脊髓第4～5腰椎段。

7. 跟腱反射　检查方法与膝反射检查相同，叩击跟腱。正常时跗关节伸展而球关节屈曲。神经反射中枢位于脊髓荐椎段。

二、反射机能的病理变化

1. 反射减弱或反射消失 反射弧的路径受损伤所致。

2. 反射增强或亢进 反射弧或中枢兴奋性增高或刺激过强所致；或因大脑对低级反射弧的抑制作用减弱、消失所引起。

第六节 自主神经功能检查

一、交感神经紧张性亢进

交感神经紧张性亢进表现为心搏动亢进、心音增强、心率增数、外周血管收缩、血压上升、肠蠕动减弱、瞳孔散大、出汗增加（马、牛）和高血糖等症状。

二、副交感神经紧张性亢进

副交感神经紧张性亢进呈现与前者相颉颃作用的症状，即心动徐缓、外周血管紧张性下降、血压降低、贫血、肠蠕动增强、腺体分泌过多、瞳孔收缩、低血糖等。

三、交感和副交感神经紧张性均亢进

交感神经和副交感神经二者同时紧张性亢进时，动物出现恐怖感、精神抑制、心搏亢进、呼吸加快或呼吸困难、排粪与排尿障碍、子宫痉挛、发情减退等现象。

第九单元 血液的一般检验★★★★★

　　全血由液体和各种血细胞组成，可为细胞运输养分和氧气；移除或吞噬器官产生的废物和二氧化碳；保护机体抵抗细菌、病毒和其他微生物的感染。全血细胞计数（CBC）检查血液细胞部分，并给出各种不同类型红细胞、白细胞和血小板的数量。

　　每一滴血液实际上都含有上百万个血细胞。尽管用于血液检查的血样很少，但它所含有的血细胞足以精确地评价血流中各种细胞的数量。

第一节　红细胞和血红蛋白

　　红细胞（RBC）的主要生理功能是将氧气运输至组织细胞，再将二氧化碳运输至体外。这些功能是通过其内含的血红蛋白来完成的。通过红细胞计数和血红蛋白测定，发现其变化而借以诊断有关疾病。

　　红细胞生成于骨髓，犬红细胞的平均寿命约为100d，猫的为85～90d。体循环中的红细胞数量受血浆容量变化、红细胞破坏或丢失速度、脾脏收缩、促红细胞生成素（EPO）的分泌以及骨髓生成红细胞的速度等因素影响。衰老红细胞可被脾、骨髓和肝脏中的巨噬细胞吞噬和代谢，故代谢产生的铁可被重新利用。

　　红细胞计数是全血细胞计数的常规组成部分，可通过人工计数或自动分析仪计数。红细胞人工计数，即使由熟练的技术员操作，误差也很大。当前已经有许多不同品牌和类型的电子血细胞计数仪，被广泛地运用于兽医临床。所有电子血细胞计数仪得出的结果都比人工计数精确且省时。现在使用的自动细胞计数仪具有快速的优点，可在动物看病的当时就得出结果。

　　检测血红蛋白有多种方法。最古老的方法是用溶解的红细胞进行颜色对比。有的自动分析仪是根据红细胞计数来评价血红蛋白浓度。

一、红细胞及血红蛋白增多

　　循环红细胞量增加称为红细胞增多症。由于循环红细胞量的相对升高或绝对升高，血细胞比容、血红蛋白浓度及红细胞计数都会高于参考值。红细胞增多症可以分为相对增多、暂时增多或绝对增多，详见表1-6。

表1-6　红细胞增多症的实验室检查特点

影响因素	相对增多		绝对增多	
			原发	继发
	脱水	骨髓增生	低氧血症	EPO过量
血细胞比容	升高	显著升高，>60%	显著升高，>60%	显著升高，>60%
血浆蛋白浓度	升高	正常	正常	正常
动脉氧饱和度		正常，>90%	降低，<90%	正常，>90%
血浆促红细胞生成素		正常	增加	增加
骨髓细胞	正常	红细胞过度增生	红细胞过度增生	红细胞过度增生
其他指标	肾前性氮血症	白细胞增加		
		血小板增加		

1. 相对性增多 在血浆容量减少时，就会发生相对红细胞增多症，通常由脱水导致循环红细胞量相对增多。见于呕吐，腹泻，水摄入减少，利尿、换气过度和肾脏疾病。实验室检查特点：血细胞比容和血浆总蛋白浓度中度升高。

2. 暂时性增多 暂时性红细胞增多症是由于脾脏收缩，导致高浓度的红细胞进入循环血液引起的，见于焦躁不安或易兴奋的犬、猫，且通常在1h内恢复正常。实验室检查特点：血细胞比容升高，无脱水症状，且血浆总蛋白浓度正常。

3. 绝对性增多 绝对红细胞增多症的特点：骨髓内的红细胞生成增加，导致循环血液内的红细胞发生绝对增加。可以分为原发性和继发性EPO生成增加。患有绝对红细胞增多症的动物的血容量增加，临床症状表现为全身无力、运动耐受性降低、行为异常、黏膜呈赤红色或发绀、打喷嚏、双侧性鼻出血、视网膜和舌下腺血管变粗、扭曲或者心肺功能障碍。

（1）原发性绝对红细胞增多症（真性红细胞增多症） 是一种罕见的骨髓增生性疾病，特点为产生大量成熟红细胞，实验室检查特点：血细胞比容显著升高（65%～75%），伴有骨髓内红细胞增生。低氧血症的临床表现不明显。促红细胞生成素水平正常或降低。

（2）继发性绝对红细胞增多症 是由于慢性低氧血症导致促红细胞生成素生理性释放而引起的，常见于慢性肺炎、心脏病、肺动脉主动脉短路、高海拔、短头品种、高铁血红蛋白症以及肾脏供血机能障碍。动脉氧饱和度正常的动物，不适当和过度生成EPO和类EPO物质时，也可继发绝对红细胞增多症。

二、红细胞减少

红细胞数量减少就是贫血，根据骨髓的反应性可将贫血分为再生性贫血和非再生性贫血。**再生性贫血**指贫血时骨髓红细胞生成增加，最终使红细胞数量达到正常值。**非再生性贫血**是由于红细胞无效性生成（红细胞成熟缺陷性贫血）或者红细胞生成减少（再生障碍性贫血）而引起的。具体见表1-7。

表1-7 红细胞减少（贫血）的分类及其原因

类　　型		原　　因
再生性	失血/出血	血管损伤 凝血异常 寄生虫性
非再生性	溶血性	免疫性 寄生虫性 代谢性 机械损伤性
	成熟缺陷性	细胞核缺陷 细胞质缺陷
	再生不良或障碍性	炎性 内分泌性 肾脏 骨髓

1. 生理性减少 幼年动物因发育迅速，血容量急剧增加而造血原料相对不足，红细胞和血红蛋白比成年动物稍低。妊娠中、晚期，血容量增加使血液稀释，红细胞相对减少。

2. 病理性减少 指血液中红细胞数量绝对减少，见于造血功能障碍、造血原料供应不足、红细胞丢失和破坏过多等原因引起的各种贫血，如溶血性贫血（犬猫免疫介导性溶血性贫血、海因茨小体性贫血、猫血巴尔通体病、犬血巴尔通体病、犬巴贝斯虫病、丙酮酸激酶和磷酸果糖激酶缺乏症）、出血或失血性贫血和再生障碍性贫血（如红细胞成熟障碍性贫血）等。

第二节 血细胞比容和相关参数的应用

血细胞比容（hematocrit，HCT），旧称红细胞压积（packed cell volume，PCV），是指抗凝全血经离心沉淀后，测得下沉的红细胞在全血中所占容积的百分比值。根据其值变化来帮助诊断贫血及其程度或测知血浆容量是否丢失，也可用于红细胞的各项平均值的计算，有助于贫血的形态学分类。

一、血细胞比容

血细胞比容测定常采用温氏法，即抗凝全血经离心沉淀后，可测出下沉的血细胞在全血中所占体积的百分比。

1. 血细胞比容增多 见于各种原因所致的血液浓缩，如大量呕吐、腹泻、失水、大面积烧伤等；真性红细胞增多症有时血细胞比容可高达80%左右。

2. 血细胞比容减少 见于各种贫血。由于贫血类型的不同，红细胞体积大小也有不同，故血细胞比容的改变与红细胞数并不一定成正比。因此，必须将红细胞数、血红蛋白量及血细胞比容三者结合起来，计算红细胞各项平均值才有参考意义。

二、红细胞三种平均值参数计算

红细胞指数有助于确定贫血的类型。红细胞指数包括红细胞平均容积（MCV）、红细胞平均血红蛋白量（MCH）和红细胞平均血红蛋白浓度（MCHC）。红细胞指数客观地测量了红细胞的大小和平均血红蛋白浓度。计算的准确性依赖于各项单独检测的准确性，包括红细胞总数、血细胞比容和血红蛋白浓度。红细胞指数需与血涂片中的细胞形态相结合，以确定是否有效。例如，MCH值偏低，则血涂片中的红细胞颜色应较正常时偏淡（低色素性贫血）。

1. 平均红细胞容积（mean corpuscular volume，MCV） 系指平均每个红细胞的体积，以 fL[①]（飞升）为单位表示。

$$平均红细胞容积（fL）=\frac{每升血液中的血细胞比容}{每升血液中的红细胞数}\times 10^{15}$$

例如，犬的血细胞比容为42%，红细胞总数为 $6.0\times10^6/\mu L$，则 MCV 是 70fL。许多自动血液分析仪用电子方法测定 MCV 值，并以此计算血细胞比容值。

2. 平均红细胞血红蛋白含量（mean corpuscular hemoglobin，MCH） 系指平均每个红

---

① 1fL=10^{-15}L。

细胞内所含血红蛋白的量，以 pg[①]（皮克）为单位表示。

$$平均红细胞血红蛋白量（pg）=\frac{每升血液中的血红蛋白浓度}{每升血液中的红细胞数}\times10^{12}$$

3. 平均红细胞血红蛋白浓度（mean corpuscular hemoglobin concentration，MCHC）系指平均每升红细胞中所含血红蛋白浓度（克数），以 g/L 表示。

$$平均红细胞血红蛋白浓度（g/L）=\frac{每升血液中的血红蛋白浓度（g/L）}{每升血液中的血细胞比容（\%）\times100g/L}$$

例如，犬的血红蛋白浓度为 140g/L，血细胞比容为 42%，则 MCHC 为 333g/L。所有哺乳动物 MCHC 的正常范围是 300～360g/L，而某些羊和家养骆驼 MCHC 的正常范围是 400～450g/L。

根据表 1-8 中的内容，结合临床情况有助于贫血的形态学分类和选择进一步检查内容及治疗方案。

表 1-8　贫血的细胞形态学分类

贫血类型	MCV （80～100 fL）	MCH （27～34 pg）	MCHC （320～360 g/L）	临床类型
大细胞贫血	＞100	＞34	320～360	叶酸和（或）维生素 B_{12} 缺乏所引起的巨幼细胞贫血，恶性贫血
正常细胞贫血	80～100	27～34	320～360	再生障碍性贫血，急性失血性贫血，溶血性贫血，骨髓病性贫血
单纯小细胞贫血	＜80	＜27	320～360	慢性感染、炎症、肝病，尿毒症、恶性肿瘤、中毒
小细胞低色素贫血	＜80	＜27	＜320	缺铁性贫血，铁粒幼细胞性贫血，珠蛋白生成障碍性贫血

第三节　白细胞计数和白细胞分类计数

白细胞计数和白细胞分类计数

　　循环血液中的白细胞（WBC）包括中性粒细胞、嗜酸性粒细胞、嗜碱性粒细胞、淋巴细胞和单核细胞五种。白细胞计数是测定血液中各种白细胞的总数，而白细胞分类计数则是五分类血细胞仪将五种白细胞分开计数，或将血液制成涂片，经染色后在油镜下进行分类，求得各种类型白细胞的比值（百分数）。由于外周血中五种白细胞各有其生理功能，在不同病理情况下，可引起不同类型的白细胞发生数量或比例的变化。故分析白细胞变化的意义时，必须计算各种类型白细胞的绝对值（绝对值＝白细胞总数×分类计数的百分数），才有诊断参考价值。

一、白细胞计数和白细胞分类计数方法

1. 白细胞计数（white blood cell count）　是测定每升血液中各种白细胞的总数，其方

---

① 1pg=10^{-12}g。

法有光学显微镜计数法和自动血细胞分析仪计数法。人工计数费时费力，重复性差，误差大，结果不稳定/不可靠，即使是经验丰富的化验人员，固有误差也为20%或者大于20%。因此，为获得精确的结果，要求操作人员非常细心和熟练。

与人工计数相比，血液分析仪将更多的细胞计数在内（几千），可重复进行分类计数和绝对值计算，有些自动细胞计数仪可进行部分细胞分类计数，有些仪器可以进行全血细胞的分类计数。自动细胞计数仪可分为两种：半自动细胞计数仪和全自动细胞计数仪，使用半自动细胞计数仪时，样本需经过人工预处理（如稀释）；全自动细胞计数仪可自动连续完成所有步骤。所有自动细胞计数仪都必须进行正确的保养，并定期校正以保证结果准确。

2. 白细胞分类计数　血液涂片的显微镜检查，是白细胞学检查的基本方法，在临床中应用广泛。尤其是在各种血液病的诊断中，占有重要的地位。制备厚薄适宜、细胞分布均匀、染色良好的血片是血液学检查最重要的基本技术之一。

每次观察血涂片，应用相同顺序是很重要的，它可以防止计数失误或遗漏重要的细节。先由低倍镜开始（100×）观察，可对全部细胞有一个总体的评价。再在整张涂片中寻找是否存在血小板团块、大的异常细胞和微丝蚴。再将视野固定在涂片的尾部边缘和单层区域，用高倍镜观察。血涂片尾部区域的细胞通常扭曲、分布不规则。单层区域是细胞均匀随机分布、比较平整、没有扭曲的部分。一旦确定这两个区域，即可将视野固定在紧邻尾部边缘的单层区域。用油镜观察（1 000×）进行分类计数。至少数100个白细胞，同时进行分类和记录。当数100个白细胞时，每种类型细胞的个数以百分比记录，这称为**相对白细胞数**。

二、白细胞特征

大部分哺乳动物的白细胞由成熟和未成熟中性粒细胞、淋巴细胞、单核细胞、嗜酸性粒细胞和嗜碱性粒细胞组成。每种细胞在机体的防御系统中都起着重要作用。哺乳动物外周血白细胞形态学特征如下。

1. 中性粒细胞　细胞核不规则，呈长条形，核分叶之间的真性细丝很少。分叶达3～5叶是哺乳动物中性粒细胞的特征。马中性粒细胞核染色质粗糙聚集。细胞质染色呈淡粉色，弥散着细微颗粒。牛中性粒细胞细胞质呈深粉色。

杆状中性粒细胞的细胞核呈马蹄形，末端钝圆。虽然细胞核可能有轻度凹陷，但是如果核最细的部分超过核宽度的1/3，该细胞则被归为杆状中性粒细胞。杆状中性粒细胞和成熟分叶中性粒细胞间的区分在某种程度上是主观的。每个机构都应清楚地制定判定杆状中性粒细胞的标准，并将其应用于所有样品检测。如果对一个特定细胞是否归为杆状还是分叶有疑问，该细胞最好被归为成熟的细胞。归为不成熟的中性粒细胞（如中幼粒细胞、晚幼粒细胞）在外周血液中是很少见的。

2. 淋巴细胞　小淋巴细胞的直径为7～9μm，核致密，轻度凹陷。染色质粗糙聚集，细胞质极少、呈淡蓝色。染色中心（或致密的染色质区域）不能与核仁相混淆，染色中心在细胞核内呈深染团块。中淋巴细胞和大淋巴细胞直径为9～11μm，细胞质较多。胞质内可能含有红紫色颗粒。牛正常淋巴细胞有核仁环，可能较大，难以和肿瘤样淋巴细胞相鉴别。

3. 单核细胞　单核细胞较大，含有多形态的细胞核。细胞核有时呈肾形，但通常伸长并分叶。核染色质较中性粒细胞松散。单核细胞的细胞质呈蓝灰色，可能含有空泡或细小的粉色颗粒。单核细胞可能难以与杆状中性粒细胞、大淋巴细胞或中晚幼中性粒细胞相区分。

如果不存在核左移，疑似的细胞很可能就是单核细胞。

4. 嗜酸性粒细胞 嗜酸性粒细胞的细胞核与中性粒细胞相似，但染色质通常不如后者粗糙聚集。不同种类动物嗜酸性粒细胞的颗粒形态不同。犬嗜酸性粒细胞内通常含有不同大小的颗粒，着色不如其他动物深。其他动物的嗜酸性颗粒通常呈血红蛋白的颜色。猫嗜酸性粒细胞颗粒呈小棒状，数量很多。马嗜酸性粒细胞颗粒较大，呈圆形至卵圆形，染色呈致密的橙红色。牛、羊和猪的嗜酸性颗粒呈圆形，较马的颗粒小，但它们的颗粒还是较大、圆、均一，染色呈深粉色。

5. 嗜碱性粒细胞 嗜碱性粒细胞的细胞核与单核细胞相似。犬嗜碱性颗粒很少，呈紫色至蓝黑色。马和牛的嗜碱性颗粒通常较多，可能完全填充满细胞质。猫嗜碱性颗粒呈圆形，染色呈淡紫色，很少含有深色的颗粒。

外周血常见成熟白细胞形态比较见表 1-9。

表 1-9 外周血液中常见成熟白细胞形态比较

细胞种类	细胞核/细胞质	核 形	核染质	细 胞 质
中性粒细胞	小	多分 2~5 叶	粗	颗粒量多、细小、均匀，染紫红色
嗜酸性粒细胞	小	多分 2 叶	粗	颗粒粗大、整齐、均匀，染橘红色，充满胞质
嗜碱性粒细胞	小	分叶不明显	粗	颗粒量少，大小不均，排列不齐，染紫黑色，常覆盖于核上
淋巴细胞	大	圆形、肾形	粗紧成块	透明蓝色，一般无颗粒，偶可见少数粗大、不均匀、紫红色嗜天青颗粒
单核细胞	中	肾形、马蹄形折叠	疏松网状	半透明灰蓝色，有细小灰尘样、紫红色嗜天青颗粒，弥散于胞质中

三、白细胞变化的临床意义

白细胞分类的变化包括生理性变化和病理性变化，生理性变化如年龄、运动、疼痛、兴奋、妊娠等，不同的情况发生不同的反应，如增高或降低，在犬和猫等小动物的诊断中具有一定意义。

（一）中性粒细胞

中性粒细胞在骨髓内生成，释放进入血液，经短暂的循环后，转移至各组织间隙或呼吸道、消化道和泌尿道的上皮表面。中性粒细胞在血液中大约循环 10h，可分为中性粒细胞循环池和边缘池。

中性粒细胞循环池内的中性粒细胞与其他血细胞一起循环，可在全血细胞计数中测定。中性粒细胞边缘池内的中性粒细胞是暂时附着于血管内皮的，这些细胞不能被全血细胞计数计算在内。犬循环池与边缘池内的中性粒细胞比例为 1:1，猫为 1:3。

1. 中性粒细胞增多 中性粒细胞增多症可以定义为循环中性粒细胞的绝对数量增加。成年犬猫的中性粒细胞计数达 12 000~13 000 个/μL。中性粒细胞增多症是引起白细胞增多症最常见的原因。中性粒细胞增多见于：

（1）生理性或者肾上腺素诱发 恐惧、兴奋、剧烈运动以及抽搐引起肾上腺素释放，肾上腺素释放导致暂时性的（1h）成熟中性粒细胞从边缘池转移至循环池。

（2）皮质类固醇或者应激诱发　循环中糖皮质激素水平升高，可导致释放入循环中的成熟中性粒细胞增加，而转移至组织的中性粒细胞减少。引起内源性皮质类固醇分泌增加的原因有疼痛、创伤、寄养、运输或者其他疼痛性疾病。使用外源性皮质类固醇之后4～8h内会出现白细胞增多（17 000～35 000 个/μL）和中性粒细胞增多的现象，通常在治疗后1～3d恢复正常。

（3）急性细菌感染和化脓性炎症　炎症、败血症、坏死或者免疫介导性疾病，导致组织对中性粒细胞的需求增加，以及骨髓释放分叶中性粒细胞和杆状中性核粒细胞增加。最常见于急性化脓菌感染，如化脓性胸膜炎、化脓性腹膜炎、创伤性心包炎、肺脓肿、胃肠炎、子宫炎、乳腺炎等。

（4）慢性炎症　一些慢性化脓性疾病（如子宫蓄脓、脓肿、脓胸、脓皮病）及一些肿瘤，都会导致骨髓粒细胞生成增加，导致严重的白细胞增多症（50 000～120 000 个/μL），通常会出现炎症性贫血（轻度到中度的非再生性贫血）。

（5）严重组织损伤　如严重烧伤、大手术后、溃疡，组织坏死，如大肿瘤、胰腺炎、脂肪组织炎等。

（6）急性大出血　内脏（肝脏、脾脏）破裂引起的大出血，大量血细胞破坏，此时白细胞数可迅速增加。

（7）免疫介导性疾病　如犬、猫免疫介导性引起的溶血性贫血、多发性关节炎、系统性红斑狼疮，犬白细胞黏附能力缺乏等。

（8）肿瘤性或持续性白细胞增多　常见于急性或慢性骨髓增生性白血病，以及其他器官的肿瘤。

2. 中性粒细胞减少　中性粒细胞减少指中性粒细胞绝对数量降低。当犬、猫中性粒细胞绝对数量少于 3 000 个/μL 时，就会发生中性粒细胞减少症。中性粒细胞减少症是引起白细胞减少症最常见的原因。中性粒细胞减少见于：

（1）组织的急性需求和剧烈消耗　当中性粒细胞转移至组织的速度超过骨髓中性粒细胞贮存池容量时，就会导致中性粒细胞减少症的发生。在腹膜炎、胃肠道脏器破裂、急性子宫炎、坏疽性乳腺炎，以及急性蜂窝组织炎等疾病中，可看到伴随严重核左移和中毒性中性粒细胞的中性粒细胞减少症。

（2）骨髓生成减少　骨髓发生严重的中毒性损伤时，会导致中性粒细胞生成减少。可能的病因包括药物副作用，接触了有毒的化学物质和植物、传染病、骨髓痨，以及免疫介导性骨髓破坏。可以导致该病的药物包括雌激素、保泰松、甲氧苄啶-磺胺嘧啶、灰黄霉素及一些化疗药物。传染病包括细小病毒病、猫瘟、猫白血病和埃利希氏体病。

（3）粒细胞无效生成（粒细胞生成异常）　尽管骨髓内有足量的粒细胞前体细胞，但是由于发育被抑制或者骨髓释放减少，故可导致中性粒细胞减少症。

（4）中性粒细胞从循环池向边缘池的转移增加　中性粒细胞从循环池突然转移至边缘池时，可引起暂时性的急性中性粒细胞减少症。病因包括过敏反应和内毒素血症。

（二）嗜酸性粒细胞

嗜酸性粒细胞生成于骨髓，其过程与中性粒细胞相似。循环中嗜酸性粒细胞的数量，反映了骨髓生成与组织需求或者消耗之间的平衡。

1. 嗜酸性粒细胞增多

（1）免疫介导性疾病和过敏性疾病 如荨麻疹、跳蚤过敏、食物过敏、猫哮喘、犬全骨髓炎、嗜酸性粒细胞性胃肠炎、猫嗜酸性粒细胞增多综合征、嗜酸性粒细胞肌炎等；注射血清或疫苗后等。

（2）寄生虫病 如肝片吸虫病、球虫病、圆形线虫病、蛔虫病、钩虫病、心丝虫病、毛细线虫病等。

（3）某些皮肤病 如曲霉菌、隐球菌等真菌感染，湿疹、疱疹样皮炎等。

（4）某些恶性肿瘤 如纤维肉瘤、骨髓增生性疾病、淋巴瘤、巨大细胞瘤、黏液肉瘤、移行细胞癌等。

2. 嗜酸性粒细胞减少 在大多数实验室中，嗜酸性粒细胞绝对数量的参考值下限为 0 或者是一个很小的数字。因此，只有连续做多次全血细胞计数时，才容易发现嗜酸性粒细胞减少。在长期应用肾上腺皮质激素后，由于它抑制组胺合成，故可间接导致嗜酸性粒细胞减少。

（三）淋巴细胞

外周血液淋巴细胞起源于骨髓或胸腺。健康犬、猫血液循环中的淋巴细胞，大约有 70% 来源于胸腺（T-淋巴细胞），大约有 30% 来源于骨髓（B-淋巴细胞）。

1. 淋巴细胞增多

（1）生理性增多 幼年动物或动物在兴奋、运动、应激反应和注射疫苗后可出现淋巴细胞反应性增多。生理性淋巴细胞增多是由循环肾上腺素升高而引起的，肾上腺素可使血流增加，并将边缘池的淋巴细胞冲回循环池。

（2）抗原刺激 某些传染病，如猪瘟、流行性感冒、急性或慢性淋巴细胞性白血病，也可见于慢性细菌感染，如结核杆菌、布鲁氏菌及血孢子虫病等。

（3）淋巴肉瘤/淋巴细胞性白血病 通常在疾病的晚期出现淋巴细胞增多，还可能出现血小板减少症和中性粒细胞减少症。

2. 淋巴细胞减少

（1）淋巴细胞循环中断（乳糜渗出） 主要见于失淋巴细胞性疾病，如乳糜胸、淋巴管扩张、丢失蛋白性肠病。

（2）高水平的循环糖皮质激素（应激、库欣综合征） 表现为轻度淋巴细胞减少症——淋巴细胞计数在 750～1 000 个/μL；淋巴细胞计数低于 750 个/μL 时，应考虑其他病因。

（3）淋巴肉瘤 有时循环淋巴细胞不能通过患病淋巴结而引起淋巴细胞减少。

（四）单核细胞

单核细胞不同于粒细胞，它们以未成熟的形态被释放进入外周血液，然后转运至各个组织，在组织内分化形成巨噬细胞、上皮细胞或者多形核炎性巨细胞，循环中的单核细胞与骨髓中中性中幼粒细胞的分化程度相当。

单核细胞增多主要见于某些感染，如猫免疫缺陷病毒病、利什曼病、球孢子菌病、焦虫病、锥虫病；某些慢性细菌性疾病，如结核病、布鲁氏菌病及化脓性和组织坏死性疾病；也可见于肾上腺机能亢进和单核细胞性白血病。

（五）中性粒细胞的核象变化

外周血中中性粒细胞核象是指粒细胞的成熟程度，而核象变化则反映疾病的病情发展和预后。中性粒细胞的核象变化分为核左移和核右移两种。核左移、核右移的区分线在杆状核与分叶核之间（图1-1）。

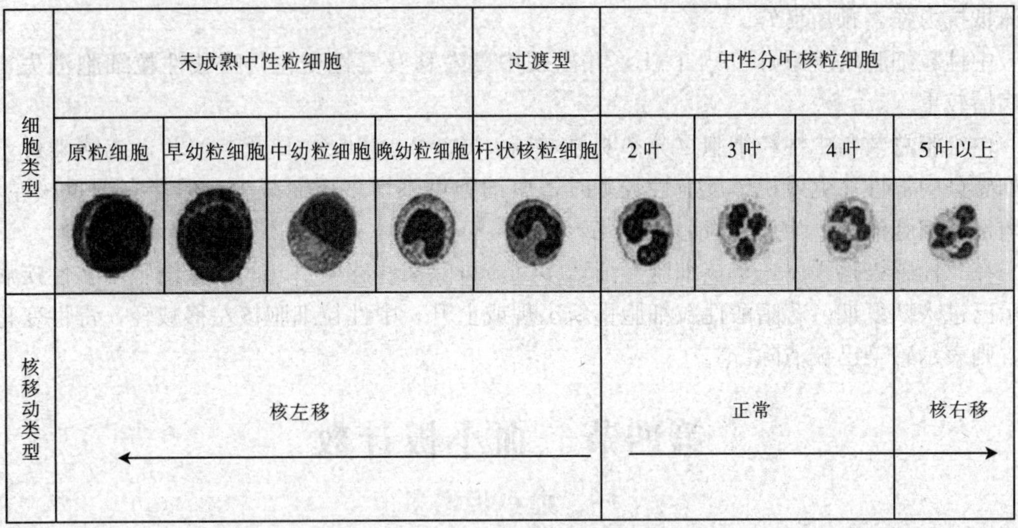

细胞类型	未成熟中性粒细胞				过渡型	中性分叶核粒细胞			
	原粒细胞	早幼粒细胞	中幼粒细胞	晚幼粒细胞	杆状核粒细胞	2叶	3叶	4叶	5叶以上
核移动类型	核左移 ←					正常			核右移 →

图1-1 中性粒细胞核象移动示意图

1. 中性粒细胞核左移 外周血中杆状核粒细胞增多和杆状核阶段以前的幼稚细胞出现称为**核左移**。核左移伴有白细胞总数增多者，称为**再生性左移**；表示机体迫切需要，骨髓能释放大量粒细胞至外周血；常见于急性化脓性感染、急性中毒、急性大出血等。核左移但白细胞总数不增加或降低者，称为**退行性左移**或变质性左移；表示骨髓释放功能受抑制；常见于严重感染，机体抵抗力低下时，如伤寒、败血症等。核左移根据其程度可分为以下几种。

（1）**轻度核左移** 仅见于杆状核粒细胞增多，>6%。

（2）**中度核左移** 杆状核粒细胞>10%，伴少数晚幼粒细胞、中幼粒细胞。

（3）**重度核左移**（类白血病反应） 杆状核粒细胞>25%，出现更幼稚的粒细胞并常伴有明显的中毒颗粒、空泡变性、核变性等质的改变。

2. 中性粒细胞核右移 外周血中中性分叶核粒细胞增多，同时分5叶核以上的细胞>3%时（正常时多为3叶核），称为**核右移**，这是造血功能衰退或造血物质缺乏的表现。核右移常伴白细胞总数的减少，主要见于营养性巨幼细胞性贫血、恶性贫血和用抗代谢药物（阿糖胞苷）后，炎症恢复期可出现一过性右移。在疾病进行期，突然出现右移，提示预后不良。白细胞反应的一般模式见表1-10。

表1-10 白细胞反应的一般模式

类 型	白细胞	分叶核中性粒细胞	杆状核中性粒细胞	淋巴细胞	单核细胞	嗜酸性粒细胞
急性炎症	增多	增多	增多	减少或无变化	不定	不定
慢性炎症	增多或无变化	增多或无变化	增多或无变化	增多或无变化	增多	不定
重度炎症	减少或无变化	减少或无变化	增多	减少或无变化	不定	不定
兴奋性白细胞象	增多	犬增多；猫增多或无变化	无变化	犬无变化；猫增多	无变化	无变化
应激性白细胞象	增多	增多	无变化	减少	增多或无变化	减少或无变化

3. 白细胞变化与疾病预后的关系 白细胞的变化能反映机体抵抗力和预后情况，能帮助诊断疾病和观察疗效。

白细胞总数正常或稍高，中性粒细胞略有增多，可有核轻度左移，表示感染程度较轻，机体抵抗力强，预后良好。

中性粒细胞增多＞$1×10^{10}$个/L，并出现中度左移及毒性变化，嗜酸性粒细胞消失，表示病情较重。

白细胞总数与中性粒细胞百分率明显增高，常＞$2×10^{10}$个/L及＞0.80，或感染过于严重如感染中毒性休克或机体反应性较差时，白细胞可不增多反而减少，但伴有严重核左移、嗜酸性粒细胞消失，为病情险恶的征兆。

在急性感染过程中，单核细胞逐渐增多（应排除某些感染引起的单核细胞增多性疾病），表示已进入恢复期。若嗜酸性粒细胞重新出现或上升，中性粒细胞核左移减轻，毒性变化消失，则表示感染已被清除。

第四节 血小板计数

一、血小板增多

血小板增多多为暂时性的，见于急性、慢性出血、骨折、创伤、手术后；也可见于继发性血小板增多，如淋巴瘤、黑色素瘤、肥大细胞瘤、腺瘤、胰腺炎、肝炎、炎性肠病、结肠炎等，以及糖皮质激素和抗肿瘤药物治疗后。

二、血小板减少

1. 血小板生成异常 见于免疫性或传染性病因诱发的单纯巨核细胞再生不良，药物、传染性或中毒性因素诱导的骨髓泛细胞性再生不良。传染性因素包括埃利希氏体病、猫白血病病毒病、猫免疫缺陷病毒病，药物如雌激素、磺胺嘧啶及非类固醇类抗炎药。

2. 血小板清除加快 全身性自身免疫性疾病，如系统性红斑狼疮、免疫介导性溶血性贫血、风湿性关节炎、肿瘤；原虫感染，如利什曼病、巴贝斯虫病、心丝虫病；其他疾病，如组织胞浆菌病、弥散性血管内凝血、溶血性尿毒症。

3. 血小板分布异常 与脾机能亢进和内毒素血症有关。也可见于某些真菌毒素中毒、某些蕨类植物中毒、放射病和白血病等。

第五节 红细胞沉降率

红细胞沉降率(erythrocyte sedimentation rate，ESR) 简称血沉率，指红细胞在一定条件下沉降的速率。正常情况下，红细胞在血浆中具有相对的悬浮稳定性，沉降速度极其缓慢，但在很多病理情况下，血沉率可明显增快。

一、血沉增快

血沉增快主要见于各种炎症性疾病，如急性细菌感染时，血中急性血象反应物质迅速增多，如球蛋白、C-反应蛋白、纤维蛋白原等，这些物质易使红细胞形成聚集，发生后可见血沉增快。疾病活动期血沉加快，病变逐渐趋于静止，血沉亦逐渐正常。

当组织损伤及坏死时，如较大的组织损伤或手术创伤，可引起血沉加快。在各种恶性肿瘤发生时，如增长循序的恶性肿瘤血沉增快，可能与肿瘤细胞分泌糖蛋白、肿瘤组织坏死、继发感染或贫血等因素有关；良性肿瘤血沉正常，血沉可以用于鉴别良性和恶性肿瘤。也可作为肿瘤治疗过程中监测疗效。此外，在疾病过程中，定期观察血沉的变化，可了解疾病发展的程度，如机体内形成脓肿时，血沉加快；当脓肿被包围时，血沉恢复正常；有炎症时，血沉继续加快，则说明炎症未被控制。

各种原因导致的血浆球蛋白相对或绝对增加时，血沉均可加快，如风湿性关节炎、系统性红斑狼疮、慢性肾炎、肝硬化、心内膜炎、心肌梗死等。部分贫血和脱水性疾病可轻度增快，贫血时，血沉显著加快；脱水时，由于红细胞数相对增加，血沉显著变慢，如腹泻、肠阻塞等。

二、血沉减慢

一般情况下，血沉减慢的临床意义较小，严重贫血和纤维蛋白原含量显著缺乏时，血沉减慢。

第六节　交叉配血试验

配血试验(cross matching) 是检测受血者与供血者血液是否相合及避免溶血性输血反应必不可少的检测项目，分为主侧交叉配血和次侧交叉配血。由于配血试验主要是检查受血者血清中有无破坏献血者红细胞的抗体，因此，把患病动物的血清与献血者红细胞相配一管，称为主侧；把献血者血清与受血者红细胞相配的一管，称为次侧，两者合称交叉配血。

常用的交叉配血试验为盐水配血法，其操作方法有玻片法和试管法两种。

一、玻　片　法

取双凹玻片或普通载玻片一块，也可用白瓷反应盘代替。用蜡笔在玻片上分别注明主、次侧字样。在主侧凹内滴受血动物血清 2 滴及供血动物的 5% 红细胞盐水混悬液 (取全血用生理盐水做 8～10 倍稀释后，以 1 500～1 800r/min 离心 3～5min，弃去上清液，取血细胞泥用生理盐水配成 5% 的浓度) 1 滴；次侧凹内滴供血动物的血清 2 滴及受血动物的 5% 红细胞盐水混悬液 1 滴。混匀，前后向振荡，置室温 20～30min，观察结果。

结果判定：

(1) 玻片上主、次侧的液体都均匀红染，无红细胞凝集现象；显微镜下观察红细胞界线清楚，是表示配备相合，可以输血。

(2) 如主、次两侧或主侧红细胞凝集呈沙粒状团块，液体透明；显微镜下观察，红细胞堆积一起，分不清界限，是配备不合，不能输血。

(3) 如主侧不凝集而次侧凝集时，可有两种情况：一是供血动物血清中的抗体是免疫性抗体，不可输血；二是供血动物血清中的抗体，虽属正常抗体 (凝集素)，在一定条件下可以输血。但因其效价较高，凝集力强，为了安全起见最好也不输血，以防破坏受血动物的红细胞。

二、试　管　法

取试管 2 支，注明主、次侧字样。向各管所加入的内容物与玻片法相同。混匀后，立即以 1 000r/min 离心沉淀，然后观察结果。

结果判定同玻片法。

交叉配血时，应该注意以下问题。

（1）配血试验时，如用受血动物的新鲜血清未经灭活，因其补体存在活性，与不相合的红细胞相遇时往往发生溶血反应。故观察时须特别注意，切忌将溶血当作不凝。溶血与凝集都显示配备不合适。

（2）配血试验最好在 18～20℃ 的室温下进行。如室温过低，则可能出现凝集现象；室温过高，易发生假阴性结果。在上述情况下，可向血清与红细胞的混合液内补加 1 滴生理盐水，重新混合振荡，再做最后检查。

（3）观察结果的时间，不可超过 30min，否则由于血清蒸发易发生假凝集。

（4）配血试验所用血液必须新鲜，器材必须洁净。

第七节　血细胞体积分布直方图

血细胞分析仪在提供测定的细胞数据之外，尚可显示各种血细胞体积分布图形。这些可以表示出细胞群体分布情况的图形，称为细胞体积分布直方图。

血细胞产生的脉冲高度与血细胞体积大小成正比，经 A/D（模拟/数字）转换后，脉冲数字化或转换成与细胞大小相应的数字，数字被送到记忆线路，按体积大小储存于体积通道中。血细胞分析仪根据血细胞的体积大小、出现的相对频率，以坐标式的曲线图表示出来，从而形成血细胞体积分布直方图（又称矩形图或粒度分布曲线）。血细胞直方图的 x（横）轴自左至右代表仪器所设通道排列范围，可以看作细胞特定体积大小，以飞升（fL）为单位。横轴的大小范围，因仪器型号不同而有所差异。直方图的 y（纵）轴代表一定体积大小范围内的细胞相对频率（百分率表示）。血细胞体积分布直方图给人直观的感觉，对血细胞正常与否可有一个基本概念。根据图形特征、动态变化与其他各项参数结合进行分析，有助于解释各项分析结果，可给临床提供诊断参考数据，对某些疾病的诊断和疗效观察具有一定的指导意义。血细胞直方图通常有红细胞体积分布直方图、白细胞体积分布直方图和血小板体积分布直方图。

一、红细胞体积分布直方图

红细胞体积分布直方图（histogram of red cell volume distribution，HRD）是反映红细胞体积大小或任何相当于红细胞大小范围内粒子的分布图。该图坐标的横轴表示仪器所设立的红细胞通道排列范围，可看作红细胞的体积大小，以飞升（fL）为单位。横轴的大小范围由仪器所设立的红细胞通道宽窄和多少而定，通常能检测 25～250fL 的范围。纵轴表示一定范围内的红细胞数量，即体积大小不同的红细胞的相对频率（以百分率表示）。

血细胞计数仪根据红细胞体积大小和离散情况可表现出不同的直方图，它对贫血的形态学诊断颇有价值。分析时应注意红细胞体积分布直方图中波峰的形态、位置，波底的宽度以及有无双峰现象等。下面介绍几种典型的红细胞体积分布直方图。

1. 正常红细胞体积分布直方图　正常红细胞体积 82～95fL 主要分布在 50～200fL 范围内，从直方图可以看出两个细胞群体，即红细胞主群和大细胞副群。前者从 60fL 开始，波底在 60～129fL，有一个几乎两侧对称、较为狭窄的正态分布曲线；后者位于主群右侧，分布在 120～200fL 区域，此群含有少量大红细胞、网织红细胞和多聚体细胞。

2. 小细胞性贫血　红细胞波峰明显左移，波峰位于 50fL 处。另外，还有一个副峰，波峰位于 90fL，整个峰底增宽，红细胞体积分布宽度（RDW）显著增高，提示小细胞不均一性。血涂片可见红细胞体积偏小，且大小不一。

3. 大细胞性贫血　细胞波峰明显右移，且有两个峰，以波峰位于 100fL 处的细胞峰为主，峰底增宽，RDW 增加，提示大细胞不均一性。血涂片可见红细胞体积偏大，且大小差异明显。

4. 正细胞性贫血　红细胞波峰分布在 40～150fL，主峰约在 90fL 处。峰底增宽，RDW 增加，血涂片可见红细胞形态正常，大小差异明显。

二、白细胞体积分布直方图

白细胞体积分布直方图是反映白细胞体积大小的频率分布图。依据血细胞分析仪的白细胞分类功能不同，白细胞体积分布直方图分为两峰图、三峰图和多峰图。目前，国内普遍使用的血细胞分析仪只能把白细胞分为两类（大、小白细胞）和三类（大、中、小白细胞），故仅介绍两峰和三峰白细胞体积分布直方图。横轴坐标表示白细胞的体积大小，以飞升（fL）为单位，常用血细胞分析仪能检测 30～300fL 白细胞。纵轴表示在一定范围的白细胞数量，即不同体积白细胞的相对频率（百分率）。正常白细胞分布位置如下：淋巴细胞在 30～100fL 位置，嗜酸性粒细胞、嗜碱性粒细胞、单核细胞在 100～150fL 位置，而中性粒细胞在 150～300fL 位置。正常情况下两峰图前峰较高较小，为小细胞群（以淋巴细胞为主）；后峰较低较宽，为大细胞群（以中性粒细胞为主）。两峰之间有明显的低谷区分线（又称槽识别点）将两个峰的细胞群体分离。三峰图在淋巴细胞及单核细胞之间有一低谷，单核细胞及粒细胞之间也有一低谷，仪器的计算机利用这些部位或阈值确定三个细胞群体：小细胞群峰高较窄，中间细胞群峰低平，大细胞群峰较高较宽。在分析白细胞直方图时，应注意双峰交叉处是否抬高，双峰消失变为一个单峰，峰值向左向右两侧偏移或另有异常峰出现等变化。不同型号的血细胞分析仪因设定的检测范围不同，白细胞体积分布直方图的图形也不完全相同。

根据溶血剂处理后的白细胞体积变化的不同，可将细胞分为三类细胞，其中 35～90fL 大小的细胞定义为淋巴细胞（LY）；91～160fL 大小细胞定义为中等大小细胞（MO），它包括单核细胞、嗜酸性粒细胞、嗜碱性粒细胞，也可包括异常的原始细胞、中晚幼粒细胞等，正常情况下以单核细胞比例最高；161～450fL 大小的细胞定义为粒细胞（GR）。

1. 正常白细胞体积分布直方图　有三个细胞群体，左侧峰为淋巴细胞区，右侧峰主要为中性粒细胞峰，左右两侧之间的波谷为中等大小细胞区。主要以单核细胞为主。

2. 中性粒细胞比例增高　左侧淋巴细胞峰明显减低，而右侧中性粒细胞峰明显增高，提示中性粒细胞比例增高。

3. 中性粒细胞比例减低（淋巴细胞比例增高）　右侧中性粒细胞峰明显变小，而左侧淋巴细胞峰相对增高。提示中性粒细胞减少，淋巴细胞增多。

4. 单核细胞比例增高　90～160fL 出现一个明显的细胞峰，提示中等大小细胞增多，血涂片显示单核细胞增高占 16%。

三、血小板体积分布直方图

血小板体积分布直方图是反映血小板体积大小分布的一个曲线图。血细胞分析仪在提供血小板测定数据的同时，还提供血小板比积（PCT）、平均血小板体积（MPV）和血小板体积分布宽度（PDW）。根据血小板体积大小和离散情况，可表现出不同的直方图，直方图范围为2～28fL。横轴表示血小板体积的大小，以飞升（fL）为单位。纵轴表示一定范围内血小板数量，即体积不同的血小板相对频率（百分数）。一般血细胞分析仪能把2～30fL的血小板或相当于这个范围大小的粒子检测出来。血小板体积分布直方图呈偏态分布，主峰在6～11.5fL之间，如主峰超出此范围，左移表示血小板体积偏小，右移表示血小板体积偏大。如果出现双峰，小峰在左侧或右侧紧靠边上，前者可能是电磁波干扰，后者可能是小红细胞或其碎片的干扰，此时PLT及PDW也可能有假性升高。把血小板体积分布直方图、血小板平均体积（MPV）和血小板数量结合在一起综合分析，对有关血小板功能障碍的疾病可提供一定价值的诊断数据。

1. 正常血小板体积分布直方图　正常血小板主要分布在2～20fL范围内，略呈偏态分布，波峰位于5～9fL处。

2. 大血小板体积分布直方图　血小板分布峰右移，在35fL处才接近横坐标，MPV明显增高，血涂片显示较多的大血小板。

3. 小血小板体积分布直方图　血小板分布峰左移，血小板峰分布位于2～15fL范围内，集中于2～10fL处，MPV减小，血涂片可见很多的小血小板。

4. 血小板凝集直方图　血小板分布峰左侧起点较高，离横坐标0.6cm，血涂片可见5～15个聚集成堆的血小板。

第八节　禽类血液学检查方法★★★★★

禽类血液学检查与哺乳类相似，区别产生的原因在于禽红细胞、血小板均含核，禽外周血中存在异嗜性粒细胞，无中性粒细胞。

一、红细胞检查

禽类红细胞检查主要包括血细胞比容测定、红细胞计数、血红蛋白测定及红细胞的形态学检查等。禽类血红蛋白（Hb）测定与哺乳类类似，只是红细胞溶解后需离心处理去除细胞核。平均红细胞血红蛋白浓度和平均红细胞血红蛋白含量均按哺乳类的计算公式计算。禽类正常的红细胞参数详见表1-11。

1. 红细胞形态　禽成熟红细胞一般比哺乳动物的大，但小于爬行动物的红细胞。不同禽类红细胞大小有差异，但一般在10.7μm×6.1μm到15.8μm×10.2μm的范围内。禽红细胞呈椭圆形，胞体较大，胞核位于中心，也呈椭圆形。瑞氏染色后，胞核呈均一的紫色，胞浆则呈均一的粉橙色。

禽红细胞的生命周期为20～35d。红细胞生命周期相对较短、流转量高，禽类5%～8%范围内多染红细胞是正常的。

多染红细胞大小与成熟红细胞相近，胞浆表现出弱嗜碱性，胞核不及成熟红细胞致密。当使用亚甲基蓝活染时，会表现出网织红细胞的形态。

网织红细胞小于成熟红细胞，胞体不似成熟红细胞狭长。在亚甲基蓝活染时，网织红细胞呈现围绕胞核特征性的高染环。随着细胞成熟，聚集的环网状结构逐渐分散和减少。网织红细胞反映的是禽红细胞再生的能力，网织红细胞增多意味着红细胞生成增加。

表1-11 常见禽类正常血液学检查参数

禽类	血细胞比容（%）	红细胞（×10⁶个/μL）	血红蛋白（g/dL）	平均红细胞容积（fL）	平均红细胞血红蛋白浓度（g/L）	白细胞（×10³个/μL）	异嗜细胞（%）	淋巴细胞（%）	单核细胞（%）	嗜酸性粒细胞（%）	嗜碱性粒细胞（%）
鸽	38～50	3.1～4.5	13～17.5	85～200	220～330	1.3～2.3	50～60	20～40	0～3	0～3	0～3
鸡	23～55	1.3～4.5	7.0～18.6	100～139	200～340	0.9～3.2	15～50	29～84	0～7	0～16	0～8
火鸡	30.4～45.6	1.74～3.70	8.8～13.4	112～168	232～353	1.6～2.5	29～52	35～48	3～10	0～5	0～9
鹌鹑	30.0～45.1	4.0～5.2	10.7～14.3	60～100	280～385	1.3～2.5	25～50	50～70	0～4	0～15	0～1
鹅	38～58	1.6～2.6	12.7～19.1	118～144	200～300	1.3～1.9	—	—	—	—	—
绿头鸭	34～44	1.61～2.41	11～13	172～227	270～310	2.3～2.5	27～31	64～68	0～3	0～1	0～3

2. 临床意义 禽类红细胞检查的临床意义与哺乳动物相似。禽类贫血的原因见表1-12。

表1-12 禽类贫血的分类及原因

贫血分类	原　因
出血性贫血	外伤、大动脉破裂、脂肪肝出血性综合征；扁虱、螨虫、蠕虫、球虫等寄生虫感染
溶血性贫血	血液原虫等寄生虫感染；沙门氏菌及螺旋体等细菌感染；黄曲霉毒素、铅（急性）、铜、二甲基二硫醚及苯肼中毒等
营养性贫血	矿物质缺乏，如铁（赭曲霉素导致）、铜缺乏；维生素缺乏，如维生素B₆和叶酸缺乏等
全血细胞减少	病毒感染，如鸡贫血病毒、传染性法氏囊病毒、腺病毒、逆转录病毒、马立克氏病病毒等；中毒性疾病，如磺胺类药物中毒、慢性铅中毒、真菌毒素中毒、橘青霉毒素中毒；放射损伤等
其他	遗传性原因和未知原因引发

二、白细胞计数及白细胞分类计数

由于禽类红细胞含核，哺乳动物的白细胞计数稀释处理不能直接用于禽类。现多采用焰红染料染色或血涂片法进行白细胞计数及白细胞分类计数，但血涂片法精确度低。

值得注意的是，白细胞计数即使在同一禽类也多变，因此，比较同种禽类不同时间白细胞数目变化更具检测意义。大体来说，禽类白细胞数目为$1×10^4$～$4.5×10^4$个/μL。

1. 白细胞分类及形态 禽类白细胞包括淋巴细胞、单核细胞及颗粒细胞。颗粒细胞进一步可分为异嗜性粒细胞、嗜酸性粒细胞和嗜碱性粒细胞，其中以异嗜性粒细胞含量最为丰富。

（1）异嗜性粒细胞 异嗜性粒细胞是与哺乳类动物中性粒细胞相对应的细胞种类。胞核分段，胞质有颗粒、呈梭状且强嗜伊红。禽类异嗜性细胞与巨噬细胞相比具有更强的吞噬及杀伤能力。

异嗜性粒细胞异常包括循环血中出现未成熟异嗜细胞和中毒性异嗜细胞。未成熟异嗜细胞胞质嗜碱性增强，颗粒增多，多呈杆状，占据体积少于胞质的一半；核呈非分段式。中毒性异嗜细胞胞质嗜碱性增强，液泡化，胞质颗粒异常（脱颗粒化、颗粒强嗜碱性、颗粒聚集），细胞核降解。中毒情况下，禽类异嗜性粒细胞表现出中毒性异嗜细胞形态，可通过中毒性异嗜细胞计数来评价中毒严重性。

（2）嗜酸性粒细胞　嗜酸性粒细胞大小与异嗜性粒细胞类似，形状不规则；胞质蓝染，据此可与异嗜性粒细胞区分；颗粒呈圆形且染色强于异嗜性粒细胞；核分叶，着色较异嗜性粒细胞深。禽类嗜酸性粒细胞的功能暂不清楚，它们数目增多并不一定意味着寄生虫感染。猛禽受外伤后嗜酸性粒细胞数目可应答性增多。目前推测，禽类嗜酸性粒细胞功能跟哺乳类类似，参与早期急性炎症反应以及应对有显著组织坏死的肿瘤形成。

（3）嗜碱性粒细胞　胞体比其余两种颗粒细胞小，颗粒强染以至于掩盖细胞核，核不分叶，与哺乳类的肥大细胞相像。禽类嗜碱性粒细胞相比哺乳类在外周血中更为常见，其功能暂不明确。据估计，可能与哺乳类嗜碱性粒细胞和肥大细胞功能类似，参与急性炎症反应以及Ⅳ型超敏反应。

（4）淋巴细胞　淋巴细胞是鸡和火鸡外周血中主要的白细胞，分小型和中型。小型淋巴细胞胞体胞核浑圆，核质比比值高，且胞质呈微嗜碱性。中型淋巴细胞更为丰富，但较难与单核细胞区分。异常的淋巴细胞可分为活化淋巴细胞以及母细胞转化性淋巴细胞。活化淋巴细胞核染色质高度聚集，胞质高嗜碱性。母细胞转化性淋巴细胞个体较大，核染色质分散且均匀，含核仁，胞质有围绕胞核的圆环。

（5）单核细胞　单核细胞属于巨噬细胞，是最大的白细胞，由淋巴细胞分化而来。单核细胞呈圆形，细胞核呈锯齿状，胞质丰富色暗淡，含微粒。禽类单核细胞胞质时常可分为两个不同的区域，围绕核的轻染区和其余的深染区。单核细胞有吞噬活性，浸润组织后成为巨噬细胞，参与抗原处理过程。单核细胞增多通常指示慢性细菌感染或组织坏死。

2. 临床意义

（1）白细胞增多　白细胞增多的原因包括炎症、出血、赘生物生成及白血病。一些重金属中毒，如锌中毒等，会导致炎症，从而使白细胞增多。异嗜性粒细胞通常在炎性情况下增多，而且增加的幅度与炎症的程度成正相关。衣原体、分枝杆菌及曲霉感染会引起明显的白细胞及异嗜性粒细胞增多。在应激情况下（皮质激素升高），禽类会表现出轻微到中等的白细胞增多。

（2）白细胞减少　白细胞减少的原因多为外周白细胞消耗过多或造血器官生产减少。严重感染如鹦鹉热等可伴随异嗜性粒细胞减少。若同时伴有未成熟异嗜性粒细胞增多，则意味着异嗜性粒细胞贮存池耗尽，见于严重炎症。某些禽类，如鸡，可在真菌毒素中毒时表现出白细胞减少和淋巴细胞减少。

（3）异嗜性粒细胞增多　异嗜性粒细胞数目相对增多意味着细菌或真菌的急性感染、急性组织损伤以及髓性白血病等。球虫感染和大肠杆菌败血症的禽类往往伴随着异嗜性粒细胞数目增多。

（4）异嗜性粒细胞减少　异嗜性粒细胞数目减少可由骨髓损伤、病毒血症，以及白细胞减少性白血病引起。

（5）淋巴细胞增多　抗原刺激下，淋巴细胞增多。可见于感染性疾病、淋巴球性白血病。

（6）淋巴细胞减少　可见于应激、尿毒症及一些免疫抑制性疾病（如鸡传染性贫血、传染性法氏囊病等）。一些免疫抑制性药物也能导致淋巴细胞减少。锌缺乏时也可观测到淋巴细胞减少。

（7）单核细胞增多　常见于导致肉芽肿性炎症的感染性疾病，如分枝杆菌、衣原体及曲霉属感染。慢性细菌性肉芽肿和弥散性组织坏死也会导致单核细胞增多。锌缺乏时也可见。

同样的，禽类白细胞计数以及分类计数对禽病预后很有帮助。例如，经治疗后，某病禽白细胞和异嗜性粒细胞数目下降，而中毒性异嗜性粒细胞数目和淋巴细胞未见增多，则表明该病禽对治疗产生了较好的反应。

三、血小板计数

1. 血小板形态　禽血小板含核，胞体呈圆或椭圆形，核致密且呈圆形或椭圆形，一般为血液中最小的细胞。细胞形态容易与小型淋巴细胞混淆，可通过胞质染色进行区分。成熟血小板胞质呈无色或苍白，时常可观测到网状结构。

2. 临床意义　血小板参与凝血且具有吞噬性能。血小板增多常见于细菌感染及大量出血。血小板减少见于严重败血症和弥散性血管内凝血。

第十单元　兽医临床常用生化检验★★★★★

全血是血细胞和液体的混合物。全血细胞计数检查血液细胞部分，并给出各种不同类型红细胞、白细胞和血小板的数量。生化检测对象是血液移除细胞后的液体部分。为了获取血液中的液体，采取的血样需要首先在试管内凝集，然后经离心机离心，使血凝块下沉至试管的底部，而析出的液体留在试管的上部。血液凝集后析出的液体被称为**血清**，用于生化检测。加抗凝剂后，采集的血液，离心后的上清液，称为**血浆**，有时也用于生化检测。

第一节 血糖及相关指标

一、血 糖

健康的单胃动物禁食后血糖浓度为 4～5.5mmol/L，反刍动物禁食后血糖浓度为 3～4mmol/L。全血血糖值要比血浆值约低 0.5mmol/L（取决于血细胞比容）。

肾脏对糖的处理是通过允许血浆葡萄糖的滤过并在肾小管近端重吸收来实现的，但近端肾小管重吸收能力是有限的。一般，当血糖浓度高于 10mmol/L 时，不能完全重吸收，一些糖就会出现在尿中。动物尿中出现糖时的血浆糖浓度就是肾糖阈值。正常情况下，发现糖尿就意味着血浆糖浓度已超过肾糖阈值。低于 10mmol/L 的肾糖阈值常见于幼畜和在妊娠期间的雌性动物，也见于近端肾小管的缺陷（范尼氏综合征），在该病中葡萄糖重吸收功能差，可以在没有高糖血症时出现糖尿。

（一）血糖升高

血糖升高可见于以下原因。

1. 采食高糖类的饲料 采食高糖类饲料后，血糖浓度有一个吸收后的峰值。该水平取决于许多因素，但血糖浓度通常不会超过 7mmol/L。

2. 运动，尤其是剧烈的运动 这与肾上腺轴大量分泌激素有关，赛马和灰猎犬在跑步后的血糖水平可升高到 15mmol/L 左右。

3. 应激，特别是严重的或急性的应激 这种情况包括动物剧烈的疼痛和劳累等。肾上腺轴和糖皮质激素都起作用，其中肾上腺轴的影响更明显，血糖浓度可达 15mmol/L。

4. 其他原因引起的糖皮质激素的活动增加 如用糖皮质激素治疗或库欣综合征，这些情况比前面提到的应激的持续时间更长。胰岛素的对抗作用可能掩盖高糖血症的倾向。

5. 用含糖的液体静脉注射治疗 最常用的制剂是糖盐水和葡萄糖注射液。另外，有些静脉注射的制剂含葡萄糖，使用这种制剂之后会升高血糖，因此必须避免把这种刚输完液的动物诊断为糖尿病。

6. 糖尿病 由绝对或相对的胰岛素缺乏引起，见于先天性的糖尿病（最常见）或继发于其他疾病的糖尿病，如胰腺破坏（肿瘤或偶尔的严重的胰腺炎之后）、有过多的胰岛素拮抗剂的疾病（库欣综合征、长期的类固醇治疗或肢端肥大症）或抑制胰岛素分泌的疾病。

在兽医临床中，糖尿病一般要到十分严重时才被发现，这使诊断相对容易，只要测定血糖浓度（最好是禁食后的）就足够了。但应注意明显的肾上腺轴的作用和应激会引起患病动物的血糖升高，制定一个严格的标准是不科学的。在没有应激的情况下，血糖浓度高于 11mmol/L 时，就可认为有糖尿病。如果动物在采血过程中产生应激，则结果不可靠。

糖尿不是诊断糖尿病十分可靠的方法，因为可能出现假阳性的结果，如在采尿之前应激或运动引起血糖升高到超出肾糖阈值，或是存在肾性糖尿——范尼氏综合征（近端肾小管的缺陷）。

（二）血糖降低

由于葡萄糖是大脑代谢的唯一能量来源，所以低血糖症的症状与脑缺氧很相似，临床上表现衰弱、精神不振，有时出现惊厥、昏迷。这种疾病是高危的，所以快速诊断和治疗是十分重要的。在大多数动物中，血浆葡萄糖浓度低于 2mmol/L 时，会出现可诊断的症状，但马对低糖血症的耐受力很强，血浆葡萄糖浓度低达 1mmol/L 时，也可能没有症状。血糖降低可见于以下原因。

1. 胰岛素诱导的低糖血症 主要见于糖尿病患病动物过量使用胰岛素，犬在给予胰岛素治疗后不采食，或错误地使用了两次胰岛素可以引起低血糖。此外，低血糖也可以见于胰岛瘤，通过胰岛素和 C-羧氨酸检测可以确诊，但在临床中，这种测定往往是很难做到的。

2. 禁食后的低糖血症 可见于酮血症（牛）/妊娠毒血症（羊），这种情况只发生于反刍动物，是由于异常糖类代谢的结果。低血糖常发生于妊娠后期（羊）/泌乳高峰前期（牛）。在此期间，动物对糖代谢的需要极大，机体优先保证对胎儿的供应，而不是对母体的供应，所以母体容易发生伴有酮病的低糖血症。此外，低血糖也可以见于小型犬的先天性低糖血症，这与应激和阶段性的虚弱有关，与胰岛瘤无关。

二、葡萄糖耐量试验

葡萄糖耐量试验是直接用葡萄糖负荷量来挑战胰腺的功能，通过评估血液和尿液葡萄糖浓度来评定胰岛素的作用。如果胰岛素释放充足，且靶细胞有健康的受体，则进食后人为升高的血糖水平在 30min 出现峰值，然后开始下降，2h 内达正常值，且尿中不会出现葡萄糖。若进食后 2h，血糖水平正常，则可以排除糖尿病的可能性。持续的高血糖和糖尿是糖尿病的指征。激发后严重的低血糖，表明可能存在葡萄糖反应性的、机能亢进的胰腺 β 细胞瘤。该试验可简化为仅测定进食后 2h 的葡萄糖浓度。

口服葡萄糖耐量试验会受到肠功能异常的影响，如肠炎、运动过度、兴奋（如胃内插管引起）；静脉注射葡萄糖耐量试验是一个较好的选择。临床中，静脉注射葡萄糖耐量试验是反刍动物的唯一选择。禁食（反刍动物除外）12～16h 后，注射挑战性的葡萄糖负荷量，紧接着检测血糖，绘制耐受曲线。

糖尿病动物会出现葡萄糖耐量下降（半衰期延长、转换率下降），而患甲状腺功能亢进、肾上腺皮质机能亢进、垂体功能亢进和严重肝病时，葡萄糖耐量的变化不恒定。

葡萄糖耐量升高（半衰期缩短、转换率升高）可见于以下疾病：甲状腺功能减退、肾上腺皮质机能减退、垂体功能减退和高胰岛素血症。食用低糖类日粮的正常动物，可能出现"糖尿病性曲线"。在试验前，给予 2～3d 高糖类食物，即可将误差减至最小。对于正常马，由于饮食和禁食情况不同，静脉注射葡萄糖耐量试验结果不稳定，因此试验是没有意义的。

葡萄糖耐量试验通常不是糖尿病诊断必需的指标。出现持续的高血糖和糖尿，且伴有多饮、多尿、多食和消瘦的病史，即可诊断为糖尿病。多数胰腺 β 细胞瘤不能对葡萄糖产生快速应答，因此该试验可检测高胰岛素血症。初始低血糖会导致胰岛素拮抗激素的释放，可能出现糖尿病性葡萄糖耐受曲线。动物紧张也会影响葡萄糖耐量试验的结果。

如果血液样品中没有加入抗凝剂，并在室温下放置时间过长，血清葡萄糖测定结果会因这些失误而降低。

对于临界性高血糖而不伴有持续糖尿的动物，最好进行葡萄糖耐量试验。但是，此试验对主人来说不合算，也不会引起显著的治疗措施改变。这种进退两难的境地常见于猫，其肾糖阈值高，常出现应激性高血糖，容易产生误导。如果免疫反应的胰岛素浓度同时变化，可以从静脉注射葡萄糖耐量试验获得额外的信息。

三、果 糖 胺

葡萄糖可与多种结构结合，包括蛋白质。果糖胺代表葡萄糖与蛋白质结合的不可逆反应，尤其是白蛋白。对于患糖尿病的动物，其血糖浓度持续升高，葡萄糖与血清白蛋白的结合也增多。果糖胺升高表明存在持续的高血糖。由于犬猫白蛋白的半衰期是 1～2 周，故果糖胺反映了 1～2 周内的平均血清葡萄糖水平。果糖胺对血清葡萄糖浓度变化的应答要快于糖基化血红蛋白。不过，患低蛋白血症的动物，其血清果糖胺水平可能会假性降低。

四、糖基化血红蛋白

糖基化血红蛋白代表了葡萄糖结合血红蛋白的不可逆反应。糖基化血红蛋白浓度升高表明存在持续的高血糖。这个试验结果反映了一个红细胞生命周期（犬 3～4 个月、猫 2～3 个月）内的平均葡萄糖浓度。贫血的动物，糖基化血红蛋白水平会假性降低。

第二节 血清脂质和脂蛋白

一、血清胆固醇

正常的血浆胆固醇浓度：犬为 7～8mmol/L，猫为 4～5mmol/L，草食动物为 2～3mmol/L。

胆固醇既可从消化道中吸收（肉类食物），也可在体内合成，它是细胞膜的组成成分，可增加细胞膜结构的牢固性。过多的胆固醇排泄在胆汁中，一部分以胆汁酸和胆盐的形式存在，另一部分以未变化的胆固醇形式（可以被重吸收）存在。在人类中，高胆固醇血症与动脉硬化和局部缺血性心脏病有关，但在动物中还未发现这种关系。

1. 胆固醇升高（高胆固醇血症） 草食动物胆固醇水平很低，且它的升高也不特异地与某一疾病有关。在小动物中，已发现有许多原因可以引起高胆固醇血症。

（1）最近吃了含脂肪的食物 食物对血浆胆固醇浓度的影响不是特别大，最多为 3mmol/L。但在利用胆固醇作为诊断指标时，最好还是采禁食后的血液。

（2）肝或胆管疾病 由于肝胆管系统与胆固醇的排泄有关，患有肝衰的动物的血浆胆固醇浓度会升高。

（3）糖尿病 在一些病例中，糖尿病动物脂肪代谢的增加会引起胆固醇的升高，特别是当病畜还患有肝脂肪浸润而使肝功能降低时。

（4）库欣综合征 血浆胆固醇浓度升高常见于库欣综合征，部分是由于脂代谢激素紊乱，部分是由于类固醇性肝病引起，类固醇肝病常与该病伴发。

（5）甲状腺功能减退　食物的影响不可能使血浆胆固醇浓度升高到超过 10mmol/L，在肝病、肾病、糖尿病、库欣综合征中也很少升高到 15mmol/L 以上。甲状腺功能减退可使高胆固醇血症高达 50mmol/L，如此高的浓度对该病有一定的诊断意义。但轻度的病例很难与库欣综合征区分（在这种情况中，血液学检查十分有帮助），30％有甲状腺疾病的动物的血浆胆固醇浓度是正常的。

2. 胆固醇降低　在甲状腺功能亢进的病例中，出现异常的低胆固醇常有报道，但这不具有诊断意义。

二、血清甘油三酯

正常的血浆甘油三酯浓度，犬约为 1mmol/L，马约为 0.4mmol/L。

脂肪是以甘油三酯的形式贮存的，甘油三酯是由三个脂肪酸与一个乙二醇酯化形成的。正常的脂肪动员是由肾上腺轴的刺激引起的，还与脂肪酶和酯酶的作用有关。当在血浆中有乳白色悬浮物时（脂血症），就要怀疑该病。

但要注意的是，实际上不能真正测定甘油三酯，它是用脂肪酶和酯酶处理样品后再测定总乙二醇的量。因此，检测时游离乙二醇浓度的升高必须记录下来，否则也会误认为是甘油三酯，除非同时检测游离乙二醇（减去脂肪酶和酯酶）。甘油三酯的值是由总乙二醇减去游离乙二醇得来的，其结果便是真正的甘油三酯。

与血浆甘油三酯升高相关的疾病包括：糖尿病、甲状腺功能减退、肾病综合征、肾脏衰竭、急性坏死性胰腺炎，以及马的高脂血症。这是马的一种特殊的疾病，是由于食物中长期缺乏糖类引起的，一方面是冬季牧草缺乏的原因，另一方面是继发于其他疾病的厌食（例如疝痛）。它与牛的酮血症有一些类似，但不是脂解产物（酮体）的蓄积。患病动物通常完全停止吃食，而脂肪动员旺盛。血浆总乙二醇浓度超过 2mmol/L 和血浆总脂肪浓度超过 5g/L。血浆胆红素通常也升高。如果不治疗，该疾病通常是致死性的。最有效的治疗是使用肝素，治疗必须持续至血浆总乙二醇浓度低于 1mmol/L。通过胃管投喂葡萄糖也是有效的，最好葡萄糖和半乳糖每天交替使用。

要注意的是紧张的运动也会引起血浆总乙二醇浓度的升高，这并不是甘油三酯升高，而是游离乙二醇升高的缘故。

三、胆汁酸

正常的血浆胆汁酸浓度低于 15μmol/L。

胆汁酸分为游离胆汁酸和结合胆汁酸两大类，游离胆汁酸主要有胆酸、鹅胆酸和脱氧胆酸三种，它们由肝细胞产生。结合胆汁酸是胆汁酸与甘氨酸和牛磺酸结合形成的。胆汁酸随胆汁分泌入肠道乳化脂肪，是消化吸收食物中脂肪和脂溶性维生素（维生素 A、维生素 D、维生素 E、维生素 K）的必需条件。

分泌入肠道的胆汁酸，大约 95％又重新被吸收入血液，然后又被肝脏摄取，随胆汁分泌入肠道，此现象称为**肝肠循环**。

血清胆汁酸的检测方法采用放射免疫法或酶联法。

血清胆汁酸含量增多见于胆管阻塞，其增多变化常与血清碱性磷酸酶（ALP）活性增高相平行。马、犊牛、羊和犬的急性中毒性肝坏死时，血清胆汁酸含量明显增加。

第三节　血清电解质测定

一、血清钾

血清电解质

血清钾正常浓度为 3.3～5.5mmol/L。

钾是细胞内主要的阳离子，在细胞外的浓度很低。它与水的关系不如钠与水密切，大多数血清钾紊乱是由于过量的丢失或排泄减少造成的，与脱水无关。

1. 血钾升高（高钾血症）　当丢失低钾液体时可以使血钾升高，但升高的程度一般不高，不会到达危险的程度。明显的高钾血症的原因，大多是由于肾脏排泄钾的能力丧失造成的，但不是所有的肾衰病例都会引起血浆钾浓度的升高。较急性的肾衰病例（如肾盂肾炎）确实可引起高钾血症，但慢性肾衰病例常发生低钾血症。当发现血浆钾浓度升高时，首先要考虑的是阿狄森氏病。另外，要注意持续使用保钾的利尿药（如安体舒通，醛固酮的拮抗剂）可引起高钾血症。严重脱水的患病动物，有时也可能是高钾血症，这是由于肾血液灌注严重下降，引起排泄减少造成的。

当血浆钾浓度接近或超过 7mmol/L 时，就必须把它当作急症，因为细胞外液中钾浓度过高，很容易引起心脏停止跳动（但严重溶血的血浆或采血 7h 以后才与红细胞分离的血浆，会引起血浆钾浓度的假性升高，后者是因为钾从细胞内逸出造成的）。治疗方法是静脉注射葡萄糖液，它可以降低钾的浓度，或通过使用胰岛素，促进钾进入细胞。如果机体没有碱中毒，也可以通过静脉输注碳酸氢钠来降低血液钾离子的水平。

2. 血钾减少（低钾血症）　常见于持续高钾液体的丢失，呕吐和腹泻是最典型的情况，低钾血症也可见于长期使用无钾液体治疗的患病动物，如用葡萄糖盐水或等渗盐水。另外，要注意持续使用促进钾丢失的利尿药（如速尿），也可引起低钾血症。用这种药物治疗的动物，测定其血钾浓度是十分重要的（要注意使用的利尿药类型，因为对用安体舒通治疗的患病动物，使用钾补充剂可能是灾难性的）。在奶牛卧倒不起综合征中，血钾可能降低，症状包括嗜睡、肌肉无力和心律不齐。

就血浆钾而言，马是个特殊的情况，在休息时其浓度降低至 2.5mmol/L，也没有临床症状，特别是在吃干草时，会引起大量的唾液分泌，易出现这种现象。马的汗液中钾浓度很高，在长时间运动后，血浆钾的水平可降到 2.0mmol/L，且也无任何临床症状。但在运动时，血浆钾的水平总是偏高的（约为 4mmol/L），这是由于钾不断从肌肉细胞中流出的缘故。

在所有其他的动物中，血浆钾浓度低于 3.5mmol/L，被认为是有临床诊断意义的，低于 3.0mmol/L 是一个临界水平。最好采用口服方法来恢复低钾血症动物的血钾水平，因为静脉注射所需的钾浓度可能是很危险的，但低钾性呕吐或腹泻的患病动物，需要用静脉注射来补充，但输液时要慢。林格氏液或乳酸林格氏液含 4.0mmol/L 钾，它用于维持体液是相当安全和正确的，但不能改善已有的低钾血症的状况。

二、血清钠

正常的血清钠含量为 135～155mmol/L。

钠是一种与水最密切的电解质，大多数的紊乱都是原发的体液问题。

1. 血钠升高（高钠血症）　丢失低钠液体时容易引起血钠升高，如呕吐、过度呼吸。血钠升高也可以见于严格限制饮水而限制了钠正常排泄的情况——最典型的例子是猪的食盐中毒。盐皮质激素的过度分泌也可以引起血钠升高。库欣综合征可以引起高钠血症，但在临床实践中，这种情况并不多见。高钠血症可引起各种中枢神经系统的症状，如脑压升高、失明、昏迷（由中枢神经系统内的细胞脱水引起）等。血清钠浓度高于 160mmol/L 是很危险的。血浆钠浓度的变化率非常重要，过快地纠正高钠血症，也会引起中枢神经系统的症状。这是因为血浆渗透压的恢复速度比细胞的渗透压快，造成脑细胞吸收水分而引起水肿。

2. 血钠降低（低钠血症）　血钠降低主要发生于丢失高钠的液体时，最常见的情况是肾衰，肾脏不能浓缩尿液，且快速流动的尿液也不利于在肾小管进行有效钠钾交换而引起高钠尿。血钠降低也可发生于丢失的含钠液体之后，被低钠液体代替的情况，如静脉注射葡萄糖。其他引起血钠降低的主要原因有阿狄森氏病。

三、血　清　氯

正常动物的血清氯浓度为 100～115mmol/L（猫可高达 140mmol/L）。

氯与电解质的关系不密切，但可以提供十分重要的信息。作为一个阴离子，它的浓度受其他主要阴离子（碳酸氢根）的浓度影响。为了维持阴离子和阳离子的平衡，在碳酸氢盐浓度降低的酸中毒动物中，氯离子浓度一般都相当高，而在碳酸氢盐浓度升高的碱中毒动物中，氯离子的浓度一般非常低。不存在明显的酸碱紊乱时，血浆的氯浓度与钠离子浓度一般是平行的。

1. 血氯升高（高氯血症）　常发生于酸中毒时，也常见于几乎所有与高钠血症有关的疾病。用氯离子浓度来评估脱水的严重程度（基于水丢失会引起钠离子浓度的升高的假设）是无效的。

2. 血氯减少（低氯血症）　常见于碱中毒时，也常见于与低钠血症有关的疾病。不伴有低钠血症的低氯血症，也可在丢失大量的高氯或低钠液体时发生，这一般就是盐酸，即胃分泌液丢失的缘故，故在刚采食后，持续的呕吐是其中可能的原因之一（但要注意的是在空胃时，呕吐中丢失的主要是钾）。另一种情况是马属动物的疝痛，胃肠道的上部被阻塞，虽然液体没有真正丢失，但大量的含氯液体都贮存在胃和上段小肠中。要注意在未知原因的激动或恐惧的马中，血浆氯浓度会明显下降。在奔跑后，马的血浆氯浓度降至 85～90mmol/L 是正常的。

治疗氯的紊乱，主要是纠正酸碱紊乱和钠的异常，而不是特异地纠正氯离子本身的浓度。

四、血　清　钙

正常动物的血清浓度为 2～3mmol/L（马为 2.5～3.5mmol/L）。

钙在神经肌肉传导和肌肉收缩中具有十分重要的作用，也是骨骼的重要组成成分。大约一半的血浆钙是游离的，这是有活性的部分；另一半与白蛋白结合在一起，是无活性的。

1. 血钙升高（高钙血症）　在兽医临床实践中，最可能引起高钙血症的原因是过度使用葡萄糖酸钙治疗低钙血症，但真正的高钙血症多是由于各种类型的甲状旁腺机能亢进引起的。高钙血症的症状主要表现为多尿，这是因为循环中高浓度的钙会干扰正常的尿液浓缩机制，所以也会引起烦渴。

与其他引起烦渴或多尿的原因相比，高钙血症是不常见的，但在临床中，最好还是检查一下出现该症状动物的钙的浓度，否则，发生的小概率情况可能被错过。一旦证实是高钙血症，检查肿瘤可能找出病因。

除了烦渴，高钙血症的其他临床症状包括便秘和腹痛（由神经肌肉活性的抑制引起的）、肾功能障碍和心脏病等。

2. 血钙降低（低钙血症）　这是最常见的钙的异常，可由几种原因引起。

（1）低白蛋白血症　这种原因引起的低钙血症只是中度的，并且当游离的钙不受影响时，它常无临床症状。但当低钙血症是由白蛋白的丢失引起时，在一定时间内依赖于白蛋白的钙的丢失可能会引起真性的有症状的低钙血症。

（2）产后低血钙　在乳牛中是十分常见的，分娩后会马上出现低钙性搐搦。这是由于泌乳因素、激素因素和泌乳早期对乳牛的钙的过度需求共同作用的结果。类似的综合征也发生于其他种类的动物，在绵羊，通常是在生羊羔之前；在母犬（和少数的猫），通常在分娩后几周会发病，但该症状（在这些疾病中的惊厥）也出现在哺乳期和产前的任何时候；母马也可在产后 10d 左右或在断奶后 1～2d 出现。

（3）慢性肾衰，特别是犬猫　在这些疾病中，它们无法排泄磷，会出现高磷血症并继发血钙下降。这反过来又会刺激甲状旁腺激素的分泌，以增加骨钙（和磷）的释放，从而改善了低钙血症，但同时恶化了高磷血症。结果导致该病（继发性甲状旁腺机能亢进）的主要症状是高磷血症而不是低钙血症。

（4）急性胰腺炎　一些急性胰腺炎会引起低钙血症和搐搦，这一点有时对该病的诊断是十分有帮助的。已提出许多观点来解释这种现象，包括不溶性钙皂的沉淀，但整个生化过程仍然不完全清楚。

五、血清磷

正常动物的血磷浓度为 1～2.5mmol/L（但猪的要远远超过该值）。

无机磷在许多代谢过程中是十分重要的，而且像钙一样，它也是骨骼的主要组成成分之一。甲状旁腺激素和维生素 D 调控血磷水平。溶血会使血磷浓度假性增高，年幼动物的血磷水平比成年动物的高。

1. 血磷升高（高磷血症）　在慢性的肾脏疾病中最常见（通常是在小动物中）。肾脏排泄磷功能下降，从而引起血磷的浓度升高。这实际上是通过继发的低钙血症倾向引起甲状旁腺激素分泌增加，导致骨磷的释放，从而使高磷血症恶化。这种方式会引起骨骼脱矿物质的恶性循环，就是所谓的继发性甲状旁腺机能亢进，患病动物会出现骨骼异常。

要注意的是，临床中可见有的猪无机磷浓度升高（甚至高达 5mmol/L 或更高），但无症状出现，这有可能是食物的影响。

2. 血磷降低（低磷血症）　典型的低磷血症在兽医中称为"奶牛卧倒不起症"，就是一种奶牛产后低血钙症，虽经充分治疗，但仍卧倒不起。它包含着许多不同的疾病，其中一部分是低磷血症引起的。这些奶牛意识清醒，能吃喝、反刍、排粪尿，且无其他内科或外科疾病（如子宫炎、乳腺炎或骨折），但是不能站立。

第四节 血气及酸碱平衡分析

血液酸碱平衡受呼吸和代谢两方面因素的影响，临床多使用血气分析仪，同时测出反映呼吸因素的指标 [主要是二氧化碳分压（PCO_2）、氧分压（PO_2）、血氧饱和度（SO_2）] 和反映代谢因素的指标 [包括实际碳酸氢盐（AB）、标准碳酸氢盐（SB）和剩余碱（BE）等]，并计算出阴离子隙（AG）。采肝素抗凝动脉血立即检测；如不能立即检测，应严加密封，不能接触空气，尽快送检，天热可放冰箱中。

一、pH

常通过血液 pH 测定来间接了解细胞内和与细胞直接接触的内环境的 pH。血液 pH 实际上是未分离血细胞的动脉血浆中 [H^+] 的负对数值，正常动物的动脉血液 pH 在 7.35～7.45 之间，平均为 7.40。静脉血 pH 比动脉血低 0.02～0.10。犬 7.31～7.42，猫 7.24～7.40，牛 7.35～7.50，马 7.32～7.44。

血液 pH 的恒定为呼吸和代谢因素共同作用的结果，升高可确定为失代偿性碱中毒，降低则为失代偿性酸中毒。pH 正常并不排除存在酸碱失衡的可能性，因为代偿性酸、碱中毒或同时存在等强度的碱中毒或酸中毒，其 pH 可能正常或接近正常范围的上限或下限。

pH<7.35 为代偿性酸中毒，存在酸血症；pH>7.45 为失代偿性碱中毒，有碱血症；pH=7.35～7.45 可见于无酸碱失衡、代偿性酸碱失衡或复合性酸碱失衡三种情况。由于酸碱综合代偿作用，血液 pH 相对稳定。区别呼吸性、代谢性酸碱中毒，以及两者的复合作用，须结合其他指标进行综合判断。

二、二氧化碳分压

二氧化碳分压（PCO_2）指在血液（或血浆）中物理状态溶解 CO_2 产生的压力。正常动脉血 PCO_2 参考值为 4.4～6.3kPa（33～47mmHg）；静脉血 PCO_2 略高于动脉血，6.1～6.7kPa（46～50mmHg）。健康犬 3.9～5.6kPa，猫 3.9～5.6kPa，牛 4.6～5.9kPa，马 5.1～6.1kPa。

二氧化碳分压（PCO_2）反映酸碱平衡中的呼吸因素，是诊断呼吸性酸碱失衡的确定性指标。PCO_2<4.65kPa 为低碳酸血症，PCO_2>5.98kPa 为高碳酸血症。测定 PCO_2 并结合 PO_2 可以判断呼吸衰竭的类型和程度。PCO_2 增高提示通气不足，CO_2 蓄积，为呼吸性酸中毒；PCO_2 低于正常，提示通气过度，CO_2 排出过多，为呼吸性碱中毒。但在代谢性碱中毒和酸中毒时，PCO_2 可因肺的代偿作用而高于或低于正常。

三、氧 分 压

氧分压（PO_2）指血液中物理状态溶解 O_2 产生的压力。正常时动脉血 PO_2 参考值为 10.64～13.3kPa（80～100mmHg），其中，犬 11.3～12.7kPa，猫 11.3～12.7kPa，牛 12.3kPa，马 12.5kPa。

氧分压（PO_2）反映肺的换气功能及组织氧合状态，用于判断机体是否缺氧及其程度。低于正常范围下限称为低氧血症。PO_2 降至 8.0kPa（60mmHg）以下，机体已濒临失代偿边缘，是诊断呼吸衰竭的标准；$PO_2 < 5.33kPa$（40mmHg）为严重缺氧；$PO_2 < 2.67kPa$（20mmHg，相应血氧饱和度32%）以下，由于不同组织器官间的氧降阶梯（cascade）消失，脑组织不能再从血液中摄氧，有氧代谢不能正常进行，生命难以维持。

四、血氧饱和度

血氧饱和度（SO_2）指动脉血中氧与Hb结合的程度，是单位Hb含氧百分数。血液中的氧以物理溶解和与血红蛋白结合两种形式存在。与血红蛋白结合的氧量远超过物理溶解的氧量。物理溶解的氧量与氧在血液中的溶解度和氧分压的强弱有关。$SO_2 = HbO_2/$全部$Hb \times 100\%$。根据Dalton气体定律，氧在空气中的浓度为20.93%，所以在空气气压为101.3kPa时，氧的分压为$101.3 \times 0.2093 = 21.20kPa$（159mmHg）。因为氧的溶解度系数为0.003，所以物理溶解的氧为$159 \times 0.003 = 0.48$（体积比）。每克血红蛋白能结合1.39mL氧，因此，正常情况下150g/L血红蛋白可结合氧208.5mL（20.85mL/100mL血），物理溶解者除外。由于并非全部Hb都能氧合，且血中还存在其他Hb，如高铁Hb等，SO_2难以达到100%，正常范围为95%~98%。关于血氧测定，除饱和度（SO_2）以外，尚有氧含量和氧结合量测定。

五、血细胞比容

血细胞比容是指红细胞在全血中所占容积的百分比，根据其值的变化来帮助诊断贫血及其程度或测知血浆容量是否丢失。犬37%~55%，猫30%~45%，牛24%~46%，马32%~48%，猪36%~43%，绵羊27%~45%，山羊22%~38%。

血细胞比容相对性增高主要是血浆容量减少所致，见于呕吐、腹泻、多尿、多汗、急性肠胃炎、肠梗阻、肠变位、渗出性胸膜炎、某些传染病和发热性疾病所致的脱水。血细胞比容绝对性增高是由红细胞过多所致，分原发性和继发性两种。原发性红细胞增多又称真性红细胞增多症，与促红细胞生成素产生过多有关，见于肾癌、肝细胞癌、雌激素分泌细胞肿瘤、肾囊肿等疾病，红细胞数可增多2~3倍。继发性红细胞增多是由于代偿作用使红细胞绝对数增多，见于缺氧、高原环境、一氧化碳中毒、代偿机能不全的心脏病及慢性肺部疾病。血细胞比容减低多见于各种原因引起的贫血。由于贫血类型的不同，红细胞数、血红蛋白量与血细胞比容在减少的程度上不一定成比例，因此，必须将红细胞数、血红蛋白量及血细胞比容三者结合起来，计算红细胞各项平均值才有参考意义。

六、剩 余 碱

剩余碱（BE）是指在标准条件下（PCO_2 5.33kPa、血氧饱和度为100%，37℃）用酸或碱滴定全血或血浆至pH7.4时所消耗的酸或碱量（mmol/L）。剩余碱（BE）能表示血浆、全血或血细胞外液中碱储量。由于在测定时排除了呼吸因素的干扰，可理解为实际缓冲碱与正常缓冲碱的（均值）的差值（ΔBB），是评价代谢性酸碱平衡失调的重要指标。需加酸者ΔBB为正值，在BE前加"＋"，说明缓冲碱增加，固定酸减少，常表示代谢性碱中毒；需加碱者ΔBB为负值，则在BE前加"－"，说明缓冲碱减少，固定酸增加，表示代谢性酸中毒。正常全血或血浆BE在-3.0~$+3.0$mmol/L之间变动。

七、实际碳酸氢盐

实际碳酸氢盐（AB）又称真实碳酸氢盐，指的是隔绝空气的动脉血浆样本中 HCO_3^- 的实际含量。参考值为 $21.4\sim27.3mmol/L$。

AB 和 SB 不同，受到呼吸性和代谢性双重因素影响。在正常情况下，AB 和 SB 是一致的；在病理状态下，AB 和 SB 之差反映呼吸对酸碱平衡影响的程度。AB 升高，既可能是代谢性酸中毒，也可能是呼吸性酸中毒时肾的代偿调节的表现。慢性呼吸性酸中毒时，AB 最大可代偿升高至 $45mmol/L$；慢性呼吸性碱中毒时，AB 可代偿性减少至 $12mmol/L$。

八、标准碳酸氢盐

标准碳酸氢盐（SB）是指动脉血液样本在温度 $37℃$ 和血红蛋白完全氧合（SO_2 达 100%）的条件下，用 PCO_2 为 $5.33kPa$ 的气体平衡后所测得的血浆碳酸氢根（HCO_3^-）浓度，一般不受呼吸因素影响，为血液碱储备，受肾调节，能准确反映代谢性酸碱平衡状态，是判断代谢性酸碱平衡失调的良好指标。SB 在代谢性酸中毒时降低，代谢性碱中毒时升高。参考值为 24（$21\sim26$）$mmol/L$。

综合分析 AB 和 SB 这两项指标，有助于酸碱平衡失调的分析。AB＝SB，且两者均正常，表明酸碱平衡；AB＝SB，但两者都低于正常，表明失代偿性代谢性酸中毒；AB＞SB，表示呼吸性酸中毒或代偿性碱中毒；AB＜SB，表示呼吸性碱中毒或代谢性酸中毒。

九、阴离子隙

阴离子间隙（AG）是指血浆中未测定的阴离子与未测定的阳离子的差值。由于细胞外液中阴阳离子总当量数相等，即已测定阳离子（Na^+）＋未测定阳离子＝已测定阴离子（Cl^-＋HCO_3^-）＋未测定阴离子。阴离子间隙可根据血浆中常规可测定的阳离子（Na^+ 和 K^+）总和与常规可测定的阴离子（Cl^- 和 HCO_3^-）总的差算出，即 AG＝（Na^+＋K^+）－（Cl^-＋HCO_3^-）。由于血清中 K^+ 浓度很低，且相当恒定，故上式可简化为 AG＝$[Na^+]$－$\{[Cl^-]+[HCO_3^-]\}$。

AG 可鉴别不同类型的代谢性酸中毒。AG 增高反应动物机体存在代谢性酸中毒、酮症酸中毒、尿毒症等，见于肾功能不全、乳酸中毒、糖尿病酮症酸中毒、严重低血钾、低钙血症、低镁血症。AG 降低见于低蛋白血症、低磷酸盐血症、高钾血症、高钙血症、高镁血症、锂中毒及多发性骨髓瘤等。AG 正常的代谢性酸中毒如高血氯性代谢性酸中毒。

血气和酸碱分析用于判断呼吸功能及酸碱平衡的紊乱状况。临床上常见酸碱平衡紊乱的实验室诊断指标见表 1-13。

表 1-13 临床常见酸碱平衡紊乱的实验室诊断指标

	pH	PCO_2	HCO_3^-	BE	AB	SB	原　因
代谢性酸中毒	↓	↓	↓	负值增大	↓	↓	腹泻、缺氧、肾衰、高血钾症、酮病等
呼吸性酸中毒	↓	↑	↑或正常	正值增大	↑	↑	通气障碍引起 CO_2 排出受阻

（续）

	pH	PCO$_2$	HCO$_3^-$	BE	AB	SB	原因
代谢性碱中毒	↑	↑	↑	正值增大	↑	↑	呕吐、长期用利尿药、低钾血症等
呼吸性碱中毒	↑	↓	↓	正常	—	—	肺通气过度
呼吸性酸中毒并代谢性酸中毒	↓	↑	↓	负值增大	↓	↓	肺水肿、慢性阻塞性肺病、CO 中毒
代谢性碱中毒并呼吸性碱中毒	↑	↓	↑	正值增大			呕吐、通气过度
呼吸性酸中毒并代谢性碱中毒	正常 ↑↓	↑	↑	正值增大			慢性阻塞性肺病
代谢性酸中毒并呼吸性碱中毒	正常 ↑↓	↓	↓	负值增大	↓	↓	糖尿病、肾衰、慢性肝病
代谢性酸中毒并代谢性碱中毒	正常	正常 ↑↓	正常	正常	正常	正常	呕吐、腹泻

第五节　肾功能检查

一、尿　素

正常动物的血清尿素浓度为 3～8mmol/L（猫和一些马的值可高达 15mmol/L）。

有两种尿素浓度含量表示方法都表示为 mg/100mL。一种是直接的每 100mL 尿素的毫克量，另一种是每 100mL 中尿素氮的毫克量，即 BUN（尿素氮）。在这两个单位中的数量是不相同的，所以知道化验数值是用哪个单位表示是十分重要的。最安全的方法是把所有的数据都转换为 SI 单位（每升中尿素的 mmol 数），但这也需要系数转换方面的知识（尿素是 0.17，尿素氮是 0.36）。

尿素是机体在肝中形成的含氮代谢产物，是氨基酸代谢的终产物。尿素在肝中形成以后，就在血浆中被运送到肾脏，接着被排泄入尿。因此，血浆中的尿素浓度可受许多不同的因素影响。

（一）食物因素

（1）食物中过多的蛋白会引起脱氨基的增加，引起血浆中尿素浓度升高，但其浓度不会升高太多，在多数动物中仅为 7～10mmol/L。

（2）食物中蛋白质质量低劣也有同样的效果，在没有必需氨基酸时，非必需氨基酸会被脱氨基，从而引起血浆尿素浓度的轻度升高。

（3）糖类的缺乏。当食物中没有足够的能量时，体内贮存的蛋白质（起初是肝内贮存的蛋白质）将会被脱氨基之后作为能量被利用。在饥饿，特别是存在脱水的病例中，血浆尿素浓度可以高达 15 mmol/L，甚至是 20mmol/L。

（4）食物中低水平的蛋白质可以引起血浆尿素浓度减少至 1～3mmol/L。

（二）尿素循环失败（高氨血症）

尿素循环的目的是把有毒的氨离子转化为利于排泄的无毒尿素分子。尿素循环失败会引起氨在体内蓄积，同时血浆尿素浓度降低，为 0.5～2.5mmol/L。过量的氨会引起各种中枢神经系统症状。但要注意的是用尿素来诊断这类疾病是不可靠的。一些动物的尿素正常水平就是很低的。由于肾脏的问题，一些真正患高氨血症病畜的尿素浓度可能正常或稍升高。因此，当发现血浆尿素浓度降低及一些病例中怀疑有高氨血症时，无论尿素是否降低，正确的方法都是测定氨本身的浓度。

（三）引起血浆尿素浓度升高的原因

1. 肾灌注不良　这可以由严重的脱水或心机能不全引起。肾本身没有问题，根据灌注不良的严重程度不同，血浆尿素浓度升高至 15～35mmol/L。当疾病改善时，血浆尿素浓度下降，这也是监测慢性心衰治疗效果的一种有效方法。但要注意的是当灌注不良十分严重或肾缺氧时间太长时，会出现原发性的肾衰——在这些病例中，血浆尿素浓度将持续升高到 35mmol/L。

2. 肾衰　诊断肾衰是测定血浆尿素浓度最常见的原因，特别是小动物。血浆尿素浓度可以随疾病严重程度的不同，从正常范围的上限到高达 100mmol/L。在一些急性或像肾盂肾炎那样的可逆病例中，即使尿素严重升高，也值得进行试验性治疗。在慢性病例中，预后取决于疾病的严重程度。当尿素浓度只有轻度升高时（低于 20mmol/L），治疗的效果可能是很好的。当血浆尿素水平高于 60mmol/L 时，治愈希望很小（除非进行肾移植技术），建议安乐死。

3. 尿道阻塞　由于尿道阻塞会对肾产生压力，且血浆尿素浓度可能上升到 60mmol/L 或更高，故会引起急性肾衰。这在临床上不难做出诊断（膀胱扩张、疼痛、只有少量或没有尿液排出），如果阻塞被排除，该现象通常是可逆的。

4. 膀胱破裂　膀胱破裂可使血浆尿素浓度很快升高到 100mmol/L 以上。如果及时用外科方法修复膀胱的话，这种情况是可逆的，但麻醉尿毒症的患病动物是十分危险的。在手术前用腹膜透析处理可以明显提高成功率。

（四）引起血浆尿素浓度降低的原因

（1）尿素合成减少，如肝肿瘤、肝硬化、门静脉吻合、低蛋白日粮等。

（2）黄曲霉毒素中毒。

（3）输液治疗以后。

二、肌　酐

正常动物血浆肌酐浓度低于 $150\mu mol/L$。

肌酐像尿素一样，也是由肾排泄的一种氮的代谢产物，但它不是氨基酸的代谢产物，而是肌氨酸的代谢产物。肌氨酸是存在于肌肉中的一种物质，它与高能量的代谢有关，其作用是稳定高能磷酸键，使之不会被很快消耗。肌氨酸以一定的速率持续缓慢地分解代谢，它不受肌肉活动或肌肉损伤变化的影响。血浆肌酐浓度的变化只与肌酐的排泄有关，也就是说，它更准确反映了肾的功能。因此，像尿素一样，血浆肌酐也用于检测肾脏的疾病，但它与尿素有所不同，要得到肾功能的最大信息时，一般同时检测尿素和肌酐。

（1）血浆肌酐浓度不受食物和任何可以影响肝和尿素循环因素的影响。

（2）在疾病初期，它比尿素升高得更快，而好转时，也降得更快。因此，同时测定它们可以得到一些疾病的过程和进展的信息。

（3）当出现肾前性的原因（心衰或脱水）时，它比尿素的变化更小；而当存在原发性的肾衰时，它升高得更多。换句话说，它作为肾功能的诊断指标比尿素更敏感，也是更好的预后指标。

既然肌酐比尿素对肾衰更特异更敏感，为什么还要同时测定尿素呢？

（1）肌酐在血浆样品中会变质，必须在当天进行分析。因此，从陈旧样品中测得的结果可能不准确。

（2）有些物质容易干扰肌酐的检测，如胆红素可明显地降低肌酐的浓度，头孢菌素可明显地增加肌酐的浓度。所以，存在这些物质干扰时，就应检测尿素。

（3）由于尿素受许多不同因素影响，故血浆尿素的测定也可以为患病动物提供比肌酐更多的信息。

对血浆肌酐结果的解释是相当直接的——降低没有临床意义；增加到 $250\mu mol/L$ 左右时，可能是肾前性的原因引起的（脱水或心衰）；超过该值时，肾是有问题的（除非存在膀胱破裂或尿道阻塞）；当血浆肌酐的浓度超过 $500\mu mol/L$ 时，情况就十分严重了；浓度超过 $1\,000\mu mol/L$ 的情况，见于肾衰后期、膀胱破裂和尿道阻塞。

三、氨

大多数动物正常血浆氨浓度都低于 $60\mu mol/L$。

全血和血浆中的氨浓度都是非常不稳定的，因为采血结束后，尿素就开始分解为氨。这不足以影响尿素测定的准确性，但可以影响氨测定的准确性，因为只有一小部分尿素被分解，却足以引起氨浓度明显的升高，使一个本来正常的血样出现高氨血症的假象（分解 $0.1\mu mol$ 的尿素可以产生 $200\mu mol/L$ 的氨）。为了避免这种情况的发生，血样必须用 EDTA 抗凝（而不是肝素），并迅速放入冰块中，然后进行离心。在采血后 30min 内必须分离血浆。血浆必须冷冻保存，并在 3d 内进行检测。不能长时间运输冷冻的样品，应尽可能在可以进行检测的地方现场采样。

氨为氨基酸/含氮物质代谢为尿素前一个阶段的物质。尿素循环衰竭会引起氨在血浆中的蓄积，并出现血浆尿素浓度的降低。有严重尿毒症的患病动物的氨浓度也会升高，这是由于尿素循环的不平衡引起的，没有诊断意义。

有 3 个原因可以引起血氨升高。

1. 先天性的尿素循环代谢缺陷 幼年动物的先天性疾病（或至少是从出生后一直存在的疾病）。临床症状是神经系统紊乱——攻击行为，有时与采食有关，同时发生昏迷、智力低下。唯一的生化异常是氨血症和尿素水平下降，并存在乳清酸（它是尿素循环中断时，旁支的异常代谢形式），且没有肝脏其他代谢功能受影响的迹象。门脉血管造影正常。

2. 先天性门静脉短路（静脉导管未闭合） 见于幼年动物。在这种疾病中，缺陷通常是十分严重的，如果不治疗，很少患该病的动物可以活过两年。临床症状也与先天性缺陷相似，但除了氨血症/尿素异常外，还有其他的肝功能异常如低白蛋白血症、低凝血素血症、低胆固醇血症、血浆转氨酶和碱性磷酸酶活性升高等。一般不出现黄疸，但磺溴酞钠（BSP）清除率会延长。可以通过证明门静脉和腔静脉连接异常来确诊，而异常的诊断需通过血管造影或剖腹后在肝静脉中注入对比介质进行。

3. 肝衰后期　当肝衰达到其最后的阶段时，所有的肝功能都倾向于衰竭，包括尿素循环。在获得性门脉短路的疾病中更是如此，而且有明显的肝功能异常的证据——低白蛋白血症和低血凝素血症十分严重，通常可见黄疸。由于已没有肝组织释放酶，肝脏酶的水平可能不会升高，故 BSP 清除率异常地延迟。由于缺乏肝移植技术，故预后不良。在肝病后期是否可见由高氨血症引起的中枢神经系统的症状，很大程度上取决于肝脏病变的程度和尿素循环受影响的程度。

四、尿　酸

尿酸是氮代谢的副产物，主要产自肝脏。尿酸通常被转运到肾脏与白蛋白结合。在多数哺乳动物，这种化合物通过肾小球，且大多数被肾小管细胞重吸收，继而转变为尿囊素，由尿排出。对大麦町犬，尿酸吸收入肝细胞的机制存在缺陷，从而导致尿囊素转化水平下降。因此，该品种尿中的排泄物是尿酸，而不是尿囊素。

尿酸是禽类氮代谢的主要终产物，尿中排泄的尿酸占总尿氮排泄量的 60%～80%，尿酸由肾小管分泌。血浆或血清尿酸的水平是评价鸟类肾功能的指标。在禽类，粪便中的尿酸盐会污染趾甲，由趾甲采集血样会造成尿酸水平假性升高。在食肉鸟类，进食后尿酸的浓度会升高。患有肾病时，肾功能丧失超过 70%，尿酸浓度才会升高。

五、尿蛋白/肌酐

肾脏蛋白尿的定量测定对于诊断肾脏病意义重大。尿中缺乏炎性细胞时，蛋白尿表明存在肾小球疾病。为精确地评价蛋白尿，应检测 24h 的尿蛋白值。这是一项烦琐的任务，也容易出错。用数学方法比较尿样中蛋白和肌酐水平，则更为精确和易于理解。尿蛋白/肌酐（P/C）是建立在小管内尿蛋白和肌酐浓度增加水平一致的基础上的。

这种方法已有效地应用于犬。通常在 10_{AM} 和 2_{PM} 之间，采集 5～10mL 尿液，最好进行膀胱穿刺采集尿样。尿样应在 4℃ 或 20℃ 保存。将尿样离心后，取上清液。每个样品的蛋白质和肌酐浓度，可用各种分光光度计测定。对于健康犬，尿 P/C<1；尿 P/C 在 1～5 之间，提示肾前性（高球蛋白血症、血红蛋白血症、肌红蛋白血症）或功能性（运动、发热、高血压）因素所致；尿 P/C>5 提示存在肾脏病。

六、肾小球功能检测

患有氮质血症或未出现氮质血症而患有肾病症状的动物，可以进行一些附加的试验评估肾脏功能。这些清除率的研究需要定时定量采集尿样，同时采集血浆样品。清除率研究的两种主要形式是：有效肾血浆流量（ERPF）和肾小球清除率（GFR）。ERPF 采用的试验物质经肾小球滤过和肾脏排泄，典型代表是对氨基马尿酸。GFR 采用的试验物质仅经肾小球滤过，典型代表是肌酐、菊粉或尿素。给予试验物质后，采集尿样和血浆样品。ERPF 或 GFR 的计算公式如下：

$$\text{某种物质的 GFR 或 ERPF } [mL/(kg \cdot min)] = U_X \times V / P_X$$

式中 U_X——尿样中该物质的含量，mg/mL；

V——在限定时间内采集的尿液量，mg/(kg·min)；

P_X——该物质的血浆浓度。

（一）肌酐清除率试验

1. 内源性肌酐清除率 由于肌酐仅分泌入肾小球滤过液，且可忽略肾小管分泌量，因此，它是检测肾小球滤过作用的天然示踪剂。肌酐的短期血液浓度稳定，可适用于研究菊粉和对氨基马尿酸稳定灌注的清除率公式。这个试验相对简单，需要测定血液肌酐水平、准确地采集同时期的尿样，该试验最重要的是精确度。试验前后必须冲洗膀胱，采集冲洗后的尿样以用于肌酐的分析。清除率等于尿液肌酐排出量（尿液肌酐浓度×尿量）/血浆肌酐浓度。这种评估方法不太精确，但临床上适用。

2. 外源性肌酐清除率 在小动物，外源性肌酐清除率是一个测定GFR的准确方法。血浆肌酐浓度升高，使得血浆中非肌酐显色物质带来的误差可忽略不计。该试验的关键是要避免动物脱水，进行任何评估肾小球滤过作用的试验前都必须保证动物自由饮水。

（二）单次注射菊粉清除率

菊粉全部由肾小球滤过，不被肾小管分泌、重吸收或代谢。因此，使用恒定的输注率与定量尿样进行的菊粉清除率试验，被认为是评估GFR的最佳方法。单次注射菊粉清除率试验是一个可选用的简单方法。禁食12h后（试验期间自由饮水），按100mg/kg或3g/m²（按体表面积进行试验可得出更准确的结果）的剂量静脉注射菊粉；分别在20min、40min、80min和120min时，采集血清样品。正常犬的GFR是每平方米体表面积83.5～144.3mL/min。

（三）对氨苯磺酸钠

在犬，对氨苯磺酸钠仅经肾小球滤过清除；它从血浆中的清除是肾小球滤过的一个指标。该试验可检测单侧肾切除和肾功能下降氮质血症出现前犬的肾功能情况。在患有肾小球肾炎的马，对氨苯磺酸钠的半衰期可升至5倍。本试验也可用于猫，但其排泄机制尚不清楚。目前该试验不再广泛应用。

第六节 肝功能检查

一、蛋白质及其代谢产物

正常的总蛋白为60～80g/L（犬的稍低），白蛋白为25～35g/L（犬和猫的白蛋白比大动物低）。

血浆蛋白质主要包括白蛋白、球蛋白和纤维蛋白原。白蛋白、大部分α-球蛋白及β-球蛋白是由肝脏合成的，而免疫球蛋白则是由淋巴细胞和浆细胞分泌的。它们除具有营养功能、维持胶体渗透压及酸碱平衡的作用外，还具有酶、抗体、凝血因子及运输营养代谢产物的作用。

总蛋白通常用双缩脲法来测定，也可以使用折光法。白蛋白通常用溴甲酚绿染料结合法测定。临床上，首先测定血清总蛋白和白蛋白的量，然后用血清总蛋白的量减去白蛋白的量来得到球蛋白的量。

白蛋白/球蛋白（A/G）有助于解释蛋白成分的变化。如果二者的成分一致改变，则认为是一种正常现象，可能是由于脱水引起；如果其中一者的成分明显改变，则认为是异常现象。

（一）总蛋白浓度的升高

总蛋白浓度的升高有 3 个主要的原因。

1. 相对的水缺乏 也称为假性升高。常由于脱水引起，当水的相对缺乏引起血浆蛋白浓度升高时，总蛋白、白蛋白和球蛋白都以同一比率升高。用于表明脱水的效果，血浆总蛋白浓度没有血细胞比容好。但在实践中，血浆总蛋白浓度有其自身的优点，它不受脾的影响，可以避免脱水时由于激动或应激引起错误的判断，而且对于犬，其范围比血细胞比容狭窄得多，这就更容易评估某一血样脱水的程度。

2. 慢性和免疫介导的疾病 这些疾病包括肝硬化、慢性亚急性细菌性传染病和自体免疫疾病，特别是猫传染性腹膜炎。可以引起球蛋白，特别是 γ-球蛋白的升高。

3. 副蛋白血症 这是一种相当少见的疾病，它与恶性的产生免疫球蛋白的细胞（通常是淋巴细胞）有关，在其中进行免疫细胞的单克隆增殖，产生大量的外观异常的单个的免疫球蛋白，血浆通常十分黏稠。

（二）总蛋白或白蛋白浓度的降低

总蛋白或白蛋白浓度的降低可见于以下各种不同的临床疾病。

1. 相对的水过多 临床上水过多不常见，但可能是医源性的。最常见的是从一个正在输液的动物采得的血，甚至是在静脉输液的套管中采得的血。这些血样被输液稀释，表现为所有的蛋白都以同一比例改变。

2. 过多的蛋白丢失 由于白蛋白是血浆中分子量最小的蛋白之一，它比其他的蛋白更容易丢失，所以有些疾病常表现为低白蛋白血症。

（1）肾蛋白丢失 见于肾病综合征、肾小球性肾炎、淀粉样变性等。这可通过检查尿中是否存在蛋白来证实，但有时同时发生的膀胱炎会干扰诊断。

（2）肠蛋白丢失（蛋白丢失性肠病） 在大动物中，特别是马，见于严重的寄生虫病和过量的保泰松对马的毒性作用（不像其他的动物，会引起再生障碍性贫血）；在小动物中，要考虑的疾病有淋巴癌、肠绒毛萎缩、大肠炎和嗜酸性粒细胞肠炎。

（3）出血 当全血丢失时，血浆蛋白的丢失会引起低蛋白血症，同时存在贫血。这是评估再生性贫血、出血性贫血、溶血性贫血最容易的方法（如果是后者，血浆蛋白不会下降）。

（4）烧伤 大面积皮肤烧伤渗出血清时，可引起低蛋白血症。

3. 蛋白合成的下降

（1）食物中蛋白的缺乏 常见于饲养管理较差的动物。

（2）吸收障碍 可由各种原因引起，如胰外分泌机能不全（先天性或获得性的）、小肠内细菌的过度繁殖等。另外，在一些蛋白丢失性的肠病中，也有一定程度的吸收障碍并发。

（3）肝衰 白蛋白主要是在肝中合成的，患肝脏疾病时血清白蛋白通常会降低。注意肝衰和肝细胞损伤是不同的，不能因为肝酶不升高而认为肝衰不是引起低白蛋白血症的原因。进行特异性的肝功试验，如 BSP 清除率或胆汁酸检测是必需的。

二、胆红素及其代谢产物

正常动物血浆胆红素的浓度低于 $5\mu mol/L$（反刍动物稍高些），但马的正常浓度可高达

$50\mu mol/L$。

　　胆红素是红细胞代谢分解的副产物。它的初产物是不溶于水的（称为游离性胆红素），在血浆中，通过与运输蛋白相结合，被转运到肝脏，然后与葡萄糖醛酸或其他物质结合，变成可溶的结合性胆红素，结合胆红素分泌入胆汁。结合胆红素及其相关的色素（主要是粪胆素）可使粪便呈特征性的棕色。

　　直接胆红素指结合胆红素，而非结合（间接）胆红素是通过总胆红素减去直接胆红素计算出来的。

　　血浆胆红素浓度增加可能由以下原因引起。

　　1. 禁食后的高胆红素血症　马是唯一的容易出现该病的动物。在饥饿或厌食且没有溶血或肝胆异常的马中，血浆胆红素浓度可升高到$100\mu mol/L$。

　　2. 血管内溶血　由于正常的网状内皮—肝胆系统的作用，轻度到中度的溶血，血浆胆红素浓度可能并不升高。而严重溶血时，超过机体排泄胆红素的能力时会出现高胆红素血症（黄疸），但通常不会特别严重。随溶血的严重程度不同，其水平为$10\sim20\mu mol/L$。当机体血浆胆红素水平升高时，常伴有明显高水平的游离血红蛋白。大多数或所有的胆红素是非结合性的胆红素。

　　3. 肝脏疾病　由于肝脏有许多不同的功能，肝脏疾病可表现为各种各样临床综合征。一般来说，在急性肝炎中，结合或排泄功能衰竭常常是暂时性的，血浆胆红素浓度可以升高到$60\mu mol/L$或更高。在疾病早期，通常出现的是间接胆红素，但在一些病例中，胆管系统完整性的破坏会引起直接胆红素被释放到循环中。

　　大多数的肝脏病例，特别是肝炎，会表现出血浆肝脏酶的活性升高，这些肝酶活性（特别是转氨酶）与肝实质的相关程度要比碱性磷酸酶高。但在一些肝硬化或肿瘤浸润末期，血浆酶水平可能正常或降低。同样，一些肝衰的疾病也与出血性贫血有关，如果对黄疸和贫血的患病动物产生怀疑，就应检测 BSP 清除率或血浆胆汁酸。在肝胆机能不全的病例中，清除率的时间会明显延长。血浆氨浓度也会在肝衰时升高。

　　4. 胆管阻塞性疾病　肝内性或肝后性的阻塞，肿瘤是最常见的病因。在完全阻塞的疾病中，血浆胆红素浓度可以升到非常高，甚至超过$100\mu mol/L$。由于缺乏粪胆素，粪便会变为苍白色。在该疾病早期，胆红素几乎都是直接胆红素，且肝实质酶几乎都正常，但碱性磷酸酶会有明显的升高。在阻塞后期，受阻的胆汁会引起真性的肝损伤，这时也可见到间接胆红素升高；碱性磷酸酶以外的其他肝脏酶水平也会升高，但这些酶的升高没有碱性磷酸酶那么特异，碱性磷酸酶在阻塞性黄疸时，很容易超过 10 000U/L；BSP 清除率时间也会明显延长；血浆胆汁酸浓度也会升高，但氨浓度通常是正常的。

三、胆　汁　酸

　　见本单元第二节。

四、血　清　酶

　　1. 天门冬氨酸氨基转移酶　天门冬氨酸氨基转移酶（AST）催化天门冬氨酸和 α-酮戊酸转氨生成草酰乙酸和谷氨酸，广泛地分布于机体中，特别是在骨骼肌、心肌、肝脏和红细胞中。它用于所有动物肌损伤的检查，其半衰期介于肌酸激酶（CK）和乳酸脱氢酶（LDH）之间。在大动物中，它常用于检查肝脏疾病。虽然 AST 在作为肝脏诊断指标时不是很特异，特别是马，但许多兽医仍然经常使用，因为大动物特异性肝酶［山梨醇脱氢酶（SDH）、谷氨酸脱氢酶（GLDH）］很难测定，故许多实验室都不测定该酶。

除马外，所有动物正常的血浆 AST 活性都低于 100U/L。马血浆 AST 活性在 200～400U/L 是相当正常的，一些外观正常马的 AST 酶活性可能超过 1 000U/L——可能是由于一些亚临床的肌肉疾病引起的酶释放造成的（肌酸激酶也可出现同样的情况）。因此，马的肝病的诊断不能只基于血浆 AST 的升高。

2. 丙氨酸氨基转移酶（ALT） 丙氨酸氨基转移酶（ALT）催化丙氨酸和 α-酮戊二酸转氨生成丙酮酸和谷氨酸。在犬和猫中，它是肝细胞损伤特异酶——正常犬和猫血浆 AST 活性低于 100U/L，在急性疾病（急性肝炎、类固醇肝病）中可升高到 5 000U/L；但在大动物中，ALT 实际上是肌肉的酶。

3. γ-谷氨酰转移酶 γ-谷氨酰转移酶（GGT 或 γGT）主要存在于肝和肾中，但在临床上它的使用只限于肝脏疾病的诊断。在大动物中，它反映肝损伤比 SDH 或 GLDH 更持久——当SDH 或 GLDH 升高时，它是正常的；而当它们下降时，GGT 开始升高。在小动物中，它的升高与 ALT 平行。犬血清 ALT 和 GGT 活性同时升高，表明肝脏既存在损伤或坏死，也存在胆汁淤积。

在人类，它与肝硬化、转移性肿瘤和肝浸润有关。但十分令人怀疑的是，这种特异性的解释是否能用于兽医临床中。GGT 的半衰期特别长——舌草中毒的马，在临床症状恢复后，其血清水平仍将持续升高一段时间。马和反刍动物的正常值大约在 60U/L 以下，而其他动物要稍微低于这个值。

4. 碱性磷酸酶（ALP） 碱性磷酸酶（ALP）是体内分布最广泛的酶之一。它是由一组同工酶组成的，在碱性（pH 为 9～10）环境下，这些同工酶会水解磷酸酯——在骨骼（成骨细胞）、肝脏和肠壁中可见到这些同工酶。血浆 ALP 参考值的范围非常广，大多数动物可达 300U/L，马为 100～500U/L。成骨细胞活性较高的幼年动物，其 ALP 水平较高；当骨骺生长板闭合后，ALP 水平会降低，其来源主要是肝源性的。

全身性的骨骼疾病，如佝偻病、软骨病、甲状旁腺机能亢进、骨源性骨肉瘤、非骨骼性癌症的骨转移，以及颅骨-下颌骨骨关节病，能使血清 ALP 活性发生中度到显著升高。骨源性 ALP 的升高，通过肝实质性酶（AST、ALT、SDH、GLDH 或 GGT 取决于动物的品种）及胆红素不升高，很容易与肝胆疾病区别。肝损伤会导致所有动物的血浆 ALP 活性中度升高。它与上面所列的其他肝脏酶活性升高趋于平行。

库欣综合征通常与血浆 ALP 活性升高有关，部分是由于这些动物经常发生类固醇性肝病，还因为肾上腺皮质会产生一种特异性的 ALP 同工酶。现在已经有方法对这种同工酶进行特异性化验。

胆管疾病，特别是胆管阻塞，会引起血浆 ALP 的大量升高——可达 50 000U/L。最近的研究表明在胆汁淤积期间，胆管小管细胞会产生一种大量的特异性的同工酶，这种同工酶会进入血浆。实际上，在大部分胆管疾病病例中，可通过 ALP 的显著升高而肝实质性酶不发生任何变化来鉴别。胆管疾病病例不同于骨骼疾病的病例，因为这些病畜会发生黄疸。随着病情的发展，胆汁逆流入肝脏会引起真正的肝损伤，其他肝脏酶活性也会升高。在某种程度上，ALP被作为肝胆功能的一个指标，而所有其他酶只是测定肝脏细胞的损伤。

第七节　心肌损害指标

一、肌酸激酶

肌酸激酶（CK）催化肌酸和三磷酸腺苷（ATP）生成磷酸肌酸和二磷酸腺苷（ADP）之间的可逆反应。CK以一个二聚体的形式存在，已发现有两个亚型——M型和B型。这样就可能有三种同工酶的形式——MM、MB和BB。

1. CK-MM　是骨骼肌的形式。在一般的肌损伤，如肌溶解时会明显升高。总CK活性可以从正常的约100U/L（马稍高些）到严重病例中的500 000U/L。手术、肌肉运动或肌内注射都会使血浆CK-MM活性有轻度到中度的升高。

2. CK-MB　是心肌的形式。在人中，它特异用于诊断心肌梗死，但该病在动物中很少见，且慢性的心肌症型的疾病很少引起可见的酶变化，这是因为该酶的半衰期很短。

3. CK-BB　是脑的形式。它在诊断脑病中十分有用，如脑皮质坏死和由硫胺素缺乏引起的幼年反刍动物急性中枢神经系统疾病。

一般来说，总CK的测定反映了MM同工酶的多少，因为它的含量是最多的。MB和BB的增加只能通过同工酶的测定来获得，否则会被MM所掩盖。健康动物血清CK活性因年龄大小而有变化，青年动物通常高于成年动物。

要注意的是，CK是一个很小的酶，其半衰期短，只要持续的损伤停止后，即使在横纹肌溶解过程中，酶的升高也会在24～48h内回到正常。总CK也是很容易变化的，特别是在室温或更高的温度时，故采集的样品必须当天化验，也可以在−20℃下保存，但邮寄的样品是不可靠的，除非酶活性升得很高。

二、天门冬氨酸氨基转移酶（见前述）

三、乳酸脱氢酶

乳酸脱氢酶（LDH或LD）促进乳酸和丙酮酸盐间的可逆变化，是糖原酵解和糖异生的主要酶之一，也是体内最大的蛋白分子之一。它是一个四聚体，每个分子中有4个亚单位，且亚单位有两种形式，即H和L两种。这样存在5种同工酶（HHHH、HHHL、HHLL、HLLL和LLLL），用LDH1-5表示，其电泳活性逐渐降低。LDH1与心肌、肾和红细胞有关，LDH5则与肝有关。其他同工酶与骨骼肌和肺有关。

由于其分布广泛，总LDH活性的增加在兽医临床上是很难解释的，如果要知道它增加的原因，同工酶电泳分离是十分重要的。但由于LDH分子大且半衰期长，它的升高可在损伤后持续一段时间，所以有时对回顾诊断十分有用。

在大多数动物中，正常的血浆总LDH活性为200～300U/L，在一些病例中，可升高到几千单位每升（U/L）。

第八节　胰脏损伤的指标

一、α-淀粉酶

α-淀粉酶（α-AMS）与食物中纤维和糖原分解为麦芽糖有关。它主要存在于胰腺中，通常通过肾脏排泄。临床上主要用于诊断急性坏死性胰腺炎。在该疾病中，淀粉酶从细胞中漏出，并开始消化自己的组织。有急性腹痛和呕吐的症状，可能会被误认为是小肠内有异物，如果不能确定的话，就应该检查淀粉酶（和脂肪酶）。正常淀粉酶的上限约为 3 000U/L，而在急性胰腺炎时可达 5 000～15 000U/L，随着病情的改善而下降。

轻度到中度的非特异性的升高，可见于其他急性的腹部疾病（包括肠梗阻）和肾衰。

二、脂肪酶

脂肪酶（LPS）与食物中脂肪的分解有关，主要存在于胰腺中，其次为十二指肠和肝脏。溶血可抑制 LPS 活性。它通常与 α-淀粉酶一起用于诊断急性坏死性胰腺炎，且对该病较特异，受非特异因素影响小。作为一个大分子，它在疾病早期持续增加的时间较长，但在疾病开始阶段，它没有像 α-淀粉酶升得那样快，所以建议同时化验两种酶。犬的正常值约低于 300U/L，而在胰腺炎的早期，通常可超过 500U/L。

血清 LPS 活性升高主要见于胰脏疾病、肠阻塞、肝脏和肾脏疾病以及使用强的松或地塞米松等药物时。

动物排泄物、分泌物及其他体液主要是指尿液、粪便、呕吐物、脑脊髓液、渗出液和漏出液。这些物质的检查在兽医临床上具有重要意义。

第一节　尿液检验★★

尿液分析是一种相对简单、快速、经济的实验室检查，它可评估尿液和尿沉渣的物理和化学性质。尿液分析可为兽医提供泌尿系统、代谢和内分泌系统、电解质和水合状态方面的信息。所以，兽医可要求动物主人携带动物的尿液样品进行基础检查。

一、尿液样本的采集和保存

1. 尿液样本的采集　尿液分析的第一步是正确采集尿液样品，以确保获得准确的结果。尿液样品的采集和分析应在治疗前进行。

尿液样品可通过自主排尿、膀胱挤压、导尿管导尿或膀胱穿刺获得。最常用的两种方法是膀胱穿刺和导尿管导尿，这两种方法可避免生殖道远端和外部的污染，为尿液分析的所有项目提供最理想的样品。通过自主排尿或挤压膀胱采集样品的方法较简单，但其诊断价值受到一定的影响。

晨尿浓缩度最好，受采食影响最小，发现有形成分的概率较高，所以除细胞学检查外，进食前的晨尿是进行尿液分析最为理想的样品。

2. 尿液样本的保存　理想状态下，样品应在采集后 30min 至 1h 内进行检测，以避免人为干扰和样品变性。如不能立即检测，样品中的大多数成分可冷藏保存 6~12h。

冷藏会影响尿比重，所以应在冷藏前测定尿比重。

样品如需送至外部实验室分析或需保存 6~12h 以上，则应在尿液中加入福尔马林溶液；或在 9 份尿液中加入 1 份 5% 的苯酚。如需用福尔马林作为防腐剂，则应在加入福尔马林前进行化学检测，因为福尔马林会对部分化学检测产生干扰，尤其是葡萄糖。但福尔马林是用于观察尿液有形成分的最佳防腐剂。

二、尿液的一般性状检查

尿液的一般性状是指在不借助显微镜或化学试剂的情况下可观察到的尿液的所有属性，包括尿量、颜色、气味、透明度和尿比重。

1. 尿量　动物主人通常可提供动物排尿量的信息，但有时不准。测定动物 24h 的尿量较为理想，但通常可操作性不强。

（1）多尿　日尿液排出量或生成量增加称为**多尿**。多尿时，尿液颜色较浅且尿比重较低。许多疾病可引起多尿，如肾炎、糖尿病、尿崩症、犬猫子宫蓄脓、肝脏疾病，也见于使用利尿药、皮质类固醇或补液之后。

（2）少尿　日排尿量减少称为**少尿**。少尿时尿液通常被浓缩且比重增加，少尿可见于急性肾炎、发热、休克、心脏病和脱水时。

（3）无尿症　无尿液排出称为**无尿症**。可见于尿道阻塞、膀胱破裂和肾功能丧失。

2. 尿色　正常尿液因尿色素的存在而呈淡黄色至琥珀色。尿液的黄色深浅可因尿液的浓缩度或稀释度的不同而变化。无色的尿液通常比重较低且常为多尿所致；深黄至黄褐色尿液通常比重较高且与少尿有关；黄褐色至绿色且在震荡时产生黄绿色泡沫的尿液可能含有胆色素；尿液呈红色或棕红色表明尿中含有红细胞（血尿）或血红蛋白（血红蛋白尿）；尿液呈棕色表明可能含有肌细胞溶解过程中排出的肌红蛋白（肌红蛋白尿），如马的横纹肌溶解。有些药物可以改变尿液的颜色，可观察到红色、绿色或蓝色尿液。

3. 澄清度/透明度 多数种类的动物排泄的新鲜尿液呈澄清或透明。正常马的尿液由于含有高浓度的碳酸钙结晶以及含有肾盂内腺体分泌的黏液而呈云雾状（混浊）。引起尿液混浊的物质包括红细胞、白细胞、上皮细胞、管型、结晶、黏液、脂肪和细菌。

4. 气味 尿液的气味不具有显著的诊断意义，但有时会有助于诊断。尿液带有明显的甜味或水果味表明含有酮体，大多数情况下预示着糖尿病、奶牛酮病和母羊妊娠中毒病。

5. 比重 正常尿液的比重与溶解在其中的固体物质的量相关。尿液比重的大小与排尿量呈反比，但糖尿病动物的尿液例外，尿量多，同时尿比重也大。

（1）尿比重增加 可见于饮水量减少、非尿源性液体丢失增加（如出汗、喘息或腹泻）和尿液溶质排泄增加。动物饮水量减少而肾脏功能正常时，可导致尿比重迅速增加。尿比重增加可出现于急性肾功能衰竭、脱水和休克。

（2）尿比重下降 见于肾脏重吸收水分功能障碍性疾病和水分摄入量增加，如多饮或补液过多。子宫蓄脓、尿崩症、精神性烦渴、某些肝脏疾病、某些类型的肾病和利尿药的使用也可导致尿比重下降。

（3）等渗尿 尿比重接近肾小球滤液时出现等渗尿（1.008～1.012），即尿比重在该范围内时，说明尿液还没有被肾脏浓缩或稀释。患有慢性肾脏疾病的动物常生成等渗尿。患有肾脏疾病的动物，其尿比重越接近等渗尿，肾脏功能损失越大，当这些动物丢失水分时，其尿比重仍然在等渗尿范围内。肾脏功能降低的动物经常出现轻度至中度脱水，且尿比重较等渗尿稍大（1.015～1.020）。

三、尿液的显微镜检查

尿沉渣的显微镜检查是尿液分析的重要部分，尤其在判定泌尿道疾病时。尿液样品中的许多异常不能通过试纸或试剂条检测来判断，但可通过尿沉渣检查来获得更多特殊的信息。此外，尿沉渣检查还可辅助诊断系统性疾病。

（一）尿液中有机沉渣的检查

1. 红细胞 正常情况下，健康动物的尿液每个高倍视野的尿沉渣中不应多于3个红细胞。如肉眼观察能见到不同程度的混浊红色物质，则称为**肉眼血尿**；如在显微镜下能见到红细胞，则称为**显微镜血尿**。

发生血尿时，如尿液中蛋白质含量较多，同时可看到肾上皮细胞和红细胞管型，则可认为是肾源性出血；如尿液中有肾盂上皮细胞及膀胱上皮细胞，并有大量血块，则可认为是肾盂、膀胱及尿道出血。

2. 白细胞 尿液中通常含有少量白细胞（0～1个/hpf），但在每个高倍视野中发现2个以上白细胞时，则表明泌尿道或生殖道有炎症。尿液中白细胞过多称为**脓尿**。脓尿提示存在炎症或感染，如肾炎、肾盂肾炎、膀胱炎、尿道炎或输尿管炎。白细胞数量增加的尿液即使在镜检时未发现微生物，也应进行细菌培养。

3. 上皮细胞 尿液中存在少量上皮细胞是正常的，这是正常的衰老细胞脱落的结果。上皮细胞显著增加时则提示炎症。尿沉渣中可见到3种上皮细胞：鳞状上皮细胞、移行上皮细胞和肾上皮细胞。

4. 黏液　尿液中的黏液呈雾状，马尿中特别多。尿道发炎时，黏液会显著增多，有时尿液呈柱状（假圆柱）、分支状，较透明管型稍宽。黏液管型加醋酸后不消失，加碘化钾后则染成黄色。

5. 管型（尿圆柱）　管型是在肾小管的管腔内形成的，其形成过程与蛋白质有关。尿中出现管型是肾炎的特征，故具有重要的诊断意义。显微镜下常见的管型有细胞管型、透明管型、颗粒管型、脂肪管型、蜡样管型、肾衰竭管型。

（二）尿液中无机沉渣的检查

尿液中结晶的形成受尿液饱和度、pH、温度和胶体物质的浓度等因素的影响。尿液中常见的结晶如下。

1. 磷酸铵镁结晶　亦称为三磷酸盐结晶或鸟粪石结晶，可见于碱性至弱酸性尿液中。鸟粪石结晶通常为边缘和末端逐渐变细的 6～8 面棱柱形。

2. 无定形磷酸盐　通常出现于碱性尿液中，表现为颗粒状沉淀。

3. 碳酸钙结晶　常见于马和兔的尿液中，呈圆形，多条线条呈中心放射状，或呈现大的颗粒状团块，也可能呈哑铃形。通常无临床意义。

4. 无定形尿酸盐　呈现出与无定形磷酸盐类似的颗粒状结晶。

5. 尿酸铵结晶　见于弱酸性、中性或碱性尿液中，呈棕色、有长而无规律突刺（曼陀罗叶状）的圆形。尿酸铵结晶通常见于患有严重肝病的动物，如门静脉短路。

6. 草酸钙　二水草酸钙结晶可见于酸性和中性尿液中，常见于少数犬和马。乙二醇（防冻剂）中毒动物的尿液中常含有大量草酸钙结晶，尤其是一水草酸钙。患草酸盐尿石症的动物尿液中会有大量草酸盐结晶，大量草酸盐结晶也可提示有发生草酸盐尿石症的倾向。

7. 磺胺类结晶　可见于用磺胺类药物治疗的动物。磺胺结晶为圆形，通常色深，独立结晶呈中央放射状。

8. 尿酸结晶　形状多样，常为钻石状或呈菱形。这类结晶为黄色或棕黄色，不常见于犬，但大麦町犬除外。

四、尿液的化学检验

尿液中的各种化学成分通常使用浸过适量化学药品或化学试剂的试纸测定。近几年随着临床自动化检验仪器的使用，尿液化学检查的许多项目已经可以进行自动化检测。如果没有尿液分析仪，则可以采用尿试纸法进行半定量测定。通常测定的内容主要有以下几种。

1. pH　健康动物的 pH 主要取决于饮食，草食动物常见碱性尿，肉食动物常见酸性尿，杂食动物排酸性尿还是碱性尿取决于所摄入的食物。

引起 pH 下降（酸性）的因素包括发热、饥饿、高蛋白食物、酸中毒、过度的肌肉运动及使用某些药物。引起 pH 升高（碱性）的因素包括碱中毒、高纤维素性食物（植物）、尿道的尿素酶菌感染、某些药物的使用及尿潴留（如尿道梗阻或膀胱麻痹）。

2. 蛋白质　正常尿液中，通常没有或仅有微量蛋白质。

在多数病例中，蛋白尿表明泌尿系统存在疾病，尤其是肾脏疾病。急性和慢性肾脏疾病都会引起蛋白尿，急性肾炎以含有白细胞和管型的显著蛋白尿为典型特征，而慢性肾脏疾病时则蛋白尿较少。

3. 葡萄糖　正常动物不会出现糖尿，除非血糖浓度超过肾阈值。当超过该浓度时，肾小管重吸收率低于肾小球滤过率，葡萄糖就会进入尿液中。

尿液中出现葡萄糖时，称为**糖尿**。葡萄糖从肾小球毛细血管滤过后，被肾小管重吸收。尿液中葡萄糖的量取决于血糖浓度、肾小球滤过率和肾小管重吸收率。

4. 酮体　包括丙酮、乙酰乙酸和 β-羟丁酸，脂肪酸不完全代谢形成酮体。正常动物血液中可能含有少量酮体。

酮尿常见于患糖尿病的动物。伴有酮尿的酮血症也发生于高脂饮食、饥饿、禁食、长期厌食和肝功能受损时。

5. 胆色素　通常尿液中检测到的胆色素是胆红素和尿胆素原。只有结合胆红素（水溶性）可出现于尿液中，正常犬，尤其是公犬，由于其对结合胆红素的肾阈值较低，且肾脏具有与胆红素结合的能力，所以在尿液中可偶见胆红素。多数健康牛的尿液中也含有少量胆红素。猫、猪、绵羊和马的尿液中通常没有胆红素。猫胆红素的肾阈值是犬的数倍，故尿液中出现极少量的胆红素即为异常，提示存在疾病。

胆红素尿可见于胆汁由肝脏至小肠的流动受阻和肝脏疾病。溶血性贫血（红细胞崩解）也可导致胆红素尿，尤其是犬。

正常动物尿中都含有尿胆素原。

6. 潜血　健康动物的尿液中不含有红细胞或血红蛋白。尿液中不能用肉眼直接观察出来的红细胞或血红蛋白称为**潜血**（或称为**隐血**）。

尿液中出现红细胞，多见于泌尿系统各部位的出血，如急性肾小球肾炎、肾盂肾炎、膀胱炎、尿结石及后泌尿道综合征等。

尿液中含有明显的血红蛋白时，称为血红蛋白尿，为透明的鲜红色（含氧合血红蛋白）或暗红色（含高铁血红蛋白），严重者呈浓茶色或酱油色，离心后颜色不改变。发生某些溶血性疾病（如新生仔畜溶血性黄疸、输血反应、中毒等）时，尿液中也可呈现潜血阳性反应。

7. 亚硝酸盐　某些泌尿系统存在的细菌可以将尿中蛋白质代谢产物硝酸盐还原为亚硝酸盐，因此测定尿液中是否存在亚硝酸盐就可以快速间接地了解泌尿系统细菌感染的情况，可作为泌尿系统感染的筛查试验。

如果亚硝酸盐阳性，则表示有菌尿存在，但阴性结果并不能排除感染的可能。尿亚硝酸盐试验阴性时并不表示没有细菌感染，只是由于某些不具备还原硝酸盐能力的细菌引起的泌尿系统感染不能显示阳性。当尿液中缺少硝酸盐时，即使有细菌感染也会出现阴性结果；尿液在体内的留存时间太短（小于 4h），会因为硝酸盐来不及还原而得到阴性结果；使用利尿剂后，尿液中的亚硝酸盐含量降低，可能出现假阴性；使用抗生素后，细菌被抑制可出现假阴性；尿液中含有大量维生素 C 时，也可能出现假阴性反应，犬、猫尿中含有维生素 C，故不适用于犬、猫。

第二节　动物粪便和呕吐物检验

一、动物粪便和呕吐物的显微镜检查

由不同部位采集少许呕吐物或粪便，放在洁净的载玻片上，加少量生理盐水，用牙签混合并涂成薄层，无须加盖玻片，用低倍镜检视。遇到水样呕吐物或粪便时，因其含有大量的水分，检查前让其自行沉淀或低速离心片刻，然后用吸管吸取沉渣、制片，进行镜检。

对粪球表面或粪便中的肉眼可见的异常混合物，如血液、脓汁、脓块、肠道黏膜及假膜等，应仔细地将其挑选出来，移到载玻片上，覆盖盖玻片，随后用低倍镜或高倍镜镜检。

1. 寄生虫及虫卵　寄生虫病的诊断主要依靠实验室检查。动物体内的多种寄生虫（如球虫、线虫、绦虫、吸虫等）的虫卵、卵囊及幼虫，都可随粪便排出体外。因此，粪便检查是内寄生虫实验室诊断的主要手段，并且以虫卵检查为主。虫卵检查常用涂片法、沉淀法和漂浮法。

2. 细菌　健康动物的粪便和呕吐物中细菌较多，检查细菌时应用棉拭子采取。临床上长期使用广谱抗生素、免疫抑制剂及患慢性消耗性疾病及假膜性肠炎时，可导致肠道菌群失调。在细菌性肠炎时，通过粪便涂片及细菌培养，可初步确定病原。

3. 血细胞、脓细胞

（1）红细胞　在动物粪便和呕吐物中发现大量红细胞时，可能为后部肠管出血、胃出血（呕吐物）。有少量散在、形态正常的红细胞，同时有多量白细胞者，说明存在胃炎、胃肠炎或肠炎。

（2）白细胞及脓细胞　白细胞为圆形、有核、构造清晰的细胞，常分散存在；脓细胞的构造不清晰，常聚集在一起甚至成堆存在。粪中发现多量白细胞及脓细胞时，表明肠管有炎症或溃疡；呕吐物中发现多量白细胞或脓细胞时，说明存在各种胃炎或胃肠炎。

4. 上皮细胞　上皮细胞有扁平上皮细胞和柱状上皮细胞，前者来自肛门附近，后者来自肠黏膜。当粪便中有少量柱状上皮细胞，同时有白细胞、脓细胞及黏液时，为肠管的炎症性疾患。

5. 脂肪颗粒及其他食物残渣　植物细胞及植物组织有厚而有光泽的细胞膜及叶绿素。当给动物饲以混合性食物时，可在其粪便中见到植物细胞、淀粉颗粒及脂肪滴等；粪便中的脂肪滴多呈圆形，颜色淡黄，可被苏丹Ⅲ染成红色，粪便中出现过多的脂肪滴为消化障碍、脂肪吸收不全的特征。未被消化的淀粉颗粒滴加稀碘溶液后变为蓝色；消化不完全的淀粉颗粒滴加稀碘溶液后，则呈紫色或淡红色。这些物质在呕吐物中均存在。

6. 假膜　镜下见有黏液及丝状物，缺乏细胞成分者，实为纤维蛋白渗出后变成的纤维蛋白膜，多见于牛、马和猪的黏液膜性肠炎。检查此项目，可与重剧性肠炎时由肠管脱落的肠黏膜相区别。

二、动物粪便和呕吐物的化学检验

1. 酸碱度　临床上可用 pH 试纸法或酸度计法测定 pH。

草食动物的正常粪便，都呈现弱碱性反应，如果粪便变为酸性反应，则表明胃肠内的食物发酵产酸，常见于胃肠卡他；肉食兽的正常粪便呈弱碱性反应，如果粪便变为较强的碱性反应，则表明胃肠内产生了炎性渗出物，多见于胃肠炎。正常动物的呕吐物均为酸性。

2. 潜血　粪中不能用肉眼看出来的血液称为潜血。潜血检查时，正常无潜血的粪便不呈现颜色反应；呈现蓝色反应为阳性，蓝色出现越早，表明粪便内的潜血也越多。

整个消化系统不论哪一部分出血，都可以使粪便含有潜血。这项检验对于消化系统的出血性疾病的诊断、治疗及预后都有意义。肉食动物应禁食 3d，方可进行这项检验。胃和小肠出血都可在呕吐物中查出红细胞或潜血阳性。

第三节 动物脑脊髓液检验

各种与神经机能障碍有关的病理过程，均可影响脑脊髓液的性质，故采集脑脊髓液进行理化性质及某些特殊病原检查是诊断动物神经系统疾病的重要方法之一。另外，对一些新陈代谢障碍和消化机能障碍的疾病以及某些中毒性疾病的诊断和预后，同样具有一定意义。

一、样本的采集和保存

采集时最好使用特制的穿刺针，如无特制的脊髓穿刺针，也可用长的封闭针，将针端磨钝一些，并配以合适的针芯。采集前，术部及一切用具要按外科常规进行严格消毒。常采取颈椎穿刺及腰椎穿刺。

接取穿刺所得的脑脊髓液时，通常使用 3 支灭菌试管，编号 1、2、3。最初流出的脑脊髓液可能含有少量红细胞，置于第一管内，供细菌学检验用；第二管供化学检验用；第三管供细胞计数用。一般每管收集 2～3mL 脑脊髓液即可。采集后不能放置过久，应立即送检。术部消毒。

二、脑脊髓液的一般性状检查

1. 颜色 正常脑脊髓液为无色水样。

（1）乳白色 见于急性化脓性脑膜炎。

（2）淡红色或红色 可能是因穿刺时损伤或脑脊髓膜出血而流入蛛网膜下腔所致。如红色仅见于第一管标本，第二、三管标本红色逐渐变淡，可能是由于穿刺时损伤所致。如三管标本呈均匀的红色，则可能为脑脊髓膜出血。脑或脊髓高度充血及日射病时，脑脊髓液可呈淡红色。

（3）黄色 主要由于存在变性血红蛋白等所致，为最常见的一种异常颜色。若混有少量血液，则可呈黄棕色，此时进行隐血试验，如为阳性，则可能为蛛网膜下腔出血、脑膜炎、脑肿瘤等；由严重的锥虫病、钩端螺旋体病及静脉注射黄色素所致者，隐血试验呈阳性。

2. 透明度 正常脑脊髓液清澈透明似水样。当含有少量细胞或细菌时，呈毛玻璃样混浊；含多量细胞或细菌时，则混浊似脓样。见于化脓性脑膜炎，有时也见于传染性脑脊髓炎。应及时做涂片以进行细菌学检验。

3. 比重 进行称量法检验。取蒸馏水 0.2mL 置于特制的密度管内，在天平上称其重量，倾去蒸馏水，以乙醇和乙醚处理密度管，使之彻底干燥。再取被检脑脊髓液 0.2mL 置于其中，同样称取重量，以脑脊髓液的净重除以水的净重即得密度。如果脊髓液数量较多，也可用小型的尿密度计直接测定。腰椎穿刺所获得的脑脊髓液较颈椎穿刺的比重大。比重增加，见于化脓性脑膜炎，以及静脉注射高渗氯化钠或葡萄糖液之后。

4. 凝固性 新采集的正常脑脊髓液，肉眼观察呈透明水样。病理情况下，脑脊髓液内蛋白质增多，在试管内存在一定时间以后凝固。

在严重的化脓性脑膜炎时，其脑脊髓液可于抽出后 1～2h 内出现凝块，并有沉淀产生。在结核性脑膜炎时，将脑脊髓液静置若干小时（一般 12～24h），可见有纤维丝或纤细的薄膜形成，提示脑脊髓液纤维蛋白原含量增高。

三、脑脊髓液的显微镜检查

1. 白细胞计数 如果脑脊髓液稍呈混浊，估计所含白细胞较多，则可根据情况用白细胞稀释液将其稀释5～20倍，再行计数，然后乘以稀释倍数即可。

白细胞增多见于日射病、热射病及恶性卡他热等。

2. 红细胞计数 正常的脑脊髓液无红细胞。脑脊液红细胞增多，除穿刺引起的血管损伤外，其他见于中枢神经系统出血性疾病。

3. 白细胞分类计数 当脑脊髓液白细胞总数正常时，此项检查可以不做。一般先将脑脊髓液离心沉淀，然后取出沉渣涂片，按常规瑞氏液染色，进行分类计数。

患化脓性脑膜炎时，白细胞数显著增多，以中性粒细胞为主；患中枢神经系统的病毒性感染、结核性脑膜炎时，白细胞数可中度增多，以淋巴细胞为主；中枢神经系统寄生虫感染，可出现嗜酸性粒细胞；患中枢神经系统的肿瘤时，可见肿瘤细胞。

四、脑脊髓液的化学检验

1. 酸碱度测定 健康动物脑脊髓液的pH如下：犬7.35～7.39，猫7.40～7.60，牛7.00～7.60，马7.13～7.36，猪、绵羊7.30～7.40，家兔7.40～7.85。

2. 蛋白质定量检验 正常动物指标（mg/L）为：牛20.0～33.0，马28.8～71.8，犬11.0～55.0，猪24.0～40.0，绵羊8.0～70.0，家兔15.0～19.0，猫17.0～25.0。

健康动物脑脊髓液仅含有微量蛋白质，但脑脊髓或脑膜发炎时，血液中蛋白质可渗出而进入脑脊髓液中。见于某些病理原因所致的脑炎、脑膜炎和颅内出血等。

3. 葡萄糖测定 脑脊髓液葡萄糖含量的正常值（mg/L）：牛35～70，马47～78，犬45～77，猪45～87，绵羊39～109，家兔55～90，猫55～115。

脑脊髓液的含糖量，取决于血糖的浓度、脉络膜的渗透性和糖在体内的分解速度。血糖含量持续增多或减少时，可使脑脊髓液内含糖量也随之增减。

正常情况下，脑脊髓液葡萄糖含量约为血糖含量的一半。

4. 氯化物测定 测定方法同血清中氯化物测定。含量增加见于尿毒症、麻痹性肌红蛋白症等；含量降低见于沉郁型脑脊髓炎。

正常值（mg/L）为：犬122～138，猫125～175，马195～224，牛183～204。

第四节 动物浆膜腔积液检验

动物浆膜腔包括胸腔、腹腔、心包腔、关节腔和阴囊鞘膜腔等。正常情况下，浆膜腔内有极少量的液体，与浆液膜毛细血管的渗透压保持平衡。在病理状态下，体液量异常增多时，称浆膜腔积液。

漏出液是因血液内胶体渗透压降低、毛细血管内血压增高或毛细血管的内皮细胞受损、淋巴管阻塞等因机械作用所引起的，如心脏病、肾脏病、心脏代偿性机能减退及静脉循环不良等；而因局部组织受损伤、发炎所造成积液，称为**渗出液**。按积液的性质，浆膜腔的非炎性积液称为漏出液；炎性积液称为渗出液。

一、样本的采集和保存

临床上怀疑有浆膜腔积液时，可进行穿刺采样，以求确诊液体是否存在，并可用以鉴别其性质。在大量积液的病例中，穿刺放液也是一种治疗方法。

采样时，应无菌操作，一般用消毒针头和注射器进行穿刺取样。若用套管针取样亦应严格消毒，穿刺时可适当进行局部麻醉。用 18 号针头或更小的针头时，可不用麻醉。

穿刺时，先将皮肤向一边移动，在肋骨的前缘，将针头以与胸壁垂直方向刺入。当针头缺乏阻力和液体流出时，则表示针头已刺入胸腹腔。

心包腔穿刺取液部位，取左侧 3～5 肋间，心浊音区。心包腔穿刺要求细心而谨慎，以防发生感染及损伤。

采取浆膜腔穿刺液标本时，应同时取两份，一份须加抗凝剂（3.8%枸橼酸钠与标本量之比为 1∶10）；一份不加抗凝剂，标本采取后立即送检，以免细胞变性破坏或出现凝块而影响结果。

二、浆膜腔积液的一般性状检查

1. 颜色 漏出液一般无色或呈淡黄色。渗出液因细胞或细菌因素所致，可呈不同颜色，红色或棕褐色为恶性肿瘤、出血性疾病及动脉瘤等；绿色为绿脓杆菌感染；乳酪色为含大量脓细胞。

2. 透明度 一般漏出液较清，渗出液较浊。

（1）清晰 透明无色或淡黄色液体。

（2）微浊 呈云雾状，背面衬以报纸时，字迹可辨认。

（3）混浊 呈絮状或胶状，背面衬以报纸时，字迹不可辨认。

3. 比重 漏出液比重常在 1.018 以下（一般为 1.012～1.015）；渗出液比重常在 1.018 以上。

4. 凝块形成 渗出液中蛋白质含量较多，且含有纤维蛋白原，离体后易凝固，但在少数情况下，纤维蛋白可被溶解而不凝固。漏出液一般不凝。如有多量血液时，因含纤维蛋白原而亦可凝固。

三、浆膜腔积液的显微镜检查

1. 细胞计数 漏出液细胞数一般较少，可将液体直接滴入计数室内进行计数，但需要注意区分白细胞与红细胞。渗出液细胞一般较多，可采取用血液细胞计数法。因渗出液中细胞数量较高于漏出液，所以细胞计数在鉴别诊断上有重要的临床意义。

如果穿刺液体为血样红色，则应作血细胞比容测定；如所测定数值与血液的血细胞比容差不多，则可判断为浆膜腔出血。

2. 细胞分类计数 可取沉淀物制成薄片，置 37℃温箱内迅速干燥（时间过长，细胞容易皱缩变性，难以识别），用美蓝（亚甲蓝）和瑞氏染液染色，用油镜分类。各种细胞的临床意义如下。

（1）中性粒细胞 急性感染时大量存在，化脓性细菌所致者最为明显。

（2）淋巴细胞 多见于慢性病，如结核性或肿瘤性渗出液中。

（3）嗜酸性粒细胞 一般为 2%～5%。在过敏性或寄生虫性疾病，结核性渗出液吸收期，以及积液经多次抽取后，嗜酸性粒细胞可显著增高。

（4）间皮细胞 在非炎性漏出液中可见。在炎症情况下，此种细胞增多；患癌症时，此种细胞在渗出液中占多数，并有形态上的改变。正常间皮细胞呈圆形或椭圆形，胞浆呈淡蓝到淡紫红色，无颗粒。但有时偶可见到胞浆凝集成的假颗粒。偶见空泡，核呈圆或椭圆形，多数位于中央，核染色质比较细致、分布均匀，有时可见 1～2 个核仁。有时可见形态不规则，有时呈一团团的，好像腺体的物质，不要认为是癌细胞。

（5）癌细胞 发现有多量形态不规则而体积大小不等，核大，有畸形，染色质粗糙，染色较深，有时不均匀，有空泡，核仁或核分裂等现象的细胞应疑为癌细胞。

（6）组织细胞 比间皮细胞略小，染色较浅，核的大小和间皮细胞相似，但形状常为肾形或长圆形，偏于细胞一侧，这种细胞常见于胸、腹腔发炎的渗出液。

3. 细菌检查 取穿刺液离心沉淀物涂片，干燥，固定用革兰氏或抗酸染色，镜检如检查放线菌，则取未离心的标本，直接涂片，加盖玻片镜检。

渗出液常见有细菌，但直接涂片不一定能检出，必要时应做培养检查。漏出液中很少有细菌，一般无须进行细菌涂片检查。

四、浆膜腔积液的化学检验

1. 李凡他（Rivalta）**试验** 渗出液中常含有大量浆膜黏蛋白，属于一种酸性糖蛋白，等电点总在 pH 3～5 之间，因此在稀酸溶液中可呈白色云雾沉淀，为阳性漏出液。此试验常为阴性。

方法：取蒸馏水 100mL 加于 100mL 量筒内，加冰醋酸 2 滴，混匀，再加 1～2 滴，如在下沉过程中显白色云雾状或混浊即为阳性，否则为阴性。要放在光线充足、有黑色背景处观察结果。

2. 尿素和肌酐的测定 在大量腹水未区别是因膀胱破裂的尿液，还是因其他原因引起的渗出液或漏出液时，测定尿素和肌酐有重要意义。

如果腹腔穿刺液为尿液，则尿素和肌酐的含量极高。这时如果测定血液中尿素浓度是 10mmol/L，腹腔穿刺液中尿素是 200mmol/L，则不必做其他检查，便可肯定为尿液。但因尿素扩散性很强，很快就可进入血液，故如果血液中和穿刺液中的尿素浓度结果一样，为了区别是否为尿液，则需测肌酐浓度。因肌酐的扩散能力很差，如腹腔液为膀胱破裂的尿液时，则此腹腔液中的肌酐浓度必然会超过血液中肌酐浓度。临床上常见于犬、猫被撞伤时膀胱破裂所引起的腹腔积液。

测定方法同血液尿素或肌酸酐的测定。

区分积液性质对某些疾病的诊断和治疗均有重要意义，漏出液及渗出液的鉴别要点见表 1-14。

表 1-14 漏出液及渗出液的鉴别要点

鉴别要点	漏 出 液	渗 出 液
原因	非炎症所致	炎症、肿瘤、化学或物理性刺激
外观	淡黄色，清晰、透明	混浊，可为血性、脓性、乳糜性等
相对密度	<1.018	>1.018
凝固性	不自凝	能自凝
Rivalta 试验	阴性	阳性
总蛋白质含量	$<25g/L$	$>30g/L$
葡萄糖含量	与血糖相近	常低于血糖水平
细胞计数	常$<0.1\times10^9$ 个/L	常$>0.5\times10^9$ 个/L

（续）

鉴别要点	漏 出 液	渗 出 液
细胞分类	以淋巴细胞、间皮细胞为主	根据不同病因，分别以中性粒细胞或淋巴细胞为主
细菌学检查	阴性	可找到病原菌

　　以上各点在鉴别漏出液与渗出液时，尤其是细胞计数价值有限，大约有 10% 以上的漏出液也是以中性粒细胞为主。因此，在解释实验室结果时，应结合临床症状进行综合考虑。若为渗出液，则要区别是炎症性还是肿瘤性，此时应进行细胞学和细菌学检查。

第十二单元　X线检查★★★★

第一节　X线成像

一、X线成像及其基本原理

（一）X线的产生

　　X线是高速运行的电子群突然被某种物质阻挡时所产生的电磁辐射。电子群撞击物体后，其大部分能量（99.8%）转化为热能，仅有 0.2% 转化为X线。

（二）X线的特性

　　1. 穿透作用　X线有很强的穿透性，其穿透能力与X线的波长、被穿透物质的密度和厚度有关。X线管电压（kV，kVp）越高，X线波长则越短，穿透力就越强；反之，管电压越低，则波长越长，穿透力越弱。被穿透物质的密度与厚度越大，吸收的X线越多，则穿透能力越弱；反之，密度与厚度越小，吸收的 X 线越少，穿透能力越强。

2. 荧光作用　当 X 线照射到硫化锌镉、铂氰化钡等荧光物质时，可使之发出肉眼可见的荧光。

3. 感光作用　又称摄影效应，X 线与可见光线一样，具有光化学作用，可使摄影胶片感光。

4. 电离作用　X 线可使空气或其他物质发生电离，使其分子分解为正负离子。空气的电离程度与空气所吸收 X 线的量成正比。

5. 生物学作用　经 X 线照射后，有机体组织细胞的生长可受到抑制、损害或破坏。微量照射对机体不显示明显影响，但经一定剂量辐射后会对机体造成明显的损害，过量照射往往会导致不可逆的损害。损害的程度与细胞分化程度有关，分化程度低的细胞如生殖细胞、血细胞等，对 X 线极其敏感；分化程度高的细胞如骨细胞，则对 X 线的敏感性较差。

（三）X 线成像的基本原理

X 线用于诊断主要取决于 X 线的特殊性质、动物体组织器官密度的差异和人工造影技术的应用。

1. 天然对比　动物体某些组织器官存在着不同的密度，各部位的体积和厚度也有差异，吸收 X 线的程度也不一致，所以在荧光屏上或 X 线片上就会产生对比度较高、黑白明暗、层次不同的 X 线影像，称为天然对比。动物体组织器官根据天然对比的不同，大致可分为密度由高至低的骨骼、软组织及体液、脂肪组织、气体四类，其在 X 线照片上依次呈现为透明白色、深灰色、灰黑色和黑色。

2. 人工对比　除骨骼和含气组织器官与周围组织有较高的天然对比外，动物体内的大多数软组织和实质器官彼此密度差异不大，又互相连接或重叠，缺乏天然对比。为了显示这些组织器官的轮廓、形态和大小，必须用人工的方法将高密度或低密度造影剂（contrast medium）灌注器官的内腔或其周围，改变他们之间的密度差异，称为人工对比（也称造影检查）。

3. 病理对比　动物体某些部位的病变，也可与周围正常组织形成不同密度的对比。如炎症、积液、增生或异物等，可使病变部位的密度增加；组织缺损、破坏或积气等，则使病变部位的密度减低。

二、X 线图像的特点

X 线图像是重叠图像、放大图像。X 线图像可有失真。

三、X 线检查技术

（一）透视检查

透视检查是利用 X 线的穿透性和荧光作用，观察透过动物体的 X 线在荧光屏上的影像进行诊断的方法。透视检查方法简便，无须特殊器材设备，费用较低，可作较大范围和改变方向的检查，观察器官的活动功能，如心脏的搏动、膈肌的运动及胃肠的蠕动等，即可获得检查结果。但其荧光屏影像清晰度欠佳，对比度不足，难以观察密度与厚度差异较小的器官，以及密度与厚度差异较大的部位，如头颅、腹部、脊柱及骨盆等。无永久性记录。透视检查主要用于胸腹部的侦察性检查。也用于骨折、脱位的辅助复位，异物定位及其摘除手术等。骨和关节疾病，一般不采用透视检查。

（二）摄影检查

摄影检查是利用X线的光化学作用，使X线透过动物体后照射到胶片上感光成像，经过显影、定影后观察X线胶片上的影像进行诊断的方法。摄影检查影像的清晰度和对比度较好，可显示密度与厚度差异较大或密度与厚度差异较小部位的病变，可作为永久记录保存。但需要X线胶片和暗室设备，费用较高，且较费时；对功能方面的观察不如透视方便和直接，检查范围受限制，常需作互相垂直的两个方位（如背腹位及侧位）摄影，才能建立整体观念。摄影检查广泛应用于全身各系统器官，但应按检查部位与范围确定胶片大小，以免盲目摄片造成浪费。骨骼和关节的检查，以摄影检查为主。

1. 常用X线摄影位置的名词术语

（1）站立位　动物自然伫立姿势。

（2）卧位　动物卧倒，分侧卧、伏卧和仰卧。

（3）水平投照　X线束平行于地面。

（4）垂直投照　X线束垂直于地面。

（5）侧位　主要用于躯干部和四肢。①躯干部：分为左、右侧位，左侧位是X线束从右侧向左侧投照，X线暗盒置于被检部左侧；右侧位则反之。②四肢：分为外内侧位、内外侧位，外内侧位是X线束从外侧向内侧投照，X线暗盒置于被检部内侧；内外侧位则反之。

（6）背腹位　X线束从背侧向腹侧投照，X线暗盒置于被检部腹侧。

（7）腹背位　X线束从腹侧向背侧投照，X线暗盒置于被检部背侧。

（8）前后位　X线束从前方向后方投照，X线暗盒置于被检部后方。

（9）后前位　X线束从后方向前方投照，X线暗盒置于被检部前方。

2. X线摄影的主要器材设备　有X线胶片、增感屏（一对内面涂有荧光物质药膜的纸板）、暗盒、滤线器、铅号码、摄影架、测厚尺等。

3. 摄影条件的选择

（1）摄影的技术条件

千伏（kVp）：表示X线的穿透力。摄影时根据被检部的厚度选择千伏，厚者用较高的千伏，薄者用较低的千伏。

毫安（mA）：表示X线的输出量，毫安大即单位时间内X线的输出量大。

焦片距：即X线球管阳极焦点面至胶片的距离，以cm（厘米）表示。焦片距过近可使影像放大和清晰度下降。一般选择75 cm，胸部摄影可延至100～180 cm。

曝光时间：管电流通过X线管的时间，以s（秒）表示。常以毫安秒（mAs）计算X线的量，即毫安与秒的乘积。它决定每张照片上的感光度，感光度过高、过低可造成照片过黑、过白。

（2）摄影曝光条件表的制订　可按照不同的被检部位，固定毫安秒和焦片距，只变更千伏，即按照被检部位厚度的不同而改变千伏。对胸部或较薄的部位，厚度每增减1 cm，就相应增减2 kVp。如制订一份中小动物的胸部摄影曝光条件表，可先参考"厚度（cm）×2＋25＝千伏（kVp）"的公式确定千伏数，然后以6毫安秒为基础进行不同的曝光试验，优选出最佳的毫安秒值。通常将一张胶片分成4等份，拍摄相同部位，每次投照时只暴露X线胶片的1/4，而用铅板覆盖其他3/4。第1份用1/2的基础毫安秒，第2份用基础毫安秒，第3份用加倍基础毫安秒，第4份用4倍基础毫安秒。在相同的暗室条件下冲洗照片，然后通过对比试验选出其中最满意的一份，以此条件为标准。如果试验的结果全部不佳，则改变千伏或毫安秒值，再进行试验，直到满意为止。一旦找出了最佳条件，即可以此为基准，按被检部厚度的变化制订适合本单位的一份技术条件表。

4. 胶片处理的暗室技术

（1）暗室设备 通常有安全红灯、裁片刀、洗片夹、晾片架、洗片箱（洗片桶，如显影桶、洗影桶和定影桶）、冲片池、自动冲片机、定时钟、温度计、升温恒温器、观片灯、胶片干燥箱等。

（2）胶片装卸 预先取好与 X 线胶片尺寸一致的暗盒置于工作台上，松开固定弹簧。在暗室中打开暗盒，然后从已启封的 X 线胶片盒内取出一张胶片，把胶片放入暗盒内。确保胶片四周已在暗盒内后，紧闭暗盒后则可送去进行 X 线投照。如果需要较小尺寸的胶片，则可在暗室中用裁片刀裁切。

已经过投照的暗盒，应送回暗室。在暗室中开启暗盒，轻拍暗盒使 X 线胶片脱离增感屏，以手指捏住胶片一角轻轻提出。注意勿用手指向暗盒内挖取或以手触及胶片中心部分，以免胶片或增感屏受污损。胶片取出后，送自动冲片机。如人工冲洗，则将胶片夹在洗片夹上。

（3）胶片冲洗 包括显影、洗影、定影、冲影及干燥等几个步骤，前三个步骤须在暗室内进行。

显影：显影温度 20℃，显影时间 4～6min。

洗影：洗去胶片上附着的残余显影液。

定影：定影温度 18～20℃，定影时间 15～20min。

冲影：胶片定影完毕后取出，置冲洗池内用缓慢流动清水冲洗 30～60min。

干燥：冲洗完毕的胶片，取出后置于晾片架上晾干，或在胶片干燥箱内干燥。胶片干燥后，从洗片架中拆下并装入封套，登记后送交临床兽医师阅片诊断并保存。

（三）造影检查

造影检查是将 X 线造影剂引入被检器官的内腔或周围，形成密度差异，以显示被检器官内腔或外形影像而进行诊断的方法。X 线造影剂可经直接注入、生理排泄和生理沉积途径而引入机体。临床上以直接注入 X 线造影剂应用最广泛，如消化道造影、支气管造影、膀胱造影等。

X 线造影剂应具有良好的造影效果，无毒、无危险副作用。可分为低密度造影剂和高密度造影剂。**低密度造影剂**又称**阴性造影剂**，如空气、氧气、氧化亚氮和二氧化碳等，常用于腹腔造影、膀胱充气造影、消化道双重造影等。**高密度造影剂**又称**阳性造影剂**，如钡剂和碘剂等，医用硫酸钡是最常用的钡剂类造影剂，多用于消化道造影。碘剂类造影剂有碘化钠、碘油和有机碘造影剂等。

四、X 线的防护

X 线有生物学作用。对 X 线的防护，应包括对从 X 线管发射的原发射线和照射物体后的散射线的防护。采用屏蔽防护、缩短照射时间和增加与 X 线源的距离等防护措施。铅是制造防护设备的最好材料。所用防护材料性能均以防护要求的铅厚度，即铅当量计算其防护性能。

避免受原发射线直接照射，缩小和控制照射野范围。摄影时使用合适的遮线筒。对散射线的防护则可使用防护椅、铅橡皮围裙、铅手套、铅玻璃眼镜等。尽可能在远距离或控制室内进行曝光操作，或使用铅屏风遮挡。X线室应有适当的面积和高度，以使散射线的强度因分散面广而减弱。坚持日常防护检查，工作人员定期体检。

五、X线图像分析与诊断

1. X线图像分析的原则　首先应了解患畜的病史、临床症状以及其他临床检查结果，决定是否需要作X线检查，以证实临床诊断或帮助鉴别诊断；然后确定X线检查的部位和方法。要细致地观察X线影像，熟悉正常X线解剖，准确地分辨正常与病理，并恰当地解释影像所反映的病理变化，综合分析、推断它的性质，这样才有可能获得较正确的X线诊断。

2. X线诊断的程序

（1）全面浏览、系统观察、寻找并发现病变　阅片时，应先了解X线照片的质量，如摄影位置、X线照片密度、对比度和清晰度，避免误将因技术质量造成的阴影当作病变阴影。按一定顺序或解剖的系统性进行全面浏览观察，避免遗漏。

（2）深入分析病变、鉴别其病理性质　熟悉正常解剖、变异情况及其X线表现。对发现的异常病变做进一步深入分析，以了解其病理性质，注意观察病变的部位与分布、大小与范围、形状与数目、边缘轮廓、密度与均匀性、器官本身的功能变化和病变的邻近器官组织的改变。

（3）结合临床资料做出诊断　结合病史、临床症状、实验室检查、治疗经过与效果等进行综合分析。如X线诊断与临床资料吻合，即可达到正确诊断；如X线诊断与临床资料有分歧，也不必牵强附和，应做进一步检查，再做决定。

第二节　呼吸系统的X线检查

一、检查方法

胸部的X线检查主要是摄影，有右侧卧位、左侧卧位、腹背位或背腹位。采用高千伏（kVp）、低毫安秒（mAs）技术，可获得有更高灰度差（层次）的X线照片。高毫安（mA）与短时间（s），有利于减少因为呼吸运动所带来的模糊，从而最终提高X线照片的清晰度。胸部X线摄片最佳曝光时机为吸气顶点。

呼吸系统
X线检查

二、正常X线表现

胸椎、肋骨和胸骨可较清楚显示。两侧的肋骨重叠，靠近胶片或荧光屏一侧肋骨影像较小而且清晰，远离胶片的对侧肋骨影像放大且较模糊。

前至第一对肋骨，后至向前倾斜隆突的横膈，胸椎和胸骨之间的广大透明区域为肺野。肺野中部呈斜置的类圆锥形软组织密度的阴影为心脏。心基部向前的一条带状透明阴影为气管。胸主动脉是一由心基部上方升起、弯向背部、与胸椎平行的较粗宽的带状软组织阴影。心基部后方有一向后的较窄短的带状软组织密度阴影，为后腔静脉。在主动脉与后腔静脉之间的肺野，由心基部向后上方发出的树状分支的阴影，为肺门和肺纹理阴影。心脏后缘与膈肌前下方构成锐角三角区，为心膈三角区。

三、常见疾病X线诊断

1. 支气管肺炎　又称卡他性肺炎，是由病原微生物感染引起的以细支气管为中心的个别肺小叶或几个肺小叶的炎症。其病理学特征为肺泡内充满了由上皮细胞、血浆和白细胞组成的卡他性炎性渗出物,最常见于幼龄动物。X线摄影检查显示,在透亮的肺野中可见多发的密度不均匀、边缘模糊不清、大小不一的点状、片状或云絮状渗出性阴影,多发于肺心叶和膈叶,呈弥漫性分布,或沿肺纹理的走向散在于肺野,肺纹理增多、增粗和模糊。病变可侵犯一个或多个肺叶,并以肺的腹侧部最为严重。

2. 大叶性肺炎 又称纤维素性肺炎,是肺泡内以纤维蛋白渗出为主的急性炎症。病变起始于局部肺泡,并迅速波及一个肺段或整个、多个大叶。大叶性肺炎充血期无明显的X线特征,仅可见病变部肺纹理增粗增浓。肝变期比较典型,肺野中下部呈大片均匀致密的阴影,上界呈弧形隆起,与临床叩诊时弧形浊音区一致,但目前多在病初用大剂量抗生素治疗,典型大叶性肺炎已不常见。消散期表现为大片密实阴影逐渐缩小、稀疏变淡,肺透亮度逐渐增加,病变呈不规则、大小不一的斑片状模糊阴影。经治疗痊愈的病例,病变全部被吸收消散,肺组织恢复正常。

3. 胸腔积液 指液体潴留于胸膜腔内。它可发生于心脏功能不全、肝肾疾病和血浆蛋白含量降低时的漏出液,胸导管受压破裂的淋巴液,胸外伤、恶性肿瘤的血液,胸膜炎时的渗出液,化脓性炎症的脓液等。视胸腔积液量而异,患畜表现不同程度的呼吸急促甚至呼吸困难。

X线检查仅可证实胸腔积液,但不能区别其液体性质。胸腔积液包括游离性、包囊性和叶间积液。胸腔积液多为双侧发生。极少量的游离性胸腔积液,在X线上不易发现。游离性胸腔积液量较多时,站立侧位水平投照显示胸腔下部均匀致密的阴影,其上缘呈凹面弧线。这是由于胸腔负压、肺组织弹性和液体重力及表面张力所致。大量游离性胸腔积液时,心脏、大血管和中下部的膈影均不可显示。当液体被纤维结缔组织包围并因粘连而固定于某一部位、形成包囊性胸腔积液时,X线表现为圆形、半圆形、梭形、三角形、密度均匀的密影。如发生于肺叶之间的叶间积液,X线显示梭形、卵圆形、密度均匀的密影。

4. 膈疝 指腹腔内器官因横膈破裂而进入胸腔中。膈疝多见于犬、猫,多因外伤而使横膈在肋弓的附着处撕裂引起。先天性膈疝极少见,临床可无明显异常,但当剧烈运动时,则表现气喘、窒息等呼吸困难的症状。

X线检查,膈肌的部分或大部分不能显示,肺野中下部密度增加,胸、腹的界限模糊不清。因常并发血胸或胸腔积液而在肺野中下部出现广泛性密影,胸腔内的正常器官影像不能辨认。如胃肠疝,在胸腔内可显示胃的气泡和液平面、软组织密度的肠曲影和其中的气影。

第三节 循环系统的X线检查

一、检查方法

循环系统的X线检查主要指心脏的X线检查,包括X线普通检查和心血管造影检查。

二、正常X线表现

心脏的形态大小和轮廓因动物品种、年龄的不同而异。犬胸部侧位X线片,心脏影像的前上部为右心房，前下部为右心室。在近背侧处，有前腔静脉和主动脉弓影像。前纵隔的腹侧缘与右心边界相交形成一浅的凹陷，称为心前腰。心脏影像的后上部为左心房，后下部为左心室。左心房与左心室在背侧相交形成一浅的凹陷，称为心后腰。后腔静脉的背侧缘位于心后腰处，心后腰与房室沟的位置对应。心后缘靠近背侧有肺静脉的影像。心脏的背侧由于有肺动脉、肺静脉、淋巴结和纵隔影像的重叠而模糊不清。主动脉与气管分叉清晰可见，其边缘整齐，沿胸椎下方向后行。

腹背位X线片上，心脏形如囊状。以"时钟表面"定位心脏：11~1点处为主动脉弓，1~2点处为肺动脉段，2~3点处为左心耳，3~5点处为左心室，5点处为心尖，5~9点处为右心室，9~11点处为右心房，4点和8点处是左、右肺膈叶的肺动静脉，肺静脉位于其肺动脉内侧。后腔静脉自心脏右缘尾侧近背中线处伸出，正常时左心房不参与组成心脏边界。单个心腔的边缘不能从X线平片上辨认出来。

三、常见疾病的X线诊断

1. 心脏增大　指整个心脏体积的普遍性增大，包括心脏扩张与心脏肥大。侧位X线片显示心脏轮廓圆，前腰和后腰消失，心脏的前后径增大。心脏相对于胸廓的其他部分看起来较大。右心边缘变圆，与胸骨的接触范围加大。左心边缘变直。气管和主支气管被抬高，气管和脊柱的夹角变得更小，末端气管弯曲消失。主支气管可因左心房增大而受到压迫。后腔静脉朝向前背侧。背腹位X线片表现为心脏直径变大，两边的肺野变小。心尖向后移位，朝向左侧。膈可能受到压迫或重叠。心脏轮廓可能不规则。

2. 心包疝　腹腔内器官疝入心包腔内。先天性心包疝，临床可无明显异常，但当剧烈运动时，则表现出气喘、窒息等呼吸困难的症状。

X线检查，膈肌的部分或大部分不能显示，肺野中下部密度增加，胸、腹的界限模糊不清。心脏阴影普遍增大，密度均匀，边界清晰，或可同时显示疝入肝脏的块状影像或疝入肠管的气体阴影。

第四节　消化系统的X线检查

一、检查方法

消化系统的X线检查包括普通检查（X线平片）和（硫酸钡）造影检查。

二、正常X线表现

1. 食管　正常食管在普通常规X线检查时，一般不显影。进行造影检查时，当造影剂进入食管后，显示钡流呈圆柱状致密阴影，迅速地沿食管径路向后推进，于几秒内进入胃中。正常食管轮廓光滑整齐，其黏膜皱襞表现为数条纤细纵行的条状阴影，互相平行而达胃内。

2. 胃　X线平片上仅可辨别胃的部分轮廓。胃位于前腹部，前接肝脏，胃底位于体中线左侧，直接与左侧膈相接触。腹部右侧位X线片，显示存留气体的胃底和胃体轮廓。腹部左侧位X线片，左膈脚和胃位于右膈脚之前，胃内气体停留在幽门，显示为较规则的圆形低密度区。不论是侧位片还是正位片，均可自胃底经胃体至幽门引一条直线，侧位片上此直线几乎与脊柱垂直，与肋骨平行；正位观察，则见此线与脊柱垂直。胃造影可清楚显示胃的轮廓、位置、黏膜状态和蠕动情况。胃在空虚状态下一般位于最后肋弓以内，当胃充满时则有一小部分露出肋弓以外。胃的初始排空时间为采食后15min，完全排空时间为1～4h。

3. 小肠　小肠内通常含有一定量的气体和液体，在X线平片上显示为平滑、连续、弯曲盘旋的管状阴影，均匀分布于腹腔内。犬小肠直径相当于两个肋骨的宽度，猫小肠直径不超过12mm。十二指肠的位置相对固定，十二指肠前曲位于肝右叶后面；降十二指肠沿右侧腹壁向后延续；十二指肠后曲位于腹中部，由此转换为升十二指肠直达胃的后部。造影检查可显示出小肠黏膜的影像，正常小肠黏膜平滑一致，而降十二指肠的肠系膜侧黏膜则呈规则的假溃疡征。造影剂通过小肠的时间，犬为2～3h，猫为1～2h。

4. 大肠　犬盲肠呈半圆形或"C"字形，内含少量气体，位于腹中部右侧。猫盲肠短锥形憩室内无气体，X线平片难以辨认。结肠是大肠最长的一段，呈问号形。升结肠和肝曲位于腹中线右侧，横结肠在肠系膜根前由腹腔右侧横向左侧；脾曲和降结肠前段位于腹中线左侧，降结肠后段位于腹中线，后行进入骨盆腔延续为直肠。直肠起于骨盆腔入口止于肛管。

三、常见疾病的X线诊断

1. 胃内异物　胃内异物有两类，一类是X线不透性异物，如金属性异物、骨头或石块类，为游离状态，不难确诊。另一类是X线可透性异物，如木质物体、透明塑料、布片等，X线难以检出。需进行胃的造影检查，宜投予少量钡餐，使之黏附于异物表面而将其显示出来。如按常规钡餐之量投给，则只在适当的方向上才能显示异物的充盈缺损。

2. 胃扩张-胃扭转　是胃的急性膨胀，常并发胃扭转，是一种急性威胁生命的疾病。猫偶尔发生，德国牧羊犬、圣伯纳犬、大丹犬、柯利犬、杜伯文犬等大型犬多发。本病病因尚未明确，以右胃扭转多见。患犬通常在采食及剧烈运动后发病，全身状态极差，呼吸困难，腹痛，腹胀，叩诊有典型鼓音。

作前腹部X线照片显示，胃高度扩张，充盈气体和食物。一条细长的软组织密度样的皱褶横跨胃，将胃分成两部分。脾脏增大并移至腹部右侧。小肠受推压后移。心脏影像狭长，后腔静脉很狭窄。

3. 肠梗阻　又称肠阻塞，可发生于犬、猫、猪、马、牛等动物。作动物站立侧位X线水平投照，阻塞部上段肠管积气、积液。X线特征性表现为多发性半圆形或拱形透明气影，在其下部有致密的液平面。这些液平面大小、长短不一，高低不等，如阶梯样。如发生肠套叠，钡剂灌肠可显示肠腔内套叠形成的肿块密影，套入部侧面呈杯口状的特征性影像。

第五节　泌尿生殖系统的X线检查

一、检查方法

泌尿生殖系统的X线检查包括普通检查（X线平片）和造影检查。

二、正常X线表现

X线平片仅可显示肾脏和膀胱轮廓。犬右肾位于第13胸椎至第1腰椎水平处，猫的右肾位于第1~4腰椎水平处。犬左肾位于第2~4腰椎水平处，猫左肾位于第2~5腰椎水平处。正常犬、猫肾脏的长度分别为第2腰椎长度的2.5~3.5倍、2.5~3倍。膀胱位于耻骨前腹侧，呈卵圆形或长椭圆形均质软组织密影。前列腺位于膀胱后、直肠腹侧的骨盆腔内，不易显示。未妊娠子宫呈管状，难与小肠相区别。正常卵巢不易显影。

三、常见疾病的X线诊断

1. 尿结石 为泌尿系统的结石。临床上以膀胱结石和公畜的尿道结石多见。多数的尿结石为X线不透性结石，如磷酸盐、碳酸盐和草酸钙等，普通X线摄影检查可以显示其高密度阴影。但尿酸盐结石密度低，与软组织密度相同，普通X线摄影检查不可显示，为X线可透性结石。犬、猫最常见的尿结石是磷酸盐结石。尿结石可长期存在而不被察觉，仅在出现尿频、血尿、尿淋漓和排尿困难等明显症状时才被发现。

肾结石可发生于一侧或双侧肾盂或肾盏内。X线表现为单个或多个大小不一、边界清楚、粒状、角形或鹿角形的不透性致密阴影。对尿酸盐X线可透性结石，需在肾盂造影下才能显示，呈透明的充盈缺损。

膀胱结石多为X线不透性结石。X线表现单个或多个圆形、椭圆形密影。阴影呈分层者多为磷酸钙结石，桑葚形者多为草酸钙结石。对疑有X线可透性结石者，应作膀胱充气造影检查。

2. 妊娠与死胎 临床上判断是否妊娠，需结合配种史、腹部触诊、超声检查、X线检查、听胎心音等。一旦胎儿骨骼开始骨化，X线即可提供妊娠依据。犬妊娠41~45d（猫35~39d）后，胎儿的脊椎骨、肋骨、颅骨和四肢骨开始骨化，方可显示在X线照片上。可按胎儿颅骨和脊柱的数目来确定胎儿的数目。而在40d胎龄前，妊娠子宫仅显示为与子宫蓄脓不易分辨的致密阴影。因而X线不能作早期妊娠诊断，应以超声诊断为主。

难产时X线可显示胎位、胎势和胎向，明确难产原因，判断是否死胎。胎儿死亡2~3周后，可于胎儿或子宫内出现透明气影，颅骨重叠或塌陷，脊柱过度弯曲或成角，胎儿骨质溶解。如出现木乃伊胎儿，则X线显示胎儿骨骼集拢、骨骼浓密细小和胎儿体积缩小。

3. 子宫蓄脓 子宫的急性、亚急性或慢性化脓性炎症可导致大量脓液积聚于子宫腔内。本病可发生于每一次发情后各种年龄的母犬，尤其以6岁以上的母犬多发，猫不常见。排空直肠后作腹部X线摄片。在脐区、后腹部及骨盆前区，子宫蓄脓通常显示为轮廓清楚、密度均匀、盘旋曲管状、团块状或袋状密影，肠管被挤向前方移位。应注意与有气体阴影的肠管作鉴别，并结合病史、配种史等，勿误诊为妊娠子宫。

第六节　骨骼与骨关节的X线检查

一、检查方法

骨关节X线摄影检查，有常规前后位（正位）和侧位。长骨X线摄影应包括长骨两端的关节。

二、正常X线解剖

在X线照片上，管状长骨可显示其密质骨、软组织、骨髓腔、骨膜、干骺端、骨骺线、骨骺或骨凸（图1-2）。简单的可动关节由两相对的关节骨端组成（图1-3）。因为关节端密质骨表面上的关节软骨X线不能显示，故X线显示的关节间隙比真正的关节间隙宽些。

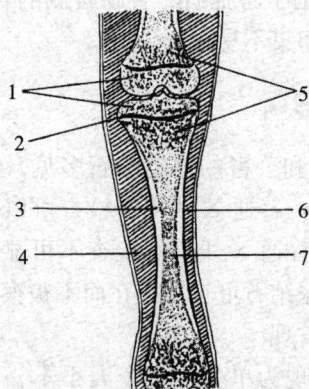

图1-2 管状长骨X线解剖图
1. 骨骺 2. 骨骺线 3. 密质骨 4. 软组织
5. 干骺端 6. 骨膜 7. 骨髓腔

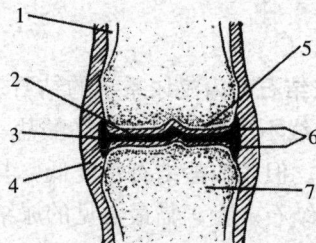

图1-3 正常关节X线解剖图
1. 密质骨 2. 关节软骨 3. 关节腔 4. 软组织
5. 关节板 6. X线关节间隙 7. 骨端

三、常见病变的X线表现

1. 骨质疏松 指因骨吸收增加而引起的单位体积内骨量减少。X线表现为骨的密度降低，骨小梁数目明显减少、变细，小梁间隙增宽。严重者骨小梁几乎消失，密度明显降低，密质骨变薄，骨髓腔变宽。

2. 骨质软化 每克骨的含钙量减少。X线表现为骨的密度均匀降低，骨小梁模糊变细，密质骨变薄，负重骨骼可发生变形弯曲。

3. 骨质破坏 正常骨骼组织发生吸收、溶解，或被肉芽组织、囊肿、肿瘤及坏死组织所代替。X线表现为骨质发生密度降低的透明区，密质骨缺损。透明区的大小、形状和边缘可有差异。边缘模糊不规则，一般为恶性或病变发展的表现。边缘清楚锐利或有密度加带包围者，多为良性或好转的表示。破坏区内可出现密度增高、边缘轮廓清晰、块状或条状的死骨阴影。

4. 骨质增生硬化 与骨质疏松相反，即单位体积内骨量增加，是由于新骨增生或钙盐沉着过多所致。X线表现为骨质密度增高，密质骨增厚，骨髓腔变窄或消失，骨小梁增生、增粗甚至失去海绵状结构，变成致密骨质。

5. 关节肿胀 即关节周围软组织肿胀。X线表现为软组织层阴影肿大增厚，密度稍增加，组织层次模糊不清。

6. 关节间隙改变 关节间隙可增宽或变窄。

7. 关节破坏 为关节的骨质破坏。轻症X线表现为关节面骨质变薄、模糊和粗糙，重症显示关节面和附近骨质大小不等的不规则破坏性缺损，甚至骨关节面全部消失。

8. 关节强直 分骨性强直和纤维性强直。骨性关节强直有关节软骨的全层破坏，关节骨端由骨组织所连接。X线表现为关节间隙明显狭窄或完全消失，且可见骨小梁通过关节间隙将两骨端连接融合。关节纤维性强直X线仍可显示狭窄的关节间隙，且无骨小梁贯穿，关节面可以完整或略不规则，但边界都较清晰。多见于化脓性关节炎。

四、常见疾病的 X 线诊断

1. 骨折　是骨的连续性中断。可分为开放性骨折、闭合性骨折、不完全骨折（青枝骨折和骨裂）、撕脱性骨折、压缩性骨折、粉碎性骨折、骨干骨折、骨骺分离和病理性骨折等。X 线照片可显示黑色、透明的骨折线（纹）。但只在 X 线平行通过骨的断裂面时，才能清楚显示出骨折线，故常规检查需拍摄包括上下两个关节在内的、两张互成 90°角的前后位（正位）和侧位片。注意勿将骨骺线误为骨折线。骨折部两断端可发生成角、移位和重叠等。确定骨折断端是否移位，以骨折近端为准，借以判断骨折远端的移位方向和程度。

骨折的愈合可表现为骨折断端及其周围出现骨痂形成的致密阴影，骨折线模糊和消失。骨折后局部先形成纤维性骨痂，数周后骨痂开始硬化，其密度增加，骨小梁在局部形成，软组织肿胀也见消退。

骨折愈合延迟，则骨折后超过骨痂硬化所需的时间，骨折线仍迟迟不见消失，骨折断端不见硬化骨痂出现。通常见于骨折固定不良、局部供血不佳、全身营养代谢障碍和骨折后发生感染等。

骨折如不愈合，可见原骨折线增宽、断端光滑、骨髓腔闭塞、密度增高硬化，可形成假关节。多见于骨折固定不良、断端经常摩擦、骨痂生长不佳以至骨折停止愈合。

2. 脱位　是关节内两骨端失去正常的位置关系。可分为全脱位、半脱位、先天性脱位、习惯性脱位与病理性脱位。全脱位的 X 线表现为关节内两骨端的关节面对应关系完全脱离。半脱位的 X 线表现为相对应的关节面部分脱离，失去正常相互平行的弧度和间隙。先天性脱位多见于膝关节，X 线显示股内踝关节面平坦，外滑车发育不良等。

3. 全骨炎　又称嗜酸性全骨炎，是一种长骨疼痛性炎症。多见于 5～18 月龄大型犬，尤以德国牧羊犬多发。X 线表现为在骨干或干骺端的骨髓腔内出现斑块状致密阴影，骨小梁结构模糊不清。骨内膜增厚，骨膜新生骨反应。

4. 髋关节发育不良　是一种以遗传性为基础的后天发育畸形。通常仅需一张后肢伸直位的骨盆部腹背位 X 线照片。X 线表现为关节间隙增宽。髋臼与股骨头的关节面不和谐。股骨头变平、变形，髋臼变浅。股骨头半脱位或脱位。以股骨头圆心为起点，分别作一向对侧股骨头圆心连线和一向同侧髋臼前外侧缘连线，所形成的 Norberg 角小于 105°（正常 ≥ 105°）。在髋臼缘，尤其在髋臼前缘，出现软骨下硬化或合并外生骨疣。股骨颈关节囊附着处有骨膜增生反应。髋关节内翻或外翻。

第十三单元　超声检查★★★★★

第一节　超声诊断的基本知识

一、超声波及其物理特性

超声是频率在 20 000Hz 以上，即超过人耳听觉上限阈值的声波。超声成像是利用超声的物理特性和机体组织器官声学参数的差异进行成像。

（一）超声的物理特性

1. 透射　超声穿过某一介质或通过两种介质的界面而进入第二种介质内称为**超声的透射**。除介质外，决定超声透射能力的主要因素是超声的频率和波长。超声频率越大，波长越短，透射能力（穿透力）越弱，探测的深度越浅；反之，超声频率越小，波长越长，穿透力越强，探测的深度越深。

2. 反射与折射　超声在传播过程中，如遇到两种不同声阻抗介质所构成的声学界面时，一部分超声波会返回到前一种介质中，这一现象称作反射；超声波在进入第二种介质时发生传播方向的改变，称为折射。超声波反射的强弱主要取决于形成声学界面的两种介质的声阻抗差值，声阻抗差值越大，反射强度越大，反之越小。

3. 绕射　超声遇到小于其波长一半的物体时，会绕过障碍物的边缘继续向前传播，称绕射或衍射。

4. 散射与衰减　超声遇到物体或界面时会沿不规则方向反射（非 90°）或折射（非声阻抗差异所造成的）。超声在介质内传播时，会随着传播距离的增加而减弱，这种现象称为**超声衰减**。引起超声衰减的原因是：①超声束在不同声阻抗界面上发生的反射、折射及散射等，使主声束方向上的声能减弱。②超声在传播介质中，由于介质的黏滞性（内摩擦力）、导热系数和温度等的影响，使部分声能被吸收，从而使声能降低。声能的衰减与超声频率和传播距离有关。超声频率越高或传播距离越远，声能的衰减，特别是声能的吸收衰减越大；反之，声能衰减越小。动物体内血液对声能的吸收最小，其次是肌肉组织、纤维组织、软骨和骨骼。

5. 多普勒效应　Hristian Doppler 发现，声源与反射物体之间出现相对运动时，反射物体所接收到的频率与声源所发出的频率不一致。当声源与反射物体相向运动时，声音频率升高，反之降低，此种频率发生改变（频移）的现象称为**多普勒效应**。频移的大小取决于声源与反射物体间相对运动速度，速度越大，频移越大。相向运动时，频移为正，声音增强；反向运动时，频移为负，声音减弱。

6. 方向性　超声波与一般声波不同，由于其频率极高，波长又短，远远小于探头的直径，在传播时集中于一个方向，类似于平面波，声场分布呈狭窄的圆柱状，声场宽度与探头的压电晶片大小相接近，因而有明显的方向性。

（二）超声的分辨性能

1. 超声的显现力　指超声能检测出最小物体大小的能力。超声频率越高，波长越短，其显现力越高。

2. 超声的分辨力　指超声能够区分两个物体间的最小距离。分横向分辨力和纵向分辨力，单位均为 mm（毫米）。**横向分辨力**指超声能分辨与声束相垂直的界面上两物体（或病灶）间的最小距离；**纵向分辨力**指声束能够分辨位于超声轴线上两物体（或病灶）间的最小距离。

3. 超声的穿透力　超声频率越高，其显现力和分辨力越强，显示的组织结构或病理结构越清晰；但频率越高，其衰减也越显著，透入的深度就越小。即频率越高，穿透力越弱；频率越低，穿透力越强。

二、动物体组织结构的回声性质与声像诊断

机体结构是一个复杂的超声介质，各种器官与组织，包括病理组织在声阻抗和衰减系数上都有差异。超声在不同的器官与组织之间产生反射与衰减，这是构成超声图像的基础。将接收到的回声，根据其强弱，用明暗不同的光点依次显示在影屏上，可显出机体的断面超声图像。

（一）回声的性质

1. 无回声　超声经过的区域没有反射，为无回声的暗区。可能是液性暗区、衰减暗区、实质暗区。

2. 低回声　肝脏实质器官急性炎症、出现渗出时，其声阻抗比正常组织小，透声增高，因而可出现低回声区。

3. 强回声　实质器官内组织致密，声阻抗差别较大，反射界面增多，使局部回声增强，呈密集的光点或光团。又可细分为较强回声、强回声和极强回声。

（二）回声形态描述

光点或**光斑**指细而圆的点状回声。**光团**指回声光点以团块状出现。**光条**或**光带**指回声呈条带状。**光环**指回声呈环状，光环中间较暗或为暗区，如胎儿头部回声。**光晕**指光团周围形成暗区，如癌症结节周边回声。**网状回声**指多个环状回声聚集在一起构成筛状网，如脑包虫、犬的子宫脓肿、腹腔脓肿等的回声。**云雾状回声**多见于声学造影。**声影**指由于声能在声学界面衰竭、反射、折射等而丧失，声能不能达到的区域（暗区），即特强回声下方的无回声区。有些脏器或肿块底边无回声，称**底边缺如**；如侧边无回声则称为**侧边失落**。**声尾**指强回声后方的类似彗星尾样回声，如囊肿后方的声尾。在特强声学界面上，超声波在肺泡壁上反复反射，声能很快衰减，称为**多次重复回声**（3次以上）或多次回声。**靶环征**指以强回声为中心形成圆环状低回声带，如肝脏病灶组织的回声。

（三）超声图像特点

超声图像是以不同的灰度来反映回声强弱的，无回声为暗区，强回声为亮区。借此来进行组织器官的超声解剖学研究、病变形态学诊断、活动脏器功能检测和介入超声的研究。

超声图像是层面图像。改变探头位置，可得任意方位的声像图，并可观察活动器官的运动情况。

第二节　超声诊断的类型

1. A型超声波诊断　振幅调制型，以波幅变化反映回波情况。纵坐标表示波幅的高度即回声的强度，横坐标表示回声的往返时间即超声所探测的距离或深度。主要用于动物背膘

的测定、妊娠检查（A型警报型）和某些疾病的诊断（如脑包虫病等）。

2. B型超声波诊断 灰度调制型，以明暗不同的光点反映回声变化，在影屏上显示 9～64 个等级灰度的图像。广泛用于动物各组织器官疾病的诊断，如心血管疾病、肝胆疾病、肾及膀胱疾病、生殖系统疾病、脾脏病变、眼科疾病、内分泌腺病变及其他软组织病变的诊断。

3. M型超声波诊断 活动显示型，在单声束取样获得一灰度声像图的基础上，外加一慢扫描时间基线，形成"距离-时间"曲线，以显示动态变化。主要应用于心血管系统的检查，动态了解心血管系统的形态结构和功能状况。

4. 多普勒超声诊断 差频示波型，单条声束在传播途径中遇到各个活动界面所产生的差频回声，在另加的慢扫描时间基线上表达其差频的大小。如加彩色，即为彩色多普勒。主要用于检测体内运动器官的活动，如心血管活动、胎动及胃肠蠕动等，多适用于妊娠诊断等。超声多普勒显像仪包括超声多普勒血管显像仪和彩色多普勒血流显像仪。

第三节 超声诊断的临床应用

一、肝、胆、脾、胰的超声检查

（一）肝胆

马、牛、羊、犬肝胆系统超声检查时的体位和探查部位见表 1-15。

表 1-15 马、牛、羊、犬肝胆系统超声检查时的体位和探查部位

动物种类	马	牛	羊	犬
体位	立位	立位	立位	仰卧、俯卧或侧卧
探查部位	右侧第 10～14 肋间肩关节水平线下	右侧第 8～12 肋间肩关节水平线下	右侧第 8～10 肋间肩关节水平线下	右侧第 10～12 肋间或剑突后方

健康动物肝胆正常声像图特点：肝实质为低强微细回声，周边回声强而平滑；胆囊为液性暗区，壁薄而光滑；根据扫查面不同可显示门脉、胆管、大血管、膈肌和相邻器官。

（二）脾脏

牛于左侧第 11、12 肋间背侧部，探头稍向头部扫描，可得到脾脏的声像图。其左侧为胸椎及肋骨，内侧由第 1 胃包围，呈均质的低强度回声。其边缘可描出肝脏及其尖锐的楔状。

山羊于左侧第 8～12 肋间背侧部与牛大致相同，可获得脾脏的声像图，并在脾脏的背侧内方，可描出大动脉。

马于左侧腹部下方第 8～17 肋骨，肩端水平线位置及沿肋骨弓边缘的大部区域探查，可得到脾脏的声像图。正常脾脏内部呈均质的特征性的低强度回声，仔细观察可确认脾门部的血管像。脾脏周围可看到前部肋间的肺脏、横膈及胃等，后部肋间是结肠等消化管和左肾等影像。

犬脾脏的内部回声和上述的几种动物相同。犬脾脏的探查可采取站立、右侧横卧、仰卧及犬坐等体位。在左侧最后肋间及肷部，可探查到脾脏，并可观察到与其相邻器官的动态。脾脏的内侧是消化管。于其后缘扫描时，可观察到左肾。犬脾脏超声探查部位可在左侧第11～12肋间，由于胃内积气而在腹部纵切面和横切面难于显示脾头时，可用此位置探查。也可在前下腹壁探查脾脏的纵切面，该位置可显示脾头、脾体和脾尾，将探头旋转90°即为横切面。在纵、横两个切面上可系统探查到整个脾脏。

（三）胰腺

胰腺是腹腔中难于探查的器官。犬通常仰卧，用5.0MHz或7.5MHz线阵或凸阵探头于左腹壁探查。有时也可令犬右侧卧或俯卧，利用下方开口的聚酯玻璃台于左侧第11、12肋间探查。胰腺声像图较难判断，往往被周围脂肪或积气肠管所掩盖。

（四）临床应用

1. 急性实质性肝炎 B超声像图可见许多密集的回声光点，其大小、密集程度和亮度均较正常肝脏的高。

2. 肝脓肿 除可见肝脏肿大外，肝脓肿声像图上可见液性暗区：肝脓肿形成后，由于脓液属于液体范畴，因此无回声，故在荧光屏上呈现液性暗区；加大增益后，由于脓汁中存在细小的脓性凝块或脓球，声像图上可见细小的回声光点，大的凝块可产生絮状光斑。一旦发现肝脏内有液性暗区，应从不同方向向同一部位探查，并注意液性暗区的数目、形状、大小等情况。由于肝脓肿在各个阶段的病理变化不一样，脓肿组织结构和脓肿中内容物也不相同，液性暗区情况也会不一样，故在液性暗区内可出现散在的光点或小光团。

3. 肝肿瘤 肿瘤的声像图随肿瘤性质不同而异。原发性肝癌在马呈现肝脏肿大和在肝实质内有癌症结节样图像，其癌症结节回声比周围肝实质回声强，甚至出现声尾。淋巴肉瘤是最常见的肝脏肿瘤。这种肿瘤的浸润过程可导致弥漫性肝肿大，也可出现淋巴结节。通过直肠探查或腹部超声显像检查，均可发现淋巴肉瘤。

二、泌尿系统的超声检查

（一）肾脏

马、牛、羊、犬肾脏超声检查时的体位和探查部位见表1-16。

泌尿系统的超声检查

表1-16 马、牛、羊、犬肾脏超声检查时的体位和探查部位

动物种类	马	牛	羊	犬
体位	立位	立位	立位	立位、卧位或坐位
探查部位	左、右侧第16～17肋间上部或左侧最后肋骨后缘	右侧第12肋间上部或肷部上前方；左侧肷部上后方	右侧第12肋间上部或肷部上前方；左侧肷部上后方	左、右第12肋间上部及最后肋骨上缘

健康动物肾脏正常声像图特点：包膜周边回声强而平滑；肾皮质为低强度均质微细回声；肾髓质呈多个无回声暗区或稍显低回声；肾盂及其周围脂肪囊呈放射状排列的强回声结构。根据扫查面不同可显示肾静脉、后腔静脉、肝或脾。

（二）膀胱与尿道

大型和中型动物多采用直肠探查法，取站立保定位，用5.0MHz或更高频率直肠探头伸入直肠内向下方扫查，能清晰显示膀胱和盆腔段尿道的各个纵切面。中小型动物一般采用体表探查法，取站立或仰卧保定位，于耻骨前缘后腹部作纵切面和横切面扫查。需要显示膀胱下壁结构时可在探头与腹壁间垫以透声垫块。公畜阴茎段尿道探查多在怀疑有结石的部位垫以透声块进行扫查。

健康动物膀胱正常声像图特点：膀胱内充满尿液者是无回声暗区，周围由膀胱壁强回声带所环绕，轮廓完整，光洁平滑，边界清晰。近段尿道在膀胱颈后可部分显现，公畜前列腺可作为定位指标之一。远段尿道常显示不清，当作尿道插管或注入生理盐水扩充尿道后可显示清晰。

（三）前列腺

前列腺为公畜副性腺之一。其大小和位置随年龄和性兴奋状况而异，性成熟后位于骨盆前口后方，环绕膀胱颈后段尿道。其探查方法与膀胱类似，可经直肠探查或经耻骨前缘向后扫查，膀胱积尿有助于前列腺影像显现。其横切面呈双叶形，纵切面呈卵圆形。前列腺包膜周边回声清晰光滑，实质呈中等强度的均质回声，间杂小回声光点。膀胱颈和前段尿道充尿时，在前列腺横切面背侧两叶间可清晰显示尿道断面。

（四）肾上腺

犬的肾上腺通常用5.0MHz或7.5MHz的探头评价，其方法类似于肾脏探查，动物取仰卧或侧卧保定，从后腹部或侧腹部进行横切、纵切和额切扫描。必须除毛，尽可能避开肠管，以便在多数情况下从腹侧得到适宜的肾上腺显像。在侧卧时，肾上腺浅表部可以成像；使用中间有方形孔的有机玻璃台进行探查可使肾上腺成像良好，右肾上腺比左肾上腺更难于探查。右肾上腺从右侧前腹部第11或12肋间最好探查；左肾上腺从左侧腹部最好观察，偶尔从第12肋间探查。

（五）临床应用

1. 急性肾病 超声扫查有助于该病的诊断和与慢性肾病的鉴别。急性肾病声像图表现为肾脏往往肿大和皮质增厚；在伴有肾周围液体蓄积时，声像图上还可见环绕肾脏的均质的液性无回声区。

2. 慢性肾病 超声扫查可见慢性肾病动物肾脏形态学变化的超声征象，从而有助于本病的诊断。慢性肾病声像图可见肾脏体积因疾病的严重程度而有不同程度缩小，严重病例则显著缩小。肾实质（皮质和髓质）边界模糊，甚至难于区分皮质和髓质。

3. 肾结石 超声探查有助于肾结石的诊断，特别是对X线不能显示的结石更有意义。肾结石在肾盂（马）或肾窦内有强回声，完全的声影投射到整个深层组织。这两点是肾结石存在的特征。声影提示光亮强回声表面几乎把声能全部反射回去，声束完全不能到达深层组织。肾盂或肾窦的结缔组织也可能产生弱的声影，其深部组织还可成像，因为它比肾实质更易使声能衰减，但并非完全为黑影。若肾结石导致输尿管阻塞，就会发生肾盂肾窦积水，则声像图就会兼有积水的液性无回声特征。

4. 肾盂积水 肾脏体积不同程度增大。少量积水可见肾盂光点分散，中间出现回声暗区，随着积液量增多，透声暗区也随之增大。具有大量肾盂积水时，肾脏体积太大以至肾脏深侧面超出扫查范围（20cm以上），形成巨大液性暗区或整个肾组织全部为均质的液体所代替，仅远侧壁有回声光带。有的病例还可见输尿管近端扩张。

三、妊娠超声检查

7.5MHz的探头用于评价犬正常卵巢和子宫较理想，而评价母猫则要用10MHz的探头。衬垫块有益于小患畜的检查。5.0MHz的探头适用于中、后期妊娠诊断，以及子宫积脓和卵巢肿瘤等的探查。

患畜常取仰卧姿势，也可以采取右侧卧或左侧卧或站立姿势。

除去后腹部被毛，涂耦合剂。在妊娠早期呈阴性的声像图，应在1～2周后复查，以排除假阴性。中期或后期妊娠诊断常无须剪毛，但腹部显著增大时不一定是妊娠，也可能有积脓和其他疾病。

探查卵巢时应该在肾脏后部和邻近区域进行纵切和横切扫描。卵巢可以和肾脏后部接触，或在肾脏后方上下左右几厘米的区域内。犬和猫可能发生卵巢不显示的情况，这是由于它们体积小，常被脂肪组织包裹和过量充气肠道遮盖。此外，卵巢不能像其他腹腔脏器一样进行常规扫查，因为许多动物已做过卵巢切除术。

扩张的膀胱在骨盆腔前口处较易探到，膀胱作为声窗有利于观察子宫体乃至子宫角（位于膀胱下方和结肠上方之间）。子宫体通常紧靠腹中线，但由于膀胱和直肠的挤压，可向左或向右移位。除了妊娠或疾病引起的子宫增大外，一般难以探查出子宫角。

四、心脏的超声诊断

可用B型、M型单独显示，也可B型、M型同时显示。探头频率可用3.0MHz（超声束发射面积为120mm×9mm）、3.5MHz（120mm×9mm）及5.0MHz（70.4mm×9mm）乃至7.0MHz等。

大动物采取立位栏内保定，小型动物（如犬、猫、羊等）可采取立位、仰卧位及坐位。局部剪毛（或剃毛）、消毒、涂耦合剂。探头与皮肤保持垂直并充分密合。

五、腹　水

腹水指腹膜腔内积液。腹膜炎、肿瘤、充血性心力衰竭、出血、低蛋白血症，膀胱、子宫或胃、肠破裂，乃至某些中毒等，都可导致腹水。超声探测可探出积液的厚度，估算出积液的多少。在需要穿刺放液时，利用超声探查可提示穿刺部位、进针方向、角度和深度，并可在整个病程中监视病情的发展和结局。

超声探查腹腔积液部位在下腹壁和侧腹壁均可。马可在腹中线左侧，腹壁最低部位，即白线左侧2～3 cm，距剑状突后方10～15 cm处，这个部位可避开盲肠及左侧大结肠对探查的干扰。反刍动物在腹中线的右侧距剑状突后方20～30cm处，可避免瘤胃对探查的干扰。

在用B型超声诊断仪扫查时，若存在的液体是清亮（均质）的，由于没有声学界面就不产生回声，于是腹水显示为液性暗区。在浆膜面上若有纤维蛋白条状物存在，则会有条块强回声，它提示有严重的炎症反应。马若有这种图像，往往提示预后不良。

第十四单元 兽医内镜诊断技术

第一节 内镜的基本知识

一、内镜种类

内镜分硬质和软质。按其发展及成像构造，内镜分硬管式内镜、光学纤维（软管式）内镜、电子内镜和胶囊式内镜4代。按其功能，内镜分消化道内镜、呼吸系统内镜、腹腔内镜、胆道内镜、泌尿系统内镜、生殖系统内镜、血管内镜、关节内镜等。

二、内镜临床应用

借助内镜，可进行最有效的早期肿瘤监视，深入研究肿瘤和相关疾病，促进阐明肿瘤病因、发病机理，拓宽对良、恶性肿瘤施行的闭合性或半闭合性腔内手术，对疾病进行治疗。

第二节 消化道内镜检查

一、消化道内镜检查种类

消化道内镜检查种类包括一般内镜检查（如活组织检查、黏膜剥离活检、细胞学检查），内镜色素染色技术检查（色素内镜），放大内镜检查，超声内镜检查，小肠镜检查，十二指肠镜逆行胰胆管造影技术检查，胶囊内镜检查，超细径无痛性电子胃镜检查。

二、适应证与禁忌证

1. 适应证

（1）前消化道内镜的主要适应证 ①有吞咽困难、呕吐、腹胀、食欲下降等消化道症状。②前消化道出血。③X线钡餐不能确诊或不能解释的前消化道疾病。④需要跟踪观察的病变。⑤需要做内镜治疗的病例，如取异物、出血、息肉摘除、食管狭窄的扩张治疗等。

（2）后消化道内镜的主要适应证 ①有腹泻、便血、便秘、腹痛、息肉、腹部包块、大便形态反复改变等症状，但病因不明病例。②钡灌肠或结肠异常的病例，如狭窄、溃疡、息肉癌肿憩室等。③肠道炎性疾病的诊断与跟踪观察。④结肠癌肿的术前诊断、术后跟踪，癌前病变的监视，息肉摘除术后的跟踪观察。⑤需做出血及结肠息肉摘除等治疗的病例。

2. 禁忌证

（1）前消化道内镜的禁忌证 严重心肺疾病，休克或昏迷，神志不清，前消化道穿孔急性期，严重的咽喉部疾患，急性传染性肝炎或胃肠道传染病等。

（2）后消化道内镜的禁忌证 肛门和直肠严重狭窄，急性重度结肠炎性病变，急性弥漫性腹腔炎，腹腔脏器穿孔，妊娠，严重心肺功能不全，神经样发作及昏迷病例。

三、术前准备

了解病情，阅读钡灌肠 X 线片，向畜主说明检查注意事项。检查当日禁食，清洁动物肠道。术前 15～30min 肌内注射阿托品，适当麻醉。电子胃镜术前，患畜禁食禁水 12h 以上，取下动物身上项圈、颈铃等金属物品。做好清洁卫生和消毒工作。

四、消化道常见疾病的内镜诊断

1. 胃癌 目前广泛应用的胃癌内镜分期是根据癌肿浸润胃壁结构层次的深浅进行的。①早期胃癌（表浅性胃癌）：不论癌的大小、有无淋巴结转移，癌限于黏膜内及黏膜下层者。②中期胃癌：癌肿浸润固有肌层但未穿透固有肌层者。③晚期胃癌：癌肿浸润到浆膜层或浆膜外者。

肉眼内镜：主要观察局部病变的表面基本形态：隆起、糜烂、凹陷或溃疡；表面色泽加深或变浅；黏膜表面粗糙不光滑；有蒂或亚蒂；污苔附着与否；病变边界是否清楚及周围黏膜皱襞性状态。

超声内镜：主要观察胃壁正常 5 层回声结构的异常改变（局限凹凸于腔内外）；表面光滑和完整性破坏；回声层的厚度相对或绝对改变；回声层密度改变；层中断等；观察胃周围淋巴结，根据淋巴结的形态、回音及距病灶的距离判断淋巴结转移与否，以确定分期；同时，观察胃周围邻近重要脏器的形态密度变化以确定有无与邻近脏器转移。

2. 消化道出血 内镜直视下，可在出血局部喷洒 5％Monsell 液（碱式硫酸铁溶液）止血。也可高频电灼血管止血或激光治疗止血。

3. 大肠癌和直肠癌 纤维结肠镜检查是对大肠内病变诊断最有效、最安全、最可靠的检查方法，绝大部分早期大肠癌可由内镜检查发现。

4. 食管癌 普通内镜检查对诊断消化道中晚期癌变较容易，而对于早期癌变及微小癌变则容易漏诊。而色素内镜可使病灶与周围组织分界清楚，能够清晰显示病变的形状、边缘和范围。

第三节 纤维支气管镜检查

一、适应证与禁忌证

1. 适应证

（1）诊断适应证 不明原因的痰血或咯血、肺不张、干咳或局限性喘鸣音、声音嘶哑、喉返神经麻痹或膈神经麻痹；反复发作的肺炎；胸部影像学表现为孤立性结节或块状阴影；痰中查到癌细胞，胸部影像学阴性；诊断不清的肺部弥漫性病变；怀疑气管食道瘘者；选择性支气管造影；肺癌的分期；气管切开或气管插管留置导管后怀疑气管狭窄；气道内肉芽组织增生、气管支气管软骨软化；气管塌陷等。

（2）治疗适应证 除去气管、支气管内异物；建立人工气道；治疗支气管内肿瘤、良性狭窄；气管塌陷时放置气道内支架；去除气管、支气管内黏稠分泌物等。

2. 禁忌证 麻醉药物过敏；通气功能障碍引起 CO_2 潴留，而无通气支持措施；气体交换功能障碍，吸氧或经呼吸机给氧后动脉血氧分压仍低于安全范围；心功能不全，严重高血压和心律失常；颅内压升高；主动脉瘤；凝血机制障碍；近期哮喘发作或不稳定哮喘未控制者；大咯血过程中或大咯血停止时间短于 2 周；全身状态极差；受检病例无麻醉药控制的病例。

二、术前准备

1. 病情调查 详细询问过敏史、支气管哮喘史及基础疾病史，备好近期胸部 X 线片、心电图、动脉血气分析等资料。必要时，在心电监护、吸氧状态下进行。

2. 药品、器械的准备 备好急救药品、氧气、开口器和舌钳。检查活检钳、纤支镜镜面及电视图像、心电监护仪、吸痰装置等，必要时备好人工复苏器。

3. 患者准备 术前禁食、禁饮水 4h；术前 30min 肌内注射适量阿托品，以减少支气管分泌物，防止迷走神经反射和减弱咳嗽反射；适度麻醉。

三、临床应用

1. 在诊断上 可用于评价气管、支气管黏膜和采取活组织标本。正常气管、支气管黏膜呈白粉红色，带有光泽。随着年龄的增长，黏膜下层逐渐萎缩，黏膜颜色可由白粉红色向苍白方向转变，软骨和隆突也因此变得更加轮廓鲜明。

2. 在治疗上 可用于去除气管、支气管内异物。治疗分泌物潴留。去除气道狭窄的病理基础。

四、并 发 症

直接不良反应如喉、气管、支气管痉挛，呼吸暂停，甚至心搏骤停等严重并发症。其他并发症如发热和感染，气道阻塞，出血。

第十五单元 心电图检查★★★

　　心肌细胞在兴奋过程中可产生微小的生物电流，即**心电**。这种电流通过动物组织传到体表，用心电描记仪将其放大，描记下来，形成一个心肌电流的时间连续曲线，称为**心电图**。描记心电图的方法称为**心电描记法**。

第一节　心电图基础

一、心电发生原理及心电向量

（一）心电发声原理

　　动物机体的组织和体液都可以导电，并具有长、宽、厚三维空间，所以动物机体也是一个容积导体。心脏相当于一个"电池"，处于容积导体的内部。当然，在心动周期中心脏的电变化能从体表两点间的电位差反映出来，可以用导线连接记录电极，通过心电图机进行记录。所记录的心电图与心脏在容积导体中的位置、探查电极在体表的位置以及电极与心电向量方向的关系有直接联系。一般来说，引导电极面向心电向量的方向，则记录出的电变化为正，波形向上；背向心电向量的方向，则记录的电变化为负，波形向下；处于等电点时（极化状态），则记录不出电变化（等电点线或基线）。

　　在动物体表测出的电位，描记出的心电图代表整个心脏细胞激动时所产生的综合电位的变化。心脏是一个立体脏器，它在除极化和复极化过程中产生的电偶移动必然有空间的方向性。因此，必须引入心电向量概念。

（二）心电向量

　　向量是物理学上用以表示既有数量大小，又有方向性的量。心电偶电源与电穴（半导体载流子的一种）之间的电位差就是**心肌电动势**。心电偶移动是具有一定的方向性的，因此心肌电动势也有一定的方向。同时，由于同时除极化的心肌细胞的多少（即除极化面的大小）不同，其电偶数目也不同，使心肌电动势也有大小之分。这样，心肌电动势也有一个既有大小，又有方向的量，称为**心电向量**。通常用箭矢表示，箭矢的长短代表大小，箭矢所指方向代表心电向量的方向。箭头所指的方向是正电位，箭尾所指的方向为负电位。

　　心脏激动是指许多心肌细胞同时除极化，每个心肌细胞都会产生一个心电向量。它们的总和共同构成心脏除极化的心电向量，称为**综合心电向量**。

　　在心脏激动过程中，心电向量的大小和方向都在不断地变化着。心脏激动的每一瞬间都产生一个心电向量，称为**瞬间心电向量**。

将心脏激动各个瞬间心电向量的箭头顶点按激动时间的顺序连接成一曲线，构成心电向量环。心房肌除极化构成P环，心室肌除极化构成QRS环，心室肌复极化构成T环。

二、导 联

电极在动物体表的放置部位及其与心电图描记仪正、负极的连接方法，就称为**导联**。动物中常用的导联有双极肢导联、加压单极肢导联、A-B导联、双极胸导联和单极胸导联。

1. 双极肢导联 双极肢导联又称标准肢导联，由3个导联组成，分别以罗马数字Ⅰ、Ⅱ和Ⅲ表示。

2. 加压单极肢导联 加压单极肢导联是在单极肢导联的基础上改进的导联系统，其心电图波形与单极肢导联的相同，但波的电压可增加50%。因此，在临床实践中，加压单极肢导联已经完全代替了单极肢导联。加压单极肢导联系统的3个导联分别以符号aVR、aVL和aVF表示。

3. A-B导联 A-B导联是心尖-心基导联的缩写。该导联有描记的心电图电压高、波形和波向一致、不受体位影响等优点，而且可应用于多种动物的心电图描记。由于各种动物心脏的解剖学纵轴方向有所不同，故导线连接方法也有差异。

4. 双极胸导联 根据心脏解剖学纵轴以及心肌除极化方向应与爱氏三角平面平行的原则，将原来放置在肢体上的肢导联电极R、L和F移到胸（背）部的相应部位，使它们构成一个与心脏纵轴和心肌除极化方向平行的近似等边三角形，组成双极胸导联（一）和双极胸导联（二）。

5. 单极胸导联 单极胸导联又称心前导联，是横面心电向量在相应导联轴上的投影。兽医临床根据各种动物心脏的解剖学位置和心肌除极化的特点设计了许多单极胸导联系统。

三、心电图的记录

1. 被检动物准备

2. 连接导联线

3. 心电图机的调试

4. 心电图描记 旋动导联选择开到Ⅰ，描记4～6个心动周期的心电图，再旋转导联选择开关，依次描记Ⅱ、Ⅲ、aVR、aVL、aVF及单极胸导联的心电图。

5. 心电图机关机

四、心电图的分析

（1）将各导联心电图按双极肢导联、加压单极肢导联、双极胸导联、单极胸导联、A-B导联的顺序剪下，并贴在同一张纸上。

（2）从Ⅰ导联开始观察整个心电图的标准电压打得够不够，阻尼是否适当，导联线有无接错，有无各种干扰因素的影响。

（3）找出P波，尤其注意它与QRS-T波群之间的关系，以确定心律。

（4）测量R-R或P-P间期时限，以计算心率。

（5）测量各波、P-Q和Q-T间期时限，测量各波的电压。观察各波波向、QRS综合波波型和 S-T 段移位情况。

（6）用目测法和查表法测量心电轴。

（7）经阅读和分析的心电图，一般以正常心电图、可疑心电图和异常心电图 3 种方式表达。报告中必须写明心率、心律、心电轴，有无期前收缩和传导阻滞等内容。

第二节　正常心电图

一、心电图的组成与命名

P 波、P-R 段、P-Q 间期、QRS 综合波、S-T 段、T 波、Q-T 间期、U 波、T-P 段、R-R 间期（图 1-4）。

正常心电图

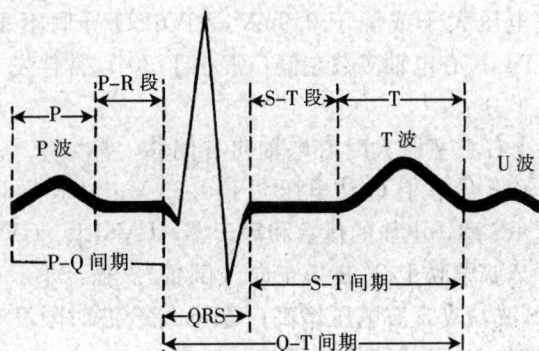

图 1-4　动物的典型心电图模式

二、心电图各波段意义

1. P 波变化的诊断意义　P 波增宽而有切迹；肺型 P 波；P 波呈锯齿状；P 波减小；P 波消失；逆行 P 波；易变 P 波；P 波与 QRS 综合波数不一致。

2. QRS 综合波变化的诊断意义　QRS 综合波电压增高；QRS 综合波低电压；QRS 综合波时限延长；QRS 综合波畸形。

3. T 波变化的诊断意义　冠状 T 波；T 波电压降低；T 波倒置。

4. S-T 段变化的诊断意义　S-T 段时限变化；S-T 段移位。

5. P-Q 间期时限变化的诊断意义　P-Q 间期时限缩短；P-Q 间期时限延长；Q-T 间期时限变化。

6. R-R（P-P）间期变化的诊断意义　R-R 间期时限缩短；R-R 间期时限延长。

第三节　心电图的临床应用

一、心房、心室肥大

（一）心房肥大

左心房肥大：P 波的时限延长（犬的大于 0.05s，猫的大于 0.04s，即可判定为左心房肥大），P波呈双峰或有切迹，或呈现二尖瓣型P波。在Ⅲ、aVF和V₁导联上，P波的后半部常呈负向而出现双向P波。

右心房肥大：P波高耸而尖锐（肺型P波），在Ⅱ、Ⅲ和aVF导联上P波高耸和尖锐的程度更大。在人、犬和猫，P波电压超过0.2mV即有右心房肥大的可能。牛右心房肥大时，有时可以出现心房复极化波（Ta波）。

双侧心房肥大：兼有左心房肥大和右心房肥大的心电图特征，P波增宽，电压增高，亦即出现具有切迹的高耸尖锐P波。

（二）心室肥大

1. 左心室肥大　犬：Ⅱ导联上R波电压大于3.0mV，aVR导联上S波加深，Ⅲ导联上QRS综合波呈RS型，QRS综合波时限大于0.06s；心电轴左偏或不偏；S-T段下移或模糊不清，T波电压增高，在Ⅱ导联上大于R波的25%；常伴有室性期前收缩和左前半支阻滞。猫：Ⅱ导联上R波电压大于或等于0.9mV，CV6LU导联上R波电压大于1.0mV；QRS综合波时限大于0.04s；心电轴多数左偏，常小于30°；常伴发左前半支阻滞及其他类型的心律失常。

2. 右心室肥大　犬：右心室肥大时心电轴向右偏移，常大于＋120°；Ⅰ、Ⅱ、Ⅲ导联上出现S波；Ⅱ、Ⅲ和aVF导联上Q波电压大于0.5mV；aVR导联上R波与S波的电压相近，即QRS综合波呈RS型，电压的代数和等于零；CV6LL、CV6LU和V₁₀导联上有一个深的S波（或Q波）；V₁₀导联上T波呈正向（倒置）。猫：Ⅰ、Ⅱ、Ⅲ、aVF、CV6LL和CV6LU导联上出现S波，或S波电压增高；QRS综合波时限没有明显变化；心电轴右偏，可能超过＋160°；伴有S-T段移位和T波的改变。

3. 双侧心室肥大　双侧心室肥大时有两种心电图变化：一种是一侧的电动势大于另一侧，此时呈现某一侧心室肥大时的心电图改变。例如，在牛心内膜炎时，经超声心动图检查证实兼有左心室和右心室肥大的一例荷斯坦奶牛，主要的心电图表现为窦性心动过速（149次/min），心电轴极度右偏（－142°），Ⅰ和Ⅱ导联上呈QR型，其电压为0.7mV，Q-Tc时限为0.349s，T波大而不规则。这种心电图表现与右心室肥大相一致，亦即左心室肥大的心电图改变被掩盖。双侧心室肥大的另一种心电图变化特征是左心室与右心室因肥大产生的电动势改变相互抵消，致使呈现近于正常的心电图。

二、心肌缺血

心肌缺血型心电图的特征主要表现在心内膜下心肌缺血时出现巨大高耸的冠状T波，心外膜下心肌缺血为主时呈出T波倒置；QRS综合波和S-T段没有变化；心电图的变化是可复性的。

三、心肌梗死

心肌梗死表现在心电图上的主要特征是出现异常Q波、S-T段升高及T波倒置。

四、心律失常

犬和猫：窦性心律失常；期前收缩；阵发性心动过速；逸搏和逸搏心律；心房扑动和心房纤颤；预激综合征；心脏传导阻滞（犬和猫右房室束支阻滞、犬和猫左房室束支阻滞）。

五、电解质紊乱及药物对心电图的影响

低钙血症、高钙血症、低钾血症、高钾血症，以及洋地黄类药物和麻醉药都会对心电图产生影响。

第四节 心电监护

动物专用心电监护仪是一种用以长时间连续测量、显示、记录和监控病畜生理参数，并可与预设值进行比较，出现超差而报警的装置或系统。监护仪是目前临床上用于重症患畜生命体征监测的主要方法，从诸如心电、血氧、血压等单一参数监测发展到现在的多参数监测。仪器主屏幕显示标准参数心率、心电图、SPO_2 和脉搏波形、呼吸频率和波形、体温和无创血压数据。

一、心电图测量

心电监护产生机体心电活动的连续波形即心电图（ECG），以准确地评估动物机体当时的生理状态。其导联和心电变化与心电图检测相同。

二、呼吸测量

由于机体胸廓的呼吸活动，导致 RA（右前肢）和 LL（左后腿）两个电极间的阻抗变化，监护仪就是通过监测 RA 和 LL 两个电极之间的胸廓阻抗值变化来测定呼吸率，并且在屏幕上产生一道呼吸波。呼吸监测的临床意义与呼吸频率、节律和呼吸运动的临床意义相同。

三、体温测量

监护仪的温度传感器探头其实就是一个精度较高的热敏电阻，机器通过测量传感器的电阻变化，间接测量传感器表面温度。体温监测及其变化意义与体征检查相同。

四、脉搏血氧饱和度测量

用来表征血液中氧合血红蛋白比例的数值称为脉搏血氧饱和度（SPO_2）。定义式为：$HbO_2/(HbO_2+Hb)$。血氧饱和度探头使用时，探头一般夹在动物的舌头上，也可夹在嘴唇、脚趾、耳朵、包皮、阴户上。如果待测位置被毛厚重，需剪毛。血氧饱和度是临床医疗上重要的基础数据，在许多生理和临床监测过程中需要周期性地采样和计算血氧饱和度。例如，在患有心脏病的动物治疗过程中，麻醉手术或氧疗过程中及时了解机体血氧含量是十分重要的。

五、无创血压测量

血管内的血流在血液壁单位面积上垂直作用的力称为血压。血压的数值为血液对血管壁的绝对压力与大气压的差值。每个心动周期中的血压最大值为收缩压，最小值为舒张

压，积分平均值为平均压。血压是衡量心血管系统状态的重要参数，心脏的泵血功能、冠状动脉的血液供应状况、周围血管的阻力和弹性，全身的血容量及血液的物理状态等因素都反映在血压的指标中。监护仪采用的血压测量方法是振荡法。振荡法的前提是要找到规则的动脉压力脉动。现在，有些监护仪已采用了抗干扰措施，如采用阶梯放气法，由软件来自动判断干扰与正常的动脉脉动波，从而在一定程度上具有抗干扰能力，但是若干扰太严重或持续时间太长，这种抗干扰措施也无能为力。因此，在无创血压（NIBP）监护过程中，应尽量保证有良好条件，同时注意袖带尺寸的选择，放置的部位和捆绑的松紧度。

将动物置于安静处，避免过于明亮的光线，由主人抱住使动物平静，使动物侧卧，将袖带绑在前肢肘部与腕部之间，或后肢膝部与跗部之间，对清醒动物可以绑在尾根部（麻醉动物不能绑在尾部），若动物小于 2.27kg，可绑在肘部上方，以测量动脉的血压。一些清醒的大型犬类不配合侧卧的，可使其呈坐姿，将前爪放于操作者膝盖上，将袖带绑在掌部，常规袖带位置可选择掌部、跗部和胫前侧。除非被毛特别厚，一般不需要剪毛。根据要绑的位置选择袖带的长度。袖带的宽度为绑定位置周长的 $40\% \sim 60\%$。推荐使用机器附带的尺子来选择袖带长度。要尽量使测定血管和心脏处于同一水平位置。

六、呼气末二氧化碳分压测量

呼气末二氧化碳分压（$PETCO_2$）已被认为是除体温、呼吸、脉搏、血压及动脉血氧饱和度以外的第六个基本生命体征。美国麻醉医师协会已规定 $PETCO_2$ 为麻醉期间的基本监测指标之一。$PETCO_2$ 对判断肺通气和血流变化具有特殊的临床意义：①对确定气管插管的位置（是否在气管内）来说，被视为"金指标"；②可判断麻醉机或呼吸机通气情况，可及时发现气管打折和气管脱落；③可间接反映 $PaCO_2$；④可间接反映循环状态。因此，$PETCO_2$ 在临床麻醉、心肺脑复苏以及麻醉后恢复室、ICU、院前急救等具有重要的应用价值。CO_2 监测仪是根据红外线吸收光谱的原理设计而成的，用以测定呼吸气体中的 CO_2 浓度。根据气体的采样方法不同，传统 CO_2 监测仪有旁流型（side stream）和主流型（main stream）两种。旁流型是由有流量调节的抽气泵将气体样本送至红外线测量室，不需要密闭的呼吸回路，因此，可用于对镇痛或镇静治疗的动物机体进行呼吸监测，监测其自主呼吸时 CO_2 浓度，但旁流型测量需要预热。主流型是将红外线传感器直接连接于气管导管接头上，使呼吸气体直接与传感器接触。因此，主流型仅能用于气管插管的病例，不能用于自主呼吸病例的监测。

第十六单元　兽医医疗处方与病历书写

兽医医疗文书的重要性表现为：反映了疾病发生发展和转归的过程，反映了兽医的诊疗水平、教学功能、病历的科研功能、法律效应，以及其他功能。

一、处方格式与规范

（一）处方的主要内容、处方的开具和调剂

处方是兽医针对动物疾病所开具的医疗文书，它具有法律效应。处方开具时，应该完整地填写处方要求填写的内容。完整的处方应具有下列内容：

1. 动物诊疗机构名称　注册名的全称。

2. 动物信息　动物种属、品种、年龄、性别、体重、毛色及其他特征，以及疾病、编号等。

3. 动物主人信息　姓名、住址、职业、联系方式等。

4. 处治时间　年、月、日，有些处方需要注明时间。

5. "R 或 R_P" 字样及符号　"R 或 R_P" 即拉丁语 "Recipe" 的缩写，为处方口头用语，其意思是取、处方、请配取。

6. 处置方法　包括外科处理和手术、特殊治疗方法、药物及药物组方、使用方法等。

7. 兽医签名　兽医完整地签名，如果见习医师或者助理兽医师开具处方，则应该签署双名。

8. 处置费用　以元计算。

（二）处方的书写规范及注意事项

病历书写要客观、真实、准确、及时、完整。

（1）格式规范，项目完整；内容真实，字迹工整。

（2）填写及时，签名清晰。

（3）按照相关法规规定，使用合法药物。

（4）处置方法清晰。

（5）药物名称应该使用拉丁语、英语或中文。药物名应书写通用名。

（6）药物书写顺序即是药物使用顺序，其顺序应遵从紧急使用（急救）药、主要用药、次要用药、辅助用药的顺序。中草药处方要按照"君、臣、佐、使"的顺序。

（7）通用的外文缩写、无正式的中文译名的内容可以写外文。

（8）数字以阿拉伯数字表示。

（9）药物及药物组方包括药物名称、剂型、计量、用量、组合用药和组方。

（10）计量单位按 mg（毫克）、g（克）、kg（千克）、mL（毫升）、L（升）计算。

（11）用量应该写明 mL、L、mg、g、kg，多支、多片药物应该表明。

二、病历书写内容与规范

兽医病历可分为门诊病历、住院病历和专科病历。不论哪种病历，其封面应该记载的内容见表 1-17。

表1-17　病历封面记载内容

主人姓名	动物种类	如猪、马、牛、犬、猫、鸡、鸟等
性别	品种	
年龄	昵称	
职业	用途	
居住地	性别	♂ ♀
邮编	年龄	
联系电话	毛色	
邮箱地址	体重（kg）	
其他	绝育情况	有　无　妊娠
	免疫情况	
	药物过敏史	

可靠程度：＿＿＿＿＿可靠；＿＿＿＿＿不可靠；＿＿＿＿待查

接诊日期：　　年　　月　　日

门诊病历

1. 书写要求　门诊病历是兽医门诊活动中所做的医疗记录。其书写要求为简明扼要，重点突出；内容包括初诊、复诊、急诊的就诊时间和基本生命体征记录、医嘱、医师签名。

2. 书写内容

（1）初诊　病历封面填写，就诊时间，畜主主诉，病史，症状，实验室检查和特殊检查，初步诊断，处理意见（包括治疗措施、进一步检查内容、医嘱等），治疗费用，兽医师签名。

（2）复诊　复诊时间，记述初诊治疗效果，复诊检查结果，诊断（修正诊断），处理意见，治疗费用，兽医师签名。

三、住院期间医疗文书

一般来说，住院病例因病情较为严重，故其病历载述内容要复杂得多。

对于住院病例，还应该有住院牌、治疗卡。

住院牌记录动物品种、昵称、特征、年龄、性别、体重、诊断、笼号、病历号及主人姓名和联系电话。

在兽医临床实际中，治疗卡必须与住院牌对应方可实施治疗。

由于动物主人对兽医医疗不了解，如有必要，兽医有责任向动物主人说明病情，动物主人也必须在"病情通知书"上签字。

第十七单元　症状及症候学

第一节 临床检查的基本程序和症状

一、临床检查的基本程序

临床上应系统地按照一定程序和步骤对病畜进行临床检查，以获得比较全面的症状和资料，避免某些症状被遗漏。临床检查的基本程序是：病畜登记→问诊→现症检查（包括整体及一般状态检查、系统检查、实验室检查和特殊检查）→建立诊断→病历记录。

二、症状的分类

症状是动物所表现的病理性异常现象。

研究动物症状的发生原因、条件、机理、临床表现、特征和检查方法的科学称为**症状学**；除这些内容外，兽医临床实际中必须对这些症状的临床意义予以论证、加以鉴别，即**症候学**。

1. 示病症状与一般症状 某一疾病所特有的且不会在其他疾病中出现的症状称为该病的**示病症状**或**特殊症状**。一般症状指那些广泛出现于许多疾病过程中的症状，它不属于某一特定疾病所固有，甚至可出现于某一疾病的不同病理过程中。

2. 固定症状与偶然症状 固定症状指在某一疾病过程中必然出现的症状，又称固有症状。偶然症状是在特定条件下出现的症状，它是在疾病过程中某一阶段出现的症状。

3. 主要症状与次要症状 主要症状指对疾病诊断有着重要意义的症状，是疾病诊断的重要依据，又称基本症状。次要症状往往是疾病的附带症状，在很多疾病过程中都会或多或少、或轻或重地出现，对疾病的诊断意义不大，但对于疾病的程度和预后的判断意义较大。

4. 前驱症状与后遗症状 前驱症状指在疾病发生初始、主要症状出现之前出现的一类症状，又称先兆症状。后遗症状即后遗症，是在原发病治愈后留下的不正常现象，如疤痕、变形、截肢、神经功能缺失等。

5. 局部症状与全身症状 局部症状指在局部病变部位表现的症状，在病变以外的其他区域不存在或表现轻微。全身症状指机体针对病原或局部病变的全身反应，属于一般症状范畴。

局部症状与全身症状有着互为因果的关系。局部症状可以发展成为全身症状，如脓肿可导致脓毒败血症；局部症状也可以是全身症状的局部反应，如狂犬病的眼球震颤等。

6. 原发症状与继发症状 原发症状指原发病所表现的症状，**继发症状**指继发病所表现的症状。

7. 综合症候群 某些相互关联的症状在疾病过程中同时或相继出现，这些症状总称为综合症候群或综合征。

第二节 症 候 学
一、发 热

发热是致热原直接作用于体温调节中枢，或体温调节中枢功能紊乱，或各种原因引起的机体产热过多和散热过少，导致动物体温超过正常范围的一种临床症状。

【临床表现】动物机体在体温升高的同时出现的一系列临床体征，称为**热候**，又称为**发热综合征**。发热的主要表现为动物精神沉郁，低头耷耳，甚至呈昏睡状态。食欲减退或废绝，肠鸣音减弱，粪干小，消化紊乱，反刍动物出现前胃弛缓，反刍减少或停止。呼吸和心跳频率增加。皮温增高，末梢冰凉，多汗，恶寒。尿量减少，有的出现蛋白尿。

【发热的分类及临床意义】

（1）**按发热的程度分类** 按发热的程度可将发热分为最高热（体温升高3.0℃以上）、高热（体温升高2.0～3.0℃）、中等热（体温升高1.0～2.0℃）和微热（体温升高1.0℃以内）。

（2）**体温曲线和热型** 每日早晚各测一次动物体温，并记录在特制的表格内连成的曲线，称为**体温曲线**。当动物患发热性疾病时，体温曲线可呈现出各种有规律的变化，称为**热型**。根据热型将发热分为稽留热、弛张热、间歇热、不规则热或不定型热、双相热等。

（3）**按发热病程分类** 按发热病程分为急性发热、慢性发热、一过性热或暂时性热。

【伴随症状】腹泻；呼吸系统症状；皮肤和黏膜病变；神经症状；黄疸、贫血和血尿；流产；淋巴结肿大；昏迷等。

【鉴别诊断思路】首先排除生理性因素引起的体温升高；分析是群发性发热还是散发性发热；考虑发热程度和持续时间；注意热型；注意发热时的伴随症状；观察退热效应。

二、水 肿

动物机体组织间隙内积聚过量积液，称为水肿。

【分类】根据水肿发生范围，可分为全身水肿和局部水肿；根据发生部位，可分为皮下水肿、脑水肿、肺水肿等；根据发生原因，可分为心性水肿、肾性水肿、肝性水肿、炎性水肿等；根据水肿发生的程度，可分为隐性水肿和显性水肿。液体积聚于体腔内称**积液**。

【临床表现】隐性水肿除体重有所增加外，临床表现不明显。而显性水肿临床表现明显，例如局部肿胀、体积增大、重量增加、紧张度增加、弹性降低、局部温度降低、颜色变淡，甚至体腔积水等。

【病因病理类型】心源性水肿；肾源性水肿；肝源性水肿；营养不良性水肿；激素性水

肿；血管神经性水肿；炎性水肿；淤血性水肿等。

【伴随症状】肝肿大；颈静脉怒张；腹水；呼吸困难和发绀等。

【鉴别诊断思路】注意水肿的发生特点；根据肿胀特点与其他皮肤肿胀相区别。

三、脱　水

脱水是机体摄入水分不足和/或丢失过多，导致循环血量减少和组织脱水的综合病理过程。

【临床表现】脱水的一般临床表现为皮肤干燥而皱缩，皮肤弹性降低，眼球凹陷，黏膜潮红或发绀，尿量减少或无尿，体重迅速减轻，肌肉无力，食欲缺乏。严重脱水时心率超过100次/min，体温升高。

【脱水的类型及其区别】根据脱水时血浆渗透压的变化将脱水分为高渗性、等渗性和低渗性脱水3种类型（表1-18）。

表1-18　3种类型脱水的特点及其原因

类　型	特　点		原　因
高渗性脱水 （水缺乏）	失水＞失盐 （缺水性）	单纯性脱水	水摄入不足（食物、饮水不足） 胃肠道异常发酵分解变为高渗
		低渗液体丢失	热射病等水分从肺、皮肤丢失 大量应用利尿剂
等渗性脱水	失水＝失盐 （最常见）	丢失的液体成分和细胞外液基本相同	胃肠道消化液的大量丢失：呕吐、腹泻；肠变位、肠梗阻（肠液的分泌增多） 弥漫性腹膜炎（血浆进入腹腔） 大面积烧伤面的渗出（血浆流失） 外伤或手术中的失血 中暑（出汗）
低渗性脱水 （钠缺乏）	失水＜失盐 （缺盐性）	高渗液体丢失	肾功能不全（排盐过多，重吸收抑制） 糖尿病等
		等渗液体丢失，只补水分而不补电解质	治疗胃肠道消化液大量丢失、大面积烧伤渗出等时，仅补5%葡萄糖等 发热、大汗后大量饮水

3种类型脱水的临床表现见表1-19。

表1-19　3种类型脱水的临床表现

类　型		高渗性脱水	等渗性脱水	低渗性脱水
原因		水丢失，水分由细胞内溢出细胞外	大量水和钠盐的急剧丧失	补水而不补电解质，使水分由细胞外进入细胞内
细胞外液	量	从减少到变化不明显	迅速减少	组织间液及血容量减少
	渗透压	↓↓	↓↓↓↓	↓↓↓↓
循环血量		从减少到变化不明显	减少	血容量减少
血液			浓缩	血压下降

（续）

类　型	高渗性脱水	等渗性脱水	低渗性脱水
血清 Na^+	↓↓	—	↓↓
血细胞比容	变化不明显	正常	升高
心脏	心跳加速、血压下降	心跳加快	心音弱
总蛋白	变化不明显	正常	升高
毛细血管再充盈时间	—	长	静脉萎陷，静脉充盈慢
口渴	+++	++	无
眼窝	—	下陷	下陷
皮肤弹力		差	皱缩，弹力差
尿	少、比重高	少	量正常但比重低，后期尿减少
其他	昏迷	酸中毒和毒血症或休克	休克

【脱水程度及脱水量判定】临床上检查动物眼球凹陷和皮肤弹性是确定脱水的最好指标，一般根据体重减轻的百分率来评价机体脱水的程度。在估计脱水量时必须在考虑脱水程度的基础上，结合脱水指标进行综合评定（表1-20）。

【伴随症状】腹泻；呕吐；流涎；多尿等。

【鉴别诊断思路】鉴别脱水的类型和原因；评价脱水程度；判断脱水的预后。

表1-20 脱水的严重程度及评价指标

体重减轻（%）	眼凹陷及皮肤皱缩	皮肤皱褶试验持续的时间（s）	血细胞比容（%）	血清总固体物（g/L）	每千克体重恢复脱水需要补充的液体量（mL）
4～6	+	—	40～45	70～80	20～25
6～8	++	2～4	50	80～90	30～50
8～10	+++	6～10	55	90～100	50～80
10～12	++++	20～45	60	120	80～120

四、黄　疸

黄疸是由于血清胆红素含量升高所致皮肤、黏膜发黄的一种临床症状。

【临床表现】根据病因，黄疸分为溶血性黄疸、肝细胞性黄疸和阻塞性黄疸3种类型。黄疸的主要表现是皮肤、黏膜发黄或黄染，其程度与疾病的性质有关。

【伴随症状】体温升高；贫血；肝肿大；腹痛；胆囊肿大；脾脏肿大；消化道出血；腹水等。

【鉴别诊断思路】临床上主要应检查眼结膜和巩膜。在确定黄疸的基础上根据各类黄疸的临床特征、结合血液生化、尿液检查等辅助检查，确定黄疸的病因和性质。3种黄疸的实验室检查区别见表1-21。

表 1 - 21 3 种黄疸的实验室检查区别

项　　目	溶血性黄疸	肝细胞性黄疸	胆汁淤积性黄疸
总胆红素	增加	增加	增加
结合胆红素	正常	增加	明显增加
尿胆红素	—	＋	＋＋
尿胆原	增加	轻度增加	减少或消失
ALT、AST	正常	明显增高	可增高
ALP	正常	增高	明显增高
γ - GT	正常	增高	明显增高
胆固醇	正常	轻度增加或降低	明显增加
血清白蛋白	正常	降低	正常
血清球蛋白	正常	升高	正常

对于 3 种黄疸的诊断，除实验室检验外，还应该注意各种黄疸的临床特征及其原发病的鉴别。

五、呼吸困难

呼吸困难是一种复杂的病理性呼吸障碍。表现为呼吸费力，辅助呼吸肌参与呼吸运动，并常伴有呼吸频率、类型、深度和节律的改变。高度的呼吸困难，称为气喘。

【发生原因】 呼吸系统疾病；腹压增大性疾病；心血管系统疾病；中毒性疾病；血液疾病；中枢神经系统疾病；发热等。

【分类】

（1）根据临床表现形式　呼吸困难可分为吸气性呼吸困难、呼气性呼吸困难和混合性呼吸困难 3 种类型。

（2）根据病因和机理　呼吸困难可分为气道性呼吸困难、肺源性呼吸困难、心源性呼吸困难、血源性呼吸困难、中毒性呼吸困难、神经性呼吸困难、呼吸肌及胸腹活动障碍性呼吸困难 7 种类型。

【临床表现】

（1）**吸气性呼吸困难**　表现呼吸时吸气动作困难。特点是吸气延长，动物头颈伸直，鼻孔高度开张，甚至张口呼吸，并可听到明显的呼吸狭窄音，呼吸次数不增反减，见于上呼吸道狭窄或阻塞。

（2）**呼气性呼吸困难**　乃为肺泡内的气体呼出困难。特点是呼气时间延长，呼气动作吃力，腹部有明显的起伏现象，有时出现"二重呼吸""喘线"或"息劳沟"。多见于细支气管炎、细支气管痉挛、肺气肿、肺水肿等。

（3）**混合性呼吸困难**　指吸气和呼气同时发生困难，呼吸频率增加。见于肺脏疾病、贫血、心力衰竭、胃肠臌气、中毒、中枢神经系统疾病和急性感染性疾病等。

【伴随症状】 咳嗽；发热；黏膜发绀；心率加快；昏迷；哮喘；胸部压痛等。

【鉴别诊断思路】

（1）基本思路　①判断呼吸困难的类型和程度；②注意呼吸频率、节律、深度和对称性的变化；③除呼吸困难以外，不同的疾病还有相应的临床特征；④必要的实验室和辅助检查。

（2）类症鉴别　①吸气性呼吸困难的类症鉴别；②呼气性呼吸困难的类症鉴别；③混合性呼吸困难的类症鉴别。

异常呼吸参见表1-22。

表1-22　常见异常呼吸类型的病因和特点

类　型	病　因	特　点
呼吸停止	心脏停止跳动	呼吸消失
陈-施二氏呼吸（潮式呼吸）	药物引起的呼吸抑制，充血性心力衰竭，大脑损伤	周期性不规律呼吸，呼吸频率和深度逐渐增加，又逐渐减少，以至呼吸暂停，周而复始
毕欧特式呼吸（间隙呼吸）	颅内压增大，药物引起呼吸抑制，大脑损伤（一般为延脑水平）	规律呼吸后，出现长时间呼吸停止，然后又开始呼吸
库斯茂尔氏呼吸（酸中毒呼吸）	各种代谢性酸中毒	呼吸深长而规则

六、发　绀

发绀指皮肤和黏膜呈蓝紫色的现象，主要是由于血液中还原血红蛋白增多，或在血液中形成异常血红蛋白衍生物而使皮肤、黏膜呈青紫色，故也称为**紫绀**。

【原因及分类】

（1）血液中还原血红蛋白增多　中心性发绀；肺性发绀；心混合性发绀；周围性发绀；混合性发绀等。

（2）血液中存在异常血红蛋白衍生物　变性血红蛋白含量增加；硫化血红蛋白血症；遗传性高铁血红蛋白血症等。

【临床表现】可视黏膜和皮肤呈蓝紫色或青紫色是发绀的主要临床表现。发绀症状与血中血红蛋白含量有密切的关系。

【伴随症状】体温升高或降低；呼吸困难；衰竭或意识障碍；心音变化；肺区扩大；肺区听诊音异常；血液色泽异常等。

【鉴别诊断思路】了解发绀出现的快慢；确定发绀的原因；注意区分由异常血红蛋白引起的发绀和血液中还原血红蛋白增多所致的发绀。

七、咳　嗽

咳嗽是由于呼吸道分泌物、病灶及外来因素刺激呼吸道和胸膜，通过神经反射，使咳嗽中枢发生兴奋而产生的一种强烈的呼气运动，以使呼吸道中的异物和分泌物（痰）咳出。

【原因及分类】咳嗽是由呼吸系统炎性疾病，包括感染性和非感染性疾病引起。非感染性咳嗽又包括异物性咳嗽、过敏性咳嗽和压迫性咳嗽。

【临床表现】检查咳嗽时要注意其频率、性质、强度及疼痛等。

(1) 频率 分为单咳、咳嗽发作或痉挛性咳嗽。

(2) 强度 分为强咳和弱咳。

(3) 性质 分为干咳和湿咳。

(4) 疼痛 咳嗽时动物伴有疼痛或痛苦的表现。

【伴随症状】发热；呼吸困难；流鼻液；喘鸣音；胸痛。

【鉴别诊断思路】根据咳嗽的频率了解疾病的性质；查明咳嗽的发生部位；注意咳嗽出现的时间；注意咳嗽的音色（嘶哑，金属音调，阵发性连续剧咳伴有高调吸气回音似鸡鸣样咳嗽，咳嗽声音低微或无声）；结合病史、临床检查综合分析；辅助检查。

八、红 尿

红尿指尿液的颜色呈红色、红棕色或黑棕色的一种病理现象。

【原因及分类】根据原因不同分为血尿、血红蛋白尿、肌红蛋白尿、卟啉尿和药物性红尿等。

【临床表现】根据病因和发病部位不同，一般尿色呈鲜红色、暗红色、黄红色或红褐色。

(1) 血尿 尿液呈红色、混浊，静置或离心后有红色沉淀，镜检可见红细胞，潜血试验阳性。

(2) 血红蛋白尿 尿液呈暗红色、酱油色或葡萄酒色。尿色均匀、不混浊，无红色沉淀，镜检无细胞或有极少量红细胞，潜血试验阳性。

(3) 肌红蛋白尿 尿液呈暗红色、深褐色乃至黑色，潜血试验阳性反应但其血浆颜色不发红，肌红蛋白尿定性试验阳性。另外，病畜表现肌肉病变和运动障碍等临床症状。

(4) 卟啉尿 尿液呈棕红色或葡萄酒色，镜检无红细胞，潜血试验阴性，尿液原样或经乙醚提取后，在紫外线照射下发红色荧光。

(5) 药物性红尿 因药物色素而使尿液变红。药物性红尿，镜检无红细胞，潜血试验阴性，尿液酸化后红色消退。

【伴随症状】疼痛；黏膜苍白；发热；尿频等。

【鉴别诊断思路】

(1) 基本思路 根据尿色、透明度及临床检查综合分析，确定红色尿的原因；如确定为血尿，则应判断出血部位及病变性质；血红蛋白尿的鉴别诊断（急性血管内溶血的病因诊断）。

(2) 鉴别诊断 根据尿液中是否有红细胞，三杯试验，化学检测等确定，见表1-23。

表1-23 红尿鉴别诊断要点

检验项目	血 尿	血红蛋白尿	肌红蛋白尿	卟啉尿	药物性红尿
尿色及透明度	红色、暗红色或洗肉样，混浊，震荡时呈云雾状	暗红、棕色或酱油色，透亮，震荡时不呈云雾状	暗红或棕色透明红，震荡时不呈云雾状	琥珀色或葡萄酒色	透明红色
血浆色	正常	红色	正常	正常	正常
潜血	+	+	+	-	-
静置或离心	红色沉淀	-	-	-	-
镜检	大量红细胞及其他细胞	无细胞或偶有红细胞	-	-	-

（续）

检验项目	血　尿	血红蛋白尿	肌红蛋白尿	卟啉尿	药物性红尿
9nm 微孔滤器超滤检验	不能通过	不能通过	能通过	能通过	能通过
硫酸铵盐析	－	－	＋	－	－
荧光照射	－	－	－	＋	－
伴发症状	结膜苍白	黄疸	运动障碍	光敏性皮炎	用药史

九、呕　吐

呕吐指动物不由自主地将胃内或肠道内容物经食管从口、鼻腔排出体外的现象。呕吐是单胃动物，尤其是猫和犬的重要临床症状。

【分类及病因】

（1）中枢性呕吐的原因　神经系统病变；全身性疾病；药物及毒物；其他因素（如精神因素等）。

（2）末梢性呕吐的原因　消化道疾病；腹膜及腹腔器官的疾病；大叶性肺炎、急性胸膜炎等疾病；突然更换饲料、摄食异物、吃食过快、过食、食物过敏和对某种特殊食物的不耐受，以及采食刺激性食物等。

【临床表现】呕吐有其特殊的临床表现，如站立或坐起、腹部挛缩、张口向下、头颈上下摆动；动物呕吐物的性状等同于胃内容物、肠内容物或二者的混合物，有时见有异物、血液、黏膜、虫体等。

【伴随症状】腹痛；脱水；体温升高；神经症状等。

【诊断和鉴别诊断】

（1）一般诊断　病史调查；观察呕吐物的一般性状；区分真性呕吐和假性呕吐；判断呕吐的性质；理解呕吐与采食的时间关系；实施实验室检查和特殊检查。

（2）类症鉴别　注意消化系统疾病、神经系统疾病和其他系统疾病等的类症鉴别。

十、流　涎

流涎指由于唾液分泌过多或吞咽障碍，并不由自主地从动物口腔中流出的一种病症。唾液腺分泌亢进引起的流涎称为**真性多涎**。唾液吞咽受阻引起的流涎称为**假性多涎**。

【病因】唾液分泌增多；唾液通过咽障碍；唾液通过食管障碍；疾病因素；神经或精神刺激。

【临床表现】口腔周围湿润、附有多量透明液体，有时呈泡沫状，或在唇垂下挂有长而黏的成串唾液。严重流涎时，唾液可黏附于胸前或前肢。流涎犬、猫由于病因不同，在临床上还呈现出不同疾病所特有的症状，如食道阻塞，犬、猫表现不断哽噎或呕吐症状。

【伴随症状】采食和咀嚼障碍；吞咽障碍；口腔黏膜损伤；体温升高；神经症状；腹泻等。

【鉴别诊断】要求鉴别引起流涎的以下疾病或病因：口炎、咽炎、食管炎、食道梗阻、咽麻痹、狂犬病、伪狂犬病、破伤风、口蹄疫、中毒、晕车症、精神刺激、条件反射等。

十一、腹　泻

腹泻指肠黏膜的分泌增多与吸收障碍、肠蠕动过快，引起排便次数增加，使含有多量水分的肠内容物被排出的病理现象。

【病因】按照发病的过程可分为急性腹泻和慢性腹泻。

（1）引起急性腹泻的常见病因　急性肠道疾病，急性中毒，服用泻剂与药物，饲料及饲养管理不当。

（2）引起慢性腹泻的常见病因　消化道慢性疾病，肠道肿瘤，小肠吸收不良等。

【临床表现】病初精神不振，常蹲于一角，食欲减退，粪便不成形乃至呈稀糊状或排粪水，并带有黏液，有的粪便带黑红色的血。如感染细菌，则粪便有臭味，并混有灰白色的脓状物。体温升高，呼吸急促，肛门、尾和四肢被粪便污染，消瘦，被毛无光泽、粗乱，结膜红紫，有黄污。

【伴随症状】脱水及电解质平衡失调；腹痛；体温升高；呕吐等。

【诊断及鉴别诊断】

（1）一般诊断　了解病史；收集及分析临床症状；实验室检查和特殊检查。

（2）鉴别诊断　注意区分引起腹泻的肠道疾病、中毒性疾病、饲料及饲养管理不当所引起的腹泻。

十二、便　秘

便秘是由于某些因素致使肠蠕动机能障碍，肠内容物不能及时后送滞留于大肠内，其水分进一步被吸收，使得内容物变得干硬的一种现象。便秘是动物的一种常见病，但犬、猫对便秘有较强的耐受性。

【病因】

（1）原发性因素　饮食因素；排便动力不足；情绪紧张；水分损失。

（2）继发性因素　器质性受阻；运动失常；药物影响；长期滥用泻药等。另外，还有神经系统障碍、内分泌紊乱、维生素缺乏症等亦可引起便秘。

【分类】便秘一般分为器质性便秘和功能性便秘两类。临床上还分有慢性顽固性便秘、原发性便秘、继发性便秘等。

【临床表现】病犬、病猫常做排便动作，但无粪便排出。初期精神、食欲无明显变化，久之出现食欲不振，直至食欲废绝，这时病犬、病猫因腹痛而鸣叫、不安，有的甚至出现呕吐。犬、猫直肠便秘时，肛门指检敏感，直肠内有干硬的粪便，触诊腹部时可感觉到直肠内有长串的粪块，有的犬、猫可见腹围膨大、肠胀气。结肠便秘时，由于不完全阻塞，可发生积粪性腹泻，即呈褐色水样粪便绕过干固的粪团而出。

【伴随症状】腹胀腹疼；脱水；消瘦；痔疮或痔瘘；腹疝；呼吸困难；酸碱平衡失调；内热增加。

【诊断及类症鉴别】根据排粪困难的病史和触诊摸到大肠内干硬的粪块，按压时有疼痛感的表现，容易做出诊断。如果通过 X 线摄片，可清晰见到肠管扩张状态及其中含有致密粪块或骨头等异物阴影。

十三、疼　　痛

疼痛是机体受到损伤时发生的一种不愉快的感觉和情绪性体验，是一组复杂的病理、生理改变的临床表现，是机体一系列防御性保护反应。

【病因】伤害性刺激；组织细胞发炎或损伤时释放一些可引起疼痛的化学物质于细胞外液中。受损局部前列腺素可加强这些化学物质的致痛作用，而阿司匹林等能抑制前列腺素合成的药物，具有止痛作用。

【临床表现】疼痛从病程上，可分为急性痛和慢性痛；从机体的发病部位，可分为头痛、颈肩痛、胸腹痛、腰腿痛等；从疼痛的来源上，可分为软组织痛、关节痛、神经痛等。

【伴随症状】呼吸系统症状；循环系统症状；消化系统症状；神经-内分泌系统症状；泌尿系统症状及情绪变化。

【鉴别诊断思路】疼痛的部位和性质判断；疼痛的强度判断；疼痛的原因分析；慎重镇痛等。

十四、意识障碍

动物的"意识"就是指精神状态，受大脑皮层的控制。动物意识障碍，提示中枢神经系统机能发生改变，表现为精神兴奋或精神抑制。

【病因】重症急性感染；脑的疾病；内分泌和代谢性疾病；中毒；其他疾病等。

【临床表现】

(1) 精神兴奋　是中枢神经机能亢进的结果，机体对刺激的反应过强，高度的兴奋便成为狂躁状态，使动物自身遭受损害，或因骚扰破坏周围的物体，甚至出现危险。

(2) 精神抑制　为中枢机能障碍的另一种表现形式，是大脑皮层和皮层下网状结构占优势的表现，根据程度不同可分为以下 3 种。

精神沉郁：为最轻的抑制现象。病畜对周围事物注意力减弱，反应迟钝，离群呆立，头低耳耷，眼半闭或全闭，行动无力。但病畜对外界刺激有意识反应。

昏睡：为中度抑制的现象。动物处于不自然的熟睡状态，对外界事物、轻度刺激无反应，给予强烈刺激仅可产生轻微的反应，但很快又陷入沉睡状态。

昏迷：为高度抑制的现象。动物意识完全丧失，对外界刺激无任何反应，仅保留自主神经活动，心律不齐，呼吸不规则。

【伴随症状】发热；呼吸缓慢；心动迟缓；低血压；皮肤黏膜变化等。

【鉴别诊断思路】

(1) 首先应询问病史　了解发病时间、表现、可能诱因、病程、昏迷前是否有药物接触史等。

(2) 临床检查　注意有无非对称性、局灶性或侧位性症状，有无脑膜刺激症状，瞳孔对光的反应，眼球的活动状况；有无发热、皮肤黏膜出血，以及感觉和运动障碍等伴随症状。

(3) 要注意症状诊断　特别要注意区分轻度意识障碍和重度意识障碍。

十五、瘫　　痪

瘫痪也称麻痹，是指动物的骨骼肌对疼痛的应答反应和随意运动的能力减弱或消失。

【病因与发病机理】运动器官的器质性疾病；脑和脊髓损伤；营养代谢因素；外周神经受损；感染等。

【临床表现】根据神经系统病变部位不同所发生的瘫痪，可分为中枢性瘫痪和外周性瘫痪；根据症状学分类，可分为瘫痪和轻瘫、单瘫、偏瘫、截瘫及短暂性瘫痪。

（1）中枢性瘫痪　脑、脊髓的上运动神经元的任何一部分病变所致，故又称为**上运动神经元性瘫痪**，由于瘫痪的肌肉紧张而带有痉挛性，故又称**痉挛性瘫痪**。瘫痪肌肉的紧张性增高；被动运动开始时阻力较大，继而突然降低；腱反射亢进；瘫痪的肌肉不萎缩或萎缩发展缓慢。

（2）外周性瘫痪　下行运动神经元，包括脊髓腹角细胞、腹根及其分布肌肉的外周神经或脑干的各脑神经核及其纤维的病变所引起。其瘫痪肌肉紧张力降低，而且所支配的肌腱和皮肤反射降低甚至消失；肌肉迅速萎缩，故又称**弛缓性瘫痪**或**萎缩性瘫痪**。由于被损伤的神经和部位以及程度的不同，外周性瘫痪的临床表现根据被损伤神经纤维的机能分为运动机能障碍、感觉机能障碍和肌肉萎缩。

（3）瘫痪和轻瘫　瘫痪又称**完全瘫痪**，指肌肉的收缩力完全丧失，运动和感觉消失。轻瘫又称**不完全瘫痪**，指肌肉的紧张性和收缩力比正常减弱，呈局限性，仍可进行不完善的运动。

（4）单瘫　指少数神经节支配的某一肌肉或肌群的瘫痪。如局部外伤、骨折、脱位、压迫、缺血等引起外周神经损害而导致单瘫。

（5）偏瘫　又称半身不遂，指一侧上下肢的瘫痪。是从一侧大脑半球所分出的运动神经径路受损害而引起的机体一侧性瘫痪。见于各种脑病。

（6）截瘫　指两侧对称部位的瘫痪。如两前肢、两后肢或颜面两侧的瘫痪。常见动物腰部损伤导致的背腰部、臀部、尾部及后肢的瘫痪。多起因于脊髓损伤。

（7）短暂性瘫痪　包括神经肌肉传导障碍性瘫痪、癫痫后瘫痪和短暂性脑缺血发作所呈现的瘫痪。其特点是肌肉收缩力的渐退性和可恢复性。常见于牛生产瘫痪、母牛倒地不起综合征、动物低钾血症、马麻痹性肌红蛋白尿症等病的经过中。

【伴随症状】粪尿失禁或潴留；意识障碍；骨折；低钙血症等。

【鉴别诊断思路】要注意区分中枢性瘫痪和外周性瘫痪；对于中枢性瘫痪的病畜，要注意检查脑和脊髓的病变；注意类症鉴别；注意伴发症状。

第十八单元　动物保定技术

一、牛的保定方法及注意事项

1. 柱栏保定　牛的柱栏保定分四柱栏、五柱栏和六柱栏保定。

2. 头的保定 使用笼头或鼻钳控制牛头。

3. 肢蹄的保定 选择柔软的绳索在跗关节上方做"8"字形固定或用绳套固定，用于检查乳房或治疗乳房疾病。

(1) 前肢的提举和固定 将牛放在柱栏内，绳的一端绑在牛的前肢系部，游离端从前柱由外向内绕过保定架的横梁，向前下兜住牛的掌部，收紧绳索，把前肢拉到前柱的外侧。再将绳的游离端绕过牛的掌部，与立柱一起缠两圈，则提起的前肢被牢固地固定于前柱之上。

(2) 后肢的提举和固定 将牛放在柱栏内，绳的一端绑在牛的后肢系部，游离端从后肢的外侧面，由外向内绕过横梁，再从后柱外侧兜住后肢跗部，用力收紧绳索，使跗背侧面靠近后将跗部与后柱多缠几圈，则后肢被固定在后柱上。

4. 倒牛法 选一长绳，一端拴在牛的角根或做一死套放在颈基部，绳的另一端向后牵引，在肩胛骨的后角，以半结做一胸环；再在髋结前做一相同的绳环，围缠后腹部，绳的游离端向后牵引，并沉稳用力。同时牵引者向前拉牛，要坚持 2～3min，牛极少挣扎，之后平稳地卧倒。牛倒卧后将两前肢和两后肢分别捆绑，向前后牵引和固定。

二、马的保定方法及注意事项

接近马时，禁止从马的后躯方向靠近。应从前侧或左前侧开始，在马眼的直视下，从容走向马的头部。接近马头部后，抓住笼头。左手牵马，右手抚摸马的颈侧，以表示安慰。禁止轻拍马，否则易使马受惊。马出现竖耳、响鼻和紧张反应，是马吃惊的表现，此时要格外谨慎小心。可配合使用鼻捻子、耳夹子、开口器、颈圈、侧杆、吊马器等。

1. 柱栏保定 马的柱栏保定分六柱栏、四柱栏、二柱栏和单柱保定。保定时装好胸带（前带）和尾带（后带），并把缰绳拴在门柱的金属环上。为了防止马跳起和卧倒，可分别加装背带和腹带。保定完毕，解除背带和腹带，解开缰和胸带，马自前柱间离开。

2. 四肢的保定

(1) 徒手提举 主要应用于四肢的检查和治疗，装蹄。前肢提举时，保定者由马头开始逐步接近前肢，面向后以一手抵鬐甲或肩部作为支点，另一手沿马前臂向下抚摸直达系部。以支点手推动马躯体，使马体重心移向对侧肢，另一手握系和提腿，使关节屈曲。保定者的内侧肢向前半步，将马腕关节放在保定者内侧的膝部，再以双手固定系部。

后肢提举时，保定者从马头部开始。经颈、胸、腰靠近后肢，面向后以内侧手抵于髋结节作为支点，另一手顺小腿向下抚摸，直达系部。作支点的手用力推动躯体，使马体重心外移，另一手用力将肢向前牵拉，使各关节屈曲。之后保定者向前迈一步，并将后肢托起，把球节放置在保定者内侧的膝部，并用双手固定系部和保持之。

(2) 单绳提举 一前肢提举时，将绳的一端拴在肢的系部，游离端绕过鬐甲，将肢拉起，令助手保持。后肢提举与前肢基本相同，先拴好系部的保定绳，游离端向前通过胸下两前肢之间，伸延到颈部，做环打结和固定。

(3) 两后肢固定 分胫部固定和跗关节固定。

3. 倒马法

(1) 双抽筋倒马 取长而柔软的圆绳，长 15m，将绳双折在中间做一双套结，形成一长和一短的两个绳套，每个套各穿上一直径为 10cm 的铁环。将绳套用木棒固定在马的颈基部，放在倒卧的对侧。由两名助手各执一游离端，向后牵引，通过两前肢间和两后肢间，分别从两后肢跗关节上方，由内向外反折向前，与前绳做一交叉（目的是防止绳套滑落）。两游离端分别穿入前面放置的金属环内，再反折向后拉紧。把跗关节的绳套移到系部后，两助手向后牵引两游离端。与此同时，牵马的助手向前拉马，马在运步过程中，拉绳的助手迅速收紧绳索，最后由于动物身体失衡而倒卧在地。马一般倒向绳索力量大的一侧，牵马助手应积极配合，将马头摆向倒卧的对侧。马卧倒后，头部助手用膝部压在马的颈背部，双手握住笼头，使马枕部着地，口端斜向上方保持之。头颈部的固定和保定者的姿势，对控制马的挣扎起重要作用。其后进行肢的捆绑和转位。也可以转为仰卧保定。

（2）手术台倒马

翻板式手术台：翻板式手术台的基本运动形式为垂直-水平-垂直。使用之前将台面置于与地平面垂直的位置，牵马立于台面前，用备好的胸带和腹带使马体与台面固定，再固定头和四肢。然后把台面变为水平位置，动物随台面的变动，平躺在水平的台面上。为了减少动物在台面运动过程的挣扎，可在台面未翻动之前，注射保定药，当动物出现肌肉松弛时，即可转动台面，动物将平稳地倒下。

升降式手术台：手术台面能水平升降，使用时将台面降至地平面。用倒马药如硫喷妥钠、愈创甘油醚等使动物自行卧倒，然后把马拖到手术台面上。气管内插管，接吸入麻醉机，进行吸入麻醉，并将手术台面和马提升到需要的高度。升降式手术台除应具有升降功能之外，还应能向不同方位倾斜，以方便手术操作。手术后手术台面下降与地面同高，马复苏后可自行站立。

三、猪的保定方法及注意事项

仔猪保定时，双手提举两后肢小腿部是最为常用的方法。仔猪也可侧卧、半仰卧。可使用Ⅴ形手术架，进行仰卧保定和肢的固定。大猪保定可选用口吻绳和鼻捻棒。也可用长柄捉猪钳，夹在猪耳后颈部或跗关节上方。

四、犬的保定方法及注意事项

1. 扎口保定法　用绷带或细软绳，在其中间绕两次，打一活结圈，套在嘴后颜面部，在颈背侧枕部收紧打结。短嘴犬可用绷带或细软绳，在其1/3处打活结圈，套在嘴后颜面部，于下颌间隙处收紧。其两游离端向后拉至耳后枕部打一个结。并将其中一长的游离绷带经额部引至鼻背侧穿过绷带圈，再返转至耳后与另一游离端收紧打结。

2. 口笼保定法　用适宜的口笼给犬套上，将其带子绕过其耳扣牢。

3. 站立保定法

（1）地面站立保定法　犬站立于地面时，保定者蹲于犬右侧，左手抓住犬脖圈，右手用牵引带套住犬嘴。再将脖圈及牵引带移交右手，左手托住犬腹部。

（2）诊疗台站立保定法　犬站立于地面时，保定者站在犬一侧，一手抓托住胸前部，另一手臂搂住臀部，使犬靠近保定者胸前。为防止犬咬，可先做扎口保定。

4. 徒手侧卧保定法　犬扎口保定后，将犬置于诊疗台按倒。保定者站于犬背侧，两手分别抓住下方前、后肢的前臂部和大腿部，并将犬背紧贴保定者腹前部。

5. 颈圈保定法　可选购合适的颈圈。也可用硬纸壳、塑料板、X线胶片自制。

第十九单元　常用治疗技术

第一节　常用穿刺技术★★★

一、静脉穿刺部位及方法

1. 目的　静脉穿刺用于采血、静脉推注和静脉滴注。

2. 部位　耳静脉、颈静脉、隐静脉、桡外侧静脉等。

3. 操作方法及注意事项　选择粗直、弹性好、不易滑动的静脉；在进针部位的近心端压迫使静脉充盈；针头和皮肤成20°角，由远心端刺入皮下，再沿静脉方向前行刺入静脉，确诊注入静脉内。掌握注入药液的速度，并随时观察体征及病情变化。

二、胸腔穿刺部位及方法

1. 目的　诊断性穿刺，穿刺抽液或抽气以减轻对肺脏的压迫或抽吸脓液治疗脓胸，胸腔内注射药物或人工气胸治疗。

2. 部位　犬：第7或第9肋间；猪：第3肋间垂直进针；马：右侧第7、8肋间，左侧第5、6肋间；牛右侧第6、7肋间，左侧第5、6肋间。

3. 操作方法及注意事项　刺针前向一侧移动皮肤，捏住胶管，在后一肋骨的前缘垂直刺入（避开血管和神经），阻力消失即可（马3～5cm），回血、注药、拔针消毒。注意：防止过深伤肺；先做全身检查，尤其是心脏，不好时先强心；放液速度不宜过快，以防脑缺血；脓胸时，穿刺排脓，冲洗至排出的液体变为透明为止，最后注入抗生素。

三、腹腔穿刺部位及方法

1. 目的　用于诊断肠变位、胃肠破裂、内脏出血等；治疗腹膜炎；小动物的腹腔麻醉。

2. 部位 一般来说，当动物站立时，取腹部最低点。马在剑状软骨后10～15cm，偏腹白线2～3cm，或在左下腹壁，即髋结节至脐部的连线与膝盖骨的水平线之交点处。牛一般在右下腹部。小动物在脐稍后方，腹白线偏1～2cm。

3. 操作方法及注意事项 大动物站立保定，中小动物侧卧或倒提保定。刺针深度约2cm，液体量大时可自行流出，少时可抽出；完毕拔针消毒；确实保定，防止卧下，否则有划破肠管的可能；缓慢放液，并注意观察心脏。

四、瘤胃穿刺部位及方法

1. 目的 适用于急救、采内容物、注药。部位在左肷窝部臌胀最明显处。

2. 部位 用于瘤胃放气时，取腹部最高点或左肷部上缘；用于瘤胃液采集或给药时，取左肷部三角区下缘。

3. 操作方法及注意事项 站立保定，可先将皮肤用刀片切一小口。拉动皮肤，右手持套管针，向前下方，对准剑状软骨或对侧肘头，迅速刺入，深约10cm，固定套管，拔出内针。完毕，插入内针，一手按住穿刺部皮肤的同时缓慢拔针，涂碘酊后以火棉胶覆盖。应间歇放气，放气后可注射防腐剂。

五、瓣胃穿刺部位及方法

1. 目的 用于瓣胃给药、瓣胃蠕动判断和瓣胃采样。

2. 部位 瓣胃位于腹右侧7～10肋间，穿刺取右侧第8肋间后缘或第9肋间前缘。

3. 操作方法及注意事项 站立保定，可先将皮肤用刀片切一小口。拉动皮肤，右手持套管针，向对侧迅速进针，深约10cm。观察瘤胃典型的"8"字形运动，注入少量的生理盐水回抽确定进针在瓣胃内，实施临床操作。一手按住穿刺部皮肤的同时，另一只手缓慢拔针，涂碘酊后以火棉胶覆盖。

六、真胃穿刺部位及方法

1. 目的 用于真胃给药、真胃放气和真胃采样。

2. 部位 真胃位于腹右侧9～11肋间，沿肋弓区直接与腹壁连接，偏右侧。穿刺取右侧第10肋间肋弓下方。

3. 操作方法及注意事项 站立保定，可先将皮肤用刀片切一小口。搓动皮肤，右手持套管针，向对侧迅速进针，深5～8cm，回抽确定进针在真胃内，实施临床操作。一手按住穿刺部皮肤的同时缓慢拔针，涂碘酊后以火棉胶覆盖。

七、膀胱穿刺部位及方法

1. 目的 用于尿液排出、尿样本采集、膀胱内冲洗机给药（尿路阻塞时）。

2. 部位 大动物实施直肠内穿刺，小动物实施腹外穿刺。

3. 操作方法及注意事项 大动物站立保定，行直肠检查方法，右手持套管针，向膀胱迅速进针，深1～2cm，回抽确定进针在膀胱内，实施临床操作。小动物仰卧保定，腹外触诊确定膀胱主要区域，挪动膀胱使其与腹壁紧密接触，局部消毒，以30°角向膀胱正中部快速刺入，实施临床操作。注意排尿速度不能太快。

第二节 投 药 法

一、水剂投药

1. 目的 用于液性药物内服。

2. 部位 口腔或胃。

3. 操作方法及注意事项 用塑料瓶或瓢勺,小动物可用不带针头的注射器,按要求配备药液或准备药物。保定动物,一只手捏住鼻中隔向上抬起头部,使头部与脊背等高,也可用手抬高下颌予以固定。一只手持药瓶从嘴角插入并轻轻向内、向后顶压,动物自动张开口腔。将瓶口伸至舌中部,缓缓投入药液。有咳嗽时停止给药并将动物头向下片刻。大量药液需要更换药瓶时,重复以上操作。对于群体动物可使药物溶解于饮水中,让动物自由饮水,饮水前让动物限饮 4h 以上。不可错饮动物;根据动物采食或饮水量,按照给药量配制药物,保证药物剂量相对准确;如有必要,药物应现配现用。

胃导管给药时,选择适当内径和长度的胃导管;胃导管消毒、软化、湿润;经鼻孔缓缓插入至咽喉部;适当抽插待吞咽时,适时将胃导管插进食道内;确定胃导管准确无误地插入食道后,将胃导管送入胃内;抬高动物头部并保定,将漏斗与胃导管连接,缓缓倒入药液,观察动物反应;冲净胃导管内残留的药液;折叠胃导管外端,缓缓拔出胃导管。注意:保定动物;胃导管软化(冬季)、消毒、湿润;动作轻缓;患病动物呼吸极度困难或有鼻炎、咽炎、喉炎、高温时,忌投;经证实胃导管插入食道深部后,方可进行投药;拔胃导管前应折叠外端胃导管。

二、舔剂投药

1. 目的 用于大的舔块的食用。

2. 部位 口腔。

3. 操作方法及注意事项 将药物舔块置于动物食槽或水槽上方,让动物自行舔食。对于膏剂,可以涂于动物鼻头,让动物自行舔食,此法适用于小动物。

三、丸剂投药

1. 目的 用于丸剂的内服。

2. 部位 口腔。

3. 操作方法及注意事项 直接经口投入,投药后要用双手将上、下颌闭合一会儿,待动物吞咽后重复操作。

四、散剂投药

1. 目的 用于散剂的内服。

2. 部位 口腔。

3. 操作方法及注意事项 对于个体动物,可将散剂直接投入动物口腔,方法同丸剂投药。对于群体动物,可将散剂与饲料混合,在饲喂时达到给药目的。给药前应该使动物停食4h 以上,药物与饲料混合均匀。注意不可错饲动物。根据动物采食或饮水量,按照给药量配制药物，保证药物剂量相对准确；如有必要，药物应现配现用。

第三节　注　射　法

注射法是借助注射器等一类兽医医疗器械将液体或气体注入动物体内，以达到诊断、治疗或预防疾病目的的一种治疗技术。

一、静脉注射法

静脉注射法分为静脉内推注和静脉内滴注两种。

1. 目的　药物不宜口服、皮下或肌内注射；需迅速发生药效；药物因浓度高、刺激性大、量多而不宜采取其他注射方法；用于静脉营养治疗；输液和输血。

2. 部位　耳静脉、颈静脉、隐静脉、桡外侧静脉等。

3. 操作方法及注意事项　选择粗直、弹性好、不易滑动的静脉；在进针部位的近心端压迫使静脉充盈；针头和皮肤成 20°角，由远心端刺入皮下，再沿静脉方向前行刺入静脉，确认注入静脉内；掌握注入药液的速度，并随时观察体征及病情变化。

二、肌内注射法

肌内注射法是将药液注入肌肉组织的方法。

1. 目的　注射刺激性较强或难以吸收的药物；不宜或不能作静脉注射，要求比皮下注射更迅速发生疗效者；注射药物种类较多，不能全部进行静脉注射者。

2. 部位　应选择肌肉较厚实，离大神经、大血管较远的部位。其中以颈部和臀部肌肉为最常用。

3. 操作方法及注意事项　针头垂直、快速刺进肌肉内适当的深度；两种药液同时注射时要注意配伍禁忌；长期肌内注射时，应更换注射部位；氯化钙等过强刺激性的药物不适宜进行肌内注射。

三、皮下注射法

皮下注射法是将小量药液注入皮下组织的方法。

1. 目的　不宜经口服给药时；局部麻醉用药或术前供药；对肌肉有较强刺激的药物；预防接种。

2. 部位　躯体皮肤松软处。

3. 操作方法及注意事项　避免对皮肤有刺激作用的药物；经常注射时应更换部位。

第四节　液体疗法

通过补充（或限制）某些液体维持体液平衡的治疗方法，**称液体疗法**。广义上也包括静脉营养、胶体液的输入、输血或腹膜透析等。

1. 适应证　适用于脱水、酸碱平衡失调、水盐平衡失调、营养补充或给予、输血、体内有害物质的促排等。

2. 液体选择及应用 常用液体大致分为两类：①非电解质液：包括饮用自来水及静脉输入 5％～10％葡萄糖等注射液。可补充由呼吸、皮肤蒸发所失水分及排尿丢失的液体；纠正体液高渗状态；不能补充体液丢失。②等渗含钠液：如生理盐水、林格氏液、2∶1 溶液（2 份生理盐水，1 份 1.4％碳酸氢钠或 1/6mol 乳酸钠溶液）、改良达罗氏液（每升含生理盐水 400mL、等渗碱性溶液及葡萄糖溶液各 300mL 、氯化钾 3g 等）。主要功能是：补充体液损失；纠正体液低渗状态及酸碱平衡紊乱；不能用以补充不显性丢失及排稀释尿时所需的液体。临床上常用的是将上述两类溶液按不同比例配制的溶液。

补液的原则是丢多少，补多少。

对于营养性输液，除输入葡萄糖外，还有氨基酸、脂肪乳等。各种疾病如充血性心力衰竭、休克、糖尿病、酮症、酸中毒及急、慢性肾功能衰竭等的液体疗法各不相同，要参考原发疾病的治疗。

3. 部位或途径 给液途径分两类：①胃肠道：尽量采用口服补液。在口服或吸收液体发生困难时，可采用其他方法。必要时可采用胃管点滴输液。②胃肠道外：静脉输液最常用。

4. 操作方法及注意事项 液体疗法输液原则是先快后慢、先浓后淡、见尿补钾、随时调整。胃肠道给药见"水剂投药"，静脉输液见"静脉注射法"。

5. 疗效评价 实施液体疗法后，应该对疗效进行评价。评价应着重于：①血压、尿量、临床表现等临床指标的检测；②血氧分压和血二氧化碳分压、血液酸碱度（碱储）、离子平衡等化学指标的测定和评价；③血常规检测及评价；④尿指标测定和评价。通过这些指标的测定，评价动物脱水状况、酸碱平衡和离子平衡状况、机能状况等。

第五节 输 氧

输氧疗法是一种支持疗法，其目的在于防止动物缺氧，增加动脉血氧的张力，使脑和其他组织氧张力恢复到正常水平。或在未取得治疗效果之前控制病情的恶化及危险的发生。在小动物临床上，多用于抢救危重病例或某些手术和各种类型的缺氧。

1. 适应证 中枢性急性呼吸衰竭；呼吸道和肺部病变；循环系统衰竭；胸部损伤或胸腔手术；组织中毒性缺氧。

2. 输氧方法 常用的方法有面罩给氧、鼻导管给氧、气管插管给氧、气管穿刺给氧、氧帐给氧、静脉输氧等方法。

3. 原则和应用 合理采用氧流量，输氧时一般（如肺水肿）给予低流量吸氧，但是对于肺不张，急性一氧化碳中毒等病例可以考虑加大氧流量。输氧时应在纯氧中加入 5％浓度的二氧化碳，有利于兴奋呼吸中枢。气管插管输氧时，必须配合人工呼吸机。输氧时间不宜太长，一般不超过 12h，以防氧中毒或"氧烧伤"。输入的氧气应适当湿化，以免引起黏膜干燥。严密注意动物输氧后的反应，若病情好转，呼吸改善，心跳减慢，则说明输氧见效；若病情无好转，则应检查输氧方法是否得当，给氧导管有无堵塞，或氧流量过大、浓度过高而产生呼吸抑制。高氧液在配制后及时应用，在使用过程应严防污染。同时，进一步检查有无其他并发症。

第六节　输　　血

1. 适应证　输血疗法是兽医临床治疗的一种重要方法，主要使用全血进行输血。输血疗法主要适用于大失血、脱水导致大量体液丧失、营养性贫血、溶血性贫血、再生障碍性贫血、蛋白质缺乏症、恶病质、中毒性休克、血细胞减少症、血友病、白血病、败血症及细菌或病毒引起的危重病等。

2. 原则及应用　在输血前，应先检测动物的血型或进行交叉配血试验。常用的输血方法是静脉输血，如静脉输血有困难，可进行腹腔输血。输血整个过程要保持严格的无菌操作，包括采血过程。输入速度不宜过快，严禁输入气栓和血栓。不宜用同一供血动物反复输血，以防发生过敏反应。肉眼不能确定配血是否凝集时，可用低倍镜观察。在输血过程中要严密观察动物的反应，如出现不安、痉挛、心悸、呼吸急促、呕吐等症状时，要立即停止输血，采取强心、抗过敏与对症治疗措施。

第 二 篇

兽 医 内 科 学

兽医内科学（Veterinary Internal Medicine）主要是从器官系统的角度研究动物内部器官疾病的病因、发生、发展规律，临床症状、转归、诊断和防治等的一门综合性兽医临床学科，既是兽医临床学科的主干学科之一，也是其他临床学科的基础。

兽医内科学的主要内容，既包括器官系统疾病，如消化器官病、循环器官病、血液及造血器官病、泌尿器官病、神经器官病、内分泌器官病等，也包括以病因命名的营养代谢病、中毒病和遗传病等。

第一单元 口腔、唾液腺、咽和食管疾病

第一节 口 炎

口炎是口腔黏膜炎症的统称，包括舌炎、腭炎和齿龈炎。

【病因】

1. 非传染性病因 包括机械性（采食了粗糙或尖锐的饲料，饲料中混有木片、玻璃或麦芒等杂物；牙齿磨灭不正或各种坚硬机械的刺激）、温热性和化学性损伤（服用高浓度的刺激性药物，如冰醋酸、酒石酸锑钾等，采食了有毒植物，误饮氨水），以及核黄素、抗坏血酸、烟酸、锌等营养缺乏症。

2. 传染性病因 见于微生物感染，常发生于口蹄疫、坏死杆菌病、牛黏膜病、牛恶性卡他热、牛流行热、水疱性口炎、蓝舌病、鸡新城疫、犬瘟热、羊痘等特异病原性疾病。

【临床症状】主要表现泡沫性流涎，采食、咀嚼障碍，口腔黏膜潮红、增温、肿胀和疼痛。其他类型口炎，除具有上述卡他性口炎的基本症状外，还有各自的特征性症状，如口黏膜的水疱、溃疡、脓疱或坏死等病变。有些病例尤其是传染性口炎伴有发热等各传染病固有的其他全身症状。

【诊断】原发性口炎根据口腔黏膜炎症的变化进行诊断。但应注意鉴别诊断，要考虑到营养缺乏症、中毒、传染性等因素。

【防治】加强饲养管理，精心喂养，饮水要卫生，不喂粗硬带芒的草料和严防损伤口舌的刺激性异物进入口腔，如口腔内有芒刺等异物要取出。

反复洗涤口腔：一般用1%食盐水或3%硼酸溶液，一日数次洗口。口腔恶臭，用0.1%的高锰酸钾溶液冲洗。唾液分泌旺盛，用1%明矾溶液或鞣酸溶液洗口。

口腔黏膜溃烂或溃疡时，口腔洗涤后溃烂面涂10%磺胺甘油乳剂或碘甘油，每日2次。根据需要，也可局部使用抗生素。

病情严重，体温升高，不能采食时，要静脉注射葡萄糖并结合抗菌药物疗法等。每日 2 次经胃管投入流质饲料。

第二节　齿 龈 炎

齿龈炎是发生在齿龈部的炎症。各种动物都会发生，但它是猫常见的口腔疾病之一，特别常见于老年猫。

【病因】

1. 原发性齿龈炎　①由于饲料变化而使牙齿的功能逐渐降低，在此基础上，由于在屋内圈养等环境条件，会导致猫的抗病能力下降。这些变化均构成齿龈炎的诱因。②形成的齿石可直接引起该炎症。齿石与齿龈相接触而伤及齿龈，引起细菌或螺旋体在该处繁殖而发生炎症，从而形成糜烂、溃疡等。③异物的刺伤或磨损等有时也是直接引起齿龈炎的原因。

2. 继发性齿龈炎　与其他的口腔疾病一样，常继发于以下的全身性疾病。①慢性肾炎、肾功能不全和白血病。②各种感染、中毒和其他消耗性疾病。③B 族维生素缺乏症、营养障碍、老年体弱等。

【临床症状】流涎、口臭、咀嚼和吞咽疼痛、体重下降、精神沉郁；临床检查可见牙龈红肿、增生、口腔黏膜、咽部或舌面溃烂；严重的病例发病部位可以包括牙龈、咽喉部、舌、软腭等整个口腔；一般情况下病变以最后臼齿周围为重。

重症病例呈现食欲不振、病情恶化，并有时呈现脱水症状。

【诊断】对于齿龈炎，由于病因不同而在其发病部位呈现不同的特征性病变，因此，要确认是原发病还是继发病。所出现混有血液的唾液、口臭和疼痛等症状是初诊依据。必要时可对齿龈出血与血液疾病或中毒疾病进行鉴别诊断，以及对病变部进行微生物学检查。

【防治】

1. 对局部的病因疗法　①在镇静或全身麻醉条件下，洗涤病猫的口腔，认真去除齿石（利用超声波齿石去除器等）。齿间或齿龈上附着有食物残渣和沉积物时应一同去除。②治疗齿槽骨膜炎和龋齿，特别要治疗由这些病因引起的牙齿松动，当感染病变严重时，应将所有病牙拔除。③用温的生理盐水等认真冲洗病变部位，然后去除溃疡的坏死部。在病变部位涂布复方碘酊、牙科用碘甘油、聚烯吡酮碘等。不过无论应用哪种制剂，若长期使用均会发生碘中毒，因此需要引起重视。此外，根据需要，也可局部使用抗生素及其他化学疗法。

2. 全身疗法　①当发生严重的病变或广泛的病变时会出现全身症状，因此，在实施局部治疗的同时，可选用甲硝唑、阿莫西林、多西环素等全身应用。当没有疗效时，要做药敏试验，选择有效药。不论使用何种药物，都应注意观察药物的副作用。②补给大量的维生素 B 族复合剂，根据需要进行补液或注射营养液等。③同时治疗原发病。

第三节　唾液腺炎

唾液腺炎是腮腺、下颌腺和舌下腺炎症的统称，包括腮腺炎、下颌腺炎和舌下腺炎。各种动物均可发生，多发于马、牛和猪。

【病因】原发性病因是饲料芒刺或尖锐异物刺伤唾液腺管。

继发性唾液腺炎，见于口炎、咽炎、马腺疫、马传染性胸膜肺炎、穗状葡萄霉菌毒素中毒以及流行性腮腺炎。

【临床症状】基本症状：流涎；头颈伸展（两侧性）或歪斜（一侧性）；采食、咀嚼困难以至吞咽障碍；腺体局部红、肿、热、痛等。

腮腺炎：单侧或双侧耳后方肿胀、增温和疼痛。如已化脓，则肿胀部触诊感有波动和捻发音，叩诊发鼓音，口腔有恶臭气味。

下颌腺炎：下颌骨角内后侧肿胀、增温、疼痛，触压舌尖旁侧、口腔底壁的下颌腺管，有脓液流出，或有鹅卵大波动性肿块（炎性舌下囊肿）。如继发蜂窝织炎，则口腔底壁弥漫性肿胀（脓性下颌腺炎）。

舌下腺炎：触诊口腔底部和颌下间隙，可感知肿胀、增温、疼痛，腺叶突出于舌下两侧的口黏膜表面，最后化脓并溃烂。

【诊断】根据临床基本症状和病变解剖部位进行初步诊断，结合局部检查确诊。

【防治】要点在于局部消炎。用50％酒精温敷；碘软膏或鱼石脂软膏涂布；切开脓肿，用3％过氧化氢或0.1％高锰酸钾液冲洗。

全身实施抗菌药物治疗。

继发性唾液腺炎，应着重治疗原发病。

第四节 咽 炎

咽炎是咽黏膜、软腭、扁桃体（淋巴滤泡）及其深层组织炎症的总称。

【病因】按病程和炎症的性质，分为急性和慢性、卡他性、蜂窝织性和格鲁布性等类型。可发生于各种动物，多发于马、猪和犬。

原发性病因是机械性、温热性和化学性刺激；受寒、感冒、过劳时，机体防卫能力减弱，链球菌、大肠杆菌、巴氏杆菌、坏死杆菌及沙门氏菌等条件致病菌内在感染。

继发性咽炎，常伴随于重症口炎、食管炎、喉炎、马出血性紫癜，以及腺疫、流感、炭疽、巴氏杆菌病、口蹄疫、猪瘟、犬瘟热、恶性卡他热等传染病。

【发病机制】由于咽是消化道和呼吸道的枢纽，咽的两侧和鼻咽部有扁桃体，血管和神经分布丰富，当机体抵抗力降低，防卫机能减弱时，在各种不良因素的影响下，极容易受到条件致病菌（链球菌、坏死杆菌等）侵害，导致咽黏膜的炎性反应，特别是扁桃体又是各种微生物居留及侵入机体的孔道，所以咽炎也称咽峡炎或扁桃体炎。

【临床症状】患病动物头颈伸展，吞咽困难，流涎，呕吐或干呕（猪、犬、猫），流出混有食糜、唾液和炎性产物的污秽鼻液。沿第一颈椎两侧横突下缘向内或下颌间隙后侧舌根部向上做咽部触诊，病畜表现疼痛不安并发弱痛性咳嗽。

咽腔视诊（猪、犬、猫），可见软腭和扁桃体高度潮红、肿胀，有脓性或膜状覆盖物。蜂窝织性和格鲁布性咽炎，还伴有发热等明显或剧烈的全身症状。

慢性咽炎，病程缓长，咽部触痛等刺激症状轻微。

【诊断】动物发生咽炎时，临床症状明显，应与咽腔内肿瘤、食道梗塞等疾病进行鉴别诊断。

【防治】要点是抑菌消炎，严禁胃管投药。

处置方法包括：咽喉部先冷敷后温敷，或涂擦樟脑酒精溶液，涂布鱼石脂软膏或醋调复方醋酸铅散；2％～3％食盐水或碳酸氢钠溶液喷雾或蒸汽吸入。

10％水杨酸钠溶液静脉注射，配合磺胺-抗生素疗法，对马的急性咽炎有很高的疗效，通常2～3次即愈。

第五节　食　管　炎

食管炎（Esophagitis）是食管黏膜及其深层组织的炎性疾病。发生于各种动物。

【病因】原发性食管炎多因机械性刺激，如粗硬的饲草、尖锐的异物、粗暴的胃管探诊；温热性刺激，如过热的饲料或饮水；化学性刺激，如氨水、盐酸、酒石酸锑钾等腐蚀性物质等，直接损伤食管黏膜引起。继发性食管炎，常见于食管狭窄和阻塞、咽炎和胃炎、马胃蝇幼虫和鸽毛滴虫重度侵袭，以及口蹄疫、坏死杆菌病、牛黏膜病、牛恶性卡他热等疾病。另外，胃内容物长期反流入食管也可并发食管炎（反流性食管炎）。如果某些药物（特别是多西环素）在食管内存留而无法被清除也可导致食管炎，这在猫很常见。裂孔疝的动物也可发生反流性食管炎。

【临床症状】轻度流涎，咽下困难并伴有头颈不断伸曲，神情紧张，马常有前肢刨地等疼痛反应；病情重剧的不能吞咽，在试图吞咽时随之发生回流和咳嗽，并伴有痛性的嗳气运动和颈部与腹部肌肉的用力收缩；外部触诊或必要时探诊食管，可发现食管某一段或全段敏感，并诱发呕吐动作，从口鼻逆出混有黏液、血块及假膜的唾液和食糜；颈段食管穿孔，常继发蜂窝织炎，颈沟部局部疼痛、肿胀，触诊有捻发音，最终形成食管瘘，或筋膜面浸润而引发压迫性食管狭窄和毒血症；胸段食管穿孔，多继发坏死性纵隔炎、胸膜炎甚至脓毒败血症；牛病毒性腹泻、恶性卡他热等疾病经过中，食管主要出现糜烂、溃疡等病理损害，无明显的食管炎症状。

【防治】预防：主要是减少上述病因的刺激。治疗：首先要禁食2～3d，并静脉注射葡萄糖和复方氯化钠溶液，以补充营养和电解质；病初冷敷后热敷，促进消炎；内服少量消毒和收敛剂，如0.1％高锰酸钾液或0.5％～1％鞣酸液；疼痛不安时，可皮下注射安乃近等；全身用抗菌药，控制感染；颈部食管穿孔可手术修补，胸部食管坏死、穿孔，无有效疗法。犬反流性食管炎，使用抗酸药和H2受体拮抗剂［西咪替丁（5mg/kg）或雷尼替丁（2mg/kg），每天2次］，降低胃内酸度，促进食管黏膜的愈合。严重病例可使用奥美拉唑（0.75mg/kg，每天1次）。硫糖铝溶液也非常有益。严重病例可进行胃造口插管饲喂，以使食管保持安静，加快痊愈。

第六节　食道梗塞

食道梗塞是由于吞咽物过于粗大和（或）咽下机能紊乱所致的一种食管疾病。各种动物均可发生，多发生于牛、马和犬。

【病因】 按其程度，可分为完全梗塞和不完全梗塞。按其部位，可分为咽部食道梗塞、颈部食道梗塞和胸部食道梗塞。

堵塞物除日常饲料外，还有马铃薯、甜菜、萝卜等块根块茎或骨片、木块、胎衣等异物。

原发性梗塞常发生在饥饿、抢食、采食受惊等应激状态下或麻醉复苏之后。

继发性梗塞常伴随于异嗜癖（营养缺乏症）、脑部肿瘤以及食管的炎症、痉挛、麻痹、狭窄、扩张、憩室等疾病。

【临床症状】 采食中止，突然起病；口腔和鼻腔大量流涎；低头伸颈，徘徊不安或晃头缩脖，做吞咽动作；几番吞咽或试以饮水后，随着一阵颈项挛缩和咳嗽发作，大量饮水和（或）唾液从口腔和鼻孔喷涌而出。颈部食道梗塞，可见局限性膨隆，能摸到堵塞物。

反刍动物常继发瘤胃臌气。犬可伴发头颈部水肿。

【诊断】 食道梗塞的诊断，临床上根据在采食中突然发生咽下障碍和胃管插至阻塞部即不能前进，容易诊断，确诊依据于食管探诊和 X 线检查。但要注意与下列疾病鉴别。

（1）食管狭窄　常因慢性食管炎而发生，其临床特点是采食初期，不见咽下障碍，直至狭窄部上方的食管填满草料以后，才从口鼻逆出食块；饮水一般能咽下；粗胃管不能通过狭窄部，而细的胃管则可能通过。

（2）食管炎　多因食管受机械或化学性刺激而引起。临床特点是：局限性食管炎，当胃管插入或拔出通过发炎局部时，动物剧烈骚动，表现疼痛，待胃管通过发炎局部后则疼痛消失，动物恢复平静；弥漫性食管炎，则在胃管插入的整个过程中，均呈现剧烈的骚动不安。消炎疗法有一定的效果。

（3）食管痉挛　临床特点是食管痉挛呈阵发性发作。当食管痉挛时，食管粗硬如索状，胃管无法通过；食管痉挛缓解后，则胃管可自由通过。

（4）食管麻痹　特点是胃管插入时无阻力。

（5）食道憩室　食管憩室是食管壁的一侧扩张。临床特点是当胃管插抵憩室壁时，胃管不能前进；胃管未抵憩室壁则可顺利通过。

【防治】 要点是润滑管腔，缓解痉挛，清除堵塞物。

首先应用镇痛解痉药，并以 1%～2%普鲁卡因溶液混以适量石蜡油或植物油灌入食管。然后依据阻塞部位和堵塞物性状，选用下列方法疏通食管。

（1）疏导法　拴缰绳于左前肢系部在坡道上来回驱赶（马）或皮下注射新斯的明等拟胆碱药（慎用），借助于食管运动而使之疏通。

（2）压入法　胃管推送或连接打气管打气推进。

（3）挤出法　颈部垫以平板，手掌抵堵塞物下端，向咽部挤压。

（4）手术法　切开食管，取出堵塞物。

第七节　食道憩室

发生在食管壁的囊性扩张性塌陷称为食管憩室，常发生在颈部食道远端至胸腔入口处或胸腔段食道远端至膈膜前。偶发于犬、猫、马和牛等动物。

【病因】常分为先天性憩室和后天性憩室。先天性憩室通常由于食管壁先天性薄壁、异常的气管分隔，加之不健康的饮食造成消化道负担过重所致；后天性食道憩室又可分为内压性憩室和牵拉性憩室两种，前者多由食道管腔内压升高或深部食管炎症导致黏膜疝的形成所引起，这种类型的憩室由上皮细胞和结缔组织构成；后者常由靠近胸腔入口处的食道近端处炎症所致，所产生的纤维组织可向外收缩和牵拉食管壁而形成囊状结构，该类型憩室分为4层：黏膜层、黏膜下层、肌肉层和浆膜层。

【临床症状】当憩室比较小时，几乎不表现出临床症状。当憩室足够大时，所摄入的食物可在此囊状结构处滞留，引发摄食后的呼吸困难、干呕及厌食等。

X线检查有时可在食道形成憩室处见到充满空气或食物的团块，造影剂能很好地显现食道中的囊状结构。食道内窥镜检测能验证X线检查的结果，同时可发现潜在的食管炎、食道狭窄或其他异常。

【诊断】X线检查、食道造影和内窥镜检测。

【防治】因有许多症状和并发症，故以外科治疗为主。憩室甚小、症状轻微或动物年老体弱，可采用保守治疗。动物以进食无刺激的流质食物为主，且饭后由主人协助保持至少30min的直立姿势，减少食物在憩室内蓄积；减少运动，以静养为主；同时服用缓解呼吸困难的药物，预防炎症、肺水肿和吸入性肺炎。当憩室大至无法通过保守法进行缓解时，则考虑行手术对憩室进行横断和切除，根据憩室的位置，选择仰卧或侧卧保定，采用切口经胸部横侧切开的手术通路；术后应监测有无食管炎或吸入性肺炎的发生。手术过程中若胸腔没有污染且食道吻合较好，则手术治疗一般预后良好。

第二单元　反刍动物前胃和皱胃疾病★★★★★

第一节　前胃弛缓

前胃弛缓是由各种病因导致前胃神经兴奋性降低，肌肉收缩力减弱，瘤胃内容物运转缓慢，微生物区系失调，产生大量发酵和腐败的物质的一种疾病。临床上以食欲减退、反刍障碍、前胃蠕动机能减弱或停止为特征。本病是反刍动物的常见病，舍饲的牛多发。

前胃弛缓

【病因】原发性前胃弛缓的原因，主要是饲养不当。当长期喂饲粗硬劣质难以消化的饲料时，如豆秸、甘薯蔓、糠秕、蒿秆等，强烈刺激胃壁，尤其在饮水不足时，前胃内容物易缠结成难以移动的团块，影响瘤胃内微生物的消化活动；反之，当长期饲喂柔软刺激性小或

缺乏刺激性的饲料，如麸皮、面粉、细碎精料等，不足以兴奋前胃机能，均易发生前胃弛缓。饲喂品质不良的草料，如发酵变质的青草、青贮料、酒糟、豆腐渣等，或草料突然变换，前胃机能一时不易适应，也是前胃弛缓的常见原因。血钙水平降低，亦可引起原发性前胃弛缓。

管理不当，主要是过度使役或运动不足，也是促进前胃弛缓发生的主要因素。

继发性前胃弛缓，在瘤胃臌气、瘤胃积食、创伤性网胃炎、酮血病、皱胃变位、肝片吸虫病及腹膜炎等病经过中，经常影响前胃机能，继发前胃弛缓。

【发病机制】由于迷走神经所支配的神经兴奋与分泌、肌肉兴奋与收缩的耦联作用，是通过迷走神经末梢突触内的神经递质——乙酰胆碱的释放来实现。特别是血钙水平降低时，乙酰胆碱释放减少，神经体液调节功能减退，从而导致前胃弛缓发生发展的病理演变过程。由于前胃弛缓，收缩力减弱，瘤胃内容物异常分解，产生大量有机酸，pH下降，其中菌群共生关系遭到破坏，纤毛虫活力降低，微生物异常增殖，产生多量的有毒物质，消化活动受到抑制，前胃内容物不能正常运转和排出。随病情进一步发展，瘤胃内容物腐败产物增多，肝脏解毒机能降低，发生自体中毒，同时有毒物质的强烈刺激引起前胃黏膜发生炎症反应，进而引起皱胃和肠道的炎症，渗透性增高，发生脱水现象。

【临床症状】

1. 急性前胃弛缓 首先食欲、饮欲减退，进而多数患畜食欲废绝，反刍无力，次数减少，甚至停止。瘤胃蠕动音减弱或消失。网胃及瓣胃蠕动音减弱。瘤胃触诊，其内容物松软。有时出现间歇性臌气。病初一般粪便变化不大，随后粪便坚硬、色暗、被覆黏液；继发肠炎时，排棕褐色粥样或水样粪便。

实验室检查，瘤胃内容物pH可下降到$6.5 \sim 5.5$，甚至5.5以下。纤毛虫活性降低，数量减少，甚至消失。血浆二氧化碳结合力降低。

2. 慢性前胃弛缓 症状与急性的相似，但病程长，病势弛张。病牛精神沉郁，鼻镜干燥，食欲减退或拒食，偏食，异嗜，经常磨牙，反刍和嗳气减少，嗳出的气体常带臭味。瘤胃蠕动音减弱或消失。瘤胃触诊，内容物柔软或呈黏硬感，多见慢性轻度瘤胃臌气。肠音显著减弱，排粪迟滞，粪便干硬色暗，呈黑色泥炭状或排恶臭的稀便。

随着病情的发展，逐渐消瘦、贫血，被毛粗乱，皮肤干燥，眼球凹陷，鼻镜龟裂，甚至卧地不起。

【诊断】本病诊断，根据食欲、反刍障碍，瘤胃蠕动音减弱，必要时结合检测瘤胃内容物pH和计数纤毛虫，一般容易诊断。但应注意与下列疾病相鉴别。

（1）酮血病 多在产后$1 \sim 2$月内发病，呼出气伴有酮味，尿中酮体明显增多。

（2）创伤性网胃腹膜炎 泌乳停止，体温中等伴有升高，触诊腹壁表现疼痛。

（3）皱胃移位 常在产后立即发病，伴发酮尿，于左腹侧下部可听到皱胃蠕动音，病程持久，通常经月。

（4）皱胃扭转 病初与前胃弛缓不易区别，但很快表现腹痛，心率增数（每分钟达100次以上），粪软色暗，后变血样乃至呈黑色。最后多取死亡转归。

【防治】本病的治疗原则，是加强护理，除去病因，增强瘤胃机能。

1. 护理 病初宜绝食$1 \sim 2d$，多饮清水，多次少量喂给优质干草和易消化的饲料，适当运动。

2. 增强瘤胃机能　为了兴奋瘤胃蠕动机能，通常先服缓泻制酵剂，而后应用兴奋瘤胃蠕动的药物。

（1）缓泻制酵　常用硫酸镁或硫酸钠 500g，松节油 30～40mL，酒精 80mL，常水 4 000～5 000mL，牛一次内服；或液状石蜡 1 000～2 000mL，苦味酊 20～40mL，牛一次内服。

（2）兴奋瘤胃蠕动的药物　最好先测定瘤胃内容物 pH，当 pH 为 5.8～6.9 时，宜用偏碱性药物，如人工盐 60～90g，或碳酸氢钠 50～100g，常水适量，牛一次内服，同时应用 10%氯化钠溶液 250～500mL，10%安钠咖溶液 20～40mL，一次静脉注射，每日 1 次，效果良好。当 pH 为 7.6～8.0 时，宜用偏酸性药物，如苦味酊 60mL，稀盐酸 30mL，番木鳖酊 15～25mL，酒精 100mL，常水 500mL，一次内服，每日 1 次，连用数日。应用拟胆碱药，如新斯的明 4～20mg，牛一次皮下注射，每 2～3h 1 次；或毒扁豆碱 0.03～0.05g，牛一次皮下注射。但应注意，应用任何拟胆碱药物时，都必须适当地采用小剂量，必要时可经 1～2h 重复 1 次。重症的病畜，伴有腹膜炎的病畜，特别是妊娠后期的病畜禁用。也可用酒石酸锑钾（吐酒石）4～6g，常水 2 000mL，溶解后一次内服，每日 1 次，不超过 2～3 次，效果也好。但应注意，瘤胃蠕动音一旦停止则禁用。

原发性前胃弛缓，如果是由于血钙水平低引起的，可用 10%氯化钠液 100～200mL，10%氯化钙液 100～200mL，20%安钠咖溶液 10mL，静脉注射，对提高血钙，促进前胃运动机能具有良好效果。为了改善瘤胃生物学环境，提高纤毛虫的活力，还可以移植健康牛的瘤胃内容物，最好是用胃管先给健康牛灌服生理盐水 8 000～12 000mL，而后采取其瘤胃内容物，加适量水混合后，用胃管灌服，效果良好。

前胃弛缓的发生，与饲养管理关系密切，故应注意改善饲养管理，合理调配饲料，不喂霉败、冰冻等品质不良的饲料，防止突然变换饲料，加强运动，合理使役，及时治疗原发病。

第二节　瘤胃积食

瘤胃积食是动物采食大量粗劣难消化的饲料，致瘤胃运动机能障碍、食物积滞于瘤胃内，使瘤胃壁扩张、容积增大的疾病。临床上以瘤胃蠕动音消失、腹部膨满、触诊瘤胃黏硬或坚硬为特征。牛、羊均可发生，舍饲牛较多见。

【病因】瘤胃积食的主要原因是饲养不当，一次或长期采食过量劣质、粗硬的饲料，如麦草、豆秸、花生蔓等。其中特别是半干的花生蔓、甘薯蔓等，具有高度韧性，当秋后给牛单纯饲喂时，最易发病。或一次喂过量适口饲料，或采食多量干料后饮水不足，或脱缰偷食大量精料等。由于过食，瘤胃运动机能紊乱，运送机能障碍，使瘤胃内容物逐渐积聚而发病。

继发性瘤胃积食。常见于前胃弛缓、瓣胃阻塞、创伤性网胃炎、皱胃扭转、皱胃移位等病经过中。

【临床症状】病牛表现食欲减退，甚至拒食。初期反刍缓慢、稀少，不断嗳气，以后反刍、嗳气均停止。鼻镜干燥。通常有轻度腹痛表现，病畜背腰拱起，后肢踢腹，摇尾，有时呻吟。

左侧下腹部轻度膨大，左肷窝部变为平坦。触诊瘤胃，病畜表现疼痛，瘤胃内容物黏硬或坚硬。叩诊呈浊音（不产气时）。瘤胃听诊，初期蠕动音增强，以后减弱或消失。

排粪迟滞，粪便干少色暗，有时排少量恶臭的粪便。呼吸促迫增数，脉搏细数，一般体温不高。

【诊断】瘤胃积食的诊断，根据过食病史，瘤胃内容物膨满而黏硬，不难诊断。

【防治】瘤胃积食的基本治疗原则是排出瘤胃内容物和兴奋瘤胃蠕动。

1. 排出瘤胃内容物　根据病情可适当采取以下措施。轻症的瘤胃积食，可按摩瘤胃，每次 10～20min，1～2h 按摩 1 次。结合按摩灌服大量温水，则效果更好。牛亦可用酵母粉500～1 000g，1d 分 2 次内服。中等程度的瘤胃积食，可内服泻剂，如硫酸镁或硫酸钠500～800g，加鱼石脂 15～20g，常水 5 000～6 000mL，一次内服；也可用液状石蜡或植物油 1 000～2 000mL，一次内服；或盐类和油类泻剂并用。

2. 兴奋瘤胃蠕动　可于瘤胃内容物泻下后，或与泻下措施同时施行，措施参见前胃弛缓的治疗。在瘤胃内容物已泻下，食欲仍不好转时，可用健胃剂，如番木鳖酊 15～20mL，龙胆酊 50～80mL，加水适量，一次内服。

病畜高度脱水时，需大量输液，每天至少静脉注射 4 000～10 000mL，同时静脉注射 5％碳酸氢钠溶液 500～1 000mL。重症而顽固的瘤胃积食，经上述措施无效时，可行瘤胃切开术。

预防瘤胃积食，主要是加强饲养管理，防止过食，避免突然更换饲料，粗饲料要适当加工软化后再喂。注意充分饮水、适当运动。

第三节　瘤胃臌气

瘤胃臌气是反刍动物采食了大量易发酵的草料，在瘤胃和网胃内发酵，以致瘤胃和网胃内迅速产生并积聚大量气体，而使瘤胃急剧臌气的疾病。临床上以呼吸极度困难，腹围急剧膨大，触诊瘤胃紧张而有弹性为特征。瘤胃内气体多与液体和固体食物混合存在，形成泡沫臌气。主要发生于夏季放牧的牛和绵羊，山羊少见。

【病因】原发性瘤胃臌气，主要是动物采食了大量易发酵的草料，最常见的是长期舍饲的牛，初到幼嫩多汁而茂盛的草地放牧，一时采食过多，尤其是过食豆科牧草，如紫云英、苜蓿、三叶草等更易发病；采食多量雨季潮湿的青草，凋萎的牧草，霜冻牧草，腐烂的干草以及质地不良的青贮料；或采食大量多汁而易发酵的饲料，如青贮料、马铃薯、粉渣、酒糟，均能引起瘤胃臌气。

继发性瘤胃臌气，常继发于嗳气障碍的疾病，如食道梗塞、前胃弛缓、创伤性网胃炎、慢性腹膜炎、迷走神经性消化不良等。

【发病机制】瘤胃臌气有泡沫性和非泡沫性两种。

1. 泡沫性臌气　发病机理较为复杂，病情发展也更为急剧。泡沫形成主要决定于瘤胃液的表面张力、黏稠度、pH 和菌群关系的变化。采食豆科植物（含有多量的蛋白质、皂苷、果胶等物质），可产生气泡。特别是核蛋白体 18S 更具有形成气泡的特性，而果胶与唾液中的黏蛋白和细菌的多糖类等，可增高瘤胃液的黏稠度，瘤胃内容物发酵过程所产生的有机酸致使瘤胃液 pH 下降至 5.2～6.0 时，泡沫的稳定性显著增高。显而易见，瘤胃内所产生的大量气体，与其中表面张力、黏稠度高的内容物互相混合而形成附着在饲草上的稳定性小泡沫，既不能融合成较大的气泡，大量的瘤胃内容物又阻塞贲门，妨碍嗳气，迅速导致泡沫性臌气的发生发展，病情急剧，最为危险。

2. 非泡沫性臌气　除瘤胃内碳酸盐及其内容物发酵所产生的一氧化碳和甲烷外，饲料中所含的氰苷与脱氢黄体酮化合物，具有降低前胃神经兴奋性，抑制瘤胃收缩作用，引起非泡沫性瘤胃臌气的发生。

在疾病发展中，由于瘤胃壁过度扩张，腹内压升高，使呼吸与血液循环发生障碍；瘤胃内腐败产物刺激瘤胃壁发生痉挛性收缩，出现疼痛现象。

【临床症状】

1. 原发性瘤胃臌气　多在采食中或采食后不久突然发病，病畜表现不安，回顾腹部，后肢踢腹及背腰拱起等腹痛症状。食欲废绝，反刍和嗳气很快停止。腹围迅速膨大，肷窝凸出，左侧更为明显，常可高至髋结节或背中线。此时，触诊左侧肷窝部紧张而有弹性，叩诊呈鼓音。瘤胃蠕动音减弱或消失。

呼吸高度困难，每分钟 60～80 次，甚至张口呼吸，舌脱出。黏膜呈蓝紫色。心搏动增强，脉搏细弱增数，每分钟达 120～140 次，静脉怒张。后期病畜呻吟，步样不稳或卧地不起，常因窒息或心脏停搏而死亡。

2. 继发性瘤胃臌气　一般发生发展缓慢，对症施治，症状暂时减轻，但原病不愈，不久又可复发。病畜逐渐消瘦，可能便秘和腹泻交替发生。继发性瘤胃臌气的经过，随原发病而定。

原发性瘤胃臌气，根据采食易发酵草料后迅速发病，腹围急剧膨大等，容易诊断。继发性瘤胃臌气，主在分析发病原因，确定原发病，原因不除去，常反复发作。通常应考虑创伤性网胃炎、瓣胃阻塞、迷走神经性消化不良，皱胃疾病等。

【诊断】急性瘤胃臌气，病情急剧，根据病史，采食大量易发酵性饲料，结合临床症状进行诊断，慢性臌气病情弛张，反复产生气体，注意临床鉴别诊断。

【防治】瘤胃臌气的治疗原则是促进瘤胃积气排出，缓泻制酵，恢复瘤胃机能。

为了促进嗳气，可使病牛取前高后低姿势站立，使贲门周围的牵张感受器露出于液体和泡沫之上，有可能引起嗳气反射，而促进瘤胃内气体排出。也可用涂有松馏油或大酱的小木棒，横衔于口中，用绳拴在角根后部固定，让病牛取前高后低姿势，使之不断咀嚼，促进嗳气。也可经口插入胃管排气。

对病情严重，腹围显著膨大，呼吸极度困难的病牛，要及时进行瘤胃穿刺，放气急救，放气后，可由套管针注入来苏儿 15～20mL，或福尔马林 10～15mL，均加水适量，以制止继续发酵产气。

为了促进瘤胃内气体排出，对原发泡沫性瘤胃臌气，重在降低泡沫的稳定性，为此，可用植物油或矿物油，如豆油、花生油、棉籽油或液状石蜡等，一次内服 250mL，效果较好。也可应用降低泡沫表面张力的药物如二甲硅油 10～15g，温水适量一次内服，用药后 5min 发挥作用，可使大量泡沫破裂融合，以利排出。

鱼石脂 15～20g，酒精 30～40mL，松节油 30～60mL，常水 500mL，配成合剂一次内服，对泡沫性或非泡沫性臌气都有良好效果。

排出胃内容物后，可缓泻制酵。内服泻剂，如硫酸镁 500～800g 或人工盐 400～500g，或液状石蜡 1 000～2 000mL，制酵剂常用福尔马林 10～30mL，或鱼石脂 10～20g。

恢复瘤胃机能：措施参见前胃弛缓的治疗。

预防瘤胃臌气，主在加强饲养管理，防止贪食过多幼嫩、多汁的豆科牧草，尤其由舍饲转为放牧时，应先喂些干草或粗饲料，适当限制在牧草幼嫩茂盛的牧地和霜露浸湿的牧地放牧时间。

第四节　创伤性网胃腹膜炎

创伤性网胃腹膜炎是反刍动物采食时吞下尖锐的金属异物，进入网胃内，损伤网胃壁而引起的网胃腹膜炎。临床上以顽固的前胃弛缓症状和触压网胃表现疼痛为特征，乳牛多发。

【病因】本病的主要原因是由于坚硬异物，特别是尖锐的金属异物，如钉子、铁丝、发针、缝衣针等混入饲料内，牛采食粗糙，口腔对异物辨别力差，尤其是饥饿贪食时，囫囵咽下，随草料进入瘤胃内，瘤胃的容积大，不易损伤胃壁，而尖锐异物随食物进入网胃后，网胃的体积小，在网胃的强力收缩作用下，可刺伤或穿透网胃壁，发生网胃炎，甚至损伤其他脏器，可引起其他受损伤脏器的炎症，最常发生的如牛创伤性（网胃）心包炎。在腹压增高时，如突然摔倒、妊娠后期、分娩、瘤胃膨气等，更易促使金属异物损伤网胃或其他脏器。

【发病机制】反刍动物特别是牛，采食快，不咀嚼，喜舔食，口腔黏膜上有大量锥状乳头，在饲养管理粗放的情况下，金属异物混杂在饲草饲料中，可随同采食咽下。金属异物所导致的病理损害与异物的形状大小有关。一般而言，较长的金属异物被吞入瘤胃，通常不致引起炎性反应。较小的特别是尖锐金属异物，在大多数情况下，都落入网胃，所造成的危害性最大，因为网胃体积小、收缩力强，胃前壁与后壁接触，落入网胃的金属异物，即使短小，也容易刺入胃壁，并以胃壁为金属异物的支点，向前可刺伤膈、心、肺，向后可刺伤肝、脾、瓣胃、肠和腹膜，病情显得复杂重剧。最常见的是慢性损伤创伤性网胃腹膜炎，由于迷走神经损伤，并发网胃或肝、脾脓肿，大量纤维蛋白渗出，腹腔脏器粘连，特别是耕牛，由于胃肠功能紊乱，呈现慢性前胃弛缓，周期性瘤胃膨气，以及瓣胃阻塞、皱胃阻塞，甚至继发感染，引起脓毒败血症，病情更为错综复杂。

【临床症状】病牛呈现顽固性的前胃弛缓症状，精神沉郁，食欲减退或拒食，反刍缓慢或停止，鼻镜干燥，经常磨牙、呻吟。瘤胃蠕动减弱，次数减少，触压瘤胃，感觉内容物松软或黏硬。按原发性前胃弛缓治疗，尤其是应用前胃兴奋剂后，病情不但不轻，反而加重，甚至突然恶化。并有慢性瘤胃膨气的症状。有的患畜，一发病就呈现慢性前胃弛缓症状，病情轻微而发展缓慢。

随着病情的进展，逐渐呈现网胃炎的症状，病牛的行动和姿势异常，站立时肘头外展，多取前高后低姿势，以缓解疼痛。不愿卧地，不得已卧地和起立时，动作和马一样，卧下时非常小心，后躯先着地，起立时则前肢先起来，有的病牛在起卧的同时发出呻吟。运步时，步样强拘，愿走软路而不愿走硬路，尤不愿意急转弯；愿上坡而不愿下坡，上坡时步态灵活，下坡时不愿迈步，或斜行拘紧下坡。触压网胃时，多数病牛表现疼痛不安，后肢踢腹，呻吟，或躲避检查。应用金属异物探测器在网胃区探查，往往能发现网胃内有金属异物，有一定的辅助诊断意义。

病初体温升高，脉搏增数，以后体温虽然逐渐恢复正常，而脉搏却逐渐增多，白细胞总数增多，核型左移。

创伤性网胃炎，根据顽固的消化机能紊乱，触压网胃的疼痛表现，配合金属探测器和 X 线检查，一般可以确诊，但要与前胃弛缓相鉴别。

【诊断】临床症状典型、示病症状明显的病例并不多见，多数以迷走神经性消化不良综合征为主。主要根据前胃弛缓、瘤胃周期性臌气、迷走神经性消化不良等消化障碍症状，慢性病程，站立和运动姿势异常，反刍和吞咽动作异常以及揭示网胃疼痛的各种试验结果。金属异物探测和 X 线检查，只能作为辅助诊断。

【防治】创伤性网胃炎，目前尚无理想的治疗方法。保守疗法，一般可应用抗生素或磺胺类药物，以控制炎症发展，但不能根治。根本疗法在于早期施行手术，摘除异物，但创伤性网胃炎经常发生创伤性心包炎，由心包取出异物，效果还不理想。

预防本病，主要加强饲养管理，牛舍内外禁止散放金属异物，不到金属厂或仓库附近放牧，牛场内严防铁丝、铁钉、发针、注射针头等散失，饲草最好过筛或用磁铁装置除去草料中的金属异物。有人应用磁铁牛鼻环和拌草棒检出金属异物，以减少发病率，也可定期向瘤胃内投放磁棒，检出网胃内金属异物。

第五节　瓣胃阻塞

瓣胃阻塞
（右上角二维码）

瓣胃阻塞是瓣胃收缩力减弱，瓣胃内积滞干固食物而发生阻塞的疾病。临床上以前胃弛缓，瓣胃听诊蠕动音减弱或消失，触诊疼痛，排粪干少色暗为特征。

【病因】瓣胃阻塞的主要原因，是长期大量饲喂兴奋刺激性小或缺乏刺激性的细粉状饲料，如谷糠、麸皮等，以致瓣胃的兴奋性和收缩力逐渐减弱；反之，长期过多地饲喂粗硬难消化的饲料，如豆秸、竹梢、甘薯藤、花生蔓等，使瓣胃排空缓慢，水分逐渐被吸收，以致内容物干固积滞，尤其是饮水不足时，更易促使本病发生。此外，草料内混有大量沙土、过劳和运动不足等，均可促进本病发生。

继发性瓣胃阻塞，常继发于前胃弛缓、瘤胃积食、瓣胃炎、皱胃移位、皱胃扭转、血孢子虫病，以及某些急性热性病经过中。

【临床症状】病初呈现前胃弛缓症状，食欲减退，鼻镜干燥，嗳气减少，反刍缓慢或停止，瘤胃蠕动音减弱，瘤胃内容物柔软，有时出现轻度膨胀，左侧腹围稍膨大。轻度腹痛，回顾腹部、努责、摇尾、左侧横卧等。

瓣胃蠕动音减弱，很快消失，触压右侧第 7～9 肋间肩关节水平线上下，有时表现疼痛不安、躲避检查。初期粪便干少，色暗成球，算盘珠样，表面附有黏液，粪内含有多量未消化的饲料和粗长的纤维。后期排粪停止。

全身状态，病初一般变化不大，但到后期，瓣胃叶发炎、坏死或发生败血症时，则体温升高，呼吸加快，脉搏增数，每分钟 100 次以上，尿少或无尿。病程为 7～10d，预后多数不良。

【诊断】对病牛的胃肠道进行全面细致的检查，主要依据食欲不振或废绝，瘤胃蠕动音低沉或消失，触诊瓣胃敏感性增高，排粪迟滞甚至停止等，可做出初步诊断，必要时进行剖腹探查。

【防治】本病的治疗原则，主要是增强瓣胃蠕动机能，促进瓣胃内容物排出。

轻症的，可内服泻剂和促进前胃蠕动的药物。如硫酸镁或硫酸钠 500～800g，常水 10 000～16 000mL，或液状石蜡 1 000～2 000mL，或植物油 500～1 000mL，1 次内服。也可用硫酸钠 300～500g、番木鳖酊 10～20mL、大蒜酊 60mL、槟榔末 30g、大黄末 40g、常水 6 000～10 000mL，一次内服，服药后要勤饮水，如不饮水时，可灌服 1% 盐水，每次 5 000mL，每日 2～3 次。

重症的，可施行瓣胃内注射。一般可用硫酸钠 300g，甘油 500mL，常水 1 500～2 000mL，一次注入；也可用硫酸镁 400g、普鲁卡因 2g、呋喃西林 3g、甘油 200mL、常水 3 000mL，溶解后一次注入。如果注射 1 次效果不明显，次日或隔一日可以再注射 1 次。也可以静脉注射 10% 浓盐水 250～500mL，10% 安钠咖 20mL。并适当配合补碱、补液等治疗措施。以上措施无效时，可试行瘤胃切开术，通过网瓣口插入胃导管，用水充分冲洗，使干固内容物变稀，便于内容物排出。

本病的预防应减少坚硬的粗纤维饲料，增加青饲料和多汁饲料，保证足够饮水，适当运动。避免长期单纯饲喂麸皮、糟粕之类的饲料。

第六节　皱胃变位与扭转

【分类】皱胃变位（abomasal displacement，AD）是奶牛最常见的皱胃疾患。AD 可分为左方变位（LAD）和右方变位（RAD）。LAD 是指皱胃由腹中线偏右的正常位置，经瘤胃腹囊与腹腔底壁间潜在空隙移位于腹腔左壁与瘤胃之间的位置改变，系临床常见病型。RAD 又称为皱胃右方不全扭转，指位于腹底正中线偏右的皱胃，向前或向后发生位置的变化引起的疾病。

皱胃扭转（abomasal volvulus，AV）是皱胃围绕自己的纵轴做 180°～270°扭转，导致瓣-皱孔和幽门口不完全或完全闭塞，是一种可致奶牛较快死亡的疾病。其特征是中度或重度脱水，低血钾，代谢性碱中毒，皱胃机械性排空障碍。

【病因】饲养不当，日粮中含谷物，如玉米等易发酵的饲料较多以及喂饲较多的含高水平酸性成分饲料，如玉米青贮等。由此，导致挥发性脂肪酸产生量增加，其浓度过高可引发皱胃和（或）胃肠弛缓，导致皱胃弛缓、膨胀和变位。高精料日粮可引起气体产生增加，促进变位或扭转的发生。

一些营养代谢性疾病或感染性疾病，如酮病、低钙血症、生产瘫痪、牛妊娠毒血症、子宫炎、乳腺炎、胎膜滞留和消化不良等，也会引起胃肠弛缓。

为获得更高的产奶量，在奶牛的育种方面，通常选育后躯宽大的品种，从而腹腔相应变大，增加了皱胃的移动性，增加了发生皱胃变位的机会。

【临床症状】本病较多地是发生在产后，一般症状出现在分娩数日至 1～2 周（LAD）或 3～6 周（RAD）内。患 LAD 或 RAD 的奶牛，主要表现食欲减退，厌食谷物饲料而对粗饲料的食欲降低或正常，产奶量下降 30%～50%，精神沉郁，瘤胃弛缓，排粪量减少并含有较多黏液，有时排粪迟滞或腹泻，但体温、脉搏和呼吸正常。

发生 LAD 的病牛，视诊腹围缩小，两侧肷窝部塌陷，左侧肋部后下方、左肷窝的前下方显现局限性凸起，有时凸起部由肋弓后方向上延伸到肷窝部，对其触诊有气囊性感觉，叩诊发鼓音。听诊左侧腹壁，在第 9～12 肋弓下缘、肩-膝水平线上下听到皱胃音，似流水音或滴答音，在此处做冲击式触诊，可感知有局限性振水音。用听-叩诊结合方法，即用手指叩击肋骨，同时在附近的腹壁上听诊，可听到类似铁锤叩击钢管发出的共鸣音——钢管音（砰音）；钢管音区域一般出现于左侧肋弓的前后，向前可达第8～9肋骨部，向下抵肩关节-膝关节水平线，大小不等，呈卵圆形，直径10～12cm或35～45cm。

RAD病牛在右侧9～12肋，或在7～10肋肩关节水平线上下叩听结合有钢管音。时有磨牙，腹围膨大不显，病程长者腹围变小。有的RAD病牛无明显临床症状，食欲旺盛，产奶量变化不大，在做检查时才被发现钢管音；有的病牛食欲与奶量均不正常，检查时可能正好听不到钢管音，需间隔一段时间再做检查方能发现。

发生AV的病牛，突然表现腹痛不安，回头顾腹，后肢踢腹。食欲废绝，眼深陷，中度或重度脱水，泌乳急剧下降，甚至无乳。大便多呈深褐色，有的稀而臭，有的少而干，严重者甚至无大便；小便少。体温多低于正常或变化不显，心率52～130次/min，重度碱中毒时，呼吸次数减少，呼吸浅表，末梢发凉。腹围膨大，右侧腹尤为明显。膨胀的皱胃前缘最多可达膈（逆时针扭转时），后缘最多可达右肷部，在右肷部可发现或触摸到半月状隆起。在右侧7～13肋及肋后缘叩、听结合，可听到音质高朗的钢管音。右腹冲击触诊有明显振水音；直肠检查较易摸到膨大的皱胃。严重内出血者，可视黏膜，乳头皮肤及阴户黏膜苍白。多数病牛多立少卧，或难起难卧，个别病牛卧地不起。

【诊断】根据临床症状、一般检查情况、直肠检查等较易诊断。

要注意AV与RAD的鉴别，AV发病急，腹痛明显，腹围增大快，脱水严重，食欲废绝，奶量急剧下降，直检较易摸到膨大的皱胃，右侧腹壁叩、听结合有大范围的钢管音，音质高朗。RAD发病较缓，腹痛较轻，腹围变化不明显，有一定程度的食欲，一定的奶量。较AV右腹侧叩、听结合钢管音的范围小，音质低沉，有时不易听到，需要多次反复听诊，防止漏诊、误诊。

【防治】为预防本病应合理配合日粮，日粮中的谷物饲料、青贮饲料和优质干草的比例应适当；对发生乳腺炎或子宫炎、酮病等疾病的病畜应及时治疗；在奶牛的育种方面，应注意选育既要后躯宽大，又要腹部较紧凑的奶牛。

LAD病例多采用保守疗法，对顽固性病例可采用手术疗法。RAD早期病例可采用保守疗法，后期病例和复发病例宜采用手术疗法。AV病例如能建立诊断，应及时手术。

保守疗法的方法有：①口服风油精10g（或薄荷油），每日1次，连用2～3d。配合应用大黄苏打片、酵母片、复合维生素B口服液等。②静脉注射促反刍液，10%氯化钠溶液500～800mL，5%氯化钙溶液150～200mL，10%安钠咖30～50mL。需要时配合补糖、补液、强心等，维护动物的体液和电解质平衡，或肌内注射新斯的明15～20mg，每日1次，连用2～3d，或用其他平滑肌兴奋药。③2%普鲁卡因溶液200mL配在1 000mL生理盐水中静脉注射，每日1次，连用3～5d。④中药：沙参、柴胡、枳壳、厚朴、代赭石、沉香、陈皮、白术、茯苓、黄芪、甘草。

手术疗法的方法参见有关兽医外科书籍。

第七节 皱胃阻塞

皱胃阻塞主要由于迷走神经调节机能紊乱，皱胃内容物积滞，而形成阻塞，或称皱胃积食。多发于 2～8 岁的黄牛，水牛少见。

【病因】皱胃阻塞发生的原因，主要是由于饲料、饲养或管理使役不当所引起的。如冬春季节缺乏青绿饲料时，用谷草、麦秸、玉米秆、豆秸、甘薯蔓或铡碎的稻草、麦糠等喂牛，瘤胃中难以消化的饲料或过细的饲料可不经过反刍，伴随瘤胃液直接被送入皱胃内，另外，由于机械阻塞，如成年牛吞食胎盘、毛球、破布或塑料等，都能引起皱胃阻塞。根据临床观察，皱胃阻塞常继发于前胃弛缓、创伤性网胃炎、皱胃炎、皱胃溃疡、迷走神经性消化不良等。

【发病机制】难以消化或过细的饲料能更快地通过反刍动物的前胃，大量未经消化或消化不全的纤维素和粗纤维提前进入皱胃，随同进入的纤维素分解菌和纤毛虫在强酸胃液的作用下迅速死亡，以致含纤维素和粗纤维的食糜不能被消化，逐渐积滞而发生阻塞。

继发性皱胃阻塞系起病于自主神经对皱胃运动的调控障碍，即交感神经紧张性增高或迷走神经紧张性降低，前者发生于饥饿、寒冷、惊恐、疲劳等应激情况下；后者则发生于迷走神经节、迷走神经干、迷走神经丛受到损伤时，如迷走神经性消化不良等。但两者的生物学效应是一致的，即皱胃壁平滑肌弛缓而幽门括约肌收缩，导致胃排空后送缓慢或中断，造成皱胃内容物积滞，产生气体，液体回渗，体积增大。

各种原因引起的皱胃阻塞后，大量回渗的液体，以及分泌的氢离子、氯离子和钾离子不能从皱胃流至小肠回收，而发生不同程度的脱水、低氯血症、低钾血症以至代谢性碱中毒，使胃壁弛缓增重，内容物更加充满，体积增大，极度扩张和伸展，直至皱胃麻痹性弛缓。

【临床症状】病牛食欲废绝，反刍减少或停止，有的患畜则贪饮，肚腹显著膨大，右侧更为明显。右肷窝部触诊有波动感，并发出振水声，或瘤胃内充满，腹部膨胀或下垂，瘤胃与瓣胃蠕动音消失，在肷窝部结合叩诊肋骨弓进行听诊，呈现叩击钢管清朗的铿锵音。肠音微弱，有时排出少量糊状、棕褐色恶臭粪便，混有少量黏液或血丝和凝血块。尿量少而浓稠，呈深黄色，具有强烈的臭味。重症患畜，触击右侧腹部皱胃区病牛躲闪，皱胃增大，坚硬。皱胃内容物 pH 1～4。直肠检查时，直肠内有少量粪便和成团黏液，体格较小的牛，检手伸入骨盆腔前缘右前方，于瘤胃的右侧，能摸到向后伸展扩张呈捏粉样硬度的皱胃体。全身症状表现精神沉郁，结膜黄染，被毛逆立，鼻镜干燥，眼球下陷，中后期体温升高达 40℃ 左右，心率每分钟可达 100 次以上，心音低沉，心律不齐，脉搏微弱。

【诊断】皱胃阻塞的临床症状与前胃疾病、皱胃病或肠变位的症状类似，往往容易误诊，必须认真检查，综合分析。根据病史和皱胃区局限性膨隆，在肷窝结合叩诊肋骨弓处进行听诊，呈现钢管音，皱胃穿刺内容物的 pH 1～4，直肠检查，皱胃增大、坚硬，即可确诊。但须注意与下列疾病相鉴别：

创伤性网胃炎：两者往往难于鉴别，但创伤性网胃炎，病牛姿势异常，肘头外展，肘肌震颤，触压病牛的剑状软骨后方，可引起疼痛反应。

皱胃变位：皱胃左方变位，瘤胃蠕动音虽低沉而不消失，在左侧中部 11 肋间，可听到皱胃音。皱胃扭转亦称皱胃右方变位，在右腹部肋弓后方冲击性触诊和听诊，可出现拍水音，当伴有扩张时，右腹部明显的气性膨胀，行直肠触诊即可判定。

【防治】本病治疗原则是促进皱胃内容物排出，防止脱水和自体中毒。

病的初期皱胃蠕动尚未完全消失时，可用 25％硫酸镁溶液 500～1 000mL，乳酸 10～20mL，或生理盐水 1 000～2 000mL，于右腹部皱胃区，注入皱胃内，促进皱胃内容物的后送。也可用硫酸钠或硫酸镁 500g，常水 2 000～4 000mL，一次内服。或用胃蛋白酶 80g，稀盐酸 40mL，陈皮酊 40mL，番木鳖酊 20mL，一次内服，每日 1 次，连用 3 次，有较好的效果。补液解毒，可用 10％葡萄糖 500～1 000mL，20％安钠咖溶液 20mL，一次静脉注射，每日 2 次。另外用木棒在右腹下的皱胃部做前后滚压动作，对促进皱胃运动和食物后移也有一定的作用。

严重的皱胃阻塞，药物治疗多无效果，应及时施行手术疗法。

皱胃阻塞的预防，要加强饲养管理，合理调制饲料，防止前胃病的发生，要防止发生创伤性网胃炎。

第八节　皱胃溃疡

皱胃溃疡是由于皱胃食糜的酸度增高，长期刺激皱胃，以致发生溃疡。

【病因】原发性皱胃溃疡，主要由于饲料质量不良，过于粗硬、霉败，难于消化；或因精料饲喂过多，影响消化和代谢机能。饲养不当，不定时定量，饥饱不均，或突然变换，引起消化机能紊乱。管理使役不当，长途运送，过度拥挤，惊恐不安，过度劳役等，都可引起神经体液调节机能紊乱，促进皱胃溃疡的发生。

继发性皱胃溃疡，通常在前胃病，皱胃变位，口蹄疫、水疱病、病毒性鼻气管炎等疾病经过中，往往导致皱胃黏膜组织充血、出血、糜烂和溃疡。

【临床症状】病牛消化机能严重障碍，食欲减退，甚至拒食，反刍停止，有时发生异嗜。粪便含有血液，呈松馏油样。直肠检查，手臂上黏附类似酱油色糊状物。有的出现贫血症状，呼吸疾速，心率加快，伴发贫血性杂音，脉搏细弱，甚至不感于手。继发胃穿孔时，多伴发局限性或弥漫性腹膜炎，体温升高，腹壁紧张，后期体温下降，发生虚脱而死亡。

【诊断】本病易误诊为一般性消化不良，确诊困难，必要时需反复进行粪便潜血检查，并根据临床及实验室检查，排除其他能引起食欲减退和产奶量下降的疾病，有助于建立诊断。

【防治】皱胃溃疡的治疗原则是镇静止痛、抗酸止酵、消炎止血。

应先除去致病因素，给予富含维生素且容易消化的饲料，避免刺激和兴奋，为减轻疼痛刺激，可用安溴注射液 100mL，静脉注射；亦可用 30％安乃近溶液 20～30mL，皮下注射，每日 1 次。为防止黏膜受胃酸侵蚀，宜用氧化镁 50～100g，每日 3 次内服，可连用 3～5d。必要时，给予适量植物油或液状石蜡清理胃肠。为促进溃疡面愈合，防止出血，犊牛可用次硝酸铋 3～5g 于饲喂前半小时口服，每日 3 次，连用 3～5d。出血严重的溃疡病牛，可用维生素 K 制剂止血。为防止继发感染，可应用抗生素。当继发穿孔，伴发腹膜炎时，应尽快采取手术疗法。

第一节 幼畜消化不良

幼畜消化不良是幼畜由于消化障碍或胃肠道感染所致的以腹泻为主要特征的疾病。驹犊、羔羊及仔猪均可发生，一年四季都有发生，而以春季较多见，且易复发。

【病因】

1. 饲养不当 是幼畜腹泻的主要原因。如孕畜不采取全价饲料饲养，不仅犊牛生后衰弱，而且容易发生消化不良。饲料中硒的含量低于 0.1mg/kg 和维生素 E 含量不足时，容易引起马驹，驴驹和仔猪腹泻。孕畜产前或产后喂蛋白质饲料如豆类过多，乳汁中蛋白质含量也过多，易致幼畜消化不良。母乳不足，幼畜过早地采食饲料，或人工哺乳时不定时，不定量，或乳温过低（人工哺乳时，乳汁温度须加温至 25～32℃）等，均可引起幼畜消化不良。

2. 管理不当 如气温降低，大雨浇淋，厩舍潮湿阴冷，以及幼畜久卧湿地等，都是幼畜发生腹泻的常见原因。

3. 胃肠道感染 如幼畜舔食粪尿、泥土以及粪尿污染的饲草等，人工哺乳的乳汁酸败，哺乳用具污染不洁；哺乳母畜在患乳腺炎、胃肠炎、子宫内膜炎等经过中，由于母乳变质，幼畜吸吮后，容易引起胃肠道感染，而发生腹泻。

4. 幼畜消化器官的结构和机能不够完善 消化液分泌少，仔猪生后 20d 胃液内无盐酸，消化酶的活力低，而胃肠黏膜柔嫩，血管丰富，在上述不良因素刺激下，容易发生消化障碍或胃肠道感染，促进本病发生。

【临床症状】腹泻是本病的主要症状，轻症患畜，排淡黄色、灰黄色、粥状或水样粪便，臭味不大或有酸臭味，有的混有未消化的饲草。股部、肛门周围、跟骨上端及尾毛等处常被粪汁或粪渣污染。重症或由感染所致的腹泻，排腥臭或有腐败臭味的粥状或水样粪便，内混有乳瓣、黏液、血液或肠黏膜。

全身状态。轻症的，即由于饲养管理不当所引起的单纯性消化不良。患病幼畜精神稍沉郁，食欲减退，被毛蓬乱，体温、脉搏、呼吸，一般无明显变化，个别的体温稍升高。尿量一般减少，犊牛有时发生瘤胃臌气。重症的，多由感染，或对轻症的病畜治疗不当所引起，不仅腹泻剧烈，全身症状也加重。病畜精神沉郁，食欲大减或废绝，有轻度腹痛，表现不安，喜卧于地。体温升高，达 40℃ 或以上，但在体质衰弱的病畜，或病至后期，重剧腹泻，肛门松弛哆开。脉搏疾速，呼吸加快，黏膜潮红或暗红。由于重剧腹泻，体液大量损失，病畜迅速消瘦，眼窝凹陷，皮肤干燥，弹力减退，排尿减少，口腔干燥，血液浓缩。以后，病畜逐渐瘦弱，反应迟钝，脉搏细弱无力，甚至不感于手，四肢末端发凉，犊牛的鼻镜，仔猪的鼻端更凉，有时发生痉挛抽搐。

缺硒性腹泻，精神倦怠，步态强拘，行动迟缓，口腔特别是舌部常有溃疡。心跳快而弱，每分钟达 180～200 次。

【诊断】幼畜腹泻的诊断，根据病史及临床表现，便可做出诊断。必要时，进行粪便的细菌学检查，哺乳母畜的乳汁，特别是初乳质量的检验，以及血液化验，综合判定。

【防治】本病的治疗原则，轻症的主要是调整胃肠机能，重症的则着重抗菌消炎和补液解毒。

1. 护理　首先应除去发病原因，减少吮乳次数或不吮乳，饮以温茶水或葡萄糖生理盐水，驹、犊每次 300mL。给病畜戴上口网，防止舔食寝草。

2. 调整胃肠机能　为了恢复胃肠功能，可服用帮助消化的药物，常用的有胃蛋白酶、胰酶、淀粉酶、乳酶生、酵母及稀盐酸等。如含糖胃蛋白酶 6g、乳酶生 6g、葡萄糖粉 30g，制成舔剂，驹、犊 1 日 3 次分服；或含糖胃蛋白酶 9g、淀粉酶 6g、酵母 6g、常水适量，制成舔剂，驹、犊 1 日 3 次分服。对重剧腹泻，排水样而无特殊腥臭味粪便的，可用收敛止泻药，如鞣酸蛋白，驹、犊 3～5g，次硝酸铋，驹、犊 1～3g。对仔猪腹泻，用炒焦的高粱，混于饲料内，喂给哺乳母猪，常有一定的效果。

3. 抗菌消炎　根据病情，可选用磺胺脒，每千克体重 0.1～0.3g，每日 2～3 次分服；黄连素 0.1～0.2g，驹、犊内服，每日 1 次；抗生素如链霉素 200 万 U，内服，每日 2 次。猪常用磺胺脒 1 份、鞣酸蛋白 2 份，混合后取 12～15g，一次内服，每日 3 次。此外，也可应用红霉素、多黏菌素、新霉素等。

4. 补液解毒　对重症病畜，应适时补液解毒，常用 5％葡萄糖生理盐水，或复方氯化钠液，或生理盐水等，驹、犊每日 2 000～3 000mL，分 3～4 次静脉注射。为了解除酸中毒，可静脉注射 5％碳酸氢钠液，一次 50～100mL。

缺硒性腹泻，可用 0.2％亚硒酸钠溶液 3～5mL 颈部皮下注射，间隔 20d 重复 1 次，共注射 2～3 次；维生素 E 50～75mg，分 3～4 点肌内注射，每 5d 重复 1 次，直至痊愈。

预防幼畜腹泻，应采取综合性措施，首先满足孕畜各种营养物质的需要，如蛋白质、必需氨基酸、维生素以及矿物质等。但对产前、产后数日的母畜，要防止突然增喂过多的豆类等精料，豆类以占精料的 15％左右为宜。初生幼畜应充分吸吮初乳，以增强免疫力，人工哺乳要定时定量，乳温要适宜，以 25～32℃ 为宜。对幼畜要加强管理，厩舍要清洁卫生，干燥通风。幼畜要适当运动，多晒太阳，防止久卧湿地。随时清扫粪便，防止幼畜舔食污物。

第二节　胃　炎

胃炎是指胃黏膜的急性或慢性炎症，是犬、猫急性呕吐的最常见原因，以呕吐、胃压痛及脱水为特征。

胃　炎

【病因】

1. 原发性胃炎 主要原因是采食腐败变质饲料，如霉变的玉米、大麦、豆饼、干草等，冷冻腐烂的块根、块茎、青草、青贮，犬、猫采食不易消化食物和异物（如破布、骨骼、毛发、鱼刺、纸张、塑料、玩具等），食服有刺激性药物（如阿司匹林、消炎痛等）引起。

2. 继发性胃炎 见于巴氏杆菌病、沙门氏菌病、钩端螺旋体病、牛结核性肠炎、羊快疫、猪瘟、猪传染性胃肠炎；犬、猫也可并发于犬瘟热、犬传染性肝炎、急性胰腺炎、肾炎、慢性肾衰竭、肝病、脓毒症、肠道寄生虫病和应激反应等。饲喂鸡蛋、牛奶、鱼肉等可引起个别犬、猫变态反应性胃炎。

【临床症状】 犬、猫在临床上以精神沉郁、呕吐和腹痛为主要症状。呕吐是本病的最明显的症状。病初呕吐食糜、泡沫状黏液、胃液，呕吐物中常带有血液、脓汁或絮状物，大量饮水后可加重呕吐。患病动物有渴感，但饮水后易发呕吐。食欲不振或废绝，体温升高，饮欲增强。口臭，舌呈黄白色，脱水严重，眼球凹陷。触诊腹壁紧张，抗拒，前肢向前伸展，触诊胃区可出现呻吟，喜欢蹲坐或趴卧于凉地上。

慢性胃炎表现与采食无关的间歇性呕吐，呕吐物常混有少量鲜血。同时表现消瘦、贫血等症状，最后发展为恶病质导致死亡。

严重胃炎常伴有肠炎。急性胃炎可出现持续性呕吐，表情痛苦，体重减轻，急剧消瘦，机体脱水，电解质紊乱和碱中毒等症状。

【诊断】 根据病史和临床症状可获得初步诊断。单纯性胃炎，特别是急性胃炎，一般经对症治疗多可奏效，也可作为治疗性诊断。有条件的兽医院可应用 X 线摄片以便发现异物，或投予造影剂，对疾病的范围、性质等观察诊断，还可与食道疾病等相区别，内镜检查胃黏膜的变化情况，可确诊。

【治疗】 治疗原则是除去刺激性因素，保护胃黏膜，抑制呕吐，防止机体脱水和纠正酸碱平衡紊乱等。

急性胃炎，首先绝食 24h 以上，为了防止一次大量饮水后引起呕吐，可给予少量饮水或让其舔食冰块，以缓解口腔干燥。病情好转后，先给予少量多次流质食物，如牛奶、鱼汤、肉汤等，逐渐恢复常规饮食。

对持续性、顽固性呕吐动物，应投予镇静、止吐并具有抗胆碱能药物，如阿托品等可减少胃逆蠕动和痉挛，还有止吐作用。也可以应用胃复安、爱茂尔等止吐药物口服。此外，注意防止机体脱水和碱中毒，应给予等渗糖盐水，剂量为每天每千克体重 40～60mL，分 2 次静脉注射或腹腔内注入；给予口服补液盐溶液（任其自由饮用），或给予灌肠（以补充体液，剂量为每天每千克体重 50～80mL，分 2 次或 3 次直肠内灌入）。

犬、猫患胃炎，特别是急性胃炎，应尽可能不经口投药，以避免对胃黏膜刺激，诱发反射性呕吐。

当胃炎较重或继发肠炎时，可给予抗生素，如卡那霉素、庆大霉素、阿莫西林等。必要时肌内注射地塞米松，剂量为每只犬 2～10mg，每只猫 0.1～5mg，以增强机体抗炎、抗毒素等作用。

治疗胃炎也可用胃黏膜保护剂，如白陶土、次硝酸铋、氢氧化铝和思密达等，以减轻胃内容物对其黏膜的刺激。对严重胃出血或溃疡病例，应用维生素 K 和止血敏等止血药物，同时给予止酸药物如甲脂咪胺，剂量为每千克体重4mg，每日2次或3次肌内注射，以减少胃酸分泌。

第三节　犬胃扩张-扭转综合征

胃扭转是胃幽门部从右转向左侧，并被挤压于肝脏、食道的末端和胃底之间，导致胃内容物不能后送的疾病。胃扭转之后很快发生胃扩张，因此，称之为胃扩张-扭转综合征。本病多发于2～10岁大型犬及胸部狭长品种的犬，雄犬比雌犬发病率高。猫较少发生该病。急性胃扩张-扭转综合征为一种急腹症，疾病发展迅速，预后应慎重。

【病因】胃下垂，胃内食糜胀满，脾肿大，钙磷比例失衡，以及可使胃韧带伸长，扭转的因素，如饱食后打滚、跳跃、迅速上下楼梯时的旋转等，都可使犬发生胃扭转。

【临床症状】患犬突然表现腹痛，躺卧于地下，口吐白沫。由于胃扭转时，胃贲门和幽门都闭塞，而发生急性胃扩张。腹部叩诊呈鼓音或金属音。腹部触诊，可摸到球状囊袋，急剧冲击胃下部，可听到拍水音。病犬呼吸困难，脉搏频数。多于24～48h内死亡。

【诊断】主要根据临床症状、X线或胃插管检查来确诊。

注意要与单纯性胃扩张、肠扭转及脾扭转相鉴别，通常以插胃管来区分。单纯性胃扩张，胃管插到胃内，腹部胀满可以减轻；胃扭转时，胃管插不到胃内，因而不能减轻腹部胀满；肠扭转及脾扭转时，胃管插到胃内，但腹部胀满仍不能减轻，且即使胃内滞留的气体消失，患犬仍逐渐衰弱。

【防治】对胃管插不到胃或插入胃管仍不能缓解症状的犬，应尽早进行开腹手术，整复和使胃排空。

手术时可行局部浸润麻醉或全身麻醉，切开腹壁（由剑状软骨到脐的后方），由口腔插入粗的胃管，将扭转部整复到正常位置。胃整复困难时，预先用连接吸引装置的穿刺针穿刺，排出胃内气体之后再整复。如果胃内容物洗不出来或胃内有大的肿物，应行胃切开术，此时用温灭菌生理盐水湿润的纱布包住胃，在大网膜附着中间的腹侧面切开，用钳子或支持缝合线拉开胃的切开创，除去全部内容物，切除异物和坏死部分，清洗处理后，行双重郎贝尔氏缝合。胃切开后5～7d内，为保持水和电解质平衡，以林格氏液每千克体重20～50mL、氨苄青霉素每千克体重25～50mg，混合静脉滴注。根据粪便形状或X线检查等确认胃不蠕动时，皮下注射甲基硫酸新斯的明0.5～1mg，每日3次。

对休克病犬要给予强心剂、呼吸兴奋剂，同时大量补给电解质。复合维生素B、三磷酸腺苷二钠皮下注射。配合全身疗法有助于胃肠功能的恢复。

洗胃或胃切开24h后，可饲喂少量牛奶、肉汁等易于消化的食物，或给予营养膏，饲喂量要逐渐增加，同时可给予健胃、助消化药物。

第四节　犬、猫胃肠异物

犬、猫胃内长期滞留难以消化的异物，如骨骼、石块、鱼钩、毛球、破布和玩具等异物，不能被胃液消化，又不易通过呕吐或肠道排出体外，容易使胃黏膜遭受损伤，影响胃的功能，严重时还能引起胃穿孔，继发腹膜炎。多见于幼犬和小型品种犬及老龄猫。

【病因】幼年或成年犬、猫可吞食各种异物，如骨骼、橡皮球、石头、破布、线团、针、鱼钩等。特别是猫有梳理被毛的习惯，将脱落的被毛吞食，在胃内积聚形成毛球。此外，犬患有某种疾病时，如狂犬病、胰腺疾病、寄生虫病、维生素缺乏症或矿物质不足等，常伴有异嗜现象，甚至个别犬生来就有吞食石块的恶习。

【临床症状】胃内存有异物的动物，根据异物的不同，在临床症状上有较大差异，有的胃内虽有异物，但不表现临床症状，长期不易被发现。此种患病动物在采食固体食物时，有间断性呕吐史，呈进行性消瘦。

胃内存有大而硬的异物时，能使动物呈现胃炎症状（详见胃炎部分）。尖锐或具有刺激性异物伤及胃黏膜时，可引起出血或胃穿孔，但此种情况较为少见。

猫胃内毛球往往引起呕吐或干呕，食欲差或废绝。有的猫特征性表现为肚子饥饿觅食时鸣叫，饲喂食物时，出现贪食，但只吃几口就走开了，动物逐渐消瘦，这种现象表示胃内可能存有异物。

【诊断】胃内异物常可根据病史和临床体检，做出初步诊断。小型犬和猫腹壁较柔软，胃内有较大异物时，用手触诊可觉察到异物。应用X线摄片可以帮助诊断，必要时投服造影剂，查明异物的大小和性质。

【防治】犬、猫可分别应用阿扑吗啡或隆朋（剂量为每千克体重1mg）进行催吐。催吐只适用于胃内存有少量光滑异物。当胃内异物粗大、锐利时，催吐可损伤食道，不宜用诱吐药物。

小而尖锐异物，如钉、针、别针等存在胃内时，可投服浸泡牛奶的脱脂小棉球（装于胶囊内）或小的肉块等，常可使异物通过肠道排出体外。此外，投予大剂量甲基纤维素或琼脂化合物也有效。猫胃内小异物、毛球等，经投服石蜡油（剂量为每只5～10mL）1次或2次，也常能顺利排出。

上述方法不奏效或大异物无法排出时，应进行外科手术，切开胃壁取出。术后注意护理和对症治疗。对异嗜等引起的胃内异物则应治疗异嗜，投给微量元素、维生素等治疗原发病。

第五节 马急性胃扩张

马急性胃扩张是由于采食过多和/或胃的后送机能障碍所引起的胃急性膨胀或持久性胃容积增大。

【病因】原发性胃扩张主要是采食过量难以消化和容易膨胀与发酵的饲料，如黏团的谷粉或糠麸、冻坏的块根类、堆积发霉的青草；饲养管理不当，如饲喂失时、过度疲劳、饱饲后立即重役、采食精料后立即大量饮水等；病畜原来患有慢性消化不良、肠道蠕虫病，或饲料中混有大量沙土砾石，使胃壁的分泌和运动机能遭到破坏而发生本病。

继发性胃扩张，急性型病例常继发于小肠积食、小肠变位等剧烈的腹痛经过中；肠阻塞，胃后送障碍；肠阻塞前部肠段分泌激增，过多的肠内容物经肠逆蠕动而返回胃内。

【临床症状】原发性急性胃扩张多在采食之后或经3～5h后突然起病，继发性的一般由原发病表现，以后才出现胃扩张的症状。急性胃扩张的综合症状包括：有中度的间歇性腹痛，表现起卧滚转，快步急走或直往前冲，有的呈犬坐姿势。消化系统和全身症状明显，病初口腔湿润而酸臭，肠音活泼，频频排少量而松软粪便，有灰黄色舌苔，肠鸣音减弱或消失，排粪减少或停止，有嗳气表现。个别病马发生呕吐或干呕，呕吐时鼻孔张开并流出酸臭的食糜。多数病马呼吸促迫而腹围不大，脉搏增数，在胸前、肘后、耳根等局部出汗或全身出汗，重症的伴有脱水体征，血氯化物含量减少、血液碱储增多等碱中毒指征。胃管检查，如从胃管中排出大量酸臭气体和少量食糜后，腹痛减轻或消失，即表明为气胀性胃扩张；若仅能排出少量气体，腹痛不减轻，表明可能是食滞性胃扩张。直肠检查，在左肾下方常能摸到膨大的胃后壁，随呼吸前后移动，触压紧张而有弹性，多为气胀型或积液型；触压呈捏粉样硬度，多为食滞型，而这三型胃扩张病例的脾脏位置都后移。

【诊断】诊断要点和诊断程序如下：首先，依据起病情况、腹痛特点、腹围大小与呼吸促迫的关系以及胃管插入等来判定是不是胃扩张。若是采食后突然起病或在其他腹痛病的经过中病情突然加重，表现剧烈腹痛、口腔湿润而酸臭、频频嗳气、腹围不大而呼吸促迫，即可考虑是急性胃扩张。随即做食管及胃的听诊，如听到食管逆蠕动音和胃蠕动音，即可初步诊断为急性胃扩张。此时应立即插入胃管，目的是确定胃扩张的性质；若从胃管喷出大量酸臭气体和粥样食糜，腹痛随之缓和或消失，全身症状好转，即为气胀性胃扩张；如仅排出少量酸臭气体，导出少量或全然导不出食糜，腹痛无明显减轻，反复灌以 1～2L 温水能证实胃后送机能障碍，且直肠检查能摸到质地黏硬或呈捏粉样的胃壁，则提示可能是食滞性胃扩张；如从胃管自行流出大量黄绿色或黄褐色酸臭液体，而气体和食糜均甚少，则为积液性胃扩张，多是继发性的，要注意探索其原发病，包括小肠积食、小肠变位、小肠炎、小肠蛔虫性阻塞等，依据各原发病的临床特点，逐一加以鉴别。

【防治】为制止胃内腐败发酵和降低胃内压，对气胀性胃扩张，在导胃减压后经胃管灌服适量制酵剂即可，用乳酸 10～20mL 或食醋 500～1 000mL，75％酒精 100～200mL，液状石蜡 500～1 000mL，加水适量一次灌服。或用乳酸 15～20mL，75％酒精 50～100mL，松节油 40～60mL，樟脑 3～5g，加水适量混匀灌服。食滞性的，重点是反复洗胃，直至导出胃内物无酸味为止。积液性的多为继发，重点是治疗原发性，导胃减压只是治标，仅能暂时缓解症状。

为了镇痛，解除幽门痉挛，用 5％水合氯醛酒精液 300～500mL，一次静脉注射；0.5％普鲁卡因液 200mL，10％氯化钠液 300mL，20％安钠咖溶液 20mL，一次静脉注射；水合氯醛 15～30g，酒精 30～60mL，福尔马林 15～20mL，温水 500mL，一次内服。

为防止脱水和自体中毒，保护心脏，可依据脱水失盐性质，最好补给等渗或高渗氯化钠或复方氯化钠溶液，切莫补给碳酸氢钠溶液。

第六节 肠 炎

肠炎指肠黏膜的急性或慢性炎症。它既可作为仅侵害小肠黏膜的一种独立性疾病，通常更为常见的是广泛涉及胃或结肠炎性疾病。临床上以消化紊乱、腹痛、腹泻、发热为特征。

【病因】与胃炎多有相似之处。体内外的沙门氏菌、大肠杆菌、变形杆菌、弧菌及病毒等，在动物体抵抗力降低时，都可成为肠炎病原菌。肠炎也常作为某些传染病的症状，如犬瘟热、犬细小病毒病、猫泛白细胞减少症、钩端螺旋体病等。肠道寄生的绦虫、蛔虫、弓形虫和球虫等，在肠炎发生上也起一定作用。腐败变质、污染食物或刺激性化学物质（毒物、药物），某些重金属中毒以及某些食物性变态反应，都能引起肠炎。过食或长期滥用抗生素也可引起肠炎。

【临床症状】肠炎最为突出的症状是腹泻。十二指肠前部和胃发炎，或小肠患有严重的局限性病灶时，均可引起呕吐。患结肠炎时，可出现里急后重，粪便稀软、水样或胶冻状，并带有难闻的臭味。小肠出血性肠炎，粪便呈黑绿色或黑红色；大肠出血性肠炎，粪便表面附有鲜血丝或血块。

病原微生物所致肠炎，体温升高，精神沉郁，食欲减退或废绝。重剧肠炎动物机体脱水，迅速消瘦，电解质丢失和酸中毒。急性病例有拱腰、不安等腹痛症状，触诊腹壁紧张、敏感。有些患病动物，由于腹痛，胸壁紧贴冷的地面，举高后躯，呈祈祷姿势。病初肠蠕动音增强，其后出现反射性肠音降低，发生肠臌气。

慢性肠炎，病变和症状都较急性轻微，由于反复腹泻，动物脱水，消瘦，营养不良，或者腹泻与便秘交替出现，其他症状不太明显。病理变化轻者肠黏膜轻度充血和水肿，严重的为广泛性肠坏死，肝、肾实质脏器变性等。

【诊断】根据病史和症状易于诊断，但查清病因需要进行实验室检验。如检验粪便中寄生虫卵，培养分离病原菌。有条件的进行肠道钡剂造影，X线检查，或者使用内镜进行检查，这对确定病变类型和范围具有诊断参考意义。此外，血液检验和尿液分析，也有助于认识疾病的严重程度和判断预后，并对制订正确的治疗方案有指导作用。

【防治】

1. 控制饮食 病初要禁食，但应让患病动物少量多次饮水，最好让其自由饮用口服补液盐，病情好转时需给予无刺激性易消化食物，如牛奶、肉汤、鱼汤、淀粉糊或含脂肪少的鱼肉、鸡肉等，逐渐恢复常规饮食。

2. 控制和预防病原菌继发感染 可选用有效抗菌药物，如庆大霉素、阿莫西林、喹诺酮类或磺胺类药物等。

3. 补充水分、电解质和防止酸中毒 可选用复方生理盐水、葡萄糖、碳酸氢钠注射液等。

4. 对症治疗 腹泻伴有呕吐时，给予止吐药，如胃复安等。心脏衰弱时应用毒毛花苷K、地西泮等强心药。久泻不止时可用收敛剂，如鞣酸蛋白、白陶土、思密达等。对贫血、衰弱病犬，有条件的可给予输血，以增强机体抵抗力。

5. 驱虫 病因为寄生虫，应选用有效驱虫药。

第七节 肠 变 位

肠变位是由于肠管自然位置发生改变，致使肠系膜或肠间膜受到挤压或缠绞，肠管血液循环发生障碍，肠腔陷于部分或完全阻塞的一组重剧性腹痛病。临床特征是腹痛由剧烈狂暴转为沉重稳静，全身症状逐渐增重，腹腔穿刺液量多，红色浑浊，病程短急，直肠变位肠段有特征性改变。

肠变位是骡、马常发的五大腹痛病之一，各型肠变位约占马胃肠性腹痛病的1%。肠变位病势急，发展快，病期短，虽然发病率较低，但病死率很高。

【分类】肠变位包括 20 多种病，可归纳为肠扭转、肠缠结、肠嵌闭和肠套叠 4 种类型。

1. 肠扭转 肠管沿自身的纵轴或以肠系膜基部为轴而作不同程度的扭转，使肠腔发生闭塞、肠壁血液循环发生障碍的疾病。比较常见的是左侧大结肠扭转，左上大结肠和左下大结肠一起沿纵轴向左或向右做 180°～720°偏转；其次是小肠系膜根部的扭转，整个空肠连同肠系膜以前肠系膜根部为轴向左或向右做 360°～720°偏转；再次为盲肠扭转，整个盲肠以其基底部为轴向左或向右做 360°偏转。肠管沿自身的横轴而折转的，则称为折叠。如左侧大结肠向前内方折叠，盲肠尖部向后上方折叠等。

2. 肠缠结 一段肠管以其他肠管、肠系膜基部、精索、韧带、腹腔肿瘤的根蒂等为轴心进行缠绕而形成络结，使肠腔发生闭塞、肠壁血液循环发生障碍的疾病。比较常见的是空肠缠结，其次是小结肠缠结。

3. 肠嵌闭 一段肠管连同其肠系膜坠入与腹腔相通的天然孔或破裂口内，使肠腔发生闭塞、肠壁血液循环发生障碍的疾病。比较常见的是小肠嵌闭，其次是小结肠嵌闭。如小肠或小结肠嵌入大网膜孔、腹股沟管乃至阴囊、肠系膜破裂口、肠间膜破裂口、胃肠韧带破裂口以及腹壁疝环内。

4. 肠套叠 一段肠管套入其邻接的肠管内，使肠腔发生闭塞、肠壁血液循环发生障碍的疾病。套叠的肠管分为鞘部（被套的）和套入部（套入的）。依据套入的层次，分为一级套叠、二级套叠和三级套叠。一级套叠如空肠套入空肠、空肠套入回肠、回肠套入盲肠、盲肠尖套入盲肠体、小结肠套入胃状膨大部、小结肠套入小结肠等，二级套叠如空肠套入空肠再套入回肠、小结肠套入小结肠再套入小结肠等，三级套叠如空肠套入空肠，又套入回肠，再套入盲肠等。

【病因】

1. 导致肠管功能改变的因素 如突然受凉，采食冰冷的饮水和饲料，肠卡他，肠炎，肠内容物性状的改变（如肠内积沙、酸碱度降低引起肠弛缓，消化不良过程引起的肠分泌、吸收和蠕动功能变化等），肠道寄生虫，全身麻醉，以及肠痉挛、肠臌气、肠便秘和肠系膜动脉血栓和（或）栓塞等腹痛病的经过之中。肠管运动功能紊乱，有的肠段张力和运动性增强乃至痉挛性收缩，有的肠段张力和运动性减弱乃至弛缓性麻痹，致使肠管失去固有的运动协调性。

2. 机械性因素 在跳跃、奔跑、难产、交配等腹内压急剧增加的条件下，小肠或小结肠有时可被挤入孔穴而发生嵌闭。起卧滚转，体位急剧变换情况下（如腹痛），促使各段肠管的相对位置发生改变。

【临床症状】

1. 马肠变位 病马食欲废绝，口腔干燥，肠音微弱或消失，排恶臭稀粪，并混有黏液和血液。腹痛由间歇性腹痛迅速转为持续性剧烈腹痛，病马极度不安，急起急卧，急剧滚转，仰卧抱胸，驱赶不起，即使用大剂量的镇痛药，腹痛症状也常无明显减轻或仅起到短暂的止痛作用；在疾病后期，腹痛变得持续而沉重。随疾病的发展，体温升高，出汗，肌肉震颤；脉率增快，可达 100 次/min 以上，脉搏细弱或脉不感于手；呼吸急促，结膜暗红或发绀，四肢及耳鼻发凉，微血管再充盈时间显著延长（4s 以上）。

腹腔穿刺液检查：腹腔液呈粉红色或红色。

血液学检查：血沉明显减慢。

直肠检查：直肠空虚，内有较多的黏液。当前肠系膜扭转时，胃和空肠膨胀，空肠粗如前臂，前肠系膜呈螺旋扭转，触及时病畜剧痛不安；当左侧大结肠扭转时，盲肠臌气，有四条纵带和四列肠袋的左腹侧结肠位置在上方，较光滑的左背侧结肠位置在下方或两者平行并列，沿此肠段向前可摸到螺旋状的扭转部，触及时病畜表现剧痛；当空肠缠结（或小结肠缠结）时，胃和空肠膨胀（或盲肠、大结肠膨胀）、缠结处的肠管、肠系膜或韧带缠结成绳结状；若与腹腔肿瘤的根蒂缠结时，还可发现肿瘤及紧张的肿瘤蒂基部；当小肠（或小结肠）腹股沟嵌闭时，相应的肠管膨胀，前肠系膜（或后肠系膜）向后下方腹股沟管口倾斜，小肠肠祥（或小结肠肠祥）走向腹股沟管，牵拉时病畜剧痛不安；当肠套叠时，常可在发生套叠处摸到如同前臂或上臂粗的圆柱状肉样肠段，触压该部时，病畜表现剧痛。

2. 牛肠套叠 病牛无任何前驱征候，而突然发生剧烈的腹痛。后肢踢腹，或两后肢频频下蹲，甚至不断哞叫，应用镇静剂也不能安静。奶牛2～3d后产奶量下降，食欲不振并且便秘。病至后期，当肠管发生坏死时，病畜转为安静，腹痛似乎消失，但精神委顿，出现虚脱症状。体温通常正常，当发生肠管坏死和腹膜炎时，体温升高，脉搏增数，呼吸浅表，有喘息现象。反刍停止，瘤胃收缩无力，蠕动音减弱或停止。肠蠕动音减弱或废绝。有些患畜，病初排少量粪便，很快排粪停止，仅随努责排出黏液或纤维素块，有的混有松馏油样物质。

直肠检查，直肠空虚，或有浓稠黏液，或松馏油样物质，或少量带血的粪便，腹内压增高，大多数患畜，可在右肾下方或盆腔入口处，触摸到香肠样硬度表观疼痛的肿胀肠管，有的感到肠腔充满液体和气体。

3. 牛肠扭转 腹痛是本病的主要症状，且往往是突然发作，不时蹴踢腹部，背下沉，肩部和前肢颤抖，有时呻吟。有的卧地后不愿起立，若驱之起立，两后肢频频下蹲，不愿行走，强行驱赶时，行走小心。

食欲废绝，反刍停止。大部分呈前胃弛缓症状，少数瘤胃蠕动音废绝。初期排少量粪便，很快排粪、排尿停止。有些患畜腹围膨胀。体温可升高1℃左右。脉搏快而弱，呼吸无力，瞳孔和肛门反射消失，并呈现严重的脱水症状。

直肠检查，多数患畜可在右侧腹腔摸到一种粗硬的索状物。触摸扭转前段肠管，可感到肠腔充满液体和气体。

4. 猪肠套叠 突然不食，呈剧烈腹痛，表现为缩腹拱背，头部抵于地面或前肢伏地，不时发出哼声。严重的常突然倒地，翻倒滚转，四肢划动。病初频频排出稀粪，常混有大量黏液或血丝，后期排粪停止。当小肠套叠时，常发呕吐。瘦小的病猪，触诊腹部，有时可触到套叠肠管如香肠样，压迫该肠段，疼痛明显。无并发症时，体温一般正常，如继发肠炎或肠坏死，或腹膜炎时，则体温升高。

【诊断】根据病史以及腹痛表现和直肠检查情况，可建立初步诊断，必要时剖腹探查，可以确诊。

【治疗】根本的治疗在于早期确诊后进行开腹整复。为提高整复手术的疗效，在手术前实施常规疗法，如镇痛、补液和强心，并适当纠正酸中毒。少数轻度肠套叠患畜，经对症治疗，能自行恢复。疑似肠套叠时，可试用镇痛解痉剂，如1‰阿托品1～3mL，皮下注射，以解除肠痉挛，缓解疼痛，有时可使病猪获得治愈。

第八节 肠 便 秘

肠便秘是由于肠管运动机能和分泌机能紊乱，内容物滞留不能后移，水分被吸收，致使一段或几段肠管秘结的一种疾病。各种动物肠便秘的病因、临床症状、诊断方法和治疗方案差异较大，本文分别对牛、猪、兔、犬、猫等动物进行描述。

一、牛肠便秘

反刍动物肠便秘，是由于肠弛缓导致粪便积滞，所引起的腹痛病。临床上以排粪障碍和腹痛为特征。役用牛多发，老年牛发病率更高，乳牛少见。便秘部位大多数在结肠，亦有在小肠的。阻塞物以纤维球或粪球居首位。

【病因】役用牛肠便秘通常由于饲喂劣质的粗纤维性饲草，如甘薯藤、花生藤、麦秸、玉米秸、豆秸等而引起。上述饲草长期单一饲喂时更易发生。乳牛肠便秘多因长期饲喂大量精饲料而青饲料不足所引起。重度劳役，饮水不足，或运动不足以及牙齿磨灭不整，长期消化不良等，亦容易发生本病。

【临床症状】消化系统症状包括病畜食欲减损，甚至废绝，口腔干臭。鼻镜干燥，反刍停止。肠蠕动音大部分减弱或消失，排粪停止或排胶冻状黏液，少数患畜粪内混有血液。

病初腹痛比较轻微，但呈持续性，表现为呻吟，磨牙，拱腰努责，摇尾，排粪姿势，回顾腹部（多数顾右侧腹部），后肢踢腹，或两后肢交替踏地。不时起卧，有的卧地后头颈伏于地面，或躯体间歇性地向一侧倾仰，或两后肢伸直等。少数患畜（见于小肠便秘时）腹痛剧烈，两后肢下蹲，肘后、股前乃至全身肌肉震颤，或卧地不起，卧地后四肢不断划动如游泳状。病程进入晚期，则腹痛减轻或消失，精神沉郁，卧地怕动。全身状态：病初体温、呼吸、心率多数正常。少数伴有腹膜炎、肠炎的，体温升高，可视黏膜往往充血。病至后期，体温下降，心率增数，呼吸促迫，两眼紧闭，常因脱水、毒血症及休克而死亡。

直肠检查，大部分患畜肛门紧缩，直肠内干燥、空虚，或有胶冻状黏液，有时可于结肠部摸到秘结粪块，或感到结肠或空肠、回肠有积液。

【诊断】依据病史，腹痛，排粪情况以及直肠检查变化，可做出初步诊断。但有时须与瓣胃阻塞和皱胃积食区别，必要时可开腹探查。

【防治】本病的治疗，主要在于疏通肠管，解除肠弛缓。初期，可内服泻剂和皮下注射拟胆碱药物。如硫酸镁或硫酸钠500～800g，加水10 000～16 000mL，或液状石蜡1 000～2 000mL，或植物油500～1 000mL，一次内服。皮下注射小剂量的氨甲酰胆碱、新斯的明等，亦可静脉注射浓盐水300～500mL。结肠便秘还可采用温肥皂水15 000～30 000mL深部灌肠。病畜高度脱水时，需大量输液，每天至少4 000mL，重症患畜可补液8 000～10 000mL，最好在补液时加输1‰氯化钾液100～200mL。

经用上述措施不见好转，全身症状逐渐增重时，可施行右腹壁切开术，开腹按压。

二、猪肠便秘

【病因】猪肠便秘是由于肠内容物停滞，变干、变硬，致使肠腔阻塞。通常多由于长期饲喂不易消化的含粗纤维多的饲料，或饲料内含泥沙过多，或喂精料过多，而青饲料和饮水不足，长期舍饲，缺乏运动等而引起便秘。此外，某些传染病，如猪瘟、猪丹毒等，或其他热性病经过中，也常继发本病。

【临床症状】精神不振，结膜潮红，呼吸稍快，食欲减退或废绝，口渴贪饮，起卧不安，或急剧奔跑等。频做排粪动作，两后肢开张，干硬粪球。腹围多膨大。腹部听诊，肠鸣音减弱或消失。按压时往往有疼痛表现。但难以排出粪便或初期仅排出少量带有黏液或血丝的粪便。腹部触诊，体瘦的病猪一般可摸到大肠内干硬的粪便。

体温一般变化不大。若病程延长，可引起肠壁坏死，渗出物增多，并发局限性腹膜炎。有时因结粪压迫膀胱颈部，可发生排尿障碍。

【防治】

1. 缓泻 常用硫酸钠（或硫酸镁）30～100g，加水内服；或人工盐40～100g，水适量，内服；或植物油50～250mL，或液状石蜡60～100mL，内服。妊娠猪宜用油类泻剂。

也可选用下列中药方剂：棉籽油250mL、石膏50g、白萝卜籽100g，温水适量，内服。或芒硝、大黄各25g，共为末，蜂蜜150g调和，内服。

2. 深部灌肠 常用大量1‰温食盐水或软肥皂水灌肠，妊娠猪忌用；也可将手指涂些植物油或润滑剂后伸入直肠内钩出结粪。

3. 对症疗法 腹痛剧烈，骚动不安时，应用镇静剂如溴化钠（或溴化钾、溴化钙）5～10g，内服；或巴比妥（或苯巴比妥）0.1～0.5g肌内注射；或安溴注射液10～30mL，静脉注射。心力衰竭时，应用强心剂，如10%安钠咖溶液2～10mL，或强尔心注射液5～10mL，肌内或皮下注射。

机体极度衰弱时，应用10%葡萄糖注射液250～500mL，静脉、皮下或腹腔注射，每日2～3次。

继发性便秘，主要治疗原发病。粪便排出后的恢复期，宜适当运动，喂给多汁易消化的青饲料，并应限制喂量，但饮水要充足。

预防方面要合理地调配饲料，改进饲养管理，饲料要合理搭配。每天应喂给适量的食盐（约占饲料总量的0.5%）。充分饮水，适当运动。

三、犬、猫肠便秘

犬、猫便秘是由于肠蠕动机能障碍，肠内容物不能及时后送而滞留于大肠内，水分进一步吸收，内容物变干、变硬，致使排粪过少或排粪困难的现象。便秘是犬猫的常见病，多发于老龄犬猫。

【病因】引发此病的主要原因有：①饲料中混有骨头、毛发等；②生活环境的改变，打乱了犬的原有的排便习惯；③患有肛门脓肿、肛瘘和直肠肿瘤等病；④肠套叠、肠疝、骨盆骨折和前列腺肥大等。

【临床症状】主要表现为排便困难。动物经常试图排粪，反复努责而排不出粪便，常因疼痛而鸣叫，有时仅排少量附有血液和黏液的干粪。初期精神、食欲多无变化，久之出现食欲不振甚至废绝。动物腹围膨大，腹痛，背腰拱起，有时出现呕吐。结肠梗阻有时可发生积粪性腹泻，排出褐色水样粪便。腹部触诊可触及肠管内成串的秘结粪块，肛门指检过敏，在直肠内有干燥、秘结的粪块。X线检查，清晰可见肠管扩张状态，其中含有致密粪块的异物阴影。

【诊断】根据排粪困难的病史和触诊摸到大肠内成串的干硬粪块，按压时有疼痛表现及肛门指检，不难确诊。

【治疗】对原发性便秘，主要是疏通肠管，促进排便。可用温皂水、甘油或液状石蜡（5～30mL）灌肠。但在灌肠时，注意压力不可过高，否则易造成直肠壁穿孔。或服用缓泻药，如硫酸钠或硫酸镁 5～30g，日常饮水 200mL，一次灌服。如果是轻度的便秘，内服蜂蜜，也可获得较好的效果。对于继发性便秘，主要是治疗原发病。粪便畅通后，让犬适当运动，并合理调配饲料，要给犬足够的饮水。

第四单元　肝脏、腹膜和胰腺疾病★★★

第一节　肝　炎

肝炎又称急性实质性肝炎，是以肝细胞变性、坏死和肝组织炎性病变为病理特征的一组肝脏疾病。马、牛、猪、羊、犬、猫、鸭等各种动物均可发生。按病程，有急性和慢性之分。按病理变化，分为黄色肝萎缩和红色肝萎缩。

【病因】导致肝组织坏死和炎症的原因很多很杂，通常归类于中毒、感染、侵袭、营养缺乏和循环障碍5类因素。

1. 中毒性肝炎　见于各种有毒物质中毒，如磷、砷、锑、硒、铜、钼、四氯化碳、六氯乙烷、棉酚、煤酚、氯仿等化学毒中毒；千里光、猪屎豆、羽扇豆、杂三叶、天芥菜等有毒植物中毒；黄曲霉、红青霉、杂色曲霉、构巢曲霉、黑团孢霉等真菌毒素中毒；还见于饲喂尿素过多或尿素循环代谢障碍所致的氨中毒等。

2. 感染性肝炎　见于细菌、病毒、钩端螺旋体等各种病原体感染，如马传染性贫血、沙门氏菌病、钩端螺旋体病、马病毒性动脉炎、牛恶性卡他热、猪瘟、猪丹毒、犬病毒性肝炎、犬疱疹病毒性肝炎、鸭病毒性肝炎，以及伴有肝脏肉芽肿形成的全身性真菌病等。

3. 侵袭性肝炎　主要见于肝片吸虫、血吸虫的严重侵袭。蛔虫幼虫的移行，也是动物肝炎的常见原因。

4. 营养缺乏性肝炎　主要见于硒和维生素E缺乏症、蛋氨酸缺乏和胱氨酸缺乏。如猪、鸡、大鼠以至绵羊的饮食性肝坏死。

5. 充血性肝炎　充血性心力衰竭时，肝窦状隙内压增大，肝实质受压并缺氧，可导致肝小叶中心变性和坏死。如犬恶丝虫病所致的腔静脉综合征时，前腔、后腔静脉内有大量心丝虫成虫，造成严重的肝被动性充血，可引起急性肝炎、肝衰竭甚至死亡。

【发病机制】本病是由于受传染性和中毒性因素的侵害，肝细胞发生炎性肿胀、变性和坏死，影响胆汁的形成和排泄，血中胆红素增多，引起黄疸；血液中胆酸盐过多，刺激血管感受器，反射性地引起迷走神经兴奋，心跳变慢；排泄到肠道内的胆汁减少或缺乏，肠道蠕动缓慢，故病初便秘，继而肠内容物腐败加剧，同时脂肪消化、吸收障碍，则发生下痢；肠道中维生素 K 的吸收与合成减少，致凝血酶原减少，病畜具有出血性素质。由于肝细胞受损，肝的代谢和解毒功能障碍，所以出现酸中毒、肝性昏迷。

【临床症状】

1. 急性肝炎 表现消化不良，粪便臭味大而色泽浅淡。可视黏膜黄染（肝性黄疸），肝浊音区扩大，触诊疼痛。

2. 充血性肝炎 表现精神沉郁、嗜睡、昏睡、昏迷或兴奋狂暴等神经症状（肝脑病症状）。鼻、唇、乳房等无色素部皮肤发红、肿胀、瘙痒，甚至溃疡，显现光敏性皮炎。体温升高或正常，脉搏和心动徐缓。有的全身无力，表现轻微腹痛或排粪带痛。

3. 慢性肝炎 由急性肝炎转化而来，呈现长期消化不良，逐渐消瘦，可视黏膜苍白，皮肤浮肿，继发肝硬化则出现腹水。充血性肝炎还伴有慢性充血性心力衰竭及其原发病所固有的症状和体征。

肝功能检查：血清黄疸指数升高；直接胆红素和间接胆色素含量增高；尿中胆红素和尿胆原试验呈阳性反应；血清胶体稳定性试验强阳性；乳酸脱氢酶（LDH）、丙氨酸转氨酶（ALT）、天冬氨酸转氨酶（AST）等反映肝损伤的血清酶类活性增高。

【诊断】依据于临床表现、肝功能试验以及肝活体组织病理学检验。病因诊断较难，应首先做出上述 3 种病因类型的归属，然后逐个确定其具体病因。

【防治】要点是除去病因，保肝利胆。除去病因，在大多数情况下指的是治疗原发病，而许多原发病本身是很难治愈的。

常用的疗法包括：静脉注射 25% 葡萄糖溶液、5% 维生素 C 溶液和 5% 维生素 B_1 溶液；服用蛋氨酸、葡醛内酯等保肝药，内服人工盐等盐类泻剂配合鱼石脂等制酵剂，以清肠利胆；有出血倾向的可用止血剂和钙制剂；狂躁不安的，应给予镇静安定药等，做对症处置。

第二节　胆　囊　炎

胆囊炎是指胆囊壁的炎症。在各种动物都有发生，马属动物虽无胆囊，但有时亦发生胆管炎。

【病因】细菌感染，如大肠杆菌、沙门氏菌、葡萄球菌、链球菌感染等；胆囊结石；胆囊内寄生虫，如肝片吸虫、矛形双腔吸虫；十二指肠炎症的蔓延。此外，还继发于钩端螺旋体病、山羊传染性胸膜肺炎、猪瘟等疾病。

【临床症状】急性胆囊炎，病畜体温升高，恶寒战栗，轻微黄疸，腹痛；肝脏部触诊，病畜疼痛不安。血液检查：白细胞数及中性粒细胞增多，核左移；血清胆红素和碱性磷酸酶升高。中、小动物 B 超检查，可见胆管扩张，胆囊肿大，若由胆结石引起，可见由胆结石形成的光团。

慢性胆囊炎，病畜表现为食欲减退，便秘或腹泻，黄疸、腹痛、消瘦、贫血。B超检查，胆管壁和胆囊壁增厚。当继发肝硬化时，还出现浮肿和腹水。若继发于传染病，还有其所患传染病的固有症状。

【防治】使病畜保持安静，饲喂有营养、易消化的饲料。当病畜疼痛不安时，可内服水合氯醛，或者肌内注射阿托品、山莨菪碱。同时，应用青霉素、四环素或土霉素，以及磺胺类药物消炎，防止继发性感染。

病程中，应及时应用利胆剂，如去氢胆酸、消胆胺、人工盐、硫酸镁；静脉注射葡萄糖、维生素等保肝药物。对于化脓性胆管与胆囊炎、胆结石或穿孔，应采取外科手术疗法。

第三节　胆　石　症

胆石症是指胆道系统包括胆囊或胆管内发生结石的疾病。按胆石成分可分为三种类型：①胆红素钙石，主要成分为胆红素钙，呈棕黑色，硬度不一，形状不定，有时呈胆泥或胆沙状，多见于牛、猪和犬；②胆固醇石，主要成分为胆固醇，常呈单个大的结石，白色或淡黄色，质较软，多发生于鼠、猴和狒狒；③混合胆石，主要成分为胆红素、胆固醇和碳酸钙，呈黄色和棕褐色，切面呈同心环状层，常发生在胆囊，见于各种动物。

【病因】一般认为是机体代谢紊乱，胆管和胆囊的感染性和寄生虫性炎症，细菌团块和脱落的上皮细胞等形成的结石核心物质，以及胆汁瘀滞等，使胆红素颗粒、胆固醇和矿物盐结晶沉积于核心物质上而形成结石。

【临床症状】因动物不同而有差异，但主要表现消化机能和肝功能障碍，如厌食、慢性间歇性腹泻、渐进性消瘦、可视黏膜黄染等。

【诊断】依据临床症状，怀疑为胆石症时，可进行X线胆道造影和B超检查。

【防治】可采用中西兽医结合的排石、溶石等方法进行治疗。对于一些比较大的、药物不起作用的结石，实施手术取出结石或直接切除胆囊是目前最好的办法。

第四节　腹　膜　炎

腹膜炎是腹膜壁层和脏层各种炎症的统称。按疾病的经过，分为急性和慢性腹膜炎；按病变的范围，分为弥漫性和局限性腹膜炎；按渗出物的性质，分为浆液性、浆液-纤维蛋白性、出血性、化脓性和腐败性腹膜炎。临床上以腹壁疼痛和腹腔积有炎性渗出液为其特征。各种动物均可发生，多见于马、牛、犬、猫和禽类。

【病因】原发性病因包括腹壁创伤、透创、手术感染；腹腔和盆腔脏器穿孔或破裂；马圆形线虫幼虫、禽前殖吸虫、牛和羊的幼年肝吸虫等腹腔寄生虫的重度侵袭以及家禽的腹膜真菌感染，如孢子丝菌病等。

继发性腹膜炎常发生于下列两种情况：邻接蔓延，如子宫炎、膀胱炎、肠炎、肠变位、前胃炎、皱胃炎、肠系膜动脉血栓-栓塞、顽固性肠便秘时，因脏壁损伤，失去正常的屏障机能，腹、盆腔脏器内的细菌经脏壁侵入腹膜脏层和壁层所致。血行感染，如马鼻疽、牛结核病、禽结核病、猪丹毒、巴氏杆菌病、犬诺卡氏菌病、猫传染性腹膜炎等病程中，病原体经血行感染腹膜所致。

【临床症状】腹膜炎的临床症状，因畜种和病型而异。

1. 马急性弥漫性腹膜炎 全身症状重剧，包括食欲废绝，精神沉郁，体温升高到40℃或以上，脉搏细数，呼吸浅速，胸式为主。突出而固定的症状是腹膜性疼痛表现。病马不断回顾腹部，拱腰屈背，四肢集拢腹下，站立不动，想卧又不敢卧，或卧下后很快又起立，强拉硬拽则细步轻移，行行止止，显示典型的沉重的腹痛表现。

腹围不同程度地上方膨大或下侧方沉坠。肠鸣音减弱或消失，触压腹壁紧张，表现疼痛不安。

直肠检查可感到腹膜粗糙、敏感，腹腔穿刺可获得大量浆液性、浆液纤维蛋白性、脓性、腐败性、出血性、氨臭、混合饲料或粪渣的渗出物（胃肠破裂），因病型及病因而异。

血液学检验，除伴随内毒素血症和内毒素休克时的白细胞总数急剧减少外，通常随着炎症病程的进展，呈白细胞增多症，中性粒细胞比例增高，核左移。

2. 牛腹膜炎 临床症状因病型和病因而显著不同。

继发于产褥热或胃、肠、子宫、膀胱、脓肿破裂的脓毒性腹膜炎，发高热或轻热，全身症状重剧，衰竭，腹泻，可于数日内或数小时内死于脓毒败血症或内毒素休克。

一般原因所致的急性弥漫性腹膜炎，临床症状也不如马那样重剧而典型。病牛背腰拱曲，四肢置于腹下，腹部吊起，呆立一处，或呈拖行步态。变换体位时，颜面忧苦，发呻吟声，表现隐微的腹痛。触诊腹壁有时也表现疼痛反应。

比较明显的外部表现是反射性瘤胃弛缓和臌气，以及反射性肠弛缓和便秘。显现精神沉郁，发热（中热或轻热），脉搏显著加快而微弱，短促的胸式呼吸。随着病程的进展，腹膜刺激症状和缓，腹腔内积有大量渗出液，腹壁疼痛减轻而松弛，下侧方腹围显现膨大，腹腔穿刺可获得大量渗出液。胃肠症状依然存在而全身症状不断恶化。

3. 犬和猫急性弥漫性腹膜炎 初期（干性腹膜炎），精神委顿，食欲不振，显著发热（高热或中热），反复呕吐。腹壁张力增高并吊起，呼吸浅速呈胸式，脉搏疾速而强硬。触压腹部，表现强烈的疼痛反应。以后，腹腔内出现并蓄积渗出液（湿性腹膜炎），腹痛即明显缓和，但发热依旧，脉搏更快。呼吸窘迫，全身状态恶化。腹下部两侧呈对称性腹周膨大，触诊腹壁感有波动，闻震荡音，腹壁叩诊可确定上界呈水平线的浊音区，随体位而改变。

慢性弥漫性腹膜炎，常为湿性腹膜炎，多系结核病和诺卡氏菌病的临床表现。发热轻微或不发热，多无腹痛，有腹水，腹腔穿刺流出的系渗出液。结核病的穿刺液呈灰黄色而浑浊，诺卡氏菌病穿刺液比较浓稠，呈黄红或棕红色。抹片染色或行培养可找到相应的病原体。

【诊断】根据临床症状结合血液学检查结果综合诊断。

【防治】原则是抗菌消炎，制止渗出，纠正水盐代谢紊乱。

1. 抗菌消炎 治疗腹膜炎的首要原则。腹膜炎常因多种病原菌混合感染而引起，广谱抗生素或多种抗生素联合使用的效果较好。如四环素、卡那霉素、庆大霉素、红霉素、青霉素、链霉素等静脉注射、肌内注射或大剂量腹腔内注入。

2. 消除腹膜炎性刺激的反射性影响 可用0.25%盐酸普鲁卡因液150～200mL做两侧

肾脂肪囊内封闭，或 0.5%～1%盐酸普鲁卡因液 80～120mL 做胸膜外腹部交感神经干封闭或阻断。

3. 制止渗出　可静脉注射 10%氯化钙液，马、牛 150～200mL，每日 1 次。

4. 纠正水、电解质与酸碱平衡失调　可用 5%葡萄糖生理盐水或复方氯化钠溶液（每千克体重 20～40mL），静脉注射，每日 2 次。对出现心律失常、全身无力及肠弛缓等缺钾症状的病畜，可在糖盐水内加适量 10%氯化钾溶液，静脉滴注（氯化钾的总用量应依据血钾恢复程度确定）。

腹腔渗出液蓄积过多而明显影响呼吸和循环功能时，可穿刺引流。

出现内毒素休克危象的病畜，应依据情况，按中毒性休克施行抢救。

预防腹膜炎，主要在于防止腹膜继发感染，如对腹壁透创，要彻底清洗；腹部手术要严密消毒，精心护理，防止创口感染等。

第五节　腹腔积液综合征

腹腔积液综合征又称腹水，即腹腔内蓄积大量浆液性漏出液。它不是独立的疾病，而是伴随于诸多疾病的一种病征。多见于猪、羊、犬、猫等中小动物。

【病因】有多种病因：①心源性腹水，出现于能造成充血性心力衰竭的各种疾病，如三尖瓣关闭不全和右房室孔狭窄，使静脉系统淤血，体腔积液。②稀血性腹水，出现于能造成血液稀薄和胶体渗透压明显降低的疾病，如慢性贫血、肝功能衰竭、蛋白丢失性肾病、蛋白丢失性肠病、严重营养不良、大面积皮肤烧伤等，使蛋白质丢失过多而体液存留而致发本病。③淤血性腹水，出现于能造成门静脉系统淤血的各种疾病，如肝硬化、慢性肝炎、肝肿瘤、肝片吸虫病等，因门静脉压升高致使血行受阻，毛细血管内液体渗出而发生腹水。④淋巴管阻塞也会引起腹水，常见于肿瘤压迫、结核病引起的淋巴回流受阻。⑤机体硒缺乏或不足，使肌组织、肝脏、淋巴器官等受到过氧化损害和微血管损伤，导致渗出性素质，致使腹腔及其他体腔发生积液。

【临床症状】视诊腹部下侧方见有对称性增大而腰旁窝塌陷。当动物体位改变时，腹部的形态也随着改变。触诊腹部不敏感，冲击腹壁有震水音，叩诊两侧腹壁呈对称性的等高的水平浊音，腹腔穿刺有多量液体流出。患畜食欲减退、消瘦，被毛粗乱，便秘，有时便秘和下痢交替出现，排尿减少。腹水过多时膈肌运动障碍而表现持续存在的呼吸困难，体温一般正常。

【诊断】根据腹围增大，腹部下侧方见有对称性增大而腰旁窝塌陷，叩诊呈水平浊音，触诊有波动或发生震水音，可做出初步诊断。确诊需进行腹腔穿刺液检查，鉴别腹腔积液的性质。也可进行 B 超检查。检测病原常用 PCR 等方法。

【防治】预防：主要是避免各种不良因素的刺激，特别是注意防止腹腔及骨盆腔脏器的破裂和穿孔；导尿、直肠检查、灌肠、去势、腹腔穿刺及腹壁手术按照操作规程进行，防止腹腔感染；母畜分娩、胎盘剥离、子宫整复以及子宫内膜炎的治疗等都需谨慎，防止本病发生。

治疗原则为消除病因，制止漏出，利尿，并排出腹腔液体。关键在于除去病因，治疗原发病，如肾病、慢性间质性肾炎、肝硬化、营养不良、心脏衰弱等。为制止漏出，可静脉缓慢注射 10％氯化钙或水解蛋白液，促进漏出液的吸收和排出，可应用强心药和利尿药，如洋地黄和双氢克尿噻等，并配合 25％葡萄糖、B 族维生素、维生素 C 等。有大量积液时，应采取腹腔穿刺排液，一次排液量不可过大，以防动物发生虚脱。

第六节　胰 腺 炎

胰腺炎是胰腺因胰蛋白酶的自身消化作用而引起的疾病。可分为急性及慢性两种。

【病因】 在急性胰腺炎胰液分泌亢进和不全阻塞并存。近年又注意到受细菌感染的胆汁可破坏胰管表面被覆的黏液屏障，强调了胆道感染对本病发生的重要性。

在慢性胰腺炎，由于急性胰腺炎反复发作造成的一种胰腺慢性进行性破坏的疾病。有的患畜急性期不明显，症状隐匿，发现时即属慢性。临床上常伴有胆道系统疾病，患畜有腹痛、脂性泻，有时并发糖尿病。

【临床症状】 急性胰腺炎是临床上常见的引发急性腹痛的病症（急腹症），是胰腺中的消化酶发生自身消化的急性化学性炎症。急性胰腺炎时胰腺水肿或坏死出血，临床表现为突然发作的急剧上腹痛，向后背放射，恶心、呕吐、发热、血压降低，血、尿淀粉酶升高为特点。急性胰腺炎坏死出血型病情危重，很快发生休克、腹膜炎，部分患畜发生猝死。

【诊断】 诊断主要根据临床表现，实验室检查和影像学所见。

【防治】 根据临床表现及病型，选择恰当的治疗方法。

1. 非手术治疗　急性胰腺炎的初期，轻型胰腺炎及尚无感染患畜均应采用非手术治疗。

2. 禁食、鼻胃管减压　持续胃肠减压，防止呕吐和误吸。给全胃肠动力药可减轻腹胀。

3. 补充体液，防治休克　患畜均应经静脉补充液体、电解质和热量，以维持血液循环稳定和水、电解质平衡。预防出现低血压，改善微循环，保证胰腺血流灌注对急性胰腺炎的治疗有益。

4. 解痉止痛　诊断明确者，发病早期可对症给予止痛药（哌替啶）。但宜同时给解痉药（山莨菪碱、阿托品）。禁用吗啡，以免引起括约肌痉挛。

5. 抑制胰腺外分泌及胰酶抑制剂　胃管减压、H_2 受体阻滞剂（如西咪替丁）、抗胆碱能药（如山莨菪碱、阿托品）、生长抑素等，但后者价格昂贵，一般用于病情比较严重的患畜。胰蛋白酶抑制剂如抑肽酶、加贝酯等具有一定的抑制胰蛋白酶的作用。

6. 营养支持　早期禁食。当腹痛、压痛和肠梗阻症状减轻后可恢复饮食。除高脂血症患畜外，可应用脂肪乳剂作为热源。

7. 抗生素的应用　早期给予抗生素治疗，在重症胰腺炎合并胰腺或胰周坏死时，经静脉应用广谱抗生素或选择性经肠道应用抗生素可预防因肠道菌群移位造成的细菌感染和真菌感染。

8. 手术治疗　胰腺脓肿，胰腺假囊肿和胰腺坏死合并感染是急性胰腺炎严重威胁生命的并发症。急性胰腺炎的手术治疗指征包括：继发性的胰腺感染；合并胆道疾病；虽经合理支持治疗，而临床症状继续恶化。手术方式主要是剖腹清除坏死组织，放置引流管，以便术后持续灌洗，然后将切口缝合。

第五单元 呼吸系统疾病★

第一节　鼻　炎

　　鼻炎是鼻黏膜发生充血、肿胀而引起以流鼻液和打喷嚏为特征的急性或慢性炎症。鼻液根据性质不同分为浆液性、黏液性和脓性。各种动物均可发生，但主要见于马、犬和猫等。

　　【病因】

　　1. 物理性因素　如寒冷的刺激，粗暴的鼻腔检查，经鼻腔投药，使用胃管不当造成鼻黏膜的损伤，吸入环境中的粉尘，植物纤维，花粉及霉菌孢子的刺激，也见于动物吸入饲草料、麦芒或异物卡塞于鼻道对鼻黏膜的机械性直接刺激所致。

　　2. 化学性因素　包括挥发性化工原料（如 SO_2、HCl）的泄漏，饲养场（舍）内的废气（如 NH_3、H_2S）、烟雾、农药及化肥等有刺激性的气体，战争中的化学毒气等直接刺激鼻黏膜所致。

　　3. 生物性因素　由某些病毒（如流感病毒、牛恶性卡他热病毒、犬瘟热病毒、犬副流感病毒、猫细小病毒等），细菌（如巴氏杆菌、支气管败血波氏杆菌等），寄生虫（如犬鼻螨、犬肺棘螨、羊鼻蝇），鼻部肿瘤等引起。

　　4. 其他因素　如邻近器官的炎症（如咽炎、坏死性喉炎、副鼻窦炎、支气管炎和肺炎、结核病、喷射性呕吐所致的鼻腔污染、口腔的炎症）等疾病过程中常伴有鼻炎症状。犬、猫鼻部外伤或先天性软腭缺损导致的炎症；某些过敏性疾病。

　　【临床症状】

　　1. 急性鼻炎　因鼻黏膜受到刺激主要表现打喷嚏，流鼻液，摇头，摩擦鼻部，轻度咳嗽。病畜体温、呼吸、脉搏及食欲一般无明显变化。一侧或两侧性鼻孔流出鼻液，先为浆液性，后为黏液性，甚至脓性，有时混有血液。鼻孔周围的皮肤可能发生表皮脱落。当鼻孔被排泄物、结痂物阻塞时，出现呼吸促迫，张口呼吸。伴有结膜炎时，可见到羞明、流泪。伴下颌淋巴结明显肿胀时则吞咽困难。常伴发扁桃体炎和咽喉炎。此外，个别患病犬、猫会出现呕吐，食欲减退。

　　2. 慢性鼻炎　病程较长，病情时轻时重，长期流脓性鼻液，鼻侧常见到色素沟，严重者，鼻腔黏膜溃烂。伴有副鼻窦炎时，常引起骨质坏死和组织崩解，鼻液内可能混有血丝，并散发出腐败气味。呼吸困难，尤其是运动后常出现前肢叉开甚至呈犬坐姿势，呼吸用力。严重时，张口呼吸，出现阵发性喘气，鼻鼾明显。

【诊断】单纯鼻炎，根据鼻黏膜充血、肿胀及打喷嚏和流鼻液等特征性症状即可确诊。但应注意本病与鼻腔鼻疽、马腺疫、流行性感冒及副鼻窦炎等疾病的鉴别诊断。

鼻腔鼻疽，初期鼻黏膜潮红肿胀，一侧或两侧鼻孔流出灰白色、黏液性鼻液，其后鼻黏膜上形成小米粒至高粱粒大小的灰白色、圆形小结节，突出于黏膜面，结节迅速坏死、崩解，形成深浅不一的溃疡，有些病灶逐渐愈合，形成放射状或冰花状的瘢痕。下颌淋巴结肿大。鼻疽菌素试验阳性。

马腺疫主要表现体温升高，下颌淋巴结及其邻近淋巴结肿胀、化脓，脓肿内有大量黄色黏稠的脓汁。病马咳嗽，咽喉部知觉过敏。脓汁涂片染色镜检，可发现形成弯曲、波浪状长链的马腺疫链球菌，菌体大小不等。

流行性感冒传染性极强，发病率很高，体温升高，眼结膜水肿，黏膜卡他性炎症症状明显。利用鼻液或咽喉拭子样本经鸡胚内分离获得血凝性流感病毒。

副鼻窦炎多为一侧性鼻液，特别在低头时大量流出。

鼻内肿瘤通过临床症状、鼻窦部叩诊可做出初步诊断；内镜检查、X线技术有助于确诊。

【防治】防止受寒感冒和其他致病因素的刺激是预防本病发生的关键。治疗应做好以下几点：

1. 去除病因 将患病犬、猫安置在温暖、通风良好的场所。

2. 局部用药 对有黏稠鼻液的病例，选用温热生理盐水或1‰碳酸氢钠溶液冲洗鼻腔，每日1～2次。对有大量稀薄鼻液的病例，选用1‰明矾溶液，2‰～3‰硼酸溶液，0.1‰高锰酸钾溶液或0.1‰鞣酸溶液冲洗鼻腔，每日冲洗鼻腔1～2次。冲洗后涂以青霉素或磺胺软膏，也可向鼻腔内撒入青霉素或磺胺类粉剂。对于鼻塞严重的，可用去甲肾上腺素滴鼻液（内含0.2‰去甲肾上腺素、3‰洁霉素、0.05‰倍他米松）滴鼻，每日数次，使用1～2周后间断1～2周，避免长期连续用药。当鼻腔黏膜严重充血时，可用血管收缩药，如1‰麻黄碱滴鼻。也可用2‰克辽林或2‰松节油进行蒸汽吸入，每日2～3次，每次15～20min。

3. 抗菌消炎 对炎症较为严重的犬、猫，肌内注射氨苄青霉素，每次0.5g，每日2次；肌内注射青霉素和链霉素，每次各80万U，每日2次，连用3～5d。也可选用其他抗生素，如头孢类（头孢曲松、头孢噻呋钠等）或拜有利（恩诺沙星）。对霉菌性鼻炎应根据真菌病原体的鉴定结果，用抗真菌药物进行治疗。寄生虫性鼻炎要驱虫。对小动物的鼻腔肿瘤，应通过手术将大块鼻甲骨切除，然后进行放射治疗。

4. 激素治疗 对于慢性鼻炎、变态反应性鼻炎，可口服或肌内注射地塞米松，按每千克体重0.125～1mg用药，每日1次，连用3～5d。

第二节 喉　炎

喉炎是喉黏膜及黏膜下层组织的炎症。临床上以剧烈咳嗽，喉部疼痛，敏感，肿胀为特征。各种动物均可发生，主要见于马、牛、羊和猪。依其炎性的性质可分为卡他性和纤维蛋白性喉炎。

【病因】

1. 物理性因素 如寒冷的刺激，吸入尘埃及异物的损伤（如骨头、针、别针及外界的刺伤），插管麻醉或插入胃管时损伤黏膜而引起喉头发炎，温热的刺激，过度的鸣叫等引起。

2. 化学性因素 包括挥发性化工原料（如 SO_2、HCl）的泄漏，饲养场（舍）内的废气（如 NH_3、H_2S）、烟雾、农药以及化肥等有刺激性的气体等直接刺激喉、鼻黏膜所致。

3. 生物性因素 由某些病毒（如犬瘟热病毒、猫疱疹病毒、牛疱疹病毒、羊痘病毒、猪流感病毒等病毒），细菌（如化脓性放线菌、坏死梭杆菌、假结核棒状杆菌）感染所致。

4. 其他因素 如邻近器官炎症（如鼻炎、咽炎、扁桃体炎、气管炎、肺炎）的蔓延。

【临床症状】

1. 急性喉炎 主要表现为咳嗽。病畜表现为咳嗽、吞咽时有明显疼痛、流鼻涕、厌食、口渴、呼气恶臭等症状。患病犬、猫叫声嘶哑或完全叫不出来，表情极为痛苦。病初可听到干而痛的干咳，声音短促强大，后期转为湿而长的湿咳，声音嘶哑。触诊喉部，病畜表现敏感、疼痛、肿胀、发热，可引起强烈的咳嗽，且咳后常发生呕吐。病畜可能流浆液性、黏液性或黏液脓性的鼻液，下颌淋巴结肿大，头部不愿转动。喉部听诊可听到大水泡音或喉头狭窄音。轻症时，无明显的全身症状。重症时，体温升高 $1\sim1.5℃$，精神沉郁，脉搏加快，可视黏膜发绀。当喉部出现水肿时，患病犬、猫呈吸气性呼吸困难，张口呼吸。严重时，窒息死亡。

2. 慢性喉炎 一般无明显的症状，仅表现为早晨频频咳嗽，喉部触诊敏感。喉黏膜增厚，肿胀呈颗粒状或结节状，结缔组织增生，喉腔狭窄。

【诊断】根据临床症状可做出初步诊断，确诊则需要进行喉镜检查。喉镜检查，犬检查前先用硫酸阿托品按每千克体重 $0.02\sim0.05mg$ 皮下注射，然后用舒泰50或舒泰100，配合846按每千克体重 $0.1mL$ 肌内注射，做全麻，或做吸入麻醉。检查声带两侧的表面、左右梨状窦、侧室声带、舌下、喉头等部位，重点观察其形状、颜色、运动情况有无异常。此外，可用 X 线和内镜确诊病变。

同时应注意本病与鼻炎、咽炎和支气管炎的区别诊断。①鼻炎：鼻液增多，吸气更加困难，但一般不咳嗽。②咽炎：主要表现为吞咽障碍，吞咽时食物和饮水常从两侧鼻孔流出，咳嗽较轻。③支气管炎：喉部不敏感，无单纯性吸气困难的症状，咳嗽不及喉炎剧烈。

【治疗】

1. 及时去除病因 将患病犬、猫置于温暖、清洁的环境中，同时饲喂营养均衡的流质或柔软食物。

2. 止痛、镇咳、祛痰 缓解疼痛主要采用喉头封闭。喉头周围封闭，马、牛可用 0.25%普鲁卡因 $20\sim30mL$，青霉素 40 万～100 万 IU 混合，每日 2 次。干咳时，大家畜常用人工盐 $20\sim30g$，茴香粉 $50\sim100g$，马、牛一次内服；或碳酸氢钠 $15\sim30g$，远志酊 $30\sim40mL$，温水 $500mL$，一次内服；或氯化铵 $15g$，杏仁水 $35mL$，远志酊 $30mL$，温水 $500mL$，一次内服。小动物可口服强力枇杷止咳露或川贝枇杷止咳露，每日 3 次。湿咳时不宜用止咳药。痰多时，可口服氯化铵，每日 1 次。

3. 抗菌消炎 肌内注射青、链霉素，犬、猫每次 80 万 U，每日 2 次；也可选用其他抗生素，如头孢类（头孢曲松、头孢噻呋钠等）或拜有利（恩诺沙星）。还可用中药：青黛 $1.5g$、硼酸 $1.5g$、雄黄 $0.2g$、冰片 $0.5g$、甘草 $3g$，共研末后加入白糖 $15g$、鸡蛋清 $10mL$ 和水 $150mL$，调匀后口服，每日 1 剂，连服 3d。

4. 物理疗法 发病初期可用冰袋冷敷喉部，以收缩血管、减轻喉头水肿。以后可用热敷，以促进炎症消退。

如果喉部阻塞严重而引起呼吸困难时，可施行气管切开术。

第三节　支气管炎

支气管炎是各种原因引起动物支气管黏膜表层或深层的炎症，临床上以咳嗽、流鼻液和不定热型为特征。各种动物均可发生，但幼龄和老龄动物常见。寒冷季节或气候突变时容易发病。

【病因】

1. 急性支气管炎　主要有以下病因引起。

（1）物理因素　如受潮湿和寒冷空气的刺激，异物的刺激（如灌药时药物误入气管，呕吐时食物逆流入气管内），霉菌孢子，尘埃，过度勒紧脖（项）圈，食管内异物及肿瘤等的压迫。

（2）化学性因素　如刺激性气体（如 SO_2、NH_3、Cl_2、烟雾等）吸入。

（3）生物性因素　由某些病毒（如犬瘟热病毒、犬副流感病毒、猫鼻气管炎病毒、流行性感冒病毒等）、细菌（如肺炎球菌、巴氏杆菌、嗜血杆菌、链球菌、葡萄球菌等）的感染所致。或外源性非特异性病原菌乘虚而入，出现支气管炎。

（4）过敏反应　常见于吸入花粉、有机粉尘、真菌孢子等引起气管-支气管的过敏性炎症。主要见于犬，特征为按压气管容易引起短促的干而粗的咳嗽，支气管分泌物中有大量的嗜酸性粒细胞，无细菌。

（5）诱发因素　饲养管理粗放，如畜舍卫生条件差、通风不良、闷热潮湿及饲料营养价值低等，导致机体抵抗力下降，均可成为支气管炎发生的诱因。

2. 慢性支气管炎　病因通常由急性转变而来，由于致病因素未能及时消除，长期反复作用，或未能及时治疗，饲养管理及使役不当，均可使急性转变为慢性。老龄动物的呼吸道防御功能下降，喉头反射减弱，单核-巨噬细胞系统功能减弱，慢性支气管炎的发病率较高。动物维生素C、维生素A缺乏，影响支气管黏膜上皮的修复，降低了溶菌酶的活力，也容易发生本病。另外，本病可由心脏瓣膜疾病、慢性肺脏疾病（如鼻疽、结核病、肺丝虫病、肺气肿等）或肾炎等继发引起。

【临床症状】急性支气管炎主要的症状是咳嗽。病初为带痛的干咳，后转为湿咳。严重时为痉挛性咳嗽，在早晨尤为严重。在疾病初期，表现干、短和疼痛咳嗽，随着炎性渗出物的增多，变为湿而长的咳嗽。有时咳出较多的黏液或黏液脓性的痰液，呈灰白色或黄色。同时，鼻孔流出浆液性、黏液性或黏液脓性的鼻液。胸部听诊肺泡呼吸音增强，并可出现干啰音和湿啰音。通过气管人工诱咳，可出现声音高朗的持续性咳嗽。全身症状较轻，体温正常或轻度升高（0.5~1.0℃）。

吸入异物引起的支气管炎，后期可发展为腐败性炎症，出现呼吸困难，呼出气体有腐败性恶臭，两侧鼻孔流出污秽不洁和有腐败臭味的鼻液。听诊肺部还可出现支气管呼吸音或空瓮音。病畜全身反应明显。

慢性支气管炎出现持续性咳嗽，咳嗽可拖延数月甚至数年。咳嗽严重程度视病情而定，一般在运动、采食、夜间或早晚气温较低时，常常出现剧烈咳嗽。痰量较少，有时混有少量血液，急性发作并有细菌感染时，则咳出大量黏液脓性的痰液。人工诱咳呈阳性。体温无明显变化，有的病畜因支气管狭窄和肺泡气肿而出现呼吸困难。肺部听诊，初期因支气管有大量稀薄的渗出物，可听到湿啰音，后期由于支气管渗出物黏稠，则出现干啰音；早期肺泡呼吸音增强，后期因肺泡气肿而使肺泡音减弱或消失。由于长期食欲不良和疾病消耗，病畜逐渐消瘦。

实验室检查：

（1）血液学检查　重症犬、猫可见白细胞总数升高，伴有中性粒细胞增多及核左移。病情缓解期可见单核细胞，淋巴细胞升高。若嗜酸性粒细胞增多，多见于寄生虫性或过敏性支气管炎。二氧化碳分压升高。

（2）X线检查　急性支气管炎可见沿气管支有斑状阴影；慢性支气管炎可见肺纹理增粗，紊乱，呈网状或条索状、斑点状阴影。支气管周围有圆形 X 线不能透过的部分。

（3）支气管镜检查　可见在支气管内有呈线状或充满管腔的黏液，黏膜粗糙增厚。

【诊断】急性支气管炎根据病史，结合咳嗽、流鼻液和肺部出现干、湿啰音等呼吸道症状即可初步诊断。血液化验，病原检测和 X 线检查即可确诊。慢性支气管炎根据持续性咳嗽和肺部啰音等特征症状，结合实验室检查的结果即可做出诊断。本病应与流行性感冒、急性上呼吸道感染等疾病相鉴别。流行性感冒发病迅速，体温高，全身症状明显，并有传染性。急性上呼吸道感染，鼻咽部症状明显，一般无咳嗽，肺部听诊无异常。

【治疗】

1. 消除病因　将动物安置在通风良好且温暖的畜舍内，供给充足的清洁饮水和优质的饲草料。

2. 祛痰镇咳　对咳嗽频繁、支气管分泌物黏稠的病畜，可口服溶解性祛痰剂，分泌物不多，但咳嗽频繁且疼痛，可选用镇痛止咳剂，如复方樟脑酊，马、牛 30～50mL，猪、羊5～10mL，内服，每日 1～2 次；小动物可口服强力枇杷止咳露或川贝枇杷止咳露，每日 2～3 次，或口服化痰片（羧甲基半胱氨酸片）。

3. 抗菌消炎　可选用抗生素或磺胺类药物。大家畜肌内注射青霉素、链霉素，每日 2次，连用 2～3d。或者用青霉素 100 万 IU，链霉素 100 万 U，溶于 1％普鲁卡因溶液 15～20mL，直接向气管内注射，每日 1 次，有良好的效果。病情严重者可用四环素，剂量为每千克体重 5～10mg，溶于 5％葡萄糖溶液或生理盐水中静脉注射，每日 2 次。也可用 10％磺胺嘧啶钠溶液，马、牛 100～150mL，猪、羊 10～20mL，肌内或静脉注射。小动物可选用大环内酯类（罗红霉素）及头孢菌素类（第二代头孢菌素等）抗生素。

4. 雾化疗法　为了促进炎性渗出物的排出，可用克辽林、来苏儿、松节油、木馏油、薄荷脑、麝香草酚等蒸气反复吸入。生理盐水气雾湿化吸入或加溴己新、异丙托溴铵，可稀释气管中的分泌物，有利于排出。对严重呼吸困难的病畜，应采用吸入氧气。

5. 抗过敏　在使用祛痰止咳药的同时，可以少量使用地塞米松，每次 5～10mg，每日 1次，用以抑制变态反应。还可选用氯苯那敏、苯海拉明等药物。

6. 补液、强心　可用 5％葡萄糖溶液或复方氯化钠注射液，10％安钠咖适量静脉注射。

第四节　肺充血和肺水肿

肺充血是肺毛细血管内血液过度充满。一般分主动性充血和被动性充血。肺水肿是由于肺充血持续时间过长，血液的液体成分渗漏到肺实质和肺泡。肺充血和肺水肿在临床上均以呼吸困难、黏膜发绀和泡沫状的鼻液为特征，严重程度与不能进行气体交换的肺泡数量有关。本病见于所有动物，特别是炎热的季节可突然发病。

【病因】

1. 主动性充血　常见于动物过度劳累，如马匹在炎热的天气下过度使役或奔跑。长时间用火车或轮船运输家畜，因过度拥挤和闷热，容易发病。当吸入热空气、烟和刺激性气体及过敏反应时，均可使血管收缩迟缓，血液流入量增多，从而发生主动性充血和炎症性充血。长期躺卧的病畜，血液停滞于卧侧肺脏，容易发生沉积性肺充血。

2. 被动性肺充血　主要发生于代偿机能减退期的心脏疾病，如心肌炎、心脏扩张及传染病和各种中毒性疾病引起的心脏衰竭。有时也发生于左房室孔狭窄和二尖瓣关闭不全。

3. 肺水肿　最常发生于急性过敏反应，再生草热和充血性心力衰竭之后。在吸入烟尘和一些毒血症（如猪桑葚心病和有机磷中毒等）的经过中也容易发生。此外，安妥中毒也能发生肺水肿。

【发病机制】在病因作用下，大量血液进入并瘀滞在肺脏，使肺毛细血管充血而失去有效的肺泡腔。肺活量减少，血液氧合作用降低。后期，流经肺脏的血流缓慢，使血液氧合作用进一步降低，机体缺氧而出现呼吸困难。

由于缺氧或毒素损伤了肺脏毛细血管，或心力衰竭引起肺静脉压升高，均可导致血液中大量的液体漏出而进入肺泡和肺间质，而发生肺水肿。严重的病例支气管也充满了漏出液。其结果不仅影响了肺泡内的气体代谢，也直接影响肺组织的营养，气体代谢机能障碍更为严重，导致患病动物出现高度的呼吸困难。

【临床症状】肺充血和肺水肿是同一病理过程的前后两个不同阶段。动物突然发病，惊恐不安，呈进行性呼吸困难。初期呼吸加快而迫促，很快出现明显的呼吸困难。严重的病畜，两前肢叉开站立，肘突外展，头下垂。呼吸频率超过正常的 4～5 倍，听诊肺泡呼吸音粗。眼球突出，可视黏膜潮红或发绀，静脉怒张。脉搏加快（100 次/min），听诊第二心音增强，体温升高（39～40℃）。患病动物可因窒息而突然死亡。

肺水肿时，临床上以呼吸极度困难、流泡沫样鼻液为特征，心源性肺水肿：多见于充血性左心衰竭、静脉输液过量和肺毛细血管压增高。非心源性肺水肿：多见于低蛋白血症；肺泡-毛细血管渗透性增加。一般突然发病，可见高度混合性呼吸困难、呼吸数明显增多、眼球突出、静脉怒张、结膜发绀、体温升高，两侧鼻孔流出大量粉红色泡沫状鼻液。胸部叩诊呈浊音，听诊可听到广泛水泡音。胸部 X 线检查，肺视野的阴影呈散在性的增强，呼吸道轮廓清晰，支气管周围增厚。如为补液量过大所致，肺泡阴影呈弥漫性增加，大部分血管几乎难以发现；若因左心功能不全并发的肺水肿，肺门呈放射状。

X 线检查，肺野阴影一致加重，肺门血管纹理显著。

【诊断】根据过度劳累、吸入烟尘或刺激性气体的病史，结合呼吸困难、鼻孔流泡沫状鼻液及 X 线检查，即可诊断。临床上应与下列疾病进行鉴别：

日射病与热射病，特征为全身衰弱，体温极度升高，呼吸困难，并有中枢神经系统机能紊乱。

弥漫性支气管炎，缺乏泡沫状的鼻液。

肺出血，特征为两侧鼻孔流出含泡沫的鲜红色血液，同时黏膜呈进行性贫血。

【防治】本病的预防，主要是加强饲养管理，保持环境清洁卫生，避免刺激性气体和其他不良因素的影响，在炎热的季节应减轻运动或使役强度。长途运输的动物，应避免过度拥挤，并注意通风，供给充足的清洁饮水。

治疗原则为保持患病动物安静，减轻心脏负荷，制止液体渗出，缓解呼吸困难。

首先将患病动物安置在清洁、干燥和凉爽的环境中，避免运动和外界因素的刺激。

对极度呼吸困难的严重患病动物，颈静脉大量的放血有急救功效。能减轻心脏负担，降低肺中血压，使肺毛细血管充血程度减轻，增加进入肺脏的空气。

制止渗出，可静脉注射10％氯化钙溶液，马、牛100～200mL，猪、羊20～50mL，每日2次；或静脉注射20％葡萄糖酸钙溶液，马、牛500mL，每日1次。因血管通透性增加引起的肺水肿，可适当应用大剂量的皮质激素，如强的松龙每千克体重5～10mg，静脉注射。因弥散性血管内凝血引起的肺水肿，可应用肝素或低分子右旋糖酐溶液。过敏反应引起的肺水肿，通常将抗组胺药与肾上腺素结合使用。有机磷中毒引起的肺水肿，应立即使用阿托品减少液体漏出。

对症治疗包括用强心剂加强心脏机能，对不安的患病动物选用镇静剂。

第五节　肺泡气肿

肺泡气肿是肺泡腔在致病因素作用下，发生扩张并常伴有肺泡隔破裂，引起以呼吸困难为特征的疾病。

根据其发生的过程和性质，分为急性肺泡气肿和慢性肺泡气肿两种。急性肺泡气肿是肺组织弹力一时性减退，肺泡极度扩张，充满气体，肺体积增大。本病主要的临床表现为呼吸困难，但肺泡结构无明显病理变化。慢性肺泡气肿是肺泡持续性扩张，肺泡壁弹性丧失，导致肺泡壁、肺间质及弹力纤维萎缩甚至崩解的一种慢性肺脏疾病。临床上以高度呼吸困难、肺泡呼吸音减弱及肺脏叩诊界后移为特征。

本病主要常见于马、骡，役用牛、猎犬也可发生。

【病因】

1. 急性弥漫性肺气肿　主要发生于过度使役、剧烈运动，长期挣扎和鸣叫等紧张呼吸所致。特别是老龄动物，由于肺泡壁弹性降低，更容易发生。呼吸系统疾病引起持续剧烈地咳嗽也可发生急性肺泡气肿。另外，肺组织的局灶性炎症或一侧性气胸使病变部肺组织呼吸机能丧失，健康肺组织呼吸机能相应增强，可引起急性局限性或代偿性肺泡气肿。

2. 原发性慢性肺泡气肿　发生于长期过度劳役和迅速奔跑的动物，由于深呼吸和胸廓扩张，肺泡异常膨大，弹性丧失，无法恢复而发生。

3. 继发性慢性肺泡气肿　多发生于慢性支气管炎和毛细支气管卡他，因呼气性呼吸困难和痉挛性咳嗽导致发病。肺硬化、肺扩张不全、胸膜局部粘连等均可引起代偿性慢性肺泡气肿。另外，老龄动物和营养不良者容易发病。

【临床症状】

1. 急性弥漫性肺泡气肿　发病突然，主要表现呼吸困难，病畜用力呼吸，甚至张口伸颈，呼吸频率增加。可视黏膜发绀，有的患病动物出现低而弱的咳嗽、呻吟、磨牙等。肺部叩诊呈广泛性过清音，叩诊界向后扩大。听诊肺泡呼吸音减弱，并有干啰音或湿啰音。X线检查，两肺普遍性透明度增高，膈后移及其运动减弱，肺的透明度不随呼吸而发生明显改变。

2. 慢性肺泡气肿 主要表现呼气性呼吸困难，呈现二重式呼气，即在正常呼气运动之后，腹肌又强烈地收缩，出现连续两次呼气动作。同时可沿肋骨弓出现较深的凹陷沟，又称"喘沟"或"喘线"，呼气用力，脊背拱曲，肷窝变平，腹围缩小，肛门突出。黏膜发绀，容易疲劳、出汗，体温正常。肺部叩诊呈过清音，正常叩诊界后移，可达最后1～2肋间，心脏绝对浊音区缩小。肺部听诊肺泡呼吸音减弱甚至消失，常可听到干、湿啰音。因右心室肥大，肺动脉第二心音高朗。

X线检查，整个肺区异常透明，支气管影像模糊，膈穹隆后移。

【诊断】根据病史，结合以二重式呼气为特征的呼气性呼吸困难及肺部的叩诊和听诊变化，X线检查，即可确诊。慢性肺泡气肿应与急性肺泡气肿和间质性肺气肿相鉴别。

急性肺泡气肿发病迅速，但病因消除后，症状随即消失，动物恢复健康。

间质性肺气肿一般突然发病，肺脏叩诊界不扩大，肺部听诊出现破裂性啰音，气喘明显，皮下发生气肿，常见于颈部和肩部，严重时迅速扩散到全身皮下组织。

【治疗】治疗原则为加强护理，缓解呼吸困难，治疗原发病。

患病动物应置于通风良好和安静的畜舍，供给优质饲草料和清洁饮水。

缓解呼吸困难，可用1%硫酸阿托品、2%氨茶碱或0.5%异丙肾上腺素雾化吸入，每次2～4mL。也可用皮下注射1%硫酸阿托品溶液，剂量为大动物1～3mL，小动物0.2～0.3mL。出现窒息危险时，有条件的应及时输入氧气。

选用有效的抗菌药，如青霉素、庆大霉素、头孢类菌素等。

第六节 间质性肺气肿

间质性肺气肿是由于肺泡和细支气管破裂，空气进入肺间质，在小叶间隔与肺膜连接处形成串珠状小气泡，呈网状分布于肺膜下的一种疾病。临床特征为突然表现呼吸困难，皮下气肿以及迅速发生窒息。本病可发生于各种动物，但牛最常见。

【病因】主要是肺泡内的气压急剧地增加，导致肺泡壁破裂。临床上常见于以下原因：

(1) 由于过度劳役、赛跑、冲撞、长途运输和剧烈的咳嗽等。

(2) 牛主要是吸入刺激性气体、液体，或肺脏被异物刺伤及肺线虫损伤。

(3) 本病可继发于流行性感冒和某些中毒性疾病，如栎树叶、对硫磷、安妥、白苏和黑斑病甘薯中毒等。

(4) 牛，特别是成年肉牛，在秋季转入草木茂盛的草场后，可在5～10d发生急性肺气肿和肺水肿，即所谓的"再生草热"。主要是生长茂盛的牧草中L-色氨酸含量高，牛可将其降解为吲哚乙酸，然后又被某些瘤胃微生物转化为3-甲基吲哚（3-MI）。3-MI被血液吸收后，经肺组织中活性很高的多功能氧化酶系统代谢，对肺脏产生毒性。后期因肺泡遭到破坏，肺小叶间和胸膜下形成大的气泡，而发生间质性肺气肿，一些牛在背部发生皮下气肿。

【临床症状】本病常突然发生，迅速呈现呼吸困难，甚至窒息。病畜张口呼吸，伸舌，流涎，惊恐不安，脉搏快而弱。胸部叩诊音高朗，呈过清音，肺中有较大充满气体的空腔时，则出现鼓音，肺界一般正常。听诊肺泡呼吸音减弱，但可听到碎裂性啰音及捻发音。在肺组织被压缩的部位，可听到支气管呼吸音。在多数病畜颈部和肩部出现皮下气肿，有的迅速散布于全身皮下组织。

【病理变化】肺小叶间质增宽，内有成串的大气泡，牛与猪因间质丰富而且疏松，间质性肺气肿时特别明显。间质中的气泡可从外部给肺泡以压力，使邻近肺组织发生萎陷。组织学变化为肺水肿、间质气肿、肺泡上皮增生、透明膜形成、嗜酸性粒细胞浸润等。

【诊断】根据病史，结合临床上突然出现呼吸困难、叩诊呈鼓音及皮下气肿等症状，即可诊断。

【治疗】本病尚无特效疗法。原则为加强护理，消除病因，治疗原发疫病，制止空气进入间质组织及对症治疗。

先将患病动物置于安静的环境，供给清洁饮水和优质饲草料。对极度不安和剧烈咳嗽的病畜，应用镇静剂，如皮下注射吗啡或阿托品，也可内服可待因，可预防咳嗽而使空气不再进入肺间质。用肾上腺素、氨茶碱及皮质类固醇，也有一定效果。对严重缺氧并危及生命的动物，有条件的应及时输氧。

第七节　支气管肺炎

支气管肺炎又称小叶性肺炎或卡他性肺炎，是因各种刺激因子刺激支气管和肺组织而引发支气管及肺（一个肺小叶或多个肺小叶）的卡他性炎症。各种年龄的猪均可发生，以幼龄猪及老龄猪多发。其病理特征是病灶内有浆液性分泌物、脱落的上皮细胞和白细胞。

【病因】

（1）原发病因主要是受寒冷刺激，猪舍卫生不良，饲养不良，应激因素，使机体抵抗力降低，内源性或外源性细菌大量繁殖以致发病。

（2）因饲养管理不当，机体抵抗力下降可引发此病，但多由支气管炎转变而来。

（3）异物及有害气体刺激，亦可致病。

（4）继发或并发于其他疾病，如仔猪的流行性感冒、猪肺疫、猪丹毒、猪副伤寒、肺丝虫病等。

【发病机制】机体在致病因素的作用下，呼吸道的防御机能受损，呼吸道内的常住寄生菌就可大量繁殖，引起感染，发生支气管炎，然后炎症沿支气管黏膜向下蔓延至细支气管、肺泡管和肺泡，引起肺组织的炎症。当支气管壁炎症明显时，因刺激黏膜分泌黏液增多，病畜出现咳嗽，并排出黏液脓性的痰液。同时，炎症使肺泡充血肿胀，并产生浆液性和黏液性渗出物，上皮细胞脱落。由于炎性渗出物充满肺泡腔和细支气管，导致肺脏有效呼吸面积缩小，随着炎症范围的增大，出现外呼吸障碍，严重时可发生呼吸衰竭。

【临床症状】临床表现为弛张热，呼吸增数，叩诊有局灶浊音区，听诊有捻发音。病初呈现急性支气管炎的症状；病猪表现精神沉郁，食欲减退或废绝，体温升高，呈现弛张热型，有时为间歇热；脉搏随体温变化而变化；咳嗽、流浆液性、黏液性或脓性鼻液，呼吸困难；胸部听诊，病灶部位肺泡呼吸音减弱，可听到捻发音。

血液学检查，白细胞总数增多 [（1～2）×10¹⁰个/L]，中性粒细胞比例可达80%以上，出现核左移现象，有的细胞内出现中毒颗粒。年老体弱、免疫功能低下者，白细胞总数可能增加不明显，但中性粒细胞比例仍增加。

X线检查，表现为斑片状或斑点状的渗出性阴影，大小和形状不规则，密度不均匀，边缘模糊不清，可沿肺纹理分布。当病灶发生融合时，则形成较大片的云絮状阴影，但密度多不均匀。

【病理变化】 支气管肺炎主要发生于尖叶、心叶和膈叶前下部，病变为一侧性或两侧性。发炎的肺小叶肿大呈灰红色或灰黄色，切面出现许多散在的实质病灶，大小不一，多数直径在 1cm 左右（相当于肺小叶范围），形状不规则，支气管内能挤压出黏液性或黏液脓性渗出物，支气管黏膜充血、肿胀。严重者病灶互相融合，可波及整个大叶，形成融合性支气管肺炎。组织学变化为病变区细支气管黏膜上皮坏死脱落、崩解，管腔内充满浆液、中性粒细胞、脓细胞以及脱落、崩解的黏膜上皮细胞。管壁充血，有多量中性粒细胞弥漫性浸润。支气管周围受损的肺泡间隔毛细血管扩张充血，肺泡腔内充满中性粒细胞、脓细胞和脱落的肺泡上皮细胞，有时可见少量红细胞和纤维蛋白。病灶周围肺组织常可伴有不同程度的代偿性肺气肿。由于病变发展阶段不同，各病灶的病变表现也不一致。有些呈脓性，支气管和肺组织遭到破坏；而另一些病灶内可能仅见浆液性渗出，有的只表现细支气管炎或细支气管周围炎。

【诊断】 根据咳嗽、弛张热型、叩诊浊音及听诊捻发音和啰音等典型症状，剖检病变和X线检查可做出诊断。

【防治】 预防应加强饲养管理，避免淋雨受寒、过度劳役等诱发因素。供给全价日粮，健全完善的免疫接种制度，减少应激因素的刺激，增强机体的抗病能力。

治疗原则是抑菌消炎、祛痰止咳、制止渗出、改善营养、加强护理。

1. 抑菌消炎　临床上主要应用抗生素和磺胺类制剂，治疗前最好采取鼻液做细菌药敏试验，如为肺炎链球菌、链球菌感染，青霉素和链霉素联合应用效果最好；对肺炎球菌感染的可用链霉素、卡那霉素、土霉素；对绿脓杆菌感染的，可使用庆大霉素和多黏菌素。

2. 祛痰止咳　常用氯化铵1～2g，碳酸氢钠1～2g，混合后灌服，每日3次，连用2～3d。频发痛咳、分泌物不多时，可内服复方樟脑酊5～10mL，每日2～3次，镇痛止咳。

3. 制止渗出　用10%氯化钙液10～20mL 或10%葡萄糖酸钙10～20mL 静脉注射，每日1次，具有较好的效果。

4. 对症治疗　体质衰弱时，可静脉注射25%葡萄糖液200～300mL，心脏衰弱时，可肌内注射10%安钠咖2～10mL。

第八节　大叶性肺炎

大叶性肺炎又称格鲁布性肺炎或纤维素性肺炎，大多由病原微生物引起，以肺泡内纤维蛋白渗出为主要特征。临床表现为高热稽留、流铁锈色鼻液、大片肺浊音区及定型经过。

【病因】 肺炎链球菌、链球菌、绿脓杆菌、巴氏杆菌等可引起猪的大叶性肺炎；当动物受寒、感冒，吸入有害气体，长途运输时，机体抵抗力下降，呼吸道黏膜的病原微生物即可致病。猪瘟、猪肺疫等疾病也可继发大叶性肺炎。

【临床症状】精神沉郁，食欲废绝，结膜充血、黄染；呼吸困难、呼吸频率增加，呈腹式呼吸；体温升高可达 41～42℃，呈稽留热型，脉搏增加。典型病例病程明显分为 4 个阶段，即充血期、红色肝变期、灰色肝变期和溶解期，在不同阶段症状不尽相同。充血期胸部听诊呼吸音增强或有干啰音、湿啰音、捻发音，叩诊呈过清音或鼓音；在肝变期流铁锈色鼻液，大便干燥或便秘，可听到支气管呼吸音，叩诊呈浊音；溶解期可听到各种啰音及肺泡呼吸音，叩诊呈过清音或鼓音，肥猪不易检查。

【病理变化】

1. 充血水肿期　肺脏略增大，富有一定弹性，病变部位肺组织呈褐红色，切面光泽而湿润，按压流出大量血样泡沫，切取一小块投入水中，呈半沉于水状态。

2. 红色肝变期　肺脏肿大，质地变实，呈暗红色，类似肝脏，所以称肝变，切下一小块投入水中，完全下沉。

3. 灰色肝变期　病变部呈灰色（灰色肝变）或黄色，肿胀，切面为灰黄色花岗岩一样，质地坚实如肝，投入水中完全下沉。

4. 溶解期　病肺组织较前期缩小，质地柔软，挤压后有少量脓性混浊液流出，色泽逐渐恢复正常。

【诊断】根据临床症状、剖检病变、听诊和叩诊、X 线检查做出诊断。

【防治】本病的治疗基本上同支气管肺炎。主要是抗菌消炎，制止渗出，促进渗出物吸收。

因本病发展迅速，病情加剧，在选用抗菌消炎药时，要特别慎重，最好先做药敏试验再选择抗菌药，并且不要轻易换药。可选用四环素，剂量为每日每千克体重 10～30mg，溶于 5％葡萄糖溶液 500～1 000mL，分 2 次静脉注射，效果显著。也可静脉注射氢化可的松或地塞米松，降低机体对各种刺激的反应性，控制炎症发展。大叶性肺炎并发脓毒血症时，可用 10％磺胺嘧啶钠溶液 100～150mL，40％乌洛托品溶液 60mL，5％葡萄糖溶液 500mL，混合后马、牛一次静脉注射（猪、羊酌减），每日 1 次。

对症治疗，静脉注射 10％的氯化钙或葡萄糖酸钙溶液以促进炎性产物吸收，使用安钠咖强心、用呋塞米利尿。咳嗽剧烈时应止咳。

第九节　异物性肺炎

异物性肺炎（foreign body pneumonia）又称**吸入性肺炎**（aspiration pneumonia）、**坏疽性肺炎**（gangrenous pneumonia），是由于异物（空气以外的其他气体、液体、固体等，如饲料、呕吐物、药物等）被吸入肺内或腐败细菌侵入肺脏而引起的一种坏疽性炎症。由于腐败性细菌感染导致肺组织坏死和分解，故又称**肺坏疽**（lung gangrene；pneumonocace）。该病以呼吸极度困难，两鼻孔流出脓性、腐败性恶臭鼻液和鼻液含有弹力纤维为特征，各种动物均可发生，但以马、牛、羊、犬、猫较多见。该病还常因误投药物入气管所致，属发病率高、临床诊断不难而治愈率较低的疾病。

【病因】

1. 原发性　强迫投药技术不佳、操作不当，将胃管插入气管后灌药，或由于用胃管投药中途动物挣扎骚动而将胃管拔出时药物漏入气管。

2. 继发性 多见于咽炎、咽麻痹、食管麻痹、食道梗塞、破伤风、腺疫、肉毒梭菌毒素中毒、伴有意识障碍的脑病等以及全身麻醉时吞咽机能障碍，发生误吸误咽现象；难产时胎畜吸入胎水；发生卡他性肺炎、大叶性肺炎、鼻疽、结核病、肺疫等疾病时，肺炎病灶继发感染腐败菌；肋骨骨折、胸壁透创、网胃尖锐异物等损伤肺组织带入腐败菌，也可引起肺组织腐败分解，发生坏疽性肺炎。

【临床症状】全身症状严重，发病快，表现剧烈咳嗽、不安、惊恐、精神高度沉郁及肺炎症状。病初呈支气管肺炎症状，呼吸急速而困难，腹式呼吸，痛性湿咳。体温升高至40℃以上，呈弛张热型，伴有寒战出汗。心律不齐，脉搏细数。病后期发生肺坏疽，呼气有腐败性恶臭气味，两鼻孔流出腐败性恶臭而污秽的鼻液，呈褐灰色带红或淡绿色，在咳嗽或低头时常大量流出。

肺部听诊肺泡呼吸音减弱或消失，有啰音或伴有金属音的大小水泡音，在病畜前下方三角区可闻明显的湿性啰音。叩诊肺区下部，随病程不同可出现不同的叩诊音：病初期由于广泛的肺组织处于炎症浸润阶段，叩诊呈浊音或半浊音；后期出现肺空洞，可发现灶性鼓音；若空洞周围被致密组织所包围，其中充满空气，叩诊呈金属音；若空洞与支气管相通则呈破壶音。

本病病程视误入异物的质和量不同差异较大，动物一般发病2~4d死亡。如果误入大量药液，动物可立即窒息死亡。如果误入的液体量小且无刺激性，并经立即抢救，则可望治愈。

【诊断】根据病史和临床特征，可做出初步诊断，必要时可通过实验室检验确诊。

1. X线检查 可见到肺空洞及坏死灶的阴影，更易确诊。

2. 鼻液检查 将病畜恶臭鼻液收集在玻璃杯内，可分为三层，上层为黏性、有泡沫；中层是浆液性的并含有絮状物；下层是脓液，混有很多肺组织碎屑。显微镜检查时，可看到肺组织碎片、脂肪滴、棕色至黑色的色素颗粒、红细胞、白细胞及大量微生物。

3. 弹力纤维检查 在收集的病畜鼻液中加入等量10％氢氧化钾（钠）溶液混合后煮沸至呈均匀的液体，离心沉淀。该沉淀物供镜检，可见双重轮廓、发亮、屈曲如羊毛状的肺组织弹力纤维。

4. 血液常规检查 白细胞（WBC）数下降，淋巴细胞百分比（Lym％）升高。

5. 鉴别诊断

（1）**应与流腐臭鼻液的疾病相鉴别** 腐败性支气管炎缺乏高热症状，鼻液中无弹力纤维。

（2）**应与发热、咳嗽、呼吸困难、肺部异常的疾病相鉴别**

①异物性肺炎：有异物吸入病史，弛张热型，两鼻孔流出脓性、腐败性恶臭鼻液，叩诊病初浊音、半浊音，病后期灶性鼓音、金属音或破壶音。鼻液弹力纤维检查阳性。血常规检查异常为WBC减少，Lym％升高。

②小叶性肺炎：病原微生物感染引起，弛张热型，呼吸次数增多。叩诊有散在浊音区，听诊有捻发音。血常规检查异常为WBC增高，中性粒细胞百分比（Neu％）升高，核左移，嗜酸性粒细胞百分比（Eos％）减少，单核细胞百分比（Mon％）升高。

③大叶性肺炎：高热稽留，流铁锈色鼻液，肺部出现广泛性浊音区。心音高朗，后期减弱，心律不齐。血常规检查异常为红细胞（RBC）减少，WBC增多，Neu％升高，核左移，

Lym％下降、Eos％下降和 Mon％下降。

④胸膜炎：不定热型，呼吸浅表急速，咳嗽较少。触诊胸壁疼痛。叩诊胸部有水平浊音。听诊浊音区以上肺泡呼吸音增强；浊音区内肺泡呼吸音消失，可听到胸膜摩擦音和拍水音。心音减弱，感觉遥远。血常规检查结果为 WBC 增高，Neu％升高，核左移，Lym％下降。

【防治】

1. 预防　加强饲养管理，防止异物入肺。如灌药时应按要求谨慎操作，平时注意防止家畜过饥，防止争抢饲料，粉状饲料要调湿后饲喂等。及时治疗原发病，如破伤风、鼻疽、结核病等。

2. 治疗　原则是迅速排出异物，制止肺组织的腐败分解，缓解呼吸困难，对症治疗。

（1）排除异物　药液进入气管时，立即使患畜取前低后高的体位，将头放低，便于异物向外咳出。注射兴奋呼吸的药物，并及时皮下注射盐酸毛果芸香碱，使气管分泌增加，可促使异物迅速排出。

（2）抗菌治疗　应及时进行抗菌治疗。可选用青霉素类（如青霉素、阿莫西林或氨苄西林）、头孢菌素类（如头孢噻呋）、氨基糖苷类（如庆大霉素）、大环内酯类（如红霉素、泰乐菌素或替米考星）或林可胺类（如林可霉素）等抗菌药物之一种或联合静脉给药，以期迅速控制细菌感染。轻症病例可口服氨基青霉素类（如阿莫西林）、四环素类（多西环素或四环素）或磺胺类［如磺胺甲基异噁唑（SMZ）、磺胺嘧啶（SD）或复方新诺明片］之一种控制细菌感染。

（3）输氧　当呼吸高度困难时，应给动物吸氧。

（4）气管内注入　可试用 4％甲醛溶液或 5％薄荷脑液状石蜡油 2～3mL，每天 2 次，4 次为一个疗程。

（5）对症治疗　解热可选安乃近、复方氨基比林等；抗炎可选地塞米松等糖皮质激素类药物；减少渗出可静脉注射葡萄糖酸钙等钙制剂或维生素 C；补液可选用葡萄糖注射液、生理盐水或糖盐水；纠正酸中毒可选用碳酸氢钠注射液等。

第十节　胸　膜　炎

胸膜炎是胸膜伴有炎性渗出和纤维蛋白沉着的炎症过程。按其渗出物的量可分为湿性和干性两种。

【病因】主要是邻近器官炎症的蔓延，如各种肺炎和传染病（结核病、传染性胸膜肺炎、猪肺疫、蓝耳病等）常可继发胸膜炎。原发病可见于突遇严寒、雨淋等强烈刺激而发病。

【临床症状】体重下降，牛、羊的产奶量下降，发热，精神沉郁，不愿意动，头颈伸展，呼吸困难，叩诊时胸部疼痛，听诊胸部时有摩擦音或没有声音，因为胸腔中液体很多。咳嗽明显，常呈干、痛短咳，胸壁受刺激或叩诊表现频繁咳嗽并躲闪，呼吸快而浅表，呈腹式呼吸。渗出期叩诊呈水平浊音区，小动物水平浊音随体位而改变。在渗出的初期和渗出物被吸收的后期均可听到明显的胸膜摩擦音，渗出期听诊摩擦音消失，肺泡呼吸音减弱或消失，浊音区的上方呼吸音增强。胸腔积液时，心音减弱。胸腔穿刺，可流出黄色或含有脓汁的液体（化脓性胸膜炎），含有大量纤维蛋白，易凝固。

【诊断】根据呼吸浅表急速，腹式呼吸，触诊、叩诊胸壁表现疼痛、咳嗽，听诊水平浊音，听诊有胸膜摩擦音，穿刺液为渗出液（蛋白多、比重大）。需与胸腔积水和传染性胸膜肺炎进行鉴别，前者不发热，无炎症，无胸膜摩擦音，触诊、叩诊无疼痛反应，穿刺液色淡、透明、不易凝固；后者有流行性，同时具有胸膜炎和肺炎症状。

【防治】预防应加强饲养管理，供给平衡日粮，以增强机体的抵抗力。同时要防止胸部创伤，及时治疗原发病。

治疗原则为抗菌消炎，制止渗出，促进渗出物的吸收和排出。

1. 抗菌消炎 可选用广谱抗生素或磺胺类药物，如青霉素、链霉素、庆大霉素、四环素、土霉素等。也可根据细菌培养后的药敏试验结果，选用更有效的抗生素。支原体感染可用四环素，某些厌氧菌感染可用甲硝唑（灭滴灵）。

2. 制止渗出 可静脉注射5%氯化钙溶液或10%葡萄糖酸钙溶液，每日1次。

促进渗出物吸收和排出：可用利尿剂、强心剂等。当胸腔有大量液体存在时，穿刺抽出液体可使病情暂时改善，并可将抗生素直接注入胸腔。化脓性胸膜炎，在穿刺排出积液后，可用0.1%雷佛奴耳溶液、2%～4%硼酸溶液或0.01%～0.02%呋喃西林溶液反复冲洗胸腔，然后直接注入抗生素。

第六单元　血液循环系统疾病★★

第一节　牛创伤性心包炎

创伤性心包炎是心包受到机械性损伤，主要是由从网胃来的细长金属异物刺透网胃、膈直至心包引发本病。

【病因】本病的病因，同本篇第二单元第四节"创伤性网胃腹膜炎"的病因。异物和携带的细菌污染心包液，导致化脓性和纤维素性心包炎。

【发病机制】异物刺入心包的同时细菌也侵入心包，异物和细菌的刺激作用和感染使心包局部发生充血、出血、肿胀、渗出等炎症反应。渗出液初期为浆液性、纤维素性，继而形成化脓性、腐败性。纤维素性渗出物附着于心包表面，使其变得粗糙不平，心脏收缩与舒张时，心包壁层和心外膜相互摩擦产生心包摩擦音。随着渗出液的增加，摩擦音减弱或消失。渗出液中混有细菌大量繁殖产生的气体，从而产生心包拍水音，心音减弱。渗出物大量积聚，使心包扩张，内压增高，心脏的舒张受到限制，腔静脉血回流受阻，浅表静脉怒张，肺静脉血回流受阻，造成肺淤血。影响肺内气体交换，血液中氧含量降低，二氧化碳含量升高。血液中氧含量降低，刺激主动脉和颈动脉化学感受器，反射性地引起心动过速，心肌耗氧量增加，而血液供应量减少，心贮备力降低，代偿失调，发生充血性心力衰竭。血液中二氧化碳含量升高，反射性地引起呼吸次数增加，炎症过程中的病理产物和细菌毒素吸收后，导致毒血症，引起体温升高。

【临床症状】创伤性心包炎其症状表现分精神沉郁，呆立不动，头下垂，眼半闭，瘤胃蠕动弛缓减弱，部分病牛排如同煤焦油样稀粪便。肘突外展，肩胛部、肘头后方胸壁及臂部肌肉震颤。病初体温升高，多数呈稽留热，少数呈弛张热，后期降至常温，但脉率仍然增加，脉性初期充实，后期微弱不易感触。呼吸浅快、迫促、甚至困难，呈腹式呼吸。可视黏膜发绀，有时呈现黄染。触诊心区有疼痛反应。病初心音增强且伴有心包摩擦音，后期摩擦音消失，呈现心包拍水音或金属音。叩诊时，心浊音区扩大，尤其浊音界的上方可出现鼓音或浊鼓音。当病程超过 1～2 周，血液循环明显障碍，心搏动可达 110～120 次/min 静脉怒张，颈静脉搏动明显，患畜下颌间隙和垂皮等处先后发生水肿。病畜常因心脏衰竭或脓毒败血症而死亡。

【诊断】根据心包炎的临床症状特征做出初诊。病牛食欲急剧减退或废绝，下颌间隙和垂皮处发生水肿，颈静脉淤血怒张。心率加快可达 120 次/min；心脏区叩诊浊音区扩大，听诊出现拍水音；肘外展，不安，拱背站立，不愿移动，卧地、起立时极为谨慎；牵病牛行走时，嫌忌上下坡、跨沟或急转弯。瘤胃蠕动减弱，轻度臌气，排粪减少，部分病牛排如同煤焦油样黑色稀粪；网胃区进行触诊，病牛疼痛不安。

【防治】预防应加强饲养性管理工作，防止饲料中混杂金属异物，被动物采食后，引起创伤性心包炎。对已确诊为创伤性网胃炎的病畜，应尽早行瘤胃切开术，取出异物，避免病程延长使病情恶化，刺伤心包。

牛创伤性心包炎大都采用手术治疗，可采用各种形式的胸廓切开术、心包切开术进行引流，寻找异物和防止液体和后来的缩窄损伤心脏。手术进行越早越好，但注意出现严重腹侧水肿和明显心衰的牛不宜手术。手术进行应配合全身抗生素疗法，效果较好。

也可用心包穿刺法，即以 10～20 号的 20cm 长针头，在 4～6 肋间与肩胛关节水平线相交点做心包穿刺术，放出脓汁，并注入 100 万～200 万 IU 青霉素、1～2g 链霉素和 10 万～20 万 IU 胃蛋白酶的混合溶液。

到目前为止，牛一旦发生本病，治疗效果基本上不理想。

第二节 心力衰竭

心力衰竭又称心脏衰弱、心功能不全，是因心肌收缩力减弱或衰竭，引起外周静脉过度充盈，使心脏排血量减少，动脉压降低，静脉回流受阻等引起的呼吸困难，皮下水肿、发绀，甚至心搏骤停和突然死亡的一种全身血液循环障碍综合征。各种动物都可发生本病。

心力衰竭的表现形式视其病程长短而异，可分为急性心力衰竭和慢性心力衰竭；视其发病起因而异，可分为原发性心力衰竭和继发性心力衰竭。

【病因】

1. 急性原发性心力衰竭 主要是由于压力负荷过重和容量负荷过重而导致的心肌负荷

过重，由于压力负荷过重所引起的心力衰竭主要发生于使役不当或过重的役畜，尤其是饱食逸居的动物突然进行重剧劳役；由于容量负荷过重而引起的心力衰竭往往是在治疗过程中，静脉输液量超过心脏的最大负荷量。此外，还有部分发生于麻醉意外、雷击、电击等。

2. 急性继发性心力衰竭　多继发于急性传染病（如马传染性贫血、马传染性胸膜肺炎、口蹄疫、猪瘟等）、寄生虫病（如弓形虫病、住肉孢子虫病）、内科疾病（如肠便秘、胃肠炎、日射病等），以及各种中毒性疾病的经过中。这多由病原菌或毒素直接侵害心肌所致。

未成年的警犬开始调教时，由于环境突变，惩戒过严和训练量过大，易发生急性应激性心力衰竭。

3. 慢性心力衰竭（充血性心力衰竭）　是由于心脏某些固有的缺损，在休息时不能维持循环平衡并出现静脉循环充血，伴以血管扩张、肺或末端水肿、心脏扩大和心率加快。

【发病机制】

1. 急性心力衰竭　由于心排血量明显减少，主动脉和静动脉压降低，而右心房和腔静脉压增高，反射性地引起交感神经兴奋，发生代偿性心动过速，但由于心脏负荷加重，代偿性活动增强刺激增加排血量，从而使心肌能量代谢增加，耗氧量增加，心室舒张期缩短，冠状血管的血流量减少，氧供给不足。当心率超过一定限度时，心室充盈不足反而使心排血量降低。此外交感神经兴奋使外周血管收缩，心室压力负荷加重，使肾上腺皮质分泌的醛固酮和抗利尿激素增多，加强肾小管对钠离子和水的重吸收，引起钠离子和水在组织内潴留，心室的容量负荷加剧，影响心排血量，最终导致代偿失调，发生急性心脏衰竭。

2. 慢性心力衰竭　多半是在心脏血管系统疾病病变不断加重的基础上逐渐发展而来的。发病时，既增加心跳频率，又使心脏长期负荷过重，心室肌张力过度，刺激心肌代谢，增加蛋白质合成，心肌纤维变粗，发生代偿性肥大，心肌收缩力增强，心排血量增多，以此维持机体代谢的需要。然而，肥厚的心肌静息时张力较高，收缩时张力增加，速度减慢，致使氧耗量增加，肥大心脏的贮备力和工作效率明显降低。当劳役、运动或其他原因引起心动过速时，肥厚的心肌处于严重缺氧的状态，心肌收缩力减弱，收缩时不能将心室排空，遂发生心脏扩张，导致心脏衰竭。

【临床症状】

1. 急性心力衰竭初期　病畜精神沉郁，食欲不振甚至废绝，动物易于疲劳、出汗；呼吸加快；肺泡呼吸音增强，可视黏膜轻度发绀，体表静脉怒张：心搏动亢进，第一心音增强，脉搏细数，有时出现心内杂音和节律不齐。进一步发展，各症状全部严重，且发生肺水肿，胸部听诊有广泛的湿啰音；两侧鼻孔流出多量无色细小泡沫状鼻液。心搏动震动全身，第一心音高朗，常带有金属音，第二心音微弱，伴发阵发性心动过速，脉细不感手。有的步态不稳，易摔倒，常在症状出现后数秒钟到数分钟内死亡。

2. 慢性心力衰竭　其病情发展缓慢，病程长达数周、数月或数年。除精神沉郁和食欲减退外，多不愿走动，不耐使役，易于疲劳、出汗。黏膜发绀，体表静脉怒张。垂皮、腹下和四肢下端水肿；触诊有捏粉样感觉。呼吸比正常深，次数略增多。排尿常短少，尿液浓缩并含有少量白蛋白。初期粪便正常，后期腹泻。随着病程的发展，病畜体重减轻，心率加快，第一心音增强，第二心音减弱，有时出现相对闭锁不全性缩期杂音，心律失常。心区叩诊，心浊音区增大。由于组织器官淤血缺氧，还可出现咳嗽，知觉障碍。心区 X 线检查和 M 型超声心动图检查，可发现心脏增厚或心室腔扩大。

【诊断】主要根据发病原因、静脉怒张、脉搏增数、呼吸困难、垂皮和腹下水肿，以及心率加快、第一心音增强、第二心音减弱等症状可做出诊断。心电图、X 线检查和 M 型超声心动图检查资料有助于判定心脏肥大和扩张，对本综合征的诊断有辅助意义。

【防治】对役畜应坚持经常锻炼与使役，提高适应能力，同时也应合理使役，防止过劳。在输液或静脉注射刺激性较强的药液时，应掌握注射速度和剂量。对于其他疾病而引起的继发性心力衰竭，应及时根治其原发病。

治疗原则是加强护理，减轻心脏负担，缓解呼吸困难，增强心肌收缩力和排血量，以及对症疗法等。

对于急性心力衰竭，往往来不及救治，病程较长的可参照慢性心力衰竭使用强心苷药物。麻醉时发生的室纤颤或心搏骤停，可采用心脏按压或电刺激起搏，也可试用极小剂量肾上腺素心内注射。

对于慢性心力衰竭，应先将患畜置于安静厩舍休息，给予柔软易消化的饲料，以减少机体对心脏排血量的要求，减轻心脏负担。同时也可根据患畜体质，静脉淤血程度，以及心音、脉搏强弱，大动物可酌情放血 1 000～2 000mL（贫血患畜切忌放血），放血后呼吸困难迅即解除，此时缓慢静脉注射 25% 葡萄糖溶液 500～1 000mL，增强心脏机能，改善心肌营养。

为消除水肿和钠、水滞留，最大限度地减轻心室容量负荷，应限制钠盐摄入，给予利尿剂。常用双氢克尿噻，马、牛 0.5～1.0g，猪、羊 0.05～0.1g，犬 25～50mg，内服；或用速尿，按每千克体重 2～3mg 内服，或每千克体重 0.5～1.0mg 肌内注射，每日 1～2 次，连用 3～4d，停药数日后再用数日。

为缓解呼吸困难，可用樟脑兴奋心肌和呼吸中枢，在马、牛发生某些急性传染病及中毒经过中的心力衰竭时，常用 10% 樟脑磺酸钠注射液 10～20mL，皮下或肌内注射；也可用 1.5% 氧化樟脑注射液 10～20mL，肌内或静脉注射。

为了增加心肌收缩力，增加心排血量，习惯上用洋地黄类强心苷制剂。但应注意洋地黄类药物长期应用易蓄积中毒，成年反刍动物不宜内服，由心肌发炎损害引起的心力衰竭禁用。临床上应用时，一般先在短期内给予足够的洋地黄化剂量，以后每天给予一定的维持量。

此外，应针对出现的症状，给予健胃、缓泻、镇静等制剂，还可使用 ATP、辅酶 A、细胞色素 C、B 族维生素和葡萄糖等所谓的营养合剂，做辅助治疗。

第三节　心　肌　炎

心肌炎是伴发心肌兴奋性增强和心肌收缩机能减弱为特征的心肌局灶性和弥漫性心脏肌肉炎症。本病很少单独发生，多继发或并发于其他各种传染性疾病，脓毒败血症或中毒性疾病过程中。按炎症的病程，心肌炎可分为急性和慢性两种；按病变范围又可分为局灶性和弥散性心肌炎；按病因又可分为原发性和继发性两种；按炎症的性质又可分为化脓性和非化脓性两种。临床上以急性非化脓性心肌炎为常见。慢性心肌炎，实质上是心肌的营养不良过程。

【病因】心肌炎通常继发或并发于某些传染病、寄生虫病、脓毒败血症和中毒病的经过中。

1. 牛的急性心内膜炎　并发于传染性胸膜肺炎、牛瘟、恶性口蹄疫、布鲁氏菌病、结核病的经过中。

2. 猪的心肌炎　常见于猪的伪狂犬病、猪瘟、猪丹毒、猪口蹄疫和猪肺疫等经过中。

3. 犬的心肌炎　主要见于犬细小病毒、犬瘟热病毒、流感病毒、传染性肝炎病毒等感染；棒状杆菌、葡萄球菌、链球菌等细菌感染；锥形虫、弓形虫、犬恶心丝虫等寄生虫感染；曲霉菌等真菌感染。某些药物，如磺胺类药物及青霉素等的变态反应往往并发心肌炎。

【发病机制】心肌炎引起的心脏损害一方面取决于病毒的毒力，传染源的性质、数量等，另一方面取决于机体的抵抗力强弱（机体的免疫力）。

心肌炎的发生，多数是病原体直接侵害心肌的结果，或者是病原体的毒素和其他毒物对心肌的毒性作用。心肌受到侵害，首先影响到心脏传导系统，导致兴奋性增高等一系列临床症状的出现。同时大部分心肌细胞遭受坏死性变化，陷于崩解；残余的心肌细胞处于混浊肿胀和颗粒变性等营养不良性变化的状态，使心肌发生变性，收缩机能减弱，心脏活动机能减弱，不能维持正常的收缩机能，心输出量减少，动脉压下降，出现血流缓慢，末梢神经障碍，静脉淤血水肿和呼吸困难等血液循环障碍现象。

【临床症状】由急性传染病引起的心肌炎，大多数表现发热，精神沉郁，食欲减退和废绝。有的呈现黏膜发绀，呼吸高度困难，体表静脉怒张和颌下、垂皮和四肢下端水肿等心脏代偿能力丧失后的症状。重症患畜，精神高度沉郁，全身虚弱无力，战栗，运步跟跄，甚至出现神志不清、眩晕，因心力衰竭而突然死亡。

1. 听诊　病初第一心音强盛伴有混浊或分裂；第二心音显著减弱，多伴有因心脏扩张，房室瓣闭锁不全而引起的缩期性杂音。重症患畜，出现奔马音，或有频繁的期前收缩，濒死期心音减弱。

2. 脉搏　初期紧张、充实，随病程发展，脉性变化显著，心跳与脉搏非常不相称，心跳强盛而脉搏甚微。当病变严重时，出现明显的期前收缩，心律不齐，交替脉。

3. 血液动力学　最大收缩压下降，心室压力上升延迟，舒张末期压力增高，心搏出量降低，静脉充盈压增高，动脉压降低。

猪暴发性超急性型脑心肌炎病毒感染的临床特征为突然死亡或经短期兴奋和虚脱后死亡。急性型的主要症状是发热、食欲不振和进行性麻痹，2~3周后发展至整个猪群，病死率不等。

4. 心电图变化　可出现各种类型传导阻滞，其中以房室传导阻滞较多见；各种类型早搏及房性心动过速和心房纤颤多见；ST段下降及T波低平或倒置；可有Q-T间期延长、低电压等。

5. 实验室检查　白细胞总数和肌酸激酶升高。

【诊断】根据病史（是否同时伴有急性感染或中毒病）和临床表现进行诊断。化验和心电图描记可以确诊。临床表现应注意心率增速与体温升高不相适应，心动过速、心律异常、心力衰竭等。

心功能试验也是诊断本病的一项指标。这是因为心肌兴奋性增高，往往导致心脏收缩次数发生变化。首先测定患畜安静状态下的脉搏次数，后令其步行5min，再测其脉搏数。患畜突然停止运动后，甚至 2～3min 以后，其脉搏仍会增加，经过较长时间才能恢复原来的脉搏次数。

心肌炎与以下几种疾病有相似之处，诊断时应注意加以区别。

（1）心肌炎与心包炎的区别　后者多伴发心包拍水音和摩擦音。

（2）心肌炎与心内膜炎的区别　后者多呈现各种心内杂音。

（3）心肌炎与缺血性心脏病的区别　后者多发生于年龄较大的动物，多为慢性经过，多数伴有动脉硬化的表现，且无感染史和实验室证据。

（4）心肌炎与心肌病的区别　后者无感染病史和实验室证据。起病较慢，病程较长，超声心动图示室间隔非对称性肥厚或心腔明显扩张，心肌以肥大、变性、坏死为主要病变。

（5）心肌炎与白肌病的区别　后者有疾病流行区，病变主要限于心肌，心脏增大明显且长期存在，多呈慢性经过，心肌以变性、坏死及瘢痕等病变为主。

（6）心肌炎与心肌营养不良的区别　主要通过心功能试验加以区别。

【防治】此病的预防措施，在于平时对动物的饲养管理和使役等方面，给予足够的关心和注意，使动物增强抵抗力，防止发病和根治其原发病。当患畜基本痊愈后，仍需加强护理，慎重地逐渐用于使役，以防复发，甚至突然死亡。

本病的治疗原则，主要在于减少心脏负担，增加心脏营养，提高心脏收缩机能和防治其原发病等。

应对病畜进行早期合理的安排休息，给予良好的护理，进行精密地管理，给予多次饮水，饲喂易消化、营养和维生素丰富的饲料，且避免过度地兴奋和运动。

同时应注意原发病的治疗，可应用磺胺类药物、抗生素、血清和疫苗等特异性疗法。

在急性心肌炎的初期，不宜用强心剂，以免心脏神经感受器的过度兴奋，使心肌过度兴奋招致心脏迅速地陷于衰弱，可在心区施行冷敷。

在心肌炎发展到心力衰竭阶段，为抗心衰，维护心脏的活动，改善血液循环，可用20％安钠咖溶液 10～20mL 皮下注射，每 6h 重复 1 次。也可在用 0.3％硝酸士的宁注射液（马、牛 10～20mL 皮下注射）的基础上，用 0.1％肾上腺素注射液 3～5mL 皮下注射或混于5％～20％葡萄糖溶液 500～1 000mL 缓慢静脉注射。切记此时不可使用洋地黄强心药，因为本品有延缓传导性和增强心肌的兴奋性，使心脏舒张期延长，导致心力过早衰竭，使病畜死亡。

为促使心肌代谢，可静脉滴注 ATP 15～20mg，辅酶 A 35～50U，细胞色素 C 15～30mg。当黏膜发绀和高度呼吸困难时，为改善氧化过程，可进行氧气吸入，剂量为 80～120L，吸入速度为每分钟 4～5L。对尿少而明显水肿的患畜，可肌内注射速尿，利尿消肿。

第四节　心内膜炎

心内膜炎（endocarditis）是指由病原微生物直接侵袭心内膜或其他致病因素引起的心脏瓣膜及心内膜的炎症过程，并在心瓣膜表面形成血栓（疣赘物），以血液循环障碍和心内器质性杂音为特征。心瓣膜上疣赘物中含有病原微生物的为感染性心内膜炎（infective endocarditis），不含病原微生物的为非感染性心内膜炎（non‐infective endocarditis）。该病主要发生在马、猪、牛和犬等动物。

（一）感染性心内膜炎

由病原微生物（细菌、真菌、立克次氏体、衣原体、螺旋体及病毒等）直接侵袭心内膜而引起的炎症性疾病，在心瓣膜表面形成的血栓（疣赘物）中含有病原微生物。感染性心内膜炎典型的临床表现有发热、杂音、贫血、栓塞、皮肤损害、脾肿大和血培养阳性等，发热是最多见、最重要的全身症状。传统上可分为急性感染性心内膜炎和亚急性感染性心内膜炎。

1. 急性感染性心内膜炎（acute infective endocarditis） 由于被累心内膜常有溃疡形成，故又称为溃疡性心内膜炎（ulcerative endocarditis）。此类心内膜炎起病急剧，症状迅猛而严重，多由毒力较强的化脓菌引起，如金黄色葡萄球菌或化脓性链球菌等，又称急性细菌性心内膜炎（acute bacterial endocarditis）。此型心内膜炎多发生在本来正常的心内膜上，多单独侵犯主动脉瓣或二尖瓣。这与血流冲击二尖瓣的心房面和主动脉瓣的心室面发生机械性损伤有关。

2. 亚急性感染性心内膜炎（subacute infective endocarditis） 病程一般数周以上，可迁延数月，甚至数年。通常由毒力较弱的细菌引起。最常见的是非溶血性链球菌（如草绿色链球菌和牛链球菌）、表皮葡萄球菌、肠球菌、猪丹毒杆菌、结核杆菌、真菌等。此型心内膜炎最常侵犯二尖瓣和主动脉瓣，并可累及其他部位心内膜。

【病因】

（1）继发或伴发于某些传染病（如流行性感冒、马腺疫、口蹄疫、猪丹毒或传染性胸膜肺炎等）或化脓性感染性疾病，病原体侵入血流，引起菌血症、败血症或脓毒血症，并侵袭心内膜所致。常见致病菌有化脓性放线菌、链球菌、葡萄球菌、巴氏杆菌、猪丹毒杆菌、结核杆菌、念珠菌属病菌、曲霉菌属病菌和组织胞浆菌等。

（2）心瓣膜结构异常（如动脉导管未闭、室间隔缺损、法乐氏四联症等先天性心脏病）或已发生病变（如风湿性心内膜炎）时，有利于病原微生物的寄居繁殖。

（3）动物机体防御机制的抑制，如抑制免疫功能的某些疾病、使用免疫抑制剂或手术等。感染性心内膜炎的发生通常是病原菌先在机体某部位引起化脓性炎症（如化脓性骨髓炎、痈、产褥热等），当机体抵抗力降低时（如肿瘤、手术、免疫抑制等）病原菌则侵入血流，引起败血症并侵犯心内膜。

（4）由邻近器官的感染性疾病蔓延而来，如心包炎、心肌炎等。

（5）病原菌从感染的胸部创口（如创伤性网胃心包炎）、尿路和各种动静脉插管、气管切开、术后肺炎等进入体内形成菌血症，也可导致感染性心内膜炎。

【临床症状】通常有传染病或化脓性疾病等原发病的病史。病畜精神萎靡不振，食欲减退或废绝，进行性贫血。临床上主要表现如下症状：

1. 感染症状 发热是心内膜炎最常见的症状。几乎所有的患病动物都有不同程度的发热、热型不规则、热程较长。仅极个别的无发热表现。

2. 心脏方面的症状 绝大多数患病动物听诊有心脏杂音，可由基础心脏病和（或）心内膜炎导致瓣膜损害所致。主要变化为心跳显著加快、心音增强，常有心内杂音和期外收缩，脉搏初期快而强。病的后期心律失常，第一心音微弱、混浊，第二心音几乎消失，甚至第一心音和第二心音融合为一个心音。病程较长的会出现心力衰竭，出现咳喘、呼吸困难、静脉淤血、黏膜发绀、腹胀及心源性水肿等症状。

3. 栓塞症状 视栓塞部位的不同而出现不同的临床表现，一般发生于病程后期，但有时为某些患病动物的首发症状。内脏栓塞可致脾大、腹痛、血尿、便血，有时脾大很显著；肺栓塞可有咳嗽、咯血和肺部啰音；脑动脉栓塞则表现呕吐、偏瘫、抽搐甚至昏迷等。

4. 进行性贫血　部分病例较为严重，甚至可成为最突出的症状。贫血引起病畜可视黏膜苍白、乏力喜卧和气喘。

5. 感染性心内膜炎的并发症　①最常见充血性心力衰竭，瓣膜穿孔及腱索断裂可导致急性心力衰竭；②心肌脓肿常见于急性感染性心内膜炎，可以引起传导阻滞；③主动脉瓣感染者常可导致冠状动脉栓塞从而引发急性心肌梗死；④并发化脓性心包炎；⑤并发心肌炎；⑥并发细菌性动脉瘤，多见于亚急性感染性心内膜炎，受累动脉依次为近端主动脉及脑、内脏和四肢动脉；⑦并发转移性脓肿，多见于急性感染性心内膜炎，常损害肝、脾、骨骼和神经系统；⑧并发脑栓塞，最易累及大脑中动脉；⑨并发脑脓肿；⑩并发肾栓塞和肾梗死；⑪免疫复合物导致局灶性和弥漫性肾小球肾炎从而引起肾功能衰竭，多由亚急性感染性心内膜炎所致。

【病理变化】

1. 急性感染性心内膜炎　主要剖检变化为瓣膜闭锁缘处常形成较大的赘生物。赘生物呈灰黄色或灰绿色、质地松软，易脱落形成带有细菌的栓子，引起某些器官的梗死和多发性小脓肿（败血性梗死）。严重者，可发生瓣膜破裂或穿孔和/或腱索断裂，可致急性心瓣膜关闭不全而猝死。组织病理学检查可见瓣膜溃疡底部组织坏死，有大量中性粒细胞浸润，赘生物为血栓，其中混有坏死组织和大量细菌菌落及肉芽组织。

2. 亚急性感染性心内膜炎　主要剖检变化为在原有病变的瓣膜上形成疣赘物。瓣膜呈不同程度增厚、变形，常发生溃疡，其表面可见大小不一、单个或多个息肉状或菜花样疣赘物。疣赘物为污秽灰黄色，干燥而质脆，颇易脱落而引起栓塞。病变瓣膜僵硬，常发生钙化。瓣膜溃疡较急性感染性心内膜炎者浅，但亦可遭到严重破坏而发生穿孔。病变亦可累及腱索。组织病理学检查可见疣赘物由血小板、纤维素、细菌菌落、炎症细胞和少量坏死组织构成，细菌菌落常被包裹在血栓内部。瓣膜溃疡底部可见不同程度的肉芽组织增生和淋巴细胞、单核细胞及少量中性粒细胞浸润。有时还可见到原有的风湿性心内膜炎病变。

【诊断】

1. 诊断要点　根据流行病学特点及血液循环障碍、心动过速、发热和心内器质性杂音等临床症状可做出初步诊断。经血液培养细菌阳性和超声检查可确诊，心脏超声显像和 M 型超声心动图检查能够确定病变部位。

2. 实验室诊断

（1）细菌学检查　发病动物血液培养阳性是确诊感染性心内膜炎最直接的证据，凡原因未明、持续发热且心脏异常者，均应积极反复多次进行血培养，以提高检查的阳性率。病原体从赘生物不断地播散到血中，且是连续性的，数量也不一。急性病例应在使用抗菌药物前1～2h 内抽取2～3 个血标本，亚急性病例在使用抗菌药物前24h 采集3～4 个血标本，先前应用过抗菌药物的患病动物应每天抽取血样培养，至少共做3d，以提高血培养的阳性率。采集血样的时间以寒战或体温骤升时为佳，每次采血应更换静脉穿刺的部位，皮肤应严格消毒。每次取血10～15mL，应用过抗菌药物的患畜，取血量不宜过多，培养液与血液之比至少10：1，因为可稀释血液中过多的抗菌药物，以免影响细菌的生长。采集的血样应作常规的需氧和厌氧菌培养。若血培养阳性，还应做药物敏感试验，以便指导治疗。

肠球菌性心内膜炎常可导致肠球菌尿，金黄色葡萄球菌性心内膜炎亦然，因此，尿培养也有助于本病的诊断。

（2）心电图检查 由于心肌常存在多种病理改变，因此可出现致命的室性心律失常。房颤提示房室瓣反流。有时可见完全房室传导阻滞、右束支阻滞、左前或左后分支阻滞等，提示存在心肌化脓灶或炎性反应加重。

（3）心脏超声显像和 M 型超声心动图检查 超声波通过增厚的瓣膜及其赘生物时，可出现多余的回波。在舒张期正常的菲薄线状回波变为复合的粗钝回波。瓣膜震颤而使真正径宽模糊。多数病例可见心腔扩大。

（4）血液检查 进行性贫血，多数红细胞和血红蛋白降低，为正细胞性贫血，偶可有溶血现象。白细胞增多，中性粒细胞升高和核左移，血沉增快。血清生化检查见血清球蛋白升高，甚至白蛋白、球蛋白比例倒置。C 反应蛋白阳性。

（5）其他检查 有真菌感染时的沉淀抗体测定、凝集素反应和补体结合试验等；金黄色葡萄球菌的胞壁酸抗体测定等方法。

3. 鉴别诊断

（1）心肌炎 心率增速与体温升高不相适应，心动过速、心律异常、心力衰竭。心功能试验结果为病畜运动后须经较长时间才能恢复原来的脉搏次数。心脏进行性增大伴奔马律。

（2）心包炎 多伴发心包拍水音和摩擦音等心外杂音。

（3）败血症 常见高热、毒血症症状、肝脾肿大、感染性休克和迁徙性病灶等，在临床上常导致机体多脏器机能障碍和衰竭，但常缺乏心内外杂音和心律异常等变化。

（4）脑膜脑炎 动物有发热、食欲不振、反复呕吐、感觉障碍、昏迷、抽搐、惊厥等神经功能异常症状，但缺乏心脏异常的症状。

（5）血斑病 又称出血性紫癜，多发生于马属动物，也可见于牛、猪，以皮下组织广泛性水肿和出血性肿胀为特征，并伴有黏膜和内脏出血。肿胀为大范围弥漫性，病畜常形成"河马头"。缺乏心脏病理性杂音。

（6）贫血 常伴发营养不良、黄疸或可视黏膜苍白，脉搏细弱而快、虚弱无力。血常规检查红细胞数（RBC）、血红蛋白含量（HGB）和血细胞比容（HCT）减少。缺乏心脏病变症状。

【治疗】

1. 抗感染药物的应用原则 本病的发热是由感染引起，因此要控制体温必须首先控制感染，这是本病治疗的关键所在。治疗该病的抗感染药物应用原则如下：

（1）尽早抗感染给药 治疗本病应及早大剂量给予抗菌药物，且要根据临床特点、可能的感染途径和致病菌选择两种不同抗菌谱的抗生素联合用药。

（2）选用杀菌剂 如青霉素类、头孢菌素类、β-内酰胺类＋β-内酰胺酶抑制剂（如阿莫西林-克拉维酸钾等）、氨基糖苷类（如链霉素、庆大霉素、妥布霉素或阿米卡星等）或糖肽类（如万古霉素等）等，或参考致病菌的药物敏感试验结果选择药物。通常根据病情推迟应用抗生素数小时至 1～2d，对本病的治愈率和预后的影响并不明显，而明确病原并选用最有效的抗菌药物则是治愈本病的关键。

（3）用药剂量要大 按体外杀菌浓度的 4～8 倍给药。若进行杀菌滴价测定，可用给药后（一般在给药后 1h 抽取血样）患病动物血清以二倍稀释法加入血培养出来的细菌，如

1∶8或更高滴价无菌生长，表示抗菌药物有效和给药剂量已足。

（4）疗程要足　一般需 2 周或更长，对抗生素敏感性差的细菌或有并发症的顽固病例宜延长疗程。

2. 药物选择

（1）对临床高度怀疑本病，而血培养反复阴性，致病菌不明确者，或血培养为革兰氏阳性球菌时：可选择大剂量青霉素和氨基糖苷类抗生素联合应用，对大多数细菌有杀灭作用，故可为首选给药方案。若无效，改用其他杀菌药物，如其他 β-内酰胺环类抗生素，如半合成青霉素类（苯唑青霉素、阿莫西林、哌拉西林等）、头孢菌素类（如头孢噻呋）或万古霉素等，亦可酌情考虑选用大环内酯类（如红霉素、替米考星、泰乐菌素等）和喹诺酮类（如环丙沙星等）抗菌药物，若针对厌氧菌还可考虑选用甲硝唑。

（2）致病菌为革兰氏阴性杆菌时，可以第三代头孢菌素（如头孢噻呋）和氨基糖苷类抗生素联合给药为首选抗菌给药方案。

（3）真菌感染可用两性霉素 B，亦可联用 5-氟胞嘧啶。

（4）立克次氏体可首选四环素类药物（如多西环素或四环素等）。

3. 治愈标准及预防复发　治疗后体温恢复正常，脾脏缩小，症状消失，在抗生素疗程结束后的第一、第二及第六周分别做血培养。如临床未见复发，血培养阴性，则可认为治愈。本病多在停药后 6 周复发，复发多与下列因素相关：①治疗前病程较长；②选用的抗菌药物不敏感或剂量和疗程不足；③有严重肺、脑或心内膜损害。

对有上述情况的病畜治疗时，抗菌药物剂量应增大、疗程应延长。复发病例再治疗时，应联合用药，并酌情加大剂量和延长疗程。

4. 手术治疗　下述情况需考虑手术治疗。

（1）感染引起严重的心脏损害，造成心脏瓣膜的关闭不全或者狭窄，瓣膜穿孔、破裂，腱索离断，发生难治性急性心力衰竭时。

（2）并发细菌性动脉瘤破裂或四肢大动脉栓塞时。

（3）抗生素治疗无效，症状得不到缓解，说明抗生素选择不合适，或者体内的病灶难以通过抗生素来根除，此时手术应在加强支持疗法和抗菌药物控制下尽早进行。

（4）心内膜炎反复引起全身的缺血、栓塞等，且超声检查发现心脏上的感染病灶很大时。

5. 辅助措施　加强饲养管理，保证圈舍卫生舒适和患畜安静休息，供给富含营养易消化的日粮，必要时采取输血等辅助治疗措施。

6. 预防　有心瓣膜病或心血管畸形的动物，或在进行牙科、上呼吸道、胃肠道后段、胆囊、泌尿生殖道等的手术或机械操作，以及涉及细菌感染的其他外科手术时，预防性应用抗生素可有效预防感染性心内膜炎。

（二）非感染性心内膜炎

亦称为非细菌性栓塞性心内膜炎，是指对创伤、局部血液涡流、循环中免疫复合物、血管炎和高凝状态的反应，而在心瓣膜和邻近的心内膜上形成无菌性血小板和纤维蛋白性血栓。非感染性心内膜炎不是由病原体直接引起的心内膜炎，在心瓣膜上形成的血栓性疣赘物为无菌性的。该赘生物可成为循环中微生物停留的核心，或产生栓子和损害瓣膜功能。常见的非感染性心内膜炎有风湿性心内膜炎和赘疣性血栓性心内膜炎等。

【病因】

（1）以血液凝固性过高和/或消耗性血液凝固病为基础，常由肿瘤崩解产物（如腺癌的黏液）、休克、内毒素血症和恶病质引起。

（2）风湿性瓣膜病是引发该病的重要病因。

（3）变态反应和维生素 C 缺乏是该病的易发因素。

【临床症状】非感染性心内膜炎缺乏特异性的症状和体征，仅少数病例可出现心脏杂音，且杂音性质柔和。约半数病例可发生栓塞症状，如脑栓塞可出现偏瘫，冠脉栓塞可引起心肌缺血或心肌梗死，肾动脉栓塞可产生肾绞痛等，但由于非细菌性血栓性心内膜炎形成的赘生物较小（大小很少超过 0.5cm）、栓塞较小，极少造成大动脉和中等动脉栓塞，而多为小动脉栓塞，故多数病例虽有栓塞而无明显的临床症状，生前难以诊断。

【诊断】有学者对非细菌性血栓性心内膜炎的临床诊断提出三联征：①已知可发生非细菌性血栓性心内膜炎的疾病；②心脏出现新杂音或原有杂音发生变化；③发生多发性栓塞。同时，静脉血栓症弥散性血管内凝血（DIC）实验室诊断及多次血培养阴性，有助于非细菌性血栓性心内膜炎的鉴别诊断。结合超声心动图（UCG）发现赘生物对该病诊断具有重要意义。

非感染性心内膜炎与感染性心内膜炎较难鉴别，但很重要，因错误地对感染性心内膜炎使用抗凝治疗会增加出血的发生率。

【治疗】

1. 治疗原发病 如恶性肿瘤、慢性消耗性疾病、引发 DIC 的疾病、风湿性疾病或变态反应性疾病等。

2. 抗凝治疗 可注射肝素，选用阿司匹林、双嘧达莫或华法林等亦可能有一定的治疗价值。

因原发疾病往往较严重，故非感染性心内膜炎预后较差。

第五节　心脏扩张

心脏扩张是指心肌收缩力减弱，心室增大、心壁变薄、心律失常和心力衰竭的一种原发性和继发性心脏病。心脏扩大以心脏收缩时不能将左右心室中的血液充分驱出到主、肺动脉中去，发生心壁变薄和心腔增大等病变特征。原发性扩张性心肌病的主要病理改变是心脏明显扩大（以心室扩张为主），心室壁肥厚相对不明显。镜下检查，心肌细胞肥大，有退行性病变、坏死及瘢痕形成，心肌纤维化和间质纤维化。病变弥散，往往波及全心，而以右心室为主。这些与肥厚性心肌病的改变明显不同。本病多发于马、骡、犬和猫等动物。

【病因】本病根据病因可分为原发性（对犬来说多发生于狼犬等大型犬）和继发性（犬种不限，年龄不限）；按其病程可分为急性和慢性两种。

1. 原发性心脏扩张 见于疲劳过重而引起的血压激增，即心脏疲劳。

2. 继发性心脏扩张 可分为急性继发性心脏扩张和慢性继发性心脏扩张。前者并发于急性传染病（如马传染性胸膜肺炎、牛口蹄疫等）、心肺疾病（如急性肺炎、心肌炎、心内膜炎）、病毒或细菌感染（如犬瘟热、犬细小病毒病等）和中毒病等。后者多继发于心肌疾病、心脏瓣膜病、贫血、慢性肾炎等疾病的经过中。

另外，营养不良，甲状腺功能减退，低钾血症、高钾血症等电解质紊乱（如吐、泻、摄入钾过多等）使心肌纤维变性而易诱发本病。

【临床症状】急性心脏扩张多突然呈现全身性症状，虚弱，嗜睡，食欲大减或废绝，精神沉郁，大出汗，心搏动强盛（如暴跳状），严重的可使全身震颤；心脏浊音界扩大，第一心音高朗带金属音响，第二心音微弱，甚至听不见，往往出现缩期性杂音，脉搏细微，频数，脉律不整。平静状态下，呼吸数与呼吸方式虽无大改变，但轻度运动便出现呼吸促迫、困难、频发咳嗽，听诊有各种啰音。有的病犬发生左心和右心不同程度的衰竭并常伴发心房纤维颤动等。常常由于心脏停搏而突然死亡。

当转为慢性经过时，除可视黏膜高度发绀外，出现眩晕、浮肿、昏迷、支气管卡他、慢性胃肠卡他、肝脏和肾脏机能障碍等症状。并多呈现蛋白尿，体腔积液（如胸水、腹水等），腹下水肿及消瘦等。

犬右心衰时腹水、肝大、体重减轻、肚膨大。左心衰时咳嗽、肺水肿、昏迷。两种心衰都不耐运动，X线片上心脏变大，猫呼吸困难、不爱活动、食欲减少、后肢多发生跛行或麻痹、患肢疼痛、体温低。

【治疗】

1. 饮食疗法　给予低盐营养食物，并注意补充维生素和矿物质。

2. 药物疗法　急性病例，对牛、马等可静脉注射狄卡林、狄卡他林等制剂。慢性病例，可口服洋地黄类药物，在一个疗程（1周）过后，停药几天，再行一个疗程治疗。对于犬、猫可口服地高辛，每千克体重0.01～0.02mg，每日2次；改善心肌收缩力，纠正心律失常，可肌内注射速尿，10～20mg/次，每日1次；为减轻心脏负荷，缓解肺淤血，减轻胸腹腔及皮下水肿，如有大量吐、泻及长时间不能进食的，应静脉补钾且缓慢滴注；为促进血液循环，可静脉注射葡萄糖酸钙溶液，必要时可实行氧气吸入疗法。

3. 减少动物运动　使其得到充分休息。

第六节　心脏肥大

心脏肥大是指当心脏的血容量增多或循环阻力增大，使心脏长期负荷加重时所引起的心肌纤维变粗、体积增大、并由此而导致心壁增厚，心脏重量增加的一种疾病。肥厚性心肌病的病理改变以心室肌肥厚为主，主要累及左心室和室间隔，大多是非对称性的左心室肥厚。以室间隔肥厚最为显著而伴有左室流出道狭窄，属梗阻型；少数呈对称性左室肥厚，为非梗阻型。组织学改变的特点是心肌细胞显著肥大，心肌纤维排列紊乱。此病常见于德国牧羊犬、马和猪等。

【病因】按其病因可分为原发性心脏肥大和继发性心脏肥大。

1. 原发性心脏肥大　一般由过劳而引起，因为劳动时，动物全身骨骼肌必须加强收缩，并促使肌间动脉的收缩，因而血压升高，使心力亢进，以保证身体需要的循环血量，心肌做功因而加强，最终导致心脏肥大。故重挽马、赛马和猎犬常见此病。

2. 继发性心脏肥大　主要继发于使心脏负荷增大的心主动脉瘤、主动脉先天性狭窄、血栓形成、肿瘤压迫、动脉硬化等动脉疾患；主动脉瓣口狭窄、二尖瓣闭锁不全等心脏瓣膜病；慢性肺气肿、肺与肋膜粘连、慢性进行性肺炎，以及鼻疽性和结核性肺炎等肺脏疾患；心包脏层、壁层粘连等心包粘连，慢性肾炎等疾病。

【临床症状】

1. 原发性心脏肥大　心浊音界扩大，心搏动和脉性增强，第二心音高朗。

2. 继发性心脏肥大　初期多不表现全身性血液循环障碍。后期，呼吸困难，咳嗽，心绞痛，晕厥，脉搏变细弱，静脉怒张，消瘦，水肿，胃肠、肾脏等器官出现淤血症状，颈静脉阳性波增大。

【诊断】

（1）剖检时，一般先称重量，了解心脏重量和体重的比例关系，然后在冠状沟处测量心脏周围的长度及从冠状沟到左右心尖的距离，这样可测出心脏肥大的程度。最后在心室与心房的最扩张部横断，比较心腔的大小和网壁的厚度，这样可测出心脏肥大的程度。

（2）通过心电图（ECG）进行诊断。

（3）X线检查：心脏体积扩大。

（4）超声心动图证明左心室肥大，中隔与左心室厚度之比大于中隔与左心室游离壁的厚度。收缩期前运动，主动脉瓣收缩中期关闭。左心室收缩过度。

【治疗】首先应减轻患畜的使役和避免急剧性运动，在保持安静休养的同时，注意营养疗法。对于患心脏肥大的猫，可用β-肾上腺素能阻断剂，对于犬可应用普萘洛尔等药物。

对已伴发心脏衰竭的患畜，可酌情应用强心剂、利尿剂等进行对症治疗。

第七节　贫　　血

贫血是指单位体积外周血液中的血红蛋白浓度、红细胞数和（或）血细胞比容低于正常值的综合征。在临床上是一种最常见的病理状态，主要表现是皮肤和可视黏膜苍白，心率加快，心搏增强，肌肉无力及各器官由于组织缺氧而产生的各种症状。贫血不是特定的疾病，而是各种原因引起的不同疾病的一种症状。

【分类】根据贫血可再生与否可分为再生性贫血和非再生性贫血。按贫血的原因可分为溶血性贫血、营养性贫血、出血性贫血、再生障碍性贫血。

【病因】

1. 急性出血性贫血　见于血管受损伤，内脏出血，肝、脾破裂，某些中毒病（如草木樨中毒、蕨类植物中毒及三氧乙烯脱脂的大豆饼中毒）等。

2. 溶血性贫血　主要见于感染和中毒，如梨形虫病、锥虫病、附红细胞体病、巴尔通氏体病等血液寄生虫病，钩端螺旋体病、马传染性贫血、细菌性血红蛋白尿等传染病；汞、铅、砷、铜等矿物质元素中毒，毛茛、洋葱、大葱、甘蓝、栎树叶等有毒植物中毒，蛇咬伤等；也见于新生畜自体免疫性溶血性贫血、犊牛水中毒、牛产后血红蛋白尿症等。

3. 营养性贫血　主要见于铁、钴、铜等微量元素缺乏，也见于叶酸、维生素 B_{12} 缺乏及慢性消耗性疾病和饥饿。出血性贫血见于受伤。

4. 再生障碍性贫血　见于放射病、骨髓肿瘤；长期使用对造血机能有抑制作用的药物如氯霉素、环磷酰胺、氨甲蝶呤、长春碱等。

【发病机制】贫血使循环血液中红细胞数减少和血红蛋白含量降低，导致贫血性组织缺氧。早期可出现代偿性心跳加快使血流加速、单位时间内供氧增多，出现代偿血红蛋白含量降低引起组织缺氧。①急性出血性贫血，由于循环血量减少导致血压下降和血浆蛋白质含量减少，血液变稀薄而引起心动疾速，瞳孔散大，甚至发生休克，最终死亡。②溶血性贫血时还由于红细胞大量破坏使皮肤和可视黏膜黄染，尿中尿胆素原和尿胆素含量增高。③营养性贫血一般呈慢性经过，伴有消瘦、血液稀薄，以及红细胞大小和着染程度的变化。④再生障碍性贫血时骨髓造血机能障碍，除红细胞数减少外，还伴有白细胞数和血小板数减少。

【临床症状】因贫血程度不同而表现出轻重不同的临床症状，常见的有可视黏膜苍白、精神沉郁、嗜睡、不耐运动、心率和脉搏明显增加、气喘、血压下降，严重者可休克。可见被毛粗乱、血色素尿或血尿、黄疸、肝肿大，感染性疾病则出现体温升高。①急性出血性贫血，一般起病急，可视黏膜迅速变苍白，体温下降，末梢部厥冷，出冷汗，脉搏细弱而快，虚弱无力。②营养性贫血，多呈慢性经过，结膜苍白、消瘦虚弱、精神不振、食欲减退或异嗜，严重者可伴发全身水肿。③再生障碍性贫血，常伴发出血体征，及难以控制的感染，治疗效果往往不佳，多预后不良。血液学检查，循环血液中红细胞数、血红蛋白含量和血细胞比容减少。

【诊断】根据临床症状、实验室检查结果及发病情况可做出诊断。关键要确定发病原因。

【防治】应针对不同的病因采取相应的预防措施。

治疗除针对原发病外，应根据贫血类型采取止血，恢复血容量，补充造血物质，刺激骨髓造血机能等措施。

1. 迅速止血 外出血常用结扎血管、填充及绷带压迫，也可在出血部位贴上明胶海绵、止血棉止血，或在出血部位喷洒 $0.01\% \sim 0.1\%$ 肾上腺素溶液。

2. 补充血容量 可立即静脉注射 5%葡萄糖生理盐水，或使用血液代用品右旋糖酐。有条件时可输注新鲜全血或血浆，输血前必须进行交叉试验，以免产生输血危象。

3. 补充造血物质 可给予铁制剂，常用硫酸亚铁、枸橼酸铁铵、右旋糖酐铁、血多素等铁制剂。为补充钴元素，可给予硫酸钴或氯化钴，维生素 B_{12}。当叶酸缺乏时，应给予叶酸，犬每天 5mg，猫每天 2.5mg，口服。

4. 刺激骨髓造血机能 应用氟羟甲睾酮、司坦唑醇、促红细胞生成素。

5. 消除原发病 针对原发病，采取相应的治疗措施。

第八节　心脏瓣膜病

心脏瓣膜病是心脏瓣膜、瓣孔（包括内膜壁层）发生各种形态或结构上器质性变化，导致血液循环障碍的一种慢性心内膜疾病。以心内器质性杂音和血液循环紊乱为特征。

本病多发生于马和犬，也发生于猫、猪、牛、鹿、火鸡等动物。

【病因】本病可分为先天性心脏瓣膜病和后天性心脏瓣膜病。先天性心脏瓣膜病主要有心房和心室间隔缺损、先天性瓣膜病、心脏或心内膜发育异常等。后天性心脏瓣膜病多继发于急性心内膜炎、慢性心肌炎、心脏衰弱、心脏扩张等疾病，导致心脏瓣膜及瓣孔发生形态学变化。

【临床症状】

1. 心房间隔缺损 此病为犬、猫常见的先天性心脏病，它可单独存在，也可与其他类型并存。

单发此病时，临床症状不十分明显，只是健康检查时偶然发现。听诊在肺动脉瓣口处有最强点的驱出性杂音，第一心音亢进，有时分裂，第二心音分裂。X线检查可见肺动脉干及其主分支明显扩张。并发动脉导管未闭时，可出现早期心功能不全。当发生于静脉窦时，X线检查可见前腔静脉阴影突出。

2. 心室间隔缺损 在犬、猫等动物易发。其症状根据缺损大小和肺动脉压高低而不同。缺损小时，生长发育和运动无异常；仅剧烈运动时，耐力较差。听诊有较粗的收缩期杂音；X线检查，心脏阴影有轻度扩张，肺血管阴影稍增强。缺损较大时，心电图可见R波增高，出现"双向分流"，肺动脉压增高使右心室肥厚时，可见右束支完全或不完全性传导阻滞，临床上可视黏膜发绀；缩期杂音和第二心音高亢。

3. 二尖瓣闭锁不全和狭窄 这是马、犬、猫和猪常见的疾病。闭锁不全的主要症状为心搏动强盛，触诊心区可感到缩期心壁震颤。左侧心区可听到响亮刺耳的全缩期心内杂音，在左房室孔区最明显，杂音向背侧方向传播。因肺动脉压升高，肺动脉瓣第二心音增强。脉搏在代偿期无明显变化。如代偿失调，出现右心衰竭的临床表现。

二尖瓣狭窄，主要症状为心搏动增强，触诊心区可感到胸壁震颤，脉搏弱小。第一心音正常或较强，第二心音多被杂音所掩盖。心内杂音在左房室孔以舒张期后最明显，有时出现第二心音分裂或重复。肺淤血时，右侧心浊音区扩大，呼吸困难和结膜发绀。

4. 三尖瓣闭锁不全和狭窄 这是牛、猪、犬、猫、绵羊等常发的疾病。闭锁不全的主要症状为右侧心区胸腹壁震颤，颈静脉阳性搏动。右侧心区可听到响亮的全缩期心内杂音，以右房室孔区最为明显，杂音向背侧方向传播。脉搏微弱，水肿，浅表静脉怒张等。

狭窄的主要症状为心搏动减弱，脉搏弱小，右侧心区可听到舒张期后的心内杂音，以右房室孔最为明显。因体循环血液回流受阻，出现颈静脉怒张和明显的静脉阴性搏动，全身水肿，呼吸急促，常因心脏衰竭而死亡。

5. 主动脉瓣闭锁不全和狭窄 此病主要发生于马、猫、犬、牛、猪等。闭锁不全的主要症状为：心搏动增强，感到左侧心区震颤。由于脉压差增大，出现本病的特征症状——跳脉。左侧心区可听到响亮的全舒期心内杂音。杂音以主动脉孔区最强盛，向心尖方向传播。左心室肥大和扩张时，心浊音区扩大。当发生左心衰竭时，跳脉消失。

主动脉瓣狭窄无明显临床症状，可听到收缩期杂音，中度和重度患畜表现为不耐运动，运动时呼吸困难和昏迷。冠状循环发生障碍时，心肌发生缺血性变性，导致心功能不全或突然死亡。心基部和主动脉区听诊有粗厉的缩期杂音，可波及主动脉弓，甚至头部和四肢小动脉。心搏动或强或弱，心浊音界扩大。X线检查可见狭窄后主动脉弓扩张，阴影增宽。心电图节律异常。

6. 肺动脉瓣闭锁不全和狭窄 此病多发生于犬、猫。闭锁不全的主要症状为第一心音正常，第二心音被心内杂音掩盖。杂音在左侧心区前方肺动脉孔区最明显。常发生右心肥大而使右侧心浊音区扩大。并发右心衰竭时，出现相应的症状。

肺动脉瓣狭窄，轻症不表现临床症状，中度患畜运动时呼吸困难，但平时正常。重症者出生后发育正常，但很快出现右心功能不全。多在断乳前死亡，成活动物，以后表现为运动时呼吸困难、肝脏肿大、腹水及四肢浮肿等右心功能不全的症候，有的运动时出现昏迷而死亡。胸部触诊，在心区可感知心搏动的同时，可感知收缩期震颤。听诊时浊音界多扩大，叩诊呈现明显的心浊音区。

7. 法乐氏四联症 又称先天性紫绀四联症。其病变主要为：室间隔缺损，肺动脉狭窄，主动脉右位，右心室肥大。主要是因为主动脉干在胚胎期分化紊乱，未形成完整的室间隔所致。主动脉同时接受左右心室的血液，致使右心室流向肺动脉的血液明显受阻。动物由于缺氧发育迟缓、发绀。运动耐力差，极易疲劳；轻微运动则呼吸困难，甚至晕厥。心脏听诊可闻较粗的缩期杂音，但杂音位置和强度不定，肺动脉瓣越狭窄，杂音越弱。X线检查，可见右心室肥大。由于肺循环不足，故肺野清晰。外周血液的血气分析，血氧分压降低。血液学检查，红细胞增多。

【诊断】心脏瓣膜疾病，单纯某一种类型很少存在，大都是联合发生，尤其是瓣膜关闭不全和瓣孔狭窄常常并发。这时见不到单纯某一种瓣膜病时所固有的症状，往往是一种症状被另一种症状所掩盖。如一种瓣膜病的杂音发生于收缩期，另一种发生于舒张期。当二者并发时，收缩期与舒张期同时均能听到。这就需要根据其产生时间、性质、强度及其最强听诊点进行诊断。确诊时最好借助于心脏超声显像或M型超声心动图检查，必要时还需进行心导管检查、X线检查、心血管造影、心电图描记等特殊检查。

【防治】当患畜的心脏瓣膜病处于代偿期间时，不可使用强心剂，否则会缩短代偿作用的期限，为使其发挥较长时期的心脏代偿作用，应限制使役，避免兴奋，注意营养。当代偿作用丧失后，还需应用适当的药物来维持心脏活动机能，在血液循环障碍和血压降低的情况下，酌情使用洋地黄、毒毛花苷K、咖啡因、硝酸士的宁、硫酸阿托品及水杨酸钠等强心药。但药物治疗不能使心脏形态学的病理变化痊愈，应从动物的经济价值、使用价值等方面考虑是否需要进行手术治疗。另外，对一些心脏瓣膜病应采取对症治疗，给予抗生素或利尿药等，有一定的效果。

第九节　外周循环衰竭

外周循环衰竭是指在心脏功能正常的情况下，由血管舒缩功能紊乱，或血容量不足引起心血压下降、低体温、浅表静脉塌陷、肌无力乃至昏迷和痉挛的一种临床综合征，又称循环虚脱。由血管舒缩功能障碍引起的外周循环衰竭，称为血管源性衰竭。由血容量不足引起的，称为血液源性衰竭。各种动物都能发生。

【病因】主要见于急性大失血、剧烈呕吐和腹泻、重剧胃肠道疾病引起的严重脱水，大面积烧伤，大肠埃希氏菌、金黄色葡萄球菌、绿脓杆菌、病毒、支原体等感染，药物过敏，剧烈疼痛性疾病，脑脊髓损伤和麻醉意外等。

【临床症状】病初有短暂的兴奋现象，烦躁不安，耳尖和四肢末端厥冷，结膜苍白，出冷汗。心率加快，脉搏微弱，少尿或无尿。随着病的发展，病畜精神沉郁，反应迟钝，甚至出现昏睡，血压下降，浅表静脉充盈不良，毛细血管再充盈时间延长到3s以上（正常为1～1.5s），肌肉无力，站立不稳，步态踉跄，体温下降。第一心音增强而第二心音微弱，甚至消失，脉搏细弱或短绌，脉律失常。呼吸浅表而疾速，后期出现陈施二氏呼吸或间断性呼吸。病畜处于昏迷状态，病情垂危。因出血引起的，还有结膜高度苍白、血细胞比容降低等急性出血性贫血的表现；因脱水引起的，还有皮肤弹性降低、眼球凹陷、血细胞比容增加等表现；因过敏反应引起的，往往突然发生抽搐和肌肉痉挛、粪尿失禁、呼吸微弱等表现；因感染引起的，多伴有体温升高及原发病的相应症状。

【诊断】根据有失血、脱水、过敏反应或剧痛手术、创伤等病史，以及心动过速、血压下降、低体温、末梢部厥冷、浅表静脉塌陷、肌无力等临床表现，可做出诊断，应与心力衰竭进行鉴别诊断。同时应区分外周循环衰竭是由失血引起的，还是由脱水或休克引起的。

【防治】为补充血容量，常用乳酸林格氏液（0.167mol/L 乳酸钠溶液与林格氏液按1：2混合）静脉注射，如同时给予10%低分子（相对分子质量为 20 000～40 000）右旋糖酐注射液（牛、马2 000～4 000mL），对维持有效循环血量、保护肾功能、降低血液黏滞度、疏通微循环、防止弥漫性血管内凝血，均有良好的作用。也可使用5%葡萄糖生理盐水、生理盐水、复方生理盐水及5%～10%葡萄糖注射液。可根据皮肤皱褶试验、眼球凹陷程度、血细胞比容及中心静脉压等判断脱水程度，并估算补液量。

为防止和纠正酸中毒，可使用5%碳酸氢钠注射液，牛、马 300～500mL，猪、羊 50～100mL，犬 10～30mL，静脉注射，使用时应以生理盐水稀释 3～4 倍，注射速度要慢；或在乳酸林格氏液中按 0.75g/L 加入碳酸氢钠，与补充血容量同时进行。

当采取补充血容量和纠正酸中毒的措施以后，如血压仍不稳定，则应使用调节血管舒缩功能的药物。如山莨菪碱，牛、马 100～200mg 静脉滴注或直接静脉注射，每隔 1～2h 重复用药一次，连用 3～5 次。对其他家畜或病情严重的牛和马，可按 1～2mg/kg 一次静脉注射，待病畜可视黏膜变红、皮肤变温、血压回升时，即可停止用药；硫酸阿托品，牛、马 50mg，猪、羊 8mg，皮下注射；多巴胺：牛 60～100mg，马 100～200mg，静脉滴注。

当病畜处于昏迷状态伴发脑水肿时，为了降低颅内压，改善脑循环，常用 20%甘露醇或 25%山梨醇静脉注射，也可用 25%葡萄糖注射液，牛、马 500～1 000mL，猪、羊 40～120mL 静脉注射。

对于存在弥漫性血管内凝血的病畜，为减少微血栓的形成，可以使用肝素 100～150U/kg，溶于 5%葡萄糖溶液或生理盐水 500mL 中，以每分钟 30 滴的速度静脉滴注。

进行外周循环衰竭治疗的同时，必须积极治疗原发病，加强护理，改善饲养管理。

第十节　血　友　病

血友病为一组遗传性凝血功能障碍的出血性疾病，其共同的特征是活性凝血活酶生成障碍，凝血时间延长，终身具有轻微创伤后出血倾向。

1. 甲型血友病　甲型血友病是由因子Ⅷ（抗血友病球蛋白，简称 AHG）合成障碍或结构异常所致的一种遗传性出血性疾病，又称真性血友病（true haemophilia）或经典血友病（classical haemophilia）、先天性因子Ⅷ缺乏症（congenital factor Ⅷ deficiency）、AHG 缺乏症（antihaemophilic globulin deficiency）。本病呈 X 连锁隐性遗传，常呈家族性发生。疾病呈典型的交叉遗传，即患病公畜与无亲缘关系的母畜交配时，子代中的公畜为正常畜而母畜均为携带者；正常公畜与患病母畜交配时，子代中的公畜全部发病，而母畜为携带者。本病的主要发病环节是因子Ⅷ的凝血前质（FⅧ：C）的量减少或结构异常。主要发生于公畜，在出生时或出生后数周、数月有不同程度的出血倾向，如在创伤及手术后出血时间延长，幼畜换牙时出现齿龈出血。常发生自发性出血，致使软组织内形成血肿，关节和体腔积血，注射部位出血不止或形成血肿，有的病畜因广泛性内出血而突然死亡。病畜的凝血时间延长，一般在 20min 以上，严重者可达 1～2h；激活的部分凝血活酶时间显著延长（30～50s），甚至达 100s 以上（正常犬为 14～18s）；FⅧ：C 活性低下，常常只有正常犬的 8%～10%，甚至低于 1%。输注相合的新鲜全血、血浆、浓缩的 AHG 制剂，对控制出血有较好的效果，一般可输注冰冻新鲜血浆6～10mL/kg（犬和猫），连续2～5d。对于名贵品种病犬，可使用去氨精氨酸加压素0.4μg/kg，用生理盐水稀释后皮下注射或静脉注射，但其作用短暂（只有1～2h），故仅适用于手术过程中。预防的关键在于及时检出并淘汰致病基因的携带母畜。

2. 乙型血友病　乙型血友病是由因子Ⅸ（血浆凝血活酶成分，简称PTC）生成不足或结构异常所致的一种遗传性出血性疾病，又称先天性因子Ⅸ缺乏症（congenital factor Ⅸ deficiency）、PTC缺乏症（plasme thromboplastin component deficiency）、Christmas病（Christmas disease）。本病呈X连锁隐性遗传，主要是公犬和公猫发病。临床表现酷似甲型血友病，但病情较轻，多在哺乳期或断乳后出现出血体征。病畜的凝血时间显著延长，可达1d左右；激活的部分凝血活酶时间延长，常为30～50s；病犬的PTC活性只有正常犬的1%～1.5%，携带者的PTC活性一般为正常犬的40%～60%。输注新鲜全血、血浆、血清或凝血酶原复合物（每单位活性相当于新鲜血浆1mL），使血浆PTC活性恢复到正常犬的25%以上时，即能有效地制止出血。检出并淘汰携带致病基因的母犬和母猫是预防和消灭本病的有效措施。

3. 甲乙型血友病　甲乙型血友病是由因子Ⅷ和因子Ⅸ先天性复合缺乏所致的一种遗传性出血性疾病。本病呈X连锁隐性遗传。病犬的FⅧ：C和PTC活性均极度低下，兼有甲型血友病和乙型血友病的临床症状和凝血特征。发病犬可作为研究人类血液凝固障碍性疾病的动物模型。

4. 丙型血友病　丙型血友病是由因子Ⅺ（血浆凝血活酶前质，简称PTA）先天性合成障碍所致的一种遗传性出血性疾病，又称先天性因子Ⅺ缺乏症（congenital factor Ⅺ deficiency）、PTA缺乏症（plasma thromboplastin antecedent deficiency）。本病呈常染色体隐性遗传，常呈家族性发生。杂合子牛无临床症状，纯合子牛的临床表现不一，通常较少发生自发性出血，在断角术和创伤后出血时间延长或反复出血，静脉穿刺后出血和形成血肿，但很少出现出血不止的情况。个别牛因多发性出血而死亡。病犬有轻度或中度出血体征，创伤或手术后可导致严重出血。病猫仅有轻微出血体征。病畜的凝血时间延长1～2倍，病牛可达55min（正常为10～20min）；激活的部分凝血活酶时间延长，病牛可达308s（正常为46～52s）；纯合子的PTA活性降低，仅为正常活性的1%～5%，杂合子的多数为正常活性的30%以上。输注新鲜相合全血或血浆，每次10mL/kg，可有效地防止手术或创伤后出血。当血液中PTA活性达到正常活性的25%时就足以防止手术及创伤后出血。检出并淘汰携带者是预防和消灭本病的有效措施。

第七单元　泌尿系统疾病★★★★

第一节　肾　炎

肾炎通常是指肾小球、肾小管或肾间质组织发生炎症性病理变化的统称。该病的主要特征是肾区敏感和疼痛、尿量减少、蛋白尿、血尿和高血压等。各种动物均有发生，主要以马、猪、犬多见，临床上以急性肾炎、慢性肾炎和间质性肾炎多发。

【病因】

1. 急性肾炎　发病与感染、中毒和变态反应有关。①感染因素：多继发于炭疽、口蹄疫、结核、传染性胸膜肺炎、败血症和链球菌病等。②中毒性因素：内源性毒物如胃肠道炎症、代谢性疾病、大面积烧伤时所产生的毒素和组织分解产物。外源性毒物如有毒植物或霉变饲料，或有强烈刺激性的药物如汞、砷、松节油等，经肾脏排出时而致病。③邻近器官的炎症转移蔓延而引起，寒冷刺激反射性地引起全身器官收缩，导致肾脏的血液循环及营养发生障碍，结果肾脏的防御机能降低，病原菌乘虚而入，促使肾脏发病。

2. 慢性肾炎　病因与急性肾炎基本相同，只是症状轻微，持续时间较长，或由急性肾炎治疗不及时，或未彻底痊愈而转变为慢性。

3. 间质性肾炎　除葡萄球菌、大肠杆菌、化脓性棒状杆菌、链球菌、绿脓杆菌、肠炎沙门氏菌外，肾棒状杆菌也能引起感染。犬的钩端螺旋体病也能引起间质性肾炎。

【发病机理】病原微生物或毒素以及有毒物质或有害的代谢产物随血液循环移行至肾，停留于肾小球或肾小管的毛细血管网内，对肾脏产生刺激作用而发病。同时这些有毒物质与肾小球毛细血管基底膜中的黏多糖结合形成一种抗原，机体针对这种抗原产生抗体。当机体长期感染时，抗体与抗原反应，产生组胺类物质，导致肾小球发生变态反应性炎症，使肾小球毛细血管网的内皮细胞也增生、肿胀，导致管腔狭窄、阻塞，结果尿量减少或无尿。肾小球毛细血管阻塞，致肾小球滤过率降低，机体代谢产物和有毒物质不能经尿排出而稽留引起氮血症和酸中毒，同时发生水肿。炎症过程中，肾小球毛细血管基底膜变性、坏死，使血浆蛋白和红细胞渗出，形成蛋白尿和血尿。肾小球缺血时，肾小管也缺血，结果肾小管上皮细胞变性、坏死，甚至脱落。渗出、漏出物及脱落的上皮细胞在肾小管内凝集成各种管型。肾小球滤过机能减低，水、钠潴留，血容量增加，肾素分泌增多，血浆内血管紧张素增加，小动脉平滑肌收缩，致使血压升高，主动脉第二心音增强。

【临床症状】

1. 急性肾炎　病畜精神沉郁，食欲减退，体温升高，背腰拱起，肾区敏感、疼痛，运步困难，步态强拘，水肿，病畜频频排尿，少尿、血尿、蛋白尿，尿沉渣中见有肾上皮细胞，红、白细胞，细胞管型、颗粒管型和透明管型等。脉搏强硬，主动脉第二心音增强，血压升高。血液稀薄，血浆蛋白含量降低，血中非蛋白氮含量升高，出现尿毒症症状。患畜衰弱无力，意识障碍，全身肌肉痉挛，呼吸困难，顽固性腹泻。

2. 慢性肾炎　多由急性肾炎发展而来，病畜逐渐消瘦，血压升高，脉搏增数，主动脉第二心音增强，全身浮肿，尿量不定，尿中有少量蛋白质，尿沉渣中有大量上皮细胞、透明管型、上皮管型、颗粒管型及少量红、白细胞。血中非蛋白氮含量增高，尿蓝母增多，最终导致慢性氮血症性尿毒症，表现倦怠、消瘦、贫血、瘙痒、抽搐及出血等。

3. 间质性肾炎　病畜表现为尿量增多（初期）或减少（后期），尿沉渣中见有大量脓细胞、红细胞、白细胞、肾盂上皮细胞、少量管型（透明管型、颗粒管型），以及磷酸铵镁和尿酸铵结晶。血压升高，主动脉第二心音增强，皮下水肿，直肠检查可触知肿大的肾体，按压时疼痛不安，输尿管膨胀、扩张，有波动感，终因肾机能障碍导致尿毒症而死亡。

【诊断】肾炎主要根据病史（患有某些传染病或中毒，或受寒感冒）、典型的临床症状（少尿或无尿，肾区敏感，疼痛，氮血症性尿毒症，血压升高，主动脉第二心音增强），特别是尿液的变化（尿蛋白、血尿、管型及肾上皮细胞）进行诊断。慢性肾炎，应结合患过急性肾小球肾炎的病史，且发展缓慢，病程长做出诊断。间质性肾炎，除上述诊断外，可进行直肠内触诊：肾脏硬固，体积缩小。

在鉴别诊断上，应注意和肾病的区别。肾病是由于细菌或毒物直接刺激肾脏，而引起肾小管上皮变性的一种非炎性疾病，通常肾小球损害轻微，临床上见有明显水肿，大量蛋白尿及低蛋白血症，但不见有血尿和肾性高血压现象。

【治疗】肾炎的治疗原则是，清除病因，加强护理，消炎利尿，激素疗法及对症治疗。

1. 抗菌消炎　青霉素、链霉素肌内注射，连用1周，也可用磺胺类药物与抗菌增效剂，以提高疗效。也可选用其他抗生素，如头孢类（头孢曲松、头孢拉定、头孢噻呋钠等）或拜有利（恩诺沙星）。

2. 免疫抑制疗法　使用某些免疫抑制药，如醋酸强的松龙、氢化可的松及地塞米松磷酸钠，肌内或静脉注射有一定疗效。

3. 利尿消肿　可用双氢可尿噻，连服3～5d，还可用利尿素等，同时静脉注射乌洛托品。

4. 对症疗法　当心脏衰弱时可用强心剂，如安钠咖、樟脑等发生尿毒症时可应用5%碳酸氢钠300～500mL，静脉注射。当大量血尿时，选用0.5%的安络血注射液或止血敏肌内注射。

药物治疗的同时，要改善饲养管理，将病畜置于温暖、干燥、阳光充足且通风良好的畜舍内，并给予充分休息，防止继续受寒感冒。在饲养方面，施行半饥饿疗法，限制饮水和食盐的摄入量。

第二节　肾　病

肾病是肾小管上皮细胞发生变性坏死的一种非炎症性肾脏疾病。本病的临床特征是大量蛋白尿、明显水肿及低蛋白血症，但无血尿及血压升高，最后导致尿毒症的发生；其病理组织学变化主要有肾小管上皮细胞浑浊肿胀、变性（淀粉样和脂肪变性）乃至坏死，但缺乏炎症性变化，同时肾小球的损害轻微或正常。各种动物均可发生，其中以马和犬较为多见。根据病的特征和临床经过，可分为急性和慢性肾病，而急性肾病较为多见。

【病因】肾病主要发生于某些急、慢性传染病（如马传染性贫血、传染性胸膜炎、流行性感冒、结核病、鼻疽、猪丹毒等）的经过中，由于病原体的强烈刺激或毒害作用，而引起肾小管上皮细胞变性，严重时还可发生坏死。其次某些有毒物质的侵害。化学物质如汞、磷、砷、氯仿、石炭酸等药品的中毒；真菌毒素如采食发霉的饲料引起的真菌毒素中毒；体内的有毒物质如消化道疾病、肝脏疾病、蠕虫病和化脓性炎症等疾病时，所产生的内源性毒素而引起。此外，肾脏局部缺血时如休克、脱水、急性出血性贫血及急性心力衰竭所引起的严重循环衰竭常导致肾小管变性。

【发病机制】 一般认为肾病的病理变化实质是组织胶体物理化学性状的高度变化，出现蛋白质（白蛋白、球蛋白）及脂肪的类脂质代谢紊乱及电解质（水与氯化钠）的代谢障碍。由体外侵入的有害物质（病毒、细菌或毒素）或生命活动过程中产生的代谢产物经肾小管的浓缩作用，致上述物质含量增高，对肾小管上皮呈现强烈的刺激作用，久之则发生变性，严重时可发生坏死。肾病时，因肾小球损害不严重，故尿量一般不见明显变化，但当肾小球上皮受损伤时，由于上皮高度肿胀致管腔狭窄，脱落的坏死细胞阻塞时可见尿量减少或无尿现象。肾病后期，肾小管上皮变性，坏死，尿的重吸收障碍则尿量增多。肾小管上皮变性致重吸收障碍，尿中出现大量蛋白质（蛋白尿）。当尿呈酸性反应时，进入尿中的部分蛋白质发生凝结而形成管型，随尿排出时则发生管型尿。蛋白质大量排出时，致血浆蛋白含量减少而出现低蛋白血症。当血浆蛋白含量过低时，引起血浆胶体渗透压下降，则液体成分进入并蓄积于组织间隙而发生水肿。

【临床症状】 肾病通常缺乏特征性的临床症状，往往被原发病的固有症状所掩盖。

急性肾病时，由于肾小管上皮受损而发生高度肿胀致管腔变窄，且被坏死细胞阻塞，临床可见尿量减少，比重增加，尿液浓稠，颜色变黄如豆油状，严重时无尿，排尿困难。肾小管上皮变性以致重吸收障碍，尿中出现多量蛋白质及肾上皮细胞，当尿呈酸性反应时，可见有少量颗粒和透明管型。此时，病畜呈现衰弱，消瘦、营养不良及水肿现象，水肿多发生于颜面、肉垂、四肢和阴囊，严重时伴发胸腔和腹腔积液。在晚期通常有厌食、微热、沉郁、心率减慢和脉搏细弱等尿毒症的症状。血检可见尿素氮和亮氨酸氨基肽酶的水平升高。

慢性肾病时尿量和比重均不见明显变化。但当肾小管上皮严重变性或坏死时，因重吸收功能降低，故尿量增多，临床上以呈现多尿为特征。同时尿比重降低。出现广泛的水肿，尤其是眼睑、胸下、四肢和阴囊明显。

【诊断】 主要根据尿液检查，尿中有大量蛋白质、肾上皮细胞，透明和颗粒管型，但无红细胞和红细胞管型；血检蛋白含量降低，胆固醇含量增高，血中尿素氮及丙种谷氨酰转肽酶等含量并结合病史（有传染病和中毒病的病史）。临床症状（仅有水肿，无血尿，且血压不升高），进行综合诊断。

但必须与肾炎相区别。肾炎多由细菌感染引起，炎症主要侵害肾小球，并伴有渗出、增生等病理变化。患畜肾区敏感、疼痛，尿量减少，出现血尿，在尿沉渣中能发现大量红细胞、红细胞管型及肾上皮细胞，但水肿比较轻微。

【治疗】 为防止水肿，应适当限制喂盐和饮水。在尚未出现尿毒症时，可给予富含蛋白质饲料，以补充机体丧失的蛋白质。

药物治疗：由感染引起的，可根据药敏试验选用磺胺类或抗生素类药物治疗原发病。由中毒引起者，可采用相应的治疗措施。为消除水肿，在限制食盐的前提下，可选用利尿剂。如利尿素内服：马、牛 5~10g，猪、羊 0.5~3g，犬 0.1~0.2g（本品毒性小，肾功能不全也可应用）。醋酸钾内服：马、牛 10~30g，猪、羊 2~5g（肾功能严重障碍时禁用）。或用氢氯噻嗪（双氢克尿噻）内服：马、牛 0.5~2g，猪、羊 0.05~0.1g，犬每千克体重 2~4mg，每日 1~2 次，可连用 3~4d，必要时停药 1~2d 后再用。犬患病时采用激素治疗，常有良好的疗效。一般在早期肌内注射醋酸泼尼松，每千克体重 0.5~2mg，维持量为每千克体重 0.55mg，或地塞米松，每千克体重 0.25~1.0mg，每日 1 次皮下注射，连续用药 2~4

周，有明显疗效，这可能是由于激素有抑制免疫反应、抗炎、利尿和清除蛋白尿等作用。

第三节　尿道炎

尿道炎是指尿道黏膜及其下层的炎症，是犬、猫常见的多发病。临床上以尿频、尿痛，经常性血尿等为主要特征。

【病因】犬、猫尿道炎多因导尿管消毒不严，导尿操作粗暴，尿结石的机械性刺激，损伤尿道黏膜，或继发于邻近器官炎症的蔓延而发病，如膀胱炎、阴道或子宫内膜炎等。其他原因有交配时过度舔舐或其他异物（如草刺等）刺入尿道等。

【临床症状】常见症状有尿频、排尿困难、疼痛性尿淋漓，尿液浑浊，含有黏液、血液或脓液。触诊或导尿检查时，病畜表现疼痛不安，并抗拒或躲避检查，惨叫或呻吟。严重时尿道黏膜糜烂、溃疡、坏死或形成瘢痕组织而引起尿道狭窄或阻塞，发生尿道破裂，尿液渗流到周围组织，使腹部下方积尿而中毒。患病犬、猫频频舔舐外阴部，视诊可见尿道口潮红、水肿或流出脓性分泌物。

【诊断】根据临床症状如疼痛性排尿，尿道肿胀、敏感，以及导尿管探诊和外部触诊即可确诊。尿液检查，有细菌和尿道上皮细胞，无膀胱上皮细胞。

【治疗】尿道炎要确保尿道排泄通畅，消除病因，控制感染，结合对症治疗。

1. 抗菌消炎　肌内注射庆大霉素，每次 8 万 U，每日 2 次；口服头孢氨苄，每次 50～100mg，每日 2 次。

2. 清洗尿道　用 0.1% 高锰酸钾溶液清洗尿道及外阴，然后向尿道内推注氨苄西林针剂 1～2mL。

3. 止血　肌内注射止血敏，每次 2mL，每日 1～2 次。

第四节　膀　胱　炎

膀胱炎是膀胱黏膜表层或深层的炎症。临床上以疼痛性频尿和尿中出现较多的膀胱上皮细胞、炎性细胞、血液和磷酸铵镁结晶为特征。各种动物均可发生，多见于牛、马、犬、猫。

膀胱炎

【病因】膀胱正常时由于排尿的清洗作用，黏膜局部免疫和尿的抗菌作用等对细菌感染有自然防御机能。能破坏这些防御机能而造成感染的因素有：

1. 细菌感染　化脓杆菌和大肠杆菌、葡萄球菌、链球菌、绿脓杆菌、肾棒状杆菌、变形杆菌等，以及霉菌毒素经过血液循环或尿路感染而致病。

2. 机械性刺激或损伤　导尿管过于粗硬，插入粗暴，膀胱镜使用不当以致损伤膀胱黏膜。膀胱结石，膀胱内肿瘤，尿潴留时的分解产物，以及带刺激性的药物，如松节油、酒精等的强烈刺激引起膀胱黏膜的损伤而发病。由脊椎骨折、椎间盘突出及脊髓炎所致的神经损伤或膀胱憩室等引起的尿潴留而引起本病。

3. 邻近器官炎症的蔓延　肾炎、输尿管炎、尿道炎，尤其是母畜的阴道炎、子宫内膜炎等，极易蔓延至膀胱而引起本病。

4. 其他疾病引起　由尿毒症，肾上腺皮质功能亢进以及使用肾上腺皮质激素或其他免疫抑制剂等引起的免疫功能降低而致病。

【临床症状】急性膀胱炎的主要症状有尿少而频、血尿、浑浊恶臭尿、排尿困难、尿失禁。触诊膀胱，有疼痛的收缩反应，慢性经过的患病犬、猫能触知肥厚的膀胱黏膜，也可能触知膀胱内的肿瘤和结石。患病犬、猫的定点排泄的习惯被破坏。当膀胱炎导致输尿管炎、肾盂肾炎时，根据肾脏的损害程度而表现出全身症状。单纯的膀胱炎出现全身症状的少。慢性膀胱炎无排尿困难，但病程较长，且其他症状较轻。

1. 尿液的检查　收集尿液，尿液收集的方法有穿刺法、导尿法及自然排尿等。发生膀胱炎时，尿液呈红褐色（血尿），同时伴有腐败臭味。尿沉渣中有大量的膀胱上皮细胞、白细胞、红细胞，导尿或自然排尿的中段尿沉渣，在高倍镜下 1 个视野含有 20 个以上细菌的可判为细菌尿；20 个以下的可看作细菌污染，则提示膀胱发炎。

2. 血液学检查　一般无白细胞增加和中性粒细胞核左移现象。有时会出现血红蛋白降低及低蛋白血症。

3. X 线和超声波检查　能诊断尿结石、肿瘤、尿道异常、膀胱憩室等并发症。慢性膀胱炎可见膀胱壁肥厚。

【诊断】根据疼痛性频尿，排尿姿势变化等临床特征以及尿液检查有大量的膀胱上皮细胞和磷酸铵镁结晶，进行综合判断。在临床上，膀胱炎与肾盂肾炎、尿道炎有相似之处，因此，必须加以鉴别。肾盂肾炎，表现为肾区疼痛，肾脏肿大，尿液中有大量肾盂上皮细胞。尿道炎，镜检尿液无膀胱上皮细胞。

【治疗】本病的治疗原则是，加强护理，抑菌消炎，防腐消毒及对症治疗。

1. 抑菌消炎　与肾炎的治疗基本相同。对重症病例，可先用 0.1% 高锰酸钾或 1%～3% 硼酸，或 0.1% 的雷佛奴耳液，或 0.02% 呋喃西林，或 0.01% 新洁尔灭液，或 1% 亚甲蓝做膀胱冲洗，在反复冲洗后，膀胱内注射青霉素 80 万～120 万 IU，每日 1～2 次，效果较好。也可选用其他抗生素，如头孢类（头孢曲松、头孢拉定、头孢噻嗪钠等）或拜有利（恩诺沙星）肌内注射。

2. 尿路消毒　肌内注射头孢拉定、丁胺卡那霉素，配伍乌洛托品治疗。

3. 止血　肌内注射止血敏，每日 2 次；口服云南白药胶囊，每次 1 粒，每日 3 次。

第五节　膀胱麻痹

膀胱麻痹是膀胱肌肉的收缩力减弱或丧失，致使尿液不能随意排出而积滞的一种非炎症性的膀胱疾病。临床上以不随意排尿，膀胱充满且无明显疼痛反应为特征。本病多数是暂时性的不全麻痹，常发生于牛、马和犬。

【病因】膀胱麻痹多属继发性，主要原因有以下两种原因：

1. 神经源性　由于脑膜炎，脑部挫伤，中暑，电击，生产瘫痪或因脊髓震荡，挫伤，肿瘤等引起中枢神经系统的损伤，支配膀胱的神经功能发生障碍或调节排尿中枢功能障碍，对膀胱的控制及支配作用丧失，因而膀胱平滑肌或括约肌失去收缩力而发生膀胱麻痹。

2. 肌源性　因膀胱或邻近器官组织炎症波及膀胱深层组织，使之发炎而导致膀胱肌层的紧张度降低，或因役用动物长时间使役而得不到排尿的机会，或因尿路阻塞，大量尿液积滞在膀胱内，以致膀胱肌过度伸张而弛缓，因而降低了其收缩力，导致一时性膀胱麻痹。

膀胱麻痹后，一方面大量尿液积滞于膀胱内，膀胱尿液充满，病畜屡做排尿姿势，但无尿液排出，或呈现尿淋漓，滴状尿；另一方面，由于尿的潴留造成细菌繁殖的理想环境，细菌大量发育繁殖，尿液发酵产氨，导致后遗症——膀胱炎。

【临床症状】视病因类型不同而有差异。

1. 脑性麻痹　由于大脑的抑制而丧失调节排尿作用，因而只有在膀胱内压超过括约肌紧张度时，才排出少量尿液。直肠触诊膀胱、尿液高度充满，按压膀胱，尿液呈细流状喷射而出。

2. 脊髓性麻痹　排尿反射减弱或消失，膀胱充满时才被动地排出少量尿液，直肠内触压膀胱，尿液充满。当膀胱括约肌发生麻痹时，则尿失禁，尿液不自主地呈滴状或线状排出，触摸膀胱空虚，导尿管易于插入。

3. 肌源性麻痹　一时性排尿障碍，膀胱内尿液充盈，频作排尿姿势，却排尿量并不多。按压膀胱时可被动地排出尿液。各种原因所引起的膀胱麻痹，尿液中均无尿管型。

【诊断】根据病史，结合特征性临床症状（不随意排尿，膀胱尿液充满等），直肠内触压膀胱及导尿管探诊的结果，做出诊断并不难。

【治疗】本病的治疗原则是消除病因和对症治疗。

1. 消除病因　首先应针对原发病病因采取相应的治疗措施。对症治疗可先实施导尿，防止膀胱破裂。大家畜可通过直肠内穿刺肠壁，直刺入膀胱内；小动物可通过腹下壁骨盆底的耻骨前缘部位施行插针穿刺以排出尿液。膀胱穿刺排尿不宜多次实施，否则易引起膀胱出血、膀胱炎、腹膜炎或直肠膀胱粘连等继发症。膀胱积尿不是特别严重的病例，可实施膀胱按摩，以排出积尿。对大家畜可采用直肠内按摩，每日 2～3 次，每次 5～10min。

2. 对症治疗　选用神经兴奋剂和具有提高膀胱肌肉收缩力的药物，有助于膀胱积尿的排出。可采用电针治疗，一电极插入百会穴，另一电极插入后海穴，调整好合适频率，每日 1～2 次，每次 20min。临床治疗表明，应用氯化钡治疗牛的膀胱麻痹，效果良好。剂量为每千克体重 0.1g，配成 1‰灭菌水溶液，静脉注射。据报道，犬患膀胱麻痹时，可口服氯化氨基甲酰甲基胆碱（Bethanechol Chloride）5～15mg，每日 3 次，对提高膀胱肌肉的收缩力有一定的作用。

为防止感染，可使用抗生素和尿路消毒药。

第六节　尿 石 症

尿石症是指尿路中的无机盐类（或有机类）结晶的凝结物，刺激尿路黏膜而引起出血、炎症和阻塞的一种泌尿器官疾病。临床上以腹痛、排尿障碍和血尿为特征。本病主要发生于公畜，各种动物均可发生，牛、羊、犬和猪常见。

尿石症的种类很多，按其成分可分为：磷酸盐或碳酸盐结石、尿酸铵结石、胱氨酸结石、草酸钙结石、硅酸盐结石。按其尿石的所在位置可分为：肾结石、输尿管结石、膀胱结石、尿道结石。

【病因】促使尿石症形成的因素有：①尿路细菌（如葡萄球菌、变形杆菌等）感染，直接损伤尿路上皮，使其脱落，促使结石核心形成。②维生素 A 缺乏或雌激素过剩，可使上皮细胞脱落，促进尿石的形成。③长期饮水不足，尿液浓缩，使盐类浓度过高而促进尿石的形成。④尿液中尿素酶活性升高及柠檬酸浓度降低引起尿液 pH 的变化而促进尿结石形成。⑤饲料营养不均衡，如饲喂高蛋白、高镁离子的日粮易促进磷酸铵镁结石的形成。⑥由于某些代谢的遗传缺陷，如英国斗牛犬、约克郡犬等的尿酸遗传性代谢缺陷易形成尿酸铵结石或机体代谢紊乱使胱氨酸结石形成。⑦其他疾病，如甲状旁腺机能亢进、维生素 D 过多、周期性尿潴留、磺胺及某些重金属（如铅）中毒等。

【发病机制】 正常尿液含有大量呈溶解状态的盐类晶体及一定量的胶体物质，且晶体盐类与胶体物质之间保持相对平衡。一旦这种平衡被破坏，即晶体超过正常的浓度，或胶体物质由于不断丧失其分子间的稳定性结构，则尿中的盐类晶体不断析出，凝结为尿石。

尿结石的形成一般认为与以下三个因素有关：

1. 尿石的核心物质 这是形成尿石的基质，多为黏液、凝血块、脱落的上皮细胞、坏死组织碎片、红细胞、微生物、纤维蛋白和砂石颗粒等，均可作为尿石的核心物质，促使尿结石的形成。

2. 尿中溶质的沉淀 当预防尿中溶质沉淀的保护性胶体被破坏时，尿中大量矿物质盐类结晶发生沉淀，成为尿结石的实体，一般盐类结晶有碳酸盐、磷酸盐、硅酸盐、草酸盐和尿酸盐。它们以核心物质为基础，环绕、逐渐沉积形成结石。

3. 导致尿石的因素 尿液中的理化性质发生改变，可成为尿结石形成的诱因。如尿液的 pH 改变，可影响一些盐类的溶解度。尿液潴留或浓稠，因其中尿素分解产生氨，致使尿变为碱性，形成碳酸钙，磷酸铵和磷酸铵镁等沉淀。酸性尿也容易促使尿酸盐尿石的形成。尿中的柠檬酸盐的含量下降，易发生钙盐的沉淀，形成尿石。

尿石形成后，于阻塞部位刺激尿路黏膜，引起黏膜损伤、炎症、出血，并使局部的敏感性增高，由于刺激，尿路平滑肌出现痉挛性收缩，因而病畜发生腹痛、频尿和痛苦现象。当结石阻塞尿路时，则出现尿闭，腹痛尤为明显，甚至可发生尿毒症和膀胱破裂。

【临床症状】 由于发生结石的部位及侵害的程度不同而出现不同的临床症状。

1. 肾结石 结石一般在肾盂部分。结石小时，常无明显症状。结石大时，往往并发肾炎、肾盂肾炎、膀胱炎等。精神沉郁，步态强拘，食欲减退或废绝。触摸肾区发现肾肿大并有疼痛感。常作排尿姿势，并出现轻度血尿、细菌尿、脓尿等。严重感染时，体温升高。

2. 输尿管结石 不常见。多数是由于肾结石的下移阻塞输尿管。发病时，剧烈疼痛不安，后转为精神沉郁，发热，触诊腹部有疼痛感，行走时拱背，痛苦。完全阻塞时，无尿进入膀胱。输尿管不全阻塞时，常见血尿、脓尿和蛋白尿。若两侧输尿管部分和完全阻塞，将导致不同程度的肾盂积水。

3. 膀胱结石 常发。结石小时，不出现临床症状。当结石大而多时，刺激膀胱黏膜，出现频频排尿，努责、排尿困难，有血尿。当膀胱不太充满时，可摸及内有移动感的结石块。

4. 尿道结石 一般为膀胱结石的一种并发症。主要发生于公犬。结石常嵌留在阴茎尿道开口处的后方，有时发生于坐骨弓 S 状弯曲处。多数病例突然尿闭，频作排尿姿势，强烈努责，呻吟，起卧不安。若不完全阻塞，则尿液细小或仅有少量血尿滴出；若完全阻塞，则完全尿闭。在后腹部触摸膀胱，充满并有剧烈疼痛感。随病程发展，可发生膀胱破裂，此时，转为安静。腹腔穿刺，有大量黄色尿液流出。但往往因腹膜炎、尿毒症而死亡。

【诊断】根据尿频、排尿困难、血尿等症状可做出初步诊断。确诊要进行下列检查。

（1）对大于 3cm 的肾结石、输尿管结石，应用 X 线检查，见有结石，即可诊断。

（2）用金属探针插入雌犬的膀胱内，探针接触结石时，可听到"咯咯"声。用导尿管插入公犬的尿道探诊均有利于诊断。

（3）进行必要的尿液常规（尤其是尿沉渣，尿路上皮及感染菌的检查）和血液常规的检查。

（4）运用物理（X 线衍射、能谱分析）、化学的方法对尿结石的成分进行分析，有利于该病的诊治和预防。

【治疗】

1. 手术疗法 ①对于肾结石，一般是切除患肾。但两侧肾均患病，或对侧无肾，或功能严重障碍时，则不宜进行手术。目前可采用激光碎石技术将其击碎，随尿排出。②对于较大的膀胱结石，切开膀胱取出结石，结石少时，可考虑用超声波碎石。③对于尿道结石，麻醉犬，用导尿管插入尿道口，助手封住尿道口的周围，注入灭菌生理盐水，扩张尿道，使尿道口开张，迅速将导尿管抽出，使尿道内的结石随同生理盐水一同涌出。

2. 药物治疗 ①利尿：可用利尿素、醋酸钾、汞撒利、茶碱等药物治疗。②尿道消毒：用乌洛托品、氨苄青霉素等。③防止和控制细菌感染：可用大剂量抗生素。④如出血不止，可肌内注射止血敏。⑤大量饮用排石饮液，以此碎石，"冲洗"出结石。

第七节　急性肾功能衰竭

急性肾功能衰竭是指各种原因引起少尿或无尿，肾实质急性损害，不能排泄代谢产物，迅速出现氮质血症、水、电解质及酸碱平衡紊乱并产生一系列各系统功能变化的临床综合征。各种动物均可发生，临床上犬、猫常见。

【病因】

1. 肾前性因素 主要指各种原因引起血容量绝对或相对不足而导致肾脏严重缺血、肾小球灌注不足，肾小球滤过率降低。常见原因有心血管疾病、感染性疾病、出血性休克、过敏性休克、大量脱水引起的休克等。

2. 肾性因素 主要为急性肾小管坏死，病因有严重脱水、失血而长期休克，误用血管收缩药，氨基糖苷类药物（庆大霉素等）、两性霉素、甘露醇、低分子右旋糖酐，以及生物毒素（如蛇毒、菇类中毒、鱼胆中毒）和重金属引起的中毒，磺胺及尿酸结石、重症急性肾炎、肾血管疾病等。

3. 肾后性因素 主要由于尿路梗阻而引起，主要原因有结石、血块、肿瘤压迫、误扎双侧输尿管、磺胺及尿酸结晶等。

【发病机制】

1. 肾微循环障碍

（1）儿茶酚胺在发病上的作用　毒素引起血液内儿茶酚胺增高，进而引起微循环障碍，肾小球滤过率下降，引起功能性少尿。

（2）肾素-血管紧张素系统在发病上的作用 肾缺血或毒素可致肾小管损伤，使近端肾小管钠再吸收降低，致密斑的钠浓度升高，引起肾素释放及血管紧张素Ⅱ增多，使肾小球前小动脉收缩，肾血流量降低，肾小球滤过率下降，引起急性肾功能衰竭。

2. 肾缺血

（1）肾血管收缩所致的肾缺血 在各种原因引起的休克情况下，机体为了保证心、脑等重要器官的血液供应，末梢动脉包括肾动脉即行收缩，因而肾血流量减少而发生肾缺血。

（2）肾脏短路循环所致的缺血 在正常情况下，仅10％血液经短路循环。当机体受到各种强烈刺激如创伤、休克、感染等，机体以肾血管收缩作为机体的保护性措施，使肾血循环出现反常的短路循环现象，即90％以上的血液经短路循环，导致肾皮质和肾小管的供血量大减，从而引起急性肾功能衰竭。

3. 弥散性血管内凝血在发病上的作用 各种原因所致的休克时血压下降，组织血流量减少，毛细血管内血流缓慢，细胞缺氧，释放凝血活酶及乳酸聚积，使血液呈高凝状态，加上创伤、细菌等生物毒素、酸中毒、缺氧等所致的血管内皮细胞损伤，使血小板和红细胞聚集和破坏，释出促凝物质，激活凝血系统，导致微血管内发生血凝固和血栓形成。肾内微血管发生的凝血和血栓必然加重肾脏的缺血而最终导致急性肾功能衰竭。

【临床症状】急性肾功能衰竭的临床过程分为4期，即开始期、少尿或无尿期、多尿期和恢复期。中毒所致者可能无开始期。

1. 开始期 血容量不足、血压下降，肾血管即发生收缩，肾血流量减少，肾小球滤过率亦减少，使尿量减少，加之机体反应增加了抗利尿激素、醛固酮和促肾上腺皮质激素的分泌，使尿量进一步减少，比重升高，尿钠减低。本期以血容量不足和肾血管痉挛为主，临床上只有原发病的病症和尿少。

2. 少尿或无尿期 致病因素持续存在即可引起肾实质的损害，主要是肾小管上皮细胞的变性与坏死，从而进入少尿或无尿期。

（1）水的排泄紊乱

少尿或无尿：尿量的减少可突然发生，亦可逐渐出现。尿液呈酸性反应。尿检查可有蛋白，镜检有红细胞、颗粒或红细胞等管型。尿内钠含量升高，尿素及肌酐浓度下降。

水中毒：在肾脏排尿减少和代谢旺盛而产生过多内生水的情况下，如摄入过量液体和钠盐，即可产生水中毒。

（2）电解质紊乱

高钾血症：主要表现为循环系统的征象，如心跳缓慢、心律不齐、血压下降，严重时可致心搏骤停。

低钠血症：急性肾功能衰竭时的低钠血症多为稀释性低钠血症。其原因为细胞外液增加，钠被稀释，钠离子用于中和酸性物质随尿排出及由细胞外进入细胞内与钾离子置换等。

高磷酸盐血症：当肾功能衰竭时磷酸盐的排泄受到影响，形成高磷酸盐血症。

低钙血症：由于磷从肾脏排泄发生障碍而改从肠道排泄，并与钙结合成不吸收的磷酸盐而形成低钙血症。

高镁血症：正常情况下镁主要由肾排出，故肾功能衰竭时可产生高镁血症。

（3）**代谢性酸中毒**　临床上表现为软弱、嗜睡，甚至昏迷、心缩无力、血压下降，并可加重高钾血症。

（4）**氮质血症**　急性肾功能衰竭时体内蛋白质代谢产物不能从肾脏排泄，加上感染、创伤、不能进食等情况，体内蛋白质分解代谢旺盛，引起血内非蛋白氮的含量大幅度地增加，临床上即出现氮质血症。

（5）**心力衰竭**　心力衰竭是少尿期的主要并发症之一，常发生于肺水肿和高血压之后，应严加注意。

（6）**出血倾向**　急性肾功能衰竭时由于血小板的缺陷，毛细血管脆性增加，凝血酶原的生成受到抑制，可有明显的出血倾向。

（7）**贫血**　几乎所有病例都有进行性贫血现象。

3. 多尿期　如能得到正确的治疗而安全度过少尿期，已坏死变性的肾小管上皮细胞逐渐再生修复，未被损害的肾单位逐渐恢复其功能，肾机能逐渐恢复而进入多尿期。

多尿：尿量增多是多尿期的主要特点。其原因是再生的肾小管缺乏浓缩尿液的能力，加上潴留于血中的高浓度尿素的渗透性利尿作用，以及体内潴留的水分、电解质和代谢产物的利尿作用。

水、电解质紊乱：由于大量排尿，若不注意补充，患畜可发生脱水，可发生低钾血症和低钠血症。

氮质血症：多尿期早期血中非蛋白氮仍可不断上升，其原因为肾脏对于溶质的滤过及排泄虽已增加，但在短期内尚不足以清除蓄积在体内的代谢产物；此外，尚有部分氮代谢产物由肾小管回渗而加重氮质血症。此后随着肾功能的继续恢复，血中非蛋白氮、尿素氮、肌酐等才能很快下降；病畜的全身情况即开始迅速好转，精神转佳，食欲逐渐增进。

4. 恢复期　随着肾机能的逐渐恢复，血非蛋白氮降至正常，电解质紊乱得到纠正，尿量恢复至正常水平，患畜情况日见好转。但由于病程中的消耗，仍有无力、消瘦、贫血等症状。

【诊断】

1. 存在引起急性肾衰竭的病因　如血容量减少、肾毒性药物使用、重症感染。

2. 尿量显著减少　有突发性少尿或无尿及水肿、血压升高、血尿等临床表现。

3. 尿液检查　可有蛋白尿、血尿及尿比重降低。

4. 氮质血症　血清肌酐、尿素氮进行性升高。常有酸中毒、水电解质紊乱等表现。

5. B超　提示双肾多弥漫性肿大或正常。

6. 根据各期临床特征

（1）**少尿期**　少尿或无尿，伴氮质血症，水过多（体重增加，水肿、高血压、脑水肿），电解质紊乱（高血钾、低血钠、高血磷、低血钙等），代谢性酸中毒，并可出现循环系统、神经系统、呼吸系统和血液系统多系统受累的表现。

（2）**多尿期**　尿量渐多或急剧增加、水肿减轻，氮质血症未消失，甚至轻度升高，可伴水、电解质紊乱等表现。

（3）**恢复期**　氮质血症恢复，贫血改善，而肾小管浓缩功能恢复较慢，需数月之久。

【治疗】

（1）积极治疗原发病或诱发因素，纠正血容量不足、抗休克及有效的抗感染等。

（2）少尿后 24～48h 内补液或加利尿剂，可用 10％葡萄糖、低分子右旋糖酐和速尿，或同时用血管扩张剂，如钙拮抗剂、小剂量多巴胺、前列腺素 E_1 等。

（3）多尿期要防止脱水和电解质紊乱，部分病畜需继续治疗原发病，降低尿毒素，应用促进肾小管上皮细胞修复与再生的药物，如能量合剂、维生素 E 及中药等。随着血肌酐和尿素氮水平的下降，蛋白质摄入量可逐渐增加。

（4）恢复期无须特殊治疗，避免使用肾毒性药物，防止高蛋白摄入，逐渐增加活动量。

（5）其他处理，合并其他并发症时，如出血、感染、高血压、代谢性酸中毒等，应进行相应的治疗。

第八节　慢性肾功能衰竭

慢性肾衰竭（简称慢肾衰）是一个临床综合征。它在各种慢性肾实质疾病的基础上，缓慢地出现肾功能减退而至衰竭。肾脏有强大的贮备能力，当肾小球滤过率（GFR）减少至正常的 20％～35％时，才发生氮质血症，为慢肾衰的早期，此时血肌酐已升高，但无临床症状。当肾单位进一步破坏，GFR 低至正常的 10％～20％时，血肌酐显著升高（为200～250μmol/L），贫血，水电解质失调，并有轻度胃肠道、心血管系统症状，为肾衰竭期。尿毒症是慢肾衰的晚期，血肌酐＞250μmol/L。

【病因】任何泌尿系统病变能破坏肾的正常结构和功能者，均可引起慢肾衰。如原发和继发性肾小球病、慢性间质性肾病、肾血管疾病和遗传性肾脏病等，都可发展至慢肾衰。急性肾衰竭也可发展为慢性肾衰竭。

【发病机制】

1. 慢性肾衰竭进行性恶化的机制　慢肾衰发病机制复杂，目前尚未完全弄清楚，有下述主要学说：

（1）健存肾单位学说和矫枉失衡学说　肾实质疾病导致相当数量肾单位破坏，余下的健存肾单位为了代偿，必须增加工作量，以维持机体正常的需要。因而，每一个肾单位发生代偿性肥大，以增强肾小球滤过功能和肾小管处理滤液的功能。如果肾实质疾病的破坏继续进行，健存肾单位越来越少，即使倾尽全力，也不能达到机体代谢的最低要求时，就发生肾衰竭，这就是健全肾单位学说。当发生肾衰竭时，就有一系列病态现象。为了矫正它，机体要做相应调整（即矫枉），但不可避免地发生新的失衡，使机体受到新的损害。举例说明：当健存肾单位有所减少，余下的每个肾单位排出磷的量代偿地增加，从整个肾来说，其排出磷酸的总量仍可基本正常，故血磷正常。但当后来健存肾单位减少至不能代偿时，血磷升高；动物为了矫正磷的潴留，甲状旁腺功能亢进，以促进肾排磷，这时高磷血症虽有所改善，但甲状旁腺功能亢进却引起了其他症状，如由于溶骨作用而发生广泛的纤维性骨炎及神经系统毒性作用等，给机体造成新的损害。即矫枉失衡学说，它是健全肾单位学说的发展和补充。

（2）肾小球高滤过学说　当肾单位破坏至一定数量，余下的每个肾单位代谢废物的排泄负荷增多，因而代偿地发生肾小球毛细血管的高灌注、高压力和高滤过。这"三高"可引起：①肾小球内皮细胞损伤，诱发血小板聚集，导致微血栓形成，损害肾小球而促进硬化。②肾小球通透性增加，使蛋白尿增加而损伤肾小管间质。上述过程不断进行，形成恶性循环，使肾功能进一步恶化。这种恶性循环是一切慢性肾脏病发展至尿毒症的共同途径，而与肾实质疾病的破坏继续进行是两回事。肾小球高滤过是促使肾功能恶化的重要原因。

（3）肾小管高代谢学说　慢肾衰时，健存肾单位的肾小管呈代偿性高代谢状态，耗氧量增加，氧自由基产生增多，以及肾小管细胞产生氨显著增加，可引起肾小管损害、间质炎症及纤维化，以至肾单位功能丧失。现已明确，慢性肾衰竭的进展和肾小管间质损害的严重程度密切相关。

（4）其他　慢肾衰的进行性恶化机制与下述有关：①在肾小球内"三高"情况下，肾组织内血管紧张素Ⅱ水平增高，转化生长因子β等生长因子表达增加，导致细胞外基质增多，而造成肾小球硬化。②过多蛋白从肾小球滤出，引起肾小球高滤过，而且近曲小管细胞通过胞饮作用将蛋白吸收后，引起肾小管和间质的损害，导致肾单位功能丧失。③脂质代谢紊乱，低密度脂蛋白可刺激系膜细胞增生，继而发生肾小球硬化，促使肾功能恶化。

2. 尿毒症各种症状的发生机制　与水、电解质和酸碱平衡失调有关。尿毒症毒素是由于绝大部分肾实质破坏，因而不能排泄多种代谢废物和不能降解某些内分泌激素，致使其积蓄在体内而起毒性作用，引起尿毒症。尿毒症毒素包括：①小分子含氮物质，如胍类、尿素、尿酸、胺类和吲哚类等蛋白质的代谢废物。②中分子毒性物质，包括血液内潴留过多的激素（如甲状旁腺素等）；正常代谢时产生的中分子产物，细胞代谢紊乱产生的多肽等。③大分子毒性物质，由于肾降解能力下降，因而使激素、多肽和某些小分子蛋白积蓄，如胰升糖素、$β_2$微球蛋白、溶菌酶等。上述各种小、中、大分子物质，在血液内水平过高，亦可能会有毒性作用，引起尿毒症的各种症状。此外，肾的内分泌功能障碍，也可产生某些尿毒症症状。

【临床症状】慢肾衰的早期，除氮质血症外，无临床症状，仅表现基础疾病的症状，当病情发展到残余肾单位不能调节适应机体最低要求时，尿毒症症状才逐渐表现出来。以少尿或无尿、氮质血症、水和电解质代谢失调、血钾含量增高等为特征。

1. 水、电解质和酸碱平衡失调

（1）钠、水平衡失调　慢肾衰时常有钠、水潴留。如果摄入过量的钠和水，易引起体液过多，而发生水肿、高血压和心力衰竭。水肿时常有低钠血症，这是由于摄入水过多的结果（稀释性低钠血症）。慢肾衰很少有高钠血症。

（2）钾平衡失调　慢肾衰时残余的每个肾单位的远端小管排钾都增加。此外，肠道也能增加钾的排泄。上述调节机制较强，故即使慢肾衰发展，大多数病畜的血钾正常，一直到尿毒症时才会发生高钾血症。高钾血症可导致严重心律失常，心电图检查：T波高尖、PR间期延长及QRS波增宽。

（3）酸中毒　慢肾衰时，代谢产物如磷酸、硫酸等酸性物质因肾的排泄障碍而潴留，肾小管分泌氢离子的功能缺陷和小管制造NH_4^+的能力差，因而造成血阴离子间隙增加，而血HCO_3^-浓度下降，这就是尿毒症酸中毒的特征。二氧化碳结合力下降可作为酸中毒的简便诊断指标。酸中毒是尿毒症患畜最常见的死因之一。

（4）钙和磷平衡失调　慢肾衰时血钙降低。由于肾组织不能生成$1,25-(OH)_2D_3$，因而钙从肠道吸收减少。同时，慢肾衰时血磷浓度升高，高磷血症可使：①血钙磷乘积升高

（≥70），使钙沉积于软组织，引起软组织钙化。②血钙浓度进一步降低，血钙浓度下降刺激甲状旁腺素（PTH）分泌增加，而肾脏是PTH降解的主要场所，因而慢肾衰常有继发性甲状旁腺功能亢进（简称继发性甲旁亢）。

2. 各系统症状

（1）心肺血管系统症状 ①高血压。多是由于钠、水潴留，清除钠、水潴留后，血压仍高者，大都是由于肾素增高所致。高血压可引起左心室扩大、心力衰竭和加重肾损害。②心力衰竭是常见死亡原因之一。大都与钠、水潴留及高血压有关。③呼吸系统出现代谢性酸中毒，呼吸深而长。

（2）血液系统表现 ①贫血。慢肾衰常有贫血，贫血的主要原因是肾脏产生红细胞生成素（EPO）减少。此外，铁的摄入减少，慢肾衰时红细胞生存时间缩短也会加重贫血。叶酸缺乏、体内缺乏蛋白质、尿毒症毒素对骨髓的抑制等，也是引起贫血的原因之一。②白细胞减少，其吞噬和杀菌能力减弱，容易发生感染。

（3）胃肠道症状 食欲不振是慢肾衰常见的最早期表现。限制蛋白饮食对减少胃肠道症状有效。

（4）肾性骨营养不良症 是指尿毒症时骨骼改变的总称。常见有纤维性骨炎、肾性骨软化症、骨质疏松症和肾性骨硬化症。肾性骨营养不良症的病因为1,25-$(OH)_2D_3$缺乏、继发性甲旁亢、营养不良。①纤维性骨炎。由于继发性甲旁亢，使破骨细胞活性增强，引起骨盐溶化，骨质重吸收，骨基质破坏，而代以纤维组织，形成纤维性骨炎，X线片有纤维性骨炎的表现。最早见于末端指骨，可并发转移性钙化。②肾性骨软化症。由于1,25-$(OH)_2D_3$不足，使骨组织钙化障碍。血钙低，甲状旁腺轻度增生，X线片有骨软化症的表现。③骨质疏松症。由于代谢性酸中毒，需动员骨中的钙到体液中进行缓冲，导致骨质脱钙和骨质疏松症。X线片有骨质疏松症的表现。

（5）泌尿系统表现 根据症状可分为少尿期、多尿期和恢复期。

少尿期：病犬、猫在原发病的基础上，排尿量明显减少，甚至无尿。由于水、盐、氮质代谢产物的潴留，可表现为水肿、心力衰竭、高血压、高钾血症、低钠血症、酸中毒和尿毒症等症状，并易继发或并发感染。

多尿期：病犬、猫经过少尿期后尿量开始增多而进入多尿期。此时水肿开始消退，血压逐渐下降，但是血中氮质代谢产物的浓度在多尿期初期反而上升，同时因水、钾、钠丧失，病犬、猫表现为四肢无力、瘫痪，心律失常甚或休克，重者可因室颤等而猝死。病犬、猫多死于多尿期，故又称为危险期。此期持续时间1～2周，病犬、猫若能耐过此期，便进入恢复期。

恢复期：病犬、猫排尿量逐渐恢复正常，各种症状逐渐减轻或消失。但由于机体蛋白质消耗量大，体力耗损甚巨，故在恢复期中仍表现为四肢乏力、肌肉萎缩、消瘦等。因此应根据病情，加强调养和治疗。若肾小球功能迟迟不能恢复，可转为慢性肾功能衰竭。

（6）内分泌失调 慢肾衰时，内分泌功能可出现紊乱。血浆肾素正常或升高，血浆1,25-$(OH)_2D_3$则降低，血浆红细胞生成素降低。肾脏是多种激素的降解场所，如胰岛素、胰升糖素及甲状旁腺素等，慢肾衰时其作用延长。

（7）易于并发感染 尿毒症动物易并发严重感染，为主要死因之一。它与机体免疫功能低下、白细胞减少、尿毒症毒素、酸中毒、营养不良等因素有关。

【诊断】慢性肾衰竭诊断可根据临床症状和实验室化验来检查，有时需要和急性肾衰竭鉴别，对于慢肾衰动物，应尽可能地查出其基础疾病。

尿液检查：尿量减少，尿呈酸性，尿比重偏低，尿钠浓度偏高，并出现蛋白质、红细胞、白细胞及各种管型。

血液化验：白细胞总数增多，中性粒细胞偏高，血红蛋白降低，血液尿素氮、肌酐（表2-1、表2-2）、尿素、磷酸盐、血清钾升高，血清钠和二氧化碳结合力降低。

表2-1　犬血浆肌酐含量

犬肾衰不同时期的肌酐含量	Ⅰ	Ⅱ	Ⅲ	Ⅳ
$\mu mol/L$	<125	125~180	181~440	>440（尿毒症）
mg/dL	<1.4	1.4~2.0	2.1~5.0	>5.0（尿毒症）

表2-2　猫血浆肌酐含量

猫肾衰不同时期的肌酐含量	Ⅰ	Ⅱ	Ⅲ	Ⅳ
$\mu mol/L$	<140	140~250	251~440	>440（尿毒症）
mg/dL	<1.6	1.6~2.8	2.8~5.0	>5.0（尿毒症）

肾造影和B超检查也有助于肾衰竭的诊断。

【治疗】慢性肾衰竭的治疗原则是治疗原发病，控制病情发展，恢复代偿，防止病情恶化；加强护理，防止脱水和休克，体液电解质、酸碱平衡，纠正高血钾、酸中毒，减缓氮质血症，饲养上给予高能量、低蛋白食物，对症治疗。

1. 延缓慢性肾衰竭的发展应在慢肾衰的早期进行

（1）饮食治疗　合适的日粮治疗方案，是治疗慢肾衰的重要措施，因为日粮控制可以缓解尿毒症症状，延缓肾单位的破坏速度。①限制蛋白日粮。减少日粮中蛋白质含量使血尿素氮水平下降，尿毒症症状减轻。还有利于降低血磷和减轻酸中毒，因为摄入蛋白常伴有磷及其他无机酸离子的摄入。每天每千克饲料给予0.6g的蛋白质尚可满足机体生理的基本需要，而不至于发生蛋白质营养不良。②高热量摄入。摄入足量的糖类和脂肪，以供给动物足够的热量，能减少蛋白质为提供热量而分解，故高热量日粮可使低蛋白饮食的氮得到充分的利用，减少体内蛋白库的消耗。③其他。钠的摄入：除有水肿、高血压和少尿者要限制食盐外，一般不宜加以严格限制。钾的摄入：只要尿量每日超过1L，一般无须限制饮食中的钾。给予低磷饮食，每日不超过600mg。饮水：有尿少、水肿、心力衰竭者，应严格控制进水量。使用上述饮食治疗方案，大多数病畜尿毒症症状可获得改善。

（2）必需氨基酸的应用　静脉注射18复合氨基酸可使尿毒症动物长期维持较好的营养状态。减少血中的尿素氮水平，改善尿毒症症状。

（3）控制全身性和（或）肾小球内高压力　全身性高血压会促使肾小球硬化，故必须控制，首选ACE抑制剂或血管紧张素Ⅱ受体拮抗剂（如Losartan）。或选用依那普利，每日仅服5~10mg。然而，在血肌酐>250μmol/L者，可能会引起肾功能急剧恶化，故应慎用。

2. 并发症的治疗

（1）水、电解质失调 ①钠、水平衡失调。没有水肿的动物，不需要禁盐，低盐就可以了。有水肿者，应限制盐和水的摄入。如水肿较重，可试用呋塞米（速尿）20mg，每日 3 次。②高钾血症。出现心电图高钾表现，甚至肌无力，用 10％葡萄糖酸钙 20mL，稀释后缓慢静脉注射；继之用 5％碳酸氢钠 100mL 静脉推注。③代谢性酸中毒。如酸中毒不严重，静脉注射碳酸氢钠 1～2g，每日 2 次。④钙磷平衡失调。应在慢肾衰的早期防治高磷血症，积极使用肠道磷结合药，如口服碳酸钙 2g，每日 3 次，既可降低血磷，又可供给钙，同时还可纠正酸中毒。在血磷不高时，血钙过低可口服葡萄糖酸钙 1g，每日 3 次。保持血清磷、钙于正常水平。

（2）心肺血管系统 ①慢肾衰病畜的高血压多数是容量依赖性的，清除钠、水潴留后，血压可恢复正常。②心力衰竭，其治疗方法与一般心力衰竭的治疗相同，但疗效常不佳。特别应注意的是要强调清除钠、水潴留，使用较大剂量呋塞米。

（3）血液系统 改善慢肾衰的贫血。在没有条件使用 EPO 时，则应输血。红细胞生成素（简称 EPO）治疗肾衰竭贫血，疗效显著。贫血改善后，心血管功能、精神状态和精力等均会改善。为使 EPO 充分发挥作用，应补足造血原料，如铁和叶酸。开始时，EPO 每次用量为每千克体重 5U，每周用 3 次，皮下注射。每月查 1 次血红蛋白（Hb）和血细胞比容（HCT），如每月 Hb 增加少于 10g/L 或 HCT 少于 0.03，则需增加 EPO 至每次剂量每千克体重 25U，直至 Hb 上升至 120g/L 或 HCT 上升至 0.35。此时 EPO 剂量可逐渐减少。

（4）肾性骨病 见第九节。

（5）感染 尿毒症动物更易发生感染，抗生素选用保得胜（主要成分为安比西林、硫酸黏杆菌素等）、拜有利（主要成分为恩诺沙星）或头孢菌素等，在疗效相近的情况下，应选用肾毒性较小的药物。

具体治疗方案（案例：病猫，体重 5kg）如下：①皮下注射拜有利 0.5mL，静脉注射 5％糖盐水 50mL，25％葡萄糖溶液 15mL，氨苄西林 0.25g，地塞米松 2mg（小壶滴注）；②静脉注射 5％糖盐水 50mL，25％葡萄糖溶液 15mL，三磷酸腺苷和辅酶 A 各 1/2 支，维生素 C 0.5mL，三种氨基酸 10mL；③静脉注射复方盐水 20mL，碳酸氢钠 5mL（单输）。皮下注射复方维生素 B 1/3 支。

第九节 肾性骨病

肾性骨病又称肾性骨营养不良，是慢性肾衰时由于钙、磷及维生素 D 代谢障碍，继发甲状旁腺机能亢进，酸碱平衡紊乱等因素而引起的骨病。

【病因与发病机制】各种原因引起的慢性肾衰均可引起本病的发生。

1. 钙磷代谢障碍 肾衰早期血磷滤出即有障碍，尿磷排出量减少，血磷增加，血钙减少，两者均引起甲状旁腺激素分泌增加。甲状旁腺激素作用于骨骼释出 Ca^{2+} 以恢复血钙水平。当肾衰进一步发展，代偿机能失效，高血磷、低血钙持续存在，甲状旁腺激素亦大量分泌，继续动员骨钙释放，如此恶性循环，最后导致骨病。

2. 维生素 D 代谢障碍 肾衰时，皮质肾小管细胞内磷明显增加，并有严重抑制 1,25-$(OH)_2D_3$ 合成的作用。1,25-$(OH)_2D_3$ 具有促进骨盐沉着及肠钙吸收作用，当它合成减少时，加上持续性低钙血症可导致骨盐沉着障碍而引起骨软化症，同时肠钙吸收减少，血钙降低，则继发甲状旁腺机能亢进而引起骨病。

3. 甲状旁腺机能亢进 肾衰早期即有甲状旁腺增生与血甲状旁腺激素增高，其程度与肾衰严重程度一致。继发性甲状旁腺机能亢进，除引起上述骨病外，还引起一系列骨外病变。

4. 代谢性酸中毒 酸中毒时，可能影响骨盐溶解，酸中毒也干扰 $1,25-(OH)_2D_3$ 的合成、肠钙的吸收和骨对 PTH 的抵抗。

5. 软组织钙化 肾性骨病的表现有：骨痛、假性痛风和病理性骨折，多伴有近端肌病和肌无力，幼畜发生佝偻病性改变，长骨成弓形，骨骺端增宽或骨骺脱离及生长停滞，成畜则表现为脊柱弯曲、胸廓畸形。骨外表现为软组织钙化。

【临床症状】 主要是骨骼的严重损害，表现为骨软化、纤维性骨炎、骨性关节炎、骨质疏松、骨硬化、佝偻病等，并可加重钙磷代谢异常，引起皮肤瘙痒、贫血、神经系统及心血管系统损害等。

X线检查可见骨皮质吸收、骨密度减低、骨质疏松，也可见骨质硬化及软组织钙化的表现。

【诊断】 根据病史和临床特征可做出初步诊断。实验室可检测血清甲状旁腺素、血清骨钙蛋白和钙含量等。

【治疗】 首先应降低血磷，进低磷饮食（食物煮沸后去汤可降低磷含量），合理服用磷结合剂如碳酸钙（采食时服降磷药）；然后补充钙剂如空腹服用碳酸钙，补充活性维生素 D，治疗继发性甲状旁腺功能亢进（降磷、补钙及补充活性维生素 D），但若达不到治疗效果，必要时需手术切除甲状旁腺（此手术应慎重）。

第八单元 神经系统疾病

第一节 脑膜脑炎

脑膜脑炎是指软脑膜及脑实质发生的炎症，常伴有严重的脑机能障碍。各种动物均有发生，其中马、牛、犬和猫多见。

【病因】

1. 感染 首要的是病毒感染，如动物的疱疹病毒、牛恶性卡他热病毒、猪的肠病毒、犬瘟热病毒、犬虫媒病毒、犬细小病毒、猫传染性腹膜炎病毒以及绵羊的慢病毒等引起的感染。

其次是细菌感染，如葡萄球菌、链球菌、肺炎球菌、溶血性及多杀性巴氏杆菌、化脓杆菌、坏死杆菌、变形杆菌、化脓性棒状杆菌、昏睡嗜血杆菌、副猪嗜血杆菌、马放线杆菌，以及单核细胞增多性李斯特菌等引起的感染。

2. 中毒 主要见于黄曲霉毒素中毒、某些青霉菌毒素中毒、马霉玉米中毒、猪食盐中毒、铅中毒及各种原因引起的严重自体中毒等。

3. 寄生虫病 主要见于脑脊髓丝虫病、脑包虫病、普通圆线虫病等。

4. 其他 主要见于脑部损伤及邻近器官炎症的蔓延，如颅骨外伤、角坏死、龋齿、额窦炎、中耳炎、内耳炎、眼球炎和脊柱骨髓炎等。

另外，凡能降低机体抵抗力的不良因素，如受寒感冒、过劳、长途运输等均可促使本病的发生。

【临床症状】 由于炎症的部位、性质、持续时间、动物种类及严重程度不同，临床表现也有较大差异，但多数患病动物病初体温升高，表现出一般脑症状、局部脑症状、脑膜刺激症状以及血液和脑脊液检查的异常。

1. 一般脑症状 通常是指运动与感觉机能、精神状态、内脏器官的活动以及饮水、采食等发生异常变化。患病动物先兴奋后抑制或交替出现。病初，呈现高度兴奋，感觉过敏，反射机能亢进，瞳孔缩小，视觉紊乱，易于惊恐，呼吸急速，脉搏增数；行为异常，不易控制，狂躁不安，攀登饲槽，或冲墙壁或不顾障碍向前冲，或转圈运动；兴奋哞叫，口流泡沫，头部摇动，以角攻击人畜；有时举扬头颈，抵角甩尾，跳跃，狂奔，其后站立不稳，倒地，眼球向上翻转呈惊厥状。在数十分钟兴奋发作后，患病动物转入抑制，呈嗜睡、昏睡状态，瞳孔散大，视觉障碍，反射机能减退及消失，呼吸缓慢而深长。后期，常卧地不起，意识丧失，陷于昏睡状态，出现陈-施二氏呼吸，有的病畜四肢呈游泳动作。

2. 局部脑症状 指脑实质或脑神经核受到炎性刺激或损伤所引起的症状，主要是痉挛和麻痹。如眼肌痉挛，眼球震颤，斜视，咬肌痉挛，咬牙；吞咽障碍，听觉减退，视觉丧失，味觉、嗅觉错乱；项肌和颈肌痉挛或麻痹，角弓反张，倒地时四肢做有节奏运动；某一组肌肉或某一器官麻痹，或半侧躯体麻痹时呈现单瘫与偏瘫等。

3. 脑膜刺激症状 脑膜脑炎主要是脑实质和脑膜发炎、常伴有前几段颈脊髓膜同时发炎，因而背侧脊神经根受到刺激，病畜颈部及背部感觉过敏，对其皮肤轻刺激，即可出现强烈的疼痛反应，并反射性地引起颈部背侧肌肉强直性痉挛，头向后仰。膝腱反射检查，可见膝腱反射亢进。随着病程的发展，脑膜刺激症状逐渐减弱或消失。

4. 血液和脑脊液检查异常 脑膜脑炎发生后，初期血沉正常或稍快，中性粒细胞增多，核左移，嗜酸性粒细胞消失，淋巴细胞减少。脊髓穿刺时，可流出混浊的脑脊液，其中蛋白质和细胞含量明显增高。

【治疗】

1. 加强护理 先将病畜放置在安静、通风的地方，并避免光、声刺激。若病畜有体温升高，颅顶灼热时可采用冷敷头部的物理诱导，消炎降温。

2. 抗菌治疗 对细菌性脑膜炎的治疗原则是：①选用易透过血脑屏障的药物；②采用高效安全的药物；③联合用药；④用药剂量要足、疗程要长，用到症状、体征消失后再持续3～5d，脑脊液培养阴性方能停药。革兰氏阴性菌用药需 4 周以上。可供选择的抗菌药有青霉素类、磺胺类、头孢曲松、头孢噻肟、头孢呋辛及红霉素等。

3. 降低颅内压 脑膜脑炎多伴有急性脑水肿，颅内压升高和脑循环障碍，视体质状况可先泻血 1 000～3 000mL（大动物），再用等量的 10% 葡萄糖并加入 40% 的乌洛托品

50～100mL，做静脉注射。也可选用25％山梨醇液和20％甘露醇，按每千克体重1～2mL做静脉注射。也可考虑应用ATP和辅酶A等药物以促进新陈代谢。东莨菪碱是一种抗胆碱药，具有清除自由基、稳定细胞膜，降低颅内压，减轻脑水肿，抑制大脑皮层网状结构，镇静止惊，兴奋呼吸中枢，改善呼吸循环衰竭的作用。按每千克体重0.10～0.15mg加入10％葡萄糖中做静脉注射，2次/d，当病情改善后逐渐减量至停药。

4. 对症治疗 当病畜狂躁不安时，可用安溴注射液50～100mL，做静脉注射，以调整中枢神经机能紊乱，增强大脑皮层保护性抑制作用。心功能不全时，可应用安钠咖和氧化樟脑等强心剂。

5. 中兽医治疗 中兽医称脑膜脑炎为"脑黄"，是由热毒扰心所致的实热症。治则采用清热解毒、解痉熄风和镇心安神。治方为"镇心散"和"白虎汤"加减。

第二节 脑震荡及脑挫伤

脑震荡及脑挫伤是指颅脑受到粗暴的外力作用所引起的一种急性脑机能障碍或脑组织损伤。一般将脑组织损伤病理学变化明显的称为脑挫伤，而病变不明显的称为脑震荡。临床上以暴力作用后即时发生昏迷，反射机能减退或消失等脑机能障碍为特征。各种动物均可发病。

【病因】 引起本病的原因，主要是粗暴的外力作用，例如，冲撞、蹴踢、角斗、跌落、摔倒、打击或在运输途中从车上摔下，以及撞车或翻车时的冲撞或在行进中从桥上摔下，或从山上滚至山下。在战争时由于炸弹、炮弹、地雷及原子弹冲击波强力的冲击作用等均可导致脑损伤或脑震荡。

【临床症状】 本病的症状，视脑组织损伤严重程度而定。一般而言，若组织受到严重损伤，可在短时间内死亡。若发生脑震荡，且病情轻者，病畜踉跄倒地，短时间内又可从地上站起恢复到正常状态，或呈现一般脑症状。若病情严重，动物则长时间内倒地不起，陷于昏迷，意识丧失，知觉和反射减退或消失，瞳孔散大，呼吸变慢，脉搏细数，节律不齐，粪尿失禁，猪和犬常出现呕吐。

若颅脑挫伤，除神志昏迷、呼吸、脉搏、感觉、运动及反射机能障碍外，因脑组织受到不同程度的损伤，发生脑循环障碍、脑组织水肿，甚至出血，从而再现某些局部脑症状，病畜痉挛，抽搐，麻痹，瘫痪，视力丧失，口唇歪斜，吞咽障碍及舌脱出，间或呈癫痫发作，多呈交叉性偏瘫。

【治疗】

1. 加强护理 为预防因舌根部麻痹闭塞后鼻孔而引起窒息死亡，可将舌稍向外牵出，但要防止舌被咬伤。轻症病例或病初，可注射止血剂，如维生素K_3、止血敏、安络血、凝血质和6-氨基己酸等，同时可进行头部冷敷。

2. 控制感染 可应用抗生素或磺胺类药物。

3. 消除水肿 可用25％山梨醇和20％甘露醇，按每千克体重50～100mL，静脉注射，每天2～3次，配合使用地塞米松每千克体重1mg，效果更佳。

4. 其他疗法 若病畜长时间处于昏迷状态，可肌内注射咖啡因（牛、马2～5g，猪、羊0.5～2g，小动物0.1～0.3g）和樟脑磺酸钠（牛、马1～2g，猪、羊0.2～1g，犬0.05～0.1g）等兴奋中枢神经机能的药物。必要时，也可静脉注射高渗葡萄糖500mL和ATP

（牛、马 0.05～0.1g）激活脑组织功能，防止循环虚脱。

第三节　脊髓炎及脊髓膜炎

脊髓炎及脊髓膜炎是脊髓实质、脊髓软膜及蛛网膜的炎症。脊髓炎及脊髓膜炎可同时发生，但有的则以脊髓实质炎症为主，炎症波及脊髓膜；有的以脊髓膜炎为主，炎症蔓延到脊髓实质。临床上以感觉、运动机能障碍、肌肉萎缩为特征。多发生于马、羊和犬。

【病因】本病主要继发于某些传染性疾病，如马传染性脑炎、中毒性脑炎、流行性感冒、胸疫、腺疫、媾疫、伪狂犬病、脑脊髓线虫病。

其次继发于有毒植物及霉菌毒素中毒，如萱草根、山黧豆中毒，以及镰刀霉菌毒素、赤霉菌毒素和某些青霉菌毒素中毒。

此外，椎骨骨折、脊髓挫伤、震荡及出血也可引起脊髓及脊髓膜炎。猪、羊因断尾感染，猪咬尾病可致本病。

【临床症状】病畜食欲减退，以脊髓膜炎为主的脊髓炎和脊髓膜炎，主要表现脊髓膜刺激症状。当脊髓背根受到刺激时，呈现体躯某一部位感觉过敏，用手触摸被毛，即表现躁动不安、呻吟及拱背等疼痛性反应；当脊髓腹根受刺激时，病畜则出现腰、背和四肢姿势改变，如头向后仰，屈背，四肢强直，运步拘紧，步幅短缩；当沿脊柱叩诊或触摸四肢时，可引起肌肉痉挛性收缩，如纤维性震颤，肌肉颤抖等。随病情的发展，脊髓膜刺激症状逐渐减弱，表现感觉减弱或消失、麻痹等脊髓症状。

以脊髓实质炎症为主的脊髓炎及脊髓膜炎，病初，病畜多表现精神不安，肌肉震颤，脊柱僵硬，运步强拘，易疲劳和出汗。

由于炎症的性质及程度不同，临床表现有一定差异。

1. 弥漫性脊髓炎　多数炎症发生在脊髓的后段并迅速向前蔓延，因而病畜的后肢、臀部及尾的运动与感觉麻痹，反射机能消失，还常表现直肠括约肌麻痹，导致排粪排尿失常。

2. 局灶性脊髓炎　一般只表现炎症脊髓节段所支配的相应部位的皮肤感觉减退及局部肌肉发生营养性萎缩，对感觉刺激的反应消失。

3. 分散性脊髓炎　炎症主要发生在脊髓的灰质或白质。临床上见到的是个别脊髓传导受损伤，因此呈现相应部位的感觉消失，相应肌群的运动性麻痹。

4. 横断性脊髓炎　病初出现不完全麻痹并逐渐发生完全麻痹，麻痹部肌肉萎缩。病畜站立不稳，双侧性轻瘫，皮肤和腱反射亢进，臀部摇曳，尚能勉强运动。因炎症发生部位及范围不同，临床表现也有差异。

5. 颈部脊髓发炎　引起前、后肢麻痹，后肢皮肤和腱反射亢进，膀胱与直肠括约肌障碍，瞳孔大小不等。

6. 胸部脊髓发炎　引起后肢麻痹，膀胱与直肠括约肌麻痹，直肠蓄粪，膀胱积尿，腱反射亢进。

7. 腰部脊髓发炎　引起坐骨神经麻痹，膀胱与直肠括约肌功能障碍。

【治疗】首先要加强护理，防止褥疮。

为预防感染，应及时使用青霉素和磺胺类药物。

为缓解疼痛，可肌内注射安乃近（牛、马，一次用量 3～10g，猪、羊 1～3g，犬、猫

0.3～0.6g），配合巴比妥钠镇痛效果更好。同时静脉注射地塞米松（牛、马 2.5～20 mg/d，猪、羊 4～12mg/d，犬、猫 0.125～1mg/d）、40％乌洛托品溶液（20～40mL），具有抑制炎症、减少渗出的作用。根据病情发展，可皮下注射 0.2％硝酸士的宁溶液，牛、马 10～20mL，猪、羊 1～2mL，兴奋中枢神经系统，增强脊髓反射机能。

四肢麻痹时，可进行按摩，针灸，或用感应电针穴位刺激治疗，并可用樟脑酒精涂擦皮肤，必要时交替肌内注射士的宁与藜芦碱液，促进局部血液循环，恢复神经机能。

对慢性脊髓炎及脊髓膜炎，可用碘化钾或碘化钠，牛、马 10～15g，猪、羊 1～2g，犬、猫 0.2～1g，内服，每日 1 次，5～6d 为一疗程。

第四节　癫　痫

癫痫是一种暂时性脑机能异常、反复发作和短暂的中枢神经系统功能失常的慢性疾病。临床上以短暂反复发作，感觉障碍，肢体抽搐，意识丧失，行为障碍或植物性神经机能异常等为特征，俗称"羊痫风"。各种动物均有发生，但多见于羊、犬、猫、猪和犊牛。

【病因】本病病因分原发性和继发性两种，临床上多见于继发性因素。

1. 原发性癫痫　又称真性癫痫或称自发性癫痫。其发生原因，一般认为是因患病动物脑机能不稳定，脑组织代谢障碍，加之体内外的环境改变而诱发。真性癫痫与遗传有一定关系，例如瑞典红牛和瑞士褐牛的癫痫由常染色体控制、呈隐性或显性遗传；德国牧羊犬的癫痫常由染色体隐性遗传；美国柯卡犬癫痫的发病率高，也与遗传因素有关。

2. 继发性癫痫　继发性癫痫又称症候性癫痫（Symptomatic epilepsy）。常继发于以下疾病：

（1）颅脑疾病　如脑膜脑炎、颅脑损伤、脑血管疾病、脑水肿、脑肿瘤或结核性赘生物。

（2）传染性和寄生虫疾病　如传染性牛鼻气管炎、伪狂犬病、犬瘟热、狂犬病、猫传染性腹膜炎、脑囊虫病及脑包虫病等。

（3）某些营养缺乏病　如维生素 A 缺乏、B 族维生素缺乏、低血钙、低血糖、缺磷和缺硒等。土壤硒含量低于 0.105 6mg/kg，饲料硒低于 0.057mg/kg，动物易患腹泻，会影响维生素 A 的吸收，导致癫痫的发生。

（4）中毒　如铅、汞等重金属中毒及有机磷、有机氯等农药中毒。

（5）其他　惊吓、过劳、超强刺激、恐惧、应激等都是癫痫发作的诱因。

【临床症状】本病的临床特点是癫痫发作呈突发性、短暂性和反复性，发作时呈发作性痉挛与抽搐，意识障碍及自主神经机能异常，在发作的间歇期，患病动物与健康时一样。

按临床症状分为大癫痫和小癫痫，局限性发作与精神运动性发作。

1. 大癫痫　发作时多呈全身性痉挛，患病动物突然倒地，全身肌肉强直，头向后仰，四肢外伸，牙关紧闭，可视黏膜苍白，继而变成蓝紫色，瞳孔散大，眼球旋转，瞬膜突出，磨牙，口吐白沫，持续约 30s 即变为阵挛，经一定时间而停止。发作停止后多恢复常态。

2. 小癫痫　即症状性癫痫，在动物较少见，其特征是一时性意识丧失和局部肌肉轻度痉挛，只见病畜头颈伸展，呆立不动，两眼凝视。

3. 局限性发作　肌肉痉挛仅限于身体的某一部分，如面部或一肢。由脑病引起的症状性癫痫，常表现为皮肤感觉异常，局部肌肉痉挛，不伴有意识障碍。此种局限性发作，常指示对侧大脑皮质有局灶性病变。局限性发作可发展为大发作。

4. 精神运动性发作　是以精神状态异常为突出表现，如癔症、幻觉及流涎等。

【治疗】首先应查清病因，纠正和处理原发病。

其次可对症治疗，减少癫痫发作的次数，缩短发作时间，降低发作的严重性。治疗药物可选用苯巴比妥，按每千克体重30～50mg，肌内注射，每日3次。或用扑癫酮（按每千克体重55mg）和苯妥英钠（按每千克体重2～6mg）联合治疗，效果较好。也可用盐酸山莨菪碱注射液（按每千克体重2～5mg）配合维生素使用，连用2～3d，效果令人满意。口服丙戊酸钠片，每日2次，每次1～2片，维持服药2～3d，对宠物癫痫或局限性发作的控制有效。

中兽医以熄风定痫、镇癫定痉、宁心安神、理气化痰、定惊止痛为治则，治方为"定癫散"。

第五节　日射病和热射病

日射病及热射病是因日光和高热所致的动物急性中枢神经机能严重障碍性疾病。动物在炎热的季节中，头部持续受到强烈的日光照射而引起的中枢神经系统机能严重障碍，称日射病；而动物所处的外界环境气温高、湿度大，动物产热多、散热少，体内积热而引起的严重中枢神经系统机能紊乱，称热射病。临床上将日射病和热射病统称为中暑。在炎热的夏季多见，病情发展急剧，甚至引起动物迅速死亡。各种动物均可发病，牛、马、犬及家禽多发。

【病因】盛夏酷暑，动物在强烈日光下使役，驱赶和奔跑，或饲养管理不当，动物长期休闲，缺乏运动，或厩舍拥挤、闷热潮湿、通风不良，或用密闭而闷热的车、船运输等都是引起本病的常见原因。动物体质衰弱，心脏和呼吸功能不全，代谢机能紊乱，皮肤卫生不良，出汗过多、饮水不足、缺乏食盐，以及在炎热天气的条件下动物从北方运至南方，其适应性差、耐热能力低，都易促使本病的发生。

【发病机制】从发病学上分析，无论是热射病还是日射病，最终都会出现中枢神经系统紊乱，但其中的发病机制方面还是有一定差异的。

1. 日射病　因动物头部持续受到强烈日光照射，日光中紫外线穿过颅骨直接作用于脑膜及脑组织即引起头部血管扩张，脑及脑膜充血，头部温度和体温急剧升高，导致神志异常。又因日光中紫外线的光化反应，引起脑神经细胞炎性反应和组织蛋白分解，从而导致脑脊液增多，颅内压增高，影响中枢神经调节功能，新陈代谢异常，导致自体中毒、心力衰竭，病畜卧地不起、痉挛、昏迷。

2. 热射病　由于外界环境温度过高，湿度大，动物体温调节中枢的机能降低，出汗少，散热障碍，产热与散热不能保持相对平衡，产热大于散热，以致造成动物机体过热，引起中枢神经机能紊乱，血液循环和呼吸机能障碍而发生本病。热射病发生后，机体温度高达41～42℃，体内物质代谢加强，氧化产物大量蓄积，导致酸中毒；同时因热刺激，反射性地引起大量出汗，致使病畜脱水。由于脱水和水、盐代谢失调，组织缺氧，碱储下降，脑脊髓与体液间的渗透压急剧变化，影响中枢神经系统对内脏的调节作用，心、肺等脏器代谢机能衰竭，最终导致窒息和心脏停搏。

【临床症状】

1. 日射病 常突然发生，病初患病动物精神沉郁，四肢无力，步态不稳，共济失调，突然倒地，四肢做游泳样划动。随着病情进一步发展，体温略有升高，呈现呼吸中枢、血管运动中枢机能紊乱，甚至出现麻痹症状。心力衰竭，静脉怒张，脉微弱，呼吸急促而节律失调，结膜发绀，瞳孔散大，皮肤干燥。皮肤、角膜、肛门反射减退或消失，腱反射亢进，常发生剧烈地痉挛或抽搐而迅速死亡，或因呼吸麻痹而死亡。

2. 热射病 突然发生，体温急剧上升，高达41℃以上，皮温增高，甚至皮温烫手，白色皮肤动物全身通红，马出大汗。患病动物站立不动或倒地张口喘气，两鼻孔流出粉红色、带小泡沫的鼻液。心悸、心音亢进，脉搏疾速，每分钟可达百次以上。眼结膜充血，瞳孔扩大或缩小。后期病畜呈昏迷状态，意识丧失，四肢划动，呼吸浅而疾速，节律不齐，脉不感手，第一心音微弱，第二心音消失，血压下降，血压为：收缩血压10.66~13.33kPa，舒张压为8.0~10.66kPa。濒死前，多有体温下降，常因呼吸中枢麻痹而死亡。

在临床实践中，日射病和热射病常常同时存在，因而很难精确区分。

【诊断】根据发病季节，病史资料和体温急剧升高，突然发病，心肺机能障碍和倒地昏迷等临床特征，容易确诊。但应与肺水肿和肺充血、心力衰竭和脑充血等疾病相区别。

【治疗】

1. 消除病因和加强护理 大动物应立即停止使役，将其移至阴凉通风处，若卧地不起，可就地搭起阴棚，注意保持安静。犬、猫应放进有空调的房间。

2. 降温疗法 不断用冷水浇洒全身，或用冷水灌肠，灌服1％冷盐水，可在头部放置冰袋，亦可用酒精擦拭体表。体质较好者可泻血1 000~2 000mL（大动物），同时静脉注射等量生理盐水，以促进机体散热。

3. 缓解心肺机能障碍 对心功能不全者，可皮下注射20％安钠咖等强心剂10~20mL。

4. 防止肺水肿 按每千克体重静脉注射1~2mg地塞米松。当病畜烦躁不安和出现痉挛时，可灌服或直肠灌注水合氯醛黏浆剂。若确诊病畜已出现酸中毒，可静脉注射5％碳酸氢钠500~1 000mL（大动物）。

5. 中兽医治疗 中兽医称牛中暑为"发痧"，并与马的"黑汗风"相当。中兽医以清热解暑为原则，治方用"清暑香薷汤"。

第六节　脑神经损伤

1. 嗅神经损伤（olfactory nerve injury） 嗅神经，即第一对脑神经，为感觉神经，由鼻黏膜上皮的嗅细胞轴突所构成。检查嗅神经，可观察动物嗅闻非刺激性的挥发性物质的反应，如酒精、丁香、苯、二甲苯或掺有鱼的食物，以刺激嗅神经。氨、烟草一类的刺激性物质不能用来检查嗅神经，因为这类物质能刺激鼻黏膜的三叉神经末梢。鼻炎是嗅觉丧失最常见的原因；鼻道的肿瘤和筛骨疾病也可引起嗅觉丧失。

2. 视神经损伤（optic nerve injury） 视神经，即第二对脑神经，是视觉和瞳孔对光反应的感觉径路。视神经检查，常用的有 3 种方法。①惊吓反应：检查者用一只手在动物一侧眼睛的前方做惊吓动作，健康动物迅速闭合眼睑，或眨眼，或躲闪头部。惊吓反应需要视网膜、视神经、对侧膝状体、对侧视皮质和面神经等的参与。②视觉放置反应：检查小动物时，术者将动物抱起，并让其面朝桌面，健康动物在其腕部碰到桌缘之前，便将其爪部放到桌面上。检查大动物时，可观察其是否能躲避障碍物。③瞳孔对光反应和眼底镜检查。

丘脑的外侧膝状核、视纤维束或枕叶皮质损伤时，视觉丧失，但瞳孔对光反应正常，这类损伤多为一侧性的，只引起对侧视力丧失。脑炎、脑水肿可引起两侧性损伤，导致双侧视力完全失明。视网膜、视神经、视交叉或视束的损伤，表现为失明和瞳孔异常。视交叉损伤多为两侧性，视网膜和视神经损伤或为两侧性（视网膜萎缩、视神经炎）或为一侧性（创伤、肿瘤）。

脑外伤、脑肿瘤、脑膜脑炎、脑疝、脑室积水等颅内疾病；犬瘟热、猫传染性腹膜炎、弓形虫病等传染病和寄生虫病；铅中毒、视神经炎、眼眶创伤、脓肿等，都可引起视神经损伤和麻痹。其基本症状是视力障碍，惊吓反应消失和瞳孔异常。

3. 动眼神经损伤（oculomotor nerve injury）　动眼神经，即第三对脑神经，含有控制瞳孔收缩的副交感神经纤维。动眼神经的检查主要是观察瞳孔对光反应，亦可观察瞳孔的大小、眼球的位置及运动。动眼神经损伤可见于眼眶疾病、小脑疝、脑水肿、中脑受压迫等疾病。动眼神经损伤时，病侧瞳孔散大，瞳孔丧失对光的反应，但视力正常，侧下方斜视，眼球运动丧失（除侧方运动外），上眼睑下垂。新生犊牛动眼神经损伤、生产瘫痪及高度兴奋时，尽管动眼神经机能正常，但瞳孔对光反应迟钝。脑灰质软化等引起的中枢性失明的病例，惊吓反应消失，但瞳孔对光反应正常。维生素 A 缺乏等引起的视神经变性的病例，失明，惊吓反应和瞳孔对光反应消失。

4. 滑车神经损伤（trochlear nerve injury）　滑车神经，即第四对脑神经，为运动神经纤维。分布于眼球上斜肌。检查滑车神经可观察眼球的位置及运动状况。滑车神经损伤时，眼球向外侧运动，眼球位置异常（上外侧固定），可见于牛脑灰质软化症。

5. 三叉神经损伤（trigeminal nerve injury）　三叉神经，即第五对脑神经，其运动神经元位于脑桥，分为眼神经（感觉支）、上颌神经（感觉支）和下颌神经（混合支）。检查运动机能主要是观察咀嚼动作、咀嚼肌有无萎缩及开口阻力大小。三叉神经髓内性病变时，病侧面部感觉消失，但咀嚼肌无异常；三叉神经髓外性病变时，两侧感觉机能和运动机能丧失；仅运动机能丧失的多系三叉神经运动核的散在性病变所致。本病的临床特点是，咬肌麻痹，病侧感觉机能丧失，角膜和眼睑反射减弱。两侧运动神经麻痹时，咀嚼机能丧失，不能吃粗硬饲料，只能采食流食，下颌下垂，舌脱出，不能自主闭合口腔，即便被动地将下颌上推使之闭合，放手后仍然垂下。如麻痹超过 7d，可见咀嚼肌萎缩。一侧性运动神经麻痹时，病畜以健侧咀嚼，舌运动异常，咀嚼动作缓慢。

6. 外展神经损伤（abducent nerve injury）　外展神经，即第六对脑神经，与动眼神经、视神经一起经眶孔进入眶窝，分布于眼球退缩肌和眼球外直肌。检查外展神经时，可观察眼球运动。检查眼球退缩肌时，可观察眼睑反射。外展神经损伤时，眼球因退缩障碍而前突，眼球外方运动丧失，眼球内侧斜视，见于眼眶脓肿、创伤及脑干肿瘤等。

7. 面神经损伤（facial nerve injury）　面神经，即第七对脑神经，经过面神经管，绕过下颌支后缘向前延伸，分布于耳、眼、上唇及颊部肌肉。面神经麻痹可分为中枢性麻痹和末梢性麻痹。中枢性麻痹多因脑外伤、脑出血、某些传染病及中毒病所致。末梢性麻痹多因被打击、冲撞、压迫或冷风侵袭等引起。此外，腮腺肿瘤、手术失误、血栓形成等，也可引发面神经损伤。

一侧性面神经全麻痹时，患侧耳壳和上眼睑下垂，鼻孔狭窄，上唇和下唇松弛，歪斜于健侧。两侧性面神经麻痹时，两侧耳壳和上眼睑下垂，眼裂缩小，鼻孔塌陷，唇下垂，流涎；采食和饮水障碍，以牙摄食，咀嚼缓慢无力，颊腔蓄积食团。牛由于上、下唇丰厚，因而下唇下垂和上唇歪斜不明显，其主要特征是，反刍时患侧口角流涎、吐草。猪可见鼻镜歪斜，鼻孔大小不一。一侧性颊背神经麻痹时，耳壳及眼睑正常，上唇歪斜于健侧，患侧鼻孔狭窄。一侧性颊腹神经麻痹时，仅呈现患侧下唇下垂，并偏向于健侧。

治疗：应首先除去直接致病原因，如摘除新生物、切开脓肿或血肿、松开笼头等，以消除对神经的压迫。电针对本病治疗有较好的效果。穴位电针可采用开关穴和锁口穴，或分水穴和抱腮穴，1 次/d，每次 1~2 个穴组，每穴组电针 20~30min，10d 为一疗程。神经干电针法，以一针直接刺于面神经干的径路上，另一针刺开关穴或锁口穴，电针 1 次/d，每次 20~30min，8~10 次为一疗程。亦可用 He－Ne 激光穴位照射，1 次/d，每次 10min，5~8 次为一疗程。此外，也可肌内注射维生素 B_1 和维生素 B_{12}；皮下注射硝酸士的宁或樟脑油；面神经通路涂擦 10% 樟脑醑，并行按摩疗法。

8. 前庭耳蜗神经损伤（vestibulocochlear nerve injury）　前庭耳蜗神经，即第八对脑神经，也称听神经，是听觉和平衡觉的神经。前庭耳蜗神经的检查包括听觉和平衡觉的检查。检查听觉可观察动物对声音惊吓的反应。检查平衡觉可观察动物的姿势、步态、眼球运动等。

旋转试验：在动物按一定方向迅速旋转 10 圈后，观察眼球震颤的次数，间隔数分钟后，再按相反方向旋转。健康动物在旋转后出现与旋转方向相反的快相眼球震颤 3~4 次。外周性前庭疾病，动物取与病侧相反方向旋转时，眼球震颤缺如；中枢性前庭疾病，旋转后眼球震颤缺如或延长。

外周性前庭损伤见于中耳-内耳炎、先天性前庭综合征、特发性前庭疾病（猫、犬前庭综合征）、肿瘤及耳毒性物质中毒。中枢性前庭损伤见于犬瘟热、狂犬病等传染性疾病；铅中毒、六氯双酚中毒等中毒病；低糖血症、肝脑病等代谢病；以及脑干出血、栓塞等。

前庭疾病的基本临床特征是：共济失调，眼球震颤，头斜向病侧，朝向病侧的圆圈运动，位置斜视，旋转后眼球震颤延长或缺如，冷热水试验反应缺如或异常，声音惊吓反应缺失。外周性前庭疾病主要临床特征是不对称性共济失调，而姿势反射无缺陷；水平或旋转式眼球震颤，不随头部位置而改变，以及快相方向与病侧相反。外周性前庭疾病可累及颞骨岩部的迷路。中耳疾病除头歪斜外，不表现其他症状；内耳疾病除头歪斜外，还可呈现共济失调、动作笨拙。中耳、内耳疾病还可伴有同侧眼睛霍恩氏体征，即瞳孔缩小，上睑下垂，眼球凹陷。内耳疾病可影响面神经。两侧性前庭损伤通常是外周性的，呈对称性共济失调，头部左右震颤，无眼球震颤，多数的病例无前庭性眼球运动。中枢性前庭疾病的主要特征是精神沉郁，头歪斜，跌倒，病侧性偏瘫，共济失调，同侧或对侧性姿势反射缺失，往往累及三叉神经和面神经。

9. 舌咽神经损伤（glossopharyngeal nerve injury） 舌咽神经，即第九对脑神经，分为咽支和舌支，咽支分布于咽和软腭，舌支分布于舌根。舌咽神经损伤可见于咽炎、延髓麻痹、狂犬病、肉毒中毒和脑脊髓炎等疾病过程中。动物表现咽和喉麻痹，吞咽障碍，饲料和饮水从鼻孔逆流。触诊咽黏膜不引起咽肌收缩，无吞咽运动，咳嗽的声音和叫的声音异常，以及呼吸紊乱等症状。

10. 迷走神经损伤（vagus nerve injury） 迷走神经，即第十对脑神经，是分布于咽和喉的运动神经，含有迷走神经纤维。迷走神经损伤见于延髓疾病、山黧豆中毒和慢性铅中毒等。临床表现为吞咽、声音和呼吸异常。此外，由于迷走神经还为上部消化道提供副交感神经纤维，当其损伤时，可发生咽、食管和胃平滑肌运动减弱或麻痹。

11. 脊副神经损伤（spinal accessory nerve injury） 脊副神经，即第十一对脑神经，其背支分布于臂头肌和斜方肌，腹支分布于胸头肌。脊副神经损伤时，由于臂头肌、斜方肌及胸头肌弛缓无力，肩胛骨低沉，病畜对人为抬举头部缺乏抵抗力。

12. 舌下神经损伤（hypoglossal nerve injury） 舌下神经，即第十二对脑神经，其运动纤维分布于舌肌。舌下神经的检查是通过观察舌的运动性，或将舌体拉出至口角，观察其回缩状况。舌下神经麻痹见于下颌间隙深部创伤，周围组织脓肿、血肿或肿瘤压迫，粗暴拉出舌头时使舌下神经过度牵引。脑病也可引起舌下神经损伤。两侧性舌下神经麻痹，通常为中枢性的，表现为舌不全或完全麻痹，舌体松软，脱出口外，不能回缩，不能采食和饮水。一侧性麻痹时，舌脱出口外，偏向病侧，舌肌纤维性颤动，严重的病例舌肌萎缩，采食、饮水困难。

第九单元　糖、脂肪及蛋白质代谢障碍疾病★

第一节　奶牛酮病

奶牛酮病是奶牛产犊后几天至几周内由于体内糖类及挥发性脂肪酸代谢紊乱所引起的一种全身性功能失调的代谢性疾病。临床上以血液、尿、乳中的酮体含量增高，血糖浓度下降，消化机能紊乱，体重减轻，产奶量下降，间断性地出现神经症状为特征。根据有无明显的临床症状可将奶牛酮病分为临床酮病和亚临床酮病。健康牛血清中的酮体（指 β-羟丁酸，乙酰乙酸，丙酮）含量一般在 1.72mmol/L（100mg/L）以下，亚临床酮病母牛血清中的酮体含量在 1.72～3.44mmol/L（100～200mg/L），而临床酮病母牛血清中的酮体含量一般都在 3.44mmol/L（200mg/L）以上。

【病因】本病病因涉及的因素很多，并且较为复杂。下列因素在酮病的发生中起重要作用。

1. 乳牛高产　在母牛产犊后的 4～6 周已出现泌乳高峰，但其食欲恢复和采食量的高峰在产犊后 8～10 周。因此在产犊后 8～10 周内食欲较差，能量和葡萄糖的来源本来就不能满足泌乳消耗的需要，假如母牛产乳量高，势必加剧这种不平衡，体内糖消耗过多、过快，造成糖供应与消耗不平衡，使血糖降低。

2. 日粮中营养不平衡和供给不足　饲料供应过少，品质低劣，饲料单一，日粮不平衡，或者精料过多，粗饲料不足，而且精料属于高蛋白、高脂肪和低糖类饲料，使机体的生糖物质缺乏，糖生成减少，血糖浓度降低，产生大量酮体而发病。

3. 母牛产前过度肥胖　干奶期供应能量水平过高，母牛产前过度肥胖，严重影响产后采食量的恢复，同样会使机体的生糖物质缺乏，糖生成减少，引起能量负平衡，产生大量酮体而发病。由这种原因引起的酮病称消耗性酮病。

4. 其他　如母牛患肝脏疾病，以及矿物质如钴、碘、磷等缺乏。

根据发生原因，可将酮病分为生产性酮病、继发性酮病、食源性酮病、饥饿性酮病和由于某些特殊营养缺乏所引起的营养性酮病。

（1）生产性酮病　发生在体况极好，具有较高的泌乳潜力，而且饲喂高质量的日粮的母牛，是因能量代谢紊乱，体内酮体大量生成所引起。

（2）继发性酮病　是因某些疾病，如皱胃变位、创伤性网胃炎、子宫炎、乳腺炎等引起食欲下降、血糖浓度降低，导致脂代谢紊乱，酮体产生增多而发生。

（3）食源性酮病　是因青贮料中含有过量的丁酸盐，奶牛采食后容易产生酮体，或是由于含有较多丁酸盐的青贮料因适口性差，造成奶牛采食量减少所致。

（4）饥饿性酮病　发生在体况较差，饲喂低劣饲料的奶牛，由于机体的生糖物质缺乏，引起能量负平衡，产生大量酮体而发病。

【发病机制】血糖浓度下降是发生酮病的中心环节。当血糖浓度下降时，脂肪组织中脂肪的分解作用大于合成作用。脂肪分解后生成甘油和脂肪酸，甘油可作为生糖先质转化为葡萄糖以弥补血糖的不足，而脂肪酸则因脂肪组织中缺乏 α-磷酸甘油，不能重新合成脂肪。游离脂肪酸进入血液引起血液中游离脂肪酸浓度升高。长时间血糖浓度低下，引起脂肪组织中脂肪大量分解，不仅血液中游离脂肪酸浓度增加，亦引起肝内脂肪酸的 β-氧化作用加快，生成大量的乙酰辅酶 A。因糖缺乏，没有足够的草酰乙酸，乙酰辅酶 A 不能进入三羧酸循环，而沿着合成乙酰辅酶 A 的途径，最终形成大量酮体（β-羟丁酸、乙酰乙酸和丙酮）。此外，脂肪酸在肝内生成甘油三酯，因缺乏足够的极低密度脂蛋白将它运出肝脏，蓄积在肝内引起脂肪肝生成，使糖异生障碍，脂肪分解随之加剧，酮体生成过多现象呈恶性循环。

在动用体脂的同时，体蛋白也加速分解。其中生糖氨基酸可参加三羧酸循环而供能，或经糖异生合成葡萄糖入血液；生酮氨基酸因没有足够的草酰乙酸，不能经三羧酸循环供给能量，而经丙酮酸的氧化脱羧作用，生成大量的乙酰辅酶 A 和乙酰辅酶 A，最后生成酮体。

激素调节在酮体生成中起重要作用。当血糖浓度下降时，胰高血糖素分泌增多，胰岛素分泌减少，垂体内葡萄糖受体兴奋，并促使肾上腺髓质分泌肾上腺素，在三种激素的共同作用下，结果糖异生作用增加，促使糖原分解、脂肪水解、肌蛋白分解，最终亦可使酮体生成增多。

甲状腺功能低下，肾上腺皮质激素分泌不足等，与疾病发生也有密切关系。在催乳素的作用下，乳腺泌乳量仍可维持正常，因而把外源性和内源性产生的糖，源源不断地转化为乳糖。在疾病继续发展时，母牛食欲减退，机体消瘦，消化功能减弱，产奶量也随之下降。

酮体本身的毒性作用较小，但高浓度的酮体对中枢神经系统有抑制作用，加上脑组织缺糖而使病牛呈现嗜睡，甚至昏迷。当丙酮还原或 β-羟丁酸脱羧后，可生成异丙醇，可使病牛兴奋不安。酮体还有一定的利尿作用，引起病牛机体脱水，粪便干燥，迅速消瘦，因消化不良以至拒食，病情迅速恶化。

【临床症状】临床型酮病的症状常在产犊后几天至几周出现，表现食欲减退，尤其是精料采食量减少，便秘，粪便上覆有黏液，精神沉郁，凝视，迅速消瘦，产奶量降低。病牛呈拱背姿势，表明有轻度腹痛。乳汁易形成泡沫，类似初乳状。尿呈浅黄色，水样，易形成泡沫。严重者在排出的乳、呼出的气体和尿液中有酮体气味，加热更明显。大多数病牛嗜睡，少数病牛可发生狂躁，表现为转圈，摇摆，无目的地吼叫，向前冲撞。这些症状间断性地多次发生，每次持续 1h 左右，然后间隔 8～12h 又重新出现。

亚临床酮病牛虽无明显的临床症状，但由于会引起母牛泌乳量下降，乳质量降低，体重减轻，生殖系统疾病和其他疾病发病率增高，仍然会引起严重的经济损失。

酮病牛表现为低糖血症、高酮血症、高酮尿症和高酮乳症，血浆游离脂肪酸浓度增高，肝糖原水平下降。血、乳检查：血糖浓度从正常时的 2.8mmol/L（500mg/L）降至 1.12～2.24mmol/L（200～400mg/L）；血酮浓度升高至每升血液中 100～1 000mg（正常＜100mg）；乳中酮体变化幅度也很大，可从正常时的 0.516mmol/L（30mg/L）升高到发病时的 6.88mmol/L（400mg/L）。酮病牛血液和瘤胃液中挥发性脂肪酸浓度明显升高，与乙酸、丙酸浓度相比较，丁酸浓度升高最为明显。

酮病牛的血钙水平稍降低，可下降到 2.25mmol/L（或 90mg/L）。白细胞分类计数，嗜酸性粒细胞增多（可增高到 15%～40%），淋巴细胞增多（可增高到 60%～80%），中性粒细胞减少（可降低至 10%）。严重病例，血清天门冬酸氨基转移酶（AST）活性增高。

【诊断】原发性酮病发生在产犊后几天至几周内，血清酮体含量在 3.44mmol/L（200mg/L）以上，血糖降低，并伴有消化机能紊乱，体重减轻，产奶量下降，间有神经症状，一般不难诊断。在临床实践中，常用快速简易定性法检测血液（血清、血浆）、尿液和乳汁中有无酮体存在。所用试剂为亚硝基铁氰化钠 1 份，硫酸铵 20 份，无水碳酸钠 20 份，混合研细，方法是取其粉末 0.2g 放在载玻片上，加待检样品 2～3 滴，若立即出现紫红色，则为酮病阳性反应。也可用人医检测尿酮的酮体试纸进行测定。但需要指出的是，所有这些测定结果必须结合病史和临床症状才能进行诊断。

亚临床酮病必须根据实验室检验结果进行诊断，其血清中的酮体含量在 1.72～

3.44mmol/L（100～200mg/L）。继发性酮病（如子宫内膜炎、乳腺炎、创伤性网胃炎、真胃变位等因食欲下降而引起发病者）可根据血清酮体水平增高，原发病本身的特点以及对葡萄糖或激素治疗不能得到良好效果而诊断。

【治疗】

1. 补糖疗法 静脉注射50％葡萄糖溶液500mL，对大多数母牛有明显效果，但须重复注射，否则可能复发。重复饲喂丙二醇或甘油（每日2次，每次500g，连用2d；随后每日250g，连用2～10d），效果很好。需要指出的是，口服葡萄糖无效或效果很小，因为瘤胃中的微生物能使糖发酵而成为挥发性脂肪酸，其中丙酸只是少量的，因此治疗意义不大。

2. 抗酮疗法 对于体质较好的病牛，用促肾上腺皮质激素（ACTH）200～600U肌内注射，效果是确实的，而且方便易行。应用糖皮质激素（剂量相当于1g可的松，肌内注射或静脉注射）治疗酮病效果也很好，有助于病的迅速恢复，但治疗初期会引起泌乳量下降。

3. 对症治疗 水合氯醛早就在奶牛酮病和绵羊的妊娠毒血症中得到应用，首次剂量牛为30g，以后用7g，每日2次，连用3～5d。因首次剂量较大，通常用胶囊剂投服，继则剂量较小，可放在蜜糖或水中灌服。钴（每天100mg硫酸钴，放在水中或饲料中，口服）和维生素B₁₂可用于缺钴地区酮病的辅助治疗。用5％碳酸氢钠溶液500～1 000mL静脉注射，也可作为牛酮病的辅助治疗。此外，还可用健胃剂、氯丙嗪等进行对症治疗。

第二节　奶牛肥胖综合征

奶牛肥胖综合征又称牛脂肪肝病，因发病经过和病理变化类似于母羊妊娠毒血症，所以也称为牛妊娠毒血症。本病是奶牛分娩前后发生的一种以厌食、抑郁、严重的酮血症、脂肪肝、末期心率加快和昏迷，以及致死率极高为特征的脂质代谢紊乱性疾病。奶牛常在分娩后，泌乳高峰期发病，有些牛群发病率可达25％，致死率达80％。

【病因】妊娠母牛过度肥胖是本病的主要原因。引起母牛过度肥胖的因素有：干乳期，甚至从上一个泌乳后期开始，大量饲喂谷物或者青贮玉米；干乳期过长，能量摄入过多；未把干乳期牛和正在泌乳的牛分群饲养，精饲料供应过多。

分娩、产乳、气候突变、临分娩前饲料突然短缺等是本病的诱发因素。

【临床症状】病牛显得异常肥胖，脊背展平，毛色光亮。乳牛产仔后几天内呈现食欲下降，逐渐停食。病牛虚弱，躺卧，血液和乳中酮体增加，严重酮尿。用治疗酮病的措施常无效。肥胖牛群还经常出现皱胃扭转、前胃弛缓、胎衣滞留、难产等，按治疗这些疾病的常用方法疗效甚差。部分牛呈现神经症状，如举头、头颈部肌肉震颤，最后昏迷，心动过速。病牛致死率极高。幸免于死的牛表现休情期延长，牛群中不孕及少孕的现象较普遍，对传染病的抵抗力降低，容易发生乳腺炎、子宫炎、沙门氏菌病等，某些代谢病如酮病和生产瘫痪等发病率升高。

肥胖孕牛常于产犊前表现不安，易激动，行走时运步不协调，粪少而干，心动过速。如在产犊前2个月发病者，患牛有10～14d停食，精神沉郁，躺卧，匍匐在地，呼吸加快，鼻腔有明显分泌物，口腔周围出现絮片，粪便少，后期呈黄色稀粪、恶臭，病死率很高，病程为 10～14d，最后呈现昏迷，并在安静中死亡。

血液检测出现血清天门冬酸氨基转移酶（AST）、鸟氨酸氨甲酰转移酶（OCT）和山梨醇脱氢酶（SDH）活性升高，血清中白蛋白含量下降，胆红素含量增高，提示肝功能损害。血清酮体、尿中酮体、乳中酮体含量增高。患病乳牛常有低钙血症 15～20mmol/L（60～80mg/L），血清无机磷浓度升高到 64.6mmol/L（200mg/L）。血清中非脂化脂肪酸（NEFAs）含量升高、胆固醇和甘油三酯浓度降低。病初期呈低糖血症，但后期呈高糖血症。白细胞总数减少，中性粒细胞减少，淋巴细胞减少。

【诊断】

（1）本病均发生于肥胖母牛，肉牛多发于产犊前，奶牛于产犊后突然停食、躺卧等。

（2）根据临床病理学检验结果（如肝功能损害、酮体含量增高等）进行诊断。

（3）根据肝脏活体采样检查进行诊断，肝中脂肪含量在 20％以上。

【治疗】本病致死率较高。一般而言，食欲废绝的病牛多取死亡。对于尚能保持食欲者，配合支持疗法常可治愈。补充能量，如静脉注射 50％的葡萄糖溶液 500mL 能减轻症状，但其作用时间较短。皮质类固醇注射可刺激体内葡萄糖的生成，也可刺激食欲，但用此药时应同时注射高渗葡萄糖。病牛应喂以可口的高能饲料如玉米麦片，也可按每头牛每天 250mL 的丙二醇或甘油，用水稀释后灌服，并注射多种维生素，能提高疗效。灌服健康牛瘤胃液 5～10L，或喂给健康牛反刍食团有助于疾病的恢复。建议用氯化胆碱治疗，每 4h 1 次，每次 25g，口服或皮下注射，或用硒-维生素 E 制剂口服。

第三节　马肌红蛋白尿症

本病是一种以肌红蛋白尿和肌肉变性为特点的营养代谢性疾病。患马通常有 2d 或 2d 以上的时间被完全闲置，而在此期间日粮中谷物成分不减，当突然恢复运动时则发生本病。

【病因】平时饲养良好的马在闲置时，大量肌糖原贮备且得不到利用，在突然运动时则迅速转变为乳酸而引起发病。寒冷刺激，日粮中硒和维生素 E 缺乏也可能与本病有关。

【发病机制】平时饲养良好的马在休闲后突然运动时，由于心肺机能适应不良，氧供应不足，肌糖原大量酵解，一旦乳酸的产量超过了血液的清除能力则发生乳酸堆积，引起肌纤维凝固性坏死，进而引起大肌肉群疼痛和严重水肿，股部肌肉因含糖原较高最易受损。肌肉水肿引起坐骨神经和其他腿部神经受压，导致股直肌和股肌继发神经性变性坏死。坏死肌肉释放血红蛋白进入尿液，使尿液呈暗红色。

【临床症状】运动开始后 15～60min 出现症状，患马大量出汗，步态强拘，不愿走动。如此时能给予充分的休息，症状可在几小时内消失，继续发展下去则卧地不起，最初呈犬坐姿势，随后侧卧。患马神情痛苦，不停挣扎着企图站立。严重病例在后期出现呼吸急促，脉搏细而硬，体温升高达 40.5℃。股四头肌和臀肌强直，硬如木板。尿液呈深棕褐色，有时出现排尿困难。食欲和饮欲正常。亚急性病例症状轻微，不出现肌红蛋白尿，但出现氮尿（azoturia），有跛行，或因臀部疼痛不能迈步，蹲伏在地上。出现跛行后立即停止运动，患马可在 2～4d 内自然康复，仍能站立的马预后良好，也可在 2～4d 内恢复，卧地不起的马则预后不良，随后往往发生尿毒症和褥疮性败血症。

【诊断】对于典型病例，根据病史和临床症状可做出诊断。注意与蹄叶炎、血红蛋白尿相鉴别。患蹄叶炎的病马有跛行，但不出现尿液颜色改变。许多疾病伴有血红蛋白尿而使尿液变红，但通常不出现跛行和局部疼痛。"黏步"（tying－up）主要发生于轻型马，其症状之一就是出现轻度麻痹性肌红蛋白尿。马的局部性上颌肌炎（local maxillary myositis）发展缓慢，且只发生于咬肌。全身性多肌炎（generalized polymyositis）主要出现全身性肌营养不良，与维生素 E 缺乏症类似。

【防治】发病后立即停止运动，就地治疗。尽量让病马保持站立，必要时可辅助以吊立。对不断挣扎和有剧痛的马立即用水合氯醛镇静（30g 溶于 500mL 消毒蒸馏水中，静脉注射，或 45g 溶于 500mL 水中，口服），或普鲁马嗪每 50kg 体重 22～55mg 肌内注射或静脉注射，同时静脉注射糖皮质激素。肌内注射盐酸硫胺素 0.5g/d 也可取得满意疗效。在疾病早期可注射抗组胺药和维生素 E。辅助治疗可静脉注射或口服大剂量的生理盐水，以维持高速尿流量和避免肾小管堵塞。排尿困难时需导尿。保持尿液呈碱性，以避免肾小管肌红蛋白沉淀。

第四节　犬、猫肥胖综合征

犬、猫肥胖综合征是成年犬、猫较多见的一种脂肪过多性营养疾病，由于机体的总能摄入超过消耗，使脂肪过度蓄积而引起。犬、猫体重超过正常体重 15％以上就可以判定患有该病。调查显示，目前美国有 45％左右的犬、猫过度肥胖。近年来，我国大中城市肥胖犬、猫的比例在逐渐增多。

【病因】

1. 与品种、年龄和性别有关　一般来说 10 岁以上的犬和老年猫肥胖的概率在 60％左右，且母犬、母猫多于公犬、公猫；犬类中的巴哥犬、比格犬、达克斯猎犬、拉布拉多犬、雷特里弗犬和短毛猫等都是容易肥胖的品种。

2. 遗传因素　父母肥胖的犬、猫，它们的子女往往也易肥胖。

3. 去势、摘除卵巢和某些疾病（如糖尿病、甲状腺功能减退、肾上腺皮质机能亢进、垂体瘤、下丘脑损伤等）　可能引起犬、猫食欲亢进和嗜睡，导致体重逐渐增加而变胖。

4. 生活方式　这也是造成宠物肥胖的主要原因，如在食欲方面对宠物过于溺爱，给予热量极高的食物（如奶油蛋糕）和过于精细的食物，且在时间和食量上无节制；对宠物呵护有加，使其每天的活动量很少，未养成良好的遛犬、逗猫习惯，使宠物长期处于贪吃贪睡、嗜暖怕冷状态。由于运动量不足，使机体的新陈代谢减缓，脂肪不断累积而迅速肥胖。

【临床症状】皮下脂肪多，尤其是腹下和体两侧，体态丰满，用手摸不到肋骨；食欲亢进，不耐热，易疲劳，运动时喘息，不愿活动；易发生骨折，关节炎；易患心脏病、糖尿病，影响生殖功能；寿命短；血浆胆固醇含量升高。

【防治】定时定量饲喂，多次少量；加强运动，减食，只喂平时食量的 60％～70％；甲状腺功能亢进者，可使用甲状腺素按每日每千克体重 0.02～0.04mg，分 1～2 次拌入食物中饲喂，或甲状腺粉每日 20～30mg，分 2～3 次拌入食物中饲喂。

第五节 猫脂肪肝综合征

猫脂肪肝综合征是猫特有的由于脂质蓄积于肝细胞而造成肝脏肿大的一类疾病。各种年龄和品种猫均可发病，雌性的发病率高于雄性，并且多见于老龄猫。

【病因】 主要发生原因与变更日粮食物、运动不足、饥饿以及抗脂肝物质不足等应激有关；也与营养、机体代谢异常以及毒素对肝脏造成的损伤有关；猫自身不能合成精氨酸，当精氨酸缺乏时会导致血氨升高，也是引发猫脂肪肝的一个因素。

【临床症状】 多数脂肪肝患病动物体态肥胖，腹围较大。早期可见精神沉郁，嗜睡，全身无力，行动迟缓，食欲下降或突然废绝，之后体重减轻（通常会超过体重的25%），脱水，患病动物体温略有升高，尿色发暗或变黄，常见间断性呕吐。发病后期可见可视黏膜、皮肤、内耳和齿龈黄染。

【防治】 猫脂肪肝的治疗主要依靠积极的营养支持，必须提供高蛋白低脂肪食品来扭转身体的代谢性饥饿状态。对于严重厌食的猫，可通过被动的方式提供食物，如通过鼻饲管喂食。

药物治疗可用输液疗法，同时服用熊去氧胆酸（帮助胆汁流动并阻止肠道内胆汁产物的毒素吸收）、腺苷蛋氨酸（抗氧化剂，维护肝脏功能）、卡尼丁（转运脂肪）和多种维生素等。

第六节 犬、猫糖尿病

糖尿病是一种多病因代谢性疾病，其特点为慢性高糖血症。体内由于胰岛素相对或绝对缺乏，引起的糖类、脂肪和蛋白质的代谢紊乱。犬、猫糖尿病发病率为0.2%～1%。糖尿病分Ⅰ型和Ⅱ型。Ⅰ型为胰岛功能损伤，无法分泌胰岛素，依赖补充外源性胰岛素治疗，故也称依赖性糖尿病；Ⅱ型糖尿病大多数存在胰岛素抵抗现象，或既有胰岛素分泌功能受损，又有胰岛素抵抗，即机体对自身胰岛素敏感性降低，使血中糖无法进入机体细胞被摄取利用，影响了糖的代谢。在犬、猫糖尿病中，几乎100%的犬和50%的猫都是Ⅰ型（胰岛素依赖性）糖尿病。患猫的另50%是Ⅱ型（非胰岛素依赖性）糖尿病。

【病因】 凡引起胰岛素分泌减少的疾病或病变，都可能诱发糖尿病。

1. 原发性因素 包括胰腺创伤、肿瘤、感染、自体抗体、炎症等引起的胰腺损伤，生长激素、甲状腺激素、糖皮质激素等诱发的β细胞衰竭，以及靶细胞敏感性下降。

2. 继发性因素 有急性和复发性腺泡坏死性胰腺炎以及胰岛淀粉样变。

镇静药、麻醉剂、噻嗪类及苯妥英钠等药物可影响胰岛素的释放。

【发病机制】 胰岛素缺乏将引起机体多种组织细胞无法摄取和利用血液中葡萄糖，使血糖浓度升高，一旦血糖浓度超过肾阈值时，尿中就出现葡萄糖。糖尿引起多尿和水分丢失，导致动物多饮，体内脂肪等物质分解代谢，过多的脂肪代谢，产生过多的酮体，引发糖尿病性酮酸中毒。对于急性糖尿病的脱水和酸中毒，必须进行及时合理的治疗，否则将危及生存。Ⅰ型糖尿病需要用胰岛素治疗，现在有观点认为猫Ⅱ型糖尿病也需用胰岛素治疗，因为Ⅱ型糖尿病动物存在胰岛素抵抗，胰岛β细胞必须进行代偿性肥大，多分泌胰岛素，久之细胞衰竭，其机能将永久性丧失，所以及早使用适当胰岛素，可延缓 β 细胞衰竭。

【临床症状】中龄犬，特别是 8 岁龄犬最易发病，萨莫耶犬和荷兰狮毛犬可遗传发病，凯恩㹴犬、贵宾犬、腊肠犬等易肥胖犬的发病率高，雌性是雄性发病的 2 倍，主要是由于孕酮和孕激素介导的生长激素（GH）所致。中龄、老龄猫易发病，而且雄性比雌性多，去势公猫最易发病。

发病后多尿、多饮、食欲增加，体重减轻。在所有的雌性犬中，此病通常发生于发情周期的动情后期。动物表现为肝肿大，肌肉损耗，尿道和呼吸道感染。不加治疗，可导致酮体体内积聚，引发代谢性酸中毒，导致精神抑郁、厌食、呕吐、迅速脱水。

发病动物可出现眼白内障，角膜浑浊，尿相对密度高（1.035～1.060）。血糖浓度8.4～28mmol/L（150～500mg/dL），正常为 60～100mg/dL。严重时，由于血细胞比容过高和循环衰竭可导致昏迷和死亡。

【防治】本病的治疗原则是降低血糖，纠正水、电解及酸碱平衡紊乱。

1. 口服降糖药　常用的药物有乙酸苯磺酰环己脲、氯磺丙脲、甲苯磺丁脲、优降糖等。一般仅限于血糖不超过每 200mg/dL，且不伴有酮血症的病犬。

2. 胰岛素疗法　早晨饲喂前 0.5h 皮下注射中效胰岛素每千克体重 0.5μg，每日 1 次。对伴发酮酸酸中毒的病犬，可选用结晶胰岛素或半慢胰岛素锌悬液，采用小剂量连续静脉滴注或小剂量肌内注射，静脉注射剂量为每千克体重 0.1μg，肌内注射剂量为每 3kg 体重 1μg，每 10kg 体重 2μg。严格地讲，应当通过监测血糖来确定胰岛素的用量。

3. 液体疗法　可选用乳酸林格氏液、0.45%氯化钠液和 5%葡萄糖液。静脉注射液体的量一般不应超过每千克体重 90mL，可先注入每千克体重 20～30mL，然后缓慢注射，并适时补充钾盐。

第七节　蛋鸡脂肪肝综合征

蛋鸡脂肪肝综合征又称脂肪肝出血综合征，是由高能低蛋白日粮引起的以肝脏发生脂肪变性为特征的家禽营养代谢疾病。临床上以病鸡个体肥胖，产蛋减少，个别病鸡因肝功能障碍或肝脏破裂、出血死亡为特征。主要发生于蛋鸡，尤其是笼养蛋鸡的产蛋高峰期，有时肥育鸡也有发生。

【病因】

1. 饲料因素

（1）高能低蛋白日粮　高能的糖类会加速乙酰辅酶 A 向脂肪转化，因为低蛋白能引起产蛋减少，使运往卵巢的脂肪减少，但合成脂肪不变，所以导致脂肪肝综合征。过度采食的母鸡有 33%会发生脂肪肝综合征。

（2）高蛋白低能日粮　由于饲粮中蛋白质能量比值大，相应的能量偏小，一部分蛋白质及氨基酸脱酰基氨生成葡萄糖作为能源，从而脱氨后大量氨在肝内合成尿酸，增加了肝的代谢负担，以致诱发脂肪肝综合征。

（3）胆碱、含硫氨基酸，B 族维生素和维生素 E 缺乏　当这些物质缺乏时，肝内脂蛋白的合成和运输发生障碍，大量脂肪就会在肝脏中沉积。

2. 饲料发霉变质 损害肝脏，引起肝功能障碍，脂蛋白合成减少，从而导致肝代谢障碍和脂肪的沉积，严重时引起肝出血。

3. 其他因素 药物和毒物的损伤；环境因素、管理因素；肝细胞脂质过氧化损伤等。

【临床症状】临床上一般是，病初无特征性症状，只表现过度肥胖，其体重超出正常20%左右，常突然死亡；肝包膜破裂而导致出血，腹腔充满大量血液及血凝块，腹腔内有大量脂肪沉积，肝脏明显肿大、色泽变黄、质地脆并有油腻感，产蛋率降低；喜卧，腹下软绵下垂，冠和肉髯褪色、甚至苍白。严重者嗜睡，瘫痪，体温41.5～42.8℃，进而肉髯变冷，在数小时内死亡。血液检查，血清胆固醇含量增高达15.73～29.85mmol/L（正常者为2.91～8.22mmol/L）。

【防治】调整饲料配方，降低饲粮的能量水平；确保日粮中有足够营养成分如蛋氨酸、胆碱、维生素E、维生素H及微量元素硒等；重视蛋用鸡育成期的日增重，在8周龄时应严格控制体重，不可过肥；加强饲养管理，适当控制光照时间，保持舍内环境安静，温度适宜，不喂发霉变质的饲料，尽量减少噪声、捕捉等应激因素。

第八节 禽痛风

家禽痛风是由于蛋白质代谢障碍和肾脏受到损伤使尿酸盐在体内蓄积而致的营养代谢障碍性疾病。临床上可分为关节型和内脏型两种，以病禽行动迟缓，腿、翅关节肿大，厌食，跛行，衰弱和腹泻为特征。其病理特征是血液中尿酸盐水平增高，尸体剖检时见到关节表面或内脏表面有大量白色尿酸盐沉积。痛风是常见的禽病之一。

【病因】

1. 尿酸生成过多

（1）饲喂富含核蛋白和嘌呤碱的高蛋白饲料 高蛋白饲料是指禽类饲料中粗蛋白含量超过28%，这类饲料有动物内脏（肝、肠、脑、肾、胸腺、胰腺）、肉屑、鱼粉、大豆、豌豆等。如果在鸡的日粮中加入去脂肪的马肉和5%的尿素，使日粮中蛋白质的含量达40%，则肯定会引起鸡的痛风。如果用38%的蛋白质日粮饲喂幼火鸡也可引起痛风，而把蛋白质含量降低到20%时，痛风则停止发生，病鸡逐渐康复。

（2）遗传因素 在某些品系的鸡中，存在着痛风的遗传易感性。例如，在有遗传性高尿酸血症关节型痛风的鸡，还可发现高蛋白饲料对于遗传性高尿酸血症关节型痛风的发生有促进作用，限制饲料蛋白水平可以延缓或防止遗传性关节型痛风的发生。

2. 尿酸排泄障碍

（1）传染因素 如鸡传染性支气管炎病毒，其中有强嗜肾性菌株，能引起肾炎，肾损伤，造成尿酸排泄障碍。

（2）中毒因素 包括一些嗜肾性化学毒物、药物及细菌毒素。能引起肾脏损伤的化学毒物有重铬酸钾、镉、铊、锌、铅、丙酮、石炭酸、升汞、草酸。化学药品中主要是磺胺类药中毒，而霉菌毒素中毒因素更显重要，如青霉菌毒素、赭曲霉毒素、黄曲霉菌毒素、橘青霉菌毒素、霉玉米等。

（3）营养因素 最常见的是禽日粮中长期缺乏维生素A，导致肾小管和输尿管上皮细胞代谢障碍，造成尿酸排出受阻；其次是高钙低磷，或镁过高均可引起尿石症而损伤肾脏，导致尿酸排泄受阻；饮水不足或食盐过多所造成的尿酸排泄障碍，主要是因尿量下降，尿液浓缩所致。

【发病机制】 正常情况下，哺乳动物主要是将氨通过鸟氨酸循环，经精氨酸酶转变成尿素，由肾脏排出。而禽类，由于肝脏缺乏尿素合成酶——精氨酸酶，而不能将氨转变成尿素，同时禽肾脏中也无谷氨酰胺合成酶，而不能使氨由谷氨酰胺携带，因而其蛋白质代谢产物氨只能通过嘌呤核苷酸合成与分解途径，以生成尿酸的形式而排泄。所以禽类比哺乳动物更容易发生高尿酸血症。此外，肾脏是禽体内尿酸代谢最重要、最关键的器官，它不仅是禽类尿酸生成的场所之一，而且是尿酸唯一排泄通路。所以，肾脏的结构和功能状况直接决定着禽类尿酸代谢的正常与否。

当禽类饲料中蛋白质和核蛋白含量过多，或肾脏功能损伤，尿酸排泄障碍时，体内大量蓄积尿酸。由于尿酸在水中溶解度甚小，当血浆尿酸超过一定量时，尿酸即以尿酸盐形式在关节、软组织、软骨和内脏的表面及皮下结缔组织沉积下来，而引起关节型或内脏型痛风。

【临床症状与病理变化】 本病多呈慢性经过，病禽表现为全身性营养障碍，食欲减退，逐渐消瘦，羽毛松乱，精神委顿，冠苍白，不自主地排出白色黏液状稀粪、含有多量尿酸盐。母鸡产蛋量降低，甚至完全停产。血液中尿酸水平持久增高至 15mg/dL 以上，甚至可达 40mg/dL。在临床上，以内脏型痛风为主，而关节型痛风较少发生。

1. 内脏型痛风　主要是呈现营养障碍，病禽出现明显的胃肠道紊乱症状，腹泻，粪便白色，厌食，衰弱，贫血，有的突然死亡。血液中尿酸水平增高，此特征颇似家禽单核细胞增多症。最典型的病理变化是在内脏浆膜上，如心包膜、胸膜、腹膜、肝、脾、胃、肠系膜等器官的表面覆盖一层白色的尿酸盐沉积物。肾脏肿大、色苍白，表面及实质中有雪花状花纹。输尿管有尿酸盐结石。病禽发育不良、消瘦、脱水等。

2. 关节型痛风　一般呈慢性经过，病鸡食欲降低，羽毛松乱，多在趾前关节、趾关节发生，也可侵害腕前、腕及肘关节，关节肿胀，初期软而痛，界限多不明显，中期肿胀部逐渐变硬，微痛，形成不能移动或稍能移动的结节，结节有豌豆大或蚕豆大小。病后期，结节软化或破裂，排出灰黄色干酪样物，局部形成出血性溃疡。病禽往往呈蹲坐或独肢站立姿势，行动困难，跛行。病变较典型，在关节周围出现软性肿胀，切开肿胀处，有米汤状、膏样的白色物流出。在关节周围的软组织中都可由于尿酸盐沉积而呈白垩颜色。

【诊断】 根据病因、病史和临床特征及病理变化可做出诊断。必要时采集病禽血液检测尿酸含量，或采集腿、肢肿胀处的内容物做显微镜观察，可见到尿酸盐结晶。当然，为确诊发病原因，需作更多检查。

【防治】 首先要寻找发病原因，积极治疗原发病。

常用苯基喹啉羟酸 0.2～0.5g，每日 2 次，口服，但伴有肝、肾疾病时禁止使用，此药是为了增强尿酸的排泄和减少体内尿酸的蓄积及减轻关节疼痛。别嘌呤醇（7-碳-8-氯次黄嘌呤）10～30mg，每日 2 次，口服。可在种鸡饲料中掺入沙丁鱼或牛粪（牛粪中含维生素 B_{12}），能防止本病的发生。在鸡的饮水中加入 5% 的碳酸氢钠，加入适量的氨茶碱和维生素 A 或维生素 C 有效。在饲料中加 2% 鱼肝油乳剂，并增加病禽光照时间，适当增加运动，对不严重的痛风病例具有逐渐康复作用。

第九节　营养衰竭症

营养衰竭症是因营养物质摄入不足或能量消耗过多所致的一种慢性、呈进行性消瘦为特征的营养不良综合征，又称"瘦弱病"；在水牛，大多有低体温，所以称"低温病"，在猪称"母猪消瘦综合征"。临床特征是消瘦，体温降低，多器官功能低下、如反应迟钝，胃肠蠕动减弱，脉搏少而无力等。多种动物均可发病，马、牛多发，尤其是水牛，冬季发病率高。

【病因】常见的有劳役过度，饲草品质不良、数量不足，动物长期处于饥饿状态；老龄动物因牙齿松动、过度磨损，或消化机能减退而诱发本病；奶畜过量产奶，而饲料营养不足；外界温度长时间较低，饲料品质不良，长期采食霉烂稻草或单一的干稻草；慢性消耗性疾病。

【发病机制】由于病因作用、使动物长期处于饥饿状态，动员体内贮备的营养物质来维持，久而久之，体脂耗尽，肌肉消瘦，血糖总量减少，血浆蛋白浓度下降，代谢发生紊乱而产生器官形态和结构异常，导致营养衰竭，使动物长期卧地不起，终因心衰而死亡。

【临床症状】病畜骨架显露，肋骨可数，眼球内陷，步态蹒跚，起立艰难，卧地不起。体温下降至 37℃以下，甚者 35℃左右。皮肤弹性下降，黏膜淡白至苍白，但食欲、反刍、排粪、排尿基本正常。消瘦，心跳 30 次/min，久卧不起，胃肠蠕动缓慢，四肢浮肿。

【诊断】根据动物有消瘦病史，体温降低及各器官功能低下等特征，一般能做出诊断。当然，为寻找发病原因，需做进一步检查。

【防治】首先要寻找发病原因，去除发病因素，并加强护理。

治疗主要是改善电解质平衡，提高血浆胶体渗透压，补充能量，加强饲养管理。轻症者补糖、补钙、强心；重型病例，除此之外，可应用三磷酸腺苷、同种动物血浆、右旋糖酐、复方氨基酸和苯丙酸诺龙或丙酸睾酮等。

第十单元　矿物质代谢障碍疾病★★★

第一节　佝　偻　病

佝偻病是在生长期的幼畜或幼禽由于维生素 D 及钙、磷缺乏或饲料中钙、磷比例失调所致的一种骨营养不良性代谢病，病理特征是生长骨的钙化作用不足，并伴有持久性软骨肥大与骨骺增大。临床特征是消化紊乱，异嗜癖，跛行及骨骼变形。

本病常见于犊牛、羔羊、仔猪和幼犬，幼驹和幼禽亦可发生。

【病因】

1. 钙缺乏　日粮中钙的绝对缺乏或继发于其他因素，主要是磷的过量摄入。

2. 磷缺乏　日粮中磷的绝对缺乏或继发于其他因素，主要是钙的过量摄入。

3. 维生素 D 缺乏　维生素 D 摄取绝对量减少或继发于其他因素，最典型的例子是胡萝卜素的过量摄入。

4. 继发性因素　如缺乏阳光照射（太阳晒干的干草含有麦角固醇，此外皮肤内的 7-脱氢胆固醇，它们在阳光紫外线照射下，可转变为维生素 D_2 和维生素 D_3）。还包括影响吸收的因素如年龄、机体的健康状况、无机钙源的生物学效价、有机日粮（蛋白质、脂类）缺乏或草酸、植酸过剩、其他矿物质（如锌、铜、钼、铁、氟等）缺乏或过剩等。

此外，由于妊娠母体内矿物质和维生素 D 不足或缺乏，影响胎儿的生长发育，可致使幼畜出生后即表现出骨钙化不良的症状。

在不同品种间存在差异。在快速生长中的犊牛，主要是原发性磷缺乏及舍饲中光照不足；羔羊的病因与犊牛相同，只是对原发性磷缺乏的易感性较低；仔猪的原因是原发性磷过多而维生素 D 和钙缺乏；幼驹在自然条件下，佝偻病不常见。

【临床症状】

1. 先天性佝偻病　动物出生后即出现不同程度的衰弱，数天后仍不能自行站立，辅助站立时，背腰拱起，四肢弯曲不能伸直，多向一侧扭转，躺卧时亦呈不自然姿势。

2. 后天性佝偻病　患病动物精神沉郁，消化不良，异嗜，喜卧，不愿站立和运动。站立时，四肢频频交换负重；运步时，步样强拘。发育停滞，消瘦，出牙期延长，齿形不规则，齿面易磨损、不整。间或伴发咳嗽、腹泻和呼吸困难。严重的病例可发生贫血。

骨骼变形，四肢骨骼弯曲，呈内弧（O 状）或外弧（"八"字形）肢势。头骨、鼻骨肿胀。硬腭凸出，口裂常闭合不全。脊柱骨上凸、下凹或左右弯曲。腕、膝、跗关节的骨骼呈坚硬无痛的肿胀。肋骨扁平，胸廓狭窄，胸骨呈舟状突起而成鸡胸样，肋骨和肋软骨接合部呈念珠状肿胀。

在禽类，幼禽腿无力，喙与爪变软易弯曲。采食困难，走路不稳，常以飞节着地，呈蹲状休息，骨骼变软肿胀。生长缓慢或停滞，有的发生腹泻。

血液学检测出现血清碱性磷酸酶（AKP）活性明显升高，但血清钙、磷水平则视致病因子而定，如由于磷或维生素 D 缺乏，则血清无机磷水平可在正常低限时的每 100mL 3mg 水平以下，血清钙水平往往在最后阶段才会降低。X 线检查发现，骨质密度降低，长骨末端呈现"羊毛状"外观，外形上骨的末端凹而扁。剖检主要病变在骨骼，长骨变形、骨端肥大、骨质变软和直径变粗，关节肿大，肋骨与肋软骨结合处肿胀（串珠样肿）。

【防治】

1. 保持舍内干燥温暖，光线充足，通风良好　保证适当的运动和充足的阳光照射，给予易消化的富含营养的饲料。

2. 调整日粮组成　供应足够的维生素 D 和矿物质，注意钙磷比例，控制在（1～2）：1

范围内。骨粉、鱼粉、甘油磷酸钙、磷酸二氢钙等是最好的补充物。日粮中应按维生素 D 的需要量进行添加，富含维生素 D 的饲料包括开花阶段以后的优质牧草、豆科牧草和其他青绿饲料，在这些饲料中还含有充足的钙磷，但青贮饲料因晒太阳时间短，其维生素 D_2 的含量较少。冬季舍饲的动物，可定期利用紫外线灯照射，照射距离为 $1.0\sim1.5m$，照射时间为 $5\sim15min$。

3. 调整胃肠机能给予助消化药和健胃药，加强对症治疗　有效的治疗药物是维生素 D 制剂，例如，鱼肝油、浓缩维生素 D 油、维丁胶性钙等。如内服鱼肝油，马、牛 $20\sim60mL$，羊、猪 $10\sim15mL$，犬 $5\sim10mL$，鸡 $1\sim2mL$；或内服浓鱼肝油，各种动物均每 100kg 体重 $0.4\sim0.6mL$，每天 1 次，发生腹泻时停止用药。维丁胶性钙注射液皮下或肌内注射，马、牛 2.5 万～10 万 U，羊、猪 0.2 万～2 万 U，犬 0.25 万～0.5 万 U。维生素 A、维生素 D 注射液，肌内注射，马、牛 $5\sim10mL$，驹、犊、羊、猪 $2\sim4mL$，羔羊、仔猪 $0.5\sim1mL$。维生素 D_2 注射液，肌内注射，各种动物均按每千克体重 1 500～3 000IU，注射前、后需补充钙剂。先天性佝偻病，从出生后第 1 天起，即用维生素 D_3 液 7 万～10 万 IU，皮下或肌内注射，每 2～3 日 1 次，重复注射 3～4 次，至四肢症状好转时为止。应用钙剂，如碳酸钙内服，马、牛 $30\sim120g$，羊、猪 $3\sim10g$，犬 $0.5\sim2g$。乳酸钙内服，马、牛 $5\sim15g$，羊、猪 $0.3\sim1g$，犬 $0.3\sim0.5g$。葡萄糖氯化钙注射液，静脉注射，马、牛 100～300mL，羊、猪 $20\sim100mL$，犬 $5\sim10mL$。10％氯化钙注射液，静脉注射，驹、犊 $5\sim10mL$。10％葡萄糖酸钙液，静脉注射，驹、犊 $10\sim20mL$，犬 $2\sim5mL$。静脉注射钙剂，初期每天 1 次，以后每周 1～2 次。

第二节　骨　软　症

骨软症是发生在软骨内骨化作用已经完成的成年动物的一种骨营养不良，主要原因是钙磷缺乏及二者的比例不当（在反刍动物，主要由于磷缺乏）。特征性病变是骨质的进行性脱钙，呈现骨质软化及形成过量的未钙化的骨基质。临床特征是消化紊乱、异嗜癖、跛行、骨质软化及骨变形。我国主要发生于乳牛、黄牛、绵羊、家禽、犬和猫。

【病因】骨软症的病因与佝偻病相似。

但应注意，牛的骨软症通常由于饲料、饮水中磷含量不足或钙含量过多，导致钙、磷比例不平衡而发生。本病常发生于土壤严重缺磷的地区，而继发性骨软症，则是由于日粮中补充过量的钙所致。泌乳和妊娠后期的母牛发病率最高。在黄牛和水牛骨软症流行区，往往在前一个季节中曾发生过严重的干旱天气，引起植物根部能吸收到的土壤磷很低，同时又缺乏某些含磷精饲料的补充。乳牛的骨粉或含磷饲料补充不足时，特别在大量应用石粉（含碳酸钙 99.05％）或贝壳粉以代替骨粉的牧场，高产母牛的骨软症发病率显著增高。

【发病机制】无论是成年动物软骨内骨化作用已完成的骨骼还是幼畜正在发育的骨骼，骨盐均与血液中的钙、磷保持不断交换，亦即不断地进行着矿物质沉着的成骨过程和矿物质溶出的破骨过程，两者之间维持着动态平衡。当饲料中钙、磷含量不足，或钙、磷比例不当，或存在诸多干扰钙、磷吸收和利用的因素，造成钙、磷肠道吸收减少，或因妊娠、泌乳的需要钙、磷消耗增大时，血液钙、磷的有效浓度下降，骨质内矿物质沉着减少，而矿物质溶出增加，骨中羟基磷灰石含量不足，骨钙库亏损，引起骨骼进行性脱钙，未钙化骨质过度形成，结果导致骨质柔软、疏松，骨骼变脆弱，常常变形，易发生骨折，以及局灶性增大和腱滑脱。

对于以磷缺乏为主的牛、羊骨软症，其主要表现是低磷血症。低磷血症直接刺激肾脏，促进生成 $1,25-(OH)_2D_3$，作用于肠道，使钙、磷吸收增加，血钙浓度保持正常。若通过这种调节未能使血磷水平恢复，则一方面会促进骨吸收，使骨中羟基磷灰石含量不足，骨钙库亏损，并有间接刺激甲状旁腺的作用；另一方面又存在使肾小管重吸收磷及肠道磷吸收减少的因素，如维生素 D 缺乏、肝肾维生素代谢障碍、甲状旁腺机能亢进、肾小管受损等，引起低磷血症和甲状旁腺机能亢进同时存在，结果出现血液中磷水平低下而血钙正常（或稍低水平）的情况。但当疾病过程损伤肾小球滤过机能时，尿磷排出障碍，血磷升高至正常水平甚至高出正常水平。

起因于低血钙日粮的骨软症，低血钙是最先出现的病理变化，低血钙促进骨溶解而抑制成骨作用，导致骨软症的发生。

【临床症状】病初出现消化紊乱，并呈现明显的异食癖。患病动物表现食欲减退，体重减轻，被毛粗乱。病牛舔食泥土、墙壁、铁器，在野外啃嚼石块，在牛舍吃食污秽的垫草。病猪，除啃骨头、嚼瓦砾外，有时还吃胎衣。在牛伴有异食癖时，可造成食道阻塞、创伤性网胃炎、铅中毒、肉毒梭菌毒素中毒等。

随后出现运动障碍。动物运步强拘，腰腿僵直，拱背站立，走路后躯摇摆，或呈现四肢的轮跛。经常卧地不愿起立。乳牛腿颤抖，伸展后肢，做拉弓姿势。某些奶牛后蹄壁龟裂，角质变松肿大。母猪喜欢躺卧，作匍匐姿势，跛行，产后跛行加剧，甚至后肢瘫痪，严重者发生骨折。

病情进一步发展，出现骨骼肿胀变形。由于骨骼严重脱钙，四肢关节肿大变形、疼痛，牛尾椎骨排列移位、变形，重者尾椎骨变软，椎体萎缩，最后几个椎体消失。人工可使尾卷曲，病牛不感痛苦。盆骨变形，严重者可发生难产。肋骨与肋软骨接合部肿胀，易折。卧地时由于四肢屈曲不灵活，常摔倒或滑倒，能导致腓肠肌肌腱滑脱。

常见的并发症，主要有四肢和腰椎关节扭伤、跟腱滑脱、病理性骨折。久卧不起者，有褥疮、胃肠道弛缓、败血症等。若无并发症，极少会引起死亡。

血液学检查，血清钙多无明显变化，多数病牛血清磷含量明显降低。正常牛血清磷水平是 $5\sim7mg/dL$，骨软症时可下降至 $2.8\sim4.3mg/dL$，血清碱性磷酸酶水平升高。

【防治】对日粮要经常分析，有条件时可做预防性监测，根据饲养标准和不同生理阶段的需求，调整日粮中的钙磷比例，补充维生素 D。日粮中的钙、磷含量，黄牛按 2.5：1、乳牛按 1.5：1 的比例饲喂。粗饲料以花生秸、高粱叶、豆秸、豆角皮为佳。红茅草、山芋干是磷缺乏的粗饲料。最好是补充苜蓿干草和骨粉，而不应补充石粉。脱氟磷酸盐对乳牛有预防作用，但其含氟量不应超过国家标准。

针对饲料中钙磷不足，维生素 D 缺乏可采取相应的治疗措施。对牛、羊的治疗，当病的早期呈现异嗜癖时，就应在饲料中补充骨粉，可以不药而愈。病牛每天给予骨粉 250g，5～7d 为一疗程。对跛行的病例给予骨粉时，在跛行消失后，仍应坚持 1～2 周。严重病例，除从饲料中补充骨粉外，同时应配合无机磷酸盐进行治疗，例如，牛可用 20％磷酸二氢钠溶液 300～500mL 或 3％次磷酸钙溶液 1 000mL，静脉注射，每天 1 次，连续 3～5d。也可同时应用维生素 D_2 或维生素 D_3 400 万 IU，肌内注射，每周 1 次，用 2～3 次。鸡常用维生素 D_3 添加，并根据饲养标准调整日粮中的钙磷比例，同时注意饲料来源和品质，常有较好的效果。

第三节　纤维性骨营养不良

纤维性骨营养不良是由于日粮中磷过剩而继发钙缺乏或原发性钙缺乏而发生的一种以马属动物为主的骨骼疾病，亦见于山羊、猪、犬和猫，有时也见于牛。特征性病变是骨组织呈现进行性脱钙、骨基质被吸收，由柔软的含细胞的纤维组织沉着填补，这常常是软骨进一步发展的结果，进而骨体积增大而重量减轻，尤以面骨和长骨骨端显著。临床特征是消化紊乱，异嗜癖，跛行，拱背，面骨和四肢关节增大及尿澄清、透明等。

纤维性骨营养不良

【病因】日粮中钙、磷比例失调、钙含量不足以及维生素 D 不足是引起本病的主要原因，常见于以下三种情况。

1. 饲料中钙磷含量不足或饲料中含有影响钙吸收的物质　饲料中植酸盐、草酸盐及脂肪过多，可影响钙的吸收，促进本病发生。草料中与植酸（六磷酸肌醇）结合的钙，在马小肠内不能被水解，故不能被吸收利用。10g 植酸可影响 7g 钙不被吸收。植酸还可使维生素 D 过多地消耗，从而妨碍钙的吸收，导致本病发生。在谷物饲料的外皮内植酸含量较多，长期以麸类、糠类及豆类喂马，容易引起本病发生。脂肪过多时，在肠道内分解产生的大量脂肪酸，可与钙结合，形成不溶性钙皂，随粪排出，故草料内脂肪过多，也是本病的一个促发因素。

2. 日粮中磷含量过多而钙含量正常或相对较低，导致钙、磷比例失调　草料内钙、磷的合适比例，在马为（1~2）：1，猪为（1~1.2）：1。精饲料如稻谷、高粱、豆类，尤其是麸皮含磷较多，饲草如谷草、干草等含钙较多。麸皮内的钙、磷比例为 0.22：1.09，米糠中为 0.08：1.42，稻草中为 0.37：0.17。一般认为，我国马、骡的纤维性骨营养不良，是由于磷多钙少所引起的。用钙、磷比例为 1：2.9 或含磷更多的饲料，不管摄入钙的总量如何，均可使马发病。故马、骡和猪长期饲喂这种以麸皮或以米糠为主，或是以二者混合为主含磷多的饲料，或精饲料与粗饲料搭配不当，均易发生本病，若一旦补充石粉，则症状可减轻直至消失，这种情况进一步证明纤维性骨营养不良是由于日粮中磷过剩而继发钙缺乏所致。

3. 维生素 D 含量不足　由于日照少，皮肤内的维生素 D_3 原无法转变为维生素 D_3，造成维生素 D_3 不足或缺乏，影响钙的吸收和骨盐沉积，导致冬春季纤维性骨营养不良发病率高。此外，饲养管理不当、肝肾疾病对促使本病的发生，也是一个不可忽视的因素。饲养不当，主要是饲喂方法不当，如上槽后短时间内即添精饲料；管理不当，主要是运动不足或过度使役；肝肾疾病会影响维生素 D 的羟化，这些因素均可影响钙的吸收而导致本病发生。

【临床症状】病马初期精神不振，喜欢卧地，背腰僵硬。站立时两后肢频频交替负重。行走时步样强拘，步幅短缩，往往出现一肢或数肢跛行。跛行常交替出现，时轻时重，反复发作。不耐使役，容易疲劳出汗。慢性消化不良和异食癖伴随整个疾病过程中，常出现舔墙吃土、啃咬木槽、缰绳等，喜食食盐和精饲料，粪球液体量多，粪球落地后立即破碎，含大量未消化的粗糙渣滓。尿液澄清、透明。体温、脉搏、呼吸一般无明显变化。

疾病进一步发展，骨骼肿胀变形。多数病马首先出现头骨肿胀变形，常见下颌骨肿胀增厚，轻者边缘变钝，重者下颌间隙变窄，上颌骨和鼻骨肿胀隆起，颜面变宽，由于整个头骨肿胀隆起，故有"大头病"之称。有的鼻骨高度隆起，致使鼻腔狭窄，呈现呼吸困难，伴有鼻腔狭窄音。牙齿磨灭不整、松动，甚至脱落。病马硬腭凸出，咀嚼困难，加上牙齿疼痛，常常在采食中吐出草团。随后是四肢关节肿胀变粗，尤以肩关节肿大最为明显。长骨变形，脊柱弯曲，往往呈"鲤鱼背"。病至后期，常卧地不起，使肋骨变平，胸廓变窄。骨质疏松脆弱，容易骨折。严重的，病马逐渐消瘦，肚腹卷缩，陷于衰竭。

猪纤维性骨营养不良时，骨损害及症状与马相似，严重病例不能站立和走路，四肢扭曲，关节和面部增大。病情较轻的病例有跛行，不愿站立，站立时疼痛，腿骨弯曲，但面骨及关节一般正常。

单纯性喂肉的犬猫主要表现为不愿活动，跛行和运动失调，严重时出现长骨骨骼变形，牙齿松动，甚至脱落。额骨的硬度下降，骨穿刺针很容易刺入。X线检查，发现尾椎骨的皮质变薄，皮质与髓质之间的界限模糊；颅骨表面不光滑，骨质密度不均匀；掌骨可发现外生骨疣及骨端愈合。

血液学检查，血钙和血磷水平的测定无特殊临床意义，但严重时出现血钙含量下降，血清碱性磷酸酶及其同工酶水平的测定则可判定破骨性活动的程度。血清 PTH 含量显著升高。白细胞仅在分类上有变化，例如中性粒细胞百分数降低及淋巴细胞百分数增高。

【防治】

1. 调整日粮结构 主要是保持日粮钙、磷比例在（1～2）∶1 范围内，注意饲料搭配，减喂精料，特别减少麸皮和米糠等的饲喂，增加优质干草和青草。

2. 补充钙剂 石粉 100～200g，每日分两次混于饲料中给予患马。静脉注射 10% 葡萄糖酸钙溶液 200～500mL，每日 1 次，连用 7d。为促进钙盐沉着，维生素 D_3 10～15mL 分点肌内注射。也可静脉注射 10% 氯化钙溶液和 10% 水杨酸钠溶液（二者交替进行，即第一天为水杨酸钠，第二天为氯化钙，每日 1 次，每次 100～200mL），疗程为 7～10d。当发现马尿液由原来的透明茶黄色转变成浑浊的黄白色，表明药物（包括补充石粉）治疗奏效。对猪，可按上述 1/5 剂量用药。

第四节 异 食 癖

异食癖是指由于营养、环境和疾病等多种因素引起的以舔食、啃咬通常认为无营养价值而不应该采食的异物为特征的一种复杂的多种疾病的综合征。

各种家畜（禽）都可发生，且多发生在冬季和早春舍饲的动物。广义地说，像羔羊的食毛癖、猪的咬尾症、禽的啄癖和毛皮兽的自咬症等都属于异食癖的范畴。

【病因】

1. 营养 许多营养因素已被认为是引起异食癖的原因。硫、钠、铜、钴、锰、钙、铁、磷、镁等矿物质不足，特别是钠盐的不足是常见原因。通常有异食癖的家畜多喜舔食有碱味的物质。钠的缺乏可因饲料中钠不足，也可因饲料里钾盐过多，因为机体要排除过多的钾，必须同时增加钠的排出。绵羊和鸡的食毛癖、猪吃胎衣和胎儿以及鸡的啄肛癖，与硫及某些蛋白质、氨基酸的缺乏有关。某些维生素的缺乏，特别是 B 族维生素的缺乏，可导致体内的代谢机能紊乱而诱发异食癖。

2. 环境 饲养密度过大，光照过强，光色不适，动物（如猪、禽等）之间相互接触和冲突频繁，常易诱发恶癖而表现为异食癖。

3. 疾病 一些临床和亚临床疾病已被证明是异食癖的一个原因，如体内外寄生虫通过直接刺激或产生毒素而诱发异食癖。

【临床症状】异食癖一般多以消化不良开始，接着出现味觉异常和异食症状。患畜舔食、啃咬、吞咽被粪便污染的饲草或垫草，舔食墙壁、食槽，啃吃墙土、砖瓦块、煤渣、破布等物。患畜易惊恐，对外界刺激的敏感性增高，以后则迟钝。皮肤干燥，弹力减退，被毛松乱无光泽。拱腰、磨齿，天冷时畏寒而战栗。口腔干燥，开始多便秘，其后下痢，或便秘下痢交替出现。贫血，发生渐进性消瘦，食欲进一步恶化，甚至发生衰竭而死亡。

绵羊可发生食毛癖，主要发生在早春饲草青黄不接的时候，且多见于羔羊。

母猪有食胎衣、仔猪间互相啃咬尾巴、耳朵和腹侧的恶癖。当断奶后仔猪、架子猪相互啃咬对方耳朵、尾巴和鬃毛时，常可引起相互攻击和外伤。

鸡有食毛（羽）癖（可能是由于缺硫），啄趾癖、食卵癖（缺钙和蛋白质），啄肛癖等。一旦发生，在鸡群传播很快，可互相攻击和啄食，甚至对某只鸡可群起而攻之，造成伤亡。

幼驹特别是初生驹有采食母马粪的恶癖，特别是母马刚排出的有热气的新鲜粪便。采食马粪的幼驹，常引起肠阻塞，若不及时治疗，多数死亡。

异食癖多呈慢性经过，对早期和轻型的患畜，若能及时改善饲养管理，采取适当的治疗措施很快就会好转；否则病程拖得很长，可达数月，甚至1～2年，随饲养条件的变化，常呈周期性的好转与发病的交替变化，最后衰竭而死亡；也有以破布、毛发、马粪阻塞消化道，或尖锐异物使胃肠道穿孔而引起死亡的。

【防治】应根据动物不同生长阶段的营养需要，喂给全价配合饲料，当发现有异食癖时，可适当增加矿物质和复合维生素的添加量。此外，喂料要做到定时、定量，不喂发霉变质的饲料。有条件时，可根据饲料和土壤情况，缺什么补什么；对土壤中缺乏某种矿物质的牧场，要增施含该物质的肥料，并采取轮换放牧。有青草的季节多喂青草；无青草的季节要喂质量好的青干草、青贮料，补饲麦芽、酵母等富含维生素的饲料。

必须在病因学诊断的基础上，针对性地改善饲养管理，消除各种不良因素或应激原的刺激，如防止拥挤、加强通风、保持室温适度、调整光照、防止强光长时间照射，产蛋箱避开曝光处，饮水槽和料槽放置要合适，饲喂时间要安排合理，肉鸡和种禽在饲喂时要防止过饱。

第五节　牛产后血红蛋白尿病

牛产后血红蛋白尿病是牛由于磷缺乏而引起的一种营养代谢病，临床上以低磷酸盐血症、急性溶血性贫血和血红蛋白尿为特征。常发生于产后4d至4周的3～6胎高产乳牛，病死率高达50%。

【病因】主要是由于饲料中磷缺乏，加上母牛产奶量高磷排出量增加，血磷过低而引起的低磷酸盐血症；其次与饲喂某些植物饲料如甜菜块根和叶、青绿燕麦、多年生的黑麦草、埃及三叶草和苜蓿以及十字花科植物等有关，这些植物含有一种二甲基二硫化物，称为S-甲基半胱氨酸二亚砜（SMCO），能使红细胞中血红蛋白分子形成Heinz-Ehrlich小体，破坏红细胞引起血管内溶血性贫血；也可能与缺铜有关，铜为正常红细胞代谢所必需，由于产后大量泌乳，铜从体内大量丢失，当肝脏铜贮备空虚时，会发生巨细胞性低色素贫血；寒冷可能是重要的诱因，该病一般发生在冬季。

【发病机制】无机磷是红细胞无氧糖酵解过程中的一个必要因子，磷缺乏时，红细胞的无氧糖酵解则不能正常进行，作为无氧糖酵解正常产物的三磷酸腺苷及2,3-二磷酸甘油酸（2,3-DPG）都减少，而三磷酸腺苷在维持红细胞膜正常结构和功能上起着重要作用。三磷酸腺苷减少时，会造成红细胞膜通透性改变，红细胞发生变形、溶解。

【临床症状】

（1）红尿是本病的突出病征，甚至是初期的唯一病征。病牛尿液在最初1～3d内逐渐地由淡红、红色、暗红色，直至紫红色和棕褐色，然后随症状减轻至痊愈时，又逐渐地由深而变淡，直至无色。

（2）排尿次数增加，但每次排尿量相对减少。

（3）伴随疾病的发展，贫血程度加剧，病牛食欲下降，可视黏膜及皮肤（乳房、乳头、股内侧和腋下）变为淡红色或苍白色，黄染。

（4）呼吸次数增加，脉搏增数，心搏动加快加强，颈静脉怒张及明显的颈静脉搏动。

（5）心脏听诊，偶尔发现贫血性杂音，血液稀薄、凝固性降低，血清呈樱桃红色。

（6）病牛都表现低磷酸盐血症。

【诊断】依据病史和临床特征性症状，如红尿及可视黏膜苍白黄染，结合低磷酸盐血症和磷制剂治疗有效即可做出确诊。红尿是牛血红蛋白尿病的重要特征之一，但红尿也见于血尿性疾病，因此应对血红蛋白尿和血尿做出鉴别诊断。另外，牛的血红蛋白尿还可由其他溶血疾病所致，例如细菌性血红蛋白尿病、巴贝斯虫病、钩端螺旋体病、慢性铜中毒、某些药物性红尿（吩噻嗪、大黄等）、洋葱中毒等，都应一一排除。

【防治】本病的治疗原则是消除病因和纠正低磷酸盐血症。常用的磷制剂主要是20%磷酸二氢钠，每头300～500mL，静脉注射，12h后重复使用一次，一般在注射1～2次后红尿消失，重症病例可连续治疗2～3次。也可静脉注射3%次磷酸钙1 000mL，但切勿用磷酸氢二钠、磷酸二氢钾和磷酸氢二钾等。同时应补充含磷丰富的饲料，如豆饼、花生饼、麸皮、米糠和骨粉，效果良好。口服骨粉，每次120g，每天2次。此外要注意适当补充造血物质，如叶酸、铜、铁和维生素B₁₂等。维持血容量和保证能量供应，常应用复方生理盐水、5%葡萄糖、葡萄糖生理盐水注射液等，剂量为5 000～8 000mL。

第六节　母牛倒地不起综合征

母牛倒地不起综合征是泌乳奶牛产前或产后发生的一种以"倒地不起"为特征的临床综合征，又称"爬行母牛综合征"。它不是一种独立的疾病，而是多种疾病的共有表现。大部分病例与生产瘫痪同时发生。广义地认为，凡是经两次或多次钙剂治疗无反应或反应不完全的倒地不起母牛，都可归属在这一综合征范畴内。

【病因】

1. 代谢性病因　矿物质代谢紊乱，尤其是低磷酸盐血症、低钾血症或低镁血症等代谢紊乱与该综合征有密切的关系。有些病牛按照生产瘫痪治疗，对精神抑制和昏迷状态的情况已有所改善，但依然爬不起来，这样的病例有可能是低磷酸盐血症。有些母牛经钙剂治疗后，精神抑制和昏迷状态不仅消失，且变得比较机敏，甚至开始有食欲，但依然爬不起来，这种爬不起来似乎由于肌肉无力引起，因此可能伴有低钾血症。若爬不起来还伴有搐搦、感觉过敏、心搏动过速和冲击性心音，则可能伴有低镁血症，此时在钙剂治疗中加入镁剂可以证实诊断。

2. 产科性原因 胎儿过大、产道开张不全或助产粗鲁等，损伤了产道及周围神经，犊牛产出后，母牛发生卧地不起。此外，脓毒性子宫炎、乳腺炎、胎盘滞留、闭孔神经麻痹都可能与本病的发生有关。

3. 外伤性原因 主要指骨骼、神经、肌肉、韧带、关节周围组织损伤及关节脱臼，如因产房地面太滑，在分娩、起卧或行走时失去平衡不慎跌倒，可引起后躯肌肉、韧带和神经损伤，甚至造成骨折（如骨盆、椎体、四肢等的骨折）、关节脱臼等，可导致倒地不起。

4. 其他原因 某些重剧疾病，如肾机能衰竭、中枢疾患等也可引起病牛卧地不起。肾脏血浆流动率和灌注率降低而同时存在心脏扩张和低血压，是分娩时出现的一种循环危象，会促使瘫痪发生。高产乳牛的乳房血流大增，会给循环系统带来威胁。有些卧倒爬不起的母牛，伴有肾脏疾病并呈现蛋白尿或尿毒症。

【临床症状】倒地不起常发生于产犊过程或产犊后 48h 内。饮食欲正常或减退，体温正常或稍有升高，但心率增加到 80～100 次/min，脉搏细弱。严重病例则呈现感觉过敏，并且在倒地不起时呈现某种程度的四肢搐搦、食欲消失。

大多数病例呈低钙血症、低磷酸盐血症、低钾血症、低镁血症。血糖浓度正常，血清肌酸磷酸激酶（CK）和天门冬氨酸氨基转移酶（AST）活性在躺卧 18～20h 后即可明显升高，并可持续数天。有的病牛表现中度的酮尿症、蛋白尿，也可在尿中出现一些透明圆柱和颗粒圆柱。有些病牛见有低血压和心电图异常。

【防治】在消除病因的基础上，采取对症治疗，特别应防止肌肉损伤和褥疮形成，可适当给予垫草及定期翻身，或在可能情况下人工辅助站起，经常投予饲料和饮水。

静脉补液和对症治疗，有助病牛的康复。当怀疑伴有低磷酸盐血症时，可用 20％磷酸二氢钠溶液 300～500mL 静脉注射。当怀疑低镁血症时，可静脉注射 25％硼葡萄糖酸镁溶液 400mL。当怀疑为低钾血症时，可将 10％氯化钾溶液 80～150mL 加入 2 000～3 000mL 葡萄糖生理盐水溶液中做静脉注射，静脉注射钾剂时要注意控制剂量和速度。还可应用皮质醇、兴奋剂、B 族维生素、维生素 E 和硒等药物和对症治疗。

第七节　笼养蛋鸡疲劳综合征

笼养蛋鸡疲劳综合征又称骨质疏松症，是集约化笼养蛋鸡生产中常见的一种营养代谢性疾病，主要表现为无力站立，移动困难，骨质疏松，骨骼变形、变脆以及蛋壳质量变差。该病主要发生在母鸡，尤其是在产蛋高峰期发生，发病率 2％～20％。

【病因】

1. 饲料中钙缺乏 饲料中钙的添加太晚，已经开产的鸡体内钙不能满足产蛋的需要，导致机体缺钙而发病。

2. 过早使用蛋鸡料 由于过高的钙影响甲状旁腺的机能，使其不能正常调节钙、磷代谢，导致鸡在开产后对钙的利用率降低。

3. 钙、磷比例不当 钙、磷比例失当时，影响钙吸收与在骨骼的沉积。

4. 维生素 D 缺乏 产蛋鸡缺乏维生素 D 时，肠道对钙、磷的吸收减少，血液中钙、磷浓度下降，钙、磷不能在骨骼中沉积。

5. 缺乏运动 如育雏、育成期笼养或上笼早，笼内密度过大。

6. 光照不足 由于缺乏光照，使鸡体内的维生素D含量减少。

7. 应激反应 高温、严寒、疾病、噪声、不合理的用药、光照和饲料突然改变等应激均可成为本病的诱因。

【发病机制】与人和哺乳动物不同的是，成年蛋鸡的骨骼主要以结构性骨和髓质骨两种形式存在。结构性骨包括皮质骨和网质骨。皮质骨对机体主要起支撑作用，决定骨骼的强度。髓质骨主要存在于腿骨，在蛋鸡性成熟前发育而成，为禽类的特有结构，与产蛋密切相关。髓质骨为机体的主要钙库，为蛋壳钙的主要来源。髓质骨与皮质骨的形成与吸收呈动态平衡过程。日粮中的钙被吸收后，一部分钙沉积于皮质骨和网质骨，一部分通过皮质骨、网质骨转化形成髓质骨而被储存。

蛋鸡性成熟后，雌激素的水平显著升高，抑制了结构性骨的形成，促进了髓质骨的形成。髓质骨的大量形成导致结构性骨的大量丢失，皮质骨厚度减少，骨强度下降，这是发病的基础因素。由于病因的作用使血钙下降，结构性骨形成进一步下降，骨吸收增加，进而引起病的发生。同时，钙和维生素D缺乏会引起甲状旁腺机能亢进，后者分泌过多可导致骨转换和骨吸收增加，进一步促进了病的发生。

【临床症状】发病初期产软壳蛋、薄壳蛋，鸡蛋的破损率增加，产蛋数量下降，但食欲、精神、羽毛均无明显变化。之后病鸡出现站立困难、爪弯曲、运动失调，躺卧、侧卧，麻痹，两肢伸直，骨骼变形，胸骨凹陷，肋骨易断裂，瘫痪。

剖检可见，血液凝固不良，翅骨、腿骨易碎，喙、爪、龙骨变软，胸骨、肋骨均易弯曲，肋骨和胸骨接合处形成串珠状，股骨和胫骨自发性骨折。

正常产蛋鸡的血钙水平为 $19\sim22mg/dL$，病鸡的血钙水平往往降至 $9mg/dL$ 以下，同群无症状鸡往往也低于正常值。血清碱性磷酸酶活性升高。

【诊断】依据病史和临床特征性症状，如产软壳蛋、薄壳蛋，病鸡出现站立困难、爪弯曲、运动失调，躺卧，血钙水平下降，血清碱性磷酸酶活性升高即可做出诊断。

【防治】防治原则是加强运动和光照，按饲养标准及时补充钙磷。

改善饲养环境，敞养，加强光照，保证全价营养和科学管理，使育成鸡性成熟时达到最佳的体重和体况。

改善饲料配方，补钙或调整钙、磷比例，在蛋鸡开产前 $2\sim4$ 周饲喂含钙 $2\%\sim3\%$ 的专用预开产饲料，当产蛋率达到 1% 时，及时换用产蛋鸡饲料，笼养高产蛋鸡饲料中钙的含量不要低于 3.5%，并保证适宜的钙、磷比例。给蛋鸡提供粗颗粒石粉或贝壳粉，粗颗粒钙源可占总钙的 $1/3\sim2/3$。钙源颗粒大于 $0.75mm$，既可以提高钙的利用率，还可避免饲料中钙质分级沉淀。炎热季节，每天下午按饲料消耗量的 1% 左右将粗颗粒钙均匀撒在饲槽中，既能提供足够的钙源，还能刺激鸡群的食欲，增加进食量。

适当补充维生素D，平时要做好血钙的监测，当发现产软壳蛋时就应做血钙的检查。

将症状较轻的病鸡挑出，单独喂养，补充骨粒或粗颗粒碳酸钙，一般 $3\sim5d$ 可治愈。有些停产的病鸡在单独喂养，保证其能吃料饮水的情况下，一般不超过1周即可自行恢复。同群鸡饲料中添加 $2\%\sim3\%$ 粗颗粒碳酸钙，每千克饲料添加 2 000IU 维生素 D_3，经 $2\sim3$ 周，鸡群的血钙就可上升到正常水平，发病率明显减少。钙耗尽的母鸡腿骨在3周后可完全再钙化。粗颗粒碳酸钙及维生素 D_3 的补充需持续1个月左右。如果病情发现较晚，一般 20d 左右才能康复，个别病情严重的瘫痪病鸡可能会死亡。

第八节　青草搐搦

青草搐搦是反刍动物采食幼嫩的牧草后而突然发生的一种高度致死性疾病，又称青草蹒跚。临床上以兴奋不安、强直性和阵发性肌肉痉挛、搐搦、呼吸困难和发生急性死亡为特征。临床病理学以血镁浓度下降，常伴有血钙浓度下降为特点。

【病因】本病的发生与血镁浓度降低有直接的联系，而血镁浓度降低与牧草镁含量缺乏或存在干扰镁吸收的成分又直接相关。其主要病因有：

（1）牧草镁含量不足，低镁的牧草主要来自低镁的土壤，如酸性岩。此外，土壤 pH 太低或太高也影响植物对镁吸收的能力。大量施用钾肥或氮肥的土壤，植物含镁量低。

（2）镁吸收减少，有些低镁血症牛所采食的牧草中镁的含量并不低，甚至高于正常需要量，但因其利用率较低，也可导致本病的发生。饲料中钾含量高，可竞争性抑制肠道对镁离子的吸收，促进镁和钙的排泄，导致低镁血症的产生。偏重施用氮肥的牧场，饲料中氮含量过高，瘤胃内产生多量的氨，与磷、镁形成不溶性磷酸铵镁，阻碍镁的吸收。

（3）饲料中过多供给长链脂肪酸，与镁产生皂化反应，也可影响镁的吸收。

（4）饲料中硫酸盐、碳酸盐、柠檬酸盐、锰、钠、钙等含量过高，以及内分泌紊乱和消化道疾病都会影响镁的吸收。

【临床症状】

1. 急性型　病畜突然停止采食，惊恐不安，耳朵煽动，甩头、呻叫，肌肉震颤，有的出现盲目急走或狂奔乱跑。行走时步态跟跄，前肢高抬，四肢僵硬，易跌倒。倒地后，全身肌肉强直，口吐白沫，牙关紧闭，咬齿，眼球震颤，瞳孔散大，瞬膜外露，其间有阵挛。脉搏可达 150 次/min，心悸，心音强盛，甚至在 1m 之外都能听到亢进的心音。体温升高达 40.5℃，呼吸加快。这种类型的病牛多因来不及救治，很快死亡。

2. 亚急性型　病程 3～5d，病畜食欲减退或废绝，泌乳牛产奶量下降，病牛常保持站立姿势，频频排粪、排尿，头颈回缩，频频眨眼，对声响敏感，受到剧烈刺激时可引起惊厥。行走时步样强拘，肌肉震颤，后肢和尾僵直。重症病例有攻击人的行为。慢性型病畜呆滞，反应迟钝，食欲减退，泌乳减少。经数周后，呈现步态强拘，后躯跟跄，头部，尤其是上唇、腹部及四肢肌肉震颤，感觉过敏，施以微弱的刺激亦可引起强烈的反应。后期感觉丧失，陷入瘫痪状态。

【防治】成年牛静脉缓慢注射 25% 硫酸镁 50～100mL，及含 4% 氯化镁的 25% 葡萄糖 100～150mL。也可将硼葡萄糖酸钙 250g、硫酸镁 50g 加蒸馏水 1 000mL，制成注射液，牛 400～800mL 静脉注射。绵羊和犊牛的用量为成年牛的 1/10 和 1/7。一般在注射后 6h 血清镁即恢复至注射前的水平。或在饲料中加入氯化镁 50g，连喂 4～7d。狂躁不安时，可给予镇静药后再进行其他药物治疗。

第九节　低钾血症

低钾血症是指血液中 K^+ 浓度降低所引起的一类电解质代谢紊乱性疾病。血清钾降低并不一定表示体内缺钾，只能表示细胞外液中钾的浓度降低；而全身缺钾时，血清钾不一定降低。故临床上应结合病史和临床表现分析判断。

【病因】

1. 钾摄入减少 一般饮食含钾都比较丰富，故只要能正常进食，机体就不致缺钾。消化道梗阻、昏迷、手术后较长时间禁食可导致缺钾。

2. 钾排出过多 ①经胃肠道失钾，常见于严重腹泻、呕吐等伴有大量消化液丧失的动物。②经肾失钾，如利尿药的长期连续使用或用量过多、某些肾脏疾病、肾上腺皮质激素过多、碱中毒等。③经皮肤失钾，如在高温环境中进行重度使役时，大量出汗亦可导致钾的丧失。

3. 细胞外钾向细胞内转移 细胞外钾向细胞内转移时，可发生低钾血症，但机体的含钾总量并不因此减少。

【临床症状】临床表现取决于低血钾发生的速度、病程长短以及病因。一般表现为精神沉郁、嗜睡，肌无力、瘫痪，也可出现痛性痉挛、四肢抽搐，吞咽困难。当呼吸肌受累时则出现呼吸困难。对消化系统的影响，轻者仅有食欲不振、轻度腹胀和便秘，严重低血钾通过植物性神经引起肠麻痹而发生腹胀或麻痹性肠梗阻。对于心血管系统，轻度缺钾多表现为窦性心动过速、房性或室性早搏；重者可导致严重的心律失常，并引起末梢血管扩张、血压降低。对泌尿系统，长期缺钾可引起缺钾性肾病和肾功能障碍，尿浓缩功能减退，出现多尿。急性低血钾不影响尿浓缩功能。低血钾还能引起肾小管上皮细胞 NH_3 生成增加，从而引起代谢性碱中毒。其可能原因是在低血钾时，胞内 K^+ 外流，H^+ 进入细胞内，造成细胞内酸中毒，进而刺激 NH_3 生成和 H^+ 分泌。低血钾还能促进 HCO_3^- 重吸收增加，加重代谢性碱中毒。由于在低血钾时肾脏排 Na^+ 减少，所以输注盐水可引起血 Na^+ 升高，导致 Na^+ 潴留和水肿。

【防治】轻者可灌服 KCl，缺钾较重者或出现严重的心律失常和神经肌肉症状者可静脉补 K^+。因病畜多合并发生代谢性碱中毒，故以补 KCl 最好，用等渗生理盐水或 5％葡萄糖液稀释至 $30 \sim 40mmol/L$，补液速度不宜太快。对顽固性不易纠正的低血钾，应考虑合并有低镁血症，应同时补充镁制剂。由于缺钾主要是细胞内缺钾，故有时需连续补充数日，血钾才能升高到正常范围。补钾时应注意尿量，如尿少，补钾应慎重，以免引起高血钾。

第十一单元 维生素与微量元素缺乏症★★★★

第一节 维生素 A 缺乏症

维生素 A 缺乏症是由维生素 A 或其前体胡萝卜素缺乏或不足所引起的一种营养代谢疾病，临床上以生长缓慢、上皮角化、夜盲症、繁殖机能障碍以及机体免疫力低下等为特征。本病常见于犊牛、仔猪、仔犬和幼禽，其他动物亦可发生。

【病因】饲料中维生素 A 或胡萝卜素长期缺乏或不足是原发性（外源性）病因。在棉籽、亚麻籽、萝卜、干豆、干谷、马铃薯、甜菜根及其谷类加工副产品（麦麸、米糠、粕饼等）中，几乎不含胡萝卜素。饲料收割、加工、贮存不当，如有氧条件下长时间高温处理或烈日暴晒饲料，以及存放过久、陈旧变质，使其中胡萝卜素受到破坏。干旱年份，植物中胡萝卜素含量低下。幼龄动物，尤其是犊牛和仔猪于 3 周龄前，不能从饲料中摄取胡萝卜素，易引起维生素 A 缺乏。

动物机体对维生素 A 或胡萝卜素的吸收、转化、贮存、利用发生障碍，是内源性（继发性）病因。动物罹患胃肠道或肝脏疾病致维生素 A 的吸收障碍，胡萝卜素的转化受阻，储存能力下降。饲料中缺乏脂肪，会影响维生素 A 或胡萝卜素在肠中的溶解和吸收。蛋白质缺乏，会使肠黏膜的酶类失去活性，影响运输维生素 A 的载体蛋白的形成。此外，矿物质（无机磷）、维生素（维生素 C、维生素 E）、微量元素（钴、锰）缺乏或不足，都能影响体内胡萝卜素的转化和维生素 A 的贮存。

动物机体对维生素 A 的需要量增多，可引起维生素 A 相对缺乏。妊娠和哺乳期母畜以及生长发育快速的幼畜，对维生素 A 的需要量增加；长期腹泻，罹患热性疾病的动物，维生素 A 的排出和消耗增多。

此外，饲养管理条件不良，畜舍污秽不洁、寒冷、潮湿、通风不良，过度拥挤，缺乏运动以及阳光照射不足等因素都可诱导发病。

【发病机制】维生素 A 是保持动物生长发育、正常视力和骨骼、上皮组织的正常生理功能所必需的一种营养物质。维生素 A 缺乏可导致动物机体一系列病理损害。

维生素 A 在维持动物的视觉，特别是暗适应能力方面起着极其重要的作用。正常动物视网膜中的维生素 A，在酶的作用下氧化，转变为视黄醛。牛和禽类的视网膜视细胞外段几乎都是视色素，其生色基团部分是视黄醛，蛋白质部分是视杆细胞视蛋白（牛）或视锥细胞视蛋白（禽类），而视色素部分是视紫红质（牛）或视紫蓝质（禽类）。视细胞是一种暗光感受器，其中含有调节暗适应的感光物质——视色素。在强光时，视色素分解为视黄醛和视蛋白，在弱光时呈逆反应，再合成视色素。当维生素 A 缺乏或不足时，视黄醛的量势必减少，视紫红质或视紫蓝质的合成作用受到抑制，因而引起动物在阴暗的光线中呈现视力减弱及夜盲。

维生素 A 缺乏导致所有上皮细胞萎缩，特别是具有分泌和覆盖机能的上皮组织、皮肤、泪腺、呼吸、消化道及泌尿生殖器官上皮细胞，逐渐被层叠的角化上皮细胞代替，由于角化过度而丧失其分泌和覆盖作用。眼结膜上皮细胞角化，泪腺管被脱落的变性上皮细胞阻塞，分泌减少甚至停止，呈现眼干燥（干眼病）。进而引起角膜浑浊、溃疡、软化（角膜软化），继则发生全眼球炎。呼吸道上皮角化时可引起呼吸道感染。消化道上皮角化时可引起牛犊和仔猪的腹泻。尿道上皮角化是诱发公畜尿结石的重要原因之一。生殖道上皮角化时可引起生殖机能下降，胚胎生长发育受阻，胎儿成形不全或先天性缺损，尤以脑和眼的损害最为多见。公畜精子生成减少，母畜受胎率下降。皮肤上皮角化时可引起皮脂腺和汗腺萎缩，皮肤干燥、脱屑，出现皮炎或皮疹，被毛蓬乱，缺乏光泽，脱毛、秃毛，蹄表干燥。

维生素 A 缺乏时，成骨细胞活性增高，成骨细胞及破骨细胞正常位置发生改变，软骨的生长和骨骼的精细造型受到影响。由于颅骨变形致颅腔狭小，颅腔脑组织过度拥挤，导致脑扭转和脑疝，脑脊液压力增高，随后出现视乳头水肿、共济失调和昏厥等特征性神经症状。由于脑神经受压、扭转和拉长，小脑进入枕骨大孔，引起机能减退和共济失调。脊索进入椎间孔，引起神经根损伤，并出现与个别外周神经有关的局部性症状。病的后期，由于面神经麻痹和视神经萎缩，引起典型的目盲现象。

维生素 A 缺乏会引起蛋白质合成减少，矿物质利用受阻，肝内糖原、磷脂、脂质合成减少，内分泌（甲状腺、肾上腺）机能紊乱，抗坏血酸、叶酸合成障碍，导致动物生长发育受阻，生产性能下降。

【临床症状】

1. 生长发育缓慢　食欲不振，消化不良。幼畜生长缓慢，发育不良，增重低下，成畜营养不良，衰弱乏力，生产性能低下。

2. 视力障碍　夜盲症是早期症状（猪除外）之一。特别在犊牛，当其他症状都不甚明显时，早晨、傍晚或月夜中光线朦胧时，盲目前进，行动迟缓，碰撞障碍物。所谓"干眼病"，是指角膜增厚及云雾状形成，见于犬和犊牛。成年鸡严重缺乏维生素 A 时，鼻孔和眼可见水样排出物，上、下眼睑往往被黏着在一起，进而眼睛中有乳白色干酪样物质积聚，最后角膜软化，眼球下陷，甚至穿孔，在许多病例中出现失明。雏鸡急性维生素 A 缺乏时，可出现眼眶水肿，流泪，眼睑下有干酪样分泌物。

3. 皮肤病变　患病动物的皮脂腺和汗腺萎缩，皮肤干燥；被毛蓬乱、无光泽，掉毛、秃毛，蹄表干燥。牛的皮肤有麸皮样痂块。小鸡喙和小腿皮肤的黄色（来航鸡）消失。

4. 繁殖力下降　公畜精小管生殖上皮变性，精子活力降低，青年公牛睾丸显著地缩小。母畜发情扰乱，受胎率下降。胎儿吸收、流产、早产、死产，所产仔畜活力低下，体质孱弱，易死亡。胎儿发育不全，先天性缺陷或畸形。产蛋鸡产蛋率急剧下降。

5. 神经症状　如由于颅内压增高引起的脑病，视神经管缩小引起的目盲，以及外周神经根损伤引起的骨骼肌麻痹。由于骨骼肌麻痹而呈现运动失调，猪和犊牛还可引起面部麻痹、头部转位和脊柱弯曲。至于脑脊液压力增高而引起的脑病，通常见于犊牛、仔猪和马驹，呈现强直性和阵发性惊厥及感觉过敏的特征。

6. 抗病力低下　由于黏膜上皮角化，腺体萎缩，极易继发鼻炎、支气管炎、肺炎、胃肠炎等疾病，或因抵抗力下降而继发感染某些传染病。

【诊断】根据饲养管理情况、病史和临床特征可做出初步诊断。确诊须参考病理损害特征、临床病理学变化、脑脊液压变化和治疗效果。

【防治】日粮中应有足量的青绿饲料、优质干草、胡萝卜和块根类及黄玉米，必要时应给予鱼肝油或维生素 A 添加剂。饲料不宜储存过久，以免胡萝卜素破坏而降低维生素 A 效应，也不宜过早地将维生素 A 掺入饲料中做储备饲料，以免氧化破坏。舍饲期动物，冬季应保证舍外运动，夏季应进行放牧，以获得充足的维生素 A。

对患维生素 A 缺乏症的动物，首先应查明病因，积极治疗原发病，同时改善饲养管理条件，加强护理。其次要调整日粮组成，增补以富含维生素 A 和胡萝卜素的饲料，优质青草或干草、胡萝卜、青贮料、黄玉米，也可补给鱼肝油。

治疗可用维生素 A 制剂和富含维生素 A 的鱼肝油。维生素 AD 滴剂：马、牛 5～10mL，犊牛、猪、羊 2～4mL，仔猪、羔羊 0.5～1mL 内服。浓缩维生素 A 油剂：马、牛 15 万～30 万 IU；猪、羊、犊牛 5 万～10 万 IU；仔猪、羔羊 2 万～3 万 IU 内服或肌内注射，每日 1 次。维生素 A 胶丸：马、牛每千克体重 500IU；猪、羊每头每只 2.5 万～5 万 IU，内服。鱼肝油内服，马、牛 20～60mL，猪、羊 10～30mL，驹、犊 1～2mL，仔猪、羔羊 0.5～2mL，禽 0.2～1mL。禽类饲料中补加维生素 A，雏鸡按每千克饲料添加 1 200IU，蛋鸡按 2 000IU 计算。

维生素 A 剂量过大或应用时间过长会引起中毒，应用时应予注意。

第二节　维生素 K 缺乏症

维生素 K 缺乏症是由维生素 K 缺乏或不足所引起的一种以出血性素质为特征的营养缺乏病。在自然界中有两种维生素 K（维生素 K_1 和维生素 K_2），人工合成的维生素 K 包括维生素 K_3 和维生素 K_4。维生素 K_1 存在于绿色植物中，特别是苜蓿和青草中含量最丰富，黄豆油中也含有维生素 K_1。维生素 K_2 是由畜、禽消化道中微生物合成的。

【病因】家畜和家禽极少会发生维生素 K 缺乏症，只有畜禽长期笼养而青饲料供应不足时才会出现原发性病例。条件性缺乏病例见于下列情况：

1. 饲料中含有拮抗维生素 K 的物质　如牛的草木樨中毒就是由于草木樨中含有一种双香豆素成分，其结构与维生素 K 十分相似，在体内与维生素 K 竞争性抑制，妨碍了维生素 K 的作用，引起全身性出血。此外，霉菌毒素、水杨酸等也是拮抗维生素 K 的物质。

2. 肠道微生物合成维生素 K 的能力受到抑制　如长期大量使用广谱抗生素。

3. 肠道吸收维生素 K 的能力下降　如胆汁分泌不足、鸡球虫病、长期服用矿物油等。

【发病机制】维生素 K 具有促进肝脏合成凝血酶原的作用，而凝血酶原是参与凝血过程的一个重要成分。维生素 K 还调节另外三种凝血因子（Ⅶ、Ⅸ及Ⅹ）的合成。故当维生素 K 缺乏时，凝血时间显著延长，当对缺乏病的动物施行外科手术或发生创伤时，常遇到血管出血不止的现象。

【临床症状】仔猪试验性产生的维生素 K 缺乏病，表现为感觉过敏，贫血，厌食，衰弱和凝血时间显著延长；病犬出现皮下紫色血斑，呼吸困难，精神委顿，发抖，蜷缩，可视黏膜发绀，体温 37.2℃。

在小鸡，当饲料中缺乏维生素 K 达 2～3 周后才出现症状，表现胸脯、腿和翅、腹腔等部位大量的出血。当饲料和饮水中含有磺胺喹噁啉时会增加本病的发生率和严重程度。雏鸡由于出血、骨髓发育不全而引起贫血。种禽日粮中缺乏维生素 K 时，可引起种蛋孵化死胚现象严重，死亡的胚胎表现出血。

【防治】预防应注意不间断地保证青绿饲料的供给；控制磺胺和广谱抗生素的使用时间及用量，及时治疗胃肠道及肝胆疾病，对长期伴有消化紊乱的反刍兽和笼养家禽，应在日粮中适当补充维生素 K。

可应用维生素 K_3 治疗，剂量在猪每天 10～30mg，鸡每天 0.5～2.0mg，肌内注射；或按每千克饲料中添加 3～8mg。当应用维生素 K_3 治疗时，最好同时给予钙剂。对吸收障碍的病例，在口服维生素 K 制剂时，须同时服用胆盐。

第三节 B族维生素缺乏症

B族维生素包括维生素B_1、维生素B_2、维生素B_3（烟酸）、维生素B_5（泛酸）、维生素B_6、维生素B_{11}（叶酸）、维生素B_{12}（钴胺素）、维生素H（生物素）和胆碱等10多种水溶性维生素（临床上主要有维生素B_1、维生素B_2、维生素B_6和胆碱等会引起缺乏症）。它们是有着不同结构的化合物，作为酶的辅酶而参与动物体内物质代谢。它们协同作用，调节新陈代谢，维持皮肤和肌肉的健康，增进免疫系统和神经系统的功能，促进细胞生长和分裂（包括促进红细胞的产生，预防贫血发生）。一旦缺乏某一种，会引起某一种机能发生障碍，发病时常呈综合症状。B族维生素来源广泛，除玉米缺乏烟酸外，一般饲粮中不会缺乏，但因易氧化破坏，常出现缺乏症。多发生于猪、鸡及宠物。

B族维生素缺乏症

【病因】主要有长期饲喂缺乏B族维生素的饲料与食物；妨碍其吸收或破坏B族维生素的合成（胃肠疾病，如腹泻、炎症等影响B族维生素的吸收；肝脏疾病，则影响转化、造成利用障碍）；动物发育过快，消耗B族维生素增多，需要量增加而致相对缺乏。

【临床特点】B族维生素缺乏症的共同症状是消化机能障碍、消瘦、毛乱无光、少毛、脱毛、皮炎、跛脚、神经症状、运动机能失调。蛋鸡产蛋率减少，雏鸡、肉鸡生长缓慢。

1. 维生素B_1缺乏症 主要表现为食欲下降、生长受阻、多发性神经炎等。多发生于禽类和宠物。

（1）禽类 成年鸡饲喂维生素B_1缺乏的日粮，多在3周后发病，出现多发性神经炎，主要表现进行性肌肉麻痹症状。开始发生于趾部屈肌，继则波及腿、翅和颈部伸肌，以致双腿不能站立。病至后期出现强直性痉挛，一般经1～2周后衰竭死亡。雏鸡多在维生素B_1缺乏2周内发病，也呈多发性神经炎症状，发病突然。病鸡双腿挛缩于腹下，躯体压在腿上，由于颈前肌肉麻痹，头颈后仰而呈所谓"观星姿势"，又称"观星症"。最后倒地不起，体温可降低至36℃以下。

（2）犬、猫 主要表现为食欲不振、呕吐、脱水，伴发多发性神经炎，心脏衰竭，惊厥，共济失调，麻痹，虚脱乃至死亡。

2. 维生素B_2缺乏症 多发于禽和猪。病畜初期一般呈现精神不振、食欲减退、生长发育缓慢。皮肤增厚、脱屑、发炎，被毛粗糙，局部脱毛乃至秃毛。继则出现神经症状，共济失调、痉挛、麻痹、瘫痪，以及消化不良、呕吐、腹泻、脱水、心脏衰弱，最后死亡。

（1）禽 表现为生长缓慢、衰弱、消瘦，但食欲良好。在1～2周之间发生腹泻，不能走路。病雏的特征性症状是趾爪向内蜷曲，又称"趾爪蜷曲症"。强制驱赶时以跗关节着地而爬行，翅膀展开以维持体躯平衡，腿部的肌肉萎缩并松弛，皮肤干而粗糙。在严重缺乏的雏鸡，坐骨神经和臂神经表现出明显的肿胀与松软；蛋鸡表现为产蛋量下降，蛋白稀薄，孵化率低下。

（2）猪 表现为生长缓慢，皮肤粗糙呈鳞状脱屑或脂溢性皮炎，鬃毛脱落；眼睑肿胀，结膜充血，角膜、晶体浑浊，乃至失明；步态强拘乃至四肢轻瘫；妊娠母猪流产、早产或不孕，所产仔猪孱弱，皮肤秃毛，伴随皮炎、结膜炎等。

3. 维生素B_6缺乏症 是指由于动物体内吡哆醇、吡哆醛或吡哆胺缺乏或不足所引起的以生长缓慢、皮炎、癫痫样抽搐、贫血为特征的一种营养代谢病，不同动物的临床症状各有差异。

（1）禽 雏禽维生素B_6缺乏时表现为食欲下降，生长缓慢，皮炎，贫血，惊厥，颤抖，不随意运动，病禽腰背塌陷，腰痉挛。产蛋鸡产蛋率和孵化率均下降，羽毛发育受阻，痉挛，跛行。

（2）猪　表现为食欲下降，小红细胞低色素性贫血，癫痫样抽搐，共济失调，呕吐，腹泻，被毛粗乱，皮肤结痂，眼周围有黄色分泌物。病理变化为皮下水肿，脂肪肝，外周神经脱髓鞘。

（3）犬、猫　表现为小细胞低色素性贫血，血液中铁浓度升高，含铁血黄素沉着。

4. 胆碱缺乏症　病畜精神不振，食欲减退，生长发育缓慢，衰弱乏力，关节肿胀，屈曲不全，骨短粗，共济失调，皮肤黏膜苍白，消化不良。体内胆碱缺乏可引起脂肪代谢障碍，脂肪在肝细胞和肾组织中大量沉积，引起肝（肾）脂肪变性（脂肪肝、脂肪肾），以及消化和代谢机能障碍，生长发育缓慢等。

【防治】为防治本病，应注意保持日粮组成的全价性，供给富含 B 族维生素的饲料。在大型饲养场，在用干料饲喂时，目前普遍采取补充复合维生素 B 添加剂的方法。

第四节　硒和维生素 E 缺乏症

硒和维生素 E 缺乏症

硒和维生素 E 缺乏症主要是由于体内微量元素硒和维生素 E 缺乏或不足而引起的一种营养缺乏病。临床上以猝死、跛行、腹泻和渗出性素质等为特征，病理学上以骨骼肌、心肌、肝脏和胰腺等组织变性、坏死为特征。本病可发生于各种动物，以仔畜为多见。

【病因】饲料（草）中硒和（或）维生素 E 含量不足是本病发生的直接原因。当饲料硒含量低于 0.05mg/kg 以下，或饲料加工贮存不当，其中的氧化酶破坏维生素 E 时，就出现硒和维生素 E 缺乏症。饲料中的硒来源于土壤硒，因此土壤低硒是硒缺乏症的根本原因。

饲料中含有大量不饱和脂肪酸，可促进维生素 E 的氧化，如鱼粉、猪油、亚麻油、豆油等作为添加剂掺入日粮中，可产生过氧化物，促进维生素 E 氧化，引起维生素 E 缺乏。

生长快的动物对硒和维生素 E 的需要量增加，容易引起发病。

【发病机制】动物机体在代谢过程中能产生一些使细胞和亚细胞脂质膜受到破坏的内源性过氧化物——有机过氧化物（POOH）、无机过氧化物（H_2O_2），而硒是 GSH-Px 活性中心，硒通过 GSH-Px 具有清除体内产生的过氧化物和某些自由基、保护细胞膜的作用；而维生素 E 能抑制不饱和脂肪酸的脂质过氧化。上述二者协同作用，共同使细胞膜免受过氧化物和自由基等的损害，防止疾病的发生。

【临床症状】共同症状包括：骨骼肌疾病所致的姿势异常及运动功能障碍；顽固性腹泻或下痢为主的消化功能紊乱；心肌病造成的心率加快、心律不齐及心功能不全；神经机能紊乱，以雏禽维生素 E 缺乏引起的脑软化所致明显的神经症状；繁殖机能障碍，公畜精液不良，母畜受胎率低下甚至不孕，孕畜流产、早产、死胎，产后胎衣不下，泌乳母畜产乳量减少，禽类产蛋量下降，蛋的孵化率低下。不同畜禽各有其特征性的临床表现。

牛：营养性肌营养不良，胎衣滞留。

羊：营养性肌营养不良，硒应答性疾病（健康不佳、繁殖率低）。

猪：桑葚心，肝营养不良，肌营养不良，渗出性素质，贫血。

马：营养性肌营养不良，幼驹腹泻，肌红蛋白尿。

禽：渗出性素质，胰腺纤维化，肌营养不良，脑软化，肌胃变性。

【诊断】根据基本症状群（幼龄，群发性），结合临床症状（运动障碍，心脏衰竭，渗出性素质，神经机能紊乱），特征性病理变化（骨骼肌、心肌、肝脏、胃肠道、生殖器官见有典型的营养不良病变，雏禽脑膜水肿，脑软化），参考病史可以初步诊断。

进一步诊断可通过对病畜血液及某些组织的含硒量、谷胱甘肽过氧化物酶活性，血液和肝脏维生素 E 含量进行测定，同时测定周围的土壤、饲料硒含量，进行综合分析。

还可对病畜作补硒和维生素 E 治疗进行验证性诊断。

【防治】在低硒地带饲养的畜禽或饲用由低硒地区运入的饲粮、饲草时，必须补硒。补硒的办法：直接注射硒制剂；将适量硒添加于饲料、饮水中喂饮；对饲用植物做植株叶面喷洒，以提高植株及籽实的含硒量；低硒土壤施用硒肥。

亚硒酸钠溶液配合醋酸生育酚肌内注射，治疗效果确实。成年牛 0.1％亚硒酸钠 15～20mL，羊 5mL；醋酸生育酚成年牛羊每千克体重 5～20mg。犊牛 0.1％亚硒酸钠 5mL，羔羊 2～3mL；醋酸生育酚犊牛 0.5～1.5g/头，羔羊 0.1～0.5g/头。成年猪 0.1％亚硒酸钠 10～20mL，醋酸生育酚 1.0g/头；仔猪 0.1％亚硒酸钠 1～2mL，醋酸生育酚 0.1～0.5g/头。成年鸡、鸭 0.1％亚硒酸钠 1mL，雏鸡、鸭 0.1～0.3mL，隔日 1 次，连用 10d。禽类建议用亚硒酸钠—维生素 E 拌料。

第五节 铜缺乏症

铜缺乏症是由动物体内铜不足而引起的一种营养缺乏病。临床上以贫血、腹泻、被毛褪色、共济失调为特征。各种动物均可发生，但主要发生在牛、羊、鹿、骆驼等反刍动物。曾被称为牛的癫痫病或摔倒病、羔羊晃腰病、羊痢疾、舔（盐）病、骆驼摇摆病等。

【临床特点】畜禽铜缺乏主要表现为贫血、骨和关节变形、运动障碍、被毛褪色、神经机能紊乱和繁殖机能下降。不同动物铜缺乏症还有其各自的临床特点：牛以突然伸颈、吼叫、跌倒，并迅速死亡为特征，又称摔倒病，病程多为 24h，死因是心肌贫血、缺氧和传导阻滞所致。原发性缺铜的羊，被毛干燥、无弹性、绒化、卷曲消失，形成直毛或钢丝毛，毛纤维易断。缺铜的母羊多产死羔，能存活的羔羊一般表现体温、呼吸、心跳正常，但较消瘦，被毛凌乱，后肢瘫痪，无法站立，死前多数有明显的抽搐现象。猪自然缺铜的病例极少，病猪表现轻瘫，运动不稳，肝铜浓度降至每千克 3～14mg，用低铜饲料试验性喂猪，可产生典型的运动失调，跗关节过度屈曲，呈犬坐姿势；补铜治疗，效果显著。鸡自然发生缺铜的病例，出现主动脉破裂，突然死亡，但发病率低。母鸡所产蛋的胚胎发育受阻，孵化 72～96h，分别见有胚胎出血或单胺氧化酶活性降低。

【防治】预防一般是合理配制饲料，保证饲料中铜含量。

治疗原则是补铜。一般选用硫酸铜口服，视病情轻重，每周 1 次，连用 3～5 周。也可用甘氨酸铜皮下注射。或将硫酸铜按 0.5％比例混于食盐中，使病畜舔食。铜与钴合用，效果更好。

第六节 铁缺乏症

铁缺乏症是由动物体内铁含量不足引起的一种营养缺乏病。临床上以贫血、易疲劳、活力下降和生长发育受阻为特征。多见于仔猪，其次为犊牛、羔羊、幼犬和禽等，主要发生于幼龄动物。

【临床特点】 共同的症状是贫血。临床表现为生长缓慢，食欲减退，异嗜，嗜睡，喜卧，可视黏膜苍白，呼吸频率加快。

仔猪一般发生在 2 周龄，3 周龄为发病高峰期，表现精神沉郁，离群伏卧，食欲减退，生长迟滞，体重减轻，腹泻，粪便颜色正常。皮肤和可视黏膜苍白，呼吸增数，脉搏疾速。稍加运动，则心搏动亢进、喘息不止。血清铁、血清铁蛋白含量低于正常。

【防治】 防治原则是加强饲养管理，及时补充铁剂。

补铁是本病治疗的关键措施，补铁可采用口服铁剂或注射铁剂的方法，可将硫酸亚铁配成 0.2%～1% 水溶液口服，肌内注射的铁制剂有葡聚糖铁或葡聚糖铁钴注射液等。

第七节 锰缺乏症

锰缺乏症是由动物体内锰含量不足所致的一种营养缺乏病，临床上以骨骼畸形、繁殖机能障碍及新生畜运动失调为特征。禽表现为骨骼短粗和腓肠腱脱出，又称滑腱症，多呈地方性流行。各种动物均可发生，其中以家禽最敏感，其次是仔猪、犊牛、羔羊等。

【临床特点】 锰缺乏症的临床症状，因动物不同，表现也有不同，但主要以生长停滞、骨骼畸形、生殖机能障碍（发情异常、不易受胎或容易流产），以及新生畜运动失调为特征。

禽类对锰缺乏比较敏感，尤其是鸡和鸭，其特征症状是单侧或双侧跗关节以下肢体扭转，向外屈曲，跗关节肿大、变形，长骨和跖骨变粗短和腓肠肌腱脱出。两肢同时患病者，站立时呈 O 形或 X 形；一肢患病者，一肢着地，另一肢由于短而悬起。严重者跗关节着地移动或麻痹卧地不起，因无法采食而饿死。种母鸡的主要表现是受精蛋孵化率下降，常孵至 19～21d 发生胚胎死亡；刚孵出的雏鸡出现神经症状，如共济失调、观星姿势。

【防治】 在日粮或饮水中添加锰制剂。禽患锰缺乏症，多把锰盐或锰的氧化物掺入到矿物质补充剂中，或掺入粉碎的日粮内。所补充的锰易进入鸡蛋内，改善鸡胚的发育，增加出壳率。猪日粮中锰含量一般能满足其需要，不需再补充锰。牛、羊在低锰草地放牧时，可在日粮中补充硫酸锰。饮水补锰，20L 水中加 1g 高锰酸钾，让其自由饮水。

第八节 锌缺乏症

锌缺乏症是由动物体内锌含量不足所引起的一种营养缺乏病。临床上以生长缓慢、皮肤角化不全、繁殖机能紊乱及骨骼发育异常为特征。各种动物均可发生，猪、禽、犊牛、羊、犬较为常见。

【临床特点】

（1）猪缺锌时生长发育不良，肥育猪腹泻、食欲降低、皮肤角化不全、皮肤粗糙似树皮、脱毛、被毛无光泽、对称性厚痂。缺锌种猪，繁殖机能降低，不受孕，流产或死胎。

（2）禽类以火鸡最易缺锌，野鸡、鹌鹑亦可发生。采食量减少，生长缓慢，脚软弱，行动不协调，翅发育受阻，羽毛发育不良、卷曲、蓬乱、折损或色素沉着异常，皮肤角化过度。

（3）反刍动物流涎，瘙痒，瘤胃角化不全，鼻、颈部脱毛，先天性缺陷。

（4）犬生长缓慢，消瘦，呕吐，结膜炎，角膜炎，腹部和肢端皮炎。

【防治】预防应按营养需要量配制全价日粮，饲料中添加硫酸锌，控制日粮中钙含量。

发现本病及时补锌，短期内即能奏效。补锌既可采取调整日粮中含锌量的方法，也可口服硫酸锌或注射碳酸锌制剂。

第九节　钴缺乏症

钴缺乏症是由动物机体中钴不足引起的一种慢性消耗性营养代谢病。临床上以动物厌食、消瘦和贫血为特征。本病以牛、羊多发，亦见于犬。

【临床特点】本病呈慢性经过，主要症状是消瘦、虚弱、食欲下降、异食癖和贫血，最终衰竭而死。

【防治】预防本病最简单的方法是向饲料中直接添加硫酸钴或氯化钴，也可向土壤施用钴肥。

补钴也是治疗本病的根本方法，同时配合维生素 B_{12} 疗效更好。

第十节　碘缺乏症

碘缺乏症是由动物机体内碘不足引起的一种慢性营养缺乏病，又称甲状腺肿。临床上以繁殖障碍、黏液性水肿、脱毛以及幼畜发育不良为特征，病理特征为甲状腺功能减退、甲状腺肿大。各种动物均可发生。

【临床特点】主要表现甲状腺明显肿大，生长发育缓慢，脱毛，消瘦，贫血，繁殖力下降。

（1）妊娠母猪胎儿吸收、流产、死产或产下无毛仔猪。仔猪黏液性水肿，皮肤增厚，颈部粗大，甲状腺肿大，体质极弱，常于生后几小时内死亡。

（2）犬甲状腺肿大，颈腹侧隆起，吞咽障碍，叫声异常，呼吸困难，还伴有甲状腺功能减退症状，患犬步样强拘，被毛和皮肤干燥、污秽，生长缓慢，掉毛。皮肤增厚，特别是眼睛上方、颧骨处皮肤增厚，上眼睑低垂，面部臃肿，看似"愁容"（黏液性水肿）。母犬发情不明显，发情期缩短，甚至不发情；公犬睾丸缩小，精子缺失。大约半数病犬有高胆固醇。

（3）禽缺碘时，鸡冠缩小，羽毛失去光泽，甲状腺肿大，压迫气管引起气管移位，吸气时发出特异的笛音。血液学检查，一般有血液胆固醇升高，甘油三酯和脂蛋白含量也有增加。

【防治】预防缺碘应在配制饲料时按动物对碘的需要量配制。对犬、猫可在饮食中添加海带。

补碘是治疗本病的根本措施。可口服碘化钾、碘化钠或复碘液（含碘 5%，碘化钾10%），亦可用含碘盐。

第十二单元　中毒性疾病概论与饲料毒物中毒★★

第一节　概　　论

一、毒物及中毒的概念

凡是在一定条件下，一定数量的某种物质（固体、液体、气体）以一定的途径进入动物机体，通过物理学及化学作用，干扰和破坏机体正常生理功能，对动物机体呈现毒害影响，而造成机体组织器官功能障碍、器官病变，乃至危害生命的物质，统称为**毒物**。由活的生物有机体产生的一类特殊毒物称为毒素，是毒物的一种特殊类型，如植物毒素、细菌毒素、真菌毒素、动物毒素等。由毒物引起的相应病理过程，称为**中毒**。由毒物引起的疾病称为**中毒病**。

毒性也称毒力，是指毒物损害动物机体的能力，也就是说，某物质对生物体的损害能力越大，其毒性也越大。毒性反映毒物的剂量与机体反应之间的关系。临床上常用**半数致死量**（LD_{50}）表示。**最高无毒剂量**是指化学物在一定时间内，按一定方式与机体接触，用一定的检测方法或观察指标，不能对动物造成血液性、化学性、临床或病理性改变等损害作用的最大剂量。

按照来源和性质毒物可分为**内源性毒物**和**外源性毒物**，前者指在动物体内形成的毒物，包括机体的代谢产物和寄生于体内的细菌、病毒、寄生虫的代谢产物。后者指在体外形成或存在于体外进入动物体内的毒物，即环境毒物，包括饲料类、植物类、农药化肥类、霉菌毒素类、矿物元素类、药物类、动物毒素类等。按照毒理和毒性作用的主要靶器官，毒物可分为神经毒物（指吸收后主要引起神经功能障碍的毒物，如镇静安定药、麻醉药等）；实质器官毒物（指吸收后主要引起肝脏、肾脏、心脏、脑等实质器官损伤的毒物）、血液毒物（指吸收后主要引起血液变化的毒物，如亚硝酸盐、一氧化碳、硫化氢等）；酶系毒物（指吸收后主要抑制酶活性的毒物，如有机磷、氰化物等）；腐蚀毒物（指对所接触的部位有腐蚀作用的毒物，如强酸、强碱等）；原浆毒；全身毒物等。但临床上毒物引起机体损伤的部位往往是多方面的，如有机磷对接触黏膜有明显的腐蚀作用，吸收后主要抑制胆碱酯酶的活性，同时引起中枢神经系统的功能紊乱。

二、中毒性疾病的病因

1. 饲料加工、贮存不当　饲料调制或贮存不当均可能产生有毒物质，当大量或长期食入，可引起中毒。如添加的维生素、微量元素或药物过量及配比不当，或者在加工时温度过高、时间过长，贮存过程中霉败变质。

2. 农药污染　动物不论误食、误用农药或喂给施用过农药的农副产品而不注意残毒期，都可引起中毒。

3. 药物　用药过量，给药速度过快，长期用药，药物配伍不当时，可引起中毒。

4. 有毒植物中毒　多数有毒植物往往具有一种令人厌恶的气味或含有很高的刺激性液汁，正常动物会拒食这些植物，但当其他牧草缺乏的时候，动物常因饥饿而采食，经大量或长期采食后，可发生急、慢性中毒病。也有可能含有剧毒的有毒植物夹杂在饲草中，无法选择而采食，或被误割而喂食等，都可以引起中毒。

5. 工业污染、矿物和金属毒物　工业"三废"（废水、废气、废渣）的大量产生和排放而污染环境，或"三废"未处理或处理不好，污染饲草和饮水常引起畜禽甚至人中毒。

6. 其他因素　有毒气体中毒、动物毒中毒、军用毒剂中毒时有发生。铅是应用广泛、容易污染，且无生物学价值的金属物质，常引起牛、家禽和鸟类发生中毒。

7. 恶意投毒　多因个人成见或破坏活动而造成动物中毒事件。

三、中毒性疾病的临床表现

急性中毒病常常表现出神经症状（兴奋症状如不安、肌肉痉挛或僵直、眼球震颤、咬牙，或抑制症状如沉郁、昏迷或昏睡等，或兴奋与抑制交替出现）、消化道症状（流涎、呕吐、腹泻、腹痛等）、呼吸系统症状（张口呼吸、窒息等）、心血管系统症状（心跳加快或减慢、血液颜色黯黑或鲜红等）和泌尿系统症状（少尿或多尿、尿色的改变如红尿等）。

慢性中毒病的共有临床表现是病程长，逐渐消瘦，生产能力下降。由于毒物的种类不同，临床上具体的表现也不同，如妊娠牛慢性亚硝酸盐中毒时还常表现出流产，慢性氟中毒表现为牙齿的损害和骨损害等，慢性硒中毒表现出被毛的脱落、蹄壳脱落等。

中毒动物的临床表现对中毒性疾病的诊断具有重大意义。应仔细观察临床表现，一个轻微的症状有时可作为毒物鉴别诊断的线索。临床医师看到中毒动物时，只能观察到某个阶段的症状，不可能看到全部发展过程的临床症状及其表现。另外，同一毒物所引起的症状，在不同个体有很大的差别，并不是各种症状都能表现出来。

四、中毒性疾病的诊断

1. 病史调查　了解与中毒有关的周围环境条件和饲养管理情况是做出准确诊断的关键。调查发病动物可能接触的毒物、饲料和饮水及牧草等情况；中毒病发生的时间、地点、畜种、年龄、性别、发病和死亡数量，以及未发生中毒的动物状况；调查中毒病的发生经过；调查周围环境、人员出入、停留的情况；以及查看病历及检查厩舍等。

2. 临床症状　临床症状是中毒病诊断的一个重要组成部分，症状是诊断中毒的重要依据。临床检查不仅为鉴别诊断、分析疾病过程及预后提供证据，而且也为及时、有效地治疗提供依据。如有机磷中毒时动物表现出呕吐、流涎、腹泻和腹痛，兴奋、肌肉震颤，多数动物出汗等症状，根据这些临床症状，结合可能接触有机磷农药的病史，即可做出初步诊断；而亚硝酸盐中毒时表现出可视黏膜发绀，呕吐，血液颜色黯黑和呼吸困难；氢氰酸中毒时极度不安，张口伸颈，四肢强直痉挛，呼气有杏仁味，血液颜色呈鲜红色和病程短等。

3. 病理诊断　对死亡病畜进行尸体剖检，肉眼和显微镜检查的结果对中毒可疑病例的诊断常具有重要价值。病理剖检应在动物死后立即进行。首先应进行体表检查，注意被毛及口腔黏膜的色泽，然后对皮下脂肪、肌肉、骨骼，体腔、内脏器官进行检查。对消化器官应该详细检查，注意胃的充盈度，黏膜的变化，胃内容物的成分、气味以及饲料的消化程度等。此外，肝胆及肾脏和膀胱也要仔细检查。

4. 毒物检验　毒物检验在诊断中毒性疾病中有很重要的价值。有些毒物检验方法简便、迅速、可靠，现场就可以进行，对中毒性疾病的治疗和预防具有现实的指导意义。毒物化验的成败与检材的采集、保存和运送有着很大的关系，常用的检材有饲料、饮水、胃肠内容物、血液、尿液及肝脏和肾脏等。

5. 动物试验　将可疑饲料、饮水、胃肠内容物或可疑物饲喂实验动物或同种动物并观察其反应，对确定饲料中真菌、细菌和植物毒素的毒性作用很有价值。在实验动物身上观察中毒过程，死后剖检，与对照组比较试验结果，对确诊具有重要意义。

6. 治疗性诊断　据临床检验和可疑毒物的特性进行试验性治疗诊断，通过治疗效果进行诊断和验证诊断。如临床上怀疑有机磷中毒时，可试用阿托品和解磷定等进行治疗；怀疑亚硝酸盐中毒时可采用美蓝或甲苯胺蓝进行治疗；治疗效果确实，可据此做出诊断。

五、中毒性疾病的治疗原则

1. 阻止毒物的吸收　首先除去可疑含毒的饲料，以免畜禽继续摄入，同时采取有效措施排出已摄入的毒物。如用催吐法、洗胃法或（和）缓泻法清除胃肠道内容物；通过体表吸收引起的中毒可采取清洗法；用吸附法、沉淀法或（和）氧化法把毒物分子自然地结合或氧化成不能吸收的或无毒的物质；也可内服黏浆剂，黏附在胃肠黏膜表面，起到阻止吸收作用。

2. 解毒疗法　迅速准确地应用解毒剂是治疗毒物中毒的理想方法。应根据毒物的结构、理化特性、毒理机制和病理变化，尽早施用特效解毒剂，从根本上解除毒物的毒性作用。没有特效解毒剂的中毒，应及早使用一般解毒剂，如维生素 C 等。

3. 促进毒物的排出　临床上常用的方法有放血法、透析法和使用利尿剂，在使用利尿剂的同时，应注意机体钾离子的平衡。

4. 支持和对症疗法　目的在于维持机体生命活动和组织器官的机能，直到选用适当的解毒剂或机体发挥本身的解毒机能，同时针对治疗过程中出现的危症采取紧急措施，如镇静解痉、止痛、维持心肺功能和体温、抗休克和补充血容量、调节电解质和体液平衡等。

六、中毒性疾病的预防

应认真贯彻"预防为主"的方针，针对中毒的原因，注意做好以下工作：

1. 防治饲料加工、贮存过程中有毒物质的产生　注意已知有毒成分饲料的脱毒、去毒处理和饲喂量，对尚无有效脱毒方法的饲料，应严格控制喂量；防止牲畜偷食大量含糖类的饲料而发生中毒；妥善贮藏饲料，严格控制温湿度，防止霉败变质；对已经霉败的饲料，不论数量多少，一定要进行脱毒、去毒处理，并且经过饲喂试验，证明安全无害后才能使用；使用微量元素、维生素、添加剂时要注意用量。

2. 安全使用药物　要严格遵守有关规定，注意用量和用法，不要超量、超时间用药。静脉注射时要根据要求掌握速度。

3. 妥善保管和使用农药　杀虫剂、除草剂、杀软体动物药，一定要严格保管，谨慎使用，既不能误食误用，又要防止坏人的破坏。在使用以上药物后，应注意残毒期，凡残毒期未过的农副产品必须经过脱毒或去毒处理后才能利用作饲料。用农药拌过的种子，要妥善保管，防止畜禽偷吃。装过农药的瓶子、沾染过农药的各种容器，应及时处理等。

4. 注意地源性中毒病的预防　由于地球物理因素，某些地区的某种元素过高，常常引发中毒病，如氟中毒、砷中毒、硒中毒等，要因地制宜，做好预防措施。此外，由于植物的地理分布、荒漠化、干旱化以及过度放牧等因素，牧场和草场上可能生长着有毒的牧草，一旦发现，应及时剔除废弃，或采取转移牧场、轮牧等措施，以免发生意外。加强有毒植物的调查研究和宣传工作，防止中毒病发生。

5. 防治工业污染　在工厂和矿区附近，要注意有毒害的废水、废气、废物等的危害。兽医部门要注意调查研究当地中毒病发生的季节性、地域性和病畜特征（如性别、病势、死亡率、繁殖率、与饲料饮水的关系等）。有关部门和工厂、矿区，应注意"三废"的处理，定期检测环境卫生（包括大气、牧草及饲料、土壤、饮水等），发现超标时，应责令有关单位根据"大气质量标准""排污标准""卫生标准"等规定，限期进行治理。

6. 注意防范有毒动物的侵袭　凡有可能发生蜂蜇伤、蛇咬伤的地区应经常注意防范。

7. 加强宣传教育　教育饲养人员要提高警惕，严防破坏活动，有关部门应经常进行土壤、水源、空气中有毒物质含量的测定，并采取有效的防制措施，以防止中毒。

第二节　硝酸盐与亚硝酸盐中毒

硝酸盐和亚硝酸盐中毒是动物摄入过量含有硝酸盐或亚硝酸盐的植物或饮水，引起的以皮肤、黏膜发绀和呼吸困难为特征一种中毒病。本病可发生于各种家畜和家禽，以猪多见，其次为牛、羊、马、鸡。

【中毒机制】硝酸盐转化为亚硝酸盐后，对动物的毒性剧增。高浓度的硝酸盐对胃肠道有强烈的刺激作用，引起腹泻、腹痛和呕吐。吸收进入血液的亚硝酸盐能使红细胞中正常的氧合血红蛋白（二价铁血红蛋白）迅速地氧化成高铁血红蛋白（三价铁血红蛋白），从而丧失了血红蛋白的正常携氧功能。当30％的血红蛋白被氧化成高铁血红蛋白时，即呈现临床症状。亚硝酸盐可使病畜末梢血管扩张，而导致血压下降，外周循环衰竭。此外，亚硝酸盐与消化道或血液中某些胺形成亚硝胺或亚硝酸胺，具有致癌性。

【临床症状】本病多发生于精神良好和食欲旺盛的动物，发病急、病程短。中毒病猪常在采食后15min至数小时发病。最急性者可能仅稍显不安，站立不稳，随即倒地而死。急性型病例除表现不安外，呈现严重的呼吸困难，脉搏疾速细弱，全身发绀，体温正常或偏低，躯体末梢部位厥冷。耳尖、尾端的血管中血液量少而凝滞，呈黑褐红色。肌肉战栗或衰竭倒地，末期出现强直性痉挛。牛采食后1～5h发病；以呼吸困难、肌肉震颤、步态摇晃、全身痉挛等为主要症状，常伴有流涎、腹痛、腹泻、呕吐等症状。

【防治】特效解毒剂是美蓝（亚甲蓝），用于猪的标准剂量是每千克体重1～2mg，反刍动物为每千克体重8～10mg，加生理盐水或葡萄糖溶液，制成1％溶液，静脉注射；甲苯胺蓝治疗高铁血红蛋白症较美蓝更好，还原变性血红蛋白的速度比美蓝快37%。按每千克体重5mg制成5%的溶液，静脉注射，也可肌内或腹腔注射。大剂量维生素C，猪0.5～1g，牛3～5g，静脉注射，疗效确实，但奏效速度不及美蓝。此外，根据病畜体况还可以采用放血疗法等。

改善青绿饲料的堆放和蒸煮过程，切忌菜叶等新鲜植物茎叶，采取尚未煮熟即关火闷烘的加工方法。无论生、熟青绿饲料，应摊开敞放。接近收割的青饲料不能再施用硝酸盐或2,4-D等化肥农药。对可疑饲料、饮水，实行临用前的简易化验。

第三节 棉籽与棉籽饼粕中毒

棉籽与棉籽饼粕中毒是指动物长期或大量摄入含游离棉酚的棉籽或棉籽饼粕引起以出血性胃肠炎、全身水肿、血红蛋白尿和实质器官变性为特征的一种中毒病。主要见于犊牛、单胃动物和家禽。

【中毒机制】 棉籽和棉籽饼粕中含有15种以上的棉酚类色素，其中主要是棉酚及其衍生物，毒性强弱主要取决于游离棉酚的含量。另外，还有环丙烯类脂肪酸等抗营养因子。

（1）大量游离棉酚进入消化道后，可刺激胃肠黏膜，引起胃肠炎。吸收入血后，能损害心、肝、肾等实质器官。因心脏损害而致的心力衰竭又会引起肺水肿和全身缺氧性变化。棉酚能增强血管壁的通透性，促进血浆或血细胞渗入周围组织，使受害的组织发生浆液性浸润和出血性炎症，同时发生体腔积液。棉酚易溶于脂质，能在神经细胞积累而导致神经机能紊乱。

棉酚可与许多功能蛋白质和一些重要的酶结合，使它们失去活性。棉酚与二价铁离子结合，进而干扰铁与血红蛋白的合成，引起缺铁性贫血。破坏动物的睾丸生精上皮，抑制精子细胞内乳酸脱氢酶的活性，使精子活力下降或丧失，导致精子畸形、死亡，甚至无精子，造成繁殖能力降低或公畜不育。

（2）环丙烯类脂肪酸能使卵黄膜的通透性增高，铁离子透过卵黄膜转移到蛋清中并与蛋清蛋白螯合，形成红色的复合物，使蛋清变为桃红色，称为"桃红蛋"。同时蛋清中的水分也可转移到蛋黄中，导致蛋黄膨大。

（3）环丙烯类脂肪酸有抑制脂肪酸去饱和酶活性的作用，致使蛋黄中硬脂肪酸的含量增加，导致蛋黄的熔点升高，硬度增加，加热后可形成所谓的"海绵蛋"。鸡蛋品质的改变，可导致种蛋受精率和孵化率降低。

【临床症状】 哺乳犊牛最敏感，常因吸食饲喂棉籽饼的母牛乳汁而发生中毒。病畜表现消瘦，有慢性胃肠炎和肾炎等，食欲不振，体温一般正常，伴发炎症腹泻时体温稍高。重度中毒者，饮食废绝，反刍和泌乳停止，结膜充血、发绀，兴奋不安，弓背，肌肉震颤，尿频，有时粪尿带血，胃肠蠕动变慢，呼吸急促、带鼾声，肺泡音减弱。后期四肢末端浮肿，心力衰竭，卧地不起。非反刍动物慢性中毒的主要临床表现为生长缓慢、腹痛、厌食、呼吸困难、昏迷、嗜睡、麻痹等。

棉酚引起动物中毒死亡可分三种形式，急性致死的直接原因是血液循环衰竭，亚急性致死是因为继发性肺水肿，而慢性中毒死亡多因恶病质和营养不良。

【防治】 目前尚无特效疗法。应停止饲喂含毒棉籽饼粕，加速毒物的排出；采取对症治疗方法；去除饼粕中毒物后合理利用。

1. 选育棉花新品种　通过选育棉花新品种，使棉籽中不含或含微量棉酚。

2. 棉籽饼的去毒处理　棉酚含量超过 0.1% 时，需经去毒处理后使用。可采用添加铁、钙、碱、芳香胺、尿素等化学药剂法，如硫酸亚铁中的二价铁离子能与棉酚螯合，形成难以消化吸收的棉酚-铁复合物。在棉籽饼粕中加入碱水溶液、石灰水等，并加热蒸炒，使饼粕中的游离棉酚破坏或形成结合物。棉籽饼粕经过蒸、煮、炒等加热处理，使棉酚与蛋白质结合而去毒。也可利用微生物及其酶的发酵作用破坏棉酚，达到去毒目的。在饲料中棉籽饼粕的安全用量为：育肥猪、肉鸡可占饲料的 10%～20%；母猪及产蛋鸡可占 5%～10%；反刍动物的耐受性较强，用量可适当增大。此外，增加饲料中的蛋白质、维生素、矿物质和青绿饲料含量，可增强机体对棉酚的耐受性和解毒能力。

第四节　菜籽饼粕中毒

菜籽饼粕中毒是指动物长期或大量摄入含有硫葡萄糖苷的分解产物的油菜籽饼粕引起的以急性胃肠炎、肺气肿、肺水肿、肾炎和甲状腺肿大为特征的中毒病。常见于猪和牛，其次为禽类和羊。

【中毒机制】硫葡萄糖苷本身无毒，家畜长期食入菜籽饼之后，在胃内经芥子酶水解，产生多种有毒降解物质，如异硫氰酸酯（ITC）、噁唑烷硫酮（OZT）、腈和芥子碱等，引起中毒症状。

ITC 辛辣味严重影响菜籽饼的适口性，高浓度时对黏膜有强烈的刺激作用，可引起胃肠炎、肾炎及支气管炎，甚至肺水肿。ITC 和硫氰酸酯中的硫氰离子（SCN^-）是与碘离子（I^-）的形状和大小相似的单价阴离子，在血液中可与 I^- 竞争，抑制甲状腺滤泡细胞浓集碘的能力，从而导致甲状腺肿大。而 OZT 能抑制甲状腺内过氧化物酶的活性，影响甲状腺中碘的活化、酪氨酸的碘化和碘化酪氨酸的偶联等过程，进而阻碍甲状腺素的合成，引起垂体促甲状腺素的分泌增加，导致甲状腺肿大，故被称为"**甲状腺肿因子**"或"**致甲状腺肿素**"。腈进入体内后能迅速析出氰离子（CN^-），对机体的毒性比 ITC 和 OZT 大得多。

芥子碱易被碱水解生成芥子酸和胆碱。鸡采食菜籽饼后，芥子碱转化为三甲胺，由于褐壳蛋鸡缺乏三甲胺氧化酶而积聚，蛋中含量超过 $1\mu g/g$ 时，产生鱼腥味。

【临床症状】急性中毒的动物主要表现神经症状和胃肠炎特征；溶血性贫血的动物，常有明显的血红蛋白尿、精神沉郁、黏膜苍白、中度黄疸、心力衰竭或休克症状，血液红细胞数、血红蛋白含量和血细胞比容均低于正常参考值，红细胞数和血红蛋白含量下降，呈巨红细胞性贫血，并出现点彩红细胞和网织红细胞；伴发肺水肿或肺气肿时，患畜表现严重的呼吸困难，如呼吸加快、张口呼吸，同时有痉挛性咳嗽，很快出现皮下气肿。慢性中毒的动物，均可发生甲状腺肿大，体重下降，幼龄动物表现生长缓慢。妊娠母畜表现妊娠期延长，新生仔畜发育不良，甲状腺肿大，病死率升高。

【防治】菜籽饼粕在饲料中的安全限量，蛋鸡、种鸡为 5%，生长鸡、肉鸡为 10%～15%，母猪、仔猪为 5%，生长育肥猪为 10%～15%。菜籽饼与棉籽饼、豆饼、葵花子饼、亚麻饼、蓖麻饼等适当配合使用，能有效控制饲料中的毒物含量，并有利于营养互补。

对于含毒量高的菜籽饼粕，经脱毒处理后可再利用。脱毒可采用坑埋法、水浸法、热处理法、化学处理法、微生物降解法和溶剂提取法等。

此外，引进和选育双低油菜品种是菜籽饼粕去毒和提高其营养价值的根本途径。

第五节 氢氰酸中毒

氢氰酸中毒是指动物采食富含氰苷的饲料引起的以呼吸困难、黏膜鲜红、肌肉震颤、全身惊厥等组织性缺氧为特征的一种中毒病。本病多发于牛、羊，单胃动物较少发生。

【病因】木薯、高粱及玉米的新鲜幼苗、亚麻子、豆类、蔷薇科植物中含有生氰糖苷，当饲喂过量时，均可引起中毒。生氰糖苷本身是无毒的，含有生氰糖苷的植物在动物采食咀嚼时，有水分及适宜的温度条件，经植物的脂解酶（如 β-葡萄糖苷酶和羟腈裂解酶）作用，或经反刍动物瘤胃水解酶的作用，产生氢氰酸，导致动物中毒的物质是氰离子。

【中毒机制】有机氰化物或无机氰化物的毒性主要决定于其在动物体内代谢过程中析出氰离子（CN^-）的速度和数量。进入机体的氰离子能抑制细胞内许多酶的活性，其中最显著的是迅速与氧化型细胞色素酶的三价铁（Fe^{3+}）牢固地结合，难以被细胞色素还原为还原型细胞色素酶（Fe^{2+}），结果失去了传递电子、激活分子氧的作用。抑制了组织细胞内的生物氧化过程，呼吸链终止，阻止组织对氧的吸收作用，导致组织缺氧症。动脉血液和静脉血液含氧量几乎相同，因而颜色都呈鲜红色。中枢神经系统对缺氧特别敏感，而且氢氰酸在类脂质内溶解度较大，所以中枢神经系统首先受害，尤以血管运动中枢和呼吸中枢为甚，临床上表现为先兴奋，后抑制，并有严重的呼吸麻痹现象。

【临床症状】家畜采食含有氰苷的饲料后 15～20min，表现腹痛不安，呼吸加快，肌肉震颤，全身惊厥，可视黏膜鲜红，流出白色泡沫状唾液；先兴奋，很快转为抑制，呼出气有苦杏仁味，随后全身极度衰弱无力，步态不稳，突然倒地，体温下降，肌肉痉挛，瞳孔散大，反射减少或消失，心动过缓，呼吸浅表，很快昏迷而死亡。

【防治】发病后立即用亚硝酸钠，牛、马2g，猪、羊0.1～0.2g，配成5%的溶液，静脉注射。随后注射5%～10%硫代硫酸钠溶液，马、牛100～200mL，猪、羊20～60mL；或亚硝酸钠3g，硫代硫酸钠15g，溶于蒸馏水200mL，混合，牛一次静脉注射；亚硝酸钠1g，硫代硫酸钠2.5g，溶于50mL蒸馏水，混合，羊一次静脉注射。

含氰苷的饲料，最好放于流水中浸渍24h，或漂洗后加工利用。此外，不要在含有氰苷植物的地区放牧。

第六节 巧克力中毒

巧克力中毒是指动物由于长时间或过量摄入巧克力而引起的以呕吐、腹泻、频尿和神经兴奋为主的疾病。各种动物对巧克力均敏感，临床上主要见于犬、猫，特别是小型犬更易发生。

【病因】巧克力来源于可可属植物烤熟的种子，主要的有效成分是甲基黄嘌呤（Methyl-xanthines），其中的可可碱是造成动物中毒的主要物质，咖啡因相对含量少。可可豆中甲基黄嘌呤的含量为1%～2%，外壳中含0.5%～0.85%。可可碱和咖啡因在消化道容易吸收，并分布到全身，曾有每千克体重115mg剂量的可可碱致犬死亡的报道。一般认为，犬摄入烘熔巧克力每千克体重1.3mg或牛奶巧克力每千克体重13mg，即可出现临床症状。犬体内可可碱的半衰期比其他动物长，约为 17.5h，也是犬易感的主要原因；体内咖啡因的半衰期为 4.5h。进入动物体内的可可碱在肝脏代谢，通过肾脏排出。

犬、猫中毒主要是由于饲养者经常饲喂巧克力糖、冰激凌、面包、饼干等引起，节假日发病率高，特别见于 1～3kg 的小型犬。

【临床症状】一般动物在摄入巧克力后 8～12h 出现中毒症状。初期表现兴奋，神经过敏，口渴，呕吐。随着疾病的发展，腹泻，多尿，心动过速，呼吸急促，黏膜发绀，血压升高。严重者肌肉震颤，共济失调，惊厥，体温升高，脱水，虚弱，昏迷，最后因心律不齐和呼吸衰竭而死亡。有的无明显症状而因严重的心律不齐突然死亡。

剖检主要变化在消化道，胃和十二指肠黏膜充血，其他器官弥漫性淤血，胸腺淤血和出血。

【防治】平时切忌将含有巧克力的食物喂犬、猫，应将巧克力妥善保存。因巧克力吸收缓慢，催吐和洗胃对摄入巧克力 4～8h 的动物效果显著，如肌内注射阿扑吗啡，剂量为每千克体重 0.08mg。洗胃后口服活性炭可阻止消化道对可可碱的吸收，剂量为每千克体重 1g，每 3～4h 给药一次，连续 72h。口服盐类泻剂可促进可可碱从消化道排出。动物过度兴奋时，可用安定或苯巴比妥镇静。

对严重中毒者应通过心电图监测心脏功能，心律不齐者可静脉注射利多卡因，但猫不能用利多卡因。如果疗效不明显，也可静脉注射美托洛尔。补充电解质平衡溶液可预防脱水，并能促进毒物代谢和从肾脏排出。插入导尿管可减少可可碱在膀胱的重吸收，加速毒物的排出。

第十三单元　有毒植物与霉菌毒素中毒★

第一节　栎树叶中毒（牛、羊）

栎树叶中毒是指动物大量采食栎树叶后，引起的以前胃弛缓、便秘或下痢、胃肠炎、皮下水肿、体腔积水及血尿、蛋白尿、管型尿等肾病综合征为特征的中毒病。常发生于牛羊。

【中毒机制】栎树叶中的主要有毒成分是高分子栎丹宁，在胃肠内可经生物降解产生毒性更大的低分子多酚类化合物（包括没食子酸、邻苯三酚、间苯二酚、连苯三酚），通过胃肠黏膜吸收进入血液循环并分布于全身器官组织，从而发生毒性作用。由于栎丹宁降解产物的刺激作用，导致胃肠道的出血性炎症和以肾小管变性和坏死为特征的肾病，最后则因肾功能衰竭而致死。

【临床症状】自然中毒病例多在采食枥树叶 5～15d 发病。

病牛首先表现精神沉郁，食欲、反刍减少，厌食青草，喜食干草。瘤胃蠕动减弱，肠音低沉，很快出现腹痛综合征（磨牙、不安、后退、后坐、回头顾腹以及后肢踢腹等）。排粪迟滞，粪球干燥，色深，外表有大量黏液或纤维性黏稠物，有时混有血液，粪球常串联成念珠状或算盘珠样，严重者排出腥臭的焦黄色或黑红色糊状粪便。鼻镜干燥或龟裂。病初排尿频繁，量多，清亮如水，有的排血尿。随着病情进展，饮欲逐渐减退以至消失，尿量减少，甚至无尿。病的后期，会阴、股内、腹下、胸前、肉垂等部位出现水肿，触诊呈捏粉样。腹腔积水，腹围膨大而均匀下垂，病畜虚弱，卧地不起，出现黄疸、血尿、脱水等症状，最终死亡。体温一般无变化。妊娠牛、羊可见流产或胎儿死亡。

尿蛋白试验呈强阳性，尿沉渣中有大量肾上皮细胞、白细胞及各种管型。尿液中游离酚含量升高，可达 30～100mg/L。血清尿素氮、挥发性游离酚含量升高，血清 AST、ALT 活性升高。

【防治】本病的治疗原则为排除毒物，解毒和对症治疗。为促进胃肠内容物的排除，可用 1％～3％氯化钠溶液 1 000～2 000mL，瓣胃注射；或用鸡蛋清 10～20 个，蜂蜜 250～500g，混合一次灌服；或灌服菜油 250～500mL。碱化尿液，促进血液中毒物排泄，可用 5％碳酸氢钠 300～500mL，一次静脉注射。硫代硫酸钠 5～15g，制成 5％～10％溶液一次静脉注射，每日 1 次，连续 2～3d，对初中期病例有效。对机体衰弱，体温偏低，呼吸次数减少，心力衰竭及出现肾性水肿者，使用 5％葡萄糖生理盐水 1 000mL，林格氏液 1 000mL，10％安钠咖注射液 20mL，一次静脉注射。对出现水肿和腹腔积水的病牛，用利尿剂。晚期出现尿毒症的还可采用透析疗法。为控制炎症可内服或注射抗生素和磺胺类药。

预防的根本措施是恢复枥林区的自然生态平衡，改造枥林区的结构，建立新的饲养管理制度。在发病季节里，不在枥树林放牧，不采集枥树叶喂牛，不采用枥树叶垫圈。牛采食枥树叶数量占日粮的 50％以上即可引起中毒，超过 75％即中毒死亡。应控制牛采食枥树叶的量。高锰酸钾能使枥丹宁及其降解产物氧化分解，放牧枥树叶后应灌服高锰酸钾水（高锰酸钾粉 2～3g，加清洁水 4 000mL，用胃管一次灌服或饮用，坚持至发病季节终止）。

第二节　蕨中毒（牛、马）

蕨中毒是指动物采食大量蕨类植物后所引起以高热、贫血、无粒细胞血症、血小板减少、血凝不良、全身泛发性出血、共济失调等为特征的一种中毒病。牛、羊及单胃动物均可发病，但由于动物种类不同，临床表现有很大差异。

【中毒机制】蕨的主要有毒成分是硫胺素酶、原蕨苷、血尿因子和槲皮黄素。蕨叶及其根状茎中含有的硫胺素酶能引起马属动物中毒，其他有毒成分可使牛、羊产生不同的综合征。硫胺素酶可使其体内的硫胺素大量分解，导致硫胺素缺乏症。硫胺素为 α-酮酸氧化脱羧酶的辅酶，缺乏时丙酮酸不能进入三羧酸循环充分氧化，造成组织中丙酮酸及乳酸堆积，能量供应减少，影响神经组织和心脏的代谢与功能，出现多发性神经炎及其他相关病变。

【临床症状】动物蕨中毒因品种不同，临床症状有很大差异。

马：临床上以明显的共济失调为特征，又称为"蕨蹒跚"。

牛：慢性中毒的典型症状是血尿。主要因膀胱肿瘤，表现长期间歇性血尿。尿液呈淡红色或鲜红色，严重时可见絮片状血凝块。有时尿液颜色转为正常，但显微镜检查仍有多量红细胞，重役、妊娠及分娩等应激因素刺激可重新出现或加重血尿。

【防治】牛用 1g 鲨肝醇溶于 10mL 橄榄油内，皮下注射，连续 5d，对早期病例有一定效果。如果骨髓尚可恢复再生能力，可采用鲨肝醇-抗生素疗法。鲨肝醇可刺激骨髓，活化造血功能，而抗生素可预防由于白细胞减少及溃疡所造成的继发感染。有条件时可进行输血治疗，同时静脉注射 1‰硫酸鱼精蛋白（肝素拮抗剂）10mL，中和肝素的抗凝血作用。配合注射复合维生素 B，可提高疗效。马蕨中毒时必须及早应用硫胺素，每日 50～100mg 皮下注射，同时配合必要的对症治疗措施，可获得满意的疗效。

加强饲养管理，减少动物接触蕨的机会是预防蕨中毒的重要措施。尽早发现病畜，及时救治，还应对全群采取紧急防护措施。蕨类的地下根茎粗大，富含淀粉，可结合野生植物资源的利用从根本上清除对家畜的危害。

第三节　黄曲霉毒素中毒

黄曲霉毒素中毒是指动物采食了被黄曲霉毒素污染的饲草饲料，引起以全身出血，消化功能紊乱，腹腔积液，神经症状等为临床特征的一种中毒病。各种动物均可发生本病，幼年动物比成年动物易感，雄性动物比雌性动物（怀孕期除外）易感，高蛋白饲料可降低动物对黄曲霉毒素的敏感性。其主要病理特征是肝细胞变性、坏死、出血，胆管和肝细胞增生。各种动物中对等量黄曲霉毒素敏感的有雏鸭、雏鸡、兔、猫、仔猪、豚鼠、大鼠、猴、犊牛、成年鸡、肥育猪、成年牛、绵羊和马。

【病因】黄曲霉毒素（Aflatoxin，AFT）是目前已发现的各种霉菌毒素中最稳定、毒性最强的一类毒素，主要是黄曲霉和寄生曲霉等产生的有毒代谢产物。在紫外线照射下产生荧光，根据产生荧光颜色的不同可分为发出蓝紫色荧光的称 B 族毒素和发出黄绿色荧光的称 G 族毒素。凡呋喃环末端有双键者，毒性强，并有致癌性。在检验饲料中黄曲霉毒素含量和进行饲料卫生学评价时，一般以 $AFTB_1$ 作为主要监测指标。畜禽黄曲霉毒素中毒的原因多是采食上述产毒霉菌污染的花生、玉米、豆类、麦类及其副产品所致。本病一年四季均可发生，但在多雨季节，温度和湿度又比较适宜时，若饲料加工、贮藏不当，更易被黄曲霉菌所污染，可使动物黄曲霉毒素中毒的发生率增加。

黄曲霉毒素及其代谢产物在动物体内残留，部分随乳汁排出，对食品卫生检验具有实际意义。动物摄入 $AFTB_1$ 后，在肝、肾、肌肉、血、乳汁，以及鸡蛋中可查出 $AFTB_1$ 及其代谢产物，因而可能造成动物性食品的污染。由于人们对牛乳、乳制品与肉食品的消耗量大幅度增加，因而对乳品和肉品中黄曲霉毒素的污染已引起广泛关注。

【中毒机制】黄曲霉毒素经胃肠吸收后，主要分布在肝，肝含量比其他组织器官高 5～10 倍，血液中含量极微，肌肉中一般不能检出。机体摄入毒素后，在肝脏微粒体混合功能氧化酶催化下，进行羟化、脱甲基和环氧化反应。羟化作用生成单羟基衍生物 $AFTM_1$、$AFTH_1$、$AFTQ_1$ 和黄曲霉毒醇等，约经 7d，大部分随呼吸、尿液、粪便及乳汁排出体外。

黄曲霉毒素主要影响 DNA、RNA 的合成与降解，蛋白质、脂肪的分解与代谢；线粒体代谢及溶酶体的结构和功能，引起碱性磷酸酶、转氨酶、异柠檬酸脱氢酶活性升高；肝脂肪增多，肝糖原下降以及肝细胞变性、坏死。此外，黄曲霉毒素还具有致癌、致突变和致畸性。可使人畜诱发肝癌、胃腺癌、肾癌、直肠癌、乳腺癌、卵巢癌和皮下肉瘤等。黄曲霉毒素是已发现毒素中最强的致癌物。

【临床症状】黄曲霉毒素是一类肝毒物质，畜禽中毒后以肝脏损害为主，同时还伴有血管通透性破坏和中枢神经损伤等，因此，临床特征性表现为黄疸、出血、水肿和神经症状。由于畜禽的品种、性别、年龄、营养状况及个体耐受性、毒素剂量等不同，黄曲霉毒素中毒的程度和临床表现也有显著差异。

1. 家禽 雏鸭、雏鸡和火鸡最敏感，中毒多呈急性经过，且病死率很高。幼鸡多发生于 2～6 周龄，临床症状为食欲不振，嗜睡，生长发育缓慢，虚弱，翅膀下垂，时时凄叫，贫血，腹泻，粪便中带有血液。雏鸭表现食欲废绝，脱羽，鸣叫，步态不稳，跛行，角弓反张，病死率可达 80%～90%。成年鸡、鸭和鸽的耐受性较强。慢性中毒，初期多不明显，通常表现食欲减退，消瘦，不愿活动，贫血，长期可诱发肝癌。母鸡发生脂肪肝综合征，产蛋率和孵化率降低。蛋鸭表现皮下出血、肝肿大。鸽肝肿大、发硬、胆管内有干酪样物质，呈桑葚状。病死家禽肝肿大，弥漫性出血和坏死，亚急性和慢性型发生肝细胞增生，纤维化和硬变，肝体积缩小，常发生心包积水和腹水症。其他脏器出血，病程在一年以上者可发生肝细胞癌和胆管癌。

2. 猪 黄曲霉毒素中毒可分为急性、亚急性、慢性三种。急性型发生于 2～4 月龄的仔猪，尤其是食欲旺盛、体质健壮的猪发病率较高，多数在临床症状出现前突然死亡。亚急性型体温升高 1～1.5℃ 或接近正常，精神沉郁，食欲减退或丧失，口渴，粪便干硬呈球状，表面被覆黏液和血液。可视黏膜苍白，后期黄染，皮肤充血、出血。后肢无力，步态不稳，间歇性抽搐。严重者卧地不起，常于 2～3d 内死亡。慢性型多发生于育成猪和成年猪，病猪精神沉郁，食欲减少，生长缓慢或停滞，消瘦。可视黏膜黄染，皮肤表面出现紫斑。随着病情的发展，病猪呈现神经症状，如兴奋，不安，痉挛，角弓反张等。肝功能障碍，ALT、AST 和 AKP 活性升高，血浆蛋白下降。磺溴酞钠廓清试验，染料清除时间延长，白细胞增多，淋巴细胞减少。剖检急性型主要呈现贫血和出血，心外膜和心内膜有明显的出血斑点，常与猪瘟相混淆；而慢性中毒尚有胎儿死亡或畸胎。

3. 牛 成年牛多呈慢性经过，只有犊牛容易死亡，特别是 3～6 月龄犊牛，有精神沉郁、角膜浑浊、厌食、消瘦、呈间歇性腹泻和腹水。乳牛产乳量下降或停止泌乳，间或发生流产。病牛死后剖检呈现肝脏硬化、纤维化、肝细胞瘤、胆囊扩张，腹腔积液。低蛋白血症，红细胞数明显减少，白细胞数增多，凝血时间延长。急性病例，谷草转氨酶、瓜氨酸转移酶和凝血酶原活性升高；亚急性和慢性病例，异柠檬酸脱氢酶和碱性磷酸酶活性明显升高。绵羊对黄曲霉毒素的耐受性较强，很少有自然发病。

4. 其他动物 犬发病初期无食欲，生长缓慢，或逐渐消瘦，可见黄疸、精神不振和出血性肠炎。马病初呈现消化不良或胃肠炎，后期病情加重，可发生肝破裂。鱼类表现为生长缓慢，贫血，血液凝固性差，对外伤敏感、肝脏和其他器官受损，免疫反应下降，病死率增加。虹鳟是对黄曲霉毒素最敏感的动物之一，50g 重的虹鳟，黄曲霉毒素半数致死量（LD_{50}）是 0.5～1mg/kg。淡水鱼类对黄曲霉毒素不太敏感，但给沟鲇大剂量口服或腹腔注射黄曲霉毒素 B_1 会引起呕吐，鳃、肝和其他器官苍白，血红蛋白浓度较低，肠黏膜脱落，造血组织、肝细胞、胰腺泡细胞和胃腺坏死。

【防治】本病尚无特效疗法。发现畜禽中毒时，应立即停喂霉败饲料，改喂富含糖类的青绿饲料和高蛋白饲料，减少或不喂含脂肪过多的饲料。一般轻型病例，不给任何药物治疗，可逐渐康复。重度病例，应及时投服泻剂如硫酸钠、人工盐等，加速胃肠道毒物的排出。同时，采用保肝和止血疗法，可静脉注射 20％～50％葡萄糖溶液、维生素 C、10％葡萄糖酸钙或 10％氯化钙溶液。心脏衰弱时，皮下或肌内注射强心剂。

防止本病关键是搞好防霉去毒工作。防霉主要是选育抗黄曲霉毒素的农作物品种；采用适宜的种植技术和收获方法，如花生种植不重茬，收获前灌水，收获时尽量防止破损；玉米、小麦等农作物收割后要及时晒晾，使含水量符合要求；采用适当的贮藏方法和化学防霉剂，如对氨基苯甲酸、丙酸、醋酸钠、亚硫酸钠等都能阻止黄曲霉的生长。对已含有黄曲霉毒素的饲料，可应用物理、化学和生物学方法去除其中的毒素，这些方法需要一定的设备和技术，不够简便，且去毒处理后，产品营养价值下降。

第四节　杂色曲霉毒素中毒（马、羊）

杂色曲霉毒素中毒是动物采食杂色曲霉毒素污染的饲料引起的以渐进性消瘦和全身性黄疸为特征的一种中毒病。马属动物曾称为"黄肝病"，羊称为"黄染病"。病理学特征为病理变化以肝细胞和肾小管上皮细胞变性、坏死，间质纤维组织增生。本病主要发生于马属动物、羊、家禽及实验动物。

【病因】杂色曲霉毒素又称柄曲霉毒素，主要由杂色曲霉、构巢曲霉和离蠕孢霉 3 种霉菌产生。黄曲霉、寄生曲霉等也能产生。这些产毒霉菌普遍存在于土壤、农作物和动物的饲草、饲料中，动物食入含杂色曲霉毒素的饲草或饲料即可引起中毒。杂色曲霉毒素是一类化学结构相似的化合物，已确定的有 10 种以上，与黄曲霉毒素的化学结构相似。在紫外线下呈现砖红色荧光。^{14}C 示踪技术证实杂色曲霉毒素可转变成黄曲霉毒素 B_1。

【中毒机制】杂色曲霉毒素具有肝毒性，其发病机制尚不清楚。据报道，动物急性中毒病变以肝、肾坏死为主，肝小叶坏死部位因染毒途径不同而异。口服染毒后主要表现肝小叶中央部位坏死，腹腔染毒后出现肝小叶周围坏死。慢性中毒可引起原发性肝癌、肝硬化、肠系膜肉瘤、横纹肌肉瘤、血管肉瘤和胃鳞状上皮增生等。

【临床症状】

1. 马属动物　多在采食霉败糜草后 10～20d 出现中毒症状。病初精神沉郁，饮食欲减退，以后废绝，进行性消瘦。结膜初期潮红、充血，后期黄染。一般 30d 后症状严重，出现神经症状如头顶墙，无目的徘徊。尿少色黄，粪球干少，表面有黏液。体温一般不升高，少数病例濒死前体温升高达 40℃以上。

2. 绵羊、山羊　均可患病，羔羊易感，多为亚急性。一般在采食霉败饲料 7d 后发病，精神委顿，食欲不振，消瘦。随着病情的发展出现结膜潮红、巩膜黄染，虚弱，腹泻，尿黄或红，病程 10～30d。2 月龄以下的羔羊发病多，病死率高。1.5 岁以上羊也发病，但很少有死亡。

实验室检查，尿胆红素阳性，血清凡登白试验阳性。幼畜死亡率高于成年家畜。

【防治】本病只能根据病情对症治疗，无特效疗法。首先应停止喂食霉败饲草，给予易消化的青绿饲料和优质干草。使役家畜应充分休息，保持环境安静，避免外界刺激。

药物治疗主要在于增强肝脏解毒机能，恢复中枢神经机能，防止继发感染。可选用高渗葡萄糖溶液和维生素 B_1 静脉注射，也可口服肝泰乐、肌苷片等。病畜兴奋不安时，可用 10％安溴注射液或水合氯醛。防止继发感染可用抗生素和磺胺类药物。

防止饲草饲料发霉和不饲喂已发霉的饲草饲料是杜绝家畜发生本病的根本措施。收割后饲草饲料要充分晒干，然后堆放于通风、地面水流通畅的地方，严禁雨淋。

第五节　单端孢霉毒素中毒（猪、禽）

单端孢霉毒素中毒是指动物采食被单端孢霉毒素污染的饲草饲料，引起的以呕吐、下痢等消化机能障碍为特征的一种中毒病。此外，动物和人接触还会引起皮肤过敏、厌食和流产等症状。本病为人兽共患病，以猪多发，家禽次之，牛、羊等反刍动物发生较少。

【病因】单端孢霉毒素又称单端孢霉烯族化合物，属于镰刀菌毒素族。这类毒素包括 40 多种结构类似的化合物，由自然产物提纯鉴定的只有 20 种，共同特点为具有倍半萜烯结构，13-环氧基是其毒性的化学结构基础，能引起动物中毒的毒素主要是 T-2 毒素。其产毒霉菌主要是镰刀菌属各产毒菌种（株），如梨孢镰刀菌、三隔（线）镰刀菌、尖镰刀菌、黄色镰刀菌等。

饲料一旦被 T-2 毒素污染，可在饲料中无限期地持续存在。由于家畜采食被 T-2 毒素污染的玉米、麦类等饲料，而引起中毒性疾病。

【中毒机制】T-2 毒素的主要靶器官是肝脏和肾脏，对各种动物的损害主要表现以下几个方面。

T-2 毒素对皮肤和黏膜具有直接刺激作用，可引起口腔、食道、胃肠道烧灼，造成口、唇、肠黏膜溃疡与坏死。T-2 毒素对骨髓造血功能有较强的抑制作用，并可导致骨髓造血组织坏死，引起血细胞特别是白细胞减少。T-2 毒素引起凝血功能障碍，其被吸收进入血液后产生细胞毒作用，损伤血管内皮细胞，破坏血管壁的完整性，使血管扩张、充血、通透性增高，T-2 毒素还可使血小板再生、血小板凝聚和释放功能发生障碍，引起全身各组织器官出血。此外，T-2 毒素抑制细胞免疫和影响胎儿发育。

【临床症状】病初表现厌食，体温下降，胃肠机能障碍，腹泻，生长停滞，消瘦。随着病情的发展，后期由于各脏器发生广泛性出血，可能伴有血便和血尿，易继发其他疾病。由于畜禽种类、年龄和毒素剂量的不同，其临床症状也有差异。

1. 猪　急性中毒时，一般在采食后 1h 左右发病，表现拒食，呕吐，精神不振，步态蹒跚。接触污染饲料的唇、鼻周围皮肤发炎、坏死、口腔、食道、胃肠黏膜出现炎性病变，临床上多表现为流涎、腹泻及出血性胃肠炎症状。慢性病例，多数表现生长发育缓慢，形成僵猪，多伴有慢性消化不良和再生障碍性贫血。

2. 家禽　食欲减退或废绝，鸡冠和肉垂色淡或青紫。姿势异常，如垂头，闭眼，羽毛竖起，翅膀展开，知觉迟钝。特别是 1～7d 的雏鸡、肉用仔鸡常出现腿置于背侧不收回，丧失自主性运动。成年鸡产蛋率降低，肉用鸡增重减慢，急性中毒于采食含毒饲料后 3h 到 3d 发病；慢性多在 5～8d 发病，多数经过 20d 死亡。

【防治】本病无特效解毒疗法，当怀疑 T-2 毒素中毒时，应停止喂食霉败饲料，尽快投服泻剂，以清除胃肠内毒素。同时给予黏膜保护剂和吸附剂，保护胃肠道黏膜。对症治疗可静脉注射葡萄糖溶液、乌洛托品注射液及强心剂等。对出血病例可试用止血剂，如维生素K₃、止血敏、安络血等。

预防本病应抓住以下两个方面。

1. 做好防霉工作　饲料和饲草在田间和贮藏期间易被产毒霉菌污染。因此在生产过程中除加强田间管理、防止污染外，收割后应充分晒干，防止堆积发热、雨淋。贮藏期要勤翻晒、严防受潮、通风良好，以保持其含水量不超过 10%～13%。

2. 去毒或减少饲料中毒素含量　T-2毒素结构稳定，一般经加热、蒸煮和烘烤等处理后（包括酿酒、制糖糟渣等）仍有毒性。去毒或减毒可采取下列方法：

（1）水浸去毒　1份毒素污染的饲料加4份水，搅拌均匀，浸泡12h。浸泡两次后大部分毒素可被除掉；或先用清水淘洗污染饲料，再用10%生石灰上清液浸泡12h以上，其间换液3次，捞取，滤干，小火炒熟（温度120℃）。经上述处理饲喂畜禽比较安全。

（2）去皮减毒　毒素往往存在于被污染的谷物表层，可碾去谷物表皮，再加工成饲料就可喂食畜禽。

（3）稀释法　制成混合饲料，减少单位饲料中毒素含量，使其降到安全水平。

第六节　玉米赤霉烯酮中毒（猪）

玉米赤霉烯酮中毒又称F-2毒素中毒，是指动物采食了被玉米赤霉烯酮污染的饲料引起的一种中毒病。临床上以阴户肿胀、乳房隆起和慕雄狂等雌激素综合征为特征。本病主要发生于猪，尤其是3～5月龄的仔猪，牛、羊等反刍动物偶见报道。本病遍布全国各地。

【病因】玉米赤霉烯酮是一种酚的二羟基苯酸内酯，至少有15种衍生物，如玉米赤霉烯醇、8-羟基玉米赤霉烯酮等，统称为赤霉烯酮类毒素。

玉米赤霉烯酮是由禾谷镰刀菌、粉红镰刀菌、拟枝孢镰刀菌等霉菌产生。这些镰刀菌多存在于玉米上，尤其是遭冰雹后的玉米。当玉米中玉米赤霉烯酮的含量超过 1mg/kg 时，甚至有时仅达到 0.1mg/kg，对于猪也能引起雌激素过量分泌症。中毒原因是家畜采食被上述产毒霉菌污染的玉米、大麦、高粱、水稻、豆类，以及青贮饲料、配合饲料等。

【中毒机制】玉米赤霉烯酮具有雌激素样作用，是一种子宫毒，毒性作用与甾醇激素（17-β-雌二醇）的作用相似，可导致动物繁殖机能紊乱。玉米赤霉烯酮的雌性化机制是玉米赤霉烯酮以及它的代谢产物与细胞质中的雌激素受体结合引起发病。玉米赤霉烯酮以及各种诱导物在小鼠子宫组织的细胞质中与 17-β-雌二醇竞争细胞质受体，虽然它与受体的亲和力只不过是雌激素的1/10，但是这些复合体（亲和体）向未成熟子宫细胞核移动，它与正常的雌激素-受体复合体具有同样的生物活性，能够诱导蛋白质合成。对于雌激素受体来说，玉米赤霉烯酮的亲和力比霉菌毒素敏感性高的动物还要高。玉米赤霉烯酮对子宫以及输卵管的雌激素受体亲和力最高的是猪，其次是小鼠和雏鸡。玉米赤霉烯酮可诱发畸胎。

【临床症状】临床上的特征性表现是雌激素综合征或雌激素亢进症。

猪中毒时拒食和呕吐。阴道黏膜瘙痒，阴道与外阴黏膜淤血性水肿，分泌混血黏液，外阴肿大，阴门外翻，往往因尿道外口肿胀而排尿困难，甚至继发阴道脱（占30%～40%）、直肠脱（占5%～10%）和子宫脱。青年母猪，乳腺过早成熟而乳房隆起，出现发情征兆，发情周期延长并紊乱。成年母猪生殖能力降低，多数第一次配种或授精不易受胎（假妊娠）或者每窝产仔头数减少，仔猪虚弱、后肢外展（八字腿）畸形、轻度麻痹、免疫反应性降低。妊娠母猪易发早产、流产、胎儿吸收、死胎或胎儿木乃伊化。公猪和去势公猪，显现雌性化综合征，如乳腺过早成熟似泌乳状肿大，包皮水肿，睾丸萎缩和性欲明显减退，有时还继发膀胱炎、尿毒症和败血症。

玉米赤霉烯酮中毒时的病理变化主要是生殖系统的变化：阴唇和乳腺肿大，乳腺导管发育不全，乳腺间质性水肿；阴道水肿、坏死；子宫颈水肿，细胞增生，并出现鳞状细胞变性，子宫肥大，肌层细胞增生性增厚，子宫角变粗变长，子宫增大，蓄积水肿液。发情前期小母猪，卵巢发育不全，部分卵巢萎缩，常无黄体形成，卵泡闭锁，卵母细胞变性。已配母猪，子宫水肿，卵巢发育不全。公猪睾丸萎缩。

【防治】当怀疑玉米赤霉烯酮中毒时，应立即停喂霉变饲料，改喂多汁青绿饲料，一般在停喂发霉饲料7～15d后中毒症状可逐渐消失，不需药物治疗。

第七节 青霉毒素类中毒

青霉毒素是指由青霉属和曲霉属的某些菌株所产生的有毒代谢产物的总称。青霉毒素中毒是指动物采食了被青霉菌毒素污染的谷类饲料而引起的中毒。其临床症状与病理特征是肝、肾损害，中枢性麻痹，全身出血。各种动物均有发生，以猪和禽类多见。

目前已经发现的青霉毒素有黄绿青霉毒素、岛青霉毒素类、橘青霉毒素、红青霉毒素、皱褶青霉毒素、展青霉毒素、青霉震颤毒素等。

【病因】家畜全价饲料霉变，颜色呈绿色，或用发霉的米糠长期饲喂动物而发生急性或慢性中毒。使用霉变谷豆加工后的副产品喂猪而发生中毒。

【中毒机制】

1. 红青霉毒素 分为红青霉毒素A、B两种，分子式为$C_{26}H_{32}O_{11}$和$C_{26}H_{30}O_{11}$。红青霉毒素B是一种双酐化合物，而红青霉毒素A是红青霉毒素B的还原物，红青霉毒素B的毒性比红青霉毒素A强。红青霉毒素的粗制品中的毒素A对小鼠经口LD_{50}为120～200mg/kg，对猪的致死量为64mg/kg，其纯品小鼠腹腔注射LD_{50}为6.6mg/kg，毒素B为3.0mg/kg；毒素B对大鼠经口LD_{50}为400～500mg/kg，鸡拌料LD_{50}为83mg/kg。这两种毒素均易溶于丙酮、醇类和酯类，而不溶于水。主要损害肝脏和肾脏，毒性作用与黄曲霉毒素相似，不同的是该毒素没有致癌作用。

2. 震颤毒素 属于神经毒。进入动物机体后，主要侵害中枢神经系统，确切的毒理机制尚不清楚。有人认为该毒素能使某种神经介质受到破坏，导致中枢某些特定区域产生兴奋或抑制现象。

3. 展青霉毒素 是一种神经毒。主要作用于机体神经系统，特别是损伤脑、脊髓和坐骨神经干，从而引起感觉和运动机能障碍。在病初表现为兴奋性症状，患畜兴奋，感觉过敏，肌肉震颤和痉挛，特别是横纹肌痉挛。后期处于抑制状态，表现出昏睡、昏迷等。由于呼吸肌、膈肌的痉挛性收缩，临床上出现呼吸浅表、增数。后期由于心力衰竭而引起肺充血及水肿，更加剧了呼吸困难。此外，展青霉毒素能诱发恶性肿瘤，使鸡胚产生畸形。

【临床症状】

1. 红青霉素中毒　主要表现为中毒性肝炎、胃肠炎和全身性出血症状。反刍动物表现精神沉郁，食欲减退或废绝，流涎，可视黏膜黄染，腹痛，腹泻，粪便带血。尿液中混有血液。马属动物除上述症状外在病后期出现痉挛、共济失调等神经机能紊乱，甚至出现昏迷或虚脱。猪表现增重减慢和结肠炎，母猪可发生流产。家禽多呈现生产性能降低、增重减慢和致死性出血综合征。

2. 震颤毒素中毒　中毒的主要临床表现是兴奋增强，共济失调，震颤，眼球突出和呼吸困难。犊牛中毒早期症状为震颤，当病畜受到惊恐或强迫运动时，病情明显加重。四肢无力，多取叉开姿势站立。运动时步态强拘，共济失调，易摔倒。卧地时四肢成游泳样划动。严重者，角弓反张，抽搐，眼球震颤，突出，多突然死亡。有时多尿，瞳孔散大，流泪，流涎，腹泻和呼吸迫促等症状。成年牛发病较少。鸡中毒没有年龄差别，发病时主要表现震颤和共济失调。但1～2周龄的症状最明显。

3. 展青霉毒素中毒　病牛食欲、反刍减少，体温一般在38.5～39℃。病初呼吸浅表、增数，心音增强。对外界刺激反应敏感，当触摸皮肤时，惊恐不安，眼球突出，目光凝视。对音响或有人接近时，表现极度恐惧。全身肌肉特别是肘后肌群痉挛，站立姿势异常，如头颈伸直，腰背拱起，行走无力站立不稳。后肢时时抬举及伸展，膝关节麻痹、弯曲、易于跌倒，倒后极难站起。病情发展到中期，出现呼吸困难，肺泡呼吸音增强，有啰音，鼻腔流出大量白色泡沫状液体，心音减弱且混浊。严重病牛卧地不起，四肢呈游泳状划动，头颈弯向背部，四肢强直。粪软，表面附有大量黏液，个别病例粪便中混有血块。最终由于心力衰竭而死。

【防治】本病无特效药物治疗，一般采取对症治疗。首先停喂发霉饲料，然后使用以下治疗方法：

为解除肌肉强直性痉挛可应用氯丙嗪。增强肝脏的解毒功能，可静脉注射高渗葡萄糖溶液，维生素C、B族维生素制剂，并配合使用肌苷和三磷酸腺苷。促进肾脏的排毒，可使用强心剂和乌洛托品。除此之外应加强饲养和护理，给予富含维生素的青绿饲料和优质干草，供给清洁饮水，保持病畜安静。

可内服鞣酸，或用硫代硫酸钠静脉注射。中毒初期可用盐类泻药排出毒物。静脉输注高渗葡萄糖、维生素C及乌洛托品，以保护肝脏和肾功能。神经症状明显的，可使用氯丙嗪和多巴胺等。

预防本病的关键是饲料贮藏前要干燥，含水量低于12%以下，确保饲料贮藏安全。脱毒可参考黄曲霉毒素的脱毒方法。

第八节　黑斑病甘薯毒素中毒

黑斑病甘薯毒素中毒是由于家畜采食霉烂黑斑病甘薯后，引起的以急性肺水肿、间质性肺气肿、严重呼吸困难以及皮下气肿为特征的一种中毒病，又称黑斑病甘薯中毒或霉烂甘薯中毒，俗称"喘气病"或"喷气病"。临床上以牛多发，羊、猪也可发病。

【病因】黑斑病甘薯的病原是甘薯长喙壳菌和茄病镰刀菌。这些霉菌寄生在甘薯的虫害部位和表皮裂口处。甘薯受侵害后表皮干枯、凹陷、坚实，有圆形或不规则的黑绿色斑块。家畜采食或误食黑斑病甘薯后可引起中毒。黑斑病甘薯毒素是甘薯在霉菌寄生过程中生成的有毒物质。

【中毒机制】黑斑病甘薯中的毒素是甘薯酮及其衍生物。这些毒素具有很强的刺激性，在消化道吸收过程中，导致消化道黏膜下出血和发炎（出血性胃肠炎）。毒素吸收进入肝脏，致肝脏实质细胞肿大，肝功能降低，同时又可引起心脏内膜出血和心肌变性，心包积液；特别是对延脑呼吸中枢的刺激，可使迷走神经机能抑制和交感神经机能兴奋，支气管和肺泡壁长期松弛和扩张，气体代谢障碍导致氧饥饿，发生肺泡气肿，最终肺泡壁破裂，吸进的气体窜入肺泡间质中，造成间质性肺气肿，并由肺基部窜入纵隔，从而又沿纵隔疏松结缔组织侵入颈部和躯干部皮下，形成皮下气肿。毒素作用于丘脑纹状体，可使物质代谢中枢调节机能发生紊乱，影响糖、蛋白质和脂肪的中间代谢过程。胰腺发生急性坏死，胰岛素缺乏，糖原合成受阻，而且能量过分消耗，更促成脂肪的分解，产生大量酮体（即乙酰乙酸、β-羟基丁酸和丙酮）以致发生酮血病（代谢性酸中毒）。

【临床症状】临床表现因动物种类及采食黑斑病甘薯的数量不同而有所不同。

1. 牛　通常在采食后 24h 发病，病初表现精神不振，食欲大减，反刍减少和呼吸障碍等。当急性中毒时，食欲和反刍停止，全身肌肉震颤，呼吸次数可达 80～90 次/min 以上。随着病情的发展，呼吸动作加深而次数减少，呼吸用力致使呼吸音增强。初期多由于支气管和肺泡出血及渗出液的蓄积，不时出现咳嗽。继而发生呼气性呼吸困难。后期肩胛、腰背部皮下（即于脊椎两侧）发生气肿。病牛鼻翼扇动，张口伸舌，头颈伸展，并取长期站立姿势，严重缺氧时，表现可视黏膜发绀，眼球突出，瞳孔散大和全身性痉挛等，多因窒息而死亡。心脏衰弱，脉搏增数。颈静脉怒张，四肢末梢发凉。

2. 羊　主要表现精神沉郁，结膜充血或发绀；食欲、反刍减少或停止，瘤胃蠕动减弱或废绝，脉搏增数达 90～150 次/min，心脏机能衰弱，心音增强或减弱，脉搏节律不齐，呼吸困难。严重者还出现血便，最终因衰竭、窒息而死亡。

3. 猪　表现精神不振，食欲大减，口流白沫，张口呼吸，可视黏膜发绀。心脏机能亢进，节律不齐。肚胀、便秘，粪便干硬发黑，后转为腹泻，粪便中有大量黏液和血液。阵发性痉挛，运动失调，步态不稳。重剧病猪出现神经症状，最后抽搐死亡。

急性中毒经 2～5 d，多因窒息死亡。慢性中毒由于能采食少量饲料，经及时治疗，可能康复。但有的在 9～10 d 后体温突然升高，心力衰竭，这种病例预后不良。

【防治】治疗原则是排除体内毒物，缓解呼吸困难，提高肝脏解毒和肾脏排毒机能。

1. 排除毒物　早期可采取洗胃、内服泻剂或氧化剂。可用清洁温水、0.1%～0.5%的高锰酸钾溶液或 0.5%～1%双氧水洗胃。内服盐类泻剂，如硫酸钠、硫酸镁、人工盐等。中后期对于严重病例，可进行静脉放血，使毒物随血液排出。放血后静脉注射等量的复方生理盐水、生理盐水或葡萄糖氯化钠溶液等。对重危病畜可在放血后输血，放血前肌内注射强心剂，以预防因放血而导致心脏衰竭。

2. 提高肝脏解毒和肾脏排毒机能　可静脉注射 5%～10%硫代硫酸钠或维生素 C。解除代谢性酸中毒可应用 5%碳酸氢钠溶液，静脉注射。对于肺水肿病例，还可用 20%葡萄糖酸钙或 5%氯化钙，缓慢静脉注射，同时给予利尿剂和脱水剂，以增强肾脏的排毒作用。

3. 根本措施是消灭黑斑病病原菌，防止甘薯感染发病 为此，可用杀菌剂浸泡种薯；在收获甘薯的过程中，要力求薯块完整，勿伤薯皮；贮藏和保管时，要保持干燥和密封，温度应控制在11~15℃；已发生霉变的黑斑病甘薯，禁止乱扔乱放，应集中烧毁或深埋，以免病原菌传播；禁止用病甘薯及其加工后的副产品饲喂家畜。

第十四单元 矿物类及微量元素中毒★★★★

第一节　无机氟化物中毒

无机氟化物中毒是指无机氟经消化道或（和）呼吸道连续摄入，在体内长期蓄积所引起的全身器官和组织的毒性损害的急、慢性中毒的总称。急性氟中毒以胃肠炎、呕吐、腹泻和肌肉震颤、瞳孔扩大、虚脱死亡为特点；慢性氟中毒又称氟病，最为常见，是因长期连续摄入超过安全限量的无机氟化物引起的一种以骨、牙齿病变为特征的中毒病，常呈地方性群发，主要见于犊牛、牛、羊、猪、马和禽。

【病因】急性氟中毒主要是动物一次食入大量氟化物或氟硅酸钠而引起中毒，常见于动物用氟化钠驱虫时用量过大。慢性氟中毒是动物长期连续摄入少量氟而在体内蓄积所引起的全身器官和组织的毒性损害。常见原因有：

1. 地方性高氟 如火山喷发地区，冰晶石矿、磷矿地区，温泉附近，土壤中含氟量高，牧草、饮水含氟量亦高，达到中毒水平。

2. 工业氟污染 利用含氟矿石作为原料或催化剂的工厂（磷肥厂、陶瓷厂、氟化物厂等），未采取除氟措施，随"三废"排出的氟化物污染周围空气、土壤、牧草及地表水，其中含氟废气与粉尘污染较广，危害最大。

3. 不良饲料添加剂 长期用未经脱氟处理的过磷酸钙作畜禽的矿物质添加剂，亦可引起氟中毒。偶有乳牛因饲喂大量过磷酸盐以及猪用氟化钠驱虫用量过大引起的急性无机氟中毒。

【中毒机制】氟是一种对细胞有毒害作用的原生质毒物。过量氟进入体内会产生明显的毒害作用，主要损害骨骼和牙齿，呈现低血钙、氟斑牙和氟骨症等一系列表现；还会导致各个组织器官结构和功能的改变。

1. 胶原纤维损害是氟病最基本的病理过程 骨骼和牙齿内的胶原纤维分别由成骨细胞和成牙质细胞分泌，磷灰石晶体沿胶原纤维固位。氟化物可使成骨细胞和成牙质细胞代谢失调，合成蛋白质和能量的细胞器受损，合成的胶原纤维数量减少或质量缺陷。矿物晶体沉积在这样的胶原上，从而出现骨和牙的各种病理变化。另外，由于骨盐只能在磷酸化的胶原上沉积，而氟可抑制磷酸化酶，使胶原的磷酸化受阻，从而导致骨骼矿化过程障碍。

2. 氟对牙釉质、牙本质及牙骨质造成损害 氟作用于发育期（即齿冠形成钙化期）的成釉质细胞，使其分泌、沉积基质及其后的矿化过程障碍，导致釉质形成不良，釉柱排列紊乱、松散，中间出现空隙，釉柱及其基质中矿物晶体的形态、大小及排列异常，釉面失去正常光泽。严重中毒时，成釉质细胞坏死，造釉停止，导致釉质缺损，形成发育不全的斑釉（氟斑牙）。氟对牙本质的损害表现为钙化过程紊乱或钙化不全，牙齿变脆，易磨损。病牛牙齿磨片镜检发现，釉质发育不良，表面凹凸不平，凹陷处有色素沉着，钙化不全；牙本质小管靠近髓腔四周有局灶性断裂，断裂处出现空洞样坏死区。

3. 氟可使骨盐的羟基磷灰石结晶变成氟磷灰石结晶，其非常坚硬且不易溶解 大量氟磷灰石形成是骨硬化的基础。由于氟磷灰石的形成使骨盐稳定性增加，加之氟能激活某些酶使造骨活跃，导致血钙浓度下降，引起继发性甲状旁腺机能亢进，使破骨细胞活跃，骨吸收增加。因此，病畜表现骨硬化和骨疏松并存的病理变化。

4. 氟对细胞的毒性 表现在氟化物对细胞膜和原生质均有毒害作用，氟能使蛋白质和DNA合成下降，抑制DNA聚合酶的活性，使DNA的切除修复功能受损，DNA前体的磷酸化过程受到明显影响。

5. 氟对体内许多酶都具有毒性作用 高氟可抑制烯醇化酶，使糖代谢障碍；抑制骨磷酸化酶，影响钙磷代谢；破坏胆碱酯酶，影响神经传导功能。氟还可使肝琥珀酸脱氢酶、三磷酸腺苷酶、碱性磷酸酶活性降低。氟对酶的毒性作用与氟的浓度、作用时间长短以及酶的结构等因素有关。

6. 氟和氟化物可导致机体细胞免疫和体液免疫出现异常 另外，氟对肝脏、肾脏和内分泌腺都有一定的损害作用。

【临床症状】氟中毒在临床上主要表现为急性或慢性中毒，以慢性中毒最为常见。

1. 急性氟中毒 实质上是一系列腐蚀性中毒的表现。一般在食入半小时后出现症状。一般表现为流涎、呕吐、腹痛、腹泻，呼吸困难，肌肉震颤、阵发性强直痉挛，严重时虚脱而死。有时动物粪便中带有血液和黏液。

2. 慢性氟中毒 常呈地方性群发，当地出生的放牧家畜发病率最高。病畜异嗜，生长发育不良，主要表现牙齿和骨骼损害有关的症状，且随年龄的增长而病情加重。

（1）**氟斑牙** 牙齿的损害是本病的早期特征之一，牙面、牙冠有许多白垩状、黄、褐以至黑棕色、不透明的斑块沉着。表面粗糙不平，齿釉质碎裂，甚至形成凹坑，色素沉着在孔内，牙齿变脆并出现缺损，病变大多呈对称发生，尤其是门齿，具诊断意义。

（2）**氟骨症** 骨骼的变化随着体内氟蓄积而逐渐明显，颌骨、掌骨、肋骨等呈现对称性的肥厚，骨变形，常有骨赘。有些病例面骨也肿大，肋骨上出现局部硬肿。管骨变粗，有骨赘增生；腕关节或跗关节硬肿，甚至愈着，患肢僵硬，蹄尖磨损，有的蹄匣变形，重症起立困难。有的病例可见盆骨和腰椎变形。临床表现背腰僵硬，跛行，关节活动受限制，骨强度下降，骨骼变硬、变脆，容易出现骨折。病羊很少出现跛行及四肢骨、关节硬肿症状。

【防治】急性氟中毒应及时抢救，小家畜可灌服催吐剂，内服蛋清、牛奶、浓茶等。各种动物均可用0.5%氯化钙或石灰水洗胃，也可静脉注射葡萄糖酸钙或氯化钙，以补充体内钙的不足。也可配合维生素 D、维生素 B_1 和维生素 C 治疗。慢性中毒的治疗较困难，首先要停止摄入高氟牧草或饮水。转移动物至安全牧区放牧是最经济和有效办法，并给予富含维生素的饲料及矿物质添加剂，修整牙齿。对跛行病畜，可静脉注射葡萄糖酸钙。

预防主要是根治"三废"，减少氟的排放，对废气、废水中氟做无害化处理。在高氟污染区，应饮用深井水，给予优质饲料、饲草，可以减轻环境高氟带来的损害。

第二节　食盐中毒

食盐中毒

食盐中毒是在动物饮水不足的情况下，因摄入过量的食盐或含盐饲料所引起的以消化紊乱和神经症状为特征的中毒性疾病。主要的病理学变化为嗜酸性粒细胞性脑膜炎。食盐中毒可发生于各种动物，常见于猪和家禽，其次是牛、羊、马。除食盐外，其他钠盐如碳酸钠、丙酸钠、乳酸钠等亦可引起与食盐中毒一样的症状，因此也可称为"钠盐中毒"。

【中毒机制】钠盐中毒的确切机理还不十分清楚，综合起来有钠离子中毒学说、水盐代谢障碍学说和过敏学说三种。

1. 钠离子中毒学说　该学说从多种钠盐都可引起中毒的角度出发。细胞外钠离子浓度升高，"钠泵"作用不能维持。Na^+ 有刺激 ATP 向 ADP 和 AMP 转化并释放能量，以维持"钠泵"的功能；但大量 AMP 积聚在细胞内，不易被清除。AMP 因缺乏能量不能转化为 ATP，过量的 AMP 还能抑制葡萄糖酵解过程，因而脑细胞能量进一步缺乏，"钠泵"作用难以维系。细胞内钠离子向细胞外液的运送几乎停止，脑水肿更趋严重。

2. 水盐代谢障碍学说　该学说认为当过量的食盐从消化道吸收后，血中钠离子浓度升高，造成高钠血症，大量钠离子通过离子扩散方式进入脑脊髓液中。由于血液和脑脊液中钠离子浓度升高，垂体后叶抗利尿激素分泌增多，尿液减少，血液中水分以及某些代谢产物如尿素、非蛋白氮、尿酸等，也随之进入脑脊液和脑细胞，产生脑水肿，并出现神经症状。因此，中毒初期当血钠浓度升高时，给予大量饮水，促使钠离子经尿排出是有意义的。而在出现神经症状后，再给予大量饮水则使脑水肿加重。

3. 过敏学说　该学说认为在钠离子作用于脑细胞之后，一方面刺激脑细胞并引起神经症状，同时脑细胞释放组胺、5-羟色胺等化学趋向物质，引起嗜酸性粒细胞积聚在血管周围，形成所谓的"袖套"现象，故称之为嗜酸性粒细胞性脑膜脑炎。

【临床症状】食盐中毒主要表现为神经症状和消化紊乱，因动物品种不同有一定差异。

1. 猪　初期表现为极度口渴，黏膜潮红，呕吐，口唇肿胀。由于脑水肿，而呈现神经机能紊乱症状，如兴奋不安，转圈，肌肉痉挛，全身震颤，无目的徘徊，或倒地后四肢呈游泳状划动。该神经症状一般呈周期性发作，少数有持续发作。肌肉痉挛往往从头部开始，逐渐向后抽搐，病猪呈犬坐姿势。抽搐发作时，体温轻度升高。后期，后肢或四肢瘫痪，昏迷不醒，衰竭而死，病程约48h，血液检查可发现嗜酸性粒细胞显著增多（6‰～10‰）。慢性中毒表现为便秘、口渴和皮肤瘙痒，突然暴饮大量水后，引起脑组织和全身组织急性水肿，表现与急性中毒相似的神经症状。

2. 牛　主要表现为食欲废绝，烦渴贪饮，口腔干燥，黏膜充血，腹痛、腹泻，粪便中混有黏液和血液。严重时出现双目失明、后肢麻痹、球节挛缩等症状，后期卧地不起，多于

24h 内死亡。慢性中毒时主要表现食欲减退，体重减轻，体温下降，衰弱，有时腹泻，多因衰竭而死亡。

3. 鸡 表现口渴，嗉囊积液，口、鼻流黏液，常发生下痢，呼吸困难，痉挛，头颈扭曲（前庭神经损害）。最终腿、翅麻痹死亡。雏鸭可见不断鸣叫，站立不稳，头向后仰，有时身体后翻，胸腹朝天，两脚在空中前后交替摆动，头颈不断扭曲。

4. 犬 主要表现为共济失调，肌肉震颤，视力障碍及腹泻。

【防治】尚无特效解毒药。治疗要点为排钠利尿，恢复阳离子平衡和对症治疗。

首先应停喂停饮含盐饲料及饮水。中毒早期可多次给予少量清水或灌服适量的温水，较好的方法是催吐、洗胃，然后用植物油或液体石蜡导泻，以减少氯化钠吸收，促使其排出，但禁用盐类泻剂。发作期禁止饮水。为了调节体液一价、二价阳离子平衡，可静脉注射钙制剂，拮抗高血钠。缓解脑水肿，降低颅内压，可静脉注射 25% 山梨醇、20% 甘露醇或高渗葡萄糖液。镇静解痉，可肌内注射盐酸氯丙嗪注射液或安定注射液，亦可静脉注射硫酸镁注射液或溴化钙注射液。

畜禽日粮中添加食盐总量应占日粮的 0.3%～0.8%，或以每千克体重补饲食盐 0.3～0.5 g，以防因盐饥饿引起对食盐的敏感性升高。在饲喂盐分较高的饲料时，在严格控制用量的同时供以充足的饮水。

第三节 铅 中 毒

铅中毒是指动物摄入过量的铅化合物或金属铅所引起的以神经机能紊乱和胃肠炎症状为特征的一种中毒病。各种动物均可发生，反刍动物最为敏感，特别是幼畜和怀孕动物更易发生，猪和鸡对铅的耐受性大。

【中毒机制】铅可透过血脑屏障，引起脑血管扩张，脑脊液压力升高，发生脑水肿和灶性坏死，外周神经纤维发生脱髓鞘现象，此外，尚能引起神经递质含量和酶活性的改变，引起神经机能障碍。铅可引起平滑肌痉挛，胃肠平滑肌痉挛，出现腹痛、腹泻，小血管平滑肌痉挛，组织供血不足，发生变性坏死。肾脏是主要受侵害器官，表现为肾小管变性坏死，出现蛋白尿、血尿，严重时表现为氮质血症、高尿酸血症和肾小球硬化。铅能抑制 δ-氨基乙酰丙酸脱水酶和铁螯合酶，影响血红素合成，同时，能增加红细胞膜的脆性，导致红细胞形成障碍和破坏过多，出现贫血。铅能通过胎盘屏障，引起胎儿畸形、流产。此外，铅还能引起致畸、致癌和致突变等。

【临床症状】动物铅中毒的主要临床表现是兴奋狂躁、感觉过敏、肌肉震颤等脑病症状；失明、运动障碍、轻瘫以至麻痹等神经性症状；腹痛、腹泻等胃肠炎症状以及低色素型小细胞性贫血或正色素型正细胞性贫血。

1. 牛 急性铅中毒主要见于犊牛，病牛表现兴奋狂躁，攻击人畜；视觉障碍以至失明；对触摸和声音等感觉过敏；全身肌肉震颤，步态僵硬、蹒跚，直至死亡，病程 12～36h。亚急性铅中毒多见于成年牛，除上述临床表现外，胃肠炎症状较突出。病牛精神沉郁、呆立、饮食欲废绝、前胃弛缓，先便秘而后腹泻，排恶臭的稀粪，病程 3～5d。

2. 羊 以亚急性铅中毒居多，其临床表现与牛的亚急性铅中毒相似，神经症状较轻。消化系统症状更明显，食欲废绝，初便秘后腹泻，腹痛，流产，偶发兴奋或抽搐。慢性中毒主要表现精神沉郁，视力下降，贫血，运动障碍，后肢轻瘫或麻痹。

3. 猪　大剂量摄入铅可引起食欲废绝、流涎，腹泻带血，失明，肌肉震颤等。妊娠母猪可能流产。

4. 家禽　表现为食欲减退和运动失调，继而兴奋和衰弱。产蛋量和孵化率降低。

5. 犬和猫　表现厌食，呕吐，腹痛，腹泻或便秘，咬肌麻痹。有的流涎，肌肉震颤，共济失调，惊厥，失明等。

【防治】急性铅中毒常来不及救治而死亡。若发现较早，可采取催吐、洗胃、导泻等急救措施，并及时应用巯基络合剂类特效解毒药。慢性铅中毒则可用特效解毒药为乙二胺四乙酸二钠钙，剂量为每千克体重 110mg，配成 12.5% 溶液或溶于 5% 葡萄糖盐水 100～500mL，静脉注射，每日 2 次，连用 4d 为一疗程。同时灌服适量硫酸镁等盐类缓泻剂有较好效果。

防止动物接触含铅的油漆、涂料。在工业环境铅污染区，加大治理污染的力度，减少工业生产向环境中铅的排放是预防环境对动物危害的根本措施。严禁动物在铅污染的厂矿周围放牧。另外，在铅污染区给动物补硒，可明显减轻铅对动物组织器官机能和结构的损伤。

第四节　砷 中 毒

砷中毒是指有机和无机砷化合物进入机体后释放砷离子，引起的以消化功能紊乱、实质性脏器和神经系统损害为特征的一种中毒病。砷化物可分为无机砷和有机砷化物两大类，无机砷化物比有机砷化物毒性强。常见的无机砷化物有三氧化二砷（俗称砒霜）、砷酸钠、亚砷酸钠、砷酸铅等；有机砷化物有甲基胂酸锌（稻谷青）、乙酰亚胂酸铜（巴黎绿）、甲基胂酸钙（稻宁）、甲基胂酸铁铵（田安）等。

【中毒机制】砷制剂通过消化道对胃肠有直接的腐蚀作用，吸收后造成毛细血管通透性增加，血浆及血液外渗，使黏膜和肌层分离剥脱，胃肠壁出血、水肿和炎症。砷制剂接触皮肤后，高浓度仅会造成局部腐蚀性坏死，而低浓度则易被迅速吸收而引起全身中毒。砷制剂为原生质毒，可抑制酶蛋白的巯基，使其丧失活性，阻碍细胞的氧化和呼吸作用，导致组织、细胞死亡。砷也能损害神经细胞，引起广泛性的神经性损害。

【临床特点】

1. 最急性中毒　一般看不到任何症状而突然死亡，或者病畜出现腹痛，站立不稳，虚脱，瘫痪以至死亡。

2. 急性中毒　多在采食后数小时发病，反刍动物可拖延至 20～50 h 发生，主要呈现重剧胃肠炎症状和腹膜炎体征。病畜表现腹痛不安、呕吐、腹泻、粪便恶臭、口腔黏膜潮红、肿胀、齿龈呈黑褐色，有蒜臭样砷化氢气味；随病程进展，病畜兴奋不安、反应敏感，随后转为沉郁、衰弱乏力、肌肉震颤、共济失调、呼吸迫促、脉搏细数、体温下降、瞳孔散大，经数小时至 1～2d，由于呼吸或循环衰竭而死亡。

3. 亚急性中毒　表现以胃肠炎为主，病畜腹痛，厌食，口渴喜饮，腹泻，粪便带血或有黏膜碎片。初期尿多，后期无尿，脱水，反刍动物出现血尿或血红蛋白尿。心率加快，脉搏细弱，体温下降，后肢末梢冰凉，后肢偏瘫。后期出现肌肉震颤、抽搐等神经症状，最后因昏迷死亡。一般病畜可存活 2～7d。

4. 慢性中毒 主要表现为消化机能紊乱和神经功能障碍等症状。病畜表现食欲、反刍减退，生长发育停止，渐进性消瘦，被毛粗乱、逆立，容易脱落。可视黏膜潮红，结膜与眼睑浮肿。病畜便秘与腹泻交替，粪便潜血阳性。四肢乏力，甚至麻痹，皮肤感觉减退。牛、羊剑状软骨部有疼痛感，偶见有化脓性蜂窝织炎。乳牛产乳量显著减少，孕畜流产或死胎。猪和羊慢性有机砷中毒，临床仅表现神经症状。

【防治】 急性中毒时，首先应用 20g/L 氧化镁液或 1g/L 高锰酸钾液，或 50～100g/L 药用炭液，反复洗胃；防止毒物进一步吸收，可将 40g/L 硫酸亚铁液和 60g/L 氧化镁液等量混合，振荡成粥状，每 4h 灌服一次，也可使用硫代硫酸钠溶于水中灌服；应用巯基络合剂；实施补液、强心、保肝、利尿、缓解腹痛等对症疗法。为保护胃肠黏膜，可用黏浆剂，但忌用碱性药，以免形成可溶性亚砷酸盐而促进吸收，加重病情。

严禁在喷洒过含砷农药的地边、田埂和下风地段放牧，处理好用农药拌过的种子，以防动物误食；医用砷制剂，应注意用法、用量以避免动物中毒；积极治理工业企业引起的砷环境污染，一般认为，土壤砷含量不应超过 40mg/kg，饮水砷含量不得超过 0.5mg/L。

第五节 汞 中 毒

汞中毒是指动物食入汞及其汞化合物或吸入汞蒸气进入机体后成为汞离子，刺激局部组织并与多种含巯基的酶蛋白结合，阻碍细胞的正常代谢，从而引起以消化、泌尿、呼吸和神经系统症状为主的中毒性疾病。各种家畜对汞制剂的敏感性差异较大，以牛、羊最敏感，家禽和马属动物次之，猪的耐受性最强。

【中毒机制】 汞制剂对接触的皮肤和黏膜具有强烈的刺激腐蚀作用。由于汞制剂具有同蛋白质结合的性质，其所释放的汞离子能损害微血管壁，凝聚蛋白成分，对局部有强烈的刺激作用。当汞剂经皮肤、消化道或呼吸道侵入畜体时，可分别引起皮肤炎、胃肠炎或支气管肺炎，乃至肺水肿；当汞经肾脏、结肠和唾液腺排泄时，会造成重剧的肾病、结肠炎以及口黏膜溃烂。

汞制剂易溶于类脂质，排泄速度很慢，常大量沉积于神经组织内，造成脑和末梢神经的变性；汞能与体内含巯基酶类的巯基结合，使之失去活性，使几乎所有的组织细胞都受到不同程度的损害。如汞与金属硫蛋白结合形成的复合物达一定量时，可引起上皮细胞损伤，血管上皮损伤可产生出血，肾小管上皮损伤可产生肾功能衰竭，肠上皮损伤可出现下痢、出血、疝痛等症状。

【临床特点】 因吸入汞蒸气而中毒者主要表现为咳嗽、流泪、流鼻液、呼出气恶臭、呼吸迫促或困难，肺部听诊有广泛的捻发音、干性和湿性啰音；因误食而发生者主要表现流涎、腹泻、腹痛等胃肠炎症状。几天后，出现肾病症状和神经症状，病畜背腰拱起，排尿减少，尿中含大量蛋白，有的排血尿，尿沉渣检验有肾上皮细胞和颗粒管型；出现肌肉震颤、共济失调，有的后躯麻痹，最后多在全身抽搐状态下死亡。

慢性汞中毒最常见，以神经症状为主。病畜食欲减退，持续腹泻，呈渐进性消瘦，皮肤瘙痒，口唇黏膜红肿溃烂，精神沉郁，头颈低垂，肌肉震颤，口角流涎，有的发生咽麻痹而不能吞咽。后期出现步态蹒跚、共济失调，甚至后躯轻瘫，不能站立，最后多陷于全身抽搐，病程常拖延数周。

【防治】停喂可疑饲料和饮水，禁喂食盐，因食盐可促进有机汞溶解，使其与蛋白结合而增加毒性。及时使用解毒剂，以达到排除汞的目的。

1. 巯基络合剂　5％二巯基丙磺酸液每千克体重 5～8mg 肌内或静脉注射，首日 3～4 次，次日 2～3 次，第 3～7 天各 1～2 次，停药数日后再进行下一疗程；或用 5％～10％二巯基丁二酸钠液，每千克体重 20mg 缓慢静脉注射，每日 3～4 次，连续 3～5 d 为一疗程，停药数日后再进行下一疗程。

2. 硫代硫酸钠　马、牛 5～10g，猪、羊 1～3g，常用 5％溶液口服或静脉注射。

3. 对症治疗　可先用 B 族维生素、维生素 C、细胞色素和辅酶 A 等药物，配合强心、镇静、补液等对症和辅助性治疗，有助于提高疗效。

应严格防止工业生产中汞的挥发和流失，从严治理工业"三废"带来的环境汞污染。医用汞制剂在使用时应严格控制剂量和避免滥用，以防动物过多接触而舔食中毒。严禁生产和应用汞农药。

第六节　钼中毒

钼中毒是指动物摄入含钼量过高的饮水或饲料物，引起以持续性腹泻和被毛褪色为特征的中毒病。钼过量常与铜缺乏同时发生，因而一般认为钼中毒是由于动物采食高钼饲料引起的继发性铜缺乏症。在自然条件下，该病仅发生于反刍动物，牛比羊易感，水牛的易感性高于黄牛。

【中毒机制】反刍动物钼中毒主要是由于钼干扰机体内铜的吸收和代谢。饲料在瘤胃中发酵产生 H_2S，与钼酸盐作用，形成一硫、二硫、三硫和四硫钼酸盐的混合物，并与饲料中铜形成"铜-钼-硫-蛋白质复合物"，妨碍铜的吸收。硫钼酸盐还可封闭小肠内铜的吸收部位，并在肠道形成硫钼酸铜，使铜的吸收率明显下降。当钼酸盐被吸收入血液后，可激活血浆白蛋白上的铜结合簇，使铜、钼、硫与血浆白蛋白间紧密结合，一方面可使血浆铜浓度上升，另一方面妨碍肝组织对铜的利用。血液中的硫钼酸盐可进入到肝细胞核、线粒体及细胞质，与细胞质内蛋白质结合，影响与金属硫蛋白（MT）结合的铜，使它离开金属硫蛋白。从 MT 剥离的铜可进入血液，增加了血浆蛋白结合铜的浓度，或直接进入胆汁使铜从粪便中排泄的量增加，使体内铜逐渐耗竭，产生铜缺乏症。铜缺乏所致的含铜酶活性降低是本病发生的基础。

【临床特点】动物采食高钼饲草 1～2 周后则可出现中毒症状，最早出现的特征性症状是严重而持续性地腹泻，排出粥样或水样的粪便，并混有气泡。同时表现体重减轻、消瘦，皮肤发红，被毛粗糙而竖立，黑毛褪色变为灰色，深黄色毛变为浅黄色毛。眼周围特别明显，像戴眼镜一样。关节疼痛，腿和背部明显僵硬，运动异常。产乳量下降，性欲减退或丧失，繁殖力降低。慢性钼中毒时还常见骨质疏松、易骨折、长骨两端肥大、异嗜等。

绵羊钼中毒，表现轻度下泻，被毛褪色、卷曲度消失、质量下降。羔羊可出现严重运动失调、失明，典型背部凹陷特征。

【防治】注射或内服铜制剂是治疗缺铜性钼中毒的有效方法，成年牛 2g/d，犊牛和成年羊 1g/d，溶于水中内服，连续 4d 为一个疗程。或用甘氨酸铜注射液肌内或皮内注射，犊牛 60mg，成年牛 120mg，有效期 3～4 个月。

预防主要应注意以下几个方面：重视工业钼污染对人畜的危害，治理污染源，避免土壤、牧草和水源的污染；对土壤高钼地区，可进行土壤改良，降低地下水位以减少饲草对钼的吸收，也可施用铜肥减少植物钼的吸收，增加植物铜的含量；在饲草含钼高的地区，可在日粮中补充硫酸铜；放牧地区可采取高钼与低钼草地定期轮牧的方式。

第七节　铜中毒

铜中毒是指动物摄入过量的铜而发生的以腹痛、腹泻、肝功能异常和贫血为特征的一种中毒病。反刍动物较易发生，其中以羔羊对过量铜最敏感，其次是绵羊、山羊、犊牛、牛等。猪、犬、猫也时有发生铜中毒的报告。

【中毒机制】动物在短时间内摄入大量铜盐，对胃肠黏膜产生直接刺激作用，引起急性胃肠炎、腹痛、腹泻。高浓度铜在血浆中可直接与红细胞表面蛋白质作用，引起红细胞膜变性、溶血。肝脏是体内贮存铜的主要器官，动物长期摄入过量铜，吸收后在肝脏大量贮存而发生慢性中毒，大量铜可集聚在肝细胞的细胞核、线粒体及细胞质内，使亚细胞结构损伤。在溶血危象发生前几周出现肝功能异常，天门冬氨酸氨基转移酶、精氨酸酶等活性升高，当肝内铜积累到一定程度，在某些诱因作用下，肝细胞内铜迅速释放入血，血浆铜浓度大幅升高，导致红细胞变性，红细胞内海蒽次氏（Heinz）小体生成，溶血，体况迅速恶化，并死亡。肾脏是铜贮存和排泄的器官，溶血危象出现后，会产生肾小管坏死和肾功能衰竭。

【临床特点】羊急性铜中毒时，主要表现剧烈腹痛、腹泻、惨叫，频频排出稀水样粪便，有时排出淡红色尿液；猪、犬可出现呕吐，粪及呕吐物中含绿色至蓝色黏液，呼吸增快，脉搏频数；后期体温下降，虚脱，休克，在3～48 h内死亡。慢性铜中毒，早期表现肝、肾铜含量大幅度升高、体增重减慢；中期表现肝功能明显异常，天冬氨酸氨基转移酶、精氨酸酶和山梨醇脱氢酶活性迅速升高，血浆铜浓度也逐渐升高，但精神、食欲变化轻微，此期因动物个体差异，可维持5～6周；后期，动物表现烦渴，呼吸困难，极度干渴，卧地不起，血液呈酱油色，血红蛋白浓度降低，可视黏膜黄染，红细胞形态异常，红细胞内出现Heinz小体，血细胞比容极度下降。血浆铜浓度急剧升高1～7倍，病羊可在1～3 d内死亡。

【防治】首先，应停止铜供给，采食易消化的优质饲料。急性铜中毒的羊可用三硫（或四硫）钼酸钠溶液静脉注射。按每千克体重0.5mg钼，稀释成100mL溶液，缓慢静脉注射，3h后，根据病情可再注射一次。对亚临床铜中毒及经硫钼酸盐抢救已经脱离溶血危象的急性中毒动物，按每日日粮中补充100mg钼酸铵和1g无水硫酸钠或0.2%的硫黄粉，拌匀饲喂，连续数周，直至粪便中铜降至接近正常时为止。

在高铜草地放牧的羊，可在精料中添加7.5mg/kg的钼、50mg/kg的锌及0.2%的硫，这样不仅可预防铜中毒，而且有利于被毛生长。猪、鸡饲料中补充铜时应充分拌匀，同时应补充锌100mg/kg、铁80mg/kg，可减小铜中毒发生的概率。

第八节　镉中毒

镉中毒是指动物长期摄入大量的镉后引起的以生长发育缓慢，肝脏和肾脏损害，贫血，以及骨骼变化为主要特征的一种中毒病，多呈慢性中毒，或为亚临床经过。动物镉中毒主要发生在环境镉污染地区，常见于放牧的牛、羊和马等。

【中毒机制】肝脏是镉急性中毒损伤的主要靶器官，镉很快聚集于肝脏，引起肝脏脂质过氧化及产生大量自由基，抑制抗氧化酶的活力，造成细胞严重损伤；镉与蛋白质有高度的亲和力，可使多种酶的活性受到影响，从而引起组织、细胞变性、坏死；镉与 γ-球蛋白结合使动物的免疫力降低；镉能强烈地干扰锌、铁、铜、钙、硒等的吸收或在组织中的分布，产生相应的缺乏症；镉对肾也会产生一定的损伤，在肝脏形成的 Cd-MT 在肾小管细胞中降解、分离，释放出游离的镉并产生毒性作用，主要危及肾近曲小管，严重时损及肾小球；镉还有致癌作用，可以引起肺、前列腺和睾丸的肿瘤；镉还可引起骨质疏松、软骨症和骨折，镉对骨骼的影响继发于肾损伤，肾脏对钙、磷的重吸收率下降，维生素 D 代谢异常，镉也可损伤成骨细胞和软骨细胞；镉对人和动物具有胚胎毒和致突变效应，镉可蓄积于胎盘和胎儿，造成胚胎死亡率增加，胎儿发育障碍，增加了胎儿和体细胞的突变数，并且镉是一种遗传毒物；镉可引起雄性动物的生殖障碍，是典型的环境雌激素。

【临床特点】急性中毒出现流涎、呕吐、腹痛、腹泻等症状，硬脑膜下出血和睾丸损伤，严重时血压下降，虚脱而死。慢性中毒一般无特征性的临床表现，且因动物品种不同而有一定差异，绵羊主要表现精神沉郁，被毛粗乱无光泽，食欲下降，黏膜苍白，体重下降。严重者下颌间隙及颈部水肿，血液稀薄；猪生长缓慢，皮肤及黏膜苍白，其他症状不明显；水牛镉中毒时，表现贫血，消瘦，皮肤发红；另外，镉中毒时雄性动物出现睾丸萎缩、坏死，母畜不孕或出现死胎，影响繁殖机能。

【防治】尚无特效解毒药。主要用依地酸二钠钙或巯基络合剂，也可采用提高饲料中蛋白质比例，增加钙、锌、硒等的供给量来限制镉在体内沉积。目前有试验表明，硒制剂能有效地促使体内沉积镉的排泄。

预防的关键是有效地控制环境污染，切实治理"三废"。对已受污染的土壤可施用石灰阻止和减少植物对镉的吸收。

第九节 硒 中 毒

硒中毒是指动物摄入过量的硒而发生的急性或慢性中毒性疾病，多发生于土壤和草料含硒量高的特定地区。急性中毒以腹痛、呼吸困难和运动失调为特征；慢性中毒主要表现为消瘦、跛行和脱毛。各种动物均可发生，高硒地区放牧的牛、羊和马常见，其次为猪。我国湖北省恩施和陕西省紫阳等部分地方为高硒土壤，生长的植物和粮食含硒量高，曾发生人和动物（主要是猪）慢性硒中毒。

【中毒机制】关于硒中毒的毒性作用机制目前仍不清楚。摄入体内的可溶性硒和有机硒，绝大部分经小肠吸收入血后，主要与白蛋白结合，迅速遍布全身，并在肝、肾、毛等器官组织中沉积。硒可取代半胱氨酸中的硫，从而影响谷胱甘肽的合成。谷胱甘肽是炎性细胞和其他体液细胞的化学趋向物质，因而硒中毒可影响机体抵抗力。硒可引起毛细血管扩张和通透性增加，引起肺及胃肠道黏膜充血、水肿。硒化合物的毒性可能与其形成活性氧的能力有关。硒还可通过胎盘引起胎儿畸形，可使禽孵化率降低，并影响雏禽的生长。

【临床特点】硒中毒在临床上主要表现急性、亚急性和慢性三种形式，这主要取决于硒的剂量、类型及接触的时间。

1. 急性硒中毒　由动物采食大量聚硒植物或补充硒剂量过大而引起，常见于犊牛和羔羊。表现为精神沉郁、呼吸困难、黏膜发绀、脉搏细数，运动失调、步态异常，腹痛、臌气，呼出气体有明显的大蒜味，最终因呼吸衰竭而死亡。严重病例在数小时内则可死亡。

2. 亚急性硒中毒　又称"蹒跚病"或"瞎撞病"，常见于饲喂含硒10～20mg/kg饲料或进入高硒牧地数周（6～8周）的牛、绵羊和马。主要表现为病畜步态蹒跚，头抵墙壁，无目的徘徊，做圆圈运动，到处瞎撞，吞咽障碍、流涎、呕吐、腹泻，数日内死于麻痹和虚脱。

3. 慢性硒中毒　又称"碱病"，常见于动物长期采食含硒在5mg/kg以上的富硒饲料或牧草的动物。主要表现为食欲下降，渐进性消瘦，中度贫血，被毛粗乱，鬃和尾毛（马）、尾根长毛（牛）脱落，跛行，蹄冠下部发生环状坏死，蹄壳变形或脱落。鸡可能不表现明显症状，但蛋中硒含量升高，孵化率降低，鸡胚畸形（无眼、无喙、缺翅或肢异常）。猪脊背部脱毛，蹄壳生长不良，母猪受孕率降低，新生仔猪死亡率升高。

【防治】动物硒中毒无特效解毒药。应立即停喂高硒日粮，可用0.1%砷酸钠溶液皮下注射，或在饲料中添加氨基苯胂酸10mg/kg，可减少硒的吸收，促进硒的排泄。慢性中毒时，应供给高蛋白、高含硫氨基酸和富含铜的饲料，则可逐渐恢复。

预防本病的关键是日粮添加硒时，一定要根据机体的需要，控制在安全范围内，并且混合均匀。在治疗硒缺乏症时，要严格掌握用量和浓度，以免发生中毒。在富硒地区，增加日粮中蛋白质的含量，适当添加硫酸盐、砷酸盐等硒拮抗物。

第十五单元　其他中毒★★

第一节　有机磷农药中毒

有机磷农药中毒是指动物接触、吸入或误食了某种有机磷农药后发生的以呈现腹泻，流涎，肌群震颤为特征的一种中毒病。各种动物均可发生。

【病因】有机磷农药是一种毒性较强的接触性神经毒，主要通过饲草的残存或因操作不慎污染，或因恶意投毒而造成动物生产性或事故性中毒。

【中毒机制】有机磷农药是一种神经毒物，在体内氧化后毒性增强。有机磷农药对动物的毒性机理主要是抑制胆碱酯酶的活性，使它失去分解乙酰胆碱的能力，从而造成乙酰胆碱在体内大量蓄积，导致胆碱能神经功能紊乱。

有机磷农药与胆碱酯酶结合具有可逆性，但是结合的时间越久，稳定性越强。最终变成不可逆性。血浆胆碱酯酶的活性降低到 70%～80% 时，往往不出现中毒表现，酶活性降低到 50% 左右时则出现明显的临床症状，若降低到 30% 以下时则中毒十分严重。有机磷农药还具有抑制非特异性胆碱酯酶如磷脂酶、氨酸酶等的活性，使中毒症状复杂化，严重程度增加，使患畜病情加重，病程延长。

某些酯烃基及芳烃基有机磷化合物尚有迟发性神经毒性作用，这是由于有机磷抑制了体内神经病靶酯酶（神经毒性酯酶），并使之"老化"而引起迟发性神经病。此毒作用与胆碱酯酶活性被抑制无关，临床表现为后肢软弱无力和共济失调，进一步发展为后肢麻痹。

【临床症状】有机磷农药中毒后主要表现为胆碱能神经兴奋，乙酰胆碱大量蓄积，出现毒蕈碱样、烟碱样症状及中枢神经系统症状。

1. 毒蕈碱作用症状 又称 M 样症状，主要表现为胃肠运动过度、腺体分泌过多而导致腹痛，患病动物回顾腹部，肠音高亢，腹泻，粪尿失禁，大量流涎，流泪，鼻孔和口角有白色泡沫，瞳孔缩小呈线状，食欲废绝，可视黏膜苍白等。由于支气管分泌物较多导致呼吸困难，听诊肺区有湿啰音。全身出汗。

2. 烟碱样作用症状 又称 N 样症状，表现肌肉痉挛，如上下眼睑、颈、肩胛、四肢肌肉发生震颤，常以三角肌、斜方肌和股二头肌最明显，严重者波及全身肌肉，出现肌群震颤。由于乙酰胆碱在神经肌肉结合处蓄积增多，常继发骨骼肌无力和麻痹，心跳加快。

3. 中枢神经系统症状 由于乙酰胆碱在脑组织中蓄积，影响中枢神经之间冲动的传导，而出现过度兴奋或高度抑制，后者多见。

【防治】

1. 排除毒物 立即使中毒动物脱离毒源，停止饲喂怀疑有毒的饲料和饮水，并用肥皂水和 2% 的碳酸氢钠彻底清洗胃或口服盐类泻剂。鸡中毒时，可切开嗉囊冲洗，排出毒物，防止毒物再吸收。输液或输血（珍贵动物）对所有有机磷农药急性、严重中毒均有一定治疗效果。

2. 特效解毒 目前常用的解毒药有两种，一种是抗 M 受体拮抗剂；另一种为胆碱酯酶复活剂。

（1）阿托品 能阻断毒蕈碱型（即 M 型）受体，对抗有机磷农药中毒的毒蕈碱样毒性作用，还具有减轻中枢神经系统症状，改善呼吸中枢抑制的作用。用药原则为早期、适量、反复给药，快速达到"阿托品化"。大动物，一次剂量为 20～30mg，小动物为 2～5mg，肌内注射，中毒严重时以 1/3 剂量缓慢静脉注射，2/3 剂量皮下注射，每隔 1～2h 重复给药，直至"阿托品化"，此后则减少用药次数和用量，以巩固疗效。

此外，山莨菪碱（654-2）和樟柳碱（703）的药理作用与阿托品相似，对有机磷中毒有一定疗效。

（2）胆碱酯酶复活剂 能使已经磷酸化的胆碱酯酶活性恢复，使体内积聚的乙酰胆碱迅速水解，从而缓解中毒症状。目前使用较多的有解磷定、氯磷定和双复磷。这些药物能迅速减轻有机磷农药中毒的烟碱样症状（如肌群颤动），并能加速疾病的康复。

解磷注射液：起效较快，作用时间较长。解磷注射液有多种配方，其用法不同。由苯那辛（抗胆碱药）和氯磷啶等组成的复合肌内注射剂，根据中毒的严重程度，适当加大剂量。中毒症状基本消退后，全血胆碱酯酶活性为60%以上，可停药观察。

HI-6复方：犬、猫等小动物中毒可使用含HI-6（酰胺磷定，为胆碱酯酶复能剂）、阿托品、胃复康、安定的注射剂，肌内注射。必要时再补注阿托品。

（3）对症治疗　处理原则同其他内科疾病。治疗过程中特别注意保持患病动物呼吸道的通畅，防止呼吸衰竭或呼吸麻痹。口服中毒者，应及早洗胃，适量应用阿托品，勿过早停药。

预防本病的根本措施是建立和健全有机磷农药的购销、运输、保管和使用制度；喷洒过农药的田地或草场，在7～30d内严禁牛、羊进入摄食，也严禁在场内刈割青草饲喂牛、羊；使用敌百虫驱杀寄生虫时应严格控制剂量。此外，研制高效、低毒、低残的新型有机磷农药。

第二节　有机氟化物中毒

有机氟化物中毒是指动物误食了被含有机氟农药（氟乙酰胺）或鼠药（氟乙酸钠、氟乙酰胺、甘氟等）污染的饲草或饮水而引起的以中枢神经系统机能障碍和心血管系统机能障碍为特征的一种中毒病。各种动物均有发病，以犬、猫、猪和反刍动物多见。

【病因】氟乙酰胺，又名敌蚜胺、1081，是一种用于灭棉铃虫的剧毒农药，早已被禁止使用。由于该农药毒性大，鼠药商将其化合物合成灭鼠药而用在灭鼠上，结果导致家禽、鸟类误食而发生中毒。猫、犬、猪常因采食被氟乙酰胺鼠药毒死的鼠尸、鸟尸而引起二次中毒。

【中毒机制】有机氟化合物进入动物机体后，转化为氟乙酸，后者与细胞内线粒体的辅酶A作用，生成氟乙酰辅酶A，再与草酰乙酸反应，生成氟柠檬酸，氟柠檬酸可以抑制乌头酸酶，中断正常的三羧酸循环，使丙酮酸代谢受阻，妨碍正常的氧化磷酰化过程。有机氟本身对神经系统有强大的诱发痉挛作用，故亦可出现神经系统症状。有机氟也直接作用于心肌，导致心律失常、心室震颤等，导致急性循环障碍。

【临床症状】有机氟急性中毒时，出现中枢神经系统障碍（神经型）和心血管系统障碍（心脏型）为主的两大症候群。中毒后潜伏期较短。

1. 反刍动物　中毒后有两种类型：突发型，无明显先兆症状，经9～18h后突然倒地，剧烈抽搐、惊厥，角弓反张，来不及抢救、迅速死亡。潜伏型，一般在摄入毒物潜伏1周后经运动或受刺激后突然发作，尖叫、惊恐，在抽搐中死于心力衰竭。

2. 犬、猫　中毒表现兴奋，狂奔，嚎叫，心律不齐，心动过速，呼吸困难，在短时间内因循环和呼吸衰竭而死亡。

3. 猪　中毒后表现心动过速，口吐白沫，角弓反张，尖叫，狂奔乱跑，共济失调，痉挛，倒地抽搐，迅速死亡。

【防治】发现中毒后，立即停喂可疑饲料，尽快排出胃肠内毒物，先用0.1%高锰酸钾溶液洗胃，忌用碳酸氢钠。可投给鸡蛋清、次硝酸铋，保护胃肠黏膜。

及时使用解氟灵（乙酰胺），按每千克体重0.1～0.3g，用0.5%普鲁卡因稀释，分2～

4次肌内注射，首次剂量为日量的1/2，连用3～7d。

也可用乙二醇乙酸酯（甘油乙酸酯、醋精）100mL溶于500mL水中灌服，或用5％酒精和5％醋酸按每千克体重各2mL灌服。

解氟灵和纳洛酮（1～5mg/d，肌内注射）合用，疗效较好。严重者可配合强心补液，镇静，兴奋呼吸中枢等对症治疗。

第三节 尿素中毒

尿素中毒是指家畜采食过量尿素引起的以肌肉强直，呼吸困难，循环障碍，新鲜胃内容物有氨气味为特征的一种中毒病。主要发生在反刍动物，多为急性中毒，死亡率很高。

【病因】反刍兽能够利用非蛋白氮。在饲料中加入尿素补饲时，如果没有一个逐渐增量的过程，初次就突然按规定量饲喂，极易引起中毒。另外，在饲喂尿素过程中，不按规定控制用量，或添加的尿素与饲料混合不匀，或将尿素溶于水而大量饲喂，也可引起中毒。用量一般控制在饲料总干物质的1％以下或精料的3％以下。此外，补饲尿素的同时饲喂富含脲酶的大豆饼或蚕豆饼等饲料，可增加中毒的危险性；动物饮水不足、体温升高、肝功能障碍、瘤胃pH升高、蛋白质不足以及动物处于应激状态等都可能增加动物对尿素中毒的易感性。

家禽、猪对尿素非常敏感，饲喂被尿素污染或人为添加的饲料也可发生中毒；也偶尔见于尿素保管不善，被动物误食或偷食而中毒。

【中毒机制】瘤胃微生物可通过脲酶将尿素水解为二氧化碳和氨，再胺化酮酸而形成微生物蛋白，将非蛋白氮转化为动物可消化吸收和利用的蛋白质。当尿素的饲喂量过大，或将尿素溶于水后饲喂，或饲喂后立即饮水时，使尿素水解成氨的速度加快，当瘤胃pH达8左右时，脲酶的活力特别旺盛，可在短时间内将大量的尿素分解成氨，当氨量超出瘤胃微生物合成氨基酸、蛋白质的限度时，就被瘤胃壁迅速吸收进入肝脏。进入肝脏的氨超过肝脏的解毒能力时，则氨进入外周血液，当血氨浓度达到2％时即出现中毒症状，而当血氨浓度达5％以上时则病畜死亡。

大脑组织对血氨最敏感，容易出现脑功能紊乱和麻痹等神经症状。另外，外周血氨直接作用于心血管系统，使毛细血管通透性升高，体液大量丧失，血液浓缩，血细胞比容升高，由于血氨对心脏的毒害因而引起病畜死亡。此外，氨能抑制柠檬酸循环，使中间代谢产物降低，能量的产生和细胞呼吸亦降低，引起强直性痉挛，呼吸肌不能松弛，即可发生致死性缺氧。同时，肺毛细血管通透性升高而导致肺水肿，加重呼吸困难，常因窒息而致死亡。

【临床症状】中毒症状出现的迟早和严重程度与尿素的量和血氨浓度密切相关。

牛在食入中毒量尿素后30～60min出现症状。首先表现沉郁，接着表现不安和感觉过敏，呻吟，反刍停止，瘤胃臌气，肌肉抽搐、震颤，步态不稳，反复出现强直性痉挛，呼吸困难，出汗，流涎。后期病畜倒地，肛门松弛，四肢划动，窒息死亡。血氨升高，血细胞比容增高，血液pH在中毒初期升高，死亡前下降并伴有高血钾，尿液pH升高。

【防治】立即停喂尿素，用食醋500～1 000mL，或用5％醋酸4 500mL加适量水，成年牛一次灌服。肌肉抽搐时可肌内注射苯巴比妥。呼吸困难时可使用盐酸麻黄碱，成年牛50～300mg，肌内注射。

预防本病的关键是，初次饲喂尿素添加量要小，大约为正常喂量的1/10，以后逐渐增加到正常的全饲喂量，持续时间为 10～15d，并要供给玉米、大麦等富含糖和淀粉的谷类饲料。一般添加尿素量为日粮的 1% 左右，最多不应超过日粮干物质总量的 1% 或精料干物质的 2%～3%。

其次，添加尿素措施要合理。添加尿素除适量以外，还应将足量的尿素均匀地搅拌在粗精饲料中饲喂。饲喂尿素时既不能将尿素溶于水后饲喂，也不能给反刍兽饲喂尿素后立即大量饮水，以免尿素分解过快而中毒。所以，降低尿素的分解速度是提高尿素利用率、防止中毒的有效措施。

最后，添加尿素给反刍动物饲喂时，不能过多地饲喂豆类、南瓜等含有脲酶的饲料，否则会促进尿素在体内的分解速度，造成中毒。

第四节　灭鼠药（茚满二酮类和香豆素类、硫脲类、磷化锌和毒鼠强等）中毒

灭鼠药是用来控制鼠害的一类药剂。常见品种依其化学结构分类为：茚满二酮类、香豆素类、有机磷类、有机氟类、硫脲类、无机盐类和其他类。动物误食污染了鼠药的饲料和饮水或灭鼠毒饵而中毒。犬、猫多因吃了鼠药毒死的鼠而引起二次中毒。也有人为使用鼠药投毒，引起动物中毒的发生。

一、茚满二酮类和香豆素类中毒

这类灭鼠药的毒理机制相似，都是通过抗凝血作用而发挥毒性，需要经过一个潜伏的过程。茚满二酮类鼠药主要有杀鼠酮、敌鼠钠盐、氯鼠酮、氟鼠酮等。香豆素类的常见品种有杀鼠灵、克灭鼠、杀鼠醚、鼠得克、溴敌隆、大隆等。

【中毒机制】这类灭鼠药的毒性作用是破坏凝血机制和损伤毛细血管。其抗凝血作用是其化学结构与维生素 K 相类似，进入机体后对维生素 K 产生竞争性抑制，使凝血酶原和凝血因子Ⅶ、Ⅳ、Ⅹ的合成受阻，使出血凝血时间延长。此外，它们又可直接损伤毛细血管壁，发生无菌性炎症变化，管壁通透性和脆性增加，因此易破裂出血。

【临床特点】中毒症状一般在误食后经过 1～3d 时间的潜伏，出现呕吐，食欲不振或废绝，皮肤发紫，尤其在腹部更明显。尿血，粪便带血，血液凝固不良，腹痛，心音弱，心率快。后因出血导致心衰竭而死亡。

【防治】早期应及时洗胃，导泻或催吐，洗胃禁用碳酸氢钠液。为了消除凝血障碍，应使用维生素 K，维生素 K_1 按 1mg/kg 加入 10% 葡萄糖液中进行静脉注射。每 12h 一次，连用 3～5d。

二、硫脲类中毒

硫脲类灭鼠药常见的有安妥、灭鼠特、捕灭鼠、氯灭鼠等。

【中毒机制】硫脲类灭鼠药经消化道吸收后，主要分布在肝、肺、肾和神经系统。口服后鼠药对消化道黏膜有刺激作用。吸收后可造成肺毛细血管通透性增加，肺水肿和胸腔积水。还引起肝、肾脂肪变性和坏死。

【临床特点】急性中毒者表现精神沉郁，食欲减退或废绝，呕吐，昏睡等。严重中毒者

出现呼吸困难，黏膜发绀，肺水肿，病畜烦躁不安，全身痉挛，昏迷和休克。病理变化有肝肿大，黄疸，蛋白尿、血尿。

【防治】用 1:2 000 高锰酸钾液洗胃，并灌服硫酸钠导泻。同时施行对症治疗。

三、磷化锌中毒

磷化锌化学名为二磷化二锌，是一种灰黑色粉末，有类似大蒜的臭味。大鼠经口 LD_{50} 为每千克体重 55.5mg，家畜为每千克体重 $24\sim40mg$，家禽为每千克体重 $20\sim30mg$。

【中毒机制】磷化锌进入胃后遇酸产生磷化氢和氯化锌。磷化氢被吸收后主要作用于神经系统，干扰代谢功能，使中枢神经系统功能紊乱；同时还作用于呼吸系统、循环系统以及肝脏，对胃壁亦有较强的刺激作用。氯化锌具有强烈的腐蚀性，刺激胃黏膜引起急性炎症、充血、溃疡和出血等；氯化锌经呼吸道进入肺泡，还可引起肺充血和水肿。

【临床特点】中毒动物全身广泛性出血。中枢神经系统受损害，出现抽搐、痉挛和昏迷。口服中毒表现为精神萎靡，常蜷缩在一处，继而出现消化道症状，食欲废绝，口吐白沫，呕吐，并伴有蒜臭味，腹痛，腹泻。呕吐物和粪便在暗处呈现磷光。中度中毒时出现抽搐和肌束震颤，严重者有心律失常，黏膜发绀，呼吸困难，尿色带黄，并出现尿蛋白，红细胞管型，粪便呈灰黄色。末期病畜陷于休克和昏迷。

【防治】误食后应立即灌服 0.2%～0.5% 硫酸铜催吐，也可用 5% 碳酸氢钠洗胃，同时施行对症治疗。忌用硫酸镁或蓖麻油导泻，因前者会与氯化锌生成卤碱，加重毒性。

为防治酸中毒及保肝利胆，可静脉注射葡萄糖酸钙、乳酸钠及高渗葡萄糖。

四、毒鼠强中毒

毒鼠强俗称没命鼠、三步倒、424，为有机氮化合物。纯品为白色粉末，是一种剧毒物质。小鼠口服 LD_{50} 为 0.2mg/kg，其毒性是氟乙酰胺的 $3\sim30$ 倍，是氰化钾的 100 倍，国内禁止生产和使用。在违法生产、经营和使用过程中都会造成动物中毒。

【中毒机制】动物因误食毒鼠强，经胃肠吸收后主要毒害中枢神经系统。它具有强烈的脑干刺激作用，引起阵发性惊厥。其致惊厥作用可能是拮抗 γ-氨基丁酸（GABA）的结果，其作用可能在 GABA 受体-离子载体复合物上。GABA 对动物的神经系统具有广泛而强有力的抑制作用。毒物试验证实，毒鼠强可颉颃 GABA，导致惊厥，而对 GABA 的颉颃作用可能与阻断了 GABA 受体有关。

【临床特点】患病动物误食毒鼠强后 $15\sim30min$ 出现中毒症状。临床表现为呕吐，腹痛，腹胀，还出现四肢无力，烦躁不安，突发惊厥，有时癫痫样发作。心脏、肝脏和肾脏受到损伤。常因强直性痉挛而导致呼吸肌麻痹，呼吸衰竭而死亡。

【防治】尽早清除胃内毒物，催吐，洗胃，导泻可明显减轻中毒症状。控制抽搐，可肌内注射苯巴比妥钠，此外应积极采用对症和支持疗法，防治脑水肿，保护心脏、肝脏，解除呼吸抑制。

第五节　犬洋葱及大葱中毒

犬洋葱及大葱中毒是指犬采食葱类植物后引起的以排红色或红棕色尿液、贫血为临床特征的一种中毒病。

【中毒机制】犬采食了含有洋葱或大葱的食物后，如包子、饺子、铁板牛肉、大葱炮羊肉等，便可引起中毒。洋葱或大葱含有辛香味挥发油 N-丙基二硫化物或硫化丙烯，此类物质不易被蒸煮、烘干等加热破坏，老洋葱或大葱中含量较多。N-丙基二硫化物或硫化丙烯，能降低红细胞内葡萄糖-6-磷酸脱氢酶（G-6-PD）活性。红细胞溶解后，从尿中排出血红蛋白，使尿液变红，严重溶血时，尿液呈红棕色。

【临床症状】犬采食洋葱或大葱中毒 1～2 d 后，最特征性表现为排红色或红棕色尿液。中毒轻者，症状不明显，有时精神欠佳，食欲差，排淡红色尿液。中毒较严重的犬，表现精神沉郁，食欲减退或废绝，走路蹒跚，不愿活动，喜欢卧着，眼结膜或口腔黏膜发黄，心搏增快，喘气，虚弱，排深红色或红棕色尿液，体温正常或降低，严重中毒可导致死亡。

【防治】立即停止饲喂洋葱或大葱性食物；应用抗氧化剂维生素 E，支持疗法进行输液，补充营养；给适量利尿剂，促进体内血红蛋白排出；溶血引起严重贫血的犬，可进行静脉输血治疗，每千克体重 10～20mL。

第六节　瘤胃酸中毒

瘤胃酸中毒是指牛、羊采食大量富含糖类的饲料后，在瘤胃内产生大量乳酸而引起的以消化障碍、瘤胃运动停滞、脱水、酸血症、运动失调等为特征的一种急性代谢性酸中毒。临床上主要见于牛、羊。

【病因】常见的病因是牛、羊突然采食大量富含糖类的谷物或高精饲料，如因饲料混合不匀，采食精料过多；进入料库、粮食或饲料仓库或晒谷场，短时间内采食了大量的谷物或畜禽的配合饲料；采食苹果、青玉米、甘薯、马铃薯、甜菜及发酵不全的酸湿谷物的量过多时，也可发生本病。

【中毒机制】易发酵的富含糖类的饲料可被瘤胃中牛链球菌分解为 D-乳酸和 L-乳酸。D-乳酸的代谢缓慢，当其蓄积量超过肝脏的代谢功能时，即导致代谢性酸中毒。随着瘤胃中乳酸及其他挥发性脂肪酸的增多，内容物 pH 下降，纤毛虫和分解纤维素的微生物及利用乳酸的微生物受到抑制或大量死亡，导致牛链球菌继续繁殖并产生更多的乳酸。乳酸及乳酸盐和瘤胃液中的电解质一起导致瘤胃内渗透压升高，体液向瘤胃内转移并引起瘤胃积液，导致血液浓稠，机体脱水。瘤胃乳酸浓度增高可引起化学性瘤胃炎，进而损伤瘤胃黏膜，使血浆向瘤胃内渗漏；同时，有利于霉菌滋生，可促进霉菌、坏死杆菌和化脓菌等进入血液，并扩散到肝脏或其他脏器，引起坏死性化脓性肝炎。大量酸性产物被吸收，引起乳酸血症，导致血液 CO_2 结合力降低，尿液 pH 下降。在瘤胃内的氨基酸可形成各种有毒的胺类。随着革兰氏阴性菌的减少和革兰氏阳性菌（牛链球菌、乳酸杆菌等）的增多，瘤胃内游离内毒素浓度上升。组胺和内毒素加剧了瘤胃酸中毒的过程，损害肝脏和神经系统，因此出现严重的神经症状、蹄叶炎、中毒性前胃炎或肠胃炎，甚至休克及死亡。

【临床症状】瘤胃酸中毒临床上一般分为以下 4 种类型。

（1）轻微型　呈原发性前胃弛缓体征，表现为精神轻度沉郁，食欲减损，反刍无力或停止。瘤胃蠕动减弱，稍膨满，内容物呈捏粉样硬度，瘤胃 pH 6.5～7.0，纤毛虫活力基本正常，脱水体征不明显。体温、脉搏和呼吸数无明显变化。腹泻，粪便灰黄稀软，或呈水样，混有一定黏液，多能自愈。

（2）亚急性型 食欲减退或废绝，瞳孔正常，精神沉郁，能行走而无共济失调。轻度脱水，体温正常，结膜潮红，脉搏加快。瘤胃蠕动减弱，中等充满，触诊内容物呈生面团样或稀软，pH 5.5～6.5，纤毛虫数量减少。常继发或伴发蹄叶炎或瘤胃炎而使病情恶化，病程24～96h。

（3）急性型 体温不定，呼吸、心跳加快，精神沉郁，食欲废绝。结膜潮红，瞳孔轻度散大，反应迟钝。消化道症状典型，磨牙虚嚼，不反刍，瘤胃膨满不蠕动，触诊有弹性，冲击性触诊有震荡音，瘤胃液 pH 5～6，无存活的纤毛虫。排稀软酸臭粪便，有的排粪停止，中度脱水，眼窝凹陷，血液黏滞，尿少色浓或无尿。后期出现神经症状，步态蹒跚，或卧地不起，头颈侧曲，或后仰呈角弓反张样，昏睡或昏迷。若不及时救治，多在 24h 内死亡。

（4）最急性型 精神高度沉郁，极度虚弱，侧卧而不能站立。双目失明，瞳孔散大，体温低下，36.5～38℃。重度脱水，腹部显著膨胀，瘤胃停滞，内容物稀软或水样，瘤胃 pH<5，无纤毛虫存活。心跳 110～130 次/min，微血管再充盈时间延长，通常于发病后3～5h 死亡，直接原因是内毒素休克。

【防治】治疗原则为清除瘤胃有毒内容物，纠正脱水、酸中毒和恢复胃肠功能。

清除瘤胃内有毒的内容物多采用洗胃和/或缓泻法。洗胃可用双胃管或内径 25～30mm 的粗胶管，经口插入瘤胃，排除液状内容物，然后用 1% 食盐水、碳酸氢钠溶液、自来水或 1∶5 石灰水反复冲洗，直至瘤胃内容物无酸臭味而呈中性或弱碱性为止。缓泻多用盐类或油类泻剂如液体石蜡、植物油等。重剧病例，为排除瘤胃内蓄积的乳酸及其他有毒物质，应尽快施行瘤胃切开术，取出瘤胃内容物。为保持瘤胃的正常发酵作用，接种健畜瘤胃液或瘤胃内容物 3～5L，效果更好。

病情较轻的病例，也可灌服制酸药和缓冲剂如氢氧化镁或碳酸盐缓冲合剂（干燥碳酸钠 50g、碳酸氢钠 420g、氯化钾 40g）250～750g，水 5 000～10 000mL，牛一次灌服。

纠正脱水和酸中毒，可应用 5% 碳酸氢钠溶液，静脉注射剂量须根据病畜血浆二氧化碳结合力加以确定。为解除机体脱水，可用生理盐水、复方氯化钠溶液、5% 葡萄糖盐水等，每天 4 000～10 000mL，分 2～3 次静脉注射。

防止心力衰竭，应用强心药物；降低脑内压，缓解神经症状，应用山梨醇、甘露醇。伴发蹄叶炎时，可应用抗组胺药物；防止休克，宜用肾上腺皮质激素制剂；促进胃肠运动，可给予整肠健胃药或拟胆碱制剂。

预防应严格控制精料喂量，做到日粮供应合理，构成相对稳定，精粗比例平衡，加喂精料时要逐渐增加，严禁突然增加精料喂量。对产前、产后牛应加强健康检查，随时观察异常表现并尽早治疗。

第七节 维生素 A 中毒

维生素 A 中毒是指由于动物采食过量的维生素 A 而引起的骨骼发育障碍，以生长缓慢、跛行、外生骨疣等为临床特征的一种中毒病。各种年龄的动物均可发生。

【中毒机制】维生素 A 对软骨的正常生长、钙化及重溶都是十分重要的。维生素 A 过多可引起骨皮质内成骨过度，骨的脆性增加，受伤时易碎。此外，过量维生素 A 将影响其他脂溶性维生素（维生素 D、维生素 E、维生素 K）的正常吸收和代谢，造成这些维生素的相对缺乏。

【临床症状】由于动物不同，发生维生素 A 中毒的临床症状也不完全相同。

（1）犊牛 表现生长缓慢，跛行，共济失调，局部麻痹，第三趾骨外生骨疣，形成"第四"趾骨，骨骺软骨消失。持久使用大剂量维生素 A 可引起牛角生长迟缓和脊髓液压降低，在掌骨远端和远侧端外生骨疣。

（2）仔猪 大量饲喂维生素 A 可导致大面积出血而突然死亡。妊娠早期过量使用维生素 A 可导致胎儿异常。然而，实验性长期大量使用维生素 A 未能导致胎儿严重中毒或致畸作用。

（3）犬和猫 主要表现为倦怠，生长缓慢，喜卧，全身敏感，牙龈充血、出血、水肿，跛行，瘫痪，脊椎外生骨疣，从第一颈椎至第二胸椎之间形成明显的关节桥，骨干及关节周围也形成骨性增生等。

（4）鸡 表现为生长缓慢，骨骼变形，色素减少，死亡率升高。

【防治】治疗原则主要是更换饲料，降低维生素 A 的添加量。中毒较轻者可以恢复；中毒较重者，还应该给予消炎止痛的药物，同时补充维生素 D、维生素 E、维生素 K 和复合维生素 B 等。如果已出现关节骨性增生或外生骨疣，则无法根治。由于脂溶性维生素在体内可以蓄积，代谢缓慢，更换饲料后，血液中维生素 A 含量几周内降为正常，但肝脏中储备的维生素 A 在更长的时间内仍能保持高水平。

第八节 磺胺类药物中毒

磺胺类药物中毒（sulfonamides poisoning）是由于在兽医临床上磺胺类药物的不当使用而引起的动物机体多系统功能异常的疾病。主要以皮肤、肌肉和内脏出血为特征，临床上表现为神经功能障碍、泌尿系统机能异常、消化道机能紊乱以及贫血等症状，多发生于家禽、犬、猫、猪、马、牛和羊。

【临床特点】

1. 病因 在防治动物疾病过程中，由于磺胺类药物给药速度过快、剂量太大或正常剂量下疗程过长所引起。机体脱水、酸中毒和肝肾功能不全为磺胺类药物中毒的促进因素。

2. 症状 畜禽急性中毒主要损害神经系统，大剂量给药或注射速度过快时出现兴奋、感觉过敏、不安、肌无力、共济失调、痉挛性麻痹、呼吸困难、瞳孔散大、四肢厥冷、惊厥、昏迷等症状，偶见体温升高，严重者迅速死亡。慢性中毒主要损害泌尿系统，多见于用药超过 1 周的动物，主要表现为厌食、贫血（可视结膜或冠髯苍白）、消瘦、被毛或羽毛粗（松）乱；泌尿系统损害常见结晶尿、血尿、蛋白尿和尿闭；消化系统机能紊乱常见便秘、呕吐、腹泻或间歇性腹痛。禽类磺胺类药物中毒时排灰白色稀粪，产蛋率下降，产破壳蛋或软蛋，蛋壳粗糙褪色。

3. 剖检主要变化 家畜或犬、猫急性中毒主要见皮下、肌肉、黏膜出血点或出血斑。肝脏肿大、淤血。肾脏肿大，肾小管、肾盂和输尿管中沉积磺胺药结晶。病鸡肾肿大，肾小管和输尿管内充满灰白色尿酸盐，使肾脏呈花纹状（即所谓花斑肾）；腺胃、肌胃交界处有陈旧出血条纹，腺胃黏膜和肌胃角质膜下有出血斑点。部分病鸡胸肌、腿肌出现涂刷状出血。

4. 实验室检查 慢性中毒可出现血液粒性白细胞缺乏、红细胞减少、血色素降低或溶血性贫血。

【防治】

1. 预防　①严格控制用药剂量和疗程，拌料时药物要均匀，并在用药期间适当增加饮水量使尿量增加，以降低尿中药物及其代谢产物的浓度。②对特别瘦弱，肝、肾功能不全以及少尿、脱水、酸中毒和休克的畜禽应慎用磺胺类药物。③幼龄和体质差的动物应尽量避免使用磺胺类药物。④在使用磺胺药物时，配合碳酸氢钠口服（灌服、拌料或饮水）或静脉给药，既可提高磺胺类药物的抑菌效力，也可使尿液碱化，有效防止产生药物结晶。⑤在宠物，应尽量避免使用磺胺类药物防治细菌性肠炎。

2. 治疗　①出现中毒症状时，立即停用磺胺类药物，改用其他肾毒性小的抗菌药物。②药物投服过量时，早期应立即催吐或洗胃。同时增加饮水或静脉注射生理盐水、复方氯化钠注射液或5%葡萄糖注射液等，促进磺胺药排泄。③出现结晶尿、血尿或少尿时，可口服碳酸氢钠或静脉注射5%碳酸氢钠注射液。④出现严重的高铁血红蛋白症时，可静脉注射1%美蓝注射液、高渗葡萄糖注射液及维生素C注射液。⑤注意补充B族维生素和维生素K等。

第九节　阿维菌素类药物中毒

阿维菌素类药物中毒（Avermectin drugs poisoning）是在驱虫过程中由于用药剂量过大、重复给药间隔时间过短、给药途径错误（如肌内注射或静脉注射）或某些动物超敏感（如柯利牧羊犬和喜乐蒂犬等）而引起的中毒现象。临床上以中枢神经系统机能障碍为特征，各种动物均可发病，多见于犬、猫、马等动物。

兽医临床上常用的阿维菌素类药物有阿维菌素、伊维菌素和多拉菌素等。

【临床特点】动物在用药后出现神经抑制症状，主要表现为精神抑郁、厌食、肌肉无力、共济失调、流涎、脱水、心动过缓、心律不齐、瞳孔散大。严重者昏迷倒地，全身肌肉震颤，四肢呈游泳状划动，角弓反张，舌麻痹，呼吸浅表，体温正常或偏低，最终死亡。常见病理剖检变化为胃肠浆膜、黏膜点状出血和水肿，脾脏、肺脏有出血点，脑血管充盈和脑沟回平滑、湿润。

【治疗原则】

1. 预防　①严格按照产品使用说明用药，不得随意加量。拌料给药要确保搅拌均匀。②重复给药时间间隔不少于7d。③正确的给药途径应为口服或皮下注射。④禁用于超敏动物，如柯利牧羊犬、喜乐蒂犬、苏格兰牧羊犬等；为防止幼畜中毒，应慎用于哺乳动物。

2. 治疗　目前尚无特效解毒药，中毒后可采取如下措施：

（1）减少吸收和促进排泄　口服中毒者初期可催吐（硫酸铜）、泻下（盐类泻剂）或吸附（活性炭）。

（2）促进肝脏解毒　可选用复方甘草酸铵、肌苷、维生素C和葡萄糖注射液等。

（3）对症治疗　心动迟缓可用阿托品，昏迷不醒的可用毒扁豆碱，急性过敏休克者可选用肾上腺素。

（4）支持疗法　强心可选用安钠咖或樟脑磺酸钠；补液可选用复方氯化钠、糖盐水或生理盐水等；补充能量可选用葡萄糖注射液、辅酶A等药物；解痉和减少脑血管渗出可选用葡萄糖酸钙注射液等钙制剂。

（5）防治继发细菌感染 可选用青霉素类等毒性较小的药物。

第十六单元 其他内科疾病★★★☆

第一节 肉鸡腹水综合征

肉鸡腹水综合征（PHS）又称"肉鸡肺动脉高压综合征、肉鸡腹水征、心衰综合征、高海拔病"。是生长过快的禽类在多种因素作用下出现相对性缺氧，导致血液黏稠、血容量增加、组织细胞损伤及肺动脉高压，且以腹腔积液和心脏衰竭为特征的疾病。本病常以生长快速的品系多发，主要危害肉种鸡、肉鸭、火鸡、蛋鸡、雉鸡、鸵鸟和观赏禽类等。

【病因】发病原因涉及营养、遗传、环境、管理等多种因素。肉鸡 PHS 是一种生产性疾病，是长期选育快速生长的现代肉鸡品种所致，在其代谢过程中，对氧的消耗量已经达到其心肺功能所能供氧极限的临界点，使机体极易处于氧饥饿状态。一些导致缺氧的因素，如高原缺氧、通风不良、寒冷刺激、快速生长以及钠和钴过量，磷、硒和维生素 E 缺乏，呼吸道疾病，甲亢，过食，运动，毒物等会增加机体对氧的需要量，使这类肉鸡不能适应环境中的各种应激，具有易感肺动脉高压、右心衰竭乃至腹水综合征的素质。

【发病机制】快速生长的肉鸡由于体内代谢加快，导致循环和组织相对性缺氧，红细胞和血容量增加，血液变稠，红细胞变形性降低，还可使血管收缩、血管内皮细胞增生、血管壁平滑肌细胞及成纤维细胞增殖，导致管壁增厚，管腔变窄，血管阻力增大，从而引起肺血管重构，产生肺动脉高压，进而发展为右心肥大、扩张、衰竭，后腔静脉压升高，损伤肝细胞，血浆渗漏，产生腹水。

快速生长的肉鸡因其代谢增强、需氧量增加而对 PHS 极其敏感，缺氧导致了红细胞增多和红细胞对 PHS 与自由基、一氧化氮和血管重构等发病关系的研究具有重要意义。近年来，关于 PHS 病理发生的研究已形成了两大学派（心脏病源学说和肺动脉高压学说）和两大理论（自由基理论和一氧化氮理论）。

【临床症状与病理变化】临床上病鸡以腹部膨大，腹部皮肤变薄发亮，站立时腹部着地，行动缓慢，严重病例鸡冠和肉髯紫红色，抓捕时突然死亡为特征。最早发生于 3 日龄肉鸡，多见于 4~6 周龄肉鸡，雄性比雌性发病多且严重，寒冷季节发病率和死亡率均高，高海拔地区比低海拔地区多发，不具有流行性而常呈现群发性。

病理学特征是腹腔内潴留大量积液，右心扩张，肺充血水肿，肝脏病变。

【诊断】根据病史、临床症状与病理学特征不难诊断。

【防治】

1. 药物防治 在日粮中添加亚麻油、速尿、精氨酸、阿司匹林、L-精氨酸等均可降低肉鸡 PHS 的发病率。其他一些药物如抗氧化剂、血管和支气管扩张剂、强心剂、辅酶 Q 及中草药等都有待于进一步研究和探讨。药物防治的效果往往因药物的种类、季节、地区、品种、日龄、饲料和环境等不同而表现出较大的差异。

2. 综合管理 降低肉鸡 PHS 的发生关键在于预防，应从管理、饲料、遗传等方面入手，采取综合性措施。如品种的选择、种鸡开产年龄、通风、慢速降温、雌雄分离、饲喂低蛋白和低能量的饲料、防止钠过量、保温等，其他措施如限饲、限光照、适量氨基酸的添加、改良饲料配方等方法，可早期限制其生长率和代谢率，后期代偿性增重，并可降低肉鸡 PHS 的发病率。

第二节　应激综合征

应激综合征是动物遭受不良因素或应激原的刺激时，表现出生长发育缓慢，生产性能和产品质量降低，免疫力下降，甚至死亡的一种非特异性反应。各种动物（包括野生动物）均可发生，常见于家禽、猪和牛。

【病因】引起应激的原因很多，主要是环境因素导致动物处于不适应和激动状态、引起动物非特异反应的结果。如温度变化、电离辐射、精神刺激、过度疲劳、畜舍通风不良及有害气体的蓄积、日粮成分和饲养制度的改变、动物分群、断奶、驱赶、捕捉、运输、剪毛、采血、去势、修蹄、检疫、预防接种等影响动物正常生理活动。持续性的高温天气导致动物出现热应激反应。在保定、运输、配种、兴奋或运动等应激因素的作用下可发生以猪肉苍白、松软、渗出性猪肉，干燥、坚硬、色暗的猪肉和成年猪背肌坏死等为特征的应激综合征。吸入麻醉剂（如氟烷、氯仿等）和使用去极化肌松药（如琥珀酰胆碱及 α 肾上腺素能的激动剂）也可诱发本病。常染色体隐性遗传可导致骨骼肌钙动力的异常。

【发病机制】

（1）动物在应激原的作用下，通过神经-内分泌途径动员所有的器官和组织来应对应激原的刺激。交感神经首先兴奋，肾上腺髓质对肾上腺素和去甲肾上腺素的分泌增多，参与物质代谢和循环系统的调节，引起心率加快，搏动增强，血管收缩，血流加快，血糖升高。同时，下丘脑受到刺激，分泌促肾上腺皮质激素释放激素，刺激垂体前叶促肾上腺皮质激素分泌，进入血液循环，促进肾上腺皮质合成糖皮质激素，加强肝糖原的异生作用，增加肝糖原贮备。

（2）机体在应激原的作用下，下丘脑分泌促甲状腺素释放激素增多，最终使甲状腺素的合成和分泌增加，导致体内基础代谢率增高，糖原分解加强，加速脂肪的分解和氧化，影响机体的物质代谢和能量代谢。另外，下丘脑促性腺激素释放激素和垂体前叶促性腺激素分泌减少，引起睾丸、卵巢、乳腺发育受阻，功能减退，临床表现为繁殖机能下降甚至不育。有研究发现，交感神经兴奋和血液中儿茶酚胺增加能刺激胰岛 α-细胞，使胰高血糖素分泌加强，促进糖原分解和糖原异生，使血糖升高。

（3）应激综合征的发生与机体内自由基作用有直接关系。机体在应激原的作用下，体内脂质过氧化加剧，自由基生成过多，组织中超氧化物歧化酶、谷胱甘肽过氧化物酶及过氧化氢酶活性降低，对已生成的自由基清除减慢，使体内细胞和亚细胞膜脂质产生毒害作用，膜结构受损，膜蛋白的结合酶巯基被氧化，离子通道微环境破坏，导致 Ca^{2+} 大量涌入细胞质和线粒体。Ca^{2+} 是肌肉收缩的触发剂，与 ATP 作用释放能量，导致肌肉收缩甚至震颤，同时儿茶酚胺进一步释放，肌糖原发生无氧酵解，最终导致乳酸产生过多，肌肉损伤，体内产热增加，体温升高。由此可见，抗自由基功能不足的动物，对应激刺激更敏感，容易发生应激性疾病。根据应激原的作用，临床上将机体发生应激反应的过程分为三个阶段：①惊恐反应或动员阶段；②适应或抵抗阶段；③衰竭阶段。

（4）应激反应涉及神经系统、内分泌系统及免疫系统的一系列活动，主要通过神经-内分泌途径，动员机体所有器官和组织来对付应激原的刺激，中枢神经系统特别是大脑皮质起整合调节作用。

（5）动物在应激过程中，分解自身组织，生成能量，并把这些能量定向地用于特定组织，同时也减少供应于其他组织的能量。能量产生、分配和利用的过程中，激素作用于靶器官或靶组织，通过改变控制代谢途径的调节酶的活性而使许多代谢过程有机地发生变化。在应激时，脂肪酸、葡萄糖和某些蛋白质分解供能，与此同时，在能量足够时也合成急性期蛋白。在物质再分配过程中，组织中的矿物元素含量也发生变化。应激时动物出现其他物质代谢的变化如下：

①物质代谢的变化：应激时激素分泌的变化导致物质代谢的变化。动物应激初期，儿茶酚胺类激素启动肝糖原降解，则血糖迅速上升，导致胰岛素分泌增加，促进葡萄糖的肝外摄入。在禁食时，血糖下降引起胰岛素分泌减少，胰高血糖素和皮质醇的分泌增加，促进糖原异生和肝、肾中葡萄糖的合成，同时促进糖原、蛋白质和脂肪的降解。在应激时，所有组织利用葡萄糖生成能量，而且禁食也能引起葡萄糖的短期下降，为防止红细胞和中枢神经系统缺乏葡萄糖，皮质醇阻止葡萄糖转运到其他组织。机体需要胰岛素促进葡萄糖转运到除肝、红细胞和中枢神经系统以外的其他组织，但此时血液中低的胰岛素含量使葡萄糖滞留在血池中，引起血糖升高。皮质醇也保证合成葡萄糖所需碳源的供给，在应激时和能量不足时，大多数组织中蛋白质的合成减少，某些组织中的蛋白质被优先降解为氨基酸，用于葡萄糖的合成和能量的生成。

②能量代谢的变化：除红细胞和中枢神经系统外，其他组织的能量主要来源于脂肪酸的氧化分解。应激时，促肾上腺皮质激素、促甲状腺激素、肾上腺素、去甲肾上腺素和胰高血糖素促进脂肪分解生成脂肪酸。脂肪组织分解生成的脂肪酸与血液中的白蛋白结合运输，导致血液中的游离脂肪酸含量升高。在采食的动物中，部分游离脂肪酸在肝中经氧化磷酸化途径供能，游离脂肪酸的主要代谢途径是在肝中转化为极低密度脂蛋白（VLDL）而重新转运到血液中。然而，当动物被禁食时能量和 VLDL 的生成都显著降低，从而使游离脂肪酸贮留在肝中。为了防止脂肪肝的发生并将能源运输到其他组织，游离脂肪酸转化成酮体。酮体在循环血液中的积累可导致代谢性酸中毒。据报道，刚到肥育场的牛会受运输应激而生成大量酮酸和乳酸、醛固酮和皮质醇的大量分泌及组织分解，引起 Ca、P、K、Mg、Zn、Cu 的严重缺乏。酸中毒还抑制 1,25-二羟钙化醇 $[1,25-(OH)_2D_3]$ 的合成，影响钙、磷平衡、幼单核细胞和单核细胞分化为巨噬细胞的过程以及巨噬细胞功能的发挥。

③蛋白质和氨基酸代谢的变化：禁食初期，肝、肾和肠细胞中的蛋白质首先降解，生成

游离氨基酸并被分解产生能量，或转运到其他地方利用。氨基酸分解过程产生的氨基被 α-酮酸"捕获"，生成丙氨酸和谷氨酰胺。胰高血糖素使骨骼肌中丙氨酸的生成多于谷氨酰胺，丙氨酸是比谷氨酰胺更好的糖异生原料。

（6）在应激过程中，谷氨酰胺的最重要功能是在组织间运输氮，作为核酸、核苷酸和蛋白质合成的前体，进而为细胞增生提供原料。因而，谷氨酰胺能被快速增生细胞（如肠细胞和淋巴细胞）优先利用，并通过生成尿素来调节酸碱平衡。在中性 pH 条件下，绝大多数血液中的丙氨酸、谷氨酰胺和由肌蛋白降解生成的氨基酸一起转运到肝脏，进入各自的代谢途径。应激时，皮质醇增加转氨酶的活性，使丙氨酸和谷氨酰胺脱去氨基，经糖异生途径生成葡萄糖；同时生成的氨与其他终产物（如 CO_2）一起进入尿素循环。另外，胰高血糖素和糖皮质激素增强尿素循环酸的活性。因此，动物在应激下蛋白质降解多时，血液中尿素水平升高。当肌蛋白降解时，肌酸从肌组织中释放出来，则血液中肌酸水平也升高。

（7）动物受到应激原作用后，免疫力下降，对某些传染病和寄生虫病的易感性增加，降低预防接种的效果。

【临床症状】 主要有以下几种类型。

1. 猝死型 动物不表现任何临床病症而突然死亡。

2. 神经型 患猪表现肌纤维颤动，特别是尾部，背肌和腿肌出现震颤，继而肌颤发展为肌僵硬，使动物步履维艰或卧地不动。患牛则表现高度兴奋，颈静脉怒张，二目圆睁，大声吼叫，常以头抵撞车厢壁，不断磨牙，几分钟后倒下，呼吸浅表，有间歇，有的牛从口鼻喷出粉红色泡沫，很快死亡。

3. 全身适应性综合征 乳牛、乳山羊、仔猪、繁殖雌畜受严寒、酷暑、饥饿、过劳、惊恐、中毒及预防注射等诸多因素作用时，引起应激系统的复杂反应。表现为警戒反应的休克相、体温降低、血糖下降、血压下降、血液浓缩、嗜酸性粒细胞减少等。与此同时，亦出现抗休克相，体温升高，血压增高，血容积增大。两者相互交错、掩映，易于混淆，应予注意。

4. 恶性高热型 由于运输应激、热应激、拥挤应激等，多表现为大叶性肺炎或胸膜炎症状。白色猪的皮肤出现阵发性潮红，继而发展成紫色，可视黏膜发绀，最后呈现虚脱状态，如不予治疗，80％以上的病猪于 $20\sim90min$ 内进入濒死期，死后几分钟就发生尸僵，肌肉温度很高。死后剖检，多数有大叶性肺炎或胸膜炎病变。

5. 胃肠型 常见于猪和牛。临床上呈现胃肠炎、瘤胃臌气、前胃弛缓、瓣胃阻塞等病症。剖检所见主要是胃黏膜糜烂和溃疡。据报道，某肉联厂屠宰猪中胃溃疡的检出率为18.4％，认为与应激密切相关。

6. 慢性应激综合征 多数应激源强度不大，持续或间断引起的反应轻微。主要表现在生产性能降低，防卫机能减弱，易继发感染。这类疾病在营养、感染及免疫应答的相互作用中较为常见。

7. 生产性能下降 畜禽经长途运输后，即使不发生死亡，亦会表现生产性能下降，如产蛋母鸡停止产蛋或品质下降，又如呈现 PSE 猪肉、DFD 猪肉、背最长肌坏死等。

【防治】 消除应激原，根据应激原性质及反应程度，选择镇静剂、皮质激素及抗应激药物。大剂量静脉补液，配合 5‰碳酸氢钠溶液纠正酸中毒；应用多种维生素饲料添加剂（如"速补 18"），有较好的疗效；也可采取体表降温等措施，有条件的可输氧。

1. 中药治疗 天然抗应激中草药具有安全性大、无抗药性、无残留、副作用小等特点，其中补虚类药能增强抵抗力，提高免疫力，补肾类药调节能量代谢和内分泌功能，可显著提高机体抗应激的能力。例如刺五加液（1.0mL/kg），能明显提高应激刺激导致动物低压缺氧的耐受力，并有降低基础代谢、抗疲劳作用。

2. 西药治疗 日粮中添加抗应激药物是消除或缓解应激对畜禽危害的有效途径。可选用缓解酸中毒和维持酸碱平衡的物质、维生素、微量元素、安定止痛剂、安定剂和镇静剂或参与糖类代谢的物质。

3. 注意选种育种工作 动物对应激的敏感性因遗传基因不同而有一定差异，利用育种的方法选育抗应激动物，淘汰应激敏感动物，可以逐步建立抗应激动物种群，以从根本上解决畜禽的应激问题。测试应激敏感猪通常采用氟烷试验结合测定血清 CPK 活性。

4. 加强饲养管理 改善卫生条件，尽量减少运输中各种应激原的刺激。主要是选择适当的运输季节（春秋季），最好不要在炎热夏季运输。装卸动物时尽量避免追赶、捕捉；编组时尽量把来自同一畜舍或养殖场的畜禽编到一起，避免任意混群，以减少畜间争斗；运输途中要创造条件保证畜禽的饮水供应；炎热夏季运输时，应改善运输工具的通风换气条件，加强防暑降温措施，妥善安排起运时间，避开高温时分；为减轻噪声刺激，可以给被运输的家畜两耳内放入脱脂棉制成的耳塞；对运输司机和押运人员加强管理，提高业务素质，尽量减少对畜禽的不良刺激等。在运输或出栏前，应激敏感动物可用氯丙嗪预防注射，或应用抗应激的其他药物。

5. 改善鸡群的环境和营养，消除应激因素 增加空气流动以促进热散失，用开边笼饲养，在封闭式鸡舍增加通风或使用蒸发式冷却系统和降低饲养密度。营养改善包括优化日粮以满足应激鸡对能量和蛋白质的不同需要，以及额外提供某些经证实具有特定有益作用的养分。维生素 C 是在热应激条件下常常被添加到日粮中的维生素之一，额外添加维生素 E 也有助于减轻热应激引起的产蛋量降低的症状。

第三节 过敏性休克

过敏性休克包括大量异种血清注射所致的血清性休克，是致敏机体与特异变应原接触后短时间内发生的一种急性全身性过敏反应，属 I 型超敏反应性免疫性疾病。各种动物均可发生，犬和猫比较多见。

【病因】动物的过敏性休克，绝大多数起因于注射防治，偶尔发生于昆虫（毒蜂等）叮咬。可导致发全身性过敏反应的主要病因包括：

（1）异种血清 如破伤风抗毒素；疫苗，如口蹄疫和狂犬病疫苗、破伤风类毒素。

（2）生物抽提物 如用动物腺体制备的促肾上腺皮质激素、甲状旁腺素、胰岛素等激素以及各种酶类。

（3）非蛋白药物 如青霉素、链霉素、四环素、磺胺类、普鲁卡因、硫苯妥钠、葡聚糖、维生素 B_1。

（4）某些病毒 如猪瘟和猪流感病毒，可通过胎盘进入并附着于胎儿组织内，仔猪生后吸吮初乳（含相应抗体）即发病。

（5）某些寄生虫 如腹内寄生的棘球蚴破裂，含强抗原性蛋白的液体经腹膜吸收，或皮下寄生的牛皮蝇蛹被捏碎，蛹内液体被吸收，引起过敏反应以至过敏性休克。

【发病机制】动物第一次接触抗原后，约需 10d 才被致敏。这种致敏状态可持续数月或数年之久。急性过敏反应乃是抗原与循环抗体或细胞结合抗体发生的反应，基本病理过程是平滑肌收缩和毛细血管通透性增高。

各种动物急性全身性过敏反应的主要免疫递质、休克器官和病理变化有所不同。马的免疫递质是组胺、5-羟色胺和缓激肽，休克器官是呼吸道和肠管，病理变化是肺气肿和肠出血。牛和绵羊的免疫递质是 5-羟色胺、慢反应物质、组胺和缓激肽，休克器官是呼吸道，病理变化是肺水肿、气肿和出血。猪的免疫递质是组胺，休克器官是呼吸道和肠管，病理变化是全身性血管扩张和低血压。犬的免疫递质是组胺，休克器官是肝脏，休克组织是肝静脉，特征性病理变化是肝静脉系统收缩所致的肝充血和肠出血。猫的免疫递质也是组胺，但休克器官是呼吸道和肠管，病理变化是肺水肿和肠水肿。

【临床症状】过敏性休克的基本临床表现是，在再次接触（大多为注射）过敏原的数分钟至数十分钟内顿然起病，显现不安、肌颤、出汗、流涎、呼吸急促、心搏过速、血压下降、昏迷、抽搐，于短时间内死亡或经数小时后康复。但不同动物的临床表现各具特点。

1. 马 表现呼吸困难，心动过速，结膜发绀，全身出汗，倒地惊厥，常于 1h 内死亡。病程拖延者，则肠音高朗连绵，频频水样腹泻。

2. 牛、羊 表现严重的呼吸困难，目光惊惧，全身肌颤，呈现肺充血和肺水肿症状。如短时间内不虚脱死亡，则通常于 2h 内康复。

3. 猪 表现虚脱，步态蹒跚，倒地抽搐，多于数分钟内死亡。

4. 犬 表现兴奋不安，随即呕吐，频频排血性粪便，继而肌肉松弛，呼吸抑制，陷入昏迷惊厥状态，大多于数小时内死亡。

5. 猫 表现呼吸困难，流涎，呕吐，全身瘫软，以致昏迷，于数小时内死亡或康复。

【防治】

（1）给予抗过敏药物 ①立即皮下注射 0.1%盐酸肾上腺素；②地塞米松加入 5%～10%葡萄糖液静脉滴注；③用异丙嗪或苯海拉明肌内注射。

（2）抗休克治疗 补充血容量，纠正酸中毒。可给予低分子右旋糖酐或 5%碳酸氢钠加入 5%葡萄糖液内静脉滴注。

（3）呼吸受抑制时可给予尼可刹米、洛贝林、安钠咖等呼吸兴奋剂肌内注射；急性喉头水肿窒息时，可行气管切开术。

（4）心脏骤停时，立即施行体外心脏按压术；心腔内注射 0.1%盐酸肾上腺素；必要时可行胸腔内心脏按压术。

（5）肌肉瘫痪、松弛无力时皮下注射新斯的明 0.5～1.0mL。

第四节　甲状旁腺机能亢进

甲状旁腺机能亢进主要分为原发性和继发性两种。

【病因】原发性甲状旁腺机能亢进是由于甲状旁腺本身病变（肿瘤或增生）引起。

继发性甲状旁腺机能亢进是由于甲状旁腺以外的其他各种原因如饲料中维生素 D 缺乏、钙不足或钙正常而磷过多，严重肾功能不全等引起。

【发病机制】甲状旁腺分泌的 PTH 有以下的作用：① 促进近侧肾小管对钙的重吸收，使尿钙减少，血钙增加；② 抑制近侧肾小管对磷的吸收，使尿磷增加，血磷减少；③ 促进破骨细胞的脱钙作用，使磷酸钙自骨基质释放，提高血钙和血磷的浓度；④ 促使维生素 D 的羟化作用，生成具有活性的 $1,25-(OH)_2D_3$，后者促进肠道对食物中钙的吸收。

甲状旁腺素的合成和释放受血清钙离子浓度的控制，二者间呈负反馈性关系。血钙过低刺激甲状旁腺素的合成和释放，使血钙上升，血钙过高抑制甲状旁腺素的合成和释放，使血钙向骨骼转移，降低血钙。

原发性甲状旁腺功能亢进是由于甲状旁腺增生、腺瘤或腺癌自主性地分泌过多的 PTH，不受血钙的反馈作用，使血钙持续增高所致。

继发性甲状旁腺功能亢进一般因饲料中维生素 D 缺乏、钙不足或钙正常而磷过多，严重肾功能不全，骨病变，胃肠道吸收不良等原因引起的低血钙所致的甲状旁腺代偿性肥大和功能亢进所引起。

【临床症状】原发性甲状旁腺机能亢进的特征是高钙血症，表现为食欲不振，呕吐，便秘，多尿，烦渴，肌肉无力，腱反射抑制，骨髓变软、变脆，跛行，易骨折，反应迟钝，心动缓慢，心律不齐。

营养性继发性甲状旁腺机能亢进时，患犬精神沉郁，喜卧，跛行，骨质疏松，易发生骨折。

肾性甲状旁腺机能亢进表现为全身骨吸收，尤其是头骨。成犬除可见下颌骨脱钙、变软，齿尖端弯曲和下颌骨骨折外，还有肾功能不全和尿毒症等一系列症状。

【治疗】原发性甲状旁腺机能亢进，应在确定肿瘤部位后采取手术切除治疗，并结合化疗和放疗、免疫学疗法及对症治疗。术后血中甲状旁腺素浓度迅速降低，血钙也降低，为防止血钙降低性抽搐，可静脉补充 10% 葡萄糖酸钙 10～20mL（犬）。

对营养性继发性甲状旁腺的患犬，主要是调节食物中的钙、磷比例，重症者可在食物中直接加入乳酸钙及碳酸钙，再肌内注射维生素 D。

对肾性甲状旁腺机能亢进者，首先治疗肾脏疾病，但多为慢性不可逆性肾病变，故难以治愈。为缓解症状，可在食物中补充维生素 D 及增加食物中钙的含量。

第五节　肾上腺皮质机能亢进（库欣综合征）

肾上腺皮质机能亢进是指一种或数种肾上腺皮质激素分泌过多。由于以盐皮质激素或性激素分泌过多为主的肾上腺皮质机能亢进很少见，故肾上腺皮质机能亢进通常是指以糖皮质激素中的皮质醇分泌过多，又称为库欣综合征，是犬最常见的内分泌疾病之一。母犬发病多于公犬，且以 7～9 岁的犬多发。马和猪也可发生本病，母马多见，且以 7 岁以上的马居多。

【病因】

1. 垂体依赖性因素　主要见于垂体肿瘤性肾上腺皮质增生，占自发性库欣综合征的 80%。垂体肿瘤能分泌过量的 ACTH，引起肾上腺皮质增生和皮质醇分泌亢进。

2. ACTH 异位性分泌因素　非内分泌腺肿瘤或肾上腺以外的内分泌腺瘤可产生 ACTH 或 ACTH 样肽（ACTH-like peptide）。在犬可见于淋巴瘤和支气管癌。

3. 肾上腺依赖性因素　一侧或两侧性肾上腺腺瘤或癌肿常分泌过量的肾上腺糖皮质激素。占犬自发性库欣综合征的 $10\%\sim20\%$。

【临床症状】临床上往往以肾上腺糖皮质激素分泌过多所引起的症状为主，有的亦可兼有肾上腺盐皮质激素和/或性激素过多的症候。按临床症状发生频率的递减顺序是：多尿、烦渴、垂腹、两侧性脱毛、肝大、食欲亢进、肌肉无力萎缩、嗜睡、睾丸萎缩、皮肤色素过度沉着，皮肤钙质沉着、不耐热、阴蒂肥大、神经缺陷或抽搐。

犬、猫大多表现多尿、烦渴、垂腹和两侧性脱毛等一组症候群。日饮水超过每千克体重 100mL，日排尿超过每千克体重 50mL。先是后肢的后侧方脱毛，然后是躯干部，头和末梢部很少脱毛。皮肤增厚，弹性减退，形成皱襞。皮肤色素过度沉着，多为斑块状。皮肤钙质沉着，呈奶油色斑块状，周围为淡红色的红斑环。病犬可发生肌肉强直或伪肌肉强直，通常先发生于一侧后肢，然后是另一后肢，最后扩展到两前肢。休息或在寒冷条件下，步态僵硬尤为明显。

病马的临床症状与犬相似，但不发生脱毛。被毛粗长无光，看上去如同冬季被毛，故称为多毛症，鬃毛和尾毛正常；食饮和饮欲亢进，日饮水量超过 30L，多者可达 100L；体重减轻，肌肉萎缩、蹄叶炎、多汗、慢性感染、眶上脂肪垫增厚、血糖升高。偶有因视神经受压而发生失明的。

实验室检查，相对性或绝对性外周血淋巴细胞减少，犬 $<1\times10^9$ 个/L，猫 $<1.5\times10^9$ 个/L，血清 ALP 活性升高。还见有中性粒细胞增多、嗜酸性粒细胞减少（$<0.1\times10^9$ 个/L）和单核细胞增多。

尿液检查呈低渗尿，相对密度低于 1.012，60% 的病例有蛋白尿。

X 线检查，可见肝肿大。还可见有软组织钙化、骨质疏松及肾上腺肿大。

【诊断】根据多尿、烦渴、垂腹、两侧性脱毛等一组症候群，可初步诊断为肾上腺皮质机能亢进，确定诊断应依据肾上腺皮质机能试验的结果。肾上腺皮质机能试验过筛选试验（血浆皮质醇含量测定、小剂量地塞米松抑制试验、ACTH 刺激试验和高血糖素耐量试验）和特殊试验（大剂量地塞米松试验）两大类。

【治疗】治疗本病多采用药物疗法和手术疗法，可单独实施，亦可配合应用。首选药物为双氯苯二氯乙烷，犬日口服剂量为每千克体重 50mg，显效后每周服药 1 次。猫对该药的毒性尤为敏感，不宜使用。此外，还可选用甲吡酮、氨基苯乙哌啶酮等药物。对经 X 线检查确诊为肾上腺皮质肿瘤的，应实施手术切除。

第六节　肾上腺皮质机能减退（阿狄森氏病）

肾上腺皮质机能减退是指一种、多种或全部肾上腺皮质激素的不足或缺乏。以全肾上腺皮质激素的缺乏最为多见，又称为阿狄森氏病（Addison's disease）。多见于 $2\sim5$ 岁母犬，猫也有发生。

【病因及发病机制】各种原因的双侧性肾上腺皮质严重破坏（90% 以上）均可引发本病。原发性肾上腺机能减退常见于钩端螺旋体病、子宫蓄脓、犬传染性肝炎、犬瘟热等传染性疾病和化脓性疾病及肿瘤转移、淀粉样变、出血、梗死、坏死等病理过程。近年发现，约有 75% 的病犬血中存在抗肾上腺皮质抗体，以及病变发生淋巴细胞浸润。故认为自体免疫可能是本病的主要原因。

继发性肾上腺皮质机能减退见于下丘脑或腺垂体破坏性病变及抑制 ACTH 分泌的药物使用不当。

【临床症状】

1. 急性型 突出的临床表现是低血容量性休克症候群，病畜大都处于虚脱状态。慢性病例急性发作的，呈体重减轻、食欲减退、虚弱等慢性病程。

2. 慢性型 主要表现肌肉无力，精神抑制，食欲减退，胃肠紊乱。恒见瘦型体质，即瘦削，细长、虚弱、无力。按临床症状发生频率的递减顺序是，精神沉郁，虚弱，食欲减退，周期性呕吐、腹泻或便秘，体重减轻，多尿、烦渴，脱水，晕厥，兴奋不安，皮肤青铜色色素过度沉着，性欲减退，阳痿或持续性发情间期。

心电图描记显示 T 波升高、尖锐，P 波振幅缩小或缺如，PR 间期延长，QT 延长，R 波振幅降低，QRS 间期增宽，房室阻滞或异位起搏点。

实验室检查，恒见改变是肾性或肾前性氮质血症，低钠血症（<137mmol/L）和高钾血症（>5.5mmol/L），血清钠、钾比由正常的（$27\sim40$）：1 降至 23：1 以下，尿钠升高，尿钾降低。可发生代谢性酸中毒、代偿性呼吸性碱中毒、低氯血症、高磷血症和高钙血症。

血液常规检查，相对性中性粒细胞减少，淋巴细胞增多，相对性嗜酸性粒细胞增多，轻度正细胞正色素非再生性贫血。

X 线检查，所见心脏微小、肺血管系统缩小，后腔静脉缩小及食管扩张。

【诊断】根据临床表现和诊断性试验结果建立诊断。诊断性试验多选用促肾上腺皮质激素试验。犬静脉注射 0.25mg ACTH 后 1h 血浆或血清皮质醇<138mmol/L 即可确诊为糖皮质激素缺乏；注射后 4h，中性粒细胞与淋巴细胞比值未超过基线水平 30% 或嗜酸性粒细胞绝对值减少未超过基线值 50%，指示糖皮质激素缺乏。

【治疗】

（1）急性型 首先静脉注射生理盐水；补充糖皮质激素，如琥珀酸钠皮质醇、琥珀酸钠强的松和磷酸钠地塞米松，首次剂量的 1/3 静脉注射，1/3 肌内注射，1/3 稀释在 5% 糖盐水中静脉滴注；肌内注射醋酸脱氧皮质酮（油剂）；静脉注射 5% 碳酸氢钠；上述治疗后 30min，病情仍然不见好转，可静脉滴注去甲肾上腺素，并观察注射后脉搏及尿量的变化；肌内注射琥珀酸钠皮质醇，每天 3 次；肌内注射醋酸脱氧皮质酮油剂，每天 1 次，至病畜呕吐停止、自由采食及精神状态正常。

（2）慢性型 肌内注射琥珀酸钠皮质醇，每天 3 次；肌内注射醋酸脱氧皮质酮油剂，每天 1 次，至血清钠、钾含量恢复正常，呕吐停止，能采食；口服氯化钠（犬和猫），连用 1 周；口服氢化可的松，每天 2 次，连用 1 周后每天服药 1 次；每 3~4 周肌内注射新戊酸盐脱氧皮质酮，或每天服用醋酸氟氢可的松。

继发性可选用强的松龙或泼尼松。

第三篇

兽医外科与外科手术学

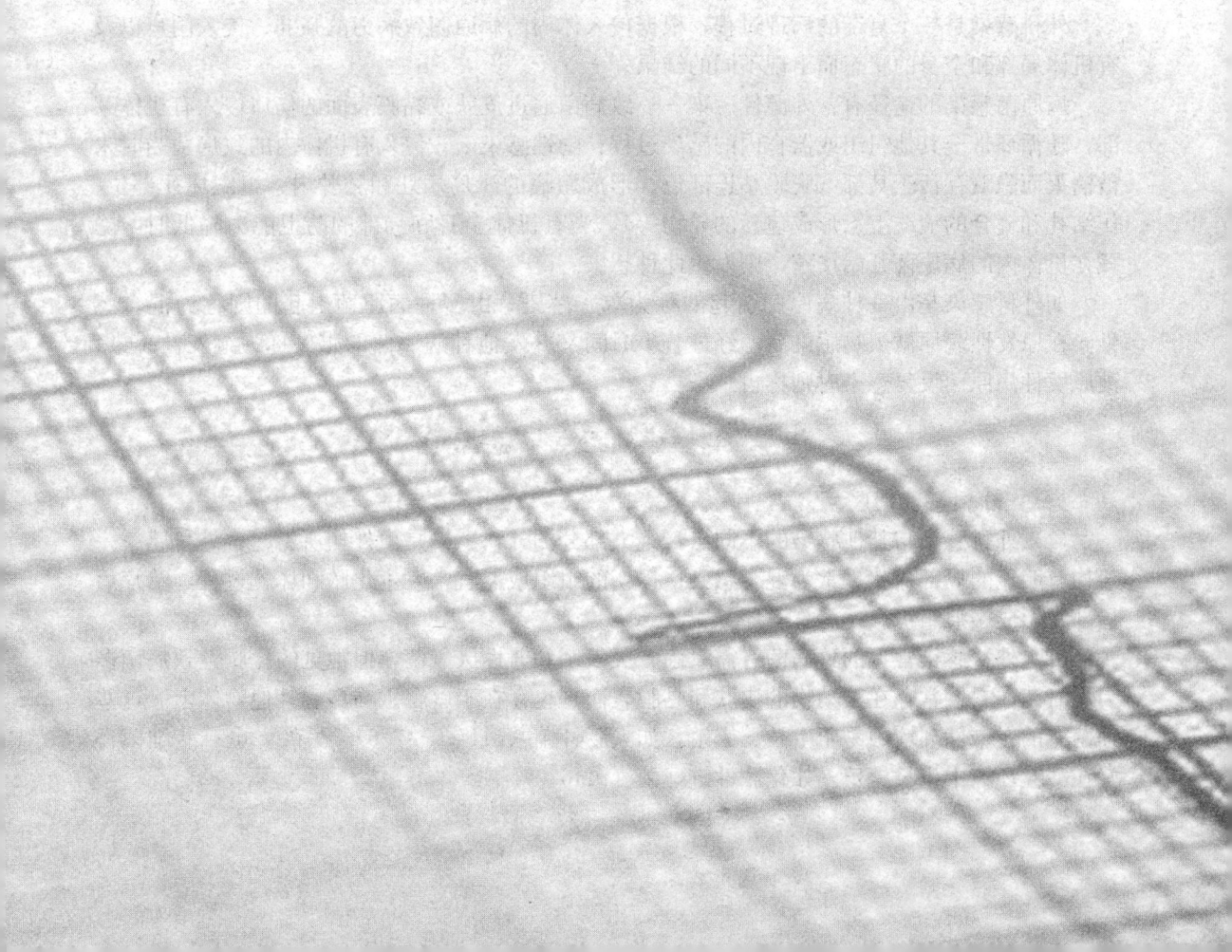

第一单元 外科感染★

第一节 概　　述

一、外科感染的概念

外科感染是动物有机体与侵入体内的致病微生物相互作用所产生的局部和全身反应。它是有机体对致病微生物的侵入、生长和繁殖造成损害的一种反应性病理过程，也是有机体与致病微生物感染与抗感染斗争的结果。

外科感染是一个复杂的病理过程，根据侵入体内的病原菌致病力的强弱、侵入门户以及有机体局部和全身的状态而出现不同的结果。

病原菌感染的途径有：外源性感染——致病菌通过皮肤或黏膜表面的伤口侵入有机体某部，随循环带至其他组织或器官内的感染过程；隐性感染——侵入有机体内的致病菌当时未被消灭而隐藏存活于某部（腹膜粘连部位、形成瘢痕的溃疡病灶和脓肿内、组织坏死部位、作结扎和缝合的缝线上、形成包囊的异物等），当有机体全身和局部的防卫能力降低时，隐藏在机体内的病原菌开始增殖，则发生此种感染。

如外科感染是由一种病原菌引起的称为单一感染；由多种病原菌引起的则称为混合感染。在原发性病原微生物感染后，经过若干时间又并发他种病原菌的感染称为继发性感染；被原发性病原菌反复感染时则称再感染。

二、外科感染的特点与病程演变

（一）外科感染的特点

（1）外科感染与其他感染的不同点：绝大部分的外科感染是由外伤所引起；外科感染一般均有明显的局部症状；常为混合感染；损伤的组织或器官常发生化脓和坏死过程，治疗后局部常形成瘢痕组织。

（2）外科感染常见的致病菌有需氧菌、厌氧菌和兼性厌氧菌，但常见的化脓性致病菌多为需氧菌，它们常存在于动物的皮肤和黏膜表面，也存在于厩舍、马具和其他物体上。这些细菌有的在碱性环境中易于生长、繁殖，如大肠杆菌（pH7.0～7.6）。另外，也有些细菌喜好在酸性环境中生长繁殖，如化脓性链球菌（pH6.0）。

（3）外科感染时常见的化脓性致病菌有葡萄球菌、链球菌、大肠杆菌、绿脓杆菌、肺炎球菌等。

（二）外科感染的病程演变

外科感染的演变是动态的过程。致病菌、机体抵抗力以及治疗措施三方面的消长决定了在不同时期感染可以向不同的方向发展。外科感染发生后，受致病菌毒力、局部和全身抵抗力及治疗措施等因素的影响，可有三种结局：

1. 局限化、吸收或形成脓肿　当动物机体的抵抗力占优势时，感染局限化，有的自行吸收，有的形成脓肿。小的脓肿也可自行吸收，较大的脓肿在破溃或经手术切开引流后转为恢复过程，病灶逐渐形成肉芽组织、瘢痕而愈合。

2. 转为慢性感染　当动物机体的抵抗力与致病菌致病力处于相持状态，感染病灶局限化，形成溃疡、瘘、窦道或硬结，由瘢痕组织包围，不易愈合。此病灶内仍有致病菌，一旦机体抵抗力降低时，感染可重新发作。

3. 感染扩散　在致病菌毒力超过机体抵抗力的情况下，感染可迅速向四周扩散，或经淋巴、血液循环引起严重的全身感染。

三、影响外科感染的因素

在外科感染发生发展过程中，存在着两种相互制约的因素，即有机体的防卫机能和促进外科感染发生发展的基本因素。此两种过程始终贯穿着感染和抗感染、扩散和反扩散的相互作用。由于不同动物个体的内在条件和外界因素不同而出现相异的结局，有的主要出现局部感染症状，有的则局部和全身的感染症状都很严重。

（一）有机体的防卫机能

在动物的皮肤表面、被毛、皮脂腺和汗腺的排泄管内，在消化道、呼吸道、泌尿生殖器及泪管的黏膜上，经常有各种微生物（包括致病能力很强的病原微生物）存在。在正常的情况下，这些微生物并不呈现任何有害作用，这是因为有机体具有很好的防卫机能，足以防止其发生感染。

1. 皮肤、黏膜及淋巴结的屏障作用　皮肤表面被覆角质层及致密的复层鳞状上皮，pH5.2～5.8。黏膜的上皮也由排列致密的细胞和少量的间质组成，表面常分泌酸性物质，某些黏膜表面还具有清除异物能力的纤毛。因此，在正常的情况下，皮肤及黏膜不仅具有阻止致病菌侵入机体的能力，而且还分泌溶菌酶、抑菌酶等杀死细菌或抑制细菌生长繁殖的抗菌性物质。淋巴结和淋巴滤泡可固定细菌，阻止它们向深部组织扩散或将其消灭。

2. 血管的屏障及血脑屏障的作用　血管的屏障是由血管内皮细胞及血管壁的特殊结构所构成。它可以一定程度地阻止进入血液内的致病菌进入组织中。血脑屏障由脑内毛细血管壁、软脑膜及脉络丛等构成。该屏障可以阻止致病菌及外毒素等从血液进入脑脊液及脑组织。

3. 体液中的杀菌因素　血液和组织液等体液中含有补体等杀菌物质。它们或单独对致病菌呈现抑菌或杀菌作用，或同吞噬细胞、抗体等联合起来杀死细菌。

4. 吞噬细胞的吞噬作用　网状内皮系统细胞和血液中的中性粒细胞等均属机体内的吞噬细胞，它们可以吞噬侵入体内的致病菌和微小的异物并进行溶解和消化。

5. 炎症反应和肉芽组织　炎症反应是有机体与侵入体内的致病因素相互作用而产生的全身反应的局部表现。当致病菌侵入机体后局部很快发生炎性充血，以提高局部的防卫机能。充血发展成为淤血后便有血浆成分的渗出和白细胞的游出。炎症区域的网状内皮细胞也明显增生。这些变化既有利于阻止致病菌的扩散和毒素的吸收，又有利于消灭致病菌和清除坏死组织。当炎症进入后期或慢性阶段，肉芽组织则逐渐增生，在炎症和周围健康组织之间构成防卫性屏障，从而更好地阻止致病菌的扩散并参与损伤组织的修复，使炎症局限化。肉芽组织是由新生的成纤维细胞和毛细血管所组成的一种幼稚结缔组织，它的里面常有许多炎性细胞浸润和渗出液，并表现明显的充血。渗出的细胞和增生的巨噬细胞主要在肉芽组织的表层，通过它们的吞噬、分解和消化作用使肉芽组织具有明显的消除致病菌的作用。

6. 透明质酸 透明质酸是细胞间质的组成成分，而细胞间质是由基质和纤维成分所组成。结缔组织的基质是无色透明的胶质物质，有黏性，故在正常情况下能阻止致病菌沿着结缔组织间隙扩散。透明质酸参与组织和器官的防卫机能，对许多致病菌所分泌的透明质酸酶有抑制作用。

（二）促使外科感染发展的因素

1. 致病微生物 在外科感染的发生发展过程中，致病菌是重要的因素，其中细菌的数量和毒力尤为重要。细菌的数量越多，毒力越强，发生感染的机会亦越大。

2. 局部条件 外科感染的发生与局部环境条件有很大关系。皮肤黏膜破损可使病菌入侵组织，局部组织缺血缺氧或伤口存在异物、坏死组织、血肿和渗出液均有利于细菌的生长繁殖。

进入体内的致病菌在条件适宜的情况下，经过一定的时间即可大量生长繁殖以增强其毒害作用，进而突破机体组织的防卫屏障，随之即表现出感染的临床症状。而感染发展的速度又依外伤的部位、外伤组织和器官的特性、创伤的安静是否遭到破坏、肉芽组织是否健康和完整、致病菌的数量和毒力、是单一感染还是混合感染、有机体有无维生素缺乏症和内分泌系统机能紊乱，以及病畜神经系统机能状态而有很大的不同。这些因素都在外科感染的发生和发展上起着一定的作用。

四、外科感染的症状与防治

（一）外科感染的症状

1. 局部症状 红、肿、热、痛和机能障碍是外科感染的五个常见典型症状，但这些症状并不一定全部出现，而随着病程迟早、病变范围及位置深浅而异。病变范围小或位置深的，局部症状不明显。深部感染可仅有疼痛及压痛、表面组织水肿等。

2. 全身症状 轻重不一，感染轻微的可无全身症状，感染较重的有发热、心跳和呼吸加快、精神沉郁、食欲减退等症状。感染较为严重、病程较长时，可继发感染性休克、器官衰竭等。感染严重的出现败血症，甚至死亡。

3. 实验室检查 一般均有白细胞计数增加，甚至核左移；免疫功能低下的患病动物，也可表现类似情况。B超、X线检查和CT检查等有助于诊断深部脓肿或体腔内脓肿，如肝脓肿、脓胸、脑脓肿等。感染部位的脓汁应做细菌培养及药敏试验，有助于正确选用抗生素。怀疑全身感染，可做血液细菌培养检查，包括需氧培养及厌氧培养，以明确诊断。

（二）外科感染的治疗措施

1. 局部治疗 治疗化脓灶的目的是使化脓感染局限化，减少组织坏死，减少毒素的吸收。

（1）休息和患部制动　使患病动物充分安静，以减少疼痛刺激和恢复患病动物的体力。同时，限制患病动物活动，避免刺激患部。在进行细致的外科处理后，根据情况适度包扎。

（2）外部用药　有改善血液循环、消肿、加速感染灶局限化以及促进肉芽组织生长的作用，适用于浅在感染。如鱼石脂软膏用于疖等较小的感染，50％硫酸镁溶液湿敷用于蜂窝织炎。

（3）物理疗法　有改善局部血液循环、增强局部抵抗力、促进炎症产物吸收及感染病灶局限化的作用。外科感染早期可用冷敷、普鲁卡因局部封闭等使急性炎症缓解；中后期为促进炎性产物吸收、消散，除用热敷或湿热敷外，可应用电疗法（如感应电疗法、中波、短波、超短波、微波、频谱等）和光疗法（如紫外线、红外线、低能激光照射等）进行治疗，有较好的疗效。

（4）手术治疗　包括脓肿切开和感染病灶的切除。急性外科感染脓肿成熟后应及时手术切开。若脓肿虽已破溃但排脓不畅，则应扩创、清创、引流。只有引流通畅，病灶才能较快愈合。及时切开排脓和切除感染病灶，是避免严重外科感染进一步演变为败血症的有效方法。

2. 全身治疗

（1）抗菌药物　合理应用抗菌药物是治疗外科感染的重要措施。

用药原则：尽早分离、鉴定病原菌并做药敏试验，尽可能测定联合药敏。联合应用抗生素必须有明确的适应证和指征。值得注意的是，抗生素疗法并不能取代其他治疗方法，因此对严重外科感染必须采取综合性治疗措施。

药物选择：①葡萄球菌，轻度感染选用青霉素类、林可霉素类、大环内酯类抗生素和磺胺类药物；重症感染选用苯唑青霉素或头孢唑林钠与氨基糖苷类抗生素合用。②溶血性链球菌，使用青霉素、红霉素、头孢噻呋等。③大肠杆菌及其他肠道革兰氏阴性菌，选用氨基糖苷类抗生素、喹诺酮类或头孢噻呋等。④绿脓杆菌，首选药物哌拉西林，环丙沙星、头孢他啶及头孢哌酮对绿脓杆菌亦有效。⑤类杆菌及其他梭状芽孢杆菌，可用替硝唑、青霉素类或哌拉西林、氯林可霉素等。

给药方法：对轻症和较局限的感染，一般可肌内注射。对严重感染者，应静脉给药。除个别的抗菌药物外，分次静脉注射法较好。与静脉滴注相比，它产生的血清内和组织内的药物浓度较高。

（2）支持治疗　患病动物严重感染导致脱水和酸碱平衡紊乱，应及时补充水、电解质及碳酸氢钠。化脓性感染易出现低钙血症，给予钙制剂，并可调节交感神经系统和某些内分泌系统的机能活动。应用葡萄糖疗法可补充糖以增强肝脏的解毒机能和改善循环。注意饲养管理，给患病动物饲喂营养丰富的饲料和补给大量维生素（特别是维生素A、B族维生素和维生素C），以提高机体抗病能力。

（3）对症疗法　根据患病动物的具体情况进行必要的对症治疗，如强心、利尿、解毒、解热、镇痛及改善胃肠道功能等。

第二节　局部外科感染

一、疖和痈概念、病因、症状与治疗

【疖和痈的概念】疖是指毛囊、皮脂腺及其周围皮肤和皮下蜂窝组织内发生的化脓性炎症过程。仅限于毛囊感染的称为毛囊炎。多数疖散在发生或反复出现，经久不愈者称为疖病。痈是指多个毛囊、皮脂腺及其周围结缔组织的急性化脓性炎症。痈可从一个疖或多个疖发展而来，它是疖和疖病的扩大，其侵害范围可扩至深筋膜。

【病因】疖的直接原因是皮肤受到摩擦、刺激、汗液浸渍及污染，引起细菌感染，其细菌多为葡萄球菌，其次为链球菌，有时葡萄球菌和链球菌混合感染。毛囊及其所属的皮脂腺、汗腺排泄障碍、维生素缺乏、天气炎热及动物机体抵抗力下降等均可促使疖或疖病的发生。如感染侵及若干并列的皮脂腺，形成多头疖，并向深筋膜蔓延，继而发展为痈。如果痈未得到及时有效的治疗，可发展为全身化脓性感染。

【症状】疖因动物种类和皮肤薄厚不同，症状表现各异。最初可见温热而又剧烈疼痛的圆形小硬结节，其顶端形成小脓包，中心部有被毛竖立，随后出现明显的炎性肿胀。肿胀坚硬，触及剧痛。很快在病灶中央出现明显的小脓肿。此种疖性脓肿具有完整的脓肿膜并凸出于皮肤表面。病程数日后，病灶脓肿破溃，流出乳脂样黄白色脓汁，局部形成小溃疡面，其后被覆肉芽组织和脓性痂皮。疖常无全身症状，但发生疖病时，可能会出现体温升高、食欲减退等全身症状。

痈初期表现患部迅速肿大、剧烈疼痛的化脓性炎性浸润。此时局部皮肤紧张、坚硬、界限不清，继而在病灶中央出现多个脓点，破溃后呈蜂窝状。之后病灶中央皮肤及其皮下组织坏死脱落，皮肤呈紫褐色。痈深层的炎症范围超过体表脓灶区。动物常表现厌食、寒战、高热等全身症状，并伴有淋巴管炎、淋巴结炎和静脉炎。严重者可引起全身化脓性感染，白细胞计数明显升高。

【治疗】

1. 疖和疖病的治疗　以局部治疗为主，配合全身治疗，包括消炎、切开排脓和促进肉芽组织生长。

（1）促进炎症消退　早期红肿阶段可进行热敷或超短波、红外线、氦氖激光照射等理疗，也可敷贴加油调成糊状的中药金黄散、玉露散或鱼石脂软膏等，或在浸润期疖的病灶周围注射青霉素普鲁卡因溶液。

（2）及时切开排脓　当疖性脓肿时，应立即切开，并用0.1%高锰酸钾、0.1%氯己定、0.1%新洁尔灭、过氧化氢等清洗创腔，禁忌挤压排脓，防止感染扩散。疖性脓肿无论自溃还是手术切开，均应开放引流。

（3）促进肉芽生长　在肉芽组织生长期，局部可涂布既能抗菌消炎，无刺激性或刺激性小，又能促进肉芽组织生长的药物，如抗生素软膏（四环素、金霉素、红霉素）和0.5%～2%碘甘油。

（4）全身治疗　对表现有全身症状的结合疖病，应给予全身抗生素治疗，并加强饲养管理和消除引起疖病的各种因素。

2. 痈的治疗　以局部和全身治疗并举。在痈的初期，全身用抗生素治疗，动物患部制动，适当休息和补充营养。局部用鱼石脂软膏、金黄散外敷。病灶周围用普鲁卡因封闭可获较好效果。如局部肿胀范围大，出现多个脓点、破溃，表面呈现青紫色或紫褐色，全身症状明显，应行局部十字切开，并一直切到健康组织，清除化脓和失活组织，实行开放疗法。如创腔大而深，可用高渗盐水纱布填塞引流。

二、脓肿的诊断与治疗

严重感染后，组织和器官内坏死、液化，形成局限性脓液积聚，并有一完整的包膜，称为脓肿。体腔内（胸膜腔、喉囊、关节腔、鼻旁窦、子宫腔）有脓汁潴留时称蓄脓。按脓肿发生部位，可分为浅在性脓肿和深在性脓肿两种。

脓肿的诊断
与治疗

深在性脓肿发生在深层肌肉、肌间、骨膜下、腹膜下及内脏器官中。内脏器官中的脓肿常常是转移性脓肿或败血症的一个结果。牛发生创伤性心包炎时，心包及网胃和膈的连接处常见到多发性脓肿。根据脓肿发生器官功能的不同而出现不同的临床症状。无论是浅在性脓肿或深在性脓肿，当脓肿腔内潴留的脓汁较多时，如未及时切开排脓或脓肿自溃后脓汁外流，此时机体都可因吸收热原而出现体温升高、食欲不振等症状。一般在脓肿切开充分排脓后，患病动物体温可迅速恢复正常。

【诊断】浅在性热性脓肿发生于皮肤、皮下结缔组织、筋膜下，及表层肌肉组织中。初期，局部肿胀无明显界限且稍高于皮肤表面，触诊局部坚实，热痛明显，以后中心逐渐软化并出现波动，波动越来越明显。浅在性脓肿一般容易诊断，有困难时可做穿刺诊断。

深在性脓肿发生在深层肌肉、肌间、骨膜下、腹膜下及内脏器官中。因其发生部位较深，局部肿胀增温的症状不明显，但常见局部皮肤及皮下组织炎性水肿，触诊有疼痛反应，常留有指压痕。对深在性脓肿确诊困难者，必要时亦可进行穿刺诊断。在临床上，必须注意脓肿与血肿、血清肿、疝及某些挫伤的诊断区别（表3-1）。

表3-1 脓肿与血肿、血清肿、疝及某些挫伤的区别

项 目	脓肿	血肿	血清肿	挫伤	疝
形成速度	较慢	很快	较慢	较快	较快，可还纳
触诊温热情况	发热	正常	凉	发热	正常
波动性	有	有	有	无	无
穿刺液	脓汁	血液	血清样液	无	粪、尿等
触诊疼痛反应	有	无	无	有	无
与周围组织界线	清晰	清晰	不明显	不明显	清晰
是否有肠蠕动音	无	无	无	无	可能有

【治疗】

1. 消炎、止痛及促进炎症产物的消散吸收 对处于急性炎性细胞浸润初期的脓肿局部，可涂有消炎止痛作用的软膏，亦可使用冷疗法。当炎性渗出停止后局部可用温热疗法、超短波电疗法、微波电疗法、He-Ne激光照射，目的是促进炎症产物的消散吸收，局部治疗的同时配合全身应用抗生素或磺胺类药物。

2. 当局部已出现波动后要及时进行下述手术疗法

（1）脓肿切开 脓肿成熟出现波动后立即切开。切口应选择波动最明显且容易排脓的部位。按手术常规对局部进行剪毛消毒后再根据情况做局部或全身麻醉。切开前，为了防止脓肿内压力过大脓汁向外喷射，可先用粗针头将脓汁排出一部分。切开时，一定要防止外科刀损伤对侧的脓肿膜。切口要有一定的长度，并做纵向切口，以保证

在治疗过程中脓汁能顺利地排出。深在性脓肿切开时，除进行确实麻醉外，最好进行分层切开，并对出血的血管进行仔细的结扎或钳压止血，以防引起脓肿的致病菌进入血液循环，而被带至其他组织或器官发生转移性脓肿。脓肿切开后，脓汁要尽力排尽，但切忌用力压挤脓肿壁（特别是脓汁多而切口过小时），或用棉纱等用力擦拭脓肿膜里面的肉芽组织，这样就有可能损伤脓肿腔内的肉芽性防卫面而使感染扩散。如果一个切口不能彻底排空脓汁时，亦可根据情况做必要的辅助切口。对浅在性脓肿可用防腐液或生理盐水反复清洗脓腔，最后，用脱脂纱布轻轻吸出残留在腔内的液体。切开后的脓肿创口可按化脓创进行外科处理。

（2）脓汁抽出　此法适用于有完整脓肿膜形成的小脓肿，特别是关节部的小脓肿。用较粗的针头抽净脓汁后，用生理盐水反复冲洗脓腔，待抽出的生理盐水已清净后再注入抗生素溶液。

（3）脓肿摘除　此法有时用于浅在性小的脓肿，但须注意勿切破脓肿膜而使新鲜手术创面被脓汁污染。

三、蜂窝织炎的分类、症状、诊断与治疗

疏松结缔组织内发生的急性弥漫性化脓性炎症称为**蜂窝织炎**。它常发生于皮下、黏膜下、肌肉、气管及食道周围的蜂窝组织内，以其中形成浆液性、化脓性和腐败性渗出液并伴有明显的全身症状为特征。

【分类】

（1）按蜂窝织炎发生部位的深浅可分为浅在性蜂窝织炎（皮下蜂窝织炎和黏膜下蜂窝织炎）和深在性蜂窝织炎（筋膜下蜂窝织炎、肌间蜂窝织炎、软骨周围蜂窝织炎和腹膜下蜂窝织炎）。

（2）按蜂窝织炎的病理变化可分浆液性蜂窝织炎、化脓性蜂窝织炎、厌氧性蜂窝织炎和腐败性蜂窝织炎，如化脓性蜂窝织炎伴发皮肤、筋膜和腱的坏死时则称为化脓坏死性蜂窝织炎，在临床上也常见化脓菌和腐败菌混合感染而引起的化脓腐败性蜂窝织炎。

（3）按蜂窝织炎发生的部位可分关节周围蜂窝织炎、食管周围蜂窝织炎、淋巴结周围蜂窝织炎、股部蜂窝织炎和直肠周围蜂窝织炎等。

【症状】蜂窝织炎时病程发展迅速。局部症状主要表现为大面积肿胀，局部增温，疼痛剧烈和机能障碍。全身症状主要表现为病畜精神沉郁，体温升高，食欲不振，并出现各系统的机能紊乱。

（1）皮下蜂窝织炎　常发于四肢（特别是后肢），病初局部出现弥漫性渐进性肿胀。触诊时，热痛反应非常明显。初期肿胀呈捏粉状，有指压痕，后则变为稍坚实感。局部皮肤紧张，无可动性。

（2）筋膜下蜂窝织炎　常发生于前肢的前臂筋膜下、鬐甲部的深筋膜和棘横筋膜下，以及后肢的小腿筋膜下和阔筋膜下的疏松结缔组织中。其临床特征是患部热痛反应剧烈，机能障碍明显，患部组织呈坚实性炎性浸润。

（3）肌间蜂窝织炎　常继发于开放性骨折、化脓性骨髓炎、关节炎及腱鞘炎之后。有些是由于皮下或筋膜下蜂窝织炎蔓延的结果。感染可沿肌间和肌群间大动脉及大神经干的路径蔓延。首先是肌外膜，然后是肌间组织，最后是肌纤维。先发生炎性水肿，继而形成脓性浸

润并逐渐发展成为化脓性溶解。患部肌肉肿胀、肥厚、坚实、界限不清，机能障碍明显，触诊和他动运动时疼痛剧烈。表层筋膜因组织内压增高而高度紧张，皮肤可动性受到很大的限制。肌间蜂窝织炎时全身症状明显，体温升高，精神沉郁，食欲不振。局部已形成脓肿时，切开后可流出灰色、常带血样的脓汁。有时由化脓性溶解可引起关节周围炎、血栓性血管炎和神经炎。

当颈静脉注射刺激性强的药物时，若漏入颈部皮下或颈深筋膜下，能引起筋膜下的蜂窝织炎。注射后经 1～2d 局部出现明显的渐进性肿胀，有热痛反应，但无明显的全身症状。当并发化脓性或腐败性感染时，则经过 3～4d 后局部即出现化脓性浸润，继而出现化脓灶。若未及时切开，则可自行破溃而流出微黄白色较稀薄的脓汁。它能继发化脓性血栓性颈静脉炎。当动物采食时，由于饲槽对患部的摩擦或其他原因，常造成颈静脉血栓的脱落而引起大出血。

【诊断】皮下蜂窝织炎常见于四肢，后肢多于前肢。病初局部出现无明显界限的弥漫性渐进性肿胀，触诊热痛明显，皮肤紧张，无可动性。肿胀初呈捏粉状，有指压痕，后变坚实。随着局部坏死组织的化脓性溶解而出现化脓灶，触诊柔软有波动感。患病动物体温升高，食欲减退，精神沉郁。如感染进一步向周围蔓延，可使症状加剧。

筋膜下蜂窝织炎常发生于前臂、鬐甲部深筋膜下、小腿和股部阔筋膜下的疏松结缔组织。其临床症状主要是患部肿胀，热痛反应剧烈，机能障碍明显，而体温升高、精神沉郁、食欲减退等全身症状也较重。炎症可向周围组织蔓延。

颈静脉周围漏注强刺激剂时，可发生颈部皮下或颈深筋膜下蜂窝织炎。常见于注射后 1～2d 局部出现弥漫性肿胀，皮肤紧张，无可动性，局部有明显的热痛反应，3～4d 局部出现化脓性浸润，继而成为化脓灶，自溃后流出微黄色较稀薄的脓汁。一般不出现全身症状。如继发化脓性血栓性颈静脉炎，在动物采食时，常因患部与饲槽等处摩擦引起颈静脉血栓的脱落而引起大失血。

当蜂窝织炎治疗不及时或耽误治疗时，则局部病程可转为慢性过程。此时，皮肤及皮下组织肥厚，弹力消失而成为慢畸形弥漫性肥厚，称此为象皮病。在马常见于后肢、口唇等处。

【治疗】

1. 局部治疗

（1）抑制炎症发展、促进炎症产物消散吸收　蜂窝织炎初期（24～48h）局部涂布用醋调制的复方醋酸铅散，用 10％酒精鱼石脂溶液做患部湿敷，患部周围普鲁卡因封闭等。病后 3～4d 当局部炎性渗出已基本平息，为促进炎症产物的消散吸收，局部可使用药液温敷，也可使用 He-Ne 激光照射、超短波及微波电疗法等。

（2）手术切开　冷敷后局部肿胀未见减轻并有继续发展的趋势，患病动物全身症状恶化。此时，为了防止局部组织坏死，减轻组织内压，排出炎性渗出物，应立即进行手术切开。切开时，切口要有足够的长度和深度，创口止血后局部可填塞中性盐类高渗溶液（常用的是 10％硫酸镁或硫酸钠溶液）浸湿的纱布，利用渗透压的不同，以促进炎性渗出液的排出。此外，局部已形成蜂窝织炎性脓肿时，亦应进行及时切开，切开后其创口按化脓创处理。

（3）象皮病的治疗　主要着眼点应放在早期改善局部血液循环和淋巴循环，促进炎症产物的消散吸收。为此，局部可使用 CO_2 激光扩焦照射、中波透热、短波透热、超短波电场及微波电疗法等。

2. 全身治疗 早期应用抗生素疗法、磺胺疗法、碳酸氢钠疗法及输液疗法等。根据患病动物的全身症状进行对症治疗。

四、厌气性感染和腐败性感染的诊断与治疗

厌气性感染的主要致病菌有产气荚膜梭菌、诺维梭菌、溶组织杆菌、腐败梭菌及腐败弧菌。临床上，常见的厌气性感染有厌气性（气性）坏疽、厌气性（气性）蜂窝织炎、恶性水肿及厌气性败血症；腐败性感染的主要致病菌有变形杆菌、产芽孢杆菌、腐败杆菌、大肠杆菌及某些球菌。其临床特点是局部组织坏死，溃烂呈黏泥样，褐绿色或巧克力色，恶臭。

【诊断】

1. 厌气性感染的诊断 厌气性（气性）坏疽时，局部最初出现明显的疼痛性肿胀，并迅速向周围扩散，以后触诊患部有气性捻发音。从外伤的创口流出少量红褐色或不洁带黄灰色的液体，肌肉呈煮肉样，丧失固有的结构，最后变成黑褐色。患病动物出现明显的全身症状。

厌气性（气性）蜂窝织炎时，局部出现有弹性的大面积肿胀，肿胀急剧向周围扩展。初期热痛反应明显，随着气体的产生，疼痛开始减轻，肿胀的局部逐渐变凉，触诊有气性捻发音，叩诊呈鼓音。创口可见混有气泡、浑浊、稀薄的脓样液体流出。患病动物呈现明显的全身症状。

恶性水肿时，患部出现急剧增进性肿胀，初期温热疼痛轻微，后有凉感而无痛。无产气荚膜杆菌混合感染的恶性水肿，一般局部触诊时不出现捻发音。患病动物全身症状严重，有无味、无气泡、稀薄的脓样液体从创口流出。本病常发生在绵羊去势后。

厌气性败血症是一种最严重的全身性外科感染，是由于机体从感染患部大量吸收组织分解有毒产物、致病菌及毒素所引起。患病动物出现严重的全身代谢紊乱，败血病灶存有大量坏死组织的分解产物，并出现明显的感染症状。

2. 腐败性感染的诊断 通常表现局部反应比较剧烈，创伤周围出现水肿和剧痛。创伤表面被覆液状红褐色有时混有气泡、恶臭的腐败液。创内坏死组织变为绿灰色或黑褐色。肉芽组织不平整，发绀，容易出血。腐败性细菌感染时，常伴发筋膜和腱膜的坏死以及腱鞘和关节囊的溶解。患病动物出现严重的全身性症状。

【治疗】

（1）应彻底切除患部坏死组织，其切除范围深而广泛，一直切至健康组织。手术创口行开放疗法，禁忌包扎和缝合。

（2）使用大量氧化剂（3%过氧化氢溶液、0.5%高锰酸钾溶液）、中性盐类高渗溶液（10%～20%的硫酸镁或硫酸钠溶液）及酸性防腐液洗涤创口。

（3）大量应用抗生素、磺胺类药物、抗菌增效剂等。

（4）根据患病动物全身病况进行对症治疗。

（5）腐败性及厌气性细菌感染的预防在于早期合理扩创，彻底切除坏死组织，扩开创囊，通畅引流，保证脓汁和创内的腐败分解产物能顺利地排出创外，并行开放疗法以保证空气能自由地进入创内。

第三节 全身化脓性感染

全身化脓性感染包括败血症和脓血症。前者指致病菌（金黄色葡萄球菌、溶血性链球菌、大肠杆菌、厌气性链球菌和坏疽杆菌）侵入血液循环，迅速繁殖，产生大量毒素及组织分解产物而引起的全身性细菌感染；后者指局部化脓灶的细菌栓子或脱落的感染血栓，间歇进入血液循环，并在机体其他组织和器官形成转移性脓肿。脓血症与败血症同时存在者，称为脓毒血症。

【分类】

（1）根据引起败血症的原因可分为创伤性败血症、炎症性败血症和术后败血症。

（2）根据临床症状和病理解剖学的特点分为脓血症、败血症和脓毒血症。

（3）根据临床上有无化脓的转移，分为有转移的全身化脓性感染和无转移的全身化脓性感染两种。

【临床症状】

1. 败血症 患病动物体温升高，一般呈稽留热，恶寒战栗，四肢发凉，脉搏细数，动物常卧地，起立困难，运步时步态蹒跚，有时见有中毒性腹泻。随病程发展，可出现感染性休克或神经系统症状，患病动物可见食欲废绝，结膜黄染，呼吸困难，脉搏细弱，动物烦躁不安或嗜睡，尿量减少，并含有蛋白或无尿，皮肤黏膜有时有出血点，血液学指标有明显的变化。

2. 脓血症 致病菌通过栓子或被感染的血栓进入血液循环后被带到各种不同器官和组织，并在其中形成粟粒大到成人拳头大小的转移性脓肿。常见于牛、犬、家禽、猪及绵羊，马则少见。随着感染和中毒的发展，患病动物出现明显的全身症状。最初精神沉郁，恶寒战栗，食欲废绝，但喜饮水，呼吸加快，脉弱而频，出汗。体温升高，有时呈典型的弛张热，有时呈间歇热。每次发热都可能与致病菌或毒素进入血液循环有关。当肝脏发生转移性脓肿时，眼结膜出现高度黄染。肠壁发生转移性脓肿，则出现剧烈性腹泻。肺脏发生转移性脓肿，动物呼气则带有腐臭味并有大量的脓性鼻漏。同时，血液检查出现明显的异常变化。

【治疗】需早期采取局部及全身的综合性治疗措施。

根据病史、感染病灶、局部和全身症状，结合临床检查和实验室检查等并不困难，但须与急性炎症过程中发生的中毒相区别。其治疗原则包括：

1. 局部治疗 先从治疗败血病灶着手，以消除传染和中毒的来源。为此，要消除创囊和脓窦，摘除异物，排净脓汁，除去创内所有的坏死组织，用刺激性较小的防腐消毒剂冲洗败血病灶，然后按化脓创处理，创围使用普鲁卡因封闭。

2. 全身治疗 早期合理地应用抗生素疗法。为了增强机体的抗病能力，维持循环血容量和中和毒素，可进行输血和补液，大量给水和补给维生素。为了防治酸中毒，可应用碳酸氢钠疗法。为了增强肝脏的解毒机能和增强机体的抗病能力，可应用葡萄糖疗法。同时，加强患病动物的饲养和护理。

3. 对症治疗 当心脏衰弱时，可应用强心剂；肾机能紊乱时，可应用乌洛托品；败血性腹泻时，可静脉注射氯化钙；防治转移性肺脓肿，可静脉注射樟脑酒精糖溶液等。

第二单元 损 伤★★

第一节 软组织开放性损伤——创伤

组织或器官的机械性开放性损伤称**创伤**。此时，皮肤或黏膜的完整性被破坏，同时与其他组织断离或发生部分缺损。一般的创伤均由创口、创缘、创壁、创腔、创底和创面组成。

一、创伤的分类

（一）按伤后经过的时间分

1. 新鲜创 伤后的时间较短，创内尚有血液流出或存有血凝块，且创内各部组织的轮廓仍能识别，有的虽被严重污染，但未出现创伤感染症状。

2. 陈旧创 伤后经过时间较长，创内各组织的轮廓不易识别，出现明显的创伤感染症状，有的排出脓汁，有的出现肉芽组织。

（二）按创伤有无感染分

1. 无菌创 通常将在无菌条件下所做的手术创称为无菌创。

2. 污染创 创伤被细菌和异物所污染，但进入创内的细菌仅与损伤组织发生机械性接触，并未侵入组织深部发育繁殖，也未呈现致病作用。污染较轻的创伤，经适当的外科处理后，可能取第一期愈合。污染严重的创伤，又未及时而彻底地进行外科处理时，常转为感染创。

3. 感染创 进入创内的致病菌大量发育繁殖，对机体呈现致病作用，使伤部组织出现明显的创伤感染症状，甚至引起机体的全身性反应。

（三）按致伤物的性状分

1. 刺创 由尖锐细长物体（钢丝、草叉）刺入组织内发生的损伤。创口小，创道狭而长，一般创道较直，有的由于肌肉的收缩，创道呈弯曲状态，深部组织常被损伤，并发内出血或形成组织内血肿。刺入物有时折断，作为异物残留于创道内，再加上致伤物体带入创道的污物，刺创极易感染化脓，甚至形成化脓性窦道或引起厌氧性感染。

2. 切创 因锐利的刀类、铁片、玻璃片等切割组织发生的损伤。切创的创缘及创壁比较平整，组织受挫灭轻微，出血量多，疼痛较轻，创口裂开明显，污染较轻。一般经适当的外科处理和缝合，能迅速愈合。

3. 砍创 由柴刀、马刀等砍切组织发生的损伤。因致伤物体重，致伤力量强，故创口裂开大，组织损伤严重，出血较多，疼痛剧烈。

4. 挫创 由钝性外力作用（如打击、冲撞、蹴踢等）或动物跌倒在硬地上所致的组织损伤。挫创的创形不整，常有明显的被血液浸润的挫灭破碎组织，创内常有创囊及血凝块，创伤多被尘土、沙石、粪块、被毛等污染，极易感染化脓。

5. 裂创 由钩、钉等钝性牵引作用，使组织发生机械性牵张而断裂的损伤。裂创的创形不规整，组织发生撕裂或剥离，创缘呈不正锯齿状，创内深浅不一，创壁及创底凹凸不平，并存有创囊及严重破损组织碎片。出血较少，创口裂开很大，疼痛剧烈。有的皮肤呈瓣状撕裂，有的并发肌肉及腱的断裂，撕裂组织容易发生坏死或感染。

6. 压创 由车轮碾压或重物挤压所致的组织损伤。压创的创形不整，存有大量的挫灭组织、压碎的肌腱碎片，有的皮肤缺损或存在粉碎性骨折。压创一般出血少，疼痛不剧烈，创伤污染严重，极易感染化脓。

7. 搔创 被猫和犬爪搔抓致伤，皮肤常被损伤，呈线形，一般比较浅表。

8. 缚创 由于用绳，特别是粗糙的新绳缚捆时，可引起缚创，如马系部、跗部常发。缚创易感染。

9. 咬创 由动物的牙咬所致的组织损伤，猪和马较多见。被咬部呈管状创或近似裂创或呈组织缺损创。创内常有挫灭组织，出血少，常被口腔细菌所污染，可继发蜂窝织炎。

10. 毒创 被毒蛇咬、毒蜂刺蜇等所致的组织损伤。被咬刺部位呈点状损伤，常不易被发现。但毒素进入组织后，患部疼痛剧烈，迅速肿胀，以后出现坏死和分解。毒素引起的全身性反应迅速而严重，可因呼吸中枢和心血管系统的麻痹而死亡。

11. 复合创 具备上述两种以上创伤的特征。常见者有挫刺创、挫裂创等。

12. 火器创 由枪弹或弹片致伤所造成的开放性损伤。与一般开放性损伤不同，有其本身的特殊性。

火器创按致伤物不同可分为枪弹创、弹片创及高速小弹片创。

按创道的不同可分为：①盲管创，只有入口而无出口，体内有异物存留；②贯通创，既有入口，又有出口；③切线创，创道在体表，呈沟槽状。创伤弹道的入口与出口的大小和形状，随着投射物的大小、形状、撞击体表时的接触面积、速度和撞击部位等不同而有很大差异。

根据创道是否穿透体腔可分为穿透创和非穿透创。

火器创的主要特点有：①损伤严重，受伤部位多，范围广；②污染严重，感染快。

二、创伤愈合分期和愈合过程

创伤（损伤）的愈合过程一般从伤口出血停止时就开始启动，经过炎性

创伤愈合分期和愈合过程

反应过程、组织和血管的生成（组织修复）、组织细胞的成熟（瘢痕形成）三个基本阶段。临床上将创伤愈合分为第一期愈合、第二期愈合，反映的是两个愈合期的临床特点，而每个愈合期都要经过上述三个愈合基本阶段，只是表现轻与重、少与多而异。例如，第一期愈合炎症反应表现轻微，但在第二期愈合炎症反应则严重，主要因感染所致。

1. 第一期愈合 是创伤一种理想的愈合形式。其特点是创缘、创壁整齐，创口吻合良好，无肉眼可见的组织间隙，炎症反应较轻微。创内无异物、坏死灶及血肿，组织保有生机，失活组织较少，无感染，具备这些条件的创伤可完成第一期愈合。无菌手术创绝大多数可达第一期愈合。新鲜污染创如能及时做清创术处理，也可实现此期愈合。

第一期愈合的过程开始其伤口内有少量血液、血浆、纤维蛋白及白细胞等将伤口黏合。这些黏合物质刺激创壁组织，毛细血管扩张充血，渗出浆液，白细胞等渐渐地侵入黏合的创腔缝隙内，进行吞噬、溶解和搬运，以清除创腔内的凝血及死亡组织，使创腔净化。经过1～2d后，创内结缔组织细胞及毛细血管内皮细胞分裂增殖，以新生的肉芽组织将创缘连接起来，同时创缘上皮细胞增生，逐渐覆盖创口。新生的肉芽组织逐渐转变为纤维性结缔组织，这样的伤口愈合，其形态学和生化变化均不显著，仅留下线状疤痕，有时甚至不留疤痕，这个过程需6～7d。因此，无菌手术创切口可在术后7d左右拆线，经2～3周后完全愈合。

2. 第二期愈合 特征是伤口增生多量的肉芽组织，填充创腔，然后形成瘢痕组织及被覆上皮组织而治愈。一般当伤口大，伴有组织缺损、创缘及创壁不整，伤口内有血液凝块、细菌感染、异物、坏死组织以及由于炎性产物、代谢障碍而致使组织丧失第一期愈合能力时，要通过第二期愈合而治愈。临床上，多数创伤病例取此期愈合。主要表现是创伤部发炎、肿胀、增温、疼痛，随后创内坏死组织液化，形成脓汁，从创口流出。

组织修复阶段的核心是新生肉芽组织。它是由新生的成纤维细胞和毛细血管构成的。其中，成纤维细胞是由伤口周围的原始结缔组织细胞分裂增生而来的，体积较大，细胞核也较大，呈椭圆形并有核仁。这种细胞在伤后的初期增生快，由伤口边缘及底部逐渐向中心生长。与此同时，有大量毛细血管混杂在成纤维细胞之间，自伤口周围向中心靠拢而产生伤口收缩，使创面缩小，有利于伤口愈合。肉芽组织除有成纤维细胞和毛细血管外，还有多少不定的中性粒细胞、巨噬细胞及其他炎性细胞，但无神经纤维，故肉芽组织本身并无感觉，触之不痛。

健康肉芽组织呈红色，较坚实，表面湿润，呈颗粒状并附有很少一层黏稠、灰白色脓性物，对肉芽组织起保护作用。肉芽组织是坚强的创伤防卫面，可防止感染蔓延。所以，诊疗创伤时，保护肉芽面不受损伤，合理选用促进肉芽正常生长的药物十分重要。

肉芽组织成熟过程：在伤后5～6d，增生的成纤维细胞开始产生胶原纤维，腔体变长，胞核变小、变长；到2周左右，胶原纤维形成最旺盛，以后逐渐慢下来；至3周以后，胶原纤维的增生就很少了。此时，成纤维细胞转化为长梭形的纤维细胞。与此同时，肉芽组织中大量毛细血管闭合、退化、消失，只留下部分毛细血管及细小的动脉和静脉营养该处。至此，肉芽组织逐渐成熟为纤维组织瘢痕。肉眼观察瘢痕为灰白色、硬韧。

在肉芽组织开始生长的同时，创缘的上皮组织增殖，由周围向中心逐渐生长新生的上皮，当肉芽组织增生高达皮肤面时，新生的上皮再生完成，覆盖创面而愈合。当创面较大，由创缘生长的上皮不足以覆盖整个创面时，则以上述的疤痕形成、取代而告终。如此可能引起伤部的损伤和功能障碍。愈合的疤痕组织无毛囊、汗腺和皮脂腺。

创伤在愈合过程中，可看到皮肤的缺损面有缩小现象，如在动物背腰部切除一小块皮肤，大多数动物经 2～3d 后，创面发生迅速缩小过程，这称之为创伤收缩。皮下疏松结缔组织和肌肉比较丰富的部位，创面收缩得多，反之则收缩得少。

3. 痂皮下愈合 特征是表皮损伤，伤面浅在并有少量出血，以后血液或渗出的浆液逐渐干燥而结成痂皮，覆盖在创伤表面，具有保护作用，痂皮下损伤的边缘再生表皮而治愈。若感染细菌时，于痂皮下化脓取第二期愈合。

三、影响创伤愈合的因素

创伤愈合的速度常受许多因素影响，这些因素包括外界条件方面的、人为的和机体方面的。创伤诊疗时，应尽力消除妨碍创伤愈合的因素，创造有利于愈合的良好条件。

1. 创伤感染 创伤感染化脓是延迟创伤愈合的主要因素，由于病原菌的致病作用，一方面使伤部组织遭受更大的破坏，延长愈合时间；另一方面机体吸收了细菌毒素和有害的炎性产物，降低机体的抵抗力，影响创伤的修复过程。

2. 创内存有异物或坏死组织 当创内特别是创伤深部存留异物或坏死组织时，炎性净化过程不能结束，化脓不会停止，创伤就不能愈合，甚至形成化脓性窦道。

3. 受伤部血液循环不良 创伤的愈合过程是以炎症为基础的过程，受伤部血液循环不良，既影响炎性净化过程的顺利进行，又影响肉芽组织的生长，从而延长创伤愈合时间。

4. 受伤部不安静 受伤部经常进行有害的活动，容易引起继发损伤，并破坏新生肉芽组织的健康生长，从而影响创伤的愈合。

5. 处理创伤不合理 如止血不彻底、施行清创术过晚和不彻底、引流不畅、不合理的缝合与包扎、频繁地检查创伤和不必要的换绷带，以及不遵守无菌规则、不合理地使用药剂等，都可延长创伤的愈合时间。

6. 机体维生素缺乏 维生素 A 缺乏时，上皮细胞的再生作用迟缓，皮肤出现干燥及粗糙；B 族维生素缺乏时，能影响神经纤维的再生；维生素 C 缺乏时，由于细胞间质和胶原纤维的形成障碍，毛细血管的脆性增加，致使肉芽组织水肿、易出血；维生素 K 缺乏时，由于凝血酶原的浓度降低，致使血液凝固缓慢，影响创伤愈合时间。

四、创伤愈合的临床特点

1. 第一期愈合的临床特点 瘢痕小，呈线状或无瘢痕，组织不变形。临床上一般指手术创和及时处理的新鲜污染创。

2. 第二期愈合的临床特点 瘢痕组织多，愈合时间长；有时影响关节功能，甚至出现畸形。一般为化脓创。

3. 痂皮下愈合的特点 创伤浅，如烫伤、皮肤表层烧伤、擦伤；创伤表面有血液、淋巴液、浆液，干燥结痂；痂下长出肉芽组织、新生上皮；上皮成熟后，角化脱落（露出新肉芽组织）。未感染则取第一期愈合，感染则取第二期愈合。

五、创伤的治疗

创伤治疗的主要目的是治疗创伤感染和中毒，并预防感染的扩散。首先，消除主要感染和中毒的来源，改善创伤 pH 环境，增强机体的生物学免疫机能，使受伤动物对感染有较强的抵抗力。其次，促进创伤局部的神经营养和血液循环恢复正常。最后，促进再生能力，保护再生机能。主要方法有：

（一）创伤治疗的一般原则

创伤治疗的原则包括：正确处理局部与全身的关系，在大失血、休克、组织挫灭严重等情况下，应当先治疗全身性疾患，再或同时做局部处理；止痛很重要，止痛在促进创伤恢复、调整机体机能状态、促进动物休息和采食、降低炎性刺激物对机体的影响等方面，起着重要的作用；预防和制止创伤感染；消除影响愈合的因素；彻底处理化脓，为再生创造条件；加强营养，提高饲养管理水平；防止并发症。

1. 抗休克　一般是先抗休克，待休克好转后再进行清创术，但对大出血、胸壁穿透创和肠脱出，则应在积极抗休克的同时进行手术治疗。

2. 防治感染　严重的创伤，一般不可避免地被细菌等所污染，伤后应立即开始使用抗生素，预防化脓性感染；同时，进行积极的局部治疗，使污染的伤口变为清洁伤口并进行缝合；但对战时火器创的处理，原则上只做清创，不做缝合。

3. 纠正水与电解质失衡　通过输液调节机体水与电解质平衡。

4. 消除影响创伤愈合的因素　在创伤治疗过程中，注意消除各种影响创伤愈合的因素，可使肉芽组织生长正常，促进创伤早期治愈。

5. 保证营养供应　加强饲养管理，增强机体抵抗力，能促进伤口愈合，对创伤严重的患病动物，应给予高蛋白及富有维生素的饲料。

（二）创伤的治疗方法

1. 创伤的外科处理　创伤的外科处理是创伤治疗的主要方法。

根据外科处理进行的时间分为创伤初期外科处理（伤后不超过 3d）及创伤的次期外科处理（伤后已超过 3d 的创伤）。为了达到创伤初期和次期外科处理的目的，均可使用下述方法。

（1）创伤清净术　包括创围剪毛、清洗、取出创内的组织碎片及异物，应用化学防腐剂，清洗创面，包扎保护性绷带等，适用于新鲜创和陈旧创。

（2）扩创术　目的是扩开创伤，保证创液或脓汁能顺利排出和导入防腐性引流。包括造反对孔和辅助切口。

（3）创伤部分切除术　除去严重污染和失去血液供应的坏死组织和损伤严重的组织，以期在非损伤组织界限内造成一个创缘、创壁平整的近似于新鲜的手术创。术后根据情况可进行密闭缝合或开放疗法。

（4）创伤的全部切除术　从创内除去全部污染和损伤的组织，在健康组织界限内造成一个无菌的手术创。术后进行密闭缝合。

（5）创伤的二次缝合（肉芽创的缝合）　为了加速创伤愈合和使大创伤愈合后瘢痕范围小，可进行肉芽创的缝合。二次缝合的创缘可行阶段性接着，即缝合后先使创缘相应接着，经数日后再将缝合线拉紧使创缘完全接着。

2. 创伤的安静疗法和运动疗法 创伤后的最初 6～8d，伤口对感染及各种刺激的抵抗力都是很弱的。因此，使患病动物保持局部和全身的安静是非常必要的。可收患病动物住院，根据情况局部可包扎绷带，必要时包扎夹板绷带或石膏绷带，创伤周围作普鲁卡因封闭等。

当肉芽组织在创面上已形成完整的防卫面时，对患病动物进行适当的牵遛运动，可加速创伤的愈合。

3. 创伤的开放疗法和非开放疗法 创伤不包扎绷带称开放疗法，包扎绷带称非开放疗法。前者适用于创内有大量脓汁不断排出，已发生厌气性和腐败性感染或有上述感染可能者，以及烧伤、褥疮、湿疹、化脓性窦道、分泌性及排泄性瘘管等。后者适用于四肢末端、有急性炎症、创伤水肿和干性败血性的创伤。在治疗过程中，需要及时合理地更换绷带。

4. 创伤的引流和非引流疗法 当创内有血液及炎性渗出物潴留时适于进行引流疗法。临床上常用的是用灭菌纱布条做引流。它适用于创液或脓汁较稀薄，并且量比较少的创伤。当创伤内炎性渗出物量大而黏稠时，棉纱引流很快就丧失引流作用，此时最好使用胶管引流。但要注意的是，引流必须合理、正确，并适时更换和清洗，否则不仅起不到引流的作用还有可能阻流。经验表明，不正确地使用引流容易引起胼胝性溃疡和某些化脓性窦道或瘘管。因此，当创内脓汁或创液能顺利排出创外或无液体潴留时应使用非引流疗法。

5. 创伤的化学防腐法 创伤治疗时，除采用外科处理的机械防腐和某些物理防腐法外，为了加强治疗效果常并用化学防腐法。创伤用化学防腐剂和用药方法主要有以下几种：

（1）创伤冲洗剂 常用的有0.9%生理盐水、8%过氧化氢溶液（大家畜用）、碘酊过氧化氢、0.1%高锰酸钾溶液、0.1%～0.5%雷佛奴耳溶液、0.01%呋喃西林溶液、0.01%～0.02%新洁尔灭溶液、0.02%度米芬溶液和0.05%氯己定溶液等；小动物也可使用甲硝唑注射液等冲洗创伤。

（2）创伤的撒布剂 粉剂吹入或用喷粉器将粉剂均匀撒布在创面上；腹腔脏器创伤使用抗生素溶液。

（3）创伤的贴敷剂 用膏剂、乳剂或粉剂厚层放置于纱布块上，再贴敷于创面，然后用绷带固定。

（4）创伤的湿敷剂 用浸有药液的数层纱布块贴敷于创面，并经常向纱布块上浇洒药液。

（5）创伤的涂布剂 涂布剂是将液体药液涂布于创面上。常用的有5%碘酊（大动物用）、2%碘酊、聚维酮碘膏等。

（6）创伤的灌注剂 常用于细而长的创道内灌注。常使用挥发性或油性药剂，如10%碘仿醚合剂和磺胺乳剂等。

6. 创伤的物理疗法 合理应用物理疗法可加速创伤的炎性净化和组织再生，有利于创伤的修复治愈。常用的光疗法有红外线、紫外线及激光疗法。常用的电疗法有直流电离子透入疗法（透入抗生素、碘离子、钙离子、锌离子等）、短波电疗法、超短波电疗法及微波电疗法等。

7. 创伤的全身疗法 严重的创伤，特别是感染创，当患病动物出现体温升高、精神沉郁、食欲减退等全身症状时，应及时进行全身疗法。为了防止创伤感染，应及时合理选用抗生素药物。

正确合理的饲养管理在创伤治疗上具有重要意义，它有助于防止有机体发生创伤感染和中毒，并能增强创伤的炎性净化和促进创伤的组织再生，以利于创伤的愈合。

第二节 软组织非开放性损伤

在外力作用下，使机体软组织受到破坏，但皮肤或黏膜并未破损，这类损伤称为**软组织非开放性损伤**，包括挫伤、血肿和血清肿。

一、血肿和血清肿的诊断与治疗原则

血肿和血清肿是由于外力作用引起局部血管破裂出血，或不正确的手术操作继发炎性或血清样液体渗出，聚集在组织之间，形成充满液体的腔洞。

【病因】血肿常见于软组织非开放性损伤（挫伤）、骨折、刺创等，如耳因寄生耳螨，剧痒，甩耳，致耳血肿。血清肿常见于手术，也可见于钝性损伤。缝合时组织层次未能很好对合，形成无效腔（dead space），这是术后引起血清肿的主要问题。切口周围分离过大，组织损伤严重，甚或切除（扫除）邻近淋巴结，如乳腺肿瘤切除，其渗出液中除含有血清样液体，也可能含有淋巴液。局部血供不良、抑制吞噬细胞流入、血液凝血功能不良等也是引起血肿和血清肿的原因。血肿常发生于皮下、筋膜下、肌间、骨膜下及浆膜下。血清肿常发生于手术部位。血肿和血清肿形成的速度、大小取决于受伤血管的种类和周围组织的性状，一般均呈局限性肿胀，且能自然止血。较大动脉断裂时，血液沿筋膜或肌间浸润形成弥散性血肿。

【症状与诊断】血肿的临床特点是肿胀迅速增大，血清肿形成比血肿慢。血肿和血清肿呈明显的波动感或饱满、有弹性，触摸无热、无痛，但血肿以后由于血液凝固并析出纤维蛋白，触诊时周围呈坚实感，并有捻发音，中央有波动，局部或周围温度增高。

超声检查有助于鉴别血肿、血清肿和脓肿，但不是万无一失。血清肿细胞成分少，出现清晰的消声区；血肿开始有回声，但随着血凝形成，出现明显的消声定位液区；脓肿因细胞成分多，液浓稠，回声不均匀，可出现点、片状高回声，有时周边可见低回声晕影。因血清肿和血肿穿刺有引起细菌感染的危险，故开始不建议用穿刺诊断，只有临床和超声检查难以辨别时，才可行穿刺做细胞学检查。

【治疗】制止溢血，防止感染和排出积血。初期可冷敷，之后热敷，包扎压迫绷带。血肿和血清肿绝不可切开引流，只有当其肿胀很大，影响活动，局部皮肤损伤时，才可穿刺或切开血肿或血清肿，排出积液、血凝块及破碎组织。如继续出血，可结扎止血、清理创腔后再行缝合。已发生感染的血肿应迅速切开，并进行开放疗法。

二、挫伤的诊断与治疗

挫伤是机体在诸如马踢、棒击、车撞、跌倒或坠落等钝性外力直接作用下，引起的组织非开放性损伤。

【诊断】患部皮肤可出现轻微的致伤痕迹，如被毛逆乱、脱落或皮肤擦伤，患部溢血、肿胀、疼痛或机能障碍。溢血是血管破裂，血液积聚在组织中，在缺乏色素的皮肤上可见到溢血斑。肿胀是受损组织被挫灭，血液和淋巴液浸润引起的。疼痛是神经末梢受损或渗出液压迫所致。一般挫伤疼痛为瞬时性的，但重度挫伤时局部可能一时感觉丧失。

严重的挫伤，可能造成骨及关节的损伤，出现运动机能障碍。如伤部感染，可形成脓肿或蜂窝织炎。反复轻微的挫伤，可形成血清肿、黏液囊炎或局部皮肤肥厚、皮下结缔组织硬结等。

【治疗】制止溢血、镇痛、防感染、促进肿胀吸收和加速组织修复。病初冷敷，可减轻疼痛与肿胀。2d 后改用温热疗法、红外线照射，也可局部涂擦刺激性药物，如樟脑酒精或 5‰鱼石脂软膏等。并发感染时，按外科感染治疗。

第三节 烧伤与冻伤

一、烧伤的分类、特征与治疗原则

一切超生理耐受范围的固体、液体、气体高温及腐蚀性化学物质等作用于动物体表组织所引起的损伤，称为**烧伤**（烫伤或热伤）。

（一）烧伤的分类及特征

烧伤的程度主要决定于烧伤深度和烧伤面积，但也与烧伤的部位和机体的健康状况有关。

根据烧伤的深度，可分为三类。

一度烧伤：皮肤表层被损伤，伤部被毛烧焦，局部呈现红、肿、热、痛等浆液性炎症变化。这类烧伤一般 7d 左右可治愈，不留疤痕。

二度烧伤：皮肤表层及真皮层部分或大部被损伤，伤部被毛烧光或烧焦，伤部血管通透性显著增加，血浆大量外渗，积聚在表皮与真皮之间，呈明显的弥散性水肿（马）或出现水泡（猪、犬）。真皮损伤较浅的一般经 7～20d 可愈合，不留疤痕。真皮损伤较深的一般经 20～30d 创面愈合，痂皮脱落后常遗留轻度的疤痕，易感染化脓。

三度烧伤：为皮肤全层或深层组织（筋膜、肌肉、骨骼）被损伤。组织蛋白凝固、血管栓塞，形成焦痂，呈深褐色干性坏死状态。三度烧伤因神经末梢和血液循环遭到破坏，伤面疼痛反应不明显，伤面温度下降。伤后 7～14d，失活组织开始溃烂、脱落、露出红色创面，最易感染化脓。小面积的三度烧伤，可达疤痕愈合。创面较大时应进行植皮促使愈合。三度烧伤愈合后，局部留有疤痕。

较大面积的二、三度烧伤，常常伴发不同程度的全身紊乱。严重的烧伤，由于剧烈疼痛，可在烧伤当时发生原发性休克，患病动物表现精神高度沉郁，反应迟钝，心衰，呼吸快而浅，可视黏膜苍白，瞳孔散大，耳、鼻及四肢末端发凉或出冷汗，食欲废绝。若病程继续发展，由于伤部血管通透性增高，血浆及血液蛋白大量渗出，血液浓稠，水、电解质平衡紊乱，可能引起继发性休克或中毒性休克。烧伤伤面容易引起感染化脓，特别是绿脓杆菌的感染严重，常并发败血症。

根据烧伤面积可分为四种。

1. **轻度烧伤** 即烧伤总面积不超过体表的 10%，其中三度烧伤不超过 2%。
2. **中度烧伤** 即烧伤总面积占体表面积的 11%～20%，其中二度烧伤不超过 4%。
3. **重度烧伤** 即烧伤总面积占体表面积的 20%～50%，其中三度烧伤不超过 6%。
4. **特重烧伤** 即烧伤总面积占体表总面积 50%以上。

(二) 治疗原则

包括镇痛、抗感染、防休克和治疗并发症；现场急救主要是离开现场，用湿棉被等盖上；止痛；在输血、抗休克的同时，应当在早期预防心衰；"抢切"与"换血"相结合，一次性切净坏死组织；治疗创面脓毒症。

烧伤的基本治疗方法如下：

1. 现场急救 主要任务是灭火和将动物牵离火场，消除动物体上的致伤物质。灭火时，要注意保护伤面。呼吸道烧伤并有呼吸困难者，可进行气管切开，抢救窒息患病动物，有条件者注射止痛药物等以防休克。

2. 防治休克 中度以上的烧伤，患病动物都有发生休克的可能，尤其体质衰弱、幼年和老年家畜更易发生，应及早防治。伤后使患病动物安静，注意保温，肌内注射氯丙嗪、皮下注射樟脑磺酸钠。为了增高血压，维护血容量，改善血液循环，应补充液体，如患病动物能经口饮水，可加适量的食盐，减少静脉内给予的数量。如患病动物拒饮，可经静脉补以大量的液体，其数量可根据临床检查和血液化验决定。补液种类为胶体液、血浆代用品、球蛋白、白蛋白及电解质溶液。有酸中毒倾向时，可静脉注射5％碳酸氢钠溶液。

3. 伤面处理 及时合理处理伤面是防治感染、预防败血症和促进创伤愈合的主要环节，一般应在抗休克之后进行。

首先，剪除烧伤部周围的被毛，用温水洗去沾污的泥土，继续用温肥皂水或0.5％氨水洗涤伤部（头部烧伤不可使用氨水）；再用生理盐水洗涤、拭干；最后，用70％酒精消毒伤部及周围皮肤，眼部宜用2％～3％硼酸溶液冲洗。

一度烧伤：经清洗后，不必用药，保持干燥，即可自行痊愈。

二度烧伤：可用5％～10％高锰酸钾连续涂布3～4次，使伤面形成痂皮；也可用5％鞣酸或3％龙胆紫等涂布；或用紫草膏等油类药剂覆盖伤面，隔1～2d换药1次，如无感染可持续应用，直至治愈。用药后，一般行开放疗法，对四肢下部的伤面可行绷带包扎。

伤面的晚期处理，仍应控制感染，加速创面愈合。为了加速坏死组织脱落，特别是干痂脱落，可应用上述油膏。

如有绿脓杆菌感染，可用2％春雷霉素液、2％苯氧乙醇液、烧伤宁、10％甲磺灭脓液，或用枯矾冰片溶液（枯矾0.75～1g，冰片0.25g，水加至100mL）、4％硼酸溶液、食醋湿敷。

三度烧伤：面积大，伤面自然愈合时间较长，由于疤痕挛缩，使机体变为畸形，影响机体功能。因此，对其肉芽创面应早期实行皮肤移植术，以加速创面愈合，减少感染机会和防止疤痕挛缩。

对Ⅲ度烧伤的焦痂，可采用自然脱痂、油剂软化脱痂和手术切痂的方法。焦痂除去后，可用0.1％新洁尔灭溶液等清洗，干燥后涂布紫草膏。

4. 防治败血症 良好的抗休克措施、及时的伤面处理、合理的饲养管理是预防全身性感染的重要措施，应予以重视。对中度以上的烧伤患病动物，应在伤后2周内，应用大剂量广谱抗生素以控制全身性感染。有败血症症状时，按败血症治疗。

5. 皮肤移植术 Ⅲ度烧伤要正确处理焦痂和早期植皮。焦痂在一定条件下对烧伤伤面有保护作用，但另一方面增加感染机会。因此，既不能过分强调早期清除，也不应长期保留，应根据病情发展分期清除，并进行植皮。

二、冻伤的分类、特征与治疗原则

（一）分类及特征

目前认为，受冻组织的主要损伤是原发性冻融损伤和继发性血液循环障碍。根据冷损伤的范围、程度和临床表现，将冻伤分为三度。

一度冻伤：以发生皮肤及皮下组织的疼痛性水肿为特征。数日后局部反应消失，其症状表现轻微，在家畜常不易被发现。

二度冻伤：皮肤和皮下组织呈弥漫性水肿，并扩延到周围组织，有时在患部出现水疱，其中充满乳样带血液体。水疱自溃后，形成愈合迟缓的溃疡。

三度冻伤：以血液循环障碍引起的不同深度和距离的组织干性坏死为特征。患部冷厥而缺乏感觉，皮肤先发生坏死，有的皮肤与皮下组织均发生坏死，或达骨骼引起全部组织坏死。通常因静脉血栓形成、周围组织水肿以及继发感染而出现湿性坏疽。坏死组织沿分界线与肉芽组织离断，愈合变得缓慢，易发生化脓性感染，特别易招致破伤风和气性坏疽等厌氧性感染。

（二）治疗原则

重点在于消除寒冷作用，使冻伤组织复温，恢复组织内的血液和淋巴循环，并采取预防感染措施。为此，应将病畜脱离寒冷环境，移入厩舍内，用肥皂水洗净患部，然后用樟脑酒精擦拭或进行复温治疗。

复温治疗时，开始用 18～20℃ 水进行温水浴，在 25min 内不断向其中加热水，使水温逐渐达到 38℃。如在水中加入高锰酸钾（1∶500），并对皮肤无破损的伤部进行按摩更为适宜。当冻伤的组织刚一变软和组织血液循环开始恢复时，即达到复温目的。在不便于温水浴复温的部位，可用热敷复温，其温度与温水浴时相同。复温后用肥皂水轻洗患部，用 75% 酒精涂擦，然后用保暖绷带包扎和覆盖。

近年来，有人主张快速复温法，将伤部浸泡于 40～42℃ 温水中，并随时加入热水，保持水温恒定，要求皮肤温度能在 5～10min 内迅速越过 15～20℃ 达到正常。

复温时决不可用火烤，火烤使局部代谢增加，而血管又不能相应地扩张，反而加重局部损害。用雪擦患部也是错误的，因其可加速局部散热与损伤。

一度冻伤治疗时，必须恢复血管的紧张力，消除淤血，促进血液循环和水肿的消退。先用樟脑酒精涂擦患部，然后涂布碘甘油或樟脑油，并装着棉花纱布软垫保温绷带，或用按摩疗法和红外线照射。

二度冻伤治疗的主要任务是促进血液循环、预防感染、增高血管的紧张力、加速疤痕和上皮组织的形成。为解除血管痉挛，改善血液循环，可用盐酸普鲁卡因封闭疗法，根据患病部位的不同，可选用静脉内封闭、四肢环状封闭疗法。为了减少血管内凝集与栓塞，改善微循环，可静脉内注射低分子右旋糖酐和肝素。广泛的冻伤需早期应用抗生素疗法。局部可用 5% 龙胆紫溶液或 5% 碘酊涂擦露出的皮肤乳头层，并装以酒精绷带或行开放疗法。

三度冻伤治疗主要是预防发生湿性坏疽。对已发生的湿性坏疽，应加速坏死组织的断离，促进肉芽组织的生长和上皮的形成，预防全身性感染。为此，在组织坏死时，可行坏死部切开，以利于排出组织分解产物，可切除、摘除和截断坏死的组织。早期注射破伤风类毒素或破伤风抗毒素，并实行对症疗法。

第四节　损伤的并发症

一、溃　疡

皮肤或黏膜上久不愈合的病理性肉芽创称为**溃疡**。溃疡与一般创口的不同之处是愈合迟缓，上皮和瘢痕组织形成不良。

【特点】发生溃疡的原因有多种：血液循环、淋巴循环和物质代谢的紊乱；由于中枢神经系统和外周神经的损伤或疾病所引起的神经营养紊乱；某些传染病、外科感染和炎症的刺激；维生素不足和内分泌的紊乱；伴有机体抵抗力降低和组织再生能力降低的机体衰竭、严重消瘦及糖尿病等；异物、机械性损伤、分泌物及排泄物的刺激；防腐消毒药的选择和使用不当；急性和慢性中毒和某些肿瘤等。

溃疡与正常愈合过程伤口的主要不同点是创口的营养状态。如果局部神经营养紊乱和血液循环、物质代谢受到破坏，降低了局部组织的抵抗力和再生能力，此时任何创口都可变成溃疡；反之，如果对溃疡消除病因进行合理治疗，溃疡即可迅速地生长出肉芽组织和上皮组织而愈合。

【治疗】临床上常见有下述几种溃疡。

1. 单纯性溃疡　溃疡表面被覆蔷薇红色、颗粒均匀的健康肉芽。肉芽表面覆有少量黏稠、黄白色的脓性分泌物，干涸后则形成痂皮。溃疡周围皮肤及皮下组织肿胀，缺乏疼痛感。

溃疡周围的上皮形成比较缓慢，新形成的幼嫩上皮呈淡红色或淡紫色。上皮有时也在溃疡面的不同部位上增殖而形成上皮突起，然后与边缘上皮带汇合。与此同时，肉芽组织则逐渐成熟并形成瘢痕而愈合。当溃疡内的肉芽组织和上皮组织的再生能力恢复时，任何溃疡都能变成单纯性溃疡。

治疗时应保护肉芽，防止其损伤，促进其正常发育和上皮形成。因此，在处理溃疡面时必须细致，防止粗暴。禁止使用对细胞有强烈破坏作用的防腐剂。为了加速上皮的形成，可使用加 2‰～4‰ 水杨酸的锌软膏、鱼肝油软膏等。

2. 炎症性溃疡　临床上较常见，是长期受到机械性、理化性物质的刺激及生理性分泌物和排泄物的作用以及脓汁和腐败性液体潴留的结果。溃疡呈明显的炎性浸润。肉芽组织呈鲜红色，有时因脂肪变性而呈微黄色。表面被覆大量脓性分泌物，周围肿胀，触诊疼痛。

治疗时，首先应除去病因，局部禁止使用有刺激性的防腐剂。如有脓汁潴留时，应切开创囊排净脓汁。溃疡周围可用青霉素盐酸普鲁卡因溶液封闭。为了防止从溃疡面吸收毒素，亦可用浸有 20‰ 硫酸镁或硫酸钠溶液的纱布覆于创面。

3. 坏疽性溃疡　见于冻伤、湿性坏疽及不正确的烧烙之后。组织进行性坏死和很快形成溃疡是坏疽性溃疡的特征。溃疡表面被覆软化污秽无构造的组织分解物，并有腐败性液体浸润。常伴发明显的全身症状。

此溃疡应采取全身和局部并重的综合性治疗措施。全身治疗的目的在于防止中毒和败血症的发生。局部治疗在于早期剪除坏死组织，促进肉芽生长。

4. 水肿性溃疡　常发生于心脏衰弱的患病动物及局部静脉血液循环被破坏的部位。肉芽苍白脆弱呈淡灰白色，且有明显的水肿。溃疡周围组织水肿，无上皮形成。

治疗主要应消除病因，局部可涂鱼肝油、植物油或包扎鱼肝油绷带等。禁止使用刺激性较强的防腐剂。应用强心剂调节心脏机能活动，并改善患病动物的饲养管理。

5. 蕈状溃疡 常发生于四肢末端有活动肌腱通过部位的创伤。其特征是局部出现高出于皮肤表面、大小不同、凹凸不平的蕈状突起，其外形恰如散布的真菌故称蕈状溃疡。肉芽常呈紫红色，被覆少量脓性分泌物且容易出血。上皮生长缓慢，周围组织呈炎性浸润。

治疗时，如赘生的蕈状肉芽组织超出于皮肤表面很高，可剪除或切除，亦可充分搔刮后进行烧烙止血。亦可用硝酸银棒、苛性钾、苛性钠、20％硝酸银溶液烧灼腐蚀。有人使用盐酸普鲁卡因溶液在溃疡周围封闭，配合紫外线局部照射取得了较好的治疗效果。近年来，有人使用 CO_2 激光聚焦烧灼和气化赘生的肉芽取得了较为满意的治疗效果。

6. 褥疮及褥疮性溃疡 褥疮是局部受到长时间的压迫后所引起的因血液循环障碍而发生的皮肤坏疽。常见于畜体的突出部位。

褥疮后坏死的皮肤即暴露在空气中，水分被蒸发，腐败细菌不易大量繁殖，最后变得干涸皱缩，呈棕黑色。坏死区与健康组织之间因炎性反应带而出现明显的界限。由于皮下组织的化脓性溶解遂沿褥疮的边缘出现肉芽组织。坏死的组织逐渐剥离最后呈现褥疮性溃疡。表面被覆少量黏稠黄白色的脓汁。上皮组织和瘢痕的形成都很缓慢。

平时应尽量预防褥疮的发生。已形成褥疮时，可每日涂擦3％～5％龙胆紫酒精或3％煌绿溶液。夏天应当多晒太阳，应用紫外线和红外线照射可大大缩短治愈的时间。

7. 神经营养性溃疡 溃疡愈合非常缓慢，可拖延一年至数年。肉芽苍白或发绀见不到颗粒。溃疡周围轻度肿胀，无疼痛的感觉，不见上皮形成。

条件允许时可进行溃疡切除术，术后按新鲜手术创处理。亦可使用盐酸普鲁卡因周围封闭，配合使用组织疗法或自家血液疗法。

8. 胼胝性溃疡 不合理使用能引起肉芽组织和上皮组织坏死的药品、不合理地长期使用创伤引流以及患部经常受到摩擦和活动而缺乏必要的安静（如肛门周围的创伤），均能引起胼胝性溃疡的发生。其特征是肉芽组织血管微细，苍白、平滑无颗粒，并过早地变为厚而致密的纤维性瘢痕组织。不见上皮组织的形成。

条件许可时，切除胼胝，以后按新鲜手术创处理。亦可对溃疡面进行搔刮，涂松节油并配合使用组织疗法。

二、窦道和瘘管

窦道和瘘管都是狭窄不易愈合的病理管道，其表面被覆上皮或肉芽组织。窦道和瘘管的不同点是前者可发生于机体的任何部位，借助于管道使深在组织（结缔组织、骨或肌肉组织等）的脓窦与体表相通，其管道一般呈盲管状，而后者可借助于管道使体腔与体表相通或使空腔器官互相交通，其管道是两边开口。

临床上进行窦道和瘘管的鉴别诊断时，主要是采用探查、局部造影及拍摄 X 线片等手段。

1. 窦道 窦道常为后天性的，见于臀部、鬐甲部、颈部、股部、胫部、肩胛和前臂部等。

【病因】引起窦道的病因有异物和化脓坏死性炎症。

【症状】从体表的窦道口不断地排出脓汁。当窦道口过小，位置又高，脓汁大量潴留于窦道底部时，常于自动或他动运动时，因肌肉的压迫而使脓汁的排出量增加。窦道口下方的被毛和皮肤上常附有干涸的脓痂。由于脓汁的长期浸渍而形成皮肤炎，被毛脱落。

窦道内脓汁的性状和数量等因致病菌的种类和坏死组织的情况不同而异。当深部存在脓窦且有较多的坏死组织，并处于急性炎症过程时，脓汁量大而较为稀薄并常混有组织碎块和血液。病程拖长，窦道壁已形成瘢痕，且窦道深部坏死组织很少时，则脓汁少而黏稠。

窦道壁的构造、方向和长度因病程的长短和致病因素的不同而有差异。新发生的窦道，管壁肉芽组织未形成瘢痕，管口常有肉芽组织赘生。陈旧的窦道因肉芽组织瘢痕化而变得狭窄而平滑。一般因子弹和弹片所引起的窦道细长而弯曲。

窦道在急性炎症期，局部炎症症状明显。当化脓坏死过程严重，窦道深部有大量脓汁潴留时，可出现明显的全身症状。陈旧性窦道一般全身症状不明显。

【诊断】除对窦道口的状态、排脓的特点及脓汁的性状进行细致检查外，还要对窦道的方向、深度、有无异物等进行探诊。探诊时，可用灭菌金属探针、硬质胶管，有时可用消毒过的手指进行。探诊时必须小心细致，如发现异物时应进一步确定其存在部位、与周围组织的关系以及异物的性质、大小和形状等。探诊时必须确实保定，防止患病动物骚动。要严防感染的扩散和人为的窦道发生。必要时亦可进行 X 线诊断。

2. 瘘管　先天性瘘是由于胚胎期间畸形发育的结果，如脐瘘、膀胱瘘及直肠-阴道瘘等。此时瘘管壁上常被覆上皮组织。后天性瘘较为多见，是由于腺体器官及空腔器官的创伤或手术之后发生的。在动物常见的有胃瘘、肠瘘、食道瘘、颊瘘、腮腺瘘及乳腺瘘等。可分为以下两种：

（1）排泄性瘘　其特征是经过瘘的管道向外排泄空腔器官的内容物（尿、饲料、食糜及粪等）。除创伤外，也见于食道切开、尿道切开、瘤胃切开、肠管切开等手术化脓感染之后。

（2）分泌性瘘　其特征是经过瘘的管道分泌腺体器官的分泌物（唾液、乳汁等）。常见于腮腺部及乳房创伤之后。当动物采食或挤乳时，有大量唾液和乳汁呈滴状或线状从瘘管射出，是腮腺瘘和乳腺瘘的特征。

三、坏死与坏疽

坏死是指生物体局部组织或细胞失去活性。**坏疽**是组织坏死后受到外界环境影响和不同程度的腐败菌感染而产生的形态学变化。引起坏死和坏疽的主要原因如下：

1. 外伤　严重的组织挫灭、局部动脉损伤等。

2. 持续性压迫　如褥疮、鞍伤、绷带的压迫、嵌闭性疝、肠捻转等。

3. 物理、化学性因素　见于烧伤、冻伤、腐蚀性药品及电击、放射性物质、超声波等引起的损伤。

4. 细菌及毒物性因素　多见于坏死杆菌感染、毒蛇咬伤等。

5. 其他　血管病变引起的栓塞、中毒及神经机能障碍等。

【分类与症状】

1. 凝固性坏死 坏死部组织发生凝固、硬化，表面上覆盖一层灰白至黄色的蛋白凝固物。见于肌肉的蜡样变性、肾梗死等。

2. 液化性坏死 坏死部肿胀、软化，随后发生溶解。多见于热伤、化脓灶等。

3. 干性坏疽 多见于机械性局部压迫、药品腐蚀等。坏死组织初期表现苍白，水分渐渐失去后，颜色变成褐色至暗黑色，表面干裂，呈皮革样外观。

4. 湿性坏疽 多见于坏死部腐败菌的感染。初期局部组织脱毛、浮肿、暗紫色或黯黑色，表面湿润，覆盖有恶臭的分泌物。

【治疗】 首先要除去病因，局部进行剪毛、清洗、消毒，防止湿性坏疽进一步恶化。使用蛋白分解酶除去坏死组织，等待生出健康的肉芽。还可用硝酸银或烧烙阻止坏死恶化，或者进行外科手术摘除坏死组织。

对湿性坏疽应切除其患部（切除尾部、小动物四肢下端），应用解毒剂进行化学疗法。注意保持营养状态。

四、外科休克

休克不是一种独立的疾病，而是神经、内分泌、循环、代谢等发生严重障碍时在临床上表现出的症候群。其中，以循环血液量锐减、微循环障碍为特征的急性循环不全是其主要表现，是一种组织灌注不良，导致组织缺氧和器官损害的综合征。临床上按病因将休克分为失血失液性休克、损伤性休克、感染性休克等。

【特点】

1. 失血失液性休克 失血失液是否引起休克，不但与丢失血液或液体的量有关，而且与丢失的速度密切相关。由于机体对血容量的减少有很强的调节和代偿作用，如果是慢性丢失，即使丢失量较大也不会引起休克；相反，如果是快速丢失，由于机体来不及代偿，则容易引起休克。另外，失液性休克的发生与丢失液体的性质也有关，丢失高渗性液体即低渗性脱水时，由于主要是细胞外液减少，以致血容量显著减少，故较高渗性脱水易引起休克。

2. 损伤性休克 包括创伤性休克和烧伤性休克。损伤引起休克，一般都有血容量减少。例如，严重创伤时肝、脾破裂，血管损伤，挤压伤，大面积撕裂伤等可引起大量的内、外出血；大面积Ⅱ度烧伤时，大量血浆外渗。因此，损伤性休克亦归属于低血容量性休克，其发生发展规律与失血失液性休克相似，多为低排高阻型。

3. 感染性休克 又称中毒性休克，在外科又称脓毒性休克，包括败血症休克和内毒素性休克。外科感染性休克多见于腹腔内感染、烧伤和创伤脓毒血症、泌尿系和胆道感染、蜂窝织炎、脓肿等并发的菌血症或败血症；有时亦见于手术、导管置入及输液污染引起的严重感染。一般认为，感染引起休克与细菌释放毒素的作用有关。迄今研究和了解较多的是内毒素与休克的关系。细菌感染时，感染灶的细菌释放大量毒素入血，这些细菌毒素尤其是内毒素作用于血小板、白细胞、血管内皮细胞及补体等，产生一系列活性物质，如组胺、激肽、5-羟色胺、血栓素 A_2（TXA_2）、血小板活化因子（PAF）、白三烯（LTs）、前列腺素（PG）、补体成分 C_{3a} 与 C_{5a}、心肌抑制因子（MDF）、溶酶体酶、自由基、肿瘤坏死因子（TNF-α）、白介素 1（IL-1）等。这些物质通过多方面和多环节的作用而左右休克的发生和发展。

【临床表现】　通常在发生休克的初期，主要表现为兴奋状态，这是动物体内调动各种防御力量时机体的直接反应，也称为休克代偿期。动物表现兴奋不安，血压无变化或稍高，脉搏快而充实，呼吸增加，皮温降低，黏膜发绀，无意识地排尿、排粪。这个过程短则几秒钟即能消失，长者不超过 1h，所以在临床上往往被忽视。

继兴奋之后，动物出现典型沉郁、食欲废绝、不思饮、动物反应微弱，或对痛觉、视觉、听觉的刺激全无反应，脉搏细而间歇，呼吸浅表不规则，肌肉张力极度下降，反射微弱或消失，此时黏膜苍白、四肢厥冷、瞳孔散大、血压下降、体温降低、全身或局部颤抖、出汗、呆立不动、行走如醉，此时如不抢救，能导致死亡。

【治疗要点】

1. 消除病因　要根据休克发生的不同原因，给以相应的处置。如为出血性休克，关键是止血，在止血的同时也必须迅速地补充血容量。如为中毒性休克，要尽快消除感染源，对化脓灶、脓肿、蜂窝织炎要切开引流。

2. 补充血容量　在贫血和失血的病例，需要输全血，根据需要补给血浆、生理盐水或右旋糖酐等。这样做既可防止携氧能力不足，又能降低血液黏稠度，改善微循环。新鲜全血中含有多种凝血因子，可补充由于休克带来的凝血因子不足。补充血容量的目标是使体内电解质失衡得到改善，表现在病情开始好转，末梢皮温由冷变温，齿龈由紫变红，口腔湿润而有光泽，血压恢复正常，心率减慢，排尿量逐渐增多等。血压可作为休克进入低血压期的一个重要指标，但不应作为唯一的指标。中心静脉压对输液量有一定的指导意义。

3. 改善心脏功能　当静脉灌注适量液体之后，患病动物情况没有好转，中心静脉压反而增高，应该增添直接影响血管和强心的药物。中心静脉压高、血压低是心功能不全的表现，应采用提高心肌收缩力的药物，β受体兴奋剂如异丙肾上腺素和多巴胺是首选药物。多巴胺除可加强心肌收缩力外，还有轻度收缩皮肤和肌肉血管，以及选择性扩张肾血管的作用，在抗休克中有其独特的作用。洋地黄能增强心肌收缩，缓慢心率，在休克的早期很少需要洋地黄支持，于长期休克和心肌有损伤时使用。大剂量的皮质类固醇，能促进心肌收缩，降低周围血管阻力，有改善微循环的作用，并可减轻内毒素的作用，较多用于中毒性休克。中心静脉压高，血压正常，心率正常，是容量血管（小静脉）过度收缩的结果，用α受体阻断药如氯丙嗪，可解除小动脉和小静脉的收缩，纠正微循环障碍，改善组织缺氧，从而使休克好转，适用于中毒性休克、出血性休克。使用血管扩张剂，要同时进行血容量的补充。

4. 调节代谢障碍　休克发展到一定阶段，矫正酸中毒十分重要。纠正代谢性酸中毒可增强心肌收缩力；恢复血管对异丙肾上腺素、多巴胺等的反应性；除去产生弥散性血管内凝血的条件。从根本上改变酸中毒主要是改善微循环的血流障碍，所以应合理地恢复组织的血液灌注，解除细胞缺氧，恢复氧代谢，使积聚的乳酸迅速转化。

外伤性休克常合并有感染，因此在休克前期或早期，一般常给广谱抗生素。如果同时应用皮质激素时，抗生素首剂加倍。

休克患病动物要加强管理，指定专人护理，使动物保持安静，要注意保温，但也不能过热，保持通风良好，给予充分饮水。输液时使液体保持同体温相同的温度。

第三单元 肿 瘤★

第一节　肿瘤概论

【肿瘤的流行病学】动物肿瘤的发生有一定的普遍性，几乎遍布于与人类关系密切的各种动物。因动物品种、年龄、性别及其所处地理环境不同等因素而表现不同的流行病学特点。

1. 品种因素　动物肿瘤的发生，品种间易感性差异很大。如皮肤乳头状瘤多发于牛，尤以短角牛更为多发；皮肤癌大批发生于山羊；黑色素瘤多发于白毛或青毛马；特别在犬中，品系不同，所发肿瘤各不相同，如肥大细胞瘤和皮肤癌常发于波士顿犬，而血管外皮细胞瘤则常发生于拳师犬。

2. 年龄因素　动物肿瘤发病与年龄有关。一般规律是，年龄越大，肿瘤的发病率越高，危害性也越大。这可能与老年家畜受某些致癌物质的多次影响、机体免疫功能低下和代谢功能衰退有关。然而也有例外，某些动物肿瘤幼年发病率远远高于成年和老年，如乳头状瘤主要侵害青年牛群，老牛反而较少发生。

3. 性别因素　某些肿瘤的发生与动物性别有关。如猫的白血病（feline leukemia），公猫的发病率高于母猫。

4. 条件因素　畜禽的饲养管理条件与肿瘤发生有一定关系。霉败变质饲料容易致癌，喂饲霉败饲料过多、时间过长，癌瘤发病率就高；牛的可传染性疣，常以群发性出现，控制传播接触机会，自然减少发病。

5. 环境因素　有的动物肿瘤常呈地方性流行，西藏一些地区曾连续发生大批的山羊皮肤癌，且发病率很高；日本、美国一些地区的牧场大批牛群发乳头状瘤，受侵牛群，小牛发育受阻，成牛乳、肉减产，皮革破坏；我国某些地区，由于地带特殊，或地理气候关系，饲料中的黄曲霉含量高，是癌的高发地区。

6. 多原发性易感因素　多原发性肿瘤是动物肿瘤发生的一个特殊性，即在一个病畜体上同时发生几种肿瘤。根据国外资料报道，犬的肿瘤，仅就两头拳师犬身上分别生长9种和10种不同的肿瘤。中国近些年在猪群肿瘤普查时，曾发现大量多原发性肿瘤病例：仅在800头母猪群中检出的41个恶性肿瘤病猪中，26.8%的病猪患多原发性肿瘤，这是非常引人注目的实例，对研究肿瘤的病因、发生和防治具有重要意义。

【病因】肿瘤的病因迄今尚未完全清楚，根据大量试验研究和临床观察，初步认为与外界环境因素有关，其中主要是化学因素，其次是病毒和放射性。现在已知的病理学说和某些致瘤因子，只能解释不同肿瘤的发生，而不能用一种学说来解释各种肿瘤的病因。仅举几项常见病因如下。

1. 外界因素

（1）物理因子　机械的、紫外线、电离辐射等刺激均可直接导致或诱发某些肿瘤、白血病与癌。

（2）化学因子　已知用煤焦油反复涂擦可引起兔耳皮肤肿瘤。目前已知的化学致癌物质有一百余种。随着环境污染的日益严重，试验发现，3,4-苯并芘、1,2,5,6-二苯蒽等致癌性都很强，局部涂敷能引起鼠的乳头状瘤及癌变；注射可引起肉瘤。亚硝胺类的二甲基亚硝胺、二乙基亚硝胺可诱发哺乳动物多种组织的各类肿瘤，如牛皱胃癌、猪胃癌。黄曲霉菌B_1毒性最强，能诱发大鼠、鸭、猪及猴的肝癌，大鼠的胃癌、支气管癌和肾癌等。用有机农药饲喂小鼠可致癌。其他如芳香胺类的联苯胺、乙萘胺、吖啶化合物、砷、铬、镍、锡、石棉等都具有一定的致癌作用。

（3）病毒因子　自 Rous（1910）用鸡肉瘤滤液接种健康鸡发生肉瘤后，到目前已证明有数十种动物肿瘤，如鸡的白血病/肉瘤群，野兔的皮肤乳头状瘤，小鼠、大鼠、豚鼠、猫、犬、牛和猪的白血病也都是病毒所致。

2. 内部因素　在相同外界条件下，有的动物发生肿瘤，有的却不发生，说明外界因素只是致瘤条件，外因必须通过内因起作用。

（1）免疫状态　若免疫功能正常，小的肿瘤可能自消或长期保持稳定，尸体剖检生前无症状的肿瘤可能与此有关。在试验性肿瘤中，验证体液免疫和细胞免疫这两种机理都存在，但是以细胞免疫为主。在抗原的刺激下，体内出现免疫淋巴细胞，它能释放淋巴毒素和游走抑制因子等，破坏相应的瘤细胞或抑制肿瘤生长。因此，肿瘤组织中若含有大量淋巴细胞是预后良好的标志。如有先天性免疫缺陷或各种因素引起的免疫功能低下，则肿瘤组织就有可能逃避免疫细胞监视，冲破机体的防御系统，从而瘤细胞大量增殖和无限地生长。由此可见，机体的免疫状态与肿瘤的发生、扩散和转移有重大关系。

（2）内分泌系统　实验证明，性激素平衡紊乱、长期使用过量的激素均可引起肿瘤或对其发生有一定的影响。肾上腺皮质激素、甲状腺素的分泌紊乱，也对癌的发生起一定的作用。

（3）遗传因子　遗传因子与肿瘤发生的关系已有很多试验证明，如一卵性双生仔的相同器官的肿瘤相当普遍。动物试验证明乳腺癌鼠族进行交配，其后代常出现同样肿瘤。但也有人不认为存在遗传因子，而是环境因素更为重要。

（4）其他因素　神经系统、营养因素、微量元素、年龄等也有很大影响。

【症状】肿瘤症状决定于其性质、发生组织、部位和发展程度。肿瘤早期多无明显临床症状，但如果发生在特定的组织器官上，可能有明显症状出现。

1. 局部症状

（1）肿块（瘤体）　发生于体表或浅在的肿瘤，肿块是主要症状，常伴有相关静脉扩张、增粗。肿块的硬度、可动性和有无包膜可因肿瘤种类而不同。位于深在或内脏器官时，不易触及，但可表现功能异常。瘤肿块的生长速度一般是良性慢、恶性快，并可能发生相应的转移灶。

（2）疼痛　肿块膨胀生长、损伤、破溃、感染时，使神经受刺激或压迫，可有不同程度的疼痛。

（3）溃疡 体表、消化道的肿瘤，若生长过快，可因供血不足继发坏死或感染而导致溃疡。恶性肿瘤，呈菜花状，肿块表面常有溃疡，并有恶臭和血性分泌物。

（4）出血 表在肿瘤，易损伤、破溃、出血；消化道肿瘤，可能呕血或便血；泌尿系统肿瘤，可能出现血尿。

（5）功能障碍 肠道肿瘤可致肠梗阻，如乳头状瘤发生于上部食管，可引起吞咽困难。

2. 全身症状 良性和早期恶性肿瘤，一般无明显全身症状，或有贫血、低热、消瘦、无力等非特异性的全身症状。如肿瘤影响营养摄入或并发出血与感染时，可出现明显的全身症状。恶病质是恶性肿瘤晚期全身衰竭的主要表现，瘤发部位不同，恶病质出现迟早各异。有些部位的肿瘤可能出现相应器官的功能亢进或低下，继发全身性改变。如颅内肿瘤可引起颅内压增高和定位症状等。

【诊断】诊断的目的在于确定有无肿瘤及明确其性质，以便拟订治疗方案和预后判断。临床诊断方法如下：

1. 病史调查 病史的调查，主要来自畜主。如发现畜体的非外伤肿块或病畜长期厌食、进行性消瘦等，都有可能提示有关肿瘤发生的线索。同时，还要了解患畜的年龄、品种、饲养管理、病程及病史等。

2. 体格检查 首先做系统的常规全身检查，再结合病史进行局部检查。全身检查要注意全身症状有无厌食、发热、易感染、贫血、消瘦等。局部检查必须注意：

（1）肿瘤发生的部位，分析肿瘤组织的来源和性质。

（2）认识肿瘤的性质，包括肿瘤的大小、形状、质地、表面温度、血管分布、有无包膜及活动度等，这对区分良性肿瘤和恶性肿瘤、估计预后都有重要的临床意义。

（3）区域淋巴结和转移灶的检查对判断肿瘤分期、制订治疗方案均有临床价值。

3. 影像学检查 应用X线、超声波、各种造影、X线计算机断层扫描（CT）、核磁共振（MRI）、远红外热像等各种方法所得成像，检查有无肿块及其所在部位，阴影的形态及大小，结合病史、症状及体征，为诊断有无肿瘤及其性质提供依据。

4. 内镜检查 应用金属（硬管）或纤维光导（软管）的内镜直接观察空腔脏器、胸腔、腹腔，以及纵隔内的肿瘤或其他病理状况。内镜还可取细胞或组织做病理检查，能对小的病变如息肉做摘除治疗，能够向输尿管、胆总管、胰腺管插入导管做X线造影检查。

5. 病理学检查 病理学检查历来是诊断肿瘤最可靠的方法，其方法主要包括如下几种：

（1）病理组织学检查 对于鉴别真性肿瘤和瘤样变、肿瘤的良性和恶性，确定肿瘤的组织学类型与分化程度以及恶性肿瘤的扩散与转移等，起着决定性的作用；并可为临床制订治疗方案和判断预后等提供重要依据。病理活组织检查方法有钳取活检、针吸活检、切取或切除活检等，病理组织学诊断是临床的肯定性诊断。

（2）临床细胞学检查 以组织学为基础来观察细胞结构和形态的诊断方法。常用脱落细胞检查法，采取腹水、尿液沉渣或分泌物涂片，或借助穿刺或内镜取样涂片，以观察有无肿瘤细胞。

（3）分析和定量细胞学检查法 利用电子计算机分析和诊断细胞是细胞诊断学的一个新领域。应用流式细胞仪和图像分析系统开展DNA分析，结合肿瘤病理类型来判断肿瘤的程度及推测预后。该技术专用性强、速度快，但准确性不高，可作为肿瘤病理学诊断的辅助方法。

6. 免疫学检查　肿瘤免疫学的研究发现，在肿瘤细胞或宿主对肿瘤的反应过程中，可异常表达某些物质，如细胞分化抗原、胚性抗原、激素、酶受体等肿瘤标志物。这些肿瘤标志物在肿瘤和血清中的异常表达为肿瘤的诊断奠定了物质基础。针对肿瘤标志物制备多克隆抗体或单克隆抗体，利用放射免疫、酶联免疫吸附和免疫荧光等技术检测肿瘤标志，目前已应用或试用于医学临床。

7. 酶学检查　近年来，研究揭示肿瘤同工酶的变化趋向胚胎型，当肿瘤组织形态学失去分化时，其胚胎型同工酶活性也随之增加。因此认为，胚胎与肿瘤不但在抗原方面具有一致性，而且在酶的生化功能方面也有相似之处；故在肿瘤诊断中采用同工酶和癌胚抗原同时测定，如癌胚抗原（CEA）与 γ-谷氨酰转肽酶（γ-GT），甲胎蛋白（AFP）与乳酸脱氢酶（LDH）等。这样，既可提高诊断准确性，又能反映出肿瘤损害的部位及恶性程度。

8. 基因诊断　肿瘤的发生发展与正常癌基因的激活和过量表达有密切关系。近年来，细胞癌基因结构与功能的研究取得重大突破，目前已知癌基因是一大类基因族，通常以原癌基因的形式普遍存在于正常动物基因组内。

【治疗】

1. 良性肿瘤治疗　治疗原则是手术切除。但手术时间的选择，因肿瘤的种类、大小、位置、症状和有无并发症而有所不同。

（1）易恶变的、已有恶变倾向的、难以排除恶性的良性肿瘤等应在早期手术，连同部分正常组织彻底切除。

（2）良性肿瘤出现危及生命的并发症时，应做紧急手术。

（3）影响使役、肿块大或并发感染的良性肿瘤可择期手术。

（4）某些生长慢、无症状、不影响使役的较小良性肿瘤可不手术，定期观察。

（5）冷冻疗法对良性肿瘤有良好疗效，适于大小动物，可直接破坏瘤体，以及短时间内阻塞血管而破坏细胞。被冷冻的肿瘤日益缩小，乃至消失。

2. 恶性肿瘤的治疗　如能及早发现与诊断，则往往可望获得临床治愈。

（1）**手术治疗**　迄今为止仍不失为一种治疗手段，前提是肿瘤尚未扩散或转移，手术切除病灶，连同部分周围的健康组织，应注意切除附近的淋巴结。为了避免因手术而带来癌细胞的扩散，应注意以下数点：①动作要轻而柔，切忌挤压和不必要地翻动癌肿；②手术应在健康组织范围内进行，不要进入癌组织；③尽可能阻断癌细胞扩散的通路（动、静脉与区域淋巴结），肠癌切除时要阻断癌瘤上、下段的肠腔；④尽可能将癌肿连同原发器官和周围组织一次整块切除；⑤术中用纱布保护好癌肿和各层组织切口，避免种植性转移；⑥高频电刀、激光刀切割止血好，可减少扩散；⑦对部分癌肿在术前、术中可用化学消毒液冲洗癌肿区（如迨金氏液，即 0.5% 次氯酸钠液用氢氧化钠缓冲至 pH9，要求与手术创面接触 4min）。

（2）**放射疗法**　利用各种射线，如深部 X 线、γ 线或高速电子、中子或质子照射肿瘤，使其生长受到抑制而死亡。分化程度越低、新陈代谢越旺盛的细胞，对放射性越敏感。临床上最敏感的是淋巴系统和某些胚胎组织的肿瘤，如恶性淋巴瘤、骨髓瘤、淋巴上皮癌等。中度敏感的有各种来自上皮的癌肿，如皮肤癌、鼻咽癌、肺癌。不敏感的有软组织肉瘤、骨肉瘤等。在兽医实践上，对基底细胞瘤、会阴腺瘤、乳头状瘤等疗效也较好。

（3）**化学疗法**　最早是用腐蚀药，如硝酸银、氢氧化钾等，对皮肤肿瘤进行烧灼、腐蚀，目的在于化学烧伤形成痂皮而愈合。50% 尿素液、鸦胆子油等对乳头状瘤有效。烷化剂的氮芥类如马利兰、甘露醇氮芥类、环磷酰胺（癌得星）、噻替哌等，植物类抗癌药物如长春新碱和长春花碱等，抗代谢药物如氨甲蝶呤（methotrexate，MTX）、6-巯基嘌呤等均有一定疗效。

（4）生物学疗法　肿瘤生物学治疗是应用生物学方法，改善宿主个体对肿瘤的应答反应及直接效应的治疗。生物学治疗包括免疫治疗和基因治疗两大类。

免疫治疗：目前多采取特异性免疫治疗，即采取自身瘤苗治疗及交叉接种和交叉输血的治疗方法；非特异性免疫治疗，即使用灭活病毒或疫苗，以增强机体的抗病力，激活患体的免疫活性细胞，增加和提高对外来有害因子如微生物、化学物质与异物的杀伤与破坏能力。近年来，随着免疫的基本现象的不断发现和免疫理论的不断发展，利用免疫学原理对肿瘤进行防治的研究已取得了明显成就，已成为肿瘤手术、放射或化学疗法后消灭残癌的综合治疗法。

基因治疗：应用基因工程技术，干预存在于靶细胞的相关基因的表达水平以达到治疗目的，包括以直接或间接地抑制或杀伤肿瘤细胞为目的的肿瘤治疗。归纳为细胞因子、肿瘤疫苗、肿瘤药物基因疗法及调整细胞遗传系统的基因疗法，但大部分仍处于临床及试验研究阶段。

第二节　常见肿瘤

一、鳞状细胞癌的症状与治疗

鳞状细胞癌是由鳞状上皮细胞转化而来的恶性肿瘤，又称鳞状上皮癌，简称鳞癌。最常发生于动物皮肤的鳞状上皮和有此种上皮的黏膜（如口腔、食管、阴道和子宫颈等），其他不是鳞状上皮的组织（如鼻咽、支气管和子宫的黏膜）在发生了鳞状化生之后，也可出现鳞状细胞癌。

1. 皮肤鳞状细胞癌　动物长期暴晒、化学性刺激和机械性损伤是发病原因。多发部位为犬、猫、马的耳，唇，乳腺，鼻孔及中隔等处；牛、马的眼睑周围及生殖器官；犬爪、牛的角基；犬、猫和山羊的乳房部等。一般质地坚硬，常有溃疡，溃疡边缘则呈不规则的突起。

（1）眼部皮肤鳞状细胞癌　以牛为最多发。本病发生首先在角膜和巩膜面上出现癌前期的色斑，略带白色，稍突出表面；继而发展成为由结膜面被覆的疣状物，进一步形成乳头状瘤，最后在角膜或巩膜上形成癌瘤，有时累及瞬膜或眼睑。治疗可用手术切除。

（2）外阴部和会阴部的鳞状细胞癌　可发生在阴筒、阴茎、外阴、肛门和肛周。好发在缺乏色素的阴茎和阴筒部位，以老年公马和阉马多见。发生在外阴部的皮肤鳞状细胞癌，多见于母牛。

2. 角鳞状细胞癌　多见于印度的老年公牛及阉牛。其主要症状为一侧角倾斜、摇晃及扭曲。本病发生于角基的生长层上皮组织，并可侵害到角干及额窦。治疗可采取断角或用肿瘤组织制成的自家疫苗注射等措施。

3. 爪鳞状细胞癌　多见于犬，起源于甲床或蹄的生发层组织。此瘤为慢性经过。恶性程度较高，而且早期出现区域淋巴结和内脏（肺）的转移。在诊断上应与多发生在此部的指间囊肿、肥大细胞瘤、黑色素瘤及甲沟炎做仔细的鉴别。治疗可切除患指，清扫区域淋巴结，必要时截肢。

4. 黏膜鳞状细胞癌　质地较脆，多形成结节或不规则的肿块，向表面或深部浸润，癌组织有时发生溃疡，切面颜色灰白，呈粗颗粒状。肿瘤无包膜，与周围组织分界不明显。膀胱鳞状上皮癌据认为是由黏膜上皮化生为复层的扁平上皮癌变而来。临床上膀胱鳞状上皮癌，约占牛膀胱癌的 7.8%，约占犬的 14%，可见这一组织类型的癌在膀胱并不少见。膀胱的鳞状上皮癌一般分化比较好，癌细胞质及其形成的癌巢中心角化比较明显，细胞间桥比较清楚。

二、纤维肉瘤的临床症状与治疗

纤维肉瘤是来源于纤维结缔组织的一种恶性肿瘤。马、骡、猫最为常见，有时也见于犬和牛。

发生在皮下、黏膜下、筋膜、肌间隔等结缔组织以及实质器官。有时瘤体生长迅速，当转移到内脏器官可引起病畜死亡。纤维肉瘤质地坚实，大小不一，形状不规整，边界不清，可长期生长而不扩展。临床上常常误诊为感染性损伤，尤其发生于爪部更易引起误诊。纤维肉瘤内血管丰富，因而切除和活检时易出血是其特征。溃疡、感染和水肿往往是纤维肉瘤进一步发展的并发或继发表现。

纤维肉瘤与纤维型肉样瘤不同，后者多发于马，称马纤维肉样瘤，多发于四肢部，属马、骡良性瘤。手术切除后，大约经过几周或 1 个月，又会再发，继而发生转移。因而在治疗上，常常采取手术与放射疗法合用。

三、肥大细胞瘤的临床症状与治疗

肥大细胞瘤多发生于皮肤表面或皮下组织。在犬，某些品种最多发；猫、牛、马及其他动物也有发生。本病可能是良性或恶性。恶性的称为肥大细胞肉瘤；出现在血液中者，则称为纯粹肥大细胞性白血病。

该瘤多发于犬的肛周、包皮的表皮或皮下组织，也能出现在内脏（脾、肝、肾、心脏及淋巴结）。肿瘤直径为一至数厘米，常为实体性或多发性。良性肿瘤可长时间局限在一定的部位，数月至数年不变；恶性的生长迅速，而且从原发地很快通过淋巴和血液向远处转移和扩散。有时可因切除不彻底，放射治疗或化学药物治疗后，引起急剧恶化。十二指肠溃疡和胃溃疡常属本病的并发症。因此，当经常发现患犬有粪便带血时，应当注意。胃肠溃疡还可自发地穿孔而引起急性腹膜炎。如果肿瘤发生在肛周、包皮以及爪趾部时，可能属于恶性。

冷冻、激光疗法有效，并发胃溃疡时配合支持疗法。

四、犬、猫淋巴肉瘤的临床症状与治疗

（一）犬淋巴肉瘤

【症状】有 5 种解剖类型，即多中心型、消化道型、皮肤型、胸腺型及其他型。

1. 多中心型淋巴肉瘤　占总淋巴肉瘤的 84%。特征为全身性淋巴结肿大、无痛，扁桃体、肝及脾肿大。另外，肾、肺、骨髓及心脏等也可受到侵害。临床表现厌食、发热、虚弱、咳嗽、呼吸困难、呕吐、腹泻、腹水、贫血及体重减轻等。

2. 消化道型淋巴肉瘤　特点为胃肠道及肠系膜淋巴结肿大，呈结节状或弥漫性浸润，伴有呕吐、肠梗阻、下痢及失重等症状。腹壁可触摸到肿块。

3. 皮肤型淋巴肉瘤 仅占6%。有原发性皮肤淋巴肉瘤与蕈状真菌病两种。前者可单发或多发皮内结节，呈瘤样或斑块样，常出现于躯干或前肢；后者为T细胞淋巴瘤，常侵害上皮。早期为红斑、脱痂与脱毛，以后出现多中心性、坚硬、斑块样溃疡。T细胞淋巴肉瘤病程长，可达数月至数年。

4. 胸腺型淋巴肉瘤（纵隔型淋巴肉瘤） 肿块位于前胸。胸膜渗漏导致咳嗽与呼吸困难，气管周围淋巴结肿大。若胸部食道受压，可造成吞咽困难或反胃。

5. 其他型淋巴肉瘤 起源于淋巴网状内皮细胞。若侵蚀中枢神经系统，可导致骨髓受压、外周神经损伤或出现脑病症状。眼受累时，表现色素层炎、青光眼、渗出性视网膜剥离及视神经乳头炎等。侵害鼻道时，可出现慢性鼻分泌物和打喷嚏。

【诊断】根据体表淋巴结肿胀、动物进行性消瘦、贫血可做出初步诊断。确诊需活组织细胞学和组织病理检查，也可通过血液学、骨髓穿刺、X线等检查手段辅助诊断。

【治疗与预后】治疗目的是缓解临床症状、改善体况和延长存活时间。主要采用化学疗法。

化学疗法是治疗多中心型淋巴肉瘤最有效的疗法。抗肿瘤药可单一使用，但缓解期短，平均存活时间一般低于3个月。也可采用序贯疗法，即一种药物治疗一段时间，改用另一种药物继续治疗。推荐用一种序贯疗法方案，即强的松龙—环磷酰胺—长春新碱。其存活时间平均为5个月，多数犬为4~7个月。目前公认联合化疗更有效，可延长动物存活时间，平均为11~14个月。如经一疗程（4周）病情完全缓解，可每隔一周重复这一疗程。

对弥漫性消化道型淋巴肉瘤，化学疗法效果差；对于Ⅰ期淋巴肉瘤或胃肠道单个淋巴肉瘤病犬，可采用手术切除，并辅以放射和化学疗法。

由于抗肿瘤药物有细胞毒副作用，故在化疗过程中，必须每7~21d进行白细胞和血小板计数。如中性粒细胞降至 3.0×10^9 个/L或血小板降至 5.0×10^9 个/L，应暂停用药，待计数恢复正常继续使用。

（二）猫淋巴肉瘤

猫淋巴肉瘤又称猫白血病，是猫最为常见的肿瘤。病原为猫白血病病毒（FeLV），约有16%的病猫发展为淋巴肉瘤。

【症状及分类】根据发病部位分为五种类型，即纵隔型、消化道型、多中心型、白血病性型与未分类型。

1. 纵隔（胸腺）型淋巴肉瘤 瘤浸润至胸腺，转移至纵隔与胸骨淋巴结及胸水。发病年龄比其他型年轻（平均2.4岁）。FeLV常为阳性。急性期症状为呼吸困难、发绀、咳嗽、心音模糊似捂住样、心尖音向后移位。白细胞计数 5.0×10^9~295.0×10^9 个/L。多数白细胞为淋巴细胞、幼稚淋巴细胞或成淋巴细胞。胸腺穿刺活检也可发现类似的细胞。

2. 消化道型淋巴肉瘤 发生在胃、小肠、结肠或肠系膜淋巴结。可单个或多个发生，既可广泛性浸润，也可呈结节状或环形损害。也可侵害脾、肝与肾。该型占猫淋巴肉瘤的8%~50%。多发生于老年（8岁）猫，其中仅33%病猫为FeLV阳性。本病是由B型淋巴细胞形成。临床特征为渐进性体重减轻、消瘦、食欲下降、下痢及呕吐。触诊肠袢增厚，腹腔有肿块，肝、脾肿大。

3. 多中心型淋巴肉瘤 为淋巴组织扩散至全身，包括肝、脾、肾及其他内脏等，占猫淋巴肉瘤的11%~44%。平均患病年龄为4.2岁。约有60%为FeLV阳性。临床特征有呕吐、食欲减少、精神委顿、黄疸、多尿与烦渴（如侵及肾时）。

4. 淋巴细胞性白血病　主要是在血液与骨髓中出现肿瘤性淋巴细胞。平均发病年龄为4.2 岁。约有 70％病猫 FeLV 阳性。临床特征常是非特异性的，包括昏睡、厌食、失重、发热及黏膜苍白等，有时还出现肝、脾肿大。可通过骨髓穿刺术予以诊断。

5. 未分类型淋巴肉瘤　淋巴肉瘤中最少的一种。仅在一种器官内发病，如皮肤、眼睛、肾、中枢神经系统与骨等。其中，中枢神经系统和外周神经最常罹病。胸、腰脊髓硬膜外淋巴肉瘤可导致脊髓受压与后肢麻痹。早期症状是腰部棘突区感觉过敏。诊断靠脑脊液分析、脊髓 X 线造影术及可疑病区的外科活组织检查。

【治疗与预后】在确诊为淋巴肉瘤的猫可用抗肿瘤药治疗，其用药及治疗原则可参照犬淋巴肉瘤化疗。联合化疗其临床缓解率达 60％～70％。平均存活时间为 4 个月，有 20％猫生存长达 3 年。未经治疗者，约 70％猫在诊断后 8 周死亡。淋巴细胞性白血病的化疗效果不明显。

五、乳头状瘤的临床症状与治疗

乳头状瘤由皮肤或黏膜的上皮转化而成。它是最常见的表皮良性肿瘤之一，可发生于各种动物的皮肤。该肿瘤可分为传染性和非传染性两种。传染性乳头状瘤多发于牛，并散播于体表呈疣状分布，所以又称为乳头状瘤病；非传染性乳头状瘤多发于犬。

牛乳头状瘤，发病率最高，病原为牛乳头状瘤病毒（BPV），具有严格的种属特异性，不易传播给其他动物。传播媒介是吸血昆虫或接触传染。易感性不分品种和性别，其中，以2 岁以下的牛最为多发。该病感染后，潜伏期为 3～4 个月，其多发部位为家畜的面部、颈部、肩部和下唇，尤以眼、耳的周围最多发；成年母牛的乳头、阴门、阴道有时发生；雄性可发生于包皮、阴茎、龟头部。传染性疣如经口侵入，可见口、咽、舌、食管、胃肠黏膜发生此瘤。

乳头状瘤的外形，上端常呈乳头状或分支的乳头状突起，表面光滑或凹凸不平，可呈结节状与菜花状等，瘤体可呈球形、椭圆形，大小不一，小者粟粒大，大者可达数千克，有单个散在，也可多个集中分布。皮肤的乳头状瘤，颜色多为灰白色、淡红或黑褐色。瘤体表面无毛，时间经过较久的病例常有裂隙，摩擦易破裂脱落。其表面常有角化现象。发生于黏膜的乳头状瘤还可呈团块状，但黏膜的乳头状瘤则一般无角化现象。瘤体损伤易出血。病灶范围大和病程过长的病畜，可见食欲减退，体重减轻。乳房、乳头的病灶，则造成挤奶困难，或引起乳腺炎。雄性生殖瘤常因交配感染母畜阴门、阴道。

采用手术切除或烧烙、冷冻及激光疗法是治疗本病主要措施。据报道，疫苗注射可达到治疗和预防本病的效果。目前，美国已有市售的牛乳头状瘤疫苗供应。

六、犬乳腺肿瘤的临床症状与治疗

乳腺肿瘤是母犬临床常见病，其很少发生于公犬。有 35％～50％犬的乳腺肿瘤和 90％猫的乳腺肿瘤是恶性的。犬的乳腺肿瘤类型主要见于良性混合瘤、实体癌、管状腺癌、乳头腺癌、增生、腺瘤、恶性混合瘤、肉瘤、髓样上皮癌。乳腺癌多通过淋巴管和血管转移到局部淋巴结和肺，有时也转移到肾上腺、肾脏、心脏、肝脏、骨、大脑和皮肤。

【症状】乳房部出现肿块，大小不等。最常发部位是尾部的乳腺。多发性的肿块可能出现在一侧或两侧的乳房中。多数肿块是可移动的，只有少数固定在肌肉或筋膜下不动。肿块可能是固着的或是具有梗的，呈块状或囊状，有的已发生溃疡或被被毛覆盖。如果腺体发生广泛的肿胀，同时正常的和不正常的组织界限不清就应该怀疑是炎性癌或乳腺炎。炎性癌通常形成溃疡。通过触诊可摸到肿大的腋下或腹股沟淋巴结或在直肠检查中摸到肿大的小叶下淋巴结。犬若出现跛行或是四肢发生了水肿，表明病灶已经发生转移。

【治疗】

1. 保守疗法　如果患有乳腺肿瘤疾病的同时患有其他严重的疾患、主人不愿意接受手术治疗或者是乳腺肿块小于3cm的，可进行保守疗法。待肿瘤大于5cm时建议进行手术切除。

2. 手术切除　如果肿瘤大于3cm，单独通过手术切除治愈率可达100％。如果瘤体很大但触诊很硬（有骨样组织），也可通过单独手术切除治愈。因为这种类型的肿瘤多为恶性混合瘤，很少见有转移的。如果肿瘤很大伴有溃疡、炎症反应或其他一些恶性表现或X线诊断已有肺转移，一般要进行手术加放疗和/或化疗一起进行治疗。

3. 手术方法　乳腺切除的方法取决于动物的体况和乳房患病的部位及淋巴流向。临床上有以下4种乳腺切除方法，可选其中一种：

（1）单个乳腺切除　仅切除一个乳腺。又分两种方法：一种是单个乳腺摘除术，另一种是单个乳腺切除术，即将乳腺及覆盖乳腺区域的皮肤一起切除。

（2）区域乳腺切除　切除几个患病乳腺或切除同一淋巴流向的乳腺。

（3）一侧乳腺切除　切除整个一侧乳腺，是治疗乳腺肿瘤非常有效的方法。

（4）两侧乳腺切除　切除所有乳腺，限于宽胸、恶性。常需要进行皮肤再建。

第四单元　风 湿 病☆

一、风湿病的病因及病理分期

风湿病是反复发作的急性或慢性非化脓性炎症，特点是胶原结缔组织发生纤维蛋白变性及骨骼肌、心肌和关节囊中的结缔组织出现非化脓性局限性炎症。该病常对称性地侵害肌肉或肌群和关节，有时也侵害心脏，常见于马、牛、羊、猪、家兔及鸡。

【病因】风湿病的发病原因迄今尚未阐明。近年来研究表明，风湿病是一种变态反应性疾病，并与溶血性链球菌感染有关。已知溶血性链球菌感染后所引起的病理过程有两种：一种表现为化脓性感染，另一种则表现为延期性非化脓性并发病，即变态反应性疾病。此外，经临床实践证明，风、寒、潮湿、过劳等因素在风湿病的发生上起着重要的作用。如畜舍潮湿、阴冷，大汗后受冷雨浇淋，受贼风特别是穿堂风的侵袭，卧于寒湿之地或露宿于风雪之中以及管理使役不当等均是引发风湿病的诱因。

【病理分期】风湿病是全身性结缔组织的炎症，按照发病过程可分为三期。

1. 变性渗出期　结缔组织中胶原纤维肿胀、分裂，形成黏液样和纤维素样变性和坏死，变性灶周围有淋巴细胞、浆细胞、嗜酸性粒细胞、中性粒细胞等炎性细胞浸润，并伴有浆液渗出。结缔组织基质内蛋白多糖（主要为氨基葡萄糖）增多。此期可持续1～2个月，以后恢复或进入第二、第三期。

2. 增殖期 本期的特点是在上述病变的基础上出现风湿性肉芽肿或阿孝夫小体（Aschoff body），亦称为风湿小体。这是风湿病特征性病变，是病理上确诊风湿病的依据，而且是风湿活动的指标。小体中央纤维素样坏死，其边缘有淋巴细胞和浆细胞浸润，并有风湿细胞。风湿细胞呈圆形、椭圆形或多角形，细胞质丰富，呈嗜碱性，核大，呈圆形、空泡状，具有明显的核仁，有时出现双核或多核，形成巨细胞。小体内尚有少量淋巴细胞和中性粒细胞。到后期，风湿细胞变成梭形，形状如成纤维细胞，而进入硬化期。此期持续3～4个月。

3. 硬化期（瘢痕期） 小体中央的变性坏死物质逐渐被吸收，渗出的炎性细胞减少，纤维组织增生，在肉芽肿部位形成瘢痕组织。此期持续2～3个月。

由于本病常反复发作，上述三期的发展过程可交错存在，历时4～6个月。第一期及第二期中常伴有浆液的渗出与炎性细胞的浸润，这种渗出性病变在很大程度上决定着临床上各种显著症状的产生。在关节和心包的病理变化以渗出为主，而瘢痕的形成则主要见于心内膜和心肌，特别是心瓣膜。

二、风湿病的分类、症状、诊断与治疗

【分类】 风湿病有以下几种分类方法：

1. 根据发病的组织器官分类 肌肉风湿病、关节风湿病（风湿性关节炎）和心脏风湿病（风湿性心膜炎）。

2. 根据发病部位分类 颈风湿、肩臂风湿（前肢风湿）、背腰风湿和臀股风湿（后肢风湿）。

3. 根据病程经过分类 急性风湿病和慢性风湿病。

【症状】 动物风湿病的主要临床特点和症状是发病的肌群、关节及蹄的疼痛和机能障碍。疼痛表现时轻时重，部位可固定或不固定。具有突发性、疼痛性、游走性、对称性、复发性和活动后疼痛减轻等特点。急性期发病迅速，患部温热、肿胀、疼痛及机能障碍等症状非常明显，同时出现体温升高等全身症状。症状经过数日或1～2周后即可好转，但易复发。慢性期病程较长，可拖延数周或数月之久。患病动物易疲劳，运动强拘不灵活。患部缺乏肿胀、热痛等急性炎症的症状。

【诊断】 到目前为止，风湿病尚缺乏特异性诊断方法。在临床上，主要还是根据病史和上述的临床表现加以诊断。必要时，可进行下述辅助诊断。

1. 水杨酸钠皮内反应试验 用新配制的0.1%水杨酸钠10mL，分数点注入颈部皮内。注射前和注射后30min、60min分别检查白细胞总数。其中，白细胞总数有一次比注射前减少1/5，即可判定为风湿病阳性。据报道，本法对从未用过水杨酸制剂的急性风湿病病马的检出率较高，一般检出率可达65%。

2. 血常规检查 风湿病病马血红蛋白含量增多，淋巴细胞减少，嗜酸性粒细胞减少（病初），单核细胞增多，血沉加快。

3. 纸上电泳法检查 病马血清蛋白含量百分比的变化规律为：清蛋白降低最显著，β-球蛋白次之；γ-球蛋白增高最显著，α-球蛋白次之。清蛋白与球蛋白的比值变小。

4. 其他检测方法　目前，在医学临床上已广泛应用血清中溶血性链球菌的各种抗体与血清非特异性生化成分进行测定，对风湿病的诊断，主要有下面几种：

（1）C反应蛋白（CRP）　一种急性时相反应蛋白，在风湿病活动期、感染、炎症、高烧、恶性肿瘤、手术、放射病时，CRP水平迅速升高，病情好转时迅速降至正常，若再次升高可作为风湿病复发的预兆。急性风湿48～72h CRP水平可达峰值，1个月后，多变为阴性。

（2）抗核抗体（ANA）　针对细胞核任何成分所产生的抗体。由于细胞核包括许多成分，因此抗核抗体也有许多种类。可用间接免疫荧光法测定。

（3）血清抗链球菌溶血素O的测定　抗链球菌溶血素O高于500U为增高。此试验可证明有链球菌的前驱感染，为有代表性的反应。抗链球菌溶血素O阳性并不能说明肯定患有风湿病。

至于类风湿性关节炎的诊断，除根据临床症状及X线摄影检查外，还可做类风湿因子检查，以便进一步确诊。

在临床上，风湿病除注意与骨质软化症进行鉴别诊断外，还要注意与肌炎、多发性关节炎、神经炎、颈和腰部的损伤及牛的锥虫病等疾病做鉴别诊断。

【治疗】风湿病的治疗要点是：消除病因、加强护理、祛风除湿、解热镇痛、消除炎症。除应改善病畜的饲养管理以增强其抗病能力外，还应采用下述治疗方法：

1. 应用解热、镇痛及抗风湿药　在这类药物中，以水杨酸类药物的抗风湿作用最强。这类药物包括水杨酸、水杨酸钠及阿司匹林等。临床经验证明，应用大剂量的水杨酸制剂治疗风湿病，特别是治疗急性肌肉风湿病疗效较好，而对慢性风湿病疗效较差。

2. 应用皮质激素类药物　这类药物能抑制许多细胞的基本反应，因此有显著的消炎和抗变态反应的作用。同时，还能缓和间叶组织对内外环境各种刺激的反应性，改变细胞膜的通透性。临床上常用的有氢化可的松注射液、地塞米松注射液、醋酸泼尼松（强的松）、氢化泼尼松注射液等。它们都能明显地改善风湿性关节炎的症状，但容易复发。

3. 应用抗生素控制链球菌感染　风湿病急性发作期，无论是否证实机体有链球菌感染，均需使用抗生素。首选青霉素，肌内注射，每日2～3次，一般应用10～14d。不主张使用磺胺类抗菌药物，因为磺胺类药物虽然能抑制链球菌的生长，却不能预防急性风湿病的发生。

4. 碳酸氢钠、水杨酸钠和自家血液疗法　其方法是，马、牛每日静脉注射5％碳酸氢钠溶液200mL，10％水杨酸钠溶液200mL。自家血液的注射量为第一天80mL，第三天100mL，第五天120mL，第七天140mL。7d为一疗程。每疗程之间间隔一周，可连用两个疗程。该方法对急性肌肉风湿病疗效显著，对慢性风湿病可获得一定的好转。

5. 中兽医疗法　应用针灸治疗风湿病有一定的治疗效果。根据不同的发病部位，可选用不同的穴位。中药方面常用的方剂有通经活络散和独活寄生散。醋酒灸法（火鞍法）适用于腰背风湿病，但对瘦弱、衰老或怀孕的病畜应禁用此法。

6. 物理疗法　物理疗法对风湿病，特别是对慢性经过者有较好的治疗效果。局部温热疗法：将酒精加热至40℃左右，或将麸皮与醋按4∶3的比例混合炒热后装于布袋内进行患部热敷，每日1～2次，连用6～7d。亦可使用热石蜡及热泥疗法等。在光疗法中可使用红外线（热线灯）局部照射，每次20～30min，每日1～2次，至明显好转为止。

7. 局部涂擦刺激剂　局部可应用水杨酸甲酯软膏（处方：水杨酸甲酯15g、松节油

5mL、薄荷脑 7g、白色凡士林 15g），水杨酸甲酯莨菪油擦剂（处方：水杨酸甲酯 25g、樟脑油 25mL、莨菪油 25mL），亦可局部涂擦樟脑酒精及氨擦剂等。

第五单元　眼　病★★★

第一节　眼科检查方法

一、一般检查法

眼的检查法

（一）视诊

1. 眼睑　观察眼球与眼睑、眼眶的关系，眼裂大小、眼睑开闭情况，以及眼睑有无外伤、肿胀、蜂窝织炎和新生物。上眼睑出现凹陷，是眼压低的表现。

2. 结膜　观察结膜色彩，有无肿胀、溃疡、异物、创伤和分泌物。

3. 角膜　观察角膜有无外伤，表面光滑还是粗糙，浑浊程度，有无新生血管或赘生物。角膜本身无可见的血管，出现树枝状新生血管表示角膜浅层炎症，若呈毛刷状则为深层炎症。

4. 巩膜　注意血管变化。

5. 眼前房　注意透明度与深度，有无炎性渗出物、血液或寄生虫。

6. 虹膜　观察虹膜色彩和纹理，马虹膜粒萎缩与虹膜睫状体炎和周期性眼炎有关。

7. 瞳孔　观察其大小、形状和对光反应。瞳孔反射并不能证明视力存在与否。正常眼的瞳孔遇强光而缩小，黑暗处放大。

8. 晶状体　观察其位置、有无浑浊和色素斑点存在，可使用散瞳药以便观察。

（二）触诊

检查眼睑的肿胀、温热程度，眼的敏感度，以及眼内压的增减。

二、泪液检查

1. Schirmer 试验　是检查泪液分泌的常用方法，其操作方法是以滤纸贴一端置于下眼睑结膜囊内，另一端自然下垂，一段时间后（在犬的标准测量时间为 60 s），测动物泪液湿润滤纸的程度（长度）。犬、猫正常参考值分别为 15～25 mm/min 和 12～25 mm/min。

2. Rose bengal 染色试验 以 Rose bengal 染剂，滴于眼睛上，因为干燥而被破坏的角膜或结膜表皮细胞会被染上颜色，由此可知干眼症存在。

3. 泪液析晶形态试验 泪液析晶形态试验（tear ferning test）常用于角膜干燥症的诊断。其操作方法是用小匙收集下穹隆的泪液，将泪液滴于载玻片上，让其自然蒸发干燥，结果分为 4 型，即 I 型为均匀的分枝状结晶，II 型有大量蕨样结晶，III 型仅部分蕨样结晶，IV 型无蕨样结晶。正常泪液为 I 型。

三、眼内压测定法

眼内压是眼内容物对眼球壁产生的压力，用眼压计测量。马的正常眼压为 14～22 mmHg，牛的眼压为 14～22 mmHg，绵羊眼压为 19.25 mmHg，犬的眼压为 15～25 mmHg，猫的眼压为 14～26 mmHg。当发生青光眼时眼内压升高，因此，眼内压的测定对诊断青光眼有重要意义。

四、荧光素法

荧光素是兽医眼科上最常用的染料，它的水溶液能滞留在角膜溃疡处，检测发现荧光处，即角膜溃疡的所在，也可用于检查鼻泪管系统的畅通性能。静脉内注射荧光素钠 10mL，可检验血液-眼房液屏障状态。前部患葡萄膜炎时，荧光素迅速地进入眼房并在瞳孔缘周围出现弥漫的强荧光或荧光素晕（fluorescent halo）。在注射后 5s，用眼底照相机进行摄影，可用以检查视网膜血管的病变。

五、检眼镜的使用

检眼镜的种类很多，可分为直接检眼镜和间接检眼镜。用直接检眼镜所看到的眼底像是放大约 16 倍的正像；用间接检眼镜所看到的眼底是放大 4～5 倍的倒像。不论何种检眼镜，都具有照明系统和观测系统，常用的 May 氏检眼镜为直接检眼镜，是由反射镜和回转圆板组成。圆板上装有一些小透光镜，若旋转该圆板，则各透光镜交换对向反射镜镜孔。各小透光镜均记有正（＋）、负（－）符号，正号多用于检查晶状体和玻璃体，负号用于检查眼底。

玻璃体与眼底检查前 30～60min，向被检眼内滴入 1％硫酸阿托品 2～3 次，用以散瞳。检查者手持检眼镜，在距动物眼 1～2cm 处，打开检眼镜开关，将光源对准瞳孔，让光线射入患眼，调整好转盘，由镜孔通过瞳孔观察眼内及眼底情况，一般应上、下、左、右移动检眼镜比较观察。检查者必须熟识临床常见动物（如马、牛、羊、犬、猫等）在健康状态下的眼底情况。临床检查时，主要观察眼底绿毡、黑毡、视神经乳头、血管等的变化，并能够解释所发生变化的临床意义。

此外，还有细菌培养、鼻泪管造影等诊断方法。

鼻泪管造影有助于诊断先天性和后天性鼻泪管阻塞。注入造影剂 40％碘油 2～3 mL，立即进行鼻泪管外侧和斜外侧拍照，从而做出诊断。

六、眼病的临床治疗技术

1. 洗眼 对动物的患眼进行治疗前，可以将 2％硼酸溶液或生理盐水装入医用洗眼壶或装入盐水瓶内用一次性输液管冲洗患眼；也可利用不带针头的注射器冲洗患眼，大动物经鼻泪管冲洗更充分。

2. 点眼　冲洗患眼后，立即选用恰当的眼药水或眼药软膏点眼。

3. 结膜下注射　确实保定动物的头部，针头由眼外眦眼睑结膜处刺入并使之与眼球方向平行，注完药液后应压迫注射点。对牛，可将药液注射于第三眼睑内。

4. 球后麻醉　又称为眼神经传导麻醉，多用于眼球手术（如眼球摘除术）。操作时，应注意不要误伤眼球。若注射正确，会出现眼球突出的症状。

马：先用 5% 盐酸普鲁卡因溶液点眼，经 5～10min 后，将灭菌针头由眼外眦结膜囊处向对侧颌关节的方向刺入，并直抵骨组织，将针头稍后退，回抽活塞，无血液进入注射器后，注射 2%～3% 盐酸普鲁卡因液 15～20mL。

牛：于颞窝口腹侧角、颞突背侧 1.5～2cm 处刺入，针头应朝向对侧的角突。为此，应将针头由水平面稍向下倾斜，并使针头抵达蝶骨，深 6～10cm，注 3% 盐酸普鲁卡因液 20mL。

5. 眼睑下灌流法　国外有马和小动物用的眼睑下灌流装置出售。也可自行制作：将一根聚乙烯管（外径 1.7～2.0mm）放在小火焰上加热，使管头向外卷曲成一凸缘；然后，将其浸在冷消毒液内。用一个 14 号针头插入眼眶上外侧皮下 4～8cm，并伸延到结膜穹隆部。将上述的聚乙烯管涂以眼膏（新霉素-多黏菌素眼膏），以便易于通过，并减少皮下感染。管子经针头到达结膜穹隆后，拔去针头，并将管子固定。

第二节　角膜炎

【病因】　主要由外伤或异物误入眼内而引起。另外，细菌感染、营养障碍、邻近组织病变的蔓延等均可诱发本病。还有，患某些传染病和浑睛虫病时能并发角膜炎。

【症状】

（1）角膜炎的共同症状是羞明、流泪、疼痛、眼睑闭合、角膜浑浊、角膜缺损或溃疡，角膜周围形成新生血管或睫状体充血。

（2）轻症角膜炎在阳光斜照下可见到角膜表面粗糙不平；外伤性角膜炎在角膜表面可找到伤痕，表面变为淡蓝色或蓝褐色，角膜损伤严重的可发生穿孔，丧失视力。

（3）由化学物质引起角膜炎时，轻的仅见角膜上皮被破坏，形成银灰色浑浊；深层受伤时则出现溃疡；重剧时发生坏疽，呈明显的灰白色。

（4）角膜面形成不透明的白色瘢痕时叫作角膜浑浊或角膜翳。角膜浑浊可能为局限性或弥漫性，也有呈点状或线状，一般呈乳白色或橙黄色。新发生的角膜浑浊有炎症症状，而陈旧的角膜浑浊没有炎症症状。从侧面视诊，深层浑浊时在浑浊的表面可见被有薄的透明层，而浅层浑浊时则多呈淡蓝色云雾状。

（5）角膜炎均出现角膜周围充血，然后再新生血管。表层性角膜炎的血管来自结膜，呈树枝状分布于角膜面上，可看到其来源；深层性角膜炎的血管来自角膜缘的毛细血管网，呈刷状，自角膜缘伸入角膜内，看不到其来源。

（6）由细菌感染引起角膜炎时，角膜的一处或数处呈暗灰色或灰黄色浸润，后即形成脓肿，脓肿破溃后便形成溃疡。

（7）犬传染性肝炎恢复期，常见单侧性间质性角膜炎和水肿，呈蓝白色角膜翳。

【诊断】根据病因和临床症状，基本可确诊。对角膜表层损伤，利用荧光素染色法或用放大镜观察可查出角膜病变部位和形态，有条件时可使用裂隙灯显微镜进行检查。必要时，做角膜知觉检查和泪液分泌功能检查等。对细菌性或真菌性角膜溃疡，做微生物的培养及药物敏感试验，更有助于诊断和治疗。

【治疗】

（1）设法去除引起角膜炎的病因；将患病动物放在光线暗淡的房间内或装眼绷带。

（2）先用3‰硼酸溶液清洗患眼，然后向眼内滴入抗生素眼药水或涂布抗生素眼膏。

（3）促进角膜浑浊的吸收可采取下列措施：向家畜患眼吹入等份的甘汞和乳糖；自家血点眼或自家血眼睑皮下注射；1‰~2‰黄降汞眼膏涂于患眼内；大动物每日静脉注射5‰碘化钾溶液20~40mL，连用1周；或每日内服碘化钾5~10g，连服5~7d。

（4）犬、猫角膜炎可使用妥布霉素眼药水滴眼。

（5）对直径小于2~3mm的角膜破裂，可用眼科无损伤缝针和可吸收缝线进行缝合。对新发的虹膜脱出病例，可将虹膜还纳展平；脱出久的病例，可用灭菌的虹膜剪剪去脱出部，再用第三眼睑覆盖固定予以保护；溃疡较深或后弹力膜膨出时，可用附近的球结膜做成结膜瓣，覆盖固定在溃疡处。但是，上述情况在不能控制感染时，应行眼球摘除术。

（6）为促进角膜创伤的愈合，可用1‰三七灭菌液点眼。

（7）可用青霉素、普鲁卡因、氢化可的松或地塞米松做家畜结膜下或患眼上、下眼睑皮下注射，对小动物外伤性角膜炎引起的角膜翳效果良好。但是，不能用于角膜溃疡或角膜穿孔的病例。

（8）中药成药如拨云散、决明散、明目散等对慢性角膜炎有一定疗效。

（9）症候性、传染病性角膜炎，应注意治疗原发病。

第三节 结 膜 炎

【病因】

1. 机械性因素 结膜外伤、各种异物落入结膜囊内或粘在结膜面上，牛泪管吸吮线虫寄生于结膜囊或第三眼睑内，眼睑位置改变，以及笼头不合适。

2. 化学性因素 如各种化学药品或农药误入眼内。

3. 温热性因素 如热伤。

4. 光学性因素 眼睛未加保护，遭受夏季日光的长期直射、紫外线或X线照射等。

5. 传染性因素 多种微生物经常潜伏在结膜囊内，牛传染性鼻气管炎病毒可引起犊牛群发生结膜炎；衣原体可引起绵羊滤泡性结膜炎；放线菌病牛用碘化钾治疗时若发生碘中毒，常出现结膜炎。

6. 免疫介导性因素 如过敏等。

7. 继发性因素 本病常继发于邻近组织的疾病、重剧的消化器官疾病及多种传染病经过中，眼感觉神经麻痹也可引起结膜炎。

【症状】

1. 结膜炎的共同症状 羞明、流泪、结膜充血、结膜水肿、眼睑痉挛、有渗出物及白细胞浸润。

2. 卡他性结膜炎 临床上最常见的病型,结膜潮红、肿胀、充血,流浆液、黏液或黏液脓性分泌物。

(1) 急性型 轻时结膜及穹隆部稍肿胀,呈鲜红色,分泌物较少,初似水,继则变为黏液性。重度时,眼睑肿胀、热痛、羞明、充血明显,甚至见出血斑。炎症可波及球结膜,有时角膜面也见轻微的浑浊。若炎症侵及结膜下时,则结膜高度肿胀,疼痛剧烈。

(2) 慢性型 常由急性转来,症状往往不明显,羞明很轻或见不到。充血轻微,结膜呈暗赤色、黄红色或黄色。经久病例,结膜变厚呈丝绒状,有少量分泌物。

3. 化脓性结膜炎 常由眼内流出多量脓性分泌物,上、下眼睑常被粘在一起。化脓性结膜炎常波及角膜而形成溃疡,且有传染性。

【诊断】根据病史、临床特点和动物对治疗的反应,可做出初步诊断,确诊需进一步做细胞学和细菌学检查。机械性或化学性所致的结膜炎易通过病史和临床检查诊断;细菌、支原体和衣原体性结膜炎最初通常为一只眼发病,间隔一定时间可波及另一只眼,且一般广谱抗生素治疗有效;病毒性结膜炎常见于犬瘟热、猫传染性鼻气管炎、牛传染性鼻气管炎;由于其他严重眼病和全身性疾病常导致结膜炎的发生,因此,如果结膜炎的病因难以确定或对因治疗效果不明显,可做进一步的眼部和全身性检查。

【治疗】

(1) 去除病因 若是症候性结膜炎,则以治疗原发病为主。

(2) 将患病动物放在光线暗淡的房间内或装眼绷带,但分泌物量多时不可装置眼绷带。

(3) 用3%硼酸液冲洗患眼。

(4) 家畜的急性卡他性结膜炎 充血显著时,初期冷敷;分泌物变为黏液时,则改为温敷,再用0.5%~1%硝酸银溶液点眼(每日1~2次),并在点眼后10min用生理盐水冲洗。若分泌物已见减少,可改用收敛药,如0.5%~2%硫酸锌溶液(每日2~3次),或2%~5%蛋白银溶液、0.5%~1%明矾溶液、2%黄降汞眼膏。疼痛显著时,可用下述配方点眼:0.5%硫酸锌0.05~0.1mL、0.5%盐酸普鲁卡因0.5mL、3%硼酸0.3mL、0.1%肾上腺素2滴及蒸馏水10mL。也可用10%~30%板蓝根溶液点眼。还可用0.5%盐酸普鲁卡因液2~3mL,溶解青霉素或氨苄青霉素5万~10万IU,再加入氢化可的松2mL(10mg)或地塞米松磷酸钠注射液1mL(5mg),做球结膜下注射或眼睑皮下注射,1日或隔日1次。

犬、猫结膜炎一般使用妥布霉素眼药水、红霉素眼膏、金霉素眼膏等。

(5) 慢性结膜炎 以刺激温敷为主。局部可用较浓的硫酸锌或硝酸银溶液,或用硫酸铜棒轻擦上、下眼睑,擦后立即用硼酸水冲洗,然后再进行温敷。也可用2%黄降汞眼膏涂于结膜囊内。中药川连1.5g、枯矾6g、防风9g,煎后过滤,洗眼效果良好。

(6) 病毒性结膜炎 用5%乙酰磺胺钠眼膏涂布眼内。

第四节 牛传染性角膜结膜炎

牛传染性角膜结膜炎是世界范围分布的一种高度接触性传染性眼病,它广为流行于青年牛和犊牛中，未曾感染过的成年牛也可感染。通常多侵害一眼，然后侵及另一眼，两眼同时发病的较少。某些品种牛（如海福特牛、短角牛、娟姗牛和荷兰牛）似乎较其他品种牛（如婆罗门牛和婆罗门杂交牛）易感性强。

本病是各国养牛业的一种重要眼病，使患犊生长缓慢、肉牛掉膘和奶牛产奶量降低。

【病因】已证实本病是由牛莫拉菌所引起。该菌为革兰氏阴性菌，其致病型有毒力，溶血，并有菌毛。牛莫拉菌的菌毛有助于该菌黏附于角膜上皮，使角膜感染，但目前还不清楚破坏角膜基质的具体化学介质。牛莫拉菌的强毒株感染后，机体可产生局部免疫和体液免疫，但保护力和免疫期尚不清楚。任何季节都可发生牛传染性角膜结膜炎，但夏秋季节多发。阳光中的紫外线可损伤牛角膜上皮细胞。秋家蝇是传播牛莫拉菌的主要昆虫媒介。这些家蝇将牛莫拉菌强毒株从感染牛眼鼻分泌物携带至未感染牛眼中。

【症状】羞明、流泪、眼睑痉挛和闭锁、局部增温，出现角膜炎和结膜炎的临床体征。眼分泌物量多，初为浆液性，后为脓性并粘在患眼的睫毛上。发病初期或48h内角膜即出现变化。开始时，角膜中央出现轻度浑浊，用荧光素点眼，稍能着染。角膜（尤其中央）呈微黄色，角膜周边可见新生的血管。根据体征的程度，可将本病分为以下几种。

1. 急性 病变轻微，较轻的结膜炎和角膜炎，患眼受害不严重。

2. 亚急性 角膜表面有溃疡，起初溃疡呈环形和火山口样外观，角膜水肿，瞳孔缩小，有的后弹力层膨出，患眼受害严重。

3. 慢性 角膜溃疡破溃并穿孔，形成葡萄肿。引发全眼球炎时，因视神经的上行性感染导致脑膜炎而死亡。

4. 带菌型 有些病例持久流泪，但大多数不呈现感染症状。

并非所有的病例都经历上述过程。轻者，经2～3周便自然吸收。浑浊由角膜的边缘开始消散，逐渐扩大到中央。多数病例，特别是犊牛，由于角膜实质突出而成圆锥形角膜，为本病的特征性病变。角膜溃疡由肉芽组织填充而愈合，遗留下轻微突出的致密瘢痕。青年牛的症状比犊牛重，溃疡通常侵及角膜深层组织。出现症状5d内，于角膜中央可见直径1cm或更大的、边缘不整突出的卵圆形溃疡。若病情发展，溃疡可深入，直到后弹力层膨出而形成圆锥形角膜。

病的潜伏期为3～12d。患畜均出现体温升高、精神沉郁、食欲不振、产奶量下降等症状。急性感染康复后对再感染有免疫力。

【诊断】根据本病结膜角膜炎特征性症状及流行特点即可做出诊断。但很多病因均可引起角膜结膜炎，有的病原除引起结膜角膜炎外，还可出现其他症状，如有必要可用微生物学检验或荧光抗体技术予以确诊。

【治疗】首先应隔离病畜，消毒厩舍，转移变换牧场，消灭家蝇和动物体上的壁虱。对症治疗有一定的疗效：①可向患眼滴入硝酸银溶液、蛋白银溶液（牛为5%～10%，羊为1%）、硫酸锌溶液或葡萄糖溶液。也可涂擦3%甘汞软膏、抗生素眼膏。②向患眼结膜下注射庆大霉素20～50mg或青霉素30万IU，每日1次，连续3d，效果比较理想。③肌内注射长效四环素，每千克体重20mg，3d后重复1次（通过泪液分泌，使眼部抗生素保持一定水平）。

【预防】应避免太阳光直射牛的眼睛，并避免灰尘、蝇的侵袭。将牛放在暗的、无风的地方，可降低畜群发病率。由于牛莫拉菌可出现在泪液和鼻液内，应设法避免饲料和饮水遭受泪液和鼻液的污染。建议用1.5%硝酸银溶液做预防剂，即向所有牛结膜囊内滴入硝酸银液5～10滴，隔4d后重复点眼（每次点眼后应用生理盐水冲洗患眼）。

第五节　角膜溃疡与穿孔

【病因与症状】引起角膜溃疡或穿孔最常见的原因是异物或外力直接损伤角膜。此外，化学物质的灼伤、眼睑结构异常、睫毛异常或眼睛周围被毛过长、角膜或眼睛本身的疾病（干眼症）等均可引起，也可由全身性疾病引起，如牛传染性角膜结膜炎、犬传染性肝炎。

【诊断与治疗】

（1）犬、猫等患病时，须尽快戴上颈圈。

（2）用3%硼酸液清洗患眼。

（3）浅层角膜溃疡一般不需药物治疗即可在1～2周内愈合，但为了预防二次细菌感染，对于大家畜建议局部使用抗生素类眼药配合维生素B_2和维生素A、全身大剂量静脉注射维生素C进行治疗；或者向患眼滴入硝酸银溶液、蛋白银溶液、硫酸锌溶液或葡萄糖溶液，也可涂擦3%甘汞软膏；对于患病犬、猫，在使用抗生素眼药的同时，使用贝复舒眼药或素高睫疗眼药，促进溃疡和穿孔的角膜生长。

（4）对角膜愈合差或不愈合的顽固性病例及深层角膜溃疡或角膜穿孔的病例，则必须在进行角膜清创后，采用显微眼科手术技术来修复或重建眼角膜；若并发严重全眼球炎、化脓性感染等时，则须实施全眼球摘除手术。

（5）禁止使用类固醇皮质激素类药物进行局部或全身性治疗。

第六节　青　光　眼

青光眼是由于眼房角阻塞，眼房液排出受阻致眼内压增高所致的疾病，可发生于一眼或两眼。多见于小动物（家兔、犬、猫），但也见于和犊牛。

【病因】

1. 原发性青光眼　多因眼房角结构发育不良或发育停止，引起房水排泄受阻，眼压升高所致。目前，已确定至少有42种犬和2种猫可发生原发性青光眼。

2. 继发性青光眼　多因眼球疾病如前色素层炎、瞳孔闭锁或阻塞、晶状体前或后移位、眼肿瘤等，引起房角粘连、堵塞，造成眼房液循环或外流障碍，使眼压升高；此外，棉籽饼中毒、维生素缺乏、近亲繁殖、性激素代谢紊乱和碘缺乏等也可引起；犬继发性青光眼最主要的原因是晶状体脱位。

3. 先天性青光眼　见于房角中胚层发育异常或残留胚胎组织、虹膜梳状韧带宽，阻塞房水排出通道。

【症状】初视病眼如好眼一样，但无视觉，检查时不见炎症病状，眼内压增高，眼球增大，视力大为减弱，虹膜及晶状体向前突出，从侧面观察可见到角膜向前突出，眼前房缩小，瞳孔散大，失去对光反射能力。滴入缩瞳剂（如1%～2%毛果芸香碱溶液）时，瞳孔仍保持散大或者收缩缓慢，但晶状体没有变化。在暗厩或阳光下，常可见患眼表现为绿色或淡青绿色。最初角膜可能是透明的，后则变为毛玻璃状，并比正常的角膜要凸出些。用检眼镜检查时，可见视神经乳头萎缩和凹陷，血管偏向鼻侧，较晚期病例的视神经乳头呈苍白色。指测眼压呈坚实感。当两眼失明时，两耳不停地转向，运步时，患畜高抬头，步态蹒跚，牵行乱走，甚至撞壁冲墙。

【治疗】目前还没有特效的治疗方法，可采用下述治疗措施：

1. 高渗疗法 通过使血液渗透压升高，减少眼房液，从而降低眼内压。为此，可静脉内注射 40％～50％葡萄糖溶液 300～400mL，或静脉内滴注 20％甘露醇（每千克体重 1g 甘露醇）。应限制饮水，并尽可能给以无盐的饲料。

2. 用 β 受体阻滞剂 噻吗心安（timolol）点眼，可减少房水生成，20min 后即可使眼压降低，对青光眼治疗有一定效果。

3. 缩瞳药的应用 针对虹膜根部堵塞前房角致使眼内压升高，可用 1％～2％毛果芸香碱溶液频频点眼。也可用 0.5％毒扁豆碱溶液滴于结膜囊内，10～15min 开始缩瞳，30～50min 作用最强，3.5h 后作用消失。

4. 内服碳酸酐酶抑制剂（可减少房液产生） 如乙酰唑胺（醋唑磺胺、醋氮酰胺），每千克体重 3～5mg，每日 3 次，症状控制后可逐渐减量。另有一种长效的乙酰唑胺可延长降压时间达 22～30h，但长期服用效果可逐渐减低，而停药一阶段后再用则又恢复其效力。内服氯化铵可加强乙酰唑胺的作用。应用槟榔抗青光眼药水滴眼，每 10min 滴 1 次，共 6 次，再改为每半小时 1 次，共 3 次，然后，再按病情每 2h 1 次，以控制眼内压。

5. 手术疗法 角膜穿刺排液可作为治疗急性青光眼病例的一种临时性措施。用药后 48h 尚不能降低眼内压，就应当考虑做周边虹膜切除术。对另一侧健眼也应考虑做预防性周边虹膜切除术。患畜做全身浅麻醉，以 1％可卡因滴眼，使角膜失去感觉，然后在眼的 12 点处（正上方）球结膜下，注射 2％普鲁卡因液，在距角膜边缘向上 1～1.5cm 处，横行切开球结膜并下翻。在距角膜 2mm 左右的巩膜上先轻轻做一条 4mm 左右的切口（不切破巩膜），然后用针在酒精灯上烧红，把针尖在切口上点状烧烙连成一条线（目的是防止术后愈合），然后切开巩膜放出眼房水。

用眼科镊从切口中轻轻伸入，将部分虹膜拉出，在虹膜和睫状体的交界处，剪破虹膜（3mm 左右），将虹膜纳入切口，缝合球结膜。术后要适当应用抗菌消炎药物，以防止发炎。本手术主要是沟通前后房，使眼后房水通过虹膜上的切口流入眼前房，眼房水便由巩膜上的切口溢出而进入球结膜下，通过球结膜的吸收，从而保持眼房内的一定压力，可使视力得以恢复。一旦出现神经萎缩，血管膜变性等，治疗困难。

6. 巩膜周边冷冻术 用冷冻探针（2～25mm）在角膜缘后 5mm 处的眼球表面做两次冻融，使睫状上皮冷却到－15℃。操作时可选 6 个点进行冷冻，避开 3 点钟和 9 点钟的位置。每一个点的两次冻融应在 2min 内完成。这种方法可使部分睫状体遭到破坏，从而减少房液产生。本手术属于非侵入性手术，操作简便快捷，但手术的作用可能不持久，6～12 个月后可能需要再次手术。

第七节 白 内 障

【病因】

1. 先天性白内障 由于晶状体及其囊在母体内发育异常，出生后所表现的白内障。现已证实某些犬的先天性白内障为遗传性，但其遗传方式多数未被确定。

2. 外伤性白内障 由于各种机械性损伤致晶状体营养发生障碍时，例如，晶状体前囊的损伤、晶状体悬韧带断裂、晶状体移位等。

3. 症候性白内障 多继发于睫状体炎和视网膜炎。马周期性眼炎经常能见到晶状体浑浊。牛恶性卡他热、马流行性感冒等传染病经过中，常出现所谓症候性白内障。

4. 中毒性白内障 见于动物麦角中毒时。二碘硝基酚和二甲亚砜可引起犬的白内障。

5. 糖尿病性白内障 如奶牛或犬患糖尿病时，常并发本病。

6. 老年性白内障 主要见于8～12岁的老年犬。

7. 幼年性白内障 见于马和犬，动物年龄小于2岁，多由于代谢障碍（维生素缺乏症、佝偻病）所致。

【症状】本病的特征是晶状体或晶状体及其囊浑浊、瞳孔变色、视力消失或减退。浑浊明显时，肉眼检查即可确诊，眼呈白色或蓝白色；否则，需要做烛光成像检查或检眼镜检查。当晶状体全浑浊时，烛光成像看不见第三个影像，第二个影像反而比正常时更清楚。检眼镜检查时，可见到的眼底反射强度是判断晶状体浑浊度的良好指标，眼底反射下降得越多，晶状体的浑浊越完全。浑浊部位呈黑色斑点。白内障不影响瞳孔正常反应。

【诊断与治疗】本病的特征是晶状体或晶状体及其囊浑浊、瞳孔变色、视力消失或减退。根据此症状即可做出诊断。在早期就应控制病变的发生和发展。针对原因进行对症治疗。晶状体一旦浑浊就不能被吸收，只好行晶状体摘除术或晶状体乳化白内障摘除术。

1. 晶状体摘除术 是在全身和局部麻醉良好的状态下，在角膜缘或巩膜边缘做一个较大的切口（15mm），将晶状体从眼内摘出。报道的成功率有差异，但术后70%～85%的犬有视力。与晶状体乳化相比，其优点是需要较少的器械且术野暴露良好；缺点是手术时发生眼球塌陷，晶状体周围的皮质摘除困难和角膜切口较大。

2. 晶状体乳化白内障摘除术 是用高频率声波使晶状体破裂乳化，然后将其吸出。在整个手术过程中，用液体向眼内灌洗以避免眼球塌陷。这种方法的优点是角膜切口小，术后可保持眼球形状，晶状体较易摘出，术后炎症较轻；缺点是晶体乳化的器械比较昂贵。

术后治疗包括局部应用醋酸泼尼松，每4～6h一次，炎症消退后，减少用药次数，连续用药数周或数月；按每千克体重2～5mg，每日2次口服阿司匹林，用药7～10d；局部应用抗菌药物7～14d；若术后瞳孔缩小，可用散瞳剂。

3. 人工晶体植入 目前国外已有用于马、犬、猫的人工晶状体，白内障摘除后将其植入空的晶状体囊内。这种人工晶状体是塑料制成的，耐受性良好，可提供近乎正常的视力。

单纯用药物治疗白内障，疗效不确实，尚未证实药物治疗在白内障逆转方面有临床疗效。

晶状体摘除术可使病眼对光反射与视力得到不同程度的恢复和改善，但是必须选择玻璃体、视网膜、视神经乳头基本正常的病眼进行手术，才能达到预期效果。因此，所选病例应首先排除马属动物周期性眼炎并发的白内障。凡经1%硫酸阿托品点眼散瞳而无虹膜粘连，并存在对光反射阳性的白内障进行手术，其视力恢复可有希望；否则，手术预后不良。

第八节　虹　膜　炎

【病因】虹膜炎可分为原发性和继发性两种。原发性虹膜炎多由于虹膜损伤和眼房内寄生虫的刺激；继发性虹膜炎继发于各种传染病（如流行性感冒、全身性霉菌病、线虫幼虫迷走性移行、腺疫、口蹄疫、鼻疽和牛恶性卡他热），也可能是邻近组织炎症蔓延的结果，如晶状体破裂和白内障。

【症状】患眼羞明、流泪、增温、疼痛剧烈。虹膜由于血管扩张和炎性渗出致使肿胀变形，纹理不清，并失去其固有的色彩和光泽。眼前房由于渗出物的积蓄而浑浊。由于房水浑浊变性和睫状前动脉扩张，角膜营养受影响。因此，角膜呈轻度弥漫性浑浊。因瞳孔括约肌痉挛和虹膜肿胀，瞳孔常缩小，并对散瞳药的反应迟钝。由于瞳孔缩小和调节不良，易形成后粘连。虹膜炎时眼内压常下降。

【治疗】应将患畜系于暗厩内，装眼绷带。局部以用散瞳药为主，常用1％硫酸阿托品溶液滴眼，每日点眼6次。对急性期病例可用0.05％肾上腺素溶液或0.5％可的松溶液点眼，也可应用抗生素溶液点眼。疼痛显著时可行温敷。严重病例可结膜下注射皮质类固醇，全身应用抗生素。

第九节　视网膜炎

【病因】

1. 外源性　细菌、病毒、化学毒素伴随异物进入眼内或通过角膜、巩膜的伤口侵入，或眼房内寄生虫的刺激均可引起脉络膜炎、脉络膜视网膜炎及渗出性视网膜炎。

2. 内源性　继发于各种传染病，如流感、犬传染性肝炎、犬瘟热、钩端螺旋体病等。在患菌血症或败血症时，微生物可经血循环转移散布到视网膜血管，导致眼组织发生脓毒病灶而引起转移性视网膜炎；或见于体内感染性病灶引起的过敏性反应，发生转移性视网膜炎。

据报道，妊娠75～150d的牛胎儿感染了牛病毒性腹泻病毒，可引起牛胎儿视网膜和视神经的炎症性损伤，犊牛视力下降或完全失明。犊牛出生后用检眼镜检查，可见视网膜萎缩，视网膜出血和视神经变性。

【症状】一般眼症状不明显，仅视力逐渐减退，直到失明。急性和亚急性期瞳孔缩小，转为慢性时，瞳孔反而散大。

眼底检查，视网膜水肿、失去固有的透明性。初期视网膜血管下出现大量黄白色或青灰色的渗出性病灶，引起该部视网膜不同程度地隆起或脱离。渗出部位的静脉常有出血，静脉小分支扩张呈弯曲状。视神经乳头充血、增大、轮廓不清，边界模糊，后期出现萎缩。随病变发展，玻璃体可因血液的侵入而变为浑浊。后期由于渗出物的压力和血管自身收缩、闭塞而看不见血管。病灶表面有灰白色、淡黄色或淡黄红色小丘。陈旧者常伴有黄白色的胆固醇结晶沉着。

视网膜炎的后期，可继发视网膜剥脱、萎缩和白内障、青光眼等。

【治疗】

（1）病畜放于暗室，装眼绷带，保持安静。

（2）消除原发性病因。

（3）控制局部炎症。眼结膜下注射青霉素、地塞米松、普鲁卡因溶液以控制炎症发展。

（4）采用全身性抗生素疗法。

（5）病情严重的可采取眼球摘除术。

第六单元　头、颈部疾病★

第一节　耳　病

一、耳的检查

耳的检查首先要检查外耳，包括耳郭和外耳道，检查耳郭有无外伤、肿胀，以及皮肤的变化，然后检查外耳道清洁度、气味，外耳道有无异物、液体渗出及增生等。

（1）如发现外耳疾病，要进一步判断是否涉及中耳、鼻咽部和咽后部。

（2）用耳镜检查外耳道垂直部和水平部。用耳镜检查鼓膜是否穿孔。

（3）细菌性外耳炎时，耳内有恶臭味，压迫耳根部有时会听到"咕叽咕叽"声。

（4）发生耳疥螨病时，会排出特异性的干燥分泌物。

（5）做耳部检查时，还应触摸咽后淋巴结是否肿大，并注意开口检查咽喉部。

二、外耳炎的病因、症状与治疗

【病因】外耳炎是指发生于外耳道的炎症。犬、猫多发，以垂耳或外耳道多毛品种的犬更易发生。外耳道内有异物进入（如泥土、昆虫、带刺的植物种子等）、存在有较多耳垢、进水或有寄生虫寄生（如疥螨），垂耳或耳郭内被毛较多时水分不易蒸发，使耳根部长期湿润，易发湿疹和外耳炎症。

【症状】由外耳道内排出不同颜色、带臭味、数量不等的分泌物，常浸渍耳郭周边皮肤发炎，甚至形成溃疡。耳内分泌物可引起耳部瘙痒，大动物常在树干或墙壁上摩擦耳部，小动物常用后爪搔耳抓痒、剧烈甩头，严重时可导致耳郭皮下出血，甚至耳郭血肿。指压耳根部动物疼痛、敏感。慢性外耳炎时，分泌物浓稠，外耳道上皮肥大、增生，可堵塞外耳道，使动物听力减弱。

【治疗】

（1）对因耳部疼痛而高度敏感的动物，可在处置前向外耳道内注入可卡因甘油。

（2）剪去耳郭及外耳道入口处的被毛，用温灭菌生理盐水或 0.1％新洁尔灭清洗耳道，彻底去除耳垢及其分泌物。为防止清洗液进入中耳，可用小镊子缠卷湿棉球擦拭清除，大块的耳垢或其他异物可用耳匙轻轻刮除；分泌物较深时，可用 3％双氧水洗耳，最后用干脱脂棉球吸干。

（3）绝大多数外耳炎病例需每天局部用药，大多数外用药为抗生素、抗真菌药及抗寄生虫药的复合剂。使用复合型药物时，应针对病因选用相应的药物，抗菌药的选择应依据细胞学检查或细菌培养及药敏试验而定。

（4）对于急性外耳炎和化脓性外耳炎，可在局部清洗后，每日 1～2 次，局部涂布抗生素软膏和皮质类固醇软膏；也可涂布氧化锌软膏，有助于保护收敛；也可用抗生素液滴耳，如新霉素滴耳液等。对寄生虫性外耳炎，可于耳内滴入杀螨剂（伊维菌素）。对顽固性马拉色菌感染应给予抗真菌药物，如酮康唑，每千克体重 5～10mg，口服，每日 1 次。

（5）对慢性外耳炎，炎性分泌物多，药物治疗时间长，较难根治的，可施行部分外耳道切除术引流；对全身体温升高的病例，应全身应用敏感抗生素，以防继发中耳炎、内耳炎。

三、中耳炎和内耳炎的病因、诊断与治疗

【病因】 中耳炎是指鼓室及咽鼓管的炎症。各种动物均可发生，但以猪、犬和兔多发。其病因多为继发于上呼吸道感染，其炎症蔓延至咽鼓管，再蔓延至中耳而引起。此外，外耳炎、鼓膜穿孔也可引起中耳炎。链球菌和葡萄球菌是中耳炎常见的病原菌。

【症状】 无特异性临床症状。单侧性中耳炎和内耳炎时，动物将头倾向患侧，患耳下垂，有时出现回转运动；两侧性中耳炎和内耳炎时，动物头颈伸长，以鼻触地；化脓性中耳炎时，动物体温升高，食欲不振，精神沉郁，有时横卧或出现阵发性痉挛等症状，炎症蔓延至内耳时，动物表现耳聋和平衡失调、转圈、头颈倾斜而倒地。

【诊断】 用耳镜检查时可见鼓膜穿孔，经咽鼓管感染或血源感染者可见鼓膜外突或变色，X 线检查可见急性中耳炎鼓室积液（急性期），慢性中耳炎时鼓室泡骨发生硬化性变化（增生）。

【治疗】

1. 中耳炎的治疗

（1）局部和全身应用抗生素 外耳道清洗干净后，滴入抗生素药水，并配合全身应用抗生素，以便药物进入中耳腔；用药前，应对耳分泌物进行细菌培养和药敏试验，常用的抗生素有阿莫西林和克拉维酸钾、第三代头孢菌素、新霉素和庆大霉素及类固醇类药物等，抗生素治疗连用 7～10d；应注意药物潜在的超敏反应和耳毒性，超敏反应可被同时应用的类固醇药物所掩盖；真菌感染时，可选用酮康唑或伊曲康唑。

（2）中耳腔冲洗　上述治疗未能使临床症状改善时，可行鼓室冲洗治疗；对耳深部的冲洗需全身麻醉，先用温灭菌生理盐水或其他灭菌溶液冲洗外耳道，再用耳镜检查鼓膜；如鼓膜已穿孔或无鼓膜，可将细吸管插入中耳深部冲洗，直至流出液变清亮，无组织碎片及血液为止；如鼓膜未破，可先施鼓膜切开术或直接用吸管穿破鼓膜，伸入鼓室锤骨后方注液冲洗，冲洗时，吸管不可移动，以防撕破鼓膜；对于外耳道狭窄、病情严重的病例，可隔周进行一次耳道深部冲洗，直至感染被完全控制。

（3）中耳腔刮除　严重慢性中耳炎，上述方法无效时，可施中耳腔刮除治疗：先施外侧耳道切除术和冲洗水平外耳道，用耳匙经鼓膜插入鼓室进行广泛的刮除，其组织碎片用温灭菌生理盐水清除掉；术后几周全身应用抗生素和糖皮质激素类药物。

（4）伴有鼓泡骨硬化和骨髓炎性中耳炎，需施鼓泡骨切开术。

2. 内耳炎的治疗

（1）感染性内耳炎　参考中耳炎的治疗部分；根据脑脊髓液或中耳渗出物细菌培养和药敏试验结果，选择抗生素治疗；伴有迷路损害的全身性真菌感染，常用两性霉素 B 和口服抗真菌药物治疗，但治疗困难且常有复发。

（2）非感染性内耳炎　对先天性或特发性综合征，无特异疗法改变其病程；对外伤性病例，可应用皮质类固醇和支持疗法；对迷路或尾窝的肿瘤，一般不予治疗，因确诊时已多为晚期。

第二节　颌面部疾病

一、面神经麻痹的病因、症状与治疗

中兽医称面神经麻痹为"歪嘴风"，主要见于马属动物，少见于牛、羊和猪，犬多发于6～7 岁的西班牙长耳犬和拳师犬。面神经控制面部肌肉的活动、感觉和唾液分泌等，面神经麻痹临床上以单侧性多见。根据损伤程度分为全麻痹和不全麻痹，根据损伤部位分为中枢性面神经麻痹和末梢性面神经麻痹。

【病因】

1. 中枢性面神经麻痹　多半是因脑部神经受压，如脑的肿瘤、血肿、挫伤、脓肿、结核病灶、指形丝状线虫微丝蚴进入脑内的迷路感染等，其次是传染病如马腺疫、流行性感冒、传染性脑炎、乙型脑炎、李斯特菌病，以及马媾疫、毒草及矿物质中毒等均可出现症候性面神经麻痹。犬患犬瘟热、中耳炎及内耳炎、甲状腺功能减退、糖尿病等时可伴发本病。

2. 末梢性面神经麻痹　主要是由于神经干及其分支受到创伤、挫伤、压迫、长期侧卧于地、摔跌猛撞于硬物等引起。此外，面神经管内的肿瘤、中耳疾病或腮腺的肿瘤、脓肿可引起单侧性面神经麻痹。

【症状】

1. 单侧性面神经全麻痹　患侧耳歪斜呈水平状或下垂，上眼睑下垂，眼睑反射消失，鼻孔下塌，通气不畅，上、下唇下垂并向健侧歪斜，出现歪嘴，采食、饮水困难。马用牙齿摄取饲料，咀嚼不灵活，患侧颊部有大量饲料积留。饮水时，将口角伸入水中，缺乏吸水能力。牛歪嘴症状不明显，但采食和反刍时常有饲料和唾液自患侧口角流出，用手打开口腔时可感到唇颊部松弛。猪可见鼻盘歪斜，唇的自主活动消失，两侧鼻孔大小不一。犬患侧上唇下垂，鼻歪向健侧，耳自主活动消失。

2. 单侧性上颊支神经麻痹 耳及眼睑功能正常，仅患侧上唇麻痹、鼻孔下塌且歪向健侧。

3. 单侧性下颊支神经麻痹 患侧下唇下垂并歪向健侧。

4. 两侧性面神经全麻痹 除呈现两侧性的上述症状外，还表现呼吸困难。动物将嘴伸入饲料中用齿采食，伸入水中用舌舀水，咀嚼音低、流涎，两颊部残留大量饲料，并有咽下困难等症状。

【治疗】

由中枢性或全身性疾病所引起的面神经麻痹应积极治疗原发病。凡由于外伤、受压等引起的末梢性面神经麻痹，首先消除致病因素，然后采取对症治疗。

（1）在神经通路上进行按摩，温热疗法，并配合外用 10％樟脑醑或四三一搽剂等刺激药。

（2）在神经通路附近或相应穴位交替注射硝酸士的宁（或藜芦碱）和樟脑油，隔日1次，3～5次为一疗程。

（3）采用红外线疗法、感应电疗法或硝酸士的宁离子透入疗法。

（4）采用电针疗法，以开关、锁口为主穴，以分水、抱腮为配穴；也可根据临床症状判断发生神经麻痹的部位，在神经通路上选穴，电针刺激 20～30min，每日1次，6～10次为一疗程。

（5）双侧性面神经麻痹并伴有鼻翼塌陷和呼吸困难的马，宜用鼻翼开张器或进行手术扩大鼻孔，解除呼吸困难。鼻翼开张方法有皱襞开张法和皮瓣切除法两种：前者先将鼻翼背部的皮肤做成若干纵褶，横穿粗缝线，收紧打结，由于皮肤向中央紧缩所以鼻孔开张；后者是在两鼻孔间的鼻背上切除一片卵圆形的皮肤后将两创缘缝合，使鼻孔张开。

二、马、牛鼻旁窦炎的病因、症状与治疗

【病因】鼻旁窦是指鼻腔周围头骨内的含气空腔，包括额窦、上颌窦、蝶腭窦、筛窦等。临床上常见的是额窦和上颌窦蓄脓，前者多发于牛，后者多发于马，其他动物较少发病。马的上颌窦炎和蓄脓主要是由牙齿疾病所引起，其次是额骨或上颌骨骨折；牛鼻窦炎和蓄脓主要是由低位角折或去角不良所引起，尤其是水牛，其次，由于牛额窦与鼻腔相通，故鼻腔炎症可直接扩展至额窦。此外，某些传染病、寄生虫病，如牛恶性卡他热、放线菌病、马腺疫、马鼻疽、羊鼻蝇蛆病等，以及肿瘤、异物进入等均可导致窦炎与蓄脓。

【症状】病初由一侧鼻孔流出少量浆液性鼻液，一般不被注意，尤其是牛，常被舌舔去而不被发现，直至额骨发生隆起，或是眶后憩室部的额骨增厚时才被发现。随病程的发展，分泌物转为黏液脓性，排出量也增多，干涸后黏附在鼻孔周围。绝大多数情况下呈现一侧鼻液，有时一侧鼻液比较显著而另一侧较轻微。动物表现低头、摆头等动作，摆头时有较多脓性物从鼻孔中流出。如果脓性鼻液中带有新鲜血液，表明窦内有骨折性损伤；混有草屑或饲料，表明龋齿或牙齿缺损与上颌窦相通；混有腐败血液则表明窦内有坏疽或恶性肿瘤。

牛额窦蓄脓形成足够压力时，可引起脑障碍症状，如头部顶墙或抵于饲槽、出现周期性癫痫或痉挛；也可导致眼球突出，呼吸困难症状。马上颌窦蓄脓常表现一侧下颌淋巴结肿

胀，可移动，无痛感，严重时由于波及鼻泪管，出现流泪。导致骨质变软时，一侧局部肿胀而颜面变得隆起，叩诊有钝性浊音。

【治疗】在患病动物的额窦和上颌窦处选择适当位置，施行圆锯术进行治疗。

手术方法：在术部瓣形切开皮肤，钝性分离皮下组织或肌肉直至骨膜，彻底止血后在圆锯中心部位用手术刀"十"字或瓣状切开骨膜。用骨膜剥离器把骨膜推向四周，其面积以容纳圆锯稍大为度。将圆锯锥心垂直刺入预做圆锯孔的中心（调整锥心使其突出齿面约3mm），使全部锯齿紧贴骨面，随后开始旋转圆锯，分离骨组织。待将要锯透骨板之前彻底去除骨屑，用骨螺子旋入中央孔，向外提出骨片，除去黏膜，用球头刮刀整理创缘。随后，用吸引器或连接橡皮管的注射器吸出脓汁，再用0.1‰高锰酸钾或新洁尔灭灌注冲洗。之后，用温热的生理盐水冲洗，并以灭菌纱布导入窦内吸干后，填入抗生素油剂纱布。皮肤可不缝合或做假缝合，外施以绷带。如此处理，直至化脓减少或停止。

第三节 齿　病

一、犬牙周炎的病因、症状与治疗

牙周炎

牙周炎是齿龈炎的进一步发展，累及牙周较深层组织，是牙周膜的炎症，多为慢性炎症。主要特征是形成牙周袋，并伴有牙齿松动和不同程度的化脓。X线检查显示齿槽骨缓慢吸收。

【病因】齿龈炎、口腔不卫生、齿石、食物塞的机械性刺激、菌斑的存在和细菌的侵入，使炎症由齿龈向深部组织蔓延是牙周炎的主要原因，在某些短头品种犬，齿形和齿位不正、闭合不全、软腭过长、下颌机能不全、缺乏咀嚼及齿周活动障碍等，是本病发生的因素。不适当饲养和全身疾病，如甲状腺功能亢进、慢性肾炎、钙磷代谢失调和糖尿病等都易继发牙周炎。

【症状】急性期齿龈红肿、变软，转为慢性时，齿龈萎缩、增生。由于炎症的刺激，牙周韧带破坏，使正常的齿沟加深破坏，形成蓄脓的牙周袋，轻压齿龈，牙周有脓汁排出。由于牙周组织的破坏，出现牙齿松动，影响咀嚼。突出的临床症状是口腔恶臭。其他症状包括口腔出血、厌食、不能咀嚼硬质食物、体重减轻等。X线检查可见牙齿间隙增宽，齿槽骨吸收。

【治疗】治疗原则是除去病因，防止病程进展，恢复组织健康。局部治疗主要应刮除齿石，除去菌斑，充填龋齿和矫治食物塞。无法救治的松动牙齿应拔除。用生理盐水冲洗齿周，涂以碘甘油。切除或用电烧烙器除去肥大的齿龈组织，消除牙周袋。如牙周形成脓肿，应切开引流。术后全身给予抗生素、烟酸等。数日内喂给软食。

二、犬、猫牙结石的症状与治疗

【症状】根据牙结石形成部位分为齿龈上牙结石和齿龈下牙结石。前者位于龈缘上方牙面上，直接可见，通常为黄白色并有一定硬度；后者位于齿龈沟或牙周袋内，牢固附着于牙面，质地坚硬致密。牙结石还可引起齿龈炎、牙周病，最后造成牙齿松动、脱落。临床表现有口臭、进食困难、消化功能障碍等。

【治疗】除去牙结石主要采用刮治法。可用刮石器或超声波除石器除去牙结石。清除齿龈下牙结石不宜使用超声波除石器，以防损伤牙周组织。

三、齿槽骨膜炎的症状与治疗

【症状】

1. 非化脓性齿槽骨膜炎　最初表现暂时性采食障碍、咀嚼异常，经6～8d症状减轻或消失，但多数转为慢性；当继发骨膜炎时，齿根部形成骨赘，与齿槽完全粘连；弥散性齿槽骨膜炎时，口腔有奇臭气味，病齿松动，甚至可用手拔出，有时病齿失位。

2. 化脓性齿槽骨膜炎　齿龈水肿、出血、剧痛，并有恶臭，病齿四周还有可排出少量脓汁的化脓性瘘管；下颌白齿瘘管开口于下颌间隙、下颌骨边缘或外壁；上颌齿瘘管则通向上颌窦，引起化脓性窦炎及同侧鼻孔流出脓汁；齿根部化脓用X线检查时，可见到齿根部与齿槽间透光区增大呈椭圆形或梨形。

【治疗】

1. 非化脓性齿槽骨膜炎　给予柔软饲料，每次饲喂后可用0.1％高锰酸钾溶液冲洗口腔，齿龈部涂布碘甘油。

2. 弥散性齿槽骨膜炎　宜尽早拔齿，术后冲洗，填塞抗生素纱布条于齿槽内，直至生长肉芽为止。

3. 化脓性齿槽骨膜炎　在齿龈部刺破或切开排脓，拔除已松动的病牙。已发生瘘管时，应注意其波及的范围。发生在白齿时，常造成上颌窦蓄脓，应配合圆锯术治疗；发生在下颌骨时，常引起下颌骨骨髓炎，应扩大瘘管孔，剔除死骨，用锐匙刮净腔内感染物，骨腔内用消毒药水冲洗后填上油质纱布条引流，或用干纱布外压以吸脓，消毒后用火棉胶封闭。随脓汁的减少而延长换药时间，直至伤口愈合为止。当有全身症状时，配合全身性应用抗生素。

四、龋齿的病因、症状与治疗

【病因】主要是口腔内发酵糖类的细菌产生酸性物质侵蚀牙齿的表面、齿冠、釉质表面或齿根齿骨质表面，使其脱钙、分离及破坏。

【症状】

1. 马的龋齿　一度龋齿或表面龋齿时，表现牙齿表面粗糙；二度龋齿或中度龋齿时，表现牙齿表面有暗黑色或黑褐色小斑，或形成凹陷空洞，但龋齿腔与齿髓腔之间仍有较厚的齿质相隔；三度龋齿时，龋齿腔与齿髓腔发展为两个相邻的腔；全龋齿时，损害波及全部齿冠，常继发齿髓炎与齿槽骨膜炎。

2. 犬、猫的龋齿　发病齿常有呈褐色的齿斑或齿石，其釉质和齿骨质凹陷，形成空洞，用尖的探针探查，病变部柔软，并可出现反射性颌部打战。犬常发部位为第一上白齿齿冠，猫则多见于露出的白齿根或犬齿。

3. 牛、羊的龋齿　病初在牙面上形成龋斑，颜色逐渐加深，但常被忽视，待出现咀嚼障碍时，损害往往已波及齿髓腔或齿周围。当龋齿破坏范围变大时则口臭显著、咀嚼无力或困难，常呈偏侧咀嚼、流涎或将咀嚼过的食物由口角漏出，饮水缓慢，轻叩病齿有痛感，牙齿松动，并易引起齿裂，且能并发齿槽骨膜炎或齿瘘。

【治疗】日常注意观察动物采食、咀嚼和饮水的状态，定期检查牙齿。一度龋齿可用硝酸银饱和溶液涂擦龋齿面；二度龋齿应彻底除去病变组织，消毒并充填固齿粉；三度龋齿实行拔牙术。犬二度以上的龋齿用齿刮或齿锉除去病变组织，冲洗消毒，最后充填修补。如已累及齿髓腔，应先治疗齿髓炎，症状缓解后再修补，严重龋齿可施拔牙术。

五、牙齿不正的分类与治疗

【分类】

1. 牙齿发育异常

（1）赘生齿　在动物齿数定额以外所新生的牙齿均称为赘生齿。

（2）牙齿更换不正常　动物在更换牙齿的时候，门齿或前臼齿的乳齿遗留而与恒齿并列发生于乳门齿的内侧。

（3）牙齿失位　颌骨发育不良，齿列不整齐，表现牙齿齿面不能正确相对。凡先天性的上门齿过长，突出于下颌者称为鲤口；而下门齿突出前方者称为鲛口。

（4）齿间隙过大　多因先天性牙齿发育不良而造成。

2. 牙齿磨灭不正

（1）斜齿（锐齿）　由下颌过度狭窄及经常限于一侧臼齿咀嚼而引起的，严重的斜齿称为剪状齿。

（2）过长齿　臼齿中有一个特别长，突出至对侧，常发生在对侧臼齿短缺的部位。

（3）波状齿　凡是臼齿磨灭不正而造成的上下臼齿咀嚼面高低不平呈波浪状，称为波状齿。

（4）阶状齿　基本原理同波状齿，只是形成如同阶梯之病齿。

（5）滑齿　指臼齿失去正常的咀嚼面。

【治疗】

（1）过长齿用齿剪或齿刨打去过长的齿冠，再用粗、细齿锉进行修整。

（2）锐齿可用齿剪或齿刨打去尖锐的齿尖，再用齿锉适当修整其残端，并用0.1%高锰酸钾溶液或2%氯酸钾溶液反复冲洗口腔。

（3）齿间隙过大可用塑胶镶补堵塞漏洞。先装上开口器，掏清堵塞在齿间隙或蓄积在上颌窦内的饲草，并冲洗干净，用灭菌棉球拭干，保持干燥。用适量的自凝牙托粉和自凝牙托水（按粉与水3∶1比例），调拌均匀，待塑胶聚合作用经湿沙期、糜粥期、丝状期到面团期时，即可填塞。最好先在上颌窦相应部位做圆锯孔，迅速用调好的塑胶从口腔的创孔（齿间隙）向上填塞，塞满创孔，再用食指经圆锯孔由上向下挤压嵌体，做成上端呈一膨大部，嵌体下端亦做成一膨大部，如铆钉样形状，但必须光滑、扁平。嵌体填塞后，必须等待其硬固后才能取下开口器。

第四节　犬舌下腺囊肿

【病因】最常见的原因是犬在咀嚼时，舌下腺腺体及导管被食物中的骨骼或鱼刺或草籽等刺破，诱发炎症，导致黏液或唾液排出受阻而发病。由于舌下腺一部分与下颌腺紧密相连，共被一结缔组织囊所包裹，共用一输出管开口于口腔，故舌下腺和下颌腺常同时受侵害。

【症状】舌下或颌下出现无炎症、逐渐增大、有波动的肿块，大量流涎，舌下囊肿有时可被牙磨破，此时有血液进入口腔或饮水时血液滴入饮水盘中。囊肿的穿刺液黏稠，呈淡黄色或黄褐色，呈线状从针孔流出。

【诊断】可用糖原染色法（PAS）试验与因异物所致的浆液血液囊肿相区别。

【治疗】定期抽吸囊肿内的液体，或者在麻醉条件下，大量切除囊肿壁，排出内容物，用硝酸盐、氯化铁酊剂或5％碘酊等腐蚀其内壁；或者切除舌下囊肿前壁，用金属线将其边缘与舌基部口腔黏膜缝合，建立永久性引流通道。

上述疗法无效时，可采用腺体摘除术。其术式见第十八单元手术技术。

第七单元　胸、腹部损伤☆

第一节　胸壁透创及其并发症

胸壁透创是穿透胸膜的胸壁创伤，一般是由尖锐物体刺透胸壁，甚至造成内脏器官损伤的一种穿透创，临床上常突然发生。发生胸壁透创时，胸腔内的脏器往往同时遭受损伤，可继发气胸、血胸、脓胸、胸膜炎、肺炎及心脏损伤等。

【症状】由于受伤的情况不同，创口的大小也不一样。创口大的，可见胸腔内面，甚至部分脱出创口的肺脏；创口狭小时，可听到空气进入胸腔的呲呲声，如以手背靠近创口，可感知轻微气流。创缘的状态与致伤物体的种类有关。由锐性器械所引起的切创或刺创，创缘整齐清洁；由子弹所引起的火器创有时创口很小，并由于被毛的覆盖而难以认出。另外，铁钩、树枝、木桩等所致的创伤，其创缘不整齐，常被泥土、被毛等所污染，极易感染化脓和坏死。

患病动物不安、沉郁，一般都有程度不等的呼吸、循环功能紊乱，出现呼吸困难，脉快而弱。马可见出汗、肌肉震颤等。创口周围常有皮下气肿。

【胸壁透创的并发症】胸壁透创大多数能引起或多或少的并发症。

1. 气胸　由于胸壁及胸膜破裂，空气经创口进入胸腔所引起。根据发生的情况不同，气胸可分为三种：

（1）闭合性气胸　胸壁伤口较小，创道因皮肤与肌肉交错、血凝块或软组织填塞而迅速闭合，空气不再进入胸膜腔者称为闭合性气胸。空气进入胸膜内的多少不同，伤侧肺发生萎陷的程度不同。少量气体进入时，患病动物仅有短时间的不安，进入胸腔的空气日后逐渐被吸收，胸腔的负压也日趋恢复。多量气体进入时，有显著的呼吸困难和循环功能紊乱。伤侧胸部叩诊呈鼓音，听诊可闻呼吸音减弱。

（2）开放性气胸　胸壁创口较大，空气随呼吸自由出入胸腔者为开放性气胸。开放性气胸时，胸腔负压消失，肺组织被压缩，进入肺组织的空气量明显减少。吸气时，胸廓扩大，空气经创口进入胸腔。由于两侧胸腔的压力不等，纵隔被推向健侧，健侧肺脏也受到一定程度的压缩。呼气时胸廓缩小，气体经创口排出，纵隔也随之向损伤一侧移动。如此一呼一吸，纵隔左右移动称纵隔摆动。

由于肺脏被压缩，肺通气量和气体交换量显著减少；胸腔负压消失，影响血液回流，使心排血量减少；空气反复进出胸腔和纵隔摆动，不断刺激肺脏、胸膜和肺门神经丛。因而，患病动物表现严重的呼吸困难、不安、心跳加快、可视黏膜发绀和休克症状。胸壁创口处可听到"呼呼"的声音。伤口越大，症状越严重。

气胸的发生可能是一侧性的或者是两侧性的（纵隔上有天然孔的马）。开放性或严重闭合性两侧气胸，由于大部分或整个肺脏萎缩，患病动物常因急性窒息而死亡。

（3）张力性气胸（活瓣性气胸）　胸壁创口呈活瓣状，吸气时空气进入胸腔，呼气时不能排出，胸腔内压力不断增高者称为张力性气胸。另外，肺组织或支气管损伤也能发生张力性气胸。

由于胸壁或肺脏、支气管损伤，创口呈活瓣状，吸气时空气进入胸腔，而呼气时不能排出，致使胸腔压力不断增大，受伤侧肺脏被压缩，纵隔被推向健侧，健侧肺也受压，同时前、后腔静脉受到压迫，严重地影响静脉血的回流，导致呼吸和循环系统功能严重障碍。临床表现极度的呼吸困难、心律快、心音弱、颈静脉怒张、可视黏膜发绀，有的出现休克症状。受伤侧气体过多时，患侧胸廓膨隆，叩诊呈鼓音，呼吸时胸廓运动减弱或消失，不易听到呼吸音，常并发皮下或纵隔气肿。

2. 血胸　胸部大血管受损，血液积于胸腔内的称为血胸；若与气胸同时发生则称为血气胸。肺裂伤出血时，因肺循环血压低，且肺脏组织有弹性回缩力，一般出血不多，并能自行停止，裂口不大时还可自行愈合；子弹、弹片、骨片等进入肺内，在患病动物体况良好的情况下也可为结缔组织包围而形成包囊；肺脏或心脏的大血管、肋间动脉、胸内动脉、膈动脉受损后破裂，出血十分严重，患病动物表现贫血和呼吸困难等症状，常出现死亡。

血胸主要根据胸壁下部叩诊出现水平浊音、X线检查在胸膈三角区呈现水平的浓密阴影、胸腔穿刺获得带血的胸水，以及在胸下部可听到拍水音等做出诊断。严重时出现贫血、呼吸困难等与失血、呼吸障碍有关的相应症状。并发气胸时，兼有上述气胸的特点。胸腔内少量积血可被吸收，但通常易于感染而继发脓胸或肺坏疽。

3. 脓胸　胸壁透创后胸膜腔发生的严重化脓性感染，常在胸壁透创后 3～5d 出现。患病动物体温升高，食欲减退，心跳加快，呼吸浅表、频数，可视黏膜发绀或黄染，有短、弱带痛的咳嗽。血液检查可见白细胞总数升高，核左移。在慢性经过的病例，可见到营养不良、顽固性贫血，血红蛋白可降至 40%～50%。叩诊时，胸廓下部呈浊音；听诊时，肺泡呼吸音减弱或消失；穿刺时，可抽出脓汁。

4. 胸膜炎　指壁层和脏层胸膜的炎症，是胸壁透创常见的并发症。本病预后不良，常导致死亡。

【治疗】

1. 治疗原则　对胸壁透创的治疗，主要是及时闭合创口，制止内出血，排出胸腔内的积气与积血，恢复胸腔内负压，维持心脏功能，防治休克和感染。

对开放性气胸及张力性气胸的抢救，主要是尽快闭合胸壁创口，使其转变为闭合性气胸，然后排出胸腔积气。在创伤周围涂布碘酊，除去可见的异物；然后，在患病动物呼吸间歇期，迅速用急救包或清洁的大块厚敷料（如数层大块纱布、毛巾、塑料布、橡皮）紧紧堵塞创口，其大小应超过创口边缘5cm。在外面再盖以大块敷料压紧，用腹带、扁带、卷轴带等包扎固定，以达到不漏气为原则。

经上述处理之后，如有条件可进行强心、镇痛、止血、抗感染等治疗。为防止休克，可按伤情给予补液、输血、给氧及抗休克药物，随后尽快进行手术。

2. 手术方法

（1）保定与麻醉　尽量采用站立保定和肋间神经传导麻醉，以减少对肺脏代偿性呼吸的影响。伴有胸腔内脏器官损伤而需做胸腔手术的患病动物，可用正压氧辅助或控制呼吸，在全身麻醉与侧卧保定后进行。

（2）清创处理　创围剪毛消毒，取下包扎的绷带，然后以2‰盐酸普鲁卡因溶液对胸膜面进行喷雾，以降低胸膜的感受性。去除异物、破碎的组织及游离的骨片，操作时，防止异物在患病动物吸气时落入胸腔。对出血的血管进行结扎，对下陷的肋骨予以整复，并锉去骨折端尖缘。骨折端污染时，用刮匙将其刮净。对胸腔内易找到的异物应立即取出，但不宜进行较长时间的探摸。在手术中如患病动物不安、呼吸困难时，应立即用大块纱布盖住创口，待呼吸稍平静后再进行手术。

3. 闭合　从创口上角自上而下对肋间肌和胸膜做一层缝合，边缝边取出部分敷料，待缝合仅剩最后1～2针时，将敷料全部撤离创口，关闭胸腔。胸壁肌肉和筋膜做一层缝合，最后缝合皮肤。缝合要严密，以保证不漏气为度。较大的胸壁缺损创，闭合困难时可用手术刀分离周围的皮肌及筋膜，造成游离的筋膜肌瓣，将其转移，以堵塞胸壁缺损部，并缝合以修补肌肉创口。

4. 排出积气　在病侧第七、第八肋间的胸壁中部（侧卧时）或胸壁中1/3与背侧1/3交界处（站立或俯卧时），用带胶管的针头刺入，接注射器或胸腔抽气器，不断抽出胸腔内气体，以恢复胸内负压。

对急性失血的患病动物，肌内或静脉注射止血药物，同时要迅速找到出血部位进行彻底止血，防止发生失血性休克。必要时给予输血、补液，以补充血容量。输血可利用胸膜腔的血液，其方法是在严格无菌的条件下穿刺回收血液，经4层灭菌纱布过滤后，再回注于静脉内。

对脓胸的患病动物，穿刺排出胸腔内的脓液，然后用温的生理盐水或乳酸林格氏液反复冲洗，还可在冲洗液中加入胰凝乳蛋白酶以分离脓性产物，最后注入抗生素溶液。

胸部透创在术后应密切注意全身状况的变化，让患病动物安静休息，注意保温，多饮水，增加易消化和富有营养的饲料。全身使用足量抗菌药物控制感染，并根据每天病情的变化进行对症治疗。

第二节　腹部损伤

腹壁损伤可分为开放性损伤和闭合性损伤两种。开放性损伤有腹膜破损者为穿透伤（多伴有内脏损伤），无腹膜破损者为非穿透伤（偶伴有内脏损伤）；闭合性损伤可能仅局限于腹壁，也可兼有内脏损伤。开放性损伤即使涉及内脏损伤，其诊断也较明确。但闭合性损伤，如伴有内脏损伤，其诊断较困难，更应给予重视。

【病因】开放性损伤常因刺伤、咬伤、枪伤所引起。闭合性损伤常系坠落、碰撞、冲击、挤压等钝性暴力所引起。外科手术、腹腔内镜、穿刺、插管等，也易发生医源性腹部损伤。在犬多见于车祸，而猫较多发生于高处坠落。另外，犬、猫被拳击、脚踢或其他钝性物体打击，也易发生腹部闭合性损伤。无论开放性或闭合性损伤，都有可能导致腹部内脏损伤。

【症状】由于致伤原因及病情不同，腹部损伤的临床症状有很大差异，从无明显症状到出现重度休克甚至处于濒死状态。单纯性腹壁损伤的临床症状较轻，仅表现局部肿胀、疼痛，有时见有皮下淤血。如腹腔脏器仅为挫伤，其伤情不重，也无明显的临床表现；若发生破裂，则有明显的临床症状。一般来说，实质器官（肝、脾、肠系膜、肾等）撕裂伤，由于内出血，主要表现黏膜苍白、脉搏加快，有时有明显的腹部肿胀和转移性浊音；空腔器官（肠、胃、膀胱等）破裂，主要表现腹膜炎症状，体温升高和腹痛。另外，还出现恶心、呕吐、便血等症状。

【诊断】开放性损伤的诊断要慎重考虑是否为穿透伤。有内脏自腹壁创口突出者显然腹膜已穿透，易于诊断。但在刺创、枪伤时，因创口小而周围有炎性肿胀及异物的覆盖，有时不易确诊。闭合性损伤的诊断最关键的是确定有无内脏损伤。为此，需要认真、反复检查和判断，其诊断包括以下几点。

1. 临床体格检查 观察腹部肌肉挫伤和出血或被车撞伤的痕迹。脐部出现红色或蓝色圈提示腹腔有游走性出血，最常见于骨盆骨折。从后向前依次触诊腹部。如有压痛和肌紧张或不适感可能为内脏损伤。应仔细做直肠检查，评估骨盆及骨盆部器官有无损伤。结合触诊进行叩诊，检查有无腹腔流动性液体。叩诊也可用来测定异常腹壁音，如反响过强或鼓音（如空腔内脏膨气）或浊音增加（如器官移位或腹腔积液）等。听诊对诊断腹腔损伤有用。肠音为肠内液体和气体流动时产生。B超检查确定腹腔有无液体聚积。腹膜炎和肠阻塞早期，肠蠕动音增强；腹膜炎继续发展，则会发生疼痛加剧及肠蠕动明显减弱。听诊应结合其他临床症状如腹痛、呕吐、倦怠及发热等进行分析，便于确定腹部损伤的程度和是否采用剖腹探查。

2. 腹腔穿刺 对诊断腹腔内脏有无损伤和哪一种脏器损伤意义很大，诊断阳性率较高。小动物仰卧保定，大动物站立保定，腹底部剑状软骨与耻骨间剃毛、消毒和局部浸润麻醉。选择适宜针头从腹底壁刺入腹腔。对小动物，可压迫腹部，有助于腹水流出或抽出，大动物可自行流出或抽出。有条件时，可在B超引导下穿刺抽出腹腔积液。抽出的液体进行肉眼和显微镜观察，必要时做肌酐和淀粉酶等的测定。

3. X线检查 小动物腹部X线检查可观察腹腔积气、积液及某些脏器大小、形态和位置。但是，对有些病情危急或处于休克状态的动物，X线检查需移动动物而受到限制，故慎用。只有伤情平稳、发展缓慢、一时不能确诊者才可进行X线检查。

4. B超检查 主要用于诊断肝、脾、胰、肾的损伤，能根据脏器的形状和大小提示损伤的有无、部位和程度，以及周围积血、积液情况。

5. 剖腹探查 上述方法未确诊或未能排除腹内脏器损伤，或证实腹腔有连续出血、积气、腹部扩张，脓性污染或有胆汁等，需施剖腹探查。

【治疗】腹壁闭合性损伤的治疗原则与其他软组织相应损伤是一致的，不再赘述。腹壁穿透性损伤、开放性损伤和闭合性腹内损伤有的需要手术。

腹部损伤急救主要应根据全身性变化决定，预防或制止腹腔脏器突出，采取止血措施。

如有严重内出血症状，还应立即输血或补液，防止失血性休克。

对单纯性腹壁穿透伤，应严密消毒创围，彻底清理创腔，分层缝合腹壁。

穿透性损伤如伴有肠管或其他脏器突出，可用消毒的大块纱布覆盖突出的脏器，加以保护，切勿强行还纳，以免加重腹腔污染。脏器还纳应在手术室麻醉后进行。

动物麻醉常用全身麻醉，小动物应仰卧保定，大动物仰卧或侧卧保定。切口选择腹底正中，进入腹腔迅速，组织损伤和出血较少，能满足腹腔内所有部位的彻底探查。反刍动物可选择腹胁部切口。

腹腔打开后，如有出血，应立即吸出积血，清除凝血块，迅速查明出血脏器，予以控制。如有泄漏的胃肠道内容物，应清洗腹腔，找到泄漏的肠道，并根据其损伤程度采取相应的手术治疗。

如没有大出血，则应对腹腔脏器进行系统、有序的探查。探查顺序先探查肝、脾等实质性器官，同时探查膈肌有无破损，接着从胃开始，逐段探查十二指肠、胰腺、空肠、回肠、盲肠、结肠及其系膜，然后探查盆腔脏器，包括远端结肠、膀胱、前列腺或子宫体等。

若突出的肠管没有损伤，色彩接近正常，仍能蠕动，可用温热灭菌生理盐水或含有抗生素的溶液冲洗后送回腹腔。若肠管因充气或积液而整复困难时，可穿刺放气、排液。对坏死肠管或已暴露时间较长、缺乏蠕动力，即使用灭菌生理盐水纱布温敷后也不能恢复蠕动者，则应考虑做肠部分切除术，再进行肠管端端吻合。

对胃、肠破裂，胃肠内容物已流入腹腔的病例，应在缝合破损后，用温生理盐水反复冲洗腹腔，然后用真空吸引器抽出或用灭菌纱布块吸出冲洗液。

如突出的为网膜，且被污染，可将网膜向外拉出一部分，在健康部结扎，将突出的部分剪掉，再将健康的网膜送回腹腔。如腹腔内被污染，可先用生理盐水纱布尽量蘸出，再用生理盐水清洗干净。

肝、脾及肾等实质脏器出血时，止血治疗和护理十分重要，应使患病动物保持安静，静脉或肌内注射止血药物。若发现继续出血或有大出血时，应对相应脏器进行缝合止血，必要时采取输血、补液、利尿及抗休克等措施。

腹壁闭合前，为预防腹膜炎及脏器间的粘连，可向腹腔内注入抗生素。必要时安置引流管。

术后加强管理，给予易消化的食物。为了控制感染，防止急性腹膜炎，应用足量的抗生素，直到体温、食欲基本正常为止。全身情况好转后，可适当做户外活动。

第八单元　疝★★☆

第一节 概　述

一、疝的概念、组成与病因

1. 疝的概念　疝是腹部的内脏从自然孔道或病理性破裂孔脱至皮下或其他解剖腔的一种常见病。各种动物均可发生，但以猪、马、牛、羊更为常见。犬、猫亦不少。野生动物的疝也有报道。

2. 疝的组成　疝由疝孔（疝轮）、疝囊和疝内容物组成。

（1）疝孔　自然孔的异常扩大（如脐孔、腹股沟环）或是腹壁上任何部位病理性的破裂孔（如钝性暴力造成的腹肌撕裂），内脏可由此而脱出。疝孔是圆形、卵圆形或狭窄的通道。初发的新疝孔，多数因断裂的肌纤维收缩，使疝孔变薄，且常被血液浸润。陈旧性的疝多因局部结缔组织增生，使疝孔增厚，边缘变钝。

（2）疝囊　由腹膜及腹壁的筋膜、皮肤等构成，腹壁疝的最外层常为皮肤。通过各地经手术治疗的病例发现，腹壁疝的腹膜也常破裂。典型的疝囊应包括囊口（囊孔）、囊颈、囊体及囊底。疝囊的大小及形状取决于发生部位的局部解剖结构，可呈鸡卵形、扁平形或圆球形。小的疝囊常被忽视，大的疝囊可达排球大或更大，在慢性外伤性疝囊的底部有时发生脱毛和皮肤擦伤等。

（3）疝内容物　为通过疝孔脱出到疝囊内的一些可移动的内脏器官。常见的有小肠、肠系膜、网膜，其次为瘤胃、真胃、肝，偶尔有子宫、膀胱等。几乎所有病例疝囊内都含有数量不等的浆液——疝液。

3. 病因　引起疝的常见病因如某些解剖孔（脐孔、腹股沟环等）的扩大、膈肌发育不全、机械性外伤、腹压增大、小母猪阉割不当等。

二、疝的分类

1. 根据疝部是否突出体表　凡突出体表者称为外疝（如脐疝）；凡不突出体表者称为内疝（如膈疝）。

2. 根据发病的解剖部位　可分为脐疝、腹股沟疝和阴囊疝、腹壁疝、会阴疝等。

3. 根据发病的原因　可分为先天性疝和后天性疝。先天性疝多发生于初生幼畜，后天性疝则见于各种年龄的动物。

4. 根据疝内容物可否还纳　可分为可复性疝与不可复性疝。前者当改变动物体位或挤压疝囊时，疝内容物可通过疝孔还纳腹腔；后者指不管是改变体位还是挤压疝内容物都不能回到腹腔内，故称为不可复性疝。不可复性疝根据其病理变化有两种情况：一为粘连性疝，即疝内容物与疝囊壁发生粘连，肠管与肠管之间、肠管与网膜发生粘连等；二为嵌闭性疝，嵌闭性疝又可分为粪性、弹力性及逆行性嵌闭疝等。粪性嵌闭疝是由于脱出的肠管内充满大量粪便而引起，使增大的肠管不能回入腹腔。弹力性嵌闭疝是由于腹内压增高而发生，腹膜与肠系膜被高度牵张，引起疝孔周围肌肉反射性痉挛，孔口显著缩小。逆行性嵌闭疝是由于游离于疝囊内的肠管，其中一部分又通过疝孔钻回腹腔中，二者都受到疝孔的弹力压迫，造成血液循环障碍。以上三种嵌闭性疝均使肠壁血管受到压迫而引起血液循环障碍、淤血，甚至引起肠管坏死。

第二节 脐 疝

【病因】 各种家畜均可发生，但以仔猪、犊牛为多见，幼驹也不少。一般以先天性原因为主，可见于初生时，或者出生后数天、数周。犊牛的先天性脐疝多数在出生后数月逐渐消失，少数病例越来越大。犬、猫在2～4月龄内常有小脐疝，多数在5～6月龄后逐渐消失。发生原因是脐孔发育不全、没有闭锁、脐部化脓或腹壁发育缺陷等。

脐疝

胎儿的脐静脉、脐动脉和脐尿管通过脐管走向胎膜，其外面包围着疏松结缔组织。当胎儿出生后脐带被扯断，血管和脐尿管就变成空虚不通，而在四周则结缔组织增生，在较短时间内完全闭塞脐孔。如果断脐不正确（如扯断脐带血管及尿囊管时留得太短）或发生脐带感染，腹壁脐孔则闭合不全。此时，若动物出现强烈努责或用力跳跃等，使腹内压增加，肠管容易通过脐孔而进入皮下形成脐疝。

【症状】 脐部呈现局限性球形肿胀，质地柔软，也有的紧张，但缺乏红、痛、热等炎性反应。病初多数能在挤压疝囊或改变体位时将疝内容物还纳到腹腔，并可摸到疝轮，仔猪和仔犬在饱腹或挣扎时脐疝可增大。听诊可听到肠蠕动音。犊牛脐疝一般可由拳头大小发展至小儿头大，甚至更大。由于结缔组织增生及腹压增大，往往摸不清疝轮。脱出的网膜常与疝轮粘连，或肠壁与疝囊粘连，也有疝囊与皮肤发生粘连的。如果猪的脐疝疝囊膨大，可由于皮肤磨破而伤及粘连的肠管，形成肠瘘。肠粘连往往是广泛而多处发生，因此手术时必须仔细剥离。嵌闭性脐疝虽不多见，一旦发生就有显著的全身症状，患病动物极度不安，马、牛均可出现程度不等的疝痛，食欲废绝，在犬与猪还可见到呕吐，呕吐物常常有粪臭味。患病动物可很快发生腹膜炎，体温升高，脉搏加快，如不及时进行手术则常引起死亡。

【治疗】 脐疝的治疗方法有两种。

1. 保守疗法 适用于疝轮较小、年龄小的动物。可用疝带（皮带或复绷带）、强刺激剂（幼驹用赤色碘化汞软膏，犊牛用重铬酸钾软膏）等促使局部炎性增生闭合疝口。但强刺激剂常能使炎症扩展至疝囊壁以及其中的肠管，引起粘连性腹膜炎。国内有人用95%酒精（碘液或10%～15%氯化钠溶液代替酒精），在疝轮四周分点注射，每点3～5mL，取得了一定效果。国外用金属制疝夹治疗马驹可复性脐疝，疝轮直径不超过6～8cm时效果较好。

幼年动物可用一大于脐环的、外包纱布的小木片抵住脐环，然后用绷带加以固定，以防移动。若同时配合疝轮四周分点注射10%氯化钠溶液，效果更佳。

2. 手术疗法 术前禁食。施行无菌手术。全身麻醉或局部浸润麻醉，仰卧保定或半仰卧保定，切口在疝囊底部，呈梭形。仔细切开疝囊壁，以防伤及疝囊内的脏器。认真检查疝内容物有无粘连和变性、坏死。仔细剥离粘连的肠管。若有肠管坏死，需行肠管部分切除术。若无粘连和坏死，可将疝内容物直接还纳腹腔内，然后缝合疝轮。若疝轮较小，可做荷包缝合或纽孔缝合，但缝合前需将疝轮光滑面做轻微切割，形成新鲜创面，以便于术后愈合。如果病程较长，疝轮的边缘变厚、变硬，此时一方面需要切割疝轮，形成新鲜创面，进行纽孔状缝合，另一方面在闭合疝轮后，需要分离囊壁形成左、右两个纤维组织瓣，将一侧纤维组织瓣缝在对侧疝轮外缘上，然后将另一侧的组织瓣缝合在对侧组织瓣的表面上。修整皮肤创缘，皮肤做结节缝合。

猪的脐疝手术应考虑以下情况：①疝囊的腹膜上发生脓肿，可施行手术摘除脓肿，而不致造成破裂；②公猪的包皮覆盖疝轮时，可沿包皮做 U 形切口，将包皮翻向后方。也可在包皮的侧方做两个椭圆形切口，用钝性分离法将疝囊的腹膜部分与包皮分开，直至囊壁与外围组织完全游离为止。

马的脐疝手术最好在全身麻醉下仰卧保定进行，将马后肢向后伸直保定在地桩上，两侧肩部各垫上一个垫子。按无菌手术操作在脐的两边做两个椭圆形切口，用钳子固定脐部皮肤并拉紧，在脐部沿疝轮的边缘做钝性分离，仅在某些坚硬部位（结缔组织增生处）做锐性分离。分开皮肤与疝轮，将腹膜囊推入腹腔，用 1 号 PDO 缝线做内翻缝合。腹壁肌肉与筋膜可用 0 号或 1 号 PGA 缝线做重叠褶状缝合，先将每个结的缝线穿好后一并逐个收紧打结。皮肤做减张缝合，两边用乳胶管或纱布卷保持减张。

第三节　创伤性腹壁疝

【病因】创伤性腹壁疝可发生于各种家畜，由于腹肌或腱膜受到钝性外力的作用而形成的腹壁疝较为多见。虽然腹壁的任何部位均可发生腹壁疝，但多发部位是马、骡的膝褶前方下腹壁。这里由腹外斜肌、腹内斜肌和腹横肌的腱膜所构成，肌肉纤维很少，对于外伤的抵抗能力很弱，这是形成腹壁疝的原因。牛常见的是发生在左侧腹壁的瘤胃疝及右侧剑状软骨部的真胃疝，牛的腹肌中腱质含量比较少，因此比马更易破裂。猪则多见于腹下阉割部位。山羊和鹿多见于肋弓后方的下腹壁。

【症状】创伤性腹壁疝的主要症状是腹壁受伤后局部突然出现一个局限性扁平、柔软的肿胀（形状、大小不同），触诊时有疼痛，常为可复性，多数可摸到疝轮。伤后两天，炎性症状逐渐发展，形成越来越大的扁平肿胀并逐渐向下、向前蔓延。创伤性腹壁疝可伴发血管断裂，或血管通透性发生变化，使血清样液体渗出（血清肿）。其次是受伤后腹膜炎所引起的大量腹水，经破裂的腹膜而流至肌间或皮下疏松结缔组织中而形成腹下水肿，此时原发部位变得稍硬。在腹下的水肿常偏于病侧，一般仅达中线或稍过中线，其厚度可达 10cm。发病 2 周内常因大面积炎症反应而不易摸到疝轮。疝囊的大小与疝轮的大小有密切关系，疝轮越大则脱出的内容物越多，疝囊就越大。但也有疝轮很小而脱出大量小肠的，此情况多是因腹内压过大所致。有人研究腹膜破裂与疝囊的大小有关，腹膜破裂的腹壁疝其疝囊总是相对较大。在患病动物腹壁疝肿胀部位听诊时可听到皮下的肠蠕动音。

虽然嵌闭性腹壁疝发病比例不高，但一旦发生粪性嵌闭疝，则不论是马、牛还是猪，均将出现程度不一的腹痛。患病动物的表现可由轻度不安、前肢刨地到时卧时起、急剧翻滚，有的甚至因未及时抢救，继发肠坏死而死亡。腹壁疝内容物多为肠管（小肠），但也有网膜、真胃、瘤胃、膀胱、怀孕子宫等各种脏器，并经常与相近的腹膜或皮肤粘连，尤其是在伤后急性炎症阶段更为多见。

【诊断与鉴别诊断】创伤性腹壁疝的诊断依据：病史，受钝性暴力后突然出现柔软可缩性肿胀，触诊能摸到疝轮，听诊能听到肠蠕动音（如为肠管脱出），视诊时疝囊体积时大时小，有时疝囊甚至随着肠管的蠕动而忽高忽低。鉴别诊断：腹壁外伤性炎性肿胀有其发生规律，马属动物最为明显，一般在第 3～5 天达到最高潮，炎性肿胀常常妨碍触摸出疝的范围，更不易确定疝轮的方向与大小，因此诊断腹壁疝时应慎重。有时还会误诊为血清肿或腹壁脓肿。血清肿发生较慢，病程长，既不会发生疝痛症状，也不存在疝轮。对于靠近腹后部的肿胀，可做直肠检查，从腹腔内探查腹壁有无损伤。凡存在疝轮的为疝。体表炎性肿胀或穿刺出淋巴液，仅能证明腹肌受到损伤的同时淋巴管也发生断裂。曾有人报道，乳牛由于腹直肌破裂而形成腹壁疝的同时并发脓肿。此外，还应与蜂窝织炎、肿瘤与血肿等进行区别诊断。

【治疗】创伤性腹壁疝的治疗方法有两种。

1. 保守疗法　适用于初发的创伤性腹壁疝。凡疝孔位置高于腹侧壁的 1/2 以上，疝孔小，有可复性，尚不存在粘连的病例，可试用保守疗法。在疝孔位置安放特制的软垫，用特制压迫绷带在畜体上绷紧后可起到固定填塞疝孔的作用。随着炎症及水肿的消退，疝轮即可自行修复愈合。缺点是压迫的部位有时不很确实，绷带移动时会影响疗效。

2. 手术疗法　术前应做好确诊和手术准备，手术要求无菌操作。禁食 16～24h，饮水正常。对疝轮较大的病例，要充分禁食，以降低腹内压，便于修补疝孔。手术宜早不宜迟，最好在发病后立即手术。

创伤性腹壁疝的修补方法甚多，需依具体病情而定。

（1）新患腹壁疝　分为以下两种情况。

当疝轮小、腹壁张力不大时，若腹膜已破裂，则用铬制肠线缝合腹膜和腹肌，然后，用丝线做内翻缝合闭锁疝轮，皮肤结节缝合。

当疝轮较大、腹壁张力大、缝合过程患病动物挣扎时，可能发生撕裂。因此，要用双纽孔缝合法。腹膜与腹肌依然用肠线缝合，然后用双股粗丝线和大缝针先从疝轮右侧皮肤外刺透皮肤，再刺入腹外斜肌与腹内斜肌（勿伤及已缝好的腹横肌与腹膜），将缝针拔出后再从对侧（左侧）由内向外穿过腹内斜肌、腹外斜肌将针拔出，在相距 1cm 左右处在左侧由外向内穿过腹外斜肌和腹内斜肌再回到右侧，由内向外将缝针穿过腹内斜肌和腹外斜肌及皮肤，将线头引出作为一个纽孔暂不打结。用相似方法从左侧下针通过右侧面又回到左侧，与前面一个纽孔相对才成为双纽孔缝合法。根据疝轮的大小，做若干对双纽孔缝合。所有缝线完全穿好后逐一收紧，助手要使两边肌肉及皮肤靠拢，分别在皮肤外打结并垫上圆枕，皮肤结节缝合。

（2）陈旧性腹壁疝　因在腹壁疝急性期错过手术治疗的机会，或因其他原因造成疝轮大部分已瘢痕化，肥厚而硬固的疝称为陈旧性腹壁疝。陈旧性腹壁疝的疝轮必须做修整手术，将瘢痕化的结缔组织用外科刀切削成新鲜创面，如果疝轮过大，还需用邻近的纤维组织或筋膜做成瓣，以填补疝轮。在切开皮肤后，先将疝囊的皮下纤维组织用外科刀将其与皮肤囊分离，然后，切开疝囊，将一侧的纤维组织瓣用纽孔缝合法缝合在对侧的疝轮组织上，根据疝轮的大小做若干个纽孔缝合，再将另一侧的组织瓣用纽孔缝合法覆盖在上面，最后用减张缝合法闭合皮肤切口。

近年来，国外选用金属丝或合成纤维（如聚乙烯、尼龙丝等材料）修补大型疝孔，取得了较好的效果。也有用钽丝或碳纤维网修复马的下腹壁疝孔的报道。方法是：先在疝部皮肤做椭圆形切口，选一块比疝孔周边略大 2～3cm 的钽丝网，将其置入腹壁肌与腹膜之间，用铬制肠线固定钽丝网做结节缝合，然后，选用较粗的缝线做水平纽孔状缝合，关闭疝孔，皮肤结节缝合。

当腹壁疝病例发生感染时，应在疝的修补术前控制感染，择机进行修补术。修补术后感染化脓者，局部做好引流，使用大剂量抗生素，而不需要去掉修补筛网。

第四节　会阴疝

会阴疝是由于盆腔肌组织缺陷，腹膜及腹腔脏器向骨盆腔后结缔组织凹陷内突出，以致向会阴部皮下脱出，疝内容物常为膀胱、前列腺、子宫等。本病常见于牛（水牛多见）、猪和犬等动物，其中母畜和公犬多发。

【病因】本病主要由营养性、内分泌性和动力性三大因素引起，并且常是这三大因素的共同作用结果。动物长期处于低营养水平、瘦弱、性激素紊乱（如公犬），引起腹膜后部、骨盆后部，尤其是直肠周围结缔组织松弛无力、肛提肌变性或萎缩、前列腺增生等，导致膀胱、肠管、前列腺囊肿向骨盆腔后方脱出。另外，腹内压增高，如胎儿过大、便秘、持久性努责，也会促使本病的发生。

【症状】在肛门、阴门近旁或其下方出现无热、无痛、柔软的肿胀，常为一侧性，肿胀对侧肌肉松弛。如疝内容物为膀胱，挤压肿胀有时可见到喷尿，患病动物频频排尿，但量不多或无尿。检查者用手由下向上挤压肿胀时常会逐渐缩小，并伴随被动性排尿，松手时又可增大，或隔一段时间后越来越大。直肠检查有助于确诊。如压挤肿胀时不见排尿且无大小变化，而仍怀疑为膀胱脱出时，则可用灭菌针头做穿刺，检查是否有尿液存在。若肿胀物变硬并出现疼痛，常为嵌闭性会阴疝。犬的疝内容物主要为直肠囊（或直肠袋），其次为膀胱或前列腺。母牛阴道底壁疝多发生于产后，临床多与阴道垂脱十分相似而经常与之并发。由于膀胱向阴道底壁垂脱，迫使阴道向后方脱出，轻者阴唇打开，严重者外阴肿胀并延伸到阴户下联合部。猪会阴疝往往可在抬高后躯时缩小，但松手后又逐渐增大。

【诊断】依据临床症状和本病患部相对固定，触摸隆起部柔软、可复、无炎性反应，排粪或排尿困难，可做出初步诊断。结合直肠检查或对突起部进行穿刺等检查结果，容易确诊。

【治疗】

1. 保守疗法　适用于前列腺增生肿大和直肠偏移积粪的患病动物。可应用醋酸氯地孕酮每千克体重 2.2mg，口服，每日 1 次，连用 7d，以减轻前列腺增生；应用甲基纤维素或羧甲基纤维素钠，0.5～5g/次，口服，具有保持粪便水分、刺激肠壁蠕动的轻泻作用。

2. 手术方法　术前绝食12～24h；温水灌肠，清除直肠内蓄粪，导尿。牛采取前低后高姿势保定，猪和犬采取倒立保定或头颈低于后躯的斜台面、后躯半仰卧保定。牛尾椎脊髓麻醉，猪和犬全身麻醉。皮肤切口选在疝囊一侧，自尾根外侧至坐骨结节做弧形切口。钝性分离皮下组织和疝囊，充分显露并辨认疝内容物。为便于将疝内容物完全还纳复位，多用敷料钳或长柄止血钳夹持生理盐水浸湿的纱布块，将脱出的组织器官用力向前推抵。确认其复位后，将纱布块暂时填塞此处，以防疝内容物再次脱出，影响下一步手术操作。此时，应仔细辨认肛外括约肌、直肠、尾肌、肛提肌、闭孔内肌、荐坐韧带、阴部内动静脉等的组织结构及其相互关系。先在尾肌和肛外括约肌前部缝合 3～4 针，再从闭孔内肌到肛外括约肌间缝合 1～2 针，最后在闭孔内肌与尾肌间再缝合 1～2 针。每针缝合均暂不打结，待全部缝线穿好后，取出填塞的纱布块，再分别依次抽紧缝线打结。注意，不要对阴部内动静脉造成压迫。最后，用消毒防腐液冲洗术部，常规闭合皮下组织与皮肤切口。疝修复手术结束后，可对动物施行去势术，有利于防止本病复发。两侧性会阴疝比较少见，若行手术修复，应先完成一侧，间隔4～6周后再修复另一侧。如果同时修复两侧将造成肛外括约肌异常紧张。在结束所有缝合后清洗或注射抗生素，然后再打结。疏松而多余的皮肤应做成梭形切口，皮肤创做结节缝合，覆以胶绷带。经过10～12d拆线。公犬一般同时施行去势术。

第五节 腹股沟疝和阴囊疝

【病因】腹股沟疝和阴囊疝多见于公马、公猪和公牛。公犬、公猫常发生阴囊疝。母猪、母犬和母猫常发生腹股沟疝。公畜的腹股沟疝和阴囊疝有遗传性。在正常情况下，猪胎儿的睾丸，在卵受精后80～90d下降至腹股沟管的下方，在100d或更迟些睾丸下降至阴囊内，再经过10～15d或刚刚出生时睾丸达到完全发育，此时总鞘膜发育至足够抵抗一定的压力，至出生时或出生后，睾丸下降至阴囊，腹股沟管关闭。若腹股沟环过大，则容易发生疝。常在出生时（先天性腹股沟疝和阴囊疝）或在出生几个月后发生，若非两侧同时发生，则多半见于左侧。后天性腹股沟疝和阴囊疝主要是由于腹压升高而引起的，如公马配种时，两前肢凌空，身体重心向后移，腹内压加大，有时发生腹股沟疝和阴囊疝。另外，还可发生于装蹄时保定失误，马剧烈挣扎而加大腹内压所引起。

【症状】临床上，腹股沟疝常在内容物被嵌闭、出现腹痛时才被发现，或只有当疝内容物下坠至阴囊，发生阴囊疝时才引起畜主的注意。疝内容物可能是网膜、膀胱、小肠、子宫或大肠等。

当发生腹股沟疝时，疝内容物由单侧或双侧腹股沟裂口直接脱至腹股沟外侧的皮下，局部膨胀突起，肿胀物大小随腹内压及疝内容物的性质和多少而定。触之柔软、无热、无痛，常可还纳于腹腔内。若脱出时间过长可发生嵌闭，触诊有热痛，疝囊紧张，动物出现腹痛或因粪便不通而腹胀，肠管淤血、坏死，出现全身症状。

发生阴囊疝时，一侧阴囊增大，皮肤紧张、发亮。触诊柔软、有弹性，多半不痛，也有的呈现发硬、紧张、敏感。听诊时，可听到肠蠕动音。先天性及可复性疝，直肠检查可触知腹股沟内环扩大（在马可自由通过三指），即使在动物站立保定下，落入阴囊的肠管也可轻轻牵引，并有回至腹腔的可能。当动物发生嵌闭性腹股沟疝时，其全身症状明显，若不能及时发现并采取紧急措施，往往因耽误治疗而发生死亡。病畜表现为剧烈腹痛，一侧（或两侧）阴囊变得紧张，出现浮肿、皮肤发凉（少数病例发热），阴囊的皮肤因汗液而变湿润。病畜不愿走动，并在运步时开张后肢，步态紧张（表示显著疼痛），脉搏及呼吸数增加。随着炎症的发生，全身症状加重，体温增高。当嵌闭的肠管坏死时，表现为嵌闭疝综合征，应进行急救手术切除坏死肠段，挽救动物，使其免于死亡。

猪的腹股沟疝和阴囊疝症状明显，一侧或两侧阴囊增大。捕捉以及凡能使腹内压增大的原因均可引起疝囊增大。触诊时阴囊硬度不一，可摸到疝的内容物（多为小肠）。若提举两后肢，常可使疝内容物回至腹腔而使阴囊缩小，但放下或腹压加大后又恢复原症状。少数亦可成为嵌闭性疝，肠管可与阴囊壁发生广泛性粘连。

【诊断】根据临床症状易做出诊断。大家畜可进行直肠检查，触摸内环的大小，马以三个手指并列通过为过大，并可查出通过内环的内脏。另外，应与阴囊积水、睾丸炎与附睾炎相区别。阴囊积水时，触诊柔软，直肠检查触摸不到疝内容物；睾丸炎和附睾炎时，局部触诊肿胀稍硬，在急性炎症阶段有热痛反应。还应与阴囊肿瘤相区分。

【治疗】嵌闭性疝具有剧烈腹痛等全身性症状，只有立即进行手术治疗（根治疗法）才可能挽救动物的生命。可复性腹股沟疝和阴囊疝，尤其是先天性的，有可能随着动物年龄的增长而逐渐缩小，其腹股沟环达到自愈，但本病的治疗还是以早期进行手术为宜。

1. 马属动物 全身麻醉下进行手术，整复手术常与公畜去势术同时进行。切口选在靠近腹股沟外环处，一般在阴囊颈部正外侧纵切皮肤，然后剥离总鞘膜，并将其引出创外，立即整复疝内容物，同时可由助手将手伸向直肠内帮助牵引，或者鉴定整复是否彻底。对于肠管脱出较多且发生嵌闭的，必须先将腹股沟环扩大，以改善脱出肠管的血液循环，同时用温热的灭菌生理盐水纱布托住嵌闭的肠管，视其颜色能否由暗紫红色转为鲜红色，肠蠕动能否逐步恢复。介于恢复与不能恢复之间的要特别慎重，多数勉强保留下来的肠管还是不能避免坏死的结局，因此，应果断进行肠切除术与端端吻合术。有人曾对肠管处于坏孔状态的嵌闭性腹股沟疝和阴囊疝病例做过比较试验，究竟是先扩开疝环后做肠切除术，还是先用肠钳夹住坏死肠管再用扩开疝环的方法。结果前者病畜在短期内出现中毒性休克症状，若抢救不及时，病畜可能死于手术过程；而后者采取先夹住坏死肠管然后再切开腹股沟管的手术方法成功率更高。

2. 猪的阴囊疝 在局部麻醉下进行手术，切开皮肤和浅、深层的筋膜，然后将总鞘膜剥离出来，从鞘膜囊的顶端沿纵轴捻转，此时疝内容物逐渐回入腹腔。猪的嵌闭性疝往往伴有肠粘连、肠臌气，所以在钝性剥离时要求动作轻巧，稍有疏忽就有剥破的可能。在剥离时，用浸以温灭菌生理盐水的纱布慢慢分离，而对肠管则轻轻压迫，以减少对肠管的刺激和防止剥破肠管。在确认还纳全部内容物后，在总鞘膜和精索上打一个去势结，然后切断，将断端缝合到腹股沟环上。若腹股沟环仍很宽大，则必须再做几针结节缝合，皮肤和筋膜做结节缝合。术后不宜喂得过早、过饱，适当控制运动。未去势的，可在手术的同时进行去势。

3. 公牛的阴囊疝 治疗方法取决于病情。手术时，可在睾丸上方的阴囊颈部皮肤做切口，钝性分离阴囊皮肤与鞘膜，直至腹股沟外环为止。在尽量靠近外环处做一个结扎，在结扎线下方适当部位切除睾丸与总鞘膜，将精索末端推向内环，并用灭菌纱布压住，以便固定断端于内环处，皮肤做一系列褶状缝合，以固定纱布，48h 内将缝线与纱布拆除。局部按开放创处理。

治疗公牛阴囊疝也可采用剖腹术，将内容物还纳腹腔后，缝合腹股沟内环。在阴囊疝的同侧做剖腹术，用戴灭菌长袖手套的手臂经切口伸向腹股沟环，触诊可知内容物从腹腔通过腹股沟环而至患侧阴囊，粗大的内容物往往不能立即提起，当助手协助托起阴囊内容物时，术者可能将疝内容物慢慢牵引回腹腔。但有时可发现粘连，妨碍疝的整复，用手指轻轻剥离。疝环可用大号弯针引缝线穿过，做成一个线圈，拉紧闭合内环。腹膜与腹肌切口用铬制肠线做连续缝合，皮肤结节缝合，14d 左右拆线。

修补腹股沟疝时，平行于腹皱褶，在外环处疝囊的中间切开皮肤，钝性分离，暴露疝囊，向腹腔挤压疝内容物，或抓起疝囊扭转迫使内容物通过腹股沟管整复到腹腔。若不易整复，可切开疝囊，扩大腹股沟管。紧贴疝囊内缘结扎疝囊后，切除疝囊，然后用结节缝合法将围成内环的腹内斜肌和腹直肌缝到腹股沟韧带（即腹外斜肌腱膜的后缘）上，闭合内环，将腹外斜肌腱膜的裂隙对合在一起，闭合外环，闭合皮肤切口。

本手术也可采用脐后腹中线切口。自耻骨前缘向前切至越过疝囊后为止。切开皮肤前，将疝囊上被覆的皮肤向腹中线方向牵拉，使皮肤切开后切口接近疝囊。钝性分离皮下组织和乳腺组织，暴露疝囊及腹股沟外环。该切口可避开正在泌乳的乳腺组织，而且利用一个切口，可同时修复左、右两侧腹股沟疝。

第六节　膈　疝

膈疝是腹腔内一种或几种内脏器官通过膈的破裂孔进入胸腔，多发生于牛、马、羊、猪，犬也有发生。膈的腱质部或肌质部意外受损造成裂孔或膈先天性缺损时，易发本病。由于有些病例不表现症状，临床上不易发现。

牛、马、犬膈疝临床特点

外伤性膈疝，有外伤病史。牛患膈疝时，瘤胃始终呈现一定程度的臌气。在前几周，患病动物食欲时好时坏，体况不良，磨牙。粪便呈糊状，量减少。不见反刍，偶尔可出现逆呕，特别是当插入胃管时更常出现逆呕。无热，脉搏减慢，呼吸多数无变化，但臌气时呈现短期的呼吸增快。心脏变化多半是位置向左或向前。有人调查了42例水牛膈疝，有37例在右半胸壁，心音不清楚。牛有时也出现呼吸困难，并在网胃收缩时产生疼痛，常在臌气发生后3~4周，由于营养不良而死亡。奶牛病初产奶量下降。

马膈疝症状差异很大，主要有呼吸困难和疝痛，但呼吸困难并非主要特征。呼吸次数的增加是由于疼痛、内毒素及肺塌陷的缘故。马出现疝痛症状而且一般性治疗无效，是诊断本病的一个依据。肠梗阻是最常见的死亡原因，小肠变位时肠梗阻的症状明显，常比大肠阻塞更快致马死亡。

犬膈肌破裂后涌入胸腔的腹内脏器以胃、小肠和肝较多见。其症状与膈破裂的程度、疝内容物的类别及其量的多少有关。如心脏受压则引起呼吸困难、心力衰竭、黏膜发绀，肺音、心音听诊不清；胃肠脱入可听到肠音；嵌闭后可引起急性腹痛，肝脏嵌闭可引起急性胸水和黄疸。

患病动物喜欢站立或站在斜坡上呈前高后低姿势；猪、犬呈坐式呼吸；有的动物肘外展，头颈伸展不愿卧地，呼吸加深加快。一般来讲，腹腔器官突入胸腔越多，对呼吸和循环的影响越大。患先天性膈疝的仔畜，常在奔跑或挣扎中突然倒地，呈现高度呼吸困难，可视黏膜发绀，安静后症状逐渐消失，也有的发生急性死亡。猪、犬常有呕吐和厌食。患轻度膈疝的动物，不能耐受运动，易发生呼吸道疾病，采食减少，腹泻或便秘交替出现，机体消瘦，生长发育不良。

【诊断】患先天性膈疝的动物在出生后有明显的呼吸困难，常在几小时或几周内死亡。口服钡剂行X线造影是确诊膈疝的有效方法。通过剖腹探查术或对牛施行瘤胃切开术，可以检查膈疝周围有无发生粘连。牛胸部听诊有网胃拍水音，血液检查发现白细胞增多，均有助于诊断本病。

对于马、牛，叩诊不能算是诊断本病的特殊检查方法，但右侧肺叩诊，可确定疝孔的位置。若病犬胸腔有较多积液，站立叩诊胸部可见水平浊音区。X线检查常作为犬膈疝的重要诊断方法。

【治疗】手术修补膈疝时，要注意预防心脏纤颤，它是手术的主要并发症。最好供给氧气，施行人工呼吸。在牛，手术时，一般选择剑突后方径路进入腹腔，随分离粘连，随拉回形成疝的网胃，并用连续锁边缝合法闭合膈的疝孔。对于马的膈疝手术，也有成功的报道。沿腹中线切开皮肤和腹壁，助手将疝内容物拉回腹腔后，用一片合成纤维盖于疝环处，用双股合成纤维（0.6mm）线做简单的连续缝合，相距2cm，离疝轮边缘3cm，分别闭合腹壁与皮肤。

在犬、猪可行脐前腹中线剖腹径路做腹壁切开。安装腹腔牵开器，放出过多的胸腔积液和腹水。仔细寻找膈肌破裂孔，轻轻拉出脱入胸腔的脏器。若为肝脏或脾脏脱入，因充血、质脆，应特别小心，以防破裂。缝合时，先在裂孔最深处进针，用简单连续锁边缝合法闭合膈肌破裂孔。闭合后，抽出胸腔内气体。检查膈肌破裂孔处是否漏气。若漏气，进行结节缝合。常规关闭腹腔。

对所有手术动物，均应注意纠正水盐代谢紊乱，适当补充电解质与水。膈疝主要出现呼吸性酸中毒，应特别注意加以纠正。抗生素连用7～10d，其他治疗可根据术后情况决定，术后10～14d拆除皮肤缝线。

第九单元　直肠与肛门疾病☆

第一节　锁　　肛

锁肛是肛门被皮肤封闭而无肛门孔的先天性畸形。本病以仔猪最常见，犬、羔羊、驹及犊牛偶可见到。

【病因】在胚胎早期，尿生殖窦后部和后肠相接共同形成一空腔，称泄殖腔。在胚胎发育第7周时，由中胚层向下生长，将尿生殖窦与后肠完全隔开，尿生殖窦发育为膀胱、尿道或阴道等，后肠则向会阴部延伸发育成直肠。在第7周末，会阴部出现一凹陷，称原始肛，遂向体内凹入与直肠盲端相遇，中间仅有一膜状隔称肛膜，以后肛膜破裂即成肛门。若后肠、原始肛发育不全或后肠和原始肛发育异常，则会出现锁肛或肛门与直肠之间被一层薄膜所分隔的畸形。

【症状】锁肛通常发生于初生仔畜，一时不易发现，数天后患病动物腹围逐渐增大，频频做排粪动作，发出刺耳的叫声，此时可见到肛门处的皮肤向外突出，触诊可摸到胎粪，若在发生锁肛的同时并发直肠、肛门之间的膜状闭锁，则可感觉到薄膜前面有胎粪积存所致的波动。若并发直肠瘘、阴道瘘或直肠尿道瘘，则稀粪可从阴道或尿道排出。若排泄孔道被粪块堵塞，则出现肠闭结症状，最后导致死亡。

【治疗】施行锁肛造孔术（人造肛门术）。可行局部浸润麻醉，倒立或侧卧保定。在肛门突出部或相当于正常肛门的部位，行外科常规处理，然后按正常仔畜肛门孔的大小切割成一圆形皮瓣，暴露并切开直肠盲端，将肠管的黏膜缝在皮肤创口的边缘上。若直肠盲末端下降至会阴皮肤处，可在切开剥离皮瓣后，继续分离皮下组织直达直肠盲端，在直肠盲端上缝以牵引线，充分剥离直肠壁并拖至肛门口外 2～3cm，使之与皮肤对接缝合，然后，以细丝线将直肠壁与四周皮下组织缝合固定，再环切盲肠端，掏出胎粪，冲洗消毒，最后，将直肠断端黏膜结节缝合于皮肤切口边缘上。

第二节　巨结肠

巨结肠是结肠异常伸展和扩张的结果。先天性巨结肠是一种结肠和直肠先天缺陷引起的肠道发育畸形，可引起肠运动机能紊乱，形成慢性部分肠梗阻，粪便不能顺利排出，淤积于结肠内，以致结肠容积增大、肠壁扩张和肥厚。多发生于直肠和后段结肠，但有时可累及全结肠和整个消化道。本病猫比犬多发。

【病因】在胚胎发育早期，消化道内成神经细胞从近侧向远侧发展，在肠壁肌层之间形成肠肌丛。然后，成神经细胞从肠肌丛通过环肌到黏膜下层内，形成黏膜下丛。如果这种成神经细胞在发展过程中停止，在远端的肠肌丛和黏膜下丛内则缺乏神经节或神经节细胞，因而引起交感神经和副交感神经的机能障碍，缺乏神经节或神经节细胞的肠段则处于持续痉挛收缩状态，造成部分或完全的痉挛性肠梗阻。肠梗阻部分无法进行正常的蠕动，于是粪便蓄结在结肠内，结肠出现代偿性扩张和肥厚。同时，肛门内括约肌张力增大，不发生直肠肛管松弛反射，无法正常排便，加重了粪便蓄积。久之，近端肠管也逐渐扩张，形成巨结肠。

【症状】先天性巨结肠病犬在出生后 2～3 周出现症状。症状轻重依结肠阻塞程度而异，有的数月或常年持续便秘。便秘时，仅能排出少量浆液性或带血丝的黏液性粪便。病犬腹部膨隆似桶状，有些病例因粪便蓄积，刺激结肠黏膜发炎，引起腹泻。

【诊断】主要依据腹部触诊摸到集结粪便的粗大结肠进行诊断。另外，直肠探诊触到硬的粪块或扩张的结肠，也可作为诊断依据。钡剂灌肠后，X 线检查可确定结肠扩张的程度和范围。用直肠镜可直接检查直肠、结肠有无先天性狭窄、阻塞性肿瘤及异物等，进行确诊。

【治疗】对衰竭的病猫或病犬，首先输液，补充电解质和能量合剂，改善营养后再取出集结的粪便。用液体石蜡或植物油、温肥皂水等灌肠，可软化粪便。轻症患者可适当运动，投服泻剂，促进粪便排出。对重症者，可用分娩钳将粪便夹出，必要时行结肠切除术。

第三节　直肠脱

直肠脱是指直肠部分，甚至大部分向外翻转脱出肛门。严重的病例在发生直肠脱的同时并发肠套叠或直肠疝。本病多见于猪、犬、马和牛，其他动

直肠脱

物也可发生，以幼年动物易发。

【病因】主要是直肠韧带松弛，直肠黏膜下层组织和肛门括约肌松弛和机能不全。而直肠全层肠壁脱垂，是由于直肠发育不全、萎缩或神经营养不良松弛无力，不能保持直肠正常位置所引起。直肠脱的诱因是长时间泻痢或便秘、病后瘦弱、病理性分娩，或用刺激性药物灌肠后引起强烈努责，腹内压升高促使直肠向外突出。

【症状】轻者，在卧地或排粪后直肠部分脱出，即直肠部分性或黏膜性脱垂。在发生黏膜性脱垂时，直肠黏膜的皱襞往往在一定的时间内不能自行复位。若此现象经常出现，则脱出的黏膜发炎，很快在黏膜下层形成高度水肿，失去自行复原的能力。随着炎症和水肿的发展，直肠壁全层脱出，即直肠完全脱垂。由于脱出的肠管被肛门括约肌钳压，从而导致血循障碍，水肿更加严重。同时，因受外界的污染，表面污秽不洁，沾有泥土和草屑等，甚至发生黏膜下出血、糜烂、坏死和继发损伤。此时，病畜常伴有全身症状，体温升高，食欲减退，精神沉郁，并且频频努责，做排粪姿势。

【诊断】可根据临床症状做出诊断，但应注意判断是否并发肠套叠和直肠疝。单纯性直肠脱，呈圆筒状肿胀脱出向下弯曲下垂，手指不能沿脱出的直肠和肛门之间向盆腔的方向插入。而伴有肠套叠的脱出，脱出的肠管由于后肠系膜的牵引，使脱出的圆筒状肿胀向上弯曲，坚硬而厚，手指可沿直肠和肛门之间向骨盆方向插入，不遇障碍。在犬，若直肠前段肠管套叠后脱出，圆筒状肿胀向下弯曲下垂，手指也可沿直肠和肛门之间向骨盆方向插入，不遇障碍。

【治疗】病初及时治疗便秘、下痢、阴道脱等，并注意饲喂青草和软干草，保证充足饮水。对脱出的直肠，根据具体情况，参照下述方法及早进行治疗。

1. 整复 适用于发病初期或黏膜性脱垂的病例。整复应尽可能在直肠壁及肠周围蜂窝组织未发生水肿以前施行。方法：先用0.25％温热的高锰酸钾溶液或1％明矾溶液清洗患部，除去污物或坏死黏膜，然后用手指谨慎地将脱出的肠管还纳原位。在肠管还纳复原后，可在肛门处给予温敷以防再脱。

2. 黏膜剪除法 是我国民间传统治疗家畜直肠脱的方法，适用于脱出时间较长、水肿严重、黏膜干裂或坏死的病例。先用温水洗净患部，继以温防风汤冲洗患部。之后，用剪刀剪除或用手指剥除干裂坏死的黏膜，再用消毒纱布兜住肠管，撒上适量明矾粉末揉擦，挤出水肿液。用温生理盐水冲洗后，涂1％～2％的碘石蜡油润滑。然后，从肠腔口开始，谨慎地将脱出的肠管向内翻入肛门内。

3. 固定法 在整复后仍继续脱出的病例，则需考虑将肛门周围予以缝合，缩小肛门孔，防止再脱出。方法：距肛门孔1～3cm处，做肛门周围的荷包缝合，收紧缝线，保留1～2指大小的排粪口（牛2～3指），打成活结，以便根据具体情况调整肛门口的松紧度，7～10d后病畜不再努责时，将缝线拆除。

4. 直肠周围注射酒精或明矾液 本法是在整复的基础上进行的，其目的是利用药物使直肠周围结缔组织增生，借以固定直肠。临床上，常用70％酒精溶液或10％明矾溶液注入直肠周围结缔组织中。

5. 直肠部分截除术 手术适用于脱出过多、整复有困难、脱出的直肠发生坏死、穿孔或有套叠而不能复位的病例。行荐尾间隙硬膜外腔麻醉或局部浸润麻醉。手术方法有以下两种：

（1）直肠部分切除术 在充分清洗、消毒脱出肠管的基础上，取两根灭菌的兽用麻醉针头或细编织针，紧贴肛门外交叉刺穿脱出的肠管将其固定。若是马、牛等大动物，直肠管腔比较粗大，最好先插入直肠一根橡胶管或塑料管，然后用针交叉固定，进行手术。对于仔猪和幼犬，可用带胶套的肠钳夹住脱出的肠管进行固定，且兼有止血作用。在固定针后方约2cm处，将直肠环形横切，充分止血后（应特别注意位于肠管背侧痔动脉的止血），用细丝线和圆针，把肠管两层断端的浆膜和肌层分别做结节缝合，然后用单纯连续缝合法缝合内外两层黏膜层。缝合后，用0.25％高锰酸钾溶液充分冲洗、蘸干，涂以碘甘油或抗生素药物。

（2）黏膜下层切除术 适用于单纯性直肠脱。在距肛门周缘约1cm处，环形切开达黏膜下层，向下剥离，并翻转黏膜层，将其剪除，最后将顶端黏膜边缘与肛门周缘黏膜边缘用肠线做结节缝合。整复脱出部，肛门口做荷包缝合。

6. 普鲁卡因溶液盆腔器官封闭 效果良好。

第四节 肛门囊炎

肛门囊炎是肛门囊内的腺体分泌物蓄积于囊内，刺激黏膜而引起的炎症。本病多发生于犬，尤其是小型品种犬，猫偶有发生。

【病因】在肛门的两侧，有成对的肛门囊，位于肛门内、外括约肌之间偏腹侧，以贮存肛门囊顶泌腺和皮脂腺的分泌物。这些分泌物是黏液状、黑灰色、有难闻气味、带小颗粒的皮脂样物。当动物排便时由于肛门外括约肌的收缩，使蓄积的分泌物排出。有人认为饲喂不合理、软便、缺乏运动、肛门外括约肌功能失调并伴有阴部神经病变、肛周瘘及瘢痕组织形成等因素，使肛门囊蓄积的分泌物排空障碍，导致肛门囊炎。有些人则持相反的观点，认为肛门囊炎在先，使肛门囊顶泌腺和皮脂腺分泌增加，进而堵塞肛门囊管，导致肛门囊感染并发生脓肿。

【症状】轻症者出现排便困难，里急后重，甩尾，擦、舔或咬肛门。重症者肛门明显肿胀、痉挛。有时出现肛周脓肿，还有的出血，从肛门囊流出脓汁，甚至已形成瘘管。在一些小的纯种犬，瘘多见于时钟4时和8时的位置上。

【诊断】将戴乳胶手套的一手食指插入肛门，大拇指抵肛门囊外的皮肤，两指用力挤压肛门囊。若内容物不易挤出或挤出浓稠皮脂样物，即为肛门囊阻塞；若稍用力即挤出多量脓性或血样液体，即为肛门囊炎；若挤出的脓液黏稠、量少，且病程长久，则肛门囊多已形成化脓性窦道。

【治疗】对于轻症者，可用手反复挤压肛门囊开口处。若效果不佳，可戴上乳胶手套，食指涂上润滑油，插入肛门，拇指在外面配合挤压，排出肛门囊内容物。当内容物太浓稠时，应用盐水进行冲洗。一般隔1～2周应再挤压一次，但不能太频繁，以免人为造成感染。

对肛门囊管闭合的患犬，需要在镇静或浅麻的情况下进行套管插入术；对于严重的肛门囊炎，肛门溃烂，已形成瘘管或经保守治疗又复发者，宜手术切除肛门囊。手术常规准备，禁食、灌肠，肛门周围剃毛消毒。手术时必须进行一定的标记，如向肛门囊内注入染料或插入钝性探针，指示其界限以保证完全切除，然后进行常规缝合，必要时放置引流管，2～3d后取下。在手术过程中，最重要的是勿损伤肛门括约肌、直肠后动静脉和阴部神经的分支。

第五节　直肠破裂

【种类】直肠破裂包括两类：一类是直肠黏膜和肌层的损伤，但浆膜完整无损，称直肠不全破裂；另一类为直肠壁各层完全破损，称直肠全破裂或直肠穿孔。根据破裂的部位，又分为腹膜内直肠破裂和腹膜外直肠破裂两种。腹膜内直肠破裂时，肠内容物流入腹腔，常造成病畜死亡；腹膜外直肠破裂时，则粪便污染直肠周围蜂窝组织。直肠全破裂，主要发生于马，牛多为直肠黏膜和肌层的损伤。

【症状与诊断】直检时，手指染血是直肠损伤的明显指征。病初排粪时，发现粪中混有新鲜血液也是诊断的依据。但由于损伤的部位、程度、范围不同及有无并发症等，临床症状有所不同。仅黏膜破损时，出血较少。如黏膜、肌层同时破损，特别是破损面积较大时，出血较多，排出大量带血的粪便，病畜表现不安（尤其是马）。直肠后无浆膜区的腹膜外直肠破损，病畜表现为排粪次数增加，努责现象频频出现。直检时，可见损伤局部水肿，表面粗糙，但早期一般全身变化不大，预后也较好。由于该处无浆膜被覆，而是借助于疏松结缔组织、肌肉和邻近器官相连，因此，当黏膜和肌层同时破裂时，容易使粪便污染直肠周围组织，从而引起直肠周围蜂窝织炎及脓肿。直肠前部损伤时，直检可触知破损处粗糙，局部炎性水肿，且常形成创囊，囊内蓄积粪团和血块。由于大量粪便的蓄积，病畜不安，排粪小心。对于这种仅黏膜和肌层破损而浆膜仍保持完整的情况，若能及时诊断和治疗，预后尚好。如粪团将浆膜撑破、直肠完全破裂时，则肠内容物进入腹腔，病畜立即出现不安和不同程度的疝痛症状，全身出汗，呼吸迫促，肌肉震颤，腹壁紧张而敏感，频频做排粪姿势。直检时可清楚地摸到破裂口。此时，病畜往往出现弥漫性腹膜炎和败血症症状，陷于重度休克，预后多为不良，常于1~2d内死亡。当直肠起始部破裂时，小肠肠襻可经创口进入直肠内，甚至可经肛门脱出。病理性分娩所致的直肠破裂，则粪便可从阴道中漏出。

【治疗】在治疗时，可根据病情选用下述某一种方法。

1. 一般处理　首先要使病畜安静，及时保护破裂口，严防肠内容物漏进腹腔。为了使病畜安静，大动物可静脉注射5%水合氯醛溶液200~300mL，小动物可使用丙嗪类药物等。然后，根据病情及时处理。对仅仅损伤直肠黏膜和出血不多的病例，可不予以治疗。如损伤直肠黏膜和肌层且创口较大，出血较多，则需用增强血液凝固性药物止血，并在轻微压力下向直肠内注入收敛剂。

2. 保守疗法　适用于直肠无浆膜区的损伤和直肠前部有浆膜区较小范围的损伤，目的在于保护局部创面，防止造成破裂孔。方法：在直肠破损处创面的创囊内，填塞浸有抗生素的脱脂棉，借以保护局部创面，防止粪便蓄积而将浆膜撑破。为了提高治疗效果，要及时将直肠内的粪便掏出，并给予少量柔软的饲料和适量的盐类泻剂，以使粪便稀软而减少刺激。

3. 手术疗法　对直肠全破裂的病例，均应及早施行手术治疗，提高疗效。手术治疗方法较多，现介绍以下几种。

（1）**直肠内单手缝合法**　主要用于大动物，适用于直肠后段破裂或人工直肠脱出有困难的病例。动物在柱栏内站立保定，行荐尾硬膜外腔麻醉。选小号或中号全弯针，穿以1~1.5m长的10号缝线，以拇指和食指持针尖，手掌保护针身，将缝线送入直肠内，用中指和无名指触摸和固定创缘，以掌心推动针尾，穿透肠壁全层，从一侧创缘至对侧创缘。第一针缝毕，将针线握在手掌中，谨慎地拉出体外，两个线尾在肛门外打第一结扣，助手牵引线尾，术者用食指将线结推送到直肠内缝合部位，再由助手在外打一个结，送到直肠内缝合部，使之形成一针结节缝合。用同样方法对整个破裂口进行全层单纯连续缝合，每缝一针均需拉紧缝线。缝完破裂口应做细致检查，必要时可做补充缝合。最后，打结并剪除线尾，用白及糊剂涂敷缝合处。

（2）长柄全弯针缝合法　本缝合法使用特制长柄缝针。全弯针弧度的直径为 3cm 左右，距针尖 0.6cm 处有一挂线针孔。缝合方法与直肠内单手缝合法基本相同。术者在直肠内的手只需固定创缘和确定进针部位，推针动作则由另一只手在体外转动针柄进行。

（3）直肠缝合器缝合法　长柄全弯针缝合法的一种改进新法，是应用特制的 T64 型直肠缝合器，结合应用直肠手术窥镜，进行直肠破裂处的缝合。其操作方法基本与上述缝合法相同。由于缝合器内配有线梭、刀片、线导，从而简化了在直肠内打结、剪线等操作。

（4）肛门旁侧切开缝合法　适用于直肠各部位破裂的缝合，但手术难度大，需对直肠壁及其周围组织进行广泛的分离，易误伤血管和神经。为此，要求术前熟知局部解剖结构，术中操作仔细，否则会导致直肠麻痹、蜂窝织炎等后遗症的发生。

（5）人工直肠脱出术　本法适用于直肠壶腹前段狭窄部的损伤。

第十单元　泌尿与生殖系统疾病★

第一节　膀胱破裂

膀胱破裂是指膀胱壁发生裂伤，尿液流入腹腔而引起的以排尿障碍、腹膜炎和尿毒症为特征的疾病。各种动物均可发生，最常见于幼驹、公马、公牛（特别是阉公牛），其次为猪和绵羊，犬也可发生。发生后病情急，变化快，若确诊和治疗稍有拖延，往往造成患病动物死亡。

【病因】空虚的膀胱位于骨盆腔深部，受到周围组织的保护，一般不易破裂。膀胱破裂最常见的原因是继发于尿路的阻塞性疾病，特别是由尿道结石、砂性尿石或膀胱结石引起的尿道或膀胱颈阻塞；尿道炎引起局部水肿、坏死或瘢痕增生，阴茎头损伤，以及膀胱麻痹等，造成膀胱积尿，均易引发膀胱破裂。膀胱内尿液充盈，容积增大，内压增高，膀胱壁变薄、紧张，此时任何可引起腹内压进一步增高的因素，如卧地、强力努责、摔跌、挤压等，都可导致膀胱破裂。由慢性蕨中毒、棉酚中毒等继发的膀胱炎或膀胱肿瘤等，有时也可引起膀胱破裂。其他外伤性原因，如火器伤、骨盆骨骨折、粗暴的难产助产，以及母猪膀胱积尿时阉割，都可能导致膀胱破裂。

初生幼驹的膀胱破裂可能是在分娩过程中，胎儿膀胱内充满尿液，当通过母体骨盆腔时，于腹压增大的瞬间膀胱受压而发生破裂，主要发生在公驹。另外，胎儿胎粪滞留后压迫膀胱，导致尿的潴留，在发生剧烈腹痛的过程中，可继发膀胱破裂，公、母驹均有发生。

对公牛不正确地或多次反复地直肠内膀胱穿刺导尿，可导致膀胱的不全破裂，尿液渗出到膀胱周围而发生局限性腹膜炎。轻者造成膀胱和直肠的部分粘连，重者发生大范围粘连，甚至造成直肠-膀胱瘘。

【症状与诊断】动物的膀胱在骨盆腔和腹腔保留着较大的活动性。当尿液过度充满时，其大部分或全部伸入腹腔，因此，膀胱破裂几乎都在腹腔内破裂。破裂的部位可发生在膀胱的顶部、背部、腹侧和侧壁。膀胱破裂后尿液立即进入腹腔，因破裂口的大小及破裂的时间不同，其临床症状轻重不等。主要出现排尿障碍、腹膜炎、尿毒症和休克的综合征。

一般从尿路阻塞开始到膀胱发生破裂的时间约为 3d。膀胱破裂后，凡因尿闭所引起的腹胀、努责、不安和腹痛等症状随之突然消失，病畜暂时变为安静。发生完全膀胱破裂的病畜，虽然仍有尿意，如翘尾、体前倾、后肢伸直或稍下蹲、轻度努责、阴茎频频抽动等，但却无尿排出或仅排出少量尿液。大量尿液进入腹腔，腹下部腹围迅速增大，一天后可呈圆形。在腹下部用拳短促推压，有明显的振水音。腹腔穿刺，有大量已被稀释的尿液从针孔冲出，一般呈棕黄色、透明、有尿味。置试管内沸煮时，尿味更浓。继发腹膜炎时，穿刺液呈淡红色，较浑浊，而且常有纤维蛋白凝块将针孔堵住。直肠检查，膀胱空虚皱缩或不易触摸到，经数小时复查，膀胱仍然空虚，有时可隐约摸到破裂口。根据以上症状即可确诊。必要时可肌内或静脉注射染料类药物，于 30～60min 后再行腹腔穿刺，根据腹水中显示注入药物的颜色，即可确诊。

随着尿液不断进入腹腔，腹膜炎和尿毒症的症状逐渐加重。病畜精神沉郁，眼结膜高度弥漫性充血，体温升高，心率加快，呼吸困难，肌肉震颤，食欲消失。牛则反刍停止，胃肠弛缓，瘤胃呈现不同程度的臌气，便秘。腹部触摸紧张、敏感。病畜努责，有时出现起卧不安等明显的腹痛症状。猪立多卧少，叫声嘶哑无力。饮水少的病畜呈现脱水现象，血液浓缩，白细胞增数。一般动物于膀胱破裂后 2～4d 进入昏迷状态，并迅速死亡。

新生幼驹的膀胱长而窄，顶端伸向前方达脐部。膀胱破裂的部位可从膀胱顶至膀胱颈，破裂口大多在腹侧。膀胱破裂后，通常经过 24h 即持续呈现上述各种典型症状，主要是无尿和腹围增大，腹壁紧张。经 2～3d 逐渐不愿吃奶，呈现轻微腹痛等。驹出生后，由于脐尿管没有闭合而向腹腔内排尿的病驹症状与膀胱破裂相似，这类病驹只有在手术治疗过程中才能识别。此外，应注意与初生幼驹的腹痛性疾病——胎粪滞留相鉴别。

膀胱不全破裂或裂口较小的病例，特别是牛，破裂口常常可被纤维蛋白覆盖而临床自愈。

由于直肠内膀胱穿刺导尿所引起的膀胱穿孔，直肠检查时可触及不充盈的膀胱，直肠与膀胱间因有纤维蛋白析出和气体的存在而呈现捻发音。有些病例因尿液漏入腹腔，发生局限性腹膜炎。随着纤维蛋白的析出，与膀胱周围组织如直肠、结肠肠襻、网膜、瘤胃等发生广泛粘连，严重者导致排粪或排尿障碍。少数病例在粘连范围内形成一个包囊并与膀胱相通，囊内潴留尿液。直肠检查膀胱内尿液充盈不足，病牛除排尿障碍外，一般没有全身症状。有的病例形成直肠-膀胱瘘，可见粪中混有尿液。

【治疗】膀胱破裂的治疗应抓住三个环节：对膀胱的破裂口及早修补，控制感染和治疗腹膜炎、尿毒症，积极治疗导致膀胱破裂的原发病。以上三点互为依赖，相辅相成，应该统筹考虑，才能提高治愈率。

（1）施行膀胱修补的大动物取半仰卧保定，小动物仰卧且后躯稍垫高。硬膜外腔麻醉合并局部浸润麻醉，必要时做全身浅麻醉。切口一般都选在左侧阴囊和腹股沟管之间，紧靠耻骨前缘，距离腹白线 8～10cm 处。幼驹和猪用镇静剂或全身浅麻醉，配合局部浸润麻醉，仰卧保定。切口可在耻骨前缘和脐之间的阴筒或腹白线两侧 1～2cm 处。母驹可在腹白线上切开，也可在乳头外侧 1～2cm 处做切口。

腹壁由后向前分层纵行切开，到达腹膜后，先剪一小口，缓慢地放出腹腔内积尿。随着膀胱破裂时间不同，牛一般有 20～40L 或更多。然后，清除血凝块和纤维蛋白凝块。手伸入骨盆腔入口处检查膀胱，如果膀胱和周围的组织发生粘连，应尽可能将粘连分离解除。用舌钳固定膀胱后轻轻向外牵引，经切口拉出，但在临床上并不是所有的病例都能拉出切口。拉出后检查破裂口，修整创缘，切除坏死组织。然后，检查膀胱内部，如有结石、砂性尿石、异物等，将其清除，有炎症的可进行冲洗。用可吸收缝线修补膀胱，缝合破裂口。缝合时，缝针不穿过膀胱壁全层，只穿过浆膜、肌层，缝合两层，第一层做连续缝合（裂口小的可做荷包缝合），第二层做间断内翻缝合。

（2）对于直肠-膀胱瘘的患病动物，在修补膀胱破裂口后，应同时修补直肠破裂口。

（3）为了有利于治疗导致膀胱破裂的原发病，减少破裂口缝合的张力，保证修补部位良好愈合，减少粘连，或者在膀胱排尿不通畅、膀胱麻痹、膀胱炎症明显时可在修补破裂口的同时做膀胱插管术。方法是，在膀胱前底壁用刀切一小口，做荷包缝合，将医用 22 号开花（或蕈状）留置导管放入膀胱内后，紧紧结扎缝线固定导管。在腹壁切口旁边的皮肤上做一小切口，伸入止血钳钝性穿入腹腔，夹住留置导管的游离端，通过小切口将其引出体外斜向前方，并结节缝合使之固定在腹壁上。导管在膀胱与腹壁之间应留有一定的距离，以防止术后病牛起卧时腹壁与导管固定部位受到牵拉移动，导致导管从膀胱内拉出。最后，以大量灭菌生理盐水冲洗腹腔，尽量清除纤维蛋白凝块，缝合腹壁各层。

（4）对于原尿路畅通、膀胱炎症不严重、膀胱收缩功能尚好的患病动物，如因阉割误伤膀胱的母猪或膀胱破裂的幼驹等，修补后可不做膀胱插管术。在幼驹，若有必要可在膀胱内放置软质导尿管，通过尿道将尿液引向体外。

（5）对于需膀胱修补的动物，一旦破裂口修补好，大量尿液引向体外后，腹膜炎和尿毒症通常在 1～2d 后缓解，全身症状很快好转。此时，在治疗上切勿放松，必须在治疗腹膜炎和尿毒症的同时，抓紧时间治疗原发病，使原尿路及早通畅，恢复排尿功能。

（6）患膀胱炎的动物，术后除需全身用药外，每日应通过导管用消毒药液冲洗膀胱 2～3 次，随后注入抗菌药物。经过 5～6d 后可夹住导管头，定时释夹放尿。待炎症减轻和尿路畅通后，每日延长夹管时间，直到拔管为止。

（7）治疗多日后，若导致膀胱排尿障碍的下尿路阻塞仍未解除，可考虑会阴部尿道造口术，以重建尿路。若原发病已治愈或排尿障碍已基本解决，可将开花留置导管拔除，一般以手术后 10d 左右为宜，不超过 15d。导管留置的时间过长，易继发感染化脓或形成膀胱瘘。

第二节　犬前列腺增生与前列腺炎

一、犬前列腺增生

公犬前列腺增生是由性激素失调引起的老年公犬前列腺功能障碍的常见病，临床特征为排便困难。本病也称前列腺良性增生。其发病率约占前列腺异常的60%。

【病因】 一般认为，由雄性激素和雌激素之间失调或雌激素作用占优势所致。组织学把前列腺增生分为腺型、纤维型和纤维腺型（混合型）三种。雄激素分泌过剩可引起腺型增生，雌激素分泌过剩可引起纤维型增生。

【症状】 本病的症状与人不同。人前列腺中叶压迫膀胱，引起排尿困难。而犬的前列腺无中叶，主要是前列腺压迫直肠引起排便困难。表现为频频努责，仅排出少量黏液，呈顽固性便秘。偶无尿或少尿。犬过度努责时，可因增生的前列腺进入骨盆腔而形成会阴疝。

【治疗】 尿通1~2粒口服，每日2次。去势是最有效的治疗方法，也可前列腺全摘除或部分摘除。犬的前列腺韧带很小，易于外科切除。给予孕激素或雌激素也有一定治疗效果，但不能持续给予大剂量合成雌激素。有会阴疝的可于疝矫正术的同时去势。对便秘的犬可投予泻剂或灌肠，调节食物。

二、犬前列腺炎

犬前列腺炎是由细菌感染所引起的前列腺炎症性疾病，分为急性前列腺炎和慢性前列腺炎。急性前列腺炎又分为化脓性前列腺炎和前列腺脓肿。本病常见于成年公犬。临床上有并发前列腺增生、前列腺囊泡和前列腺癌的病例。

【病因】 主要由变形杆菌、假单胞菌、大肠杆菌、葡萄球菌及链球菌等经尿路上行性感染所致。此外，化脓性病灶的血行转移或邻近脏器炎症的波及，或频繁导尿、前列腺穿刺等，也可引起本病。前列腺增生、服用过量雌激素和患足细胞肿瘤为本病诱因。

【症状】 主要表现为便秘和里急后重，精神沉郁，体温升高，食欲不振。有的表现不安、弓背、步态强拘。触诊腹后部有压痛反应。尿道外口滴血样或脓性分泌物。患前列腺脓肿的犬，可见排尿困难或尿闭。慢性前列腺炎症状不明显，但多伴有尿道炎。

【诊断】 直检前列腺出现对称性或不对称性肿大，触压疼痛，质地软或有波动感。X线检查，前列腺增大和前列腺矿物化（密度增加），超声检查可发现前列腺肿胀。

【治疗】 口服莫酮哌酯50~200mg，每日3次，或口服前列康3~4片，每日3次。使膀胱内的尿液排空，通过直肠按摩前列腺，采集前列腺液做培养和药敏试验，选择抗生素，同时配合解热镇痛、缓泻、导尿等对症治疗。必要时，可去势。前列腺脓肿用上述方法无效时，应手术切开排脓，做外瘘术。

第十一单元 跛行诊断★☆

第一节 概 论

跛行不是病名，而是四肢机能障碍的综合症状。许多外科病，特别是四肢病和蹄病常可引起跛行。除了外科病，有些传染病、寄生虫病、产科病和内科病也可引起跛行，必须注意鉴别。

一、跛行的分类

四肢在运动时根据其异常状态分为悬垂跛行（简称悬跛）、支柱跛行（简称支跛）和混合跛行（简称混合跛）三种。

1. 悬跛 运动中患肢在悬垂阶段出现机能障碍的跛行，称为悬跛。悬垂阶段指的是肢体的运动阶段，包括肢体的抬举屈曲和迈步伸展。悬跛指的是患肢从离地开始到着地之前的悬扬阶段出现机能障碍。

2. 支跛 是指在运步时，患肢在落地负重阶段出现机能障碍的跛行。也就是说，支跛是指患肢在着地、负重和离地瞬间的支柱阶段出现机能障碍的跛行。在这个阶段中，支持器官承担负重，不同时期（着地、负重和离地瞬间）各器官的负重部位和负重量不同。

3. 混合跛 运动时，患肢在悬扬阶段和落地负重均出现不同程度的机能障碍，称为混合跛。混合跛是指悬扬阶段和支柱阶段均表现程度不同的机能障碍。

悬跛和支跛是跛行的基本类型，是相对的分类。因有机体是一个统一的整体，每条腿一个动作是在中枢神经的支配下，通过条件反射和非条件反射，各部协调完成的。动物四肢的每一个动作，包含复杂的运动，有协调动作，也有颉颃运动。在某部分的机能发生障碍时，很可能影响到另外一个部分的机能。如在悬垂阶段发生运动机能障碍，在支柱阶段也可能出现异常。相反，支柱阶段出现运动机能障碍，悬垂阶段也可能有异常表现。

二、各型跛行的特征

（一）以生理机能分类的跛行的特征

1. 悬跛的特征 悬跛最基本的特征是"抬不高"和"迈不远"。患肢运动时，在步伐的速度上与健肢比较较缓慢。因患肢"抬不高"和"迈不远"，故其腕跗关节抬举高度较健肢低下、拖拉前进，以健肢蹄印划分患肢的一步时，出现前半步缩短，临床上称之为前方短步。因此，前方短步、运步缓慢、抬腿困难是临床上确定悬跛的依据。

悬跛时患肢"抬不高"的原因：运步的第一个时期，即各关节顺序屈曲的时候，某个关节的屈肌或关节的屈侧发生疾患时，被屈曲的关节就会屈曲不完全或完全不能屈曲，造成该肢的抬举困难。所以，在视诊时，应该注意屈曲不完全或不能屈曲的关节，检查它的屈肌群或屈侧有无异常。

悬跛时患肢"迈不远"的原因：在各关节顺序伸展的时候，某个关节的伸肌及其邻近组织和关节伸侧有疾患时，就会影响到该关节的伸展活动。因而从发现伸展不充分的关节，就可能找出患部。影响肢"迈不远"的原因，除了伸展关节的组织外，牵引肢前进的肌肉有疾患时也可造成患肢"迈不远"。

上述原因是相对的，因为伸、屈是一对矛盾，彼此互相影响。屈肌有疾患时，屈曲关节会引起疼痛；在关节过度伸展时，也可引起屈肌的疼痛。同理，伸侧有疾患时，也同样会影响到屈侧。在判断疼痛部位时，应该根据所收集的征候，从解剖生理上综合加以分析和探讨，不能单纯只根据某一点而确定患肢和患部。

关节的伸屈肌及其附属器官、分布在上述肌肉的神经、关节囊、牵引肢前进的肌肉、关节屈侧皮肤、某些淋巴结、某些部位的骨膜等发生炎症或疾患时，都可引起悬跛。

总之，肢体抬举屈曲和迈步伸展都需要肌肉的力量，而肌肉及其附属器官主要在腕、跗关节以上，因此，患部通常在腕、跗关节以上。

2. 支跛的特征 支跛最基本的特征是患肢负重时间缩短、肩负体重或避免负重。因为患肢落地负重时感到疼痛，故伫立时呈现减负体重或免负体重或两肢频频交替。在运步时，患肢接触地面为了避免负重，对侧健肢就比正常运步时伸出得快，即提前落地，出现健肢蹄印划分患肢所走的一步时，呈现后一半步缩短，临床上称之为后方短步。在运步时也可看到患肢系部不敢下沉或下沉不充分，甚至蹄尖着地、蹄音低、蹄印不明显等，这些都是为了减轻患部疼痛的反射。因此，后方短步、减负或免负体重、患肢系部不敢下沉或下沉不充分，甚至蹄尖着地、蹄音低、蹄印不明显都是临床上确定支跛的依据。

在临床上，肢体下部的关节、腱、韧带及蹄等负重装置的疼痛性疾患常引起支跛，其中特别是蹄病，所表现的支跛特别典型。因此，可得出这样的结论，支跛的患部一般在腕、跗关节以下，特别是蹄病。

3. 混合跛的特征 其特征是兼有支跛和悬跛的某些症状和特征。但往往是偏向某一方，以支跛为主的称为支混跛，反之称为悬混跛。引起混合跛的原因：①可能有两个患部：一个引起支跛，另一个引起悬跛，此种情况少见。②多见的是只有一个患部，它既引起支跛又引起悬跛，该患部一般在腕、跗关节以上的关节或某些肌肉，特别是支持、固定关节的肌肉。例如，支持、固定肩关节的臂二头肌，支持、固定肘关节的臂三头肌，以及固定膝关节的股四头肌发生炎症时就表现为混合跛。一般说，腕、跗关节以上的关节及其周围的组织疾病引起支混跛；而支持、固定关节的肌肉疾病及其周围组织的炎症则引起悬混跛。

另外，四肢上部的骨折、某些骨膜炎、黏液囊炎等都可表现为混合性跛行。

（二）临床上以某些独特状态命名的特殊跛行的特征

1. 间歇性跛行 马在开始运步时，一切都很正常，在劳动或骑乘过程中，突然发生严重的跛行，甚至马匹卧下不能起立，过一会儿跛行消失，运步和正常马匹一样，但在以后运动中可复发，这种跛行常发于以下情况。

（1）动脉栓塞 由于马圆虫在肠系膜根动脉寄生，形成动脉瘤，常使血液在该处形成血栓。血栓随血液流动至后肢的髂内外动脉或股动脉形成栓塞，动物可出现患肢屈曲不全，以蹄尖着地，肢呈拖拉状态，令其快步行进时呈三脚跳，并迅速变为不能运步而卧倒，有时呈犬坐姿势。病马神情不安，呼吸和脉搏增数，出汗，患肢温度下降。过一段时间后，栓子排除，患肢逐步恢复正常，马自己站立后运步没有任何异常。

（2）习惯性脱位 常发的为膝盖骨脱位，由于关节囊或关节韧带弛缓或作用于关节的某块肌肉的异常，常常引起脱位。脱位后呈现严重的跛行，马走几步或倒退几步后，脱位的骨突然复位，此时跛行又消失。

（3）关节石 由于外力使部分关节软骨或骨脱落，脱落的骨块平时存于关节囊的憩室内。如果脱落的骨块在运步时落到关节面之间，由于压迫关节面即引起剧烈疼痛，发生跛行；如果脱落的骨块回到关节憩室内，跛行消失。

2. 黏着步样 呈现缓慢短步，见于肌肉风湿、破伤风等。

3. 紧张步样 呈现急速短步，见于蹄叶炎。

4. 鸡跛 患肢运步呈现高度举扬，膝关节和跗关节高度屈曲，肢在空间停留片刻后又突然着地，如鸡行走的样子。

以临床特殊状态而命名的特殊跛行，只能作为以生理机能分类的补充。临床工作者还把不能确诊病名的跛行，按发病的部位分为蹄跛行、肩跛行、髋跛行等。

三、跛行的严重程度

家畜的运动机能障碍，由于原因和经过不同，可表现为不同的程度。因此，在跛行诊断时，除了确定跛行的种类外，还要确定跛行的程度，以便测知病患的严重性。跛行程度临床上分为三类：

1. 轻度跛行 患肢伫立时可以蹄全负缘着地，有时比健肢着地时间短。运步时稍有异常或病肢在不负重运动时跛行不明显，而在负重运动时出现跛行。

2. 中度跛行 患肢不能以蹄全负缘负重，仅用蹄尖着地，或虽以蹄全负缘着地，但系部直立，而且上部关节屈曲，以减轻患肢对体重的负担。运步时可见到明显的跛行。

3. 重度跛行 动物站立不动时，患肢几乎不着地，但单纯的悬跛例外。运步时，行走缓慢、患肢点地，甚至呈现三肢跳跃式前进；而单纯的悬跛表现为患肢拖地前进，躯体呈现左右摇摆式运动。躯体左右摇摆式运动可带动患肢前行。

第二节 马、牛、犬跛行的诊断

一、马跛行的诊断

（一）问诊

患病动物来就医以前的饲养管理、使役和发病前后的情况等，主要依靠问诊得到。问诊应包含下列内容：

（1）患病动物的饲喂、管理和使役的情况如何？

（2）跛行发生的时间？是突然发生还是缓慢发生？是否受过伤？有无肿胀？是否出现过滑倒、跌倒？是否被别的牲畜踢伤过？

（3）发现腿瘸时的表现？从发现腿瘸到现在，病情是加重还是减轻？何时最严重？是使役一开始还是使役中，还是休息后严重？

（4）患病动物以前有无患过此病？若有，与这次是否一样？其他牲畜有无患此病？

（5）患病后有无治疗？何时、何地治疗？用何种方法治疗？疗效如何？

（6）何时钉掌？钉掌时牲畜有无不适感？

（二）视诊

患病动物来兽医院后，经短暂休息后再进行检查。视诊要仔细耐心，做到重点和一般相结合，在全面搜集材料中突出重点。视诊应注意动物的生理状态、体格、营养、年龄、神经型、肢势、指（趾）轴、蹄形等，因为这些材料对判断疾病有着很重要的参考价值。

视诊可分伫立视诊和运步视诊。

1. 伫立视诊 应离患病动物 1m 以外，围绕患病动物走一圈，仔细发现各部位的异常情况。观察应从蹄到肢的上部或由肢的上部到蹄，从头到尾仔细地反复观察比较，比较两前肢或两后肢同一部位有无异常。目的是发现患肢，视诊时应注意以下几个问题：

（1）肢的仁立和负重　观察肢是否平均负重，有无减负体重或免负体重或频频交互负重。患肢有无伸长、短缩、内收、外展、前踏或后踏等。

（2）被毛和皮肤　注意被毛有无逆立，局部被毛如逆立，可能有肿胀存在。肢及邻接部位的皮肤有无脱毛、外伤或存在瘢痕，这些都是发现患部的标志。

（3）肿胀和肌肉萎缩　比较两侧肢同一部位的状态，其轮廓、粗细、大小是否一致，有无肿胀。注意肢上部肌肉是否萎缩，患肢若有疼痛性疾病或跛行时间较久后，肢上部肌肉即发生萎缩。

（4）蹄和蹄铁　注意两侧肢的指（趾）轴和蹄形是否一致，蹄的大小和角度如何？蹄角质有无变化？是不是新改装的蹄铁？蹄铁是否适合？蹄钉的位置如何？如果是早装的蹄铁，应注意蹄铁磨灭的状况及磨损程度。

（5）骨及关节　注意两侧肢同一骨的长度、方向、外形是否一致，关节的大小和轮廓、关节的角度有无改变。

2. 运步视诊　主要目的：确定患肢、患肢跛行种类和程度，初步发现可疑患部，为进一步诊断提供线索。

（1）确定患肢　如一肢有疾患时，可从蹄音、头部运动和尻部运动找出患肢。蹄音是当蹄着地时碰到地面发出的声音。健蹄音比病蹄音要强，声音高朗。如发现某个肢的蹄音低，即可能为患肢。

头部运动是患病动物在健前肢负重时，头低下；患前肢着地时，头高举，以减轻患肢的负担。在点头的同时，有时可见头的摆动，特别在前肢上部肌肉有疼痛性疾患，当健前肢负重患前肢高举时，颈部就摆向健侧。由头部运动可找出前肢的患肢。

尻部运动是在一后肢有疾患时，为了把体重转向对侧的健肢，健肢着地时，尻部低下，而患肢着地的瞬间，尻部相对高举。从尻部运动可找出后肢的患肢。

两前肢同时得病时，肢的自然步样消失，病肢仁立的时期短缩，前肢运步时肢提举不高，蹄接地面而行，但运步较快。肩强拘，头高扬，腰部弓起，后肢前踏，后肢提举较平常高。在高度跛行时，快速运动比较困难，甚至不能快速运动。

两后肢同时得病时，运步时步幅短缩，肢迈出很快，运步笨拙，举肢比平时运步较高，后退困难。头颈常低下，前肢后踏。

同侧的前后肢同时发病时，头部及腰部呈摇摆状态；患前肢着地时，头部高举，并偏向健侧；健后肢着地时，尻部低下。反之，健前肢着地时，头部低下；患后肢着地时，尻部举起。

一前肢和对侧后肢同时发病时，患肢着地，体躯举扬；健肢着地，头部及腰部均低下。

三个肢以上同时得病时，情况更为复杂，运步时的表现根据具体情况有所不同，需仔细分辨。

用上述方法尚不能确定患肢时，可用促使跛行明显化的一些特殊方法，这些方法不但能够确定患肢，而且有时可确定患部和跛行种类。

圆周运动：支持器官有疾患时，圆周运动病肢在内侧可显出跛行，因为这时体重心落在靠内侧的肢上较多。主动运动器官有疾患时，外侧的肢可出现跛行，因为这时外侧肢比内侧肢要经过较大的路径，肌肉负担较大。

　　回转运动：使患病动物快步直线运动，趁其不备的时候，使之突然回转，患病动物在向后转的瞬时，可看出患肢的运动障碍。回转运动需连续进行几次，向左向右都要回转，以便比较。

　　乘挽运动：伫立和运步都不能认出患肢时，可行乘骑或适当的拉挽运动。在乘挽运动过程中，有时可发现患肢。

　　硬地、不平石子地运动：有些疾病当患肢在硬地和不平石子地运动时，可显出运动障碍。因为这时地面的反冲力大，可使支持器官的患部遭受更大震动，或蹄底和腱、韧带器官疾患在不平石子上运步时，加重局部的负担，使疼痛更为明显。

　　软地运动：在软地、沙地运步，主动运动器官有疾患时可表现出机能障碍加重，因为这时主动运动器官比在普通路面上要付出更大的力量。

　　上坡和下坡运动：前肢的悬跛和后肢的悬跛，上坡时跛行都加重，后肢的支跛在上坡时，跛行也加重；前肢的支持器官有疾患时，下坡时跛行明显。

　　（2）确定跛行的种类和程度　患肢确定后，用健肢蹄印衡量患肢所走的一步，观察是前方短步还是后方短步。肉眼辨不清时，划出蹄印，用尺测量。确定短步后，就注意是悬垂阶段有障碍还是负重阶段有障碍，同时要观察患肢有无内收、外展、前踏、后踏情况。注意系关节是否敢下沉，若不敢下沉说明负重有障碍。蹄音如何？若蹄音低，表明支持器官有障碍。两侧腕关节和跗关节提举时能否达到同一水平，若不能达到同一水平，表明患肢提举有困难。进一步注意肩关节和膝关节的伸展情况，指关节的伸展情况。若伸展不够或不能伸展，表明蹄前伸有障碍。根据视诊所搜集到的症状，最后确定跛行的种类和程度。

　　（3）初步发现可疑患部　在观察跛行种类程度的同时，就可注意到可疑的患部。因为在运步以前，已在伫立视诊时搜集到一些可疑的部位。在运步时，又因患部疼痛或机械障碍，临床上出现特有表现。如关节伸展不便，呈现内收或外展；肌肉收缩无力，呈现颤抖；蹄的某部分避免负重等。结合进一步观察，确定悬垂阶段有障碍时，是提举有问题还是伸展有问题；当伫立阶段有障碍时，是着地有问题还是离地有问题，或是负重有问题。这样，就可初步发现可疑患部，为进一步诊断提出线索。

　　（三）四肢各部的系统检查

　　前肢从蹄（指）到系部、系关节、掌部、腕关节、前臂部、臂部及肘关节、肩胛部，后肢从蹄（趾）到系部、系关节、跖部、跗关节、胫部、膝关节、股部、髋部、腰荐尾部，进行细致的系统检查，通过触摸、压迫、滑擦、他动运动等手法找出异常的部位或痛点。系统检查时，应与对侧同一部位反复对比。

　　（四）特殊诊断方法

　　在上述诊断方法尚不能确诊时，根据情况可选用下述的特殊诊断方法。

　　1. 测诊　测诊在判断疾病上，有时可提供确实的根据。测诊常用的工具有穹隆计、测尺（直尺和卷尺）、两角规等。如无上述工具，也可用绳子、小木棍等代替。

　　2. 外围神经麻醉诊断　指用局部麻醉药阻滞神经所支配的患部，使其疼痛和跛行消失，便于鉴别诊断可疑部位的方法。该方法广泛用于马属动物，尤对肢下部效果较确实。麻醉15～20min后，可观察马的运步。运步应在平坦的路面上行常步运动，避免快步、急剧及突然转弯，以及重剧的劳役，以免发生意外事故。

　　合理的麻醉诊断顺序应从肢的最下部开始，如最下部麻醉呈阴性，仍可顺序向上进行麻醉。但麻醉重点怀疑部位和痛点浸润麻醉例外。

（1）痛点浸润麻醉　用于局部性外生骨疣、韧带炎、腱炎（特别是腱的附头部炎症）、飞节内肿等。用1％～2％盐酸普鲁卡因液20～60mL注射到所怀疑的部位，先皮下注射少量，然后准确地注射到要麻醉的组织，注射后加以局部按摩，使药液能均匀地分布到所麻醉的组织内，15～20min后检查其效果。

（2）传导麻醉　怀疑远籽骨滑膜囊炎时，可麻醉掌（跖）神经掌（跖）支，若麻醉后跛行消失，即可确诊。麻醉无效时，病在其他部位。

掌（跖）神经掌（跖）支的麻醉方法：在蹄软骨上缘，指（趾）静脉的后面，针头对着指（趾）深屈肌腱边缘刺入皮下，注射3％盐酸普鲁卡因液3～4mL。内外两侧都要注射。

怀疑病在指（趾）部，包括蹄、蹄软骨、第二指（趾）骨、第二指（趾）关节、第一指（趾）骨、第一指（趾）关节，可麻醉小掌（跖）骨头部位的掌（跖）神经，包括掌（跖）深神经。

掌神经麻醉的方法：在两侧小掌骨头水平面、指深屈肌腱的内缘和外缘，分别皮下注入3％盐酸普鲁卡因液10mL，然后将注射针头在皮下转向小掌骨末端处再注入麻醉液5mL，以麻醉掌深神经，最后在肢内侧面，针头从第二小掌骨头末端再转向掌背面，注入麻醉液5mL，以麻醉肌皮支。

跖神经麻醉的方法：同掌神经麻醉，麻醉时须将后肢在柱栏内转位保定后，再注入麻醉液。

怀疑病在掌部和腕部时，可麻醉正中神经和尺神经；怀疑病在跖部和跗部时，可麻醉胫神经和腓神经。

正中神经麻醉的方法：正中神经的麻醉方法：一是在前臂部上1/3，桡骨和腕桡侧屈肌所形成的沟内。注射时，将肢稍向前提，针紧靠桡骨垂直刺入，除经过皮肤外，还要通过胸肌腱膜和前臂深筋膜，到达神经血管束附近时，注入6％盐酸普鲁卡因液20mL。另一方法是，在腕桡侧屈肌和腕尺侧屈肌之间，附蝉上方一掌，用6～8cm长的针头，向桡骨方向刺入。抵骨时，注入6％盐酸普鲁卡因液20mL。

尺神经麻醉的方法：在腕尺侧屈肌和腕外侧屈肌之间、副腕骨上方一掌处，针头垂直皮肤刺入，深约2cm，注入4％盐酸普鲁卡因液10mL。

胫神经麻醉的方法：麻醉时应将两后肢固定，并提举对侧前肢。在肢内侧、跟腱和趾深屈肌之间，跟结节上方一掌处即为注射部位，针头由上向下刺入。通过皮肤、皮下组织及胫部的两层筋膜，深约2cm，注入4％盐酸普鲁卡因液40mL。

腓神经麻醉的方法：腓神经麻醉只有腓深神经麻醉有诊断意义。腓深神经的麻醉是在胫部中1/3和下1/3交界处，趾长伸肌和趾侧伸肌之间，针头刺入约2cm，注入4％盐酸普鲁卡因液10～15mL。

3. 关节内和腱鞘内麻醉诊断　由于关节内和腱鞘内有疼痛性病理过程引起的跛行，而传导麻醉有时得不到准确的结果时，可应用关节内和腱鞘内麻醉诊断。但这种诊断方法只能应用于浅表的、外观明显的关节腔和腱鞘，并且要确认滑膜周围组织没有病变时才有诊断价值。此法多用于马。

关节腔内和腱鞘内注射时，马匹必须确实保定和严密消毒。注射时，应该将皮肤向旁稍移动，以便注射后使皮肤上的针孔和腔壁上的针孔错开，有利于愈合。

如穿刺正确且腔内液体很多时，针刺入的瞬间，滑液即从针孔溢出；当腔内液体较少时，用注射器吸引，可抽出淡黄色透明滑液。麻醉液注射以前，应该充分吸尽腔内的液体，然后注入利多卡因或普鲁卡因注射液，注射量根据腔的大小而定。针头拔出后，涂以火棉胶封闭针孔。

麻醉液注射以后，将马牵遛 5~10min，15~20min 后检查跛行是否消失。

常用的关节和腱鞘注射法分述如下：

（1）肩关节　马站立保定，注射点在臂骨肌结节上方一指、冈下肌前缘，针头水平刺入 5~7cm，若穿刺正确，即有滑液流出，注射 2%利多卡因液 20~25mL。

（2）膝关节　膝关节有 3 个滑膜腔，一个为股膝关节，另两个为股胫关节的内腔和外腔。股膝关节内注射的部位在膝中直韧带一侧，股胫关节内腔的注射部位在膝内直韧带的前缘，股胫关节外腔的注射部位在胫骨髁上方、股胫外侧韧带和趾长伸肌腱形成的沟内。股膝关节注入 2%利多卡因液 30~50mL，其他两个关节腔各注射 10mL。由于这些关节腔大多数彼此相通，3 个腔的鉴别诊断比较困难。

（3）跗关节　在胫距关节注射，针刺部位在胫骨内髁上方，针水平刺入 1~3cm，注射 2%利多卡因液 15mL。

（4）指（趾）腱鞘　注射部位在掌（跖）部外侧、近籽骨上方 3~5cm、悬韧带和指深屈肌腱之间。针水平刺入，或从上向下斜着刺入 1~1.5cm，注入 2%利多卡因液 5~10mL。

4. X 线诊断　X 线检查对跛行诊断有着重要的科学和实践价值，而且对疾病的经过、预后，甚至对合理的治疗也有很大的帮助。

在四肢的骨和关节疾患，如骨折、骨膜炎、骨炎、骨髓炎、骨质疏松、骨坏死、骨溃疡、骨化性关节炎、关节愈着、关节周围炎、脱位等，可广泛地应用 X 线检查。

当怀疑肌肉、腱和韧带有骨化时，可用 X 线确诊；当组织内进入异物，如子弹、炮弹片、针、钉子、铁丝等，可用 X 线检查。

怀疑关节囊或腱鞘破裂时，可在所怀疑的关节囊和腱鞘内注入空气，然后用 X 线摄影。若关节囊或腱鞘没有破裂，囊内可明显地看到充满空气；当囊壁或腱鞘壁破裂时，可看到空气进入皮下。

5. 直肠内检查　当髋骨骨折、腰椎骨折、髂荐联合脱位时，直肠检查不但可确诊，而且还可了解其后遗症和并发症，如血肿、骨痂等。此外，腰肌的炎症过程、腹主动脉及其分支的血栓、股骨头脱位等都可用直肠检查确诊。

直肠检查时，可配合后肢的主动运动和他动运动。如诊断髋关节脱位时，检查者的手伸入直肠内，让马慢慢向前走或让助手牵动患肢，感觉关节的活动情况。

在某种情况下，卧倒进行经直肠的触诊配合他动运动检查，更为方便。

6. 热浴检查　当蹄部的骨、关节、腱和韧带有疾患时，可用热浴做鉴别诊断。在水桶内放 40℃的温水，将患肢热浴 15~20min，如果为腱和韧带或其他软组织的炎症所引起的跛行，热浴以后，跛行可暂时消失或大为减轻。相反，如果为闭锁性骨折、籽骨和蹄骨坏死或骨关节疾病所引起的跛行，应用热浴以后，跛行一般都增重。

7. 斜板试验　斜板（楔木）试验主要用于确诊蹄骨、屈腱、舟状骨（远籽骨）、远籽骨滑膜囊炎及蹄关节的疾病。斜板为长 50cm×高 15cm×宽 30cm 的木板一块。检查时，迫使患肢蹄前壁在上，蹄踵在下，站在斜板上，然后提举健肢。此时，患肢的深屈腱非常紧张。

上述器官患病时，动物由于疼痛加剧不肯在斜板上站立。

8. 电刺激或针刺激诊断 神经和肌肉麻痹时，其对电刺激和针刺激应激性减弱，因而两侧肢同一部位比较，可确定患部和麻痹的程度。

9. 实验室诊断 当怀疑关节、腱鞘、黏液囊有炎症过程时，可抽出腔内液体进行检查，检查颜色、黏稠度、细胞成分及氢离子浓度等。单纯性关节炎症时，抽出物为浆液性并含有炎性细胞；化脓时，抽出物常为浑浊状态；关节血肿时，抽出物为血液成分；关节内骨折时，抽出物中常含有血细胞成分和脂肪颗粒。

10. 温度记录法 利用红外线扫描机将动物体辐射出的热能转变为电信号，经放大，形成黑白的或彩色热像图，再与已知的标准热像图比较，可定量分析身体各部位温度的变化。它能揭示用触诊不易发现的轻微的炎症病变，也可用于经常性普查，以期发现骨及肌肉轻微的潜在性病变。

11. 运动摄影法 最简单的运动摄影法是用普通的摄影机或摄像机，拍摄动物运动步伐的影片或录像，然后对播放的影片或录像进行分析鉴定。

更精确的方法是用高速摄影机，拍摄动物通过一定距离的全过程，当常速放映时，可判明步幅长度、频率、蹄和关节的抬举弧度、肢体各段位移的长度、角度及关节活动的范围等。

12. 骨闪烁图法 是早期检查增生骨的代谢和新生骨形成的灵敏度很高的方法，对大多数骨骼疾病如骨折、骨关节炎、骨髓炎、骨骼变形和骨瘤等都能准确诊断。对于用 X 线检查不能判明的跛行，可用本法检查。它可确定骨损伤的程度，并显示是进行性变化还是退行性变化的图像。

13. 定量计算机断层扫描法（QCT） 此法是通过 X 线 CT 或同位素 CT 测定骨密度，定量显示被测部位骨的三维立体图像的新技术，可精确诊断骨质结构的质变和损伤性病变。

14. 定量超声技术 该技术是通过检测超声波在骨中传播速度和振幅衰减，间接地测定骨的密度和强度的改变，可用于诊断四肢骨的退行性质变和结构上的病变。此法无放射性辐射，仪器也较便宜，携带方便。

15. 关节内镜检查法 主要用于关节滑膜、关节软骨等关节内组织形态的变化。目前，在马、小动物临床报道较多。

二、牛跛行诊断的特殊性

牛运动器官发病最多的部位是蹄。在诊断方法上有两个基本步骤：一是详尽地调查和掌握病史；二是进行细致周密的检查。

牛跛行诊断方法与马的诊断方法比较，许多诊断的原则是一致的，具体方法上既有共同点，也有不同之处。

（一）发病规律

牛的跛行病例中 90% 以上是由蹄病造成的，而牛的蹄病与牛蹄的解剖结构和饲养管理有关。大多数牛蹄病发生于后蹄，特别是后蹄的外侧趾最常发病。其次是前蹄的内侧趾。究其原因，可能与牛的前、后蹄负重不同有关，即前蹄是内侧趾负重较多，而后蹄则以外侧趾负重为主。另一原因是后蹄易被粪尿浸渍。

（二）病史

详尽地调查病史，往往可提供有价值的思考线索，在调查牛病史时，特别要注意以下几点：

1. 发病的场所如何　在牛场进行跛行诊断时，必须先巡查该牛场，注意和寻找可引起跛行或蹄病的一些因素，如牛场的运动场如何？牛是否喜欢站立在某个地方？该地方的地面如何？牛棚的结构是否合理，特别是牛床大小、斜度、地面等。牛棚内和运动场的卫生如何？这些都与肢蹄病的发生有密切关系。

2. 饲养管理，特别是护蹄情况如何　如饲料中酸性饲料占主体、饲料中含有大量易消化的糖类、粗饲料过少等，这就很容易引起蹄叶炎。护蹄不良常常引起蹄变形，后者与肢蹄病互为因果关系。日粮中钙磷比例不当，常引起骨质疏松。

3. 同群牛中是否发生很多相似的病例　若有许多相似的病例，说明该场存在引起此病的某个因素。如群发蹄底溃疡和蹄踵部挫伤，常由于护蹄不良和在牛棚内站立不适、机械压迫引起，也可能是由于用炉灰渣垫运动场或铺地引起。

（三）视诊上的一些特殊性

牛跛行诊断时的视诊，除伫立视诊和运步视诊外，还有躺卧视诊。而且，躺卧视诊非常重要，因为牛肢有病时，常常不站立而躺卧着。

1. 躺卧视诊　牛正常时经常是卧着休息，卧的姿势如发生改变或卧下不愿起立，往往说明运动器官有疾患。牛卧的姿势是两前肢腕关节完全屈曲，并将肢压于胸下，后部的体躯稍偏于一侧，一侧的（下面的）后肢弯曲压于腹下，另一侧（上面的）后肢屈曲，放在腹部的旁边，偶尔也有一前肢向前伸出或整个体躯平躺在地上。若动物正常卧的姿势发生改变，多与运动器官障碍有关。有的牛脊髓损伤时，不能站立，往往用髋骨支持躺卧，两后肢伸于一侧；或患牛整个体躯平躺在地上，四肢伸直。一侧或两侧闭孔神经麻痹时，一个或两个后肢伸直呈跨坐姿势。股神经麻痹时，两后肢常向后伸直，用腹部着地。

临床上在躺卧视诊时，还应注意动物由卧的姿势改变为站立时的表现，有时在这时可看出有病变的肢和部位。为了证明牛起立时有障碍，可先使其处于正常卧的姿势，然后给以针刺或用脚在地面上搓压患畜尾部，刺激动物站起来，在站立过程中观察哪个肢有障碍或某个肢的哪个部位有障碍。若动物不能起立，或伸直前肢呈犬坐姿势，表明腰部有问题，可能是后躯麻痹，常常是脊髓的疾患。为了比较，可让牛卧在相反的位置，用同样方法再进行试验观察。

躺卧视诊时，应注意蹄的情况，因为这时蹄底也可看到，为伫立视诊对蹄的观察打下一定基础。

2. 伫立视诊　伫立视诊从前面和侧面分别进行观察。通常其体重心是从患肢向健肢转移的，所以在伫立视诊时，首先应注意头颈的位置，头颈位置可表明体重心有无转移。低头和伸颈，体重心从后肢转移至前肢；抬头和屈颈，体重心则从前肢转向后肢。此时，当对患畜进行捆绑或牵拉时，则影响对头颈的观察。当后肢有病、体重心转移到前肢时，可注意肩关节的屈曲情况，肩关节可变得突出。另外，也可注意肘头的变化。当体重心转移到前肢时，可见肘头移向胸的后上方。相反，当病在前肢体重心转移到后肢时，后肢的跗关节出现不正常的屈曲，此时前肢的肘头可移向前下方。

跛行若为一侧性的，从前面或后面视诊时，可见健肢内收，以健肢更多地支持体重，减轻患肢的负担，病肢则向外展，但减负体重的现象不明显。

两后肢跛行时，常卧地不起。站立时，可见四肢都接近体重心，并且弓背。四个肢的跛行也表现为上述姿势。

蹄的外侧指（趾）有病时，可见患畜病肢外展，以内侧指（趾）负重。两前肢内侧趾患病时，可见两前肢交叉负重；两后肢内侧趾患病时，则看不到这种姿势。伫立视诊时，应对蹄进行重点观察，首先，注意蹄角质生长情况，有无蹄壁过度生长和变形蹄，蹄角质有无崩裂。蹄变形在后肢发生较多，前肢较少。蹄变形可使指（趾）轴发生改变，蹄冠处出现隆凸和凹陷。其次，注意腐蹄病和指（趾）间皮炎、指（趾）间增殖情况，蹄冠有无肿胀，腐蹄病时除蹄冠肿胀外，有时可波及关节，注意指（趾）间是否潮湿、糜烂，有无溃疡，有无增殖，特别要注意指（趾）间前面有无菜花样增殖物，蹄踵处皮肤与角质有无分离。

前肢伫立视诊时，球节以上应注意腕部的腕前黏液囊有无肿大、有无脱膊情况、肩胛骨是否下垂、肩关节是否肿大、肘头有无位置上的改变、有无肩胛上神经麻痹和桡神经麻痹的特异站立姿势。

后肢球节以上伫立视诊时，应注意膝部。膝部疾病在成年牛，特别是肉用牛，常常是造成跛行的原因，发病率仅次于蹄。膝部疾病主要由损伤引起半月状板撕裂、十字韧带断裂、侧韧带撕脱等，青年牛常发转移性化脓性关节炎。在伫立视诊时，应注意膝关节的大小和负重时的情况。膝部也常发膝盖骨脱位，常见的为上方脱位，表现为膝、跗关节高度伸展，后肢向后伸直。跟腱断裂时，可见跗关节过度屈曲。胫骨前肌断裂时，可见跗关节伸直。股二头肌转位时，因股二头肌夹于转子后方，结果造成膝关节不能屈曲，伫立时肢呈伸展状态，并向后移。髋关节脱位时，由于股骨头脱出的方向不同，可出现不同的特征，患肢可能变长也可能缩短，蹄尖可能外转也可能内转，大转子处可出现凹陷也可能出现隆起，应注意观察。后肢也常发生腓神经麻痹，应注意趾的伸展情况，如不能伸展时，可能为腓神经麻痹。

3. 运步视诊 机体由于保护有疼痛的患肢和患部而转移体重心的情况，在运步视诊时更为明显。牛跛行的类型，以支跛或以支跛为主的混合跛行为最多。牛在运步视诊时，肢除呈现马跛行类型的支跛和悬跛外，常伴有肢的捻转和体躯摇摆。从牛的摆头运动可判断患肢，在运步时头常摆向健侧。

运步视诊的重点在于寻找患部，所以在运步视诊时要注意每一关节的伸屈有无异常，特别应注意蹄的活动。还要注意听关节活动时有无异常的声响。也要注意躺卧视诊和伫立视诊所怀疑的疾病，在运步视诊时有无这些疾病的特殊表现。注意收集运步视诊时一些突出的症状，为进一步诊断提供新的线索。

在运步视诊时，可经常看到球节的突然屈曲。这不要错误地认为病在球节，这是一种减少患肢负担的保护性反应，有这种现象说明在球节上部或下部有疼痛性病理过程。

在肢痉挛和麻痹状态时，也可能出现不正常步态。此时，通常找不到敏感区，应从所表现的症状推断患病的神经和肌肉。

（四）外周神经麻醉诊断

牛前肢腕关节以上和后肢跗关节以上，因肌肉强度大，麻醉诊断多不确实，临床上比较有意义的是掌（跖）部外周神经麻醉诊断和系部外周神经麻醉诊断。临床应用时以2％盐酸普鲁卡因溶液80～100mL，在系部和掌（跖）部做环状注射，均以4点注入皮下，10min后，观察麻醉效果。先在系部注射，如跛行消失时，病在注射部位以下，如跛行不消失，则在掌（跖）部注射，如跛行消失，病在两次注射点之间，如跛行不消失，病在第二次注射点以下。

三、犬跛行诊断的特殊性

引起犬跛行的原因比较复杂，四肢部疾病是引起跛行的主要原因。常见的四肢疾病有骨折、骨髓炎、关节脱位、关节扭伤和挫伤、关节炎、肌肉挫伤、风湿病、神经麻痹等，临床上还常发生指（趾）甲过度卷曲生长刺入枕垫而引起跛行。此外，犬先天性四肢发育不良、颈椎损伤、腰椎损伤（椎间盘病、椎体骨折和肿瘤病等）、腰部的疼痛性疾病、某些营养代谢病（如维生素 B_1 缺乏症、钙磷的代谢异常）、传染病（如犬瘟热、狂犬病等）及中毒病（如灭鼠药中毒）等，这些原因都能引起跛行。因此，犬的跛行诊断在病史调查和视诊上有一些特殊性。

（一）病史

病史调查对推断病性及明确诊断思路很重要。

1. 了解跛行的发生情况 应询问跛行是突然发生的还是逐渐发生的。前者可能是损伤性因素或血栓病等所致，后者可能是某些局部渐进性炎症或代谢病等所引起。还要了解跛行是否仅出现于特定的时间，如仅在每天早晨出窝时跛行明显，可能是某些关节扭伤或风湿性疾病。也应特别注意查询饲养的情况，如长期饲喂单一饲料（如只喂鸡肝、玉米面），可能造成代谢病而引起跛行。对于群养犬，还要询问发病犬的数量，以了解是否为群发性疾病。

2. 调查跛行发生后的发展情况 例如，要询问跛行是否渐渐达到现在的程度，这中间有什么变化？中间有无减轻或反复发生？跛行在一天中什么时间比较重？特别要了解运动以后跛行是减轻还是加重？一般损伤性疾病、骨关节炎、骨关节病运动后，跛行加重。要了解跛行与天气变化有无关系，如果天气变冷时跛行加重，可能是膝关节十字韧带断裂的恢复期或骨关节病所致。还要问跛行是否总在一个肢体上，有无转移？也要了解治疗史，用过什么药，效果如何等。

（二）视诊上的一些特殊性

1. 伫立视诊 让动物安静站立，小型犬可站在桌上，观察体重有无转移的情况，一个肢负重是否比别的肢少？关节有无屈曲？

观察四肢各部的肌肉有无萎缩，观察时要特别注意肩部和股部肌肉的状态。观察要与对侧同一部位反复比较。长毛犬观察比较难，但可以配合触诊。

2. 运步视诊 在犬常规走动和快步时进行运步视诊，某些跛行只能在快步时才能看出问题，而有的跛行在慢步行走时才明显。此方法检查大型犬比较容易。但对小型犬如玩赏型犬，由于正常运步就比较快，观察相对困难，甚至几乎看不出跛行的患肢。应注意限制其运动速度并反复观察和比较。

犬前肢有病时，点头运动明显。后肢跛行时，步迈不出去，头稍下低，以减轻后肢的负重。髋部有病时，体重转移到前肢，骨盆比正常更垂直。如跛行是单侧的，骨盆向一侧倾斜，运动时可看到向健侧有摆动作。如髋部两侧有病，从后面观察，可见骨盆从一侧向另一侧摆动。当一侧髋关节有病时，健肢比患肢向前伸得快，提前着地，以缩短患肢负重时间、减轻疼痛。

视诊时注意各关节角度是否改变也很重要，某个关节的活动减少，是该关节有疼痛的表现。视诊时也要注意爪着地的状态，一般是掌（跖）枕先于指（趾）枕着地，如相反的着地状态，说明犬不愿以该爪负重。

第十二单元　四肢疾病与脊柱疾病★★★★★

第一节　骨　膜　炎

骨膜炎是指骨膜的炎症。临床上可分为非化脓性与化脓性，以及急性与慢性。马属动物及小动物多发。本病常发生于表在性而无软组织被覆的骨膜，如下颌骨的游离缘、掌骨、跖骨、系骨及冠骨等。

【症状与诊断】

1. 急性骨膜炎　病初以骨膜的急性浆液性浸润为特征。病变部充血、渗出，呈局限性扁平肿胀，质地硬固，皮下出现不同程度的水肿。触诊有痛感，指压留痕。机能障碍程度不一。四肢骨膜炎可发生明显跛行，跛行随运动而加重。若一肢发病，站立时病肢常屈曲，以蹄尖着地、减负体重；两肢同时发病，常交互负重。严重者，常不愿站立而卧地。腰部骨膜炎病犬出现弓腰症状，不让触摸。一般无全身症状，经 10～15d 炎症可逐渐减退。

2. 慢性骨膜炎　由急性骨膜炎转变而来，或因骨膜长期遭到频繁、反复的刺激而发生，又分为纤维素性骨膜炎和骨化性骨膜炎两种。纤维性骨膜炎以骨膜表层和表、深层之间的结缔组织增生为特征。病患部出现坚实而有弹性的局限性肿胀，触诊有轻微热、痛。肿胀紧贴于骨面，但患部皮肤仍可移动，多数病例机能障碍不显著或无；骨化性骨膜炎以病理过程由骨膜表层向深层蔓延为特征。由于成骨细胞成骨作用，首先在骨表面形成骨样组织，以后钙盐沉积，形成新生的骨组织，小的称骨赘，大的称外生骨瘤。视诊可见病部呈界限明显、突出于骨面的肿胀。触诊硬固坚实，无疼痛，表面呈凹凸不平的结节状，或呈显著突出的骨隆起，大小不定，可由拇指到核桃大或更大些。多数患病动物仅造成外貌上的变化而无机能障碍，只有当骨赘发生于关节韧带部或肌腱附着点时，才发生跛行。X线检查，早期骨赘呈刺状或毛刷状突起，后期致密、均质、边缘平滑。

3. 化脓性骨膜炎　由化脓性病原菌（多为葡萄球菌、坏死杆菌、链球菌）感染所致。初期局部出现弥漫性、热性肿胀，有剧痛，皮肤紧张，可动性变小或消失。随着皮下组织脓肿形成和破溃，伴有化脓性窦道，流出混有骨屑的黄色稀脓。探诊时，可感知骨表面不平或有腐骨片。局部淋巴结肿大，触诊疼痛。四肢化脓性骨膜炎时，跛行显著，病肢不能负重。病初全身体温升高，精神沉郁，饮食欲废绝。严重者可继发败血症。血常规检查有助于确诊。

【治疗】急性骨膜炎时，初期冷疗，后改用温热疗法和消炎剂，如外敷 10%～20% 鱼石脂软膏等。局部用普鲁卡因加青霉素封闭，可获得良好效果。局部可装压迫绷带，以限制关节活动，使患肢有较长时间休息，对病的恢复有帮助。

慢性骨膜炎时，早期可用温热疗法及按摩，跛行严重的可用刺激剂。可在患部涂敷20% 碘酊。应用时，注意局部变化，不能长期使用，防止皮肤坏死。经过治疗，3～4 周后跛行可望消失，如仍无效时，可行骨赘切除术，在骨赘周围 2～3mm 宽的骨膜做环形切除。骨赘摘除后，在其底部用锐匙刮平，缝合皮肤。

化脓性骨膜炎时，应让患病动物保持安静。病初局部应用酒精热绷带，以盐酸普鲁卡因溶液封闭，全身应用抗生素。随着肿胀局部软化，及时切开脓肿，形成窦道的要扩创，充分排出脓液，用锐匙刮净骨损伤表面的死骨，用中性盐类高渗液引流，并包扎吸收绷带。急性化脓期过后，改用 10% 磺胺鱼肝油、青霉素鱼肝油等纱布引流条。密切注意全身变化，防止败血症的发生。

第二节　骨　折

骨折

在外力作用下，骨的完整性或连续性遭受机械破坏称为骨折。骨折的同时常伴有周围组织不同程度的损伤，各种动物均可发生，以四肢长骨发生较为常见。

一、四肢骨骨折的临床特点

1. 肢体变形　骨折两断端因外力、肌肉牵拉力和肢体重力等的影响，造成骨折断端移位。常见的有成角移位、侧方移位、旋转移位、纵轴移位（包括重叠、延长或嵌入）等。骨折后患肢呈弯曲、缩短、延长等异常姿势。

2. 异常活动　正常情况下，肢体完整而不活动的部位，在骨折后负重或做被动运动时，出现屈曲、旋转等异常活动。

3. 骨摩擦音　骨折两断端互相触碰，可听到骨摩擦音或有骨摩擦感。但在不全骨折、骨折部肌肉丰厚、局部肿胀严重或断端间嵌入软组织时，通常听不到。骨骺分离时的骨摩擦音是一种柔软的捻发音。

4. 出血与肿胀　骨折时骨膜、骨髓及周围软组织的血管破裂出血，经创口流出或在骨折部发生血肿，加之软组织水肿，造成局部显著肿胀。闭合性骨折时肿胀的程度取决于受伤血管的大小、骨折的部位以及软组织损伤的轻重。开放性骨折可见皮肤及软组织的创伤，有的形成创囊，骨折断端暴露于外，创内变化复杂，常含有血凝块、碎骨片或异物等，容易继发感染化脓。

5. 疼痛　骨折后骨膜、神经受损，患病动物即刻感到疼痛，疼痛的程度常随动物种类、骨折的部位和性质，反应各异。在安静时或骨折部固定后较轻，触碰或骨断端移动时加剧。患病动物不安、避让，马常见肘后、股内侧出汗，全身发抖等症状。骨裂时，用手指压迫骨折部，呈现线状压痛。

6. 功能障碍　四肢骨折后，因肌肉失去固定的支架及剧烈疼痛而引起不同程度的跛行。

7. 全身症状　四肢骨折一般全身症状不明显，闭合性骨折2～3d后，因组织破坏后分解产物和血肿的吸收，可引起轻度体温上升。若骨折部继发细菌感染，则出现体温升高、疼痛加剧、食欲减退等全身症状。

二、骨折的愈合过程

骨折愈合是指骨组织破坏后修复的过程，骨折愈合可分为三个阶段：

1. 血肿进化演进期　骨折后，骨折处及其周围组织由于血管破裂出血而形成血肿。骨折端由于损伤和局部血液供给断绝，有几毫米长的骨质发生坏死。断端间、髓腔内的血肿形成凝块，与损伤坏死的软组织发生局部无菌性炎症。新生的毛细血管和吞噬细胞、成纤维细胞等从四周侵入，逐步进行清除、机化，形成肉芽组织，转化为纤维组织。骨折断端内、外骨膜深层的成骨细胞相继在伤后活跃增生，5d后开始形成与骨干平行的骨样组织病，逐步向骨折处延伸增厚。此阶段一般约需2周才可初步完成。临床特征是局部充血、肿胀、疼痛和增温，骨折端不稳定。

2. 原始骨痂形成期　骨折短管内、外已形成的骨样组织，逐步钙化成新生骨，即膜内化骨，两者紧贴在骨密质的内、外两面，并逐步向骨折处汇合，形成两个梭形短管，将两断端的骨皮质及其间由血肿机化而成的纤维组织夹在中间，分别称为内骨痂和外骨痂。并且断端间和骨髓腔间的纤维组织逐渐转化为软骨组织。然后，软骨细胞增生、钙化而骨化，即软骨内化骨，分别形成环状骨痂和腔内骨痂。膜内化骨和软骨内化骨的相邻部分是互相交叉的，但其主体是膜内化骨，其发展过程比软骨内化骨要简易而迅速。为此，临床上为使骨折较快愈合，应防止产生较大的血肿，减少软骨内化骨的范围。在新形成的骨痂中，血管连同成骨细胞、吞噬细胞逐渐侵入骨折端坏死的骨组织内，在已形成的骨痂夹板的保护下，开始进行清除坏死骨组织和形成获得骨组织的爬行替代作用。骨折经过骨痂形成和爬行替代作用这两个过程，临床愈合才告完成。这一阶段约需1个月。临床特征是局部炎症消散，不肿不痛，骨折端基本稳定，但尚不够坚固，病肢可稍微负重。X线片上可见骨干骨折四周包围有梭形骨痂阴影，骨折线仍隐约可见。

3. 骨痂改造塑形期　原始骨痂由不规则的网状编织排列的骨小梁所组成，称网织骨，尚欠牢固。为适应生理的需要，随着肢体的负重和运动，在应力轴线上的骨痂不断地得到加强和改造。骨小梁逐步调整而改变成紧密排列成行的、成熟的骨板，同时在应力轴线以外的骨痂逐步被清除，使原始骨痂逐渐被改造为永久骨痂。后者具有正常骨结构。髓腔也重新畅通，恢复之骨原形。新骨形成后，骨折的痕迹在组织学或 X 线片上可以完全或接近完全消失。骨痂的硬固一般需要 3～10 周时间，但完全恢复则需要数月至一年，甚至更长时间。

三、四肢长骨骨折外固定技术

(一) 整复原则

四肢是以骨为支架、关节为枢纽、肌肉为动力进行运动的。骨折后支架丧失，不能保持正常活动。骨折复位是使移位的骨折端重新对位，重建骨的支架作用。时间越早越好，力求做到一次整复正确。为了使复位顺利进行，应尽量使复位时无痛和局部肌肉松弛。一般应侧卧保定，根据患病动物种类、损伤部位和性质，选用局部浸润麻醉或神经阻滞麻醉。牛、羊、猪后肢骨折，可用硬膜外腔麻醉。马属动物或复杂骨折，需进行内固定手术或局部麻醉无效时，可采用全身麻醉。必要时，还可同时使用肌肉松弛剂。

整复前，使病肢保持伸直状态。前肢由助手以一手固定前臂部，另一手握住肘突用力向前方推，使病肢肘以下各关节伸直；后肢由术者一手固定小腿部，另一手握住膝关节用力向后方推，肢体即伸直。

轻度移位的骨折整复时，可由助手将病肢远端适当牵引后，术者对骨折部托压、挤按，使断端对齐、对正；若骨折部肌肉强大，断端重叠而整复困难时，可在骨折段远、近两端稍远处各系上一绳，远端也可用铁丝系在蹄壁周围，牛可在第三、四指（趾）的蹄壁角质部，离蹄底高 2cm 处，与蹄底垂直，各钻两个孔（相距约 2.5cm）穿入铁丝牵引。

按"欲合先离，离而复合"的原则，先轻后重，沿着肢体纵轴做对抗牵引；然后，使骨折的远侧端凑合到近侧端，根据变形情况整复，以矫正成角、旋转、侧方移位等畸形，力求达到骨折前的原位。复位是否正确，可根据肢体外形，抚摸骨折部轮廓，在相同的肢势下，按解剖位置与对侧健肢对比，以观察移位是否已得到矫正。有条件的最好用 X 线判定。在兽医临床中，粉碎性骨折和肢体上部的骨折，在较多的情况下只能达到功能复位，即矫正重叠、成角、旋转，有的病例骨折端对位即使不足 1/2，只要两肢长短基本相等，肢轴姿势端正，角度改变不大，多数患病动物经较长时间后，可逐步自然矫正而恢复功能。

(二) 外固定方法

外固定在兽医临床中应用最多。采用中西结合，固定和活动结合的原则。固定时，应尽可能让肢体关节尚有一定范围的活动，不妨碍肌肉的纵向收缩。肢体合理的功能活动，有利于局部血液循环的恢复和骨折端对向挤压、密接，可加速骨折的愈合。

由于骨折的部位、类型、局部软组织损伤的程度不同，骨折端再移位的方向和倾向力也各不相同。因而局部外固定的形式应随之而异。临床常用的外固定方法有：

1. 夹板绷带固定法 采用竹板、木板、铝合金板、铁板等材料，制成长、宽、厚与患部相适应，具有一定强度的夹板。包扎时，患部清洁，包上衬垫，于患部的前、后、左、右放置夹板，用绷带缠绕固定。包扎的松紧度，以不使夹板滑脱和不过度压迫组织为宜。为了防止夹板两端损伤患肢皮肤，里面的衬垫应超出夹板的长度或将夹板两端用棉纱包裹。

国外广泛应用热塑料夹板代替木制夹板作为外固定材料，其优点是使用方便，70～90℃热水即可使之软化塑形，在室温下很快硬固成型，重量轻、透水、透气、透 X 线，且有"弹性记忆"，加热后可恢复原状，便于重复使用。

2. 石膏绷带固定法 石膏具有良好的塑形性能，制成石膏管型与肢体接触面积大，不易发生压创，对大、小动物的四肢骨折均有较好的固定作用。但用于大动物的石膏管型最好夹入金属板、竹板等以期加固。近年来，国内外对石膏的代用材料研究较多。用树脂和玻璃纤维制成的外固定管型具有重量轻、强度高的优点。水固化高分子绷带在室温下浸于水中30s即开始硬化，10min可固化成型，30min达最大硬度，重量轻，强度高，已在兽医临床上应用。

3. 改良的托马斯支架绷带 先用小的石膏管型，或夹板绷带，或内固定骨折部，外部用金属支架像拐杖一样将肢体支撑起来，以减轻患部承重。该支架用铝或铝合金管制成，其他金属材料亦可，管的粗细应与动物大小相适应。支架上部为环形，可套在前肢或后肢的上部，舒适地托于肢与躯体之间，连于环前后侧的支杆（可根据需要和肢的形状做成直的或弯曲的）向下伸延，超过肢端至地面，前后支杆的下部要连接固定。使用时，可用绷带将支架固定在肢体上。这种支架也适用于不能做石膏绷带外固定的桡骨及胫骨的高位骨折。

对大家畜四肢骨折，无论用何种方法进行外固定，都须注意使用悬吊装置。例如，在四柱栏内，用粗的扁绳兜住动物的腹部和股部，使动物在四肢疲劳时，可伏在和倚在扁绳上休息。这对保持骨折部安静，充分发挥外固定的作用，是重要的辅助疗法。

四、影响骨折愈合的因素

（一）全身因素

病畜的年龄和健康状况与骨折愈合的快慢直接相关。年老体弱、营养不良、骨组织代谢紊乱及患有传染病等，均可导致骨折的愈合延迟。

（二）局部因素

1. 血液供应 骨膜在骨折愈合过程中起决定性作用，由于骨膜与其周围肌肉共受同一血管支配，为了保证形成骨痂的血液供应，软组织的完整性非常重要。广泛和严重的软组织创伤，复位或外固定、内固定装置不良，以及操作粗暴等，均可加重软组织、骨髓腔和骨膜的损伤，影响或破坏血液供应，使骨折愈合延迟或不愈合。

2. 固定 复位不良或固定不妥，过早负重，可能导致骨折端发生扭转、成角移位等不利于愈合的活动，使断端的愈合停留于纤维组织或软骨组织阶段而不能正常骨化，造成畸形愈合或延迟愈合。

3. 骨折断端的接触面 接触面越大，愈合时间越短。如发生粉碎性骨折，骨折移位严重而间隙过大，骨折间有软组织嵌入，以及出血和肿胀严重等，均影响骨折的愈合，有时可以出现病理性愈合。

4. 感染 开放性骨折、粉碎性骨折或使用内固定治疗的骨折容易继发感染。若处理不及时，可发展为蜂窝织炎、化脓性骨髓炎、骨坏死等，导致骨折延迟愈合或不愈合。

五、骨折修复中的并发症

在骨折修复中，若治疗不及时或处理不当，易发生压痛、感染、延迟愈合、畸形愈合、不愈合等多种并发症。

1. 压痛 对外固定所引起的擦伤和轻微的压痛，多数大家畜是可以忍受的，对骨折的愈合一般没有影响。外固定压迫某些骨突起或关节囊所造成的大的压痛，一般在解除固定之后，经过适当的护理可解除，对骨折愈合无影响。但若在骨折修复的早期、中期有严重的压痛时，将会影响固定时间，常需改装外固定装置。

2. 感染 骨折部的感染应着重于预防。骨折早期如果不能立即治疗，局部应做临时固定，以防骨断端或碎骨片继续损伤周围的软组织和皮肤。软组织和骨膜的血液供应良好，对减少感染的发生极为重要。有污染的开放性骨折，必须及早进行彻底的清创术。内固定手术应严格按照无菌技术要求先做外科处理，局部和全身应用敏感的抗菌药物直到感染控制后，再进行确实的固定。开放性骨折发生感染化脓或骨髓炎时，可用抗生素溶液冲洗，必要时在创口附近做一个反对孔插入针头或适宜的橡胶管冲洗或安装引流管。

3. 延迟愈合 即骨折愈合的速度比正常缓慢，局部仍有疼痛、肿胀、异常活动等症状。造成延迟愈合的原因很多，如骨折周围的较大血肿或神经损伤或受压，整复不良或反复多次的整复，固定不恰当，骨折部感染化脓，创内存有死骨片等。主要是骨膜和软组织破坏严重，局部血液循环不良，发生感染，从而影响骨的正常愈合，延长愈合时间。

4. 畸形愈合 大多是骨折断端在错位的情况下愈合的结果。有的病畜在无保护下过早地负重，有的则根本不固定，任其自由活动，致使骨折远近两端的重叠、旋转或成角移位等畸形未能矫正，造成骨折愈合后，肢体姿势的畸形。

多数家畜的畸形愈合，在拆除固定后的修复过程中，可以自然矫正，特别是低龄家畜，这种矫正能力较强。

5. 不愈合 是指骨折断端的愈合停止。主要发生于延迟愈合、畸形愈合的许多原因未及时纠正，少数发生于内固定装置有异物反应。这类病畜的处理，大多需要进行手术，消除不愈合的原因，为骨的愈合重新创造适宜的条件。

6. 其他 大家畜装着外固定的时间是有限的。时间过长或固定不良，不注意功能锻炼，易导致肌肉萎缩和皮下脂肪的消失，发生废用性骨质疏松症，关节囊及其周围肌肉的部分痉挛和关节发生纤维粘连，造成关节僵硬。使用外固定夹板后，应注意患肢下部是否肿胀，如果肿胀，应当重新包扎外固定夹板。

第三节 关节创伤、扭伤与关节炎

一、关节创伤的诊断与治疗

关节创伤是指各种外界因素作用于关节囊招致关节囊的开放性损伤。有时并发软骨和骨的损伤，是马、骡、奶牛、犬、猫常发疾病。

【诊断】在受损关节有创口，当创口较小时，有胶冻样纤维素块堵塞创口。当创口较大时，从创口内流出淡黄色、透明黏性滑液。诊断时，要排除黏液囊损伤，可向关节腔内注射0.25％普鲁卡因青霉素溶液。如能从创口流出，可确诊为关节创伤。诊断时，不得进行关节腔内探诊，以减少感染机会。

【治疗】治疗原则为防止感染，增强抗病力，及时合理地处理伤口，力争在关节腔未出现感染之前闭合关节囊伤口。

创伤周围皮肤剃毛，用防腐剂彻底消毒。

1. 伤口处理 对新鲜创彻底清理伤口，切除坏死组织和异物及游离软骨和骨片，排出伤口内盲囊，用防腐剂穿刺洗净关节创，由伤口的对侧向关节腔穿刺注入防腐剂，不要由伤口向关节腔冲洗，以防止污染关节腔。最后涂碘酊，包扎伤口，对关节透创应包扎固定绷带。

限制关节活动，控制炎症发展和渗出。关节切创在清净关节腔后，可用肠线或丝线缝合关节囊，其他软组织可不缝合，然后包扎绷带，或包扎有窗石膏绷带。如伤口被凝血块堵塞，滑液停止流出，关节腔内尚无感染征兆时，不应除掉血凝块，注意全身疗法和抗生素疗法。

陈旧伤口发生感染化脓时，应清净伤口，除去坏死组织，用防腐剂穿刺洗涤关节腔，清除异物、坏死组织和骨的游离块，用碘酊凡士林敷盖伤口，包扎绷带，此时不缝合伤口。如伤口炎症反应严重，可用青霉素溶液敷布，外缠绷带包扎保护。

2. 局部理疗 为改善局部的新陈代谢，促进伤口早期愈合，可应用温热疗法，如温敷、石蜡疗法、紫外线疗法、红外线疗法、超短波疗法及激光疗法，用低功率氦氖激光或二氧化碳激光扩焦局部照射等。

二、关节扭伤的病因、诊断与治疗

关节扭伤（关节挫伤）是指关节在突然的间接的机械外力作用下，超越了生理活动范围（主要指瞬间的过度伸展、屈曲或扭转）而发生的关节损伤。

此病是马、骡的常见关节病，常发生于系关节和冠关节，其次是跗、膝关节。牛也发生，常见于系关节和髋关节，其次是肩关节。

【病因与病理】关节扭伤的发病原因，在马、骡常由于在不平的道路上重度使役或奔跑、急停、急转、跳跃、失足蹬空、肢蹄嵌夹于洞穴的躯体前冲、不合理的保定、肢势不良等；在牛除上述原因外，还有误踏深坑或深沟、滑跌摔倒等。这些病因致伤的结果是引起关节超生理范围的侧方运动和屈伸。轻者引起关节韧带和关节囊的剧伸；重者能使韧带和关节囊的纤维组织部分断裂或全断裂，以及软骨和骨骺的损伤。

韧带损伤常发生于骨的附着部，外力过猛能撕破骨膜，甚至扯下骨片。韧带附着部的损伤可引起骨膜炎，病程长时，局部增生形成骨赘。相对关节周围的韧带，关节囊较为宽松，但过度地损伤韧带，关节囊也难以幸免。关节囊的损伤部位也常发生于骨的附着部（通常称为"结合部"），可引起关节腔内出血或周围出血，进一步发展为浆液性炎症或浆液纤维素性炎症。

【症状】关节扭伤临床上的共同症状是疼痛、跛行、肿胀、增温等。病初患病关节触诊或他动运动疼痛明显，关节周围肿胀、增温，并可能出现波动。久之，局部由急性炎症转入慢性炎症，疼痛、肿胀、增温等表现均有好转，跛行症状减轻，但损伤部位可发生结缔组织增生和骨质增生，关节囊由软变硬。发病关节不同，跛行种类也有所不同，发生于腕、跗关节或腕、跗关节以上时，以混合跛为主，而系、指（趾）关节的扭伤则以支跛为主。

【治疗】关节扭伤治疗的原则：制止出血和渗出，抑制炎症发展；促进吸收；镇痛消炎；预防组织增生，恢复关节机能。

制止出血和渗出，抑制炎症发展：根据损伤程度，在发病后的12~48h，绝对限制患病关节的活动，对局部实施冷却疗法，必要时包扎压迫绷带。

促进吸收：急性炎性渗出明显减轻后，应及时使用温热疗法，促进溢血和渗出液的吸收。如关节内出血明显，可采用关节内穿刺法排出，同时通过穿刺针向关节腔内注入0.25%普鲁卡因青霉素溶液或可的松青霉素溶液。韧带、关节囊损伤严重或怀疑软骨、骨损伤时，应包扎制动绷带。

当患部肿胀和疼痛等症状减轻后，应让患畜适当运动，促进渗出物的吸收和功能恢复。

镇痛消炎：全身性应用解热镇痛药，症状严重者配合局部用药。局部用药的方法有：患部近心端2％普鲁卡因封闭疗法、患部周围普鲁卡因封闭疗法、关节腔内普鲁卡因封闭疗法、关节腔内普鲁卡因可的松封闭疗法等。另外，患部涂擦普通刺激剂，如10％樟脑酒精、碘酊樟脑酒精合剂，也有一定镇痛消炎作用。

预防组织增生，恢复关节机能：当转入慢性炎症时，患部可涂擦强刺激剂。应用新针疗法、氦氖激光照射、二氧化碳激光扩焦照射等方法，可缓解跛行等症状。必要时采用手术疗法，清除增生的组织。

三、关节炎的病因、诊断与治疗

关节炎又称关节滑膜炎，是以关节囊滑膜层的病理变化为主的渗出性炎症，常发于马和牛，猪、羊、犬及猫也时有发生。临床上，可分为急性浆液性滑膜炎、慢性浆液性滑膜炎和化脓性滑膜炎。

【病因】引起关节炎的常见病因有关节损伤，过早使役或过度使役、肢势不正、装蹄不良，某些传染病（流感、腺疫、布鲁氏菌病）、急性风湿病，滑膜由于外伤或其他途径被化脓杆菌感染是其主要发病原因。

【诊断】急性浆液性滑膜炎时，关节腔内积聚大量浆液性炎性渗出物，关节肿大，热痛，有波动；渗出液含纤维蛋白量多时，有捻发音；运动时，表现以支跛为主的混合跛。慢性浆液性滑膜炎时，关节囊高度膨大，无热无痛，触诊有波动感；运动时，随着关节液的窜动，关节外形随之改变；患病关节不灵活，但跛行不明显。化脓性滑膜炎时，患关节热痛、肿胀，关节囊高度紧张，有波动；站立时患肢屈曲，呈混合跛；全身症状明显，体温升高，精神沉郁。化脓性全关节炎时，全身及局部症状均较化脓性滑膜炎严重，关节腔内蓄脓或流出脓汁，关节周围软组织高度肿胀，形成局限性脓肿，自溃或形成窦道，或发生软骨缺损、剥脱，骨坏死，继发脓毒败血病；患肢呈重度跛行；三肢跳跃前进。

【治疗】急性炎症初期，应用冷疗，装压迫绷带，之后改用温热疗法或装关节加压绷带，如布绷带或石膏绷带。全身应用磺胺制剂，每日1次，有良好的效果。关节也可装湿绷带（饱和盐水、10％硫酸铜溶液、樟脑酒精等）。用10％氯化钙溶液、10％水杨酸钠溶液静脉注射。

慢性炎症时，无菌操作放出关节滑液，之后注入普鲁卡因青霉素或可的松，并包扎压迫绷带。

关节腔内蓄脓时，应抽出脓汁，用5％碳酸氢钠、0.1％新洁尔灭溶液、0.1％高锰酸钾溶液、生理盐水等反复冲洗关节腔，直至抽出的药液变透明为止。抽净药液后，再向关节腔内注入普鲁卡因青霉素溶液30～50mL，每日1次。如有创口按化脓创处理，有脓肿应及时切开排脓。对蜂窝织炎切开的创口要大一些，但不得伤及关节囊及韧带。全身应用抗生素及磺胺类药物控制感染。

治疗时，应采用关节腔穿刺的方法注射药液冲洗腔内，以防经创口洗涤关节腔加重感染。关节腔内不应填塞纱布引流物。

第四节 关节脱位

一、一般关节脱位的症状与诊断

关节因受机械外力、病理性作用引起骨间关节面失去正常的对合，称为关节脱位。关节脱位有突然发生，也有间歇发生或继发于某些疾病。本病多发于牛、马、犬、猫髋关节和膝关节，肩关节、肘关节、指（趾）关节也可发生。

【症状】包括关节脱位的共同症状和各个不同关节脱位的特有症状，常见共同症状有：

1. 关节变形 因构成关节的骨端位置改变，使正常的关节部位出现隆起或凹陷。

2. 异常固定 因构成关节的骨端离开原来的位置被卡住，使相应的肌肉和韧带高度紧张，关节被固定不动或活动不灵活，他动运动后可恢复至正常的固定状态。

3. 关节肿胀 由于关节的异常变化，造成关节周围组织受到破坏，因出血、形成血肿及较严重的局部急性炎症反应，引起关节肿胀。

4. 肢势改变 呈现内收、外展、屈曲或者伸张的状态。

5. 机能障碍 伤后立即出现。由于关节骨端变位和疼痛，患肢发生程度不同的运动障碍，甚至不能运动。

【诊断】由于脱位的位置和程度的不同，这五种症状会有不同的变化。根据视诊、触诊、他动运动与双肢比较，不难做出初步诊断。但是，当关节严重肿胀时，X线检查可做出正确的诊断。同时，应当检查肢的感觉和脉搏等情况，尤其是骨折是否存在。

二、马、牛、犬髌骨脱位

马、牛髌骨脱位有外伤性脱位、病理性脱位和习惯性脱位。外伤性脱位较为多见。根据髌骨脱位方向可分上方脱位、内方脱位和外方脱位三种。牛则以上方脱位多见，马同样发生，有时两后肢同时发生。在犬，有先天性和后天性两种。先天性多见于小型品种犬，75%～80%为髌骨内方脱位。大型品种犬多发生髌骨外方脱位。

【症状】主要介绍髌骨上方脱位、髌骨内方脱位及髌骨外方脱位的临床症状。

1. 髌骨上方脱位 主要发生于牛，突然发生。牛在运动过程中，由于髌骨在上下滑动时被固定在滑车嵴近端，患关节不能屈曲。站立时，大腿、小腿强直，呈向后伸直肢势。膝关节、跗关节均不能屈曲。运步时蹄尖着地，拖曳前进，同时患肢高度外展，或患肢不能着地，以三肢跳跃。触摸髌骨被异常固定在股骨内侧滑车嵴的顶端。内直韧带高度紧张。上方脱位在运动中，突然发出复位声，即髌骨回到滑车沟内，恢复正常肢势。

2. 髌骨内方脱位 主要发生于小型犬。伫立时，患肢呈弓形腿，膝关节屈曲，趾尖向内，后肢呈不同程度的扭曲性畸形，小腿向内旋转，股四头肌群向内移行。动物跛行，有时呈三脚跳步样。触摸髌骨或伸屈膝关节时，可发现髌骨脱位。一般可自行复位或易整复复位，但很快又复发。重者，不能复位。

3. 髌骨外方脱位 在大动物，因外力作用引起髌内直韧带受牵张或断裂，使髌骨外方脱位。站立时，膝、跗关节屈曲，患肢前伸，蹄尖轻轻着地。运步时，除髋关节能负重外，其他关节均高度屈曲，表现支跛。触诊髌骨外方脱位，其正常原位出现凹陷，同时髌直韧带向上外方倾斜；在犬，髌骨外方脱位时，动物表现跛行，偶尔呈三脚跳步样。患肢膝外翻，膝关节屈曲，趾尖向外，小腿向外旋转。伸展膝关节或向外移动髌骨时，可引起髌骨外方脱位，但一般可自行复位。X线检查，可发现股骨或胫骨呈现不同程度的扭转样畸形。

【诊断】根据临床症状、触诊结合X线检查可确诊。本病应与股神经麻痹、股二头肌转位、髌骨伸肌断裂、十字韧带断裂等进行鉴别诊断。

【治疗】根据脱位的程度不同，选用不同的治疗方法。对于不太严重的脱位，可进行人工整复或让动物行走自行恢复。若习惯性反复发作的病例，根据具体情况行关节囊缝合术、滑车成形术、胫骨和股骨切除术等。

1. 髌骨上方脱位　牛一般行髌内直韧带切断术。病牛侧卧保定，患肢在下。适当使用镇静剂，术部剃毛消毒。先确定胫骨结节，向上触摸三条韧带，即髌中直韧带、髌内直韧带及髌外直韧带。如此时髌内直韧带仍卡在内侧滑车嵴上，可触摸其呈软骨样棒状，在其周围做局部浸润麻醉。在胫骨结节稍上方内直韧带与外直韧带之间沟内，用手术刀纵向切开皮肤2～3cm长切口，并直向下切开皮下组织、浅筋膜，刀尖抵至骨头，然后转动手术刀，使刀刃对着髌内直韧带，反挑式将其切断。或在切开皮肤6～7cm切口后，分离皮下组织和浅筋膜，插入球头弯刀刃，由内向外切断韧带。术部常规缝合，包扎绷带。

2. 髌骨内方脱位　手术方法有多种。根据髌骨内方脱位程度，选择适宜的手术方法。内方脱位轻度者，为防止髌骨向内脱位，可在髌骨外侧加强其支持带作用。较简易的方法是在外侧关节囊做一排伦勃特缝合（间断内翻缝合），缝线仅穿过其纤维层。从接近髌骨远端1cm处开始缝合，向下缝至胫结节；如滑车沟变浅，可采用滑车成形术。切开关节囊，髌骨向外移位，暴露滑车。测量髌骨的宽度，确定滑车成形术的范围。滑车软骨可用手术刀（幼年动物）、骨钻、骨钳或骨锉去除。其深度至骨松质足以容纳50％的髌骨。成形术完成后，将髌骨复位，伸屈关节，以估计其稳定性。对于严重的髌骨内方脱位，需采用胫骨粗隆移位术。如胫骨已变形，上述手术方法难以矫正髌骨脱位，一般需做胫骨和股骨矫形术。

3. 髌骨外方脱位　手术复位的目的是加强内侧支持带和松弛外侧支持带。在髌骨复位后，在内侧滑车嵴内方弧形切开皮肤，分离皮下组织和筋膜，显露关节囊，沿此滑车嵴内侧做伦勃特缝合关节囊，确保髌骨固定在滑车沟内。必要时，在髌骨外侧纵向切开阔筋膜张肌的筋膜，以松弛外侧支持带。

三、牛、犬髋关节脱位

髋关节脱位是股骨头部分或全部从髋臼中脱出的疾病，常见于牛、马。犬，尤其大型犬也可发生。髋关节窝浅、股骨头的弯曲半径小、髋关节韧带（尤其是圆韧带、副韧带）薄弱是主要内因，有些牛没有副韧带。种公牛的发病率比一般奶牛高，与采精、配种时的用力爬跨和突然转倒有关。分娩的奶牛突然摔倒时后肢外伸，也可发生髋关节脱位。

根据脱位程度，髋关节脱位可分为完全脱位和不完全脱位。当股骨头完全处于髋臼窝之外时，是全脱位；股骨头与髋臼窝部分接触时是不全脱位。根据股骨头变位的方向，又分为前方脱位、外上方脱位、后方脱位和内方脱位。

【症状】

1. 前方脱位　股骨头转位固定于关节前方，大转子向前方突出，髋关节变形隆起，他动运动时可听到捻发音；站立时患肢外旋，运步强拘，患肢拖曳而行，肢抬举困难；患病时间比较长时，起立、运步均困难；如新增殖的结缔组织长入髋臼窝，股骨头也会被关节囊样的结缔组织包裹，则预后不良。

2. 外上方脱位 股骨头被异常地固定在髋关节上方。站立时，患肢明显缩短，呈内收肢势或伸展状态。同时，患肢外旋，蹄尖向前外方，患肢飞节比对侧高数厘米。他动患肢外展受限，内收容易。大转子明显向上方突出。运动时，患肢拖拉前进，并向外划大的弧形。

3. 后方脱位 股骨头被异常固定于坐骨外支下方。站立时，患肢外展叉开，比健肢长，患侧臀部皮肤紧张，股二头肌前方出现凹陷沟，大转子原来位置凹陷，如突然向后牵引患肢时，可听到骨的摩擦音。运动时三肢跳跃，且患肢在地上拖曳并明显外展。

4. 内方脱位 股骨头进入闭孔内，站立时患肢明显短缩。他动运动内收外展均容易。运动时，患肢不能负重，以蹄尖着地拖行。直肠检查时，可在闭孔内摸到股骨头。

关节不全脱位时，突发重度混合跛行，但多数患肢能轻轻负重，关节变形不明显，并无患关节的反常固定和肢势的明显变化。

【诊断】根据症状结合 X 线检查可确诊，应注意与骨折鉴别。

【治疗】

1. 牛、犬髋关节脱位闭合性整复 动物侧卧，全身麻醉，患肢稍外转，对脊柱约 120°的方向强牵引。术者手抵大转子用力强压试行整复，可取得成功。如整复不成，放置下去，常形成假关节。犬的整复，全身麻醉，患肢在上的侧卧保定。术者一手握住患肢膝部，另一手拇指或食指按压大转子。先外旋、外展和伸直患肢，使股骨头整复到髋臼水平位置，再内旋、外展股骨，使股骨头滑入髋臼内。当听到复位声时，表示复位成功，患肢可做大范围转动。由于髋关节脱位引起圆韧带和关节囊的撕裂、撕断，髋关节出血、炎症，使得整复后的关节复发脱位。

髋关节脱位整复的方法很多，国内各地都有行之有效的好方法。整复后，让患病动物侧卧 1d，等待局部炎性反应出现可借以固定。或在髋关节周围分点注射盐水，也可达到诱发炎性反应的目的。复位后数日内禁忌患病动物卧倒，应吊起保定，预防再发。

2. 犬髋关节脱位的开放性整复 在大转子外面从臀中部向股中部做一弧形切口，切开股二头肌和阔筋膜张肌联合的筋膜，向后牵引股二头肌。在大转子处切断臀浅肌肌腱，将其向上翻转，暴露其下层的臀中肌和臀深肌。用骨凿凿断大转子，连同臀中肌和臀深肌向上转折，充分暴露关节囊。切开关节囊，暴露股骨头和髋臼。彻底清洗关节内血凝块和组织碎片。将一髓内针从股骨头窝斜向下钻入，从大转子下方钻出，从外侧调整髓内针，使其针尖与股骨头窝持平。然后，整复股骨头进入髋臼，使股骨平行于手术台，与脊柱成 90°。再将髓内针钻入臼窝，并穿过髋臼进入骨盆腔 1cm。助手可经过直肠触摸针进入骨盆腔的长度，注意不要刺破直肠。将大转子复位，用两根克氏针进行固定。将所有钢针外侧末端弯曲、剪断，常规缝合关节囊、肌肉及皮肤。

第五节 犬髋关节发育不良

犬髋关节发育异常是以髋臼变浅、股骨头不全脱位、跛行、疼痛、肌萎缩为特征的一种疾病，几乎所有品种的犬都可发生，特别是大型品种犬的幼犬（如德国牧羊犬、纽芬兰犬、圣伯纳犬）等发病率较高。

【病因】本病是在犬发育过程中，肌肉与骨骼以不同速度发育成熟，致使主要依赖肌肉组织固定的关节（如髋关节）不能保持稳定，使髋关节松弛而最终导致髋关节发育异常。本病是一种多因子遗传疾病。此外，非基因的因素如体长、生长速度、营养、子宫内分泌、肌肉性能等也发挥着重要作用，但其确切病因目前仍不清楚。

【症状与诊断】髋关节发育异常最初多在5～12月龄出现活动减少和不同程度的关节疼痛症状，以后行走表现一后肢或两后肢跛行，步幅异常，弓背或后躯左右摇摆，跑步两后肢合拢，即所谓"急跳"步态。起立、卧下或爬楼梯明显困难。触摸关节疼痛明显，他动运动时可听到或感觉到"咔嚓"声。大腿肌肉萎缩，被毛粗乱。有的病犬因关节明显疼痛而发出惊叫、食欲减退、精神不振等全身症状。由于关节不稳，最终导致退行性关节病的发生。

根据品种、发病年龄、临床症状和触诊可初步诊断，确诊需通过X线诊断。标准的X线检查方法是动物行仰卧位，两后肢向后拉直、放平，并向内旋转，两髌骨朝上。X线球管对准股中部拍摄。根据髋臼缘钝锐、臼窝深浅、股骨头脱位程度和骨赘形成等，判断髋关节构形及发育异常的严重程度，并根据7个等级（优秀、良好、合格、可疑、轻度、中度和严重）打分。前三种用于品种选育，后四种用于本病的诊断。一般来说，病程长，髋臼变浅和不全脱位程度越重，并渐而继发退行性关节病和全脱位。

【治疗与护理】初期强制休息，关在笼内让其蹲着，两后肢屈曲外展，减少髋关节压力和磨损，防止不全脱位进一步发展；散步、慢跑或者游泳可缓解病情；用阿司匹林、保泰松等镇痛消炎剂减轻疼痛；手术治疗，施行骨盆三骨切开术。

第六节 骨 髓 炎

骨髓炎实际上是骨组织（包括骨髓、骨、骨膜）炎症的总称。临床上，以化脓性骨髓炎为多见。家畜骨髓炎的常发部位为四肢骨、上（下）颌骨、胸骨、肋骨等。按病情发展可分为急性和慢性两类。

【病因】化脓性骨髓炎主要因骨髓感染葡萄球菌、链球菌或其他化脓菌而引起。感染来源有三：一是由外伤引起，如开放性骨折、粉碎性骨折或在骨折治疗中应用内固定等，病原菌可直接经创口进入骨折端、骨碎片间，以及骨髓内而发生；二是由附近软组织的化脓过程直接蔓延到骨膜后，沿哈佛氏管侵入骨髓内而发病；三是在发生蜂窝织炎、败血症、腺疫等情况下，骨组织受到损伤，抵抗力降低时，病原菌经由血液循环进入骨髓内引起发病。病原菌一般为单一感染。

【症状与诊断】急性化脓性骨髓炎经过急剧，患病动物体温突然升高，精神沉郁。病部迅速出现硬固、灼热、疼痛性肿胀，呈弥漫性或局限性。压迫病灶区疼痛显著。局部淋巴结肿大，触诊疼痛。患病动物出现严重的机能障碍，发生于四肢的骨髓炎呈现重度跛行，发生于下颌骨的出现咀嚼障碍、流涎等。

血液检查白细胞增多，血培养常为阳性。严重的病情发展很快，通常发生败血症。

出现波动，脓肿自溃或切开排脓后，形成化脓性窦道。临床上，只要浓稠的脓液大量排出，全身症状即能缓解。通过窦道探诊，可感知粗糙的骨质面和探针进入骨髓腔。若能用手指探查，可摸得更清楚。局部冲洗时，脓汁中常混有碎骨屑。

外伤性骨髓炎时，骨髓因皮肤破损而与外界相通，临床常取亚急性或慢性经过，可见窦道口不断地排脓，无自愈倾向。窦道周围的软组织坚实、疼痛、可动性小。由于骨痂过度增生，局部形成很大面积的硬固性肿胀，通常可见局部肌肉萎缩和患病动物的消瘦。

【治疗】急性骨髓炎应全身大剂量应用广谱抗生素，如头孢菌素，持续用药 4~6 周，或至炎症消退后 1~2 周。局部出现脓肿或持续数日用药无效者，应扩创排脓，冲洗引流。疑有髓腔积脓者，应手术钻通骨皮质排脓减压。

慢性骨髓炎且包壳已形成者，必须施行清创术。取出死骨、瘢痕和肉芽组织，创口开放，取第二期愈合，并配合应用抗生素；若因骨折内固定感染，清创时，应保护内固定材料，固定不稳定者应加强固定。如患肢炎症无法控制或阻止其蔓延，可考虑从病灶近端截肢。

第七节　脊髓损伤

脊髓损伤是指外力作用下引起脊髓组织的震荡、挫伤或压迫性损伤。脊髓挫伤及震荡是因脊柱骨折或脊髓组织受到外伤所引起的脊髓损伤。临床上，以呈现损伤脊髓节段支配运动的相应部位及感觉障碍和排粪排尿障碍为特征。一般把脊髓具有肉眼及病理组织变化的损伤称为脊髓挫伤；缺乏形态学改变的损伤称为脊髓震荡。临床上多见的是腰脊髓损伤，使后躯瘫痪，所以称为截瘫。本病多发于役用家畜、幼畜和活泼好动的犬。

【病因】机械力的作用是本病的主要原因。临床上常见下列情况：

1. 外部因素　多为滑跌、跳跃闪伤、用绳索套马使力过猛、折伤颈部。山区及丘陵区，家畜放牧时突然滑跌；鞭赶跨越沟渠时跳跃闪伤；因役用畜在超出其力所能及的负荷时，因急转弯使腰部扭伤；因直接暴力作用，如配种时公牛个体过大或笨重物体击伤；被车撞；家畜之间相互踢椎骨引起脱臼、碎裂或骨折等。

2. 内在因素　家畜患软骨病、骨质疏松症和氟骨病时易发生椎骨骨折，因而在正常情况下也可导致脊髓损伤。

【症状与诊断】根据患病动物感觉机能和运动机能障碍，以及排粪排尿异常，结合病史分析，可做出诊断。

脊髓全横径损伤时，其损伤节段后侧的中枢性瘫痪，双侧深、浅感觉障碍及植物神经机能异常。脊髓半横径损伤时，损伤部同侧深感觉障碍和运动障碍，对侧浅感觉障碍。脊髓灰质腹角损伤时，仅表现损伤部所支配区域的反射消失、运动麻痹和肌肉萎缩。

颈部脊髓节段受到损伤时，头、颈不能抬举而卧地，四肢麻痹而呈现瘫痪，膈神经与呼吸中枢联系中断而致呼吸停止，可立即死亡。如部分损伤，前肢反射机能消失，全身肌肉抽搐或痉挛，粪尿失禁或便秘和尿闭，有时可引起延脑麻痹而致咽下障碍、脉搏徐缓、呼吸困难以及体温升高。

胸部脊髓节段受到损伤时，则损伤部位的后方麻痹或感觉消失，腱反射亢进，有时后肢发生痉挛性收缩。

腰部脊髓节段受到损伤时，若损伤发生在前部，则致臀部、后肢、尾的感觉和运动麻痹；损伤在中部，则股神经运动核受到损害，故膝与腱反射消失，后肢麻痹不能站立；若损伤在后部，则坐骨神经所支配的区域、尾和后肢感觉及运动麻痹，肛门哆开，刺激其括约肌时不见收缩，粪尿失禁。

【治疗】治疗原则是加强护理，防止椎骨及其碎片脱位或移位，防止褥疮，消炎止痛，兴奋脊髓。患病动物疼痛明显时，可应用镇静剂和止痛药，如水合氯醛、溴剂等。对脊柱损伤部位，初期可冷敷或用松节油、樟脑酒精等涂擦。麻痹部位可施行按摩、直流电或感应电针疗法、碘离子透入疗法。或皮下注射硝酸士的宁，牛、马 15～30mg，猪、羊 2～4mg，犬、猫 0.5～0.8mg（一次量）。皮质类固醇药常规用于治疗脊髓损伤。最好用长效琥钠甲泼尼松龙。犬、猫剂量分别为每千克体重 2～40mg、10～20mg，肌内注射或静脉注射。

第八节　椎间盘突出

椎间盘突出是指纤维环破裂、髓核突出，压迫脊髓引起的一系列症状。临床上，以疼痛、共济失调、麻木、运动障碍或感觉运动的麻痹为特征。为小动物临床常见病，多见于体型小、年龄大的软骨营养障碍类犬，非软骨营养障碍类犬也可发生。

【病因】一般认为，椎间盘疾病是因椎间盘退变所致，但引起其退变的诱因仍不详。小型品种犬如猎肠犬、比格犬、北京犬及长卷毛犬等最常发生。当已发生椎间盘退变时，外伤可促使椎间盘损伤、髓核突出。异常脊椎应激的影响，椎间盘营养、溶酶体酶活性异常引起椎间盘基质的变化也可诱发本病。

【症状与诊断】椎间盘突出症可分为Ⅰ、Ⅱ两型：Ⅰ型为背侧环全破裂，大量髓核进入椎管；Ⅱ型仅部分纤维环破裂，髓核挤入椎管。前者多见于软骨营养障碍类犬，炎症反应严重；后者常发于非软骨营养障碍类犬，发病慢。

Ⅰ型椎间盘突出症主要表现疼痛、运动或感觉缺陷，发病急，常在髓核突出几分钟或数小时内发生。也有在数天内发病，其症状或好或坏，可达数周或数月之久。

颈部椎间盘疾病主要表现颈部敏感、疼痛。站立时，颈部肌肉呈现疼痛性痉挛，鼻尖抵地，腰背弓起；运步小心，头颈僵直，耳竖起；触诊颈部肌肉极度紧张或痛叫。重者，颈部、前肢麻木，共济失调或四肢截瘫。第 2～3 和第 3～4 椎间盘发病率最高。

胸腰部椎间盘突出，病初动物严重疼痛、呻吟，不愿挪步或行动困难。以后突然发生两后肢运动障碍（麻木或麻痹）和感觉消失，但两前肢往往正常。病犬尿失禁，肛门反射迟钝。上运动原病变时，膀胱充满，张力大，难挤压；下运动原损伤时，膀胱松弛，容易挤压。犬胸腰椎间盘突出常发部位为胸第 11～12 至腰第 2～3 椎间盘。

Ⅱ型椎间盘疾病主要表现四肢不对称性麻痹或瘫痪，发病缓慢，病程长，可持续数月。某些犬也有几天的急性发作。颈Ⅱ型椎间盘疾病最常发生在颈后椎间盘。

X 线检查即可对本病做出正确的诊断。一般普通平片可诊断出椎间盘突出，必要时需施脊髓造影技术。颈、胸腰段椎间盘突出 X 线摄影征象：椎间盘间隙狭窄，并有矿物质沉积团块，椎间孔狭小或灰暗，关节突异常间隙形成。如做脊髓造影术，可见脊索明显变细（被突出物挤压），椎管内有大块矿物阴影。

【治疗】疼痛、肌肉痉挛、轻度伸颈缺陷，如疼痛性麻木及共济失调适宜保守疗法。通过强制休息、消炎镇痛等，减轻脊髓及神经炎症，促使背侧纤维环愈合。皮质类固醇（地塞米松、泼尼松等）是治疗本病综合征的首选药。疼痛严重者可给予镇痛剂。大便、小便排出不畅时，应及时排出积粪、积尿。当病变部位确定且病程较短时，可试行外科手术治疗。麻醉后进行椎间盘开窗术或减压术，取出椎管内椎间盘突出物，以减轻其对脊髓的压迫，缓解症状。

第九节　肌肉疾病

一、肌炎的诊断与治疗

肌炎是肌纤维发生变性、坏死，肌纤维之间的结缔组织、肌束膜和肌外膜也要发生病理变化。肌炎多发生于马，牛、猪也有发生。

【症状与诊断】

1. 急性肌炎　多为突然发病，患部指压有疼痛，增温、肿胀因其部位不同而异，但不论症状轻重都有跛行。一般多数为悬跛，少数呈支跛或混合跛行，悬跛之中有的兼有外展肢势。

2. 慢性肌炎　多来自急性肌炎，抑或致病因素经常反复刺激而引起。患病肌纤维变性、萎缩，逐渐由结缔组织所取代。患部脱毛，皮肤肥厚，缺乏热、痛和弹性，肌肉肥厚、变硬。患肢机能障碍。

3. 化脓性肌炎　除深在肌肉外，炎症进行期有明显的热、痛、肿胀、机能障碍。随着脓肿的形成，局部出现软化、波动。深在病灶虽无明显波动，但可见到弥散性肿胀。穿刺检查，有时流出灰褐色脓汁。自然溃开时，易形成窦道。

【治疗】

1. 急性肌炎　病初停止使役，先冷敷后温敷，控制炎症发展或促进吸收。用青霉素盐酸普鲁卡因封闭，涂刺激剂和软膏。为了镇痛，注射安替比林合剂、2%盐酸普鲁卡因、维生素 B_1 等，也可使用安乃近、安痛定、水杨酸制剂及类皮质激素等。

2. 慢性肌炎　可应用针灸、按摩、涂强刺激剂、石蜡疗法、超短波和红外线疗法，对猪可向股部注射碘化乳剂（处方：鲜牛乳 5～10mL、10%碘酊 5～10 滴），同时注射青霉素。每隔 3d 用药 1 次，注意适当运动。

3. 化脓性肌炎　前期应用抗生素或磺胺疗法，形成脓肿后，适时切开，根据病情注意全身疗法。对某些疾病除药物疗法，可配合装蹄疗法。

二、肌肉断裂的诊断与治疗

肌肉断裂常发生于肌肉弹力和反弹力小的部位，如肌肉的骨附着点、肌纤维与腱的胶原纤维结合处。肌肉断裂，有时是部分断裂，也有完全断裂。

【诊断】肌肉断裂会引起局部功能障碍，其严重程度因断裂部位与程度而异。支撑作用的肌肉断裂时，跛行比较明显。提伸肢的肌肉断裂时，跛行较轻或不明显。局部变化，新患在断裂处凹陷，随炎症发展，局部肿胀，常出现血肿，温热疼痛。

【治疗】病初绝对安静，根据部位尽可能进行固定（石膏绷带及其他固定绷带），有利于促进肌肉的再生修复。局部可应用红外线照射、钙离子诱入疗法、石蜡疗法和刺激剂。治疗 1～2 个月后，根据病情，可进行少量的牵遛运动，不要在痊愈后立即进行重度使役。注意防止复发。

第十节　腱与腱鞘疾病

一、腱炎的诊断与治疗

腱是由多数胶原纤维束所构成，共分三级腱束，相互粘连。其主要机能是传导来自肌肉的运动和固定有关关节。常见的腱的疾病有腱炎、腱鞘炎和腱断裂。

【症状与诊断】

1. 急性无菌性腱炎　突然发生跛行，患部增温，肿胀疼痛。转为慢性后，腱变粗而硬固，弹性降低乃至消失，导致腱的机械障碍。有时因损伤部瘢痕组织形成，腱短缩，发生腱挛缩。腱挛缩骨化，出现腱性球状突出。

2. 慢性纤维性腱炎　其临床特征为患部硬固疼痛肿胀，患病动物每当运动开始，表现严重的跛行，随运动则跛行减轻或消失。休息后，患部迅速出现淤血，疼痛反应加剧。

3. 化脓性腱炎　临床反应剧烈，患病部位常并发局限性蜂窝织炎，最终引起腱的坏死。蟠尾丝虫引起的腱炎，腱呈结节状肥厚，具极坚实感，有时局部形成小脓肿，内含寄生虫，跛行明显。

【治疗】急性炎症时，首先保持患病动物安静，如因肢势不正或护蹄、装蹄不当，则须矫正，以防止腱束继续断裂和炎症发展。发病初期用2%醋酸铅或冰袋冷敷，以控制炎症发展和减少渗出。以后用酒精热绷带、酒精鱼石脂温敷，或涂擦复方醋酸铅散加鱼石脂，以促进炎症的消散和吸收。用盐酸普鲁卡因局部封闭，对该病也有较好的疗效。对慢性腱炎可用烧烙疗法、强刺激剂疗法，诱发急性炎症后，再按急性炎症治疗。化脓、坏死的腱炎，不能恢复机能者，可采用手术疗法，切除后按化脓创处理，必要时装石膏绷带。

二、腱鞘炎的症状与治疗

【症状】腱鞘炎分急性腱鞘炎、慢性腱鞘炎、化脓性腱鞘炎及症候性腱鞘炎4种，不同部位的腱鞘炎则表现出不同的临床特点。

1. 急性腱鞘炎　根据炎性渗出物性质分为急性浆液性腱鞘炎、急性浆液纤维素性腱鞘炎和急性纤维性腱鞘炎。

(1) 急性浆液性腱鞘炎　较多发，腱鞘内充满浆液性渗出物，有的皮下肿胀达鸡蛋大乃至苹果大，有的呈索状肿胀，温热、疼痛，有波动。有时腱鞘周围出现水肿，患部皮肤肥厚；有时与腱鞘粘连，患肢机能障碍。

(2) 急性浆液纤维素性腱鞘炎　渗出物中有纤维素凝块，因此患部除有波动外，在触诊和他动患肢时，可听到捻发音，患部的温热疼痛和机能障碍都比浆液性严重。有的病例渗出液或纤维素过多，不易迅速吸收，转为慢性经过，常发展为腱鞘积水。

(3) 急性纤维素性腱鞘炎　较少见，多为亚急性与慢性经过，局部肿胀较小，而热痛严重，触诊腱鞘壁肥厚，有捻发音。

2. 慢性腱鞘炎　同急性经过，亦分为以下3种：

(1) 慢性浆液性腱鞘炎　常自急性型转变而来或慢性渐进发生。滑膜腔膨大充满渗出液，有明显波动，温热、疼痛不明显，跛行较轻，仅在使役后出现跛行。

(2) 慢性浆液纤维素性腱鞘炎　腱鞘各层粘连，腱鞘外结缔组织增生肥厚，严重者并发骨化性骨膜炎。患部仅有局限的波动，有明显的温热、疼痛和跛行。

（3）慢性纤维素性腱鞘炎　滑膜腔内渗出多量纤维素，因腱鞘肥厚、硬固而失去活动性，轻度肿胀，温热，疼痛，并有跛行。触诊或他动患肢时，表现明显的捻发音，纤维素越多，声音越明显。病久常引起肢势与蹄形的改变。

3. 化脓性腱鞘炎　分急性和亚急性经过。滑膜感染初期为浆液性炎症，患部充血和敏感，如有创伤，流出黏稠、含有纤维素的滑液。经 2～3d 后，则变为化脓性腱鞘炎，患病动物体温升高，疼痛，跛行剧烈。如不及时控制感染，可蔓延到腱鞘纤维层，引起蜂窝织炎，出现严重的全身症状。表现严重的跛行并有剧痛。进而引起周围组织的弥散性蜂窝织炎，甚至继发败血症。有的病例引起腱鞘壁的部分坏死和皮下组织形成多发性脓肿，最终破溃。病后往往遗留下腱和腱鞘的粘连或腱鞘骨化。

4. 症候性腱鞘炎　由结核杆菌引起的牛、猪的结核性腱鞘炎，类似纤维素性炎，肿胀逐渐增大，周围呈弥散肿胀，硬而疼痛。马骡有时因腺疫、布鲁氏菌病及传染性胸膜肺炎导致多数腱鞘同时或先后发病。

【治疗】治疗原则：消除病因，制止渗出，促进吸收，排出积液，防止感染和粘连。

1. 急性炎症期　在病初 1d 内应用冷疗法，如 2% 醋酸铅溶液冷敷，或用硫酸镁或硫酸钠饱和溶液冷敷，同时包扎压迫绷带，以减少炎性渗出。也可用皮质类固醇制剂注入患病腱鞘内，然后用石膏绷带固定。病畜应安静休息。

急性炎症缓解后，可应用温热疗法，如酒精温敷，复方醋酸铅散用醋调温敷等。如腱鞘内渗出液过多，不易吸收，可做穿刺，同时注入 1%～1.5% 盐酸普鲁卡因青霉素（10～50mL），注入后缓慢运动 10～15min，同时配合热敷 2～3d。如未愈合，可间隔 3d 后再穿刺1～2 次，并包扎压迫绷带。

2. 慢性炎症期　用鱼石脂、鱼石脂酒精、热浴、热泥疗法，同时配合按摩、透热疗法、石蜡疗法、碘离子透入疗法等。也可用醋酸氢化可的松 50～200mg 加青霉素 20 万～40 万 IU，注入腱鞘内，每 3～5d 注射 1 次，连用 2～4 次，红外线、TDP、CO_2 激光散焦照射也有效。

如腱鞘内纤维凝块过多而不易分解吸收时，可手术切开排出。切开时，皮肤切口应与腱鞘切口错开，其切开部位应在下方。排出纤维凝块，再用普鲁卡因青霉素溶液洗净，分别缝合腱鞘和皮肤，包扎压迫绷带 3 周。注意防止局部感染。动物应给予适当的运动。

3. 化脓性炎症期　穿刺排脓，然后使用盐酸普鲁卡因青霉素溶液冲洗。手术疗法效果较好，应根据病情，不失时机早期切开，充分排脓，切除坏死组织和瘘管。切口应在患病腱鞘的下方。

三、腱断裂的诊断与治疗

【诊断】

1. 屈腱断裂　患病动物突然重度支跛，站立时以蹄踵负重，蹄尖上翘，蹄底向前。断裂局部明显增温、肿胀和疼痛。发生于掌（跖）部和指（趾）部的屈腱全断裂，有时可摸到腱的缺损（凹陷），开放性屈腱全断裂，于受伤部可摸到平滑整齐或不规则的断端。

2. 跟腱断裂　跟腱完全断裂，站立时患肢前踏，不能负重，跗关节过度屈曲和下沉，跖部倾斜，触诊跟腱弛缓，有凹陷。局部增温、肿胀、疼痛。

【治疗】不全断裂病例，尽早装石膏绷带或夹板绷带固定，限制患部活动，防止转为全断裂。如有外伤时，对创伤外科处理，缝合断腱后再固定。非开放性全断裂，使患病动物取腱断端相互接近的姿势，上石膏绷带固定，让其自然愈合，同时配合包扎长连尾蹄铁。开放性全断裂，用皮外和皮内两种方法对断腱进行缝合。皮外缝合应在充分剃毛消毒的基础上，使用粗的缝线，从腱侧面穿线，进针部位距断端 3～4cm，做单扣绊或双扣绊将两断端拉近打结固定，使断端尽量接近，然后包扎石膏绷带。皮内缝合是用 18 号缝线做双交叉扣绊缝合，进针部位距离断端 5～8cm，交叉穿线，然后拉紧打结，撒布青霉素粉，缝合皮肤，包扎石膏绷带。有时为了增加抗拉强度，防止缝线拉断，可同时使用皮内、皮外缝合。

第十一节　黏液囊疾病

在动物皮肤、筋膜、韧带、腱和肌肉下面、骨和软骨突起的部位存在黏液囊，以减少摩擦。黏液囊壁由里面的内膜和外面的结缔组织构成。当黏液囊发炎时，往往黏液囊内液体增多，囊壁增厚。

一、黏液囊的分布

在皮肤、筋膜、韧带、腱、肌肉与骨、软骨突起部位之间，为了减少摩擦常有黏液囊存在。在诸多黏液囊中，只有枕部、鬐甲部、肘部、腕部、坐骨结节部、膝前部、跟结节部的黏液囊易发生炎症。

二、肘头黏液囊炎的特点与治疗

【特点】在患病动物肘头部出现界限明显的肿胀。初期可感温热，似生面团样，微有痛感。以后，由于渗出液的浸润和黏液囊周围结缔组织的增生，即变得较为坚实。有时黏液囊膨大，并有波动。发炎的黏液囊内积聚含有纤维素凝块的液体，黏液囊大小视病情严重程度而定，小的有鸡蛋大，大的有拳头大。本病一般没有跛行。破溃时流出带血的渗出液。黏液囊内含物有时可被吸收，黏液囊周围的炎症亦随之消失。过度延伸的皮肤形成松弛的皱襞。

【治疗】如黏液囊肿大，影响患肢活动，可行黏液囊摘除术。手术方法：动物全身麻醉，局部剃毛消毒。沿肢体长轴在肿大部位弧形切开皮肤，从周围组织将黏液囊剥离。用消毒液处理创腔，纽孔减张闭合创腔，结节缝合皮肤切口，并安置引流管。术后限制活动，防止创口裂开和局部感染。

三、牛腕前黏液囊炎的特点与治疗

【特点】患病动物腕关节前面发生局限性、带有波动性的隆起，逐渐增大，无痛无热，时日较久，患病皮肤被毛卷缩，皮下组织肥厚。牛的腕前膨大可增至排球大小，脱毛的皮肤胼胝化，上皮角化，呈鳞片状。肿胀的内容物多为浆液性，混有纤维素小块，有时带有血色。如有化脓菌侵入，则形成化脓性黏液囊炎。若腕前皮下黏液囊由于炎症积液多而过度增大，运步时出现机械障碍。

【治疗】可实行姑息疗法，即穿刺放液后注入适量的复方碘溶液或可的松。局部装置压迫绷带。对特大的腕前皮下黏液囊炎，可实行手术切开或摘除。在肿大的前面正中略下方，做梭形切口。将黏液囊整体剥离，结节缝合手术创口。对过多的皮肤做数行平行的结节缝合。皮肤皱褶于一侧，装置压迫绷带。以后每 5d 拆除一行结节缝合（先从靠近肢体的一行开始），最后拆除手术创口的结节缝合。同时，肌内注射青霉素及链霉素，或投以磺胺类药物。

第十二节　外周神经疾病

一、桡神经麻痹的症状与诊断

桡神经是以运动神经为主的混合神经，出臂神经丛向下分布于臂部肌肉，并分出桡浅和桡深两大分支。桡浅神经分布于前臂背侧皮肤，桡深神经分布于前肢腕指伸肌。桡神经麻痹多发生于牛、马、犬，分全麻痹、部分麻痹和不全麻痹。

1. 桡神经全麻痹　站立时肩关节过度伸展，肘关节下沉，腕关节形成钝角，此时掌部向后倾斜，球节呈掌屈状态，以蹄尖壁着地。运动时，患肢各关节伸展不充分或不能伸展，所以患肢不能充分提起，前伸困难，蹄尖曳地前进，前方短步，但后退运动比较容易。由于患肢伸展不灵活，不能跨越障碍，在不平地面快步运动容易跌倒，并在患肢的负重瞬间，除肩关节外，其他关节都屈曲。患肢虽负重不全，如在站立时人为地固定患肢成垂直状态，尚可负重。此点与炎症性疾患不同，临床诊断上应予注意。此时，如将患肢重心稍加移动，则又回复原来状态。快步运动时，患肢机能障碍症状较重，负重异常，臂三头肌及臂部诸伸肌都陷于弛缓状态。皮肤对疼痛刺激反射减弱，以后肌肉萎缩。

2. 桡神经部分麻痹　主要因为损伤支配桡侧伸肌及指伸肌的桡深支。而桡浅支及其支配的肌肉此时仍保持其机能。站立时，常以蹄尖负重。如在平地、硬地上运动时，可见到腕关节、指关节伸展困难。当快步运动时，特别是在泥泞地时，症状加重，患肢常蹉跌（打前失），球节和系部的背面接触地。

3. 桡神经不全麻痹　原发性的出现于病初或全麻痹的恢复期。站立时，患肢基本能负重，随着不全麻痹神经所支配的肌肉或肌群过度疲劳，可能出现程度不同的机能障碍。运动时，肘关节伸展不充分，患肢向前伸出缓慢。为了代偿麻痹肌肉的机能，臂三头肌及肩关节的其他肌肉发生强力收缩，将患肢远远伸向前方。同时，在患肢负重瞬间，肩关节震颤，患肢常蹉跌，越是疲劳或在不平地上运动时，症状越明显。不全麻痹如确诊困难时，可做以下试验证明，动物在站立状态提起对侧健肢，变换头位，牵引患病动物前进或后退，转移体重的重心。此时，肘关节及以下所有各关节屈曲。

二、闭孔神经麻痹的症状

闭孔神经是运动神经，由第 5～7 腰神经组成，沿髂骨体内面和骨盆伸延，经闭孔的外侧穿出，分布于腿内侧的肌肉，如闭孔内肌、内收肌、耻骨肌和股薄肌等。乳牛常发此病，特别是分娩后多见，犬也可发生。

闭孔神经在与骨接触的部分易受损伤，如分娩时胎儿过大压迫神经或助产时强力牵引，引起神经损伤。耻骨骨折、骨盆骨有骨痂或新生物都可压迫神经，引起麻痹。动物滑倒时叉开两肢或因某种原因后肢强力挣扎，也可引起闭孔神经损伤。

成年牛一侧闭孔神经麻痹时，可见患肢外展，运步时即使是慢步，也可见步态僵硬，小心翼翼地运步。两侧闭孔神经麻痹时，患病动物不能站立，力图挣扎站立时，呈现两后肢向后叉开，呈蛙坐姿势。犬两侧麻痹时，在滑的地面，肢可向外侧滑动，两后肢叉开。

三、神经麻痹的治疗方法

神经麻痹的治疗原则是除去病因，恢复机能，促进再生，防止感染、瘢痕形成及肌肉萎缩。为了兴奋神经，可应用电针疗法。为了促进机能恢复，提高肌肉的紧张力和促进血液循环，可进行按摩疗法，病初每日2次，每次15～20min。在按摩后配合涂擦刺激剂。此外，可在应用上述疗法的同时，配合使用维生素（维生素B_{12}、维生素B_1等）。为了防止瘢痕形成和组织粘连，可在局部应用透明质酸酶、链激酶或链道酶。透明质酸酶2～4mL神经鞘外一次注射。链激酶10万U、链道酶25万U，溶于10～50mL灭菌蒸馏水中，神经鞘外一次注射。必要时，24h后可再注射。为了预防肌肉萎缩，可试用低频脉冲电疗、感应电疗、红外线治疗。为了兴奋骨骼肌，可肌内注射氢溴酸加兰他敏注射液，每日每千克体重0.05～0.1mg。此外，可在应用兴奋剂注射后，每日用0.9%氯化钠溶液150～300mL分数点注入患部肌肉内。进行主动运动（牵遛运动）有助于肌肉萎缩的恢复。对患外周神经损伤或神经麻痹的患病动物，混在放牧群中放牧，可自然康复。针灸疗法对神经麻痹有良好效果。必要时可实施手术疗法，如神经松解术和神经吻合术等。

第十三单元 皮 肤 病★★

第一节 概 述

动物皮肤病是兽医临床的常见疾病，随着犬、猫等伴侣动物饲养量的增加，小动物的皮肤病在国内兽医临床上占有的比例越来越大。兽医临床常见皮肤病的分类主要为细菌性感染、真菌性感染、外寄生虫性感染、代谢性皮肤病、内分泌失调性皮肤病、遗传性皮肤病、皮肤免疫异常性皮肤病等。本节就小动物皮肤病的临床表现与诊断做一描述。

一、皮肤病的临床表现

在皮肤病的发生过程中，皮肤出现各种各样的变化，大体可分为两大类。

（一）原发性损害

为各种致病因素引起的皮肤原发性缺损，又可分为9种。

1. 斑点　斑点或斑是指皮肤局部色质的变化，其形态为皮肤表面平整，有颜色变化。其变化可能主要是因黑色素增加或消退之故，如白斑；或急性皮炎过程中因血管充血而出现的红斑。

2. 斑　斑点的直径超过1cm称为斑。如华法林中毒时，犬皮肤出现中毒性血斑。

3. 丘疹　指突出于皮肤表面的局限性隆起，是由于炎性细胞浸润或水肿形成，呈红色或粉红色。其大小在7~8mm，针尖至扁豆大小。有圆形、椭圆形或多角形不等，质地较硬。丘疹常与过敏或瘙痒有关。

4. 结或结节　突出于皮肤表面的隆起，是深入皮内或皮下有弹性坚硬的病变，其大小为7~30mm。

5. 脓疱　指皮肤上小的隆起，其内充满脓汁，并形成小的脓肿。常因葡萄球菌感染、毛囊炎、犬痤疮等所致。

6. 风疹　界限明显，为顶部平整的隆起，这是因为水肿所致。隆起部位的被毛高于正常皮肤，这在短毛犬更易见到。风疹与荨麻疹反应有关，皮肤过敏试验呈阳性反应。

7. 水疱　突出于皮肤，内含清亮液体，直径小于1cm。其疱囊易破损，留下湿润的红色缺损，且呈片状。

8. 大疱　直径大于1cm，因易破损而难以被发现。在犬大疱病损处常因多形核粒细胞浸润而出现脓疱。

9. 肿瘤　由含有正常皮肤结构的肿瘤组织构成，其种类很多，大小差异很大。

（二）继发性损害

犬皮肤受到原发性致病因素作用引起皮肤损害之后激发的其他病变。

1. 鳞屑　为皮肤表层脱落的角质片。成片的皮屑蓄积是因表皮角化异常所致。鳞屑发生于许多慢性皮肤炎症过程之中，特别是皮脂溢、慢性跳蚤过敏和全身性蠕形螨感染的病变过程中。

2. 痂　由干燥的渗出物形成所致，包括血液、脓汁、浆液等。痂黏附于皮肤表面，患部常出现外伤。

3. 瘢痕　皮肤的损伤超越表皮，造成真皮和皮下组织的缺损，由新生的上皮和结缔组织修补或替代，因纤维组织成分多，有收缩性但缺乏弹性而变硬，称为瘢痕。瘢痕表面光滑，无正常表皮组织，缺乏毛囊、皮脂腺等附属器官组织，肥厚性瘢痕不萎缩，高于正常组织。

4. 糜烂　当水疱和脓疱破裂时或由于摩擦和啃咬，使丘疹或结节的表皮破溃而形成的创面，其表面因浆液漏出而湿润，若破损未超过表皮则愈合无瘢痕。

5. 溃疡　指表皮变性、坏死脱落而产生的缺损，病损已达真皮。它代表严重的病理过程和愈合过程，总伴随着瘢痕的形成。

6. 表皮脱落　它是表皮层剥落而形成的。因为瘙痒，犬会自抓、摩擦、啃咬。常见于虱子感染、特异性皮炎、反应性皮炎等。表皮脱落为细菌感染打开了通路。常见于犬泛发性耳螨性皮肤病造成的表皮脱落。

7. 苔藓化　因瘙痒，动物搔抓、啃咬皮肤，使皮肤增厚变硬。患病部位常呈高色素化，

8. 色素过度沉着　黑色素在表皮深层和真皮表层过量沉积，可能随着慢性炎症过程或肿瘤形成过程而出现，且常伴随与犬一些内分泌性皮肤病有关的脱毛。甲状腺功能减退过程中的脱毛与犬色素沉着有关，未脱掉的被毛干燥、无光泽和坏死。

9. 低色素化　色素消失多与色素细胞破坏、色素产生停止有关。低色素发生在慢性炎症过程中，尤其盘状红斑狼疮。

10. 角化不全　棘细胞经过正常角化而转变为角质细胞，它含有细胞核并有棘突，堆积较厚者称为角化不全。

11. 角化过度　表皮角化层增厚常因皮肤压力所致，如骨隆起处胼胝组织的形成。更常见于犬瘟热病程中的脚垫增厚、粗糙，鼻镜表面因角化过度而干裂，以及慢性炎症反应。

12. 黑头粉刺　由于过多角蛋白、皮脂和细胞碎屑堵塞毛囊而形成，常见于某些激素性皮肤病。如犬库欣综合征病程中可见到黑头粉刺。

二、皮肤病的诊断

临床兽医在诊断皮肤病时，需通过问诊了解病史和用药情况，同时做体检以获得详细的资料，不要忽视其他可能存在的疾病。然后，做皮肤病的临床化验和必要的实验室分析，以便综合判断病因。

1. 问诊　了解病程和病史。病程部分包括：病初期动物的表现；用过什么药，用药后症状逐步减轻还是继续加重；犬、猫生活的环境，有无地毯、垫子，是否常去草地戏耍；是否接触过病犬、病猫；用什么洗发液，如何使用洗发液，以及洗澡的方式和次数；犬、猫哪个部位皮肤有病损，是否瘙痒等。病史的调查涉及动物是否患过螨虫感染、真菌感染；是否处于分娩后期；有无药物过敏史、接触性皮炎史和传染病史。

2. 一般检查　其检查内容包括：

（1）观察被毛是否逆立，有无光泽，是否掉毛，掉毛是不是双侧性的，局部皮肤的弹性、伸展性、厚度，有无色素沉着等。

（2）检查局部病变的部位、大小、形状，集中或散在，单侧或对称，表面有无隆起、扁平、凹陷、丘状等；平滑或粗糙，湿润或干燥，硬或软，弹性大或小，局部的颜色等。

3. 实验室检查　在许多情况下仅凭兽医的肉眼观察难以判断，故必须通过实验室检查做出正确诊断。其实验室检查内容包括：

（1）寄生虫检查　①玻璃纸带检查即用手贴透明胶带，逆毛采样，易发现寄生虫；②皮肤病料检查；③粪便检查。

（2）真菌检查　①剪毛要宽些，将皮肤挤皱后，用刀片刮到真皮，渗血后，将刮取物放到载玻片上，镜检；②Wood's灯检查；③真菌培养，即在健康处与病灶交界处取毛，放入真菌培养基中培养。

（3）细菌检查　直接涂片或触片标本进行染色检查、细菌培养和药敏试验等。

（4）皮肤过敏试验　局部剪毛剃毛消毒后，用装有皮肤过敏试剂的注射器，分点做不同的变应原试验，局部出现黄色丘疹则为过敏。

（5）病理组织学检查　直接涂片或活体组织检查。

（6）变态反应检查　皮内反应和斑贴试验。

・ 427 ・

（7）免疫学检查　如免疫荧光检查法。

（8）内分泌机能检查　如测定甲状腺、肾上腺和性腺的机能。

第二节　犬脓皮症

犬脓皮症是由化脓菌感染引起的皮肤化脓性疾病，临床上发病率高，北京犬、可卡犬、沙皮犬、松狮犬、藏獒、德国牧羊犬、大丹犬、腊肠犬和大麦町犬等品种犬易发。临床上主要表现为幼犬脓皮症、浅层脓皮症和深部脓皮症三种类型。

【病因】其病因有原发性和继发性两种。动物皮肤不洁、毛囊口被污染堵塞、局部皮肤过度摩擦，以及引起皮脂腺机能障碍等因素均可导致脓皮症伪中间型葡萄球菌是主要致病菌。金黄色葡萄球菌、表皮葡萄球菌、链球菌、化脓性棒状杆菌、大肠杆菌和奇异变形杆菌等也可引起本病的发生。过敏（皮肤穿透性增大）、外寄生虫感染、代谢性和内分泌性疾病（影响皮肤的生理屏障）也是浅层脓皮症的重要病因。影响皮肤微生态环境的因素（皮肤表面的酸碱度、湿度、温度等的改变）可能是脓皮症发生的诱因。

【临床表现】浅层脓皮症是犬常见的皮肤病。病灶多为圆形脱毛、圆形红斑、黄色结痂、丘疹、脓疱、斑丘疹或结痂斑，这些都是犬的浅层脓皮症的典型症状。2～9月龄犬发病，在其腹部或腋窝处稀毛区出现非毛囊炎性脓疱。破溃的脓疱会出现小的淡黄色结痂或环状皮屑，瘙痒可能会出现。深部脓皮病的患犬精神萎靡，食欲不振，发热和淋巴结病可能出现。局部疖病可出现在下颌部、受压部位或指（趾）间区。硬毛、短毛犬种更易出现疖病。

【诊断】幼犬的脓皮症主要出现在前后肢内侧的无毛处，成年犬脓皮症的发病部位不确定，可见皮肤上出现脓疱疹、小脓疱和脓性分泌物。多数病例为继发的，临床表现为脓疱疹、皮肤皲裂、毛囊炎和干性脓皮病等症状。

实验室诊断可从患病皮肤直接涂片或刮取涂片。必要时做活组织检查、细菌培养和药敏试验，并根据药敏试验结果指导临床用药。

【治疗】局部用药配合全身用药是治疗脓皮症的基本原则。对于继发感染性脓皮症应治疗原发病。

浅层脓皮症的治疗，使用抗菌香波的效果依赖于正确而及时的诊断和根据药敏试验指导下的用药。对于深层脓皮症，需要局部和全身应用抗生素。红霉素、林可霉素类、TMP、头孢菌素类、甲硝唑、阿米卡星和恩诺沙星等药物可用于治疗，用药的剂量应该依据药典的规定，注意用药的方法、剂量、疗程与药物使用的顺序。一般情况下，治疗犬的脓皮症需要4～6周的时间。当临床脓皮症的症状缓解后，建议继续使用抗生素7～10d，以减少复发。

使用抗脓皮症香波、犬重组干扰素γ等，有助于本病的康复。正确地使用香波和减少肉食量，可减少某些犬脓皮症的发生率。

第三节　真菌性皮肤病

真菌性皮肤病

【病因】真菌性皮肤病又称皮肤癣病，是由嗜毛发真菌引起的毛干和角质层的感染。经常发生于犬、猫，尤其是幼年的犬、猫，免疫功能低下的动物及长毛猫。犬、猫的真菌性皮肤病主要感染的是犬小孢子菌，其次是石膏样小孢子菌和须发癣菌，但不同地区和不同气候条件下，犬致病真菌的种类也会发生变化；猫的真菌性皮肤病95％以上是由犬小孢子菌所致。传染的方式是直接接触感染。病原菌在失活的角化组织中生长，当扩散至活组织细胞时则会立即停止生长。从临床上看，犬真菌性皮肤病多为继发性，而猫常为原发性。本病也可感染人。

【临床表现】断毛、少毛、无毛和掉毛是主要的临床表现。患真菌性皮肤病的犬、猫患部断毛、掉毛或出现圆形脱毛区，皮屑较多。也有不脱毛、无皮屑而患部有丘疹、脓疱或脱毛区皮肤隆起、发红、结节化，这是真菌急性感染或存在继发性细菌感染，称为脓癣。患病犬面部、耳朵、四肢、趾爪和躯干等部位易被感染，病变处被毛脱落，呈圆形或椭圆形，有时呈不规则状；患真菌性皮肤病的猫以低于 6 月龄的幼猫为主，以圈状掉毛为主，并不断向外扩散。慢性感染的犬和猫患处皮肤表面伴有鳞屑或呈红斑状隆起，有的呈痂，痂下因细菌继发感染而化脓。痂下的皮肤呈蜂巢状，有许多小的渗出孔。

【诊断】诊断真菌感染常用 Wood's 灯、镜检和真菌培养。Wood's 灯检查是用该灯在暗室里照射病患部位的毛、皮屑或皮肤缺损区，出现荧光为阳性。患部拔毛或者刮取患部鳞屑、断毛或痂皮置于载玻片上，加数滴 10％KOH 于载玻片样本上，微加热后盖上盖片。显微镜下见到真菌孢子即可确认真菌感染阳性。

【治疗】主要根据病的轻重，采用外用药物和内服药物治疗为主。常用特比萘酚，口服或外用，但特比萘酚对酵母菌效果差。轻症、小面积感染可敷酮康唑乳膏、咪康唑乳膏和克霉唑软膏或特比萘酚霜。用时将患部及周围剪毛，洗去皮屑、痂皮等污物，再将软膏涂在患部皮肤上，每日 2 次，直到病愈。对于重症或慢性感染的病犬，应该外敷软膏配合内服 1 周以上的特比萘酚药片，每日 1 次；避免空腹给药，以防呕吐。外用抗真菌药物冲洗或浸润应每周进行 1～2 次，至少持续 4～6 周，直至复诊时真菌培养结果为阴性。药物浸润前使用含氯己定、咪康唑或酮康唑的香波为动物洗浴对治疗有帮助。犬患有全身性真菌性皮肤病时可只使用外用药，但猫几乎都需同时全身用药。

隔离患病犬。由于犬的用具，如被病犬污染的笼子、梳子、剪刀和铺垫物等能传播真菌性皮肤病。因此，犬的用具不能互相用，而且应消毒处理。由于患病犬能传染其他犬或人，患病的人也能传染真菌性皮肤病给犬。因此，人与犬的消毒也是预防犬病的重要一环。口服抗真菌药物 2 周后，建议检测肝功能。

第四节　马拉色菌病

【病因】厚皮症马拉色菌是一种单细胞真菌，常少量发现于外耳道、口周、肛周和潮湿的皮褶处。犬机体发生超敏反应或该菌过度生长时，会引起皮肤病。马拉色菌过度生长通常与潜在因素有关，如遗传性过敏、食物过敏、内分泌疾病、皮肤角质化紊乱、代谢病或长期皮质激素治疗。对于猫，马拉色菌过度生长引起的皮肤病可继发于其他疾病（如猫免疫缺陷病毒病、糖尿病）或体内恶性肿瘤。在特殊情况下，广泛性马拉色菌皮肤病可发生于猫胸腺瘤相关皮肤病或癌旁脱毛症。犬马拉色菌病比较常见，尤其是美国可卡犬、西高地犬、腊肠犬、英国雪达犬、巴吉度犬、西施犬、史宾格犬和德国牧羊犬等。犬舔患部皮肤，是犬马拉色菌感染的主要因素之一。

【临床表现】被毛着色和患部皮肤湿红是本病的主要表现。可发生轻度到严重的瘙痒，伴有局部或广泛性脱毛、慢性红斑和脂溢性皮炎。随疾病缓慢发展，受影响的皮肤可发生苔藓化、色素沉积和过度角质化。通常有难闻的体味。病变可涉及趾间、颈部腹侧、腋窝部、会阴部及四肢折转部。常并发真菌性外耳炎。

猫的症状包括黑色蜡样外耳炎、慢性下腭粉刺、脱毛、多发性到广泛性的红斑和脂溢性皮炎。

【诊断】排除其他鉴别诊断疾病。

细胞学（胶带检查，皮肤压片）：单细胞真菌过度生长，可通过每个高倍镜视野（100×）下多于2个圆形至椭圆形出芽的单细胞真菌确诊。但在真菌过敏时，可能较难找到菌体。

皮肤组织病理学：浅表血管周及间质淋巴细胞性皮炎，角质层有单细胞真菌或假菌丝。菌体可能数量稀少并很难找到。

真菌培养：厚皮症马拉色菌。

【治疗】对于程度较轻的病例，单纯体表用药通常有效。患病动物应每2~3d局部涂擦2%酮康唑软膏或先用2%氯己定溶液局部清洗，再涂擦2%咪康唑，直至病变消退。复诊时细胞学检查中没有菌体（2~4周）。中度至重度病例，可每12~24h和食物一起口服酮康唑，每千克体重5mg（犬）；或者口服伊曲康唑，每千克体重5mg。治疗必须持续进行，直至病变消退。复诊时细胞学检查无菌体（2~4周）。每周1~2次用抗真菌香波洗浴，可防止复发。

第五节 瘙痒症

瘙痒症是指临床上无任何原发性皮肤损害而以瘙痒为主的皮肤病，是一种症状而非疾病。

【病因】本病病因有全身性和局部性两种。全身性病因包括变态反应，细菌、真菌感染，肝脏疾病，糖尿病，肾功能不全，恶性肿瘤，伪狂犬病，内分泌紊乱疾病，胃肠机能紊乱，维生素缺乏及神经性疾病等。全身性瘙痒症的外因还与环境因素（包括湿度、季节）、外用药物、不当洗浴（引起皮肤皮脂腺与汗腺分泌功能减退）等致使皮肤干燥有关。局部性病因有寄生虫感染，如绦虫、蛲虫、舌形虫等引起肛门或鼻孔瘙痒。母猫也可能受发情的影响而发生本病。

【发病机制】一般认为瘙痒是由神经介质传递所致。其传递介质包括组胺、蛋白水解酶、P物质、激肽等。痒觉经神经末梢传递至脊髓，再经脊髓腹侧脊髓-丘脑通道上传至大脑皮层。真菌、细菌抗原-抗体反应和肥大细胞脱颗粒时均可释放或产生蛋白水解酶。白细胞三烯、前列腺素、凝血噁烷A2（花生四烯酸的分解产物）均可诱发炎症的产生。

【症状】主要表现瘙痒不安，其瘙痒有全身性和局部性，有持续性和阵发性。瘙痒的程度也表现不一，往往由于气候变化或外界各种刺激而使症状加重。

瘙痒症本身无皮肤的病理变化，但由于剧烈的瘙痒，犬、猫因舔、咬、抓、擦等动作，而使被毛脱落、皮肤潮红，甚至渗出液增多。猫出现瘙痒时，会鸣叫、不安、勾头或狂暴追咬自己的尾部。重者，皮肤出现伤痕和血痂，时久，皮肤粗糙、增厚，甚至感染。

【诊断】包括临床问诊、视诊和实验室检查等，以区别真菌、细菌、变态反应原等病因，必要时做活组织检查。

【治疗】查明病因，对症治疗。全身应用各种抗组胺及镇静止痒剂如氯苯那敏、异丙嗪、安定等。当确诊为特发性疾病时，可使用皮质类固醇或非类固醇类（NSAIDs）抗瘙痒药物（如阿司匹林、抗组胺或必需脂肪酸等）。应注意，尽管皮质类固醇类药物药效确实，但许多动物可能需终身服用，以控制瘙痒。因此，先用 NSAIDs 抗瘙痒类药物治疗 1个月，如有疗效，则可避免长期服用皮质类固醇类药物给患病动物带来不良反应。对全身性瘙痒症，可静脉注射 10％葡萄糖酸钙或 10％硫代硫酸钠等。局部瘙痒症，结合全身治疗，局部外用各种止痒剂，如 1％薄荷脑软膏、1％达克罗宁（dyclonine）洗剂或乳剂。也可外用皮质类固醇软膏，如 0.1％～0.25％醋酸氢化可的松软膏及 0.025％地塞米松软膏等，每日 2～4 次。

氯雷他定是第二代的抗组胺药物，高效，作用时间长，是治疗犬皮肤瘙痒症的新药。

第六节 湿 疹

湿疹是皮肤的表皮细胞对致敏物质所引起的一种炎症反应。其特点是患部皮肤出现红斑、血疹、水疱、糜烂、结痂和鳞屑等损害，伴有热、痛、痒等症状。春、夏季多发。

【病因】引起湿疹的病因较多，也较复杂，至今仍未十分清楚，常有以下因素：

1. 外界因素 因皮肤不洁，污垢蓄积在被毛，使皮肤受到直接的刺激。犬猫舍过于潮湿、各种化学物质的刺激、强烈日光照射、昆虫叮咬、长期被脓性分泌物浸渍等都可导致湿疹的发生。

2. 内在因素 因消化道疾病，肠道腐败分解的产物被机体吸收、摄入致敏食物、某些抗原等均可引起机体的变态反应；也有因潮湿、日光、药物等引起的变态反应。营养失调、维生素缺乏、代谢紊乱等是诱发湿疹的主要因素。

外界或内在的致病因子引起组胺、乙酰胆碱等物质增多，导致毛细血管扩张和渗透性增高，从而发生浆液渗出和组织液向角质层流动和生发层细胞间隙日益扩张，使生发层更为潮湿，细胞发生膨胀，最后导致湿疹。中枢神经和外周神经的机能障碍，以及内脏的病理变化对湿疹的发生也起着重要的作用。

【症状】按病程和皮肤损伤可分为急性湿疹和慢性湿疹两种。

1. 急性湿疹 多开始于耳下、颈部、背脊、腹外侧和肩部。病初在患部呈较小的圆形疹面，经 1～2d 融汇成手掌大或更大的疹面。疹面界限明显，呈橙黄色或红色，边缘有新鲜血疹和小水疱，再外侧为一较暗的红色圈。在疹面中央有一层黄绿色的薄痂，分泌浆液性至脓性渗出物。动物表现疼痛和极痒，由于搔、擦、舐、抓的机械刺激，炎症向真皮深部，甚至向皮下蔓延。皮肤肿胀，如不及时正确处理，极易发生脓疱或脓肿。

2. 慢性湿疹 常发生于背部、鼻、颊、眼眶等部位，犬尤易发生鼻梁湿疹。慢性湿疹表现被毛稀，皮肤出现不一致增厚而皱起、剧痒，病程较长。发生在鼻镜时，在鼻镜一侧或两侧出现无毛、无燥，呈灰色颗粒状。腕部和踵部的慢性疱疹主要表现痒感和形成鳞屑。阴囊、包皮或阴门湿疹可出现水疱、发痒。趾间湿疹开始形成水疱，以后流水、疼痛，病程较长。也有在耳郭和外耳道发生湿疹。

【诊断】根据临床症状特点一般予以诊断。急性湿疹表现为小圆形、手掌大或更大的疹面，红肿，并有渗出倾向；慢性湿疹多引起被毛稀疏、皮肤增厚、剧痒。急性湿疹应与接触性皮炎相区别；慢性湿疹须与神经性皮炎相鉴别。

【治疗】治疗原则是除去病因、脱敏和消炎等。

1. 除去病因　保持皮肤清洁和干净。动物舍内通风良好、阳光充足、清洁和干燥。动物经常运动，及时治疗发生的疾病。

2. 脱敏止痒　肌内注射盐酸异丙嗪 25～100mg 或口服 50～200mg，或肌内注射盐酸苯海拉明 0.5～1mg 或口服 30～60mg。

3. 消除炎症　根据湿疹的不同时期，采用不同的治疗方法。急性期无渗出时，剪去被毛，用炉甘石洗剂（炉甘石 15g、氧化锌 5g、甘油 5mL，水加至 100mL），或用麻油和石灰水等量混合涂于患部。有糜烂渗出时，小面积者可用皮质类固醇软膏，也可选用生理盐水、3%硼酸液冷湿敷。当渗液减少后，可外用氧化锌滑石粉（1∶1）、碘仿鞣酸粉（1∶9）或20%～10%氧化锌油等。慢性湿疹患者，一般选用焦油类药较好，如煤焦油软膏、5%糖馏油等。也可用含有抗生素、皮质类固醇的软膏。

第七节　犬过敏性皮炎

【病因】犬的皮肤过敏主要有三种形式：遗传性过敏、接触性过敏和食物过敏。

1. 遗传性过敏性皮炎　某些易感品种动物对环境中的过敏原产生的Ⅰ型过敏反应。遗传性过敏性皮炎是动物受到遗传基因的影响而对外界过敏原表现相对敏感的结果。

2. 接触性过敏性皮炎　一种在稀毛区不常出现的丘疹，斑性皮炎。本病多发于接触易产生过敏反应的动物，是机体对于经皮肤吸收的半抗原产生的细胞介导的Ⅳ型过敏反应。

3. 食物过敏性皮炎　由饮食引起的不常见的非阵发性的过敏，是犬对于消化吸收的食物及添加剂产生的反常的免疫反应。食物过敏并不常与饮食的改变相伴随出现。有些动物甚至食用可引起过敏的食物超过两年而不引发任何症状。可能引发犬过敏的食物原料包括牛肉、牛奶、禽产品、小麦、大豆、谷物、羊肉和鸡蛋等。

【临床表现】

1. 遗传性过敏性皮炎　多发于年青成年犬（1～3 岁），为周期性瘙痒。瘙痒表现为频繁而剧烈，常影响的部位如面、伸肌与屈肌皮肤表面、腋窝、耳郭和腹股沟等。自我损伤，引起继发性皮肤病变，如脱毛、鳞屑、结痂、苔藓化等。

2. 接触性过敏性皮炎　犬在常接触地面、被毛稀少的部位，如腋下、腹部、指（趾）间、腹股沟、肷部或会阴出现瘙痒性红斑或丘疹。

3. 食物过敏性皮炎　虽然食物过敏并不引起极度的瘙痒，但可引发自身损伤和浅表脓皮病。多数症状与跳蚤叮咬过敏相似，但也可能表现为外耳炎。这种瘙痒在使用糖皮质激素后，仍然无法减轻。19%～35%的犬可复发过敏症，包括遗传性过敏性皮炎、跳蚤叮咬、接触性与外寄生虫性皮炎。继发性疾病包括外耳炎、角质层疾病、浅表脓皮病和马拉色菌性皮炎。

【诊断】一般需要鉴别犬跳蚤叮咬性过敏、药物过敏、遗传性过敏性皮炎、外寄生虫、浅表毛囊炎、接触性皮炎和角质层疾病。

1. 遗传性过敏性皮炎 应建立在病史与临床表现相统一的结果上，并且要排除其他可能引起瘙痒的原因。对于过敏性皮炎，继发感染可加重瘙痒症状，并增加本病的复发概率。因此，应注意可能的继发疾病，如外/中耳炎、浅表脓皮病、急性湿疹、角质层疾病、马拉色菌性皮炎、跳蚤叮咬过敏（犬多伴发遗传性过敏性皮炎）、四肢舔咬性皮炎、瘙痒性纤维结节（在犬跳蚤叮咬过敏中可表现出来）。

2. 接触性过敏性皮炎 主要是根据病史和临床症状排除其他疾病，诊断可进行刺激试验、斑点试验，以及损伤的组织学检查。

3. 食物过敏性皮炎 当患病犬食用消除过敏性食物（一种先前未食用过的蛋白质或糖类）超过6～12周后，过敏得到改善，方可诊断为食物过敏。营养均衡的人类食物是理想的食物，因为它不含其他添加剂。在此期间，应停止使用营养添加剂、抗生素、抗心丝虫药物，并停止其他治疗。为了确诊，还应给动物饲喂原先的食物1～14d，来观察其可能引发的症状。

【治疗】犬遗传性过敏性皮炎当无法避免接触过敏原时，脱敏并延缓过敏周期是治疗的主要选择。脱敏应建立在皮内试验或皮内过敏试验的基础上，这样可在60%～80%的犬中有效地减少瘙痒感与对其他治疗的需求。若脱敏成功，可保持3～12个月。对症治疗包括使用抗组胺药物与必需脂肪酸，外用止痒药，隔天口服糖皮质激素，避免接触过敏原（假如有可能），并同时治疗继发疾病。

治疗接触性过敏性皮炎时，主要防止动物继续接触过敏物。乙酮可可碱（每千克体重10～20mg口服，每8～12h 1次）对于过敏有较好的疗效。糖皮质激素也可减轻症状，使用抗生素可防止继发感染。

治疗食物过敏性皮炎原则是通过辨认过敏原并将其清除出日常食物来改善动物的过敏情况，并寻找可替代的营养物质或添加剂。

第八节　甲状腺功能减退性皮肤病

【病因】犬、猫发生甲状腺功能减退症时，皮肤出现异常脱毛。7岁左右的犬（中年犬）易患此病，纯种犬发病率高，有的甚至从2岁开始。在甲状腺功能减退状态时，有几种情况发生：毛发生长初期没有开始，毛囊进入毛发生长终期或处于毛周期休止状态，并有不正常的脱落（减少或过多）和易于拔毛并很少再生长；表皮角质化变得失调，产生表皮和毛囊角化过度（脱屑、皮肤增厚、黑头粉刺）；脂肪腺萎缩、脂肪分泌减少及（或）品质异常；皮肤脂肪酸浓度发生变化；非正常的潜在刺激耳垢分泌积聚在耳上会引起外耳炎；色素沉着过度常会发生，但是机理未知；黏膜水肿可能会出现，特别是在较慢性、严重的甲状腺功能减退病中；皮肤可能会因新陈代谢减慢或末梢血管收缩而摸起来很凉。存在着一种表皮或深层细菌性脓皮病、马拉色菌感染、蠕形螨病的诱因，表皮在异常环境中细菌繁殖加快或者甲状腺功能减退引起获得性免疫缺陷。先天性甲状腺功能减退极罕见。

【临床表现】犬患病时，四肢和头部一般不掉毛，脱毛区主要在颈部、背部、胸腹两侧，少见四肢脱毛。被毛粗糙、无光泽，干燥稀疏并变脆，对称性脱毛或鼻梁部脱毛，常有异味（细菌感染）。主要症状包括以下几个方面：犬患部被毛稀少，毛短而细，精神差，不愿走动，很易死亡；身上有异味；脱毛常自尾部开始，然后向前部扩散，犬尾外观呈"鼠尾"

样；脱毛处皮肤可见色素过度沉着、增厚而苔藓化，皮温低，皮屑多，甚至出现变态性皮肤病，如皮脂溢或脂溢性皮炎；皮肤可因黏蛋白沉积、水肿而变厚。由于细菌、真菌繁殖，造成炎症。剪毛后被毛不易再生长。本病自身一般没有皮肤瘙痒，若出现瘙痒，常是继发脓皮病、马拉色菌感染或蠕形螨病。非皮肤性症状，可见到嗜睡、精神沉郁、肥胖、喜热、神经肌肉机能紊乱和繁殖障碍等。

患病猫的毛和皮肤一般会变暗、干燥和有鳞屑；耳郭掉毛（中间和外侧）是常见的；剪毛后会有易变的再生长；而对称的、躯干秃毛不常见。常会掉毛过多，褪色、脱屑并一般会看起来很粗糙，皮肤可能会局部变热和湿润，由自我损伤引起的脱毛最常见于尾膝股、腹股沟部位、背和两侧；指甲生长速率加快。

【诊断】根据临床症状和血液学生化检测 T_3 和 T_4，发现低于正常值可确诊。

【治疗】可服用甲状腺素配合香波洗涤患病犬。一般用甲状腺素治疗时最快 3 周见效，有时 3 个月见效。先用 T_4，仍不见效时再用 T_3（比 T_4 强几十倍）。病程进一步发展可见皮肤脱毛，苔藓化，皮肤感染螨虫也常见。在用甲状腺素治疗的同时，应当治疗细菌的感染。

适当的甲状腺激素补充能够解决临床和组织学上的症状。首先，通常在开始治疗后 3～4 周内，毛皮再生长；4～6 个月后，会长出丰满的皮毛；在治疗的前 2～6 周，脱毛、脱屑和瘙痒有所增加，这是由皮肤新陈代谢再激活引起的。使用抗皮脂溢出香波和保湿液；如出现皮肤瘙痒，考虑短期口服氢化泼尼松，开始时每日每千克体重 0.5～1mg，并在 1～3 周后减少剂量。对继发的脂溢性皮炎、脓皮病、马拉色菌性皮炎或蠕形螨病，要进行适当的局部和全身治疗。

治疗 2～4 个月后，应在给药后 4～6h 检测血清 T_4 水平，结果应高于正常或超常范围。如水平低或在正常范围内以及临床改善不明显，应将左旋甲状腺素剂量增加，并在 2～4 周后再次检测 T_4 水平。如出现由于用药过量导致的甲状腺毒症（如精神紧张、气喘、烦渴多饮和多尿），则需要检测血清 T_4。如水平显著升高，应暂时停止给药，直到副作用消失；然后，在一个较低的剂量或较低的给药频率开始重新给药。虽然甲状腺功能减退导致的神经肌肉异常可能不会完全消失，但用甲状腺素替代治疗预后良好。

第九节　肾上腺皮质机能亢进性皮肤病

【病因】本病犬发生率比猫高，而且纯种犬的发病率更高。主要是肾上腺皮质激素的分泌过多（内源性因素），也见于医源性长期使用糖皮质激素造成的。肾上腺皮质激素的分泌过多，常见于垂体肿瘤和肾上腺皮质肿瘤，其中垂体疾病占发病率的 80% 左右。垂体肿瘤时，促肾上腺皮质激素释放激素（ACTH）大量产生，使正常的反馈功能紊乱，造成两侧肾上腺皮质肥大，过度分泌糖皮质激素（垂体依赖性）。肾上腺皮质肿瘤时，可直接产生过多的糖皮质激素（肾上腺皮质依赖性）。

【症状】主要表现为对称性脱毛，食欲异常，腹部膨大和多饮多尿。常见病犬肥胖，脱毛和代谢异常。肥胖是由于吃食多，多饮多尿，造成病犬腹部增大。脱毛是因为丢失蛋白质，毛的再生受到影响。丢失蛋白质，使病犬皮肤薄而松，较脆。肌纤维无力使腹部松弛，四肢肌肉无力，运步蹒跚。严重时，皮肤表面有钙化、结痂，而且恢复困难，因为毛囊堵塞甚至造成痤疮。

【诊断】腹部超声或 X 线拍片，可见肾上腺肿瘤或增生肥大。

肾上腺功能试验：①促肾上腺皮质激素（ACTH）刺激试验：注射 ACTH 后，血液皮质类固醇水平升高，提示为内源性肾上腺皮质机能亢进。②小剂量地塞米松抑制试验：每千克体重注射 0.01mg 地塞米松，血液皮质类固醇水平仍然高，提示为内源性肾上腺皮质机能亢进。③大剂量地塞米松抑制试验：每千克体重注射 0.1mg 地塞米松，若血液皮质类固醇水平仍然高，提示可能为肾上腺肿瘤；若血液皮质类固醇水平降低，提示可能为垂体肿瘤。

【治疗】肾上腺皮质肿瘤比较容易摘除，垂体肿瘤的摘除术开展得较少。

肾上腺皮质肿瘤：口服氯苯二氯乙烷（米托坦），剂量为每千克体重 50mg，每日 1 次，连用 7～14d，有一定效果。每周做 1 次 ACTH 刺激试验，若糖皮质激素水平仍然较高，加大剂量，每千克体重 75～100mg，每日 1 次，连用 7～14d，待糖激素水平正常时，改为每周口服 2 次，每千克体重 25～35mg。

垂体肿瘤：口服氯苯二氯乙烷，剂量为每千克体重 50mg，1 次/d，直至血液糖激素水平正常，且 ACTH 刺激试验，糖皮质激素水平不再升高。若出现肾上腺皮质激素减退症状，停止口服氯苯二氯乙烷，改服氢化可的松，每千克体重 0.5～1.0mg/d，直至症状缓解。

第十节　犬、猫性激素性皮肤病

性激素性皮肤病多见于雄性动物的雄激素分泌紊乱，雌性动物较少见。

一、雄性犬、猫性激素性皮肤病

【病因】未去势动物，多有睾丸雄性激素分泌过盛或肾上腺性激素的分泌过多，或性激素前体生成过多。中年至老年的动物发病率较高。去势的动物，则是因性激素代谢缺陷或合成不足所致，多见于中年以后去势的犬。

【症状】未去势犬，颈部、臀部、会阴部、胁腹部、躯干双侧对称性脱毛，可能呈现泛发性脱毛，但很少累及头部及四肢，残存的被毛也易脱落。脱毛处皮肤有色素沉着，可能继发脂溢性皮炎和浅层脓皮病。有的并发乳腺发育、包皮下垂、前列腺炎或前列腺肥大。睾丸的大小可能正常、不对称或有隐睾。有的犬变得异常兴奋，对犬或主人表现出过强的性行为。

未去势公猫的尾背部皮脂腺和顶浆腺分泌旺盛，在尾背部出现黑头粉刺，可能继发细菌感染，发展为毛囊炎、疖、痈，甚至蜂窝织炎（痤疮）、皮肤溃烂，并且向周围健康组织扩散。

去势动物，躯干呈对称性脱毛，脱毛处皮肤可见被毛颜色变浅，残存的被毛易脱落。头部和四肢不脱毛，无全身症状。

【治疗】未去势动物，应首选去势术，摘除双侧睾丸，是根治的措施，3 个月后可有被毛长出。若缓解后再次复发，可能是睾丸瘤或肾上腺瘤转移灶生成过多性激素。

全身应用抗生素治疗继发脓皮病和前列腺炎。皮肤局部细菌感染灶，剪毛后用 70% 酒精涂擦发病部位，涂布抗生素软膏。针对猫尾的粉刺，应将粉刺挤出后涂布抗生素软膏，尾部用绷带包扎或不包扎。如果出现皮下蜂窝织炎，扩创、清创后用生理盐水冲洗干净，然后局部涂布抗生素软膏，全身应用抗生素。

去势动物，可口服或注射甲基睾酮，每千克体重 1.0mg，每 2d 1 次，直至被毛长出。但有的不易再生被毛，预后不定，仅是影响美观，无全身症状。

二、雌性犬性激素性皮肤病

【病因】在未绝育母犬，本病多是雌激素分泌过多导致的内分泌性疾病，常见于卵巢囊肿或卵巢肿瘤，也见于使用外源性雌激素过多、过久的病例。在绝育母犬，可能与雌激素水平过低有关，多见于早年绝育的母犬。当治疗绝育母犬小便失禁时，长期应用雌激素，易导致发病。

【症状】常见母犬躯干背部慢性对称性大面积至泛发性脱毛，除头部和四肢外，脱毛见于躯干、胁腹部、臀部、腹股沟处，残存的被毛易脱落。卵巢囊肿时，可见被毛脱落处的皮肤色素过度沉着，皮肤增厚，患处可继发皮肤苔藓化、脂溢性皮炎、浅层脓皮病。雌激素过多时，母犬持续发情、性欲亢进、阴门红肿，有时有血样分泌物，常爬跨其他犬、玩具或者主人，但是母犬拒绝交配。黄体囊肿的母犬，在此期间不发情，表现肥胖。临床上，一般根据症状可做出初步判断，必要时可以开腹探查。

【治疗】卵泡囊肿的母犬可以肌内注射促黄体激素 20～50μg，1 周后不见效则再次注射并且剂量稍加大些，或者肌内注射人绒毛膜促性腺激素 50～100μg。对于黄体囊肿的母犬，可以肌内注射前列腺素（$PGF_{2\alpha}$、PGE_1、PGE_2、$PGF_{1\alpha}$）0.3～0.5mg。如果药物治疗无效，可以手术摘除卵巢，这是根治的首选措施。

对绝育后雌激素水平过低的母犬，可口服雌激素类药物，如口服普雷马林（马雌激素）；若雌激素升高，可用雄激素类药物，如口服甲基睾酮，每千克体重 1mg，每 2d 1 次，3 个月左右长出被毛后改为每周口服 1～2 次。

第十四单元　蹄　病★★

第一节 马属动物蹄病

一、马蹄钉伤的诊断与治疗

在装蹄时，如蹄钉从肉壁下缘、肉底外缘嵌入，损伤蹄真皮，即发生钉伤。蹄钉直接刺入蹄真皮或靠近蹄真皮穿过，持续压迫蹄真皮，均能引起炎症。前者为直接钉伤，后者为间接钉伤。

【诊断】 直接钉伤在下钉时就发现肢蹄有抽动表现，造钉节时再次出现抽动现象。拔出蹄钉时，钉尖有血液附着或由钉孔溢出血液。装蹄完成后，受钉伤的肢蹄即出现跛行，2～3d后跛行加重。间接钉伤是敏感的蹄真皮层受位置不正的蹄钉压挤而发病，多在装蹄后3～6d出现原因不明的跛行。临床主要表现蹄部增温，指（趾）动脉亢进，敲打患部钉节或钳压钉头时，出现疼痛反应，表现有化脓性蹄真皮炎的症候。如耽误治疗，经一段时间后，可从患蹄的蹄冠自溃排脓。

【治疗】 直接钉伤可在装蹄过程中发现，应立即取下蹄铁，向钉孔内注入碘酊，涂敷松馏油，再用蹄膏（等份松香与黄蜡分别加热融化，混合而成）填塞蹄负面的缺损部。在拔出导致钉伤的蹄钉后，改换钉位装蹄。如有化脓性蹄真皮炎，扩大创孔以利排脓。用3%过氧化氢溶液或0.1%高锰酸钾溶液冲洗创腔，涂敷松馏油，包扎蹄绷带。

二、马属动物蹄冠蜂窝织炎的诊断与治疗

蹄冠蜂窝织炎是指发生在蹄冠皮下、真皮和蹄缘真皮，以及与蹄匣上方相邻被毛皮肤真皮的化脓性或化脓坏疽性炎症。

【诊断】 在蹄冠形成圆枕形肿胀，有热、痛。蹄冠缘往往发生剥离。患肢表现为重度支跛。体温升高，精神沉郁。局部形成一个或数个小脓肿，脓肿破溃后，患病动物全身状况有所好转，跛行减轻，蹄冠部的急性炎症平息。如炎症剧烈、未及时治疗或治疗不当，蹄冠蜂窝织炎可并发附近的韧带、腱、蹄软骨的坏死，蹄关节化脓性炎症，转移性肺炎和脓毒血症。严重病例可造成蹄匣脱落。

【治疗】 首先，应将动物放在有垫草的马厩内，使动物安静，并经常给以翻身，以免发生褥疮。全身应用抗生素和支持疗法。处理蹄冠皮肤，用蹄刀切除已剥离的部分。病初蹄冠部使用10%樟脑酒精湿绷带，如病情未见好转，肿胀继续增大，为减缓组织内的压力和预防组织坏死，可在蹄冠上做许多长2～3cm和深1～1.5cm的垂直切口。术后包扎浸以10%高渗氯化钠溶液的绷带。以后，可按常规进行创伤治疗。当并发蹄软骨坏死时，可将蹄软骨摘除。

三、白 线 裂

白线裂系白线部角质的崩坏及变性腐败，导致蹄底与蹄壁发生分离。多发生于马、骡的前蹄侧壁或蹄踵壁。

【病因】 广蹄、弱踵蹄、平蹄等蹄壁倾斜，还有白线角质脆弱，均为发生本病的原因。装蹄时过度烧烙、白线切削过多、蹄部不清洁、环境卫生不好、干湿急变、地面潮湿、钉伤、白线部的踏创，均为发生白线裂的诱因。对广蹄、平蹄、丰蹄等装着铁支狭窄及斜面少的蹄铁，蹄钉过粗也是引起白线裂的原因。

【诊断】常在白线部充满粪、土、泥、沙。跛蹄马举肢检查，易于发现病灶；装蹄马必须取下蹄铁进行检查，多在装蹄、削蹄时发现白线裂的所在部位。

白线裂只涉及蹄角质层，视为浅裂，不出现跛行；若裂开已达肉壁下缘，称为深裂，往往诱发蹄真皮炎，引起疼痛而发生跛行。由于白线裂可引起蹄底下沉，易形成平蹄、丰蹄。

如白线裂向深部伸展，可转变为空壁，并可引起化脓性蹄真皮炎。此时，病灶对壁真皮比底真皮的影响更大，感染可向上方深部蔓延，引起蹄冠脓肿、远籽骨滑膜囊炎和化脓性蹄关节炎，有的病例侵害到腱和腱鞘。

【治疗】白线已分裂即难以愈合，治疗主要是防止裂缝的加大和促进白线部角质的新生。合理削蹄，不能过削白线。清除蹄底的污物，患部涂以松馏油。蹄壁向外部扩展者，即在该蹄铁部位设侧铁唇。蹄壁薄弱者使用幅广连尾蹄铁，以使蹄叉及蹄底外缘分担体重。如继发化脓性蹄真皮炎，应清理创部，涂碘酊、塞以浸有松馏油的麻丝，包扎蹄绷带或垫入橡胶片。待感染完全控制后，配合用黏合剂或黄蜡封闭裂口。

四、蹄骨骨折的症状、诊断与治疗

【症状】马常发生的蹄骨骨折的类型有 4 种：蹄骨伸肌突骨折、蹄骨翼骨折、矢状骨折或斜面骨折、远侧缘碎片骨折。碎片骨折多由刺伤所引起。骨折也可分为关节内骨折和关节外骨折、简单骨折和复杂骨折。

1. 蹄骨伸肌突骨折 主要发生在前肢，常发生在一肢，也可能两前肢同时发生。蹄骨伸肌突骨折时可能不出现跛行，但有的表现为悬跛。骨折时间较久，在蹄关节背侧可出现骨增生，其蹄冠肿大和异常角质增生，出现三角形角质增生物，这是伸肌突骨折的慢性经过特征，侧位 X 线片可清楚看到。

2. 蹄骨翼和矢状骨折 是马常见的骨折形式，前肢比后肢多发，赛马的右前肢更多见。除蹄骨翼骨折外，都立即出现跛行，而且跛行很剧烈，出汗，颤抖，蹄温增高，指（趾）动脉亢进。检蹄器压诊时，动物表现疼痛。蹄关节他动运动时，动物也非常疼痛。关节内骨折时，其关节内可能有溢血，几天后蹄冠部可能出现肿胀。骨折当时放射学摄片可能看不到骨折线。几天后，由于骨折片移位和骨折区脱钙，才能看出骨折线。如蹄骨翼骨折片很小，则症状不明显。

由钉伤或异物刺伤引起的蹄骨边缘骨折，常伴有感染，从蹄底也可看到致伤物体和伤痕，X 线检查可确诊。

【诊断】除根据临床症状诊断外，确诊需通过 X 线检查，至少要从 4 个方位摄片，即前后位、侧位和两个斜位。

【治疗】新发生的蹄骨伸肌突骨折，其骨折片可通过手术去除，大的骨折片可用骨螺钉固定。动物全身麻醉，侧卧保定，患肢在上。为预防出血，可装驱血带和止血带。在蹄冠直上方行背侧手术通路，平行腱纤维切开指总（长）伸肌腱。用力伸展患肢，以便骨折片显露。需切除部分指总（长）伸肌腱在伸肌突上的止点，以去除骨折片。

骨折片较大时，可用套丝扣骨螺钉固定，其螺钉可选用 4.5mm 皮质骨螺钉。手术应在 X 片监视下进行。用可吸收缝线结节缝合指总（长）伸肌腱。结节闭合皮肤，装以结实的压迫绷带。

蹄骨翼骨折和矢状骨折，可用保守疗法，因为蹄壳具有自然固定作用。将患马放在松软的马厩内休息，如能装石膏绷带或装连尾蹄铁，可加强蹄壳的固定作用，有助于骨折的恢复。

五、远籽骨滑膜囊炎

远籽骨滑膜囊炎是远籽骨（舟状骨）滑膜囊的炎症。其滑膜囊腔为远籽骨与深屈腱之间的滑膜腔，常与关节腔相通。滑膜囊炎为无败性，但常为化脓性。

【病因】

1. 无败性远籽骨滑膜囊炎　常由屈腱过度紧张引起，挫伤也常引起本病。

2. 化脓性远籽骨滑膜囊炎　常由蹄底刺伤继发，因致伤过程中将微生物带到滑膜腔引起化脓性感染。化脓性蹄关节炎、蹄内深屈腱的化脓坏死以及蹄内其他组织的化脓坏死性疾患，都可蔓延至滑膜囊，引起化脓性滑膜囊炎。

【症状】

1. 无败性远籽骨滑膜囊炎　找不出什么致病因素，但临床上可出现明显的机能障碍。伫立视诊时，可见患病动物减负体重，常以蹄尖负重，系部直立，球节不敢下沉。运步视诊时，呈典型的支跛，后方短步，蹄踵不着地，在石子地或不平地运步时，跛行变得更明显。上坡时跛行也可加重。检查患蹄时，在蹄底和蹄叉常找不到致病的痕迹，有时可在蹄叉沟内夹着石子等异物。蹄温一般不高，但指动脉亢进，以检蹄器压迫蹄叉时，动物敏感。蹄关节他动运动时可有疼痛。如做楔木试验，动物可显出异常疼痛。

2. 化脓性远籽骨滑膜囊炎　伫立和运步机能障碍都比无败性滑膜囊炎时明显，甚至还会出现全身性症状。化脓性滑膜囊炎时，可见蹄球窝肿起，用手指压迫时，动物有疼痛反应。蹄温可增高，指动脉明显亢进，蹄关节他动运动时疼痛明显，如在蹄叉体处向滑膜囊穿刺时，可流出浑浊液体。如果为刺伤引起，仔细清蹄后，可发现刺伤痕迹。

【治疗】

1. 无败性滑膜囊炎　令动物休息，在掌（跖）部用普鲁卡因封闭，隔日1次，全身使用抗生素和非激素类消炎剂，同时应用温脚浴。

2. 化脓性滑膜囊炎　全身应用抗生素控制感染外，应用手术方法，处置化脓的滑膜腔。蹄用防腐液浸泡，彻底清除蹄上的污物。严格消毒后，从蹄叉体用粗针头穿刺，抽出滑膜囊内的化脓性渗出物，再注入抗生素或其他防腐剂。

如已发生屈腱坏死或穿刺治疗无效时，应手术切除蹄叉体，暴露出坏死的深屈腱和化脓的滑膜囊，彻底切除。手术前应充分浸泡患蹄，并彻底消毒，在全身麻醉下，横卧保定，患肢在上，肢装驱血带和止血带，坏死的深屈腱切除后，仔细清理滑膜囊。除去一切失去生机的组织，用消毒液彻底清洗，敷以松馏油纱布。绷带包扎后，解除止血带，每日或隔日更换绷带。手术成功后，患蹄可逐步负重。

六、蹄叉腐烂

蹄叉腐烂是蹄叉真皮的慢性化脓性炎症，伴发蹄叉角质的腐败分解，是常发蹄病。本病为马属动物特有的疾病，多为一蹄发病，有时两三蹄，甚至四蹄同时发病。后蹄多发生。

【病因】蹄叉角质不良是发生本病的原因。

护蹄不良，厩舍和马场不洁、潮湿，粪尿长期浸渍蹄叉；在雨季，动物经常作业于泥水中，均可引起角质软化；马匹长期舍饲，不经常使役，不合理削蹄，影响蹄叉的功能；不合理装蹄也可引起蹄叉发育不良，进而导致蹄叉腐烂。

【症状】开始可见蹄叉中沟和侧沟有污黑色的恶臭分泌物。如真皮被侵害，立即出现跛行，尤其是在软地或沙地行走时明显。运步蹄尖着地，严重者呈三脚跳。检蹄器压诊表现疼痛，蹄叉侧沟或中沟向深层探诊则高度疼痛。

【治疗】患病动物放在干燥的马厩内，保持蹄干燥和清洁。采用外科治疗措施，并配合装蹄疗法协助治疗。

七、蹄 叶 炎

蹄真皮的弥散性、无败性炎症称为蹄叶炎。

【病因】蹄叶炎可广义地分为急性、亚急性或慢性。常发生在马、骡等家畜的两前蹄，四蹄也可同时发生，两后蹄或单蹄发病偶见。

蹄叶炎

确切病因仍不详。一般认为本病属于变态反应性疾病，但从疾病的发生看，可能为多因素。多数认为精料饲喂过多，易引起消化不良，肠管吸收毒素，血液循环紊乱而导致本病的发生。动物使役过劳，或骡遇寒冷也易引发本病。蹄结构异常、蹄保护不良均为本病的原因。也可继发于某些疾病，如传染性胸膜肺炎、流行性感冒、肺炎、疝痛等。

【症状】急性蹄叶炎患病动物，精神沉郁，食欲减少，不愿站立和运动。如两前蹄患病，病马后肢伸至腹下，两前肢向前伸出，以蹄踵着地。两后蹄患病时，前肢向后屈于腹下。如四蹄均发病，站立姿势与两前蹄发病类似，体重尽可能落在蹄踵上。如强迫运步，患病动物运步缓慢、步样紧张、肌肉震颤。触诊病蹄增温，蹄冠处尤其明显。叩诊或压诊患蹄敏感。可视黏膜常充血，体温升高（40～41℃），脉搏频数（80～120 次/min），呼吸变快（50～60 次/min）。

亚急性病例症状较急性轻。仅限于姿势稍有变化，不愿运动。蹄温或指（趾）动脉亢进不明显。

慢性蹄叶炎常见蹄形改变，蹄轮不规则，蹄前壁蹄轮较近，而在蹄踵壁则增宽，最后可形成芜蹄。站立时，健侧蹄与患蹄不断地交替负重。X 线摄影检查，有时可发现蹄骨移位及骨质疏松。严重病例，蹄骨尖端可穿透蹄底。

【治疗】治疗急性和亚急性蹄叶炎有 4 项原则，即除去致病或促发的因素、解除疼痛、改善循环、防止蹄骨转位。

急性蹄叶炎的治疗措施包括应用止痛剂、消炎剂，抗内毒素疗法，扩血管药、抗血栓疗法，合理削蹄和装蹄，以及必要时的手术疗法和限制患病动物活动等。

慢性蹄叶炎的治疗，应先限制饲料、控制运动等，清除蹄部腐烂的角质以预防感染。刷洗蹄部后，在硫酸镁溶液中浸泡。如蹄骨已明显移位，应在蹄踵和蹄壁广泛地削除角质，确保蹄骨回到正常的位置。如已形成芜蹄，可用装蹄疗法矫正。

八、蹄 裂

蹄裂亦名裂蹄，是蹄壁角质分裂形成各种状态的裂隙。马、骡的蹄裂前蹄比后蹄多发，冬季比夏季多发。

【病因】倾蹄、低蹄、窄蹄、举踵蹄等不良蹄形；肢势不正，蹄的各部位对体重的负担不均；蹄角质干燥、脆弱及发育不全等，均为发生蹄裂的原因。

骡、马饲养管理不良，不能保持正常的健康状态或蹄部血液循环不良，均能诱发蹄裂。

蹄角质缺乏色素时，角质脆弱而发生本病。遭受外伤及施行四肢神经切断术的马，也易引起蹄裂。

【症状】新发生的角质裂隙，裂缘较平滑，裂缘间距均较接近，多沿角细管方向裂开；陈旧的裂隙则裂缝开张，裂缘不整齐，有的裂隙发生交叉。

蹄角质的表层裂不致引起疼痛，并不妨碍蹄的正常生理机能；深层裂，特别是全层裂，负重时在离地或踏着的瞬间，裂缘开闭，若蹄真皮发生损伤，可导致剧痛或出血，伴发跛行。如有细菌侵入，则并发化脓性蹄真皮炎，也可能感染破伤风。病程较长的易继发角壁肿。

【治疗】要使已裂开的角质愈合是困难的，主要是防止继发病和裂缝不继续扩大。其治疗主要有造沟法（避免裂隙部分的负重）、薄削法（用于蹄冠部的角质纵裂，将蹄冠部角质薄削至生发层）、黏合法（高分子黏合剂黏合裂隙）和铜合裂缝法（防止裂缝继续活动和加深）。

第二节　牛的蹄病

一、指（趾）间皮炎

没有扩延到深层组织的指（趾）间皮肤的炎症，称指（趾）间皮炎，其特征是皮肤呈湿疹性皮炎症状，有腐败气味。

【症状】病初，球部相邻的皮肤肿胀，表皮增厚和稍充血，指（趾）间隙有渗出物，并有轻度跛行，以后因球部出现角质分离（通常在两后肢外侧趾），跛行明显。少数病例，化脓性潜道可深达蹄匣内，严重的可引起蹄匣脱落，病牛被迫淘汰。本病常发展成慢性坏死性蹄皮炎（蹄糜烂）和局限性蹄皮炎（蹄底溃疡）。

【治疗】首先保持蹄的干燥和清洁，其次局部应用防腐剂和收敛剂，每天2次，连用3d。患病动物也可进行蹄浴。

二、指（趾）间皮肤增生

指（趾）间皮肤增生是指（趾）间皮肤和（或）皮下组织的增生性反应，又称指（趾）间瘤、指（趾）间结节、指（趾）间赘生物、慢性指（趾）间皮炎等。本病各种品种的牛均可发生。

【症状】本病多发生在后肢，一肢或两肢同时发病。

指（趾）间隙一侧小的皮肤增生不引起跛行，易被忽略。增大时，可见指（趾）间隙前部的皮肤红肿、脱毛、破溃。病情进一步发展，形成"舌状"突起，病变不断增大增厚，在指（趾）间向地面伸出，其表面因压迫而坏死，或破溃、感染、炎性渗出，味恶臭。根据病变大小、位置、感染及其指（趾）受压程度，表现不同程度的跛行。严重增生者，其泌乳量下降且并发变形蹄。

【治疗】在炎症期，清蹄后用防腐剂包扎，可暂时缓和炎症和疼痛。对小的增生物，可用腐蚀剂腐蚀，但不易根除。大的增生物可通过手术切除根治。

三、局限性蹄皮炎

局限性蹄皮炎又称为蹄底溃疡，为蹄底和蹄球接合部的一个局限性病变，是蹄底后1/3

处的非化脓性坏死，通常靠近轴侧缘，真皮有局限性损伤和出血，角质后期有缺损。本病常侵害后肢的外侧趾，多为两侧性，公牛则常侵害前肢的内侧趾。

【诊断】本病通过症状进行诊断。病牛表现轻度至重度跛行。患指（趾）动脉搏动增强，患侧蹄匣发热。清洁蹄底后可见蹄底和蹄球接合部有局限性脱色，压迫时动物表现疼痛。较后期病例，角质出现缺损，暴露出真皮，或长出菜花样肉芽组织。角质缺损处易引起感染，形成脓肿。

【治疗】清蹄后首先暴露病变组织，切除游离的角质和坏死的真皮，以及过剩的肉芽组织，使用防腐剂和收敛剂后包扎。如感染化脓，可用抗生素控制感染，局部外科清创处理。

四、蹄叶炎

牛蹄叶炎可分为急性、亚急性和慢性，通常侵害几个指（趾）。最常发病的是前肢的内侧趾和后肢的外侧趾。牛蹄叶炎可能是原发性的。母牛发生本病与产犊有密切关系，年轻母牛发病率高。乳牛中以精料为主的饲养方式发病率高。

【病因】牛蹄叶炎为全身性代谢紊乱的局部表现，但确切原因尚无定论，倾向于综合因素所致，包括分娩前后到泌乳高峰时期食入过多的糖类精料、不适当运动、遗传和季节因素等。研究表明，组织内组胺、内毒素和酸性增加均可诱发本病。也可继发于其他疾病，如严重的乳腺炎、子宫炎和酮病等。

【症状】

1. 急性蹄叶炎　症状非常典型。病牛运步困难，特别是在硬地上。站立时弓背，四肢收于一起，如仅前肢发病时，症状更加严重，后肢向前伸，达于腹下，以减轻前肢的负重。有时可见前肢交叉，以减轻两内侧患指的负重。通常内侧指疼痛更明显，一些动物常用腕关节跪着采食。后肢患病时，常见后肢运步时划圈。患牛不愿站立，常长时间躺卧，在急性早期可见明显的出汗和肌肉颤抖现象。体温升高，脉搏加快。指动脉搏动明显，蹄冠皮肤发红、增温。蹄底角质脱色，变为黄色，有不同程度的出血。放射学摄片可见蹄骨尖移位。

2. 亚急性蹄叶炎　全身症状不明显，局部症状轻微。

3. 慢性蹄叶炎　无全身症状，站立时以球部负重，蹄底负重不确实。病程长者，全身体况不良，蹄变形，蹄延长，蹄前壁和蹄底形成锐角。由于角质生长紊乱，出现异常蹄轮。

【治疗】首先应除去病因。给予抗组胺制剂，也可应用止痛剂。瘤胃酸中毒时，静脉注射碳酸氢钠溶液，并用胃管投给健康牛瘤胃内容物。慢性蹄叶炎时注意护蹄，维持其蹄形，防止蹄底穿孔。

五、腐蹄病

腐蹄病又称为传染性蹄皮炎，为牛常见蹄病。牛的腐蹄病有多种，其中以坏死杆菌引起的最为常见，占引起跛行蹄病的40%～60%。放牧牛的发病率夏季最高，冬季舍饲牛较高，成年牛较犊牛多发，乳牛比耕牛多发。

【病因】饲养管理差，蹄部经常浸泡于粪尿之中；蹄角质或趾间皮肤外伤；长期舍饲，缺乏钙、磷等矿物质，或缺乏运动，或久不使役，或长途行走，蹄底磨损过度等致使蹄角质对感染的抵抗力大大减低，易引起坏死杆菌等厌氧菌感染。

【症状】

1. 急性期 患病动物突然跛行，体温从正常升至 40～41℃。病蹄肿胀，触诊有热、痛。多数病牛蹄底发现小孔或大洞，用探针可测出其深度。指（趾）间也常可找到溃疡面，其上覆盖有恶臭的坏死物。有的出现全身性败血症症状，病程较长者在蹄冠缘、指（趾）间或蹄球处可找到窦道。

2. 慢性期 多半随深部组织感染而形成化脓灶或窦道。一般跛行程度会逐渐减轻，但不能恢复至正常运步。蹄冠缘、指（趾）间或蹄球处存在窦道，并延伸到蹄内。病肢粗大，皮肤紧张，由于结缔组织增生，常有不同程度的变硬，病区被毛易脱落。腐蹄病化脓最严重的一种是波及蹄关节，高度跛行，稍一触碰即十分疼痛。有的从外表看，并不一定有明显的肿胀。

【治疗】要定期检查牛蹄，特别是奶牛，每年修蹄 1～2 次，可减少腐蹄病的发病率。腐蹄病仅限于蹄底角质时，可局部消毒，如用 3%～5% 高锰酸钾、5% 硫酸铜等。蹄部蜂窝织炎延伸至系关节时，肿胀严重，跛行明显，应给予消炎，患蹄可用温的 1% 高锰酸钾蹄浴。如蹄底出现小洞，则应扩创，除去坏死角质层，直至健康组织，用 10% 碘酊充分消毒，撒碘仿磺胺粉，外用松馏油后包扎蹄绷带。同时全身应用抗生素治疗。

第十五单元　术前准备★

术前准备包括手术器械及用品的准备，术者的准备，施术动物的准备等。

第一节　手术器械

外科手术器械是施行手术必需的工具。熟练地掌握这些手术器械的使用方法，对于保证手术基本操作的正确性关系很大，它是外科手术的基本功。

一、常用手术器械

常用的手术器械有手术刀、手术剪、手术镊、持针钳、缝合针、止血钳、肠钳、牵开器等。

1. 手术刀

（1）手术刀　手术刀分为刀片和刀柄两部分，使用时将刀片安装在刀柄上。手术刀片有圆、尖、弯刃及大小、长短之分。刀柄也有大小、长短不同的型号。正确的持刀方式有以下4种：

指压式：为常用的一种执刀方式。以手指按刀背后1/3处。用腕与手指力量切割。适用于切开皮肤、腹膜及切断钳夹组织。

执笔式：如同执笔。动作涉及腕部，力量主要在手指，需用小力量进行短距离精细操作，用于切割短小切口，分离血管、神经等。

全卧式：力量在手腕。用于切割范围广、用力切开，如切开较长的皮肤切口、筋膜、增生组织等。

反挑式：即刀刃向上由组织内向外面挑开，以免损伤深部组织，如腹膜切开。

（2）高频电刀　高频电刀（又称高频手术器）是一种取代传统手术刀进行组织切割的电手术器械。它通过电刀尖端产生的高频电压电流与机体接触时对组织进行加热，实现对机体组织的分离与凝固，从而达到切割（电切）与止血（电凝）的目的。高频电刀与传统手术刀相比，可明显减少手术出血量，大大缩短手术时间。

2. 手术剪　手术剪可分为两种：一种是沿组织间隙分离和剪断组织的称为组织剪；另一种是用于剪断缝线，称为剪线剪。正确的持剪姿势是将拇指和无名指插入剪柄的两个环中。食指轻压在剪柄和剪刀交界的关节处，中指放在无名指的前外方柄上，准确地控制剪的方向和剪开的长度。

3. 手术镊　主要用于夹持、稳定或提起组织，便于组织的切开及缝合。手术镊除有长短不同外，还分有齿镊与无齿镊。有齿镊损伤性大，用于夹持坚硬组织。无齿镊损伤性小，用于夹持脆弱的组织及脏器。执镊方法是用拇指对食指和中指执拿。

4. 止血钳　止血钳主要用于夹住出血部位的血管或出血点，以达到直接钳夹止血的目的，有时也用于分离组织，牵引缝线。止血钳有弯、直两种，分为大、中、小等类型。直钳用于浅表组织和皮下止血。弯钳用于深部止血。最小的一种蚊式止血钳，用于眼科及精细组织的止血。正确的持止血钳的方法是将拇指和无名指放在止血钳的两个环中。开放止血钳时，利用已放入止血钳钳环的拇指与无名指相对挤压，打开止血钳。也可用拇指与食指捏住止血钳和一个环，中指与无名指向一侧推动另一个环，即可打开止血钳。

5. 持针钳　持针钳用于夹持缝针缝合组织。持针钳分为握式持针钳和钳式持针钳两种。大动物常用握式持针钳，小动物常用钳式持针钳。使用持针钳钳夹缝合针时，缝合针应夹在靠近持针钳的尖端，若夹在齿槽床中间，则易将针折断。

6. 缝合针　缝合针用于闭合组织或贯穿结扎。缝合针规格分为直型、1/2弧形、3/8弧形和半弯型。缝合针的尖端分为圆锥形和三角形。直型圆针用于胃肠、子宫、膀胱等空腔器官的缝合。弯圆针主要用于肌肉、内脏器官如肝、肾、脾等脆弱组织的缝合。弯针有一定弧度，操作方便，不需较大空间，适用于深部组织缝合。三角针适用于皮肤、腱及瘢痕组织缝合。

7. 其他器械 除上述器械外，还有牵开器（也称拉钩）、肠钳、巾钳、探针等。

二、骨科手术器械

骨科常规手术器械中除一部分常用的器械外，还有一些骨科专用器械。为了使手术顺利进行，医师必须熟悉骨科器械的性能及其使用方法。

1. 骨膜剥离器 又称骨膜起子，用于剥离附着在骨面上的骨膜及其软组织，显露骨折断端。

2. 骨凿 骨凿系长柄实体，顶端为一单斜坡形刃面，其坡度以稍大些为宜，坡度小在使用时易使骨劈裂。骨凿用于修整骨组织，取骨及凿骨用。

3. 骨剪和咬骨钳 骨剪用于骨科手术时剪断或修整骨骼。咬骨钳有单关节及双关节两种，用于修整骨或骨残端，咬除死骨及阻碍手术的骨组织。

4. 骨锉 用于修整骨断端。如在剪骨、截骨后骨断端不整齐或边缘锐利时，用骨锉锉平、锉圆。

5. 刮匙 用于骨科手术中刮除不同部位的骨病灶、死骨及坏死组织或肉芽组织。

6. 骨锯 可用于采取骨片和截骨等，常用的有手锯与动力锯两种。手锯又分为截肢锯与钢丝锯。截肢锯因其体积大，只能用于截肢手术时断骨用；钢丝锯用来锯断深部骨质。动力锯有电动和气动两种。目前多数医院使用医用电动振荡锯（或摆动锯），其锯片可根据需要进行选择，使用简便、快速。

7. 骨钻 用于骨折手术骨螺钉内固定钻孔，也可用来进行骨减压及骨引流。骨钻分为手摇钻及动力钻两大类。前者不易引起钻孔周围组织烧伤。后者转速快时可引起钻孔周围组织热源性损伤，但现代电动或气动骨钻均可手控调速，对组织损伤小。

三、眼科手术器械

1. 测量器 由于眼科手术的特殊要求，需要对眼的解剖部位（如直径、厚度）进行精确测量，以便在手术时做解剖定位。手术部位不同，所用测量器也不同，并有相应的精度要求。常用的测量器有测径规、直尺、测度计、定位规等。

2. 套管针和抛光器 套管针分为空气注射针、前房冲吸针、皮质吸除针、晶状体吸盘、钩状吸针、注吸针、玻璃体吸除针及泪液冲洗针等。抛光器用于清除晶状体囊膜内壁上的残留物质。

3. 角膜标记器 用于角膜切开术。常用的角膜标记器有视区标记器和放射状角膜切开术标记器等。

4. 手术镊 是眼科手术中最主要的手术器械之一，常用于夹持组织、电凝止血、固定、夹取异物、撑开切口、夹持缝线打结等。手术镊尖端必须精细。常用的手术镊有双极电凝镊、异物镊、角膜镊、虹膜镊、晶状体囊膜镊、缝合镊、打结镊、肌肉镊、组织镊、固定镊、通用镊等。

5. 手术钩 手术钩种类多，包括固定钩、虹膜钩、肌肉钩等。

6. 手术刀和刀片 根据刀刃形状，刀片主要分为点刃刀片、线刃刀片和环刃刀片等。根据手术需要选用合适的刀柄和刀片。

7. 手术剪 根据手术剪刀叶形状分为尖头剪、圆头剪、直剪及弯剪等。根据用途不同分为角膜剪、角膜剖切剪、眼球摘除剪、虹膜剪、线剪、断腱剪、通用剪和玻璃体剪等。

8. 持针器 眼科持针器分为显微手术持针器和普通手术持针器两类。持针器的夹持部分为直型及弯型两种，其咬合口分为无齿槽和有齿槽两种。手柄多为弹簧手柄，手柄有带锁扣或不带锁扣之分。

9. 其他眼科手术器械 眼科手术器械较为复杂，常用的还有开睑器和固定环、烧灼器、角膜锈环去除器等。

四、手术器械的消毒

在外科手术中常用的消毒方法有煮沸灭菌法、高压蒸汽灭菌法、化学药品消毒法等。施术时可根据消毒的对象、器械、物品的种类及用途来选用。

1. 煮沸灭菌法 为较常用的灭菌方法，简便易行，除要求速干的物品（如棉花、纱布、敷料等）外，可广泛应用于多种物品的消毒。常用煮沸灭菌器灭菌，但一般铝锅、铁锅洗刷干净，除去油垢并加密封盖也可。一般用清洁的常水加热，水沸 3～5min 后将器械放到锅内，待第二次水沸时计算时间，15min 可将细菌杀灭，但被细菌芽孢污染的器械和物品需至少煮沸 1h。如在水中加碳酸氢钠，使之成 2%碱性溶液，沸点可提高到 102～105℃，灭菌时间缩短至 10min，并可防止金属器械生锈。

2. 高压蒸汽灭菌法 应用最普遍，效果可靠。高压蒸汽灭菌器式样很多，有手提式、立式和卧式等多种。将需要灭菌的物品放入高压蒸汽灭菌器的盛物桶内，紧闭器门，接通电源。当蒸汽压达到 0.034MPa 时，打开放气阀门，去除灭菌桶内残留的冷空气，确保彻底灭菌。关闭放气阀门，继续加热，待蒸汽压达到 0.112 9MPa 时，即安全阀第一次放气时开始计算灭菌时间。灭菌时间终了后，关闭电源，打开放气阀门，直至气压降至 0 时，旋开气盖，及时取出灭菌物品。物品灭菌后，一般可保留 2 周。

3. 化学药品消毒法 作为灭菌的手段，化学药品消毒法并不理想，尤其对细菌的芽孢往往难于杀灭。但化学药品消毒法不需特殊设备，使用方便，尤其对于某些不宜用热力灭菌的用品，仍不失为一个有用的补充消毒手段。器械浸泡前，要擦净器械上的油脂；要消毒的物品必须全部浸入溶液中；有轴节的器械（如剪刀），轴节应张开；管瓶类物品的内外均应浸泡在消毒液中；使用前，需用灭菌盐水将残留药液冲洗干净，以免组织受到药液的损害。临床上所用的化学药品很多，常用的有下列几种：

（1）0.1%新洁尔灭溶液 最常用于浸泡消毒手臂、器械或其他可浸湿用品等。常用于刀片、剪刀、缝针等的消毒，浸泡时间为 30min，每 1 000mL 的 0.1%新洁尔灭溶液中加医用亚硝酸钠 5g，配成"防锈新洁尔灭溶液"，有防止金属器械生锈的作用。药液宜每周更换 1 次。

（2）70%酒精 用于浸泡器械，特别适用于有刃的器械，浸泡时间不少于 30min，可达到理想的消毒效果。

（3）10%甲醛溶液 适用于金属器械、塑料薄膜、橡胶制品及各种导管的消毒，浸泡时间为 30min。

（4）2%戊二醛水溶液 用途与新洁尔灭溶液相同，但灭菌效果更好，浸泡时间为 30min。

（5）聚乙烯酮碘 又称碘伏，是一种新型的外科消毒药，常用 7.5%溶液消毒皮肤，

1%～2%溶液消毒阴道，0.55%溶液以喷雾方式用于鼻腔、口腔、阴道黏膜的防腐。

第二节 手术人员的准备与消毒

手术人员在任何情况下都应该遵循无菌术的基本原则，努力创造条件去完成手术任务。手术人员在术前应做以下准备：

1. 更衣 手术人员在术前要换穿手术室准备的清洁衣裤和鞋，戴好手术帽和口罩。手术帽应把头发全部遮住。口罩应完全遮住口和鼻孔。手术人员剪短指甲，并除去甲缘下积垢。手臂皮肤破损有化脓感染时，不能参加手术。

2. 手、臂的消毒 手术人员先用肥皂做反复擦刷和用流水冲洗，以对手、臂进行初步的机械性处理。擦刷手臂时，特别注意甲缘、甲沟、指蹼等处的刷洗，通常用时 5～10min。擦刷后，手指朝上肘朝下，用清水冲洗手臂上的肥皂水，再用无菌毛巾从手到肘部擦干手臂。手、臂经过上述机械性清洗后，还必须经过化学药品消毒。手、臂的化学药品消毒最好是用浸泡法，以保证化学药品均匀而有足够的时间作用于手、臂的各个部分，浸泡和拭洗的时间不少于 5min。常用的化学消毒剂有 0.1%的新洁尔灭、70%的酒精、7.5%的聚乙烯碘酮等。手、臂消毒完毕，保持拱手姿势，手臂不应下垂，也不可再接触未经消毒的物品。否则，应重新洗手。

3. 手术服和手套的穿戴 手术人员穿无菌手术衣时，将手术衣轻轻抖开，提起衣领两角，注意勿将衣服外面对向自己或触碰到其他物品或地面。将两手插入衣袖内，两臂前伸，由助手协助穿上。最后双臂交叉提起腰带向后递，仍由助手在身后将带系紧。手术人员戴干手套时，先用左手捏住左右手套翻折部，用右手插入右手手套内，注意勿触及手套外面；再用已戴好手套的右手指插入左手手套的翻折部，帮助左手插入手套内。已戴手套的右手不可触碰左手皮肤。将手套翻折部翻回盖住手术衣袖口。手术人员戴湿手套时，手套内要先盛放适量的消毒液，使手套撑开，便于戴上。戴好手套后，将手腕部向上举起，使水顺前臂沿肘流下，再穿手术衣。

第三节 手术计划的制订与手术人员的分工

一、手术计划的制订

手术计划是外科医生判断力的综合体现，也是检查判断力的依据。在手术进行中，有计划和有秩序的工作，可减少手术中失误，即使出现某些意外，也能设法应对，不致出现慌乱，造成贻误。手术计划一般包括以下内容：

（1）手术人员的分工。

（2）保定方法和麻醉种类的选择（包括麻醉前给药）。

（3）手术通路与手术进程。

（4）术前体检，术前还应做的事项，如禁食、导尿、胃肠减压等。

（5）手术方法和术中应注意的事项。

（6）可能发生的手术并发症，以及预防和急救措施，如虚脱、休克、窒息、大出血等。

（7）特殊药物和器械的准备。

（8）术后护理、治疗及饲养管理。

二、手术人员的分工

外科手术是一项集体活动，需有多人参加，所以术前要有良好的分工，以便在手术期间各尽其职，有条不紊地工作。术者和手术人员在手术时要了解每个人的职责，切实做好准备工作。一般可做如下分工：

1. 术者　手术时执刀的人。术者是手术的主要操作者和组织者。

2. 助手　协助术者进行手术。助手必须经常留意，不断给术者创造操作条件并及时予以配合。当术者不能继续手术时，助手顶替术者将手术完成。

3. 麻醉助手　负责麻前给药和给予麻醉药，在手术过程中要正确掌握麻醉的进程；与术者配合，根据手术的需要调整麻醉的深度，保证手术顺利进行。同时在动物麻醉过程中，连续监视患病动物的呼吸、循环、体温，以及各种反射变化，发现异常要尽快找出原因并加以纠正。

4. 器械助手　负责器械及敷料的供应和传递。术后负责器械的清洁和整理。

5. 保定助手　负责手术过程中的动物保定和术后解除保定。

第四节　手术动物病情稳定性治疗与术前准备

一、手术动物病情稳定性治疗

除非紧急手术，一般应在动物病情稳定后进行手术，因为慢性疾病、严重创伤、大出血等造成营养不良、低蛋白血症、失血、水电解质失衡等，可增加手术的危险性和术后并发症。如低蛋白状态可引起组织水肿，影响创伤愈合；营养不良可引起动物抵抗力下降，易并发感染。因此，术前应尽可能予以纠正。如血清总蛋白低于 6g/100mL 可出现蛋白质缺乏征象，应补充富含蛋白质的食物进行纠正，也可通过输入血浆在短时间内纠正低蛋白血症。严重失血或休克的动物，应立即输液或输血补充血容量。肝、肾功能不全者，应积极治疗，待其功能接近或恢复正常才可手术。严重感染、体温升高的动物，应通过应用抗生素控制炎症，体温恢复正常才可手术。骨折的动物，如果不影响重要生命器官，一般在骨折后 3d 局部肿胀及炎症减轻、体温不升高时进行手术内外固定术。严重脱水和酸碱平衡失调的病例，应补充电解质溶液予以纠正。出现明显酸中毒（pH 低于 7.2）的患病动物应补充碳酸氢钠。

二、手术动物的术前检查

手术前对施术动物应有一个基本的了解，因此对患病动物进行术前检查是外科手术工作的基本要求之一。首先应了解动物的病史，并对动物进行必要的临床检查（有需要而且条件许可时，还应该进行必要的实验室检查、影像学检查等），以便了解施术动物的心血管系统、呼吸系统、胃、肠、肝、肾的状态和全身状况，从而做出尽可能正确的诊断，并判定动物机能、抵抗力、修复能力，能否经受麻醉或手术刺激等。同时还应考虑动物的利用价值和经济价值。对于怀孕动物要考虑到保定和麻醉的影响，产乳动物若非紧急手术应避开高产期，如果可能应延至干乳期再进行手术。根据上述了解和检查的结果，作为制订手术计划的重要依据。

三、手术动物的术前准备

手术前应对动物体表进行清洁、擦拭或洗刷，以减少术部感染的机会。多数大动物病例以禁食 24h 为宜，禁水不超过 12h 即可满足手术要求。小动物禁食不超过 12h。为防止施术时粪尿污染术部，对某些动物，术前要进行灌肠或导尿。对于有些易继发胃、肠臌气的疾病，可先内服止酵剂，或采取胃、肠减压措施。而有些病例，则需要考虑膀胱穿刺。口腔、食管疾病有时会导致大量分泌物的产生，可应用抗胆碱药。四肢末端或蹄部手术时，应充分冲洗局部，必要时施行局部药浴。如预测手术中出血较多，可使用一些预防性止血药物。总之，应该积极主动采取一些措施，使手术更顺利，成功率更高。

四、手术动物的术部准备

1. 术部除毛 在施术区内，用剪毛剪或电动推剪剪掉被毛，然后用温肥皂水搓洗，浸泡被毛，最后用剃刀或手术刀剃净被毛。大动物术部剃毛的范围要超出切口 20～25cm，小动物可在10～15cm 的范围内。剪毛、剃毛完毕，用洗涤剂及清水洗净拭干。

2. 术部消毒 术部皮肤的消毒，常用药物是 5％碘酊、2％碘酊（用于小动物）和70％酒精。在涂擦碘酊或酒精时要注意：①如是无菌手术，应由手术区的中心部向四周涂擦；②如是已感染的创口，则应由较清洁处涂向患处；③已接触污染部位的纱布，不要再返回清洁处涂擦；④涂擦所及的范围要相当于剃毛区；⑤碘酊涂擦后，必须稍待片刻，待其完全干后，再以 70％酒精将碘酊擦去，以免碘污染手和器械，带入创内造成不必要的刺激。对于口腔、鼻腔、阴道、肛门等处黏膜的消毒不可使用碘酊，以免灼伤，可用 0.1％新洁尔灭、高锰酸钾、利凡诺溶液洗涤消毒。眼结膜多用 2％～4％硼酸溶液消毒。蹄部手术前，应用 2％煤酚皂温溶液蹄浴。

3. 术部隔离 手术部位消毒后，将手术巾覆盖于手术区，应用巾钳将手术巾固定于皮肤上，仅在中央露出切口部位，使术部与周围完全隔离，以减少污染机会。

第五节 手术室的准备

一、手术室的消毒

最简单、常用方法是使用 5％石炭酸或 3％来苏儿溶液喷洒，可收到一定效果。这些药物有刺激性，故消毒后必须通风换气，以排除刺激性气味。在消毒手术室之前，应先对手术室进行清扫，再进行消毒。常用的消毒方法有以下几种。

1. 紫外光灯照射消毒 紫外光消毒灯的照射可有效地净化空气，明显减少空气中的细菌数量，同时也可杀灭物体表面附着的微生物。紫外光的杀菌范围广。在非手术时间开灯照射 2h，有明显的杀菌效果。

2. 化学药物熏蒸消毒 这类方法效果可靠，消毒彻底。手术室清扫洁净后，关闭门窗，密封，施以蒸汽熏蒸消毒。

（1）福尔马林（甲醛）熏蒸法 用 40％甲醛（每立方米空间用 2mL）加入等量的常水，加热蒸发。消毒后，应使手术室通风排气，否则会有很强的刺激性气味。也可按计算量准备好所需的 40％甲醛溶液，放置于耐腐蚀的容器中，并按其毫升数的一半称取高锰酸钾粉，备用。使用时，将高锰酸钾粉直接加入甲醛溶液中，然后人员立刻退出手术室，数秒之后便可产生大量烟雾状的甲醛蒸汽，消毒持续 4h。

（2）乳酸熏蒸法　每100m³ 使用乳酸原液 10～20mL，加入等量的常水加热蒸发，持续60min，消毒效果可靠。

二、手术监护设备的准备

手术监护的主要目的是及时发现动物重要生命功能的变化，找出引起功能改变的原因；提供术中用药依据，监测麻醉深度。20 世纪 80 年代以后，随着监护仪及监护技术的迅速发展，涌现出多种不同类型的监护仪。目前的监护系统都是基于脉搏、心电、血氧饱和度、心率、动态血压、体温、呼吸等生理指标评价手术的状态和动物的反应。

1. 心电监护仪　心电监护仪用于手术中持续不断地监测手术动物的心率、心律、体温、呼吸、血压、脉搏及经皮血氧饱和度等。心电监护仪使用时要正确连接心电监护仪各导联，连接电源和地线；对相应部位的皮肤进行清洁、脱脂，安装一次性贴附电极膜；确定电极安放部位；打开导联开关，观察心电图，选择合适的导联；设置相关观察指标高低限的报警范围。在心电监护仪使用过程中，如发现动物体征异常，应及时进行处理。

2. 呼吸机　呼吸机是利用机械的力量，将气体送入肺内，以改善肺通气和肺换气，防止缺氧和二氧化碳潴留，有效治疗呼吸衰竭和抢救呼吸停止的强有力工具。呼吸机的作用主要是保持呼吸道通畅，改善通气功能。在使用呼吸机时可建立人工气道，维持气道通畅。同时，机械通气时送入气体的量较大，足以达到生理潮气量，保证机体的供氧；提高肺通气量，改善肺换气功能；减少呼吸肌做功，有利于呼吸肌消除疲劳，减轻体力消耗。在呼吸机使用过程中，应根据需要设定通气方式、潮气量、吸入氧浓度、呼吸频率、旁路气流、触发灵敏度。上机后严密监测动物生命体征、皮肤黏膜颜色。动物自主呼吸恢复、缺氧情况改善后，可试停机。

三、手术急救药物的准备

1. 肾上腺素　当麻醉、手术意外、药物中毒、窒息、过敏性休克、心脏传导阻滞等引起心搏骤停时，肾上腺素可作为急救药以恢复心跳。急救时可根据病情将 0.1％盐酸肾上腺素注射液用生理盐水或等渗葡萄糖注射液做 10 倍稀释后进行静脉滴注。对一般不甚紧急的急性心力衰竭，不必做静脉滴注，可经 10 倍稀释后皮下或肌内注射。注意肾上腺素与洋地黄、氯化钙配合时，由于协同作用的结果，可使心肌极度兴奋而转为抑制，甚至发生心脏停搏，故为配伍禁忌。

2. 咖啡因　在麻醉药中毒或危重疾病而致中枢抑制、呼吸麻痹时，咖啡因是一种良好的苏醒药。在麻醉中毒时，可静脉注射较大剂量的咖啡因，视苏醒情况每 1～3h 肌内注射小剂量来维持药效。咖啡因是一种良好的中枢兴奋药和强心药，能提高机体各种生理功能。手术时，若发现动物呼吸减弱、心率加快、心搏减弱，可马上静脉注射小剂量咖啡因，有利于心跳加强，并使心率趋向正常，以保证手术顺利进行。必要时可在 40min后再用一次。咖啡因内服用量为：马 2～6g/次，牛 3～8g/次，羊、猪 0.5～2g/次，犬0.2～0.5g/次。

3. 10％苯甲酸钠咖啡因（安钠咖）注射液 作用同咖啡因。皮下、肌内或静脉注射剂量：马、牛 2～5g/次，猪、羊 0.5～2g/次，犬 0.1～0.3g/次。

4. 尼可刹米 内服或注射给药均易吸收，以静脉注射最为有效。作用持续时间不长，一次静脉注射只能维持 10～20min，应根据临床表现及时补药。尼可刹米是常用的呼吸中枢兴奋药，主要用于中枢抑制药中毒或其他疾病引起的中枢性呼吸抑制。皮下、肌内或静脉注射剂量：马、牛 2.5～5g/次，猪、羊 0.25～1g/次，犬 0.125～0.5g/次。

5. 阿托品 为副交感神经阻滞剂，可解除迷走神经对心脏的抑制，从而提高窦房结的自律性，促进心房和房室结的传导。适用于迷走神经张力过高所致的窦房传导阻滞、窦性心动过缓、窦性停搏、窦性心动过缓伴心排血量减少和外周循环衰竭等缓慢性心律失常。阿托品对呼吸道平滑肌的松弛作用和抑制腺体的分泌，有助于改善通气。硫酸阿托品注射液皮下注射剂量：马、牛 15～30mg/次，猪、羊 2～4mg/次，犬 0.3～0.6mg/次。

第十六单元 麻 醉★★

第一节 局部麻醉

一、定 义

局部麻醉是利用某些药物有选择性地暂时阻断神经末梢、神经纤维及神经干的冲动传导，从而使其分布或支配的相应局部组织暂时丧失痛觉。

局部麻醉

二、表面麻醉

将局部麻醉药滴洒、涂布或喷洒于黏膜表面，利用麻醉药的渗透作用，使其透过黏膜阻滞浅在的神经末梢而产生麻醉，称为**表面麻醉**。多用于眼结膜和角膜，以及口、鼻、直肠、阴道黏膜的麻醉。结膜与角膜麻醉，可用 0.5％丁卡因或 2％利多卡因溶液；口、鼻、直肠、阴道黏膜麻醉，可用 1％～2％丁卡因或 2％～4％利多卡因溶液。

三、浸润麻醉

将局部麻醉药沿手术切口线皮下注射或深部分层注射，阻滞周围组织中的神经末梢而产生麻醉，称为局部浸润麻醉。可按手术需要，选用直线浸润麻醉、菱形浸润麻醉、扇形浸润麻醉、基部浸润麻醉、分层浸润麻醉（图3-1）等方式。常用0.25%～1%盐酸普鲁卡因、盐酸利多卡因溶液。也可采用低浓度局部麻醉药，逐层浸润逐层切开。为减少药物的吸收和延长麻醉时间，可加入20万分之一至10万分之一的肾上腺素。

四、传导麻醉

将局部麻醉药注射到神经干周围，使其所支配的区域失去痛觉而产生麻醉，称为传导麻醉。该法可使少量麻醉药产生较大区域的麻醉。常用2%～5%盐酸普鲁卡因或2%盐酸利多卡因。适应证为：腰旁、椎旁神经传导麻醉主要用于大动物（牛、羊、马属动物）的腹部手术（图3-2）和四肢跛行诊断的神经阻断麻醉。

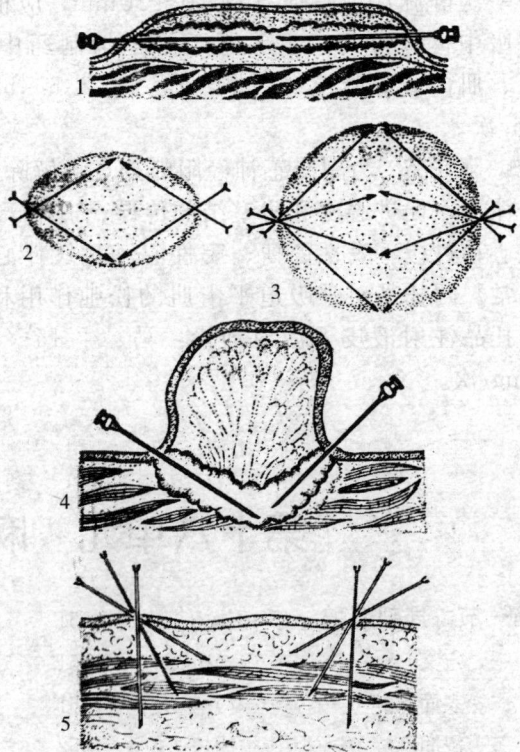

图3-1 浸润麻醉各种方式
1. 直线浸润麻醉 2. 菱形浸润麻醉 3. 扇形浸润麻醉
4. 基部浸润麻醉 5. 分层浸润麻醉
引自《家畜外科手术学》（第三版）

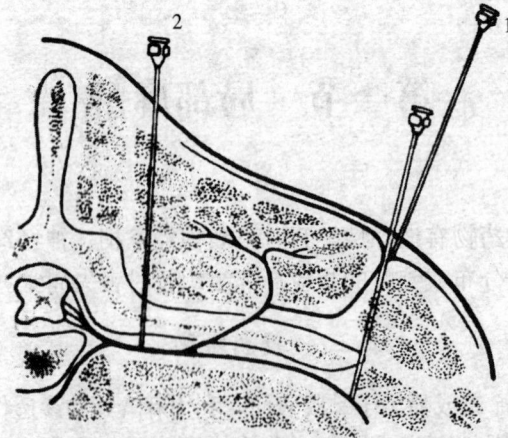

图3-2 椎旁和腰旁神经传导麻醉刺入部位与腰神经分支的关系
1. 腰旁神经传导麻醉刺入部位 2. 椎旁神经传导麻醉刺入部位
引自《兽医外科手术学》（第五版）

五、脊髓麻醉

在兽医临床上，脊髓麻醉主要采取硬膜外注射方式，将局部麻醉药注射到硬膜外腔，阻滞脊神经的传导，使其所支配的区域无痛而产生麻醉，称为**硬膜外麻醉**。其适应证为难产救助，尾部、会阴、阴道、直肠与膀胱等手术，以及后肢手术。大动物中牛的硬膜外麻醉最为常用，其注射部位为第一、第二尾椎间隙和腰荐椎间隙（图3-3）。将牛保定于六柱栏内，术部剃毛、消毒后，将针头垂直刺入皮肤，然后针尖稍向前成45°～60°角倾斜，向前下方刺入3～4cm深即可刺入硬膜外腔。针头刺入时可感到刺穿弓间韧带的感觉，再深刺即可触及坚硬的尾椎骨体，此时可稍退针头并接注射器，如回抽无血即可注入局部麻醉药。为适应站立手术，一般注射2％普鲁卡因溶液，剂量不超过10～15mL，或2％利多卡因溶液，剂量不超过5～10mL。犬、猫硬膜外麻醉以腰、荐椎间隙最为常用。犬、猫伏卧于操作台上，两后肢向前伸曲并由一助手固定，腰背弓起。注射点位于两侧髂骨翼内角横线与脊柱正中轴线的交点，在该处最后腰椎棘突顶和紧靠其后的相当于腰荐孔的凹陷部（图3-4）。在穿刺部剪毛、消毒后，以大约45°角向前方刺入套管针头，可感觉弓间韧带的阻力，至感觉阻力突然消失。证实刺入硬膜外腔后，抽出针芯，缓慢注入麻醉药液。常用2％盐酸利多卡因。按动物枕部至腰荐部的长度，使用剂量为0.3～0.5mL/10cm，相当于每千克体重0.15～0.2mL。犬、猫2％盐酸利多卡因的最大剂量分别为6mL和1mL。

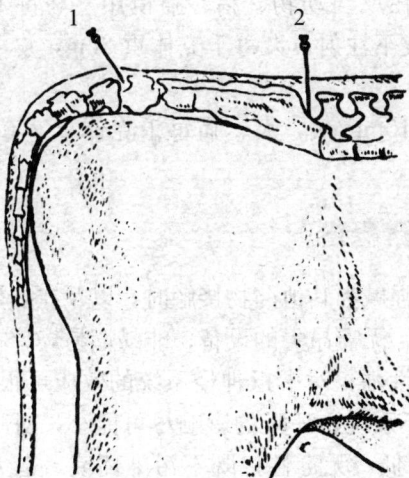

图3-3 牛的脊髓麻醉部位
1. 硬膜外麻醉的第一、第二尾椎间隙刺入点
2. 硬膜外麻醉及蛛网膜下腔麻醉的腰荐椎间隙刺入点
引自《家畜外科手术学》（第三版）

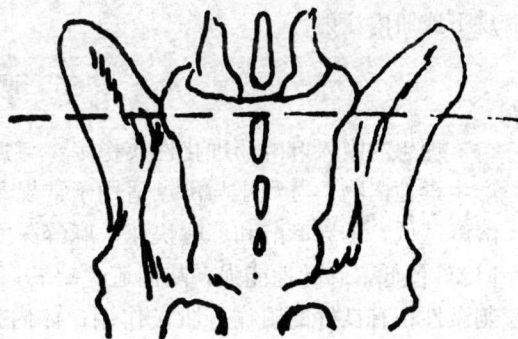

图3-4 犬腰荐硬膜外麻醉
引自《家畜外科手术学》（第三版）

脊髓麻醉时应注意药液的温度和注射速度，注入大量药液时要保持动物前高后低的体位，并且要求严密消毒，进针操作要谨慎，以防损伤脊髓。

第二节 全身麻醉

一、麻醉前用药的目的与应用

麻醉前用药是指为提高麻醉安全性，减少麻醉药用量和麻醉的副作用，消除麻醉和手术中的一些不良反应，使麻醉过程平稳，给动物以神经镇静药、镇痛药、抗胆碱药和肌松药。

（一）麻醉前用药的目的

（1）消除麻醉诱导时的恐惧和不安。

（2）减少呼吸道和唾液腺的分泌，保持呼吸道通畅，防止发生异物性肺炎。

（3）阻断迷走神经反射，预防反射性心率减慢或心搏骤停。

（4）减少全麻药的用量，降低麻醉副作用，提高麻醉安全性。

（5）降低胃肠道蠕动，防止呕吐，提高痛阈值，使麻醉苏醒平稳。

（二）麻醉前给药的应用

1. 安定 肌内注射给药 45min 后，或静脉注射 5min 后，产生安静、催眠和肌松作用。肌内注射，牛、羊、猪每千克体重 0.5～1mg，犬、猫每千克体重 0.66～1.1mg，马每千克体重 0.1～0.6mg。

2. 乙酰丙嗪 肌内注射，马每 100kg 体重 5～10mg，牛每 100kg 体重 50～100mg，猪、羊每千克体重 0.5～1mg，犬每千克体重 1～3mg，猫每千克体重 1～2mg。

3. 吗啡 本品对马、犬、兔效果较好，但在反刍动物、猪、猫慎用。马每千克体重 10～20mg 静脉注射，或每千克体重 0.2～0.4g 皮下注射；犬每千克体重 2mg，皮下或肌内注射；兔和啮齿类动物用 3～5mg。

4. 阿托品 马、牛为 50mg/次，羊、猪为 10mg/次，犬、猫每千克体重 0.04mg/次，皮下或肌内注射。

二、吸入麻醉概述

理想的吸入麻醉药理化性质稳定，与强酸、强碱和其他药物接触时，以及在加热时，不产生毒性产物；蒸汽压与沸点适用于常规蒸发器，无需昂贵的设备；非易燃易爆；在血液中溶解度低，诱导麻醉和苏醒快速，麻醉深度可控性强，对中枢神经系统的效应可很快逆转；MAC 值低，麻醉性能强，从而避免缺氧；对循环系统、呼吸的影响尽可能小，对呼吸道无刺激性；有良好的镇痛、肌松作用；体内代谢率低，无毒性；既不污染环境，也无温室效应，不破坏臭氧层。异氟烷、七氟烷和地氟烷已接近理想吸入麻醉药。

在临床实施吸入麻醉时，应根据动物手术的特点、要求以及动物机体状况等，选用较适合的麻醉药。

（一）麻醉强度与可控性

1. 麻醉强度 吸入麻醉药的麻醉强度常以**最低有效肺泡浓度**（minimal alveolar concentration，MAC）来表示。MAC 直接反映肺泡气、动脉血和脑组织中麻醉药的分压，是以数值形式反映吸入麻醉药的麻醉强度。MAC 越小，麻醉效能越强。吸入麻醉药的麻醉强度与该药的油/气分配系数有关。油/气分配系数是指该麻醉药在相同的分压下，麻醉药在脂肪组织中和在气体中溶解度的比值。油/气分配系数越大，麻醉强度越大。临床常用各种吸入麻醉药的 MAC 值大致如下：甲氧氟烷 0.16，三氯乙烯 0.6，氟烷 0.765，异氟烷 1.15，恩氟烷 1.68，乙醚 1.92，环丙烷 9.2。在实际应用中，MAC 值常以其倍数和分数来表示，如 1.5%氟烷为 2MAC，0.6%的异氟烷为 0.5MAC。复合应用的吸入麻醉药的麻醉强度可简单相加，如 70%氧化亚氮约为 0.7MAC，0.56%恩氟醚约为 0.3MAC，两者相加可视为 1MAC。

2. 可控性 吸入麻醉药在临床应用时，其可控性是不同的，与该药的血/气分配系数有关，呈现反比结果。血/气分配系数较大，表明该麻醉药很容易在血液中溶解，则肺泡气中麻醉药的浓度上升缓慢，不易达到平衡。麻醉药在血液中的溶解度越低（血/气分配系数越小），其在中枢神经系统的浓度就越容易控制。氧化亚氮、异氟烷、恩氟烷和氟烷等吸入麻醉药是可控性较好的麻醉药物，而乙醚和甲氧氟烷的可控性相对较差。

（二）对呼吸、心血管系统及肌肉松弛的影响

1. 对呼吸的影响 麻醉效应较强的麻醉药，随用药量的增加会造成呼吸抑制现象的加重。恩氟烷、异氟烷和氟烷都有不同的呼吸抑制作用，应该给予充分注意，一般来说前两者大于后者。

2. 对心血管系统的影响 强效的吸入麻醉药都有减弱心脏收缩力的副作用，但在麻醉过程中，儿茶酚胺的释放又拮抗了这种作用，故其抑制现象表现不明显。当动物本身存在不同程度的心力衰竭时，这种作用表现就会明显。恩氟烷和异氟烷要比氟烷轻微。

3. 对肌肉松弛的影响 凡吸入麻醉药都有肌肉松弛作用，其作用程度有所差别。恩氟烷的肌肉松弛作用较氟烷和异氟烷更强些。氟烷可使子宫肌松弛。有些手术要求肌肉松弛，有些则要求不严格。通常，一般的肌肉松弛作用足以满足手术的要求。如手术有特殊的肌肉松弛要求，可配合使用肌肉松弛药物，但要充分注意肌肉松弛药的作用与应用，可能会影响麻醉后呼吸的抑制。

三、常用吸入麻醉药物

（一）常用药物

1. 异氟烷 为挥发性液体，不燃烧、不爆炸。沸点 4.5℃。本品为恩氟烷的同分异构体，理化特性与恩氟烷相似，但麻醉性能好。MAC 为 1.15～1.30，血/气分配系数为 1.4。诱导时间短，苏醒快，肌肉松弛效果好。常用浓度为 0.5%～1.5%，诱导期浓度为 3%。对心血管的抑制轻，仅引起轻度潮气量减少，对肝、肾的损害轻，副作用少。

2. 七氟烷 为新型吸入麻醉药，在人麻醉中被广泛使用。沸点 58.6℃，血/气分配系数为 0.69，MAC 为 2.4～2.58。化学性质不太稳定，在碱石灰内可被吸收、分解，高温（高于 48℃）时更明显。诱导和苏醒均非常快，体内代谢少。对呼吸道无刺激，可使用面罩诱导麻醉，操作简便。因为其 MAC 值高，需要使用高浓度（2.5%～4.0%）进行麻醉。

3. 氧化亚氮（笑气） 分子式为 N_2O，是无机气体，无臭、无爆炸性，但可助燃，若与乙醚或 O_2 混合，可引起爆炸。

血/气分配系数为 0.47，MAC 为 101～105。具有麻醉快、毒性小、镇痛好、苏醒快、副作用少的特点，但麻醉作用弱。本品常与其他吸入麻醉药（如氟烷、恩氟烷、异氟烷等）联用，以达到外科麻醉期。在不缺氧时，对延脑中枢无抑制，各种反射存在，但肌肉松弛效果不好。吸入体内的 N_2O 15min 左右饱和，维持阶段进出平衡。在体内几乎不代谢，全部由肺呼出。对呼吸道无刺激性，不增加分泌物和喉部反射，对肝、肾的功能无影响，对血液循环无抑制，血压无变化。

(二) 吸入麻醉的临床应用

目前兽医临床主要应用异氟烷或七氟烷。一般来说，异氟烷是大多数患病小动物最常用的标准吸入麻醉药。先以硫喷妥钠或丙泊酚等药物进行诱导（基础）麻醉，然后用恩氟烷或异氟烷进行维持麻醉。一般情况下，开始时以较高的浓度（2%～4%）快速吸入，3～5min后以较低的浓度（1.2～1.5MAC）维持麻醉，每隔 10min 经挤压呼吸囊做几次深呼吸，以加强气体的交换与流通。吸入麻醉的常用方式有：

（1）开放式　常用于小型动物全麻，或中型动物在非吸入麻醉后期骚动的控制，如猪、羊、犬、大鼠、小鼠等。优点是方便，无须特殊设备，不易缺氧。缺点是浪费药物，污染环境，或不安全，引起燃烧或爆炸。

在金属内支架式口罩的外面覆盖若干层纱布，药液滴在纱布上，动物吸气时即吸入麻醉药。

（2）半开放式　适用于小动物，麻醉药呼出呼吸道后直接逸至体外。施行人工供氧，吸气和呼气分开。

（3）半封闭式　有部分麻醉药品要复吸入。安装 CO_2 吸收装置和呼吸囊，剩余气体自排气阀排出管道系统。

（4）全封闭式　麻醉药品完全复吸入，关闭排气阀。

四、麻醉分期

1. 第 Ⅰ 期（朦胧期或随意运动期）　此期是由麻醉开始至意识完全丧失止，继而转入第Ⅱ期。该期主要是大脑皮层的功能被逐渐抑制。动物表现焦躁或静卧，对疼痛刺激反应减弱，但仍然存在。瞳孔开始散大，各种反射灵活，站立的动物则表现平衡失调。

2. 第 Ⅱ 期（兴奋期或不随意运动期）　此期是由意识完全丧失至深而有规则的自主呼吸开始时止。该期大脑皮层功能完全受到抑制，皮层下中枢释放。动物表现反射功能亢进，出现不自主运动，肌肉紧张性增加，血压升高，脉搏加快，瞳孔散大，呼吸不规则，眼球出现震颤。有些动物（反刍动物和猫科动物）常分泌大量唾液，犬、猫等出现呕吐。此时若动物不受外界干扰，可安静度过，若受到外界刺激，动物可能出现强力挣扎等兴奋现象。在第Ⅱ期转入第Ⅲ期时，兴奋现象逐渐减弱。

3. 第 Ⅲ 期（外科麻醉期）　此期是由深而有规则的自主呼吸开始至呼吸停止前的阶段。外科手术主要在此期的前、中阶段进行。本期按其麻醉深度又分为 4 级：

（1）Ⅲ/1（Ⅲ期1级）　痛觉开始丧失，但麻醉仍较浅，骨膜、腹膜及皮肤等敏感组织仍略有感觉。此时动物呼吸规则，瞳孔开始缩小（但以阿托品为麻醉前用药时例外），眼睑、角膜及肛门反射存在，眼球震颤缓慢。

（2）Ⅲ/2（Ⅲ期2级）　眼睑反射由迟钝至消失，角膜反射略呈迟钝，眼球震颤停止，瞳孔继续缩小，呼吸深而有规则，肌肉出现松弛。

（3）Ⅲ/3（Ⅲ期3级）　角膜反射由迟钝渐趋消失，肋间肌开始麻痹，出现浅而略带痉挛性的胸式呼吸，瞳孔由于睫状肌的麻痹而开始放大。此时麻醉已深，血压开始下降，脉搏快而弱，肌肉完全松弛。第三眼睑脱出。

（4）Ⅲ/4（Ⅲ期4级） 此级是本期麻醉最深的一级，实际上麻醉已过量，动物进入危险境况。因此，临床上不主张麻醉达到这一深度。此时动物因呼吸中枢麻痹，呼吸浅而无规则，带有痉挛性并渐趋停止，血压下降，脉搏快而弱。括约肌松弛，出现粪尿失禁。瞳孔放大，对光反射消失。可视黏膜发绀，创口血液变暗。麻醉进入此级，应立即停止麻醉和手术，采取急救措施。

4. 第Ⅳ期（延髓麻痹期） 进入此期，麻醉已严重过量，故临床上严禁发生。此时呼吸停止，瞳孔散到最大，心脏因缺氧而逐渐停止跳动，脉搏和全部反射完全消失，必须立即抢救，否则死亡瞬即来临。

五、非吸入性麻醉药物的种类与应用

（一）非巴比妥类

1. 水合氯醛 马属动物首选注射用麻醉药，麻醉药量为每50kg体重5～6g。临床常配成5%～10%的溶液，以静脉注射方式给药。采用阿托品和安定作为麻醉前用药，可减轻流涎及减少水合氯醛用量，使诱导期平静，并减少苏醒期的挣扎。如手术时间长，患病动物有苏醒表现时，可追加水合氯醛，但剂量一般不宜超过原注射量的1/3～1/2。水合氯醛可显著降低体温，麻醉时及麻醉后都要注意保温。

目前市售水合氯醛制剂有水合氯醛酒精注射液（含水合氯醛5%、酒精12.5%）和水合氯醛硫酸镁注射液（含水合氯醛8%、硫酸镁5%），使用时可参照其含量分别计算各种家畜的需要量。

临床应用时注意：①现用现配，使用后剩余的药液不宜再用；②静脉注射时绝不可将药液漏出于血管外周围组织中，用生理盐水配制时药液的浓度不超过10%；③药品纯度应符合药典中所规定的药用标准。

2. 隆朋 本品对中枢神经的抑制作用有较明显的种属差异性和个体差异，一般反刍动物（包括鹿）较敏感，马、犬镇静、镇痛剂量的1/10即能引起牛较深的镇静、镇痛作用，常作为反刍动物的首选注射用麻醉药。现已广泛用于马、牛、羊、犬、猫及各种野生动物等的临床检查及各种手术，也可用于动物的保定、运输等。临床上常以其盐酸盐配成2%～10%水溶液供肌内注射、皮下注射或静脉注射。还可作为麻醉前给药，再施以吸入麻醉。本剂禁止在反刍动物妊娠后期使用，能引起流产。

隆朋作用出现的时间，一般为肌内注射后10～15min，静脉注射后3～5min，通常镇静可维持1～2h，而镇痛作用的延续时间为15～30min。1%苯噁唑溶液、育享宾等均有颉颃隆朋药效的作用。

3. 静松灵（2，4-二甲苯胺噻唑） 具有与隆朋相同的作用和特点。

4. 氯胺酮 为较好的分离麻醉药。根据使用剂量可产生镇静、催眠、麻醉作用，在兽医临床上已用于马、猪、羊、犬、猫及多种野生动物的化学保定、基础麻醉和全身麻醉。本品对循环系统具有兴奋作用，静脉注射时速度要缓慢；对唾液分泌有增强现象，麻醉前需使用阿托品；肌内注射与芬太尼（每千克体重0.02～0.04mg）配伍应用，可获得良好的保定和麻醉效果。

本品对猫科动物、灵长类效果较好，对牛、马的安全性较低，常与隆朋配合使用，猪应用本品时应与硫喷妥钠合并使用，以消除苏醒期兴奋。

5. 美托咪定 是一种新的 α-肾上腺素能受体激动剂，是两个旋光异构体的混合物，右旋异构体是活性成分，其作用与赛拉嗪相似，产生中枢性镇静、催眠和止痛作用。对心血管作用明显，动脉血压先升高后降低，心排血量减少。肌内注射，犬每千克 $40 \sim 80\mu g$，猫每千克 $80 \sim 150\mu g$，可产生镇静与麻醉作用。绵羊和牛静脉注射 $10 \sim 20\mu g/kg$，注射后保持动物安静，$5 \sim 15min$ 产生镇静与止痛效果。复合用药时，本品与布托啡诺（butorphanol）联合注射，可产生良好的镇静、镇痛和麻醉效果。

6. 丙泊酚 为短效静脉全身麻醉药，起效迅速，无明显蓄积，苏醒快而完全，可用于诱导和维持麻醉。丙泊酚的麻醉效价是硫喷妥钠的 1.8 倍。能抑制咽喉反射，有利于气管插管。与其他中枢神经抑制药并用时有协同作用。一般用于短时间手术，更多用于吸入麻醉的诱导麻醉，肌松作用好。

丙泊酚镇痛作用不强，通常需配合使用止痛药。通过持续输注或重复单次给予丙泊酚均可达到维持麻醉所需的浓度。丙泊酚注射液可稀释后使用，但只能用 5% 葡萄糖注射液稀释，稀释度不超过 $1:5$（2mg/mL）。用于诱导麻醉时，可以小于 $20:1$ 的比例与 0.5% 或 1% 利多卡因注射液混合使用。但是，单独使用丙泊酚时，诱导量快速注射可引起呼吸暂停。妊娠动物不得使用丙泊酚注射液。犬应用丙泊酚麻醉时，术前 $10 \sim 30min$ 肌内（或皮下）注射阿托品，5min 后静脉注射氯胺酮；进行气管插管后，静脉注射丙泊酚，首次剂量为每千克体重 $3 \sim 5mg$，维持剂量为每千克体重 1mg。

（二）巴比妥类

1. 硫喷妥钠 现用现配。静脉注射的麻醉诱导、麻醉持续时间及苏醒时间均较短，一次用药后的持续时间可从 $2 \sim 3min$ 到 $25 \sim 30min$ 不等。这与剂量和注射速度密切相关，注射速度越快麻醉越深，维持时间也越短。

硫喷妥钠主要用于诱导麻醉。静脉注射时，应将全量的 $1/2 \sim 2/3$ 在 30s 内迅速注入，然后停止注射 $30 \sim 60s$，并进行观察。如体征显示麻醉深度不够，再将剩余量在 1min 左右的时间内注入，同时边注射边观察动物的麻醉体征，尤其应注意呼吸的变化，一经达到所需麻醉程度即停止给药，然后进行气管内插管。

硫喷妥钠也可用于维持麻醉，即在动物有觉醒表现时，可追加给药，在追加时应注意观察动物麻醉体征的变化，达到所需的麻醉的深度时，应及时停止给药。

2. 戊巴比妥钠 本品不用于马、牛，更多用于猪、羊和犬等的麻醉。静脉注射的速度宜慢，当动物进入浅麻醉之后应暂停给药，仔细观察呼吸和循环系统的变化，然后再决定是否继续给药。犬应用本品进行麻醉时，在苏醒阶段不可静脉注射葡萄糖溶液，因为有的犬在静脉注射葡萄糖溶液后又重新进入麻醉状态，有的甚至造成休克死亡。

戊巴比妥钠与水合氯醛再加硫喷妥钠可用于成年马的复合麻醉。本药的麻醉持续时间平均为 30min 左右，但种属间有较大的差别，犬为 $1 \sim 2h$，山羊为 $20 \sim 30min$，绵羊稍长，猫的持续时间较长，可达 72h，故应慎用。为了减少用量和减轻其副作用（苏醒期兴奋），可在给本药之前注射氯丙嗪以强化麻醉。

3. 异戊巴比妥钠（阿米妥钠） 主要用于镇静和基础麻醉。由静脉注射给药，与戊巴比妥类似。

4. 硫戊巴比妥钠 其作用与硫喷妥钠相似，使用剂量稍低于硫喷妥钠。静脉注射 30s

后可产生麻醉效应。根据用量的不同，维持时间为 10～30min。小动物静脉麻醉常用 4％溶液。如犬按每千克体重 17.5mg 静脉注射，可维持外科麻醉 15min，3h 后完全苏醒。与安定药和肌松药联合应用，可明显延长麻醉时间。在大动物，如马、牛等，可作为吸入麻醉的诱导用药。

六、麻醉后护理、麻醉并发症与抢救

（一）一般护理

1. 苏醒 在动物全身麻醉未苏醒之前，安排专人看管，苏醒后辅助站立，避免撞碰和摔伤。在吞咽功能未完全恢复之前，绝对禁止饮水、饲喂，防止误咽。

2. 保温 全身麻醉后的动物体温降低，注意保温，预防感冒。

3. 监护 术后 24h 内严密观察动物的体温、呼吸和心血管的变化。若发现异常，要尽快找出原因。对较大的手术也要注意评价患病动物的水和电解质变化，若有失调，及时给予纠正。

（二）全身麻醉并发症与抢救

1. 呕吐 较多见于小动物全身麻醉的前期、反刍动物麻醉程度较深时，胃内容物可反流入口腔。此时吞咽反射消失，胃内容物易被吸入气管造成严重并发症（窒息或异物性肺炎）。全身麻醉动物的头部应稍垫高，口朝下，将舌拉出口外，用湿纱布包裹。一旦发生呕吐，应尽可能使呕吐物排出口腔，呕吐停止后用大棉花块清洗口腔。

2. 舌回缩 是小动物麻醉时较常见的并发症之一，但在大动物也有发生，即在深睡期时肌肉弛缓，舌根向会厌软骨方向移动，造成喉头通道的狭窄或堵塞，此时可听到异常呼吸音或出现痉挛性呼吸。因此，在整个麻醉期，应注意舌部的状况。一旦发现舌回缩，应立即用手或舌钳将舌牵出，并使其保持伸出口腔外，症状即自行消失。

3. 呼吸停止 可出现于麻醉的前期或后期。前期在兴奋期，呼吸的停止具有反射性。在深麻醉期呼吸停止则为更严重的并发症，乃由于延脑生命中枢麻痹或由于麻醉药中毒、组织血氧过低所致。当呼吸停止出现在初期时，应立即停止麻醉，打开口腔，拉出舌头（或以每分钟 20 次左右的节律反复牵拉舌头），并着手进行人工呼吸。立即静脉注射尼可刹米、安钠咖，或皮下注射樟脑油等。根据情况可反复使用上述药物。在给予呼吸兴奋药的同时，继续采取人工呼吸的措施，如用手有节奏地挤压呼吸囊、启用人工呼吸机等。

4. 心搏停止 通常发生在深麻醉期，心脏活动骤停常无预兆，一旦发生，应立即采取抢救措施。可采用心脏按压术，同时配合人工呼吸。还可考虑开胸后直接按压心脏。药物抢救时，可选用 0.1％盐酸肾上腺素（马、牛 10mL，犬、猫 0.1～0.5mL），心室内注射，若静脉直接给药，犬、猫应做 10 倍稀释。还可根据具体情况使用其他强心剂。

七、麻醉监护与复苏

麻醉监护是借助人的感官和特定监护仪器观察、检查、记录器官的功能改变。由于麻醉监护是治疗的基础，因而麻醉监护需按系统进行，其结果才可靠。现代化的仪器设备，可快速客观反映出机体在麻醉下的总体状况，但这些设备需要很大的经济投资。由于条件的限制，麻醉监护以临床观察为主。

（一）在诱导麻醉与手术期间的监护

在诱导麻醉期，由于麻醉药的作用，存在呼吸抑制及随后氧不足与高碳酸血的危险，因此，此时期的监护应检查脉搏，观察黏膜颜色，指压齿龈观察毛细血管再充盈时间，以及观察呼吸深度与频率等。

手术期间的监护重点是中枢神经系统、呼吸系统、心血管系统、体温和肾功能。监护的程度最好依麻醉前检查结果和手术的种类与持续时间而定。

1. 麻醉深度 通过眼睑反射、眼球位置和咬肌紧张度来判断麻醉深度。呼吸频率和血压的变化也是重要的表现。如出现动物的眼球不再偏转而是处于中间的位置，且凝视不动，瞳孔放大，对光反射微弱，甚或消失，乃是深度抑制的表现，表示麻醉已过深。

2. 呼吸

（1）必须确保充足的每分通气量。重点观察呼吸的通畅度、呼吸频率和呼吸的幅度。若是呼吸道通畅度不好，动物会表现呼吸困难，胸廓的呼吸动作加强，鼻孔的开张度加大，甚至黏膜发绀。借助听诊器听诊是一种简单的方法，可确定呼吸频率和呼吸杂音。

（2）吸入麻醉时，可用潮气量表测量潮气量。呼吸变深、变浅和频率增快等，都是呼吸功能不全的表现。如发现潮气量锐减，继之很快会发生低氧血症。潮气量的减少，多是深麻醉时呼吸重度抑制的表现。

（3）可视黏膜的色泽可反映当前的氧气供应和外周循环功能情况，可在手术期间定期观察齿龈以及舌部的黏膜颜色来粗略地判断动物缺氧的程度。但是，在贫血动物因氧饱和度极低，不会明显见到黏膜发绀。

（4）对动脉血氧气和二氧化碳分压进行测定，判断动物吸入氧气和排出二氧化碳是否满足生理需求。可测定血液 pH 和碳酸氢根以及电解质浓度，监测机体水、电解质和酸碱平衡。

（5）应用脉搏血氧饱和度仪无创伤连续监测动脉血红蛋白的氧饱和度，可早期发觉手术期间出现的低氧症，也可用于评价氧气疗法和人工通气疗法的有效性。

3. 循环系统 主要是应用无创伤方法监护循环系统，如摸脉搏、确定毛细血管再充盈时间、心脏听诊、测定血压和心电图仪监护。在手术中发现脉搏频数，心音如奔马音，结膜苍白，血管的充盈度很差，是休克的表现；心搏无力、心动过缓多由于麻醉药过量、麻醉过深，反射性血压下降引起。

4. 全身状态 主要注意神志的变化，对痛觉的反应，以及其他一些反射，如眼睑反射、角膜反射等。动物处于休克状态时，神志反应淡漠，甚至昏迷。

5. 体温 麻醉一般都会使动物体温下降 1～2℃或 3～4℃，但动物的应激反应强烈或对某些药物的不适应（氟烷）会导致高热现象。

6. 体位变化 在个体大的动物，特别是牛，由于体位的改变，如倒卧、仰卧等姿势，可对呼吸和循环系统带来不利的影响。对小动物也应特别注意，或因强力保定，或因用绳索拴缚不当，以致影响呼吸。或是由于肢体受到压迫或牵张，而造成肢体的麻痹。

（二）麻醉动物的心肺复苏

1. 基本检查 包括呼吸、脉搏、可视黏膜颜色、毛细血管再充盈时间、意识、眼睑反射、角膜反射、瞳孔大小、瞳孔对光反射等的检查，最好在 1min 内完成，主要是评价呼吸功能和心脏功能。如在麻醉中有心电图记录，则是诊断心律失常和心跳停止的可靠方法。

2. 心肺复苏 可分为呼吸道畅通、人工通气、建立人工循环、药物治疗、后期复苏处理等阶段。

（1）呼吸道畅通 清除口咽部的异物、呕吐物、分泌物等，且需施气管内插管。如气管内插管困难，则应尽快实施气管切开术。

（2）人工通气　在气管内插管之前，可做嘴-鼻人工呼吸。在气管内插管后，用呼吸囊进行人工呼吸。尽可能使用100％氧气，频率为8～10次/min。每分吸氧量约为每千克体重150mL。每做5次胸外心脏按压，应做1次人工呼吸。有条件者，接呼吸机实施机控呼吸。

（3）建立人工循环　只有在无脉搏存在时，才可进行心脏按压。在心跳停止的最初1min内，可施行一次性心前区叩击。如心脏起搏无效，则应立即进行胸外心脏按压。可通过外周摸脉检查心脏按压的效果。如在胸腔或腹腔手术期间出现心跳停止，则可采用胸内心脏按压。

（4）药物治疗　属于继续生命支持阶段。在心肺复苏期间，应一直静脉给药，勿皮下或肌内注射给药。如无静脉通道，肾上腺素、阿托品等药物也可经气管内施药。不应盲目进行心脏注射给药，这是心肺复苏时的最后一条给药途径。

（5）后期复苏处理　后期复苏处理包括进一步支持脑、循环和呼吸功能，防止肾功能衰竭，纠正水、电解质及酸碱平衡紊乱，防止脑水肿、脑缺氧，防止感染等。如条件允许，尽快做胸部X线摄影，以排除急救过程中所发生的气胸、肋骨骨折等损伤。

第十七单元　手术基本操作★★

第一节　组织切开

组织切开是指用手术刀或手术剪在组织或器官上进行锐性分离的外科操作过程，是外科手术最基本的操作之一，也是外科手术的第一步。

一、软组织的切开与分离

（一）组织切开

1. 切口选择原则

（1）切口需接近病变部位，最好能直接到达手术区，并根据手术需要，扩大切口。

（2）切口在体侧、颈侧以垂直于地面或斜行切口为好，在体背、颈背和腹下沿体中正线或靠近中正线的矢状线纵行切口较合理。

（3）切开组织或器官时应避免损伤大血管、神经和腺体输出管，保证术部组织或器官的机能不受影响。

（4）切口应有利于创液的排出，特别是脓汁的排出。

（5）二次手术时，应避免在瘢痕上切开，因瘢痕组织再生能力弱，易发生弥漫性出血。

2. 切开方法与注意事项

（1）切口大小应适当。切口过小，不能充分显露；切口过大，会损伤过多组织。

（2）按解剖层次分层切开，注意保持切口从外到内的大小相同。切口两侧要用无菌巾覆盖、固定，以免污染切口。

（3）手术刀与皮肤、肌肉垂直，力求一次切开，切开组织必须整齐防止斜切或多次在同一平面上切割，造成不必要的组织损伤。

（4）切开皮肤时常选择直线切口，可采用紧张切开法或皱襞切开法。也可根据手术需要，选择弧线切口或折线切口。

（5）切开深部筋膜时要防止损伤下面的血管和神经，可先切开一小口后用止血钳将其分离扩大，然后再将筋膜剪开。

（6）肌肉的切开很少采用锐性切割，通常是沿肌纤维方向用刀柄或手指钝性分离，因为锐性切割极易损伤内部的血管或神经，影响术后愈合。

（7）切开腹膜、胸膜时应防止损伤内脏，常用手术镊或组织钳提起腹膜做一小切口，利用食指和中指或有沟探针引导，再用手术刀或手术剪扩大切口。

（8）切开肠管侧壁时，一般于肠系膜对侧或肠管纵带上纵行切开。

（9）切割骨组织时应先切开、分离骨膜，尽可能地保存骨膜健康部分，有利于术后骨组织愈合。

手术中常需使用拉钩或牵开器帮助显露，负责牵拉的助手应密切关注手术进程，根据需要及时调整拉钩的位置、方向和力量，必要时也可使用大纱布垫将其他脏器从术野推开以增加显露。

（二）组织分离

分离是显露深部组织和游离病变组织的重要步骤。分离的范围应根据手术的需要确定，按照正常组织间隙的解剖平面进行分离。分离分为锐性分离和钝性分离两种。

1. 锐性分离 使用手术刀或组织剪进行。用手术刀分离时，将刀刃沿组织间隙做垂直的、轻巧的、短距离的切开。用组织剪分离时，将剪的尖端伸入组织间隙内（避免过深），然后张开剪柄分离组织，在确定无重要血管、神经后，再予以剪断。锐性分离对组织的损伤较小，术后反应较轻，愈合较快，但要求熟悉或能在直视下识别组织结构，且动作准确、精细。

2. 钝性分离 使用刀柄、止血钳、剥离器或手指等进行，适用于正常肌肉、筋膜和良性肿瘤等的分离。方法是将上述器械或手指插入组织间隙内，用适当的力量分离周围组织。钝性分离对组织的损伤较重，容易残留许多失去活性的组织细胞，因此，术后组织反应较重，愈合较慢。对于瘢痕较大、粘连过多或血管、神经丰富的部位，不宜采用钝性分离。

3. 不同组织的分离方法与注意事项

（1）皮下组织及其他组织的分离　皮肤切开后，皮下组织的分离宜用逐层切开、分离的方法，便于识别组织，避免或减少对大血管、大神经的损伤。

皮下疏松结缔组织多用钝性分离。方法是先将组织刺破，再用手术刀柄、止血钳或手指进行剥离。

（2）筋膜或腱膜的分离　先用手术刀在筋膜或腱膜中央做一小切口，然后用弯止血钳在此切口上、下将筋膜或腱膜与其下方组织分开，再沿分开线剪开筋膜或腱膜，其切口应与皮肤切口等长。若筋膜或腱膜下有神经、血管，先用手术镊将筋膜或腱膜提起，采用反挑式执刀法做一小孔后插入有沟探针，再沿探针沟以外向式运刀法扩大筋膜或腱膜切口。

（3）肌肉的分离　一般先将刀柄、止血钳或手指插入肌肉，再沿肌纤维方向做钝性分离，扩大肌肉切口至所需长度。在紧急情况下，或肌肉较厚并含有大量腱质时，为使手术通路广阔和排液方便，也可横断切开。

（4）索状组织的分离　索状组织（如精索）的分离，除用手术刀（剪）做锐性切割外，还可用刮断、拧断等方法，以减少出血。

（5）其他　良性肿瘤、放线菌病灶、囊肿及内脏粘连部分宜用钝性分离。

二、硬组织的分离

1. 骨组织的分割　先用手术刀和骨膜剥离器等分离骨膜，再根据手术需要对骨组织进行相应的锯、凿、修剪等操作。

2. 角质物的分离　大动物的蹄角质可用蹄刀、蹄刮去除，蹄壁浸软后可用柳叶刀切开。牛、羊去角时，可用骨锯或断角器去除。

第二节　止　血

一、出血的种类

（一）按受伤血管划分

1. 动脉出血　由于动脉管壁含有大量的弹力纤维，动脉压力大，血液含氧量丰富，因此，动脉出血的特征是血液鲜红，呈喷射状流出，并可出现规律性起伏，与心脏搏动一致。动脉出血一般自血管断端的近心端流出，指压动脉管断端的近心端，则搏动性血流立即停止，反之则出血状况无改变。

2. 静脉出血　血液以缓慢的速度从血管中均匀不断地泉涌状流出，颜色为暗红或紫红。一般血管远心端的出血较近心端多，指压出血静脉管的远心端，则出血停止，反之出血加剧。

3. 毛细血管出血　其血色介于动脉、静脉血液之间，多呈渗出性点状出血。一般可自行止血或稍加压迫即可止血。

4. 实质出血　实质器官、骨松质及海绵组织的损伤，为混合型出血，即血液自小动脉与小静脉内流出，血液颜色与静脉血相似。

（二）按血管出血后流至部位不同划分

1. 外出血　组织受伤后，血液由创伤或天然孔流到体外时称外出血。

2. 内出血　组织或器官受伤后，血液积聚在组织内或胸腔、腹腔、关节腔等体腔中，称内出血。

（三）按出血的次数和时间划分

1. 初次出血　直接发生在组织受到创伤之后。

2. 二次出血　主要发生在动脉，静脉极少发生。

3. 重复出血　多次重复出血，可见于破溃的肿瘤。

4. 延期出血　受伤当时未出血，经一段时间后发生出血。

二、全身和局部预防性止血方法

（一）全身预防性止血方法

全身预防性止血方法是在手术前给动物注射增强血液凝固性的药物和同类型血液，借以提高机体抗出血的能力，减少手术过程中的出血。

1. 输血　目的在于增强施术动物血液的凝固性，刺激血管运动中枢反射性地引起血管痉挛性收缩，以减少手术中的出血。

2. 注射增强血液凝固性及血管收缩的药物

（1）肌内注射 0.3％凝血质注射液，以促进血液凝固。

（2）肌内注射维生素 K 注射液，以促进血液凝固，增加凝血酶原。

（3）肌内注射安络血注射液，以增强毛细血管的收缩力，降低毛细血管的通透性。

（4）肌内注射止血敏注射液，以增强血小板机能及黏合力，降低毛细血管通透性。

（5）肌内或静脉注射对羧基苄胺，以颉颃血纤维蛋白的溶解，抑制纤维蛋白原的激活因子，使纤维蛋白溶酶原不能转变成纤维蛋白溶解酶，从而减少纤维蛋白的溶解，发挥止血作用。

（二）局部预防性止血方法

1. 肾上腺素止血　应用肾上腺素做局部预防性止血常配合局部麻醉进行，一般在每1 000mL普鲁卡因溶液中加入 0.1％肾上腺素溶液 2mL，利用肾上腺素收缩血管的作用达到手术基部止血的目的。

2. 止血带止血　主要适用于四肢、阴茎和尾部的手术。用专用的橡皮管止血带或普通乳胶管等，在手术部位上 1/3 处缠绕数周并固定，可暂时阻断血流，减少手术中失血，有利于手术操作。止血带保留时间不得超过 2～3h。如果手术延长，应将止血带临时松开10～30s，使组织重新得到灌注，以防止组织长时间缺血而坏死，接着再次缠扎后继续进行手术。

三、术中止血方法

1. 机械止血法

（1）压迫止血　使用无菌纱布压迫出血部位，以达到临时止血的目的；并且能清除术部血液、辨清组织和出血径路及出血点，便于采取钳夹或结扎等止血措施。

（2）钳夹止血　利用止血钳最前端夹住血管的断端，钳夹方向应尽量与血管垂直，钳住的组织要少，切不可大面积钳夹。

（3）钳夹扭转止血　用止血钳夹住血管断端后扭转止血钳 1～2 周，然后轻轻取钳，则血管断端闭合、停止出血。

（4）钳夹结扎止血　适用于较大血管的止血，其方法有两种：

①单纯结扎止血　用丝线环绕钳夹的血管和少量组织后进行结扎。

②贯穿结扎止血　将带缝针的结扎线穿过所钳夹组织后进行结扎。常用"8"字缝合结扎或单纯贯穿结扎。

（5）填塞止血　适用于深部大出血，一时找不到血管断端及钳夹或结扎止血困难时，使用灭菌纱布紧塞于出血的创腔或解剖腔内，压迫血管断端，以达到止血的目的。

2. 电凝及烧烙止血法

（1）电凝止血　利用高频电流凝固组织的作用达到止血目的。方法是用止血钳夹住血管断端，向上轻轻提起，擦干血液，将电凝器与止血钳接触，待局部发烟即可。

（2）烧烙止血　利用电烧烙器或烙铁烧烙作用使血管断端收缩封闭而止血。

3. 局部化学及生物学止血法

（1）麻黄素、肾上腺素止血　用1%～2%麻黄素溶液或0.1%肾上腺素溶液浸润的纱布进行压迫止血。

（2）止血明胶海绵止血　适用于实质器官、骨松质及海绵组织出血，以及常规方法难以控制的创面出血。将止血明胶海绵铺在出血面上或填塞于出血的创口内，可达到止血的目的。

（3）活组织填塞止血　将网膜、筋膜等自体组织填塞于出血部位，发挥类似压迫止血的作用。适用于肝、肾、脾等实质器官的止血。

（4）骨蜡止血　常用市售骨蜡制止骨质渗血，用于骨的手术或断角术。

第三节　缝　　合

一、缝合的基本原则

严格遵守无菌操作；缝合前必须彻底止血，清除凝血块、异物及无生机的组织；为了使创缘均匀对接，在两针孔之间要有相当距离，以防拉穿组织；缝针刺入和穿出部位应彼此相对，针距相等，否则易使创伤形成皱襞和裂隙；凡无菌手术创或非污染的新鲜创经外科常规处理后，可做对合密闭缝合；具有化脓腐败过程及具有深创囊的创伤可不缝合，必要时做部分缝合；组织缝合时，一般是同层组织相缝合，除非特殊需要，不允许把不同类别的组织缝合在一起；缝合、打结应有利于创伤愈合，如打结时既要适当收紧，又要防止拉穿组织，缝合时不宜过紧，否则会造成组织缺血；创缘、创壁应互相均匀对合，皮肤创缘不得内翻，创伤深部不应留有解剖无效腔、积血和积液；在条件允许时，可做多层缝合；缝合的创伤，若在手术后出现感染症状，应迅速拆除部分缝线，以便排出创液。

二、缝合材料

按照缝合材料在动物体内吸收的情况，可将其分为吸收性缝合材料和非吸收性缝合材料；按照材料来源可分为天然缝合材料和人造缝合材料。

（一）常用的缝合材料

1. 肠线　以羊肠黏膜下层或牛肠浆膜组织为原料制成，含90%胶原，属于天然可吸收性缝合材料，适用于胃肠、泌尿生殖道的缝合，而不能用于胰脏手术，因为容易被胰液消化吸收。肠线的缺点是易诱发组织的炎症反应，中度铬制肠线自植入组织内 20d 开始吸收，张力强度丧失较快，有毛细管现象，偶尔还引起组织的过敏反应。

2. 丝线 用蚕茧的连续性蛋白质纤维制成，属于天然非吸收性缝合材料，具有价廉、应用广泛、容易消毒等优点。常用丝线为编织线，张力强度高，操作方便，打结确实。缺点：如缝合的创伤感染，则丝线成为创伤异物导致创伤难以愈合；如缝合空腔器官时露出腔内，则在缝合处引起溃疡，遗留在膀胱、胆囊内还易形成结石。因此，丝线不可用于空腔器官的黏膜层缝合，也不能用于污染或感染创伤的缝合。

3. 不锈钢丝 生物学特性为惰性，植入组织内不引起炎症反应，且能保持张力强度。主要用于骨折内固定手术，也用于愈合缓慢的组织（如筋膜、肌腱）的缝合，以及皮肤减张缝合。

4. 尼龙缝线 属于人造非吸收性缝合材料，有单股和多股两种。生物学特性为惰性，植入组织内很少引起组织反应，张力强度较强。单股尼龙缝线无毛细管现象，在污染的组织内感染率较低，可用于角膜、血管等的缝合。多股尼龙缝线适用于皮肤缝合，但不能用于浆膜腔和滑膜腔缝合，因为埋植的锐利断端能引起局部摩擦刺激而导致炎症或坏死。尼龙缝线主要的缺点是，操作稍有困难，打结不很确实，通常以三叠结为妥。

5. PGA 缝线 即聚乙醇酸缝线，多股编织，属于人造可吸收性缝合材料。因采用独特的表面涂层技术，操作时柔软顺滑，如丝线般容易打结，且无毒性、无胶原性、无抗原性、无致癌性、组织反应低。植入组织 15d 后开始吸收，30d 后大量吸收，60～90d 安全吸收，水解后产生的羟基乙酸有抑菌作用，是外科手术较理想的缝合材料。

6. 组织黏合剂 最广泛使用的组织黏合剂是腈基丙烯酸酯。涂抹组织黏合剂的厚度和湿度不同，其凝结时间也不同，一般为 2～60s。组织黏合剂主要用于口腔手术、肠管吻合术等。

（二）缝合材料的选择

一般，根据缝合材料的生物学特性、物理学特性和动物手术的需要来选择缝合材料。选择缝合材料应遵循下列原则：缝合材料张力强度丧失应该和被缝合组织获得张力强度相适应；缝线机械特性应与被缝合的组织特性相适应；不同的组织使用不同的缝合材料。例如：皮肤缝合宜使用丝线、尼龙缝线等非吸收性缝线；皮下组织可使用人造可吸收性缝线；腹壁和筋膜等张力强度较大的部位因愈合较慢，要求缝线强度较强，应使用中等规格的尼龙缝线等非吸收性缝线；张力较小部位的筋膜可使用人造可吸收性缝线；肌肉缝合可使用人造可吸收性或非吸收性缝线；空腔器官的缝合可选择肠线、PGA 缝线或单丝非吸收性缝线；腱的修补通常应用尼龙缝线、不锈钢丝等；血管和神经缝合常用无组织反应的单股尼龙缝线或聚丙烯缝线。

三、缝合方法

缝合方法

1. 结节缝合 又称单纯间断缝合，适用于皮肤、皮下组织、筋膜、黏膜、血管、神经、胃肠道等的缝合。缝合时，将 15～25cm 缝线穿入针孔，手持缝针于创缘一侧垂直刺入，于对侧相应的部位穿出打结，每缝一针打一次结（图 3-5）。缝合要求：创缘密切对合；缝线与创缘的距离依所缝合的皮肤厚度而定，小动物3～5mm，大动物0.8～1.2cm；缝线间距依创缘张力而定，一般为0.5～1.5cm；打结应在切口一侧，避免压迫切口。

2. 单纯连续缝合 又称螺旋缝合，既适用于皮下组织、筋膜、血管、胃肠道的缝合，也适合无太大张力的较长创口的缝合。用一根长的缝线自始至终连续地缝合一个创口，最后打结。第一针和打结操作与结节缝合相同。然后，用同根缝线以相等的缝线间距沿创口缝合，每缝一针必须对合创缘，避免创口形成皱褶。最后，在创口一侧留下线尾，与带针的双股线进行打结（图3-6）。

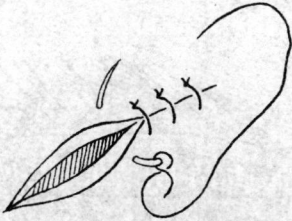

图3-5 结节缝合
引自《兽医外科手术学》（第五版）

图3-6 单纯连续缝合
引自《兽医外科手术学》（第五版）

3. 表皮下缝合 适用于小动物的皮肤缝合。从皮肤切口一端开始，缝针刺入真皮下，再翻转缝针刺入另一侧真皮，采用连续浆膜肌层内翻缝合法闭合切口，最后将缝针翻转刺向对侧真皮下打结，将线结埋置在深部组织内（图3-7）。一般应选择单股尼龙缝线或PGA缝线，不宜使用肠线，因后者易引起较严重的组织反应。

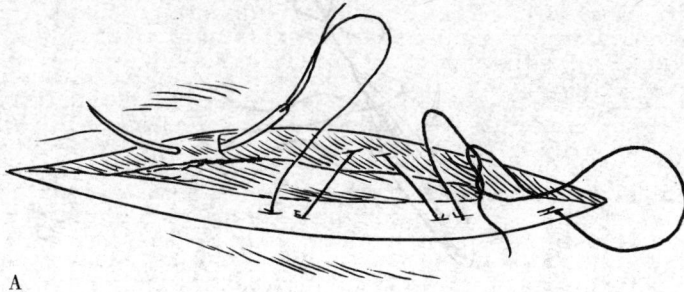

A

B

图3-7 表皮下缝合
A. 表皮下连续浆膜肌层内翻缝合法（库欣缝合法） B. 最后打结，线结应包埋在深部组织内
引自《兽医外科手术学》（第五版）

4. 改良压挤缝合 是一种用于肠管端端吻合的单纯间断缝合法。小动物肠管吻合效果良好，也可用于大动物肠管吻合。缝针穿过浆膜、肌层和黏膜下，再穿过对侧黏膜下、肌层和浆膜，打结（图3-8）。此种缝合的效果是浆膜、肌层和黏膜下完好地对接，而黏膜稍内翻，不会出现原压挤缝合的黏膜外翻现象。肠管各层相互压挤，能很好地防止肠液泄漏，且保持正常的肠腔容积。

5. 十字缝合 适用于张力较大的皮肤缝合。从第一针开始，缝针从一侧到另一侧做结节缝合，但不打结；而第二针则平行第一针，仍从原侧到对侧穿过切口；将缝线两端在切口上交叉，形成十字形后拉紧打结（图3-9）。

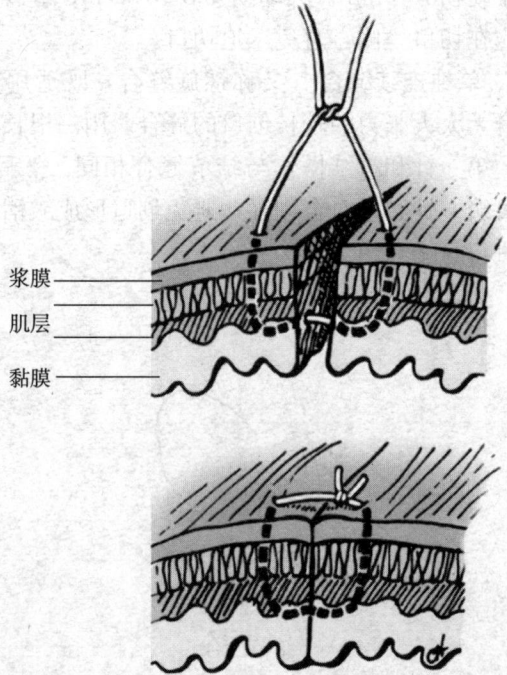

浆膜
肌层
黏膜

图3-8 改良压挤缝合
引自 Johnston S A：Veterinary surgery small animal，
(second edition)，Elsevier，St. Louis，2018

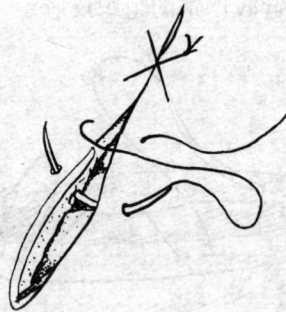

图3-9 十字缝合
引自《兽医外科手术学》(第五版)

6. 连续锁边缝合 多用于皮肤直线形切口及薄而活动性较大部位的缝合。与单纯连续缝合基本相似，仅在缝合中每次都将缝线交锁（图3-10）。此种缝合能使创缘对合良好，并使每一针缝线在进行下一次缝合前就得以固定。

7. 伦勃特缝合 用于胃肠、子宫、膀胱等空腔器官浆膜肌层的缝合，也是胃肠手术的传统缝合方法。此法又称"垂直褥式内翻缝合"，分为间断与连续两种。临床常用间断伦勃特缝合（图3-11）。

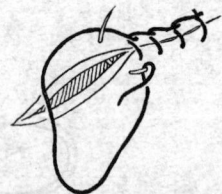

图3-10 连续锁边缝合
引自《兽医外科手术学》
(第五版)

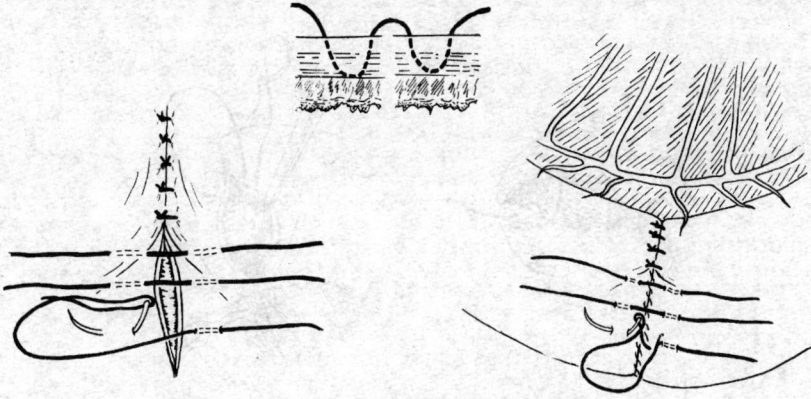

图 3-11　间断伦勃特缝合
引自《兽医外科手术学》（第五版）

8. 连续浆膜肌层内翻缝合　由伦勃特连续缝合演变而来，又称"库欣缝合""连续水平褥式内翻缝合"，适用于胃、子宫浆膜肌层的缝合。此种缝合方法由切口一端开始，先做一个浆膜肌层间断内翻缝合，再用同一缝线平行于切口做浆膜肌层连续缝合至切口另一端，然后做一个浆膜肌层间断内翻缝合结束（图 3-12）。

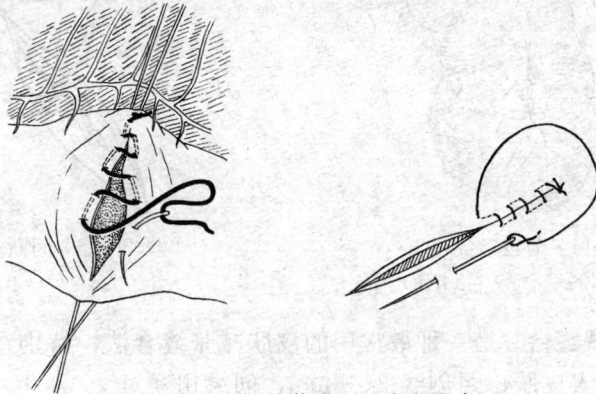

图 3-12　连续浆膜肌层内翻缝合
引自《兽医外科手术学》（第五版）

9. 康奈尔氏缝合　与连续浆膜肌层内翻缝合基本相同，仅在缝合时将缝针贯穿全层组织，当将缝线拉紧时，肠管切面翻向肠腔（图 3-13）。用于胃、肠、子宫壁的全层缝合。

10. 荷包缝合　为环状的浆膜肌层缝合（图 3-14）。主要用于胃、肠壁上小范围的内翻缝合，如缝合小的胃、肠管孔。此外，还可作为胃、肠、膀胱等引流固定时的缝合方法。

11. 间断垂直褥式缝合　是一种适用于皮肤的减张缝合法。将缝针刺入皮肤后（距离创缘约 8mm），使创缘相互对合，接着将缝针越过切口到相应对侧刺出皮肤；然后，把缝针翻转，在同侧距切口约 4mm 处刺入皮肤，再越过切口到相应对侧距切口约 4mm 处刺出皮肤，然后与另一端缝线打结（图 3-15）。该缝合要求，缝针刺入皮肤时，仅刺入真皮下，靠近切口创缘的刺入点接近切口边缘，使皮肤创缘对合良好，不会明显外翻。缝线间距为 5mm。

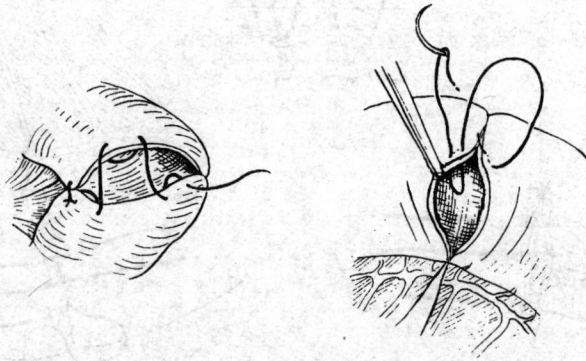

图 3-13 康奈尔氏缝合

引自《兽医外科手术学》(第五版)

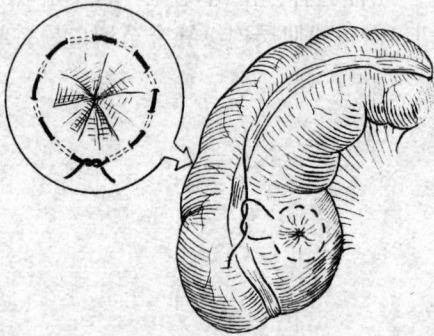

图 3-14 荷包缝合

引自《兽医外科手术学》(第五版)

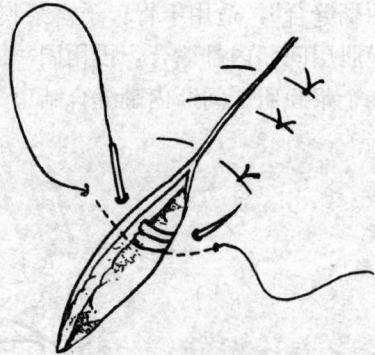

图 3-15 间断垂直褥式缝合

引自《兽医外科手术学》(第五版)

12. 间断水平褥式缝合 是一种最常用的皮肤减张缝合法，特别适用于马、牛和犬的皮肤缝合。将缝针刺入皮肤，距创缘 2~3mm，创缘相互对合，越过切口到对侧相应部位刺出皮肤，然后缝线与切口平行向前约 8mm，再刺入皮肤，越过切口到相应对侧刺出皮肤，与另一端缝线打结（图3-16）。该缝合要求，缝针刺入皮肤时，应刺入真皮下，不能刺入皮下组织，这样皮肤创缘对合才能良好，不出现外翻。根据缝合组织的张力，缝合间距为 4mm。

13. 近远-远近缝合 是一种适用于体表创伤缝合的张力缝合法。第一针接近创缘垂直刺入皮肤，越过创底后到对侧距切口较远处，再垂直刺出皮肤；接着翻转缝针，越过创口到第一针刺入侧，于距创缘较远处垂直刺入皮肤，再越过创底到对侧距创缘较近处垂直刺出皮肤，与第一针缝线末端拉紧打结（图3-17）。

图 3-16 间断水平褥式缝合

引自《兽医外科手术学》

(第五版)

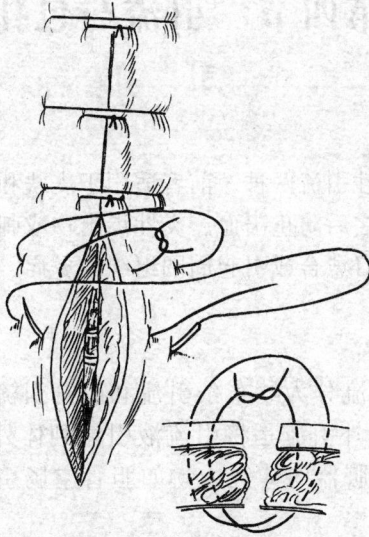

图 3 - 17　近远-远近缝合

引自《兽医外科手术学》(第五版)

14. 骨缝合　是应用不锈钢丝或其他金属丝进行全环扎术和半环扎术。

四、打结种类与注意事项

常用的结种类有方结、三叠结和外科结。常用的打结方法有三种，即单手打结、双手打结和器械打结。

打结注意事项：打结收紧时左手、右手的用力点与结扎点成一直线；第一结和第二结的方向不能相同；用力均匀，两手的距离不宜离线太远；埋在组织内的结扎线头，在不引起结扎松脱的原则下，尽量剪短，以减少组织内的异物。丝线、棉线一般留 3～5mm，较大血管的结扎线头应略长，以防滑脱，肠线留 4～6mm，不锈钢丝留 5～10mm，并应将钢丝头扭转埋入组织中。

正确的剪线方法是，术者结扎完毕后，将双线尾提起略偏术者的左侧，对面助手用稍张开的剪刀尖沿着拉紧的结扎线滑至结扣处，再将剪刀稍向上倾斜，然后剪断，倾斜的角度取决于要留线头的长短。

五、拆线方法

拆线是指拆除皮肤缝线。缝线拆除的时间，一般为手术后 7～8d。凡营养不良、贫血、老年动物、缝合部位活动性较大、创缘呈紧张状态等情况下，应适当延长拆线时间，但创伤已化脓或创缘已被缝线撕断不起缝合作用时，可根据创伤治疗的需要随时拆除全部或部分缝线。

拆线方法：用碘酊消毒创口、缝线及创口周围皮肤后，将线结用镊子轻轻提起，剪刀插入线结下，紧贴针眼将线剪断，拉出缝线。然后，用碘酊消毒创口及周围皮肤。注意拉线方向应向着拆线的一侧，动作要轻巧，如强行向对侧硬拉，则可能将伤口拉开。

第四节　引流与包扎

一、引　流

（一）引流的适应证

引流可分为治疗性和预防性引流两种。前者适用于皮肤和皮下组织严重损伤和感染，或脓肿已成熟；后者多用于手术之后防止出血、炎性渗出物或刺激性液体（胆汁）漏出积聚形成血肿或解剖无效腔，影响创口愈合或引起周围组织的炎症。怀疑创口愈合延迟或变慢，也可进行预防性引流。

（二）引流的种类

依据引流物的种类，将引流分为纱布条引流和胶管引流等。依据引流液被引流到的部位，分为外引流和内引流。外引流是将引流液引流到体外，内引流是通过改道或分流等术式将引流液引向某个空腔脏器的体腔内，如胆管空肠引流术。本节介绍常用的两种外引流。

1. 纱布条引流　应用灭菌的干纱布卷成小条，放置在创腔内，排出腔内液体。常用于浅表化脓创、小溃疡面的湿敷引流。纱布条在几小时内吸附创液饱和，创液和血凝块凝集在纱布条上，阻止进一步引流，需要及时更换纱布条。临床上常用的纱布条有盐水纱布条、干纱布条、抗生素纱布条和凡士林纱布条。其中，盐水纱布条的引流能力最强。

2. 胶管引流　应用薄壁乳胶管、硅胶管作为引流管，管腔内径为 $0.6\sim2.5\mathrm{cm}$。引流管通过其两端的压力差起到引流作用，多用于体腔内或深部组织的引流。在插入创腔前用剪刀在引流管上剪数个小孔，可引流其周围的创液。在体外端连接负压吸引装置，利用负压引流。这种引流管对组织的刺激性小，在组织内不变质，可减少术后血液、创液的蓄留。临床上常利用双套管引流，可以自其中一根管向创腔内注入药物、液体或气体，起到治疗、冲洗或维持正压的作用。

（三）引流的应用与注意事项

外科引流的基本原则是通畅、彻底、最低限度组织操作或干扰最小、顺应解剖和生理要求、确定病原菌（细菌分离培养与药敏试验）。

根据创腔大小和创道的长短，将纱布条制成不同的长度和宽度，浸上药液后置入创腔。引流时，用长镊子分别夹起纱布条的两端，一端轻轻地导入创腔内至创底部，另一端置于创口的下角，或在创伤缝合前先置入引流纱布条。为了防止脱落，在皮肤上做一针固定缝合。当炎性渗出物多时，需要及时更换纱布条；当炎性渗出物很少时，停止引流。

胶管引流一般是在创口缝合前，先将引流管插入创内深部，再缝合创口，引流管的外部一端缝到皮肤上。引流管不要由原来切口外引出，而在其下方单独做一辅助切口引出引流管。引流管应每天清洗。引流管在创内放置时间越长，引起感染的机会越多。如果认为引流管已经失去引流作用，应尽快取出。

引流的注意事项：①放置引流管的位置要正确，不要压迫、扭曲引流管。引流管力求放在距引流区域最近、最直的通路上，引流管内口尽可能放在最低位。引流管不要直接压迫血管、神经和脏器（如肠管），不能直接放在吻合口或修补缝合处，防止发生出血、麻痹或瘘管等并发症。体腔内引流管最好不要经过手术切口引出体外，以免发生切口感染，应在手术切口一侧的下方做一小创口引出，小切口的大小要与引流管的粗细相适宜。②引流管要妥善固定，不论深部或浅部引流，都需要在体外固定，防止滑脱、落入体腔或创伤内。③保持引流管畅通，防止引流管被血凝块、坏死组织堵塞。④放置引流物后要每天检查和记录引流情况，注意观察引流的性质及引流量，判断是否有出血、吻（缝）合口破裂、感染引流不畅等情况，并及时做相应的处理。⑤引流物取出的时间，取决于手术类型和临床恢复情况，引流时间应尽可能短。引流液减少时，应及时取出引流物。⑥更换或取出引流物，遵循无菌操作的原则。

二、包　扎

包扎是利用敷料、卷轴绷带、复绷带、夹板绷带、支架绷带及石膏绷带等材料包扎止血，保护创面，防止自我损伤，促进创液吸收，限制活动，使创伤保持安静，促进受伤组织愈合的治疗方法。

1. 包扎材料及其应用

（1）卷轴绷带　由纱布、棉布等制成，用途最广。多用于动物四肢游离部、尾部、头角部、胸部和腹部等。卷轴绷带的基本包扎方法有环形包扎法、螺旋形包扎法、折转包扎法、蛇形包扎法和"8"字形包扎法等。

（2）复绷带　是按身体一定部位的形状而缝制，具有一定结构、大小的双层盖布，在盖布上缝合若干布条以便打结固定。复绷带虽然形式多样，但都要求使用简便、固定确实。

（3）结系绷带　是用缝线代替绷带固定敷料的一种保护手术创口或减轻伤口张力的绷带。结系绷带可装在身体的任何部位。其方法是在圆枕缝合的基础上，利用游离的线尾，将若干层灭菌纱布固定在圆枕之间和创口之上（图3-18）。

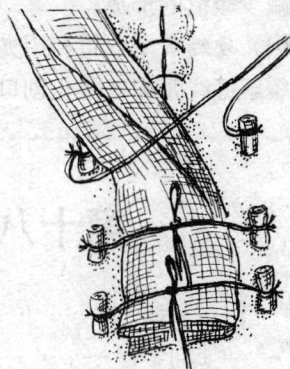

图3-18　结系绷带
引自《兽医外科手术学》
（第五版）

（4）夹板绷带　是借助于夹板保持患部安静，避免加重损伤、移位和使伤部进一步复杂化，具有制动作用的绷带，可分为临时夹板绷带和预制夹板绷带两种。临时夹板绷带通常用于骨折、关节脱位时的紧急救治，预制夹板绷带适用于较长时期的制动。

（5）支架绷带　是在绷带内作为固定敷料的支持装置。这种绷带应用于家畜的四肢时，通过套有橡皮管的软金属或细绳构成的支架固定敷料，而不因动物走动影响其固定作用。常用改良托马斯支架绷带包扎小动物的四肢。这种支架绷带多用铝棒根据动物肢体长短和肢上部粗细自制。应用在鬐甲、腰背部的支架绷带多为用纱布包裹的弓状金属支架，使用时可用布条或细软绳将金属支架固定于患部。

（6）石膏绷带　是在用淀粉液浆制过的大网眼纱布上加上煅制石膏粉制成。这种绷带用水浸后质地柔软，可塑制成任何形状敷于伤肢，一般十多分钟后开始硬化，干燥后成为坚固的石膏绷带。根据这一特性，将石膏绷带应用于整复后的骨折、脱位的外固定，均可收到满意的效果。

（7）Vet-Lite 绷带 是用一种热熔可塑性塑料，浸满在有网孔的纺织物上制成。如将其放在水中加热至 71～77℃，则变得很软，并可产生黏性。然后，置室温冷却，几分钟后就可硬化。Vet-Lite 绷带多用作小动物的硬化夹板。

（8）玻璃纤维绷带 由一种树脂黏合材料制作而成，具有重量轻、硬度强、多孔及防水等特性，浸泡冷水中 10～15s 就起化学反应，随后在室温条件下几分钟内开始热化、硬固。主要用于动物四肢的圆筒铸型，也可用作夹板。

2. 包扎方法

（1）干绷带法 又称干敷法，是临床上最常用的包扎法。凡敷料不与其下层组织粘连的均可用此法包扎。本法有利于减轻局部肿胀，促进创液吸收，保持创缘对合，提供干净的环境，促进愈合。

（2）湿敷法 对于严重感染、脓汁多和组织水肿的创伤，可用湿敷法。此法有助于除去创内湿性组织坏死，降低分泌物黏性，促进引流等。根据局部炎症的性质，可采用冷、热湿敷法。

（3）生物学敷法 指皮肤移植。将健康的动物皮肤移植到缺损处，消除创面，加速愈合，减少瘢痕的形成。

（4）硬绷带法 指利用夹板绷带和石膏绷带等限制动物活动，减轻其疼痛，减少创伤应激，缓解缝线张力，防止创口裂开和术后肿胀等。

第十八单元 手术技术★★★★

第一节　头部手术

一、牛断角术

【适应证】防止牛角伤人或伤及其他动物，或角部复杂性骨折需去除牛角。

【器械】特制断角器或骨锯、链锯、烙铁等。

【保定与麻醉】柱栏内站立保定，头部保定要确实。角神经传导麻醉，注射点在额骨外缘稍下方，眶上突的基部与角根之间，术者应感知额骨下外侧嵴，确认注射针尖在其下方。随动物的成长，角神经在组织中的位置较深，一般刺入深度为 $1\sim3cm$，注入 $3\%\sim4\%$ 盐酸普鲁卡因 $10\sim15mL$，$5\sim10min$ 后产生麻醉。若牛在术中仍有疼痛，建议肌内注射乙酰丙嗪或静松灵等，可使疼痛减轻。

【术式】手术可分为观血断角术（低位断角术）和无血断角术（高位断角术）。前者断角的位置在靠近角根部，麻醉后在预定断角水平线处用碘酒消毒，用断角器或锯迅速锯断角的全部组织。为了避免血液流入额窦内，可用事先准备好的灭菌纱布压迫角根断端或用手指压迫角基动脉进行止血。骨蜡涂抹对断端有良好止血作用。另外，可用磺胺粉或碘硼合剂撒布灭菌纱布上，再覆盖在角的断面，包扎角绷带，起止血和保护作用。角绷带外涂抹松馏油，以防雨水浸湿。无血断角术的位置在最上角轮和角尖之间，因没有破坏角突，不须止血和装角绷带。

【术后护理】注意绷带松脱，并预防局部感染引起化脓性窦炎。

二、犬直外耳道侧壁切除术

犬直外侧耳道始于耳郭外耳道口，止于鼓膜，长度约 7.5cm，直径 $4\sim7mm$，并分为垂直耳道和水平耳道。垂直耳道由软骨构成，水平耳道则为骨性管道。外耳道内壁被覆皮肤，在软骨部有丰富的毛囊、耵聍腺和皮脂腺，后两者分泌耳蜡，呈褐色，有保护外耳道、维护鼓膜湿润和柔软的作用。这两种腺体的分泌物也给细菌、真菌和螨的生长繁殖创造了良好的条件，如不及时清理，容易造成外耳道炎。治疗不及时或用药不当可导致严重、顽固的外耳道炎。

【适应证】对于外耳道炎，药物治疗无效，或治疗后反复发作引起外耳道上皮广泛性增生、肥大、溃疡和骨化，耵聍腺癌，先天性外耳道狭窄或畸形。

【器械】常规手术器械。

【保定与麻醉】侧卧位保定，患耳在上，全身麻醉。

【术式】先用直圆头探针或直头血钳插入耳道，以探清垂直耳道的方向及深度。然后，从耳屏处沿垂直耳道做一 U 形皮肤切口，其长度超过垂直耳道的一半（图 3-19A），沿皮下组织分离皮瓣，在耳屏处将皮瓣切除。暴露垂直耳道软骨后，按皮肤 U 形向下剪开垂直耳道软骨至水平耳道开口处，接着将软骨瓣向下转折，剪去 1/2 软骨瓣，并将剩余的软骨瓣与 U 形下方的皮肤缺损部对合，然后做结节缝合（图 3-19B、C）。最后，将外耳道创缘与同侧皮肤创缘结节缝合。注意每针缝合要紧密，打结不要过紧。

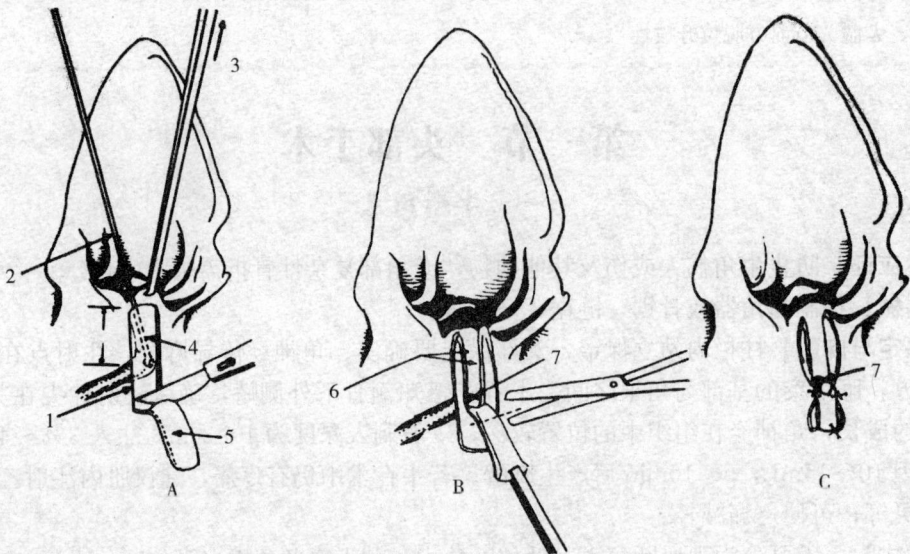

图 3-19 直外耳道侧壁切除术

A. 用探针探明直外耳道深度和方向，U 形切除皮肤 B. U 形切开直外耳道软骨至水平耳道入口处，
切除 1/2 软骨 C. 余下软骨与皮肤结节缝合

1. U 形皮肤切除的长度是直外耳道的两倍 2. 探针 3. 牵引耳屏 4. 暴露外耳道软骨
5. U 形皮肤及皮下组织 6. 切除直外耳道外侧壁软骨 7. 水平耳道入口处

引自侯加法主编《小动物外科学》

【术后护理】全身应用抗生素，每日清理伤口，防止耳道阻塞。为防止犬用爪损伤自己，颈部应安装颈圈。术后 10d 拆线。

三、马鼻旁窦圆锯术

【适应证】马属动物患鼻旁窦化脓性炎症经保守疗法无效；除去鼻旁窦内肿瘤、寄生虫、异物等；上颌后臼齿发生龋齿、化脓性齿槽骨膜炎、齿瘘、齿冠折断等需做牙齿打出术时的手术通路等。

【器械】一般外科器械，以及圆锯、骨膜剥离器、球头刮刀、骨螺钉等。

【保定与麻醉】柱栏内保定，确实固定头部。局部浸润麻醉，但需做牙齿打出术者，应全身麻醉，侧卧保定。少数烈性马可用镇静药物。

【术式】首先确定手术部位。

1. 手术部位的确定

（1）额窦后部 以两侧额骨颧突后缘连线与额骨中央线（头正中线）相交的交点两侧1.5～2cm处为左右圆锯的正切点。

（2）额窦中部 在两内眼角之间做一连线与头正中线相交，交点与内眼角间连线的中点即为圆锯部位。鼻甲部额窦前部，由眶下孔上角至眼前缘做一连线，由此线中点再向头正中线做一垂直线，取其垂线中点为圆锯孔中心。在额窦蓄脓时，此圆锯孔便于排脓引流。

（3）上颌窦圆锯部位的确定 从内眼角引一与面嵴平行的线，由面嵴前端向鼻中线做一垂线，再由内眼角向面嵴做垂线，这3条线与面嵴构成一长方形，此长方形的两条对角线将其分成4个三角区，距眼眶最近的三角区为上颌窦后窦，距眼眶最远的三角区为上颌窦前窦。上颌窦圆锯孔就在这两个部位，临床多用后窦作为手术部位。

2. 手术方法 在术部瓣形切开皮肤，钝性分离皮下组织或肌肉直至骨膜，彻底止血后，在圆锯中心部位用手术刀十字或瓣状切开骨膜，用骨膜剥离器把骨膜推向四周，其面积以容纳圆锯稍大为度。将圆锯锥心垂直刺入预做圆锯孔的中心（调整锥心使其突出齿面约3mm），使全部锯齿紧贴骨面，然后开始旋转圆锯，分离骨组织。待将要锯透骨板之前彻底去除骨屑，用骨螺子旋入中央孔，向外提出骨片。如无骨螺子，可用外科镊子代替。除去黏膜，用球头刮刀整理创缘，然后进行窦内检查或除去异物、肿瘤、打出牙齿等治疗措施。若以治疗为目的，皮肤一般不缝合或假缝合，外施以绷带，既可防尘土和蚊蝇，又有利于渗出液流出；若以诊断为目的，术后将骨膜进行整理，皮肤结节缝合，外系结系绷带。

【术后护理】对化脓性炎症，每日进行冲洗，直至炎性渗出停止，并全身应用抗生素治疗。

四、羊多头蚴包囊摘除术

【适应证】当多头蚴侵入羊脑内或颅腔内时，以诊断或治疗为目的施行本手术。

【器械】除常规手术器械外，还应准备圆锯、骨膜剥离器、球头刮刀及骨螺子等。

【保定与麻醉】侧卧保定，颅顶部向上，头部保定要确实。局部浸润麻醉。

【术式】以瓣状或U形切开皮肤，剥离皮下组织，使皮瓣与骨膜分离，彻底止血。十字切开骨膜并用骨膜剥离器将其推向四周。圆锯锯开颅腔，用镊子将脑硬膜轻轻夹起，以尖头外科刀或剪刀"十"字形切开脑硬膜。如包囊位于脑硬膜直下，切开硬脑膜，包囊会因腔内压力而部分自行脱出，再把羊头转向侧方，利用包囊内液体内流动，迫使包囊脱出。如不能实现时，可用无齿止血钳或镊子将囊壁夹持后做捻转动作，同时用注射器抽出包囊内部分液体，以利于包囊脱出。

当包囊寄生在脑组织深部时，选择脑硬膜与脑回无血管区，将连有10cm硬胶管的针头刺入包囊所在的预计方向。当有液体流出时，可证明有包囊存在，用注射器尽力吸取囊液，直到把部分囊壁吸入针头内，再向外轻拉针头，并且注射器的吸力一刻也不能放松，待看到包囊壁时，马上用无齿止血钳夹住，边捻边拉，直到将包囊全部拉出为止。当用针头和注射器不能达到目的时，可用小解剖镊子顺着探针的孔将包囊夹出。包囊除去后，用灭菌纱布将脑部创伤擦干，用骨膜瓣遮盖圆锯孔，皮肤结节缝合，事先撒布抗菌药，装置绷带。

【术后护理】摘除大脑部位的包囊后，只要脑组织损伤不严重，患羊一般都能康复。但小脑部位手术后，患羊一般不能站立，需躺卧3～7d，故必须精心护理。为了防止脑炎、脑膜炎等并发症，除在手术过程中注意无菌操作外，还要应用抗生素。对于重症或有严重并发症的患羊，建议屠宰。

五、犬下颌腺-舌下腺摘除术

【适应证】犬舌下腺囊肿。

【器械】常规手术器械。

【麻醉与保定】仰卧或侧卧保定，用一沙袋置于颈下部以确保头颈部伸展。

【术式】切口位于下颌支后缘，颈外静脉前方的颌外静脉与舌面静脉之间的三角区域内，对准下颌腺做4～6cm的皮肤切口（图3-20A）。由于舌下腺最终与下颌腺导管相连，故要同时切除下颌腺和舌下腺。

术部常规剃毛、消毒，消毒范围应包括耳下、上颌支后缘及下颌间隙处。分层切开皮下组织和颈阔肌，并分离颊部的脂肪体，切口内便显露颌外静脉、舌面静脉以及两静脉汇合成的颈外静脉。下颌腺和舌下腺由一个结缔组织包囊所覆盖。因两腺体共用一个导管输出分泌液，最好将两个腺体一同分离摘除。用组织钳夹住腺体并轻轻向外牵引，用钝性和锐性分离方法分离腺体，直至整个腺体和腺管进入二腹肌下方。用手术剪在二腹肌和茎突舌骨肌之间分离，显露大的舌下神经及舌下腺的前部。分离时注意不要损伤深部的颈动脉和舌动脉。将舌下腺和下颌腺经二腹肌下方拉向另一侧，分离开覆盖唾液腺管的下颌舌骨肌，直到暴露出围绕唾液腺导管的舌下神经分支为止。用止血钳夹住舌下腺及其导管，用线结扎腺管，结扎第一道缝合线后除去止血钳，再结扎第二道缝合线，在结扎缝合线的后方切断。经二腹肌下方导入引流管，引流管端位于腺体导管切除的断端处，间断缝合颈阔肌和下颌腺纤维囊，闭合解剖无效腔，缝合皮下组织和皮肤（图3-20B）。

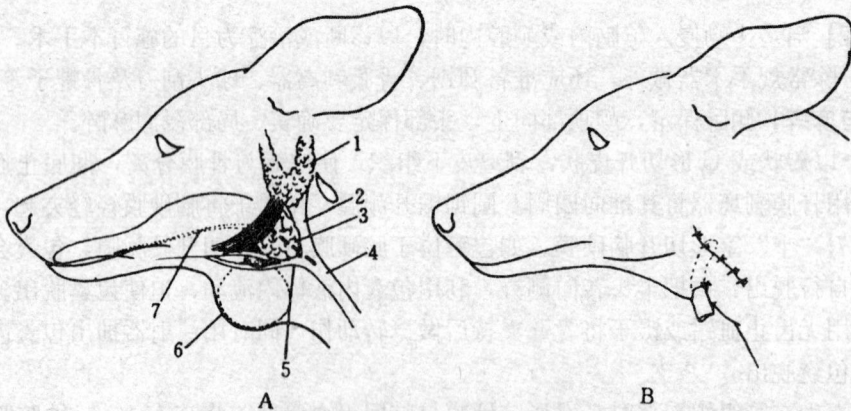

图3-20 犬下颌腺-舌下腺摘除术

A. 切口位置（虚线为切口） B. 引流管从皮肤下方引出

1. 腮腺 2. 颌外静脉 3. 下颌腺 4. 颈外静脉 5. 舌面静脉 6. 黏液囊肿 7. 下颌腺导管

引自侯加法主编《小动物外科学》

【术后护理】术后第3天去除引流管，引流孔可第二期愈合，术后应用抗生素7d。

六、眼睑内翻矫正术

【适应证】各种原因引起的眼睑器质性内翻，如沙皮犬、松狮犬等部分品种因遗传缺陷所发生的眼睑内翻（图3-21A），可施行本手术矫正。

【器械】常规手术器械。

【保定与麻醉】侧卧保定，固定头部。全身麻醉或配合局部麻醉。

【术式】手术分为暂时性缝合矫正术和切除皮肤矫正术（霍尔茨-塞勒斯手术）两种方法。

1. 暂时性缝合矫正术 适合于有遗传缺陷的幼犬。在内翻眼睑外侧皮肤距眼睑2～3mm处做数针结节垂直褥式缝合（图3-21B），使缝合处皮肤外翻（图3-21C）。皮肤外翻程度以内翻的眼睑恢复正常为宜。

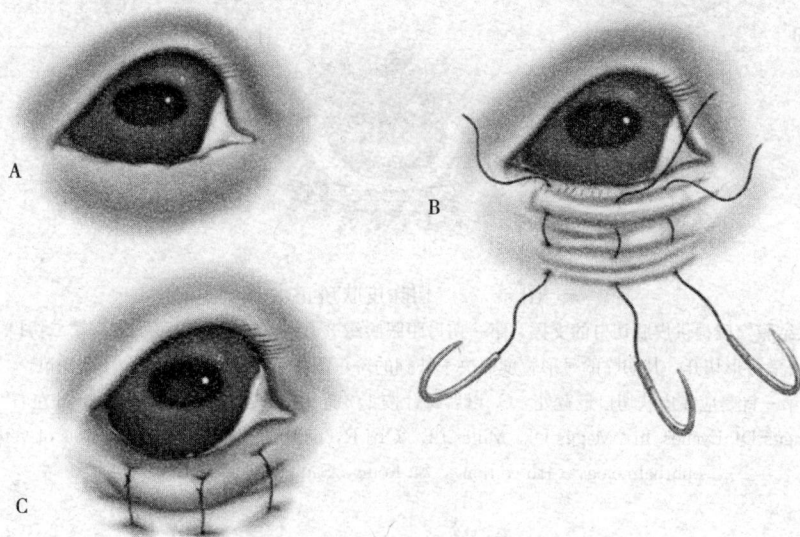

图3-21 暂时性缝合矫正术

A. 下眼睑内翻 B. 距睑缘2～3mm处做数针结节垂直褥式缝合，第一针不要穿透结膜，第一针与第二针间隔几毫米

C. 收紧两针间的小沟槽，致眼睑外翻，缝线结尽可能远离眼睛

引自 Maggs DJ. Eyelids. In：Maggs DJ，Miller PE，Ofri R，editors. Slatter's fundamentals of veterinary ophthalmology（4th edition），St. Louis，Saunders/Elsevier，2008

2. 切除皮肤矫正术 对暂时性缝合矫正术难以矫正的眼睑内翻，必须行切除皮肤矫正术。局部剃毛、消毒。在距眼睑缘3～4mm处，与眼睑缘平行做第一切口。切口的长度要比内翻的两端稍长。然后，从第一切口与眼睑缘之间做一个弓形第二切口，其长度与第一切口长度相同（图3-22A）。其弓形最大宽度应根据内翻的程度而定。将已切开的皮肤瓣分离切除，然后拉拢切口两缘，结节缝合。第一针在皮肤切口最宽处缝合（图3-22B），以后每针按1/2等距缝合（图3-22C），保持针距2mm左右（图3-22D）。术部涂布红霉素软膏，7d后拆线。

【术后护理】为防止手术犬搔抓、挠蹭术部，应在其颈部安装颈圈。

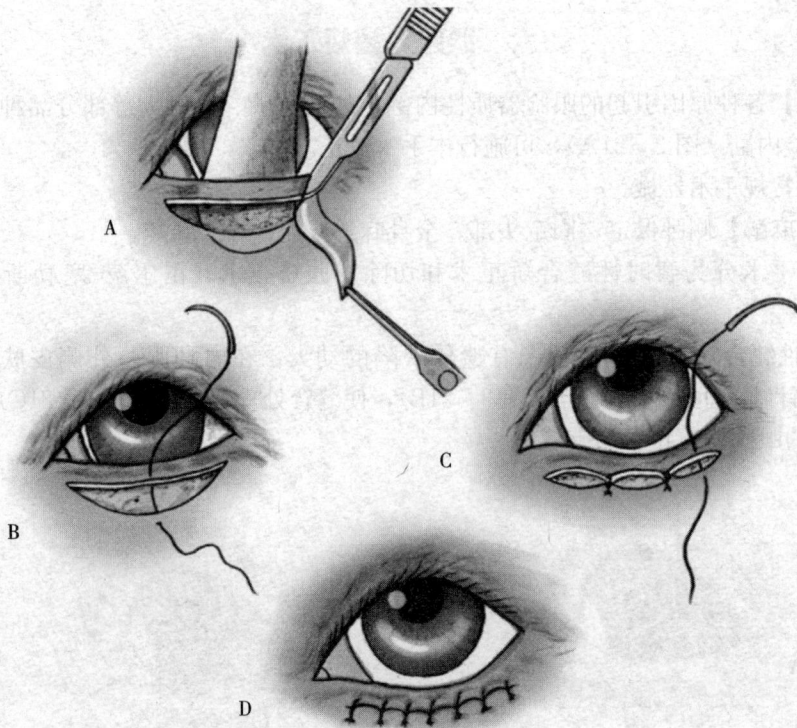

图 3-22　切除皮肤矫正术

A. 睑板插入结膜穹隆提供皮肤切口的支撑，第一切口距眼睑缘 3～4mm（有毛和无毛处），第二切口与第一切口
呈弓形切开，其切除的弓形宽度取决于外翻的矫正程度　B. 结节缝合闭合皮肤缺口，
第一针是应在皮肤切口最宽处　C. 以后每针按 1/2 等距缝合　D. 确保针距在 2mm 左右

引自 Maggs DJ. Eyelids. In：Maggs DJ，Miller PE，Ofri R，editors. Slatter's fundamentals of veterinary
ophthalmology（4th edition），St. Louis，Saunders/ Elsevier，2008

七、眼睑外翻矫正术

【适应证】某些品种犬，如大丹犬、马士提夫犬、圣伯纳犬、巴基度犬、斗牛犬等多发眼睑外翻，尤以下眼睑更为多见。由于眼睑外翻，眼结膜长期暴露在外，容易导致结膜炎、角膜炎及眼球炎症。手术的目的是将外翻的眼睑矫正至正常的位置。

【器械】常规手术器械。

【保定与麻醉】侧卧保定，患眼在上。全身麻醉（推荐吸入麻醉）。

【术式】常用的一种方法是 V-Y 型矫正术。在患部（下眼睑）周围剃毛消毒，距眼睑下缘 2～3mm 处做一 V 形皮肤切口，深达皮下组织，并从尖端向上分离皮下组织，使三角形的皮瓣游离。V 形基底部应宽于外翻的部分。然后，从尖端向上做 Y 形缝合，即从 V 形尖部开始缝合，边缝合边向上移动皮瓣，直到外翻矫正为止。最后，缝合皮瓣和皮肤切口，使 V 形切口变为 Y 形切口。

【术后护理】为防止感染和术犬自伤，给术眼涂布抗生素眼膏或滴用抗生素滴眼液及可的松滴眼液 5～7d，同时在其颈部安装颈圈。必要时，可全身应用抗生素 3～5d。术后 10d 拆线。

八、第三眼睑腺突出切除术

【适应证】第三眼睑腺突出。

【局部解剖】第三眼睑又称瞬膜，位于眼内眦的结膜褶内，呈弯曲的漏斗状，球面（内）凹，睑面（外）凸。第三眼睑有一扁平的 T 形玻璃样软骨（又称 T 形臂）支撑。T 形臂与第三眼睑平行，包埋在第三眼睑腺内。第三眼睑腺分泌泪液，参与保护角膜和清除异物的作用。

【器械】常规手术器械及高频电刀。

【保定与麻醉】侧卧保定，患眼在上。全身麻醉。

【术式】用抗生素滴眼液清洗患眼，然后用手术镊捏住突出的腺体，并向眼外方轻轻牵拉提起，接着用止血钳钳住突出的腺体基部数秒，即可用手术刀沿止血钳上方将其切除。保留止血钳继续钳夹片刻，之后松开止血钳，观察有无出血，如有出血，可用灭菌干棉球填塞眼内眦。也可用止血钳钳住腺体基部后，用高频电刀切除腺体，具有良好的止血效果。术后，在眼角内涂布抗生素眼膏。

【术后护理】术后用抗生素滴眼液 3～4d，每天 3 次。

九、眼球摘除术

【适应证】眼球严重损伤无治愈希望、化脓性全眼球炎、角膜炎、角膜损伤及眼球内肿瘤等治疗无效。

【保定与麻醉】侧卧保定，固定头部，患眼在上。全身麻醉配合眼球表面麻醉以及眼球周围浸润麻醉。

【器械】眼科弯剪及常规手术器械。

【术式】用开睑器开张上、下眼睑，也可用巾钳钳持上、下眼睑外侧缘，由助手牵拉开张眼睑。用组织钳钳夹角膜缘固定眼球，并在其侧球结膜上做环形切口。用弯手术剪顺巩膜面向眼球赤道分离筋膜囊，显露 4 条直肌和上下斜肌的附着部，用剪挑起，尽可能靠近巩膜依次将其剪断。向外牵引眼球，剪断眼退缩肌。然后，继续向后剥离，用弯止血钳沿眼球壁向眼后部钳住视神经束。在眼后壁与止血钳间将其剪断，取出眼球。在钳夹处结扎视神经束。如有出血，可结扎或压迫止血。眼眶内暂时填塞纱布。止血确实后，取出纱布，用可吸收线先将几条直肌及其眼眶筋膜对应缝合，再缝合上、下结膜。最后，将上、下眼睑进行减张缝合。

【术后护理】术后给予止痛药 5d，佩戴伊丽莎白圈 10d 左右，每天局部涂布抗生素眼膏，全身应用抗生素 3～5d，7～10d 后拆除眼睑缝线。

十、拔 牙 术

【适应证】各种病因引起牙齿松动、坏死且影响咀嚼功能，异常生长的牙齿影响犬的外貌。

【器械】齿钳、牙挺、骨膜剥离器、拔牙刀、手术刀、牙科高速手机等。

【保定与麻醉】根据病齿的位置，选择仰卧或侧卧保定。全身麻醉结合局部浸润麻醉。

【术式】

1. 单齿根齿拔除 先用手术刀切开齿龈，向两侧剥离，显露外侧齿槽骨。然后，用拔牙刀紧贴病齿插入牙周间隙向下切割，另用牙挺沿着齿根旋转分离牙周韧带，待病齿松动可脱离齿槽时，用齿钳将其拔除。门齿、犬齿、上颌第一前臼齿、下颌第一前臼齿、下颌第二前臼齿和下颌第三臼齿都是单圆锥形齿根，因而可用齿钳拔除。清洗齿槽，用可吸收缝线将齿龈瓣缝合。如有出血，可填塞棉球压迫止血，或用棉球蘸上肾上腺素进行压迫止血。

2. 多齿根齿拔除　除上述上、下颌臼齿外，其他多为多齿根齿（2～3齿根齿）。对于2齿根齿，可采用单齿根齿拔除方法拔除，或用装有锥形钻头的牙科高速手机将病齿分割为两半，再按单齿根齿拔除。对于3齿根齿，可将病齿分割为2～3片，再分别将其拔除。也可先分离齿周围的附着组织，显露齿叉，用齿根起子经齿叉旋转楔入，迫使齿根松动。

过早使用拔牙钳或用力过度都会造成牙根断裂，此时用拔牙刀或小号牙挺足以使其松动，再将其移除。若嵌入太坚固，过度用力可能引起局部组织大量损伤，因此，可推迟2～3周，待齿松动后再拔出。

【术后护理】术后连续应用抗生素7d。可给予止痛药5d左右。必要时给予营养膏或者输液。

第二节　颈部手术

一、甲状腺摘除术

【适应证】甲状腺功能亢进、甲状腺囊肿、甲状腺瘤等。

【器械】一般软组织切开、止血、缝合器械。

【保定与麻醉】仰卧保定，头颈伸直。全身麻醉。

【术式】在甲状软骨后方沿颈腹正中线切开皮肤、皮下组织，切口长度6～8cm，钝性分离胸骨舌骨甲状肌，用创钩将切口向两边牵引，充分暴露气管及两侧的甲状腺，再剥离甲状腺周围组织，注意不要损伤喉返神经，分别结扎甲状腺前端和后端的血管，然后切除甲状腺，充分止血，分层缝合肌肉和皮肤。

【术后护理】术后连续应用抗生素7d。

二、气管切开术

【适应证】上呼吸道急性炎性水肿、鼻骨骨折、鼻腔肿瘤或异物、双侧返神经麻痹、由于某些原因引起气管狭窄等，动物产生完全上呼吸道闭塞、窒息而有生命危险时，气管切开常作为紧急的治疗方法。某些上呼吸道手术也需行气管切开术。

气管切开术可分为暂时性气管切开和永久性气管切开两种，前者多属于急救性质，待局部障碍消除后，切开的气管即闭合；后者多适用于经济价值较高的动物，如上呼吸道有不能消除的瘢痕性狭窄、双侧面神经和返神经麻痹、不能治疗的肿瘤等。

【器械】除一般软组织切开器械外，还需要气管导管。

【保定与麻醉】全身镇静，配合局部浸润麻醉，可使用麻醉监护仪。

【术式】术部常选择在颈部上1/3和中1/3交界处（颈部菱形区），于颈腹正中线上做切口。也可在下颈部腹侧中线切开。牛可在颈腹皱襞的一侧切开。

沿颈腹正中线做5～7cm的皮肤切口，切开浅筋膜，用创钩拉开创口，止血。在创口的深部寻找两侧胸骨舌骨肌之间的白线，并将之切开，分离肌肉、深层气管筋膜，暴露气管。气管切开前应充分止血，以防创口血液流入气管。

气管切开的方法很多，归纳起来有下列 3 种：

（1）在邻近两个气管环上各做一半圆形切口（宽度不得超过气管环宽度的 1/2），形成一个近圆形的孔。切软骨环时要用镊子牢固夹住，避免软骨片落入气管中。然后，将准备好的气管导管正确地插入气管内，用线或绷带固定于颈部。皮肤切口的上、下角各做 1～2 个结节缝合，有助于气管导管的固定。若没有备用的气管导管，可用铁丝制成双 W 形，以代替气管导管。

（2）在气管环腹侧中线，纵向切开 2～3 个气管环，在同一环的切口两侧各缝一线圈，把线圈挂在预先制备好的横木两端，使气管保持开放。这种方法具有随地取材的优点，但缺点是软骨环边缘易向气管内凹陷，造成气管狭窄。

（3）切除 1～2 软骨环的一部分，造成方形"天窗"，用间断缝合法将黏膜与相对应的皮肤缝合，形成永久性的气管瘘。这是一种永久性气管切开方法。

【术后护理】防止动物摩擦术部，并要经常检查气管导管固定情况，每日清洗气管导管，除去附着于气管导管上的内分泌物和干涸血痂。注意气管导管内气流声音的变化，如有异常，必须及时纠正。

根据上呼吸道病势，若确认动物已痊愈，可将气管导管取下，创口做一般处理，待第二期愈合。

三、食管切开术

【适应证】动物食管发生梗塞，采用一般保守疗法难以治愈，可施行食管切开术。食管切开术也用于食道憩室的治疗和赘生物的摘除。

【器械】常规手术器械。

【保定与麻醉】侧卧保定，牛也可站立保定。颈部伸直，固定头部。马和牛可采用全身镇静，配合局部浸润麻醉，或全身麻醉。

【术式】

1. 术部选择　颈部食管手术的切口常分为上方切口与下方切口。上方切口指在颈静脉上缘、臂头肌下缘 0.5～1cm 处，沿颈静脉与臂头肌之间做切口。此切口距离主手术食管最近，手术操作较为方便。若食管有严重损伤，术后不便缝合，则应采用下方切口，即在颈静脉下方沿胸头肌上缘做切口。此切口在术后有利于创液排出。

不论是上方切口还是下方切口，都必须沿颈静脉沟纵向切开皮肤，切口长度视阻塞物大小及动物种类而定，马、牛可达 12～15cm，犬 4～8cm。

2. 手术通路与术式　用手术刀切开皮肤、筋膜（含皮肌），钝性分离颈静脉和肌肉（臂头肌或胸头肌）之间的筋膜，在颈下 1/3 手术时需剪开肩胛舌骨肌筋膜及深筋膜，而在颈上 1/3 和中 1/3 手术时需钝性分离肩胛舌骨肌后再剪开深筋膜。根据解剖位置，寻找食管。有梗塞的食管易发现。食管呈淡红色，用手检查缺少异物的食管时，其柔软、空虚、扁平、表面光滑，而管的中央有索状（为食管黏膜）的感觉。在牛，除用上述的颈静脉上、下方切口之外，有人主张在胸头肌与气管之间做手术通路，即沿胸头肌下缘做切口，切开皮肤和浅筋膜后，用创钩将胸头肌向上拉，再切开深筋膜。用止血钳向食管方向分离气管和肌膜间的结缔组织，再用剪刀剪开筋膜，即发现食管。此手术通路更有利于创液排出，但距主手术食管最远，创腔较深，操作较困难。

食管暴露后，将食管拉出，并用生理盐水浸湿的灭菌纱布隔离。若食管梗塞时间不长，可直接在梗塞物处切开食管；若食管梗塞时间过长，食管黏膜坏死，则应在梗塞物稍后方切开食管。切口大小以取出梗塞物为宜。切开食管全层，擦去唾液，取出异物。

闭合食管时，必须确认在局部无严重血液循环障碍的情况下方可进行。一般，对食管做两层缝合，第一层用可吸收缝线连续缝合全层，第二层仅对纤维肌肉层做间断缝合。若食管壁较完整，只用一次缝合也可达到目的。食管周围结缔组织、肌肉和皮肤分别做结节缝合。若食管壁坏死，需保持开放，食管不得缝合，用消毒液浸润的纱布填塞，皮肤可做部分缝合。

若梗塞发生于胸部食管，其手术通路应在左侧胸壁7～9肋骨间。通过施行肋骨切除术打开胸腔，用手在食管之外将梗塞物体压碎或推移到胃内，必要时也可用带有长胶管的针头，将液状石蜡注入食管，促使梗塞物排到胃内。

牛食道梗塞若发生在贲门，其手术通路在左腹壁。切开瘤胃，并通过瘤胃用手或长钳将贲门部异物取出。

犬食道梗塞若发生在食道裂孔之前的食道，可在剑状软骨和脐孔之间的腹正中线上做6～8cm的切口，然后施行胃切开术，用长钳经贲门取出异物。

【术后护理】术后1～2d禁止饮水和喂食，以减少对食管创的刺激，以后再给予柔软饲料和流体食物，必要时也可静脉输液。术后使用抗生素7d。食管创口一般需10～12d愈合，皮肤创于8～12d拆除缝线。

第三节 胸部手术

一、犬开胸术

【适应证】适用于膈修补、胸部食道堵塞、肺切除及心脏手术等。

【器械】常规手术器械，骨膜剥离器、肋骨剪、线锯、骨锉等骨科手术器械，以及犬人工呼吸装置。

【保定与麻醉】侧卧保定，前肢向前牵引。吸入麻醉，并使用监护仪行麻醉监护。

【术式】术部视手术要求选不同肋间，第2、3间适用于纵隔前部手术，第4、5肋间适用于心脏及肺门的手术，第8～11肋间适用于食道末端和膈的手术。切口可前可后时，最好选择后切口，因靠后的肋间隙较宽。

手术准备：术部剃毛、消毒、隔离。

切除肋骨：在肋骨中间，切透皮肤、皮下组织、浅筋膜和深部肌肉，直达肋骨后，用创钩开张创口并认真止血。然后，在肋骨中央纵行切开骨膜，并在此切口两端各做一横切口，形成工形骨膜切口，接着，用骨膜剥离器剥离骨膜，在分离骨膜后，用肋骨剪或线锯截断肋骨两端，用骨锉锉平断端锐缘，拭净骨屑及其他破碎组织。

切开胸膜：沿肋胸膜做一小切口，在有钩探针或两手指引导下，用手术剪剪开至10～15cm。同时开始采用正压给氧或人工压迫气囊辅助呼吸，然后用肋骨牵开器充分开张切口，即可进行心脏、肺、膈或食道的手术。

闭合胸腔：用可吸收线或丝线连续缝合胸膜、肌肉，在闭合胸腔最后一针时，应待肺全部张起后再行闭合，尽力做到缝合严密，严禁漏气，最后对皮肤分层缝合，外装结系绷带。

胸腔内的少量气体，待其 8d 内自行吸收。如需加速肺功能的恢复，可将胸内气体全部抽出。

【术后护理】限制犬的剧烈运动，连续注射抗生素 7d。如装置引流管，要注意引流管的畅通。拔除时注意防止气胸，必要时做相应的处理。

二、牛心包切开术

【适应证】适应于牛的浆液性或化脓性心包炎，其目的在于使局部渗出减少、除去异物、制止和排除由于渗出所造成的后果。

【器械】常规手术器械，以及肋骨剥离器、肋骨剪、肋骨钳、骨锉、线锯等骨科器械。

【保定与麻醉】柱栏内站立保定，局部浸润麻醉；或侧卧保定，全身麻醉。

【术式】沿第 5 肋骨纵轴中央切开皮肤，切口长 20～25cm，逐层切开浅肌膜、皮肌、锯肌，直达肋骨，注意止血。然后，剥离骨膜，切断肋骨 15cm，其中上端可用线锯锯断，下端在肋骨和肋软骨结合处切断，不得误伤胸膜。

切开胸膜时，先在胸膜上做一小切口，观察心包与胸膜粘连情况。如心包与胸膜全部粘连，空气不会进入胸腔，应立即切开胸膜。如心包与胸膜只有部分粘连，则应在创口周围做环形缝合，使胸膜腔与术部隔离。接着，用采血针头接上胶管，穿刺心包使脓汁排出，排脓速度要慢，不得给心包突然减压，以防止休克，然后用生理盐水冲洗。

切开心包 10～15cm，或以满足手术操作为度。切开后立即止血，用止血钳或缝线将切开的心包缘固定在四周皮肤上，这样可防止脓性渗出物污染胸腔。术者将手伸入心包内做细致探查。检查渗出液的类型、心包粘连程度、有无异物、心肌张力、心搏次数和心律等。

如心包存有纤维素粘连，用手指剥离，并将纤维素尽量取出。对心包深处的粘连，可伸入全手进行操作。心包炎前期的纤维素块和心包结合不甚牢固，比较容易剥离。在剥离心包脏层上的纤维素块时，不得损伤冠状动脉。

同时，要注意是否存在金属性异物（如针、钉、铁丝等），特别是对心包与膈接近的部位重点检查有无结块和索状物等，因为常有金属丝或其他金属性异物被包埋。此外，要检查心脏后缘有无刺入的金属性异物。

清理渗出液、纤维蛋白、坏死组织和异物之后，用大剂量抗生素生理盐水溶液反复冲洗心包，直到混浊液变透明为止。洗涤之后，拆除固定心包的临时缝合线，用可吸收线连续缝合心包和胸膜，并在闭合前向心包内喷洒抗生素溶液。

胸膜和肌肉的缝合要严密，最好使用可吸收合成缝线或肠线，务必使组织对合良好。皮肤用丝线结节缝合。右肺正常功能的恢复要经过 7～10d。根据心包感染情况，可在心包闭合口下端放置引流管，继续排除渗出液。

【术后护理】术后镇痛、消炎、强心和输液等。对留有引流管的病例，注意保持引流通畅。每日从引流管排除心包内渗出液后，注入少量抗生素，连续 10～15d。待渗出停止后，拔除引流管。术后注意患病动物体温变化，全身应用抗生素。

第四节 腹腔手术

一、瘤胃切开术

【适应证】严重的瘤胃积食，经保守疗法治疗无效。创伤性网胃炎或创伤性心包炎，进行瘤胃切开取出异物。胸部食管梗塞且梗塞物接近贲门者，进行瘤胃切开取出食管梗塞物。瓣胃梗塞、皱胃积食，可经瘤胃切开进行胃冲洗治疗。误食有毒饲料、饲草，且毒物尚在瘤胃中滞留，手术取出毒物并进行胃冲洗。网瓣胃孔角质爪状乳头异常生长者，可经瘤胃切开去除。瘤胃或网胃内积沙，网胃内结石或异物（如金属、玻璃、塑料布、塑料管等），可经瘤胃切开取出。

【器械】常规手术器械2套，大创巾。

【保定与麻醉】一般采用站立保定或右侧卧保定。局部浸润麻醉或椎旁、腰旁神经传导麻醉，若配合全身镇静，有利于手术进行。

【手术通路】一般有3个：

1. 左肷部中切口 适用于瘤胃积食手术。对一般体型的牛，还可兼用于网胃探查、胃冲洗和右侧腹腔探查术。

2. 左肷部前切口 适用于体型较大病牛的网胃探查与瓣胃梗塞、皱胃积食的胃冲洗术。必要时可切除最后肋骨作为肷部前切口。

3. 左肷部后切口 适用于瘤胃积食，兼用于右侧腹腔探查术。

【术式】在左肷部常规切开腹壁。切开腹膜时应按腹膜切开的原则进行，以免误切瘤胃壁。为防止瘤胃内容物污染腹腔，在瘤胃切开前应实施瘤胃固定与隔离。瘤胃固定方法有几种，本文重点介绍临床常用的瘤胃六针固定法。该方法耗时少、操作简便。

1. 瘤胃六针固定 打开腹腔显露瘤胃后，在切口上下角与周缘，用三角针带10号丝线，通过瘤胃的浆膜肌层与邻近的皮肤创缘做六针纽扣状缝合，打结前应在瘤胃与腹腔之间填入浸有温生理盐水的纱布。然后，再抽紧六针缝合线，使瘤胃壁紧贴在腹壁切口上（图3-23A）。

胃壁固定后，在瘤胃壁和皮肤切口创缘之间填以温生理盐水纱布，以保护在胃壁切开、黏膜外翻时胃壁的浆膜面，减少对浆膜面的刺激。

2. 瘤胃切开 先在瘤胃切开线的上1/3处，用外科刀刺透胃壁，并立即用两把舌钳夹住胃壁的创缘，向上向外拉起，并真空抽吸瘤胃内液体，防止胃内容物外溢。然后，用手术刀或剪刀扩大瘤胃切口，并用舌钳固定提起胃壁创缘，待瘤胃内液体抽完后，将胃壁拉出腹壁切口并向外翻，随即用巾钳将舌钳柄夹住，固定在皮肤和创巾上（图3-23B）。

3. 放置洞巾 洞巾系由70cm正方形的防水材料（如橡胶布、油布、塑料布）制成。洞巾直径15cm，洞巾弹性环是用弹性胶管或弹性钢丝缝于防水洞孔边缘制成的。应用时将洞孔弹性环压成椭圆形，把环的一端塞入胃壁切口内下缘，另一端塞入胃壁切口内上缘（图3-23B）。将洞巾四角拉紧展平，并用巾钳固定在隔离巾上，准备掏取瘤胃内容物，并根据需要对网胃、网瓣胃孔、瓣胃及皱胃、贲门等部位进行检查和处理。

4. 缝合瘤胃切口 取出洞巾，用生理盐水冲净附着在瘤胃壁上的胃内容物和血凝块，提起舌钳使瘤胃切口合拢对齐后，开始自下而上连续全层缝合切口（图3-24A）。再次用

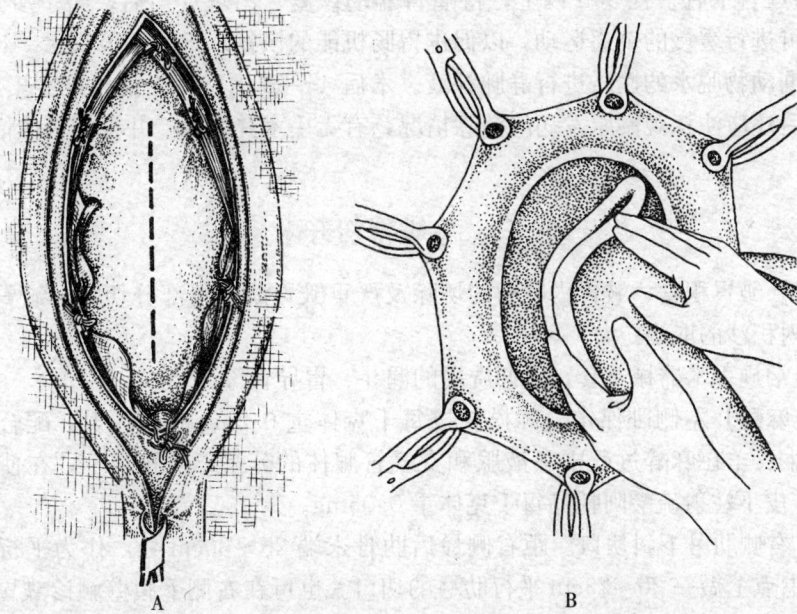

图 3-23 瘤胃六针固定、舌钳钳持和套入洞巾

A. 六针固定瘤胃壁　B. 舌钳钳持瘤胃壁，使黏膜外翻，舌钳固定在皮肤和创巾上，并将洞巾套入瘤胃内

引自《兽医外科手术学》（第五版）

温生理盐水清洗瘤胃壁，拆除六针固定线和纱布。与此同时，助手用灭菌纱布抓持瘤胃壁并向腹壁切口外牵引，以防当固定线拆除后瘤胃壁向腹腔内陷落。此阶段由污染手术转入无菌手术。手术人员重新洗手消毒，污染的器械不许再用。对瘤胃切口进行第二层连续伦勃特或浆膜肌层内翻缝合（图 3-24B）。

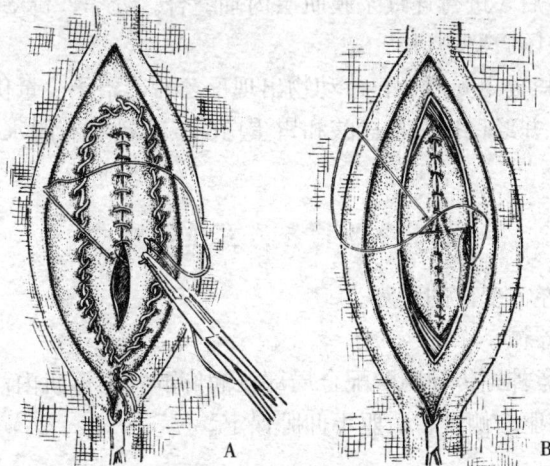

图 3-24 瘤胃缝合

A. 连续全层缝合瘤胃壁　B. 拆除固定在瘤胃壁的六针缝线，然后进行瘤胃壁第二层缝合

（连续伦勃特或浆膜肌层内翻缝合）

引自《兽医外科手术学》（第五版）

【术后护理】术后禁食 36h 以上，待瘤胃蠕动恢复、出现反刍后，给予少量优质饲草。术后 12h 即可进行缓慢的牵遛运动，以促进胃肠机能的恢复。术后不限饮水，对术后不能饮水者，应根据动物脱水的性质进行静脉补液。术后 4～5d 内，每天使用抗生素，如青霉素、链霉素。术后还应注意观察原发病的消除情况，有无手术并发症，并根据具体情况进行必要的治疗。

二、牛皱胃切开术

【适应证】皱胃积食、皱胃内肿瘤的切除及严重皱胃溃疡胃部分切除，皱胃内毛球、纤维球及皱胃内积沙的取出。

【器械】常规手术器械 2 套，胃冲洗用的漏斗、胃导管等。

【保定与麻醉】左侧卧保定。静松灵按每千克体重 0.2mg 肌内注射，配合术部浸润麻醉。为防止牛、羊在麻醉过程中唾液腺和支气管腺体的分泌，防止逆呕，在使用静松灵前 15～20min，皮下注射硫酸阿托品每千克体重 0.05mg。

【术式】右侧肋弓下斜切口。距右侧最后肋骨末端 25～30cm 处，作为平行肋弓斜切的中点，在此中点上做一 20～25cm 平行肋弓的切口。也可在右侧下腹壁触诊皱胃，以皱胃轮廓最明显处确定为切口部位。

切开腹壁彻底止血后，显露皱胃。当皱胃内容物较少时，术者手经腹壁切口伸入腹腔，将皱胃向切口外推以充分显露。当皱胃内容物较多、胃充满时，皱胃仅能靠近腹壁切口而无法将其移出切口外。用温生理盐水纱布填塞于腹壁切口和皱胃壁之间，然后将一橡胶洞巾连续缝合在胃壁预定切开线周围，切开皱胃，彻底止血。

处理病区后，进行皱胃的缝合。拆除胃壁上缝合的橡胶洞巾，切除胃壁切口创缘上被挫灭的组织，彻底清洗胃壁上的血凝块、草渣及异物。用 2-0 可吸收线或 4 号丝线进行连续全层缝合，撤去胃壁与腹壁切口之间填塞的纱布，将皱胃向腹壁切口外轻轻牵引，用温生理盐水反复冲洗胃壁切口后，进行连续浆膜肌层内翻缝合。缝毕，胃壁涂以抗生素软膏，将皱胃还纳回腹腔，最后关闭腹壁切口。

【术后护理】术后禁饲 36h 以上，待动物出现反刍后，给予少量优质饲草。术后 1 周内，每天定时给予抗生素，并经口投服稀盐酸和胃蛋白酶。若动物有脱水表现，应静脉补液，并纠正代谢性碱中毒。

三、牛皱胃左方变位整复术

【适应证】牛皱胃左方变位的整复。

【器械】常规手术器械。

【保定与麻醉】腰旁神经传导麻醉配合局部浸润麻醉。牛可肌内注射 2% 静松灵 2mL 进行镇静。站立保定或前躯右侧卧、后躯半仰卧保定。

【术式】有 4 种。

1. 左、右肷部切口大网膜固定法　牛站立保定。先做左肷部中切口，显露变位的皱胃。若皱胃内有多量积气，应穿刺减压；如皱胃与其他组织发生粘连，要小心剥离。右肷部切开后，右侧术者左手探入腹腔，沿腹壁向后向左寻找深、浅大网膜的折转处，将其牵引到右侧腹壁切口之外。此时左侧术者的右手探入腹腔，向后下方压迫皱胃，并让右侧术者拉紧网膜，左、右术者相互配合将皱胃整复。右侧术者继续向后上方牵引网膜，并向前下方探查皱胃，在距皱胃尽可能近的位置，将双层网膜做成的皱襞用 10 号双股丝线以 2～3 个纽扣状缝合固定在腹壁切口下角的腹膜肌层上。最后，关闭左右肷部的腹壁切口。

2. 瘤胃减压整复法 采用站立保定，左肷部中切口显露瘤胃后，行瘤胃切开术，取出瘤胃内容物减压后，皱胃随即复位。若仍不能复位，术者手在瘤胃腔底部隔着胃壁触诊皱胃，并推动皱胃复位。若继发皱胃积食和皱胃扩张，可冲洗皱胃，排除积食。最后，缝合瘤胃切口，关闭腹壁切口。

3. 仰卧自然复位、皱胃固定法 先将病牛右侧卧保定，将两前肢与两后肢分别固定，再使病牛滚转呈仰卧姿势，以牛背为轴心向左向右成 60°角摇晃 3min，突然骤停，病牛仍呈仰卧姿势，躯干两侧填充好装有软草的麻袋，以保持其仰卧姿势。

在脐后腹中线右侧 5cm 处向后做一 20～25cm 切口，切开腹壁，显露腹腔。术者手进入腹腔内。沿左侧腹壁探查皱胃位置，用手臂的摆动和移动动作，将其恢复至正常位置。为了防止皱胃左方变位再度发生，应进行皱胃固定术。确定皱胃幽门部，用弯圆针带 10 号丝线，从幽门至胃底部做 5～6 个间断皱胃浆膜肌层与腹膜、腹直肌缝合，将缝合线拉紧、打结后，将皱胃固定在腹壁切口的右侧。为了加强固定，再在固定线的旁侧，对皱胃浆膜肌层、腹膜、腹直肌进行连续缝合。最后，关闭腹腔切口。

4. 右肷部下切口大网膜固定法 在右侧腰椎横突下方 15～20cm，距最后肋骨一掌处，做一 20cm 直切口，显露腹腔后，手经直肠下方向瘤胃左侧纵沟附近探查变位的皱胃。若皱胃臌气，用一带胶管的粗针头对皱胃穿刺放气减压后，检查皱胃与邻近器官有无粘连。若有粘连，应仔细分离。然后，左手在瘤胃左侧经瘤胃腹囊下方向右侧腹腔推动皱胃，右手在右侧腹腔内经瘤胃腹囊下方抓持皱胃体与左手协同，用一拉一推的动作，向右侧腹腔牵引皱胃至右侧正常位置。以幽门部的位置为鉴别皱胃正常复位的标准。在幽门部上方 8～10cm 处，将大网膜深浅二层做一皱褶，用弯圆针带 10 号丝线，穿过折成双褶的网膜，再与相邻的腹膜、腹壁肌肉层进行纽孔缝合，做 4～5 个纽孔缝合，使大网膜牢固地固定在腹壁上，以防止皱胃再度移位。

【术后护理】术后禁饲，只有在出现反刍后才开始饲喂少量优质饲草，特别注意少喂精料。术后 7d 内，每天肌内注射抗生素。当有脱水症状时，应静脉补液并纠正酸碱失衡。

四、犬、猫剖腹术

【适应证】主要用于腹腔器官疾病的治疗，如胃内异物、胃肿瘤、胃穿孔、胃扭转、幽门阻塞、幽门狭窄、肠阻塞、肠套叠、肠扭转、肠肿瘤、肠穿孔、巨结肠、脾扭转、脾肿瘤、脾坏死、巨脾症、肾肿瘤、肾脓肿、膀胱结石、膀胱肿瘤、前列腺脓肿、前列腺囊肿；也用于子宫卵巢摘除术及各种腹腔内脏器官的手术。

【器械】一般软组织切开、止血、缝合器械及开腹创钩。

【保定与麻醉】仰卧保定，少数病例可侧卧保定。

【术式】

1. 腹中线切开法 术部从剑状软骨至耻骨。以脐孔为标记，根据不同手术选择切口位置和长度。

（1）子宫卵巢摘除术 以脐孔为上界向下切开 5～10cm。

（2）剖腹产术　上界距脐孔 2～3cm 向下切开 15～20cm。

（3）胃切开术　下界距脐孔 2～3cm 向上切开 10～15cm。

（4）膀胱切开术　距耻骨 2cm 向前切开 3～5cm。

用紧张法锐性切开皮肤。用剪刀分离皮下组织，直至显露腹白线。用镊子夹提腹白线一侧，用手术刀垂直于腹白线切一小口，在有槽探针或镊子引导下用剪刀或手术刀（反挑式）向前或向后扩大腹白线切口，暴露腹腔（图 3-25）。

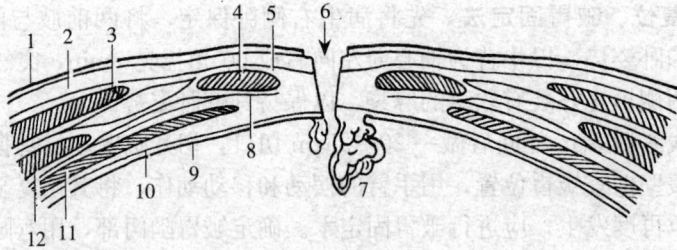

图 3-25　犬的腹中线切口

1.皮肤　2.皮下组织　3.腹外斜肌　4.腹直肌　5.腹直肌外鞘　6.腹中线切口　7.镰状韧带
8.腹直肌内鞘　9.腹膜　10.腹横筋膜　11.腹横肌　12.腹内斜肌
引自《兽医外科手术学》（第五版）

2. 腹白线旁切开法　切开皮肤，分离皮下组织，切开腹直肌外鞘，按肌纤维的方向钝性分离腹直肌，最后剪开腹直肌内鞘和腹膜，暴露腹腔。

3. 腹侧壁切开法　切开皮肤、皮下结缔组织及腹外斜肌筋膜，按肌纤维方向钝性分离腹外斜肌、腹内斜肌、腹横肌。用创钩拉开腹壁肌肉，充分暴露腹膜。腹膜在此处为一薄层组织，可借助腹横肌用手术刀尖将其戳穿。按腹膜切开法切开腹膜，暴露腹腔。

【术后护理】依腹壁手术的性质，术后采取绝食或流食措施。全身应用抗生素 7d。

五、犬胃切开术

【适应证】取出胃内异物，摘除胃内肿瘤，急性胃扩张减压，胃扭转整复术及探查胃病等。

【器械】一般软组织切开、止血、缝合器械及肠钳。尽可能准备 2 套器械（污染与无菌手术分开用）。

【保定与麻醉】仰卧保定。全身麻醉。

【术式】在腹正中线上，剑状软骨与脐连线的中点，即为切口的中点。术部剪毛、剃毛、消毒、隔离。常规切开皮肤、皮下组织、腹白线及腹膜。将胃从腹腔中轻轻拉出。胃的周围用大隔离巾与腹腔及腹壁隔离，以防切开胃时污染腹腔。

先在预定切口线前后安置两根牵引线，并于胃大弯部切一小口（图 3-26A），要注意避开胃大弯的网膜静脉。提起牵引线，或创缘用舌钳牵拉固定，防止胃内容物浸入腹腔。用剪刀扩大切口（图 3-26B），取出胃内异物，探查胃内各部（贲门、胃底、幽门窦、幽门）有无异常。如有异常，可进行手术治疗。如是胃扭转，应进行胃整复术、胃壁固定术。用温青霉素生理盐水冲洗或擦拭胃壁切口，然后用可吸收线做黏膜肌层连续缝合及第二层浆膜肌层连续水平内翻褥式缝合，也可做两层浆膜肌层内翻缝合（图3-26C、D）。再用温青霉素生理盐水冲洗胃壁后，将之还纳腹腔，腹壁常规闭合。

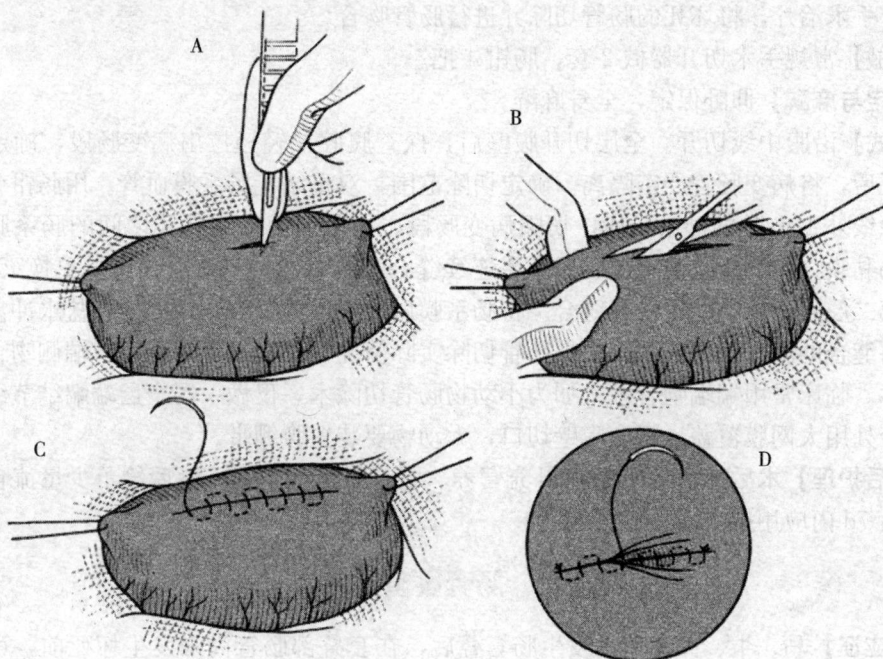

图3-26　犬胃切开术
A. 用手术刀在胃大弯做戳刺切口　B. 用梅岑鲍姆氏剪扩大胃切口　C和D. 两层浆膜肌层的缝合
引自 Fossum T W. Small animal surgery（4th edition），St. Louis，Elsvier/Mosby，2013

【术后护理】术后禁食2d，3～4d后开始给予易消化的流食。以后10d内保持少量饮食，防止胃过于胀满后撑裂胃壁切口。最初数天静脉输液。连续输注抗生素7d。

六、小肠切开术

【适应证】取出肠道内的异物及结粪，或切开肠管减压，排除肠管内积液。

【器械】一般软组织切开、止血、缝合器械2套，肠钳4把。

【保定与麻醉】仰卧保定，全身麻醉。

【术式】沿腹中线切开腹壁各层组织，剪开腹膜。将手伸进腹腔探查病变肠段，发现病变肠段后将之轻轻拉出腹壁切口，用隔离巾隔离。判断肠管，若有活力，用肠钳夹闭病灶两端的肠管管腔，在异物阻塞肠管的肠系膜对侧纵向一次全层切开肠管，切口以略大于异物横径为宜。借助器械或用手指轻轻牵拉异物、结粪，将之挤出。肠壁切口用温青霉素生理盐水冲洗后开始缝合，用可吸收线先做一层连续全层缝合，再做一层浆膜肌层内翻缝合，在缝合第二层前术者洗手消毒，重新更换灭菌器械。小动物因肠管细，一般只做一层全层结节缝合，其缝合处覆盖大网膜彻底冲洗后送入腹腔。腹膜腹肌连续缝合，皮肤结节缝合。术部涂布碘酊。腹绷带包扎。

【术后护理】禁食3～4d，通过静脉补充营养。连续应用抗生素7d。根据情况给予止痛药物、B族维生素，口服庆大霉素、黏膜保护剂等。

七、肠管切除及端端吻合术

【适应证】肠管内异物、肠变位、肠套叠、肠扭转、肠嵌闭等各种疾病造成肠管坏死，必须进行手术治疗，将坏死的肠管切除并进行肠管吻合。

【器械】常规手术切开器械 2 套，肠钳 4 把。

【保定与麻醉】仰卧保定，全身麻醉。

【术式】沿腹中线切开。全层切开腹壁后，探查腹腔，轻轻拉出病变肠段，确定肠管已发生坏死后，将病变肠管严密隔离。确定切除范围，双重结扎肠系膜血管。用肠钳分别钳夹预定切除线外 1cm 处的健康肠段。切除病变肠段。用剪刀剪去结扎线之间的肠系膜，修剪外翻的肠黏膜，用可吸收线进行肠壁全层连续缝合。术者和助手重新消毒，更换灭菌器械，准备做第二层间断伦勃特氏内翻缝合。将肠系膜做螺旋连续缝合，用温生理盐水冲洗缝合部位。再将缝合的肠管还纳腹腔。根据肠管切除实际情况，选择端端吻合术、端侧吻合术和侧侧吻合术。临床常用端端吻合术。如为小动物肠管切除术，仅做一层全层端端结节缝合，其肠管缝合处用大网膜覆盖。闭合腹壁切口，大动物要装置腹绷带。

【术后护理】术后禁食 4d，静脉补充营养、电解质及维生素，然后给予少量流食、半流食。术后 7d 内应用抗生素。

八、肠套叠整复术

【适应证】马、牛、犬等动物发生肠套叠后，在套叠部肠管尚未发生坏死前，可进行肠套叠整复术。若套叠部肠管已经发生了坏死，应进行坏死肠管切除吻合术。

【器械】常规手术器械 2 套，肠钳 4 个。

【保定与麻醉】马属动物应进行全身麻醉；反刍动物可采用局部麻醉并配合止痛、镇静药物；犬采用全身麻醉，术前和术后给予止痛药物。

马属动物右侧卧保定，反刍动物在六柱栏内站立保定或左侧卧保定，犬仰卧保定。

【术式】大动物采用左（马）、右（牛）肷部中切口，犬采用腹白线切口。探查套叠部肠段，将套叠部肠段引出腹腔外，进行肠套叠的整复。

肠套叠的整复方法是用手指在套叠的顶端将套入部缓慢逆行推挤复位（自远心端向近心端推），也可用左手牵引套叠部近心端，用右手牵拉套叠部远心端使之复位。操作时需耐心细致，推挤或牵拉的力量应均匀，不得从远、近两端猛拉，以防肠管破裂。若经过较长时间不能推挤复位，可用小手指插入套叠鞘内扩张紧缩环，一边扩张一边牵拉套入部，使之复位。若经过较长时间仍不能复位，可剪开套叠的鞘部和套入部的外层肠壁浆膜肌层，必要时可切透至肠腔，然后再进行复位。肠壁切口进行间断伦勃特缝合。

套叠肠管复位后，应仔细检查肠管和肠系膜是否存活，当肠系膜血管不搏动、肠系膜呈暗紫色、经温生理盐水纱布热敷后仍不改变时，可判定肠系膜已坏死，应将套叠部肠段切除进行肠吻合术。

【术后护理】术后及时静脉补充水、电解质，并注意酸碱平衡。术后给予抗生素 7d。术后禁饲，只有当动物肠蠕动音恢复，排粪、排气正常，全身情况恢复后方可给予优质易于消化的饲料，开始量小，逐日增大饲喂量至正常饲养量。术后早期牵遛运动，对胃肠机能的恢复很有帮助。给予止痛药物 4～7d。

九、大肠切开术

【适应证】马属动物小结肠、骨盆曲、左侧大结肠、胃状膨大部及盲肠的粪性闭结，经隔肠注水或隔肠按压无效者，或大肠结石，均应进行肠切开术；犬的结肠内粪性闭结或异物，皆可采取肠切开术。

【器械】常规手术器械 2 套，肠钳 4 个。

【保定与麻醉】全身麻醉。马的小结肠、骨盆曲切开术可采用站立保定或右侧卧保定，马的左侧大结肠切开术采用右侧卧保定，马的胃状膨大部、盲肠切开采用左侧卧或前躯侧卧、后躯半仰卧保定。犬采用仰卧保定。

【术式】左肷部中切口适用于马的小结肠、骨盆曲切开，右侧肋弓下斜切口适用于马的胃状膨大部切开，脐后腹中线或腹中线旁切口适用于马的盲肠、左侧结肠和犬的结肠切开。

1. 马的小结肠、骨盆曲闭结肠侧壁切开术 将病变部肠管引至腹腔外，用温生理盐水纱布垫保护隔离，用 2 把无损伤肠钳闭合结粪或结石两侧的肠腔，由助手扶持闭结部两侧肠管与地面成 45°角紧张固定，术者用手术刀在闭结部肠管纵带上或肠系膜对侧，一次纵切肠壁全层，切口长度以能使结粪或结石从切口内自动滑出为度。在切开肠壁后，助手自结粪或结石两侧适当压挤，使结粪或结石自切口滑入器皿内，以防污染术部。助手仍按 45°角位置固定肠管，用酒精棉或 0.1% 硫柳汞液消毒切口创缘。术者立即连续全层内翻缝合肠壁切口，随之用温生理盐水清洗创口及其肠壁，转入无菌手术。肠壁切口第二层做伦勃特或库兴氏缝合。除去肠钳，检查有无渗漏现象。用温生理盐水冲洗肠管，在确定腹腔内没有遗留任何异物后，将肠管还纳腹腔，缝合腹壁切口。

2. 胃状膨大部、盲肠、左侧大结肠侧壁切开术 这 3 种肠管侧壁切开术的手术方法基本相同，现以胃状膨大部切开术为例，进行介绍。

（1）肠壁切口的隔离 胃状膨大部闭结或结石时，因病部肠管粗大，肠腔内充满坚硬的积粪或结石，肠管移动性很小，不能引出腹壁切口外。为了减少肠切开对术部和腹腔的污染，术者首先经腹壁切口将手伸入腹腔内，用手心托住病部肠管向腹壁切口处移动，以尽量显露病部肠管。然后，用温生理盐水纱布隔离胃状膨大部和腹壁切口周缘。最后，将软橡胶洞巾（洞巾中心长方形孔为 15cm×3cm，洞巾大小为 50cm×50cm）紧紧贴附在肠壁上。用 4 号丝线的弯圆针将洞巾中心长方形 4 个边与肠壁纵带上的浆膜肌层进行连续缝合，洞巾 4 个边伸展固定在动物腹壁上。隔离完毕后，在肠壁纵带上切开 12～15cm，此时污染手术开始。

（2）取出结粪或结石 开始先用手指轻轻松动并掏取结粪，当取出一定数量结粪后，术者方可用手进入肠腔内继续掏取结粪。为了减少手出入肠壁切口对肠壁的机械性损伤，术者可手持胃导管一端带入肠腔结粪处，导管另一端在体外连接漏斗，向肠腔内灌注温水，结粪经水的浸泡后变软，在手指的松动下，粪与水一起经切口流出体外。特别指出的是，胃状膨大部后端的结粪应彻底清除。当胃状膨大部被结石阻塞时，肠壁切口的长度应大些，以免取出结石时，因结石过大而撕裂肠壁。由于结石重量大，在肠腔内下坠，结石离肠切口较远，术者手伸入肠腔内，用手心托起结石向肠壁切口处移动，当结石靠近切口时，用另一只手抓住结石或在助手的协助下取出。由于肠结石常常有数个，因此，术者应将手经肠壁切口伸入肠腔并向膈曲探查，以免发生遗漏。

（3）肠壁切口的缝合　结粪或结石取出后，肠内压力明显减小，将病部肠管轻轻向切口外牵引，使肠壁切口显露在腹壁切口之外。拆除橡胶洞巾，彻底清洗肠壁切口。若肠壁切口因手的出入而发生严重挫灭，应将受挫肠壁组织切除。肠壁切口做全层连续内翻缝合，转入无菌手术后，再进行连续伦勃特缝合或连续浆膜肌层内翻缝合。

（4）还纳肠管和缝合腹壁切口　撤去填塞的隔离纱布，将肠管轻轻向腹壁切口外牵引，用温生理盐水冲洗肠壁，彻底清除肠壁上的污染物，在确定腹腔内没有遗留血凝块、异物的情况下，将肠管还纳腹腔。更换手术巾，术部皮肤用碘酊消毒后，即可进行腹壁切口的缝合。

3. 犬的结肠或直肠切开术　沿脐后腹中线做一切口，必要时可向后延长到耻骨前缘。用生理盐水纱布垫保护和隔离皮肤切口创缘，将大网膜和小肠向腹腔前部推移并用生理盐水纱布隔离。在结肠切开前，应仔细检查胃和小肠有无病变存在。将闭结的结肠从腹腔中牵引出腹壁切口外，用生理盐水纱布隔离。用2把无损伤肠钳在拟切开的结肠肠段的两侧夹闭肠管，在肠壁切开线两端系两根牵引线，并由助手扶持肠钳和固定两根牵引线，使肠壁切口与地面成45°角。切开肠壁全层，取出肠内闭结粪球或异物，用2/0铬制肠线或1～2号丝线进行全层结节缝合，必要时可用3/0或4/0铬制肠线进行补针缝合。缝毕，用500mL生理盐水（含100mg卡那霉素）溶液冲洗肠管，然后将肠管还纳腹腔。撤除隔离的纱布，在确定腹腔内没有异物遗留时，关闭腹壁切口。

【术后护理】待动物苏醒后协助动物站起，防止其在起立时摔倒而使腹壁切口裂开。术后每日定期检查动物体温、脉搏、呼吸、切口及全身情况，注意观察动物排粪、排尿情况及其他。术后禁饲48～72h，最初饲喂的时间以原发病解除后，患病动物排粪、排尿、肠音恢复、口腔湿润并有明显食欲时为宜，开始饲喂少量优质易消化的饲料，一般在7～10d后才逐渐恢复到正常的饲喂量。

术后治疗：术后1周应用抗生素，以预防切口的感染和腹膜炎的发生；对已出现水、电解质代谢紊乱和代谢性酸中毒的动物，应静脉补充水和电解质溶液，并静脉注射5%碳酸氢钠溶液；密切观察术后原发病是否消失，以及有无术后再度闭结的发生。

如术后腹痛已经消失，但在术后48h仍不排粪，全身情况已有好转，这是肠麻痹所致，可用温水灌肠、新斯的明皮下注射或10%氯化钠溶液静脉注射。若术后腹痛再度发生，可能因病部肠管的再度阻塞或肠粘连所致。

有时术后马属动物小结肠、骨盆曲再度发生肠闭结，遇此情况，可通过温水灌肠，投服油类泻剂并结合直肠内破结来解除。

大结肠切开后的粘连时有发生。肠粘连性腹痛一般发生术后3～5d，有的延长到术后15d或更长时间。动物排粪时腹痛，用镇静剂后常可使腹痛消失。

动物腹痛消失后采食、排粪正常，体温多属正常或略偏高。直肠检查可发现腹壁切口缝合处或病部肠管周围形成范围不等的粘连。对肠粘连的治疗，应坚持应用抗生素与糖皮质激素类药物。直肠检查时，对粘连部进行直肠内分离。

对患病动物做适当的牵遛运动，并控制饮水及饲料的数量，提高饮水及饲料的质量。轻度粘连一般在术后半个月至1个月内消失。

十、犬直肠固定术

【适应证】顽固性直肠脱经其他方法固定无效时，可采用腹腔内直肠固定术。脱出的肠管伴有急性感染或坏死时，不能采用此手术。

【器械】常规手术器械，橡胶直肠导管。

【保定与麻醉】右侧卧或仰卧保定，全身麻醉。

【术式】以左侧壁髂结节前下方1～2cm处作为切口的起点，向下垂直切开腹壁3～5cm。手术前先将脱出的直肠黏膜用温抗生素生理盐水进行彻底冲洗，然后，整复还纳，插入直肠导管。术部剃毛、消毒、隔离，常规切开皮肤、皮下组织，钝性分离腹外斜肌、腹横肌，锐性分离腹膜，打开腹腔。

开腹后用生理盐水纱布将小肠推向前方，可显露直肠，将直肠与髂骨结节内侧的肌肉结节缝合2～3针，注意不要穿透肠黏膜，以免引起腹腔感染。缝合牢固后，拔出导管，闭合腹腔。

【术后护理】术后连续注射抗生素7d。

十一、犬直肠脱出切除术

【适应证】反复性直肠脱出且已发生组织坏死或严重损伤。

【器械】一般软组织切开、止血、缝合器械。金属针2根，长6～9cm。

【保定与麻醉】侧卧保定，全身麻醉。

【术式】术前24～36h禁食，用温生理盐水灌肠，使直肠内空虚。在充分清洗、消毒脱出黏膜的基础上，用两根灭菌的金属针，紧贴肛门穿过脱出的肠管，使两根针相互垂直成"十"字形，在距固定针1～2cm处切除坏死肠管，充分止血后，用细丝线和圆针，把肠管两层断裂的浆膜和肌层分别做结节缝合，然后连续缝合黏膜层。缝合结束后，用0.1％高锰酸钾溶液充分冲洗，涂以碘甘油或抗生素软膏，除去固定针，将直肠还纳肛门内，荷包缝合肛门。

【术后护理】术后禁食1～2d，静脉输液，辅助饲喂手术犬营养膏。之后，逐渐给予流食和易消化的食物。连续注射抗生素7d。

第五节　泌尿生殖器官手术

一、犬肾摘除术

【适应证】肾外伤、化脓性肾炎、肾肿瘤、肾结石、肾寄生虫病等。

【器械】常规手术器械。

【保定与麻醉】仰卧保定。为了使病肾的位置抬高，可用圆枕垫起犬的腰部。全身麻醉。

【术式】切口在腹白线脐前方。横卧保定切口可在最后肋骨的后缘约2cm处。

切开皮肤5～7cm，常规切开腹壁各层组织，仔细检查对侧肾脏、输尿管、膀胱颈及其三角部。然后用开创器扩大创孔，用浸有温生理盐水的纱布隔离肠管和大网膜，显露患肾，钝性分离腰椎下与腹膜连着的肾脏，并拉出创外。用钳子于肾脏前面穿透肾被膜，手指将其完全剥离，注意不要损伤肾实质。肾表面有出血时，用纱布压迫止血。同时剥离肾血管周围的脂肪组织，露出肾动脉、肾静脉。分离输尿管周围的组织，结扎并切断输尿管。然后，结扎肾动脉、肾静脉，摘除肾脏。

缝合前要尽量清除创腔周围的脂肪组织，确实结扎止血。一般不做创腔冲洗和引流。去掉腰下垫的圆枕，逐层缝合切口。术中注意剥离出入肾门的血管及周围组织，肾动脉、肾静脉结扎要切实。输尿管实施双重结扎。

【术后护理】术后连续应用抗生素 7d。

二、犬猫膀胱切开术

【适应证】膀胱结石、膀胱肿瘤。

【器械】导尿管，常规手术器械。

【保定与麻醉】仰卧保定，全身麻醉。

【术式】腹底部剃毛消毒后，如为母犬或猫，从耻骨前缘 2cm 腹中线向前做一 3～5cm 的皮肤切口，分离皮下组织，显露腹白线；如为公犬，在阴茎旁 1～2cm 与腹中线平行切开皮肤，3～5cm 长，将阴茎向一侧牵引，显露腹白线。按标准切开腹白线（详见犬、猫剖腹术，p489～490）。打开腹腔后，将膀胱引出体外，周围用湿纱布隔离。膀胱空虚退到骨盆腔内时，手指伸向骨盆腔，触到核桃大、表面有皱襞的物体，即为膀胱。尿液充满时，如尿道通畅，可压迫膀胱将尿液自尿道排出。如尿道不通，可用接有细针头的注射器，避开膀胱血管斜刺入膀胱抽吸尿液。在膀胱底壁前部预切口的前后端穿两根牵引线，在两线之间切开 1～2cm 的切口，将膀胱内的结石取出或将肿瘤切除。由尿道插入导尿管。用温生理盐水逆向反复冲洗膀胱，将膀胱内的凝血块及小结石全部冲洗干净。用可吸收缝线缝合膀胱切口，但不可穿过黏膜层。一般膀胱做一层浆膜肌层内翻缝合，如膀胱壁薄，应做两层内翻缝合；如膀胱壁增厚，可做一层简单结节缝合。用生理盐水冲洗后将膀胱还纳腹腔。腹白线连续或结节缝合；皮下组织连续或结节缝合；皮肤结节缝合。安置双腔导尿管，接尿袋，滞留 3～4d。

【术后护理】术后连续应用抗生素 7d。每日可用温生理盐水＋抗生素经导尿管进行膀胱冲洗 1 次。待尿液清亮、无血液后，拆除导尿管和尿袋。

三、犬尿道切开及造口术

【适应证】尿道中有不能排出的结石。

【器械】导尿管，常规手术器械。

【保定与麻醉】仰卧保定，全身麻醉或局部浸润麻醉。

【术式】因结石所在部位不同，可分为阴囊前尿道切开术和阴囊尿道造口术。

1. 阴囊前尿道切开术　适用于公犬阴囊前尿道结石，骨盆及会阴部尿道结石也可经此切口取出结石。少用会阴部尿道切开，因该处出血多，尿热刺激大，影响创口愈合。

左手握住阴茎，在阴囊前方（图 3-27）或在阴茎骨后方正中线切开皮肤 3～4cm，依次切开皮肤，分离皮下组织和阴茎退缩肌。触摸导尿管和尿道结石部位，确定尿道位置，在尿道结石处切开尿道海绵体 1～2cm，用小止血钳或镊子取出结石。然后，从腹外压迫膀胱，利用尿液将尿道内细沙石及小结石从切口冲出。也可从尿道切口处向下插入导尿管，如有结石，注入生理盐水，将其冲出。再插入上段尿道内，将结石（如有结石）冲入膀胱。上、下尿路疏通后，将导尿管置留于尿道内，用可吸收缝线连续缝合尿道黏膜和尿道海绵体，或不缝合让其开放。常规闭合皮下组织和皮肤，留置导尿管数日。如有结石被冲入膀胱，需施膀胱切开术取出结石。

2. 阴囊尿道造口术　反复发生尿道结石，阴囊前尿道切开术后尿道狭窄需施阴囊尿道造口术。先从龟头处插入导尿管于尿道内,在阴囊基部做椭圆形切口(图 3-28),分离皮下组织。如未去势,可同时将精索分离出来,双重结扎,将其切除。分离阴茎退缩肌(图 3-29A)。通过触摸导尿管分辨术部尿道位置。纵行切开尿道 2.5~4cm(图 3-29B)。局部压迫止血,修正皮肤创缘。用不可吸收缝线或丝线结节缝合尿道黏膜与同侧皮肤(图 3-29C)。最后,闭合剩余皮肤创缘,拔除导尿管。

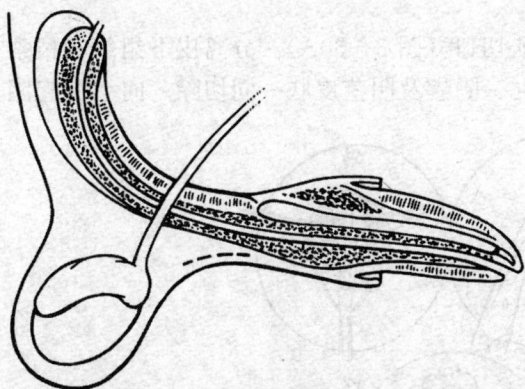

图 3-27 犬阴囊前尿道切开术

引自 Fossum T W editor. Small animal surgery (4th edition). Elsevier/Mosby, St. Louis, 2013

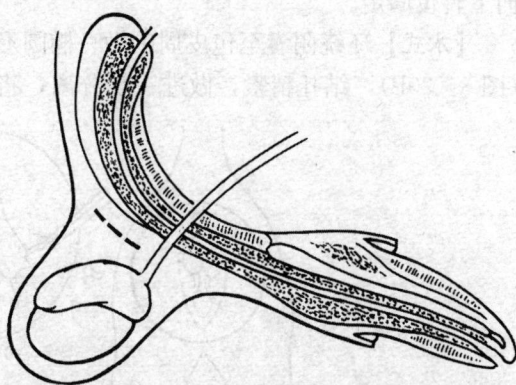

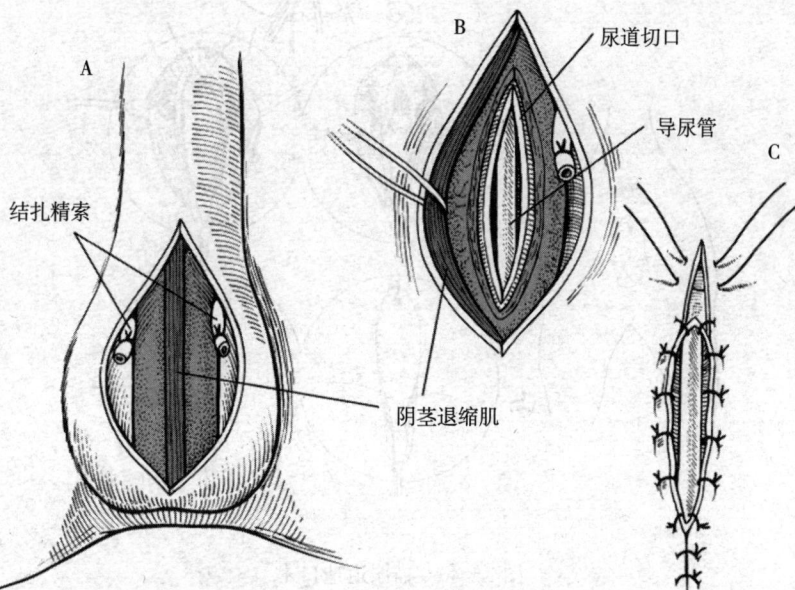

图 3-28 犬阴囊尿道造口术的皮肤切口位置

引自 Fossum T W editor. Small animal surgery (4th edition). Elsevier/Mosby, St. Louis, 2013

图 3-29 犬阴囊尿道造口术

A. 在尿道正上方分离皮下组织,分离阴茎退缩肌,向一侧牵引,显露尿道 B. 用 11♯或 15♯手术刀,在导尿管上方切开尿道 2.5~4cm C. 将尿道黏膜与皮肤做结节缝合

引自 Fossum T W editor. Small animal surgery (4th edition). Elsevier/Mosby, St. Louis, 2013

【术后护理】术后注意观察排尿情况。如发生尿闭或排尿困难,应及时查明原因。防止术部感染,连续应用抗生素 5d。如发现术部化脓,应及时拆线开放,不久切口可自愈。

四、猫尿道造口术

【适应证】适用于猫泌尿综合征保守疗法无效的情况，以及反复发生尿石阻塞尿道。

【器械】一般软组织切开、止血、缝合器械。

【保定与麻醉】胸卧位保定，全身麻醉。会阴部剃毛、消毒，肛门周围做荷包缝合，尾向上转位固定。

【术式】环绕阴囊至包皮周围做一椭圆形皮肤切口（图3-30A）。分离皮下组织和精索（图3-30B），结扎精索，做进一步分离，将睾丸、阴囊及阴茎皮肤一同切除。向上提起阴

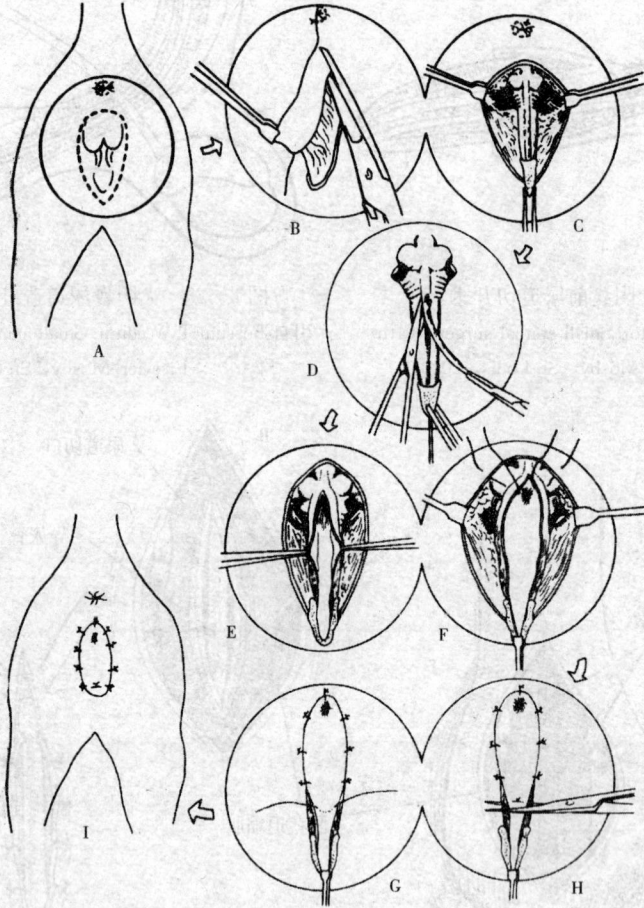

图3-30　猫尿道造口术

A. 在阴囊基部和尿道阴茎部做椭圆形切口　B. 用梅岑鲍姆氏剪分离皮下组织，保证阴茎游离

C. 用组织钳夹持阴茎头端，先后牵引，用梅岑鲍姆氏剪向上至坐骨弓分离和剪断附着在阴茎
两侧和腹侧的组织，直至看到尿道球腺　D. 分离阴茎腹侧的阴茎退缩肌，并将其剪断

E. 用眼科剪自阴茎部尿道剪开尿道，继续向上直至骨盆部尿道的尿道球腺处

F. 用三棱针穿4-0或5-0单股缝线结节缝合骨盆部的尿道黏膜和会阴部皮肤（12、10、2时处）

G. 再结节或连续缝合阴茎部尿道黏膜和皮肤，并在阴茎部尿道远端做一贯穿缝合，防止阴茎海绵体出血

H. 在贯穿缝合远端剪断阴茎　I. 缝合剩余的尿道黏膜和皮肤，常规闭合会阴部下端的皮下组织和皮肤

引自侯加法主编《小动物外科学》

茎，分离阴茎两侧和腹侧组织至坐骨弓处。阴茎分别向两侧转移 45°，切除阴茎两侧的附着组织，包括坐骨海绵体肌、坐骨尿道肌和阴茎海绵体，直到看到尿道球腺（图 3-30C）。此处血管较多，彻底止血后，阴茎上提，切断阴茎下的阴茎韧带。再钝性分离骨盆部尿道周围组织，显露尿道球腺，切断阴茎退缩肌（图 3-30D）。用眼科剪从阴茎部尿道后端向后剪开尿道，向上至骨盆部尿道后端尿道球腺处（图 3-30E）。在 12 时、10 时和 2 时处将骨盆部尿道黏膜与会阴部皮肤做 3 针结节缝合（图 3-30F），再继续结节缝合阴茎部尿道皮肤（图 3-30G）。在阴茎部尿道远端 2/3 位置的阴茎上做一贯穿缝合（图 3-30G），并在此缝线下方剪断阴茎（图 3-30H）。缝合剩余的尿道黏膜和皮肤。常规闭合会阴部下端的皮肤组织和皮肤（图 3-30I）。

【术后护理】拆除肛门周围的缝线。猫佩戴伊丽莎白颈圈，以防舔咬切口。应用抗生素 5d，控制感染。

五、犬（猫）去势术

【适应证】使雄性犬、猫性情变温驯。治疗睾丸或阴囊创伤、挫伤、感染、肿瘤、精索炎、前列腺增生等疾病。犬、猫去势后可避免会阴疝的发生。

【器械】常规手术器械。

【保定与麻醉】仰卧保定，两后肢分别向外方转位，充分暴露会阴部。全身麻醉。

【术式】

1. 犬去势术　术部剃毛、消毒、隔离。在阴囊基部前方切开皮肤与皮下组织，切口长度以一侧睾丸能从此处挤出为宜。术者用力将一侧睾丸从其后方挤压至切口处，切开精索筋膜、总鞘膜，显露睾丸。或预先不切开阴囊前方的皮肤，直接将一侧睾丸挤向阴囊前方，切开皮肤（图 3-31A）、皮下组织、精索筋膜和总鞘膜（图 3-31B）。将睾丸挤出切口外，分离附睾韧带（图 3-31C）。对体型大的犬，应将附睾韧带结扎、切断，再分别结扎、切断输精管和血管索（图 3-31D）。按同样方法将另一侧睾丸挤压至阴囊前方切口处（或切开皮肤），切开总鞘膜，分离、结扎、摘除睾丸。对体型小的犬（体重小于 20kg），可不切开总鞘膜，将总鞘膜与精索一起双重结扎、切除。常规闭合皮下组织和皮肤。

2. 公猫去势术　将阴囊部剃毛、消毒、隔离。将一侧睾丸挤至阴囊底部，使皮肤紧张，距阴囊缝际 0.3cm 并平行于缝际切开皮肤、肉膜及精索筋膜。切口大小以睾丸（被覆总鞘膜）能被挤出为宜。将睾丸挤出阴囊外，抓住睾丸，牵引并分离精索，在精索的近端将其结扎，摘除睾丸。按同样方法摘除另一侧睾丸。猫精索血管较细，可在不切开总鞘膜的情况下结扎精索，即用止血钳将精索缠绕打结，将结挤压确实后，将睾丸摘除；也可切开总鞘膜，用输精管与睾丸动脉、静脉进行打结。清理阴囊切口内的血凝块后，用 2% 碘酊对创口进行消毒。阴囊切口不缝合。

【术后护理】为防止动物自我损伤创口，应使其佩戴颈圈。犬术后 7~10d 拆除皮肤缝线。

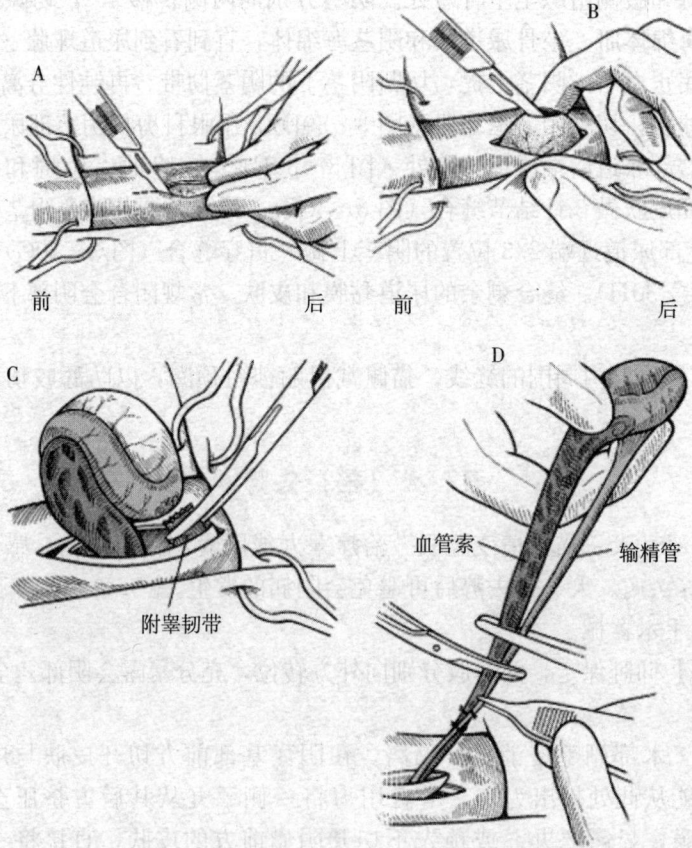

图 3-31 犬阴囊前开放式去势术

A. 用力将一侧睾丸挤向阴囊前方，并在睾丸上方切开皮肤　B. 切开精索筋膜和总鞘膜　C. 止血钳钳持连接在总鞘膜上的附睾韧带，并用手指将其从总鞘膜上分离　D. 分别结扎输精管和血管索，并在其结扎近端将输精管和血管索做一环形结扎。在结扎线远端用止血钳钳夹输精管和血管索，并靠近结扎线，用有齿镊夹持精索，再在结扎线与止血钳之间切断精索

引自 Fossum T W editor. Small animal surgery（4th edition）. Elsevier/Mosby, St. Louis，2013

六、犬、猫卵巢子宫摘除术

【适应证】母犬的卵巢子宫摘除术一般以 8～12 月龄为宜。主要用于绝育，也可治疗和预防卵巢子宫疾病，如卵巢囊肿、卵巢肿瘤、子宫蓄脓、阴道增生、乳腺肿瘤等。

【器械】一般软组织切开、止血、缝合器械。

【保定与麻醉】仰卧保定，四肢开张。全身麻醉。

【术式】腹底壁剃毛、消毒。由脐孔向后做 4～10cm 长的腹白线切口。常规切开皮肤，分离皮下组织，切开腹白线和腹膜，打开腹腔。膀胱积尿时用手挤压膀胱使其排空，必要时行膀胱穿刺。

1. 寻找卵巢的方法　用食指进行腹腔探查。左右卵巢和子宫角分别位于左右肾后方的腰沟内。屈曲指节将卵巢和子宫角夹在指与腹壁之间钩出。用食指钩出有困难时，可用小钝钩（卵巢钩）沿食指伸入到子宫处将其钩出。另外，也可在骨盆腔入口处膀胱下（仰卧时）

找到子宫体，然后，沿子宫体向前寻找一侧子宫角和卵巢并牵引。

2. 撕断卵巢悬韧带　顺子宫角提起卵巢和输卵管，钝性撕断卵巢悬韧带，将卵巢提至腹壁切口处。

3. 分离、结扎卵巢系膜　展开卵巢系膜，在靠近卵巢血管后方用止血钳开一孔，用3把止血钳穿过此孔，其中第一把夹持卵巢固有韧带和输卵管，第二、三把分别靠近和远离卵巢夹持卵巢系膜及血管。剪断卵巢与中（第二把）止血钳间的卵巢系膜。然后，在远（第三把）止血钳上环绕一缝线，除去止血钳，在此钳压处收紧、打结。用镊子夹住卵巢系膜残端，松开中（第二把）止血钳。如无出血，将其残端送回原位；如有出血，可在此钳压处做第二次结扎。按同样方法寻找另一侧子宫角和卵巢，再将卵巢切除。

4. 分离子宫阔韧带　分别将两侧游离的卵巢从卵巢系膜上撕开，并沿子宫角向后钝性分离子宫阔韧带，到其中部剪断索状圆韧带，继续分离，直至子宫角分叉处。如阔韧带有大的血管，应对其做集束结扎。

5. 结扎和切除子宫体　首先将卵巢和子宫翻转，暴露子宫体，分别结扎两侧子宫动脉、静脉。然后，用3把止血钳夹持子宫体和子宫动脉、静脉，第一把止血钳应钳夹靠近阴道处的子宫体。除去第一把止血钳，在此钳压处做贯穿结扎。子宫动脉、静脉粗大时需单独结扎。在第二、第三把止血钳间切断子宫体，去除子宫和卵巢。用镊子夹持子宫残端，将子宫残端进行包埋缝合，以免与膀胱和其他腹腔脏器粘连。松开第二把止血钳，观察有无出血。如无出血，将子宫残端送回原位；如有出血，可在此钳压处做第二次贯穿结扎。有些犬子宫体粗大，为防止止血钳钳夹损伤子宫体，可直接在子宫体上做两针贯穿结扎。常规闭合腹壁切口，包扎腹绷带。

【术后护理】全身应用抗生素7d。建议给予止痛药4～7d。犬、猫应套上颈圈，以防其舐咬创口。术后7～10d拆线。

七、犬、猫乳腺切除术

【适应证】乳腺肿瘤、化脓、坏死或严重创伤。

【器械】一般软组织切开、止血、缝合器械。

【保定与麻醉】仰卧保定，四肢充分外展。全身麻醉。

【术式】以一侧乳腺全切除为例。在乳腺的内外侧，从胸前至外阴部做长椭圆形切口。乳腺外侧切口以乳腺组织边缘为界，内侧切口以腹白线为界。用组织钳夹起乳腺皮肤，由前向后钝性分离乳腺。前2个乳腺与胸肌及其筋膜联系较紧，不易剥离，后3个乳腺则联系较松，易剥离。分离完前部的乳腺后用润湿的纱布将裸露的胸肌及筋膜盖住后再继续向后分离。然后，摘除腹股沟淋巴结和腋淋巴结。在剥离过程中注意止血，尤其注意分布到每个乳腺的动脉、静脉血管，应一一予以结扎，控制出血。仔细检查创面，确保无乳腺组织残留。常规缝合皮下组织及皮肤，包扎腹绷带。

【术后护理】全身连续应用抗生素7d。手术后犬、猫穿布衣服，保持术部干燥，防止啃咬。

八、犬、猫剖腹产术

【适应证】难产或经人工助产无效时，需立即剖腹取胎。

【器械】一般软组织切开、止血、缝合器械。

【保定与麻醉】仰卧保定，躯体侧斜 $10°\sim20°$。全身麻醉，或浅麻醉配合局部麻醉，母体病况严重时，可采用局部浸润麻醉。

【术式】沿腹白线做一切口，自脐部向后延伸，有的甚至延长至耻骨前缘。根据母体种属、体型、胎儿数量等，确定切口长度。

常规切开腹壁各层组织。注意勿伤及切口两侧增大的乳腺。从腹腔内先用手轻轻拉出一侧子宫角，再取出另一侧子宫角。用消毒纱布与切口隔离。在子宫体背侧中线纵行切开子宫壁 $3\sim5cm$。轻轻挤压靠近切口处的胎儿，当胎儿被推至切口处时，将其拉出并一同拉出胎膜，结扎或挫断脐带。依次取出该侧胎儿。另一侧子宫角的胎儿也依次从此切口取出。如子宫角内胎儿难以挤压至切口，可在相应部位切开子宫角，取出胎儿。胎儿取出后，仔细检查子宫角和子宫体，确定无胎儿后，缝合子宫。用可吸收缝线做两道缝合，第一道用连续浆肌层内翻缝合法，第二道用伦勃特缝合法。子宫缝合完毕，用温抗生素生理盐水冲洗子宫后将其还纳腹腔。常规方法闭合腹腔，包扎腹绷带。

【术后护理】手术结束后，清洗母犬或母猫乳房，待母犬或母猫苏醒后，将幼仔放在其腹下哺乳，如它们不愿让其幼仔接近，应对母体进行适当的保定或用镇静剂。连续应用抗生素 7d，控制感染。同时给予易消化、富含营养的食物。动物饲养在安静、干燥和温暖的房间。术后 $7\sim10d$ 拆除皮肤缝线。

第六节　四肢手术

一、膝内直韧带切断术

【适应证】马、牛膝盖骨上方脱位。

【器械】常规手术器械。

【保定与麻醉】大动物一般采用柱栏内站立保定和局部麻醉。如动物不安静，可给予安定剂或化学保定剂。站立保定时，要注意尾的固定，避免污染手术部位。也可侧卧保定，患肢朝下。

局部麻醉时，用 $2\sim4mL$ 局部麻醉药在膝内直韧带下半部内侧缘，做一点注射，再在韧带的内侧远端进行皮下浸润麻醉。

【术式】在膝内直韧带的内侧缘，靠近韧带的止点胫骨嵴，做一皮肤小切口。用弯止血钳穿过肌膜伸向膝内直韧带的深侧（注意不得损伤韧带下的关节囊），造成一个通道，为插入球头切腱刀做准备。从皮肤切口将切腱刀沿韧带的深侧平行韧带插入，然后，将刀身翻转 $90°$，刀刃对准预切的韧带。左手食指摸刀的尖端，隔皮矫正刀的位置，再用锯的动作，将韧带切断。一个重要标准是，切断韧带之前，感到刀被膝内直韧带压紧，一旦韧带被切断，缝匠肌的腱由紧绷变为松弛，如只是缓和而没有松弛，则表明韧带未完全切断。$1\sim2$ 针间断结节缝合皮肤切口。

【术后护理】牵遛运动，有利于控制局部肿胀。马休息和牵遛至少需 2 周，最好达到 $4\sim6$ 周。

二、犬髋关节前方脱位开放性整复术

【适应证】当髋关节脱位用闭锁方式不能完成整复和维持的目的时，采用本手术。以犬为例进行描述。本手术也可应用于犊牛、马驹和矮马。

【器械】常规手术器械。

【保定与麻醉】侧卧保定，患肢朝上。全身麻醉。

【术式】采用髋关节背侧通路，弧形切开皮肤，开始于臀中部，向下越过大转子，伸延至大腿近端 1/3 水平处，切口正好位于股二头肌前缘。在同一切口分别切开皮下组织、臀筋膜和阔筋膜张肌。之后，将阔筋膜张肌和股二头肌分别向前、后牵引，识别臀浅肌，在该肌的终止点前将其腱切断，将该肌翻向背侧。其下为臀中肌和臀深肌，在股骨的外侧。用骨凿凿开或骨锯锯开大转子，包括臀中肌、臀深肌的止点腱。大转子的骨切线与股骨长轴成45°。将臀中肌、臀深肌和被切断的大转子顶端一并翻向背侧，暴露关节囊，再在髋臼缘的外侧 3～4mm 处将关节囊切开并向两侧伸延，即可显露全部关节。

手术通路打开后，对髋臼和股骨进行全面检查，观察有无骨折和关节软骨损伤。从股骨头和关节窝切除被拉断的圆韧带，髋臼用灭菌生理盐水冲洗，清除组织碎片。整复股骨头脱位，用可吸收缝线间断水平褥式缝合关节囊，使撕裂的关节囊闭合。

如关节囊严重破损，难以闭合，为确保股骨头复位，可在股骨颈背侧钻一孔，取 0～2 号合成不可吸收线，在金属丝引导下穿出该孔，并与在臼缘预置的两枚骨螺钉（11 时和 1 时处）缠绕固定。

关节囊闭合后，还回断开的大转子处，并用髓内针和张力金属丝将其固定在原位。用不可吸收线缝合臀浅肌腱，结节缝合股二头肌、阔筋膜张肌及臀部筋膜，常规闭合皮下组织和皮肤。

手术术野宽敞，会给手术带来很大便利，但断开大转子可能会引起猫或未成年犬出现生长畸形，故应谨慎采用这种方法。建议切断臀中肌、臀深肌止点腱。另外，坐骨神经从髋关节后侧通过，不得误伤。

【术后护理】术后限制活动一段时间。

三、马指（趾）浅屈肌腱切断术

【适应证】指（趾）浅屈肌腱切断术是治疗球节（掌指关节）屈曲变形的（突球）一种方法。临床上主要用于治疗屈肌腱的挛缩。本手术同样适用于后肢跖趾关节（球节）变形的治疗。

【器械】常规手术器械。

【保定与麻醉】一般采用侧卧保定。浅屈肌腱的切断术可在局部麻醉下进行，也可全身麻醉。

【术式】

1. 直视浅屈肌腱切断术 在浅屈肌腱与深屈肌腱之间做一 2cm 的纵向皮肤切口，用止血钳分离皮下组织，暴露屈肌腱。切开腱旁组织，用止血钳将浅、深屈肌腱分离开，然后用手术刀切断浅屈肌腱。用不可吸收缝线结节缝合皮肤。

2. 非直视浅屈肌腱切断术 在掌（跖）中部、浅屈肌腱与深屈肌腱之间做一纵向皮肤小口，用切腱刀插入两腱之间，将刀转动 90°，使刀刃对准浅屈肌腱，将腱切断。切口简单缝合。

【术后护理】将无菌纱布垫在创口处，装上肢绷带。术后 10～12d 拆线。若指（趾）浅屈肌腱切断术不能矫正关节变形，可进行下翼状韧带切断术。

四、犬股骨头切除术

【适应证】髋关节变形性骨软骨炎、各种原因引起的慢性髋关节炎、髋臼或股骨头粉碎性骨折、股骨头骨折和慢性髋关节脱位伴有股骨头坏死等为主要适应证。本手术主要用于全股骨头切除，即将犬股骨头或股骨颈切除，之后在局部形成纤维性假关节，故又称为髋关节成形术。目的是减少髋关节长期不能治愈的疼痛。

【器械】常规手术器械和骨科器械。

【保定与麻醉】侧卧保定。全身麻醉，推荐吸入麻醉。

【术式】一般采用髋关节前侧通路，其优点是臀部肌肉不受损伤。从髋关节前侧的髂骨转向大转子，再转向股骨中央做弧形皮肤切开。钝性分离皮下组织，显露阔筋膜张肌、臀中肌和股二头肌。在股二头肌前缘，从大转子向下，分离股二头肌筋膜，再将阔筋膜张肌和臀中肌分开，显露股直肌。最后，将股直肌和股外侧肌分离，髋关节囊即可显现。

髋关节囊暴露后，用创钩向上牵引臀中肌，切开关节囊，并向关节囊内插入一创钩，用抓骨钳固定大转子，使髋关节脱位，用弯剪剪断圆韧带和部分关节囊，把股骨垫高。利用骨凿从股骨颈处凿断股骨头，这时要用骨钳固定股骨。对大型犬，骨凿的宽度应不小于 2.5cm。股骨颈的切断，应从股骨颈基部由外侧向后、向内凿开，而不是垂直于股骨颈凿断，切后不得剩下锐角。在股骨头游离之后，用骨钳或巾钳抓住股骨头并切除（要剪断软组织）。

关节功能恢复的前提是，髋臼和股骨之间长入软组织。有两种方法能增快组织的潜入：一是将臀深肌的前 1/3 从大转子分离，缝合于小转子的髂腰肌上；二是把股二头肌一部分做成蒂，包围在股骨颈周围，缝合于臀和股外侧肌上，能使关节恢复加快。

操作完毕，清理和闭合创口。股二头肌前缘与股外直肌后缘的缝合，用可吸收或不可吸收缝线间断缝合。常规缝合阔筋膜张肌与臀部筋膜，闭合皮下组织和皮肤。

【术后护理】早期进行病肢活动很重要，可实行被动活动练习，每天 3～4 次，每次 20～30 回。犬拆线之前，限制在一定范围内活动。术后 2 周做跑步训练或游泳运动。犬趾尖着地需 10～14d，多数负重在 3 周之后，完全能活动至少需要 4 周。若双侧股骨头患病，两次手术间隔8～10 周。

五、犬股骨干骨折内固定术

【适应证】适应于股骨干中部和远端骨干骨折的治疗。

【器械】常规器械和骨科器械。

【保定与麻醉】动物侧卧或半仰卧保定，患肢在上，游离，另外三肢固定。全身麻醉，推荐吸入麻醉。

【术式】手术通路在大腿前外侧，即从大转子水平处到股骨外侧髁之间的连线处，沿股骨外轮廓的弯曲和平行股二头肌的前缘切开皮肤，分离皮下组织。在股筋膜板上造一2～3mm 的小切口，沿股二头肌前缘上、下扩延，与皮肤切口等长，向后方牵拉股二头肌，同时向前方牵拉股筋膜，暴露股骨干。为充分显露骨干的远端，将股外侧肌和股二头肌用创钩分别向前、后牵引，看见股动脉分支，进行结扎。先对患部进行检查和清理，除去凝血块、挫灭组织及碎骨片。然后，利用骨钳将骨断端复位，再用持骨钳或巾钳把整复的两段断骨暂时固定。

在大转子的顶端内侧后部做一皮肤小切口，骨钻由此钻一个孔并将髓内针引入，沿大转子的内侧进入股骨大转子窝，针的方向是沿着后侧皮质向下伸延，其尖端从骨折近端骨的远端露出。之后，将近端骨与远端骨整复对合，用手或持骨钳固定，髓内针沿近端骨远端插入远端骨近端，针尖一直达到远端骨松质内（图3-32A）。髓内针也可先由骨折近端骨断端逆行插入，再改顺行插入远端骨远端。

如为斜骨折，可施钢丝半环扎术，以加强固定（图3-32B）。将骨断端复位，于钻入髓内针之前，在骨折线的两侧，距骨折线0.5cm钻孔，穿过金属丝，先从一孔穿入，再从另一孔穿出，在骨髓腔内形成一套状。待髓内针从金属丝套穿过后，在骨折整复的基础上，金属丝做半环结扎。髓内针则被金属丝牢固控制，使骨折断端保持规定的角度和长度，减少转动。

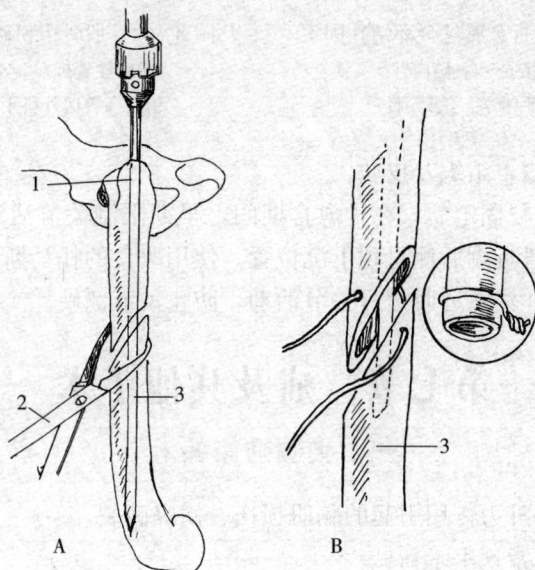

图3-32 股骨干斜骨折髓内针和半环结扎固定
A. 髓内针固定 B. 金属丝半环结扎固定
1. 大转子 2. 复位钳 3. 髓内针
引自《兽医外科手术学》（第五版）

斜骨折也可用全环结扎金属丝辅助固定（图3-33）。全环结扎时，骨折的斜长应是骨折部直径的2倍，否则会降低金属丝的固定效果。

股骨干骨折，包括股骨干粉碎性骨折，也可用接骨板和骨螺钉固定（图3-34）。显露骨折部位后，清除骨碎片和血肿。先将骨折断端整复到正常解剖位置，用骨螺钉或环扎紧属丝固定，再装接骨板。装接骨板时，一般不必剥离骨膜，更有利于骨的愈合。

接骨完毕，清理和闭合创口。股二头肌前缘与股外侧肌后缘的缝合，用可吸收缝线间断

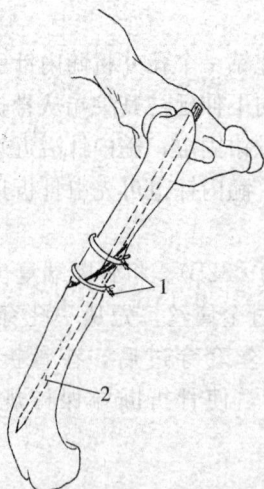

图 3 - 33　股骨干斜骨折金属丝全环结扎固定
1. 金属丝全环结扎　2. 髓内针
引自《兽医外科手术学》（第五版）

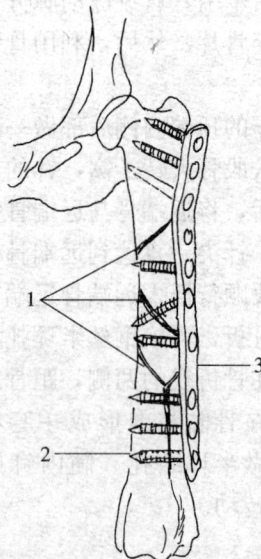

图 3 - 34　股骨干粉碎性骨折接骨板固定
1. 粉碎性骨折　2. 骨螺钉　3. 接骨板
引自《兽医外科手术学》（第五版）

缝合。常规缝合筋膜、皮下组织及皮肤。

【术后护理】骨折整复固定后，在骨愈合期间，早期限制关节活动，在屈膝关节的同时使跗关节伸展，并使胫骨近端后侧呈现下沉位置。使用改良的托马斯夹板绷带或一般的夹板绷带，直至骨连接为止。注意适时进行关节活动，防止关节僵硬。

第七节　疝及其他手术

一、犬膈疝修补术

【适应证】因为各种外力作用引起的膈肌损伤、横膈破裂。

【器械】一般软组织常规手术器械。

【保定与麻醉】仰卧保定或侧卧保定，头高尾低位。吸入麻醉。

【术式】上界以剑状软骨为界，沿腹白线向脐部切开 5～10cm。术部剃毛、消毒、隔离。常规切开皮肤、皮下组织、腹白线及腹膜，打开腹腔。用开张器开张创口。如犬因负压消失导致呼吸停止，应立即采用呼吸机或人工压迫气囊给予被动呼吸。如胸腔内有腹腔脏器（胃、肠管、网膜、脾和肝），应小心地轻轻牵拉进入胸腔内的脏器。如有嵌闭，应扩大膈肌裂口后再牵拉，不得盲目用力牵拉，防止器官损伤。将脏器牵出后，暴露膈肌破裂孔。应抽吸胸腔内积液、积血，并注入抗生素溶液。闭合破裂孔，如破裂孔较大，应先做 2～3 针纽扣状缝合，然后用连续缝合法闭合破裂孔，在闭合最后一针时应在肺完全张开时闭合，尽可能多地排出胸腔内空气。在闭合胸腔前，在胸腔内安置引流管，并引出体外胸侧壁。常规闭合腹壁。通过胸腔引流管抽吸胸腔内的空气，使胸腔处于负压状态。

【术后护理】如膈疝引起胸腔积液，应及时抽出积液。注意补液，应用抗生素预防感染。

术后禁食 24h，以后给予数天流质食物。

二、脐疝修补术

【适应证】可复性及嵌闭性脐疝。

【器械】常规手术器械。

【保定与麻醉】仰卧保定，全身麻醉。

【术式】术部剃毛、消毒、隔离。沿脐疝基部皱襞切开皮肤，切口为棱形，分离并切开疝囊。如为可复性脐疝，其内容物可自行还纳至腹腔。而嵌闭性脐疝的内容物还纳困难，应小心剥离。如有坏死，可将坏死肠段切除，对肠管断端施行吻合术，再将其还纳腹腔。如疝环较大，可将疝轮修成新鲜创面，先做 2～3 针纽扣状缝合，闭锁疝轮，然后补充结节缝合。最后，结节缝合皮肤，并包扎压迫绷带。

【术后护理】减少饲喂量，连续应用抗生素 7d。

三、腹股沟疝修补术

【适应证】因腹股沟缺陷、腹股沟环较大致使腹腔内容物经腹股沟环脱出，称为腹股沟疝。腹股沟疝内容物多为大网膜、前列腺脂肪、子宫、肠管，有的甚至是膀胱或脾脏。

【器械】常规手术器械。

【保定与麻醉】仰卧保定，全身麻醉。

【术式】在肿胀的中间皱襞切开皮肤，钝性分离皮下组织，暴露疝囊。如是可复性疝，其内容物未坏死，可小心地向腹腔挤压疝内容物，或抓起疝囊扭转，迫使内容物通过腹股沟管整复至腹腔。如不易整复，可切开疝囊，扩大腹股沟管的疝环，将内容物还纳腹腔。如是嵌闭性疝，其内容物已坏死，应扩大疝环，将坏死的肠管向外牵引，用肠钳固定，切除坏死肠管，做肠管断端吻合术，冲洗干净后将其还纳腹腔。如是公犬腹股沟疝，精索、睾丸、鞘膜已坏死，应于结扎后摘除睾丸。闭合疝环，先将疝环进行水平纽扣状缝合，然后结节缝合。常规缝合皮下组织及皮肤。术部包扎。

【术后护理】术后禁食 2～4d，静脉补充营养、电解质、维生素。全身应用抗生素 7d。术后 2d 给予饮水，3d 后给予流质食物。术后 7～10d 拆除皮肤缝线。

四、阴囊疝修补术

【适应证】腹腔内容物经腹股沟环掉进阴囊的鞘膜腔中。

【器械】一般软组织切开、止血、缝合器械。

【保定与麻醉】仰卧保定，抬高后躯。全身麻醉。

【术式】按疝囊大小，将腹股沟部皮肤皱襞切开 4～8cm 长。钝性分离皮下组织，暴露疝囊。对于未造成嵌闭、肠管未坏死的阴囊疝，一边牵引疝囊（即总鞘膜），一边钝性分离总鞘膜周围组织至腹股沟环，使其游离。通过鞘膜壁抓住睾丸，用捻转疝囊的办法将疝内容物挤入腹腔。一旦内容物还纳后，用止血钳钳持疝囊基部（包括精索），并做贯穿结扎，切除疝囊及睾丸。腹股沟环做水平纽扣状缝合和结节缝合。如是嵌闭性疝，应打开疝囊，扩大疝环，将坏死的肠管切除，经端端吻合术后将其还纳腹腔。同时摘除睾丸，再行疝环闭合术。最后，结节缝合皮肤。

【术后护理】连续给予抗生素 7d。防止犬舔患部。

五、犬会阴疝修补术

【适应证】适用于会阴疝的根治。多用于 6 岁以上未绝育的公犬。

【器械】常规手术器械。

【保定与麻醉】俯卧保定，下腹部垫以沙袋，使后躯抬高约成 45°，尾巴向前和脊柱平行，加以固定。全身麻醉。

【术前准备与术式】术前禁食 2d，于手术前灌肠，排除直肠内粪便，并在肛门内塞入棉球，以防手术过程中创口被粪便污染。会阴部、尾根部剃毛、消毒、隔离。在尾根距肛门 2cm 处向下做一 3～5cm 的弧形切口，打开疝囊。如内容物为嵌闭的膀胱，应先进行膀胱穿刺，排出尿液，即可将膀胱还纳腹腔。如内容物为侧偏的直肠，将肠内粪便挤压出肛门外，即可将直肠复位。偶见疝内容物为后移的前列腺、直肠憩室或囊肿，必须将憩室、囊肿切除，之后将前列腺或直肠复位。然后，闭合疝孔，常使用较大规格的尼龙线或丝线进行缝合，即将尾肌和肛提肌与肛门外括约肌做结节缝合，将坐骨上的闭孔内肌用骨膜剥离器自坐骨后缘分离并向上翻起，分别与肛门外括约肌及尾肌和肛提肌做结节缝合，如此即可严密封闭会阴疝孔。最后清洗创腔，结节缝合皮下组织与皮肤切口。

会阴疝修补术应尽早进行，因为小疝孔容易修补，手术成功率很高。如发生双侧会阴疝，应分两次修补，待施术一侧痊愈后再修补另一侧。手术修补时，应谨慎操作，避免损伤会阴神经、会阴动脉与静脉，否则会造成大量出血或术后发生肛门松弛的溢便症状。

【术后护理】术后可任犬饮水，但应减少饲喂或给予流食，防止粪便蓄积引起术部疼痛，以致犬不敢排便，导致所缝合的肌肉张力增大、裂开而引起本病复发。因此，术后应静脉补充营养，同时给予抗生素，结合局部涂布碘酊或抗生素软膏，以防伤口感染。手术后 7～10d 拆线。

六、肛门囊摘除术

【适应证】慢性肛门囊炎、肛门囊脓肿、肛门囊瘘。

【器械】常规器械。

【保定与麻醉】腹卧保定，后躯抬高，尾上举固定。术前动物禁食 24h，用生理盐水灌肠，清除直肠内的蓄粪。全身麻醉配合局部麻醉。

【术式】肛门周围剃毛、消毒。将肛门囊内脓汁挤净并冲洗，将有沟探针插入囊底，以探明肛门囊范围。沿探针方向切开肛门外括约肌及肛门囊开口，并向下切开皮肤、肛门囊导管、肛门囊，直至肛门囊底部。分离肛门囊周围组织，使其游离并将其摘除。分离时不要损伤肛门内括约肌。局部清洗后，结节缝合肛门外括约肌和皮肤，注意不要留有解剖无效腔。

【术后护理】局部涂布抗生素软膏。必要时，全身给予抗生素，以控制感染。如果发生感染，应及时拆线，开放创口，按一般感染创处理。

兽医外科与
外科手术学

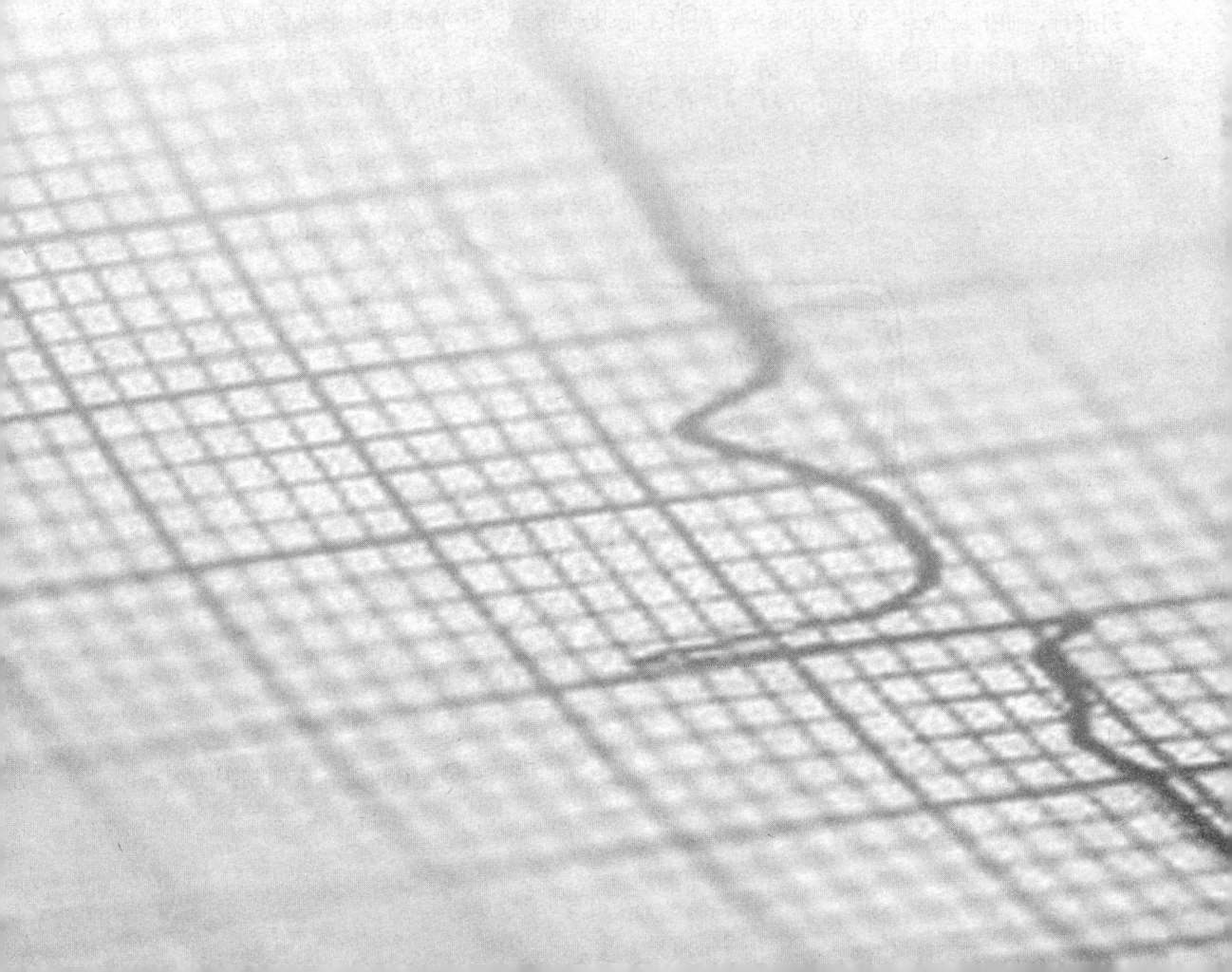

第四篇

兽医产科学

第一单元 动物生殖激素★★

在哺乳动物，几乎所有的激素都或多或少与生殖机能有关，有的是直接影响某些生殖环节的生理活动，有的则是间接影响生殖机能。通常把直接影响生殖机能的激素称为生殖激素，其作用是直接调节公母畜的生殖发育和整个生殖过程，包括母畜的发情、排卵、受精、胚胎附植、妊娠、分娩、泌乳、母性，公畜的精子生成、副性腺分泌、性行为等生殖环节。间接影响生殖机能的激素，主要是维持全身的生长、发育及代谢，间接地保障生殖机能的顺利进行，如生长激素、促甲状腺素、促肾上腺皮质激素、甲状腺素、甲状旁腺素、胰岛素、胰高血糖素和肾上腺皮质激素等。

根据生殖激素的产生部位（图4-1）与作用，又可将其分为以下8类：

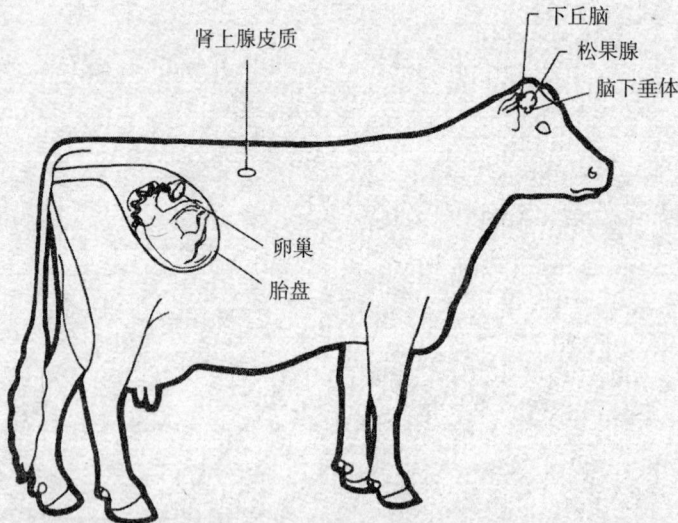

图4-1 奶牛生殖内分泌腺体的大致部位

① 松果腺激素，主要包括褪黑素和8-精催产素。

② 丘脑下部激素，包括促性腺素释放激素、促乳素释放因子和促乳素抑制因子。

③ 垂体前叶激素，包括促卵泡素、促黄体素和促乳素。

④ 垂体后叶激素，主要包括催产素和血管加压素。

⑤ 胎盘促性腺激素，包括马绒毛膜促性腺激素和人绒毛膜促性腺激素。

⑥ 性腺激素，主要包括雌激素、孕激素、雄激素、松弛素、抑制素等。

⑦ 局部激素，主要指前列腺素。

⑧ 外激素。

第一节 松果腺激素

松果腺可分泌 3 类化学性质不同的激素，即吲哚类、肽类和前列腺素。吲哚类主要有褪黑素（MLT）、五-羟色胺（5-HT）等，松果腺分泌的主要是 MLT；肽类有 8-精催产素（AVT）、卵黄脂蛋白（LVT）、GnRH 和促甲状腺素释放激素（TRH）等；前列腺素（PGs）主要有 PGE_1 和 PGF_{2a}。本节主要介绍 MLT。

MLT 的临床应用

MLT 在动物繁殖上的临床应用才刚开始，虽然其作用广泛，但目前研制出的制剂不多。

1. 诱导绵羊发情 澳大利亚 Genelink 公司研制出 MLT 制剂，皮下埋植可使绵羊繁殖季节提早 6~7 周，并能缩短乏情期。

2. 提高产蛋量 通过 MLT 主动免疫来提高蛋鸡生殖激素水平，从而提高蛋鸡的产蛋量。

第二节 丘脑下部激素

丘脑下部激素是一类以肽类为主的激素。这类激素包括两大类，即自下丘脑神经元沿轴突输送到垂体后叶的激素和自正中隆起分泌进入门脉血的激素。前者是指在下丘脑分泌后储存于垂体后叶的激素，包括分泌的催产素（OXT 或 OT）和血管加压素（AVP）；后者主要是释放激素和抑制激素，能够刺激或抑制垂体前叶激素的释放，目前已鉴定有 9 种，即：促性腺素释放激素（GnRH）、促乳素释放因子（PRF）、促乳素抑制因子（PIF）、生长激素释放激素（GRH）、生长激素抑制激素（GIH）、促甲状腺素释放激素（TRH）、促肾上腺皮质激素释放因子（CRF）、促黑色细胞激素释放因子（MRF）和促黑色细胞激素释放抑制因子（MIF）等。其中，GnRH、PRF 和 PIF 与生殖直接相关。本节主要介绍促性腺激素释放激素（GnRH）。

GnRH 的临床应用

GnRH 在兽医临床的应用广泛，尤其以国产的 GnRH 类似物如 $LRH-A_1$、$LRH-A_2$ 和 $LRH-A_3$（促排卵 1 号、2 号和 3 号）等在提高家畜繁殖率、治疗繁殖疾病方面的应用最为广泛，其中以 $LRH-A_3$ 的活性最高。

1. 诱导母畜产后发情 有些母畜在产后受季节、营养、产奶或哺乳、疾病等的影响，卵巢活动受到抑制，产后长时间不发情，可用 GnRH 诱导发情。可肌内注射 $LRH-A_3$

$50\sim100\mu g$，诱导产后乏情的母牛发情；肌内注射 LRH - A$_3$ $20\sim25\mu g$，诱导断奶母猪发情。

2. 提高母畜情期受胎率　母畜配种时结合使用 GnRH 可促进卵泡进一步成熟，促进排卵，提高情期受胎率。输精的同时或配种前后 30 min 内，给黑白花奶牛肌内注射 LRH - A$_3$ $200\mu g$，受胎率可达 71.0%，比对照组提高 27.3%。

3. 提高超数排卵效果　羊首次配种后注射 LRH - A$_3$ $15\sim20\mu g$，可促进排卵，增加可用胚胎的数量，提高超排效果。

4. 治疗公畜不育　用于治疗公畜少精、无精和性机能减退等。因为 GnRH 可刺激公畜垂体分泌间质细胞刺激素（ICSH），它能促进睾丸发育、雄激素分泌，并促进精子成熟。

5. 用于抱窝母鸡催醒　注射 GnRH 可促使抱窝母鸡苏醒，恢复产蛋。

第三节　垂体激素

垂体激素

哺乳动物的性腺功能主要由垂体激素调控。垂体分为垂体前叶（腺垂体）和垂体后叶（神经垂体）两部分。从垂体前叶分离的激素主要包括促卵泡素（FSH）、促黄体素（LH）、促乳素（PRL 或 Pr）、促甲状腺素（TSH）、促肾上腺皮质激素（ACTH）、生长激素（GH）和黑素细胞刺激素（MSH）等，其中 FSH 和 LH 是调控性腺机能的主要激素，统称垂体促性腺激素。从垂体后叶分离到的激素有催产素（OXT 或 OT）和血管加压素（AVP），这两种激素是由下丘脑分泌，储存于垂体后叶的。

一、促卵泡素

促卵泡素（FSH）是由垂体前叶的嗜碱性 A 细胞分泌的，又称促卵泡刺激素或促卵泡成熟素。它是由 α 和 β 两个亚基组成的糖蛋白，含有 200 个氨基酸。

FSH 的临床应用

FSH 常与 LH、PGF$_{2\alpha}$（或其类似物）等配合使用，进行母畜的超数排卵；也可用于提早家畜的性成熟、母畜的催情处理，包括卵巢机能减退的治疗、诱导泌乳乏情期母畜发情等（参见 LH 的临床应用）。

二、促黄体素

促黄体素（LH）主要由垂体前叶嗜碱性 B 细胞所产生，又称促黄体生成素，在公畜又称为间质细胞刺激素。它是由 α 和 β 两个亚基组成的糖蛋白，含有 219 个氨基酸。

LH 的临床应用

LH 在临床上大多与 FSH 协同应用。

1. 提早家畜性成熟　对季节性繁殖的家畜，如接近性成熟的肉牛和羊应用孕酮处理，配合使用促性腺激素，可使它们提早发情配种。

2. 诱导泌乳乏情期母畜的发情　产后 4 周的泌乳期母猪，用促性腺激素处理，可诱导其发情、配种，以缩短胎间距，提高母猪繁殖效率；母牛产后 60d 内，采用孕酮短期处理，并结合注射促性腺激素，可提高其发情和排卵率。

3. 诱导排卵和超数排卵 对于排卵延迟、不排卵以及从非自发性排卵的动物获得卵子，可在发情或人工授精时静脉注射 LH，一般可在 24h 内排卵；在胚胎移植工作中，为了获得大量的卵子或胚胎，应用 FSH 对供体动物进行处理后，在供体配种时注射 LH，以促进排卵。

4. 治疗不育 用于治疗雌性动物卵巢机能不全、卵泡发育停滞或交替发育及多卵泡发育，以及雄性性欲减退、精子密度不足等，能刺激间质细胞分泌睾酮，提高雄性性欲，改善精液品质。

5. 预防流产 对于因黄体发育不全所引起的胚胎死亡或习惯性流产，在配种时和配种后连续注射 2~3 次 LH，可促进黄体发育和分泌，防止流产。

三、促乳素

促乳素（PRL 或 Pr）又称促黄体分泌素（LTH），是一种单链纯蛋白质激素，由腺垂体嗜酸性细胞分泌。由于动物的种间差异，其氨基酸组成为 190、206 或 210 个。

PRL 的临床应用

由于 PRL 来源缺乏，价格较贵，不能直接应用于畜牧业生产中。目前主要应用升高或者降低 PRL 的药物来代替 PRL 的作用。

1. 促进 PRL 分泌的药物 包括多巴胺耗竭剂、多巴胺受体阻断剂和激素类药物。多巴胺耗竭剂药物有 α-甲基多巴、呱乙啶和利血平等；多巴胺受体阻断剂有吩噻嗪类（如奋乃静和三氟嗪）、苯甲酰胺类（如灭吐灵和止吐灵）等；激素类药物有雌激素和 $PGF_{2\alpha}$ 等。给牛注射利血平，可明显升高血浆中 PRL 的水平，持续时间可达 12~24h。

2. 抑制 PRL 分泌的药物 主要有麦角生物碱，特别是它的合成品——溴隐亭。给山羊注射溴隐亭，血浆 PRL 的水平明显降低，6d 后才逐渐恢复到注射前水平。

四、催产素

催产素（OT）化学结构为九肽，主要形成于丘脑下部的视上核和室旁核，并呈滴状沿丘脑下部-神经垂体束的轴突被运送至神经垂体（垂体后叶）而贮存。牛卵泡颗粒细胞和黄体组织能产生催产素，有黄体存在时，血液催产素主要来自黄体组织。

OT 的临床应用

1. 诱发同期分娩 临产母牛，先注射地塞米松，48h 后按每千克体重静脉滴注 5~7μg OT 类似物长效单酸催产素，4h 左右发生分娩。妊娠达到 112d 的母猪，先注射 $PGF_{2\alpha}$ 类似物，16h 后给予催产素，几乎可使全部母猪在 4h 内完成分娩。

2. 提高配种受胎率 奶牛人工授精前 1~2min，先向子宫颈内注入 OT 5~10 IU，然后输精，一次输精受胎率可提高 6%~22%。

3. 终止误配妊娠 母牛发生不适当配种后 1 周内，每日注射 OT 100~200 IU，能抑制黄体的发育而终止妊娠，一般可于处理后 8~10d 返情。

4. 治疗产科病和母畜科疾病 可在治疗牛持久黄体、黄体囊肿、产后子宫出血、胎衣不下、子宫积脓、产后子宫复旧、死胎排出、放乳不良等方面配合其他药物使用。

第四节 性腺激素

性腺激素即卵巢和睾丸产生的激素。卵巢产生的主要是雌激素、孕酮和松弛素；睾丸产生的主要是雄激素。此外，卵巢和睾丸都能够产生抑制素，肾上腺皮质也可产生少量的孕酮及睾酮。值得注意的是，母畜可产生少量雄激素，公畜也能产生少量雌激素。因此，雌激素和雄激素的命名只是相对而言。性腺激素包括两大类：一类为类固醇，又称为甾体激素；另一类属于蛋白质或多肽。

一、雌激素

母畜雌激素的产生部位主要是卵泡膜内层及胎盘，卵巢间质细胞也可产生。此外，肾上腺皮质、黄体及公马睾丸中的营养细胞都能产生雌激素。主要的雌激素是 17β-雌二醇（牛、马、猪），另外还有少量雌酮，均在肝脏内转化为雌三醇，从尿、粪中排出。卵巢卵泡壁细胞在 LH 的刺激下，合成雄烯二酮扩散进入基膜，在 FSH 作用下转变为 E_2。

雌激素的临床应用

目前，对性激素及其制剂在食品动物上的应用范围已有明确的规定，必须遵照执行。在农业农村部公告的关于食品动物的禁用药物中，与雌激素有关的制剂己烯雌酚（包括其盐、酯及制剂）、玉米赤霉醇、去甲雄三烯醇酮在所有情况下都不能使用，但苯甲酸雌二醇（包括其盐、酯及制剂）除不能用于促生长外，其他用途可以使用。

1. 催情 肌内注射 7～8mg 苯甲酸雌二醇，可使 80% 的母牛在注射后 2～5d 发情。

2. 治疗子宫疾病 雌激素可以提高子宫的抵抗力和收缩性，松弛子宫颈，从而可用于治疗慢性子宫内膜炎，排除子宫内存留物，如死胎、子宫积液等。

3. 诱导泌乳 与孕激素配合，用于奶牛和奶山羊的诱导泌乳。

4. 化学去势 可促使睾丸萎缩，副性腺退化，最后造成不育，因而可用于化学去势。

二、孕酮

孕酮又称黄体酮，主要由黄体及胎盘（马及绵羊）产生，肾上腺皮质、睾丸和排卵前的卵泡也能够产生少量孕酮。牛、山羊、猪、兔、小鼠和犬等整个妊娠期都需要黄体来维持妊娠，破坏黄体则会导致流产；马和绵羊的妊娠后期，胎盘成为孕酮的主要来源，那时破坏黄体不会造成妊娠中断。

孕酮的临床应用

农业农村部公告中关于对食品动物的禁用药物中，与孕激素有关的制剂醋酸甲孕酮在所有情况下都不能使用。

1. 同期发情 连续给予孕酮能够抑制发情，抑制垂体促性腺激素释放，一旦停止给予孕酮，即能反馈性引起促性腺素释放，使家畜在短期内出现发情，从而达到同期发情的目的。

2. 超数排卵 连续应用孕酮 13～16d，于停用孕酮前结合应用促性腺激素，即可实现超数排卵。

3. 判断繁殖状态　黄体的形成、维持和消失具有规律性，相应地形成了规律的孕酮分泌范型。通过测定血浆、乳汁、乳脂、尿液、唾液或被毛中孕酮的含量，结合卵巢的直肠检查，可判断母畜的繁殖状态。

4. 妊娠诊断　黄体在母畜发情周期一定阶段发生溶解，孕酮水平随之下降，配种未孕者亦是如此；但母畜如配种受孕，孕酮水平不会下降，根据孕酮变化的这一特点，可进行妊娠诊断。

5. 预防习惯性流产　通过肌内注射孕酮，使母畜度过习惯性流产的危险期，可望起到预防作用。

三、雄 激 素

主要由睾丸间质细胞产生，肾上腺皮质也能分泌少量，其主要形式为睾酮。睾酮分泌之后很快被利用或发生降解，其降解产物为雄酮，通过尿液、胆汁或粪便排出体外，所以尿液中存在的雄激素主要为雄酮。

雄激素的临床应用

在农业农村部公布的食品动物的禁用药物中，与雄激素有关的制剂甲基睾丸酮、丙酸睾酮和苯丙酸诺龙除不能用于促生长外，其他用途可以使用。

1. 制备试情动物　用雄激素长期处理的母牛具有类似公牛的性行为，可用作试情牛。

2. 通过主动免疫提高动物的繁殖效率　利用睾酮制剂免疫绵羊，可增加绵羊排卵率，增加产羔数。

四、松 弛 素

松弛素（relaxin，RLX）是一种多肽，其结构类似胰岛素，由 A 和 B 两条肽链组成。

松弛素的临床应用

松弛素在临床上的用途很广。国外已有三种商品制剂："Releasin"（由松弛素组成）、Cervilaxin（由子宫松弛因子组成）和"Lutrxein"（由黄体协同因子组成），均从猪卵巢提取。在国内，松弛素还没有作为一种有效的激素制剂而得到充分的开发。

1. 诱导分娩　$PGF_{2\alpha}$或其类似物是一种十分有效的分娩诱导物质，若在分娩前配合使用松弛素则可加快正常分娩过程，并使分娩的启动同步化。

2. 预防胎衣不下与难产　松弛素与氯前列烯醇或地塞米松配合使用，可大大降低牛胎衣不下与难产的发病率并降低死产率。

第五节　胎盘促性腺激素

胎盘能分泌各种激素，各种家畜的胎盘除能分泌孕激素、雌激素、胎盘促乳素等激素外，还可以产生不同的促性腺激素。胎盘产生的促性腺激素也称绒毛膜促性腺激素（CG），主要有 2 种，一种是马绒毛膜促性腺激素（eCG），亦称孕马血清促性腺激素（PMSG）；另一种是人绒毛膜促性腺激素（hCG）。

一、马绒毛膜促性腺激素

马绒毛膜促性腺激素（eCG）是由母马妊娠后 40～120d 的子宫内膜杯产生的一种糖蛋白性质的促性腺激素。由于其出现在妊娠母马的血液中，所以又称孕马血清促性腺激素（PMSG）。马从妊娠 37～42d 起，胎盘开始产生 eCG 并进入血液中，65～70d 血液中的含量达到最高；随后迅速下降，130d 时下降至低水平，150d 后消失。eCG 同一个分子具有 FSH 和 LH 两种活性，但主要类似 FSH 的作用，LH 的作用很小。

eCG 的临床应用

1. 催情 主要是利用其类似 FSH 的作用，对各种家畜均有催情效果，不论卵巢上有无卵泡，均可发生作用。

2. 同期发情 在母畜进行发情处理时，配合使用 eCG 可提高母畜的同期发情率和受胎率。

3. 超数排卵 eCG 在牛羊胚胎移植中比较广泛地应用于超数排卵。但由于 eCG 半衰期较长，超数排卵后残留的 eCG 可能妨碍母畜卵巢的正常变化，并可能对受精卵和早期胚胎在母畜生殖道中的发育有一定影响。

4. 治疗卵巢疾病 每日或隔日注射 eCG 1 500IU，可使有萎缩倾向的卵泡转为正常发育；马患卵泡囊肿时，如不表现发情，注射 PMSG 1 000～1 500IU，可望见效；注射 eCG 1 000～1 500IU，可使牛的持久黄体消散。

5. 母猪的妊娠 eCG 诊断 应用 eCG 制剂对配种后的母猪进行妊娠诊断，可准确区分妊娠母猪与未孕母猪，诊断所需时间短，而且安全、简便。

二、人绒毛膜促性腺激素

人绒毛膜促性腺激素（hCG）主要来源于早期孕妇绒毛膜滋养层的合胞体细胞，由尿中排出。在胚胎附植的第 1 天（受孕第 8 天）即开始分泌，孕妇尿中的含量在妊娠 45d 时升高，妊娠 60～70d 达到最高峰，21～22 周降到最低以至消失。

hCG 的临床应用

1. 促进卵泡发育、成熟和排卵 hCG 可用于治疗卵泡交替发育引起的连续发情，促进马、驴正常排卵。

2. 增强超排的同期排卵效果 在超排措施中，一般都是先用 FSH、eCG 或 GnRH 等诱发卵泡发育，在母畜出现发情时再注射 hCG，其作用可以增强排卵效果，并使排卵时间趋于一致，表现出同期排卵的效果。

3. 治疗繁殖障碍 主要用于治疗排卵延迟和不排卵，治疗卵泡囊肿或慕雄狂，促进公畜性腺发育、兴奋性机能，治疗产后缺奶。

第六节 前列腺素

前列腺素（PGs）是一类具有生物活性的长链不饱和羟基脂肪酸，其分子的基本结构为含一个环戊烷及两个脂肪酸侧链的二十碳脂肪酸，相对分子质量为 300～400。PGs 广泛存在于家畜的各种组织和体液中。目前已知的天然前列腺素分为3类9型。与动物繁殖关系密切的是 PGF 和 PGE。

PGs 的临床应用

1. 调节发情周期 $PGF_{2\alpha}$ 及其类似物能显著缩短黄体的存在时间，因而能够控制母畜的发情和排卵，可以用来调节牛、绵羊、山羊、猪和马的发情周期。

2. 人工引产 $PGF_{2\alpha}$ 及其类似物可用于动物的人工引产，使母畜排出不需要的胎儿，亦可使家畜提前分娩，对延期分娩的母牛也有良好的催产作用。

3. 治疗繁殖疾病 利用 $PGF_{2\alpha}$ 及其类似物的溶黄体作用及其与其他激素之间的相互影响关系，可以单独或协同治疗家畜某些繁殖疾病，如持久黄体、黄体囊肿、卵泡囊肿、子宫复旧不全、慢性子宫内膜炎、子宫积脓及干尸化胎儿的处理等。

4. 在公畜繁殖中的应用 对未用过性激素制剂的公牛和公兔注射 $PGF_{2\alpha}$，在 2h 内可以增加精子的排出量；给精液稀释液中加入 PGs 可提高受胎率，给冷冻精液中加入 PGs 可以提高妊娠率和产羔数。

第二单元　发情与配种

机体在不断发育过程中，卵子也在不断地发育成熟。母畜生长到一定年龄，开始出现周期性的发情活动。进入这一发育阶段的母畜接受交配以后可以受孕，繁衍后代。母畜的生殖活动受环境、中枢神经系统、丘脑下部、垂体和性腺之间相互作用的调节。

第一节　母畜生殖功能的发展阶段

母畜的生殖机能是一个从发生、发展至衰退的生物学过程，可以概括分为初情期、性成熟期及繁殖机能停止期（绝情期）。

一、初 情 期

初情期是指母畜开始出现发情现象并可以排卵的时期，这时性腺真正具备生成配子和分泌生殖激素的功能。初情期时母畜出现了性行为，但表现还不充分，发情周期往往不规律，生殖器官的生长发育也尚未完成。它们虽已可能具有繁殖机能，但由于机体发育的不完全，不宜用于繁殖。

初情期的年龄除因品种不同而有遗传上的差异外，还受饲养管理、健康状况、气候条件、发情季节及出生季节等影响。

各种动物初情期的年龄是：牛 6～12 月龄，水牛 10～15 月龄，马 12 月龄，驴 12 月龄，绵羊 6～8 月龄（体重达成年羊体重的 60％时），山羊 4～6 月龄，猪 3～7 月龄，兔 3～4 月龄，犬 8～10 月龄，猫 7～9 月龄。

二、性成熟期

母畜生长到一定年龄，生殖器官已经发育完全，具备了繁殖能力，称为**性成熟**。这时母畜身体的生长尚未完成，怀孕后不仅妨碍母畜继续发育，而且还能造成难产，同时也影响幼畜的体重，故还不宜配种。

各种母畜的性成熟期是：牛 12（8～14）月龄，水牛 15～23 月龄，马 18 月龄，驴 15 月龄，羊 10～12 月龄，猪 6～8 月龄。

三、繁殖适龄期

母畜的繁殖适龄期是指母畜既达到性成熟，又达到体成熟，可以进行正常配种繁殖的时期。**体成熟**是母畜身体已发育完全并具有了雌性成年动物固有的外貌。母畜达到体成熟时，应进行配种。开始配种时的体重应为其成年体重的 70％～80％。

母畜始配年龄是：中国荷斯坦奶牛 18 月龄（16～22 月龄，体重 350～400kg），黄牛 2 岁，水牛 2.5～3 岁，马 3 岁，驴 2.5～3 岁，羊 1～1.5 岁，猪 8～12 个月（我国品种为 6～8 月龄、体重 50kg 以上，引进品种为 10～12 月龄、体重 80kg）。始配时间，不仅要看年龄，也要根据母畜的发育及健康状况做出决定。

四、绝 情 期

动物年老时，繁殖功能逐渐衰退，继而停止发情，称为绝情期。此外，疾病使生殖器官严重受损或其功能发生障碍，繁殖活动也将会终止。家畜的繁殖年限因品种、饲养管理、气候及健康不同而有差异。家畜屠宰年龄远远早于其停止繁殖和自然死亡的年龄。

一般而言，奶牛的繁殖年限为 8～10 年，肉牛 10～12 年，马 18～22 年，羊 6～10 年，猪 6～8 年。

第二节 发情周期

母畜达到初情期以后，其生殖器官及性行为重复发生一系列明显的周期性变化，称为发情周期。发情周期周而复始，一直到绝情期为止。但母畜在妊娠或非繁殖季节内，发情周期暂时停止；分娩后经过一定时期，又重新开始。在牛、羊生产实践中，发情周期通常指从一次发情期的开始起，到下一次发情期开始之前一天为止的这段时间。

根据发情周期的表现形式，可将动物分为三类：①单次发情动物，这类动物一年中只有一个发情周期，如大多数野生动物；②多次发情动物，这类动物在一年中大部分时间都有发情周期循环，如牛和猪；③季节多次性发情动物，这类动物的发情局限在一年中特定的季节，在该季节又出现多次发情，如马和绵羊。

一、发情周期的分期

根据卵巢、生殖道及母畜性行为的一系列生理变化，可将发情周期分为相互衔接的几个时期。实际中发情周期通常有四期、三期和二期分法。

1. 四期分法　根据母畜在发情周期中生殖器官所发生的形态学变化将发情周期分为发情前期、发情期、发情后期和发情间期。

2. 三期分法　根据母畜发情周期中生殖器官和性行为的变化，将发情周期分为兴奋期、抑制期和均衡期。

3. 二期分法　根据母畜发情周期中卵巢上卵泡和黄体的交替存在，可将发情周期分为卵泡期和黄体期。

二、发情周期中卵巢的变化★★

母畜在发情周期中，卵巢经历卵泡的生长、发育、成熟、排卵、黄体的形成和退化等一系列变化。一般在发情开始前3～4d，卵巢上的卵泡开始生长，至发情前2～3d卵泡迅速发育，至发情征状消失时卵泡发育成熟、排卵。图4-2为哺乳动物卵巢中卵泡与卵子在形态学上的关系模式。

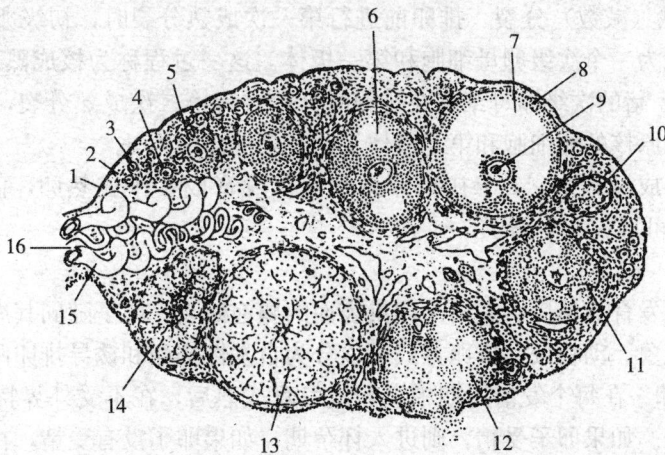

图4-2　哺乳动物卵巢中卵泡与卵子在形态学上的关系模式

1. 生殖上皮　2. 白膜　3. 原始卵泡　4. 初级卵泡　5. 次级卵泡　6. 三级卵泡　7. 成熟卵泡　8. 颗粒细胞　9. 卵母细胞　10. 白体　11. 闭锁卵泡　12. 刚排卵卵泡（红体）　13. 成熟黄体　14. 退化黄体　15. 血管　16. 卵巢门

（一）卵泡发育

成年家畜的卵泡群中有两种卵泡，一种是生长发育中的少量卵泡，另一种是作为储备的大量原始卵泡。从原始卵泡发育成为能够排卵的成熟卵泡，要经过一个复杂的过程。根据卵泡生长阶段不同，可将它们划分为以下不同的类型或等级。

1. 原始卵泡　形成于胎儿期间或出生后不久，其核心为一初级卵母细胞，周围为一层扁平卵泡上皮细胞。初级卵母细胞由出生前保留下来的卵原细胞发育而来，除极少数能发育成熟外，其他均在储备或发育过程中死亡消失。

2. 初级卵泡　卵泡上皮细胞发育成为立方形，周围包有一层基底膜。

3. 次级卵泡　卵泡上皮细胞已变成复层不规则多角形细胞。卵母细胞和卵泡细胞共同分泌黏多糖，构成厚 $3\sim5\mu m$ 的透明带，包在卵母细胞周围。

4. 三级卵泡　在 FSH 及 LH 的刺激下，卵泡细胞间形成很多间隙，并分泌卵泡液，积聚在间隙中，以后空隙逐渐汇合，成为一个充满卵泡液的卵泡腔，这时称为**囊状卵泡**。腔周围的上皮细胞称为**粒膜**。卵的透明带周围有排列成放射状的柱状上皮细胞，形成**放射冠**。

5. 格拉夫氏卵泡　又称为**成熟卵泡**。卵泡腔中充满由粒膜细胞分泌物及渗入卵泡的血浆蛋白所形成的黏稠卵泡液，卵泡壁变薄，卵泡体积增大，扩展到皮质层的表面，甚至突出于卵巢表面之上。初级卵母细胞位于粒膜上一个小突起内，突起称为**卵丘**。随着发育，卵丘和粒膜的联系越来越小，甚至和粒膜分开，初级卵母细胞被一层不规则的细胞群包围着，游离于卵泡液中。

在上述发育过程中，卵泡随时都有可能发生闭锁。初情期前，卵泡的生长一直在进行，但只有达到了初情期，适宜的激素水平及其平衡状态建立起来时，卵泡才能充分发育到能够排卵。

（二）卵子生成

大多数动物在出生后不久，卵母细胞处于第一次成熟分裂前期的双线期，双线期开始后不久，卵母细胞进入持续很久的静止期，称**网核期**。达到初情期而发情时，卵母细胞（染色体 $2n$）就恢复成熟（减数）分裂。排卵前进行第一次成熟分裂时，初级卵母细胞的染色体数目减半（n），成为一个次级卵母细胞和第一极体。这一过程称为**核成熟**，于排卵前 1h 结束（兔）。牛、羊、猪的次级卵母细胞在排卵时开始进行第二次成熟分裂，但在受精后才完成，成为一个含雌原核的卵细胞和第二极体，这时染色体仍为 n。

家畜在卵子生成过程中，1 个初级卵母细胞仅发育成 1 个成熟卵，而在精子生成中，1 个初级精母细胞可形成 4 个精子。

（三）排卵

排卵是指卵泡发育成熟后，突出于卵巢表面的卵泡破裂，卵子随同其周围的粒细胞和卵泡液排出的生理现象。动物按其排卵方式可以分为**自发性排卵**和**诱导排卵**两大类。

1. 自发性排卵　在每个发情周期中，卵泡发育成熟后，在不受外界特殊条件刺激的前提下自发排出卵子。如果卵子受精，则进入怀孕期；如果卵子没有受精，在黄体期后，又开始新的发情周期，因此其发情周期的长度是相对恒定的。自发性排卵的动物，根据排卵后黄体形成及发挥功能又可分为 2 种：一种为排卵后自然形成功能性黄体，其生理功能可维持一个相对稳定的时期，如牛、羊、马、猪等家畜；第二种为排卵后需经交配才形成功能性黄体，如啮齿类动物，这类动物排卵后如未经交配，则形成的黄体无内分泌功能，因而使下次周期缩短为 $4\sim5d$。

2. 诱导排卵 只有通过交配或子宫颈受到刺激才能排卵，为诱导排卵。动物卵泡破裂及排卵需经一定的刺激才能发生，其发情周期也完全不同于自发性排卵的动物。一般将它们的发情周期称为卵泡周期，由卵泡成熟期、卵泡闭锁期、非卵泡期和卵泡生长期4个阶段组成，而非典型意义上的发情周期。诱导排卵型动物按诱导刺激的性质不同，又可分为两种：一种为交配引起排卵的动物，包括有袋目、食虫目、翼手目、啮齿目、兔形目、食肉目的某些动物，其中研究最多的是猫和兔。第二种为精液诱导排卵动物，见于驼科动物，其排卵依赖于精清中的诱导排卵因子。在卵泡发育成熟后，自然交配或人工输精均可诱发排卵。无射精的交配不能引起排卵，非生殖道途径注射精清可以诱发排卵。

（四）黄体

排卵后，卵泡壁塌陷皱缩，在 LH 的作用下，粒膜细胞逐渐肥大，同时产生黄色类脂物质——**黄素**，成为**粒膜黄素细胞**，构成黄体的主体部分。卵巢鞘膜内层细胞变圆，也成为**黄素细胞**，位于黄体的周围。鞘膜外层的结缔组织伸入黄体内，形成许多小的间隔，内含大量由鞘膜内层而来的毛细血管。

黄体是一个暂时性的内分泌器官，主要产生孕酮。孕酮能够抑制垂体 FSH 的分泌，同时也能抑制母畜发情。排卵后如卵子未受精，经 14～15d（牛）、12～14d（羊）、13d（猪）、14d（马），机体在缺乏妊娠信号的情况下，$PGF_{2\alpha}$ 开始生成，使黄体逐渐萎缩。这时在垂体 FSH 的影响下，卵巢中又有新的卵泡迅速发育，并过渡到下一次发情周期，这种黄体称为**周期黄体**。如卵子已受精，发育的黄体将在妊娠期继续维持，即由周期黄体改称为妊娠黄体。妊娠黄体比周期黄体稍有增大，是妊娠期所必需的孕酮的主要来源。

黄体退化首先是以孕酮下降为标志的功能性退化，随后是以黄体组织破坏和清除为标志的结构性退化。开始时血清中孕酮浓度骤降，继而黄体体积缩小。

黄体结构性退化的过程是：黄体细胞发生脂肪变性及空泡化，并逐渐被吸收，毛细血管也萎缩。至下次发情时，黄体迅速缩小，经过二至数周后，体积更小，并被结缔组织所代替，颜色变白，成为**白体**，最后白体也被吸收。

三、发情周期中的其他变化

发情周期中，母畜体内除卵巢的变化外，其生殖内分泌、生殖道及性行为均发生明显的周期性变化。

（一）生殖内分泌的变化★★

发情周期中生殖内分泌呈现明显的周期性变化，内分泌的变化可能是引起卵巢和其他生殖器官及性行为出现周期性变化的原因。各种动物发情周期中生殖内分泌的变化尽管有所不同，但也有一定的相似性。以下以牛为例介绍发情周期中生殖激素的变化。

1. 孕酮 发情前孕酮含量一直很低，从发情后的第 5 天左右逐渐上升，第 14 天左右达到高峰，第 17～19 天迅速下降，至下次发情时达到基础水平。

2. 雌激素 发情前雌二醇的含量逐渐增加，发情期极显著地升高，在排卵前达到峰值；排卵后迅速下降，以后一直维持在一个较低的水平，直到下一次发情前才开始升高。

3. 促黄体素 由于排卵前卵泡分泌大量的雌激素，引起 LH 脉冲式的大量分泌，并达到峰值。LH 峰一般发生在发情开始后 12h 左右，导致排卵。排卵后 LH 的含量迅速降低，下一次排卵前再次升高。

（二）生殖道的变化

发情周期中随着卵巢激素生成的周期性变化，生殖道在雌激素和孕激素的作用下，也相应发生周期性变化。

1. 发情前　卵巢中黄体逐渐萎缩，孕激素分泌减少，而卵泡则迅速发育产生雌激素。在雌激素作用下，整个生殖道开始充血、水肿。

2. 发情时　卵泡增大，雌激素的分泌迅速增加，生殖道的上述变化更加明显。同时，黏膜分泌物增多、稀薄，阴道黏膜潮红，前庭分泌物增多，阴唇充血、水肿、松软。上述变化为交配及受精提供了有利条件。

3. 排卵后　雌激素减少，新形成的黄体开始产生孕激素，生殖道由雌激素所引起的变化逐渐消退。如未受精，黄体萎缩后，孕激素的作用降低，卵巢中又有新的卵泡发育增大，并在雌激素的作用下，开始出现下一次发情前的变化。

（三）性行为的变化

在发情周期中，母畜受雌激素和孕激素相互交替的作用，性行为也出现周期性的变化。

发情时，雌激素增多，并在少量孕激素的作用下，刺激母畜的性中枢，使之发生性欲和性兴奋。

四、发情周期的调节

动物发情周期实际上是卵泡期和黄体期的交替过程，卵泡的生长、发育和黄体的形成、退化均受神经激素的调节和外界环境条件因素的影响。外界环境条件通过不同的途径影响中枢神经系统，再经由下丘脑-垂体-卵巢轴系所分泌的激素之间相互作用和协调而引起发情周期的循环。

（一）内在因素

主要是与生殖有关的激素及神经系统，同时也包括遗传因素。发情周期的规律性循环，主要是卵巢机能变化的反映，而卵巢机能则与激素、神经系统及整个机体具有密切关系。

1. 内分泌作用　促性腺激素释放激素、促性腺激素、性腺激素及局部激素（前列腺素）均与母畜发情有直接关系。母畜初情期的开始、卵泡的发育、卵子的成熟及排卵、黄体的生成及维持、生殖道的增生性及退行性变化、性行为的强弱等，都受生殖激素的调节。此外，母畜的其他生理现象，如受精、怀孕、分娩、泌乳等，也与生殖激素有密切关系。因此，生殖过程实际上是生殖激素作用的一系列表现。

2. 神经作用　外界环境因素（如白昼长短）能通过感觉神经影响中枢神经（丘脑下部），从而调节有发情季节的家畜发情。母畜通过自己的嗅觉、视觉、听觉、触觉接受性刺激，如公畜的气味、外貌、声音，尤其是公畜的嗅闻阴门、爬跨、交配等都对母畜发生程度不同的刺激。在中枢神经系统中，丘脑下部能够调节垂体促性腺激素的产生和释放，从而影响性腺激素的产生及配子的生成。神经和内分泌系统互相联系、互相促进、互相制约，构成一个完整的神经内分泌调节系统。

除上述内在因素对发情具有调节作用外，机体的其他因素，如年龄、遗传（品种）、健康、营养状况等，都会对发情发生影响。

（二）外界因素

家畜的生理现象是与生活环境相适应的，发情这一生理机能也以外界因素为条件而发生相应的变化。

1. 季节　季节变化是影响动物生殖，特别是影响发情的重要环境条件，可以通过动物的神经系统发生作用。有些动物，如马、羊、犬及猫，发情仅见于一年中的一定时期，这一时期称为发情季节。马和羊在此季节中多次发情，所以是季节性多次发情的动物；野犬仅发情一次，称为季节单次发情。这些动物在其他季节不发情，卵巢机能处于静止状态，称为乏情期。

季节变化包括有光照、饲料、温度、湿度等许多因素，其中有的对某种家畜起着比较重要的作用，但这些因素往往是共同发生影响的，如光照发生变化时，温度、食物也发生变化等。繁殖机能的强弱，也有光照周期现象，即繁殖机能受季节光照长短变化的调节而出现周期循环，这可能是调节动物配种季节的最重要的环境因素。

2. 幼畜吮乳　吮乳对于抑制发情起着有利的作用。母畜乳头受到吮乳刺激后神经冲动传到丘脑下部，能够抑制多巴胺释入门脉循环，使垂体前叶 PRL 的分泌增多，抑制发情。

3. 饲养管理　饲料供给充足，营养状况良好，母畜的发情季节就可以提早。相反，草料严重不足或常年舍饲，缺乏某些矿物质及维生素等，可以使垂体促性腺激素的释放受到抑制，或卵巢机能对垂体促性腺激素的反应受到扰乱，因而发情受到影响。饲养状况还常和吮乳互相配合发生作用。营养不好，乳汁少，幼畜吮乳的次数就增多，它们对母体共同发生的作用就是使发情更为延迟。

在管理方面，对发情具有明显影响的因素是使役过重、泌乳过多、在北方冬季畜舍温度过低等，这些都会使发情受到抑制。

4. 公畜　公畜对母畜是一个天然的强烈刺激。公畜的性行为、外貌、声音及气味都能通过母畜的感觉器官，刺激其神经系统（冲动传至丘脑下部），促使垂体促性腺激素的脉冲式分泌的频率增大，加速卵泡的发育及排卵。

由此可见，母畜的发情和季节、吮乳、饲养管理、公畜等外界环境具有密切关系。虽然各种家畜发情周期调节的机理有所不同，但为了便于理解综合激素、神经系统及外界因素对母畜的作用，可将发情周期的调节概括如下：

母畜生长至初情期时，丘脑下部 GnRH 脉冲式分泌的频率增加，垂体前叶开始释出促性腺激素，使卵巢中出现卵泡发育，产生雌激素，刺激生殖道的发育。至一定季节，外界环境的变化和公畜等条件对母畜所产生的影响以及卵巢产生的甾体激素，传至大脑皮质及丘脑下部，激发后者发出 GnRH，达到垂体前叶，使它释放促性腺激素。其中的促卵泡素使卵泡迅速增大，雌激素急剧增多，并在少量孕酮作用下，刺激性中枢，引起发情表现，同时刺激生殖道发生各种生理变化。排卵后，卵泡颗粒层细胞在少量 LH 的作用下形成黄体并分泌孕酮。孕酮负反馈作用，抑制 FSH 的分泌，使卵泡不再发育，抑制中枢神经系统的性中枢，使动物不再表现发情。同时，孕酮也作用于生殖道及子宫，使之发生有利于胚胎附植的生理变化。若未受精，则黄体维持一段时间后，在子宫内膜产生的 $PGF_{2\alpha}$ 作用下逐渐萎缩退化。

第三节　常见动物的发情特点及发情鉴定★★

不同动物的发情季节、发情次数、发情周期长度、发情持续时间及发情行为的表现、排卵时间、排卵数及排卵方式均有不同。掌握不同动物发情周期的特点，有助于加强母畜的管理，及时准确地鉴定发情母畜，确定最适配种时间，从而提高繁殖效率。

一、奶牛和黄牛

1. 发情特点 牛一般在 7～12 月龄时达到初情期，2～2.5 岁即可产犊。在饲养管理条件良好时，特别在温暖地区，为全年多次发情。发情的季节性变化不明显。发情周期平均约21d（17～24d）。发情表现比较明显，有性欲及性兴奋的时间平均约 18（10～24）h；排卵发生在发情开始后 28～32h，或发情结束后 12（10.5～15.5）h。通常只有一个卵泡发育成熟，排双卵的情况仅占 0.5%～2%。牛是家畜中唯一排卵发生在发情停止后的动物，80%的排卵发生在凌晨 4 时到下午 4 时之间，交配能促使排卵提前 2h 发生。产后发情多出现在产后 40d 前后，气候炎热或冬季寒冷时可延长至 60～70d。

2. 发情鉴定 牛的发情期虽短，但外部特征表现明显，因此，发情鉴定主要靠外部观察，也可进行试情。阴道及其分泌物的检查可与输精同时进行。对卵泡发育情况进行直肠检查，可以准确确定排卵时间。

二、绵羊和山羊

1. 发情特点 春季所产的绵羊羔，初情期为 8～9 月龄，秋季所产羔为 10～12 月龄，大多数绵羊在其第二个繁殖季节，亦即 1.5 岁左右配种；山羊的初情期多为 6～8 个月，初配时母羊的体重达到成年的 60%～70%。羊属于季节性多次发情的动物，我国北方的绵羊，从 6 月下旬到 12 月末或来年 1 月初有发情周期循环，而以 8、9 最为集中。温暖地区饲养的优良品种，如我国的湖羊及寒羊，发情的季节性不明显，但秋季发情较旺盛。绵羊的发情周期平均为 17（14～20）d，山羊平均为 21（16～24）d，萨能奶山羊为 23～24d。绵羊的发情期为 24～30（16～35）h，山羊为 40（24～48）h。绵羊的排卵一般发生在发情开始后24～27h。山羊的排卵发生在发情开始后 30～36h，排双卵时，两卵排出的间隔时间平均为2h。我国北方的绵羊和山羊产后第一次发情均在下一个发情季节。南方山羊在产羔后 2～3个月断奶，断奶后一般可出现发情配种，基本上可以做到 2 年 3 胎。

2. 发情鉴定 绵羊的发情期短，其发情表现在无公羊存在时不太明显，因此，发情鉴定以试情为主。山羊的发情症状比较明显，阴唇肿胀充血、摇尾、高声咩鸣、爬跨其他母羊，接近公羊时，嗅闻其会阴及阴囊部，或静立等待公羊爬跨，并回视公羊。

三、猪

1. 发情特点 猪的初情期为 3～7 月龄，春季所产仔猪达到初情期时的年龄比冬季所产仔猪的早 1～3 周。猪的发情无明显的季节性，全年都有发情周期循环，但在严冬季节、饲养不良时，发情可能停止一段时间。发情周期一般为 21（18～22）d，发情期为 2～3（1～5）d，黄体在周期的第 10 天开始退化。排卵在发情开始后 20～36（18～48）h 开始，在4～8h 内排完。每次排卵的数目依品种及胎次不同而有差异，胎次多者排卵较多。产后第一次发情的时间与仔猪吮乳有关，一般是在断乳后 3～9d 发情。

2. 发情鉴定 母猪的发情表现明显。性兴奋及外阴部变化出现后，经过一段时间至阴唇红肿开始消退，才接受公猪交配。母猪交配欲的表现是时常排尿，爬跨其他猪，同时也接受其他猪爬跨。用手按压其背部，约有 50% 的母猪表现"静立反射"，向前推其背部则向后靠。如公猪在场，成年母猪的静立反射更加明显。发情停止后，性欲、性兴奋及外阴部变化即消退。

四、马和驴

1. 发情特点 马驹在出生后 6～9 月龄时卵巢上有卵泡发育，10～18 月龄时营养良好的小马达到初情期。马（驴）是季节性多次发情的家畜，发情从 3、4 月开始，至深秋季节停止。在繁殖季节初期，排卵通常滞后于发情表现，因此配种时受胎率较低。发情周期在母马平均为21（16～25）d，驴为 23（20～28）d。一年的发情周期数为 3～6 次。发情期马为 7（5～10）d，驴为 5～6（4～9）d。马产后第一次发情在分娩后 6～13d 开始，平均在第 9 天。

2. 发情鉴定 马（驴）发情鉴定的方法有外部观察、试情、阴道检查及直肠检查法等。通常是在外部观察的基础上，以直肠检查卵泡发育情况为主，辅以其他鉴定法。

五、猫

1. 发情特点 家猫通常于 6～9 月龄达到初情期，最早的 4 月龄，最迟的 18 月龄。猫是季节性多次发情的动物，一般是晚冬开始，春、秋为发情旺季。猫的发情周期为 14～21d，一年有 2～3 次发情周期活动期，发情 4～25 次。猫的发情期是指母猫接受交配至发情的临床症状结束的时期。其发情前期和发情期一般持续时间 3～10d（平均 1 周）。相对于犬，猫的发情前期和发情期不易区分。发情前期外部症状不明显，表现为吸引异性但不愿接受交配，这个时期为 1～4d。发情期的主要特点就是行为变化，大声叫，打滚（有些人误认为是疼痛），抬高臀部。猫在交配后 25～30h 排卵，接受交配后的母猫发情期可能提前结束；如果未交配，几天后可能进入下一次发情。母猫产后出现发情的时间很短促，可在产后 24h 左右发情，但一般情况下，多在小猫断乳后 14～21d 发情。

2. 发情鉴定 猫的发情平均时间持续为 4d，发情的行为表现比较明显，如大声嗷叫，卧地，翻滚，举尾，频尿，不安等，甚至少数行为凶暴，有攻击行为。通过发情的外在表现即可判断为发情，但要和猫的一些病理因素如卵泡囊肿鉴别区分。

六、犬

1. 发情特点 犬在 6～8 月龄时可达初情期，但品种间差异很大，体格小的犬初情期比体格大的要早。母犬为季节性单次或双次发情的动物，一般多在春季 3—5 月或秋季 9—11 月各发情一次。65% 的家犬一年发情两次，25% 的发情一次；野犬和狼犬一般一年发情一次。犬的产后第一次发情必须待到下一个繁殖季节。

犬的发情周期与大家畜不同：一是持续时间很长，约 6 个月；二是妊娠发生在正常的发情间期，而非因妊娠将发情间期延长；三是无论妊娠与否，两次发情周期间总有一个较长时间的乏情期。

（1）**发情前期** 为母犬阴道排出血样黏液至接受公犬爬跨交配的时期。发情前期的时间可持续 3～16d，平均为 9d，此期表现性兴奋，但不接受交配，外生殖器官肿胀，卵巢有卵泡发育。从阴道涂片可见到鳞状细胞，未角化的上皮细胞消失，完全角化的原核细胞逐渐增加，并从阴道内流出少量血液。

（2）**发情期** 为母犬接受爬跨交配的时期。母犬的发情期为 6～14d，通常为 9～12d。母犬第一次接受公犬交配即是发情开始的标志。经产母犬发情一开始，性行为就发生变化，尾偏向一侧，露出阴门。

（3）发情后期或发情间期　为母犬发情结束至生殖器官恢复正常为止的一段时间。母犬的间情期可持续50～70d。排卵后如果未孕，黄体仍将维持其功能，出现假孕状态；如果受孕，发情间期则为妊娠期。

（4）乏情期　母犬生殖器官处于静止状态，持续时间3～5个月。

2. 发情鉴定　母犬的生殖生理特点和其他动物有较大的区别，有其独特的发情鉴定方式。临床上常用外部观察法、阴道细胞学检查、孕酮检测和B超检查来进行犬的发情鉴定。

第四节　配　种

一、母畜配种时机的确定

在母畜发情阶段中最适宜的时间，准确地把适量精液输送到母畜生殖道中最适当的部位，是获得较高受胎率的一个关键技术环节。

通过发情鉴定了解排卵时间是确定输精时间的根据。在生产中，不同动物排卵时间的确定主要通过试情、观察发情行为、检查阴道及其分泌物，大家畜还可以通过直肠检查触摸卵巢来判断。主要动物发情、排卵、配种（输精）基本情况比较见表4-1。

表4-1　主要动物发情、排卵、配种（输精）基本情况比较

项　目	牛	绵羊	山羊	猪	马	犬
发情周期	21d	16～17d	20～21d	21d	21d	180d左右
发情持续时间	18h	24～36h	40h	40～60h	5～7d	6～14d
排卵期	发情停止后4～16h	发情结束时	发情结束后不久	发情开始后16～48h	发情停止前24～48h	接受交配前2d至交配后7d
排卵后卵子具有正常受精能力的时间	8～12h	16～24h	8～10h	6～8h	4～8d	
精子在母畜生殖道内存活的时间	28h	30～36h	>24h	5～6d	80～100h	
最适输精时间	发情开始后9h至发情终止	发情开始后10～20h	发情开始后12～36h	发情开始后15～30h	发情第2天开始隔日一次至发情结束	接受交配后2～3d
最适输精部位	子宫和子宫颈深部	子宫颈内	子宫颈内	子宫内	子宫内	子宫颈或子宫内

在一个情期一般配种（输精）1～2次。由于精子到达输卵管壶腹获能并最终具有受精能力一般需要数小时，而精子在母畜生殖道内存活时间较卵子保持受精能力的时间长，因此，可在估计排卵前数小时进行第一次配种（输精），使具有受精能力的精子在壶腹部等待卵子。补配应在卵子受精能力丧失之前进行。在生产中一般两次输精间隔时间为：牛、羊8～10h，猪12～18h，马隔日配种。

（一）奶牛和黄牛

在排卵前7～18h输精受胎率最高，如果在排卵后或在发情结束后10～18h输精，则受

胎率明显下降。因此牛的最佳输精时间是从发情中期到发情后 6h 或出现站立发情行为后的 6～24h。通常在发情现象出现后数小时和发情结束时两次配种（间隔约 12h）可以获得很高的受胎率。

（二）水牛

在发情高潮时通过直肠检查触摸卵巢，当感到卵泡明显紧张而有波动时，即预示接近排卵，此时为水牛配种最佳时间。提高水牛配种受胎率流行的经验是："少配早（当日配），老配晚（三日配），不老不少配中间（二日配）。"

（三）羊

通常是在每百头母羊中放入两头试情公羊，每日一次或早晚各一次试情。配种的最佳时间是在发情开始后 10（2～15）h。生产中，如在清晨发现发情，可在上午和傍晚各配种一次；傍晚发现发情，可在当时和次日清晨配种。

（四）猪

发情初期交配，可使排卵提早 4h。适当增加配种次数，可以提高窝产仔数。

（五）马、驴

常通过直肠检查确定配种时间，配种以卵泡发育到第四期最好，配后第二天再作检查，如未排卵，须补配。出现发情表现后，每天都必须进行直肠检查，进入卵泡发育的第四期，最好上下午各检查一次。群牧马可隔日检查并配种。

二、人工授精

人工授精（AI）是指采用人为的措施将一定量的公畜精液输入母畜生殖道的一定部位而使母畜受孕的方法。该方法是迄今为止应用最广泛并最有成效的繁殖技术。人工授精主要包括公畜的管理和采精、精液品质检查、精液的稀释和保存、输精等关键性技术环节。

（一）输精前的准备

①直接与精液接触的输精用具必须彻底洗涤、严密消毒，并在临用前用稀释液冲洗 2～3 次；②接受输精的母畜除猪以外均需保定，阴门及其附近应清洗、消毒、擦干；③采集的新鲜精液在稀释后需进行质量检查，合乎输精标准者方可用于输精；④低温保存的精液需升温到 35℃并进行质量检查；⑤冷冻精液在解冻时要使其快速通过危险温区，解冻温度一般为 40℃，也可用较高的温度，但必须严格控制解冻的时间，使解冻后精液温度维持在 5～8℃，完全溶解后即可用于输精，避免精液输入母体前温度反复波动。

（二）各种家畜的输精方法

牛普遍采用直肠把握法输精，尽可能将输精管插入子宫颈管，精液输入子宫颈内口或子宫体中。猪的输精管容易通过子宫颈皱襞进入子宫体，缓慢注入精液，防止精液外流。绵羊输精时可将一后肢提起，这样在用开膣器扩开阴道时比较容易暴露子宫颈口，输精管可插入外口内 1～2cm 输精。马、驴输精采用输精胶管，用手可将胶管前端导入子宫颈口内 1cm 左右输精，注入精液后缓慢拨出胶管并同时用手刺激子宫颈口，使其收缩，防止精液外流。

（三）影响人工授精受胎率的因素

人工授精受胎率的高低主要取决于精液品质、输精时间、输精技术和输入的有效精子数量。

1. 精液品质　影响精液品质的主要因素是公畜的体况和遗传性能，鲜精品质的好坏与受胎率的高低有直接的关系，对公畜加强管理和进行科学饲养是保证获得优良精液的先决条件。掌握正确的采精、稀释、降温、冷冻、保存和解冻的方法和技术是减少精子死亡和损伤、保证精液品质优良的重要环节。

2. 母畜的状态、输精时间及输精次数　体况良好的适龄母畜一般发情明显，排卵正常，容易确定输精时间，也容易受胎。在母畜排卵前合适的时间输精可以提高受胎率。

3. 输精技术和输入的有效精子数　除马和猪应将精液直接输入子宫体外，对反刍动物也应尽可能将精液（特别是冷冻精液）输入子宫颈深部或子宫体内。每次输入精子数直接与输精部位有关，以牛为例，在子宫颈口部输精，精液容易外流，最少需要 1 亿个以上的精子，但如果在子宫颈深部或子宫内输精，500 万～1 000 万个精子即可达到良好的受胎率。

三、胚胎移植

胚胎移植又称受精卵移植，是指从一头优良雌性动物供体的输卵管或子宫内取出早期胚胎，移植到另一头雌性动物受体的输卵管或子宫内，使其正常发育到分娩以达到产生优良后代的目的。胚胎移植的过程，在各种家畜基本相同，都要经过供体超排处理、受体同期发情处理、配种（输精）、胚胎回收（采卵）和移植胚胎（移卵）5 个步骤。

（一）供体的超数排卵

在发情周期的适当时期，用促性腺激素进行处理，诱发其卵巢上大量卵泡同时发育并排卵的技术称为超数排卵，简称超排。常用于单胎家畜，如牛、绵羊和山羊等，其主要目的是让优良母畜排出大量卵子，充分发挥其繁殖潜力，因而是胚胎移植中的一个重要环节。

1. 超排方法

（1）FSH＋PG 法　牛和绵羊在发情周期的 9～13d（山羊第 17 天）中的任何一天开始肌内注射 FSH，常以递减法连续注射 4d，每天间隔 12h 等量注射 2 次。在第 5 次注射 FSH 的同时，肌内注射 PG，以溶解黄体。一般于 PG 注射后 24～48h 发情。此方法的优点是超数排卵效果较好，但不适宜批量处理。

（2）PMSG＋PG 法　牛和绵羊在发情周期的 11～13d（山羊为 16～18d）中的任何一天肌内注射 PMSG，于 PMSG 注射后 48h 肌内注射 PG，以溶解黄体。一般于 PG 注射后 24～48h 发情。此方法的优点是简便易行，但超排效果不理想。

（3）CIDR＋FSH＋PG 法　在发情周期的任何一天给供体牛、羊阴道放入 CIDR，计为 0d，然后同上述 FSH＋PG 法注射 FSH。在第 7 天肌内注射 FSH 时取出 CIDR，并肌内注射 PG。一般在取出 CIDR 后 24～48h 发情。此方法的优点是超排效果较理想，是目前常用的方法，但成本较高。

2. 影响超排效果的因素

（1）动物本身　动物个体差异可导致超排反应不同，这与家畜的种类、品种、年龄、胎次、体重及营养情况都有关系。

（2）促性腺激素　所用激素的种类、用量和注射程序，尤其是制品中 FSH 和 LH 的比例差异，是影响胚胎数量及质量的重要因素。用量的大小则与超排的多少直接有关，如果用量过大，往往会使卵泡发育过多，以致发生排卵延迟或不能排卵。

（3）用药时间　在发情周期各阶段、产后阶段及不同季节处理动物超排结果均有差别。

（4）重复超排　一般认为，供体对前三次超排处理的反应相似，但有些个体对重复超排的反应不佳。

（二）受体的同期发情

同期发情是指对受体进行同期发情处理，使受体母畜与供体的发情同期化，让二者的生殖器官处于相同的生理阶段。受体与供体发情开始的时间越接近，移植的受胎率越高。为了获得最佳受胎效果，应将受体与供体的发情时间之差控制在 12h 之内。

同期发情的首选药物为 $PGF_{2\alpha}$ 及其类似物，国内外普遍采用氯前列烯醇 $500\mu g$ 间隔 9～11d（羊）肌内注射。也可采用孕酮阴道栓或孕酮皮下埋植的方法，在处理一段时间（12～13d）后同时撤栓或取出埋置的胶囊（模拟正常周期黄体溶解），动物可以在 3d 左右出现同期发情。

（三）供体母畜的配种

大多数供体在超数排卵处理后 12～48h 表现发情，应根据育种的需要选择优良公畜或其精液适时进行配种。超排供体的受精率，通常比自然供体低。超排供体的配种次数，应比自然供体多一些，每次输入的精子数也应增多。如果配种时采用性控精液，可以得到理想性别的胚胎，实际上相当于将胚胎移植的成功率提高 1 倍。

（四）胚胎的回收

胚胎回收又称胚胎采集或采胚，它是利用特定的溶液和装置将早期胚胎从母畜的子宫或输卵管中冲出并回收利用的过程。采胚的数量与采集时间、方法和检胚技术均有关系。

1. 采胚时间　一般将配种当日定为 0d，由配种后第 2 天开始计算采胚天数。根据采集目的的不同，决定在第几天采胚，由于动物种类不同，其早期胚胎的发育速度和到达子宫的时间也具有差异。就母牛而言，一般第 1～4 天可以由输卵管采到 16 细胞以前的胚，第 5～8 天可以由子宫采到桑甚胚和囊胚。

2. 采胚方法　有手术法和非手术法两种。在大家畜已将手术法淘汰，但在绵羊、山羊、猪和实验动物由于受解剖特点的限制，一直采用手术方法。不管用何种方法，一般收集的胚胎数只相当于黄体数的 40%～80%。

3. 检胚和胚胎鉴定　检胚就是将冲胚液回收之后，尽快置于放大 10～15 倍的体视显微镜下，检查收集到的胚胎，并迅速将胚胎移至新鲜培养液内，在放大 40～200 倍的显微镜下，进行形态学观察选出形态比较正常、适合于移植的正常胚胎。检出的正常胚胎可以直接移入同期发情的受体（鲜胚移植）；也可以放入液氮冷冻保存（冻胚移植）。

胚胎的质量鉴定方法有形态学法、荧光活体染色法和测定代谢活性法等。目前最广泛、最实用的方法是形态学法。一般是在 30～60 倍的体视显微镜下或 120～160 倍的生物显微镜下对胚胎质量进行评定。评定的内容包括：①卵子是否受精；②透明带的形状、厚度、有无破损等；③卵裂球的致密程度、卵黄间隙是否有游离细胞或细胞碎片、细胞大小是否有差异；④胚胎的发育程度是否与胎龄一致、胚胎的透明度、胚胎的可见结构是否完整等。

（五）移植胚胎

移植胚胎就是将采取的可用胚移给受体母畜。与采胚方法相似，移胚方法也分为手术法与非手术法两种，前者适用于不能进行直肠操作的中小动物，后者适用于大家畜。

1. 手术移植法　轻轻拉出子宫角，找到排卵侧的卵巢并观察黄体数量与质量。选择黄体发育良好的受体用于胚胎移植。卵巢上只有一个黄体的受体一般只移植一枚胚胎，有两个或两个以上黄体者，根据动物种类可以移植两枚或多枚胚胎。根据胚胎的发育阶段以及回收与移植部位一致的原则，用移植管将胚胎注入黄体同侧子宫角前端或通过输卵管伞送至输卵管壶腹部。然后迅速复位、缝合。

2. 非手术移植法　目前，牛主要采用非手术移植。可在受体发情后 6～12d，通过直肠把握子宫角的方法用移植枪将胚胎移入有黄体侧的子宫角内。

第三单元　受　　精

哺乳动物受精是指精子和卵子结合产生合子的过程。它包括一系列严格按照顺序完成的步骤：精-卵相遇、识别与结合、精-卵质膜融合、多精子入卵阻滞、雄原核与雌原核发育和融合。在受精过程中，携带单倍染色体的精子和卵子经过复杂的形态和生化变化，精子进入卵子把雄性遗传物质引入卵子内部，合子恢复物种细胞原有的染色体二倍性，并开始发育，形成新的个体。

第一节　配子在受精前的准备

一、配子的运行

配子的运行是指精子由射精部位（或输精部位）、卵子由排出的部位到达受精部位——输卵管壶腹的过程。在运行的过程中，同时发生着复杂的形态、生化和功能的变化。

（一）精子在雌性生殖道内的运行

1. 射精部位　自然交配时公畜的射精部位因家畜种类的不同而有差异。根据射精部位的不同，一般将家禽分为阴道授精型和子宫授精型两种类型。牛、羊等反刍动物属阴道授精型，精液射入阴道内；猪和马则属于子宫授精型，大部分精液射精时直接进入子宫内。进入阴道或子宫内的精子起初悬浮于精清中，随后逐渐与母畜生殖道分泌物相混。

2. 精子的运行　精子在雌性生殖道的运行中，除自身的运动能力外，主要借助子宫和输卵管平滑肌的收缩而被转运，使精子由子宫颈向输卵管方向移行。

(1) 精子在子宫颈内的运行 阴道授精型动物，精液排放在子宫颈外口周围，精子依靠自身的运动、子宫颈肌的收缩以及一系列酶的作用而进入子宫颈。射精后，一部分精子穿过子宫颈黏液很快进入子宫，而大量精子则顺着子宫颈黏液微胶粒的方向进入子宫颈隐窝的黏膜皱褶内暂时储存，形成精子在雌性生殖道内的第一储库。

(2) 精子在子宫内的运行 通过子宫颈的精子在阴道和子宫肌收缩活动的作用下进入子宫。大部分进入子宫内腺体隐窝中，形成精子在雌性生殖道内的第二储库。精子在这个储库中不断向外释放，并在子宫肌和输卵管系膜的收缩、子宫液的流动以及精子自身运动的综合作用下，通过子宫，进入输卵管。

(3) 精子在输卵管内的运行 进入输卵管的精子，借助输卵管黏膜及系膜的收缩作用及液体流动继续前行。当精子上游至输卵管峡部时，将遇到高黏度黏液的阻塞和有力收缩的括约肌的暂时阻挡，壶峡接连部造成精子达到受精部位的第三道屏障。因此，更多的精子被限制进入输卵管壶腹部，使精子在这里储存，形成又一个精子库。

3. 精子运行的速度、到达输卵管壶腹部的时间和精子数 哺乳动物精子从射精部位运行至输卵管壶腹部的速度一般都很快，仅需数分钟至数十分钟，不同动物之间差异并不明显。射出的精子并不是很快地同时都到达受精部位。在运行的全过程中，雌性生殖道有"栏筛"样结构部位，又名精子库，起着暂时潴留、筛选、淘汰不良或死亡精子的作用。阴道受精型动物的精子库主要是子宫颈管的隐窝和宫管结合部，而子宫受精型动物的精子库则主要是宫管结合部；输卵管峡部是第三个"栏筛"，其功能与宫管结合部一样。家畜一次射精的精子数可达数亿个，但通过"栏筛"，最后到达输卵管壶腹部的数目已很少，一般仅有数十个至数百个。

4. 精子在雌性生殖道内的存活时间与维持受精能力的时间 哺乳动物的精子在雌性动物生殖道内的存活时间比维持受精能力的时间稍长（表4-2）。精子的存活时间受多种因素的影响，如精液品质、母畜的发情状况和生殖道环境等。在家畜，一般可存活1～2d，但马可达6d；禽类精子在体内存活时间较长，如公鸡的精子在母鸡生殖道内可存活30d以上。由于家畜精子的存活时间短，而维持受精能力的时间更短，因此在生产实践中，必须确定配种时间和次数，以及多次配种之间的间隔时间，以确保具有受精能力的精子在受精部位等待卵子的到来，从而达到受精的目的，并提高受胎率。

表4-2 精子在雌性动物生殖道内的存活时间与维持受精能力时间

动物种类	存活时间（以保持活力为准）（h）	维持受精能力时间（h）
奶牛	96	28～50
绵羊	48	30～48
猪	—	24～72
马	144	72～120
兔	43～50	30～32
犬	—	48

（二）卵子在输卵管内的运行

1. 卵子的接纳　从卵巢成熟卵泡中排出的卵正处于次级卵母细胞阶段，其外包被着卵丘细胞，称为卵母细胞-卵丘复合体，黏附于排卵点上，被输卵管伞所接纳。母畜发情排卵时，输卵管伞部开张，并紧贴于卵巢表面，并通过输卵管伞黏膜纤毛的不停摆动，将排出的黏附在卵巢表面的卵母细胞-卵丘复合体扫入伞内，这一过程称为卵子的接纳。

2. 卵子在输卵管的运行

（1）卵子向壶腹部运行　被输卵管接纳的卵子，借助输卵管管壁纤毛摆动和肌肉活动，而该部管腔宽大，使卵子很快进入壶腹部的下端，与已运行到此处的精子相遇完成受精。卵子从卵巢表面进入输卵管内只需几分钟时间，在数小时内到达壶腹部，受精后一般在此停留36～72h。

（2）卵子的滞留　卵子的滞留主要指受精卵的滞留。多数家畜的受精卵在壶峡结合部停留的时间较长，可达2d左右。

（3）通过宫管结合部　随着输卵管逆蠕动的减弱和正向蠕动的加强，以及肌肉的放松，受精卵运行至宫管结合部并在此短暂滞留。当该部的括约肌放松时，受精卵随输卵管分泌液迅速流入子宫。受精卵通过峡部到达子宫的时间较短，如猪发情后66～90h受精卵可进入子宫。

3. 卵子在输卵管内的运行速度和维持受精能力的时间　卵子在输卵管全程的运行时间因不同动物而异，一般为3～6d。牛约为90h，绵羊约72h，猪为50h左右，马约为90h。卵子在输卵管不同区段运行的速度也有差别，在从输卵管伞底部至壶腹部的这一段运行很快，仅需5min左右；而在壶峡结合部内则滞留约2d。卵子在输卵管内受精能力逐渐降低，保持受精能力的时间在10h左右，一般不超过1d。老化的卵子不能受精，或是受精后胚胎异常发育出现早期死亡（表4-3）。

表4-3　卵子在输卵管内运行的时间和受精寿命

动物种类	在输卵管内的运行时间（h）	在输卵管内的受精寿命（h）
牛	90	20～24
马	90	6～8
绵羊	72	16～24
猪	50	8～10
犬	—	<144

二、精子在受精前的变化

精子在受精前发生一系列形态、生化和结构上的变化，主要呈现的生理现象是精子获能和顶体反应。

（一）精子获能

哺乳动物刚射出的精子尚不具备受精的能力，只有在雌性生殖道内运行过程中发生进一步充分成熟的变化后，才获得受精能力，此现象称为精子获能。精子在获能的过程中发生一系列变化，包括膜流动性增加、蛋白酪氨酸磷酸化、胞内 cAMP 浓度升高、表面电荷降低、质膜胆固醇与磷脂的比例下降、游动方式变化等。其重要意义在于使精子超激活和准备发生顶体反应，以利于其通过卵子的透明带。

1. 获能部位和时间　精子获能主要是子宫和输卵管。不同动物精子在雌性生殖道内开始和完成获能过程的部位不同。子宫受精型的动物，精子获能开始于子宫，但在输卵管最后完成。阴道受精型的动物，精子获能始于阴道，当子宫颈开放时，流入阴道的子宫液可使精子获能，但获能最有效的部位是子宫和输卵管。精子在宫管结合部可停留几十小时，牛为 18～20h，绵羊为 17～18h，猪为 36h，马更长，可超过 100h。在活体内，精子获能所需时间因动物种类不同而异。猪为 3～6h，绵羊为 1.5h，牛 2～20h，家兔 5h。

2. 精子获能前后的变化　获能后的精子，其活力与运动方式有明显的改变。此时的精子表现非常强的活力，称为精子超激活运动。获能精子的代谢加强，主要表现活力增强、呼吸率增高、耗氧量增多、尾部线粒体内氧化磷酸化过程旺盛等。精子获能过程中，会去除精子表面的去能因子，膜的通透性发生改变，造成离子随着获能变化而流动，改变了获能前细胞内外 K^+ 和 Na^+ 保持的平衡状态。

3. 精子获能的机制　获能精子一旦与精浆和附睾液接触，已获能的精子就会失去受精能力，这一过程称为去获能。如果把去能精子转移到雌性生殖道中，并使之停留一段时间，精子又可重新获能，称为再获能。精子的获能和去获能表明，在生殖道黏液、精浆和附睾液中存在着获能因子和去能因子。精子获能的实质就是使精子去掉去能因子或使去能因子失活的过程。

获能因子主要存在于发情期前后输卵管液中，主要是氨基多糖类，与母畜体内雌激素和孕酮的比例有关，在雌激素水平上升的发情期，精子获能率较高。精子获能不仅可在同种动物的生殖道分泌物中完成，在不同种动物生殖道分泌物中也可以完成，说明精子载体无种间特异性。在体外，可以采用特殊的精子洗涤液洗涤精子或采用高离子强度液、钙离子载体、肝素、血清蛋白等诱导精子获能。

（二）顶体反应

获能后的精子，精子顶体外模与卵子质膜发生多点融合，释放顶体内的水解酶类，以便精子穿入卵子，这一胞吐过程被称为顶体反应。精子发生顶体反应时，出现顶体冒膨大，精子头部的质膜从赤道段向前变得疏松，然后质膜和顶体外膜多处发生融合，融合后的膜形成多囊泡的结构，随后这些囊泡状结构与精子头部分离，由顶体内膜和顶体基质释放出顶体酶系，主要是透明质酸酶和顶体素。这些酶系可以溶解卵丘、放射冠和透明带，使精子能够穿过这些保护层与卵子结合而受精。顶体反应完成的指标是顶体外膜与精子细胞的完全融合。

顶体反应与精子获能是两个既有区别，又有联系的概念。精子获能时明显的变化在尾部，表现为超激活运动；顶体反应则发生在精子的头部。只有获能精子才能与卵子透明带相互作用，并进一步完成顶体反应。顶体反应完成后，精子才真正具有穿过透明带的能力；而且顶体反应对精卵膜的融合也是必不可少的，如果没有顶体反应，精子即使与裸卵的质膜相遇也不能发生融合。

三、卵子在受精前的变化

家畜乃至大多数哺乳动物的卵子都在输卵管壶腹部受精。卵子排出后2～3h才被精子穿入，这段时间内的生理变化表明卵子在受精中也有类似精子的成熟过程。

猪和羊排出的卵子为刚刚完成第一次成熟分裂的次级卵母细胞；马和犬排出的卵子仅为初级卵母细胞，尚未完成第一次成熟分裂。它们都需要在输卵管内进一步成熟，达到第二次成熟分裂的中期才具备被精子穿透的能力。小鼠的卵子也有类似的情况。此外，大鼠、小鼠和兔子的卵子排出后其皮质细胞不断增加，并向卵的周围移动。当皮质细胞数达到最多时，卵子的受精能力也最强。卵子在输卵管期间，透明带和卵黄囊表面也可能发生某些变化，如透明带精子受体的出现、卵黄囊亚显微结构的变化等。

第二节　受精过程

受精与**授精**是两个完全不同的概念，前者是指精子入卵形成合子的过程，后者是指将精子置于母畜生殖道中或体外培养液中，以达到受精目的的操作过程。

受精的第一步是精子进入卵子，这一过程包括精子穿过卵丘细胞、精子与卵子周围透明带（ZP）识别和初级结合、诱发精子顶体反应、顶体反应后的精子与ZP发生次级识别和结合、精子穿过透明带进入卵周隙、精子质膜与卵质膜结合和融合、精子入卵；第二步是入卵的精子激发卵子，使卵子恢复减数分裂并诱发卵子皮质反应；第三步是形成雌雄原核、核融合启动有丝分裂。受精是一个连续的、不间断的过程，任何一个环节的异常都将导致受精失败。为了方便学习和记忆，人们常将受精过程分为不同的阶段（步骤）：有的分为3个，有的分为5个，还有的分为6个。目前大多数采用5个阶段（步骤）叙述受精过程，包括：精子与卵子的识别和结合、精子与卵质膜的结合和融合、卵子的激活、皮质反应及多精子入卵的阻滞、原核发育与融合。

一、精子与卵子的识别和结合

受精前卵子由卵丘细胞和透明带包裹。透明带表面存在识别和结合精子的精子受体，而精子表面存在卵子结合蛋白。精子表面的卵子结合蛋白与卵子透明带上的精子受体相互作用实现精子与卵子之间的识别和结合。

哺乳动物卵子透明带上主要有三种糖蛋白，即ZP_1、ZP_2、ZP_3。顶体完整的精子达到ZP表面，首先发生初级识别，在这一过程中，精子初级受体ZP_3和精子质膜上的相应配体结合后形成受体-配体复合物并诱发精子顶体反应的发生。顶体反应发生后，精子质膜脱落，精子表面与ZP_3结合的受体也随之丢失，已发生顶体反应的精子上次级卵子结合蛋白与ZP_2（次级精子受体）相互作用，发生次级识别和结合。ZP_1和精子无直接作用。

二、精子与卵质膜的结合和融合

发生顶体反应后的精子穿过透明带，很快到达卵质膜表面。先是精子头部与卵质膜接触（结合），随后精子头侧面附着在卵质膜上，发生融合。哺乳动物参与精卵融合的是精子头部的质膜，一般认为是头部赤道段及其附近的质膜。没有完成顶体反应的精子可能与卵质膜结合，但不能与其融合。

三、卵子的激活

卵子激活的主要事件包括细胞质内游离 Ca^{2+} 浓度的升高，皮质颗粒胞吐和阻止多精受精，减数分裂恢复和第二极体释放，雌性染色体转化为雌原核，精核去致密转化为雄原核，雌雄原核内 DNA 复制，雌雄原核在卵子中央部位相互靠近，核膜破裂及染色质混合。染色质混合后，第一次有丝分裂纺锤体的形成标志着受精结束和胚胎发育的开始。

四、皮质反应及多精子入卵的阻滞

正常情况下，只要有一个精子入卵后，卵子皮质颗粒内容物（内含蛋白酶、卵过氧化物酶、N-乙酰氨基葡萄糖苷酶、一些糖基化物质和其他成分）就从精子入卵点释放并迅速在卵周隙内向四周扩散，使透明带硬化并形成皮质颗粒膜；同时，精、卵质膜的融合改变了卵质膜的性质，阻止了多精受精。上述过程称为**皮质反应**，主要包括以下几种变化。

1. 透明带反应　皮质颗粒内容物中酶类引起透明带中糖蛋白发生生化和结构变化，阻止多精入卵，称为**透明带反应**。透明带的变化主要表现为初级精子受体 ZP_3 和次级精子受体 ZP_2 失去结合游离精子和已穿入透明带精子的能力。

2. 卵质膜反应　精子质膜与卵质膜融合使卵质膜发生变化，阻止多精子受精，这一过程称为**卵质膜反应**。比较明显的变化是卵质膜上微绒毛数量减少，而卵质膜上的精子受体一般在微绒毛上，因此精子受体数量也减少。

3. 皮质颗粒膜形成　皮质颗粒内容物胞吐到卵周隙中，形成一层完整的皮质颗粒膜。皮质颗粒膜的形成可能在卵周隙水平上或卵质膜水平上阻止多精入卵或对精子进行修饰。

五、原核发育与融合

精子入卵后，精核核膜破裂，精核去致密，头部浓缩的核发生膨胀，形成雄原核。这一过程约需 40min 完成。卵子受精后，卵子激活，解除了 MⅡ闭锁期，第二次成熟分裂恢复，排出第二极体，并形成雌原核。两原核向卵中央移动、相遇、核膜消失，雌、雄两方染色体彼此混杂在一起，受精到此结束。图 4-3 为雌雄原核的形成过程。

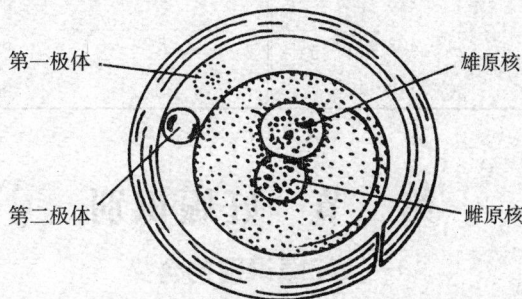

图 4-3　雌雄原核的形成

第四单元 妊 娠

妊娠是指从卵细胞受精开始，经由受精卵、胚胎、胎儿阶段，直至分娩（妊娠结束）的整个生理过程。

第一节 妊 娠 期

妊娠期是指胎生动物胚胎和胎儿在子宫内完成生长发育的时期。通常从最后一次有效配种之日算起，直至分娩为止所经历的一段时间。各种动物妊娠期的长短很不相同，品种之间亦有差异，甚至同一品种的动物间也不尽一致。但各种动物的正常妊娠期都有各自的平均时限和范围。

正常条件下，妊娠期长短受母体、胎儿、环境季节、日照及遗传等因素的影响，并在一定范围内变动。各种常见动物的妊娠期见表 4-4。

表 4-4 常见动物的妊娠期

单位：d

种类	平均	范围	种类	平均	范围
黑白花奶牛	282	276～290	绵羊	150	146～157
水牛	307	295～315	马	340	300～412
牦牛	255	226～289	驴	360	340～380
猪	114	102～140	犬	62	59～65
山羊	152	146～161	猫	58	55～60

第二节 妊 娠 识 别

一、妊娠识别的含义

妊娠识别是指孕体产生信号，阻止黄体退化，使其继续维持并分泌孕激素，从而使妊娠能够确立并维持下去的一种生理机制。从免疫学上来讲，妊娠识别即母体的子宫环境受到调节，使胚胎能够存活下来而不被排斥掉。孕体和母体之间产生了信息传递和反应后，双方的联系和互相作用已通过激素的媒介和其他生理因素而固定下来，从而确定开始妊娠，这称为**妊娠的确立**。

维持妊娠的重要激素是孕酮。孕酮产生于黄体或胎盘，或者二者都产生，动物的种类不同，维持妊娠的孕酮来源也有差异。

二、妊娠识别的机制

黄体的存在和它的内分泌机能是正常妊娠的先决条件。黄体功能延长并超过正常发情周期是母体妊娠识别时出现的典型变化，虽然各种动物孕酮合成的机制有一定差别，但一般来说，孕体分泌的因子或者阻止溶黄体性 $PGF_{2\alpha}$ 的分泌，或者直接发挥促黄体化作用，从而使妊娠得以维持。各种动物妊娠识别和妊娠确立的时间，因畜种不同而有差异，但都应在正常发情周期黄体未退化之前。

(一) 反刍动物的妊娠识别

反刍动物妊娠早期黄体功能的维持，有赖于孕体多肽的合成与分泌，胚泡的存在对延长黄体的寿命非常重要。妊娠识别主要是由于孕体的滋养外胚层和子宫之间的信号传导而引起。在绵羊，怀孕 12～15d 时信号必须达到足够的强度，牛则是 14～17d。这两种动物的孕体能够产生干扰素 τ（IFN-τ），阻止 $PGF_{2\alpha}$ 的合成和黄体溶解。IFN-τ 是牛、绵羊、山羊母体妊娠识别的信号，是反刍动物的抗溶黄因子。

(二) 猪的妊娠识别

猪的胚泡能产生雌激素，使母体产生妊娠识别。猪的妊娠识别机制是：受精后的囊胚或胚泡于 11～12d 开始迅速生长，在 12～30d 期间，滋养层的外胚层利用母体中的前体合成雌二醇和雌酮，然后在子宫内结合成为硫酸雌酮。雌激素发生局部作用，使子宫内膜合成 $PGF_{2\alpha}$ 减少，同时也阻止分泌至子宫腔内的 $PGF_{2\alpha}$ 释入子宫静脉，以致不能进入全身血循环和卵巢，黄体就不会受到影响而退化。通常子宫内至少要有 4 个胚胎，而且要分布均匀，才能完成这一作用。

(三) 马属动物和灵长类动物的妊娠识别

马属动物和灵长类动物的妊娠黄体不足以提供维持怀孕所必需的孕酮，因此，在妊娠的维持中胎盘产生的孕酮发挥重要作用。这些动物的孕体均能产生绒毛膜促性腺激素（CG），CG 的结构及生物学特性类似于 LH，能直接刺激其黄体分泌孕酮。灵长类动物的孕体从怀孕 8～12d 起开始产生 CG，通过其直接的促黄体化作用维持黄体分泌孕酮，胎盘开始产生孕酮时，CG 的分泌才消失。马属动物的妊娠识别机制比灵长类动物更加复杂，一直到怀孕 35d 左右才能检测到 CG，说明马属动物的孕体能改变子宫静脉中 $PGE_2/PGF_{2\alpha}$ 的比例，在怀孕 35d 之前由 PGE_2 发挥促黄体化功能。

第三节　妊娠期母体的变化

妊娠后，胚泡附植、胚胎发育、胎儿生长、胎盘和黄体形成及其所产生的激素都对母体产生极大的影响，从而引起整个机体特别是生殖器官在形态学和生理学方面发生一系列的变化。

一、生殖器官的变化

（一）卵巢的变化

1. 牛 整个妊娠期都有黄体存在，妊娠黄体同周期黄体没有显著区别。妊娠时卵巢的位置则随着妊娠的进展而变化，由于子宫重量增加，卵巢和子宫韧带肥大，卵巢则下沉到腹腔。

2. 绵羊 妊娠最初两个月黄体体积最大，至115d左右则缩小，妊娠2～4个月卵巢上有大小不等的卵泡发育。

3. 猪 卵巢上的黄体数目往往较胎儿的数目多。

4. 马 妊娠40d，直肠触诊卵巢可摸到黄体，这种黄体可延续5～6个月。在有些品种可同时发现有卵泡发育，但极少发生排卵，妊娠40～120d，卵巢有明显的活性，两侧或一侧卵巢上有许多卵泡发育，卵巢体积比发情时还要大。这些卵泡可排卵形成副黄体，或不排卵而黄体化。卵巢活性通常在妊娠100d时消退，黄体也开始退化。

（二）子宫的变化

所有动物妊娠后，子宫体积和重量都增加。羊子宫壁变薄最为明显，马的尿膜绒毛膜囊通常进入未孕角，占据全部子宫，所以未孕角亦扩大；牛、羊的尿膜绒毛膜囊有时仅占据一部分未孕角，或不进入未孕角，所以未孕角扩大不明显。由于子宫重量增大，并向前向下垂，因此至妊娠中1/3期及其以后，一部分子宫颈被拉入腹腔，但至妊娠末期由于胎儿增大又会被推回到骨盆腔前缘。胎盘为弥散型的家畜，整个子宫黏膜均为母体胎盘，因此孕角的黏膜较厚；子叶型胎盘的家畜，子宫内的宫阜发育成为母体胎盘，牛、羊孕角胎盘较未孕角大，而孕角中基部及中部的胎盘又较其余部分大。

（三）子宫动脉的变化

妊娠时子宫血管变粗，分支增多，特别是子宫动脉（子宫中动脉）和阴道动脉子宫支（子宫后动脉）更为明显。随着脉管的变粗，动脉内膜的皱襞增加并变厚，而且和肌层的联系疏松，所以血液流动时就从原来清楚的搏动，变为间断而不明显的颤动，称为**妊娠脉搏**。

（四）阴道、子宫颈及乳房的变化

马、牛妊娠后，阴道黏膜变苍白，表面覆盖着黏稠的黏液而感干燥。妊娠前1/3期，阴道长度增加，前端变细，近分娩时则变得很短而宽大，黏膜充血，柔软、轻微水肿。

子宫颈缩紧，黏膜增厚，其上皮的单细胞腺在孕酮的影响下分泌黏稠的黏液，填充于子宫颈腔内，称为**子宫颈塞**。子宫颈往往稍偏于一侧，妊娠中1/3期，子宫因增重而下垂，子宫颈即由盆腔内移到骨盆前缘下方；妊娠末期子宫增至很大时，又回到盆腔内。

乳房增大、变实，妊娠后半期比较显著，头胎家畜的变化出现较早；马属动物出现较晚；泌乳牛、羊则要到妊娠末期才变得明显。

二、全身的变化

母畜妊娠后新陈代谢旺盛，食欲增进、消化力增强，蛋白质、脂肪及水分的吸收增多，营养状况得到改善。但至妊娠后期，由于消化力不足，在优先满足迅速发育中的胎儿所需营养物质的情况下，自身受到很大消耗，因此，尽管食欲良好，往往还是比较消瘦。若是饲养管理不当，则可能变为消瘦。随着妊娠月份的增大，胃肠容积减小，排粪、排尿次数增多，但每次量减少。由于横膈膜受压，胎儿需氧增加，故呼吸数增多，并由胸腹式转变为胸式呼吸。由于胎儿长大，腹部逐渐增大，其轮廓也发生改变。孕畜行动变得稳重、谨慎，易疲乏、出汗。

三、内分泌的变化

在整个妊娠过程中，激素起着十分重要的调节作用，正是由于各种激素的适时配合，共同作用，并且取得平衡，胚泡的附植和妊娠才能维持下去。各种动物妊娠期生殖内分泌的变化有各自的特点，但也有一定的共性。下面以牛为例做一说明。

1. 孕酮 妊娠最初的14d左右，外周血孕酮含量与间情期相同；以后缓慢升高，最高达7.8ng/mL，并一直维持一定高度；分娩前20～30d迅速下降，至分娩当天降至1ng/mL（图4-4）。

2. 雌激素 妊娠早期和中期雌激素含量低（雌酮约100pg/mL），随着妊娠期趋向结束，尤其是妊娠250d左右迅速升高，分娩前2～5d达到峰值（雌酮约7 000pg/mL），产前8h迅速下降，直到产后都为最低水平。

3. FSH 和 LH 妊娠期间 FSH 和 LH 含量低，没有明显的变化。

4. PRL 整个妊娠期间促乳素含量低，产前20h促乳素含量由50～60ng/mL 的基础水平升高到320ng/mL 的峰值，产后30h又下降到基础水平。

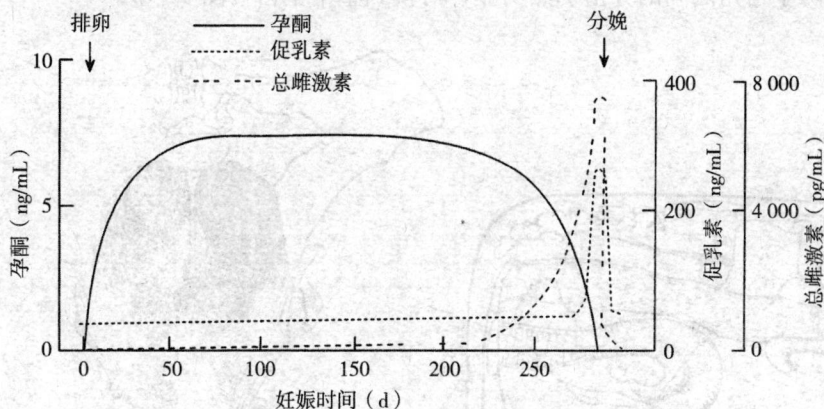

图4-4 牛妊娠期间血浆孕激素和雌激素含量的变化

第四节 妊娠诊断的方法

配种后为及时掌握母畜是否妊娠、妊娠的时间及胎儿的发育情况等，所采用的各种检查称为**妊娠诊断**。寻求简便而有效的早期妊娠诊断方法，一直是畜牧兽医工作者长期努力的目标。

妊娠诊断的方法，基本上分为三大类，即临床检查法、实验室诊断法和特殊诊断法。

一、临床检查法

母畜妊娠后，可以通过问诊、视诊、听诊和触诊来了解孕畜及胎儿的变化。具体检查包括外部检查法、直肠检查法和阴道检查法。

1. 外部检查法　母畜妊娠以后，一般表现为周期发情停止，食欲增进，营养状况改善，毛色润泽光亮，性情变得温驯，行为谨慎安稳。对猪、羊等中等体型动物，在妊娠中期后，可隔着腹壁直接触诊胎儿，较为实用可靠。羊检查时，有时可以摸到子叶。母畜妊娠的外部表现多在妊娠的中、后期才比较明显，难于做出早期准确的判断。特别是某些家畜在妊娠早期常出现假发情的现象，容易干扰正常的诊断，造成误诊。因此，外部检查法并非一种准确而有效的妊娠诊断方法，常作为早期妊娠诊断的辅助或参考。

2. 直肠检查法　直肠检查法是大家畜早期妊娠诊断最准确、有效的方法之一。由于它是通过直肠壁直接触摸卵巢、子宫和胎儿的形态、大小和变化，因此可随时了解妊娠进程，以便及时采取有效措施。此法仍是广泛应用于牛、马和驴等大家畜的早期妊娠诊断。以下以牛妊娠后直肠检查所见为例作一说明。

（1）妊娠20～25d　妊娠母牛孕角侧卵巢上有突出卵巢表面的黄体，且比空角侧卵巢大得多。子宫角粗细无变化，但子宫壁较厚而有弹性。

（2）妊娠30d　两侧子宫角出现不对称，子宫角间沟明显。孕角比空角粗而松软，有液体感，孕角膨大处子宫壁变薄；空角硬而有弹性，弯曲明显。子宫角的粗细依胎次而定，胎次多的较胎次少的稍粗。

（3）妊娠60d　孕角较空角约粗1倍，且较长。孕角壁软而薄，且有液体波动，角间沟稍平坦，但两子宫角之间的分叉仍然明显，可摸到整个子宫（图4-5）。

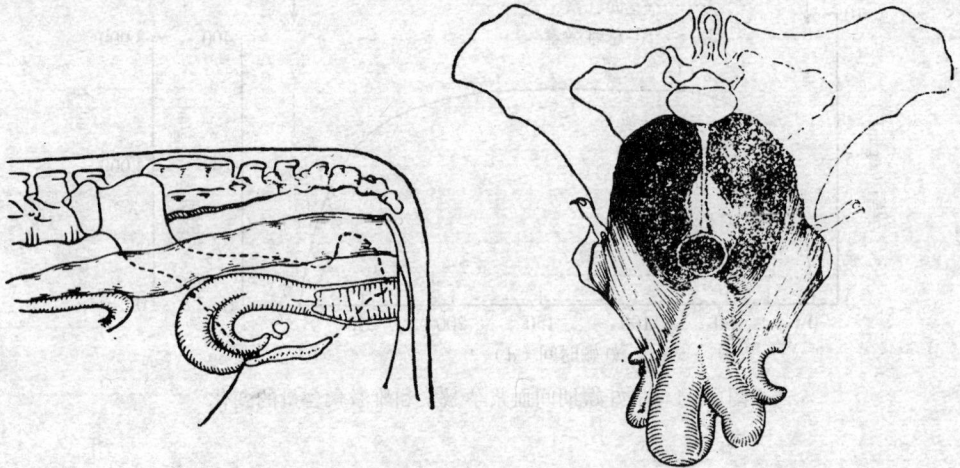

图4-5　牛妊娠60d的子宫（左侧面及正观面）

（4）妊娠90d　孕角比空角大得多，液体波动感明显，有时在子宫壁上可以摸到如蚕豆大小的胎盘突。子宫开始沉入腹腔，子宫颈前移至耻骨前缘，紧张度增强。孕角侧子宫动脉增粗，有些牛子宫动脉开始出现轻微的妊娠脉搏，角间沟消失。手提子宫颈，可明显感到子宫的重量增大。

（5）妊娠120d　子宫全部沉入腹腔，子宫颈已越过耻骨前缘，可摸到子宫背侧的子叶，大小如蚕豆或黄豆，可触到胎儿，孕侧子宫动脉妊娠脉搏明显。子宫被胃肠挤回到盆骨入口之前时，摸到整个子宫大如排球，偶尔可触及胎儿和孕角侧卵巢。

（6）妊娠120d以后至分娩　子宫进一步膨大，沉入腹腔，手已无法触到子宫的全部；

子叶逐渐增大至胡桃或鸡蛋大小；子宫动脉粗如拇指，空角侧子宫动脉妊娠脉搏逐渐出现。9个月时，当手伸入肛门，不必特别触诊子宫动脉阴道支，只要贴在盆骨侧壁，即可感到妊娠脉搏。妊娠后期可触到胎儿头、四肢及各部。

寻找牛子宫动脉的方法是：手入直肠后，将手掌贴着骨盆顶向前滑动，在岬部前方可触摸到腹主动脉的最后一个分支髂内动脉，其根部的第一分支即为子宫动脉。子宫动脉是和脐动脉共同起于髂内动脉的起点处。子宫动脉从髂内动脉分出后不远即进入阔韧带内，所以追踪它时感觉是游离的。

3. 阴道检查法 母畜妊娠后，子宫颈口周围的阴道黏膜与黄体期的状态相似，分泌物黏稠度增加，黏膜苍白、干燥。阴道检查法就根据这些变化来判定母畜妊娠与否。阴道检查虽然不能成为妊娠诊断的主要依据，但可作为判断妊娠的参考依据。

二、实验室诊断法

1. 孕酮含量测定法 母畜配种后，如果未妊娠，母畜的血浆孕酮含量因黄体退化而下降，而妊娠母畜则保持不变或上升。这种孕酮水平差异是动物早期妊娠诊断的基础。孕酮含量测定法多采用放射免疫测定法（RIA）和酶联免疫吸附试验（ELISA）。一般认为牛配种后24d、猪40～45d、羊20～25d测定准确率较高。

2. 早孕因子（EPF）**检测法** 早孕因子是妊娠早期母体血清中最早出现的一种免疫抑制因子。交配受精后6～48h即能在血清中测出。目前普遍采用玫瑰花环抑制试验来测定EPF的含量。

三、特殊诊断法

超声波诊断法

超声波诊断是利用超声波的物理特性和动物体组织结构声学特点密切结合的一种物理学检验方法。主要用于胎动、胎儿心搏及子宫动脉的血流。此外，可根据超声波在不同脏器组织中传播时产生不同的反射规律，通过在示波屏上显示一定的波型而进行诊断。

目前用于妊娠诊断的超声波妊娠诊断仪有A型超声诊断仪、D型超声（多普勒）诊断仪和B型超声诊断仪。B型超声是同时发射多束超声波，在一个面上进行扫描，显示是被查部位的一个切面断层图像，诊断结果远较A型和D型清晰、准确，而且可以复制。

第五节 妊娠终止技术

妊娠终止是根据妊娠和分娩的调控机制，在妊娠的一定时间内，通过激素或药物等处理来人为地中断妊娠或启动分娩的技术，包括人工流产和诱导分娩。**诱导分娩**是指在妊娠末期的一定时间内，人为地诱发孕畜分娩，生产出具有独立生活能力的仔畜。人工流产是将诱导分娩的适用时间扩大，不以获得具有独立生活能力的仔畜为目的。因而，诱导分娩可看作是人工流产的特例，许多诱导分娩的方法可以用于人工流产。

一、妊娠终止的时机确定

无论哪类动物，在进行妊娠终止术之前，均需确定动物妊娠的时间，以选择适合的妊娠终止方法。妊娠终止无论是生理状态和病理状态下，均可进行，但由于其目的和动物种类不同，选择的时机和方法也不相同。

1. 诱导分娩 多用于同期分娩和减少难产的发生等，也可用于某些经济动物的提早分娩，以达到对仔畜皮毛利用方面的特殊要求。因此，一般选择在临近预产期前数天进行，以保证获得具有独立生活能力的仔畜。

2. 人工流产 多用于犬、猫等宠物不适合的偷配或者误配。在家畜，当发生胎水过多、胎儿死亡及胎儿干尸化，以及妊娠母畜受伤、产道异常或患有不宜继续妊娠的疾病时，常通过终止妊娠进行治疗或缓解母畜的病情。

人工流产进行得越早，对母畜繁殖的影响就越小，流产后母畜子宫的恢复就越快。一般来说，由于不易实现、有一定的风险，以及术后母畜需要照料等缘故，应当尽量避免在妊娠中期和妊娠后期的前阶段进行人工流产。

二、妊娠终止的方法

（一）牛的诱导分娩

在妊娠第 200 天前，牛以黄体为 P_4 的主要来源。如果在此阶段注射 $PGF_{2\alpha}$，母牛很快发生流产。妊娠第 65～95 天是结束不必要或不理想妊娠的好时机。在第 150～250 天，孕牛对 $PGF_{2\alpha}$ 相对不敏感，注射后母牛不一定流产。此后越接近分娩期，母牛对 $PGF_{2\alpha}$ 的敏感性越高，到第 275 天时注射，2～3d 即可分娩。从妊娠第 265～270 天起，一次肌内注射 20mg 地塞米松，母牛一般在处理后 30～60h 分娩。

（二）羊的诱导分娩

绵羊胎盘从妊娠中期开始产生 P_4，从而对 $PGF_{2\alpha}$ 变得不敏感，用 $PGF_{2\alpha}$ 诱发分娩的成功率不高；如果用量过大则会引起大出血和急性子宫内膜炎等并发症。因此，难以广泛应用 $PGF_{2\alpha}$ 诱导分娩。在妊娠第 141～144 天，注射 15mg $PGF_{2\alpha}$ 能使母羊在 3～5d 内产羔。在绵羊妊娠第 144 天时，注射 12～16mg 地塞米松或倍他米松，可使多数母羊在 40～60h 内产羔。

山羊在整个妊娠期都依赖黄体产生 P_4。因此，给妊娠山羊注射 1.2mg 15-甲基 $PGF_{2\alpha}$，母羊会在 1.5～3d 内流产或分娩。雌二醇能够诱导 $PGF_{2\alpha}$ 的释放进而诱导黄体溶解。于妊娠第 147 和第 148 天，连续肌内注射苯甲酸雌二醇 15～25mg，可使母羊于第 149 天分娩。

（三）猪的诱导分娩

预产期前 3d 注射 5～10mg $PGF_{2\alpha}$，大多数母猪在 22～32h 产仔。如果在注射 $PGF_{2\alpha}$ 后 15～24h 时再注射 20IU 催产素，数小时后即可分娩。或者先连续 3d 注射 P_4，每天 100mg，第 4 天注射 $PGF_{2\alpha}$，约 24h 后分娩，这样可以将分娩时间控制在更小范围内。

给妊娠 110d 的母猪注射 60～100IU ACTH，可使产仔间隙缩短 25%，从而使产死仔猪数减少。妊娠 109～111d，连续 3d 每天注射 75mg 地塞米松；或者妊娠 110～111d 连续 2d 每天注射 100mg；或妊娠第 112 天注射 200mg，均可获得比较理想的效果。

（四）马的诱导分娩

马在妊娠的不同阶段 P_4 产生的部位有很大的差异：第 40 天之前由妊娠黄体产生；第 40～170 天由妊娠黄体和副黄体共同产生；第 170 天后由胎盘产生。因而母马在妊娠各个阶段对 $PGF_{2\alpha}$ 的敏感性有很大差异。在妊娠 30d 内对 $PGF_{2\alpha}$ 非常敏感，处理后很快发生流产并且发情，此后则需注射 4 次或更多次数才能流产。妊娠末期时，马对 $PGF_{2\alpha}$ 再度变得敏感。用 $PGF_{2\alpha}$ 诱导分娩的可靠方法，是每间隔 12h 注射 2.5 mg $PGF_{2\alpha}$，直到分娩为止。

如果胎儿的前置、胎势和胎位都正常，注射 40 IU OT 后约 30min 可使母马产驹。更为安全的给药方案是间隔 15 min 注射 5 IU OT，注射 3 次之后将用药量增加到每次 10 IU，直到分娩开始为止。当马子宫颈没有"成熟"时，可先注射雌激素，12～24h 后再注射 OT。从妊娠的第 321～324 天起，连续 5d 每天注射 100 mg 地塞米松，可使母马在 3～7d 后分娩。

（五）犬的诱导分娩

母犬配种受精后合子经过 4d 左右才到达子宫腔，在此期间给予雌激素制剂造成输卵管和子宫的 E_2 环境，可影响合子在输卵管的输送和阻碍其在子宫的着床，最终被子宫内膜吸收而达到终止妊娠的目的。可在配种后 3d 以内根据体型大小，肌内注射雌二醇 0.2～2mg，连续 4d，同时口服或肌内注射地塞米松磷酸钠 5～20mg，连续 7d。雌激素也有副作用，它有引发不可逆转的再生障碍性贫血的可能，并且与犬的囊肿性子宫内膜增生-蓄脓综合征有较大的相关性。

偷配或误配后 4d 以上的母犬，可以采用注射非合成的 $PGF_{2\alpha}$ 溶解黄体达到治疗目的。对于配后 10～30d 的母犬，可以按照每千克体重 0.25mg 皮下注射，每天 2 次，连用至少 4d。对于配后 30d 以上的母犬，可以按照每千克体重 0.1～0.25mg 皮下注射，每天 3 次，在通过 B 超确定所有的胎儿排出以后，方可停止治疗，一般需 4～11d。从阴道给予子宫颈松弛剂——Misoprostol，每天每千克体重 1～3μg，可加强 $PGF_{2\alpha}$ 的中期终止妊娠的效果。

给妊娠犬连续 10d 注射地塞米松，每天 2 次，每次 0.5mg，在妊娠第 45 天之前可引起胎儿在子宫内死亡和吸收，在第 45 天之后可引起流产。

米非司酮（Mifepristone，RU486）是人工合成的抗孕激素，具有恢复子宫收缩活动和促进子宫颈松软开张的作用，适用于诱导小动物流产。犬每日口服 2 次，每次每千克体重 2mg，连用 5d，3～5d 引起流产。如果使用较高的剂量，每千克体重 10～20mg，一次就可终止妊娠，但发生流产的时间会较迟。

溴隐亭是多巴胺受体激动剂，具有抗促乳素的作用。犬妊娠第 30 天后，连续服用 5d 可引起流产。

第五单元　分　娩

　　妊娠期满，胎儿发育成熟，母体将胎儿及其附属物从子宫排出体外，这一生理过程称为**分娩**。这是一个复杂的生理过程，涉及产前预兆、分娩过程及产后期的一系列变化。

第一节　分娩预兆

　　随着胎儿的发育成熟和分娩期逐渐接近，母畜的精神状态、全身状况、生殖器官、乳房及骨盆部发生一系列变化，以适应排出胎儿及哺育仔畜的需要。通常把这些变化称为**分娩预兆**。

　　根据分娩预兆可以预测分娩的时间，以便做好接产的准备工作。但在分娩时间预测时，不可只单独依靠其中的某一种变化，而是应当做全面观察，以便做出正确判断。

一、分娩前乳房的变化

　　乳房在分娩前膨胀增大，但这种变化是一个渐进性的过程，且距分娩尚远。比较可靠的方法是根据乳头及乳汁的变化来判断分娩时间。

　　1. 牛　经产奶牛在产前 10d 左右可由乳头挤出少量的清亮胶样液体或初乳；至产前 2d 时，除乳房极度膨胀、皮肤发红外，乳头中充满白色初乳，乳头表面被覆一层蜡样物。有的奶牛有漏乳现象，乳汁成滴或成股流出来。发生漏乳后大多在数小时至 1d 即可分娩。

　　2. 猪　母猪分娩前两周，乳房会逐渐膨大。由于乳房不断增大，在产前 4~5d 两排乳头向腹壁外侧伸张，呈"八"字形向两侧分开，皮肤呈潮红色发亮，用手挤压乳头时，腹壁中部的两对有少量稀薄乳汁流出。产前 1d 左右可以挤出 1~2 滴白色初乳。产前约半天，前部乳头能挤出 1~2 滴白色初乳。猪的前部乳房动脉来自腹前动脉（胸内动脉的延续），比较发达；后部乳房的动脉为阴外动脉，不甚发达；中部乳房则受腹前及阴外动脉的共同供应，初乳出现较早。因此，前后乳头的乳汁出现时间有一定差别。

　　3. 马和驴　马在产前数天乳头变粗大，开始漏乳后往往在当天或次日夜晚分娩。驴在产前 3~5d 乳头基部开始膨大，产前约 2d 整个乳头变粗大，呈圆锥状，起先从乳头中挤出的是黏稠、清亮的液体，以后即为白色初乳。约半数驴发生漏乳现象。

　　4. 犬　乳腺通常含有乳汁，有的乳房可挤出白色乳汁。

　　根据乳头及乳汁的变化来估计分娩时间虽然较可靠，但受饲养管理的影响较大。饲养不良的母畜，变化可能并不明显；是否漏乳也与乳头管的松弛状况密切相关。因此，不能仅依靠乳头及乳汁的变化判断分娩时间。

二、分娩前软产道的变化

1. 牛 从分娩前约 1 周开始，阴唇逐渐柔软、肿胀，增大 2～3 倍，皮肤皱襞展平。分娩前 1～2d 子宫颈开始胀大、松软。封闭子宫颈管的黏液软化，流入阴道，有时吊在阴门之外，呈透明索状。牛在妊娠后半期，尤其是在最后 1 个月，黏液有时可流出阴门之外。因此，单独依靠流出黏液这一点预测分娩有可能不够准确。当子宫颈开始扩张以后，即已进入开口期，分娩必然在数小时内发生（经产牛较快，初产牛较慢）。

2. 山羊 阴唇变化不甚明显，至产前数小时或 10 余小时才显著增大。产前排出黏液。

3. 猪 阴唇的肿大开始于产前 3～5d，产前数小时有时排出黏液。

4. 马和驴 阴道壁松软、变短明显，黏膜潮红，黏液由黏稠变为稀薄、滑润，但无黏液外流现象。阴唇在产前 10 余小时开始胀大。

5. 犬 臀部坐骨结节处下陷，外阴部肿大、充血。阴道和子宫颈变柔软。由逐渐扩张的子宫颈口流出水样透明黏液，同时伴有少量出血。

三、分娩前骨盆韧带的变化

临近分娩时骨盆韧带变得松软。在荐坐韧带软化的同时，荐髂韧带也变软，荐骨后端的活动性因而增大。

1. 牛 荐坐韧带后缘原为软骨样，触诊感硬，外形清楚。至妊娠末期，由于骨盆血管内血流量增加，静脉淤血，毛细血管壁扩张，血浆渗出管壁，浸润其周围组织，因而骨盆韧带从分娩前 1～2 周开始软化，至产前 12～36 h 荐坐韧带后缘变得非常松软，外形消失，荐骨两旁组织塌陷，在此仅能摸到一堆松软组织。上述变化在初产牛并不明显。

2. 山羊 荐坐韧带的软化十分明显，荐骨两旁各出现一条纵沟，手拉尾根可以上下活动。荐坐韧带后缘完全松软以后，分娩一般会在 1d 内发生。

3. 猪 荐坐韧带后缘变得柔软，但因这里的软组织丰满，所以变化并不十分显著。

4. 马、驴 荐坐韧带后缘变柔软，因臀肌肥厚，尾根活动性不明显。

5. 犬 骨盆和腹部肌肉的松弛是可靠的临产征兆，臀部坐骨结节处肌肉下陷。

四、分娩前行为与精神状态的变化

母畜一般在产前都出现精神沉郁、徘徊不安等现象，有离群和寻找安静地方分娩的习性。临产前食欲不振，轻微不安、时起时卧，尾根抬起、常作排尿姿势，粪尿排泄量减少而次数增多，脉搏呼吸加快。

1. 牛 进食反刍不规则，脉搏增至 80～90 次/min。体温在产前 7～8d 缓慢增高到 39～39.5℃，在产前 12 h 左右（有的牛为 3d）则下降 0.4～1.2℃，分娩过程中或产后又恢复到分娩前的体温。这种变化需进行系统监测才能发现，其他家畜也有类似的体温变化。

2. 羊 常前蹄刨地，咩叫，不安。随着产期的到来，出现不断努责，腹部的突起部分明显下陷是临产前的典型征兆，应做好接产准备。

3. 猪 在产前 6～12 h（有的猪为数天）有衔草做窝现象，这在我国本地品种猪表现尤其明显；此外还有表现不安，时起时卧，阴门中见有黏液排出。

4. 犬 分娩前 1～1.5 d，妊娠母犬精神变得不安，自动寻找屋角、棚下等僻静、黑暗的地方，收集报纸、旧衣物等，开始筑窝。产前 24～36 h 食欲大减，行动急躁，不断地用爪刨地、啃咬物品等，初产犬表现得更为明显。临产前 3d 左右体温可下降至 36.5～37.5℃（犬的正常体温为 38～39℃），体温回升时即将临产。分娩前 3～10 h 开始出现阵痛，起卧不宁，乱扒垫草，排尿次数增多，呼吸加快，常张口打哈欠，发出怪声呻吟或尖叫。

第二节　分娩启动

一般认为，分娩的发生不是由某一因素所致，而是由激素、机械性扩张、神经调节及免疫等多种因素之间相互联系、相互作用、彼此协调而促成的，而胎儿丘脑下部—垂体—肾上腺轴对分娩启动起着重要的作用。

一、内分泌因素

（一）胎儿内分泌变化

胎儿的丘脑下部—垂体—肾上腺轴系，特别在羊及牛，对于发动分娩起着决定性作用。

（二）母体内分泌变化

以下的激素变化，可能和启动分娩有关。但这些变化具有动物种间差别，不能仅靠这些变化来阐明分娩的发生机制。

1. 孕酮　P_4 能抑制子宫肌收缩，阻止收缩波的传播，使在同一时间内整个子宫不能作为一个整体发生协调收缩；还能对抗雌激素的作用，降低子宫对 OT 的敏感性，抑制子宫肌自发的或由 OT 引起的收缩。孕酮浓度下降（"孕酮撤退"）时，子宫肌收缩的抑制作用被解除，使子宫内在的收缩活性得以发挥而导致分娩，这可能是启动分娩的一个重要诱因。

2. 雌激素　随着妊娠期的增长，在胎儿皮质醇增加的影响下，胎盘产生的雌激素逐渐增加，分娩前达到最高峰。孕激素与雌激素的比值发生改变，子宫肌对催产素的敏感性增高，产生规律性收缩；E_2 能使子宫颈、阴道、外阴及骨盆韧带变得松软。在分娩时，雌激素能增强子宫肌的自发性收缩。

3. 皮质醇　胎儿肾上腺皮质激素与绵羊、山羊等一些动物的分娩发动有关。

4. 前列腺素　分娩时羊水中的前列腺素较分娩前明显增高，母体子叶中含量更高。其作用是：刺激子宫肌，使子宫收缩增强；溶解黄体，减少孕酮的抑制作用；刺激垂体释放催产素。

5. 催产素　催产素在胎头通过产道时出现高峰，使子宫发生强烈收缩，因而可能不是启动分娩的主要因素。但它能刺激前列腺素的释出，前列腺素对启动及调节子宫收缩具有一定作用。

6. 松弛素　松弛素参与分娩，一是控制子宫收缩，二是使子宫结缔组织、骨盆关节及荐坐韧带松弛，子宫颈扩张。它可能与催产素共同作用，使子宫产生节律性收缩，其间歇期即与松弛素有关。

二、机械性因素

到妊娠末期，胎儿发育成熟，子宫容积和张力增加，子宫内压增大，使子宫肌紧张并伸展，子宫肌纤维发生机械性扩张，刺激子宫颈旁边的神经节。这种刺激通过神经传至丘脑下部，促使垂体后叶释放催产素，从而引起子宫收缩，启动分娩。

三、神经性因素

神经系统对分娩过程具有调节作用，但并非是决定因素。胎儿的前置部分对子宫颈及阴道发生刺激，通过神经传导使垂体释放催产素，增强子宫收缩。很多动物的分娩多半发生在夜晚，特别是马、驴，分娩多半发生于天黑安静的时候，而且以晚上 10：00—12：00 最多；母犬一般在夜间或清晨分娩，这时外界光线弱、干扰减少，中枢神经更易接受来自子宫及产道的冲动信号，这也说明外界因素可通过神经系统对分娩发生作用。

四、免疫学因素

胎儿带有父母双方的遗传物质，对母体免疫系统来说，胎儿是一种半异己的抗原，可引起母体产生排斥反应。在妊娠期间，有多种因素（如 P_4、胎盘屏障等）制约，抑制了这种排斥作用，所以胎儿并不会受到母体排斥，妊娠也因此得以维持。到分娩时，由于 P_4 浓度急剧下降，胎盘屏障作用减弱，排斥现象出现而将胎儿排出体外。

第三节　决定分娩过程的要素

分娩过程是否正常，主要取决于三个因素，即产力、产道及胎儿与产道的关系。如果这三个因素正常，能够互相适应，分娩就顺利，否则可能造成难产。

一、产　　力

产力是指将胎儿从子宫中排出的力量，由子宫肌及腹肌有节律地收缩共同构成。子宫肌的收缩，称为**阵缩**，是分娩过程中的主要动力。腹壁肌和膈肌的收缩，称为**努责**，它在分娩中与子宫收缩协同，对胎儿的产出也起着十分重要的作用。

阵缩是一阵阵的，有节律的。起初，子宫的收缩短暂、不规律、力量也不强，以后则逐渐变得持久、规律、有力。每次阵缩都是由弱到强，持续一个时期后又减弱消失。两次阵缩之间有一间歇。每次间歇时，子宫肌的收缩暂停，但并不弛缓，因为子宫肌纤维除了缩短以外，还发生皱缩。因此，子宫壁逐渐加厚，子宫腔也逐步变小。

在分娩的开口期中，子宫壁的纵行肌和环行肌发生蠕动收缩及分节收缩。在单胎动物，收缩从孕角尖端开始，而且两角的收缩通常不是同时进行的。在多胎动物，子宫的收缩则首先是由靠近子宫颈的部分（胎儿之后）开始，子宫角的其他部分仍呈安静状态。

产出期中，阵缩的次数及持续时间增加。努责比阵缩出现得晚，停止得早，但与阵缩密切配合，并且也是逐渐加强的。胎儿的粗大部分通过骨盆的狭窄处时，努责十分强烈。

胎衣排出期中，腹壁肌不再收缩，子宫肌仍继续收缩数小时，然后收缩的次数及持续时间才减少。子宫肌的收缩促使胎衣被排出。胎衣先是从子宫角尖端黏膜上分离下来，形成内翻，然后脱出于阴门之外。

二、产　　道

产道是胎儿产出的必经之路，由软产道及硬产道共同构成。其大小、形状、是否松弛等，能够影响分娩的过程。

（一）软产道

软产道指由子宫颈、阴道、前庭及阴门这些软组织构成的管道。

子宫颈是子宫的门户，怀孕时紧闭，分娩之前开始变得松弛、柔软，分娩时扩张，适应胎儿的通过。分娩之前及分娩时，阴道、前庭、阴门也相应地变得松弛、柔软，能够扩张。

（二）硬产道

硬产道即骨盆。分娩是否顺利，和骨盆大小、形状、能否扩张有重要的关系。与公畜骨盆相比，母畜骨盆的特点是入口大而圆，倾斜度大，耻骨前缘薄；坐骨上棘低，荐坐韧带宽，骨盆腔的横径大；骨盆底前部凹，后部平坦宽敞；坐骨弓宽，因而出口大。所有这些都是母畜骨盆对分娩的适应。必须了解骨盆构造，才能正确进行助产，以使胎儿顺利通过骨盆，而不致损伤骨盆腔内的软组织及胎儿。

（三）各种家畜骨盆的特点

1. 马 分娩时，胎儿排出速度快，胎衣在分娩之后不久很快排出。这与马胎儿的头部和躯干部细长有关，尤其是与其骨盆构造的特点有关。

马骨盆入口近乎圆形，倾斜度大。骨盆侧壁的坐骨上棘较小且向外延伸，荐坐韧带宽大，骨盆腔横径较大。出口的坐骨结节较小，且低，两侧坐骨结节之间的距离较大。因而分娩时出口骨质部分较少，容易扩大。骨盆底部宽而且平坦，骨盆轴呈稍凸的弧形，短而直。

2. 牛 分娩时较困难，产程较长。这与牛胎儿头部较大、肩部较宽有关，还与牛骨盆的结构特点有很大关系。

牛骨盆入口的中横径比荐耻径短，呈长圆形，倾斜度也比马的小，分娩时，胎儿更难进入骨盆腔；骨盆侧壁的坐骨上棘高，而且向内翻，致使骨盆腔的横径小，荐坐韧带也因此而较窄。骨盆底部凹陷，不平坦，且后部向上倾斜，导致骨盆腔的出口变小。

3. 羊 羊骨盆入口呈椭圆形，倾斜度大，骨盆顶部的荐椎及尾椎活动性大。坐骨上棘低，向外翻，骨盆腔的横径较大。坐骨结节扁平，坐骨弓较大，出口开阔。骨盆底部比牛的浅，较平坦，骨盆轴近似于马。

4. 猪 猪的骨盆入口呈椭圆形，倾斜度大。坐骨上棘和坐骨结节都发达，但骨盆的底部平坦，坐骨后部宽大，骨盆轴向后向下倾斜，近乎一条直线，胎儿分娩较容易。

三、胎儿与母体产道的关系

（一）常用术语

兽医产科上常用下列术语表述胎儿与产道的关系。

1. 胎向 即胎儿的方向，也就是胎儿身体纵轴与母体身体纵轴的关系。胎向有 3 种。

（1）纵向 是指胎儿的纵轴与母体的纵轴互相平行。习惯上又将纵向分为两种。正生是胎儿的方向和母体的方向相反，头和（或）前腿先进入或靠近盆腔。倒生是胎儿的方向和母体的方向相同，后腿或臀部先进入或靠近盆腔。

（2）横向 是指胎儿横卧于子宫内，胎儿的纵轴与母体的纵轴呈"十"字形的垂直。背部向着产道称为背部前置的横向（背横向），腹壁向着产道（四肢伸入产道）称为腹部前置的横向（腹横向）。

（3）竖向 是指胎儿的纵轴向上与母体的纵轴垂直。有的背部向着产道，称为背竖向，有的腹部向着产道，称为腹竖向。

纵向是正常的胎向，横向及竖向是反常的。

2. 胎位　即胎儿的位置，也就是胎儿的背部和母体的背部或腹部的关系。胎位也有3种。

（1）上位（背荐位）　是指胎儿俯卧于子宫内，背部在上，接近母体的背部及荐部。

（2）下位（背耻位）　是指胎儿仰卧于子宫内，背部在下，接近母体的腹部及耻骨。

（3）侧位（背髂位）　是指胎儿侧卧于子宫内，背部位于一侧，接近母体左或右侧腹壁及髂骨。

上位是正常的，下位和侧位是反常的。

3. 胎势　即胎儿的姿势，也就是胎儿各部分是伸直的或屈曲的。

4. 前置　是指胎儿的某些部分和产道的关系，哪一部分向着产道，就称哪一部分为前置，在胎儿性难产，常用"前置"这一术语来说明胎儿的反常情况。

（二）产出前的胎向、胎位、胎势

产出前，各种家畜胎儿在子宫中的方向总是纵向，其中大多数为前躯前置，少数呈后躯前置。

胎位则依家畜种类不同而异，并与子宫的解剖特点有关。马的子宫角大弯向下，胎位一般是下位。牛、羊的子宫角大弯向上，胎位以侧位为主，有的为上位。猪的胎位也以侧位为主。

胎儿的姿势，因妊娠期长短、胎水多少、子宫腔内松紧不同而异。在怀孕末期，胎儿的头、颈和四肢屈曲在一起，但仍常活动。

（三）产出时胎向、胎位、胎势的变化

产出时，胎儿的方向不发生变化。胎位和胎势则必须改变，使其肢体成为伸长的状态，并适应骨盆腔的情况。胎儿的正常方向必须是纵向，否则一定会引起难产。马、牛、羊的胎儿多半是正生。在猪，倒生和正生一样完全是正常的。

正常的位置是上位。但是轻度的侧位，就是胎儿的背部稍微斜于一侧，也是正常的。

正常的姿势在正生是两前腿伸直，头颈也伸直，并且放在两条前腿的上面。倒生时，两后腿伸直。这样胎儿以楔状进入产道，就容易通过盆腔。

（四）胎儿形体与分娩的关系

牛、马、羊的胎儿有3个比较宽大的部分，即头、肩胛围及骨盆围。与马、羊的相比，牛的这三部分都较大，牛的胎儿排出比较困难也与此有关。

头部最宽处，在牛、羊是从一侧眶上突到对侧眶上突；高是从头顶到下颌骨角。肩胛围的最宽处是两个肩关节之间，高是从胸骨到鬐甲。骨盆围的最宽处是在两个髋关节之间，高是从荐椎棘突到骨盆联合。

头部通过母体盆腔最为困难，原因是：正生时的正常姿势是头置于两前腿的上面，其体积除头以外，还要加上两前肢；胎儿的头部在出生时骨化已比较完全，没有伸缩余地。肩胛围虽然较头部大，但由下向上是向后斜的，与骨盆入口的倾斜相符合，而且肩胛围的高大于宽，符合骨盆腔及其出口较易向上扩张这一特点。此外，胸部有弹性，可以稍微伸缩变形，所以肩胛围通过较头部容易。倒生时，胎儿的骨盆围虽然粗大，但伸直的后腿呈楔状伸入盆腔，且胎儿骨盆各骨之间尚未完全骨化，体积亦可稍微缩小，因此较头部容易通过。

第四节 分娩的过程

一、分娩过程的分期

整个分娩期是从子宫开始出现阵缩起，至胎衣排出为止。分娩是一个连续的完整过程，为叙述方便起见，人为地将它分成三个时期，即子宫开口期、胎儿产出期及胎衣排出期。

（一）子宫开口期

子宫开口期也称宫颈开张期，是从子宫开始阵缩起，至子宫颈充分开大（牛、羊）或能够充分开张（马）为止。这一期一般仅有阵缩，没有努责。产畜出现临产前的行为变化，其表现有畜种间的差异，个体间也不尽相同，经产母畜一般较为安静。

（二）胎儿产出期

胎儿产出期是从子宫颈充分开大，胎囊及胎儿的前置部分楔入阴道（牛、羊），或子宫颈已能充分开张，胎囊及胎儿楔入盆腔（马、驴），母畜开始努责，至胎儿排出或完全排出（双胎及多胎）为止。在这一期，阵缩和努责共同发生作用。

本期产畜的共同临床表现为极度不安。起先时常起卧，前蹄刨地，有时后肢踢腹，回顾腹部，嗳气，拱背努责。继之，在胎头进入并通过盆腔及其出口时，由于骨盆反射而引起强烈努责，这时产畜一般均侧卧，四肢伸直，腹肌强烈收缩。努责数次后，休息片刻，然后继续努责，脉搏和呼吸也加快。

（三）胎衣排出期

胎衣排出期是从胎儿排出后算起，到胎衣完全排出为止。胎衣是胎膜的总称，包括羊膜、两层尿膜和最外层的绒毛膜。

胎儿排出之后，产畜即安静下来。几分钟后，子宫再次出现阵缩，这时不再努责或偶有轻微努责。阵缩持续的时间长，间歇期也长，力量也减弱。胎衣排出的快慢，因各种家畜的胎盘组织构造不同而异。马的胎衣排出期为 5～90min。猪的胎衣分两堆排出，胎衣排出期平均为 30（10～60）min，但也有的达 1.5～2h。牛母仔的胎盘组织结合比较紧密，所以历时较久，为 2～8h，最长一般认为不超过 12h，水牛平均为 4～5h。羊的胎盘组织结构虽与牛相似，但由于母体胎盘呈盂状（绵羊）或盘状（山羊），子宫收缩时能够使胎儿胎盘的绒毛受到排挤，故排出历时较短。绵羊为 0.5～4h，山羊为 0.5～2h。

二、主要动物分娩的特点

（一）牛、羊

1. 开口期 牛在子宫开口期进食和反刍不规则，脉搏增至 80～90 次/min。开口期的中期阵缩为每 15 min 1 次，每次持续 15～30 s；随后阵缩的频率增高，可达每 3 min 1 次；至开口期末，每小时阵缩达 24 次，产出胎儿之前可达 24～48 次。羊在开口期常前蹄刨地、不安、咩叫；乳山羊常舔别的母羊所生的羔羊。至开口期末，牛、羊胎膜囊露出于阴门之外。

2. 胎儿产出期 努责开始后，母畜卧下，或时起时卧，至胎头通过骨盆坐骨上棘之间骨盆狭窄部时才卧下，有的头胎牛甚至在胎头通过阴门时才卧下。牛每 15min 阵缩 7 次左右，每次持续约 1 min，几乎是连续不断；每阵缩数次后间歇片刻，整个产出期阵缩可达 60

次或更多。牛、羊的努责一般比较剧烈，每次努责的时间长。

牛、羊的胎膜大多数是尿膜绒毛膜先形成第一胎囊，达到阴门之外，其中尿水为褐色。此囊破裂，排出第一胎水后，尿膜羊膜囊才突出于阴门之外，称为第二胎囊，囊内有胎儿及白色羊水。有时羊膜绒毛膜现形成第一胎囊，并在阴门口内外破裂，不露出很多；然后尿膜绒毛膜囊在胎儿产出过程中破裂。无论哪一个胎囊先破裂，牛、羊胎儿排出时，身上不会有完整的羊膜包着。

3. 胎衣排出期　牛的胎盘属上皮绒毛膜与结缔绒毛膜混合型，母、仔胎盘的结合比较紧密，同时子叶呈特殊的蘑菇状结构，子宫收缩不易影响到腺窝；只有当母体胎盘组织的张力减轻时，胎儿胎盘的绒毛才能脱落下来，故历时较久，胎衣不下发生率较高；牛胎衣排出期为 2~8 h，最长应不超过 12 h。羊的胎盘组织结构虽与牛相同，但由于母体胎盘呈盂状（绵羊）或盘状（山羊），子宫收缩时能够使胎儿胎盘的绒毛受到排挤，故排出时间较短。绵羊为 0.5~4h，山羊为 0.5~2 h。

（二）猪

1. 开口期　猪在子宫开口期表现不安，时起时卧，阴门有黏液排出。

2. 胎儿产出期　子宫除了纵的收缩以外，还有分节收缩。收缩先由距子宫颈最近的胎儿的最前方开始，子宫的其余部分则不收缩，然后两子宫角轮流收缩，逐步达到子宫角尖端，依次将胎儿完全排出来。偶尔一个子宫角将其中的胎儿及胎衣排空以后，另一个子宫角再开始收缩。胎儿产出期的最后，子宫角已大为缩短，这样，最后几个胎儿就不会在排出过程中因脐带过早地被扯断而发生窒息。母猪在产出期中多为侧卧，有时站起来，随即又卧下努责。母猪努责时伸直后腿，挺起尾巴，每努责数次或一次产出一个胎儿，一般是每次排出一个胎儿，少数情况下可连续排出 2 个，偶尔连续排出 3 个。猪的胎水极少，胎膜不露出阴门之外，每排一个胎儿之前有时可看到少量胎水流出。

3. 胎衣排出期　由于猪每侧子宫角中的胎囊彼此端端相连，在 30%~40% 的情况下，胎衣是在两个角中的胎儿排出后，分两堆排出，并且以翻着排出者居多。在胎儿少的猪，特别是巴克夏猪，常见后一个胎儿把前一个胎儿的胎衣顶出来；也有猪的胎衣分几堆排出来。猪的胎衣排出期平均为 30（10~60）min，但有的达 1.5~2h。

（三）马、驴

1. 开口期　开口期常较敏感，子宫收缩引起轻度疝痛现象，尾巴上下刷动，尾根时常举起或向一旁扭曲；胎儿产出前 4h 左右肘后及腹胁部常出汗；脉搏增至 60 次/min，前蹄刨地，后腿踢下腹部或回顾腹部；有时做无目标的徘徊运动，有的蹲伏、叉开后腿努责，或者卧地打滚，然后再站起来。

2. 胎儿产出期　在胎儿产出期开始之前，阴道已大为缩短，子宫颈位于阴门之内不远处，质地很软，但并不开张。马的努责非常剧烈，常连续努责 2~5 次休息 1~3min，努责共约 40 次。开始努责时，母畜卧下。有时由于阴门张开，子宫颈开始开放，可以看到尿膜绒毛膜。经过数次努责，子宫颈内口附近的尿膜绒毛膜脱离子宫黏膜，并带着尿水进入子宫颈，将子宫颈撑开。当子宫继续收缩时，更多的尿水进入此囊，迫使它在阴门口上破裂，尿水流出，称为第一胎水。尿水为黄褐色稀薄液体。第一胎囊破裂后，尿膜羊膜囊立即露于阴门口上或阴门之外，称为第二胎囊，透过它可以看到胎蹄与羊水。羊水亦称第二胎水，其色淡白或微黄，较浓稠。母马休息片刻后，努责更为强烈，胎儿的排出加快。第二胎囊往往在胎儿头颈和前肢排出过程中被撕破，或在胎儿排出后被扯破。排出胎儿后母马常不愿立即站立，这时如尿膜羊膜囊尚未破裂，应立即撕破，以免胎儿发生窒息。

3. 胎衣排出期　马的胎盘属上皮绒毛膜型，母仔的胎盘组织结合比较疏松，胎衣容易脱落，胎衣排出较早。胎衣排出期为 5～90min。

（四）犬

1. 开口期　犬的开口期无论其强度或时间，差异都很大，可持续为 4～24h。母犬阴道较长，手指检查不一定能触及宫颈，因而不易确定子宫颈扩张的时间和程度，子宫开口期的开始难以辨认。努责的开始，或者胎水或胎儿在阴门的出现，标志着从开口期转入胎儿产出期。

2. 胎儿产出期　刚开始努责后，通常在阴门看到第一个胎儿的羊膜。当胎头通过阴门时，母犬有疼痛表现，但可迅速产出仔犬。母犬常在产出第一个仔犬前将羊膜撕破，仔犬产出后，母犬即舐仔犬，再咬断脐带。犬胎儿产出的间隔时间变化较大，两侧子宫角的娩出常是按序轮流的。如果努责持续 30min 无效，虽然此后可能正常产出仔犬，但也是一种阻塞。如果预计所怀胎儿较多而母犬又不安，就不要让仔犬哺乳时间过长，而且在不努责的情况下，应保证 2～3h 无干扰；若母犬并无异常表现，连续产仔时间可能长达 6h。

3. 胎衣排出期　胎衣排出过程与猪相似。母犬常常企图吞食胎衣，这样可能引起腹泻，应予以制止。

第五节　接　　产

接产的目的在于对母畜和胎儿进行观察，并在必要时加以帮助，避免胎儿和母体受到损伤，达到母仔安全。但应特别指出，接产工作一定要根据分娩的生理特点进行，不要过早过多地进行干预。

一、接产的准备工作

为使接产能顺利进行，必须做好必要的准备，其中包括产房、用品和药械以及接产人员。

（一）产房

为了使母畜安全生产，农牧场和饲养单位应准备专用的产房或分娩栏。产房要求清洁、干燥、阳光充足、安静、通风良好、宽敞、配有照明设备。墙壁及饲槽必须便于消毒。褥草必须经常更换。为了避免母猪压死小猪，猪的产房内还应设小猪栏。天冷的时候，产房必须温暖，特别是猪，温度应不低于 15～18℃，否则分娩时间可能延长，且小猪的死亡率也增高。

根据预产期，应在产前 7～15d 将母畜送入产房，以便让它熟悉环境。每天应检查母畜的健康状况并注意分娩预兆。

（二）用品及药械

在产房里，接产用具及药械应齐备，并放在一定的地方。用品主要包括细绳、毛巾、肥皂、脸盆、大块塑料布；药械主要包括 70％酒精、2％～5％碘酒、消毒溶液、催产药物等；注射器及针头，棉花、纱布，常用产科器械，体温表，听诊器，产科绳都应事先准备好。条件允许时，最好备有一套常用的手术助产器械。助产前必须准备好热水。

（三）接产人员

农牧场和生产单位应当有接产人员，并应受过接产训练，熟悉各种母畜分娩的规律，严格遵守接产操作规程及必要的值班制度，尤其是夜间的值班制度。

二、正常分娩的接产

（一）接产准备

清洗并消毒母畜的外阴部及其周围，用绷带缠好牛、马尾根，并将尾巴拉向一侧系于颈部。胎儿产出期开始时，接产人员应系上胶围裙、穿上胶靴、消毒手臂，准备做必要的检查工作。

（二）接产处理

1. 临产检查 大家畜的胎儿前置部分进入产道时，可将手臂伸入产道，检查胎向、胎位及胎势，对胎儿的反常做出早期诊断和矫正。如果胎儿正常，正生时三件（唇及两蹄）俱全，可等候它自然排出。牛的检查时间，应在胎膜露出至排出胎水这一段时间；马是在第一胎水流出之后。

2. 及时助产 遇到母畜阵缩努责微弱，无力排出胎儿；产道狭窄或胎儿过大，产出滞缓；正生时胎头通过阴门困难，迟迟没有进展等情况时，可以帮助拉出胎儿。

牛、马倒生时，因为脐带可能被挤压于胎儿和骨盆底之间，妨碍血液流通，须迅速拉出，以免胎儿窒息。当胎儿唇部或头部已露出阴门时，可撕破羊膜，擦净胎儿鼻孔内的黏液，以利呼吸。在猪，有时两胎儿的产出间隔时间拖长，这时如无强烈努责，虽然产出较慢，对胎儿的生命一般尚无危险；如曾经强烈努责，而下一个胎儿久未产出，则有可能窒息死亡，这时可用手掏出胎儿，也可注射催产药物，促进胎儿排出。猪的死胎主要发生在最后几个胎儿，所以在胎儿产出期末，发现尚有胎儿而排出滞缓时，可用药物催产。

（三）新生仔畜的处理

1. 擦去口鼻腔内的黏液（羊水）防止窒息 胎儿产出后，要及时擦净口鼻腔内的羊水，防止新生仔畜窒息，并观察呼吸是否正常。如无呼吸，必须立即抢救。

2. 擦干全身注意防寒保暖 擦干新生仔畜身上的羊水，以防仔畜受凉。对牛羊，可让母畜舔干羊水。羊水富含前列腺素，可增强母畜子宫收缩，加速胎衣脱落。对头胎羊，不要擦羔羊的头颈及背部，否则母羊可能不认羔羊。

3. 处理脐带 胎儿产出后，脐血管可能由于前列腺素的作用而迅速封闭。所以，处理脐带的目的并不在于防止出血，而是促进脐带干燥，避免细菌侵入。断脐时脐带断端不宜留得太长；断脐后将脐带断端在碘酒内浸泡片刻，或在脐带外面涂以碘酒，并将少量碘酒倒入羊膜鞘内，脐带即能很快干燥，然后脱落。断脐后如持续出血，需加以结扎后处理。

牛、羊胎儿产出时，脐带一般均被扯断，脐血管回缩，脐带仅为一段羊膜鞘。马的脐带则不断，为了使胎盘上更多的血液流入幼驹体内，可迅速在脐带上涂碘酒，用左、右手轮流从母马阴门向幼驹脐部捋脐带，脐动脉搏动停止以后再捋几次，到脐血管显得空虚时，再将脐带从脐孔下脐带的狭缩处断离。牛和猪的脐带尤应留短，因为它们常因寻找奶头而误吮彼此的脐带。

4. 帮助哺乳 扶助仔畜站立，并帮助吃奶。在仔畜接近母畜乳房以前，最好先挤出 2～3 把初乳，然后擦净乳头，让它吮乳。如母畜拒绝仔畜吮乳，须帮助仔畜吮乳，并防止母畜伤害它们。母猪分娩结束之前，即可帮助已出生的仔猪吮乳，以免它们的叫声扰乱母猪继续分娩。对于特别虚弱或不足月的仔畜，应把它放在 20～30℃ 的温暖屋内，包上棉被，进行人工哺乳。

（四）检查胎衣

猪、马胎衣脱落后，尽可能检查它是否完整和正常，以便确定是否有部分胎衣不下。

检查马胎衣的方法是将胎衣平铺在地上，由水管通过胎衣的破口向胎衣中注水，这样很容易确定胎衣的各个部位。将胎衣破口的边缘对齐，如果两侧边缘及其血管互相吻合，证明胎衣是完整的，否则就是缺少了一部分。这时可将手臂伸入子宫，按照它在子宫内的位置（由胎衣的位置来决定），找到这部分胎衣并将其剥离取出。

在猪，将胎衣放在水中观察比较清楚。通过核对胎儿和胎衣上脐带断端的数目，即可确定胎衣是否已全部排出。

第六节　产　后　期

从胎衣排出到生殖器官恢复原状的一段时间，称为产后期。在此期中，母畜的行为和生殖器官都发生一系列变化，其中最明显的变化包括产后子宫复旧与恶露排出。

一、子宫复旧

产后期生殖器官中变化最大的是子宫。怀孕期中子宫所发生的各种改变，在产后期中都要恢复原来的状态，这称为子宫复旧。子宫复旧的过程是渐变的，由于子宫肌纤维的回缩，子宫壁由薄变厚，容积逐渐恢复原状。但子宫并不会完全恢复原来的大小及形状，因而经产多次的母畜子宫比未生产过的要大，且松弛下垂。

产后期子宫的复旧与卵巢机能的恢复有密切的关系。产后卵巢如能迅速出现卵泡活动，即使不排卵，也会大大提高子宫的紧张度，促进子宫的变化。卵巢的机能恢复较慢，卵巢中无卵泡发育，尤其存在有持久黄体时，可引起子宫长久弛缓，导致不孕。

子宫复旧的快慢因家畜的种类、年龄、胎次、是否哺乳、产程长短、是否有产后感染或胎衣不下等而有差异。健康状况差、年龄大、胎次多、哺乳、难产及双胎妊娠、产后发生感染或胎衣不下的母畜，复旧较慢。一般情况下，各种动物产后子宫复旧的时间是：奶牛为 26～52d，肉牛为 38～56d，水牛为 39d 左右，羊为 20～25d，马为 12～14d，猪为 25～28d，犬为产后 4 周。

二、恶　露

母畜分娩后，子宫黏膜发生再生现象，再生过程中变性脱落的母体胎盘，残留在子宫内的血液，胎水以及子宫腺的分泌物被排出来，称为恶露。恶露最初呈红褐色，内有白色、分解的母体胎盘碎屑。以后颜色逐渐变淡，血液减少，大部分为子宫颈及阴道分泌物。最后变为无色透明，停止排出。正常恶露有血腥味，但不臭，如果有腐臭味，则是有胎盘残留或产后感染。恶露排出期延长，且色泽气味反常或呈脓样，表示子宫中有病理变化，应及时予以治疗。

母牛分娩后，恶露排出时间为 10～12d，如果超过 3 周仍有分泌物排出，则视为病态。大多数母马恶露的排出相对较为轻微，通常在产后 24～48h 停止，如持续到 3d 以上的宜进行治疗。母羊的恶露不多，但分泌物排出时间需 5～6d，山羊排尽恶露约需 2 周。母猪产后恶露很少，常在产后 2～3d 即停止排出。犬由于子宫绿素的存在，产后早期排出的恶露为绿色，在 12h 内转变为血色、黏液状。

第六单元　妊娠期疾病

妊娠期间，母体除了维持本身的正常生命活动以外，还要供给胎儿发育所需要的营养物质及正常发育环境。如果母体或胎儿健康受到扰乱或损害，正常的妊娠过程就转变为病理过程，进而发生妊娠期疾病。妊娠期疾病很多，最常见的有流产、孕畜水肿、阴道脱出及妊娠毒血症。

第一节　流　产

流产是指由于胎儿或母体异常而导致妊娠的生理过程发生扰乱，或它们之间的正常关系受到破坏而导致的妊娠中断。它可发生于妊娠的各个阶段，但以妊娠早期较为多见。孕体在胚胎期的死亡称为胚胎死亡，牛是在怀孕 42d 之前；母体排出胎儿之前发生的死亡称为胎儿死亡，包括产前死亡和产中死亡。

流产的诊断及治疗

如果母体在配种后表现为怀孕，但随后在没有明显临床症状的情况下发生的流产，称为隐性流产。如果母体在怀孕期满前排出成活的未成熟胎儿，称为早产；如果在分娩时排出死亡的胎儿，则称为死产。

【病因】流产的原因极为复杂，可概括为三类，即普通流产（非传染性流产）、传染性流产和寄生虫性流产。每类流产又可分为自发性流产与症状性流产。自发性流产为胎儿及胎盘发生异常或直接受到影响而发生的流产。症状性流产是孕畜某些疾病的一种症状，或者是饲养管理不当导致的结果。隐性流产为流产的一种类型，其病因也包括上述几方面的内容。

（一）隐性流产

隐性流产占整个流产比例很大，其病因也很复杂。

1. 自发性流产　包括遗传因素、子宫环境、分子和细胞信号及精液品质等。

（1）遗传因素　主要有染色体畸变和基因突变、精卵结合异常、双亲亲本亲和力差等。

（2）子宫环境　单胎动物怀双胎，子宫空间不够，难以维持胚胎发育的需要；子宫中的蛋白质、能量物质及离子的种类或数量异常。

（3）分子和细胞信号　孕酮必须与雌二醇成适当比例才能维持妊娠。对生育力差的母畜增补孕酮，可提高受胎率；注射 hCG 与注射孕酮的效果相似；但对生育力正常者，增补孕酮并不能提高生育力。

（4）精液品质 公畜精子品质的好坏，直接影响胚胎的活力。应用交配过度或长期不交配的种公猪配种，窝产仔数明显下降。

2. 症状性流产

（1）传染病与寄生虫病 见传染性与寄生虫性流产。

（2）营养因素 营养过剩、营养不足及矿物质不平衡均影响胚胎生长。

（3）环境因素 光照周期延长，公羊的精液品质降低，输精后胚胎存活率和妊娠率均低；高温环境对公羊精液具有不良影响，因而应用长期处于炎热气温下的公绵羊精液输精，妊娠羊的胚胎死亡率高；精液的稀释、储存条件及输精时间都可能影响胚胎的存活能力。

（二）普通流产

1. 自发性流产 常见于胎膜及胎盘异常、胚胎过多和胚胎发育停滞。

（1）胎膜及胎盘异常 胎膜异常往往导致胚胎死亡。例如，无绒毛或绒毛发育不全，母体子宫部分黏膜炎症、变性。

（2）胚胎过多 因子宫容积所限，胚胎之间相互排挤，生命力弱的胚胎被抑制发育或二者均停止发育。

（3）胚胎发育停滞 妊娠早期的胚胎发育停滞是胚胎死亡的一个重要因素。胚胎发育停滞或囊胚不能发生附植，或附植后不久死亡，常与卵子或精子缺陷、异常有关。

2. 症状性流产 广义的症状性流产不仅包括因母畜普通疾病及生殖激素失调引起的流产，也包括因饲养管理、利用不当、损伤及医疗错误引起的流产。有时流产是几种原因共同作用的结果。

（1）生殖器官疾病 母畜生殖器官疾病所造成的症状性流产较多。如患阴道脱出及阴道炎时，炎症可以破坏子宫颈黏液塞，细菌侵入子宫，引起胎膜炎。先天性子宫发育不全、子宫粘连等，也能妨碍胎儿的发育，妊娠至一定阶段即终止妊娠。

（2）激素失调 生殖激素失调往往引起流产。母体在妊娠早期产生的生殖激素，是胚胎存活必不可少的。生殖激素分泌紊乱，子宫环境不能满足胚胎发育的需要，胚胎早期死亡。

（3）非传染性全身性疾病 如马疝痛，起卧打滚，可因疼痛反射性地引起子宫收缩、流产。能引起体温升高、呼吸困难、高度贫血的疾病，均可引起流产。

（4）饲喂及饮食不当 饲料数量严重不足和矿物质含量不足，饲料品质不良及饲喂方法不当，饲喂了发霉的饲料、有毒的植物或被有毒农药污染的饲料，孕畜由舍饲突然转为放牧，饥饿后喂以大量可口饲料等，都可能引起流产。另外，孕畜吃霜冻草、露水草、冰冻饲料，饮冷水，尤其是出汗、空腹及清晨饮冷水，均可反射性地引起子宫收缩，将胎儿排出。

（5）管理及使用不当 子宫和胎儿受到直接或间接的机械性损伤，或孕畜遭受各种逆境的剧烈危害，引起子宫反射性收缩。例如，腹壁的抵伤和踢伤、跌倒、使役过久过重、惊吓等。

（6）治疗及检查失误 全身麻醉，大量采血，服用过量泻剂、驱虫剂，注射可以引起子宫收缩的药物，误给大量雌激素、前列腺素、皮质激素等。

（三）传染性与寄生虫性流产

是由传染性疾病和寄生虫性疾病所引起的流产。很多微生物与寄生虫都能引起家畜流产，它们既可侵害胎盘及胎儿引起自发性流产，又可以流产作为一种症状，发生症状性流产。例如，布鲁氏菌病、支原体病（牛、羊、猪）、衣原体病（牛、羊），以及猪繁殖障碍病毒（细小病毒、乙型脑炎病毒、繁殖与呼吸综合征病毒等）等均可引起自发性流产。马病毒性鼻肺炎和病毒性动脉炎、钩端螺旋体病（牛、羊、马）、李斯特菌病（牛、羊）、乙型脑炎（猪）、口蹄疫、传染性鼻气管炎（牛）等，常引起母畜的症状性流产。

【临床症状】　由于流产的发生时期、原因及母畜反应能力不同，流产的病理过程及所引起的胎儿变化和临床症状不同。但基本可以归纳为以下4种。

1. 隐性流产　母畜不表现明显的临床症状。常见于胚胎早期死亡，表现为屡配不孕或返情推迟，妊娠率降低，多胎动物（羊、猪、犬等）可表现为窝产仔数或年产仔数减少。多胎动物隐性流产可能是全流产，也可能是部分流产；发生部分流产时，妊娠仍可维持下去。猪、绵羊和山羊的胚胎死亡，主要发生在妊娠第一个月内，多发生于附植前。猪胚胎死亡的第二个高峰在妊娠50d左右，多与子宫角过度拥挤有关。

2. 排出不足月的活胎儿　母畜的临床表现与正常分娩相似，但不像正常分娩那样明显，往往仅在排出胎儿前2～3d乳腺突然膨大，阴唇稍微肿胀，阴门内有清亮黏液排出，乳头内可挤出清亮液体。有的孕畜出现腹痛、起卧不安、呼吸和脉搏加快等临床症状。

3. 排出死亡而未经变化的胎儿　这是流产中最常见的一种。胎儿死后，它对母体类似于异物，可引起子宫收缩反应（有时则否，见胎儿干尸化），于数天之内将死胎及胎衣排出。妊娠初期的流产，事前常无预兆，因为胎儿及胎膜很小，排出时不易被发现，有时可能被误认为是隐性流产。妊娠末期流产的预兆和早产相似。胎儿未排出前，直肠检查摸不到胎动，妊娠脉搏变弱。阴道检查发现子宫颈口开张，黏液稀薄。

4. 延期流产（死胎滞留）　胎儿死亡后，由于子宫阵缩微弱，子宫颈管不开张或开张不足，胎儿死亡后长期停留于子宫内，称为延期流产。依子宫颈是否开张，可分为胎儿干尸化和胎儿浸溶两种。

（1）胎儿干尸化　妊娠中断后，由于黄体没有退化，仍维持其机能，子宫颈不开张，无微生物侵入，死亡胎儿组织中的水分及胎水被吸收，变为棕黑色，好像干尸一样。

干尸化胎儿可在子宫中停留相当长的时间。母牛常是在妊娠期满后数周，黄体的作用消失而再次发情时，才将胎儿排出。也可在妊娠期满以前排出，个别的死胎长久停留于子宫内而不被排出。母牛妊娠至某一时间后，妊娠的外部表现不再发展。直肠检查，子宫呈圆球状，子宫的大小远小于其妊娠月份应有的体积；一般如人头大小，但也有较大或较小的；内容物硬，子宫壁紧裹胎儿，摸不到胎动、胎水及子叶；有时子宫与周围组织粘连，卵巢上有黄体，无妊娠脉搏。

（2）胎儿浸溶　妊娠中断后，由于黄体退化，子宫颈管开张，微生物侵入子宫，死亡胎儿的软组织分解，变为液体流出，而骨骼则留在子宫内。

细菌导致胎儿气肿、浸溶的同时，可引起母畜子宫炎、败血症、脓毒血症及腹膜炎等症状；若为时已久，母畜极度消瘦。阴门流出红褐色或棕褐色难闻的黏稠液体，其中可带有小的骨片，后期则仅排出脓液。阴道检查，子宫颈口开张，在子宫颈管内或阴道中可以摸到胎骨；阴道及子宫颈黏膜红肿。若胎儿浸溶发生在妊娠初期，胎儿软组织被分解后大部分骨片被排出，子宫腔内仅留有少许骨片，子宫中排出的液体也逐渐变清亮，易被误诊为单纯的子宫内膜炎或屡配不孕。

【诊断】　流产的诊断除确定流产类型，还应当确定引起流产的病因，如为传染性或寄生虫性的，应及早采取措施。流产病因的确定，需要参考流产母畜的临床表现、发病率和母畜生殖器官及胎儿的病理变化等，罗列可能的病因并确定检测内容。通过详细的资料调查与实验室检测，最终做出病因学诊断。

1. 隐性流产的诊断

（1）临床检查　可根据配种后有返情正常或延长，大体估测是配种未孕还是隐性流产，但误差大，应谨慎对待。在牛、马和驴，配种后1～1.5个月通过直肠检查已肯定妊娠，而以后又返情，同时直肠检查原有的妊娠现象消失；小型动物，交配后经过一个性周期未见发情，或经影像检查确诊为妊娠，但过了一些时间后又发情，且从阴门中流出的分泌物较多，可诊断为隐性流产。

（2）孕酮分析　妊娠早期，家畜血、奶中的孕酮一直维持高水平，一旦胚胎死亡，孕酮水平即急剧下降。据此，可以通过血浆或乳汁中的孕酮水平，确诊胚胎是否死亡。

（3）早孕因子（EPF）测定　EPF是妊娠依赖性蛋白复合物，在牛、绵羊、猪及人的血清中都存在。配种或受精后不久在血清中出现，胚胎死亡或取出后不久即消失。它的出现和持续存在能代表受精和孕体发育，可用于早孕或胚胎死亡的诊断。

（4）其他检查　在检查引起隐性流产的病因时，如怀疑哪种病因，可做相应的检查。例如，当怀疑是由于传染病或寄生虫病引起的，应作血清学检查；由中毒引起的，应作毒物分析等。

2. 临床型流产的诊断

（1）临床检查　排出不足月的活胎儿或死胎、延期流产（死胎滞留）均属于临床型流产，其临床症状明显，可据此做出临床诊断。

（2）调查材料　为了查清流产的病因，首先应作详细的调查。内容包括流产母畜的数量、胎儿的大小与变化、流产母畜的表现、饲养管理及使役情况，是否受过伤害、惊吓，流产发生的季节及气候变化，母畜是否发生过普通病，畜群中是否出现过传染性及寄生虫性疾病，对疾病的防治情况如何，流产时的妊娠月份，以及母畜是否有习惯性流产等。

（3）病理检查　自发性流产，胎膜及（或）胎儿常有病理变化。对排出的胎儿及胎膜，要细致观察有无病理变化及发育异常。传染性疾病引起的临床型流产，或由于饲养管理不当、损伤、母畜本身的普通病、医疗事故引起的流产，胎膜及胎儿多没有明显的病理变化。

（4）血清学检查　传染性及寄生虫性流产，可在病理学检查的基础上，将胎儿、胎膜及子宫或阴道分泌物送实验室检验并进行血清学检查。

【治疗】首先应确定属于何种流产以及妊娠是否能继续，在此基础上再确定治疗原则。

1. 先兆流产的处理　如果孕畜出现腹痛、起卧不安、呼吸和脉搏加快等临床症状，预示要发生先兆流产。处理的原则为安胎，可使用抑制子宫收缩药和镇静药物：①肌内注射孕酮，每日或隔日一次，连用数次。习惯性流产，在妊娠的一定时间试用孕酮和硫酸阿托品。②给以镇静剂，如溴剂、氯丙嗪等，禁用赛拉唑等麻醉性镇静剂。③禁止阴道检查，控制直肠检查次数以免刺激母畜。④牵遛母畜，以减少努责。

2. 难免流产的处理　出现流产先兆，经上述处理后病情仍未稳定，阴道排出物继续增多，起卧不安加剧，子宫颈口已经开放，胎囊已进入阴道或已破水，属于难免流产，应尽快促使子宫内容物排出。

若子宫颈口已经开大，可用手将胎儿拉出。若胎儿已经死亡，牵引、矫正有困难，可行截胎术。如子宫颈管开张不大，手不易伸入，可用前列腺素溶解黄体，用雌激素促使子宫颈松弛，然后实行人工助产；对子宫颈口仍不开放或不易取出胎儿的，应剖腹取出胎儿。

3. 延期流产的处理 对于胎儿发生干尸化或浸溶者，首先可使用前列腺素制剂，继之或同时应用雌激素，溶解黄体并促使子宫颈口开张。向子宫及产道内灌入润滑剂，以便胎儿排出。干尸化胎儿，由于胎儿头颈及四肢蜷缩在一起，且子宫颈口开放不大，可先截胎后取出；对不易经产道取出的，早期施行剖腹产手术。

若胎儿浸溶、软组织基本液化，必须尽力将胎骨逐块取净。分离骨骼有困难时，可先将它破坏后再取出。小型动物，因产道较窄，多做剖腹取骨或子宫摘除手术。

取出干尸化及浸溶胎儿后，用消毒液或 5%～10%盐水抗生素液冲洗子宫；应用子宫收缩药，促使液体排出。在子宫内放入抗生素，并重视全身对症治疗。

4. 隐性流产的处理 对隐性流产的病畜，应加强饲养管理，尽可能地满足家畜对维生素及微量元素的需要。妊娠早期，可视情况补充孕酮或 hCG。在发情期间，用抗生素生理盐水冲洗子宫。

第二节 孕畜妊娠水肿

妊娠水肿是指妊娠末期孕畜腹下、后肢以及乳房等处发生水肿。水肿面积小、症状轻者，是妊娠末期的一种正常生理现象；相反，则是病理状态。本病多见于马和奶牛，特别是初产奶牛，常出现乳房水肿。生理性水肿一般发生于分娩前 1 个月左右，产前 10d 变为显著，分娩后 2 周左右可自行消退；但病理性水肿可持续数月或整个泌乳期。

【病因】妊娠末期，胎儿迅速增大，母体代谢旺盛，如机体对水的代谢不能及时处理或某些营养物质不足，均可引起水肿。

（1）妊娠末期，因胎儿生长发育迅速，子宫体积增大，腹内压增高。同时，乳房胀大，孕畜的运动减少，因而腹下、乳房及后肢的静脉血流滞缓，导致静脉滞血，血液中的水分渗出增多，同时亦妨碍了组织液回流至静脉内，因此发生组织间隙液体积聚。

（2）妊娠母畜新陈代谢旺盛，迅速发育的胎儿、子宫及乳腺也都需要大量的蛋白质等营养物质，若孕畜饲料的蛋白质不足，则使血浆蛋白浓度降低，血浆胶体渗透压降低，组织液回流障碍，导致组织间隙水分增多。

（3）若孕畜运动不足，机体衰弱，特别是有心、肾疾病以及后腔静脉或乳房静脉血栓形成时，则容易发生水肿。

（4）妊娠期间体内抗利尿激素、雌激素及醛固酮等的分泌均增多，肾小管远端对钠的重吸收增强，加之钠、钾食用过量，结果会导致组织内的钠增加和水潴留。

（5）奶牛乳房水肿可能还与遗传因素有关，需要观察公牛的雌性后裔和母牛雌性后裔的发病情况。

【症状及诊断】水肿常从腹下及乳房开始出现，以后逐渐向前蔓延至前胸，向后延至阴门，有时也涉及后肢的跗关节及球节。腹底部水肿一般呈扁平状，左右对称。触诊水肿处其质地如面团，指压留痕，皮温稍低，无被毛部的皮肤紧张而有光泽。通常无全身症状，但若水肿严重，可出现食欲减退、步态强拘等现象。乳房过度水肿、增大时，可引起乳房的支持结构垮塌和泌乳量下降。

在奶牛，本病应与急性腺炎区别诊断，后者有乳汁理化性质改变，多为某个乳区单独发病，局部充血或淤血、肿胀疼痛、坚硬，常有全身症状。

【防治】改善饲养管理，给予富含蛋白质、矿物质及维生素的饲料，限制饮水，减少多汁饲料及食盐。水肿轻者不必用药，严重的病例，可应用强心剂、利尿剂。但长时间应用利尿剂（速尿），可导致钙丢失，有发生低钙血症的危险。使用地塞米松时应注意其适应证与用法。

舍饲母畜，尤其是奶牛，应每天做适当运动，擦拭皮肤，按摩乳房，给予营养丰富的易消化饲料。役用家畜在妊娠后期，应做牵遛运动，或让它们任意逍遥运动，不可长期拴系在圈内。

第三节　阴道脱出

阴道脱出是指阴道底壁、侧壁和上壁的一部分组织、肌肉出现松弛扩张，子宫和子宫颈也随着向后移动，松弛的阴道壁形成折襞嵌堵于阴门内或突出于阴门外。可以是部分阴道脱出，也可以是全部阴道脱出。本病多发生于奶牛，其次是羊和猪，较少见于犬和马。绵羊常发生于干乳期和产羔后，但主要发生于妊娠末期。水牛偶见于发情期。有些品种的犬发情时，常发生阴道壁水肿和脱出。

【病因】发病可能与母畜骨盆腔的局部解剖生理有关。在骨盆韧带及阴道邻近组织松弛，阴道腔扩张、壁松软，又有一定的腹内压情况下，多发生本病。母畜年老经产，衰弱，营养不良，缺乏钙、磷等矿物质及运动不足，常引起骨盆韧带松弛。妊娠末期，胎盘分泌的雌激素较多，或摄食含雌激素样活性物质较多，可使固定阴道的组织及外阴松弛。牛产后发生阴道脱出，须检查是否有卵巢囊肿。犬阴道增生脱出多发生在发情前期或发情期，与遗传及雌激素分泌过多有关。

【临床症状】

1. 牛的阴道脱出　按其脱出程度，可分为轻度阴道脱出、中度阴道脱出和重度阴道脱出三种。

（1）轻度阴道脱出　尿道口前方部分阴道下壁突出于阴门外，除稍微牵拉子宫颈外，子宫和膀胱未移位，阴道壁一般无损伤，或者有浅表潮红或轻度糜烂。主要发生在产前。病畜卧下时，可见前庭及阴道下壁（有时为上壁）形成皮球大、粉红湿润并有光泽的瘤状物，堵在阴门内，或露出于阴门外；母畜起立后，脱出部分能自行缩回。若病因未除，动物多次卧下和站起，脱垂的阴道壁周围往往有延伸来的脂肪，或因分娩损伤引起松弛时，导致脱出的阴道壁逐渐增多，病畜起立后脱出的部分长时间不能缩回，黏膜红肿、干燥。有的母畜每次妊娠末期均发生，称为习惯性阴道脱出。

（2）中度阴道脱出　当阴道脱出伴有膀胱和肠道进入骨盆腔，其阴道脱出加重，脱出物呈排球大小的囊状物。起立后，脱出的阴道壁不能缩回，组织充血、肿胀，频频努责，使阴道脱出得更多，表面干燥或溃疡，由粉红色转为暗红色、蓝紫色或黑色，有的发生坏死或穿孔。

（3）重度阴道脱出　子宫和子宫颈后移，子宫颈脱出于阴门外。阴道的腹侧可见到尿道口，排尿不畅；有时在脱出的囊内可触摸到胎儿的前置部分。若脱出的阴道前端子宫颈明显并紧密关闭，则不易发生早产及流产；若宫颈外口已开放且界限不清，则常在24～72h内发生早产。产后发生者，脱出往往不完全，在其末端有时可看到子宫颈膣部肥厚的横皱襞。持续强烈的努责，可引起直肠脱出、胎儿死亡及流产等。脱出的阴道黏膜淤血、水肿；严重的，黏膜可与肌层分离，阴道黏膜破裂、糜烂或坏死，易继发全身感染。

2. 犬的阴道黏膜水肿脱出 多发生在发情前期或发情期，阴道黏膜褶过度水肿、增生，并向后脱垂。水肿、增生以阴道底壁最为明显，增生物的腹侧后界终止于尿道乳头前方。严重者，增生物脱出至阴门外。脱出物固定，不随起卧出入阴门口。在发情期结束后，多数病例可以逐渐自愈，但若脱出物较大且受伤严重，不易痊愈。本病与其他动物普通的阴道脱出不同，它多为全层阴道壁（包括尿道乳头）外翻至阴门外，类似车轮状。阴道脱出可以整复，但阴道增生不能整复。黏膜表面含有大量角化细胞和复层鳞状细胞，与正常发情时阴道黏膜增生、脱落一致。

【治疗】

1. 牛的阴道脱出

（1）轻度脱出 易于整复，关键是防止复发。因病畜起立后能自行缩回，所以应注意使其多站立并取前低后高的姿势，以防止脱出部分继续增大，避免损伤和感染。将尾拴于一侧，以免尾根刺激脱出的黏膜。同时适当增加自由运动，给予易消化饲料。对便秘、腹泻及瘤胃弛缓等疾病，应及时治疗。孕牛注射孕酮，可有一定的疗效，每日肌内注射 50～100mg，至分娩前 20d 左右为止。

（2）中度和重度脱出 必须及时整复，并加以固定，防止复发。

整复及固定的方法：在整复前应先使病畜处于前低后高的体位。努责强烈、妨碍整复时，应先在荐尾或尾椎间隙行硬膜外麻醉。用防腐液（如 0.1％高锰酸钾、0.05％苯扎溴铵等）清洗脱出的阴道黏膜，除去坏死组织，伤口大时要进行缝合，涂以抗生素药膏。若黏膜水肿严重，可先用毛巾浸以 3％明矾水进行冷敷，适当压迫 15～30min；或针刺水肿黏膜后冷敷，使水肿减轻。

先用纱布将脱出的阴道托起，在病畜不努责时，用手将脱出的阴道向阴门内推送。待全部推入阴门后，再用拳头将阴道复位。推回后手臂最好在阴道内再放置一段时间，使阴道得以恢复、适应。然后，在阴道腔内注入防腐液，在阴门两侧注入抗生素。对一再脱出的病畜，进行固定。可采用缝合阴门的方法，这对产前母牛更为适合。

用粗线在阴门上做两个纽扣缝合。在距阴门口 3cm 皮厚处进针至对侧出针，穿上一个橡胶垫，距出针孔 1.5～2cm 处再进针至对侧皮肤出针，再穿一橡胶垫，两线尾打结。用同样的方法再做一个纽扣缝合。阴门下 1/3 不缝合，以免妨碍排尿。数天后病畜不再努责时，拆除缝线。

2. 犬的阴道黏膜水肿脱出 对有阴道黏膜水肿脱出病史的犬，在发情前期使用醋酸甲地孕酮（每天每千克体重 2mg，连用 7d）抑制发情，在靶组织内拮抗雌激素的作用。增生物小者，一般不影响配种或进行人工授精。或用 GnRH（每天每千克体重 2μg，连用 7d）诱导排卵，缩短发情时间。

组织水肿、增生严重、脱出于阴门外者，可进行手术切除（图 4-6）。方法是先插入导尿管，在外阴上联合两侧夹两把肠钳，在肠钳之间切开外阴上联合至阴道背侧水平处，显露阴道、前庭及水肿增生物。自增生物背面至其腹面尿道外口前部弧形切开阴道黏膜，由前向后仔细锐性分离黏膜下组织，将增生物全部切除。分离时，以导尿管指示分离深度，避免损伤尿道。止血后，用可吸收缝线连续或结节闭合阴道腹侧壁创口。最后，闭合外阴上联合切口；用可吸收缝线缝合阴道黏膜及黏膜下层，用丝线缝合皮肤与皮下组织。在下次发情时可能再发，若不作繁殖用犬，可采用卵巢子宫切除术根治。

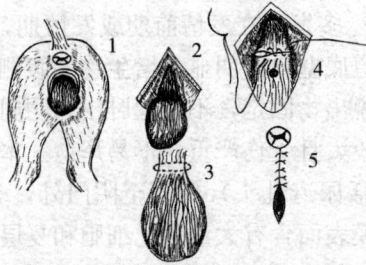

图 4-6　犬阴道水肿脱出及切除术
1. 阴道脱出　2. 会阴切开术显露水肿部　3. 在增生阴道黏膜的基部做弧形切口
4. 缝合阴道黏膜创口　5. 缝合会阴部切口

第四节　妊娠毒血症

妊娠毒血症是母畜妊娠后期发生的一种代谢性疾病。临床上常见有绵羊妊娠毒血症和马属动物妊娠毒血症，牛、猪、兔等家畜则少见。本节着重介绍绵羊妊娠毒血症和马属动物妊娠毒血症。

一、绵羊妊娠毒血症

绵羊妊娠毒血症是妊娠末期母羊由于糖类和脂肪酸代谢障碍而发生的一种以低血糖、酮血症、酮尿症、虚弱和失明为主要特征的亚急性代谢病。主要表现为精神沉郁，食欲减退，运动失调，呆滞凝视，卧地不起，甚至昏睡等。本病主要发生于妊娠最后一个月，多在分娩前 10～20d，有时在分娩前 2～3d。

【病因】　本病主要见于母羊怀双羔、三羔或胎儿过大，这时胎儿消耗大量营养物质，而母羊不能满足这种需要，可诱发该病；天气寒冷和母羊营养不良，往往是导致该病的主要原因；缺乏运动也有一定的关系。

【临床症状及诊断】　病初，病羊精神沉郁，瞳孔散大，视力减退，角膜反射消失，意识紊乱。随着病情发展，精神极度沉郁，黏膜黄染，食欲减退或消失，瘤胃弛缓，反刍停止。呼吸浅快，呼出的气体有丙酮味，脉搏快而弱。运动失调或不愿走动，行走时步态不稳，无目的地走动，或将头部紧靠在某一物体上，或做转圈运动。粪粒小而硬，表面常包有黏液，甚至带血。小便频数。病的后期，视觉降低或消失，肌纤维震颤或痉挛，头向后仰或弯向一侧，昏迷，四肢做不随意运动，很快死亡。死亡率 70%～100%。

血液检查有类似酮病的变化，即低血糖和高血酮，血液总蛋白减少，血浆游离脂肪酸增多，淋巴细胞及嗜酸性粒细胞减少，尿丙酮呈强阳性反应。组织学检查，肝颗粒变性、坏死，肾亦有类似病变。肾上腺肿大，皮质变脆，呈土黄色。

【防治】　为了保护肝功能和供给机体所必需的糖原，可静脉输入 10% 葡萄糖、维生素 C；或肌内注射氢化泼尼松或地塞米松、复合维生素 B，口服乙二醇、葡萄糖和注射钙、镁、磷制剂，存活率可达 85％左右。出现酸中毒症状时，静脉注射 5％碳酸氢钠溶液。此外，还可使用促进脂肪代谢的药物，如肌醇注射液。

无论应用哪一种方法治疗，治疗效果不显著时，建议施行剖腹产或人工引产。如果流产或经过引产、治疗，饲养和营养状况得到改善，其症状可缓解。娩出胎儿后，治疗效果较好，但已卧地不起的病羊，即使引产，也预后不良。

二、马属动物妊娠毒血症

马属动物妊娠毒血症是驴、马妊娠末期的一种代谢性疾病，主要特征是产前顽固性食欲和饮欲废绝。如发病距产期尚远，多数不到分娩就母仔双亡。此病在我国北方驴、马分布地区常有发生，死亡率高达 70％左右。发病多在产前数天至 1 个月以内，10d 以内发病者占多数。

【病因】胎儿过大是主要原因，发病与缺乏运动及饲养管理不当也有密切关系。怀骡驹时，胎儿为杂种，发育迅速，体格较大，使母体的新陈代谢和内分泌系统的负荷加重，特别是在妊娠末期，胎儿生长迅速，代谢过程愈加旺盛，需要从母体摄取大量营养物质。如母体消化、吸收的营养物质不足，就动用储存的糖原、体脂、蛋白质等自身必需营养物质，以满足胎儿发育的需要，导致母体代谢机能障碍。

【临床症状】本病的主要特征是病畜产前食欲渐减，忽有忽无，或者突然、持续地完全废绝。驴和马的临床表现基本相似。

轻度的病例，精神沉郁，口色较红，口干稍臭，舌无苔。结膜潮红。排粪少，粪球干黑，表面带有黏液；有的粪便稀软，有的则干稀交替。体温正常。肠音极弱，尿浓色黄。呼吸短浅，心跳慢，有时节律不齐。少数马伴发蹄叶炎。

严重的病例，精神极度沉郁，喜站于阴暗处。口干舌燥，少数流涎，口恶臭，苔黄腻，严重时口黏，舌苔光剥，少数有薄白苔。可视黏膜呈红黄色或橘红色或发绀。食欲废绝，或仅吃几口不常吃到的草料，如新鲜青草、胡萝卜、麸皮等；咀嚼无力，下颌常左右摆动；下唇松弛下垂；似有异食癖，喜舐墙土、棚圈栏柱及饲槽。肠音极弱或消失。排少量干黑粪球，病的后期可能干稀交替，或者在死亡前一两天排出极臭的暗灰色或黑色稀粪水；尿少，黏稠如油。心跳快，多在 80 次/min 以上；心音亢进，常节律不齐。颈静脉怒张，波动明显。

分娩时阵缩无力，常发生难产。有时发生早产，或胎儿出生后很快死亡。多数病例在产后逐渐好转，但多在 3d 后才开始恢复采食。严重的病例，产后也会死亡。

【诊断】根据血浆或血清的颜色和透明度出现的特征变化，再结合妊娠史和症状，可以做出临床诊断。将采集的血液置于小瓶中，静置 20～30min 进行观察。病驴的血清或血浆呈不同程度的乳白色、混浊、表面带有灰蓝色，将全血倒于地上或桌面上，其表面也附有这种特征颜色。病马血浆则呈现暗黄色奶油状。

尿多呈酸性和酮尿，血脂高，麝香草酚浊度试验（TTT）、谷草转氨酶试验（COT）、黄疸指数、胆红素总量等均明显升高；血糖和白蛋白减少，球蛋白增多。血酮则随着疾病严重程度而增高（病驴从 0.076 9mg/mL 增加到 0.451 6mg/mL），高脂血症。

剖检，血液黏稠，凝固不良，血浆呈不同程度的乳白色。实质器官及全身静脉充血、淤血出血。肝、肾均出现严重的脂肪浸润。

【防治】 应用促进脂肪代谢、降低血脂、保肝、解毒疗法，效果比较满意。可根据病情选用下列方法进行治疗：

(1) 静脉注射12.5％肌醇注射液、10％葡萄糖注射液和维生素C，每日1～2次。坚持用药，直至食欲恢复为止。

(2) 口服复方胆碱片、酵母粉（食母生）、磷酸酯酶片、稀盐酸，每日1～2次。

(3) 氢化可的松注射液500mg，用生理盐水或5％葡萄糖盐水500～1 000mL稀释后，缓慢静脉注射，每日1次。连用2d后减半，再静脉注射3～5次。

治疗期间，应尽可能使病畜采食。例如，更换饲料品种，饲喂新鲜青草、苜蓿、胡萝卜及麸皮，或者在初春草发芽时将病畜牵至青草地，任其自由活动，这利于改善病情，促进病畜痊愈。

第七单元　分娩期疾病

妊娠期满后，胎儿能否顺利产出，主要取决于产力、产道和胎儿三者之间的相互关系。如果其中任何一方面出现异常，就会导致难产。同时亦可能使子宫及产道受到损伤，这些都属于分娩期疾病。本章仅介绍难产，子宫及产道损伤在产后期疾病中阐述。

难产 是指由于各种原因而使分娩的第一阶段（开口期）和第二阶段（胎儿排出期），尤其是第二阶段明显延长，如不进行人工引产，则母体难于或不能排出胎儿的产科疾病。与难产相对应的顺产指安全顺利地自然或生理性分娩。难产可造成母畜子宫及产道损伤、腹膜炎、休克、弥散性血管内凝血等疾病，严重的可导致母畜死亡；同时，可因脐带受压、胎盘过早剥离、子宫肌压迫性收缩等原因导致胎儿死亡。因此，如何预防、处理母畜难产，是实现安全分娩的关键。

第一节 难产的检查

救治难产的主要任务是确保母体的健康和以后的繁殖力，根据情况尽力挽救胎儿的生命。难产时手术助产的效果，与诊断是否准确有密切关系。只有在确定母畜及胎儿的异常情况并通过全面的分析和判断的情况下，才能正确拟定助产方案并准确判断预后。对预后不良的病畜，应告知畜主，征得畜主同意后及时采取处理措施。

一、病史调查

调查的目的是尽可能详细地了解病畜的情况，以便大致预测难产的种类与程度。主要内容包括以下一些方面。

1. 预产期 若妊娠母畜尚未到预产期，可能是早产或流产。这时胎儿较小，易矫正和拉出。若产期已过，胎儿较大或胎儿已干尸化，矫正及牵引均困难。

2. 年龄及胎次 年龄小，骨盆可能发育不全；初产母畜的分娩过程较缓慢，易难产。

3. 分娩过程 依据母畜不安和努责已有多长时间，努责的频率及强弱如何，胎水是否已经排出，胎儿及胎膜是否露出及露出的时间等判断产程。

如果胎儿产出期未超过正常时限，母畜努责不强，胎膜尚未外露，胎水尚未排出，尤其在牛及初产家畜，可能并未发生异常，或胎儿产出期尚未开始，其胎向、胎位及胎势仍有可能是正常的，这时分娩大多可以顺利进行。当努责无力、子宫颈开张不全时，胎儿通过产道时比较缓慢。如果产期超过正常时限，努责强烈，胎膜露出，或胎水流失，但胎儿久未排出，多为难产。在正生时，如一侧或两侧前腿已经露出很长而不见唇部，或唇部已经露出而不见一侧或两侧蹄尖；倒生时只见一侧蹄或尾尖，表示发生胎势异常。

对任何难产病例，如果发病超过 24h，努责已明显停止，胎水流失，子宫肌动力耗竭，大多数胎儿已经死亡和气肿。例如，马、驴、驼因其尿膜绒毛膜很容易与子宫内膜脱离，若强烈努责超过 30min，胎儿很少能存活；若已努责达 24h 且胎儿已经发生气肿，较难挽救母畜的生命。牛、羊的胎儿大多在努责开始后 6~12h 死亡，24~36h 后发生气肿；犬的胎儿在努责开始后 6~8h 死亡，24~36h 后气肿。猪的第一个胎儿多在努责开始后 4~6h 死亡，其他的可存活 24h，36h 后几乎所有的胎儿都已死亡。

4. 既往繁殖史 以前是否患过产科疾病或其他繁殖疾病；此外，公畜的品种、体格大小对胎儿的体格大小具有遗传影响。当小型品种母畜与大型品种公畜或小型体格母畜与大型体格公畜配种繁殖时，其后代体格相对较大，易发生难产。

5. 饲养管理与既往病史 怀孕期间饲养管理不当或过去发生的某些疾病，也可能导致分娩时母畜的产力不足或产道狭窄。如较长时期的腹泻性疾病、营养原因导致的体弱或肥胖、运动不足、胎水过多、腹部的外伤等，可不同程度地降低子宫或腹肌的收缩能力；既往发生的阴道脓肿、阴门及子宫颈创伤可使软产道产生瘢痕组织，降低软产道的开张能力；有骨盆骨折病史的难产病例则可能出现硬产道狭窄，造成胎儿排出困难。

6. 就诊前的医疗救助情况 难产病例如果在就诊前已接受过难产的医疗救助，应详细询问前期的诊断结论、救治中所使用的药物与剂量、采用的助产方法及胎儿的存活情况等，以便从中为进一步做出正确诊断、制订助产方案和评价预后获取有价值信息。

二、母畜的全身检查

1. 一般检查　检查内容包括母畜的体温、呼吸、脉搏、可视黏膜、精神状态，以及能否站立。母畜发生难产后因高度惊恐、疼痛和持续的强烈努责，机体处于高度应激状态，体力大量消耗，体质明显下降，严重时甚至可以危及生命。视诊检查犬、猫等小动物腹部充盈程度和触诊腹部，可以大致确认子宫中是否仍有胎儿。

2. 骨盆韧带及阴户的检查　触诊检查骨盆韧带和阴户的松软变化程度，或向上提举尾根观察其活动程度如何，以便评估骨盆腔及阴门能否充分扩张。

三、母畜的产道检查

主要检查阴道的松软及润滑程度，子宫颈的松软及开张程度，骨盆腔的大小及软产道有无异常等。将手臂及母畜的外阴消毒后，戴上手套，把手或手指伸入阴门。如果软产道黏膜发生水肿，往往难产为时已久。如果难产时间不长，产道黏膜已水肿，且有损伤和出血现象，表示进行过助产。有时可摸到伤口，流出的血液比胎膜出血鲜艳。如果阴道空虚，应检查子宫颈是否开张。如果子宫颈尚未开张，子宫颈轮廓很明显，并充满黏稠的黏液，可能胎儿产出期未开始，也可能为子宫捻转，此时需要仔细判断。

四、胎儿检查

隔着胎膜触诊胎儿的前置部分，不要撕破胎膜，以免胎水过早流失，影响子宫颈的扩张及胎儿的排出。如果胎膜已破裂，手可伸入胎膜内直接触诊。首先要注意胎儿前置部分有无异常。

1. 胎向、胎位及胎势的检查　通过触诊胎儿头、颈、胸、腹、背、臀、尾及前后腿的解剖特点及状态，判断胎向、胎位及胎势是否异常。如果两前腿已经露出很长而不见唇部，或者唇部已经露出而看不到一侧或两侧前腿，或只见尾巴而不见一侧或两侧后腿，均为异常，此时应将手伸入产道，确定胎儿异常的性质及程度。

2. 胎儿大小的检查　通常可以根据胎儿进入母体产道的深浅程度，通过触摸胎儿肢体的粗细和检查胎儿与母体产道的相适应情况来综合判断。四肢粗壮的胎儿通常体格较大，其身体宽大部位进入产道相对困难，胎儿头部或臀部的宽大部分一般难于进入子宫颈。如果产道因胎儿楔入而处于极度扩张状态，则胎儿可能体格太大，与产道不相适应，不宜简单地采用牵引术助产。

3. 胎儿死活的检查　胎儿死活对助产方法的选择起着决定性作用。若胎儿死亡，在保全产道不受损伤的情况下，对胎儿可采用各种措施。若胎儿还活着，则应首先考虑挽救母仔双方，其次是要挽救母畜。

如果正生，可将手指塞入胎儿口内，观察有无吞咽或吸吮动作；牵拉舌头，观察有无活动；牵拉前肢，感觉有无回缩反应；压迫眼球，观察眼球有无转动。如果头部姿势异常，摸不到时，可以触诊颈胸部的动脉，感觉有无搏动。牵拉前腿时，活力旺盛的胎儿则会回缩。如果胎头已经进入骨盆腔，即使胎儿正常也反应不敏感。如果为倒生，将手指伸入肛门，感觉是否收缩，或触诊股动脉是否有搏动。

但胎儿活力不强或接近死亡，上述反射逐渐消失，前肢的反射最先消失，眼球反射消失的时间最晚。阳性反射说明胎儿仍然存活，但阴性反射不能完全说明胎儿死亡，需要慎重下结论。濒死的胎儿触觉迟钝，但受到锐利器械刺激引起剧痛时可出现活动。如果胎毛大量脱落，皮下发生气肿，触诊皮肤有捻发音，胎衣和胎水的颜色污秽，有腐败气味，说明胎儿已经死亡。

五、母畜的术后检查

助产手术后，应对母畜的全身状况和生殖道进行系统检查，及时发现异常并采取相应的处理措施。通过术后检查，母畜因难产或助产过程中所受到的损伤可以得到及时诊断和治疗，有利于母畜早日恢复健康。

1. 全身状况的检查 术后应对母畜体温、呼吸、心跳和可视黏膜等情况进行仔细检查，诊断有无全身感染、出血和休克等并发症，如果出现疾病状况，则应立即治疗。此外，须检查母畜能否站立，如果母畜站立困难，则应查找原因，检查是否有坐骨神经麻痹，关节错位或脊椎损伤，是否有低血钙等，并及时采取治疗措施。还应检查乳房有无病理变化、乳头有无损伤，对异常情况及时进行治疗处理。

2. 生殖道检查 当难产胎儿经产道助产成功排出后，须仔细检查和确认术后子宫内是否还有其他胎儿滞留，子宫和软产道是否受到损伤，以及子宫有无内翻情况的发生等。若子宫内还有其他胎儿滞留，可通过产道触诊胎儿确认，或者经腹壁外部助触诊以及 X 线检查（犬、猫等）确认。检查术后子宫及产道损伤情况时，应注意黏膜水肿和损伤情况、子宫及产道的出血和穿孔等。子宫体和子宫颈因靠近耻骨前缘部位，在强力的挤压下易发生挫伤甚至穿孔；强行牵引体格大的胎儿时，阴道壁也可能因过度扩张而破裂，使周围脂肪发生脱出。此外，如果发现有子宫内翻的情况，应马上进行整复，将子宫内翻的部分推回原位。

第二节 助产手术★

救治难产时，可供选择的助产手术很多，但大致可以分为两类：用于胎儿的手术和用于母体的手术。用于胎儿的手术主要有牵引术、矫正术和截胎术。用于母体的手术主要有剖腹产术、外阴切开术、子宫切除术、骨盆联合切开术和子宫捻转时的整复手术。用于母体子宫捻转时的整复手术将在产道性难产一节中介绍。由于子宫切除术和骨盆联合切开术在动物上作为助产的手术费用高，护理麻烦，使用甚少，所以不做介绍。

助产手术

一、牵引术

牵引术是指用外力将胎儿自母体产道拉出的助产手术，又称拉出术，是救治难产最常用的手术。

【适应证】产道与胎儿大小较适合，不存在胎儿或产道明显异常的病例，如子宫弛缓，胎儿较大或产道较狭小，胎儿倒生，多胎动物最后几个胎儿的助产及胎儿气肿、溶解等经截胎后胎儿的取出等。

【手术方法】

1. 正生时 牵引两前腿和头，当两前腿和头已经通过阴门时，可只牵引两前腿。在大家畜，应将拉绳拴在其两前腿球节的上方，若在球节下方拴绳，易将蹄部拉断。由助手拉腿，术者把拇指从口角伸入口腔，握住下颌牵拉。在猪、犬等小型多胎动物，正生时可用中指及拇指掐住两侧上犬齿，并用食指按压住鼻梁拉胎儿，或用中指和食指牵拉胎儿下颌，也可掐住两眼眶拉，或用产科绳套牵拉；对后面的胎儿则需等待一段时间或注射催产素后，待它们移至手能抓到时再牵拉，配合腹部按摩，可加速胎儿的娩出。牵引的路径应与骨盆轴相符合：

（1）胎儿前腿尚未进入骨盆腔时，牵引的方向是向上向后。

（2）胎儿通过骨盆腔时，为水平向后拉。拉腿的方法是两条腿轮流进行，或拉成斜向之后，再同时拉两腿，这样容易通过骨盆腔。在前腿进入骨盆腔但尚未完全露出时，蹄尖常抵于阴门的上壁；胎头也有类似的情况，嘴唇部会顶在阴道的上壁，这时需把它们向下压。

（3）胎头通过阴门时，拉的方向应略向下，一人用双手保护母畜阴唇上部和两侧壁，另一人用手将阴唇从胎头前面向后推挤，帮助通过，以免导致阴门撕裂。为了帮助拉头，活胎儿可用推拉桩或产科绳套套在耳后拉头。绳套由上向下呈斜位，或用绳套住胎头后，再把绳套移至口中，避免绳套紧压胎儿的颈部脊髓和血管。但对于死胎，可将产科绳套在脖子上牵拉头；也可用产科钩钩在下颌骨体联合处、眼眶、鼻后孔或硬腭等任何能钩住的部位牵拉。

（4）胎儿骨盆部进入母体骨盆入口处时，拉的方向使胎儿躯干的纵轴成为向下弯的弧形，必要时向下向一侧弯曲，或略微扭转已经露出的躯体，使其臀部成为轻度侧位，与母体骨盆的最大直径相适应。如果母畜站立，可向下并先向一侧、再向另一侧轮流牵拉。待臀部露出后，马上停止拉动，让后腿自然滑出。

2. 倒生时 在大家畜，拉绳应拴在两后肢球节上方，轮流拉两条腿。在猪、犬等小型多胎动物，可将中指放在两胫部之间握住两后腿跖部牵拉。牵引的路径仍应与骨盆轴相符合，并在胎儿的臀部、肩部和头部通过骨盆入口和阴门时，牵引应缓慢进行。如果胎儿臀部通过母体骨盆入口受到侧壁的阻碍（入口的横径较窄），可扭转胎儿的后腿，使其臀部成为侧位，便于胎儿通过。

【注意事项】

为保证母体不受损伤并顺利牵拉出胎儿，在实施牵引术时应注意下列事项：

（1）胎儿的胎向、胎位及胎势无异常，无胎儿绝对过大情形，产道无严重异常。

（2）牵拉的力量应均匀，用力适当，与母畜的努责相配合，不可强行猛力牵拉。

（3）产道必须充分润滑，产道干燥时必须灌入大量润滑剂。

（4）如果牵拉难以奏效，应马上停止，仔细检查产道及胎儿，以确定原因。

（5）下列情况下慎用牵引术：母畜坐骨神经麻痹，产道有严重损伤或狭窄，母畜子宫强力收缩而紧包胎儿，子宫颈管狭窄或开张不全，胎位、胎向和胎势存在严重异常。

二、矫 正 术

矫正术是指通过推、拉、翻转、矫正或拉直胎儿四肢的方法，把异常胎向、胎位及胎势矫正至正常状态的助产手术。

【适应证】正常分娩时，单胎动物的胎儿呈纵向（正生或倒生）、上位，头、颈及四肢伸直，与此不同的各种异常情况均可用矫正术进行矫正。

【基本方法】矫正术是通过推、拉、旋转和翻转等操作实现对胎儿胎向、胎位及胎势异常的矫正。施术中使用的主要产科器械有：产科榿、推拉榿、扭正榿和产科绳（链）及产科钩等。

1. 推拉 推就是用产科榿或者术者的手臂将胎儿或其一部分从产道中向前推动；拉是将姿势异常的头和四肢矫正成正常状态后通过术者手臂和牵拉的产科器具拉出。在推的操作中，术者可通过手臂或产科榿等推的器械均衡用力推动胎儿。正生时，术者可依据矫正的需要，将手或榿放在胎儿的肩与胸之间或前胸处推动胎儿；倒生时，可将手或榿置于胎儿坐骨弓上方的会阴区推移胎儿。使用产科榿时术者应用手护住榿的前端，防止滑落损伤子宫。

2. 旋转 是以胎儿纵轴为轴心将胎儿从下位或侧位旋转为上位的操作，主要用于异常胎位的矫正。胎儿为下位时，可采用交叉牵拉或直接旋转的方式进行矫正。交叉牵拉时，首先在两前肢球关节上端（正生）或后肢跗趾关节上端（倒生）分别拴上绳（链），将胎儿躯干推回子宫，然后由两名助手交叉牵引绳（链）。以直接旋转胎儿方式进行胎儿下位或侧位的矫正时，可在前置的两前肢或后肢上捆绑扭正榿，或在两腿之间固定一短木棒，然后向一个方向旋转进行矫正。

3. 翻转 是以胎儿横轴为轴心进行的旋转操作，可将横向或竖向异常胎向矫正为纵向。胎儿横向时，一般有胎儿躯体的一端（前躯或后躯）邻近骨盆入口，另一端稍远离骨盆入口。矫正时可将胎儿远离骨盆入口一端往前推向入子宫深处，同时把邻近骨盆入口一端拉向产道，使胎儿在牵拉过程中绕其横轴旋转约90°，由横向转为纵向。如横向胎儿身体的两端与骨盆入口的距离大致相等，则应选择推移前躯和牵拉后躯的方式，将胎儿矫正为倒生纵向，不再需要矫正胎儿头颈即可比较容易地拉出胎儿。

胎儿的竖向一般为腹竖向头部向上的类型。矫正时尽可能先把后蹄推回子宫，然后牵拉胎儿头和前肢；或者在胎儿体格较小的情况下先牵拉后肢，同时将前躯推入子宫深处，然后以交叉牵引的方式将胎儿矫正为上位拉出。如果胎儿为背竖向时，可围绕着胎儿的横轴转动胎儿，将其臀部拉向骨盆入口，变为坐生，然后再矫正后腿拉出。

【注意事项】为了保证矫正术的顺利进行和避免对母体及胎儿的损伤，施术过程应注意下列事项：

（1）使用产科钩、榿等尖锐、硬质器具时，术者应注意防护器具对母体及胎儿的损伤。

（2）为了避免母畜努责和产道及子宫干涩对操作的妨碍，可适度对母体进行硬膜外麻醉或肌内注射二甲苯胺噻唑，以及在子宫内灌入大量润滑剂，以利于推、拉及转动胎儿，保证助产术顺利实施。

（3）难产时间久的病例，因子宫壁变脆而容易破裂，进行推、拉操作时须特别小心。

（4）如果矫正难度很大，应果断采取其他助产措施，如剖腹产术，或对死亡胎儿采用截胎术。

三、截 胎 术

截胎术是为了缩小胎儿体积而肢解或除去胎儿身体某部分的手术。

【适应证】难产时，若无法矫正拉出胎儿，又不能或不宜施行剖腹产，可将死胎儿的某些器官截断，分别取出或把胎儿的体积缩小后一同拉出。适于胎儿已经死亡且产道尚未缩小的情况。若胎儿活着、母畜体况尚可，建议做剖腹产术。

【基本方法】截胎的主要目的是缩小胎儿的体积以便将其从产道中拉出，通常是使用截胎的产科器械，如指刀、隐刃刀、产科钩刀、剥皮铲、产科凿、线锯和胎儿绞断器等，对胎儿进行肢解。施行截胎术时，可以截取胎儿的任何部分，也可以在任何正常或异常的胎向、胎位及胎势时进行。截胎采用的手术有两种：皮下法和开放法。

1. 皮下法 又称覆盖法，是在截断胎儿骨质部分之前首先剥开皮肤，截断后皮肤连在胎体上，覆盖骨质断端，避免损伤母体，同时还可以用来拉出胎儿。

2. 开放法 又称经皮法，是由皮肤直接把胎儿某一部分截掉，不留皮肤，断端为开放状态。在临床中，开放法因操作简便，应用较为普遍，因此如果有线锯、绞断器等截胎器械，宜采用此法。

【注意事项】

（1）严格掌握截胎术适应证。建议在确定胎儿死亡后方行截胎术。

（2）尽可能站立保定。如果母畜不能站立，应将母畜后躯垫高。

（3）产道中灌入大量的润滑剂。

（4）应在子宫松弛、无努责时施行截胎术。随时防止损伤子宫及阴道，注意消毒。

（5）残留的骨质断端尽可能短，在拉出胎儿时其断端用皮肤、纱布块或手等覆盖。

四、剖腹产术

剖腹产术是指切开母体腹壁及子宫取出胎儿的手术。在救治难产时，如果药物催产无效、无法牵引拉出胎儿、不能矫正胎儿或不宜施行截胎术，或者这些方法的后果不及剖腹产，则可采用此手术。尤其在小动物和胎儿还活着的情况下，多采用该手术。

【适应证】剖腹产适用于以下几种情况：

（1）经产道难以通过胎儿助产术达到助产目的的难产。包括产道严重狭窄（骨盆发育不全或骨盆变形、子宫颈狭窄且不能有效扩张、子宫捻转、阴道极度肿胀或狭窄）、胎儿严重异常（胎向、胎位或胎势严重异常、胎儿过大或水肿、胎儿畸形、胎儿严重气肿）等。

（2）猪、羊、犬、猫等中、小型动物的难产，且催产或助产无效。

（3）子宫已发生破裂的难产。

（4）妊娠期满，母畜因患其他疾病生命垂危，必须剖腹抢救仔畜或以保全胎儿生命为首要选择的难产救助病例。

剖腹产术主要适用于救助活的胎儿及难以经产道有效实施胎儿助产术的难产病例。如果难产时间已久，胎儿腐败以及母畜全身状况不佳时，施行剖腹产术须谨慎。

【基本方法】牛、羊、马的手术方法基本相同，犬和猫的基本相同，猪的稍有不同。现将牛和犬的方法介绍如下。

1. 牛的剖腹产术 全身麻醉（浅麻醉）配合局部麻醉。可采用腹下切开法和腹侧切开法，以腹下切开法的腹中线与右乳静脉间的切口为例。首先从乳房基部前缘向前切一个25～35cm的纵行切口，切透皮肤、腹黄筋膜和腹斜肌腱膜、腹直肌；用镊子夹住并提起腹横肌腱膜和腹膜，切一小口，然后将食指和中指伸入腹腔，引导手术剪扩大腹膜切口。

切开腹膜后，术者一只手伸入腹腔，紧贴腹壁向下后方滑行，绕过大网膜后向腹腔深部触摸子宫及胎儿，隔着子宫壁握住胎儿后肢（正生时）或前肢（倒生时）向切口牵拉，挤开小肠和大网膜，然后在子宫和切口之间垫塞大块纱布，以防切开子宫后子宫内液体流入腹腔。

切开子宫时，切口不能选择在血管较为粗大的子宫侧面或小弯上，应在血管少的子宫角大弯处、避开子叶切开一个与腹壁切口等长的切口，切透子宫壁及胎膜，缓慢放出胎水；然后取出胎儿，交由助手按常规方法断脐和清除口、鼻腔黏液，或对发生窒息的胎儿进行急救处理。在切开子宫和取出胎儿的过程中，助手应注意提拉子宫壁，防止子宫回入腹腔和子宫液体流入腹腔。胎儿取出后，剥离一部分子宫切口附近的胎膜，然后在子宫中放入 1～2g 四环素类抗生素或其他广谱抗生素或磺胺药，缝合子宫。

缝合时，用圆针、丝线或肠线以连续缝合法先将子宫壁浆膜和肌肉层的切口缝合在一起，然后采用胃肠缝合法再进行一次内翻缝合。子宫缝合后，用温生理盐水清洁暴露的子宫表面，蘸干液体，涂布抗生素软膏，然后将子宫送放回腹腔并轻拉大网膜覆盖在子宫上。腹壁的缝合可用皮肤针和粗丝线以锁边缝合法将腹膜、腹横肌腱膜、腹直肌、腹斜肌腱和腹黄筋膜切口一起缝合，然后以相同缝合法缝合皮肤切口并涂抹消毒防腐软膏。因下腹部切口承受腹腔脏器压力较大，腹壁的缝合必须确实可靠。在缝合关闭腹腔前，可向腹腔内投入抗生素，以防止腹腔感染。

2. 犬和猫的剖腹产术 犬的剖腹产多用全身麻醉，多采用舒泰或者丙泊酚诱导，异氟烷吸入麻醉；也可肌内注射速眠新注射液（参考用量：杂种犬每千克体重 0.08～0.10mL，纯种犬每千克体重 0.04～0.08 mL；手术结束后注射苏醒剂）。猫的剖腹产也可采用舒泰或者丙泊酚诱导，异氟烷吸入麻醉；化学麻醉药多采用肌内注射复方氯胺酮注射剂或隆朋联合氯胺酮进行全身麻醉。

犬和猫的剖腹产手术部位多选择腹中线部位，亦可在腹侧壁距乳腺基部 2～3cm 处作水平向切口。犬的切口长度 7～12cm，猫为 5～7cm。

犬和猫的剖腹产方法基本相同。首先分层切开腹壁及腹膜，然后术者用右手食指、中指伸入腹腔，将两侧子宫角均引出切口之外，充分暴露子宫角基部，隔离后在子宫体的背部或一侧子宫角做一切口，通过同一切口中取出双侧胎儿，并通过挤压胎盘和牵拉脐带分离取出胎盘。缝合子宫、腹壁的方法与上述的相同。

术后应注意观察，防止子宫出血引起的休克，也可注射 10～20IU 的催产素。其他术后护理措施可按一般腹腔手术进行。

五、外阴切开术

外阴切开术是救治难产，尤其是青年母牛难产时，为了避免会阴撕裂而采用的一种简单方法。救治难产时，如果发现胎儿头部已经露出阴门，牵引胎儿时会引起会阴撕裂，此时可施行外阴切开术。

【适应证】此手术主要适用于阴门明显阻止胎儿的排出，阴门明显妨碍进行矫正或牵引，胎儿过大或巨型胎儿，阴门发育不全或阴门损伤而扩张不全等情况时。

【基本方法】如果阴门被胎儿的身体撑得很紧，则动物对疼痛的反应性降低，手术前可不施行麻醉，而是把阴门切开将胎儿拉出后再进行麻醉，缝合切口。如果胎儿尚未露出，可用局部浸润麻醉。切口可选择在阴唇的背侧面，距背联合部 3～5cm 且拉得最紧的游离缘。

切口应切透整个阴唇，长度一般7cm左右。

拉出胎儿后，马上清洗伤口，褥式缝合。缝线一次穿过阴唇黏膜外的所有组织。缝合一定要平整，以便尽可能减少纤维化和影响阴门的对称性，防止形成气膣。另外，如果胎儿已经发生气肿，则尽量不用此手术。

第三节　产力性难产

在兽医临床实践中，难产的类型可以分别依据产力、产道和胎儿异常的直接原因分为产力性难产、产道性难产和胎儿性难产，其中产力性难产和产道性难产亦可对应于胎儿性难产而合称为母体性难产。此外，难产也可根据病因的原发性和继发性分为原发性难产和继发性难产，或根据难产的性质分为机械性难产和功能性难产。

产力性难产是指因子宫肌、腹肌和膈肌节律性收缩的机能异常而导致的难产。在临床上主要表现为子宫弛缓、子宫痉挛两种类型。

一、子宫弛缓

子宫弛缓是指在分娩的开口期及胎儿排出期子宫肌层的收缩频率、持续期及强度不足，以至胎儿不能排出。主要见于牛、猪和羊，发病率随胎次和年龄的增长而升高。多胎动物的发病率较高。

【分类与病因】子宫弛缓可分为原发性和继发性子宫弛缓两种。原发性子宫弛缓指分娩一开始子宫肌层收缩力就不足；继发性子宫弛缓指开始时子宫阵缩正常，以后由于排出胎儿受阻或子宫肌疲劳等导致的子宫收缩力变弱或弛缓。

原发性子宫弛缓的病因很多，但其发病率比继发性的低得多。妊娠末期，特别是在分娩前，孕畜体内激素平衡失调（如雌激素、前列腺素或催产素的分泌不足，或孕酮分泌过多），妊娠期间营养不良、体质弱、年老、肥胖、胎儿过大或胎水过多使子宫肌纤维过度伸张、子宫肌菲薄、子宫与周围脏器粘连、低血钙、流产等，均可引起子宫弛缓。

继发性子宫弛缓通常是继发于难产，见于所有动物，尤其大动物多发。多胎动物可见于前几个胎儿难产的病例，起先子宫及腹壁的收缩是正常的，但由于长时间不能排出或不能排净胎儿，最终因过度疲劳，导致阵缩和努责减弱或完全停止。

【临床症状与诊断】原发性子宫弛缓时可见母畜妊娠期满，部分分娩预兆已出现，但长久不能排出胎儿或无努责现象；低钙血症时产程延长，或努责微弱或无努责。在猪、山羊、犬、猫等，胎儿排出的间隔时间延长，努责无力或不努责。产道检查，胎儿的胎向、胎位及胎势均可能正常，子宫颈松软开放，但有时开张不全，可摸到子宫颈的痕迹。胎儿及胎膜囊尚未进入子宫颈及产道。如果时间较久，可致胎儿死亡。

继发性子宫弛缓可见在此之前子宫有正常的收缩，母畜不时努责，但随后阵缩、努责减弱或停止。直肠检查，马、牛子宫紧缩、裹着胎儿。猪、山羊、犬常已排出一部分胎儿，易误认为是分娩结束。若动物产后1～2d内还有努责、阴门流出液体，可能是子宫内仍有胎儿或子宫内翻等。若胎儿死亡，易发生腐败分解、浸溶，或继发子宫炎或脓毒败血症。

【处理方法】

1. 药物催产　在猪、羊、犬等小动物常用药物催产，但大家畜多行牵引术。用药时母畜的子宫颈必须充分扩张，骨盆无狭窄或其他异常，胎向、胎位、胎势均无异常，否则子宫剧烈收缩可能使其破裂。如果用药物催产后 20min 尚不能使胎儿排出，则必须及时进行手术助产。常用药物为催产素。麦角新碱可引起子宫强直性收缩，不常用。在应用催产素前 30min 可静脉滴注葡萄糖溶液和钙剂。

2. 牵引术　若子宫颈尚未开放或不松软、胎囊未破、胎儿还活着，就不要急于牵引，可用手将下腹壁向上向后推压并按摩，以刺激子宫收缩。当胎水已经排出和胎儿死亡时，应立即矫正异常部位并施行牵引术，将胎儿拉出。对多胎动物，拉出头几个胎儿后，当手或器械触摸不到前部的胎儿时，宜等待片刻，待它们移至子宫角基部时再牵拉。

3. 截胎术或剖腹产术　对复杂的难产，如伴有胎位、胎势的异常，矫正后不易拉出或不易矫正的病例，宜采用剖腹产，但若胎儿死亡，可用截胎术。对助产过迟、子宫颈口已缩小的病例，尽早施行剖腹产。经助产的动物需预防子宫感染，产后子宫内或全身应用抗生素。

二、子宫痉挛

子宫痉挛是指母畜在分娩时子宫壁的收缩时间长、间隙短、力量强烈，或子宫肌出现痉挛性的不协调收缩，形成狭窄环。子宫肌强烈的收缩可导致胎膜囊破裂过早，出现胎水流失。

【病因】胎势、胎位和胎向不正，产道狭窄，胎儿不能排出时；临产前由于惊吓、环境突然改变、气温下降或空腹饮用冷水等刺激；过量使用子宫收缩药物或分娩时乙酰胆碱分泌过多等，均可造成努责过强和子宫痉挛。

【临床症状】母畜努责频繁而强烈，两次努责的间隔时间较短。这时若胎儿与产道无异常，可迅速排出胎儿；有时可见到胎儿和完整的胎膜同时排出。若存在异常，往往导致胎膜囊过早破裂或子宫破裂。胎膜囊过早破裂，易引起难产。子宫长期持续收缩可使子宫和胎盘的血管受到压迫，引起胎儿窒息、死亡。阴道检查，如产道无其他异常，可能子宫颈松软、开张不足。胎儿排出后，持续强烈收缩可引起胎衣不下。

【处理方法】用指尖掐压病畜的背部皮肤，以减缓努责。如子宫颈完全松软开放，胎膜已破，可及时矫正胎儿姿势、位置等异常情况后行牵引术。如果子宫颈未完全松软开放，胎囊尚未破裂，为缓解子宫的收缩和痉挛，可注射镇静药物。如果胎儿死亡，矫正、牵引均无效果时，施行截胎术或剖腹产。

第四节　产道性难产

产道性难产是指由于母体的软产道及硬产道异常而引起的难产。常见的软产道异常有子宫捻转、子宫颈开张不全等。另外，阴道及阴门狭窄、双子宫颈等亦可造成难产。硬产道异常多是骨盆腔狭窄。

一、子宫颈开张不全

子宫颈开张不全是指分娩过程中子宫颈管不能充分扩张，由此导致胎儿难以通过而发生难产。牛、羊最常见，其他动物则少见。

【病因】子宫颈的肌肉组织产前受雌激素作用变软的过程较长。若阵缩过早、产出提前，或各种原因导致雌激素及松弛素分泌不足，子宫颈不能充分软化。流产或难产时胎儿的头和腿不能伸入产道、原发性子宫弛缓、子宫捻转、胎儿死亡或干尸化、多胎动物怀胎少、子宫颈硬化等均可导致子宫颈开张不全。

【临床症状】母畜已具备了分娩的全部预兆，阵缩努责也正常，但长久不见胎儿排出，有时也不见胎水与胎膜。产道检查发现阴道柔软而有弹性，但子宫颈管轮廓明显。根据子宫颈管开张程度不同，可将它分为四度：一度狭窄是胎儿的两前腿及头在牵拉时尚能勉强通过；二度狭窄是两前腿及头前部能进入子宫颈中，但头不能通过，硬拉时易致子宫颈撕裂；三度狭窄是仅两前蹄能伸入子宫颈管中；四度狭窄是子宫颈仅开一小口。常见的是一度和二度狭窄。

【处理方法】如果牛阵缩努责不强、胎膜未破且胎儿还活着，宜稍等候。在等待期间，为了促进子宫颈开放，胎囊未破前，可注射苯甲酸雌二醇（牛 5～20mg，羊 1～3mg）；然后再注射催产药物及葡萄糖酸钙，以增强子宫的收缩力，帮助子宫颈开张；同时可按摩子宫颈 0.5～1h，促进其松弛。

过早拉出会使胎儿或子宫颈发生损伤。当胎膜及胎儿的一部分已通过子宫颈管时，应向子宫颈管内涂以润滑剂，慢慢牵引胎儿。用药后几小时仍未松弛开放时，若母仔面临危险，应考虑手术助产。牵引术可用于一度及二度狭窄；在二度狭窄，拉出可使胎儿受到伤害，还易使子宫颈破裂，须小心。三度和四度狭窄时，建议施行剖腹产手术。

二、阴道、阴门及前庭狭窄

阴道、阴门及前庭狭窄可发生在各种动物，但以牛、羊、猪多见，尤其是青年母畜。

【病因】导致这些器官狭窄的原因可能有下列几个方面：幼稚型或发育不良性狭窄；产道黏膜水肿；损伤及感染后形成血肿、纤维组织增生或瘢痕；肿瘤；骨盆脓肿；阴道周围脂肪沉积；产道不松弛。

【临床症状】在阵缩和努责正常的情况下，胎儿长久排不出来。阴道检查，在阴道腔某些部位有狭窄，在狭窄部位之前，可以触摸到胎儿的前置部分。阴门及前庭狭窄时，随着母畜的阵缩和努责，胎儿的前置部分或一部分胎膜可至阴门外，胎头或两前蹄（正生）可抵在会阴壁上，会阴隆突。阵缩间歇期间，会阴部又恢复原状。

【处理方法】如果为轻度狭窄，阴道及阴门还能开张，应在阴道内及胎儿体表涂以润滑剂，缓慢牵拉胎儿。胎儿通过阴门时，用手将阴唇上部向前推，帮助胎儿通过，避免撕裂阴唇。如果胎头已经露出阴门，牵拉胎儿会导致阴门撕裂或不易牵引成功，可行阴门切开术。在阴唇背侧做全层切开。拉出胎儿后，经清创后分别间断缝合阴唇的黏膜侧与皮肤侧。如果狭窄严重，不能通过产道拉出胎儿，或者这样助产对仔畜、母畜有生命危险，应进行剖腹产。

三、骨盆狭窄

骨盆狭窄指因骨盆骨折、异常或损伤引起骨盆腔大小和形态异常，妨碍排出胎儿。

【病因】骨盆先天性发育不良，或佝偻畸形；体成熟前过早交配，至分娩时骨盆尚未发育完全；有时虽然已达体成熟，但因饲养管理差或慢性消耗性疾病等使骨盆发育受阻。

【临床症状】虽然胎水已经排出，阵缩努责也强烈，但排不出胎儿。阴道检查时，骨盆腔较正常动物窄，软产道及胎儿均无异常。

【处理方法】对于轻度骨盆狭窄的，可先在产道内灌注大量润滑剂，然后配合母畜的努责，试行拉出胎儿。当拉出困难时，或耻骨联合前端有骨瘤、骨质增生或软骨病引起的骨盆变形狭窄时，宜采用剖腹产。正生时胎头及两前肢难以同时进入骨盆腔，或倒生时胎儿骨盆明显比母体骨盆入口大时，最好采用剖腹产。

四、子宫捻转

子宫捻转是指整个子宫、一侧子宫角或子宫角的一部分围绕自己的纵轴发生的扭转。主要见于奶牛、羊、马和驴，猪则少见。捻转处多为子宫颈及其前后，位于阴道前端的称为颈后捻转，位于子宫颈前的称为颈前捻转。多数是在临产时发生扭转，且多数病例捻转180°～270°；牛颈后捻转多于颈前捻转，向右多于向左。马则多为颈前捻转。

【病因】能使母畜围绕其身体纵轴急剧转动的任何动作，都可成为子宫捻转的直接原因。妊娠末期，母畜如急剧起卧并转动身体，因胎儿重量大，子宫不随腹壁转动，就可发生向一侧捻转。下坡时绊倒，或运动中突然改变方向，也易引起捻转。临产时发生的子宫捻转，可能是母畜因疼痛起卧，或胎儿转变体位时引起的。

【临床症状】

1. 外部表现　产前发生的捻转，如果不超过90°，母畜无临床症状。超过180°时，母畜有明显的不安和阵发性腹痛，并随着病程的延长和血液循环受阻，腹痛加剧，且间歇时间缩短。若捻转严重且持续时间太长，子宫坏死，则疼痛消失，但病情恶化。弓腰、努责，但不见排出胎水。体温正常，但呼吸、脉搏加快。牛、羊常有磨牙。若子宫阔韧带撕裂和血管破裂，发生内出血。临产时的捻转，孕畜可出现正常的分娩预兆与表现，但腹痛不安比正常分娩时严重。产道内无胎膜和胎儿前置器官。

2. 阴道及直肠检查　在妊娠期，牛子宫常有45°～90°的捻转。若发生90°～180°的捻转，则逐渐出现临床症状。因此，对妊娠后期表现腹痛症状的家畜，均需作阴道及直肠检查。

（1）子宫颈前捻转　阴道检查，在临产时若捻转不超过360°，子宫颈口总是稍微开张，并弯向一侧。达360°时，子宫颈管封闭，也不弯向一侧，子宫颈腔部呈紫红色，子宫颈塞红染。产前发生捻转，常需要做直肠检查。直肠检查时，在耻骨前缘摸到软而实的捻转子宫体，阔韧带从两旁向此捻转处交叉，其中一侧韧带位于前上方，另一侧则位于后下方。若捻转不超过180°，后下方的韧带比前上方的韧带紧张，子宫向着韧带紧张的一侧捻转，但两侧子宫动脉很紧。捻转超过180°时，两侧韧带均紧张，韧带内静脉怒张。胎儿的位置靠前。在马，因为小结肠受到子宫韧带的牵连，直肠前端狭窄，手进入直肠一定距离后不易再向前向下伸入。

（2）子宫颈后捻转　阴道检查，在产前或临产时发生的捻转，阴道壁紧张，阴道腔越向前越狭窄，阴道壁的前端呈螺旋状皱褶。螺旋状皱褶从阴道背部开始向哪一侧旋转，则子宫就向该方向捻转。当发生右侧捻转时，右手背朝上伸入阴道内，顺着阴道皱褶缓慢前进，当手指接近子宫颈时手掌发生顺时针旋转；相反，若为左侧捻转，手掌则发生逆时针旋转。捻转不超过90°时，手可以自由通过；达到180°时，手仅能勉强伸入，在阴道前端的下壁上可摸到一个较大的皱褶，阴道腔弯向一侧；达到270°时，手不能伸入阴道；达到360°时，管腔拧闭，阴道检查看不到子宫颈口，只能看到前端的皱褶。直肠检查，情况与颈前捻转相似。

【处理方法】临产时发生的捻转，应将子宫转正后拉出胎儿；产前捻转应转正子宫后保胎。对捻转程度轻的，可选用产道内或直肠内矫正；对捻转程度较重且产道极度狭窄、手难以伸入产道抓住胎儿或子宫颈尚未开放的产前捻转，常选用翻转母体、剖腹矫正或剖腹产的方法。

1. 产道内矫正　是救治子宫捻转引起难产最常用的方法。主要目的是借助胎儿矫正捻转的子宫。母畜站立保定，前低后高，必要时后海穴麻醉。手伸入胎儿的捻转侧下方，握住胎儿的某一部分向上向对侧翻转。边翻转，边用绳牵拉位置在上的肢体。对活胎儿，用手指抓住两眼眶，在掐压眼眶的同时向捻转的对侧扭转，借助胎动使捻转得以纠正。

从产道矫正羊的子宫捻转时，助手可将母羊的后腿提起，使腹腔内的器官前移，然后手伸入产道抓住胎腿向捻转的对侧翻转胎儿。如果捻转程度不大，很容易矫正过来。

2. 直肠内矫正　站立保定，前低后高，1～2尾椎间隙脊髓麻醉。如果子宫向右侧捻转，可将手伸至子宫右下方，向上向左翻转，同时一助手用肩部或背部顶在右侧腹下向上抬，另一助手在左侧由上向下施加压力。向左捻转时，操作方向相反。

3. 翻转母体　是一种间接矫正子宫的简单方法，可用于马、牛、羊，比直肠矫正省力，有时能立即矫正成功。翻转前，如果母畜挣扎不安，可施行硬膜外麻醉，或注射松肌药物，使腹壁松弛；马还可以加镇静药物。病畜头下垫以草袋；乳牛必须先将奶挤净，以免转动时乳房受损。

（1）**直接翻转母体法**　子宫向哪一侧捻转，使母畜卧于哪一侧。翻转时把前后肢分别捆住，后躯抬高。如右侧捻转，则应右侧卧，然后快速仰翻为左侧卧。由于转动迅速，子宫因胎儿重量的惯性，不能随母体转动，而恢复到正常位置（图4-7）。如果翻转成功，阴道前端螺旋状皱褶消失，无效时则无变化；如果翻转方向错误，软产道会更加狭窄。因此，每翻转一次，经产道或直肠进行一次验证。几次翻转不成功的，可施行剖腹矫正或剖腹产术。

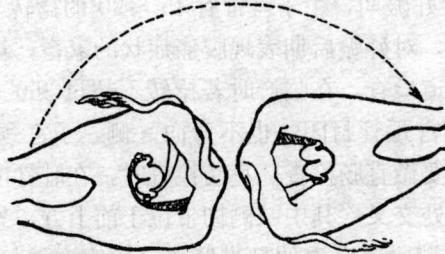

图4-7　矫正向右捻转的子宫

（2）**腹壁加压翻转法**　可用于马、牛，操作方法与直接法基本相同。但另用一长3m、宽20～25 cm的木板，将其中部置于被施术动物腹肋部最突出的部位上，一端着地，术者站立或蹲于着地的一端上，然后将母畜慢慢向对侧仰翻，同时另一人翻转其头部，翻转时助手尚可从另一端帮助固定木板，防止其滑向腹部后方，以免压迫胎儿。翻转后同时必须进行产道检查或直肠检查。第一次不成功，可重新翻转。

4. 剖腹矫正或剖腹产　剖腹矫正时大动物仰卧保定，沿腹白线右侧切口，不宜矫正者，改为右侧卧保定，行剖腹产。小动物做脐后腹白线切开，行矫正术或剖腹产。

第五节　胎儿性难产

胎儿性难产主要由胎向、胎位及胎势异常和胎儿过大等所致，也见于胎儿畸形或两个胎儿同时楔入产道等情况。

一、胎儿过大

胎儿过大是指胎儿体格相对过大和绝对过大，与母体大小或骨盆大小不相适应。临床上多见胎儿水肿或气肿、公畜体格较大、胎儿畸形、妊娠期过长或多胎动物怀单胎或少胎等情况造成的胎儿体型过大。

【临床症状】分娩开始时母畜阵缩及努责均正常，有时见到两蹄尖露出阴门外，但排不出胎儿来。产道、胎向、胎位和胎势均正常，只是胎儿的大小与产道不适应。

【处理方法】在产道内灌入润滑剂，缓慢斜拉胎儿，注意保护胎儿与产道。如果阴门明显较小，可行外阴切开术。如经牵引术难以将胎儿拉出且胎儿活着，应行剖腹产。若胎儿已死亡，多用截胎术。如果母畜已过了预产期，且仍无分娩征兆时，可注射雌二醇和PGF$_{2\alpha}$诱导分娩，注射药物后应注意观察，及时助产。

二、双胎难产

双胎难产是指两个胎儿同时楔入母体骨盆，或只有一个胎儿前置，但由于胎势、胎位或胎向异常而难于娩出；或由于子宫负担过重，过度扩张而发生子宫弛缓所致。

【临床症状】如果两个胎儿均为正生，产道内可发现2个头及4条前腿；若均为倒生，只见4条后腿。如果发现有2个头或3条以上的腿时，就应考虑双胎难产，并区别是两胎儿同时楔入产道，还是一个胎儿的四肢楔入产道。也要将双胎与裂体畸形、连体畸形、胎儿竖向及横向等加以区别。

【处理方法】先推回一个胎儿，拉出另一个胎儿，然后再将推回的胎儿拉出。在推回胎儿时一定要防止子宫破裂。如果矫正及牵引均困难很大时，应剖腹产。药物催产的效果较差，但可在矫正处理后与牵引术联合应用。

三、胎儿畸形难产

这类难产是由于胎儿畸形，难于从产道中娩出所致。胎儿处于胚胎期时，如果参与器官发育过程中的任一环节出现异常，则会导致畸形。畸形胎儿有些可发育至妊娠期满，但生后多因无法独立生活而死亡。引起难产的常见畸形有胎儿水肿、裂腹畸形、先天性假佝偻、先天性歪颈、脑积水、重复畸形等。

【临床症状】

1. 胎儿全身性水肿 时常伴有胸腔积液和胎膜水肿，胎儿体积增大，不易通过母体骨盆腔。在皮肤较松的地方，可有波动感。

2. 裂腹畸形 包括裂腹畸形和裂胸畸形，大多数可致难产；腹膜和胸膜部分形成胎儿的外被，胎儿脊柱向背侧屈曲，四肢缩短，胎势异常。胸、腹腔开放，暴露的内脏漂浮在羊水中。分娩时可见到胎儿的内脏突出于阴门外，易将其误认为是母体的子宫破裂，但经检查子宫有无裂口、突出的内脏与胎儿的关系等就容易鉴别。

3. 先天性假佝偻 胎儿的头、四肢粗大，前额突出，颌骨突出。

4. 先天性歪颈 胎儿的颈椎畸形发育，颈部歪向一侧，颜面部也常是歪曲的，四肢伸屈腱均收缩，球节以下的部分与上部垂直，有时四肢痉挛，关节硬结，不能活动。

5. 胎头积水 由于脑室系统或蛛网膜下腔液体积聚而引起的脑部肿胀，颅骨壁扩张，骨壁薄，骨缝之间常有间隙、没有骨化，有的胎儿没有颅骨壁；头部畸形、体积增大。

6. 重复畸形 分为对称联胎和非对称联胎。对称联胎重复部分的发育是对称性的，如双头畸形、胸部联胎、脐部联胎等。非对称联胎有一胎儿（附生胎儿）的一部分长在基本胎儿身上。附生胎儿是不成形的组织，或是发育良好的前躯或后躯，或是几乎发育完成的胎儿，附着于基本胎儿的躯干上，借皮肤和骨骼或皮肤和皮下组织与基本胎儿相连；有时附生胎儿被包在基本胎儿的某一器官内，称为包涵联胎或寄生胎儿。

【处理方法】

1. 基本原则 ①尽可能弄清胎儿畸形的部位及程度，估计胎儿的大小及通过产道的可能性，避免胎儿的异常部位损伤产道。当难以弄清畸形的种类和程度时，应首先考虑剖腹产。②采用牵引术如果难以奏效，且确定胎儿不易成活时，则用截胎术或剖腹产。③畸形比较严重或胎儿的体积太大或胎儿的胎向不规则时，截胎术常难以奏效，应剖腹产。④畸形胎儿引起的难产中，有时胎儿的前置部分正常，但位于产道深部的部分严重畸形，在分娩开始时进展基本正常，当畸形部分楔入骨盆入口时引起难产。此时再进行剖腹产，常不能挽救胎儿。

2. 助产方法 ①对水肿的胎儿如果拉出困难，可以在肿胀的部位做多处切口，放出积水后试行牵引术。②对裂腹畸形胎儿应先除去内脏，可用产科钩钩住胎儿，试行拉出；如果牵引难以奏效，可选线锯施行截胎术或剖腹产。③对先天性假佝偻和先天性歪颈的胎儿若无法拉出，可施行截胎术或剖腹产。④若需要消除胎头积水，可用指刀或产科凿切开颅部的皮肤及脑膜，放出脑积水；如果骨质发育较硬，将线锯自脑基部纵向截开；有时胎儿倒生，在这种情况下可施行剖腹产。⑤对于重复畸形，需仔细触摸才能诊断，如果不宜施行牵引术或截胎术，应做剖腹产。

四、胎势异常★★★★

胎势异常是指分娩时胎儿的姿势发生异常。可能单独发生，或者和胎位、胎向异常同时发生。根据发生的部位可分为头颈姿势异常、前腿姿势异常及后腿姿势异常。

（一）头颈姿势异常

主要有头颈侧弯、头向下弯、头向后仰和头颈捻转。原因可能是在分娩时胎儿的活力不强，头颈未能转正；或子宫急剧收缩，胎膜过早破裂，胎水流失，子宫壁直接裹住胎儿，胎头未能以正常姿势伸入骨盆腔。助产错误，如头部尚未进入产道，过早牵拉前腿等。

1. 临床症状 以头颈侧弯为例。初期，头部轻度偏于骨盆入口一侧，阴门内仅能看到蹄子。随着努责及子宫收缩，胎儿继续向盆腔移动，头颈侧弯加重，腕部以下伸出阴门外，但不见唇部。

2. 处理方法 以头颈侧弯为例。母畜前低后高保定。在骨盆入口前方手可触及胎头时，握住胎儿唇部，把头扳正。在活胎儿，用拇指、中指掐住眼眶，引起胎儿反抗，有时头部能自动矫正。矫正后试行牵引拉出。当弯曲程度大、颈部堵在盆腔入口、胎水丢失、子宫紧裹胎儿时，向子宫内注入润滑剂，然后再进行矫正。矫正时把产科梃顶在胸前和前腿之间向前推动胎儿，腾出空间后把胎头拉直。如果手扳胎头有困难时，用绳套在胎头上，术者握住唇部向对侧压迫胎头，助手拉绳，或在用产科梃将胎儿向前推动的同时向外拉绳。难以矫正时，若胎儿已死亡，用有柄钩钩住眼眶矫正胎头，或在颈基部将头颈截断，前推头颈部，把躯干拉出后再用钩子钩住颈部断端把头颈拉出；若胎儿活着，应及时施行剖腹产。

（二）前腿姿势异常

常见的有腕关节屈曲、肩关节屈曲、肘关节屈曲。

1. 临床症状 两侧腕关节屈曲时，在阴门处看不到唇和蹄；单侧性腕关节屈曲时，阴门处可见到另一前蹄；产道内可摸到一侧或两侧屈曲的腕关节位于耻骨前缘附近或楔入骨盆腔内。肘关节屈曲时，在阴门处可看到唇部，正常前蹄在前，异常前蹄在后，或者两前蹄均位于下颌。肩关节屈曲时，阴门处可看到胎儿唇部，或唇部及一前蹄；产道内可摸到胎头及屈曲的肩关节，前腿自肩端以下位于躯干旁或躯干下。

2. 处理方法 小型多胎动物如果不是两侧性的异常，前腿姿势异常一般可拉出。以腕部前置为例。助手用产科梃顶在胎儿胸部与异常前腿肩端之间向前推，将胎儿推回子宫。然后，用手钩住蹄尖或握住系部尽量向上抬，或者握住掌部上端在向前向上推的同时向后向外侧拉，使蹄呈弓形越过骨盆前缘伸入骨盆腔。如果屈曲较为严重，也可将绳子拴住异常前腿的系部，术者用一只手握住掌部上端或把推拉梃固定在腕部腹侧向前向上推，助手拉动系部的绳使前腿伸直进入盆腔。如仍难以矫正，且胎儿已死亡，可把腕关节截断、取出，然后用绳子拴住前臂下端，将前腿拉直，用手护住断端，拉出胎儿。

（三）后腿姿势异常

常为跗关节屈曲和髋关节屈曲。跗关节屈曲时伴发髋、膝关节的屈曲。后腿位于自身躯干下，未进入骨盆，胎儿坐骨向着盆腔。如果为双侧髋关节屈曲，称为坐生。

1. 临床症状 如为双侧跗关节屈曲，在骨盆入口处可摸到胎儿的尾、坐骨粗隆、肛门、臀部及屈曲的跗关节；一侧跗部前置时，阴门内常有一蹄底向上的后蹄。坐骨前置时，若为一侧坐骨前置，阴门内可见一蹄底向上的后蹄；若为坐生，在骨盆入口处可以摸到胎儿的尾、坐骨粗隆、肛门，再向前可以摸到向前伸的后腿。

2. 处理方法 跗关节屈曲时，将产科梃顶在尾根和坐骨弓之间向前推，术者用手钩住蹄尖或握住系部尽力向上抬，或者握住跗部上端在向前、向上、向一侧推的同时将蹄向盆腔内拉，使它越过耻骨前缘，拉直后腿。或用绳子拴住异常后腿的系部，边推边拉。如果跗部已伸入盆腔、矫正困难，且胎儿死亡时，可先把跗关节截断，取出截下的部分，用绳子拴住胫骨下端，将后腿拉直。

髋关节屈曲时，用产科梃横顶在尾根和坐骨弓之间，术者用手握住胫骨下端，在助手向前推动胎儿的同时，术者在用手向前、向上抬起的同时后拉胎儿，拉成跗部前置，然后再继续矫正拉直。若矫正困难，胎儿尚活着，立即进行剖腹产。若胎儿死亡，用截胎术截去弯曲的后肢，再用产科钩钩住胎儿的耻骨前缘拉出胎儿。

五、胎位异常★★★★

妊娠末期，马胎儿常呈下位，牛胎儿多是上侧位。分娩时胎儿则要变为上位。无论是正生还是倒生，胎儿均可能因为未翻正，而使胎位发生异常，即呈侧位或下位。胎位异常主要有正生时的侧位及下位和倒生时的侧位及下位两种。

【临床症状】 正生侧位时，产道内可以摸到两前蹄底向着侧面，唇部伸入盆腔，下颌向着一侧。正生下位时，两前腿和头颈一般都是屈曲的，位于盆腔入口之前，偶尔前腿以蹄底向上的姿势伸入盆腔，头颈侧弯在子宫内。根据胸背部的位置确定为侧位或下位。倒生时两后腿屈曲，但偶尔有的伸入产道，蹄底向着侧面或向下；检查胎儿时，借跗关节可以确定是否为后腿，臀部向着侧面或位于下面。

【处理方法】母畜站立保定，产道内灌入大量的润滑剂。

正生时，先把一前腿拉直伸入产道，然后用手钩住胎儿鬐甲部向上抬，使它变为侧位，再钩住下面前肢的肘部向上抬，使胎儿基本变为上位。用手握住下颌骨，把胎头转正拉入骨盆腔，最后把另一前腿拉入盆腔。在发生侧位的活胎儿，有时用拇指及中指掐住两眼眶，借助胎儿的挣扎就能把头和躯干转正。如果母畜不站立，侧卧保定，前低后高，将胎儿的一前腿变成腕部前置后术者紧握掌部固定。然后，将母畜向一侧迅速翻转。产道干燥时，翻转前灌入大量润滑剂。至于母畜卧于哪一侧好，应视胎头的位置而定，如胎头在自身左方，让母畜左侧卧保定，向左翻转为右侧卧。

倒生时，先将两后腿拉直进入盆腔。胎儿两髋结节间的长度较母畜骨盆的垂直径短，通过盆腔并无困难，可不矫正，缓慢拉出。倒生下位时，牵拉位置在上的一条后腿，同时抬位置在下的髋关节，使骨盆先变成侧位，然后再继续矫正拉出。如胎儿已死，而跗部已露出于阴门之外，可在两跗部之间放一粗棒，用绳把它们一起捆紧，缓慢用力转动粗棒，将胎儿转正、拉出。

六、胎向异常★★★★

正常情况下，胎体的纵轴与母体的纵轴近平行。胎向异常时，其纵轴则与母体纵轴垂直，或为上下垂直而呈竖向，或为水平垂直而呈横向。根据胎儿脊柱或腹部位于骨盆入口处的情况，胎向异常分为背竖向和腹竖向、腹横向及背横向。引起胎向异常的原因比较复杂。

【临床症状】以腹竖向为例。腹竖向是胎儿倾斜竖立于子宫中，腹部向着骨盆入口，头及四肢可伸入产道内，这种胎向异常称为犬坐式。髋关节多为屈曲，趾关节可能楔入骨盆腔或沿着胎儿体躯伸入阴道内。腹竖向又分为头部向上和臀部向上两种。头部向上分娩时，在产道内摸到前置的头及前腿，在耻骨前缘或盆腔入口内可摸到后蹄。若唇及前蹄至阴门处，在骨盆入口处可以摸到屈曲的后腿，阻塞于骨盆入口处；或后蹄已进入盆腔入口内，跗部挡在耻骨前缘。若同时伴有前躯的姿势异常，如胎头侧弯及腕部前置，则前躯不易露出阴门外。

【处理方法】所有胎向异常的难产均极难救治。母畜侧卧或半仰卧，后躯垫高，硬膜外麻醉，产道内灌入润滑剂。在未进行矫正或未矫正成功之前不要向外牵拉胎儿。转动胎儿，将竖向或横向矫正成纵向。一般是先将最近的肢体向骨盆入口处拉，如果四肢都差不多时，多将其矫正成倒生。当胎儿活着时，宜尽早施行剖腹产；若胎儿死亡，则宜施行截胎术。

头部向上的腹竖向，若头及前躯进入骨盆腔不深，用手握住后蹄向上抬，越过耻骨前缘将其推回子宫腔。然后，将胎儿矫正成正常的正生纵向后拉出。也可将其矫正成倒生下位，用推拉梃顶着胎儿肩部或颈部回推，同时用绳套拴住后肢牵拉胎儿。如果矫正困难而且胎儿尚活着，应立即进行剖腹产。若胎儿死亡，在矫正有困难时应施行胸部缩小术，然后将手伸入产道，把后蹄推回子宫，再拉出胎儿。如果无法把后蹄推回子宫或拉直，行前躯截断术。截除前躯后，将剩下的腰臀部推回子宫，然后以倒生拉出。

第六节 难产的综合防制措施

由于难产的原因十分复杂，且常是几种原因联合发挥作用。因此，需要积极地采取综合措施来预防难产。

一、预防难产的饲养管理措施

1. 做好育种工作　避免近亲繁殖，有生殖道畸形的母畜及其后裔有生殖道畸形的种畜不用于繁殖。近亲繁殖易出现生殖道畸形，生殖道畸形有一定的遗传性。

2. 避免过早配种　即使营养和生长都良好的母畜，也不宜配种过早，否则易因骨盆狭窄造成难产。这多见于公母混群饲养的家畜。

3. 保证母畜的营养需要　妊娠期间，供给母畜充足的含有维生素、矿物质和蛋白质的饲料，不仅可保证胎儿生长发育的需要，还能维护母畜的身体健康和子宫肌的紧张度。但不可使母畜过于肥胖，影响全身肌肉的紧张性。在妊娠后期，应适当减少蛋白质饲料，避免胎儿过大。

4. 加强运动　役用动物妊娠前半期可正常使役，以后减轻，产前两个月停止使役，但要进行牵遛或自由运动。运动可提高母畜对营养物质的利用，使胎儿活力旺盛，同时也可使腹部及子宫肌肉的紧张性提高。

5. 分娩时避免应激性刺激　接近预产期的母畜，应在产前1周至半个月送入产房，适应环境，以避免因改变环境造成的惊恐和不适。在分娩过程中，要保持环境安静、整洁，配备饲养员专人护理和接产。人员不要过多干扰母畜和大声喧哗。但对分娩过程中出现的异常要留心观察，以免延误纠正、助产的时机。

二、预防临产动物难产的几点注意事项

1. 临产前检查的意义　生产中虽然不易预防家畜的难产，但早期检查是减少难产的积极措施，对刚开始的某些难产，通过矫正后有些是可以转化为顺产的。相反，如不进行临产检查，随着子宫的收缩，胎儿前躯进入骨盆腔越深，头颈或肢体的弯曲或异常就越严重，终至成为难以纠正的难产。预防难产的主要方法是在临产前进行产道检查，对分娩正常与否做出早期诊断，以便及早对各种异常进行纠正。

2. 临产前检查的内容和注意事项

（1）经产道除检查胎位、胎向、胎势外，还应检查胎儿的大小、活力、胎儿进入产道的深度，检查母畜的骨盆腔大小及有无狭窄，检查阴门、阴道和子宫颈等软产道的松弛、润滑及开放程度等。这些可以帮助诊断有无可能发生难产，从而及时做好助产的准备工作。

（2）如果子宫颈未开张，需等待或采取松弛子宫颈的措施。如果胎儿是正生，前置部分三件（唇和两个蹄）俱全且正常，可让它自然排出。如果有异常，应立即进行矫正，因这时胎儿的躯体尚未楔入盆腔，异常程度轻，胎水尚未流尽，子宫尚未紧裹胎儿，矫正比较容易。

（3）如果胎势异常，不要把露出的部分向外拉，以免使胎儿的异常加剧，给矫正及以后的处理带来困难。另外，对产道内胎儿的腿，应仔细判断是前腿还是后腿；如为两条腿，则应判断是同一个胎儿的前/后腿、双胎或是畸形。前后腿可以根据腕关节和跗关节的形状，尤其是蹄底方向和上述两关节可屈曲方向加以鉴别。胎儿如为倒生，需迅速处理异常并拉出，防止胎儿窒息；或如果胎儿较小、异常不严重，虽然胎儿进入产道很深、不能推回，但可先试行拉出。

3. 牛临产前检查几点要求 如果遇到以下任何一种情况，应进行检查及助产：①如果母牛进入宫颈开张期后已超过 6h 仍无进展；②如果母牛在胎儿排出期已达 2～3h 仍进展非常缓慢或毫无进展，但需明确青年母牛比成年母牛进展缓慢，产程较长；③如果胎囊已悬挂或露出于阴门，在 2h 内胎儿仍难以娩出；④有关人员应随时观察有无难产的症状，观察预产牛的时间不应少于 3h，以免难于确定胎儿排出期的长短。

4. 不同动物助产的时间要求 分娩的第一阶段（开口期）如果绵羊和山羊超过 6～12h，马超过 4h，犬、猫和猪超过 6～12h，或者是分娩的第二阶段（胎儿排出期）在绵羊和山羊超过 2～3h，马超过 20～40min，猪、犬和猫超过 2～4h，则应及时进行检查与助产。

三、手术助产后的护理

手术助产时，不可避免地会对母畜产道造成一定的损伤，如不及时处理，会影响以后的生育力，并引起下次难产。因此，术后护理是必不可少的。

1. 注射催产素 手术助产后应肌内注射或静脉注射催产素，促进子宫的收缩和复旧，加快胎衣的排出，也可用来止血。牛、马等大动物可注射 30～50IU，羊、猪 10～30IU，犬、猫 5～10IU。

2. 预防感染 手术助产后，产道和子宫污染难以避免。因此，应全身及生殖道应用抗生素治疗。可于子宫内放入广谱抗生素，如有必要，也可以用广谱抗生素进行全身治疗，以防因胎衣不下等引发的子宫内膜炎、子宫炎或全身感染。在破伤风散发的地区，为防止术后感染，应于手术同时注射破伤风抗毒素。

3. 加强管理 注意观察全身有无异常变化，有无其他疾病的发生；将手术后的动物与其他动物分离，以免发生外伤；改善饲养管理，注意卫生，加快术后母畜的恢复。

第八单元　产后期疾病★★★★☆

由于受妊娠、分娩以及产后泌乳等过程中各种应激因素的影响，动物在分娩后发生的各种疾病或者病理现象统称为产后期疾病。特别是难产时，易造成子宫弛缓、产道损伤、子宫复旧延缓，并易导致胎衣不下、产后子宫感染和子宫内膜炎等。上述疾病既可发生在正常分娩以后，也会因难产救助时间过迟或采用不正确的接产方法而发生。如果能在适当的时间内采用正确的助产手术，将会减少产后期疾病的发生。

第一节 产道损伤

母畜在分娩时，由于胎儿和母体产道的不相适应，或者在手术助产时，由于操作不当，造成软产道不同程度的损伤，统称为**产道损伤**。常见的产道损伤有阴道与阴门损伤以及子宫颈损伤。

一、阴道及阴门损伤

分娩和难产时，产道的任何部位都可能发生损伤，但阴道及阴门损伤更易发生。如果不及时处理，容易被细菌感染。

【病因】初产母牛分娩时，阴门未充分松软，开张不够大，或者胎儿通过时助产人员未采取保护措施，容易发生阴门撕裂；胎儿过大，强行拉出胎儿时，也能造成阴门撕裂。

难产过程中，使用产科器械不慎，截胎之后未将胎儿骨骼断端保护好就拉出胎儿，助产医生的手臂、助产器械及绳索等对阴门及阴道反复刺激，都能引起损伤。

【临床症状】阴道及阴门损伤的病畜表现出极度疼痛的症状，尾根高举，焦躁不安，拱背并频频努责。

阴门损伤时症状明显，可见撕裂的创口边缘不整齐、出血，周围组织肿胀，阴门内黏膜变成紫红色并有血肿。阴道创伤时从阴道内流出血水及血凝块，阴道黏膜充血、肿胀、有新鲜创口。阴道壁发生穿透创时，其症状随破口位置不同而异。透创发生在阴道前端时，病畜很快就出现腹膜炎症状，如果不及时治疗，马和驴常很快死亡，牛也预后不良。如果破口发生在阴道前端下壁上，肠管及肠系膜等还可能突入阴道腔内，甚至脱出于阴门之外。

【诊断】根据病史，结合临床症状即可做出诊断。

【治疗】阴门及会阴的损伤应按一般外科方法处理。新鲜撕裂创口可用组织黏合剂将创缘黏接起来，也可用外科缝合线按褥式缝合法缝合。在缝合前应清除坏死及损伤严重的组织和脂肪。阴门血肿较大时，可在产后3～4d切开血肿，清除血凝块；形成脓肿时，应切开脓肿并做引流。

对阴道黏膜肿胀并有创伤的患畜，可向阴道内注入乳剂消炎药，或在阴门两侧注射抗生素。对阴道壁发生透创的病例，应迅速将突入阴道内的肠管、肠系膜等用消毒溶液冲洗净，涂以抗菌药液，推回腹腔。膀胱脱出时，应将膀胱表面洗净，用皮下注射针头穿刺膀胱，排出尿液，撒上抗生素粉后，推回骨盆腔。将脱出器官及组织复位处理后，立即缝合创口。缝合前不要冲洗阴道，以防药液流入腹腔。缝合后，除按外科方法处理外，还要连续肌内注射大剂量抗生素4～5d，防止发生腹膜炎而死亡。

二、子宫颈损伤

子宫颈损伤主要指子宫颈撕裂，多发生在胎儿排出期。牛、羊（有时包括马、驴）初次分娩时，常发生子宫颈黏膜轻度损伤，但均能自愈。如果子宫颈损伤裂口较深，则称为**子宫颈撕裂**。

【病因】子宫颈开张不全时强行拉出胎儿；胎儿过大、胎位及胎势不正且未经充分矫正即拉出胎儿；截胎时胎儿骨骼断端未充分保护；强烈努责和排出胎儿过速等，均能使子宫颈发生撕裂。此外，人工输精及冲洗子宫时，由于术者的技术不过关或者操作粗鲁，也能损伤子宫颈。

【临床症状】产后有少量鲜血从阴道内流出，如撕裂不深，见不到血液外流，仅在阴道检查时才能发现阴道内有少量鲜血。如子宫颈肌层发生严重撕裂创时，能引起大出血，甚至危及生命。阴道检查时可发现裂伤的部位及出血情况。以后因创伤周围组织发炎、肿胀，创口出现黏液性脓性分泌物。子宫颈环状肌发生严重撕裂时，会使子宫颈管闭锁不全，并可能影响下一次分娩。

【诊断】结合病史，并通过产道检查即可确诊。

【治疗】用双爪钳将子宫颈向后拉至靠近阴门，然后进行缝合。如操作有困难，且伤口出血不止，可将浸有防腐消毒液或涂有乳剂消炎药的大块纱布填塞在子宫颈管内，压迫止血。纱布块必须用细绳拴好，并将绳的一端拴在尾根上，便于以后取出，或者在其松脱排出时易于发现。肌内注射止血剂，静脉注射含有 $10\sim100mL$ 10% 葡萄糖酸钙的生理盐水 500mL。止血后创面涂 2% 龙胆紫、碘甘油或抗生素软膏。

第二节　子宫破裂

子宫破裂是指动物在妊娠后期或者分娩过程中造成的子宫壁黏膜层、肌肉层和浆膜层发生的破裂。按其程度可分为不完全破裂与完全破裂（子宫穿透创）两种。**不完全破裂**是子宫壁黏膜层或黏膜层和肌层发生破裂，而浆膜层未破裂；**完全破裂**是子宫壁三层组织都发生破裂，子宫腔与腹腔相通。子宫完全破裂的破裂口很小时，又称为**子宫穿孔**。

【病因】难产时，子宫颈开张不全，胎儿过大并伴有异常强烈的子宫收缩，胎儿胎向、胎位异常尚未解除时就使用子宫收缩药，胎儿的臀部填塞母体骨盆入口，胎水不能通过子宫颈而使子宫内压增高，以及助产时动作粗鲁、操作失误均可使子宫受到损伤或发生破裂；难产子宫捻转严重时，捻转处有时会破裂；妊娠时胎儿过大、胎水过多或双胎在同一子宫角内妊娠等，致使子宫壁过度伸张而易引起子宫破裂；冲洗子宫使用导管不当，插入过深，可造成子宫穿孔。此外，子宫破裂也可能发生在妊娠后期的母畜突然滑跌、腹壁受踢或意外的抵伤时。

【临床症状】根据创口的深浅、大小、部位，动物种类不同以及破裂口是否感染等，患畜表现出的症状不完全一样。子宫不完全破裂时可见产后有少量血水从阴门流出，但很难确定其来源，只有仔细进行子宫内触诊，才有可能触摸到创口而确诊。

子宫完全破裂，若发生在产前，有些病例不表现出任何症状，或症状轻微，不易被发现；若子宫破裂发生在分娩时，则努责及阵缩突然停止，母畜变得安静，有时阴道内流出血液；若破口较大，胎儿可能坠入腹腔；也可能母畜的小肠等进入子宫，甚至从阴门脱出。子宫破裂后引起大出血时，则迅速出现急性贫血及休克症状，全身状况迅速恶化，病畜常于短时间内死亡。

【治疗】如果发现子宫破裂，应立即根据破裂的位置与程度，决定是经产道取出胎儿还是经剖腹取出胎儿，最后缝合创口。

对子宫不完全破裂的病例，取出胎儿后不要冲洗子宫，仅将抗生素或其他抑菌防腐药放入子宫内即可，每日或隔日一次，连用数次，同时注射子宫收缩剂。

子宫完全破裂，如裂口较小，取出胎儿后可将穿有长线的缝针由阴道带入子宫内，进行缝合。如裂口较大，应迅速施行剖腹产术，根据易接近创口位置及易取出胎儿的原则，综合考虑选择手术通路，从破裂位置切开子宫壁，取出胎儿和胎衣，再缝合破口。在闭合手术切口前，应向子宫内放入抗生素。因腹腔有严重污染，缝合子宫后，要用灭菌生理盐水反复冲洗，并用吸引器或消毒纱布将存留的冲洗液吸干，再将160万～320万IU青霉素注入腹腔内，最后缝合腹壁。

子宫破裂，无论是不完全破裂还是完全破裂，除局部治疗外，均需要肌内注射或腹腔内注射抗生素，连用3～4d，以防止发生腹膜炎及全身感染。如失血过多，应输血或输液，并注射止血剂。

第三节　子宫脱出

子宫角前端翻入子宫腔或阴道内，称为子宫内翻；子宫角的前端全部翻出于阴门之外，称为子宫脱出。二者为程度不同的同一个病理过程。各种动物的发病率不同，牛最高，羊和猪也常发生，犬的发病率近些年的报道也增加，但马和猫较少见。子宫脱出多见于产程的第三期，有时则在产后数小时之内发生，产后超过1d发病的患畜极为少见。

【病因】　主要与产后强烈努责、外力牵引及子宫弛缓有关。

【临床症状】　牛脱出的子宫较大，有时还附有尚未脱离的胎衣。如胎衣已脱离，可看到黏膜表面上有许多暗红色的子叶（母体胎盘），并极易出血。有时脱出的子宫角分为大小不同的两个部分，大的为孕角，小的为空角，每一角的末端都向内凹陷。脱出时间稍久，子宫黏膜即淤血、水肿，呈暗红色肉冻状，并发生干裂，有血水渗出。寒冷季节常因冻伤而发生坏死。如子宫脱出继发腹膜炎、败血病等，病牛即表现出全身症状。

猪脱出的子宫角像两条肠管，但较粗大，且黏膜表面状似平绒，颜色紫红，因其有横皱襞容易和肠管的浆膜区别开来。猪子宫脱出后症状特别严重，卧地不起，反应极为迟钝，很快出现虚脱症状。

犬脱出的子宫露出于阴门外，有的一侧子宫角完全脱出，外观呈棒状；也有两侧子宫角连子宫体完全脱出者。脱出的子宫黏膜淤血或出血，有的发生坏死。极少数患犬会咬破脱出的子宫阔韧带而引起大出血。

【诊断】　根据病史及临床症状即可做出诊断。

【治疗】　对子宫脱出的病例，必须及早实施手术整复。子宫脱出的时间越长，整复越困难，所受外界刺激越严重，康复后不孕率也越高。对犬、猫和猪子宫脱出的病例，必要时可行剖腹术，通过腹腔整复子宫。

1. 整复法　整复脱出的子宫之前，必须检查子宫腔中有无肠管和膀胱，如有，应将肠管先压回腹腔并将膀胱中尿液导出，再行整复。

（1）保定　整复顺利与否的关键是，能否将母畜的后躯抬高。后躯越高，腹腔器官越向前移，骨盆腔的压力越小，整复时的阻力就越小，操作起来越顺利。在保定前，应先排空直肠内的粪便，防止整复时排便，污染子宫。

（2）清洗　用温消毒液将子宫及外阴和尾根区域充分清洗干净，除去其上黏附的污物及坏死组织。黏膜上的小创伤，可涂以抑菌防腐药，大的创伤则要进行缝合。如果患畜侧卧不起，则垫高臀部，先将脱出的子宫置于用消毒药浸洗过的塑料布上，再进行清洗。

（3）麻醉　可施行荐尾间硬膜外麻醉，或后海穴深部麻醉，但麻醉不宜过深，以免使患畜卧下，妨碍整复。

（4）整复　由于不同动物子宫的大小有差别，整复难易程度也有区别。

①牛的子宫整复：由两助手用布将子宫兜起，使它与阴门等高。在确证子宫腔内无肠管和膀胱时，方可进行整复。可用长条消毒巾把子宫从下至上缠绕起来，由一助手将它托起，整复时一面松解缠绕的布巾，一面把子宫推入产道。应先从靠近阴门的部分开始，亦可以从下部开始，但都必须趁患畜不努责时进行。为保证子宫全部复位，可向子宫内灌注 9～10L 热水，然后导出。整复完后，向子宫内放大剂量抗生素或其他防腐抑菌药物，并注射促进子宫收缩药物。病牛侧卧保定时，可先静脉注射硼葡萄糖酸钙，以减少瘤胃臌气。

②猪的子宫整复：猪脱出的子宫角很长，不易整复。如果脱出的时间短，或猪的体型大，可在脱出的一个子宫角尖端的凹陷内灌入淡消毒液，并将手伸入其中，先把此角尖端塞回阴道中，剩余部分就能很快被送回去；用同法处理另一子宫角。如果脱出时间已久，子宫颈收缩，子宫壁变硬，或猪体型小，手无法伸入子宫角中，整复时可先在近阴门处隔着子宫壁将脱出较短的一个角的尖端向阴门内推压，使其通过阴门。

③犬的子宫整复：对于发现及时且子宫脱出不严重的病例，只需整复，不需内固定。可采用粗细合适、一端钝圆的胶皮管或圆管从阴道进行整复。抬高犬的后躯，术者左手握住脱出的子宫角，右手持消毒过的胶皮管，钝端涂抹碘甘油，然后轻轻插入子宫角内斜面，向前下方徐徐推进，边推边涂抹碘甘油，到子宫体后将胶管取出。为防止子宫内膜炎的发生，可通过此胶管送入抗生素。对于严重病例，如子宫完全脱出或连同肠管一同脱出，经阴道不易整复的，或者脱出时间较长，黏膜表面损伤严重，强行还纳容易加重损伤的，可进行腹腔切开手术牵引子宫复位。

2. 预防复发及护理　整复后为防止复发，应皮下或肌内注射 50～100IU 催产素。为防止患畜努责，也可进行荐尾间硬膜外麻醉，但不宜缝合阴门，以免刺激患畜持续努责，而且缝合后虽能防止子宫脱出，但不能阻止子宫内翻。

3. 脱出子宫切除术　如确定子宫脱出时间已久，无法送回，或者有严重的损伤及坏死，整复后有引起全身感染、导致死亡的危险，可将脱出的子宫切除，以挽救母畜的生命。

第四节　胎衣不下

母畜分娩出胎儿后，如果胎衣在正常的时限内不能排出，称为胎衣不下或胎膜滞留。各种家畜排出胎衣的正常时间为：马 1～1.5h，猪 1h，羊 4h（山羊较快，绵羊较慢），牛 12h；如果超过以上时间，则表示异常。正常健康奶牛胎衣不下的发生率在 3%～12%，平均为 7%。羊偶尔发生；猪和犬发生时胎儿和胎膜同时滞留，很少发生单独胎衣不下；马胎衣不下的发生率为 4%，重挽马较多发。

【病因】引起胎衣不下的原因很多，主要与产后子宫收缩无力及胎盘未成熟或老化、胎盘充血和水肿、胎盘发炎、胎盘组织构造特点等有关。

【临床症状】胎衣不下分为胎衣部分不下及胎衣全部不下两种类型。

牛和绵羊对胎衣不下不敏感；山羊较敏感；猪的敏感性居中，处于这几种动物中间水平；马和犬则很敏感。

牛发生胎衣不下时，常常表现拱背和努责，如努责剧烈，可能发生子宫脱出。胎衣在产后1d之内就开始变性分解，从阴道排出污红色恶臭液体，患畜卧下时排出量较多。排出胎衣的过程一般为7~10d，长者可达12d。由于感染及腐败胎衣的刺激，病畜会发生急性子宫炎。胎衣腐败分解产物被吸收后则会引起全身症状。胎衣部分不下通常表现恶露排出时间延长时才被发现，所排恶露的性质与胎衣完全不下时相同，只是排出量较少。

羊发生胎衣不下时的临床症状与牛大致相似。

马发生胎衣不下时，一般在产后超过半天就会出现全身症状，病程发展很快，临床症状严重，有明显的发热反应。

猪的胎衣不下多为部分不下，并且多位于子宫角最前端，触诊不易发现。患猪表现不安，体温升高，食欲降低，泌乳减少，喜喝水。阴门内流出污红褐色液体，内含胎衣碎片。

犬很少发生胎衣不下，偶尔见于小品种犬。犬在分娩的第二产程排出黑绿色液体，待胎衣排出后很快转变为排出血红色液体。如果犬在产后12h内持续排出黑绿色液体，就应怀疑发生了胎衣不下。如果12~24h胎衣没有排出，就会发生急性子宫炎，出现全身性中毒症状。

【治疗】传统胎衣不下的治疗原则是尽早采取治疗措施，防止胎衣腐败吸收，促进子宫收缩，促进胎儿胎盘和母体胎盘的分离，局部和全身抗菌消炎，在条件适合时可剥离胎衣。但是，目前越来越多的观点认为，胎衣不下是否应当进行治疗，应视具体情况来确定。如果病牛除了胎衣不下外其他都正常，可不进行治疗；如果母牛同时患有子宫炎或者其他疾病，则应进行治疗。胎衣不下的治疗方法很多，概括起来可以分为药物疗法和手术疗法两大类。

1. 药物疗法 在确诊胎衣不下之后要尽早进行药物治疗。

（1）抗生素灌注子宫 这种方法在临床上应用的仍比较多，除灌注抗生素溶液外，亦有向子宫内投入各种药丸。但对这种方法的治疗效果一直存在争论，目前并不推荐对胎衣不下病例给予子宫灌注抗生素或投送药丸。但对急性败血性子宫炎或子宫内膜炎，还是需要立即冲洗子宫，以清除致病菌和病理产物，并结合全身给予抗生素和支持疗法，尽全力挽救患病动物生命。

（2）肌内注射抗生素 在胎衣不下的早期阶段，常采用肌内注射抗生素的方法。当出现体温升高、产道创伤等情况时，还应根据临床症状的轻重缓急，增大药量，或改为静脉注射，并配合使用支持疗法。特别是对于小家畜，全身用药是治疗胎衣不下必不可少的措施。

（3）促进子宫收缩 为加快排出子宫内已腐败分解的胎衣碎片和液体，可先肌内注射苯甲酸雌二醇（牛、羊、猪分别注射20mg、3mg和10mg），1h后肌内或皮下注射催产素（牛50~100IU，猪、羊5~20IU，马40~50IU），2h后重复一次。这类制剂应在产后尽早使用，对分娩后超过24h或难产后继发子宫弛缓者，效果不佳。

2. 手术疗法 即剥离胎衣。胎衣不下的传统治疗常采用手术剥离法，现在临床上已较少应用。主要原因有以下几点：①损伤子宫内膜，手术剥离胎衣造成子宫内膜出血，并伴发血肿和血栓；②无法完全剥离干净，尽管裸眼检视被剥离胎衣有可能是完整无缺的，但确实有许多细小胎衣碎片仍然紧密黏附在母体子叶隐窝内，徒手是无法完全剥离干净的；③抑制白细胞吞噬作用，手术剥离胎衣会抑制子宫局部的白细胞吞噬作用。

尽管如此，有的情况下还是需要手术剥离的。采用手术剥离的原则是：容易剥则坚持剥，否则不可强剥，患急性子宫内膜炎或体温升高时，不可剥离。马发生胎衣不下时应立即进行手术剥离，牛最好超过 24h 后再进行剥离。剥离胎衣应做到快（5～20min 内剥完）、净（无菌操作，彻底剥净）、轻（动作要轻，不可粗暴），严禁揪扯子叶和损伤子宫内膜。

徒手剥离胎衣是一种治疗胎衣不下的传统方法，目前仍不失其临床应用价值。但应注意，胎衣即使是正常脱落，子宫内膜上仍然残留一些胎衣上的微绒毛。在手术剥离时，存留的绒毛更多；特别是强行剥离时，实际上绒毛的一部分较大的分支是被拔出来的，其断端仍遗留在子宫内膜中。这个过程极易损伤子宫内膜及腺窝上皮，甚至造成感染。

3. 预防 给怀孕母畜饲喂富含多种矿物质和维生素的饲料。舍饲奶牛要有一定的运动时间和干奶期。产前 1 周要减少精料，搞好产房的卫生消毒工作。分娩后让母畜舔仔畜身上的羊水，并尽早挤奶或让仔畜吮乳。流产或难产后应立即注射催产素或钙制剂，避免产畜饮用冷水。

第五节　奶牛生产瘫痪

奶牛生产瘫痪

奶牛生产瘫痪亦称乳热症或奶牛低钙血症，是奶牛分娩前后突然发生的一种严重的代谢性疾病。其特征是低血钙、意识抑制、知觉丧失及四肢瘫痪。

奶牛生产瘫痪主要发生于饲养良好的高产奶牛，而且出现于一生中产奶量最高时期（5～8 岁），但第 2～11 胎也有发生。奶牛中以娟姗牛多发，初产母牛则几乎不发生此病。此病大多数发生在顺产后的 3d 内（多发生在产后 12～48h），少数则在分娩过程中或分娩前数小时发病，极少数在分娩后数周或妊娠末期发病。

【病因】分娩前后血钙浓度剧烈降低是本病发生的主要原因，也可能是由于大脑皮质缺氧所致。

1. 低血钙 虽然所有母牛产犊之后血钙水平都普遍降低，但患本病的母牛下降得更为显著。促使血钙降低的原因可能是下列一种或几种因素共同作用的结果：①怀孕后期胎儿发育迅速，大量动用了母体骨骼中储存的钙质，分娩前后大量血钙进入初乳且动用骨钙的能力降低，是引起血钙浓度急剧下降的主要原因；②分娩前后从肠道吸收的钙量减少，也是引起血钙降低的原因之一；③牛患生产瘫痪时常并发血镁降低，而镁在钙代谢途径的许多环节中具有调节作用。

2. 大脑皮质缺氧 本病为一时性脑贫血所致的脑皮质缺氧，脑神经兴奋性降低的神经性疾病，而低血钙则是脑缺氧的一种并发症。

【临床症状】奶牛发生生产瘫痪时，表现的症状不尽相同，有典型与非典型（轻型）两种。

1. 典型症状 病程发展很快，从开始发病至出现典型症状，整个过程不超过 12h。病初通常是食欲减退或废绝，反刍、瘤胃蠕动及排粪排尿停止；精神沉郁，表现轻度不安；不愿走动，后肢交替负重，后躯摇摆，好似站立不稳，四肢（有时是身体其他部分）肌肉震颤。有些病牛则出现惊慌、哞叫、目光凝视等兴奋和敏感症状；颈部及四肢肌肉痉挛，不能保持平衡；鼻镜干燥，四肢及身体末端发凉，皮温降低，呼吸变慢，脉搏则无明显变化。不久，出现意识抑制、知觉丧失和四肢瘫痪的特征症状。病牛倒地昏睡，眼睑反射微弱或消失，瞳孔散大，对光线照射无反应，皮肤对疼痛刺激也无反应。肛门松弛、反射消失。心音减弱，速率增快，每分钟可达 80～120 次；脉搏微弱，勉强可以摸到；呼吸深慢，听诊有啰音；有时发生喉头及舌麻痹，舌伸出口外不能自行缩回，呼吸时出现明显的喉头呼吸声。病牛的倒地姿势绝大多数是四肢屈曲于躯干之下，头向后弯到胸部一侧（图 4-8）。

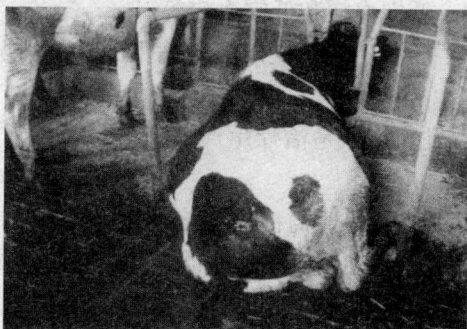

图 4-8　病牛产后瘫痪，卧地不起，头颈弯向体侧

体温降低也是生产瘫痪的特征症状之一。病初体温可能仍在正常范围之内，但随着病程发展，体温逐渐下降，最低可降至 35℃。

2. 非典型症状　呈现非典型（轻型）症状的病例较多，产前及产后较长时间发生的生产瘫痪多表现为非典型症状，其症状除瘫痪外，主要特征是头颈姿势不自然，由头部至鬐甲呈一轻度的 S 状弯曲（图 4-9）。病牛精神极度沉郁，但不昏睡，食欲废绝。各种反射减弱，但不完全消失。病牛有时能勉强站立，但站立不稳，且行动困难，步态摇摆。体温一般正常或不低于 37℃。

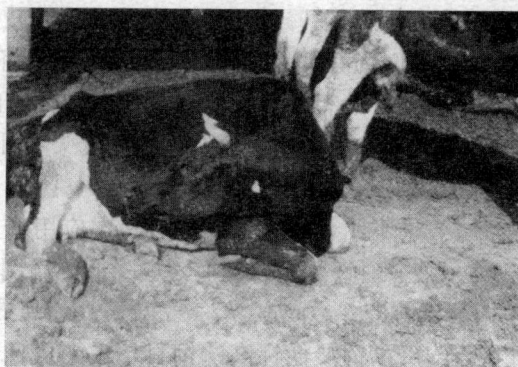

图 4-9　病牛卧地，头颈至鬐甲部呈 S 形弯曲

【诊断】诊断奶牛生产瘫痪的主要依据是：病牛为 3～6 胎的高产母牛，刚刚分娩不久（绝大多数在产后 3d 之内），并出现特征的瘫痪姿势及血钙降低（一般在 0.08mg/mL 以下，多为 0.02～0.05mg/mL）。如果乳房送风疗法有良好效果，便可确诊。

生产瘫痪应该与以下几种疾病进行鉴别诊断。

（1）奶牛酮病　该病是奶牛产后几天至几周内由于体内糖类及挥发性脂肪酸代谢紊乱所引起的一种全身性功能失调的代谢性疾病，临床上以血液、尿、乳中的酮体含量增高，呼出的气体有丙酮气味，血糖浓度下降，间歇性出现神经症状为特征。酮血病虽然有半数左右也发生在产后数天，但在泌乳期间的任何时间都可发生，妊娠末期也可发病。另外，酮血病对钙疗法，尤其是对乳房送风疗法没有反应。

（2）母牛倒地不起综合征 该病是泌乳奶牛产前或产后发生的一种以"倒地不起"为特征的临床综合征，又称"爬行母牛综合征"。它不是一种独立的疾病，而是多种疾病的共同表现。可能与代谢紊乱、分娩时损伤产道、外伤致肌肉损伤或关节脱臼等有关。大多数病例呈低钙血症、低磷酸盐血症、低钾血症和低镁血症等。

（3）产后截瘫 该病除了后肢不能站立以外，病牛的其他情况，如精神、食欲、体温、各种反射、粪尿等均无异常。

【防治】静脉注射钙剂或乳房送风是治疗生产瘫痪最有效的常用疗法，治疗越早，疗效越好。

1. 静脉注射钙剂 最常用的是硼葡萄糖酸钙溶液（葡萄糖酸钙溶液中加入 4％的硼酸，以提高葡萄糖酸钙的溶解度和稳定性），一般的剂量为静脉注射 20％～25％硼葡萄糖酸钙 500mL。静脉补钙的同时，肌内注射 5～10mL 维丁胶性钙有助于钙的吸收和减少复发。注射后 6～12h 病牛如无反应，可重复注射；但最多不得超过 3 次，因为继续注射可能发生不良后果。使用钙剂的量过大或注射的速度过快，可使心率增快和节律不齐，甚至导致动物心搏骤停与心肌收缩而死亡。

2. 乳房送风疗法 用乳房送风器向每个乳区内打入足量的空气，使用之前应将送风器的金属筒消毒并在其中放置干燥消毒棉花，以便过滤空气，防止感染。没有乳房送风器时，也可利用大号连续注射器或普通打气筒，但过滤空气和防止感染比较困难。

打入空气之前，使牛侧卧，挤净乳房中的乳汁并消毒乳头，然后将消过毒而且在尖端涂有少许润滑剂的乳导管插入乳头管内，注入青霉素 10 万 IU 及链霉素 0.25g（溶于 20～40mL 生理盐水内）。4 个乳区均应打满空气。打入的空气量以乳房皮肤紧张，乳腺基部的边缘显著隆起，轻敲乳房呈现鼓响音时为宜。打气之后，用宽纱布条将乳头轻轻扎住，防止空气逸出。待病畜起立后，经过 1h，将纱布条解除。应当注意，打入的空气不够，不会产生效果。打入空气过量，可使腺泡破裂，发生皮下气肿。扎勒乳头不可过紧及过久，也不可用细线结扎。

3. 其他疗法 用钙剂治疗效果不明显或无效时，可考虑应用肾上腺皮质激素，同时配合应用高糖和 5％碳酸氢钠注射液。对怀疑血磷及血镁也降低的病例，在补钙的同时静脉注射 40％葡萄糖溶液和 15％磷酸钠溶液各 200mL 及 25％硫酸镁溶液 50～100mL。

4. 预防 产前 2 周开始，给母牛饲喂低钙高磷饲料，减少从日粮中摄取的钙量，是预防生产瘫痪的一种有效方法。应用维生素 D 制剂也可有效地预防生产瘫痪，在分娩后立即一次肌内注射 10mg 双氢速变固醇；分娩前 8～2d，一次肌内注射维生素 D_2 1 000 万 IU，或按每千克体重 2 万 IU 的剂量应用。如果用药后母牛未产犊，则每隔 8d 重复注射一次，直至产犊为止。

第六节 犬产后低钙血症

犬产后低钙血症，也称为产后癫痫、产后子痫或产后痉挛等，是以低血钙和运动神经异常兴奋而引起的肌肉痉挛为特征的严重代谢性疾病，多见于产后 1～3d 的产仔数较多或哺乳超过 1 个月未断乳的体型较小的母犬。

【病因】母犬怀孕前中期，日粮中缺少含钙的食物和维生素 D。妊娠阶段，随着胎儿的发育，其骨骼形成过程中母体的钙被胎儿大量利用。哺乳阶段，血液中大量的钙质进入乳汁中，大大超出母体的补偿能力，从而使肌肉兴奋性增高，出现全身性肌肉痉挛症状。

【临床症状】根据病情的轻重缓急和病程长短，可分为急性和慢性两种。

1. 急性型 病初步态蹒跚，共济失调，很快四肢僵硬，后肢尤为明显。表现不安，全身肌肉强直性痉挛。站立不稳，随后倒地，四肢呈游泳状，口角和颜面部肌肉痉挛等。重症者狂叫，全身肌肉发生阵发性抽搐，头颈后仰，体温41.5℃以上，脉搏每分钟130～145次。呼吸急促，瞪眼眼球上下翻动，口不断开张闭合，甚至咬伤舌面，唾液分泌量明显增加，口角附着白色泡沫或唾液不断流出口外。

2. 慢性型 病犬后肢乏力，运步时身体摇摆不定，站立不稳，甚至难以站立，呼吸略急促，流涎。有的肌肉轻微震颤，张口喘气，乏食，嗜睡；有的伴有呕吐、腹泻症状，体温在38～39.5℃。

【诊断】本病的诊断主要根据病史，结合临床症状进行诊断，确诊需要进行实验室检查以检测血钙的含量。如果每100mL血清中钙的含量低于7mg（正常血钙为每100mL含9～11.5mg），则可诊断为本病。

【治疗】本病的治疗原则是：尽早补充钙剂，防止钙质流失，对症治疗。

静脉缓慢注射10%葡萄糖酸钙是十分有效的疗法。一般在滴注钙的一半量后大部分病犬的症状可得到缓解，输入全量钙后症状即可消除。

用10%葡萄糖酸钙20～40mL及25%硫酸镁2～5mL溶于200mL生理盐水中缓慢静脉滴注。为防止继发感染可用氨苄青霉素1～3g静脉注射。体温高者可用安痛定1～2mL肌内注射。母犬发病后应尽早隔离幼犬，施行人工哺乳，以改善母犬营养，促进恢复，防止复发，可肌内注射维丁胶性钙2mL。

第七节 奶牛产后截瘫

奶牛产后截瘫是指奶牛在分娩的过程中由于后躯神经受损，或者由于钙、磷及维生素D不足而导致产后后躯不能起立。

【病因】产后截瘫的常见原因是难产时间过长，或强力拉出胎儿，使坐骨神经及闭孔神经受到胎儿躯体的粗大部分（如头和前肢、肩胛、骨盆）长时间压迫和挫伤，引起麻痹；或者使荐髂关节韧带剧伸、骨盆骨折及肌肉损伤，因而母畜产后不能起立。这些损伤发生在分娩过程中，但产后才发现瘫痪症状。

饥饿及营养不良，缺乏钙、磷等矿物质及维生素D，阳光照射不足，也可导致产后截瘫。

【临床症状】病牛分娩后，体温、呼吸、脉搏及食欲反刍等均无明显异常。皮肤痛觉反射也正常，但后肢不能起立，或后肢勉强站立后，又很快摔倒。症状的轻重依损伤部位及程度而异。

【诊断】根据分娩后发生的病史，如果动物其他部位反射正常，只是后躯不能站立即可做出诊断。在临床上应与生产瘫痪进行鉴别诊断。

【防治】由于治疗产后截瘫要经过较长时间才能看出效果，因此，加强护理特别重要。病牛如能勉强站立，或仅一侧神经麻痹，每天可将其抬起数次。

对神经麻痹引起的瘫痪患畜，可以采用针灸疗法。根据患病部位，针刺或电针刺激相应的穴位，与此同时可在腰荐区域试用醋灸。

第八节　产后感染

产后感染是指动物在分娩过程中以及分娩后，由于子宫及软产道程度不同的损伤，加之产后子宫颈开张、子宫内滞留恶露以及胎衣不下等给微生物的侵入和繁殖创造了条件，从而引起的感染。

引起产后感染的微生物有很多，主要是化脓棒状杆菌、链球菌、溶血葡萄球菌及大肠杆菌，偶尔有梭状芽孢杆菌。但是，由于各地各养殖场管理水平有差异，家畜感染微生物的种类差异也很大。产后感染的病理过程是受到病原菌侵害的部位或其邻近器官发生各种急性炎症，甚至坏死；或者感染扩散，引起全身性疾病。常见的产后感染有急性阴门炎及阴道炎、急性子宫内膜炎、产后败血症等。

一、产后阴门炎及阴道炎

在正常情况下，母畜阴门闭合，阴道壁黏膜紧贴在一起，将阴道腔封闭，阻止外界微生物侵入，抑制阴道内细菌的繁殖。当阴门及阴道发生损伤时，细菌即侵入受损组织，引起产后阴门炎及阴道炎。本病多发生于反刍家畜，也可见于马，猪则少见。

【病因】微生物通过各种途径侵入阴门及阴道组织，是发生本病的主要原因。特别是在初产奶牛和肉牛，产道狭窄，胎儿通过困难或强行拉出胎儿，使产道受到过度挤压或撕裂伤；难产助产时间过长或受到手术助产的刺激，均易导致阴门炎及阴道炎的发生。少数病例是由于用高浓度、强刺激性防腐剂冲洗阴道所致。坏死性厌氧丝杆菌感染则引起坏死性阴道炎。

【临床症状】由于损伤及发炎程度不同，表现的症状也不完全一样。

黏膜表层受到损伤而引起的发炎，无全身症状，仅见阴门内流出黏液性或黏液脓性分泌物，尾根及外阴周围常黏附有这种分泌物的干痂。阴道检查，可见黏膜微肿、充血或出血，黏膜上常有分泌物黏附。

黏膜深层受到损伤时，病畜拱背，尾根举起，努责，并常做排尿动作。有时在努责之后，从阴门中流出污红、腥臭的稀薄液体。有时见到创伤、糜烂和溃疡。阴道前庭发炎者，往往在黏膜上可以见到结节、疮疹及溃疡。感染严重时出现体温升高，食欲减退，泌乳量稍降低。

【治疗】当炎症轻微时，可用温防腐消毒液冲洗阴道，如 0.1％高锰酸钾溶液、0.5％苯扎溴铵或生理盐水等。阴道黏膜剧烈水肿及渗出液多时，可用 1％～2％明矾或鞣酸溶液冲洗。对阴道深层组织的损伤，冲洗时必须防止感染扩散。冲洗后，可注入防腐抑菌的乳剂或糊剂，连续数天，直至症状消失为止。

二、产后子宫感染

子宫感染是产后期影响奶牛的常见疾病，感染会降低产奶量并影响生殖能力。母牛的子宫几乎在每次分娩后都会被细菌污染。由于病原的种类和牛发生免疫反应能力的不同，子宫感染的程度差别也很大，从严重威胁生命的子宫炎到轻微的、暂时性的或慢性的子宫内膜炎。

产后子宫感染主要包括子宫炎、子宫内膜炎和子宫积液积脓等。

【病因】子宫通过外阴、前庭括约肌和子宫颈等使其免受细菌的污染。在分娩期间和分娩后，因为这些机械性屏障被打破，所以子宫通常受到多种致病性和非致病性微生物污染。这些细菌大多数只是短暂性的寄生，并在产后期通过子宫防御机制迅速消除。然而，在某些情况下，病原体仍存在于子宫中并引起疾病。牛的子宫疾病中最常见的病原微生物是化脓放线菌，其次是化脓性链球菌。其他与奶牛子宫疾病相关的微生物包括大肠杆菌、绿脓杆菌、葡萄球菌、溶血性链球菌等。

子宫感染与胎衣不下、难产、双胞胎分娩、饲养管理不当、长期饲喂干乳期母牛尿素及牛群过大等因素有关。

【临床症状】

1. 子宫炎　通常发生在产后 10d 内，多与难产、胎衣不下和产犊过程中的创伤有关。病畜体温高（39.5℃以上），食欲下降，奶量减少，从阴道排出恶臭分泌物。直肠检查发现子宫体积增大，子宫壁增厚。同时，子宫复旧过程减缓。产后急性毒血性子宫炎是产后子宫炎最为严重的一类，如果不适时积极救治，经常会造成患牛死亡。

2. 子宫内膜炎　常发生于产后数天内，为子宫内膜的急性炎症，通常称为产后子宫内膜炎。急性子宫内膜炎很少出现全身症状，触诊时子宫正常，外阴通常有脓性渗出液的排出。如果致病菌在未复旧的子宫内繁殖，一旦产生的毒素被吸收，将引起严重的全身症状。急性子宫内膜炎通常是暂时性的，经过数次发情周期后通常会消除有害细菌；如果治疗不及时，炎症易扩散，并常常转为慢性过程，最终导致长期不孕（详见慢性子宫内膜炎）。

3. 子宫积液和子宫积脓　通常是由慢性子宫内膜炎发展而来的（详见奶牛子宫积液与子宫积脓）。

【防治】目前，产后子宫感染通用的治疗是全身抗生素治疗、激素治疗及辅助疗法。

1. 抗生素治疗　治疗产后子宫感染常用各类抗生素，杀灭子宫内的致病菌。推荐全身给药。

（1）青霉素类　是治疗子宫感染的首选药物，因为产后子宫感染的绝大部分致病菌对青霉素类药物较敏感，该药物能均匀分布子宫各层组织，且其价格低廉。可按每千克体重 2.1 万 IU，每日一次，连续 3～5d。停药后需弃奶 96h，最后一次给药 10d 后方可屠宰食肉。

（2）头孢菌素类　按每千克体重 1mg，每日一次，肌内注射或皮下注射，连续 3～5d。

2. 激素治疗　产后子宫感染应用生殖激素治疗的主要目的：一是增强子宫肌收缩，从而排出子宫感染所产生的病理产物；二是使子宫处于雌激素影响状态下。治疗产后子宫感染常用的激素为前列腺素和催产素。

3. 辅助疗法　除以上治疗方法外，产后子宫感染还须合理地给予其他辅助疗法。这些疗法包括非固醇类抗炎药物、钙制剂和葡萄糖前体等。

三、产后败血病和产后脓毒血病

产后败血病和脓毒血病是局部炎症感染扩散而继发的严重全身性感染疾病。产后败血病的特点是细菌进入血液并产生毒素；产后脓毒血病的特征是静脉中有血栓形成，以后血栓受到感染，化脓软化，并随血流进入其他器官和组织中，发生迁移性脓性病灶或脓肿。有时二者同时发生。此病在各种家畜均可发生，但败血病多见于马，脓毒血病主要见于牛、羊。

【病因】本病通常是由于难产、胎儿腐败或助产不当，软产道受到损伤和感染而发生的；严重的子宫炎、子宫颈炎及阴道阴门炎，胎衣不下、子宫脱出以及严重的脓性坏死性乳腺炎有时也可继发此病。病原菌通常是溶血性链球菌、葡萄球菌、化脓棒状杆菌和梭状芽孢杆菌，而且常为混合感染。

【临床症状】产后败血病的病程及转归在各种家畜差异很大。马、驴的败血病大多数是急性的，通常在产后1d左右发病，如果不及时治疗，病畜往往经过2～3d后死亡。牛的急性病例较少，亚急性者居多。亚急性病例如果能得到及时治疗，一般均可痊愈，但常遗留慢性子宫疾病或其他实质器官疾病。急性病例如果延误治疗，病牛也可在发病后2～4d内死亡。羊的病例大多为急性，猪的病例多数是亚急性。产后败血病发病初期，体温突然上升至40～41℃，四肢末端及两耳变凉。临近死亡时，体温急剧下降，且常发生痉挛。整个病程中出现稽留热是败血病的一种特征症状。体温升高的同时，病畜精神极度沉郁。病牛常卧地、呻吟、头颈弯于一侧，呈半昏迷状态；反射迟钝，食欲废绝，反刍停止，但喜饮水。泌乳量骤减，2～3d后完全停止泌乳。眼结膜充血，且微带黄色，病的后期结膜发绀，有时可见小出血点。脉搏微弱，每分钟90～120次，呼吸浅快。病畜往往还表现腹膜炎的症状，出现腹泻，粪中带血，常从阴道内流出少量带有恶臭的污红色或褐色液体，内含组织碎片且恶臭。

产后脓毒血病的临床症状表现常不一致，但都是突然发生的。在开始发病及病原微生物转移、引起急性化脓性炎症时，体温升高1～1.5℃；待脓肿形成或化脓灶局限化后，体温又下降，甚至恢复正常。在整个患病过程中，体温呈现时高时低的弛张热型。脉搏常快而弱，马、牛可达每分钟90次以上。大多数病畜的四肢关节、腱鞘、肺脏、肝脏及乳房发生迁徙性脓肿。

【防治】治疗原则是：处理病灶，消灭侵入体内的病原微生物和增强机体的抵抗力。因为本病的病程发展急剧，所以治疗必须及时。

对生殖道的病灶，可按子宫内膜炎及阴道炎治疗或处理，但绝对禁止冲洗子宫，并需尽量减少对子宫和阴道的刺激，以免炎症扩散，使病情加剧。为了促进子宫内聚集的病理产物迅速排出，可以使用催产素、前列腺素等。及时全身应用抗生素及磺胺类药物，抗生素的用量要比常规剂量大，并连续使用，直至体温降至正常2～3d后为止。为了增强机体的抵抗力，促进血液中有毒物质排出和维持电解质平衡，防止组织脱水，可静脉注射葡萄糖液和生理盐水；补液时分别添加5%碳酸氢钠溶液及维生素C，同时肌内注射复合维生素B。另外，根据病情还可以应用强心剂、子宫收缩剂等。注射钙剂可作为败血病的辅助疗法，对改善血液渗透性，增强心脏活动有一定的作用。

第九节　子宫复旧延迟

分娩后，如果母畜正常的子宫复旧时间延长，称为子宫复旧延迟。多发于老年经产家畜，特别是奶牛。子宫复旧延迟可引起奶牛产犊间隔时间延长，降低其繁殖力，因此一直受到普遍重视。

【病因】子宫复旧的速度取决于产后子宫收缩的频率和力量，以及子宫肌内胶原蛋白和肌浆球蛋白降解成为氨基酸的速度。凡能影响产后子宫收缩和蛋白降解的各种因素，都能导致子宫复旧延迟。如促进子宫产后收缩的有关激素（如雌激素、OT 和 PGF$_{2\alpha}$ 等）分泌不足，某些围产期疾病（如难产、胎衣不下、子宫脱出、子宫内膜炎和产后低血钙等），以及其他因素（如年老体弱、怀双胎、胎儿过大、胎水过多、运动不足等）都可引起子宫复旧延迟。

【临床症状】主要特征是产后恶露排出的时间明显延长。由于子宫收缩力弱，恶露常积留于子宫内，母畜卧下时排出量较多。由于腐败分解产物的刺激及病原菌的繁殖，常继发慢性子宫内膜炎。

一般无明显全身症状，有时体温升高，精神不振，食欲及产奶量下降。阴道检查可见子宫颈开张，有的病牛产后 7d 子宫颈仍能通过整个手掌，产后 14d 还能通过 1～2 根手指。直肠检查可感觉到子宫下垂，壁厚而软，反应微弱；若子宫有积液，触诊有波动感。

【治疗】治疗原则是提高子宫收缩力和增强其抗感染能力，促使恶露排出，防止继发慢性子宫内膜炎。

可注射雌激素、催产素和前列腺素等收缩子宫的药物。具体方法可参考本章胎衣不下的治疗。

第九单元　母畜的不育★★★★★

不育是指动物受到不同因素的影响，生育力严重受损或被破坏而导致的绝对不能繁殖，但目前通常将暂时性的繁殖障碍也包括在内。由于各种因素而使母畜的生殖机能暂时丧失或者降低，称为不孕。不孕症则为引起母畜繁殖障碍的各种疾病的统称。关于母畜不育的标准，目前尚无统一规定。一般认为，超过始配年龄的或产后的奶牛，经过三个发情周期（65d 以上）仍不发情，或繁殖适龄母畜经过三个发情周期的配种仍不受孕或不能配种的

（管理利用性不育），就是不育。

第一节 母畜不育的原因及分类

引起母畜不育的原因比较复杂，按其性质不同可以概括为八类，即先天性（或遗传）因素、营养因素、管理利用因素、繁殖技术因素、环境气候因素、衰老、疾病、免疫性因素。每一类中又有其各种具体原因（表4-5）。

表4-5 不育的原因及分类

不育的种类			引起的原因
先天性不育			先天性或遗传性因素，导致生殖器官发育异常或各种畸形
后天性不育	营养性不育		饲料数量不足，营养过剩而肥胖，维生素不足或缺乏，矿物质不足或缺乏
	管理利用性不育		使役过度，运动不足，哺乳期过长，挤奶过度，厩舍卫生不良
	繁殖技术性不育	发情鉴定	未注意到发情而漏配，发情鉴定不准确错配
		配种	本交：未及时让公畜配种（漏配），配种不确定，精液品质不良（公畜饲养管理不良、配种或采精过度），公畜配种困难 人工输精：精液处理不当，精子受到损害；输精技术不熟练
		妊娠检查	不及时进行妊娠检查，或检查不准确，未孕母畜未被发现
	环境气候性不育		由外地引进的家畜对环境不适应；气候变化无常影响卵泡发育
	衰老性不育		生殖器官萎缩，机能衰退
	疾病性不育	非传染性疾病	配种、接产、手术助产消毒不严，产后护理不当，流产、难产、胎衣不下及子宫脱出等引起的子宫、阴道感染；卵巢、输卵管疾病，以及影响生殖机能的其他疾病
		传染性疾病和寄生虫病	病原微生物或寄生虫使生殖器官受到损害，或引起影响生殖机能的疾病，如结核病、布鲁氏菌病、沙门氏菌病、支原体病、衣原体病、阴道滴虫病等，而使生育力减退或丧失
	免疫性不育		精子或卵母细胞的特异性抗原引起免疫反应，产生抗体，使生殖机能受到干扰或抑制，导致不育

第二节 先天性不育

母畜的先天性不育是指由于母畜的生殖器官的发育异常，或者卵子、精子及合子有生物学上的缺陷，而使母畜不具备或丧失繁殖能力。

一、生殖道畸形

先天性及遗传性生殖道畸形多为单个基因所引起，其中，有些基因对雌雄两性都有影响，而有些则为性连锁性的；病情严重的母畜因为无生育能力，在第一次配种后可能就被发现；而病情较轻的动物，只有在以后才能检查出来。母畜常见的生殖道畸形，主要有缪勒氏管发育不全、子宫内膜腺体先天性缺失、子宫颈发育异常、双子宫颈、子宫粘连、阴道畸形、伍尔夫氏管异常及膣肛等。重点应掌握缪勒氏管发育不全和子宫颈发育异常。

（一）缪勒氏管发育不全

牛的缪勒氏管发育不全与其白色被毛有关，因此，亦称为白犊病，是由一隐性性连锁基因与白毛基因联合而引起。

在正常情况下，牛的胚胎发育到 5～15cm 长时（胚胎 35～120 日龄），缪勒氏管融合形成生殖道。发生此病的主要表现是：阴道前段、子宫颈或子宫体缺失，剩余的子宫角呈囊肿状扩大，其中含有黄色或暗红色液体，其容量多少不等；阴道通常短而狭窄，或阴道后端膨大，含有黏液或脓液。子宫角通常可能为单子宫角，这种情况，患畜也可能尚有一定的生育能力，但发情的间隔时间延长，每一次受胎的配种次数明显增加。如果排卵发生在无子宫角一侧的卵巢，则由于不能正常产生 PGs，因此黄体不能退化。

（二）子宫颈发育异常

缪勒氏管发育不全也会造成子宫颈发育异常，多表现为子宫颈管扩张，其中充满黏稠的液体，因此引起母牛不孕。这种异常采用金属棒探测子宫颈口，结合直肠检查的方法很容易检查出来。其他原因引起的子宫颈发育异常，还可表现为子宫颈短、缺少环状结构、子宫颈严重歪曲等。发生上述情况时，常常由于继发子宫内膜炎而使子宫及宫颈中充塞大量黏液而造成不孕。

子宫颈发育异常的另一表现是双子宫颈。在牛，双子宫颈多由缪勒氏管不能融合所致，且具有遗传性，可能是通过隐性基因传递的。双子宫颈患牛，有的是在子宫颈外口之后或其中，有一宽 1～5cm、厚 1～2.5cm 的组织带，用开膣器视诊时发现子宫颈好像有两个外口；有的则是由组织带将子宫颈管全部分开并各自开口。在极少数的病例，还可形成完整的两个子宫颈，甚至为双子宫，每个子宫各有一个子宫颈。另有一种情况是，双子宫颈之间的组织带向后延伸，形成纵隔，将阴道前段或者整个阴道一分为二。但生殖器官发育正常的母兔具有双子宫颈，无子宫体。

在一般情况下，双子宫颈患牛可以正常妊娠，但在分娩时胎儿身体的不同部分可能分别进入不同的子宫颈而发生难产。在各有一子宫颈的双子宫母牛进行人工输精时，可能误将精液输入非排卵侧的子宫中而影响受胎。

阴道触诊时，可以摸到双子宫颈中间的组织带。直肠检查时，可发现子宫颈要比正常的宽而扁平。双子宫颈的发生有一定的遗传背景，这样的母牛一旦检查出来应予以淘汰，所产的犊牛也不宜作繁殖用。

（三）阴道及阴门畸形

阴道及阴门畸形一般对受胎没有影响，只是对交配或正常分娩会有影响。

牛有时阴瓣发育过度，阴茎不能插入阴道。在这种情况下，可以用外科刀将阴瓣的上缘划开，然后用开膣器机械地扩张阴道，破坏发育过度的阴瓣。以后每日送入开膣器 1～2 次，防止在愈合时发生狭窄。如果阴道及阴门过于狭窄或者闭锁不通，则不宜用作繁殖。有时直肠开口于前庭或阴道形成膣肛（vaginal anus），可见于牛、猪和羊。膣肛患畜的阴道往往受到感染，因此不宜用作繁殖。这种家畜往往发育不良，应考虑及早淘汰。

二、卵巢发育不全

卵巢发育不全是指一侧或两侧卵巢的部分或全部组织中无原始卵泡所导致的一种遗传性疾病，为常染色体单隐性基因不完全透入所引起。因病情的严重程度不同，以及是单侧性或是双侧性，其预后表现不一，患病动物可能生育力低下或者根本不能生育。此病在许多动物中均有发现，以牛和马较为多见。

【病因】引起卵巢发育不全的主要原因是染色体异常。

【症状】牛患此病时，多表现为生殖道发育幼稚。马患此病时，虽然可以出现发情征状，但发情周期往往不规律，不易受胎；外生殖器正常，但子宫发育不全。患此病核型为（60，XY）的牛多不表现发情，外生殖器一般正常，但乳房及乳头发育不良，子宫细小；核型为（61，XXX）的患牛，体格较小，子宫发育不良。直肠检查时，可查出卵巢很小，表面光滑。进行组织学检查，可发现部分或全部卵巢组织中无原始卵泡。在正常情况下，青年母牛原始卵泡的数量一般为 50 000 个左右（680～100 000 个），患牛则在 500 个以下或完全没有。

三、两性畸形

两性畸形是动物在性分化过程中某一环节发生紊乱而造成的性别区分不明，患畜的性别介于雌雄两性之间，既具有雌性特征，又有雄性特征的一种疾病。根据两性畸形不同的表现形式，在临床上可以分为性染色体两性畸形、性腺两性畸形和表形两性畸形三类。

（一）性染色体两性畸形

哺乳动物正常雄性染色体组性为 XY，雌性为 XX。本病是由于性染色体的组型发生变异，引起性别发育异常而形成的两性畸形。

1. XXY 综合征 动物较正常雄性多一条 X 染色体。各种家畜都有发生，相当于人的克莱因费尔特综合征。患病动物外观雄性，具有基本正常的雄性生殖器官和性行为，但睾丸发育不全，组织学检查见不到精子生成过程，性腺内分泌功能减弱。

2. XXX 综合征 动物较正常雌性多一条 X 染色体。表型为雌性，但常有卵巢发育不全。

3. XO 综合征 动物较正常雌性缺失一条 X 染色体。表型为雌性，通常为卵巢发育不全，相当于人的特纳综合征。

4. 嵌合体 在胚胎早期，由胚胎之外的某些种类细胞进入胚胎，并参与胚体的形成而得到的个体称为嵌合体。嵌合体不同的染色体组型和这些细胞在原始性腺的分布状态决定动物的表型和性腺、性器官的发育。也就是说，动物既可能表现为真两性畸形（卵巢和睾丸都有可能发育），也可能表现为性腺发育不全。真两性畸形动物可能同时具有一个卵巢和一个睾丸，一个或两个性腺均为卵睾体。出生时一般为雌性表型，至初情期逐渐出现雄性化表征，比如阴蒂增大，甚至表现为短阴茎状。性成熟后多表现出雄性性行为，但一般无生育力。

（二）性腺两性畸形

性腺两性畸形个体染色体性别与性腺性别不完全一致，性腺同时具有睾丸和卵巢组织，又称为性逆转动物。

1. XX 真两性畸形 XX 核型，具有大致相当的雌性生殖器，但阴蒂大，腹腔内具有卵睾体或独立存在的卵巢或睾丸。

2. XX 雄性综合征 XX 核型，雄性表型，H－Y 抗原为阳性，性腺常为隐睾，阴茎小，畸形，存在由谬勒氏管发育不完全的器官。

（三）表型两性畸形

患病动物染色体性别与性腺性别相符，但外生殖器表型与之相左。这种畸形称为**假两性畸形**。根据其性腺是睾丸或卵巢，可分为雄性假两性畸形或雌性假两性畸形。

1. 雄性假两性畸形　具有 XY 染色体及睾丸，但外生殖器介乎雌雄两性之间。睾酮在性别分化中起到关键的作用。如果涉及睾酮合成的酶和将其转化为二氢睾酮的 5α-还原酶异常或缺乏，或是靶细胞缺乏雄激素受体，将引起雄性假两性畸形。

其中一种情况是动物具有 XY 核型，性腺为睾丸，但多为隐睾。由于外生殖器官缺乏雄激素受体而倾向于雌性表型，并可能具有一定的雌性行为。通过直检可以做出初诊，进行染色体检查和雄激素受体分析后才能确诊。本病能遗传。

另一种情况是动物为 XY 核型，可能具有基本正常的睾丸，但其他外生殖器往往异常，尿道开口于阴茎下部，称为尿道下裂。

第三种情况是动物为 XY 核型，睾丸为单侧或双侧隐睾，表型倾向于雄性，但检查可发现由谬勒氏管发育而来的不完全雌性器官，如阴道前部、发育不全的囊肿性子宫，可称为谬勒氏管残留综合征。

2. 雌性假两性畸形　动物具有 XX 核型，有基本正常的卵巢，但外生殖器官雄性化，可能出现小阴茎、前列腺，但同时有阴道前部及发育不全的子宫。在妊娠期大量使用雄激素或孕激素可能导致此类雌性假两性畸形。

四、异性孪生母犊不育

异性孪生母犊不育是指雌雄两性胎儿同胎妊娠，母犊的生殖器官发育异常，丧失生育能力。其主要特点是：具有雌雄两性的内生殖器官，有不同程度向雄性转化的卵睾体，外生殖器官基本为正常雌性。

异性孪生母犊在胎儿的早期，从遗传学上来说是雌性（XX）的。由于特定的原因，在胎儿性别分化及以后阶段形成 XX/XY 的嵌合体。这种母犊性腺发育异常，其结构类似卵巢或睾丸，但不经腹股沟下降，亦无精子生成，并可产生睾酮。生殖道由伍尔夫氏管和缪勒氏管共同发育而成，但均发育不良，存在精囊腺。外生殖器官通常与正常的雌性相似，但阴道短小，阴蒂增大，阴门下端有一簇很突出的长毛。

【发病机制】此病的发病机理，目前比较认可的有以下两种解释：

（1）激素学说　同胎雄性胎儿产生的雄激素可能经过融合的胎盘血管到达雌性胎儿体内，因而使雌性胎儿的性腺雄性化。

（2）细胞学说　在两个胎儿之间存在着相互交换成血细胞和生殖细胞的现象。由于在胎儿期间就完成了这样的交换，因此，孪生胎儿具有完全相同的红细胞抗原和性染色体嵌合体（XX/XY），XY 细胞则导致雌性胎儿的性腺异常发育。

【诊断方法】

（1）外科检查　为了检查异性孪生母犊是否保持生育能力，可在一粗细适当的玻璃棒或木棒涂上润滑剂后缓慢向阴道插送。在不育的母犊，玻璃棒插入的深度不会超过 10cm。诊断此病也可通过阴道镜进行视诊。牛犊达到 8~14 月龄时，尚可进行直肠触诊。在不育的母犊，阴道、子宫颈及性腺都很微小或难于找到，或者生殖器官有不规则的异常结构。

（2）染色体检查 异性孪生不育的母犊，其神经细胞核中存在有典型的性染色质。

（3）血型检查 在诊断异性孪生母犊不育上有一定的应用价值。因为在妊娠期间每个胎儿除了自己的红细胞外，还获得了来自对方的红细胞，因此可以用检查血型的方法进行诊断。

第三节 饲养管理及利用性不育

一、营养性不育

饲养管理性不育是指母畜由于营养物质的缺乏或过剩而导致的生育能力下降；利用性不育是指为了某种生产目的，如哺乳等，过度使（利）用母畜，而导致的不育。此外，繁殖技术不佳、生殖器官衰老、环境气候的变化或不适，亦是导致不育的原因。

营养性不育是指由于营养物质缺乏（如饲料数量不足、蛋白质缺乏、维生素缺乏、矿物质缺乏），或营养过剩而引起动物的生育力降低或停止。

【病因】营养失衡、营养物质摄入不足、过量或比例失调可以延迟初情期，降低排卵和受胎率，引起胚胎或胎儿死亡，使产奶量降低，产后乏情期延长。

【发病机制】营养因素对生殖激素具有重要的调控作用。发情周期显现之后，营养水平主要影响甾体激素的分泌，进而影响下丘脑-垂体轴系，调节促性腺激素的分泌；但也可直接对下丘脑-垂体轴系发挥作用。营养状态引起的繁殖性能变化主要有两种：①急性反应，这种反应几天之内即可快速发生，通常体况并没有明显改变；②慢性反应，一般出现的时间较迟，体况有明显的变化。

【诊断】营养性不育的诊断，首先必须调查饲养管理制度，分析饲料的成分及来源。瘦弱或肥胖引起不育时，母畜往往在发生生殖机能紊乱之前，已表现出全身变化，因此不难做出诊断。根据临床表现，主要有以下两种情况：

（1）营养不良 患畜最主要的表现是瘦弱。这一类型的患畜主要是由饲料数量不足，而使役又较为繁重引起。直肠检查时可以发现卵巢体积小，无卵泡发育或卵泡发育的时间延长等现象。如有黄体，则多为持久黄体，如果母畜极度消瘦，则不发情。

（2）营养过剩 动物主要表现为肥胖。肥胖可引起脂肪组织在卵巢上沉积，使卵巢发生脂肪变性。因此，临床上常表现为不发情。在牛，直肠检查时发现卵巢体积缩小，没有卵泡或黄体。有时尚可发现子宫缩小、松软等现象。

【防治措施】对营养不良引起的不孕母畜，应当迅速供给足够的饲料，实行放牧并增加日照时间；饲料的种类要多样化，其中，应含有足够数量的可消化蛋白质、维生素及矿物质；可补饲苜蓿、胡萝卜、大麦芽及新鲜优质青贮饲料等。在以青贮饲料为主的奶牛场，日粮中青干草的比例不应少于1/3，以维持瘤胃微生物的生态平衡和牛的营养需求。

对营养过剩引起的不孕母畜，应饲喂多汁饲料，减少精料，增加运动。对卵泡业已成熟而久不排卵的母畜，采用激素疗法，常可收到良好效果。过肥的奶牛，有时直检可发现卵巢被脂肪囊包围，将卵巢从脂肪囊中分离出来，通常可使其发情。

二、管理利用性不育

管理利用性不育是指由于使役过度或泌乳过多引起的母畜生殖机能减退或暂时停止。这种不育常发生于马、驴和牛，而且往往是由饲料数量不足和营养成分不全引起的。

【病因】母畜在使役过重时，过度疲劳，其生殖激素的分泌及卵巢机能就会降低。母畜泌乳过多或断奶过迟时，促乳素的作用增强，促乳素抑制激素的作用则减弱，因而卵泡不能最后发育成熟，也不能发情排卵。由于供应乳房的血液增多，机体所必需的某些营养物质也随乳汁排出，因此，生殖系统的营养不足。此外，仔畜吮乳的刺激，可能使垂体对来自乳腺神经的冲动反应加强，因而使卵巢的机能受到抑制。

【防治措施】应减轻使役强度，或者改换工作；同时进行放牧，并供给富含营养的饲料。对于奶牛，应分析和变更饲料，使饲料所含的营养成分符合产乳量的要求。对母猪应及时断乳。为了促进生殖机能的迅速恢复，可以采用刺激生殖腺的催情药物。

三、繁殖技术性不育

繁殖技术性不育（infertility due to breeding techniques）是指由于繁殖技术不良所引起的生殖机能降低或停止。影响动物生育能力的因素主要来自四个方面，即母畜、公畜、发情鉴定的准确率及配种技术，后两种因素属于繁殖技术范畴。

【病因】主要是人为的因素，如对发情的各种表现缺乏认识，对动物群体观察不细致等；其次，就是某些动物的发情期短暂，发情表现不典型，经验不足者则不易观察到；再就是有的畜舍条件亟待改善，如牛舍面积太小，地面光滑，牛群过于拥挤，会妨碍发情母牛的活动和爬跨，使其发情行为不能充分表现出来而被漏检。

【防治措施】为了防止繁殖技术性不育，首先要提高繁殖技术水平，制定发情鉴定制度、配种制度、妊娠检查制度，严格执行操作规程，使养殖场和基层场站逐步达到不漏配（做好发情鉴定及妊娠检查）、不错配（不错过适当的配种时间，不盲目配种），检查技术熟练、准确，输精配种正确、适时。

1. 提高发情鉴定准确率的措施　提高发情鉴定准确率的措施是多方面的，各地各养殖场的情况也有差异，下面列举一些，可视具体情况选用。

（1）改进标记母牛的方法　应尽可能采用较大的耳标，明显易见的牛号，使每头母牛都有明显的标记，便于观察。

（2）标记发情母牛　一旦母牛被其他牛爬跨，可在其身体某一部位留下染色的明显印记，以方便识别。

（3）增加观察次数　增加观察母牛发情的次数，可以提高检出率。

（4）应用公牛试情　将结扎过输精管的公牛或无生育能力的健康公牛，放入牛群试情。

（5）用犬查找发情母牛　牛在发情时，其生殖道、尿液及乳汁中均带有一种特殊气味，经专门训练过的犬能闻出这种气味，找出发情母牛。

（6）改进照明设备　畜舍应当光线充足，并有完善的照明设备。后者对运动场尤为重要，因为母牛夜间在运动场上表现爬跨行为更加频繁。

（7）利用计步器检测　发情牛活动频繁，走步增多，利用记录其走动步数的计步器作为辅助方法，间接进行发情鉴定。

（8）安装监视设备　有条件的牛场，可装备闭路电视观察记录牛的活动情况。采用这种方法不但能减轻管理人员的劳动强度，而且可以昼夜不断连续监视，提高效率。

（9）乳汁孕酮分析　测定乳汁孕酮浓度，可以查出配种未孕的母牛，并预测其返情的大致时间。

（10）采用同期发情技术 采用这一技术，使大部分牛集中在预定期间内发情，便于观察配种。

2. 改进配种技术的措施 配种错误引起的不育在繁殖技术性不育中占很大比例，其原因除人工输精时精液品质不良和精液处理不当外，输精的时间不当最为重要，另外一个重要的问题是输精人员的培训。

（1）输精最佳时期的确定 本交配种时，母牛只有在发情的旺期，即最适宜配种期间，才静立不动，接受公牛爬跨，而且每次发情能够多次交配，不会因为配种时间错误而影响受胎。采用人工授精技术时，输精适时与否完全取决于发情鉴定的准确程度。为了适时配种提高受胎率，可以采取如下方法：第一次观察到发情是在早晨或上半天时，则当天下午输精；下午见到发情时，第二天早晨或上午输精。

（2）输精人员的培训 子宫体是输入精液的最佳位点，因此必须培训输精人员将精液输入到这个部位。要提高输精技术，如技术不熟练，甚至可损伤子宫颈或子宫。

四、衰老性不育

衰老性不育是指适龄繁殖期的母畜，生殖机能过早地衰退而引起的不育。达到绝情期的母畜，由于全身机能衰退而丧失繁殖能力，在生产上已失去利用价值，应予淘汰。

【病因】衰老性不育见于马、驴、牛和猪。经产的母马和母牛，由于阔韧带和子宫松弛，子宫由骨盆腔下垂至腹腔，阴道的前端也向前向下垂，因此，排尿后一部分尿液可能流至子宫颈周围（尿腔），长久刺激这一部分组织，引起持续发炎，精子到达此处即迅速死亡，因而造成不育。

【临床症状】衰老母畜的卵巢小，其中没有卵泡和黄体。在马和驴，有时卵巢内有囊肿。经产母畜的子宫角松弛下垂，子宫内往往滞留分泌物。妊娠次数少的母畜，子宫角则缩小变细。

【防治措施】对于有价值的母畜，可试行治疗。治疗原则是对于生殖道有炎症的，首先消炎；然后，采用激素疗法诱导母畜发情并配种。大多数这类母畜的外表体态亦有衰老现象，如果屡配不孕，不宜继续留用。

五、环境气候性不育

环境气候性不育是指因环境气候的剧烈变化，而引起动物生殖机能的暂时性降低或停止。环境因素可以通过对母畜全身生理机能、内分泌及其他方面发生作用，而对繁殖性能产生明显的影响。将母畜转移到与原产地气候截然不同的地方，可以影响生殖机能而发生暂时性不育；在同一地区，各年之间气候的不同变化也可影响母畜的生育力。

【病因】环境温度改变，可引起动物胚胎生存的子宫内微环境变化而导致受胎率降低。气候炎热时，奶牛的发情期减短到10h左右，而且发情行为微弱。

热应激可影响动物的激素水平而干扰繁殖活动。动物对热应激的调节反应，可以引起子宫的血流减少而使子宫温度升高，而且影响子宫对水、电解质、营养及激素的利用，结果造成妊娠早期胚胎死亡率增加。在围产期，环境热应激对孕体和母体均有不良的作用，影响它们各自的功能。

【临床症状】环境气候性不育母畜的生殖器官一般正常，只是不表现发情，或者发情现象轻微；有时虽然有发情的外表征候，但不排卵。一旦环境改变或者母畜适应了当地的气候，生殖机能即可恢复正常，由这一点即可做出确诊。

【防治措施】环境气候性不育是暂时性的，一般预后良好。治疗及预防环境气候性不育时，应该注意母畜的习性，对于外地运来的家畜要创造适宜的条件，使其尽快适应当地的气候。天气剧烈转变、变热或转冷时，对牛、猪要注意饲养管理和检查发情，有条件时还应降温防寒。

第四节　疾病性不育

疾病性不育是指由家畜生殖器官和其他器官的疾病或者机能异常造成的不育。除了生殖器官的疾病及机能异常外，许多其他疾病，如心脏疾病、肾脏疾病、消化道疾病、呼吸道疾病、神经疾病及某些全身性疾病，也可引起卵巢机能减退、机能不全，甚至卵巢萎缩及持久黄体而导致不育。有些传染性疾病和寄生虫病，如滴虫病、布鲁氏菌病、牛传染性鼻气管炎、牛病毒性腹泻/黏膜病、生殖道弯杆菌病、马传染性子宫炎、猪子宫炎-乳腺炎-无乳综合征、猪瘟、猪圆环病毒病、猪伪狂犬病、猪繁殖与呼吸综合征等，也能引起不育。本节重点介绍一些主要直接侵害母畜生殖系统，从而导致不育的一类疾病。

一、卵巢机能不全

卵巢机能不全是指包括卵巢机能减退、组织萎缩、卵泡萎缩及交替发育等在内的、由卵巢机能紊乱所引起的各种异常变化。

卵巢机能不全

【病因】卵巢机能减退和萎缩常是由于子宫疾病、全身性的严重疾病，以及饲养管理和利用不当（长期饥饿、使役过重、哺乳过度），使家畜身体虚弱所致。母畜年老时，或者繁殖有季节性的母畜在乏情季节中，卵巢机能也会发生生理性的减退。此外，气候的变化（转冷或变化无常）或者对当地的气候不适应（家畜迁徙时）也可引起卵巢机能暂时性减退。卵巢机能长久衰退时，卵巢炎可引起组织萎缩和硬化。而引起卵泡萎缩及交替发育的主要原因是气候与温度的影响，早春配种季节天气冷热变化无常时，多发此病，饲料中营养成分不全，特别是维生素A不足可能与此病有关。

【临床症状及诊断】

1. 卵巢机能减退　卵巢机能减退是卵巢机能暂时受到扰乱，处于静止状态，而不出现周期性活动。卵巢机能减退的特征是发情周期延长或者长期不发情，发情的外表征状不明显，或者出现发情征状，但不排卵。直肠检查，卵巢的形状和质地没有明显的变化，但摸不到卵泡或黄体，有时只可在一侧卵巢上感觉到有一个很小的黄体遗迹。

2. 卵巢组织萎缩　卵巢组织萎缩时，母畜不发情，卵巢往往变硬，体积显著缩小，母牛的仅如豌豆一样大，母马的大如鸽蛋。卵巢中既无卵泡又无黄体。子宫的体积也会缩小。如果间隔1周左右，经过几次检查，卵巢仍无变化，即可做出诊断。

3. 卵泡萎缩及交替发育　是卵泡不能正常发育成熟到排卵的卵巢机能不全，此病主要见于早春发情的马和驴。卵泡萎缩母畜，在发情开始时卵泡的大小及发情的外表征状基本正常，但是卵泡发育的进展较正常时缓慢，一般达到第三期（少数则在第二期）时停止发育，保持原状3～5d，以后逐渐缩小，波动及紧张性逐渐减弱，外表发情表现也逐渐消失。因为没有排卵，所以卵巢上无黄体形成。发生萎缩的卵泡可能是一个，或者是两个以上；有时在一侧，有时也可在两侧卵巢上。

卵泡交替发育是母畜发情时，一侧卵巢上正在发育的卵泡停止发育，开始萎缩，而在对侧（有时也可能是在同侧）卵巢上又有数目不等的新卵泡出现并发育，但发育至某种程度又开始萎缩，此起彼落，交替不已，最终也可能有一个卵泡获得优势，达到成熟而排卵，暂时再无新的卵泡发育。卵泡交替发育的外表发情表现随着卵泡发育的变化有时旺盛，有时微弱，连续或断续发情，发情期拖延很长，有时可达 30～90d。一旦排卵，1～2d 之内就停止发情。

卵泡萎缩及交替发育都需要进行多次直肠检查，并结合外部的发情表现才能确诊。

【治疗】

1. 治疗原则 对卵巢机能不全的家畜，必须进行全面分析，然后按照家畜的具体情况，采取适当的措施。

①首先应从饲养管理方面着手，改善饲料质量，增加日粮中的蛋白质、维生素和矿物质的数量，增加放牧和日照的时间，规定足够的运动，减少使役和泌乳，往往可以收到满意的效果。②对患生殖器官或其他疾病（全身性疾病、传染病或寄生虫病）而伴发卵巢机能减退的家畜，必须治疗原发疾病才能收效。③在上述处理的基础上，可考虑应用药物进行治疗。虽然刺激母畜生殖机能的方法（催情）和药物种类繁多，但是目前还没有一种能够用于所有动物并且完全有效的方法和药物，即使是激素制剂也不一定对所有病例都能奏效。

2. 常用刺激家畜生殖机能的方法

（1）利用公畜催情 公畜对母畜的生殖机能来说，是一种天然的刺激。因此除了患生殖器官疾病或者神经内分泌机能紊乱的母畜以外，尤其是对不经常接触公畜、分开饲喂的母畜，利用公畜催情通常可以获得满意效果。催情可以利用正常种公畜进行；为了节省优良种畜的精力，也可以将没有种用价值的公畜，施行阴茎移位术（羊）或输精管结扎术后，混放于母畜群中，作为催情之用。

（2）激素疗法 可以使用促使卵巢发育及机能恢复的促性腺激素类药物。如 FSH、hCG、PMSG、eCG 或孕马全血。

还可使用雌激素类药物，这类药物对中枢神经及生殖道有直接兴奋作用，可以引起母畜表现明显的外表发情表现，但对卵巢无刺激作用，不能引起卵泡发育及排卵。目前常用的雌激素制剂是苯甲酸雌二醇（或丙酸雌二醇）等。

应当注意，牛在剂量过大或长期应用雌激素时可以引起卵巢囊肿或慕雄狂，有时尚可引起卵巢萎缩或发情周期停止，甚至使骨盆韧带及其周围组织松弛而导致阴道或直肠脱出。

（3）维生素 A 维生素 A 对牛卵巢机能减退的疗效有时较激素更优，特别是对于缺乏青绿饲料引起的卵巢机能减退。

（4）冲洗子宫 对产后不发情的母马，用 42℃温热的生理盐水或 1∶1 000 碘甘油水溶液 500～1 000mL 隔日冲洗子宫 1 次，共用 2～3 次，可促进发情。

（5）隔离仔畜 在猪，及早隔离仔猪，往往可以使母猪在产后提早发情。

（6）其他疗法 刺激生殖器官或引起其兴奋的各种操作方法，如用开膣器视诊阴道及子宫颈、触诊或按摩子宫及阴道涂擦刺激性药物（稀碘液、复方碘液）、按摩卵巢等，都可很快引起母畜表现外表发情征象。但是这些方法与雌激素一样，所引起的只是性欲和发情现象，而不诱导排卵，不能令母畜有效地配种受胎。

二、持久黄体

持久黄体是指妊娠黄体或周期黄体超过正常作用时间不退化，并继续保持其功能的黄体。在组织结构和对机体的生理作用方面，持久黄体与妊娠黄体或周期黄体没有区别。持久黄体同样可以分泌孕酮，抑制卵泡的发育，使发情周期停止循环而引起不育。此病多见于母牛，而且多是继发于某些子宫疾病。原发性的持久黄体主要是饲养管理不当引起。

【病因】此症可能是由于饲养管理不当或子宫疾病造成内分泌紊乱，特别是 $PGF_{2\alpha}$ 分泌不足，体内溶解黄体的机制遭到破坏后所致（图 4-10）。

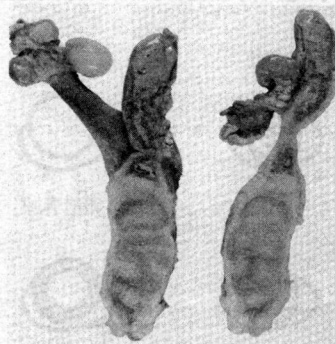

图 4-10　持久黄体
由于子宫部分发育不良，子宫黏膜腺体不正常而不能有效地溶解黄体所致

【临床症状】持久黄体导致母畜发情周期停止，长时间不发情。直肠检查可发现一侧（有时为两侧）卵巢增大。在牛的卵巢上可触摸到突出于卵巢表面或大或小的黄体，其质地比卵巢实质硬；血浆孕酮水平保持在 1.2mg/mL 以上。

【诊断】根据病史和间隔 1 周连续 2～3 次的直肠检查，发现同一个黄体持续存在就可做出诊断。但应仔细检查子宫，排除妊娠的可能性。

【治疗】持久黄体可用以下激素治疗：

1. $PGF_{2\alpha}$ 及其类似物　$PGF_{2\alpha}$ 及其类似物被公认为是治疗持久黄体的首选激素。如肌内注射 15-甲基 $PGF_{2\alpha}$ 或氯前列烯醇 0.2～0.4mg 的剂量，用药 3d 后母牛、母猪开始发情；母犬 0.05～0.1mg，肌内注射，每天 1 次，连用 2～3d。（犬对前列腺素制剂在临床上有呕吐、腹泻等过敏性反应）但持久黄体并不马上"溶解"，而是功能消失，即不能再合成孕酮，消失需经 2～3 个情期。

2. 催产素　用 OT 400IU 分 2～4 次肌内注射，但临床效果不如 $PGF_{2\alpha}$。

3. 雌激素　用 20～30mg 苯甲酸雌二醇肌内注射，每天 2～3 次，连用 3d，可以诱导黄体消退和发情。

三、卵巢囊肿

卵巢囊肿（ovarian cysts）是指卵巢上有卵泡状结构，其直径超过正常发育的卵泡，存在的时间在 10d 以上，同时卵巢上无正常黄体结构的一种病理状态。**卵巢囊肿**分为卵泡囊肿和黄体囊肿两种。卵泡囊肿是指卵泡中的卵细胞死亡，卵泡上皮变性，卵泡壁结缔组织增生变厚，卵泡液未被吸收或者增多而形成的囊肿。黄体囊肿则是未排卵的卵泡壁上皮黄体化而形成的囊肿，故又称为黄体化囊肿。二者均为卵泡未能排卵所引起。

卵泡囊肿呈单个或多个存在于一侧或两侧卵巢上。黄体囊肿一般为单个存在于一侧卵巢上，壁较厚实。

除卵泡囊肿和黄体囊肿之外，临床上还有一种现象称为囊肿黄体。囊肿黄体是非病理性的，与以上两种情况不同，其发生于排卵之后，是由于黄体化不足，黄体的中心出现充满液体的腔（图4-11），大小不等，表面有排卵点，具有正常分泌孕酮的能力，对发情周期一般没有影响。

该病最常见于奶牛及猪，是引起牛发情异常和不育的重要原因之一，但马也可发生。

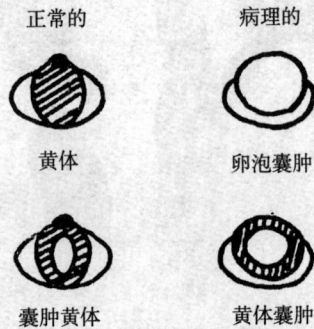

图4-11 牛卵巢囊肿的类型
划线区域代表黄体组织，染黑部分为排卵点

【病因】 发病与围产期的应激因素有关，在双胎分娩、胎衣不下、子宫炎及生产瘫痪病牛，该病的发病率均高；产后期的发病率最高；荷斯坦奶牛发病率较高，可能与遗传有关；饲料中缺乏维生素A或者含有大量雌激素时，发病率升高。

【临床症状】

（1）发情行为变化 卵巢囊肿病牛的症状及行为变化个体间的差异较大，按外部表现基本可以分为两类，即慕雄狂及乏情。

慕雄狂是卵泡囊肿的一种症状表现，其特征是持续而强烈地表现发情行为。无规律的、长时间或连续性的发情、不安，接受其他牛爬跨或频繁爬跨其他母牛，像公牛一样表现攻击性性行为，主动接近发情的母牛。病情持续较长，甚至达2个月以上。病牛由于持续的性兴奋和过多的运动而食欲减退，体重减轻，毛焦体瘦，被毛失去光泽，泌乳量下降，尾根高举，但脖颈增粗，肌肉增厚。

表现为乏情的牛则长时间不出现发情征象，有时可长达数月，因此常被误认为是已妊娠。

（2）荐坐韧带及生殖器官的临床变化 卵泡囊肿常见的特征症状之一是荐坐韧带松弛，生殖器官常常水肿且无张力，阴唇松弛、肿胀、阴蒂肿大。表现慕雄狂的牛可能发生阴道脱出。阴门流出的黏液数量增加，黏液呈灰白色，有些为黏脓性。子宫颈外口通常松弛，子宫颈和子宫较大，子宫壁变厚，触诊时张力极弱且不收缩。在卵巢上可感觉到有囊肿状结构，囊肿常位于卵巢的边缘，壁厚，连续检查可发现其持续时间在10d以上，甚至达数月。卵巢囊变大，系膜松弛。

（3）卵巢及子宫的病理学变化　在发生卵泡囊肿的动物，见不到黄体组织，有时粒细胞层及卵子亦缺失，壁细胞层水肿且发生变性。大多数病例，子宫的外观正常，有时可见到子宫壁变厚，其中积有黄色的液体，镜检可发现液体中含有上皮细胞及沉渣。子宫内膜水肿，黏膜增生，有时可见到子宫内膜腺体有囊肿性变化。在表现乏情的牛，子宫黏膜轻度萎缩，有些部位可以见到增生现象。

【诊断】

（1）调查病史　如果发现有慕雄狂的病史、发情周期短或者不规则，以及乏情时，即可怀疑患有此病。

（2）直肠检查　囊肿卵巢为圆形，表面光滑，有充满液体、突出于卵巢表面的结构。其大小比排卵前的卵泡大，牛囊肿直径通常在 2.5cm 左右，直径超过 5cm 的囊肿不多见。卵泡壁的厚度差别很大，卵泡囊肿的壁薄且容易破裂，黄体囊肿壁很厚。囊肿可能只是一个，也可能是多个，检查时很难将单个大囊肿与同一卵巢上的多个小囊肿区分开。仔细触诊有时可以将卵泡囊肿与黄体囊肿区别开来，由于两种囊肿均对 hCG 及 GnRH 发生反应，一般没有必要对二者进行鉴别。

（3）孕酮分析　血浆孕酮或乳汁孕酮水平可用来鉴别卵泡囊肿和黄体囊肿。卵泡囊肿的孕酮水平大约在 0.29 ng/mL，而黄体囊肿的孕酮水平则为 3.9 ng/mL 左右。囊肿壁越厚，孕酮水平越高，雌二醇水平越低；囊肿壁越薄，则孕酮水平越低，雌二醇水平越高。

（4）超声诊断　对于鉴别卵泡囊肿和黄体囊肿，超声诊断是最直接和最准确的方法。卵泡囊肿壁厚在 1～6mm，平均 2.5mm。黄体囊肿壁厚在 3～9mm，平均 5.3mm。

【治疗】 卵巢囊肿的治疗方法种类繁多，其中大多数是通过直接引起黄体化而使动物恢复发情周期。此病可以自愈，牛卵巢囊肿的自愈率随着产后时间的延长有所差异，高者可达 60％，有时只有 25％。

（1）LH 或 hCG＋PG 疗法　具有 LH 生物活性的各种激素制剂均可用于治疗卵泡囊肿。肌内注射 LH 或 hCG，可促使囊肿卵泡直接黄体化，待发情现象消失后，再肌内注射 $PGF_{2\alpha}$ 或氯前列烯醇，消融卵巢上形成的黄体组织而痊愈。

（2）GnRH 配合 $PGF_{2\alpha}$ 疗法　经 GnRH 治疗后，囊肿通常发生黄体化，后与正常黄体一样发生退化。因此，同时可用 $PGF_{2\alpha}$ 或其类似物进行治疗，促使黄体尽快萎缩消退。

（3）注射孕酮制剂　应用大剂量孕酮，每天 100mg，连续注射 7d；或每天 200mg，隔天 1 次，连用 3～4 次。治疗后可抑制患牛的性兴奋，恢复发情周期。

（4）其他疗法　卵巢囊肿患牛还可用电针疗法、激光疗法及中药疗法。

四、排卵延迟及不排卵

排卵延迟及不排卵是指排卵的时间向后拖延，或在发情时有发情的外表征状但不出现排卵。严格来说，本病亦应属于卵巢机能不全，多见于配种季节初期的马、驴和绵羊，牛也有发生。

【病因】 垂体分泌 LH 不足、激素的作用不平衡，是造成排卵延迟及不排卵的主要原因；气温骤变、营养不良、利用（使役或挤奶）过度，均可造成排卵延迟及不排卵。

【临床症状及诊断】 排卵延迟时，卵泡的发育和外表发情征状都和正常发情一样，但发情期延长，马可拖延到 10d 及以上，牛可长达 3～5d 或更长。

卵泡囊肿的最初阶段与排卵延迟的卵泡极其相似，应根据发情的持续时间、卵泡的形状和大小，以及间隔一定的时间重复直肠检查的结果慎重鉴别。

【治疗】对排卵延迟的病畜，除改进饲养管理条件，注意防止气温的影响以外，应用激素治疗，通常可以收到良好效果。

对可能发生排卵延迟的马、驴，在输精前或同时注射 LH 200～400IU 或者注射 hCG 1 000～3 000IU 或孕酮 10mg，可以收到促进排卵的效果。此外，应用小剂量的 FSH 或雌激素，亦可缩短发情期，促进排卵。

在牛，发现发情征状时，立即注射 LH 200～300IU，可以促进排卵。对于确知由于排卵延迟而屡配不孕的母牛，发情早期应用雌激素，晚期注射孕酮，也可得到良好效果。在猫，对繁殖用的猫用公猫进行交配，可在交配配种后停止嚎叫；对不用作繁殖想要终止嚎叫的，可在发情期间，肌内注射 hCG 250IU 或 LRH - A₃ 25μg 进行治疗。

犬的排卵失败常采用 hCG 治疗。

五、慢性子宫内膜炎

慢性子宫内膜炎是子宫黏膜慢性发炎。各种动物均可发生，在牛比较常见，马、驴、猪、犬亦多见，为动物不育的重要原因之一。由于犬子宫内膜炎可以转化为子宫蓄脓，可以引起严重的全身症状，但除犬外，其他动物很少影响全身健康情况。

【病因】慢性子宫内膜炎多急性未及时治愈转归而来。主要病原是葡萄球菌、链球菌、大肠杆菌、变形杆菌、假单胞菌、化脓性棒状杆菌、支原体、昏睡杆菌等。输精时消毒不严，分娩、助产时不注意消毒或操作不慎，是将病原微生物带入子宫导致感染的主要原因。公牛患有滴虫病、弧菌病、布鲁氏菌病等疾病时，通过交配可将病原传给母畜而引起母畜发病。公牛的包皮中常常含有各种微生物，也可能通过采精及自然交配而将病原传播给母畜。

【临床症状及诊断】传统上，慢性子宫内膜炎按症状可分为隐性子宫内膜炎、慢性卡他性子宫内膜炎、慢性卡他性脓性子宫内膜炎和慢性脓性子宫内膜炎四种类型。由于这种分法在临床上不易区分，实践中应用较少。目前，一般将慢性子宫内膜炎分为亚临床子宫内膜炎和临床子宫内膜炎，这种分类方法在临床上应用广泛。

（1）亚临床子宫内膜炎　是指病畜无全身症状，阴道没有化脓性分泌物，但子宫内取样中性粒细胞数超过 5% 的慢性子宫内膜的炎症，如果是产后发生的，应为产后 21d 之后。这类子宫内膜炎不表现临床症状，子宫无肉眼可见的变化。发情期正常，但屡配不孕。发情时子宫排出的分泌物较多，有时分泌物不清亮透明，略微浑浊。直肠检查及阴道检查也查不出任何异常变化。

这类子宫内膜炎的诊断，可通过测定用少量无菌生理盐水（20 mL）冲洗子宫腔获得的样品中中性粒细胞的比例进行诊断。如果在产后 3 周甚至 4 周中性粒细胞数超过 5%，则说明亚临床子宫内膜炎存在。根据这一诊断标准，多数牛患有这种炎症。在生产实践中对所有奶牛进行子宫内膜细胞学检查不现实，因此应将重点放在防止其发生，而本病的发生与分娩前 2 周开始的干物质摄入减少、能量负平衡及免疫功能受到影响密切相关。

（2）临床子宫内膜炎　是指一般无全身症状，但阴道有化脓性分泌物的慢性子宫内膜的炎症，如果是产后发生的，应为产后 28d 之后。这类子宫内膜炎一般不表现全身症状，有时体温稍微升高，食欲及产乳量略微降低。病情严重者有精神不振、食欲减少、逐渐消瘦、体温略高等轻微的全身症状。发情周期不正常，阴门中经常排出不同程度颜色的稀薄脓液或黏稠脓性分泌物。阴道检查可发现阴道黏膜和子宫颈膣部从正常、肿胀到充血等不同程度的变化，往往黏附有脓性分泌物；子宫颈口略微张开。直肠检查感觉子宫角增大，收缩反应微弱，壁变厚，且薄厚不均、软硬度不一致；若子宫集聚有分泌物，则感觉有轻微波动。

这类子宫内膜炎的诊断，可以依据以下几点：① 分娩 21d 后视诊或者通过阴道检查发现有脓性分泌物从子宫排出。还可以按阴道分泌物的色泽和气味计算其总分，总分越高，表明炎症程度越重，但应注意与阴道损伤感染相鉴别。② 分娩 21d 后直检发现子宫角直径大于 8cm 或子宫颈直径大于 7cm。③ 病史分析发现未做产后监护或产后监护不到位，分娩60d 后，发情周期正常，但连续三个情期配种未受孕。

【治疗】慢性子宫内膜炎的治疗方法很多，但效果不一定理想。近些年对传统的子宫冲洗法越来越有争议，多数学者尤其是发达国家的学者不推荐使用（参见胎衣不下的治疗）。目前，各种动物慢性子宫内膜炎治疗总的原则是：提高子宫局部免疫功能，抗菌消炎，促进炎性产物的排出和子宫机能的恢复。由于不同种类动物子宫解剖学构造的差异，在治疗方法上也有不同，现将各种治疗方法介绍于下，可根据具体病例选用。

（1）抗生素治疗 治疗慢性子宫内膜炎常用各类抗生素，方便时可先行做药敏试验，以确定最适合的抗生素。由于子宫灌注法目前很有争议，所以推荐全身给药。首选的是青霉素类，因为产后子宫感染的绝大部分致病菌对青霉素类药物较敏感，该药物能均匀分布于子宫各层组织，且其价格低廉。可按每千克体重2.1万IU，每日1次，连续3～5d。停药后需弃奶 96h，最后一次给药 10d 后方可屠宰食肉。

（2）激素疗法 患慢性子宫内膜炎时，使用氯前列烯醇，可促进炎症产物的排出和子宫功能的恢复。小型动物患慢性子宫内膜炎时，很难将药液注入子宫，可注射雌二醇 2～4mg，4～6h 后注射催产素 10～20IU，可促进炎症产物排出；配合应用抗生素治疗，可收到较好的疗效。

（3）辅助疗法 除以上治疗方法外，还需合理地给予其他辅助疗法。

胸膜外封闭疗法 主要用于治疗牛的子宫内膜炎、子宫复旧不全，对胎衣不下及卵巢疾病也有一定疗效。方法是在倒数第一、二肋间，背最长肌之下的凹陷处，用长 20cm 的针头与地面成 30°～35°进针。当针头抵达椎体后时，稍微退针，使进针角度加大 5°～10°向锥体下方刺入少许。刺入正确时，回抽无血液或气泡，针头可随呼吸而摆动；注入少量液体后取下注射器，药液不吸入并可能从针头内涌出。确定进针无误后，按每千克体重 0.5mL 将0.5％普鲁卡因等分注入两侧。

六、奶牛子宫积液及子宫积脓

奶牛子宫内蓄积有大量棕黄色、棕褐色或灰白色的稀薄或黏稠液体，不能排出时称为子宫积液。蓄积的液体稀薄如水者亦称子宫积水。子宫积液多由慢性卡他性子宫内膜炎发展而成。奶牛子宫腔中蓄积大量的灰黄色、灰绿色或灰白色脓性或黏脓性液体，不能排出时称为子宫积脓。多由脓性子宫内膜炎发展而成，故又称子宫蓄脓。子宫积液及子宫积脓的特点为子宫内膜出现炎症病理变化，多数病畜卵巢上存在有持久黄体，因而往往不发情。

【病因】奶牛子宫积液通常是由慢性卡他性子宫内膜炎发展而来。由于慢性炎症过程，子宫腺的分泌功能加强，子宫收缩减弱，子宫颈管黏膜肿胀，阻塞不通，以至子宫内的渗出物不能排除，而发生该病。长期患有卵巢囊肿、卵巢肿瘤、假孕及受到雌激素或孕激素长期刺激的母畜也可发生此病。

奶牛子宫积脓可发生于产后期（15～60d），而且常继发于分娩期疾病如难产、胎衣不下及急性子宫炎等。患慢性脓性子宫内膜炎的牛，由于黄体持续存在，加之子宫颈管黏膜肿胀，或者黏膜粘连形成隔膜，使脓液不能排出，积蓄在子宫内，形成子宫积脓。配种之后发生的子宫积脓，可能与胚胎死亡有关，其病原是在配种时或胚胎死亡之后所感染。在发情周期的黄体期给动物输精，或给孕畜错误输精及流产，均可引起子宫积脓。

【症状】

(1) 奶牛子宫积液　患子宫积液的牛，症状表现不一。如为卵巢囊肿所引起，则普遍表现乏情；如为缪勒氏管发育不全所引起，则乏情极为少见。子宫中所积聚液体的黏稠度亦不一致，子宫内膜发生囊肿性增生时，液体呈水样，但存在持久性处女膜的病例，则为极其黏稠的液体。大多数病畜的子宫壁变薄，积液可出现在一个子宫角，或者两个子宫角中。偶有混浊液体从阴门排出并黏附在尾根或后肢上，甚至结成干痂；阴道检查时可发现阴道内积有液体，呈灰黄色、棕褐色或灰白色。直肠检查发现，子宫壁通常较薄，触诊子宫有软的波动感，其体积大小与妊娠1.5～2个月的牛子宫相似，或者更大（图4-12）。两子宫角的大小可能相等，因两子宫角中液体可以互相流动，经常变化不定。卵巢上可能有黄体。

(2) 奶牛子宫积脓　病牛一般不表现全身症状，在发病初期，体温可能略有升高。其症状视子宫壁损伤的程度及子宫颈的状况而异。特征症状是乏情，卵巢上存在持久黄体及子宫中积有脓性或黏脓性液体，其数量不等，为200～2 000mL。产后子宫积脓病牛由于子宫颈开放，多数在躺下或排尿时从子宫中排出脓液，尾根或后肢黏有脓液或其干痂；阴道检查时也可发现阴道内积有脓液，呈灰黄、灰白或灰绿色。

直肠检查发现，子宫壁通常变厚，并有弹性的波动感，子宫体积的大小与妊娠2～4个月的牛相似，个别病牛还可能更大。两子宫角的大小可能不相等，但对称者更为常见。当子宫体积较大时，子宫中动脉可能出现类似妊娠时的妊娠脉搏，且两侧脉搏的强度均等，卵巢上存在黄体（图4-13）。

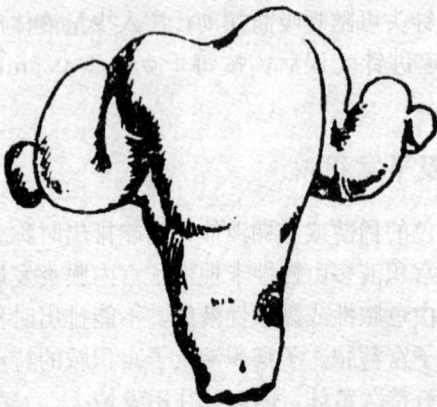

图4-12　牛子宫积液

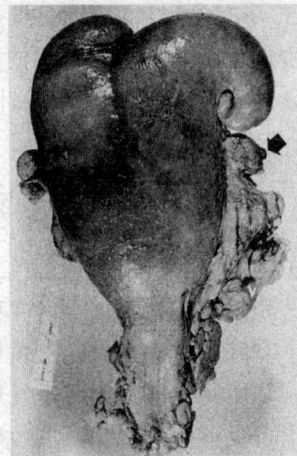

图4-13　牛子宫积脓

箭头表示右侧卵巢上有黄体

【诊断】奶牛子宫积液和子宫积脓可根据临床症状、阴道检查及直肠检查做出初步诊断，但应当与正常妊娠3~4个月的子宫、胎儿干尸化和胎儿浸溶进行鉴别诊断。

（1）妊娠3~4个月子宫　奶牛妊娠3个月及以后，可以摸到子叶，而且妊娠脉搏两侧强弱不同。子宫壁较薄且柔软。另外，大多可以触及胎儿。间隔20d以上再进行直肠检查，可以发现子宫随时间增长而相应增大。

（2）子宫积液　子宫壁变薄，触诊时波动极其明显，摸不到子叶、孕体及妊娠脉搏，由于两子宫角中的液体可以相互流通，重复检查时可能发现两个子宫角的大小有所变换。

（3）子宫积脓　子宫壁较厚，而且比较紧张，大小与（牛）妊娠三四个月的子宫相似，但摸不到子叶和胎儿。间隔20d以上重复检查，发现子宫体积不随时间增长而相应增大。

（4）胎儿干尸化　子宫壁紧抱着胎儿，整个子宫坚硬、形状不规则。仔细触诊则发现有的地方坚硬、有的地方（骨骼的间隙处）较软，但没有波动的感觉。

（5）胎儿浸溶　触诊子宫感觉内容物硬，而且高低不平；用手挤压，可以感觉到骨片的摩擦音。另外，病牛有从阴道排出黑褐色液体及小骨片的病史。

【治疗】

（1）前列腺素疗法　对子宫积脓或子宫积液病牛，应用前列腺素肌内注射，24h左右即可使子宫中的液体排出。子宫内容物排空之后，可用抗生素溶液灌注子宫，消除或防治感染。

（2）雌激素疗法　雌激素能诱导黄体退化，引起发情，促使子宫颈开张，利于子宫内容物排出，因此可用于治疗子宫积脓和子宫积液。

七、犬子宫蓄脓

犬子宫蓄脓是指母犬子宫内感染后蓄积有大量脓性渗出物，不能排出。该病是母犬生殖系统的一种常见病，多发于成年犬。特征是子宫内膜异常并继发细菌感染。

【病因】本病是由于生殖道感染、长期使用类固醇药物及内分泌紊乱所致，并与年龄有密切关系。

（1）年龄　子宫蓄脓是一种与年龄有关的综合征，多发于6岁以上的老龄犬，尤其是未生育过的老龄犬。老龄犬一般先产生子宫内膜囊性增生，后继发子宫蓄脓；发生子宫蓄脓常常与运用雌激素防止妊娠有关。

（2）细菌感染　犬子宫蓄脓多发生在发情后期，而发情后期是黄体大量产生孕酮的阶段，这时的子宫对细菌感染最为敏感。大量的孕酮诱发子宫腺体的增生，分泌物增多，且孕酮对白细胞在子宫内的抗感染机制具有抑制作用。因此，前期经子宫颈侵入子宫的细菌可在子宫内大量繁殖而发病。

（3）生殖激素　母犬的子宫蓄脓与细菌感染有一定的相关性，但更重要的是与母犬的激素分泌特点有关。母犬排卵后形成的黄体与其他动物相比不同的是，在50~70d的时间范围内可以产生大量的孕酮。在此期孕酮水平很高的情况下，则容易形成严重的子宫蓄脓。

【临床症状】临床症状与子宫颈的实际开张程度有关，按子宫颈开张与否可分为闭锁型和开放型两种。犬子宫蓄脓的症状在发情后4~10周较为明显。

1. 闭锁型　子宫颈完全闭合不通，阴门无脓性分泌物排出，腹围较大，呼吸、心跳加快，严重时呼吸困难，腹部皮肤紧张，腹部皮下静脉怒张，喜卧。

2. 开放型　子宫颈管未完全关闭，从阴门不定时流出少量脓性分泌物，呈奶酪样，乳黄色、灰白色或红褐色，气味难闻，常污染外阴、尾根及飞节。患犬阴门红肿，阴道黏膜潮红，腹围略增大。

【诊断】根据发病史、临床症状及血常规检验等可做出初步诊断。经 B 超检查后即可确诊。

1. 临床症状 病犬为处于发情期后 4～10 周的老年母犬；近段时间曾用过雌激素、孕激素或其他孕激素；有假孕现象；阴道有脓性分泌物；可触摸到增大、柔软如面团状的子宫；闭锁型子宫蓄脓腹部呈紧张性膨胀，腹围粗大。

2. 血象检查 白细胞数增加，犬通常可升高至 20 000～100 000 个/mm³（20×10^9～100×10^9 个/L）；核左移显著，幼稚型白细胞达 30%～50%或以上；发病后期出现贫血，血红蛋白量下降。

3. 血液生化检查 呈现高蛋白血症和高球蛋白血症；毒血症导致出现肾小球性肾病，血清尿素氮增高。

4. X 线检查 对于闭锁型子宫蓄脓，其腹腔后部出现一液体密度的管状结构。

5. B 超检查 子宫腔充满液体，子宫壁由薄增厚，有时甚至能看到增厚的子宫壁上有一些无回声囊性暗区。

【治疗】

1. 闭锁型 闭锁型子宫蓄脓的犬，毒素很快被吸收。因此，立即进行卵巢、子宫切除是较理想的治疗措施。在手术前后和手术过程中必须补充足够的液体。术前和术后 7～10d 连续给予广谱抗菌药物，如甲氧苄氨嘧啶和磺胺甲基异噁唑、恩诺沙星。卵巢、子宫切除也可以用于开放型子宫蓄脓。

2. 开放型 开放型子宫蓄脓或留作种用的闭锁型子宫蓄脓的种犬，可以考虑保守治疗。治疗的原则是：促进子宫内容物的排出及子宫的恢复，控制感染，增强机体抵抗力。

（1）静脉补液，防止休克，调整水、电解质及酸碱平衡，同时使用广谱抗生素。

（2）皮下注射前列腺素，每天 1 次，连用 5～7d。此方法对开放型子宫蓄脓的效果较好，但对闭锁型的子宫蓄脓效果不佳，存在比手术更大的危险。

八、子宫颈炎

子宫颈炎是指从子宫颈外口到子宫颈内口的黏膜及黏膜下组织发生的炎症。该病常继发于子宫炎，更多继发于流产、难产之后，在施行牵引术或截胎术引起子宫颈严重损伤时更为多发。子宫颈外口的炎症，可继发于阴道及阴门损伤，或因细菌或病毒引起的阴道感染。

【病因】能引起子宫及阴道感染的任何病原，均可成为子宫颈炎的原因。大多数的子宫颈炎发生在分娩之后，且与子宫炎密切相关；自然交配有时亦可能将病原引入子宫颈而造成感染；在老龄牛，子宫颈炎的发生通常与子宫颈皱襞的脱出有关，由于脱出的皱襞逐渐变厚，发生纤维化，因此容易感染；患化脓性阴道炎、阴唇损伤或萎缩而形成气腔，可导致阴道发炎。特别是有尿液或粪便积存在阴道中时，更容易引起严重的子宫颈炎。

【临床症状】子宫颈发炎时其外口通常充血、肿胀，子宫颈外褶脱出，子宫颈黏膜呈红色或暗红色，有黏脓样分泌物。直肠检查时，发炎的子宫颈可能增大，患有严重的慢性子宫颈炎时，感觉子宫颈变厚实、较硬。

【治疗】

（1）**冲洗法**　在子宫炎及阴道炎同时伴发子宫颈炎的病例，必须对整个生殖道进行处理。治疗时，可用温和的消毒液冲洗阴道 3～4d，以便清除黏脓性分泌物，促进阴道、子宫、子宫颈的血液循环。冲洗之后，可向子宫颈及子宫中注入抗生素，帮助消除感染。

（2）**手术法**　继发于阴道炎或气膣的子宫颈炎，应施行阴门缝合术（见阴道炎的治疗）。子宫颈外环脱出而发生慢性子宫颈炎时，冲洗处理效果不明显，此时可将脱出的外环截除，其后再将阴道黏膜与子宫颈黏膜缝合，以便止血及促进伤口愈合。

九、阴道炎

阴道炎是指阴道黏膜及黏膜下组织的炎症。该病包括原发性和继发性两种。

【病因】 继发性阴道炎多数是由子宫炎及子宫颈炎引起的。**原发性阴道炎**可能由下列因素引起或诱发：交配引入细菌、病毒、寄生虫等；流产、难产、助产、胎衣不下、阴道脱出、产后子宫炎、阴门的严重损伤和气膣等；粪便、尿液等污染阴道；用刺激性太强的消毒液冲洗阴道、阴道使用的器械消毒不严、阴道检查时不注意消毒等。

引起阴道炎的大多数病原菌为非特异性的，如链球菌、葡萄球菌、大肠杆菌、化脓棒状杆菌及支原体等；有些则是特异性的，如牛传染性鼻气管炎病毒、滴虫、弯杆菌等。

【临床症状】 患阴道炎时，往往从阴门中流出灰黄色的黏脓性分泌物；阴道检查可见阴道底壁有分泌物沉积，阴道壁充血、肿胀。在较严重的病例，阴道壁充血、肿胀剧烈，有时黏膜发生溃疡坏死，在前庭与阴道的交界处更为明显。病情十分严重时，动物出现全身症状。如果阴道炎是由气膣或阴门损伤所引起，可见到阴道中聚积有粪便或者尿液，也有黏脓性分泌物。

根据炎症的性质，阴道炎可分为慢性卡他性、慢性化脓性和蜂窝织炎性三类。

（1）**慢性卡他性阴道炎**　症状不太明显，阴道黏膜颜色稍显苍白，有时红白不匀，黏膜表面常有皱褶或者大的皱襞，通常带有渗出物。

（2）**慢性化脓性阴道炎**　阴道中积存有脓性渗出物，卧下时可向外流出，尾部有薄的脓痂；阴道检查时动物有痛苦的表现，阴道黏膜肿胀，且有程度不等的糜烂或溃疡。病畜精神不佳，食欲减退，乳量下降。

（3）**蜂窝织炎性阴道炎**　患病动物的阴道黏膜肿胀、充血，触诊有疼痛表现，黏膜下结缔组织内有弥散性脓性浸润，有时形成脓肿，其中混有坏死的组织块；亦可见到溃疡，溃疡日久可形成瘢痕，有时发生粘连，引起阴道狭窄。病畜往往有全身症状，排粪、尿时有疼痛表现。

【预后】 单纯的阴道炎，一般预后良好，有时甚至无须治疗即可自愈。同时，发生气膣、子宫颈炎或子宫炎的病例，预后欠佳。阴道发生狭窄或发育不全时，则预后不良。阴道炎如为传染性原因所引起，阴道局部可以产生抗体，有助于增强抵御疾病的能力。

【治疗】 根据程度不同，采用不同的处理方法：

（1）**冲洗法**　可用消毒收敛药液冲洗。常用的药物有 200μL/L 稀盐酸，0.1% 高锰酸钾，1∶（100～3 000）吖啶黄溶液，0.1% 苯扎溴铵，1%～2% 明矾，5%～10% 鞣酸，1%～2% 硫酸铜或硫酸锌。冲洗之后，可在阴道中放入浸有磺胺乳剂的棉塞。冲洗阴道可以重复进行，每天或者每 2～3d 进行 1 次。阴道炎伴发子宫颈炎或者子宫内膜炎的，应同时给以治疗。

（2）**手术法**　气膣引起的阴道炎，在治疗的同时，可以施行阴门缝合术。其具体程序是：首先，给病畜施行硬膜外麻醉或术部浸润麻醉，并适当保定；对性情恶劣的病畜，可考虑给以适当的全身麻醉。在距离两侧阴唇皮肤边缘 1.2～2.0cm 处切开黏膜，切口的长度是自阴门上角开始至坐骨弓的水平面为止，以便在缝合后让阴门下角留下 3～4cm 的开口。除去切口与皮肤之间的黏膜，用肠线或缝合线以结节缝合法将阴唇两侧皮肤缝合起来，针间距离 1～1.2cm。缝合不可过紧，以免损伤组织，7～10d 后拆线。以后配种可采用人工输精，在预产期前 1～2 周沿原来的缝合口将阴门切开，避免分娩时被撕裂。缝合后每天按外科常规方法处理切口，直至愈合为止，防止感染。

第五节 免疫性不育

在繁殖过程中，动物机体可对繁殖的某一环节产生自发性免疫反应，从而导致受孕延迟或不受孕，这种现象称为免疫性不育。动物的生殖细胞、受精卵、生殖激素等均可作为抗原而激发免疫应答，导致免疫性不育。引起免疫性不育的因素很多，直接影响生殖而成为免疫性不育的原因主要有睾丸自身免疫和卵巢自身免疫两类反应。也就是说，主要是由于动物自身免疫系统的正常平衡状态遭到破坏，雄性动物血清中出现了抗精子抗体，雌性动物血清中出现了抗卵子透明带抗体，从而引起一系列免疫反应，影响整个生殖过程，最终导致不育。

一、抗精子抗体性不育

精子本身就带有抗原的性质，只是由于血睾屏障的存在而不产生免疫反应。生殖系统的局部炎症、外伤及手术均可使这种屏障受到损伤，而使精子及其可溶性抗原透入并被局部巨噬细胞吞噬，进而致敏淋巴细胞，发生抗精子的免疫反应，生成抗精子抗体，导致不育。

抗精子抗体是由机体产生可与精子表面抗原特异性结合的抗体，它具有凝集精子、抑制精子通过宫颈黏液向宫腔内移动，从而降低生育能力的特性，是引起动物免疫性不育的最常见原因。目前，已知的精子抗原有 100 多种，其中，每一种都可诱发产生抗体。抗体一旦形成，就与抗原结合，覆盖在它们认为是异物的物质上，引起这些物质簇集在一起，而使白细胞易于将这些异物消灭。抗体还可以与细胞表面结合而干扰其他一些重要功能。

抗精子抗体可通过下列几个方面引起不育：①引起精子凝集，进而降低精子的活力；②影响精子质膜上的颗粒运动，干扰精子获能；③影响顶体酶的释放，使精子不易穿透放射冠和透明带，阻止精卵结合；④阻碍精子黏附到卵子透明带上，影响受精；⑤抗体与精子结合后可活化补体和抗体依赖性细胞毒活性，加重局部炎症反应，损伤精子细胞膜，增强生殖道内巨噬细胞对精子的吞噬作用。

二、抗透明带抗体性不育

透明带具有精子的特异性受体，可以阻止异种精子或同种多精子受精。透明带抗原能够刺激机体发生免疫应答，产生的抗血清则能阻止带有透明带的卵子与同种精子结合，也能阻止同种精子穿透受抗血清处理过的透明带，以及在体内干扰受精卵着床，从而导致不育。

哺乳动物的透明带是围绕卵母细胞、排卵后的卵子及着床前受精卵的一层非细胞性胶样糖蛋白外壳，能防止异种或同种多精子受精。透明带具有良好的抗原性。在卵子生成过程中，卵母细胞合成和分泌的糖蛋白是透明带的主要成分，它们对精子的获能、精卵结合及受精卵的发育均起到重要作用，而且还可成为抗原而诱导机体产生抗体。机体对透明带抗原产生免疫应答或受到免疫损伤与否，视免疫系统的平衡协调作用的状态而定。一般认为，T 辅助细胞和 T 抑制细胞的功能受到抑制，是产生自身免疫性疾病的主要原因。机体遭受与透明带有交叉抗原性的抗原入侵时，或由于病毒感染等因素使透明带抗原变性时，免疫系统即将透明带抗原视为异物而产生抗透明带免疫反应。每次排卵后，透明带抗原可被部分吸收，使透明带免疫的易感性增高。

抗透明带抗体可通过下列几个方面引起不育：①封闭精子受体，干扰或阻止同种精子与透明带结合及穿透，发挥抗受精作用；②使透明带变硬，即使受精，也因透明带不能从受精卵表面自行脱落，而影响受精卵着床；③抗透明带抗体在透明带表面与其相应抗原结合，形成抗原抗体复合物，从而阻止精子通过透明带，使精卵不能结合。

第六节　防治不育的综合措施

引起家畜不育的原因繁多，在防治不育时必须查明不育的原因，调查其在畜群中发生和发展的规律，然后才能根据实际情况，制定出切实可行的计划，采取具体有效的措施，消除不育。在进行不育的防治时，可从以下几个方面着手。

一、重视繁殖母畜的日常管理及定期检查

防治不育时，首先应该有目的地向饲养员、配种员或挤奶员调查了解家畜的饲养、管理、使役、配种情况；有条件时尚可查阅繁殖配种记录和病例记录；在此基础上，对母畜进行全面检查，不仅要详细检查生殖器官，而且要检查全身情况。

（一）病史调查内容

应尽可能获得详尽的病史资料，尤其是繁殖史等。这些资料包括：①年龄；②胎次；③上次产犊时间，产犊时正常与否；④产后首次发情时间；⑤生殖道分泌物是否正常；⑥最近一次配种时间；⑦配种后是否发情；⑧以前的生育力，尤其是从产犊到受胎的间隔时间和每次受胎的配种次数；⑨饲养管理情况；⑩健康状况，是否还有疾病，尤其是繁殖疾病。

（二）临床检查内容

应仔细检查母畜的全身情况，尤其是生殖器官的状况，必要时可配合特殊诊断或实验室检查。检查内容包括：①阴道、会阴及前庭有无疤痕或分泌物；②尾根部有无塌陷，背部及腹胁部有无被爬跨的痕迹；③阴道黏膜及黏液的性状；④子宫的位置及大小，内容物的性状，是否有怀孕表现，是否有粘连；⑤输卵管有无病变；⑥卵巢的位置、质地、大小及其表面是否有黄体或卵泡，是否有粘连。

（三）临床检查的时间、检查时可能发现的变化以及应采取的措施

1. 产后 7～14d　经产母牛的全部内生殖器官是否仍在腹腔内，至产后 14d，大多数经产牛的两子宫角已大为缩小，初产牛的子宫角已退回骨盆腔，复旧正常的子宫质地弹性较强，可以摸到角间沟。触诊子宫可以引起收缩反应，排出的恶露颜色和量已接近正常。如果子宫壁厚，子宫腔内积有大量的液体或排出的恶露较多且颜色异常，特别是带有臭味，则是子宫感染的表现，应及时进行治疗。在此期间，对发生过难产、胎衣不下或其他分娩及产后期疾病的母牛，应注意详细检查。

产后 14d 以前检查时，往往可以发现退化的妊娠黄体，这种黄体小而比较坚实，且略突出于卵巢表面。在分娩正常的牛，卵巢上通常有 1~3 个直径 1.0~2.5cm 的卵泡，因为正常母牛到产后 15d 时虽然大多数不表现发情征状，但已发生产后第一次排卵。如果卵巢体积较正常的小，其上无卵泡生长，则表明卵巢无活动，这种现象不是发生了导致母牛全身虚弱的某些疾病，就是由于摄入的营养物质不够所引起。

2. 产后 20~40d 在此期间应进行配种前的检查，确定生殖器官有无感染以及卵巢和黄体的发育情况。产后 30d，初产母牛及大多数经产母牛的生殖器官已全部回到骨盆腔内。在正常情况下，子宫颈已变得厚实，粗细均匀，直径 3.5~4.0cm。子宫颈外口开张，其中，排出或黏附有异常分泌物则是存在炎症的象征。由于子宫颈炎大多是继发于子宫内膜炎的，因而应进一步检查，确定原发的感染部位，以便采取相应的疗法。

产后 30d，直肠触摸母牛子宫角，在正常情况下，都感觉不出子宫角的腔体，摸到子宫角的腔体是子宫复旧延迟的象征，而且可能存在子宫内膜炎。触诊子宫时可同时进行按摩，促使子宫腔内的液体排出，触诊按摩之后再做阴道检查往往可以帮助诊断。产后 20~40d 内子宫如发生肉眼可见的异常，通过直肠检查一般都能检查出来。

产后 30d 时，许多母牛的卵巢上都有数目不等的正在发育的卵泡和退化的黄体，这些黄体是产后发情排卵形成的。在产后期的早期，母牛安静发情是极为常见的，因此，在产后即使未见到发情的母牛，只要卵巢上有卵泡和黄体，就可证明卵巢的机能活动正常，不是真正的乏情母牛。

3. 产后 45~60d 对产后未见到发情或者发情周期不规律的母牛，应当再次进行检查。到此阶段，正常母牛的生殖器官已完全复旧，如有异常，易于发现。检查时，可能查出的情况和引起不发情的原因包括下列几类：

（1）卵巢体积缩小，其上既无卵泡，又无黄体。这种情况是由导致全身虚弱的疾病、饲料质量低劣和过度挤奶所引起。这样的母牛除去病因之后，调养几周通常都会出现发情，不需进行特殊治疗。

（2）卵巢质地、大小正常，其上存在有功能性的黄体，且子宫无任何异常。这表明卵巢机能活动正常，很可能为安静发情或发情正常而被漏检的母牛。对这种母牛应仔细触诊卵巢，并根据黄体的大小及坚实度，估计母牛当时所处的发情周期阶段，告诉畜主下次发情出现的可能时间，届时应注意观察或改进检查发情的方法。如果要使母牛尽快配种受孕，在确诊它处于发情周期的第 6~16 天时，可注射 $PGF_{2\alpha}$。处理后在发情时输精，或处理后 80h 左右定时输精。

（3）对子宫积脓引起黄体滞留而不发情的母牛，一旦确诊，先应注射 $PGF_{2\alpha}$，促使子宫内容物排出。其后若发情时再按子宫内膜炎处理，用抗生素进行治疗。

（4）卵巢囊肿是母牛产后不发情或发情不规律的常见原因之一。产后早期发生此病的母牛多数可以自愈，不必进行治疗。表现慕雄狂症状或分娩 60d 以后发现的病例，可用激素治疗。用药之后，30d 以内一般不要重复治疗，以便生殖器官有足够的恢复时间。

4. 产后 60d 以后 对配种 3 次以上仍不受孕，发情周期和生殖器官又无明显异常的母牛，应在发情的第 2 天或者输精时反复多次进行检查，注意鉴别是根本不能受精，还是受精后发生早期胚胎死亡。引起母牛屡配不孕的其他常见病理情况有排卵延迟、输卵管炎、隐性子宫内膜炎和老年性气膣等。

母牛屡配不孕，特别是有大批母牛不育时，不可忽视对精液的检查。精液品质的好坏，可以直接影响母畜的受胎率。此外，对输精（或配种）的操作技术也应加以考虑，因为繁殖技术错误往往可以引起母畜屡配不孕。

5. 输精后 30～45d 在这一期间，应做例行的妊娠检查，以便及时查出未孕母牛，减少空怀引起的损失。对已确定妊娠的母牛，在妊娠中期和后期还要重复检查，有流产史的母牛更应多次重复检查。调查资料证实，在妊娠的中、后期，妊娠母牛中仍然有 5%～10% 发生流产。

二、建立完整的繁殖记录

每头动物应该有完整准确的繁殖记录，记录表格应该简单实用。繁殖记录应该包括分娩或流产的时间、发情及发情周期的情况、配种及妊娠情况、生殖器官的检查情况、父母代的有关资料、后代的数量及性别、预防接种及药物使用，以及其他有关的健康情况。大型饲养场，管理人员应该准备有日常报表，记录分娩、配种及其他有关的异常或处理方法。

三、完善管理措施

母畜的不育中，由管理不善引起的占有一定的比例。因此，兽医人员必须发挥主动作用，认真负责，恪尽职守，尽可能通过改善管理措施来有效地防治不育。如在进行发情鉴定时，目前除了仔细观察、详细记录、准确输精外，尚无其他可行的方法，这就要求在观察发情时必须仔细认真，每次观察时间不应短于 30min，每天进行 3～4 次。

四、重视青年后备母畜的饲养

对青年母畜必须提供足够的营养物质和平衡饲料，及时进行疫病预防和驱虫，保证健康成长，以便按时出现有规律的发情周期，提高繁殖效率。

五、严格执行卫生措施

在进行母畜的生殖道检查、输精及接产助产时，一定要严格消毒，防止发生生殖道感染，杜绝严重影响生育力的传染性或寄生虫性疾病。新购入的母畜应该隔离观察 30～150d，并进行检疫和预防接种，确认健康后方可混群饲养。

第十单元 公畜的不育

公畜具有正常的生育力有赖于以下几个方面的功能正常，即精子生成、精子的受精能力、性欲和交配能力。公畜不育在临床上包含两个概念：一是指公畜完全不育，即公畜达到配种年龄后缺乏性交能力、无精或精液品质不良，其精子不能使正常卵子受精；二是指公畜生育力低下，即由于各种疾病或缺陷使公畜生育力低于正常水平。

第一节　公畜不育的原因及分类

公畜的不育可分为先天性不育和后天性不育。作为种用公畜，先天性不育者多在选种时淘汰。生产中常见的公畜不育，主要是疾病、管理利用不当和繁殖技术错误等造成的，主要表现为无精症、少精或死精症，性欲低下或无性欲，以及阳痿、自淫等。阴囊、睾丸、附睾和附性腺等炎症是无精、少精或死精症的主要原因。此外，精子的特异性抗原引起免疫反应而使精子发生凝集反应等，可造成不育。现将公畜不育的主要原因及其分类列于表 4-6。

表 4-6　公畜不育的原因及分类

不育的种类			引起的原因
先天性不育			先天性或遗传性因素导致生殖器官发育异常或各种畸形
后天性不育	营养性不育		营养不良、维生素不足或缺乏、饲料中含有害物质
	管理利用性不育		使役过度、运动不足、拥挤
	繁殖技术性不育		交配过度、采精频率过度、采精操作粗暴等
	疾病性不育	普通疾病	全身性疾病、生殖器官疾病
		传染性疾病	病原微生物或寄生虫使生殖器官受到损害，或患有影响生殖机能的疾病如布鲁氏菌病、传染性化脓性阴茎头包皮炎、马媾疫、胎儿毛滴虫病等，而使生育力减退或丧失
		神经内分泌失调	生殖器官、细胞和内分泌腺肿瘤以及激素分泌失调可引起性功能障碍
	免疫性不育		精子的特异性抗原引起免疫反应，产生抗体，使生殖机能受到干扰或抑制，导致不育

第二节　先天性不育

公畜的先天性不育是由于染色体异常或基因表达调控出现异常，导致公畜不育或生育力低下。此类疾病包括 XXY 综合征、睾丸发育不全、无精或精子形态异常、性机能紊乱、沃尔夫氏管道系统分节不全、两性畸形和隐睾等。上述各类疾病中，常见的为睾丸发育不全、两性畸形和隐睾等，两性畸形在母畜的不育中做了介绍，这里只介绍睾丸发育不全和隐睾。

一、睾丸发育不全

睾丸发育不全指公畜一侧或双侧睾丸的全部或部分曲细精管生精上皮不完全发育或缺乏生精上皮，间质组织可能基本维持正常。本病多见于公牛和公猪，在各类睾丸疾病中约占 2%；但在有的公牛群体，发病率可高达 25%～30%。

【病因】一般是多了一条或多条 X 染色体，或是基因表达调控过程出现障碍，双侧睾丸发育和精子生成受到抑制。此外，初情期前营养不良、阴囊脂肪过多和阴囊系带过短，也可引起睾丸发育不全。

【临床症状】病畜在出生后生长发育正常，周岁时生长发育测定能达到标准，第二性征、性欲和交配能力也基本正常，但睾丸较小，质地软，缺乏弹性，多次检查精液呈水样，无精或少精，精子活力差，畸形精子百分率高。有的病例精液品质接近正常，但受精率低，精子不耐冷冻和贮存。

【诊断】根据睾丸大小、质地，间隔多次精液品质检查结果和参考公畜配种记录（一开始使用即表现生育力低下和不育），即可做出初步诊断。睾丸组织活检，可见整个性腺或性腺的一部分曲细精管缺乏生殖细胞，仅有一层没有充分分化的支持细胞，间质组织比例增加；部分公畜生殖细胞不完全分化，生精过程常终止于初级精母细胞或精细胞阶段，几乎见不到正常发育的精子；有的个体虽有正常形态精子生成，但精子质量差，不耐冷冻和贮存。染色体检查有助于本病的确诊。

【处理】即使病畜精液有一定的受胎率，但发生流产和死产的比例很高，且本病具有很强的遗传性，患畜可考虑去势后用作肥育或使役。

二、隐 睾

隐睾指因睾丸下降过程受阻，其单侧或双侧不能降入阴囊而滞留于腹腔或腹股沟管的一种疾病。双侧隐睾者不育，单侧隐睾者可能具有生育力。正常情况下，牛、羊和猪的睾丸在出生前已降入阴囊，马在出生前后2周内降入阴囊。多数犬在出生时睾丸已经降于阴囊内，但也有迟至生后6～8月才降入阴囊内者。隐睾在猪、羊、马和犬多见，牛较少见。

【病因】隐睾具有明显的遗传性倾向，其发病机理不太清楚。目前认为，一是与睾丸大小、睾丸系膜引带、血管、输精管和腹股沟管的解剖结构异常有关；二是与睾丸下降时内分泌功能紊乱有关，促性腺激素和雄激素水平偏低可以造成睾丸附属性器官发育受阻、睾丸系膜萎缩而致隐睾。

【临床症状】患畜阴囊小或缺如。单侧隐睾者阴囊内只能触及一个睾丸，位于阴囊内的睾丸大小、质地和功能均可能正常，公畜可能有生育力。单侧和双侧隐睾者在腹腔或腹股沟管内的睾丸由于较高的环境温度其生精上皮发生变性，精子发生不能正常进行，睾丸小而软。因此双侧隐睾者不育，但睾丸间质细胞仍具有一定的分泌功能，动物的性欲及性行为基本正常。隐睾动物未降入阴囊的睾丸有多发睾丸支持细胞瘤和精原细胞瘤的倾向。

【诊断】诊断隐睾的方法包括触诊阴囊和腹股沟外环、直肠内骨盆区触诊、实验室检查血浆雄激素和激素诱发试验等。

外部触诊可查知位于腹股沟外环之外、可缩回的睾丸，偶尔可触及腹股沟内的睾丸或精索的瘢痕化余端。直肠内触诊只限于大动物，可触摸睾丸或输精管有无进入鞘膜环。患隐睾的动物血浆雄激素水平低，可通过实验室分析雄激素浓度来确定；或者在注射hCG（或Gn-RH）前后分别测定血浆睾酮浓度（患隐睾的动物用药后血浆睾酮浓度升高）。

猪隐睾的诊断：主要依靠触诊检查。另外，公猪还表现有性欲强、生长慢等特点。

犬的睾丸提肌反射敏感度高，触摸睾丸能使其向腹股沟环回缩，因而易被误诊为隐睾。一般情况下正常大小的睾丸可以推拿降至阴囊，但在患隐睾的犬推拿则不能使睾丸下降。

【处理】从种用角度出发，任何形式的隐睾均无治疗的必要，应禁止使用单侧隐睾公畜进行繁殖。由于隐睾易诱发肿瘤，故建议作去势术，去势后可用于肥育或使役。如为皮下隐睾，可切开皮肤，分离出睾丸，双重结扎精索后切除睾丸。对腹腔隐睾者，切开腹底壁，在腹股沟内环处、膀胱背侧和肾脏后方等部位探查隐睾，剪断睾丸韧带，双重结扎精索后除去睾丸。

第三节　疾病性不育

公畜生殖系统各部位都可能罹患疾病而影响生育，这些疾病中一部分通常不具有传染性，而另一部分具有传染性。本节主要介绍几种常见的引起公畜不育的疾病，如睾丸炎、附睾炎、精囊腺炎综合征和阴茎及包皮损伤等。

一、睾丸炎

睾丸炎指由损伤和/或感染引起睾丸的各种急性和慢性炎症。该病多见于牛、猪、羊、马及驴。

【病因】由打击、啃咬、蹴踢、尖锐硬物刺伤和撕裂伤等继发感染；睾丸附近组织或鞘膜炎症蔓延，全身感染性疾病病原经血流均可引起睾丸炎症。附睾和睾丸紧密相连，常同时感染和互相继发感染。

【临床症状】根据临床症状，可将睾丸炎分为急性和慢性两种。

(1) 急性睾丸炎　睾丸肿大，发热，疼痛；阴囊发亮；患畜站立时拱背，后肢广踏，步态强拘，拒绝爬跨；触诊可发现睾丸紧张，鞘膜腔内积液，精索变粗，有压痛。病情严重者体温升高。并发化脓感染者，局部和全身症状加剧。在个别病例，脓汁可沿鞘膜管上行入腹腔，引起弥漫性化脓性腹膜炎。

(2) 慢性睾丸炎　睾丸不表现明显热痛症状，其组织逐渐纤维变性，弹性消失，硬化，变小，产生精子的能力降低或消失。

炎症引起的体温增加和局部组织温度增高，以及病原微生物释放的毒素和组织分解产物，都可以造成生精子上皮的直接损伤。睾丸肿大时，由于白膜缺乏弹性而产生高压，睾丸组织缺血而引起细胞变性。各种炎症损伤中，首先受影响的主要是生精上皮，其次是支持细胞，只有在严重急性炎症情况下睾丸间质细胞才受到损伤。单侧睾丸炎症引起的发热和压力增大，也可以引起健侧睾丸组织变性。

【治疗】对于症状性睾丸炎要配合原发病的治疗，在此主要介绍自发性睾丸炎的治疗。急性睾丸炎病畜应停止使用，安静休息。早期（24h内）可冷敷，后期可温敷，加强血液循环，使炎症渗出物消散。局部涂擦鱼石脂软膏、复方醋酸铅散。阴囊可用网状绷带吊起。全身使用抗生素药物。局部可在精索区注射盐酸普鲁卡因青霉素溶液（2%盐酸普鲁卡因20mL，青霉素80万IU），隔天注射1次。

无种用价值者可去势。单侧睾丸感染而欲保留作种用者，可考虑尽早将患侧睾丸摘除。已形成脓肿摘除有困难者，可从阴囊底部切开排脓。由传染病引起的睾丸炎，应首先考虑治疗原发病。

二、羊附睾炎

羊附睾炎是公羊常见的一种生殖疾病，以附睾出现炎症并可能导致精液变性和精子肉芽肿为特征。该病呈进行性接触性传染，病变可能单侧出现，也可能双侧出现。双侧感染常引起不育。

【病因】主要是由流产布鲁氏菌和马耳他布鲁氏菌感染所致。精液放线杆菌、羊棒状杆菌、羊嗜组织菌和巴斯德菌也可引起感染。传播感染的途径为公羊间同性性活动、小公羊圈舍拥挤以及公羊与因布鲁氏菌引起流产后 6 个月内发情的母羊交配。病原菌可经血源途径和生殖道上行途径引起附睾炎。

【临床症状】附睾感染一般都伴有不同程度的睾丸炎，呈现特殊的化脓性附睾及睾丸炎症状。公畜不愿交配，叉腿行走，后肢强拘，阴囊内容物紧张、肿大、疼痛，睾丸与附睾界线不明。精子活力降低，不成熟精子和畸形精子百分数增加。

布鲁氏菌感染一般不波及睾丸鞘膜，炎性损伤常局限于附睾，特别是附睾尾。通常在急性感染期睾丸和阴囊均呈水肿性肿胀，附睾尾明显增大，触摸时感觉柔软。慢性期附睾尾内纤维化，可能增大 4～5 倍，并出现粘连和黏液囊肿，触摸时感觉坚实，睾丸可能萎缩变性。

精液放线杆菌感染常引起睾丸鞘膜炎，睾丸明显肿大并可能破溃流出灰黄色脓汁。感染所引起的温热调节障碍和压力增加可使生精上皮变性并继发睾丸萎缩。附睾管和睾丸输出管变性阻塞引起精子滞留，管道破裂后精子向间质溢出形成精子肉芽肿，病变部位呈硬结性肿大，精液中无精子。

【诊断】附睾的损伤和炎症通过观察和触摸均不难发现，困难的是要确定没有外部损伤的附睾炎的病因。通常采用精液细菌培养检查、补体结合测定（不适用于已接种布鲁氏菌疫苗公羊的检查和精液放线杆菌的检查）和对死亡公羊剖检，以及病理组织学检查等几种方法，并可同时进行病原苗的药物敏感试验。

【治疗】可试用周效磺胺并配合三甲氧苄氨嘧啶（增效周效磺胺）治疗，但疗效常不佳。对处于感染早期、具有优良种用价值的种公羊，每天使用金霉素 800mg 和硫酸双氢链霉素 1g，3 周后可能消除感染并使精液质量得到改善。优良种畜在单侧感染时可及时将患侧附睾连同睾丸摘除，可能保持生育力；如已与阴囊发生粘连，可先用 10mL 1.5％利多卡因行腰部硬膜外麻醉，将阴囊一并切除。确诊为布鲁氏菌感染引起的，建议立即淘汰，不应考虑治疗。

预防的根本措施是及时鉴定出所有感染公羊，严格隔离或淘汰。预防接种可减少本病的发生。

三、精囊腺炎综合征

精囊腺炎的病理变化往往波及壶腹、附睾、前列腺、尿道球腺、尿道、膀胱、输尿管和肾脏，因此，可以将精囊腺炎及其并发症合称为精囊腺炎综合征。精囊腺炎常见于公牛，发病率为 0.8％～4.2％。

【病因】病原包括细菌、病毒、衣原体和支原体。主要经泌尿生殖道上行引起感染，某些病原可经血源引起感染。常见于 18 月龄以下的小公牛，特别是从良好饲养条件转移到较差环境时，易引起精囊腺感染。

【临床症状】慢性病例无明显临床症状。如已出现化脓症状，精液中带血并可见其他炎性分泌物。病灶周围炎性反应，还可能引起局限性腹膜炎。如果脓肿破裂，可引起弥漫性腹膜炎。

【诊断】除观察临床症状外，可进行如下检查。

（1）直肠检查 急性炎症期双侧或单侧精囊腺肿胀、增大，分叶不明显，触摸有痛感；壶腹也可能增大、变硬。慢性病例腺体纤维化变性，腺体坚硬、粗大，小叶消失，触摸痛感不明显。化脓性炎症其腺体和周围组织可能形成脓肿区，并可能出现直肠瘘管，由直肠排出脓汁。同时，注意检查前列腺和尿道球腺有无痛感和增大。

（2）精液检查 精液中出现脓汁凝块或碎片，呈灰白色-黄色、桃白色-赤色或绿色。精子活力低，畸形精子增加，特别是尾部畸形精子增加。

（3）病原培养 分离培养精液中病原微生物，并试验其抗药性。为了避免包皮鞘微生物对精液的污染，可采用阴茎尿道插管，结合精囊腺和壶腹的直肠按摩，直接收集副性腺的分泌物进行病原检查。

【治疗】患病公畜应立即隔离，停止交配和采精。病势稍缓的病畜可能自行康复，生育力可望得到保持。

治疗时，由于药物不易到达病变部位，需采用对病原微生物敏感的磺胺类和抗生素药物，并大剂量使用，至少连续使用2周，有效者在1个月后可临床康复。

单侧精囊腺慢性感染时，可考虑手术摘除。临床康复的公畜，必须经严格的精液检查后方可用于配种。

四、阴茎和包皮损伤

阴茎和包皮损伤也包括尿道损伤及其并发症，常见的有撕裂伤、挫伤、尿道破裂和阴茎血肿。

【病因】交配时母畜骚动或公畜自淫时阴茎冲击异物，使勃起的阴茎突然弯折；阴茎受蹴踢、鞭打、啃咬；公畜骑跨围栏等，均可造成阴茎海绵体、白膜、血管及包皮的擦伤、撕裂伤和挫伤，甚至还可能引起阴茎血肿和尿道破裂。

【症状】阴茎和包皮损伤一般有外部可见的创口和肿胀，或从包皮外口流出血液或炎性分泌物。肿胀明显者阴茎和包皮脱垂，并可能形成嵌顿包茎。阴茎白膜破裂可造成阴茎血肿，血肿可能局限，也可能扩散到阴茎周围组织，造成包皮下垂，并引发包皮水肿。各种损伤造成的血肿，可继发感染形成脓肿。感染后局部或全身发热，公畜四肢拘强，跨步缩短，完全拒绝爬跨。如不发生感染，几天后水肿消退，血肿慢慢缩小变硬，并可能出现纤维化，使阴茎和包皮发生不同程度的粘连。如伴有尿道破裂，将出现排尿障碍，尿液可渗入皮下及包皮，形成尿性肿胀，并可能导致脓肿及蜂窝织炎。

【诊断】检查创口，调查损伤的原因，注意与原发性包皮脱垂、嵌顿包茎、传染性阴茎头包皮炎等区别；在公猪，还应与包皮憩室溃疡区别。

【治疗】治疗以预防感染、防止粘连和避免各种继发性损伤为原则。发生损伤后立即停止使用，隔离饲养，有自淫习惯的公畜可口服（每千克体重5.5mg）或肌内注射（每千克体重0.55～1.00mg）安定，以减少性兴奋。损伤轻微者，短期休息后可自愈。

（1）新鲜撕裂伤 清理消毒创口，涂抹抗生素油膏，必要时可缝合伤口，全身使用抗生素1周预防感染。

（2）挫伤 初期冷敷，2～3d后温敷，适当牵遛运动，以利水肿消散。全身使用抗生素药物和利尿，限制饮水；局部可涂抹非刺激性的消炎止痛药物（如甘油磺胺酰脲），忌用强刺激药。

（3）血肿 治疗以止血、消肿、预防感染为原则。肌内注射维生素 K_3 止血（马、牛 0.1g，猪、羊 0.03～0.05g，每天 2～3 次）。血凝块的清除，可采用保守疗法和手术清除。保守疗法即在伤后 5～7d，严密消毒后将溶于 250mL 生理盐水中的 80 万 IU 青霉素和 12.5 万 IU 链激酶，经皮肤分点注入血凝块，使血凝块溶解，5d 后经皮肤作切口，插入吸管将已液化的血凝块吸出。

五、前列腺炎

前列腺炎是前列腺的急性和慢性炎症，以犬发病较多。该病常呈化脓性炎症，形成前列腺脓肿。

【病因】多数前列腺炎由尿道上行感染所致。其病原菌为大肠杆菌、支原体、链球菌及葡萄球菌等。前列腺增生、服用过量雌激素和患足细胞肿瘤可为本病的诱因。也有的是由血行性感染引起。

【临床症状】

（1）急性前列腺炎 全身症状明显，有高热，体温可达 40℃ 以上，呕吐。常伴有急性膀胱炎和尿道炎，病犬有尿频、尿痛、血尿等症状。偶因膀胱颈水肿或痉挛而致尿闭。腹部及直肠触诊前列腺时表现疼痛，手指探查发炎的腺体时可感知增温、敏感与波动。血细胞检查发现白细胞增多。尿液检查可见白细胞及细菌。直肠按摩前列腺能收集到渗出物，有助于判断炎症反应的部位和确定渗出物的性质。

（2）慢性前列腺炎 症状与急性前列腺炎基本相同，但症状较轻微，病程较长。出现前列腺脓肿后，病犬可无明显的临床症状；但若发生脓肿破溃或吸收脓性产物，则出现脓毒血症的症状，可能发生休克或死亡。

【诊断】直肠检查前列腺出现对称性或不对称性肿大，触压疼痛，质地软或有波动感。X 线检查可见前列腺增大和前列腺矿物化（密度增加）。膀胱造影可见膀胱壁增厚和弛缓，膀胱体积增大，有肿大前列腺压迫的凹陷。超声检查可发现前列腺肿胀，可能是脓肿，但不能与囊肿和血肿相区别。前列腺液检查发现白细胞和红细胞数量增加，中性粒细胞内有较多细菌。

【治疗】可根据微生物学检查及药敏试验采取相应的抗生素如青霉素、链霉素、庆大霉素、卡那霉素、氨苄青霉素等治疗。慢性前列腺炎可对其进行按摩，以促进炎症的消散，同时配合抗生素疗法。

第十一单元 新生仔畜疾病★★★

新生仔畜通常是指脐带脱落（产后 2～6d）以前的仔畜。脐带脱落以后至断奶这一时期的仔畜称为哺乳幼畜。仔畜在脐带脱落之前发生的疾病，通称为**新生仔畜疾病**。

第一节　窒　息

新生仔畜窒息又称为**假死**，其主要特征是刚出生的仔畜出现呼吸障碍，或无明显呼吸而仅有微弱心跳。此病常见于马和猪，若抢救不及时，会导致死亡。

【病因】分娩时产出期延长或胎儿排出受阻；胎盘水肿，胎盘分离过早（常见于马）或胎囊破裂过晚；倒生时胎儿产出缓慢和脐带受到挤压，脐带前置时受到压迫或脐带缠绕，以及子宫痉挛性收缩等，均可因胎盘血液循环减弱或停止而导致胎儿过早开始呼吸，吸入羊水而发生窒息。

此外，分娩前母畜发生贫血及大出血，患有某种严重的热性疾病或全身性疾病，分娩时过度疲劳，胎儿可因缺氧而过早呼吸，造成窒息。

【临床症状】轻度窒息（又称青紫窒息）时，仔畜软弱无力，发绀，舌脱出口外，口腔和鼻孔充满黏液；呼吸不匀，有时张口呼吸，呈喘气状，心跳快而弱，肺部有湿啰音，喉与气管的湿啰音更为明显。

严重窒息（苍白窒息）时，仔畜全身松软，卧地不动，反射消失，黏膜苍白；呼吸不明显，仅有微弱心跳，呈假死状态。

【治疗】迅速擦净或吸出仔畜鼻孔及口腔内的羊水；也可将仔畜后肢提起来抖动，并有节律地轻压胸腹部，以人工呼吸方式诱发呼吸，同时，促使呼吸道内的黏液排出；确认呼吸道内黏液排出后，可输氧。为了诱发呼吸反射，可用浸有氨水的棉花放在鼻孔上刺激鼻腔黏膜，夏天可在仔畜身上浇洒冷水。还可使用刺激呼吸中枢的药物，如山梗菜碱或尼可刹米。

第二节　胎粪停滞

新生仔畜胎粪停滞也称秘结或胎粪不下。正常情况下，仔畜生后若能及时吃上充足的初乳，在 1d 之内胎粪即可顺利排出。如果数小时内不排粪且出现腹痛症状即为胎粪停滞。

【病因】母畜营养不良、初乳分泌不足或品质不佳，仔畜吃不到初乳。先天性发育不良或早产、体质衰弱的幼驹，都易发生便秘。

【临床症状】患病仔畜吃奶次数减少，表现为不安、拱背、摇尾、努责，有时踢腹、卧地，并回顾腹部，偶尔腹痛剧烈，前肢抱头打滚，肠音减弱。以后精神沉郁，不吃奶，结膜潮红、带黄色，呼吸、心跳加快，肠音消失，全身无力。最后卧地不起，逐渐全身衰竭，呈现中毒症状；有的羊羔排粪时大声咩叫。由于粪块堵塞肛门，继发肠臌气。

直肠检查，触到硬固的粪块，即可确诊。羔羊为很黏的稠粪或硬粪块；有的病驹、特别是公驹，在骨盆入口处常有较大的硬粪块阻塞。

【治疗】治疗原则是润滑肠道和促进肠道蠕动。可选用下列方法。

1. 灌肠排结　用温肥皂水先进行直肠浅部灌肠，将橡皮管插入直肠浅部，以排出浅部粪便；然后使橡皮管插入 5～15cm（犬、羊）、20～40cm（驹、犊）深并灌注肥皂水。必要时经 2～3h 再灌肠一次。

2. 润肠排结 液体石蜡油 150～300mL，一次灌服。

3. 疏通肠道 对于驹、犊可用硫酸钠 20～50g，加温水 500～1 000mL，另加植物油 50mL，鸡蛋清 2～3 个，混合一次灌服，其他幼畜酌情减量。

4. 刺激肠蠕动 硫酸新斯的明注射液 3～6mL（驹、犊），肌内注射；或用 3% 过氧化氢 200～300mL 一次灌服；灌肠投药后，按摩腹部并热敷。

5. 掏结 剪短指甲并将手指涂上油脂，伸入直肠将粪结掏出。如果粪结较大且位于直肠深部，可用铁丝制的钝钩（或套）将粪结掏出。具体方法为：将仔畜放倒保定，灌肠后，用涂油的铁丝钝钩沿直肠上壁或侧壁伸到粪结处，并用食指伸入直肠内把握好钩的位置，使其钩住或套住粪块，用缓力将其掏出。

若上述方法无效，可施行剖腹术，然后挤压肠壁促使胎粪排出，或切开肠壁取出粪块。如有自体中毒症状，必须及时采取补液、强心、解毒及抗感染等措施。

第三节 脐尿管瘘

脐尿管瘘又称**持久脐尿管**，其特征是从脐带断端或脐孔经常流尿或滴尿。主要发生于驹，有时见于犊牛。

【病因】本病发生是由于脐尿管封闭不全，脐带残端发生感染，或犊牛舔食脐带残端，都可能造成封闭不全。

【临床症状】仔畜断脐后有尿液从脐带断端滴出或仔畜排尿时，从脐孔中滴尿或流尿。由于经常受尿液浸渍，脐孔处发炎，久不愈合。

【治疗】如果脐带残段尚存，可用碘酒充分浸泡，然后紧靠脐孔结扎脐带。若脐带残段已脱落而从脐孔中流尿时，应对脐孔脐尿管行集束或袋口缝合结扎。也可用 5% 碘酊每天涂抹流尿口处 2～3 次；或每天用硝酸银棒腐蚀 1 次，数天后再行结扎封闭。如伴有脐血管炎时，应暂不结扎，先按脐炎治疗。如已出现全身症状，需及时使用抗生素，防止炎症扩散引起脓毒血症或败血病。

第四节 新生仔畜溶血病

新生仔畜溶血病是新生仔畜红细胞抗原与母体血清抗体不相合而引起的同种免疫溶血反应，又称新生仔畜溶血性黄疸、同种免疫溶血性贫血或新生仔畜同种红细胞溶血病。各种新生仔畜都可发病，但以驹和仔猪多发，偶见于犊牛、家兔和犬。

【病因】新生仔畜溶血病是由于胎儿的异种抗原在妊娠期进入母体，母体产生的特异性抗体通过初乳途径进入仔畜血液中，诱发抗原抗体反应造成溶血。胎儿抗原进入母体的原因，可能是由于胎盘出血、胎盘受损或发生病灶。

【症状及诊断】溶血病虽依畜种不同症状有所差异，但其共同之处是吃食母体初乳后即发病，表现为贫血、黄疸、血红蛋白尿等危重症状。

1. 骡（马）驹

（1）临床症状 吸吮初乳后 1～2d 发病，5～7d 达到发病高峰。主要表现为精神沉郁、反应迟钝、头低耳聋、喜卧，有时有腹疼现象；可视黏膜苍白、黄染，特别是巩膜与阴道黏膜苍白、黄染；排尿时有痛苦表现，尿量少而黏稠，病轻者为黄色或淡黄色，严重者为血红色或浓茶色（血红蛋白尿）；粪便多呈蛋黄色；心跳增速，心音亢进，节律不齐；呼吸加快，呼吸音较粗。病后期，病驹卧地不起、呻吟、呼吸困难；有的出现神经症状；最终多因高度贫血、极度衰竭（主要是心力衰竭）而死亡。

（2）血液检查 高度溶血，呈淡黄红色，血沉加快。红细胞数减少，轻者降为 $3 \times 10^{12} \sim 4 \times 10^{12}$ 个/L，重者可降至 3×10^{12} 个/L 以下。红细胞形状不整，大小不匀。血红蛋白显著降低，白细胞相对值增高。患驹日龄越小，溶血现象越严重，病情也越重。

（3）产后初乳检查 母马产后立即挤取初乳，与母体初乳进行凝集反应，马生骡驹时的初乳效价高于 1：32、驴生骡驹时的初乳效价高于 1：128 时，可判为阳性反应。为非安全效价。马生骡驹时的初乳效价为 1：16、驴生骡驹时的初乳效价为 1：64 及以下者，可以自由哺乳。

（4）产前初乳检查 产前 20d 以上，一般母马初乳中抗体效价很低（1：4 以下）。随着产前的临近，初乳中抗体效价逐渐升高。因此，初乳检查应在产前 24h 内进行。非安全范围与产后初乳检查相同。

2. 仔猪

（1）临床症状 吮乳后数十小时甚至数小时发病。病初表现精神萎靡、震颤、畏寒，钻于母猪腹下或草窝中，或互相挤于一处；被毛粗乱、竖立；衰弱，后躯摇摆；可视黏膜及皮肤呈轻重不一的黄染，其中以结膜及齿龈最明显，腋下、股内侧及腹下皮肤较其他部分皮肤黄染显著；粪便稀薄；尿透明带红色，有时呈咖啡样，呈酸性反应；体温变化不明显；心跳 150～200 次/min，呼吸 70～90 次/min；病猪 2～6d 死亡。急性病猪吮乳后 2～3h 食欲减退，4h 可视黏膜贫血、皮肤苍白，急剧陷入虚脱状态，5～7h 内便可死亡。

（2）病理剖检 可见皮下黄染，肠系膜、大网膜、腹膜、肠管均呈黄染。胃底有轻度卡他性炎症，肠黏膜充血、出血，肝、脾微肿大，膀胱内积存暗红色尿液。

（3）血液检查 血液不易凝固，白细胞总数为 $6 \times 10^{12} \sim 7 \times 10^{12}$ 个/L，红细胞数减少为 $15 \times 10^{12} \sim 45 \times 10^{12}$ 个/L，血红蛋白 36～65g/L。

3. 犊牛

（1）临床症状 犊牛吮乳后 11～16h 开始发病。病初精神不振，吃乳减少，喜卧，腹痛；可视黏膜稍苍白；尿色变黄；体温不稳定，呈弛张热（最高 41.3℃）；呼吸及心率稍快。严重时，精神沉郁，食欲消失，惊厥，可视黏膜黄染、苍白；排黄痢或血痢；尿少且尿色呈淡红色；呼吸音粗粝；心音亢进。后期卧地不起，呻吟，呼吸困难；心率增加（150～180 次/min），且节律不齐；排尿异常困难，尿色为血红色；阵发性痉挛、角弓反张。最后因心力衰竭而死亡。

（2）病理剖检 皮下有胶质状炎性渗出物，肺、心肌有点状出血，心肌肿胀、质地变软，肝异常肿大、质地变脆、无弹性，胆囊充盈、肿大，胃肠道有点状出血。

（3）血液检查 血液稀薄，黏稠性差。48h 血溶指数为 17.5 以上，红细胞数减少至 2.89×10^{12} 个/L。红细胞形态不整、大小不等。血红蛋白含量平均 67.2g/L，白细胞数高达 34×10^9 个/L。

（4）初乳凝集反应 胎儿血液与母体初乳进行凝集反应，初乳效价 1：128 以下可判为阳性反应。

4. 仔犬

（1）临床症状　精神沉郁，反应迟钝，喜卧，吮乳力减弱或不吃乳；皮肤及可视黏膜苍白黄染；尿量少而黏稠，轻者为黄色或淡黄色，重者为血红色或浓茶色；心音亢进；呼吸粗粝；有的有神经症状。

（2）血液检查　血液呈高度溶血，稀薄如水，缺乏黏稠性；红细胞数显著减少，最高为 $3×10^{12}$ 个/L，最低时仅为 $1.6×10^{12}$ 个/L；红细胞大小不等，可见到一些红细胞碎片。

【治疗】目前对该病尚无特效疗法。治疗原则是及早发现、及早换奶或人工哺乳或代养、及时输血及采取其他辅助疗法。

1. 立即停食母乳　实行代养或人工哺乳，直至初乳中抗体效价降至安全范围，或待仔畜已远远超过肠壁闭锁期。有时一窝仔猪中只有部分猪发病，为了确保安全，须将整窝仔猪实行代养及人工哺乳。

2. 输血疗法　为了保证输血安全，应先做配血试验，选择血型相合的同种动物作为供血者。若无条件做配血试验，也可试行直接输血，但应密切注意有无输血反应，一旦发生反应，立即停止输血。

3. 辅助疗法　可配合应用糖皮质激素（如地塞米松）、强心、补液。临床上，常将皮质激素、葡萄糖和维生素 C 联合输注。若有酸中毒的表现，可静脉注射 5% 碳酸氢钠。注射抗生素，可防止继发细菌感染。

【预防】已经发生仔畜溶血的母畜，不能再用同一头公畜配种。血清或初乳中查出抗体效价较高的母畜，应禁止给仔畜哺乳。两头同期分娩的母猪，其仔猪相互交换哺乳或实行代养，可预防本病。

第五节　新生仔畜低糖血症

新生仔畜低糖血症是以血糖水平明显低下，血液非蛋白氮含量明显升高，临床表现衰弱乏力、运动障碍、痉挛、衰竭等症状为特征的一种代谢性疾病。主要发生于出生后 1~4d 的仔猪和 20 日龄以内的犬。

【病因】新生仔猪和犬在生后几天内缺乏糖原异生能力，母畜产后少乳或无乳，仔畜生后吮乳反射弱或无，或是各种原因造成消化不良，影响养分的消化和吸收，均可能使仔畜不能从体外获得糖的足量供应，因而在能量代谢过程中不断消耗的血糖得不到有效补充，导致血糖浓度急剧下降，引发该病。

【症状及诊断】

1. 仔猪　多在出生后 1~2d 开始发病。病初精神萎靡，食欲消失，全身出现水肿，尤以后肢、颈下及胸腹下较为明显。肌肉紧张度降低，卧地不起，四肢绵软无力，约半数以上的病例，四肢做游泳状运动，头后仰或扭向一侧。口微张，口角流出少量白沫。有时四肢伸直，并可出现痉挛。体温可降至 36℃ 左右。对外界刺激无反应。最后，出现惊厥、角弓反张、眼球震颤，在昏迷中死亡。病猪血糖量显著降低，平均为 1.44mmol/L，最低可降至 0.17mmol/L（正常仔猪血糖量平均为 6.27mmol/L）。病猪肝糖原含量极微（正常值平均为 2.62%）。

2. 仔犬　表现为饥饿，对周围事物的反应差，阵发性虚弱，共济失调，震颤，神经过敏，惊恐不安，抽搐。重复出现抽搐者，导致神经缺氧性损伤，可进一步发展为癫痫。后期或病重的，出现虚脱、昏迷或死亡。血糖下降为 1.1～2.7mmol/L，血清或尿液中酮体升高。

【治疗】此病病程短，死亡率极高，必须早期治疗。治疗原则是尽快补糖，用 10％葡萄糖液 10～20mL 腹腔注射，每隔 4～6h 1 次，连续 2～3d，有良好效果。也可同时口服 25％葡萄糖 5～10mL，或喂饮白糖水。妊娠后期对母畜应供给充分营养，以保证产后有充足的乳汁。

第十二单元　乳房疾病★☆

乳房疾病是奶牛最常见、危害最大的一类疾病。乳腺炎使乳的品质和产量下降，治疗和管理成本增加，同时，还造成乳中兽药和抗生素残留，危及人类健康和环境安全。

第一节　奶牛乳腺炎

奶牛乳腺炎是指因微生物感染或因理化刺激引起奶牛乳腺的炎症，其特点是乳汁发生理化性质及细菌学变化，乳腺组织发生病理学变化。

【病因】引起奶牛乳腺炎的病因极为复杂，可由下列一种或多种因素所致。

（1）病原微生物的感染　这是乳腺炎发生的主要原因。引起奶牛乳腺炎的病原微生物，包括细菌、霉菌、病毒和支原体等，共有 130 多种，较常见的有 20 多种。根据其来源和传播方式，通常分为传染性微生物和环境性微生物两大类。前者主要包括金黄色葡萄球菌、无乳链球菌、停乳链球菌和支原体等，此类微生物定植于乳腺，并可通过挤奶工人或挤奶机传播；后者常见的有牛乳房链球菌、大肠杆菌、克雷伯氏菌和绿脓杆菌等，这些微生物通常寄生在牛体表皮肤及其周围环境中，并不引起乳腺的感染，但当乳牛的环境、乳头、乳房（或通过创口）或挤奶器被病原污染时，病原就会进入乳头池而引起乳腺感染。各种微生物的感染因地区不同而异，其中，以葡萄球菌、链球菌和大肠杆菌为主，这三种细菌引起的乳腺炎占发病率的 90％以上。但各地病原感染情况不尽相同，因地理环境、卫生条件、饲养方式不同而有差异。

（2）遗传因素　奶牛乳腺炎具有一定的遗传性，发病率较高的奶牛，其后代往往也具有较高的发病率。乳房的结构和形态对乳腺炎发生有很大影响，漏斗形的乳头（倾斜度大的乳头）比圆柱形乳头（倾斜度小的乳头）容易感染病原微生物。

（3）饲养管理因素　牛舍、挤奶场所和挤奶用具卫生消毒不严格，违反操作规程挤奶，人工挤奶手法不当；其他继发感染性疾病未及时治疗；对已到干乳期的奶牛不能及时、科学地进行干乳；未及时淘汰久治不愈患慢性临床型乳腺炎的病牛等，都是引发乳腺炎的常见病因。另外，饲喂高能量、高蛋白质日粮虽保护和提高了产奶量，但相对增加了乳房负担，使机体抵抗力降低，亦容易诱发乳腺炎。

(4) 环境因素　乳腺炎的发生率随温度湿度的变化而变化。高温、高湿季节，奶牛处于热应激状态、食欲减退、机体抵抗力降低，常常导致乳腺炎发生。牛舍通风不良、不整洁，运动场低洼不平、粪尿蓄积，牛体不洁，常常导致环境性病原菌在牛体表繁殖，从而引起乳腺炎。

(5) 其他因素　随奶牛年龄增长、胎次、泌乳期的增加，奶牛体质减弱，免疫功能下降，增加了乳腺炎发病率；结核病、布鲁氏菌病、胎衣不下、子宫炎等多种疾病，在不同程度上继发乳腺炎；应用激素治疗生殖系统疾病而引起激素失衡，也是本病的诱因。

【分类及症状】奶牛乳腺炎的分类是随着人们对乳腺炎认识的深入和临床治疗的方便而逐步发展的。有以病原、病理、病程、发病部位及临床症状分类的，也有以乳汁细胞数、乳腺和乳汁有无肉眼变化分类的，等等。由于以乳房和乳汁有无肉眼可见变化的分法很适合临床治疗，因此，国内目前多采用此法。此法为美国国家乳腺炎委员会于1978年起采用的方法。

1. 非临床型（亚临床型）乳腺炎　通常又称为隐性乳腺炎。乳腺和乳汁通常无肉眼可见的变化，但乳汁电导率、体细胞数、pH等理化性质已发生变化，必须采用特殊的理化方法才可检出。大约90%的奶牛乳腺炎为隐性乳腺炎。

2. 临床型乳腺炎　乳腺和乳汁有肉眼可见的临床变化，发病率为2%～5%。根据临床病变程度，可分为轻度临床型、重度临床型和急性全身性乳腺炎。

(1) 轻度临床型乳腺炎　乳腺组织病理变化及临床症状较轻微，触诊乳房无明显异常，或有轻度发热、疼痛或肿胀。乳汁有絮状物或凝块，有的变稀，pH偏碱性，体细胞数和氯化物含量增加。从病程看，相当于亚急性乳腺炎。这类乳腺炎只要治疗及时，痊愈率高。

(2) 重度临床型乳腺炎　乳腺组织有较严重的病理变化，患病乳区急性肿胀，皮肤发红，触诊乳房发热、有硬块、疼痛敏感，常拒绝触摸。奶产量减少，乳汁为黄白色或血清样，内有乳凝块。全身症状不明显，体温正常或略高，精神、食欲基本正常。从病程看，相当于急性乳腺炎。这类乳腺炎如治疗早，可以较快痊愈，预后一般良好。

(3) 急性全身性乳腺炎　乳腺组织受到严重损害，常在两次挤奶间隔突然发病，病情严重，发展迅猛。患病乳区肿胀严重，皮肤发红发亮，乳头也随之肿胀。触诊乳房发热、疼痛，全乳区质硬，挤不出奶，或仅能挤出少量水样乳汁。患畜伴有全身症状，体温持续升高（40.5～41.5℃），心率增速，呼吸增加，精神萎靡，食欲减少，进而拒食、喜卧。从病程看，相当于最急性乳腺炎。如治疗不及时，可危及患畜生命。

3. 慢性乳腺炎　慢性乳腺炎通常是由于急性乳腺炎没有及时处理或由于持续感染，而使乳腺组织处于持续性发炎的状态。一般局部临床症状可能不明显，全身也无异常，但奶产量下降。反复发作可导致乳腺组织纤维化，乳房萎缩。这类乳腺炎治疗价值不大，病牛可能成为牛群中一种持续的感染源，应视情况及早淘汰。

【诊断】临床型乳腺炎病例根据其乳汁、乳腺组织和出现的全身反应，即可做出诊断。隐性乳腺炎的诊断需要采用一些特殊的仪器和检测手段，并根据具体情况确定标准。

1. 临床型乳腺炎的诊断　主要是对个体病牛的临床诊断。方法仍然是一直沿用的乳房视诊和触诊、乳汁的肉眼观察及必要的全身检查，有条件的在治疗前可采奶样进行微生物学鉴定和药敏试验。

2. 隐性乳腺炎的诊断　根据隐性乳腺炎的特征性变化（即乳汁体细胞数增加、pH升高和电导率的改变等），采用不同的方法进行隐性乳腺炎的诊断。

(1) 乳汁体细胞计数（SCC）　正常乳汁SCC通常小于5万个/mL，亚临床感染时体细胞数超过 20 万个/mL，临床型乳房炎发生时体细胞数上升，超过 500 万个/mL。目前国际上对牛乳中体细胞的含量尚没有统一规定。一般认为，产次少的青年牛乳中，理想的体细胞含量应该控制在 40 万个/mL 以内；产次多年龄较大的牛乳中，体细胞含量应该控制在 50 万个/mL 以内。随着乳业文明的发展进步，行业内对牛乳里体细胞含量标准在逐渐提高，有的企业把牛乳里体细胞含量标准提高到 30 万个/mL 以内。我国现阶段根据乳牛业的生产水平，对隐性乳腺炎的判定标准仍采用 50 万个/mL 的范围。

（2）化学检验法　间接测定乳汁细胞数和乳汁 pH 的方法，种类较多。目前常用的是 CMT 法。CMT 法简易，检出率高，世界各地广泛使用。

（3）物理检验法　乳腺感染后，血乳屏障的渗透性改变，Na^+、Cl^- 进入乳汁，使乳汁电导率值升高，因此用物理学方法检测乳中电导率的变化，可诊断隐性乳腺炎。常用的有 AHI 乳腺炎检测仪：新西兰生产，方法简便、快速，只需几秒钟，能显示隐性乳腺炎阴性、阳性和可疑，但不能显示炎症轻重程度。

（4）其他指标检测

①pH：正常乳汁 pH 略偏酸，随着乳腺炎性反应加重，牛奶中体细胞数量增多，纤维蛋白溶解酶、碱性乳蛋白酶的活性增高，血浆蛋白进入牛奶中的量增加，血液与牛乳之间的 pH 梯度差缩小，导致牛乳 pH 逐渐升高，趋向于血液 pH。因此，检测乳汁碱性的高低可用于判定乳腺炎症的程度。

②ATP：ATP 存在于所有的活细胞中，因此也存在于乳汁中的体细胞中。乳汁 ATP 与体细胞数呈高度正相关，因此可作为检测体细胞数的一种替代方法，用于乳腺炎的诊断。

③乳糖：乳腺炎引起组织损伤，分泌细胞酶系统的合成能力降低。由于乳糖的浓度在同一泌乳期内不同泌乳阶段差别很小，因此其变化有助于乳腺炎的诊断。

【治疗】乳腺炎的治疗主要是针对临床型的，对隐性乳腺炎则主要是控制和预防。

乳腺炎的疗效判定标准为：①临床症状消失；②乳汁体细胞计数降至正常范围（50 万个/mL 以下）；③最好能达到乳汁菌检阴性。

抗生素仍然是治疗乳腺炎广泛使用的药物，但随着抗生素的长期大量使用，使得病原菌耐药菌株增加，以致一些乳腺炎病例变得难以治疗。选择抗生素治疗乳腺炎须遵循的基本原则是：根据药敏试验选择药物；在不能查清病原菌的情况下，先采用广谱抗生药物，或选两种抗生素合用（联合用药）；选择杀灭专性病原菌最有效的抗菌药物或各种细菌不易产生抗药性的抗生素。治疗乳腺炎常用的抗生素有：青霉素、链霉素、红霉素、新生霉素、四环素类、头孢菌素、多西环素以及喹诺酮类等。此外，磺胺类药也是常用抗菌药物。为了避免病原菌对抗生素产生抗药性和抗生素在乳中残留，提倡使用中草药制剂或其他替代品治疗乳腺炎，并已成为今后开拓研究的重要方向。临床型乳腺炎的治疗越早越好，以免转为慢性炎症，更难于治疗。

1. 全身治疗　全身症状明显时，宜肌内注射或静脉注射大剂量抗生素，以抗感染。

2. 局部治疗　可作乳房灌注，根据当地流行病原菌选择敏感药物。临床上一般选用环丙沙星、青霉素、链霉素、氨苄青霉素、阿米卡星等。用 0.25% 利多卡因 150～250mL 加入适量抗生素，一次乳头灌注，每日 1～2 次，4d 为一疗程。乳房灌注时，应先挤尽乳汁；药液注入后，退出乳导管针，轻捏乳头，防止药液流出，并向乳房上部推送药液。

3. 封闭疗法

（1）乳房基底部封闭　即在乳房的前、后两乳区之间与腹壁交界的凹陷最深处正中（乳房悬韧带上）进针，插入 10～12cm，边退针边注射 0.5％利多卡因 50～100mL。药液中也要加入适量抗生素。每天 1 次，连用 3～4 次。插针时，若轻度伤及乳房实质，少量出血、乳汁流出，只要注射时严格消毒，也不要紧。

（2）乳房神经干封闭　在患侧第 3 腰椎横突后缘与背最长肌外缘（距背中线 6～7cm）的交叉处剪毛、消毒、进针（φ1mm 针头长约 10cm）。以 55°～60°刺向椎体，退针 2mm，注射 2％～3％利多卡因 15～20mL，再退针至皮下注射 5mL；封闭单侧乳腺的生殖股神经，也称为生殖股神经封闭。此法每日 1 次，连用 3～4 次。

（3）会阴浅神经封闭　在坐骨弓下 3cm 处的会阴筋膜中，注射上述药液 10～20mL 封闭阴部神经，则麻醉更加完全；会阴浅神经封闭尤其适合于乳镜皮肤溃烂的病例。

对乳腺炎患牛初期冷敷、中期热敷及鱼石脂外敷。也可肌内注射蒲公英注射液 20mL，每日 2 次，连用 3～6d。

【预防】预防是降低奶牛乳腺炎发病率最经济、最有效的措施。要达到乳腺炎的有效防治，必须采用下列综合措施，并且形成常规，长期坚持，才能取得明显效果。

1. 建立科学的饲养管理制度　建立健全各生产阶段合理的饲养管理制度，尤其加强产前、产后管理。发现病牛，及时隔离治疗。对于体质差和无价值的奶牛，应及时淘汰，并对场地彻底消毒。

2. 加强环境和牛体卫生　引起奶牛乳腺炎的病原菌可分为两大类，一类平时就存在于牛体上，一类存在于环境中。搞好环境和牛体卫生，就可以减少病菌的存在和感染的可能，如运动场平整、排水通畅、干燥、经常刷拭牛体，保持乳房清洁等。此外，要保护牛群的"封闭"状态，避免因牛的引进或出入带来新的感染源。

3. 规范挤奶操作　手工挤奶时，一是要求挤奶人员技术熟练，二是保持牛体和环境卫生。每头牛用专用的消毒毛巾或纸巾（一牛一巾），先挤健康牛的奶，后挤乳腺炎患牛的奶。临床型乳腺炎奶牛的奶一定要挤入专用的容器内，集中处理，以免交叉感染其他健康奶牛。

4. 泌乳期乳头药浴　乳头浸浴可杀灭附着在乳头管口及其周围和已侵入乳头管内的微生物。因为，挤奶后 1～2h，乳头管松弛，容易感染细菌。坚持每次挤奶后浸浴乳头，可降低乳房新感染率约 75％，降低临床型乳腺炎约 50％。

5. 干乳期乳房保健　干乳期的预防主要是向乳房内注入有效期达 4～8 周的长效抗菌药物，这不仅能有效地治疗泌乳期间遗留的感染，而且还可预防干乳期间新的感染。目前多使用青霉素 100 万 IU、链霉素 100 万 U、单硬脂酸铝 3g、医用花生油 80mL 混合油膏或乳炎消等抗生素制剂，国际上多用长效抗生素软膏。

6. 疫苗免疫预防　疫苗免疫是预防乳腺细菌感染、降低隐性乳腺炎发病率、控制临床型乳腺炎的最佳途径，但也有人认为，由于乳腺炎的病原菌复杂、多变，很难有一种都适用的疫苗，且目前细菌疫苗研制进展缓慢，疫苗预防不是发展方向。目前已研制和试用的乳腺炎疫苗有：奶牛乳腺炎多联疫苗（A），对控制由金黄色葡萄球菌、无乳链球菌和乳腺炎链球菌致病的乳腺炎有较好效果；大肠杆菌疫苗可降低临床型大肠杆菌乳腺炎的发病率和治疗费用；金黄色葡萄球菌疫苗可明显降低亚临床型乳腺炎的发病率；以及无乳链球菌疫苗等。

7. DHI（dairy herd improvemenl）**测定**　即奶牛群改良，其内容是进行奶产量记录、乳成分分析以及奶体细胞计数（SCC）。通过 DHI 的数据分析，可以了解牛群的饲养管理水平和牛奶质量情况，作为改进饲养管理的依据。其中 SCC 是反映奶牛乳房健康程度、牛奶的质量和乳产量的损失的重要指标。通过 DHI 测定和改进管理措施，对降低乳汁体细胞数、减少乳腺炎发病率、提高奶牛场的经济效益，一定会起到积极的推动作用。

第二节　其他乳房疾病

一、乳房水肿

乳房水肿又称乳房浮肿，是乳腺皮下和间质组织液体过量蓄积形成的乳房浆液性水肿。可导致乳房下垂，产奶量降低，并诱发乳房皮肤病和乳腺炎，重者可永久损伤乳房悬韧带和组织。第一胎及高产奶牛发病较多。

【病因】确切原因尚不明了，已证实临产前的乳房浮肿与腹部表层静脉（乳静脉）血压显著升高、乳房血流量减少有关。遗传学研究表明，本病与产奶量呈显著正相关。产前限制饮水和饲喂食盐，可降低初产牛的发病率，但对成年牛无影响。

【症状】一般是整个乳房的皮下及间质发生水肿，以乳房下半部较为明显。也有水肿局限于两个乳区或一个乳区的。皮肤发红光亮，无热无痛，指压留痕。严重的水肿可波及乳房基底前缘、下腹、胸下、四肢和阴门。

【诊断】根据临床症状不难诊断，但需与乳房血肿和乳腺炎进行鉴别。

【治疗】产前乳房出现的肿胀一般属于生理性的，在产后逐渐消散，不需治疗。适当增加运动，每天 3 次按摩乳房和冷热水交换擦洗，减少精料和多汁饲料，适量减少饮水等，都有助于水肿的消退。

病程长和严重的病例需用药物治疗，但不得穿刺皮肤放液。口服氢氯噻嗪或氯噻嗪效果良好。也可每日肌内注射 500mg 或静脉注射 250mg（二次）速尿（呋喃苯胺酸），或每日口服氯地孕酮 1g 或肌内注射 40～300mg，连用 3d。

二、乳房创伤

乳房创伤常见类型及治疗方法如下：

1. 轻度外伤　包括乳房皮肤擦伤、皮肤及皮下浅部组织的创伤等。虽然是轻度损伤，但可能继发感染乳腺炎。创面涂布龙胆紫或撒布冰片散（呋喃坦啶 20g，冰片 90g，大黄末 10g，氧化锌 10g，碘仿 20g），效果良好。创口大时适当缝合。

2. 深部创伤　多为刺创，乳汁可能通过创口外流，初期乳汁中含有血液。可用 3% H_2O_2、0.1% 高锰酸钾溶液、0.1% 以下浓度的苯扎溴铵或呋喃类溶液充分冲洗创口；深入填充碘甘油或魏氏流膏（蓖麻油 100mL，碘仿 3g，松馏油 3mL）绷带条。修整皮肤创口，必要时结节缝合，下端留引流口。如创腔蓄积分泌物过多，可扩创引流。使用抗生素，以防感染扩散引起乳腺炎。如果创伤损坏了大血管，要迅速止血。

3. 乳房血肿　多由外伤造成，常伴有血乳。肿胀部位皮肤不一定有外伤症状。轻度挫伤，可能较快自然止血，血肿不大，不久能够完全吸收痊愈。较大的血肿，往往从乳房表面突起。血肿初期有波动，穿刺可放出血液；血凝后，触诊时有弹性，穿刺多不流血。血肿如不能完全被吸收，将形成结缔组织包膜，触诊时如硬实瘤体。

小的血肿不需治疗，经 3～10d 可被吸收。血肿早期采用冷敷或冷浴，并使用止血剂；

经过一段时间后，可改用温敷，促进血肿吸收。为了避免感染乳腺炎，以不行手术切开为宜。

4. 乳头外伤　主要见于大而下垂的乳房，往往是在乳牛起立时被自己的后蹄踏伤，也可因挤奶粗暴引起。损伤多在乳头下半部或乳头尖端，大多为横创。乳头裂伤可用鲜芦荟汁在挤奶后擦洗，每天 2 次，连用 5d。乳头断裂，可行局部浸润麻醉及时缝合。

三、乳池和乳头管狭窄及闭锁

乳头和乳池黏膜下结缔组织增生或纤维化，形成肉芽肿和疤痕，导致乳池和乳头管狭窄或闭锁。其典型特征是乳汁流出障碍。乳牛较常见，多出现在一个乳头或乳池。

【病因】通常由慢性乳腺炎或乳池炎引起，或由粗暴挤奶或乳头挫伤所造成。黏膜面的乳头状瘤、纤维瘤等，也可造成乳池和乳头狭窄。先天性乳头管狭窄很少见，可能与遗传有关。

【症状及诊断】

（1）肉芽肿　主要发生在乳池棚及其附近，由于乳池棚裂口而使结缔组织增生，形成环状或半环状、乳头状、块状隆起，阻塞乳槽。指捏乳头基底部一带，可清楚地触知缺乏游动性的结节。轻症不影响乳汁挤出。如有大的肉芽肿，挤奶时出奶不畅，乳汁呈点滴状或细线状排出，甚至堵塞。乳头管口狭窄时，乳汁射向一方，或射向四方。

（2）组织异常增生　乳池、乳头黏膜异常增生，乳池、乳头壁变厚，池腔狭窄，乳头内径缩小或闭锁。乳池中贮乳减少，挤奶时射乳量不多，严重时挤不出奶。

（3）肿瘤　乳头、乳池黏膜面发生肿瘤，可使乳池、乳头内腔变窄或堵塞。

【治疗】

（1）乳池闭锁　可于每次挤奶前，用导乳管或粗针头（磨平尖端）穿通闭锁部向外导奶。按常规方法用冠状刀穿通闭锁部，切割肉芽肿组织，但术后组织会很快增生，继续闭锁。反复进行，易引发乳腺炎。临床上还可采用液氮疗法：先将粗导乳管插入乳头管内，然后将较细的铅丝置液氮罐中数分钟，取出后立即通过导乳管破坏闭锁部肉芽组织，但术后可能复发。

（2）乳头管狭窄　轻度狭窄时可在乳头上涂抹软膏并按摩，或插入适度粗细的乳头管扩张塞。采用乳头切开术的优点是，可以直接观察到病变组织并将其切除，但有可能伤口愈合不佳，最终形成乳头瘘。

四、漏　乳

乳房充盈、乳汁自行滴下或射出称为漏乳。临分娩时和挤奶时漏乳，一般都是正常的生理现象；非挤奶时经常有奶流出，为不正常的漏奶。多见于乳牛和马。

【病因】长期不正当的挤奶造成乳头损伤，破坏了乳头括约肌的正常紧张性；或是乳头末端缺损、断离。

【症状及诊断】生理性漏乳时乳房充盈，乳房受到一定刺激，乳汁呈线状不间断流出。不正常漏奶随时均可发生，奶呈滴状流出，乳房松软；乳头松弛、紧张度差，或有缺损、纤维化。

【治疗】生理性漏奶通过按摩、热敷，3～5min 漏奶即可停止。

不正常漏奶无有效的治疗方法。可尝试在乳头管周围分点注射适量的灭菌液体石蜡，机械性地压迫乳头管腔；或在乳头管周围注射青霉素、高渗盐水或酒精，促使结缔组织增生，以压缩乳头管腔。用火棉胶在每次挤奶后封堵乳头孔，或使用橡胶圈箍住乳头的方法效果不佳，并可能损伤乳头。

五、血　乳

血乳即乳中混血，挤出的乳汁呈深浅不等的血红色。主要见于乳牛和奶山羊。

【病因】应激反应、中毒、机械损伤等因素引起输乳管、腺泡即周围组织血管破裂，或是血小板减少等血凝障碍性疾病，血液流出混入乳汁。

【症状】发生该病时，各乳区均可出现血乳；一般无血凝块，或有少量小的凝血，各乳区乳中含血量不一定相同。将血乳盛于试管中静置，血细胞下沉，上层出现正常乳汁。

发病突然，损伤乳区肿胀，乳房皮肤充血或出现紫红色斑点，局部温度升高，挤奶时有痛感，乳汁稀薄、红色，乳中可能混有血凝块。由血管破裂造成血乳者，一般无全身症状；血小板减少症病牛，全身症状明显。

【诊断】注意与出血性乳腺炎区别。出血性乳腺炎乳房红、肿、热、痛，炎症反应明显，全身反应严重，体温升高，食欲减少，精神沉郁。

【治疗】停喂精料及多汁饲料，减少食盐及饮水，减少挤乳次数，保持乳房安静，令其自然恢复。机械性乳房出血严禁按摩、热敷和涂擦刺激药物。出血量较大者可使用止血药，如止血敏、维生素 K 和抗生素等。

乳区内注入 2% 盐酸普鲁卡因 10mL，每日 2～3 次，或注入 0.2% 高锰酸钾溶液 300mL，有较好疗效。

六、乳房坏疽

乳房坏疽又称坏疽性乳腺炎，是指由腐败、坏死性微生物引起一个或两个乳区组织感染，发生坏死、腐败的病理过程。较常见于奶牛和奶山羊，主要发生于产后数日。

【病因】腐败性细菌。梭菌或坏死杆菌自乳头管或乳房皮肤损伤处是主要的感染途径，病原菌也可经淋巴管侵入乳房。

【症状】最急性者分娩后不久即表现症状，最初乳房肿大、坚实，触之硬、痛。随疾病演变恶化，患部皮肤由粉红逐渐变为深红色、紫色甚至蓝色。最后全区完全失去感觉，皮肤湿冷。有时并发气肿，捏之有捻发音，叩之呈鼓音。如发生组织分解，可见呈浅红色或红褐色油膏样恶臭分泌物排出和组织脱落。患畜有全身症状，体温升高，呈稽留热型。食欲废绝，反刍停止，剧烈腹泻，可能在发病后 1～2d 后死于毒血症。

【治疗】本病治疗原则是抗菌、解毒、强心，防止和缓解毒血症的发生。全身可采用大剂量广谱抗生素肌内或静脉注射，补充葡萄糖和静脉注射碳酸氢钠液。对组织已开始坏死的患区，可用 1%～2% 高锰酸钾溶液，3% H_2O_2 注入患区，进行冲洗治疗。严禁热敷、按摩。

【预后】及早治疗，可使病变局限在患区，促进坏疽自愈。但本病疗效不理想，已坏死乳区可能会脱落，泌乳能力丧失。多数病例在发病后数日内死亡。对临床发生乳房坏疽的病牛，应及早考虑淘汰。

第三节 酒精阳性乳

酒精阳性乳是指新挤出的牛奶在20℃下与等量的70%（68%～72%）酒精混合，轻轻摇晃，产生细微颗粒或絮状凝块的乳的总称。产生细微颗粒或絮状凝块的程度，决定于乳中酸度的高低。牛奶在收藏、运输等过程中，由于微生物迅速繁殖，乳糖分解为乳酸，致使牛奶酸度增高，混合酒精后出现凝块，这种奶加热也会凝固，实质是发酵变质奶。混合后仅有细微颗粒出现的奶加热后虽不凝固，但奶的稳定性差，质量低于正常乳，同样是不合格乳。

【病因】酒精阳性乳发生的确切机理尚不清楚，可能与以下因素有关：

（1）过敏和应激反应　奶牛出现过敏反应时，嗜酸性粒细胞显著升高；出现应激反应时，血液中 K^+、Cl^-、尿素氮、总蛋白、游离脂肪酸增高，Na^+ 减少。在这种状态下，牛奶可能为酒精阳性乳。故有人提出，酒精阳性乳是一种无典型临床症状的慢性过敏反应，或慢性应激综合征的一种表现。

（2）饲养和管理因素　饲料中如果不补饲食盐，酒精阳性乳病牛血和乳中 Na^+/K^+ 值低，补食盐后，Na^+/K^+ 值提高，酒精阳性乳转为阴性，因而 Na^+/K^+ 值可作为预测酒精阳性乳发生的一个指标。日粮中可消化粗蛋白过多，或饲料单纯，仅喂青草和混合料，都可引起酒精阳性乳；饲料中缺 Ca^{2+} 也可造成酒精阳性乳，在补 Ca^{2+} 或补骨粉后即转为阴性。此外，酒精阳性乳的发生还与药物有关，健康牛用泼尼松处理后，乳中 Na^+ 减少，Na^+/K^+ 值变小，乳汁酒精试验呈阳性；在给能增加乳中 Na^+ 的药物后，乳汁酒精试验又转为阴性。

（3）潜在性疾病和内分泌因素　酒精阳性乳的产生，与肝脏机能障碍关系密切。另外，有的发情奶牛也产生酒精阳性乳，可能与雌激素浓度有关。

（4）气象因素　酒精阳性乳的出现，与气温骤降、忽冷忽热，或高温高湿、低气压，以及厩舍中有害气体有关。

【症状】酒精阳性乳患牛精神、食欲正常，乳房乳汁无肉眼可见变化。检出阳性持续时间有短（3～5d）有长（7～10d），后自行转为阴性。有的可持续1～3个月，或反复出现。

正常乳中酪蛋白与大部分 Ca^{2+}、P^{3-} 结合、吸附，一部分呈可溶性。酒精阳性乳中 Ca^{2+}、Mg^{2+}、Cl^- 离子含量高于正常乳，乳中的酪蛋白与 Ca^{2+}、P^{3-} 结合较弱，胶体疏松，颗粒较大，对酒精的稳定性较差。遇70%酒精时，蛋白质水分丧失，蛋白颗粒与 Ca^{2+} 相结合而发生凝集。

酒精阳性乳中 Na^+ 和 pH 都比隐性乳腺炎乳低，46.1%～50.7%乳汁呈酒精阳性反应的患牛患隐性乳腺炎。低酸度酒精阳性乳品质较差，但不是乳腺炎乳，可以适当利用。

【防治】对出现酒精阳性乳的奶牛，可用下列方法防治。

（1）调整饲养管理　平衡日粮和精粗料比例，饲料多样化，尽量保证维生素、矿物质和食盐等的供应，添加微量元素。做好保温、防暑工作。

（2）药物治疗　原则是调节机体全身代谢，解毒保肝，改善乳腺机能。可试用以下方法：

①内服柠檬酸钠（150g，分两次，连服7d）、磷酸二氢钠（40～70g，每天1次，连服7～10d）或丙酸钠（150g，每天1次，连服7～10d）。

②静脉注射 10％ NaCl 400mL，5％ NaHCO₃ 400mL，5％～10％葡萄糖 400mL。

③挤乳后给乳房注入 0.1％柠檬酸液 50mL，每天 1～2 次；或注入 1％苏打液 50mL，每天 2～3 次；内服碘化钾 8～10g，每天 1 次，连服 3～5d；或肌内注射 2％甲基硫尿嘧啶 20mL，与维生素 B₁ 合用，以改善乳腺内环境和增进乳腺机能。

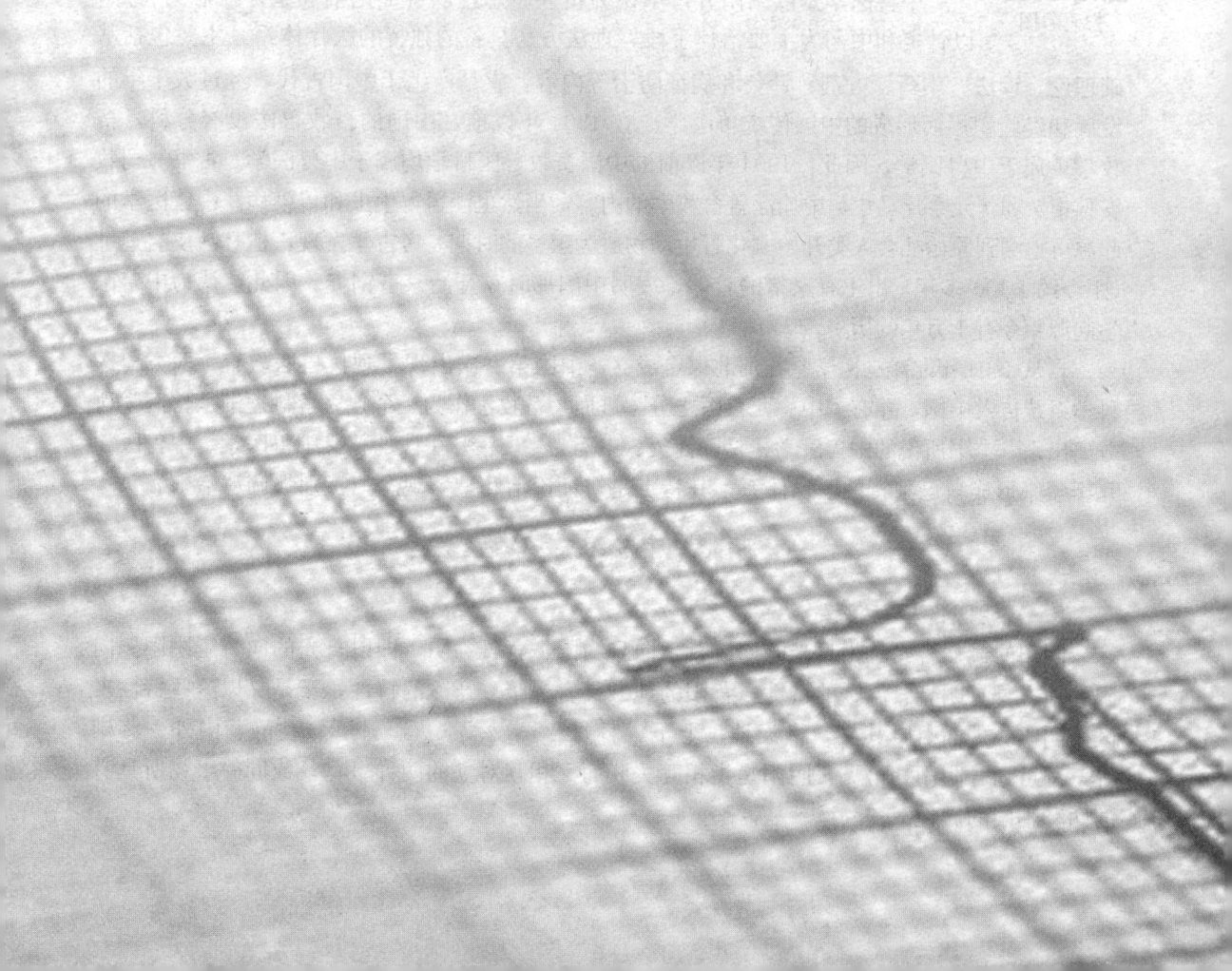

第五篇

中兽医学

第一单元　基础理论

扫码看图

第一节　阴阳五行学说★★★★

　　中兽医学是以阴阳五行学说为指导思想，以辨证论治和整体观念为特点，以针灸和中药为主要治疗手段，理法方药具备的独特的医疗体系。主要包括基础理论、诊法、中药、方剂、针灸和病证防治等内容。它是产生于中国古代，经过数千年的发展和经验积累而形成的中国传统兽医学。在 1904 年以前，中国的畜牧兽医没有分科，畜牧学隶属于中兽医学，因此，1904 年以前的中国畜牧兽医科学均属于中兽医学。古书《司牧安骥集》和《元亨疗马集》中均涵盖畜牧学的内容，当然也涵盖寄生虫和传染病。中兽医学的起源可追溯到原始社会人类开始驯化野生动物成为家畜的时期。考古学发现，桂林甑皮岩遗址（距今约 1 100 多年）出土有家猪的骨骼，表明中国那时在开始家畜饲养。因此，认为中兽医学起源距今有 1 万年的历史。

　　自从 1904 年北洋马医学堂在河北保定成立，中国第一次出现了现代兽医教育。西方兽医科学系统传入中国，才有了中、西兽医之分。进而，畜牧学作为一个独立学科逐渐从兽医学科分离出来。本书所说的中兽医学，是以针灸、中药为主要治疗手段的狭义中兽医学。中兽医学几千年来形成自己独特的医疗体系，其特点是辨证论治和整体观念，特别强调"治未病"。

一、阴阳学说的基本内容及应用

（一）阴阳的相互关系

　　阴阳的最初含义是指日光的向、背，向日为阳，背日为阴，即以日光的向背定阴阳。向阳的地方具有明亮、温暖的特性，背阳的地方具有黑暗、寒冷的特性，于是又以这些特性来区分阴阳。进而引申其义，将天地、上下、日月、昼夜、水火、升降、动静、内外、雌雄等，都可划分阴阳。可见，阴阳是指相互关联而又相互对立的两种事物，或同一事物所具有的两种不同的属性。

古人认为阴阳两方面的相反相成，消长转化，是一切事物发生、发展、变化的根源。如《素问·阴阳应象大论》中说："阴阳者，天地之道也，万物之纲纪，变化之父母，生杀之本始。"意思是说，阴阳是宇宙间的普遍规律，是一切事物所服从的纲领，各种事物的产生与消亡，都根源于阴阳的变化。

阴阳具有以下特性：①相对性：阴阳的属性是相对划分的；②关联性：只有存在内在关联的两个事物或属性方可划分阴阳；③无限可分性：阴阳之中复有阴阳。如以背部和胸腹的关系来说，背部为阳，胸腹为阴；而属阴的胸腹，又以胸在膈前属阳，腹在膈后属阴。就脏腑的关系来说，脏为阴（里），腑为阳（表）；五脏当中，又以心、肺位居膈前而属阳，肝、脾、肾位居膈后而属阴；肾又有肾阴、肾阳等；以昼夜为例，昼为阳、夜为阴；上午为阳中之阳，而下午为阳中之阴；前半夜为阴中之阴，而后半夜为阴中之阳（图 5-1）*。

阴阳的相互关系有阴阳对立，阴阳互根，阴阳消长和阴阳转化几个方面。

1. 阴阳对立 是指阴阳双方存在着相互排斥、相互斗争、相互制约的关系。对立，即相反，如动与静，寒与热，上与下等都是相互对立的两个方面。对立的双方，通过排斥、斗争以相互制约，使事物达到动态平衡。以动物体的生理机能为例，机能之亢奋为阳，抑制为阴，二者相互制约，从而维持动物体的生理状态。再以四季的寒暑为例，夏虽阳热，而夏至以后阴气却随之而生，用以制约暑热之阳；冬虽阴寒盛，但冬至以后阳气却随之而生，以制约严寒之阴。由于阴阳双方的不断排斥与斗争，便推动了事物的变化或发展。故《素问·疟论》说"阴阳上下交争，虚实更作，阴阳相移"。

2. 阴阳互根 是阴阳双方具有相互依存、互为根本的关系。即阴或阳的任何一方，都不能脱离另一方而单独存在，每一方都以相对立的另一方的存在作为自己存在的前提和条件。如热为阳，寒为阴，没有热也就无所谓寒；上为阳，下为阴，没有上也无所谓下，双方存在着相互依赖、相互依存的关系，即阳依存于阴，阴依存于阳。

阴阳还存在互用关系，即阴阳双方存在着相互滋生、相互促进的关系。所谓"孤阴不生，独阳不长""阴生于阳，阳生于阴"，便是说"孤阴"和"独阳"不但相互依存，而且还有相互滋生、相互促进的关系，阴精通过阳气的活动而产生，而阳气又由阴精化生而来。同时，阴和阳还存在着一种"阴为体，阳为用"的相互依赖关系，"体"即本体（结构或物质基础），"用"指功用（功能或机能活动），体是用的物质基础，用又是体的功能表现，两者是不可分割的。如《素问·阴阳应象大论》中说："阴在内，阳之守也；阳在外，阴之使也。"指出阴精在内，是阳气的根源；阳气在外，是阴精的表现（使役）。

3. 阴阳消长 是指阴阳双方不断运动变化，此消彼长，又力求维系动态平衡的关系。阴阳双方在对立制约、互根互用的情况下，不是静止不变的，而是处于此消彼长的变化过程中，正所谓"阴消阳长，阳消阴长"。在不断消长过程中，维持相对的动态平衡（图 5-2）。例如，机体的各项机能活动（阳）的产生，必然要消耗一定的营养物质（阴），这就是"阴消阳长"的过程；而各种营养物质（阴）的化生，又必须消耗一定的能量（阳），这就是"阳消阴长"的过程。这种阴阳的消长保持在一定的范围内，阴阳双方维持着一个相对的平衡状态。假若这种阴阳的消长，超过了正常范围，导致相对平衡关系的失调，就会引发疾病。如《素问·阴阳应象大论》中所说的"阴胜则阳病，阳胜则阴病"，就是指由于阴阳消

---

* 本篇图片请扫描第 638 页"扫码看图"二维码。

长的变化，使得阴阳平衡失调，引起了"阳气虚"或"阴液不足"的病证，其治疗应分别以温补阳气和滋阴增液，使阴阳重新达到平衡为原则。

4. 阴阳转化　是指阴阳双方在一定条件下，相互转化、属性互换的关系。即在一定条件下，阴可以转化为阳，阳可以转化为阴。正如《素问·阴阳应象大论》中所说的"重阴必阳，重阳必阴""寒极生热，热极生寒"。如果说阴阳消长是属于量变的过程，而阴阳转化则属于质变的过程。在疾病的发展过程中，阴阳转化是经常可见的。如动物外感风寒，出现耳鼻发凉，肌肉颤抖等寒象。若治疗不及时或治疗失误，寒邪入里化热，就会出现口干、舌红、气粗等热象，这就是由阴证向阳证的转化。又如患热性病的动物，由于持续高热，热甚伤津，日久导致气血两亏，呈现出体弱无力、四肢发凉等虚寒症状，这便是由阳证向阴证的转化。此外，临床上所见由实转虚，由虚转实，由表入里，由里出表等病证的变化，都是阴阳转化的例证。

综上所述，阴阳的对立、互根、消长和转化，从不同的角度来说明阴阳之间的相互关系及其运动规律，它们之间不是孤立的，而是相互联系的。阴阳的互根说明了阴阳双方彼此依存，互相促进，不可分离；对立是阴阳最普遍的规律，阴阳双方通过对立制约而取得平衡；阴阳消长和相互转化是阴阳运动的最基本形式，阴阳消长稳定在一定范围内，则取得动态平衡；否则，便出现阴阳的转化和失衡，出现病态。

(二) 阴阳学说的应用

1. 生理方面

(1) **说明动物体的组织结构**　把动物体组织结构用阴阳来概括代表。从大体部分来说，体表为阳，体内为阴；上部为阳，下部为阴；背部为阳，胸腹为阴。就四肢的内外侧相对而论，外侧为阳，内侧为阴。就脏腑而言，脏为阴，腑为阳。具体到每一脏腑，又有阴阳之分，如心为脏，属阴。但自身还有心阳、心阴；肾也有肾阳、肾阴等。总之，阴阳把动物体的每一组织结构，均根据其所在的上下、内外、表里、前后等各相对部位以及相对的功能活动特点来概括，并进而说明它们之间的对立统一关系。

(2) **说明动物体的生理**　阴阳学说一般认为，物质有形为阴，功能无形为阳。正常的生命活动是阴阳这两个方面保持对立统一的结果。正如《素问·生气通天论》中说："阴者，藏精而起亟（亟，可作气解）也；阳者，卫外而为固也。"就是说"阴"代表着物质或物质的贮藏，是阳气的源泉；"阳"代表着机能活动，起着卫外而固守阴精的作用；没有阴精就无以产生阳气，而没有阳气的作用又不能化生阴精，二者同样存在着相互对立、互根、消长转化的关系。在正常情况下，阴阳保持着相对的动态平衡，以维持动物体的生理活动，正如《素问·生气通天论》所说："阴平阳秘，精神乃治。"否则，阴阳不能相互为用而分离，精气就会竭绝，生命活动也将停止，就像《素问·生气通天论》中所说的"阴阳离决，精神乃绝"。

2. 病理方面

(1) **说明疾病的病理变化**　按照中兽医学阴阳平衡的观点，在正常情况下，动物体内的阴阳两方面保持着相对的平衡，以维持动物体的生理活动。疾病就是阴阳失去相对平衡，出现偏盛或偏衰的状态。疾病的发生与发展，由正气和邪气两个方面决定。正气，是指机体的机能活动和对病邪的抵抗能力，以及对外界环境的适应能力等。邪气，泛指各种致病因素。正气包括阴精和阳气两个部分，邪气也有阴邪和阳邪之分。疾病的过程，多为邪正斗争引起动物体阴阳的偏盛或偏衰。

在阴阳偏盛方面，若阴邪致病，可使阴偏盛而伤阳，出现"阴盛则寒"的病证。如寒湿阴邪侵入机体，致使"阴盛其阳"，从而发生"冷伤之证"，动物表现为口色青黄，脉象沉迟，鼻寒耳冷，身颤肠鸣，不时起卧。相反，阳邪致病，可使阳偏盛而阴伤，出现"阳盛则热"的病证。如热燥阳邪侵犯机体，致使"阳盛其阴"，从而出现"热伤之证"，动物表现为高热，唇舌鲜红，脉象洪数，耳聋头低，行走如痴等症状。正如《素问·阴阳应象大论》中所说"阴胜则阳病，阳胜则阴病，阴胜则寒，阳胜则热"。《元亨疗马集》中也有"夫热者，阳胜其阴也""夫寒者，阴胜其阳也"的说法。

在阴阳偏衰方面，认为一旦机体阳气不足，不能制阴，相对地会出现阴的有余，而发生阳虚阴盛的虚寒证；相反，如果阴液亏虚，不能制阳，相对地会出现阳的有余，而发生阴虚阳亢的虚热证。正如《素问·调经论》所说"阳虚则外寒，阴虚则内热"。由于阴阳双方互根互用，任何一方虚损到一定程度，均可导致对方的不足，即所谓"阳损及阴，阴损及阳"，最终导致"阴阳俱虚"。如某些慢性消耗性疾病，在其发展过程中，会因阳气虚弱致使阴精化生不足，或因阴精不足致使阳气化生无源，最后导致阴阳两虚。

阴阳偏胜或偏衰，都可引起寒证或热证，但二者有着本质的不同。阴阳偏胜所形成的病证是实证，如阳邪偏胜导致实热证，阴邪偏胜导致寒实证等；而阴阳偏衰所形成的病证是虚证，如阴虚则出现虚热证，阳虚则出现虚寒证等。故《素问·通评虚实论》说："邪气盛则实，精气夺则虚。"

（2）说明疾病的发展　在病证的发展过程中，由于病性和条件的不同，可以出现阴阳的相互转化，如说"寒极则热，热极则寒"，即是指阴证和阳证的相互转化。临床上可以见到由表入里、由实转虚、由热化寒和由寒化热等的变化。如患败血症的动物，开始表现为体温升高，口舌红，脉洪数等热象，当严重者发生"暴脱"时，则转而表现为四肢厥冷，口舌淡白，脉沉细等寒象。

（3）判断疾病的转归　认为若疾病经过"调其阴阳"，恢复"阴平阳秘"的状态，则以痊愈而告终；若继续恶化，终致"阴阳离决"，则以死亡为转归。

3. 诊断方面　认为阴阳失调是疾病发生、发展的根本原因。因此，任何疾病无论其临床症状如何错综复杂，只要在收集症状和进行辨证时以阴阳为纲加以概括，就可以执简驭繁，抓住疾病的本质。用阴阳来指导诊断。

（1）分析症状的阴阳属性　一般来说，凡口色红、黄、赤紫者为阳，口色白、青、黑者为阴；凡脉象浮、洪、数、滑者为阳，沉、细、迟、涩者为阴；凡声音高亢、洪亮者为阳，低微、无力者为阴；身热属阳，身寒属阴；口干而渴者属阳，口润不渴者属阴；躁动不安者属阳，蜷卧静默者属阴，等等。

（2）辨别证候的阴阳属性　一切病证，不外"阴证"和"阳证"两种。八纲辨证就是分别从病性（寒热）、病位（表里）和正邪消长（虚实）几方面来分辨阴阳，并以阴阳作为总纲统领各证（表证、热证、实证属阳证，里证、寒证、虚证属阴证）。临床辨证，首先要分清阴阳，才能抓住疾病的本质。故《景岳全书·传忠录》中说："凡诊病施治，必须先审阴阳，乃为医道之纲领，阴阳无谬，治焉有差？医道虽繁，而可以一言而蔽之者，曰阴阳而已。故证有阴阳，脉有阴阳，药有阴阳……设能明彻阴阳，则医道虽玄，思过半矣。"《元亨疗马集》中也说："凡察兽病，先以色脉为主，……然后定夺其阴阳之病。"

4. 治疗方面

（1）确定治疗原则　由于阴阳偏胜偏衰是疾病发生的根本原因，因此泻其有余，补其不足，恢复阴阳的协调平衡是诊疗疾病的基本原则，如《素问·至真要大论》中说："谨察阴阳所在而调之，以平为期。"对于阴阳偏胜者，应以"实者泻之"为治疗原则。若为阳邪盛而导致的实热证，则用"热者寒之"的治疗方法；若为阴邪盛而致的寒实证，则用"寒者热之"的治疗方法。对于阴阳偏衰者，应以"虚者补之"为治疗原则。若为阴偏衰而致的"阴虚则热"的虚热证，治疗当滋阴以抑阳；若为阳偏衰而致的"阳虚则寒"的虚寒证，治疗当扶阳以制阴。正所谓"壮水之主以制阳光，益火之源以消阴翳"（见王冰《素问》注释）。

（2）分析药物性能的阴阳属性，指导临床用药　药物的性味功能也可用阴阳来加以区分，作为临床用药的依据。一般来说，温热性的药物属阳，寒凉性的药物属阴；辛、甘、淡味的药物属阳，酸、咸、苦味的药物属阴；具有升浮、发散作用的药物属阳，而具沉降、涌泄作用的药物属阴。根据药物的阴阳属性，就可以灵活地运用药物调整机体的阴阳，以期补偏救弊。如热盛用寒凉药以清热，寒盛用温热药以祛寒，便是《内经》中所指出的"寒者热之，热者寒之"用药原则的具体运用。

5. 预防方面　由于动物体与外界环境密切相关，动物体的阴阳必须适应四时阴阳的变化，否则便易引起疾病。因此，加强饲养管理，增强动物体的适应能力，可以防止疾病的发生。这正如《素问·四气调神大论》中所说"春夏养阳，秋冬养阴，以从其根……。逆之则灾害生，从之则疴疾不起……"。《元亨疗马集·腾驹牧养法》中也提出了"凡养马者，冬暖屋，夏凉棚""切忌宿水、冻料、尘草、砂石……食之"的预防措施。此外，还可以用春季放大血，灌四季调理药的办法来调和气血，协调阴阳，预防疾病。图 5-3 显示的是阴阳学说主要内容。

二、五行学说的基本内容及应用

（一）五行的相互关系

五行是指木、火、土、金、水五种物质的运动和变化。五行学说是以木、火、土、金、水五种物质的特性及其"相生"和"相克"规律来认识世界、解释世界和探求宇宙规律的一种世界观和方法论。在中兽医学中，把五脏归属于五行，分别是：肝属木，心属火，脾属土，肺属金，肾属水。用五行学说说明动物体的五脏之间相生相克的平衡关系和病理变化，并指导临床实践。

五行的相互关系包括五行的相生、相克、相乘、相侮（图 5-4）。

1. 五行相生　是指五行之间存在着有序的资生、助长和促进的关系；借以说明事物间有相互协调的一面。次序如下：

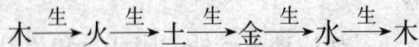

$$木\xrightarrow{生}火\xrightarrow{生}土\xrightarrow{生}金\xrightarrow{生}水\xrightarrow{生}木$$

在相生关系中，任何一行都有"生我"及"我生"两方面的关系。"生我"者为母，"我生"者为子。以木为例，水生木，水为木之母；木生火，火为木之子。五行之间的相生关系，也称为母子关系。

2. 五行相克　是指五行之间存在着有序的克制和制约关系，借以说明事物间相颉颃的一面。次序如下：

$$木\xrightarrow{克}土\xrightarrow{克}水\xrightarrow{克}火\xrightarrow{克}金\xrightarrow{克}木$$

在相克关系中，任何一行都有"克我"及"我克"两方面的关系。"克我"者为我"所不胜"，"我克者"为我所胜。以土为例，土克水，则水为土之"所胜"；木克土，则木为土之"所不胜"。五行之间的相克关系，也称为"所胜、所不胜"关系。

3. 五行相乘 是指五行中某一行对其所胜一行的过度克制，即相克太过，是事物间关系失去相对平衡的另一种表现。其次序同于五行相克：

$$木 \xrightarrow{乘} 土 \xrightarrow{乘} 水 \xrightarrow{乘} 火 \xrightarrow{乘} 金 \xrightarrow{乘} 木$$

引起五行相乘的原因有"太过"和"不及"两个方面。"太过"是指五行中的某一行过于亢胜，对其所胜加倍克制，导致被乘者虚弱。以木克土为例，正常情况下木克土，如木气过于亢盛，对土克制太过，土本无不足，但亦难以承受木的过度克制，导致土的不足，称为"木乘土"。"不及"是指某一行自身虚弱，难以抵御来自所不胜者的正常克制，使虚者更虚。仍以木克土为例，正常情况下木能制约土，若土气过于不足，木虽然处于正常水平，土却难以承受木的克制，导致木克土的力量相对增强，使土更显不足，称为"土虚木乘"。

4. 五行相侮 是指五行中某一行对其所不胜一行的反向克制，即反克，又称"反侮"，是事物间关系失去相对平衡的另一种表现。五行相侮的次序与五行相克相反：

$$木 \xrightarrow{侮} 金 \xrightarrow{侮} 火 \xrightarrow{侮} 水 \xrightarrow{侮} 土 \xrightarrow{侮} 木$$

引起相侮的原因也有"太过"和"不及"两个方面。"太过"是指五行中的某一行过于强盛，使原来克制它的一行不但不能克制它，反而受到它的反克。例如，正常情况下金克木，但若木气过于亢盛，金不但不能克木，反而被木所反克，出现"木侮金"的逆向克制现象。"不及"是指五行中的某一行过于虚弱，不仅不能克制其所胜的一行，反而受到它的反克。例如，正常情况下，金克木，木克土，但当木过度虚弱时，不仅金来乘木，而且土也会因木之虚弱而对其进行反克，称为"土侮木"。

（二）五行的应用

在中兽医学中，五行学说主要是以五行的特性来分析说明动物体脏腑、组织器官的五行属性，以五行的生克制化关系来分析脏腑、组织器官的各种生理功能及其相互关系，以五行的乘侮关系和母子相及来阐释脏腑病变的相互影响，并指导临床的辨证论治。

1. 生理方面

（1）按五行的特性来分别脏腑器官的属性 如木有升发、舒畅条达的特性，肝喜条达而恶抑郁，主管全身气机的舒畅条达，故肝属"木"；火有温热向上的特性，心阳有温煦之功，故心属"火"；土有生化万物的特性，脾主运化水谷，为气血生化之源，故脾属"土"；金性清肃、收敛，肺有肃降作用，故肺属"金"；水有滋润、下行、闭藏的特性，肾有藏精、主水的作用，故肾属"水"。

（2）以五行生克制化的关系，说明脏腑器官之间相互滋生和制约联系 如肝能制约脾（木克土），脾能滋生肺（土生金），而肺又能制约肝（金克木）等。又如，心火可以助脾土的运化（火生土），肾水可以抑制心火的有余（水克火），其他以此类推。五行学说认为机体就是通过这种生克制化以维持相对的平衡协调，保持正常的生理活动。

2. 病理方面 疾病的发生及传变规律，可以用五行学说加以说明。根据五行学说，疾病的发生是五行生克制化关系失调的结果，其传变有按相生次序的母病及子和子病犯母两种类型，也有按相克次序的相乘为病和相侮为病两条途径。

（1）母病及子 是指疾病的传变是从母脏传及子脏，如肝（木）病传心（火）、肾（水）病及肝（木）等。

（2）**子病犯母** 是指疾病的传变是从子脏传及母脏，如脾（土）病传心（火）、心（火）病及肝（木）等。

（3）**相乘为病** 即是相克太过而为病，其原因一是"太过"，一是"不及"。如肝气过旺，对脾的克制太过，肝病传于脾，则为"木旺乘土"；若先有脾胃虚弱，不能耐受肝的相乘，致使肝病传脾，则为"土虚木乘"。

（4）**相侮为病** 即是反向克制而为病，其原因亦为"太过"和"不及"。如肝气过旺，肺无力对其加以制约，导致肝病传肺（木侮金），称为"木火刑金"；又如脾土不能制约肾水，致使肾病传脾（水侮土），称为"土虚水侮"。

一般来说，按照相生规律传变时，母病及子病情较轻，子病犯母病情较重；按照相克规律传变时，相乘传变病情较重，相侮传变病情较轻（图5-5）。

3. 诊断方面 根据五行学说，认为动物体的五脏、六腑与五官、五体、五色、五液、五脉之间，存在着五行属性的密切联系，当脏腑发生疾病时就会表现出色泽、声音、形态、脉象诸方面的变化，据此可以对疾病进行诊断。《元亨疗马集》中提出的"察色应症"，便是以五行分行四时，代表五脏分旺四季，又以相应五色（青、黄、赤、白、黑）的舌色变化来判断健、病和预后。如肝木旺于春，口色桃色者平，白色者病，红者和，黄者生，黑者危，青者死等。又如《安骥集·清浊五脏论》中所说的"肝病传于南方火，父母见子必相生；心属南方丙丁火，心病传脾祸未生；……心家有病传于肺，金逢火化倒销形；肺家有病传于肝，金能克木病难痊"，即是根据疾病相生、相克的传变规律来判断预后。

4. 治疗方面 根据五行学说，既然疾病是脏腑之间生克制化关系失调，出现"太过"或"不及"而引起的，因此抑制其过亢，扶助其过衰，使其恢复协调平衡便成为治疗的关键。《难经·六十九难》提出了"虚则补其母，实则泻其子"的治疗原则，后世医家根据这一原则，制定出了很多治疗方法，如"扶土抑木"（疏肝健脾相结合）、"培土生金"（健脾补气以益肺气）、"滋水涵木"（滋肾阴以养肝阴）等。同时，由于一脏的病变，往往牵涉到其他的脏器，通过调整有关脏器，可以控制疾病的传变，达到预防的目的。如《难经·七十七难》中说："见肝之病，则知肝当传之于脾，故先实其脾气。"即是根据肝气旺盛，易致肝木乘脾土而提出用健脾的方法，防止肝病向脾的传变。图5-6显示的是五行学说的主要内容。

第二节　脏腑学说★★★★

脏腑学说古人称之为"藏象"，其含义是指藏于体内的脏腑的生理活动和病理变化反映于体表以及五官九窍的征象。中兽医学通过外部观察体表征象的变化，来判断内部脏腑是否有病，形成了独有的诊断方法，即"察其外而知其内"。

脏腑学说的内容包括三个方面：①五脏、六腑、奇恒之腑及其相联系的组织、器官的功能活动以及它们之间的相互关系。②经络是联系脏腑、沟通内外的通路，应属于脏腑学说的内容。但由于其特殊性，一般教材或者专著都把它另列单元。③气血津液是脏腑生理活动的物质基础，又依赖脏腑活动而化生，也属于脏腑学说的内容。

中兽医脏腑学说体现整体观念：脏腑之间存在有机联系。五脏之间相生相克，六腑之间传承相接，脏腑之间表里相连，脏腑与体表五官九窍之间存在归属开窍关系。这样，整个动物体形成了以五脏为核心的整体。因而体现着整体观念。某个脏腑的生理、病理都不是单一器官的变化，而是整个功能系统甚至整体的变化。因此，中兽医的脏腑不同于解剖学的组织器官。

一、五脏的生理功能

五脏即心、肝、脾、肺、肾，是化生和贮藏精气的器官，共同功能特点是"藏精气而不泻"。前人把心包列入又称六脏，但心包位于心的外廓，有保护心脏的作用，其病变基本同于心脏，故习惯上把它归属于心，仍称五脏。五脏各自的功能分述如下。

1. 心的功能

（1）心主血脉　是指心有推动血液在脉管内运行，以营养全身的作用。心、血、脉三者密切相关，所以心脏的功能正常与否，可以从脉象、口色上反映出来。也就是说，中兽医通过切脉，看口色等外部征象，可以判断内部的心功能正常与否。

心的功能

（2）心藏神　是指心为一切精神活动的主宰。心藏神的功能与心主血脉的功能密切相关。因为血液是维持正常精神活动的物质基础，血为心所主，所以心血充盈，心神得养，则动物"皮毛光彩精神倍"。否则，心血不足，神不能安藏，则出现活动异常或惊恐不安。

（3）心主汗　"汗为心之液"，出汗异常，往往与心有关。

（4）心开窍于舌　舌为心之苗。心的气血上通于舌，心的生理功能及病理变化最易在舌上反映出来。通过看舌体和颜色，判断心功能是否正常。

2. 肺的功能

（1）肺主气、司呼吸　肺主气，包括主呼吸之气和一身之气两个方面。①肺主呼吸之气，是指肺为体内外气体交换的场所，通过肺的呼吸作用，机体吸入自然界的清气，呼出体内的浊气，吐故纳新，实现机体与外界环境间的气体交换，以维持正常的生命活动。一身之气，由自然界之清气、先天之精气和水谷生化之精气三者构成。②肺主一身之气，是指全身之气均由肺所主，特别是和宗气的生成有关。宗气由水谷精微之气与肺所吸入的清气，在元气的作用下而生成。宗气是促进和维持机体机能活动的动力，它一方面维持肺的呼吸功能，进行吐故纳新，使内外气体得以交换；另一方面由肺入心，推动血液运行，并宣发到身体各部，以维持脏腑组织的机能活动，故有"肺朝百脉"之说。肺主气的功能正常，呼吸均匀；若病邪伤肺，使肺气壅阻，引起呼吸功能失调，则出现咳嗽、气喘、呼吸不利等症状。

（2）肺主宣降，通调水道

肺主宣发：一是通过宣发作用将体内代谢过的气体呼出体外；二是将脾传输至肺的水谷精微之气布散全身，外达皮毛；三是宣发卫气，以发挥其温分肉和司腠理开合的作用。若肺气不宣而壅滞，则引起胸满、呼吸不畅、咳嗽、皮毛焦枯等症状。

肺主肃降：一是通过肺的下降作用，吸入自然界清气；二是将津液和水谷精微向下布散全身，并将代谢产物和多余水液下输于肾和膀胱，排出体外；三是保持呼吸道的清洁。肺气以清肃下降为顺。若肺气不降而上逆，则引起咳嗽、气喘等症状。

肺主通调水道：是指肺的宣发和肃降运动对体内水液的输布、运行和排泄有疏通和调节的作用。通过肺的宣发，将津液与水谷精微布散于全身，并通过宣发卫气而司腠理的开合，调节汗液的排泄。通过肺的肃降，津液和水谷精微不断向下输送，代谢后的水液经肾的气化作用，化为尿液由膀胱排出体外。肺通调水道的功能，是肺宣发和肃降作用共同配合的体现，若肺的宣降功能失常，就会影响到机体的水液代谢。

（3）肺主一身之表，外合皮毛　一身之表，简称皮毛，包括皮肤、汗孔、被毛等组织，是机体抵御外邪侵袭的外部屏障。肺合皮毛，是指肺与皮毛不论在生理或是病理方面均存在着极为密切的关系。在生理方面，一是皮肤汗孔（又称"气门"）具有散气的作用，参与呼吸调节，而有"宣肺气"的功能；二是皮毛有赖于肺气的温煦，才能润泽，否则就会憔悴枯槁。在病理方面，肺经有病可以反映于皮毛，而皮毛受邪也可传之于肺。

（4）肺开窍于鼻　鼻为肺窍，有司呼吸和主嗅觉的功能。肺气正常则鼻窍通利，嗅觉灵敏。如外邪犯肺，肺气不宣，常见鼻塞流涕，嗅觉不灵等症状。鼻为肺窍，鼻又可成为邪气犯肺的通道，如湿热之邪侵犯肺卫，多由鼻窍而入。鼻分泌鼻液，有润泽鼻窍的作用。肺气正常与否，常可以通过鼻涕的变化反映出来。如肺受风寒之邪，则鼻流清涕；肺受风热之邪，则鼻流黄浊脓涕。

3. 肝的功能

（1）肝藏血　指肝有贮藏血液及调节循环血量的功能。当动物休息或静卧时，机体对血液的需要量减少，一部分血液则贮藏于肝脏；而在使役或运动时，机体对血液的需要量增加，肝脏便排出所藏的血液，以供机体活动所需。肝血供应的充足与否，与动物耐受疲劳的能力有着直接的关系。若肝血供给充足，则可增加动物使役或运动时对疲劳的耐受力，否则便易于产生疲劳。肝藏血的功能失调主要有两种情况，一是肝血不足，血不养目，则发生目眩、目盲；或血不养筋，则出现筋肉拘挛或屈伸不利。二是肝不藏血，则可引起动物不安或出血。肝的阴血不足，还可引起阴虚阳亢或肝阳上亢，出现肝火、肝风等证。

（2）肝主疏泄　是指肝具有保持全身气机疏通条达的作用。肝的功能特点是"肝喜条达而恶抑郁"。肝的疏泄功能，可协调脾胃运化，调畅气血运行，通调水液代谢。

（3）肝主筋　是指肝有为筋提供营养，以维持其正常功能的作用。肝主筋的功能与"肝藏血"有关，因为筋需要肝血的滋养，才能正常发挥其功能。肝血充盈，筋得到充分的濡养，其活动才能正常。若肝血不足，血不养筋，可出现四肢拘急，或萎弱无力，伸屈不灵等。若邪热劫津，津伤血耗，血不营筋，可引起四肢抽搐，角弓反张，牙关紧闭等肝风内动之证。

"爪为筋之余"，爪甲亦有赖于肝血的滋养，故肝血的盛衰，可引起爪甲（蹄）荣枯的变化。

（4）肝开窍于目　目为肝之苗，肝有经脉与之相连，其功能的发挥有赖于五脏六腑之精气，特别是肝血的滋养。肝的功能正常与否，常常在目上得到反映。若肝血充足，则双目有神，视物清晰；若肝血不足，则两目干涩，视物不清，甚至夜盲；肝经风热，则目赤痒痛；肝火上炎，则目赤肿痛生翳。肝开窍于目，泪从目出，故泪为肝之液。肝的病变常常引起泪的分泌异常。如肝之阴血不足，则泪液减少，两目干涩；肝经风热，则两目流泪生眵。

4. 脾的功能

（1）脾主运化　指脾有消化、吸收、运输营养物质及水湿的功能。脾的运化主要包括运化水谷精微和运化水湿。脾的运化功能健旺，称为"健运"。保证全身各脏腑组织得到充分的营养以维持正常的生命活动。若脾失健运，就会出现腹胀、腹泻、精神倦怠、消瘦、营养不良等。脾的功能特点是"脾主升清"。脾气主升，可维系内脏正常位置。若脾气不升，则出现脱肛、子宫垂脱等证。

（2）脾主统血　是指脾有统摄血液在脉中正常运行，不致溢出脉外的功能。脾统血，全赖脾气的固摄作用。脾气旺盛，固摄有权，血液就能正常地沿脉管运行而不致外溢；否则，脾气虚弱，统摄乏力，气不摄血，就会引起各种出血性疾患，尤以慢性出血为多见，如长期便血等。

（3）**脾主肌肉四肢** 指脾可为肌肉四肢提供营养，以确保其健壮有力和正常发挥功能。肌肉的生长发育及丰满有力，主要依赖脾所运化水谷精微的濡养。脾气健运，营养充足，则肌肉丰满有力，否则就肌肉痿软，动物消瘦。

四肢的功能活动，也有赖脾所运送的营养才得以正常发挥。当脾气健旺，清阳之气输布全身，营养充足时，四肢活动有力，步行轻健；否则脾失健运，清阳不布，营养无源，必致四肢活动无力，步行怠慢。

（4）**脾开窍于口** 口是水谷摄入的门户，脾气通于口，与食欲有着直接联系。脾气旺盛，则食欲正常。口唇鲜明，光润如桃花色；否则脾不健运，脾气衰弱，则食欲不振，口唇淡白无光；脾有湿热，则口唇红肿；脾经热毒上攻，则口唇生疮。

5. 肾的功能

（1）**肾藏精** 肾藏精应包括先天之精和后天之精。先天之精，是构成生命的基本物质。它禀受于父母，先身而生，与机体的生长、发育、生殖、衰老都有密切关系。胚胎的形成和发育均以肾精作为基本物质，同时它又是动物出生后生长发育过程中的物质根源。后天之精，即水谷之精，由五脏、六腑所化生，故又称"脏腑之精"，是维持机体生命活动的物质基础。先天之精和后天之精，相互滋生、相互联系。先天之精有赖后天之精的供养才能充盛，后天之精需要先天之精的资助才能化生，故一方的衰竭必然影响到另一方的功能。平常所说肾藏精，是指先天之精。临床上所见阳痿、滑精、精亏不孕等证，都与肾有直接关系。

（2）**肾主命门之火** 是指肾之元阳，有温煦五脏、六腑，维持其生命活动的功能。肾所藏之精需要命门之火的温养，才能发挥其滋养各组织器官及繁殖后代的作用。五脏、六腑的功能活动，也有赖于肾阳的温煦才能正常，特别是后天脾胃之气需要先天命门之火的温煦，才能更好地发挥运化的作用。故命门之火不足，常导致全身阳气衰微。

（3）**肾主水** 指肾在机体水液代谢过程中起着升清降浊的作用。动物体内的水液代谢过程，是由肺、脾、肾三脏共同完成的，其中肾的作用尤为重要。肾主水的功能，主要靠肾阳（命门之火）对水液的蒸化来完成。肾阳对水液的这一蒸化作用，称为"气化"。如肾阳不足，命门火衰，气化失常，就会引起水液代谢障碍，发生水肿等。

（4）**肾主纳气** 是指肾有摄纳呼吸之气，协助肺司呼吸的功能。呼吸虽由肺所主，但吸入之气必须下纳于肾，才能使呼吸调匀，故有"肺主呼气，肾主纳气"之说。从二者关系来看，肺司呼吸，为气之本；肾主纳气，为气之根。只有肾气充足，元气固守于下，才能纳气正常，呼吸调畅；若肾虚，根本不固，纳气失常，就会影响肺气的肃降，出现呼多吸少、吸气困难的喘息。

（5）**肾主骨、生髓、通于脑** 肾有主管骨骼代谢，滋生和充养骨髓、脊髓及大脑的功能。肾所藏之精有生髓的作用，髓充于骨中，滋养骨骼，骨赖髓而强壮，这也是肾的精气促进生长发育功能的一个方面。若肾精充足，则髓的生化有源，骨骼得到髓的充分滋养而坚强有力；若肾精亏虚，则髓的化源不足，不能充养骨骼，可导致骨骼发育不良，甚至骨脆无力。

髓由肾精所化生，有骨髓和脊髓之分。脊髓上通于脑，聚而成脑。脑需要依靠肾精的不断化生才能得以滋养，否则就会出现呆痴，呼唤不应，目无所见，倦怠嗜卧等症状。

肾主骨，"齿为骨之余"，故齿也有赖肾精的充养。肾精充足，则牙齿坚固；肾精不足，则牙齿松动，甚至脱落。

（6）肾开窍于耳，司二阴　肾的上窍是耳。耳为听觉器官，其功能的发挥，有赖于肾精的充养。肾精充足，则听觉灵敏。若肾精不足，可引起耳鸣，听力减退。

肾的下窍是二阴。二阴，即前阴和后阴。前阴有排尿和生殖的功能，后阴有排泄粪便的功能。这些功能都与肾有着直接或间接的联系，如前阴与生殖有关，但仍由肾所主；又排尿虽在膀胱，但要依赖肾阳的气化；若肾阳不足，则可引起尿频、阳痿等。粪便的排泄虽通过后阴，但也受肾阳温煦作用的影响。若肾阳不足，阳虚火衰，可引起粪便秘结；若脾肾阳虚，可导致粪便溏泻。

二、六腑的生理功能

六腑是胆、胃、小肠、大肠、膀胱和三焦的总称，其共同的生理功能是传化水谷，具有泻而不藏的特点。六腑的功能如下：

1. 胆　主要功能是贮藏和排泄胆汁，以帮助脾胃的运化。胆有经脉络于肝，与肝相表里。胆汁的产生、贮藏和排泄均受肝疏泄功能的调节和控制。

肝胆在生理上相互依存，相互制约，在病理上也相互影响，往往是肝胆同病。如肝胆湿热，临床上常见到动物食欲减退，发热口渴，尿色深黄，舌苔黄腻，脉弦数，口色黄赤等症状，治宜清湿热，利肝胆。

2. 胃　主要功能为受纳和腐熟水谷。胃受纳和腐熟水谷的功能，称为"胃气"。胃和脾相表里。脾主运化，胃主受纳、腐熟水谷，转化为气血，常常将脾胃合称为"后天之本"。

胃气的特点是以降为顺。一旦胃气不降，便会发生食欲不振、水谷停滞、肚腹胀满等症；若胃气不降反而上逆，则出现嗳气、呕吐等。

3. 小肠　主要功能是受盛化物和分别清浊，即小肠接受由胃传来的水谷，继续进行消化吸收以分清别浊。

4. 大肠　主要功能是传化糟粕，即大肠接受小肠下传的水谷残渣或浊物，经过吸收其中多余的水液，最后燥化成粪便，由肛门排出体外。

5. 膀胱　主要功能为贮存和排泄尿液，称为"气化"。

6. 三焦　是上、中、下焦的总称。上焦的功能是司呼吸，主血脉。中焦的主要功能是腐熟水谷。下焦的主要功能是分别清浊。

脏与腑之间存在着阴阳、表里的关系。脏在里，属阴；腑在表，属阳；心与小肠、肝与胆、脾与胃、肺与大肠、肾与膀胱、心包络与三焦相表里。脏与腑之间的表里关系，是通过经脉来联系的，脏的经脉络于腑，腑的经脉络于脏，彼此经气相通，在生理和病理上相互联系、相互影响。图5-7显示的是脏腑学说的主要内容。

第三节　气血津液

气、血和津液是构成动物的基本物质，也是脏腑功能活动的物质基础。气血津液学说是研究气、血和津液的生成输布、生理功能、病理变化及其相互关系的学说，从整体角度来研究构成动物体和维持动物体生命活动的基本物质，揭示脏腑、经络等生理活动和病理变化的物质基础。

一、气

1. 气的含义及其生成　气是构成和维持动物体生命活动的基本物质。

气的生成主要源于两个方面：一是禀受于父母的先天之精气，即先天之气，是构成生命的基本物质；二是肺吸入的自然界清气和脾胃所运化的水谷精微之气，即后天之气。是维持机体生命活动的主要物质。气的运动称为气机，其基本形式有升、降、出、入四种。气在体内依附于血、津液等载体，故气的运动，一方面体现于血、津液的运行，另一方面体现于脏腑器官的生理活动。升降运动是脏腑的特性，而其趋势则随脏腑的不同而有所不同。就五脏而言，心肺在上，在上者宜降；肝肾在下，在下者宜升；脾胃居中焦，为气机升降的枢纽。

2. 气的生理功能

（1）推动作用　是指气有激发和推动的作用，能够激发、推动和促进机体的生长发育及各脏腑组织器官的生理功能，推动血液的生成、运行，以及津液的生成、输布和排泄。若气的推动作用减弱，可影响动物体的生长、发育，或使脏腑组织器官的生理活动减退，出现血液和津液的生成不足，运行迟缓，输布、排泄障碍等病证。

（2）温煦作用　是指阳气能够生热，具有温煦机体脏腑组织器官，以及血、津液等的作用。动物体的体温，依赖于气的温煦作用得以维持恒定；机体各脏腑组织器官正常的生理活动，依赖于气的温煦作用得以进行；血和津液等液态物质，也依赖于气的温煦作用才能环流于周身而不致凝滞。若阳气不足，则会因产热过少而引起四肢、耳、鼻俱凉，体温偏低的寒证；若阳气过盛，则会因产热过多而引起四肢、耳、鼻俱热，体温偏高的热证。

（3）防御作用　是指气有保卫机体，抗御外邪的作用。气一方面可以抵御外邪的入侵，另一方面还可祛邪外出。气的防御功能正常，邪气就不易侵入；或虽有外邪侵入，也不易发病；即使发病，也易于治愈。若气的防御作用减弱，机体就易感外邪而发病，或发病后难以治愈。

（4）固摄作用　是指气有固摄血液、汗液、尿液、精液等体内液态物质，防止其异常丢失的作用。气的固摄功能减弱，可导致体内液态物质的大量丢失。如气不摄血，可导致各种出血；气不摄津，可导致自汗、多尿、小便失禁、流涎等；气不固精，可出现遗精、滑精、早泄等。

（5）气化作用　是指通过气的运动而产生的气、血、津液的相互转化。这些转化就是机体的新陈代谢过程，实际上就是气化作用的具体体现。如果气的气化作用失常，则影响机体的各种物质代谢过程，如食物的消化吸收，气、血、津液的生成、输布，汗液、尿液和粪便的排泄等。

（6）营养作用　是指脾胃所运化的水谷精微之气对机体各脏腑组织器官所具有的营养作用。水谷精微之气，可以化为血液、津液、营气、卫气，机体的各脏腑组织器官无不依赖这些物质的营养，才能正常发挥其生理功能。

3. 气的分类　就气的生成和作用而言，主要有元气、宗气、营气、卫气四种。

（1）元气　元气根源于肾，包括元阴、元阳（即肾阴、肾阳）之气，又称原气、真气、真元之气。它由先天之精所化生，藏之于肾。元气是机体生命活动的原始物质及其生化的原动力。它赖三焦通达周身，激发与推动脏腑组织器官的功能。因而元气充，则脏腑盛，身体健康少病。反之，若先天禀赋不足或久病损伤元气，则脏腑气衰，抗邪无力，动物就体弱多病。

（2）宗气　宗气由脾胃所运化的水谷精微之气和肺所吸入的自然界清气结合而成，有助肺司呼吸和助心行血脉的作用。宗气充盛，则机体有关生理活动正常；若宗气不足，则呼吸少气，心气虚弱，甚至引起血脉凝滞等病变。

（3）营气　营气是水谷精微所化生的精气之一，与血并行于脉中，是宗气贯入血脉中的营养之气，故称"营气"，又称荣气。营气进入脉中，成为血液的组成部分，并随血液运行周身。营气除了化生血液外，还有营养全身的作用。

（4）卫气　卫气是宗气行于脉外的部分，有"卫阳"之称。其性剽悍、滑疾。卫气行于脉外，敷布全身，在内散于胸腹，温养五脏六腑；在外布于肌表，温养腠理，润泽皮毛，启闭汗孔，护卫肌表，抗御外邪。若卫气不足，肌表不固，外邪就可乘虚而入。

4. 常见病证　气的病证很多，临床常见的有气虚、气陷、气滞、气逆四种。

（1）气虚证　是全身或某一脏腑组织机能减退所表现出的证候。

【病因】常见于某些慢性病、急性病的恢复期，或年老体弱动物。多因久病耗伤正气，或饲养管理不当，劳役过度，脏腑机能衰退所致。

【主证】耳聋头低，被毛粗乱，役时多汗，四肢无力，气短而促，叫声低微，运动时诸症加剧，舌淡无苔，脉虚弱。

【治则】补气。

【方例】四君子汤（见补气方）加减。

（2）气陷证　是气虚无力升举反而下陷的证候，属气虚证的一种。

【病因】多由气虚进一步发展而来。常因劳役过度而又营养不足，或久病虚损，或用药不当，攻伐太过，使脏气受损而致。因其主要发生于中焦，故又称"中气下陷"。

【主证】少气倦怠，内脏下垂，脱肛或阴道、子宫脱出，久泄久痢，口唇不收，弛缓下垂、舌淡，无苔，脉虚弱。

【治则】升举中气。

【方例】补中益气汤（见补气方）加减。

（3）气滞证　是机体某一部位或某一脏腑的气机阻滞，运行不畅所表现出的证候。

【病因】引起气滞的原因很多，如饲养管理不当，饮喂失调，或感受外邪，跌打损伤，或痰饮、瘀血、粪积、虫积等，均可使气的运行发生障碍而致气滞。此外，气虚运行无力，也可发生气滞。

【主证】胀满，疼痛。

【治则】行气。

【方例】越鞠丸、橘皮散等（见理气方）加减。

（4）气逆证　是指气的下降受阻，不降反逆所表现出的证候。

【病因】多指肺、胃之气上逆。

【主证】肺气上逆则见咳嗽，气喘；胃气上逆，则见嗳气，呕吐。

【治则】降气镇逆。

【方例】肺气上逆者，用苏子降气汤（见止咳平喘方）加减；胃气上逆者，用旋覆代赭汤（旋覆花、党参、生姜、代赭石、半夏、甘草、大枣）加减。

二、血

1. 血的含义及生成　血是一种含有营气的红色液体。它依靠气的推动，循着经脉流注周身，具有很强的营养与滋润作用，是构成动物体和维持动物体生命活动的重要物质。

血主要含有营气和津液，其生成有三个方面：①来源于水谷精微，脾胃是血液的生化之源。脾胃接受水谷精微之气，并将其转化为营气和津液，再通过气化作用，将其变化为红色的血液。②营气入心脉化生营血。③精血之间可以互相转化。

2. 血的生理功能

（1）营养和滋润全身　血循行脉中，内至五脏六腑，外达筋骨皮肉，对全身的脏腑、形体、五官九窍等组织器官起着营养和滋润作用。血液充盈，则口色红润，皮肤与被毛润泽，筋骨强劲，肌肉丰满，脏腑坚韧；若血液不足，则口色淡白，皮肤与被毛枯槁，筋骨萎软或拘急，肌肉消瘦，脏腑脆弱。

（2）藏神　血是机体精神活动的主要物质基础。若血液供给充足，则动物精神活动正常。否则，就会发生精神紊乱的病证。心血不足，容易惊恐。

3. 常见病证　血运行于脉中，对全身各脏腑组织器官起着营养和滋润作用。若外邪侵袭，脏腑失调，则血的化生和运行失常而出现病证。临床上常见的有血虚、血淤、血热、出血四种。

（1）血虚证　血液亏虚，脏腑百脉失养，表现为全身虚弱的证候。成因有先天不足，或脾胃虚弱，生化乏源，或各种急慢性出血，或久病不愈，或肠道寄生虫病过度消耗等。

【主证】可视黏膜淡白、苍白或黄白，四肢麻痹，甚至抽搐，心悸，苔白，脉细无力。

【治则】补血。

【方例】四物汤（见补血方）加减。

（2）血瘀证　某一局部或某一脏腑的血液运行受阻，或存在离经之血的证候。引起血瘀的常见因素有寒凝、气滞、气虚、外伤等。

【主证】局部见肿块，疼痛拒按，痛处固定不移，夜间痛甚，皮肤粗糙起鳞，出血，舌有瘀点、瘀斑，脉细涩。

【治则】活血祛瘀。

【方例】桃红四物汤（见活血祛瘀方）加减。

（3）血热证　是热邪侵犯血分而引起的病证，多由外感热邪深入血分所致。

【主证】身热，躁动不安或昏迷，出血发癍，口干津少，舌质红绛，脉细数。

【方例】犀角地黄汤（见清热凉血方）加减。

（4）出血证　各种原因导致血液溢出脉管之外。临床常见出血：

气虚出血：表现慢性出血如便血，治疗补脾摄血。

血热出血：表现有出血斑点，治疗清热凉血。

外伤出血：治疗收敛止血。

三、津　　液

1. 津液的生成、输面和排泄　津液来源于水谷，特别是饮水，由脾、胃、小肠、大肠吸收其中的水分和营养物质而生成。

津液的输布与排泄，首先通过脾的运化和"散精"功能，将津液上输于肺；肺接受脾转输来的津液后，通过宣发功能输布全身，至肌表的部分发挥润泽皮毛作用，并将代谢后化为汗液排出体外；至脏腑的部分发挥滋养脏腑作用，并通过肃降功能将代谢后的水液下行于肾；肾将肺下输的水液，通过气化作用再次分别清浊，将浊中之清部分复归于肺，将浊中之浊部分化为尿液，下注膀胱，排出体外。此外，随呼气和排粪也排出部分水液。

2. 津液的生理功能

（1）滋润濡养全身 津液分布于体表，能滋润皮肤、温养肌肉；分布于体内，能滋养脏腑，维持各脏腑的正常功能；分别于关节、孔窍，能滑利关节、润泽孔窍；分布于骨髓、脊髓及脑髓，能充养骨髓、脊髓及脑髓。

（2）化生血液 津液经经络渗入血脉之中，成为化生血液的基本成分之一，使血液充足，并濡养和滑利血脉，使血液环流不息。

（3）排泄废物 津液在代谢过程中，能把机体的代谢产物通过汗、尿等方式排出体外，使机体各脏腑的气化活动正常。若排泄异常，就会使代谢产物潴留于体内，而产生痰、饮、水、湿等多种病理变化。

3. 常见病证

（1）津液不足 是津液亏少，全身或某些脏腑组织器官失其濡润滋养而出现的证候。津液不足的原因，有生成不足与丢失过多两个方面。脾胃虚弱、运化无权则津液生成减少；若渴而不得饮水则津液化生之源匮乏，二者均可导致津液生成减少；若热盛伤津耗液，或汗、吐、泻太过，或失血、多尿等导致津液大量丢失，亦可导致津液不足。

【主证】口渴咽干，唇燥舌干，甚至鼻镜龟裂无汗，皮毛干枯缺乏光泽，小便短少，大便干硬，甚至粪结，舌红，脉细数。

【治则】增津补液。

【方例】增液汤（玄参、生地、麦冬）加减。

（2）水湿内停 是全身或局部停积过量的水液。凡外感、内伤，影响了肺、脾、肾等脏腑对津液的输布、排泄功能，皆可使局部或全身蓄积过量水湿。多兼有水肿，痰饮。

【主证】咳嗽痰多，呼吸有痰声，肚腹臌大下垂，小便短少，大便溏稀，少食纳呆，胸腹下、四肢末端浮肿，苔腻，脉濡。

【治则】利水渗湿。

【方例】五苓散（见祛湿方）加减。

图5-8显示的是气血津液思维导图。

四、气血津液之间的关系

1. 气和血的关系

（1）气为血帅 指气能生血、气能行血及气能统血三个方面。

①气能生血：气，特别是水谷精微之气是化生血液的原料，血的化生离不开气化作用。

②气能行血：血液在脉中的循行有赖于气的推动，即"气行则血行，气滞则血瘀"。

③气能统血：气对血液具有统摄作用，使之循行于脉中而不致外溢，有赖于脾气来实现。

（2）血为气母　指血是气的载体，同时也是气的营养来源。气无形而动，必须附着于有形之血，才能行于脉中而不致散失。

2. 气和津液的关系　津液是血液的组成部分，因而气与津液的关系，与气和血关系基本相同。

3. 血和津液的关系　血和津液性质上均属阴，都是以营养、滋润为主要功能的液体，都来源于水谷之精气，由其所化生，即"津血同源"，两者可相互渗透转化，津液也是血液的组成部分。

第四节　经　　络

一、经络系统的组成

经络是动物体内经脉和络脉的总称，是联络脏腑、沟通内外和运行气血、调节功能的通路。经络在体内纵横交错，内外连接，遍布全身，无处不至，把动物体的脏腑、器官、组织都紧密地联系起来，形成一个有机的统一整体。经络学说是研究机体经络系统的组织结构、生理功能、病理变化及其与脏腑关系的学说，是中兽医学理论体系的重要组成部分。

经络系统主要由经脉、络脉、内属脏腑部分和外连体表部分等四部分组成（图5-9）。其中，**经脉**是经络系统的主干，除分布在体表一定部位外，还深入体内连属脏腑；**络脉**是经脉的细小分支，一般多分布于体表，联系"经筋"和"皮部"。

二、十二经脉的命名及循行路线

（一）十二经脉的命名

十二经脉对称地分布于动物体的两侧，分别循行于前肢或后肢的内侧和外侧，每一经分别属于一脏或一腑。因此，每一经脉的名称包括前肢或后肢、阴或阳、脏或腑三个部分。根据阴阳学说，四肢内侧为阴，外侧为阳；脏为阴，腑为阳。故行于四肢内侧的为阴经，属脏；行于四肢外侧的为阳经，属腑。由于十二经脉分布于前、后肢的内、外两侧，每一侧面有三条经脉分布，这样一阴一阳就衍化为三阴三阳，即太阴、少阴、厥阴、阳明、太阳、少阳。按照各条经脉所属脏腑，位于胸腔（膈前）的脏属于前肢，位于腹腔（膈后）的脏属于后肢，并结合循行于四肢的部位来确定其名称（表5-1）。

表5-1　十二经脉名称

循行部位 （阴经行于内侧，阳经行于外侧）		阴经 （属脏络腑）	阳经 （属腑络脏）
前肢	前缘	太阴肺经	阳明大肠经
	中线	厥阴心包经	少阳三焦经
	后缘	少阴心经	太阳小肠经
后肢	前缘	太阴脾经	阳明胃经
	中线	厥阴肝经	少阳胆经
	后缘	少阴肾经	太阳膀胱经

（二）十二经脉的循行路线

一般来说，前肢三阴经，从胸部开始，循行于前肢内侧，止于前肢末端；前肢三阳经，由前肢末端开始，循行于前肢外侧，抵达于头部；后肢三阳经，由头部开始，经背腰部，循行于后肢外侧，止于后肢末端；后肢三阴经，由后肢末端开始，循行于后肢内侧，经腹达胸。

从十二经脉的分布来看，前肢三阳经止于头部，后肢三阳经又起于头部，所以称头为"诸阳之会"。后肢三阴经止于胸部，而前肢三阴经又起于胸部，所以称胸为"**诸阴之会**"。

三、经络的主要作用

（一）生理方面

1. 运行气血，温养全身　气血是动物体生命活动的物质基础，全身各组织器官只有得到气血的温养和濡润才能完成正常的生理功能。经络是动物体气血运行的通道，能将营养物质输布到全身各组织脏器，使脏腑组织得以营养，筋骨得以濡润，关节得以通利。

2. 协调脏腑，联系周身　经络内连脏腑，外络肢节，上下贯通，左右交叉，将动物体各个组织器官联系起来，保持相对的协调与统一，完成正常的生理活动。

3. 保卫体表，抗御外邪　卫气伴随经络运行气血，卫气能温煦脏腑、腠理、皮毛，开合汗孔，具有保卫体表、抗御外邪的作用。同时，经络外络肢节、皮毛，营养体表，是调节防御机能的要塞。

（二）病理方面

1. 传导病邪　病邪入侵时，经络调整营卫气血等抵御外邪。当动物正气虚或气血失调时，病邪可通过经络传入脏腑而引发疾病。

2. 反映病变　脏腑有病可通过经络反映到体表，临床可通过此对疾病进行诊断。

（三）治疗方面

1. 传递药物的治疗作用　药物作用于机体，需要通过经络的传递，经络可以选择性地传递某些药物，使某些药物对某些脏腑起主要作用。

2. 感受和传导针灸的刺激作用　经络能够感受和传导针灸的刺激作用。针刺体表的穴位之所以能治内脏病，就是借助经络的这种感受和传导作用，因此在针灸治疗方面提出"循经取穴"原则。

第五节　病　　因

一、中兽医的发病学说

中兽医学认为，动物体内部各脏腑组织之间以及动物体与外界环境之间，是一个既对立又统一的整体。在正常情况下处于阴阳相对的平衡状态，以维持动物体的生理活动。如果这种相对平衡的状态在某种病因的作用下遭到破坏或失调，一时又不能自行调节而恢复，就会导致疾病的发生。中兽医学把动物体各脏腑组织器官的机能活动，及其对外界环境的适应力和对致病因素的抵抗力称为"正气"；所有致病因素称为"邪气"。疾病的发生与发展是"正邪相争"的结果。正气充盛的动物，卫外功能固密，外邪不易侵犯；只有在动物体正气虚弱、卫外不固、正不胜邪的情况下，外邪才能乘虚侵害机体而发病。在正、邪这两方面的因素中，中兽医学特别强调正气是在疾病发生与否的过程中起着主导作用的方面。认为"正气存内，邪不可干""邪之所凑，其气必虚"。

　　动物体的正气盛衰，取决于体质因素和所处的环境及饲养管理等条件。因此，加强饲养管理，注意保护正气，有利于疾病的防治。

二、病因学说

　　研究病因的性质及其致病特性的学说，称为病因学说。中兽医学的病因学说，不仅仅是研究病因本身的特性，更重要的是研究病因作用于机体所引起疾病的临床症状特性。根据疾病所表现出的症状特征，来推断引起疾病的原因，即所谓"**随证求因**"。这就使得中兽医学的病因学说具有非常实用的价值。如某一动物表现出四肢交替跛行的临床症状，根据风邪有游走善动的特性，即可推断出是以风邪为主所引起的风湿症。确定了病因，就可以根据病因来确定治疗原则，称为"**审因施治**"。如以风邪为主而引起的风湿症，当用祛风为主的药物进行治疗。

三、外感致病因素

（一）六淫★★★★

　　外感致病因素，是指来源于自然界，通过肌表、口鼻侵入机体而引起发病的致病因素，包括六淫和疫疠两类。

　　自然界一年四季风、寒、暑、湿、燥、火（热）六种气候变化，称为六气。六气出现太过、不及或不应时而有的反常变化，成为致病因素，侵犯动物体而导致疾病的发生。这种情况下的六气，便称为"六淫"。

　　1. 六淫致病的共同特点

　　（1）外感性　六淫之邪多从肌表、口鼻侵犯动物体而发病，故六淫所致之病统称为外感病。

　　（2）季节性　六淫致病常有明显的季节性，如春天多温病，夏天多暑病，长夏多湿病，秋天多燥病，冬天多寒病等。但四季之中，六气的变化是复杂的，所以六淫致病的季节性也不是绝对的，如夏季虽多暑病，但也可出现寒病、温病、湿病等。

　　（3）兼挟性　六淫在自然界不是单独存在的，六淫邪气既可以单独侵袭机体而发病，又可以两种或两种以上同时侵犯机体而发病。如外感风寒、风热、湿热、风湿等。

　　（4）转化性　一年之中，四季六气是可以相互转化的，如久雨生晴，久晴多热，热极生风，风盛生燥，燥极化火等。因此，六淫致病，其证候在一定条件下，也可以相互转化。如感受风寒之邪，可以从表寒证转化为里热证等。

　　2. 六淫的性质、致病特点及常见病证

　　（1）风邪

　　1）风邪的性质与致病特性　风是春季的主气，故风邪引起的疾病以春季为多。风邪多从皮毛肌腠侵犯机体而致病，其他邪气也常依附于风邪入侵机体，故有"风为百病之始""风为六淫之首"之说。

　　①风为阳邪，其性轻扬开泄：风性主动，具有升发、向上、向外的特性，故为阳邪。因风性轻扬，故风邪所伤最易侵犯动物体的上部（如头面部）和肌表。正如《素问·太阴阳明论》所说"伤于风者，上先受之"。风性开泄，是指风邪易使皮毛腠理疏泄而开张，出现汗出、恶风的症状。

②风性善行数变：善行，是指风有善动不居的特性，故风邪致病也具有部位游走不定，变化无常的特点。如以风邪为主的风湿症，常表现出四肢交替疼痛，部位游移不定，故称"行痹""风痹"。数变，是指"风无常方"（《素问·风论》），风邪所致的病证具有发病急、变化快的特点，如荨麻疹（又称遍身黄），表现为皮肤瘙痒，发无定处，此起彼伏。

③风性主动：风具有使物体摇动的特性，故风邪所致疾病也具有类似摇动的症状，如肌肉颤动、四肢抽搐、颈项强直、角弓反张、眼目直视等。故《素问·阴阳应象大论》说："风胜则动。"

2）常见风证

①外风：常见的有伤风、风痹、风疹。

伤风：由外感风邪引起，证见发热、恶风、鼻流清涕、咳嗽、脉浮缓。治宜祛风解表。有风寒、风热等。风寒可用**麻黄汤**(见辛温解表方)加减治疗，风热可用**银翘散**(见辛凉解表方)加减。

风痹：是以风邪为主侵袭经络的风湿证。证见关节疼痛，游走不定。治宜祛风通络。可选独活寄生汤(见祛风湿方)加减。

风疹：为风邪侵袭肌表所致。证见皮肤瘙痒，且漫无定处，彼此起伏。治宜祛风清热。

②内风：内风为病变过程中出现的风证。是脏腑功能失调，气血逆乱，筋失所养而产生的热极生风和血虚生风。

热极生风：多见于温热病，因热伤津液、营血，影响心肝功能，证见惊厥昏迷，抽搐震颤，口眼歪斜，角弓反张。治宜清热息风。方用**羚羊钩藤汤**(羚羊片、霜桑叶、川贝、生地、钩藤、菊花、茯神、白芍、生草、竹茹，《通俗伤寒论》)。

血虚生风：主要与肝血虚和肾阴虚有关，轻则神昏抽搐，重则瘫痪不起。治宜滋阴熄风。方用**加减复脉汤**(炙甘草、生地黄、生白芍、麦冬、阿胶、麻仁，《温病条辨》)。

(2) 寒邪

1) 寒邪的性质与致病特性　寒为冬季的主气。寒邪有外寒和内寒之分。**外寒**由外感受，多由气温较低、保暖不够，淋雨涉水，汗出当风，以及采食冰冻的饲草饲料，或饮凉水太过所致。外寒侵犯机体，据其部位的深浅，有伤寒和中寒之别。寒邪伤于肌表，阻遏卫阳，称为"伤寒"；寒邪直中于里，伤及脏腑阳气，称为"中寒"。**内寒**是机体机能衰退，阳气不足，寒从内生的病证。

①寒性阴冷，易伤阳气：寒性属阴。感受寒邪，最易损伤机体的阳气，出现阴寒偏盛的寒象。如寒邪外束，卫阳受损，可见恶寒怕冷，皮紧毛乍等症状；若寒邪中里，直伤脾胃，脾胃阳气受损，可见肢体寒冷，下利清谷，尿清长，口吐清涎等症状。

②寒性凝滞，易致疼痛：凝滞，即凝结、阻滞，不通畅之意。寒邪侵犯机体，阳气受损，经脉受阻，可使气血凝结阻滞，不能通畅运行而引起疼痛，即所谓"不通则痛"。因此，寒邪是导致多种疼痛的原因之一。如寒邪伤表，使营卫凝滞，则肢体疼痛；寒邪直中肠胃，使胃肠气血凝滞不通，则肚腹冷痛。

③寒性收引：收引，即收缩牵引之意。寒邪侵入机体，可使机体气机收敛，腠理、经络、筋脉和肌肉等收缩挛急。故《素问·举痛论》说："寒则气收"。如寒邪侵入皮毛腠理，则毛窍收缩，卫阳受遏，出现恶寒、发热、无汗等；寒邪侵入筋肉经络，则肢体拘急不伸，冷厥不仁；寒邪客于血脉，则脉道收缩，血流滞涩，可见脉紧。

2）常见寒证

①外寒：常见外感寒邪和寒伤脾胃两种。前者常与风邪合侵，表现外感风寒证。证见寒战毛立、无汗身痛。治疗选**麻黄汤**（见辛温解表方）；后者使脾胃阳虚，升降失调，不能运化、腐熟水谷，证见肠鸣泄泻，腹痛难起。治疗用**桂心散**（见温中散寒方）。

②内寒：是脏腑阳气虚衰，寒从内生所致。常见的有肾阳不足，中焦虚寒、宫冷等。内寒与外寒虽不同，但又密切相关。外寒入里伤阳气，则为内寒；由于阳虚内寒，卫外能力低下易感外寒。须按不同脏腑的虚寒，选方治疗（见脏腑辨证）。

（3）暑邪

1）暑邪的性质与致病特性　暑为夏季的主气，为夏季火热之气所化生，有明显的季节性，独见于夏令。暑邪纯属外邪，无内暑之说。

①暑性炎热、易致发热：暑为火热之气所化生，属于阳邪，故伤于暑者，常出现高热、口渴、脉洪、汗多等一派阳热之象。

②暑性升散、易耗气伤津：暑为阳邪，阳性升散，故暑邪侵入机体，多直入气分，使腠理开泄而汗出。汗出过多，不但耗伤津液，而且气随津耗，导致气津两伤，出现精神倦怠、四肢无力、呼吸浅表等。严重者，可扰及心神，出现行如酒醉、神志模糊。

③暑多挟湿：夏暑季节，除气候炎热外，还常多雨潮湿。热蒸湿动，湿气较大，故动物体在感受暑邪的同时，还常兼感湿邪，故有"暑多挟湿"。临床上，除见到暑热的表现外，还有湿邪困脾的症状，如身重倦怠、便溏泄泻等。

2）常见暑证

①中暑：它有轻重之分，轻者为伤暑，重者称中暑。**伤暑**是伤于夏季暑热的病症，多见身热、多汗、气短、烦躁不安、口渴喜饮、倦怠乏力、尿短赤、脉虚。中暑多因受暑过重，津气暴脱所致，多见精神倦怠、两眼如痴、卧多立少。甚至突然昏倒、丧失知觉、气粗、汗出如浆、四肢厥冷、脉大而虚。治宜清暑生津，方剂**香薷散**（香薷、黄芩、黄连、甘草、柴胡、当归、连翘、天花粉、栀子，《元亨疗马集》）。

②暑热：入夏后，常有发热、肌肤发热或朝凉暮热、食欲不振、倦怠无力、呼吸急促、舌苔薄白、舌质微红、脉数有力。治宜清暑益气生津。方剂**藿香正气散**（见化湿方）。

③暑湿：多见发热、四肢怠倦、草料迟细、粪便溏泊、尿短赤、苔黄腻、脉数。治宜清暑除湿。

（4）湿邪

1）湿邪的性质与致病特性　湿为长夏的主气。湿有外湿、内湿之分。外湿多由气候潮湿、涉水淋雨、厩舍潮湿等外在湿邪侵入机体所致；内湿多由脾失健运、水湿停聚而成。

①湿为阴邪、易损脾阳：湿邪留滞脏腑经络，容易阻遏气机，使气机升降失常。又因脾喜燥恶湿，故湿邪最易伤及脾阳。出现水湿不运，溢于皮肤则成水肿，流溢胃肠则成泄泻。又因湿困脾阳，阻遏气机，致使气机不畅，可发生肚腹胀满，腹痛，里急后重等症状。

②湿性重浊、其性趋下：重，即沉重之意，指湿邪致病，常见迈步沉重，呈黏着步样，或倦怠无力，如负重物。浊，即秽浊，指湿邪为病，其分泌物及排泄物有秽浊不清的特点，如尿混浊，泻痢脓垢，带下污秽，目眵量多，舌苔厚腻，以及疮疡疔毒，破溃流脓淌水等。

湿性趋下，主要指湿邪致病，多先起于机体的下部，故《素问·太阴阳明论》有"伤于湿者，下先受之"之说。

③湿性黏滞、缠绵难退：黏，即黏腻；滞，即停滞。湿性黏滞，是指湿邪致病具有黏腻停滞的特点。湿邪致病的黏滞性，在症状上可以表现为粪便黏滞不爽，尿涩滞不畅；在病程上可表现为病程较长，缠绵难退，或反复发作，不易治愈，如风湿症等。

2) 常见湿证

①外湿：常见的外湿有湿困卫表，湿滞经络，湿毒浸淫，湿热蕴结，寒湿停滞。

湿困卫表：又称伤湿，证见发热不甚，迁移不退，微恶热，肢体沉重倦乏，懒以走动，便溏，腹稍胀满，舌苔白滑，脉濡缓。治宜辛散解表，芳香化湿。方用**藿香正气散**（见化湿方）。

湿滞经络：主要表现为关节疼痛，且疼痛固定不移，或见关节漫肿，屈伸不利，运动障碍，舌苔白滑，脉濡缓。治宜祛湿通络。方用**独活散**（见祛风湿方）。

湿毒浸淫：主要表现为皮肤湿疹，疮毒疱疹，瘙痒生水。治宜化湿解毒。方剂**黄连解毒汤**（见清热解毒方）。

湿热蕴结：是指湿热两邪合侵机体。湿热蕴结胃肠，证见下痢脓血，里急后重，治宜清解湿热。方选白头翁汤（见清热燥湿方）；湿热停留于膀胱，证见尿淋、尿浊等，治宜清热利水。方剂八正散（见利水方）；湿热郁结于肝胆，证见黄疸，宜清热利湿，选**茵陈蒿汤**（见清热燥湿方）。

寒湿停滞：寒湿停滞于肠胃，证见腹痛泄泻，间或有肚腹胀满，冲击有水音，大便不通，治宜温中散寒。**平胃散**（见化湿方）加减。

②内湿：多因脾阳不振，运化失常，秽浊积聚所致。证见草料迟细，完谷不化，腹泻，腹胀，尿少，苔白腻。治宜温阳健脾，化湿利水。**参苓白术散**（人参、白术、白茯苓、甘草、山药、白扁豆、莲子肉、薏苡仁、砂仁、桔梗，《和剂局方》）加减。

(5) 燥邪

1) 燥邪的性质与致病特性　燥是秋季的主气，但一年四季皆有。燥有外燥、内燥之分。外燥多由久晴不雨、气候干燥、周围环境缺乏水分所致。因其多见于秋季，故又称"秋燥"。外燥多从口鼻而入，其病常从肺卫开始，有温燥、凉燥之分。初秋尚热，犹有夏火之余气，燥与热相合侵犯机体，多为温燥；深秋已凉，西风肃杀，燥与寒相合侵犯机体，多为凉燥。内燥多由汗、下太过，或精血内夺，以致机体阴津亏虚所致。

①燥性干燥、易伤津液：燥邪为病，易伤机体的津液，出现津液亏虚的病变，如口鼻干燥，皮毛干枯，眼干不润，粪便干结，尿短少，口干欲饮，干咳无痰等。故《素问·阴阳应象大论》说："燥胜则干。"

②燥易伤肺：肺为娇脏，喜润恶燥；更兼肺开窍于鼻，外合皮毛，故燥邪为病，最易伤肺，致使肺阴受损，宣降失司，引起肺燥津亏之证，如鼻咽干燥、干咳无痰或少痰等。

2) 常见燥证

①外燥：外燥有温燥和凉燥之分。

凉燥：是燥而偏寒之证。证见发热恶寒、无汗、皮肤干燥、口干舌燥、鼻咽干燥、干咳无痰，舌苔薄白而干，脉象弦涩。治宜宣肺解表润燥。可用杏苏散（苏叶、半夏、甘草、前胡、桔梗、枳壳、橘皮、杏仁、茯苓、生姜、大枣，《温病条辨》）。

温燥：是燥而偏热之证。证见发热、少汗，干咳不爽、口干欲饮、粪便干结、咽喉干红、舌红、苔薄而黄，脉数而大。治宜辛凉解表，清肺润燥。**桑杏汤**（桑叶、杏仁、沙参、浙贝母、淡豆豉、山栀皮、梨皮，《温病条辨》）加减。

②内燥：多因燥邪内犯，五脏积热伤津化燥，慢性消耗性疾病所致阴液亏损，或吐泻太过，大汗，大出血，或用发汗、峻泻及温燥之剂，耗伤阴血而起。证见体虚，口鼻干燥，咽痛干咳，被毛枯焦，肌消肉减，粪干尿少，舌燥无津，口色红绛，脉涩等症。治宜滋阴润燥。由于津液不足而引起的肠燥，宜润肠通便，**当归苁蓉汤**（见润下方）。若肺燥宜清肺润燥。**清燥救肺汤**（霜桑叶、石膏、甘草、人参、胡麻仁、阿胶、麦门冬、杏仁、枇杷叶，《医门法律》）加减。

（6）火邪

1）火邪的性质与致病特性 火、热、温三者，均为阳盛所生，其性相同，但在程度上有所差异，即温为热之渐，火为热之极；热与温，多由外感受，而火既可由外感受，又可内生。内生的火多与脏腑机能失调有关。火证常见热象，且表现出炎上的特征。此外，火证有时还指某些肾阴虚的病证。

①火为热极、其性炎上：火为热极，其性燔灼，故火邪致病，常见高热，口渴，骚动不安，舌红苔黄，尿赤，脉洪数等热象。又因火有炎上的特性，故火邪侵犯机体，症状多表现在机体的上部，如心火上炎，口舌生疮；胃火上炎，齿龈红肿；肝火上炎，目赤肿痛等。

②火邪易生风动血：火热之邪侵犯机体，往往劫耗阴液，使筋脉失养，而致肝风内动，出现四肢抽搐，颈项强直，角弓反张，眼目直视等症状。火热邪气侵犯血脉，轻则使血管扩张，血流加速，甚则灼伤脉络，迫血妄行，引起出血和发斑。

③火邪易伤津液：火热邪气，最易迫津液外泄，消灼阴液，故火邪致病除见热象外，往往伴有咽干舌燥，口渴喜饮冷水，尿短少，粪便干燥，甚至眼窝塌陷等津干液少的症状。

2）常见火证

①实火：多因外感温热之邪或其他病邪入里化火而引起。证见高热、贪饮、喘粗、尿短赤、咳嗽、鼻流脓涕、出血、发斑、大便秘结或泻下腥臭、舌红苔黄、脉数有力，甚至神昏、抽搐。治宜清热泻火。**黄连解毒汤**（见清热解毒方）加减。

②虚火：是由内而生，属内火，多因饲养失调、久病体虚等导致的阴液不足、阴不制阳所致。一般起病缓慢，病程较长。证见体瘦毛焦，口渴而不多饮，盗汗，滑精，口色微红，脉数无力。治宜滋阴降火。**六味地黄汤**（见滋阴方）加减。

（二）疫疠

疫疠，也是一种外感致病因素，与六淫不同，具有很强的传染性。可以通过空气传染，由口鼻而入致病，也可随饮食入里或蚊虫叮咬而发病。且流行有的有明显季节性，称为"时疫"。

1.疫疠致病的共同特点 发病急骤，能相互传染，蔓延迅速，不论动物年龄如何，传染后症状基本相似。

2.疫疠流行条件

（1）气候反常 气候的反常变化，如非时寒暑、湿雾瘴气、酷热、久旱等，均可导致疫疠流行。

（2）环境卫生不良　如未能及时妥善处理因疫疠而死动物的尸体或其分泌物、排泄物，导致环境污染，则为疫疠的传播创造了条件。

（3）社会因素　社会因素对疫疠的流行也有一定的影响。

3. 预防疫疠的一般措施

（1）加强饲养管理，注意动物和环境的卫生。

（2）发现疫畜，立即隔离，并对其分泌物、排泄物以及已死患畜尸体进行妥善处理。

（3）进行预防接种。

四、内伤致病因素

（一）饥

指饮食不足而引起的饥渴。水谷草料是动物气血生化之源，若饮食不足或饥不食、渴不饮，则气血生化乏源，引起气血亏虚、体瘦无力、倦怠好卧，致使成年动物生产性能差，幼年动物生长迟缓、发育不良等。

（二）饱

指饮喂太多所致的饱伤。饮喂太多会出现腹部膨胀、嗳气酸臭、气促喘粗等症状。

（三）劳役

指劳役过度或使役不当。久役过劳可引起气耗津亏、精神短少、四肢倦怠等症状。若奔走太急、失于牵遛，可引起走伤及败血凝蹄等。雄性动物配种过度致四肢乏力、消瘦，甚至滑精阳痿等。

（四）逸

指久不使役或运动不足。逸会引起机体气血瘀滞不行，脾胃消化不良，抗病力低等症状。雄性动物缺乏运动可致精子活力降低，雌性动物过于安逸会过肥而不孕。

（五）痰饮

痰和饮是体内津液凝聚变化而成的水湿。其中，清稀如水的为饮，黏浊而稠者为痰。痰饮包括有形痰饮和无形痰饮两种。

1. 痰　不仅指呼吸道分泌的痰，还包括瘰疬、痰核及停滞在脏腑经络等组织中的痰。脾为生痰之源，肺为贮痰之器。

2. 饮　多由脾、肾阳虚所致，常见于胸腹四肢。

3. 痰饮的致病特点

（1）病位广泛　痰饮形成以后，可存在于机体许多组织器官之中。一般说来，饮多留积于肠胃、胸胁、肌肤及四肢。而痰则随气的升降，内达脏腑，外到筋骨皮肉，无所不至，故有"百病多由痰作祟"之说。

（2）病证复杂　痰饮致病的病位广泛，其导致的病证就复杂。既可以发生内脏病证，又可发生肢体病证。如痰饮滞于肺，可见喘咳咯痰；痰迷心窍，则精神失常或昏迷倒地等。如饮在肌肤，则成水肿；饮在胸中，则成胸水；水饮积于胃肠，则肠鸣腹泻。

（六）七情

七情指动物的喜、怒、忧、思、悲、恐、惊七种情志变化。这些情志反应一般不会使动物发病。只有突然、强烈、持久的情志刺激，超出动物体本身生理活动的调节范围，引起脏腑气血功能紊乱时才会致病。

七情主要通过直接伤及内脏和影响气机运行两个方面引起疾病。

1. 直接伤及内脏　一般来说，怒伤肝、喜伤心、思伤脾、忧伤肺、恐伤肾。虽然情志所伤对脏腑有一定选择性，但临床上并非如此，因为动物体是一个有机的整体，各脏腑之间是相互联系的。

2. 影响脏腑气机　怒则气上、喜则气缓、悲则气消、恐则气下、惊则气乱、思则气结。此外，过度的情志变化还会加重原有的病情。

第二单元　辨证论治

辨证论治是中兽医认识疾病、确定防治措施的基本过程。辨证，即分析、辨认证候，也就是将望、闻、问、切四诊所获得的有关病情的资料，通过分析综合，辨清疾病的原因、性质、部位，以及正邪之间的关系，最后概括、判断为某种性质的证的过程。论治是根据证的性质确定治则和治法的过程。

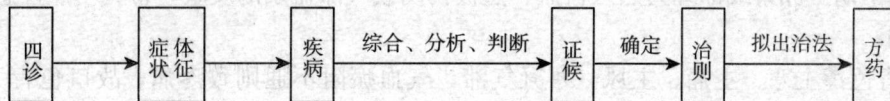

四诊 → 症状体征 → 疾病 → 综合、分析、判断 → 证候 → 确定 → 治则 → 拟出治法 → 方药

第一节　诊　法

中兽医诊察疾病的方法主要有望、闻、问、切四种，简称"四诊"。望、闻、问、切四诊，是调查了解疾病的四种方法，各有其独特的作用，不能相互取代。在临床运用时，将它们有机地结合起来，称作"四诊合参"，这样才能全面系统地了解病情，做出正确诊断。四诊之中，察口色和切脉是中兽医诊断学的特色。

一、察　口　色

察口色包括观察口腔各有关部位的色泽，以及舌苔、口津、舌形等变化。实际操作中，医者在用手拨动动物嘴角时，便感知了口腔温度。因此，察口色内容概括为"色、温、津、苔、形"五个方面。

1. 察口色的方法　检查马属动物最常用的方法是右手拉住笼头，左手食指和中指拨开上下嘴角，即可看到唇、口角、排齿（上下齿龈）的颜色；然后，将这两指从口角伸入口腔，感觉其干湿温凉；再将二指上下一撑，口即行张开，便可看到舌色、舌苔、舌形及卧蚕；最后再将舌拉出口外，仔细观察舌苔、舌体、舌面及卧蚕等部位的细微变化（图 5-10）。

检查牛时，须先看鼻镜，然后一手提住鼻圈（或鼻孔），一手拨开嘴唇，即可看到颊部、舌底及卧蚕等的变化。若需详细观察，可用一手以食指与拇指握住鼻中隔并向上提，另一手牵出舌并下压下颌，翻转舌体，即可较全面地观察到口色的变化（图 5-11）。

2. 口色变化及其临床意义 口色一般分为正常口色、有病口色和病危口色三大类，简称正色、病色和绝色。

（1）正常口色 各种动物的正常口色一般是舌质淡红，舌体不胖不瘦，活动灵活自如；微有薄白的舌苔，稀疏均匀；干湿得中，不滑不燥。

由于四季气候不同，气血盛衰在正常范围内也有一定差异，因此，反映在口色上就会有一些变化。如夏季炎热，气血旺盛，且趋向于外，正常口色就偏红一些；冬季寒冷，气血运行略为衰退，且趋于内，正常口色也就偏淡一些，所谓"春如桃花夏似血，秋如莲花冬似雪"，其中的"似血"和"似雪"，就分别是偏红和偏白的意思。

因动物种类、品种、年龄的不同，或受其他因素的影响，正常口色也有差异和变化。例如，猪的口色稍偏红，马、骡次之，反刍兽偏淡；幼畜偏红，老龄偏淡。有时，由于皮肤黏膜的某种固有颜色（尤其是牛），或因采食青绿饲料，或灌服中草药，或戴衔铁等引起的口腔色染，掩盖了真实口色，应注意辨别。

（2）有病口色 口色应从舌色、舌苔、口津、舌形等多方面的变化进行观察。

①舌色★★★★★

A. 白色：主虚证，为气血不足之兆。淡白为血虚，苍白是气血极度虚弱的反映，常见于严重的虫积或内脏出血。

B. 赤色：主热证。赤红或鲜红多属热性病的卫分、气分阶段，常见于热性感染性疾病的初期、中期。赤紫或深绛为热入营血、热极伤阴或气滞血瘀的反映，常见于热性感染性疾病的后期。

C. 青色：主寒、主痛、主风。寒凝气滞，气血瘀阻不通则致疼痛，故口色青又主痛。血滞不行，血不养筋而见风动，故口色青亦主风。

D. 黄色：主湿，多为肝、胆、脾的湿热所引起。黄色鲜明如橘色者，为阳黄；黄色晦暗如烟熏色，为阴黄。

E. 黑色：主寒极、热极。

②舌苔

A. 白苔：主表证、寒证。

B. 黄苔：主里证、热证。

C. 灰黑苔：主热证、寒湿。

③口津的变化，可以反映出机体津液的盈亏和存亡情况。口津黏稠或干燥，多为燥热伤津。口干，舌面有皱褶，则为阴虚液亏，严重脱水的征兆。口津多而清稀，口腔滑利，多为寒证或水湿内停。

④舌形是指舌体的形状，包括老嫩、胖瘦。

A. 老嫩：舌质纹理粗糙苍老，主实证、热证。舌质纹理细腻娇嫩，主虚证、寒证。

B. 胖瘦：胖，即胖大，若舌淡白胖嫩，属脾肾阳虚；若舌赤红肿胀，多属热毒亢盛；舌肿满口，板硬不灵，多为心火太盛，见于木舌症。舌体瘦小而薄，因气血阴液不足，不能充盈舌体所致。瘦薄而色淡者，多为气血两虚；瘦薄而色红绛干燥者，多为阴虚火旺，津液耗伤。若久病而见舌淡绵软，伸缩无力，甚至拉出口外无力缩回，似蠕虫颤动，是气血俱虚、病情严重的表现。

（3）病危口色　是危重症或濒死期的口色，主要有青黑或紫黑两种。其实，青、赤、白、黑、黄诸色均可成为绝色，关键在于其有无光泽。有光泽则表示正气未伤，生机尚存，预后良好；无光泽则表示正气已伤，生机全无，预后可疑，甚至死亡。

当然，不能仅凭口色来判断疾病的转归，必须四诊合参，全面检查和分析。如《元亨疗马集·脉色论》中说"色脉相应者生，相反者死；阴病见阳色者生，阳病见阴色者死。"在诊断上就具有一定的意义。

二、切　　脉★★★★★

切脉是用手指切按患畜一定部位的动脉，根据脉象了解和推断病情的一种诊断方法。动物种类不同，切脉部位不同。

1. 切脉部位及方法

（1）马属动物　切双凫脉或颌外动脉。双凫脉在颈基部前方，颈静脉沟下三分之一处，波动最为明显的颈总动脉上。诊者站在病畜侧方，一手扶住鬐甲部，另一手食指、中指、无名指，根据动物体格的大小，放置于适当的位置上，然后采取不同的指力进行触摸、按压，以体察脉象的变化。诊完一侧，再诊另一侧。可以左手切右凫，右手切左凫；也可以左手切左凫，右手切右凫（图5-12）。也可以切颌外动脉（图5-13）。

（2）牛　切尾动脉。诊者站在病畜正后方，左手将尾略向上举，右手食指、中指、无名指布按于尾根腹面，用不同的指力推压和寻找即得。拇指可置于尾根背面帮助固定（图5-14）。

（3）猪、羊、犬等　切股内动脉。诊者应蹲于病畜侧面，手指沿腹壁由前到后慢慢伸入股内，摸到动脉即行诊察，体会脉搏的性状（图5-15）。

2. 六大纲脉及其临床意义　脉象就是脉搏应指的形象，包括动脉波动显现的部位、速率、强度、节律、流利度及波幅等。切脉是中兽医诊断方法的特色。常见的基本病理脉象有以下六种，简称六大纲脉。

（1）浮脉与沉脉　是脉搏显现部位深浅相反的两种脉象。

①浮脉

【脉象】轻按即得，重按反觉脉减，如触水中浮木。

【主证】主表证。浮而有力为表实证，浮而无力为表虚证。内伤久病的虚证也可见浮脉，属虚阳外越的表现。脉浮大而空，按之如葱管样，称为芤脉，见于大失血。

②沉脉

【脉象】轻取不应，重按始得，如触水中沉石。

【主证】主里证。沉而有力为里实证，沉而无力为里虚证。表邪初感而见沉脉者，为表邪外束，阻遏卫阳于里，不能外达所致。

（2）迟脉与数脉　是脉搏快慢相反的两种脉象。

①迟脉

【脉象】脉来迟慢，马、骡一息不足三至，牛一息不足四至，猪、羊一息不足五、六至。

【主证】主寒证。迟而有力为寒实证，迟而无力为虚寒证；浮迟是表寒，沉迟为里寒。此外，热邪结聚，阻滞血脉流行，也可见迟脉。

②数脉

【脉象】脉来急促，马、骡一息四至以上，牛一息五至以上，猪、羊一息七、八至以上。

【主证】主热证。数而有力为实热证，数而无力为虚热证；浮数是表热，沉数为里热。此外，虚阳外越，也可见到数脉，但必数大而无力，按之豁然而空。

（3）虚脉与实脉　是脉搏力量强弱相反的两种脉象。

①虚脉

【脉象】浮、中、沉取均感无力，按之空虚。

【主证】主虚证。多为气血两虚及脏腑虚证。

②实脉

【脉象】浮、中、沉取均感有力，按之实满。

【主证】主实证。

诊法的思维导图见图 5-16。

第二节　辨　　证

中兽医的辨证方法很多，如八纲辨证、脏腑辨证、气血津液辨证、六经辨证和卫气营血辨证等。这些辨证方法，虽各有特点和侧重，但又互相联系，互相补充。其中，**八纲辨证**是所有辨证方法的总纲，是分析、归纳各种证候的类别、部位、性质、正邪盛衰等关系的纲领，是对病证进行总的概括和分类。**脏腑辨证**是根据脏腑的生理功能的变化，对疾病证候进行分析归纳，借以推究病因病机，判断病位、病性和正邪盛衰等状况的一种辨证方法。脏腑辨证是各种辨证方法的核心内容，多用于辨内伤杂病；**气血津液辨证**是对脏腑辨证的补充；**六经辨证**主要针对外感寒邪所引起的病证，**卫气营血辨证**主要是针对外感温热病邪所引起热性病的辨证方法。

如果要进一步分析疾病的具体病理变化，就必须落实到脏腑上来，用脏腑辨证的方法加以辨别，脏腑辨证是各种辨证方法的基础和核心。当然，在临床实践中，脏腑辨证也必须与八纲、气血津液等辨证方法有机地结合起来，才能对脏腑气血阴阳、寒热虚实的变化做出较全面的概括，为论治提供依据。

一、八纲辨证★★★★★

八纲即表、里、寒、热、虚、实、阴、阳。八纲辨证就是将四诊所搜集到的各种病情资料进行分析综合，对疾病的部位、性质、正邪盛衰等加以概括，归纳为八个具有普遍性的证候类型。

尽管疾病的临床表现错综复杂，但基本上都可用八纲加以归纳。疾病的类别，不外阴证、阳证；疾病部位的深浅，不外表证、里证；疾病的性质，不外热证、寒证；邪正的盛衰，不外实证、虚证。因此，八纲就是把疾病的证候，分为四个对立面，成为四对纲领，用以指导临床治疗。其中，阴阳两纲又可以概括其他六纲，即表、热、实证为阳；里、寒、虚证为阴，所以阴阳又是八纲的总纲。

1. 表里 表里是辨别疾病病位深浅、病情轻重及病势进退的两个纲领。一般来说，病邪侵犯肌表而病位浅者属表，病在脏腑而病位深者为里。

（1）表证 表证病位在肌表，病变较浅，多由皮毛受邪所引起。表证常具有起病急、病程短、病位浅的特点。

表证的一般症状表现是舌苔薄白，脉浮，恶风寒（被毛逆立、寒战）。鼻流清涕、咳嗽、气喘等症状。表证多见于外感病的初期，主要有风寒表证和风热表证两种（详见脏腑辨证之肺与大肠病证）。

表证的治疗宜采用汗法，又称解表法，根据寒热轻重的不同，或辛温解表，或辛凉解表。

（2）里证 相对表证而言，里证病位在脏腑，病变较深。多见于外感病的中、后期或内伤诸病。里证的形成大致有三种情况，一是表邪不解，内传入里；二是外邪直接侵犯脏腑；三是饥饱劳役及情志因素影响气血的运行，使脏腑功能失调。

里证包括里寒、里热、里虚、里实多种证候，故症状繁多。临证时，应进一步辨别疾病所在的脏腑，病性的寒热，病势的盛衰（虚实），具体内容将在脏腑辨证中介绍。

里证的治疗不能一概而论，需根据病证的寒热虚实，分别采用温、清、补、消、泻诸法。

（3）表里辨证要点 辨别表里要掌握其特征，尤其应该掌握表证的特征。如发热恶寒并见的属表证，若发热而没有恶寒，或仅有恶寒者多属里证。脉浮属表证，脉沉属里证。

2. 寒热 寒热是辨别疾病性质的两个纲领。寒证与热证是概括机体阴阳的偏盛与偏衰的两种证候。一般来说，**寒证**是感受寒邪或机体机能活动衰退所表现的证候，即所谓"阴盛则寒""阳虚则外寒"；**热证**是感受热邪或机体机能活动亢盛所反映的证候，即所谓"阳盛则热""阴虚则内热"。

（1）寒证 寒证或为阴盛，或为阳虚，或阴盛阳虚同时存在。引起寒证的病因，一是外感风寒，或内伤阴冷；二是内伤久病，阳气耗伤，或在内伤阳气的同时，又感受了阴寒邪气。

寒证的一般症状是口色淡白或淡清，口津滑利，舌苔白，脉迟，尿清长，粪稀，鼻寒耳冷，四肢发凉等。有时还有恶寒，被毛逆立，肠鸣腹痛的症状。常见的寒证有外感风寒、寒滞经脉、寒伤脾胃等。

"寒者热之"。故治疗寒证宜采用温法，根据病情，或辛温解表，或温中散寒，或温肾壮阳。

（2）热证 热证或阳盛，或阴虚，或阳盛阴虚同时存在。引起热证的病因也主要有两个方面，一是外感风热，或内伤火毒；二是久病阴虚，或在阴虚的同时，又感受热邪。

热证的一般症状表现是口色红，口津减少或干黏，舌苔黄，脉数，尿短赤，粪干或泻痢腥臭，呼出气热，身热。有时还有目赤、气促喘粗、贪饮、恶热等症状。常见的热证有燥热、湿热、虚热、火毒疮痈等。临证时，须辨清其为表热还是里热、实热还是虚热、气分热还是血分热等。

"热者寒之"。故治疗热证宜用清法，根据病情，或辛凉解表，或清热泻火，或壮水滋阴。

（3）寒热辨证要点 辨寒热一般应综合病畜口渴与二便情况，四肢、耳鼻冷热，舌质、舌苔，脉象等表现来加以辨别。口渴贪冷饮为热，不饮水或喜饮温水为寒；尿液短赤、粪便燥结或便脓血为热，尿液清长、粪便稀薄为寒；四肢、耳鼻不温或冰冷为寒，四肢、耳鼻温热为热；舌质红、苔黄燥为热，舌质青白、苔白滑为寒；脉数为热，脉迟为寒，等等。

3. 虚实 虚实是辨别邪正盛衰的两个纲领。一般而言，**虚证**是正气不足的证候，而**实证**则是邪气亢盛有余的证候。

（1）**虚证** 虚证是对机体正气虚弱所出现的各种证候的概括。形成虚证的原因主要是劳役过度，或饮喂不足；或老弱体虚，大病、久病之后，或病中失治、误治等，均可使畜体的阴精、阳气受损而致虚。此外，先天不足的动物，其体质也往往虚热。

虚证的一般症状表现是口色淡白，舌质如绵，无舌苔，脉虚无力，头低耳耷，体瘦毛焦，四肢无力。有时还表现出虚汗、虚喘、粪稀或完谷不化等症状。在临证中，常将虚证分为气虚、血虚、阴虚、阳虚等类型。

"虚则补之"。故治疗虚证宜采用补法，或补气，或补血，或气血双补；或滋阴，或助阳，或阴阳并济。

（2）**实证** 凡邪气亢盛而正气未衰，正邪斗争比较激烈而反映出来的亢奋证候，均属于实证。引起实证的原因有两个方面，一是感受外邪；二是内脏机能活动失调，代谢障碍，以致痰饮、水湿、瘀血等病理产物停留体内。

实证的具体症状表现因病位和病性等的不同，有很大差异。但就一般症状而言，常见高热，烦躁，喘息气粗，腹胀疼痛，拒按，大便秘结，小便短少或淋漓不通，舌红苔厚，脉实有力等。

"实则泻之"。故治疗实证宜采用泻法，除攻里泻下之外，还包括活血化瘀、软坚散结、涤痰逐饮、平喘降逆、理气消导等法。

（3）**虚实辨证要点** 一般来说，外感初病，证多属实；内伤久病，证多属虚。临床症状表现为亢盛、有余的属实；表现为衰弱、不足的属虚。其中，声音气息的强弱，痛处的喜按与拒按，舌质的苍老与胖嫩，脉象的有力无力等，对鉴别虚证、实证具有重要的临床意义。若病程短，声高气粗，痛处拒按，舌质苍老，脉实有力的属实证；病程长，声低气短，痛处喜按，舌质胖嫩，脉虚无力的属虚证。

4. 阴阳 阴阳是概括病证类别的两个纲领。临床上，疾病虽然错综复杂，但均可分为阴证和阳证两种。

（1）**阴证** 是阳虚阴盛、机能衰退、脏腑功能下降的表现。多见于里证的虚寒证。阴证在临床上的主要表现是体瘦毛焦，倦怠肯卧，体寒肉颤，怕冷喜暖，口流清涎，肠鸣腹泻，尿液清长，舌淡苔白，脉沉迟无力。在外科疮黄方面，凡不红、不热、不痛，脓液稀薄而少臭味者，均系阴证的表现。

（2）**阳证** 阳证是邪气盛而正气未衰，正邪斗争亢奋的表现。多见于里证的实热证。阳证在临床上的主要表现是精神兴奋，狂躁不安，口渴贪饮，耳鼻肢热，口舌生疮，尿液短赤，舌红苔黄，脉象洪数有力，腹痛起卧，气急喘粗，粪便秘结。在外科疮痈方面，凡红、肿、热、痛明显，脓液黏稠发臭者，均系阳证的表现。

二、脏腑辨证★★★★★

1. 心与小肠病证

（1）**心气虚** 多由久病体虚，暴病伤正，误治、失治，老龄脏气亏虚等因素引起。

【主证】心悸，气短乏力，自汗，运动后尤甚，舌淡苔白，脉虚。

【治则】养心益气，安神定悸。

【方例】养心汤（党参、黄芪、炙甘草、茯苓、茯神、川芎、当归、柏子仁、酸枣仁、远志、五味子、肉桂，《证治准绳》）加减。

（2）心阳虚 病因同心气虚，多在心气虚的基础上发展而来。

【主证】除心气虚的症状外，兼有形寒肢冷，耳鼻四肢不温，舌淡或紫暗，脉细弱或结代。

【治则】温心阳，安心神。

【方例】保元汤（党参、黄芪、桂枝、甘草，《博爱心鉴》）加减。

（3）心血虚 多因久病体虚，血液生化不足；或失血过多，劳伤过度，损伤心血所致。

【主证】心悸、躁动、易惊、口色淡白，脉细弱。

【分析】心主血而藏神，心血不足，心神失养，神不内守，故见心悸，躁动，易惊；血虚不能上荣，故口色淡白；心血虚则脉道不能充盈，故脉细弱。

【治则】补血养心，镇惊安神。

【方例】归脾汤（白术、茯神、黄芪、龙眼肉、酸枣仁、党参、木香、炙甘草、当归、远志，《济生方》）加减。

（4）心阴虚 除引起心血虚的病因之外，热证损伤阴津，腹泻日久等均可损伤心阴而致病。

【主证】除有心血虚的主证外，尚兼有午后潮热，低热不退，盗汗，舌红少津，脉细数。

【治则】养心阴，安心神。

【方例】补心丹（党参、生地、玄参、丹参、天冬、麦冬、当归、五味子、茯神、桔梗、远志、酸枣仁、柏子仁、朱砂，《世医得效方》）加减。

（5）心热内盛 多因感受暑热之邪或其他淫邪内郁化热，或过服温补药所致。

【主证】高热，大汗，精神沉郁，气促喘粗，粪干尿少，口渴，舌红，脉象洪数。

【治则】清心泻火，养阴安神。

【方例】香薷散（香薷、黄芩、黄连、甘草、柴胡、当归、连翘、天花粉、栀子，《元亨疗马集》）或白虎汤（见清气分热方）加减。

（6）痰火扰心 多因气郁化火，炼液为痰，痰火内盛，上扰心神所致。

【主证】发热，气粗，眼急惊狂，蹬槽越桩，狂躁奔走，咬物伤人以及一些其他兴奋型的表现，苔黄腻，脉滑数。

【治则】清心祛痰，镇惊安神。

【方例】镇心散（白茯苓、人参、桔梗、白芷，《司牧安骥集》）或朱砂散（朱砂、人参、茯神、黄连，《元亨疗马集》）加减。

（7）小肠中寒 多因外感寒邪或内伤阴冷所致。

【主证】腹痛起卧，肠鸣，粪便稀薄，口内湿滑，口流清涎，口色青白，脉象沉迟。

【治则】温阳散寒，行气止痛。

【方例】橘皮散（见理气方）加减。

2. 肝与胆病证

（1）肝火上炎 多由外感风热或由肝气郁结而化火所致。

【主证】两目红肿，畏光流泪，睛生翳障，视力障碍，或有鼻衄，粪便干燥，尿浓赤黄，口色鲜红，脉象弦数。

【治则】清肝泻火，明目退翳。

【方例】决明散（见平肝明目方）或龙胆泻肝汤（龙胆草、车前子、柴胡、当归、栀子、生地黄、甘草、黄芩、泽泻、木通，《兰室秘藏》）加减。

（2）肝血虚 多因脾肾亏虚，生化之源不足，或慢性病耗伤肝血，或失血过多所致。

【主证】眼干，视力减退，甚至出现夜盲、内障，或倦怠肯卧，蹄壳干枯皲裂，站立不稳，时欲倒地，或见肢体麻木，震颤，四肢拘挛抽搐，口色淡白，脉弦细。

【治则】滋阴养血，平肝明目。

【方例】四物汤（见补血方）加减。

（3）肝风内动 以抽搐、震颤等为主要症状，常见的有热极生风、肝阳化风、阴虚生风和血虚生风四种。

①热极生风：多由邪热内盛，热极生风，横蹿经脉所致。见于温热病的极期。

【主证】高热，四肢痉挛抽搐，项强，甚则角弓反张，神志不清，撞壁冲墙，圆圈运动，舌质红绛，脉弦数。

【治则】清热，熄风，镇痉。

【方例】羚羊钩藤汤（羚羊片、霜桑叶、川贝母、鲜生地、钩藤、菊花、茯神、生白芍、生甘草、竹茹，《通俗伤寒论》）加减。

②肝阳化风：多因肝肾之阴久亏，肝阳失潜而致。

【主证】神昏似醉，站立不稳，时欲倒地或头向左或向右盘旋不停，偏头直颈，歪唇斜眼，肢体麻木，拘挛抽搐，舌质红，脉弦数有力。

【治则】平肝熄风。

【方例】镇肝熄风汤（见平熄内风方）加减。

③阴虚生风：多因外感热病后期阴液耗损，或内伤久病，阴液亏虚而发病。

【主证】形体消瘦，四肢蠕动，午后潮热，口咽干燥，舌红少津，脉弦细数。

【治则】滋阴定风。

【方例】大定风珠（生白芍、阿胶、生龟板、干地黄、麻仁、五味子、生牡蛎、麦冬、炙甘草、鸡子黄、鳖甲，《温病条辨》）加减。

④血虚生风：多由急慢性出血过多，或久病血虚所引起。

【主证】除血虚所致的站立不稳，时欲倒地，蹄壳干枯皲裂，口色淡白，脉细之外，尚有肢体麻木、震颤、四肢拘挛抽搐的表现。

【分析】蹄壳干枯皲裂、口色淡白、脉细，均为肝血虚之象。血虚不能濡养筋脉，故又见肢体麻木、震颤、四肢拘挛抽搐。

【治则】养血熄风。

【方例】加减复脉汤（炙甘草、生地黄、生白芍、麦冬、阿胶、麻仁，《温病条辨》）加减。

（4）肝胆湿热 多因感受湿热之邪，或脾胃运化失常，湿邪内生，郁而化热所致。

【主证】黄疸鲜明如橘色，尿液短赤或黄而浑浊。母畜带下黄臭，外阴瘙痒；公畜睾丸肿胀热痛，阴囊湿疹，舌苔黄腻，脉弦数。

【治则】清利肝胆湿热。

【方例】茵陈蒿汤（见清热燥湿方）加减。

3. 脾与胃病证

（1）脾气虚　多由畜体素虚，劳役过度或饮喂失调，内伤脾气，以致脾气虚弱。临床上脾气虚可分为以下三种证型。

脾与胃

①脾虚不运：多由饮食失调，劳役过度，以及其他疾患耗伤脾气所致，见于慢性消化不良的病程中。

【主证】草料迟细，体瘦毛焦，倦怠肯卧，肚腹虚胀，肢体浮肿，尿短，粪稀，口色淡黄，舌苔白，脉缓弱。

【治则】益气健脾。

【方例】参苓白术散（人参、白术、白茯苓、甘草、山药、白扁豆、莲子肉、薏苡仁、砂仁、桔梗，《和剂局方》）或香砂六君子汤（木香、砂仁、陈皮、法半夏、党参、白术、茯苓、甘草，《和剂局方》）加减。

②脾气下陷：多由脾不健运进一步发展而来，见于久泻久痢、直肠脱、阴道脱、子宫脱等证。

【主证】久泻不止，脱肛、子宫脱或阴道脱，尿淋漓难尽，并伴有体瘦毛焦，倦怠肯卧，多卧少立，草料迟细，口色淡白，苔白，脉虚等。

【治则】益气升阳。

【方例】补中益气汤（见补气方）加减。

③脾不统血：多因久病体虚，脾气衰虚，不能统摄血液所致。见于某些慢性出血病和某些热性疾病的慢性病程中。

【主证】便血、尿血、皮下出血等慢性出血，并伴有体瘦毛焦，倦怠肯卧，口色淡白，脉细弱。

【分析】脾主统血，脾气亏虚，统血无权，血不归经而溢于脉外，故可见到种种出血表现；体瘦毛焦，倦怠肯卧，口色淡白，脉象细弱均系脾气亏虚，运化无权，气虚血少之象。

【治则】益气摄血，引血归经。

【方例】归脾汤（白术、茯神、黄芪、龙眼肉、酸枣仁、党参、木香、炙甘草、当归、远志，《济生方》）加减。

（2）脾阳虚　多由脾气虚发展而来，或因过食冰冻草料，暴饮冷水，损伤脾阳所致，见于急、慢性消化不良。

【主证】在脾不健运症状的基础上，同时出现形寒怕冷，耳鼻四肢不温，肠鸣腹痛，泄泻，口色青白，口腔滑利，脉象沉迟。

【治则】温中散寒。

【方例】理中汤（见温中散寒方）加减。

（3）寒湿困脾　多因长期过食冰冻草料，暴饮冷水，使寒湿停于中焦，或久卧湿地，或阴雨苦淋，导致寒湿困脾。见于消化不良、水肿、妊娠浮肿、慢性阴道及子宫炎的病程中。

【主证】耳耷头低，四肢沉重肯卧，草料迟细，粪便稀薄，小便不利，或见浮肿，口黏不渴，舌苔白腻，脉象迟缓而濡。

【治则】温中化湿。

【方例】胃苓散（猪苓、泽泻、白术、茯苓、桂枝、苍术、甘草、陈皮、厚朴、生姜、大枣，《丹溪心法》）加减。

（4）**胃阴虚** 多由高热伤阴，津液亏耗所致，见于热性病的后期。

【主证】体瘦毛焦，皮肤松弛，弹性减退，食欲减退，口干舌燥，粪球干小，尿少色浓，口色红，苔少或无苔，脉细数。

【治则】滋养胃阴。

【方例】养胃汤（沙参、玉竹、麦冬、生扁豆、桑叶、甘草，《临证指南》）加减。

（5）**胃寒** 多由外感风寒，或饮喂失调，如长期过食冰冻草料、暴饮冷水等。见于消化不良病程中。

【主证】形寒怕冷，耳鼻发凉，食欲减退，粪便稀软，尿液清长，口腔湿滑或口流清涎，口色淡或青白，苔白而滑，脉象沉迟。

【治则】温胃散寒。

【方例】桂心散（见温中散寒方）加减。

（6）**胃热** 多由胃阳素强，或外感邪热犯胃，或外邪传内化热，或急性高热病中热邪波及胃脘所致。

【主证】耳鼻温热，草料迟细，粪球干小而尿少，口干舌燥，口渴贪饮，口腔腐臭，齿龈肿痛，口色鲜红，舌有黄苔，脉象洪数。

【治则】清热泻火，生津止渴。

【方例】清胃解热散（知母、石膏、玄参、黄芩、大黄、枳壳、陈皮、六曲、连翘、地骨皮、甘草，《中兽医治疗学》）加减。

（7）**胃食滞** 多由暴饮暴食，伤及脾胃，食滞不化，或草料不易消化，停滞于胃所致。

【主证】不食，肚腹胀满，嗳气酸臭，腹痛起卧，粪干或泄泻，矢气酸臭，口色深红而燥，苔厚腻，脉滑实。

【治则】消食导滞。

【方例】病情轻者，可用曲蘖散（见消导方）加减；病情重者，可用调气攻坚散（醋香附、三棱、莪术、木香、藿香、沉香、枳壳、莱菔子、槟榔、青皮、郁李仁、麻油、醋，《中兽医治疗学》）加减。

4. 肺与大肠病证

（1）**肺气虚** 多因久病咳喘伤及肺气，或其他脏器病变影响及肺，使肺气虚弱而成。

【主证】久咳气喘，且咳喘无力，动则喘甚，鼻流清涕，畏寒喜暖，易于感冒，容易出汗，日渐消瘦，皮燥毛焦，倦怠肯卧，口色淡白，脉象细弱。

【治则】补肺益气，止咳定喘。

【方例】补肺散（党参、黄芪、紫菀、五味子、熟地、桑白皮，《永类钤方》）加减。

（2）**肺阴虚** 多因久病体弱，或邪热久恋于肺，损伤肺阴所致，或由于发汗太过而伤及肺阴所致。见于慢性支气管炎。

【主证】干咳连声，昼轻夜重，甚则气喘，鼻液黏稠，低热不退，或午后潮热，盗汗，口干舌燥，粪球干小，尿少色浓，口色红，舌无苔，脉细数。

【治则】滋阴润肺。

【方例】百合固金汤（见滋阴方）加减。

（3）**痰饮阻肺** 因脾失健运，湿聚为痰饮，上贮于肺，使肺气不得宣降而发病。

【主证】咳嗽，气喘，鼻液量多，色白而黏稠，苔白腻，脉滑。

【治则】燥湿化痰。

【方例】二陈汤（见温化寒痰方）加减。

（4）风寒束肺 因风寒之邪侵袭肺脏，肺气闭郁而不得宣降所致。见于感冒、急慢性支气管炎。

【主证】以咳嗽、气喘为主，兼有发热轻而恶寒重，鼻流清涕，口色青白，舌苔薄白，脉浮紧。

【治则】宣肺散寒，祛痰止咳。

【方例】麻黄汤或荆防败毒散（均见辛温解表方）加减。

（5）风热犯肺 多因外感风热之邪，以致肺气宣降失常所致。见于风热感冒、急性支气管炎、咽喉炎等病程中。

【主证】以咳嗽和风热表证共见为特点。咳嗽，鼻流黄涕，咽喉肿痛，触之敏感，耳鼻温热，身热，口干贪饮，口色偏红，舌苔薄白或黄白相兼，脉浮数。

【治则】疏风散热，宣通肺气。

【方例】表热重者，用银翘散（见辛凉解表方）加减；咳嗽重者，用桑菊饮（桑叶、菊花、杏仁、甘草、薄荷、连翘、芦根、桔梗，《温病条辨》）加减。

（6）肺热咳喘 多因外感风热或因风寒之邪入里郁而化热，以致肺气宣降失常所致。见于咽喉炎、急性支气管炎、肺炎、肺脓疡等病。

【主证】咳声洪亮，气促喘粗，鼻翼扇动，鼻涕黄而黏稠，咽喉肿痛，粪便干燥，尿液短赤，口渴贪饮，口色赤红，苔黄燥，脉洪数。

【治则】清肺化痰，止咳平喘。

【方例】麻杏石甘汤（见清化热痰方）或清肺散（板蓝根、葶苈子、浙贝母、桔梗、甘草，《元亨疗马集》）加减。

（7）大肠液亏 内有燥热，使大肠津液亏损，或胃阴不足，不能下润大肠，均可使大肠液亏。多见于老畜及母畜产后和热病后期等病程中。

【主证】粪球干小而硬，或粪便秘结干燥，努责难以排下，舌红少津，苔黄燥，脉细数。

【治则】润肠通便。

【方例】当归苁蓉汤（见润下方）加减。

（8）食积大肠 多因过饥暴食，或草料突换，或久渴失饮，或劳逸失度，或老畜咀嚼不全，致使草料停于肠中，而成此病。见于结症。

【主证】粪便不通，肚腹胀满，回头观腹，不时起卧，饮食欲废绝，口腔酸臭，尿少色浓，口色赤红，舌苔黄厚，脉象沉而有力。

【治则】通便攻下，行气止痛。

【方例】大承气汤（见攻下方）加减。

（9）大肠湿热 外感暑湿，或感染疫疬之气，或喂霉败秽浊的或有毒的草料，以致湿热或疫毒蕴结，下注于肠，损伤气血而发病。见于急性胃肠炎、菌痢等的病程中。

【主证】发热，腹痛起卧，泻痢腥臭，甚则脓血混杂，口干舌燥，口渴贪饮，尿液短赤，口色红黄，舌苔黄腻或黄干，脉象滑数。

【治则】清热利湿，调气和血。

【方例】白头翁汤或郁金散（均见清热燥湿方）加减。

（10）大肠冷泻　多由外感风寒或内伤阴冷（如喂冰冻草料、暴饮冷水）而发病。

【主证】耳鼻寒凉，肠鸣如雷，泻粪如水，或腹痛，尿少而清，口色青黄，舌苔白滑，脉象沉迟。

【治则】温中散寒，渗湿利水。

【方例】桂心散（见温中散寒方）或橘皮散（见理气方）加减。

5. 肾与膀胱病证

（1）肾阳虚　根据临床症状及病理变化特点可分为以下四种证型。

①肾阳虚衰：素体阳虚，或久病伤肾，或劳损过度，或年老体弱，下元亏损，均可导致肾阳虚衰。

【主证】形寒肢冷，耳鼻四肢不温，腰痿，腰腿不灵，难起难卧，四肢下部浮肿，粪便稀软或泄泻，小便减少。口色淡，舌苔白，脉沉迟无力。公畜性欲减退，阳痿不举，垂缕不收，母畜宫寒不孕。

【治则】温补肾阳。

【方例】肾气丸（见助阳方）加减。

②肾气不固：多由肾阳素亏，劳损过度，或久病失养，肾气亏耗，失其封藏固摄之权，而致。

【主证】小便频数而清，或尿后余沥不尽，甚至遗尿或小便失禁，腰腿不灵，难起难卧，公畜滑精早泄，母畜带下清稀，胎动不安，舌淡苔白，脉沉弱。

【治则】固摄肾气。

【方例】缩泉丸（乌药、益智仁、山药，《妇人良方》）或固精散（山萸肉、煅牡蛎、莲须、牛膝、赤石脂、补骨脂、阿胶、巴戟天、炒黑豆、车前子、金樱子、蛇床子、肉豆蔻、甘草，《中兽医治疗学》）加减。

③肾不纳气：多由劳役过度，伤及肾气，或久病咳喘，肺虚及肾所引起。

【主证】咳嗽，气喘，呼多吸少，动则喘甚，重则咳而遗尿，形寒肢冷，汗出，口色淡白，脉虚浮。

【治则】温肾纳气。

【方例】人参蛤蚧散（人参、蛤蚧、杏仁、甘草、茯苓、贝母、桑白皮、知母，《卫生宝鉴》）加减。

④肾虚水泛：多由素体虚弱，或久病失调，损伤肾阳，不能温化水液，致水邪泛滥而上逆，或外溢肌肤。

【主证】体虚无力，腰脊板硬，耳鼻四肢不温，尿量减少，四肢腹下浮肿，尤以两后肢浮肿较为多见，重者宿水停脐，或阴囊水肿，或心悸，喘咳痰鸣，舌质淡胖，苔白，脉沉细。

【治则】温阳利水。

【方例】济生肾气丸（熟地、山药、山茱萸、茯苓、泽泻、牡丹皮、官桂、炮附子、牛膝、车前子）加减。

（2）肾阴虚　因伤精、失血、耗液而成；或急性热病耗伤肾阴，或其他脏腑阴虚而伤于肾，或因过服温燥劫阴之药所致。见于久病体弱，慢性贫血，或某些慢性传染病过程中。

【主证】形体瘦弱，腰胯无力，低热不退或午后潮热，盗汗，粪便干燥。视力减退，口干、色红、少苔，脉细数。公畜举阳滑精或精少不育，母畜不孕。

【治则】滋阴补肾。

【方例】六味地黄汤（见滋阴方）加减。

（3）膀胱湿热 由湿热下注膀胱，气化功能受阻所致。

【主证】尿频而急，尿液排出困难，常做排尿姿势，痛苦不安，或尿淋漓，尿色浑浊，或有脓血，或有砂石，口色红，苔黄腻，脉濡数。

【治则】清利湿热。

【方例】八正散（见利水方）加减。

三、六经辨证★★★★★

六经辨证是东汉名医张仲景在《素问·热论》六经分证的基础上，结合伤寒病证的特点而创立的一种辨证方法，主要用于外感病的辨证。

六经辨证概括了脏腑气血经络的生理功能和病理变化，并根据机体抗病力的强弱、病因的属性、病势的进退缓急等因素，将外感病发展过程中所表现出的各种证候，归纳为六个阶段，并以这六个阶段所表现出的不同症状和体征作为辨证论治的根据。

六经是太阳、阳明、少阳、太阴、少阴、厥阴的总称。六经辨证就是用六经来说明病变部位的深浅、病性、正邪的盛衰、病势的趋向，以及六类病证之间的转变关系。

六经病证以阴阳为纲，分为三阳和三阴两大类。太阳、阳明、少阳为三阳病，太阴、少阴、厥阴为三阴病。三阳病证以六腑的病变为基础，三阴病证则以五脏的病变为基础。所以说，六经病证实际上基本概括了脏腑和十二经的病变。

一般说来，凡是抗病力强，病势亢盛的均为三阳病。风寒初客于表，反映出营卫失和的证候，便是太阳证；病邪由表入里，反映出胃肠亢奋的证候，便是阳明病；正邪交争于半表半里，反映出胆经的证候，便是少阳病。凡是寒邪入里，正虚阳衰，抗病力弱，病势衰退的多为三阴病。太阴病反映出的是脾胃虚寒证，少阴病反映出来的是心肾阳衰证，厥阴病反映出来的是肝肾阳衰和阳气来复的寒热错杂证候。三阳病多热证、实证，治疗重在祛邪；三阴病证多寒证、虚证，治疗重在扶正。

1. 太阳病证 太阳为一身之藩篱，主肌表。外邪侵袭，大多从太阳而入，首先表现出来的就是太阳病。太阳病病位在表，为表证，是外邪初客于体表的反映，多见于外感病的初起阶段。

太阳病多因气候突变，畜体感受风寒之邪，或者是畜体遭到雨淋，或者是夜间露宿受到风雪雨霜的侵袭所致。年老、体弱或久患消化不良的动物，因其机体抵抗力下降，更易发病。

【主证】发热，恶寒（腰拱、身颤、皮紧、猪喜钻草堆），关节肿痛，跛行，鼻流清涕，咳嗽，马属动物喷鼻，牛流眼泪，猪鼻塞发鼾声，精神沉郁，食欲降低，耳鼻或冷或热，舌苔薄白，脉浮。

由于外界条件（气候变化、病邪盛衰）和机体体质强弱的差异，太阳病又有伤寒和中风之分。太阳伤寒为表实证，太阳中风为表虚证。

（1）太阳伤寒

【主证】恶寒，发热，关节肿痛，跛行，无汗，咳嗽，气喘，脉浮紧。

【治则】发汗解表，宣肺平喘。

【方例】麻黄汤（见辛温解表方）加减。

（2）太阳中风

【主证】恶风，发热，汗自出，脉浮缓。

【治则】解肌祛风，调和营卫。

【方例】桂枝汤（见辛温解表方）加减。

2. 阳明病证 是外邪传入阳明，表现出一派阳亢热极的证候。阳明病病位在里，病性属热，为里实热证。

阳明病的成因有三，一是太阳病未愈，病邪入里化热；二是少阳病误用发汗、利尿等法，以致津伤化热；三是燥热之邪直犯阳明。阳明病亦有寒湿郁久化热而成者，但比较少见。

阳明病有经证与腑证之分。阳明经证是邪热弥漫全身，充斥阳明之经，而肠道尚无燥屎内结形成的证候；阳明腑证是邪热传里，与肠中糟粕相搏而燥屎内结的证候。

（1）阳明经证

【主证】身热，汗出，呼吸粗喘，口渴欲饮，苔黄燥，脉洪大。

【治则】清热生津。

【方例】白虎汤（见清气分热方）加减。

（2）阳明腑证

【主证】一派热象，如身热，汗出，粪便燥结，粪球干小，甚至闭结不通，尿短赤，脉沉而有力。

【治则】清热泻下。

【方例】大承气汤（见攻下方）加减；阴亏甚者，用增液承气汤（见泻下方之大承气汤）加减。

3. 少阳病证 少阳主半表半里，为三阳经之枢纽。少阳病是外邪由表入里、由浅入深地侵犯动物体的过程中所出现的正邪相持，病邪既不能完全入里，正气又不能完全驱邪出表，而介于表里之间的证候。

少阳病多由太阳病失治、误治，病邪传入少阳；或因体质素虚，病邪亢盛直入少阳所致。

【主证】微热不退，寒热往来（精神时好时坏，寒战时有时无，皮温时高时低，耳鼻发凉转温交替），不欲饮食，脉现弦象。

【治则】少阳病既不在表，又不属里，既不可用汗法，也不能用下法，唯有和解少阳一法。

【方例】小柴胡汤（见和解方）加减。

4. 太阴病证 太阴为三阴之屏障，病入三阴，太阴首先受邪。太阴病病位在里，病性属脾虚寒证。多由三阳病失治、误治，传变而来，或因畜体素虚，寒邪直中所致。

【主证】腹痛，腹胀，粪便清稀，苔白，脉细缓。

【治则】温中散寒，健脾燥湿。

【方例】理中汤（见温里方）加减。

5. 少阴病证 少阴包括心肾，少阴病是指心肾功能衰退的病证。少阴病的形成，或来自传经之邪，或因三阳病、太阴病误治、失治而来，也可因营养不良，劳役过重，病邪直中而来。

临床上，少阴病有寒化和热化两种证候。少阴寒化证是少阴病过程中比较多见的一种证候，多为阳气不足，病邪入内，从阴化寒所致，呈现出全身性的虚寒证候，又称少阴虚寒证；少阴热化证为少阴阴虚阳亢，从阳化热的证候，又称少阴虚热证。

（1）少阴寒化证

【主证】恶寒，嗜睡，立少喜卧，耳鼻发凉，四肢厥冷，体温偏低，脉沉细。

【治则】回阳救逆。

【方例】四逆汤（见温里方）加减。

（2）少阴热化证

【主证】口燥，咽痛，烦躁不安，舌红绛，脉细数。

【治则】滋阴泻火。

【方例】黄连阿胶汤（黄连、黄芩、芍药、鸡子黄、阿胶，《伤寒论》）加减。

6. 厥阴病证 厥阴病是外感疾病发展的最后阶段，病变的表现极为错综复杂。有阴寒由盛转衰，阳气由虚转复，病情好转的变化；有阴气盛极，阳气衰绝，病情垂危的表现；也有阴寒、阳气相互对峙，寒热错杂的证候。兽医临床上常见的厥阴病证有以下三类。

（1）寒厥

【主证】四肢厥冷，口色淡白，无热恶寒，体温偏低，脉细微。

【治则】回阳救逆。

【方例】四逆汤（见温里方）加减。

（2）热厥

【主证】四肢厥冷，口色红，恶热，口腔干燥，尿短赤。

【治则】清热和阴。

【方例】白虎汤（见清热方）加减。

（3）蛔厥

【主证】寒热交错，四肢厥冷和复温交替出现，口渴欲饮，呕吐或吐蛔虫，黏膜黄染。

【治则】调理寒热，和胃驱虫。

【方例】乌梅丸（乌梅、细辛、干姜、当归、熟附子、蜀椒、桂枝、黄柏、黄连、党参，《伤寒论》）加减。

四、卫气营血辨证★★★★★

卫气营血辨证是清代著名医家叶天士创立的用于辨外感温热病的一种辨证方法。它是在六经辨证的基础上发展起来的，又弥补了六经辨证的不足。

温病（温热病）是感受温热病邪所引起的多种急性热病的总称，是外感病的一大类别，以发展迅速、变化较多、热象偏重、易化燥伤阴为特征。

卫、气、营、血是对温热病四类证候的概括，同时又代表着温热病过程中由浅入深，由轻转重的四个阶段。具体来说，温热病邪首先犯卫，邪在卫分不解，则内传于气分；气分病邪不解，则入营分，邪在营分不解，则入血分。如此病邪步步深入，病情逐渐加重。就温热病四个阶段病变的部位来说，卫分主表，病在肺与皮毛；气分主里，病在肺、肠、胃等脏腑；营分是邪热入于心营，病在心与心包；血分是邪热已深入肝、肾，重在动血、耗血。

温热病的治法是，病在卫分宜辛凉解表，病在气分宜清热生津，病在营分宜清营透热，病在血分宜清热凉血。

1. 卫分病证 是温热病邪侵犯肌表，卫分功能失常所表现出的证候。一般见于温热病的初期，属于表热证。

【主证】发热重，恶寒轻，咳嗽，咽喉肿痛，口干微红，舌苔薄黄，脉浮数。

【治则】辛凉解表。

【方例】银翘散（见辛凉解表方）加减。

2. 气分病证　是温热病邪深入脏腑，正盛邪实，正邪相争激烈，阳热亢盛的里热证。多由卫分病传来，或由温热之邪直入气分所致。主要表现为呼吸喘粗，口干津少，口色鲜红，舌苔黄厚，脉洪大。但因温热之邪所侵袭的脏腑和部位的不同，又有不同的证候表现。常见的有温热在肺、热入阳明、热结肠道三种证型。

（1）温热在肺

【主证】发热，呼吸喘粗，咳嗽，口色鲜红，舌苔黄燥，脉洪数。

【治则】清热宣肺，止咳平喘。

【方例】麻杏石甘汤（见清化热痰方）加减。

（2）热入阳明

【主证】身热，大汗，口渴喜饮，口津干燥，口色鲜红，舌苔黄燥，脉洪大。

【治则】清热生津。

【方例】白虎汤（见清气分热方）加减。

（3）热结肠道

【主证】发热，肠燥便干，粪结不通或稀粪旁流，腹痛，尿短赤，口津干燥，口色深红，舌苔黄厚，脉沉实有力。

【治则】滋阴，清热，通便。

【方例】增液承气汤（玄参、麦冬、生地、大黄、芒硝，《温病条辨》）加减。

3. 营分病证　是温热病邪入血的轻浅阶段，以营阴受损、心神被扰为其特点。证见高热，舌质红绛，斑疹隐隐，神昏或躁动不安。

营分病证的形成，一是由卫分传入，即温热病邪由卫分不经气分而直入营分，称为"逆传心包"；二是由气分传来，即先见气分证的热象，而后出现营分证的症状；三是温热之邪直入营分，即温热病邪侵入机体，致使畜体起病后便出现营分症状。

营分证介于气分证和血分证之间，若疾病由营转气，是病情好转的表现；若由营入血，则病情更加深重。营分证有热伤营阴和热入心包两种证型。

（1）热伤营阴

【主证】高热不退，夜甚，躁动不安，呼吸喘促，舌质红绛，斑疹隐隐，脉细数。

【治则】清营解毒，透热养阴。

【方例】清营汤（犀角、生地黄、玄参、竹叶心、麦冬、丹参、黄连、银花、连翘，《温病条辨》）加减。

（2）热入心包

【主证】高热、神昏，四肢厥冷或抽搐，舌绛，脉数。

【治则】清心开窍。

【方例】清宫汤（玄参、莲子、竹叶心、麦冬、连翘、犀角，《温病条辨》）加减。

4. 血分病证　是温热病的最后阶段，也是疾病发展过程中最为深重的阶段。血分证或由营分传来，即先见营分证的营阴受损，心神被扰的症状，而后才出现血分证见证；或由气分传变，即不经营分，直接由气分传入血分。肝藏血，肾藏精，故血分病以肝肾病变为主，临床上除具有较重的营分证候外，还有耗血、动血、伤阴、动风的病理变化。其特征是身热，神昏，舌质深绛，黏膜和皮肤发斑，便血，尿血，项背强直，阵阵抽搐，脉细数。常见的有血热妄行、气血两燔、肝热动风和血热伤阴等四种证型。

（1）血热妄行

【主证】身热，神昏，黏膜、皮肤发斑，尿血，便血，口色深绛，脉数。

【治则】清热解毒，凉血散淤。

【方例】犀角地黄汤（见清热凉血方）加减。

（2）气血两燔

【主证】身大热，口渴喜饮，口燥苔焦，舌质红绛，发斑，衄血，便血，脉数。

【治则】清气分热，解血分毒。

【方例】清瘟败毒饮（生石膏、生地、犀角、黄连、栀子、桔梗、黄芩、知母、玄参、连翘、甘草、丹皮、鲜竹叶，《疫诊一得》）加减。

（3）肝热动风

【主证】高热，项背强直，阵阵抽搐，口色深绛，脉弦数。

【治则】清热平肝熄风。

【方例】羚羊钩藤汤（羚羊片、霜桑叶、川贝、生地、钩藤、菊花、茯神、白芍、生草、竹茹，《通俗伤寒论》）加减。

辨证的思维导图见图 5-17。

第三节　防治法则

一、治未病

治未病就是采取一定的措施，防止疾病的发生和传变。所以，其内容包含未病先防和既病防变。

1. 未病先防　未病先防就是在动物未发病之前，采取各种有效措施，预防疾病的发生。中兽医的发病学说认为，疾病的发生是正邪相争的表现。邪气侵犯是导致疾病发生的重要条件，而正气不足是疾病发生的内在原因和根据，外邪通过内因而起作用。因此，未病先防重在培养机体的正气。包括加强饲养管理，合理使役；针药调理，使动物更好地适应外界环境的条件变化，以减少疾病发生；以及疫病预防，如隔离病畜，预防性给药（利剂的使用，贯仲、苍术等泡水，使动物饮用），药熏（苍术、石菖蒲、艾叶、雄黄等药物燃烟熏棚厩的定期消毒），粪便堆放发酵，以及搞好清洁卫生工作（水洁、料洁、草洁、槽洁、圈洁、动物体洁净等），均是预防动物疾病发生的重要措施。

2. 既病防变　如果疾病已经发生，就应及早诊断和治疗，以防止疾病的进一步发展与传变，这就称为既病防变。包括早期诊治和防止传变。

二、主要治则

（一）扶正与祛邪

扶正就是使用补益正气的方药及加强病畜护养等方法，以扶助机体正气，提高机体抵抗力，达到祛除邪气、战胜疾病、恢复健康的目的。**祛邪**就是使用祛除邪气的方药，或采用针灸、手术等方法，以祛除病邪，达到邪去正复的目的。

扶正与祛邪，需要根据具体情况灵活运用。具体有：

（1）**祛邪兼扶正** 适用于邪盛为主，兼有正衰的病证。在处方用药时，应在祛邪的方剂中，稍加一些补益药。如治年老体虚、久病或产后津枯肠燥便秘的当归苁蓉汤就是一个实例。

（2）**扶正兼祛邪** 适用于正虚为主，兼有留邪的病证。在处方用药时应在补养的方剂中，稍加一些祛邪药。如治疗奶牛前胃弛缓而有食滞时就应采用此法。

（3）**先扶正后祛邪** 适用于正虚邪不盛，或正虚邪盛而以正虚为主的病证。如此时兼以祛邪，反而更伤正气，只有先扶正，待正气增强后再去祛邪。

（4）**先祛邪后扶正** 适用于邪盛正不太虚，或邪盛正虚的病证。如此时兼以扶正，反而会有留邪的弊端，故只能先祛邪，然后再扶正。如阳明腑证之热结肠腑，便闭不通，导致化燥化热而阴伤，则须急下存阴，以免热结愈甚而阴津更伤，故应先施以大承气汤泻下热结，待结去后再以养阴生津药物进行调理。

（二）治病求本

本指疾病的本质，标指疾病的现象。**治病求本**是指在治疗疾病时，必须寻求出疾病的本质，针对本质进行治疗。"治病必求于本"。

一般来说，本是疾病的主要矛盾或矛盾的主要方面，起着主导和决定的作用；标是病变的次要矛盾或矛盾的次要方面，处于从属和次要的地位。疾病过程是错综复杂的，在一定条件下标本是可以转化的。因此，标和本常有主次轻重的不同，治疗也就相应地有了先后缓急的区分。

（1）**急则治其标** 指疾病过程中标症紧急，若不及时治疗就会危及患畜生命或影响本病治疗时所采取的一种急救治标法。例如，结症继发肠臌气，显然结症是本，臌气是标，但若臌气严重，病势急剧，如不能快速解除，就会危及患畜的生命，同时也影响了直肠入手破结，此时的当务之急就应是穿刺放气或用其他办法解除气胀以治标，待气胀缓解后再破结通肠以治本。

（2）**缓则治其本** 指在一般情况下，凡病势缓而不急的，皆需从本论治。如脾虚泄泻之证，若泄泻不甚，无伤津脱液的严重症状，只需健脾补虚，使脾虚之本得治，则泄泻之标自除。

（3）**标本兼治** 当标病与本病俱重，在时间或条件上又不允许单独治标或单独治本时，应采取标本同治的方法。当然，标本同治，也不是治标与治本不分主次地平均对待，而是仍然要分清主次，有所侧重。例如，气虚感冒时，先病正气虚为本，后感外邪为标，单纯益气则表邪难去，仅用发汗解表则更伤正气，所以常采用益气为主兼以解表，标本同治的原则。

（三）同治与异治

同治与异治，即异病同治和同病异治。

1. 异病同治 指不同的疾病，由于病机相同或处于同一性质的病变阶段（证候相同），可以采用同一种治法。例如，久泄、久痢、脱肛、阴道脱和子宫脱等病证，凡属气虚下陷者，均可用补中益气的相同方法治疗。又如，在许多不同的传染病过程中，只要出现气分证（大热、大汗、大渴、脉洪大），都可以用清气（清热生津）的方法治疗。

2. 同病异治 指同一种疾病，由于病因、病机以及发展阶段的不同，而采用不同的治法。例如，同为感冒，由于有风寒和风热的不同病因和病机，治疗就有辛温解表和辛凉解表之分。又如，同属外感温热病，由于有卫、气、营、血四个病变阶段（证候不同），治疗也相应地有解表、清气、清营和凉血的不同治法。

三、内治八法

八法即汗、吐、下、和、温、清、补、消八种药物治疗的基本方法。药物治疗是临床上应用最为广泛的一种方法，而八法又是其中最为主要的内容。

1. 汗法 又叫解表法，是运用具有解表发汗作用的药物，以开泄腠理、祛除病邪、解除表证的一种治疗方法。主要用于治疗表证。外邪致病，大多先侵犯肌表，继则由表及里，当病邪在肌表，尚未传里时，应采取发汗解表法，使表邪从汗而解，从而控制疾病的传变，达到早期治疗的目的。由于表证有表寒、表热之分，汗法又分辛温解表和辛凉解表两种。

（1）辛温解表 主要由味辛性温的解表药如麻黄、桂枝、紫苏、生姜等组成方剂，适用于表寒证，代表方为麻黄汤、桂枝汤（见辛温解表方）等。

（2）辛凉解表 主要由味辛性凉的解表药如薄荷、柴胡、桑叶、菊花等组成方剂，适用于表热证，代表方为银翘散（见辛凉解表方）；桑菊饮（桑叶、菊花、杏仁、桔梗、甘草、薄荷、连翘、芦根，《温病条辨》）等。

根据兼证的不同，汗法又有加减之变通。如阳虚者，宜补阳发汗；阴虚者，宜滋阴发汗；兼有湿邪在表的，如风湿证，则应于发汗药中配以祛风除湿药。

使用汗法时，应注意以下几点。

（1）体质虚弱、下痢、失血、自汗、盗汗、热病后期等有津亏情况时，原则上禁用汗法。若确有表证存在，必须用汗法时，也应妥善配以益气、养阴等药物。

（2）发汗应以汗出邪去为度，不可发汗太过，以防耗散津液，损伤正气。

（3）夏季或平素表虚多汗者，应慎用辛温发汗之剂。

（4）发汗后，应忌受寒凉。

2. 吐法 又叫涌吐法或催吐法，是运用具有涌吐性能的药物，使病邪或有毒物质从口中吐出的一种治疗方法。主要适用于误食毒物、痰涎壅盛、食积胃脘等证。代表方为瓜蒂散（瓜蒂、赤小豆，《伤寒论》）；盐汤探吐方［食盐（炒），《备急千金要方》］等。

吐法是一种急救方法，用之得当，收效迅速，用之不当，易伤元气，损伤胃脘。因此，如非急证，只是一般性的食积、痰壅，尽可能用导滞、化痰的方法，特别是马属动物，由于生理特点不易呕吐，更不适用吐法。对马、牛，可将胃管直接插入胃内导出胃内液体或洗胃。

使用吐法时，应注意两点：①心衰体弱的病畜不可用吐法；②怀孕或产后、失血过多的动物，应慎用吐法。

3. 下法 又叫攻下法或泻下法，是运用具有泻下通便作用的药物，以攻逐邪实，达到排除体内积滞和积水，以及解除实热壅结的一种治疗方法。主要适用于里实证，凡胃肠燥结、停水、虫积、实热等证，均可以用本法治疗。根据病情的缓急和患病动物体质的强弱，下法通常分攻下、润下和逐水三类。

（1）攻下法 也叫峻下法，是使用泻下作用猛烈的药物以泻火、攻逐胃肠内积滞的一种方法。适用于膘肥体壮，病情紧急，粪便秘结，腹痛起卧，脉洪大有力的病畜。代表方为大承气汤（见攻下方）。

（2）润下法 也叫缓下法，是使用泻下作用较缓和的药物，治疗年老、体弱、久病、产后气血双亏所致津枯肠燥便秘的一种治疗方法。代表方为当归苁蓉汤（见润下方）。

（3）逐水法 是使用具有攻逐水湿功能的药物，治疗水饮聚积的实证如胸水、腹水、粪尿不通等的一种治疗方法。代表方是大戟散（大戟、滑石、甘遂、牵牛子、黄芪、芒硝、巴豆，《元亨疗马集》）。

使用下法时，应注意以下几点：①表邪未解不可用下法，以防引邪内陷；②病在胃脘而有呕吐现象者不可用下法，以防造成胃破裂；③体质虚弱，津液枯竭的便秘不可峻下；④怀孕或产后体弱母畜的便秘不可峻下；⑤攻下、逐水法，易伤气血，应用时必须根据病情和体质，掌握适当剂量，一般以邪去为度，不可过量使用或长期使用。

4. 和法　又叫和解法，是运用具有疏通、和解作用的药物，以祛除病邪、扶助正气和调整脏腑间协调关系的一种治疗方法。主要适用于病邪既不在表、又未入里的半表半里证和脏腑气血不和的病证（如肝脾不和）。前者的代表方为小柴胡汤（见和解方）。后者为逍遥散（柴胡、当归、白芍、白术、茯苓、炙甘草、煨生姜、薄荷，《和剂局方》）；痛泄要方，即白术芍药散（土炒白术、炒白芍、防风、陈皮，《丹溪心法》）。

使用和法时，应注意以下几点：①病邪在表，未入少阳经者，禁用和法；②病邪已入里的实证，不宜用和法；③病属阴寒，证见耳鼻俱凉，四肢厥逆者，禁用和法。

5. 温法　又叫祛寒法或温寒法，是运用具有温热性质的药物，促进和提高机体的功能活动，以祛除体内寒邪，补益阳气的一种治疗方法。主要适用于里寒证或里虚证。根据"寒者热之"的治疗原则，按照寒邪所在的部位及其程度的不同，温法又可分为回阳救逆、温中散寒、温经散寒三种。

（1）回阳救逆　适用于肾阳虚衰，阴寒内盛，阳虚欲脱的病证。代表方为四逆汤（见回阳救逆方）。

（2）温中散寒　适用于脾胃阳虚所致的中焦虚寒证。代表方为理中汤（见温中散寒）。

（3）温经散寒　适用于寒气偏盛，气血凝滞，经络不通，关节活动不利的痹证。代表方为黄芪桂枝五物汤（黄芪、桂枝、芍药、生姜、大枣，《金匮要略》）。

使用温法时，应注意以下两点：①素体阴虚，体瘦毛焦，阴液将脱者不用温法；②热伏于内、格阴于外的真热假寒证禁用温法。

6. 清法　又叫清热法，是运用具有寒凉性质的药物，清除体内热邪的一种治疗方法。主要适用于里热证。临床上常把清法分为清热泻火、清热解毒、清热凉血、清热燥湿、清热解暑几种。

（1）清热泻火　适用于热在气分的里热证。由于热邪所在脏腑的不同，选择的方剂也不同，如白虎汤（见清气分热方）；麻杏甘石汤（见清化热痰方）；龙胆泻肝汤〔龙胆草（酒炒）、黄芩（炒）、栀子（酒炒）、泽泻、木通、车前子、当归（酒炒）、柴胡、甘草、生地（酒洗），《医宗金鉴》〕；清胃散（当归身、黄连、生地黄、牡丹皮、升麻，《兰室秘藏》）等。

（2）清热解毒　适用于热毒亢盛所引起的病证。如疮黄肿毒等。代表方有消黄散（知母、浙贝母、黄芩、连翘、黄连、大黄、栀子、芒硝、黄药子、白药子、郁金、甘草15g，《元亨疗马集》）；黄连解毒汤（见清热解毒方）等。

（3）清热凉血　适用于温热病邪入于营分、血分的病证。代表方有清营汤〔犀角（10倍量水牛角代）、生地、玄参、竹叶心、银花、连翘、黄连、丹参、麦冬，《温病条辨》〕；犀角地黄汤（见清热凉血方）等。

（4）清热燥湿　适用于湿热证。根据湿热所在的脏腑不同，选用的方剂也不同，如茵陈蒿汤、白头翁汤（见清热燥湿方）、八正散（见利水方）等。

（5）清热解暑　适用于暑热证。代表方为香薷散（香薷、黄芩、黄连、甘草、柴胡、当归、连翘、天花粉、栀子，《元亨疗马集》）。

使用清法时，应注意以下几点：①表邪未解，阳气被郁而发热者禁用清法；②体质素虚，脏腑本寒，胃火不足，粪便稀薄者禁用清法；③过劳及虚热证禁用清法；④阴盛于内，格阳于外的真寒假热证禁用清法。

7. 补法　又叫补虚法或补益法，是运用具有营养作用的药物，对畜体阴阳气血不足进行补益的一种治疗方法。适用于一切虚证。因临床上虚证有气虚、血虚、阴虚、阳虚的不同，故补法也就分为了补气、养血、滋阴、助阳四种。

（1）补气　适用于气虚证，是运用补气的药物如党参、黄芪、白术等以增强脏腑之气的方法。代表方有四君子汤（见补气方）；参苓白术散（党参、白术、茯苓、炙甘草、山药、扁豆、莲子肉、桔梗、薏苡仁、砂仁，《和剂局方》）；补中益气汤（见补气方）等。因气能生血，故在以补血法治疗血虚时，也应注意补气以生血。

（2）补血　适用于血虚证，是运用补血的药物如当归、白芍、阿胶等以促进血液化生的方法。代表方为四物汤（见补血方）；当归补血汤（炙黄芪、当归，《内外伤辨惑论》）等。

（3）滋阴　适用于阴虚证，是运用补阴的药物如熟地、枸杞子、麦冬等以补阴精或增津液的方法。代表方为六味地黄丸（见滋阴方）。

（4）助阳　适用于阳虚证，是运用补阳的药物如巴戟天、淫羊藿、肉苁蓉等以壮脾肾之阳的方法。代表方为肾气丸（见助阳方）。

气血阴阳是相互联系的，气虚常兼血虚，血虚常导致阴虚，气虚亦常导致阳虚，所以在使用补法时，必须针对病情，全面考虑，灵活运用，才能取得较好的疗效。

脾胃乃后天之本，水谷之海，气血生化之源，所以补气血应以补中焦脾胃为主；肾与命门为水火之脏，是真阴真阳化生之源，所以补阴阳应以补下焦肾与命门为主。

通常情况下，补不宜急，"虚则缓补"。但在特殊情况下，如大出血引起的虚脱症，必须用急补法。

使用补法时，应注意以下几点：

①在一般情况下，使用补法切忌纯补，应于补药之中配合少量疏肝和脾之药，达到补而不腻的目的。否则，易造成脾胃气滞，影响消化，不仅妨碍食欲，而且对药物的吸收也有限制，影响补益效果。

②应注意"大实有虚象"，诊断时必须认清虚实的真假，避免"误补益疾"的错治。

③在邪盛正虚或外邪尚未完全消除的情况下，忌用纯补法，以防"闭门留寇"而致留邪之弊。

8. 消法　又叫消导法或消散法，是运用具有消散破积作用的药物，以达到消散体内气滞、血淤、食积等的一种治疗方法。临床上常用的有行气解郁、活血化瘀、消食导滞三种。

（1）行气解郁　适用于气滞证。常用方剂如越鞠丸（见理气方）等。

（2）活血化瘀　适用于瘀血停滞的瘀血证。常用方剂如桃红四物汤（见活血祛瘀方）等。

（3）消食导滞　适用于胃肠食积，常用方剂如曲蘗散（见消导方）等。

消法用于食积时，其作用与下法相似，都能驱除有形之实邪，但在临床运用上又有所不同。下法着重解除粪便燥结，目的在于猛攻逐下，作用较强，适应于急性病证；而消法则具有消积运化的功能，目的在于渐消缓散，作用缓和，适应于慢性病证。

消法虽较下法作用缓和，但过度使用也可使患畜气血损耗，因此，当孕畜和虚弱动物患有积食、气滞、瘀血等证时，应配合补气养血药使用，并掌握好剂量。

防治法则的思维导图见图 5-18。

第三单元　中药性能及方剂组成

第一节　中药的采集与产地

一、中药的采集

中药的采收时节和方法与药物质量有着密切的关联。由于动植物在其生长发育的不同时期其药用部分所含有效及有害成分不同，药物的疗效和毒副作用往往因此有较大差异，故药材必须在适当的时节采集。一般来讲，以入药部分的成熟程度作依据确定采收时节，也就是在药用部位的有效成分含量最高的时节采收。每种植物都有一定的采收时节和方法，按药用部位的不同可归纳为以下几类：

全草： 大多数在植物枝叶茂盛、花朵初开时采集，从根以上割取地上部分，如益母草、荆芥、紫苏、豨莶草等；如需带根入药则可拔起全株，如小蓟、车前草、地丁等；需用带叶花梢的更需适时采收，如夏枯草、薄荷等。

叶类： 通常在花蕾将放或正盛开的时候采收，此时叶片茂盛、性味完壮、药力雄厚，最适于采收，如枇杷叶、荷叶、大青叶、艾叶等。有些特定的药物如霜桑叶，需在深秋或初冬经霜后采集。

花、花粉： 花类药材，一般采收未开放的花蕾或刚开放的花朵，以免香味散失、花瓣掉落而影响质量，如野菊花、金银花、月季花、旋覆花等。对花期短的植物或花朵次第开放者，应分次及时摘取。蒲黄之类以花粉入药者，则须在花朵盛开时采取。

果实、种子： 果实类药物除青皮、枳实、覆盆子等少数药材要在果实未成熟时采收果皮或果实外，一般在果实成熟时采收，如瓜蒌、马兜铃等。以种子入药的，通常在果实成熟后采集，如莲子、银杏、沙苑子、菟丝子等。有些既用全草又用种子入药的，可在种子成熟后割取全草，将种子收取后分别晒干贮存，如车前草与车前子等。有些植物种子成熟时易脱落，或晒制时易裂开，种子散失，如茴香、牵牛子、豆蔻、凤仙子等，则应在刚成熟时采集。容易变质的浆果如枸杞子、女贞子等，最好在略熟时于清晨或傍晚时分采收。

根、根（块）茎： 一般以早春或深秋时节（即农历二月或八月）采收为佳，因为"春初津润始萌，未充枝叶，势力淳浓""至秋枝叶干枯，津润归流于下"，且"春宁宜早，秋宁宜晚"（《本草纲目》）。现代研究也证明早春及深秋时植物的根或根（块）茎中有效成分含量较高，此时采集产量和质量都较高，如天麻、葛根、玉竹、大黄、桔梗、苍术等。但也有少数例外，如半夏、延胡索等要在夏天采收。

树皮、根皮：通常在春、夏时节植物生长旺盛，植物体内浆液充沛时采集，此时容易剥离且药性较强、疗效较高，如黄柏、杜仲、厚朴等。另有些植物根皮以秋后采收为宜，如牡丹皮、苦楝皮、地骨皮等。需要注意的是，由于木本植物生长周期长、成材缓慢，应尽量避免伐树取皮或环剥树皮，造成树木枯死的掠夺式采收方法，以保护药源。

动物类药材：不具有明显的规律性，因品种不同而采收时节与方法各异。具体时间采收须根据动物生长活动季节，以保证药效及容易获取为原则。如一般潜藏在地下的全蝎、土鳖虫、地龙、蟋蟀、蝼蛄、斑蝥等虫类药材，大多在夏末秋初捕捉其虫，此时气温高、湿度大，宜于动物生长，是采收的最好季节；桑螵蛸为螳螂的卵鞘，露蜂房为黄蜂的蜂巢，这类药材多在秋季卵鞘、蜂巢形成后采集，并用开水煮烫以杀死虫卵，以免来年春天孵化成虫；蝉蜕为黑蚱羽化时蜕出的皮壳，多于夏秋季节采取；蛇蜕为锦蛇、乌梢蛇等多种蛇类蜕下的皮膜，因其反复蜕皮，故全年可以采收，唯3—4月最多；又蟾酥为蟾蜍耳后腺分泌物干燥而成，此药宜在夏、秋蟾蜍活动多时采收，此时容易捕捉，腺液充足，质量最佳；蛤蟆油（即林蛙的干燥输卵管）宜在白露节前后林蛙发育最好时采收；又如石决明、牡蛎、海蛤壳、瓦楞子等海生贝壳类药材，多在夏秋捕采，此时生长发育旺盛、钙质充足、药效最佳。

矿物类药材：成分较为稳定，故全年皆可采收。

总之，无论植物药、动物药及矿物药，采收方法各不相同。正如《本草蒙筌》所谓："茎叶花实，四季随宜，采未老枝茎，汁充溢，摘将开花蕊，气尚包藏，实收已熟，味纯，叶采新生，力倍。入药诚妙，治病方灵。其诸玉石禽兽虫鱼，或取无时，或收按节，亦有深义，非为虚文，并各遵依，勿恣孟浪。"足见药材不同，采收方法各异，但还是有一定规律可循的。

二、中药的产地

我国幅员辽阔，南北气候和生态环境差异较大，天然药材产量和质量有明显的地域性。人们将具有地区特色、品质优良、产量丰富、疗效显著的药材称为"道地药材"，由于道地药材的生产有限，在不影响药效的前提下，不应过分拘泥于药材的地域限制，并积极开展道地药材的生态环境、栽培技术研究，创造特定的生产条件，保障药材产量、质量和开拓新药源。

第二节　中药性能★★★★

中药性能是指中药与疗效有关的性味和效能。研究中药性能及其运用规律的理论，称为药性理论。

中药防治疾病的基本作用有祛除病邪，消除病因，扶正固本，协调脏腑经络功能，纠正阴阳偏盛偏衰的病理现象，使机体在最大限度上恢复到阴平阳秘的正常状态。中药之所以能够针对病情发挥上述基本作用，是由于不同中药各自所具有的若干特性和作用，前人称之为药物偏性。以药治病，即是以药物的偏性纠正疾病所表现的阴阳盛衰，即"以偏纠偏"。把中药治病的不同性质和作用加以概括，主要有四气、五味、升降浮沉、归经、毒性等，统称为中药性能，简称药性。

一、四气五味

（一）四气

1. 四气的含义 四气是指药物具有的寒、凉、温、热四种不同药性，也称四性。寒凉与温热属于两类不同的性质；寒与凉，温与热则是性质相同，程度上有所差异，凉次于寒，温次于热。此外，尚有一些药物的药性不甚显著，作用比较平缓，称为平性。实际上，它们或多或少偏于温性，或偏于凉性，并未越出四气范围，故习惯上仍称四气。

2. 四气的属性和作用 凡是能够治疗热性证候的药物，便认为是寒性或凉性；能够治疗寒性证候的药物，便认为是温性或热性。一般说来，寒性和凉性的中药属阴，具有清热、泻火、凉血、解毒、攻下等作用，如石膏、薄荷等；温性和热性的中药属阳，具有温里、祛寒、通络、助阳、补气、补血等作用，如干姜、肉桂等。

3. 四气的临床意义 "寒者热之、热者寒之""疗寒以热药、疗热以寒药"，即热证用寒凉药，寒证用温热药，这是中兽医的治病常法，也是临床用药的原则。至于寒热夹杂的病证，则可将与病情相适应的热性药与寒性药适当配伍应用。

（二）五味

1. 五味的含义 五味是指中药所具有的辛、甘、酸、苦、咸五种不同药味。有些中药具有淡味或涩味，所以实际上味不止五种，但是习惯上仍称五味。淡味常附于甘味；涩味常附于酸味。药物的味和它的功用之间有一定联系，即不同味道的药物对疾病有不同的治疗作用，从而总结出了五味的用药理论。

2. 五味的属性、作用及其临床意义 见表 5-2。

表 5-2 五味属性和作用

属性	五味	作用	主治举例	药物举例
阴	酸	收敛	虚汗、泄泻	山茱萸、五味子、乌梅、诃子
		固涩	尿频、滑精	龙骨、牡蛎
	苦	清热泄降	热结便秘	大黄
		燥湿	湿热证	黄连、黄柏
		坚阴	肾阴虚亏、相火亢盛	黄柏、知母
	咸	泻下	热结便秘	芒硝
		软坚	痰核、痞块	昆布、海藻
阳	辛	发散	风寒、风热	麻黄、薄荷
		行气	气滞	木香
		行血	血瘀	红花
	甘	和中缓急	拘急疼痛、调和药性	甘草、大枣等
		滋补	气虚、血虚、阴虚、阳虚	党参、熟地、沙参、锁阳等
	淡	渗湿、利尿	水肿、小便不利	茯苓、猪苓等

二、升降浮沉

1. 升降浮沉的含义 升降浮沉是指药物进入机体后的作用趋向，是与疾病表现的趋向相对而言的。升与浮、降与沉的趋向类似，故通常以"升浮""沉降"合称。

由于各种疾病在病机和证候上，常有向上（如呕吐、喘咳）、向下（如泻痢、脱肛），或向外（如自汗、盗汗）、向内（如表证未解）等病势趋向的不同，以及在上、在下、在表、在里等病位的差异。因此，能够针对病情，改善或消除这些病证的药物，相对说来也就分别具有升降浮沉的不同作用趋向。药物的这种性能，有助于调整紊乱的脏腑气机，使之归于平顺；或因势利导，祛邪外出。

2. 升降浮沉的属性与作用（特点） 升浮药物的特点主上行而向外，属阳，具有升阳、发表、祛风、散寒、催吐、开窍等作用；沉降药物的特点主下行而向内，属阴，有潜阳、熄风、降逆、止吐、清热、渗湿、利尿、泻下、止咳、平喘等功效。此外，个别药物还存在着双向性，如三七既能活血，又能止血。

3. 升降浮沉的临床意义 凡病变部位在上、在表者，用药宜升浮不宜沉降，如外感风寒表证，当用麻黄、桂枝等升浮药来解表散寒；在下在里者，用药宜沉降不宜升浮，如肠燥便秘之里实证，当用大黄、芒硝等沉降药来泻下攻里。病势上逆者，宜降不宜升，如肝火上炎引起的两目红肿，畏光流泪，应选用石决明等沉降药以清热泻火、平肝潜阳；病势下陷者，宜升不宜降，如久泻脱肛或子宫脱垂，当用黄芪、升麻等升浮药来益气升阳。一般说来，治病用药不得违反这一规律。

4. 影响药物升降浮沉的主要因素 有四气五味、质地轻重、炮制和配伍等。

（1）**药物性味** 一般说来性温、热，味辛、甘的药物多升浮；而性寒、凉，味酸、苦、咸的药物多沉降。

（2）**药物质地** 花、叶、枝、皮等质轻的药物大多升浮；种子、果实、矿石、介壳等质重的药物大多沉降。

（3）**药物炮制** 药物升降浮沉与药物炮制关系很大，如酒炒升散，姜炒发散，盐炒下行入肾则降，醋炒收敛入肝则沉降。

（4）**药物配伍** 少量升浮药在大队沉降药中则降，少量沉降药在大队升浮药中则升。

上述四点，（1）（2）表明药物本身的性质、性能可以确定升降浮沉，而（3）（4）却表明人工可以改变药物的升降浮沉。

三、归　经

1. 归经的含义 归经是指中药对机体脏腑经络的选择作用，即药物作用部位。归是作用的归属，经是脏腑经络的概称。即一种药物主要对某一经（脏腑及其经络）或某几经发生明显作用，而对其他经则作用较小，或没有作用。如同属寒性的药物，都具有清热作用，然有黄连偏于清心热，黄芩偏于清肺热，龙胆偏于清肝热等不同，各有所专。因此，将各种药物对机体各部分的治疗作用进行系统归纳，便形成了归经理论。

2. 药物归经的确定 中药归经，是以脏腑、经络理论为基础，所治具体病证的病位为药物归经的最主要、最重要的依据。在临床上，将药物的疗效与病因病机以及脏腑、经络联系起来，就可以说明药物和归经之间的相互关系。如桔梗、杏仁能治咳嗽、气喘，则归肺经；麦芽能消食，则归脾、胃经等。由此可见，药物的归经理论，具体指出了药效之所在，它是从客观疗效观察中总结出来的规律。

3. 归经的临床意义　中药归经对于中药的临床应用具有重要指导意义。一是根据动物脏腑经络的病变"按经选药"，如肺热咳喘，应选用入肺经的黄芩、桑白皮。二是根据脏腑经络病变的相互影响和传变规律选择用药，即选用入它经的药物配合治疗。如肺气虚而见脾虚者，在选择入肺经的药物的同时，选择入脾经的补脾药物以补脾益肺（培土生金），使肺有所养而逐渐恢复。

四、毒　　性

1. 中药毒性的含义　毒性是指中药对畜体产生的毒害作用。中药的毒性与副作用不同，前者对动物体的危害性较大，甚至可危及生命；后者是指在常用剂量时出现的与治疗需要无关的不适反应，一般比较轻微，对机体危害不大，停药后能消失。

2. 毒性分级　在本草书籍中，常标明药物"小毒""有毒""大毒""剧毒"或"无毒"，这是掌握药性必须注意的问题。

（1）无毒　指所标示的药物服用后一般无副作用，使用安全。

（2）小毒　指所标示的药物使用较安全，虽可出现一些副作用，但一般不会导致严重后果。

（3）有毒、大毒　指所标示药物容易使人畜中毒，用时必须谨慎。

（4）剧毒　指所标示的药物毒性强烈，临床上多供外用，或极小量入丸散内服，并要严格掌握炮制、剂量、服法、宜忌等。

3. 引起毒性反应的常见原因　主要有超量用药、药不对症、配伍不当、品种混淆错用或误用、名称相似中药替代、非药用部位的掺入、动物品种或个体用药差异。

第三节　配伍禁忌★★★★

1. 配伍概念　就是根据动物病情的需要和药物的性能，有目的地将两种或两种以上的药物配合在一起应用。药物的配伍应用是中兽医用药的主要形式。

2. 配伍的意义　两味或两味以上的药味相互配伍后，相互之间会产生一定的配伍效应，有作用协同而增效者；有相互颉颃或抵消疗效、或减低毒性者；有相互反畏而增加毒性者。其中或相辅相成或相反相成，使中药的应用成为一个有机的配伍过程，这就是中药配伍意义之所在。

一、七　　情

药物配伍效应对动物体或有益，或有害。根据传统的中药配伍理论，将其归纳为七种，称为药性"七情"。

（1）单行　就是指用单味药治病。病情比较单纯，选用一种针对性较强的药物即可获得疗效。

（2）相须　就是将性能功效相似的同类药物配合应用，以起到协同作用，增强药物的疗效。

（3）相使　就是将性能功效有某种共性的不同类药物配合应用，而以一种药物为主，另一种药物为辅，能提高主要药物的功效。

（4）相畏 就是一种药物的毒性或副作用，能被另一种药物减轻或消除。

（5）相杀 就是一种药物能减轻或消除另一种药物的毒性或副作用。相畏、相杀实际上是同一配伍关系的主次属性不同的两种提法。

（6）相恶 就是两种药配合应用，能相互牵制而使作用降低甚至丧失药效。

（7）相反 就是两种药物配合应用，能产生毒性反应或副作用。

综上所述，药性"七情"除了单行之外，其余六个方面都是药物的配伍关系，用药时需要加以注意。相须、相使是产生协同作用而增进疗效，在临床用药时要充分利用，以便使药物更好地发挥疗效。相畏、相杀是有些药物由于相互作用而能减轻或消除原有的毒性或副作用，在应用毒性药或剧烈药时，必须考虑选用。相恶就是有些药物可能互相颉颃而抵消或削弱原有功效，用药时应加以注意。相反是一些本来无毒的药物，却因相互作用而产生毒性反应或强烈的副作用，则属于配伍禁忌，原则上应避免配用。

在临证用药处方时，为了安全起见，有些药物或配伍关系应当慎用或禁止使用。归纳起来主要有"十八反""十九畏"、妊娠禁忌等。

二、十八反、十九畏、妊娠禁忌

1. 十八反 根据历代文献记载，配伍应用可能对动物产生毒害作用的药物有十八种，故名"十八反"。即：乌头反贝母、瓜蒌、半夏、白蔹、白及；甘草反甘遂、大戟、海藻、芫花；藜芦反人参、沙参、丹参、玄参、细辛、芍药。歌诀："本草明言十八反，半蒌贝蔹及攻乌，藻戟遂芫俱战草，诸参辛芍叛藜芦。"

2. 十九畏 历来认为相畏的药物有十九种，配合在一起应用时，一种药物能抑制另一种药物的毒性或烈性，或降低另一药物的功效，习惯上称为"十九畏"。即：硫黄畏朴硝，水银畏砒霜，狼毒畏密陀僧，巴豆畏牵牛子，丁香畏郁金，川乌、草乌畏犀角，牙硝畏荆三棱，官桂畏赤石脂，人参畏五灵脂。

注意，此处的"相畏"关系为配伍禁忌。显然"十九畏"的概念，与"七情"之一的"相畏"，含义并不相同。

3. 妊娠禁忌 妊娠禁忌指动物妊娠期间，为了保护胎儿的正常发育和母畜的健康，应当禁用或慎用具有堕胎作用或对胎儿有损害作用的药物。属于禁用的多为毒性较大或药性峻烈的药物，如巴豆、水银、大戟、芫花、商陆、牵牛子、斑蝥、三棱、莪术、虻虫、水蛭、蜈蚣、麝香等。属于慎用的药物主要包括祛瘀通经、行气破滞、辛热滑利等方面的中药，如桃仁、红花、牛膝、丹皮、附子、乌头、干姜、肉桂、瞿麦、芒硝、天南星等。禁用的药物一般不可配入处方，慎用的药物有时可根据病情需要谨慎应用。

第四节　方　　剂

方指医方，剂指调剂。**方剂**是由单味或若干味药物按一定组方原则和调剂方法制成的药剂。药物组成方剂后，能互相协调，加强疗效，更好地适应复杂病情的需要，并能减少或缓和某些药物的毒性和烈性，消除其不利作用。

方　剂

一、组成原则

除单方外，方剂一般均由若干味药物组成。它是根据动物病情需要，在辨证立法的基础上，按照一定的组成原则，选择适当的药物组合而成的。构成方剂的药物组分一般包括君、臣、佐、使四个部分，它概括了方剂的结构和药物配伍的主从关系。

(1) 君药　是针对主病或主证起主要治疗作用的药物，又称**主药**。

(2) 臣药　是辅助君药加强治疗主病或主证的药物，又称**辅药**。

(3) 佐药　有三方面的作用，一是用于治疗兼证或次要证候；二是制约君、臣药毒性或烈性；三是反佐，用于因病势拒药须加以从治者，如在温热剂中加入少量寒凉药，或于寒凉剂中加入少许温热药，以消除病势拒药"格拒不纳"的现象。

(4) 使药　指方中的引经药，或协调、缓和药性的药物。

以主治风寒表实证的麻黄汤为例，方中麻黄辛温发汗，解表散寒，为君药；桂枝辛温通阳以助麻黄发汗散寒，为臣药；杏仁降泄肺气以助麻黄平喘，为佐药；甘草调和诸药，为使药。

方剂中君臣佐使的药味划分，是为了使处方者在组方时注意药物的配伍和主次关系，可随证变化的。有些方剂，药味很少，其中的君药或臣药本身就兼有佐使作用，则不需再另配伍佐使药。有些方剂，根据病情需要，只需区分药味的主次即可，不必都按君臣佐使的结构排列。如二妙散（苍术、黄柏）只有两味药，独参汤只有一味药。

二、加减化裁

方剂虽然有一定的组成原则，但在临床应用时，常常不是一成不变地照搬原方，而应根据病情轻重缓急，以及动物种类、体质、年龄等的不同，灵活化裁，加减应用，做到"师其法而不泥其方"，以获得预期的治疗效果。方剂的组成变化大致有以下几种形式。

(1) 药味增减　指在主证未变，兼证不同的情况下，方中主药仍然不变，但根据病情，适当增添或减去一些次要药味，也称**随证加减**。如郁金散是治疗马肠黄的基础方，临床上常根据具体病情加减使用。若热甚，宜减去原方中的诃子，以免湿热滞留，加金银花、连翘，以增强清热解毒之功；若腹痛重，加乳香、没药、延胡索，以活血止痛；若水泻不止，则去原方中的大黄，加猪苓、茯苓、泽泻、乌梅，以增强利水止泻的功能。

(2) 药量增减　指方中的药物不变，只增减药物的用量，可以改变方剂的药力或治疗范围，甚至也可改变方剂的功能和主治。如治疗肺热咳喘的麻杏甘石汤，若麻黄用量小而石膏用量大时，方剂的功能重在清泄肺中郁热，宜用于身热有汗者；若增加麻黄用量而减少石膏用量，则方剂的功能重在发汗解表，宜用于身热无汗者。又如小承气汤和厚朴三物汤，同是由大黄、枳实、厚朴三味药物组成，但方剂中药物之间的比例不同，功能和主治也有差异。小承气汤中重用大黄，功能泻热通便，主治阳明腑实证；厚朴三物汤重用厚朴，功能行气除满，主治气滞腹胀。

(3) 数方合并　当病情复杂，主、兼各证均有其代表性方剂时，可将两个或两个以上的方剂合并成一个方使用，以扩大方剂的功能，增强疗效。如四君子汤补气，四物汤补血，由两方合并而成的八珍汤则是气血双补之剂。

（4）剂型变化　同一方剂，由于剂型不同，功效也有变化。一般注射剂、汤剂和散剂作用较快，药力较峻，适用于病情较重或较急者；丸剂作用较慢，药力较缓，适用于病情较轻或较缓者。

以上方剂的变化可以单独应用，也可以合并应用。组方既有严格的原则性，又有极大的灵活性。只有掌握了这些特点，才能制裁随心，用利除弊，以应临床实践中的无穷之变。

第四单元　解表药及方剂

凡以发散表邪、解除表证为主要作用的药物，称为解表药。解表药多具有辛味，辛能发散，故有发汗、解肌的作用，适用于邪在肌表的病证，即《内经》所说的"其在皮者，汗而发之"。

使用解表药应注意：①用量不宜过大或使用太久，以免耗损津液，造成大汗亡阳。②炎热季节，畜体腠理疏松，容易出汗，用量宜轻，而寒冷季节，量可稍大。③对于体虚或气血不足的病畜（如重剧的腹泻、大汗、大出血及重病以后所致的表证等），要慎用或配合补养药以扶正祛邪。④本类药物一般不宜久煎，以免气味挥发，损耗药力。

以解表药为主组成，具有发汗解表作用，用以解除表证的一类方剂，称解表方。属"八法"中的"汗法"。

第一节　辛温解表药及方剂★★★★

一、辛温解表药

性味多为辛温，具有发散风寒的功能，发汗作用较强，适用于风寒表证，如恶寒战栗、发热无汗、耳鼻发凉、口润不欲饮水、舌苔薄白、脉浮紧等。

1. 麻黄　辛、微苦，温。入肺、膀胱经。发汗散寒，宣肺平喘，利水消肿。本品（图5-19）发汗作用较强，是辛温发汗的主药。用于外感风寒，麻黄配桂枝（如麻黄汤）；风寒咳嗽、气喘，配杏仁；风热咳嗽、气喘，用麻黄-石膏、杏仁。表虚多汗、肺虚咳嗽及脾虚水肿者忌用。

2. 桂枝　辛、甘，温。入心、肺、膀胱经。发汗解肌、温通经脉，助阳化气。本品（图5-20）善祛风寒，其作用较为缓和，可用于风寒感冒、发热恶寒，不论无汗或有汗均使用。用于风寒表证，配麻黄；感受风寒、表虚自汗，用桂枝-芍药（桂枝汤）；温经散寒，通痹止痛，治寒湿性痹痛，为前肢的引经药。温热病、阴虚火旺及血热妄行所致出血症和孕畜忌用。

3. 防风 辛、甘，微温。入膀胱、肝、脾经。祛风发表，胜湿解痉。本品（图 5 – 21）能散风寒，其性甘缓不燥，善于通行全身，是一味祛风的要药，风寒感冒（荆防败毒散）；祛风湿而止痛，用于风湿痹痛，配羌活、独活、附子、升麻；祛风解痉，用于破伤风，配天南星、白附子、天麻。阴虚火旺及血虚者忌用。

4. 荆芥 辛，温。入肺、肝经。祛风解表，止血。本品轻扬、芳香而散，既有发汗解表之力，又能祛风，其作用较为缓和，无论风寒、风热均可应用。配防风、羌活等，治风寒感冒；配薄荷、连翘等，治风热感冒；炒炭止血，用于衄血、便血、尿血、子宫出血等。

5. 紫苏 辛，温。入肺、脾经。发表散寒，行气和胃。本品能发散风寒，开宣肺气，发汗力较强。配杏仁、前胡、桔梗等，治疗风寒感冒兼有咳嗽；气味芳香，行气醒脾，配藿香等用于脾胃气滞引起的肚腹胀满，食欲不振，呕吐。表虚自汗者忌用。

6. 生姜 辛，微温。入脾、肺、胃经。解表散寒，温中止呕，解毒。用于外感风寒、寒痰咳嗽等证。但其发汗作用较弱，常加入温辛解表剂中，可增强发汗效果，如桂枝汤；温胃和中，降逆止呕，为止呕之要药，用治胃寒呕吐，常与半夏、陈皮等同用；可以解半夏、天南星之毒。

7. 白芷 辛，温。入胃、大肠、肺经。具有散风祛湿、消肿排脓、通窍止痛功效。配羌活、防风、蔓荆子等，治疗风寒感冒。配独活、桑枝、秦艽等，治风湿痹痛。可治疮黄疔毒，配瓜蒌、贝母、蒲公英等，治疗乳痈初起；若脓成而不溃破者，可配伍金银花、天花粉、皂角刺。可治脑颡鼻脓，配伍辛夷、苍耳子、薄荷等，治疗鼻炎、鼻窦炎等。

二、辛温解表方

适用于外感风寒引起的表寒证。病的初期一般以荆芥、防风为主药；病情较重者，可用麻黄、桂枝为主药；对于表虚证，则应在辛温解表药中配用白芍等，以敛阴止汗，防止耗伤正气。

1. 麻黄汤 《伤寒论》方。麻黄（去节）、桂枝、杏仁、炙甘草。水煎，候温灌服；或为细末，稍煎，候温灌服。功能发汗解表，宣肺平喘。主治外感风寒表实证。证见恶寒发热，无汗咳喘，苔薄白，脉浮紧。临床上常以本方加减治疗感冒、流感和急性气管炎等属于风寒表实证者。本方为发汗之峻剂，凡表虚自汗、外感风热、体虚外感、产后血虚等不宜应用。本方不宜久服，一经出汗，即应停药。

2. 桂枝汤 《伤寒论》方。桂枝、白芍、炙甘草、生姜、大枣。水煎，候温灌服；或为细末，稍煎，候温灌服。功能解肌发表，调和营卫。主治外感风寒表虚证。证见恶风发热，汗出，鼻流清涕，舌苔薄白，脉浮缓。本方对流感、外感性腹痛、产后发热等均有良效。本方重在解肌发表，调和营卫，与专于发汗的方剂不同，只适用于外感风寒的表虚证。表实无汗者不宜应用，表热证也当忌用。

3. 荆防败毒散 《摄生众妙方》方。荆芥、防风、羌活、独活、柴胡、前胡、桔梗、枳壳、茯苓、甘草、川芎。为末，开水冲调，候温灌服，或煎汤灌服。功能发汗解表，散寒除湿。主治外感挟湿的表寒证。证见发热无汗，恶寒颤抖，皮紧肉硬，肢体疼痛，咳嗽，舌苔白腻，脉浮。本方是治疗感冒的常用方，对于时疫、痢疾、疮疡而挟湿的表寒证均可酌情应用。因其辛温解表作用较强，故风热表证及湿而兼热者，不宜应用。

第二节　辛凉解表药及方剂

一、辛凉解表药

性味多为辛凉，具有发散风热的功能，发汗作用较为缓和，适用于风热表证，如发热有汗、恶寒较轻、耳鼻发热、目赤多眵、口干贪饮、舌苔黄厚、脉浮数等。

1. 薄荷　辛，凉。入肺、肝经。疏散风热，清利头目。本品（图5-22）轻清凉散，为疏散风热的要药，有发汗作用，治风热感冒，配荆芥、牛蒡子、金银花等（银翘散）；风热上犯所致的目赤、咽痛等，配桔梗、牛蒡子、玄参等。表虚自汗及阴虚发热者忌用。

2. 柴胡　苦，微寒。入肝、胆、心包、三焦经。和解退热，疏肝理气，升举阳气。本品（图5-23）轻清升散，退热作用较好，为和解少阳经之要药。配黄芩、半夏、甘草等，治疗寒热往来；疏肝解郁，治肝气郁结的要药，配当归、白芍、枳实等，治疗乳房肿胀，胸胁疼痛；升举脾胃清阳之气，其作用不及升麻，强于葛根。用于气虚下陷所致的久泻脱肛、子宫脱垂等，用升麻配黄芪、党参（补中益气汤）。

3. 升麻　甘、辛，微寒。入肺、脾、胃、大肠经。发表透疹，清热解毒，升阳举陷。本品（图5-24）发表透疹，用于猪、羊痘疹透发不畅，配葛根；解阳明热毒，用于胃火亢盛、口舌生疮、咽喉肿痛，配石膏、黄连；升举脾胃清阳之气，适用于气虚下陷所致的久泻脱肛、子宫脱垂等，配黄芪、党参、柴胡。阴虚火旺者忌用。

4. 葛根　甘、辛，凉。入脾、胃经。发表解肌，生津止渴，升阳止泻。本品能发汗解表，解肌退热，又能缓解颈项强硬和疼痛。适用于外感发热，尤善于治表证而兼有项背强硬者，配麻黄、桂枝、白芍；风热表证，配柴胡、黄芩；升发阳气，配党参、白术、藿香等，治脾虚泄泻；透发斑疹，多与升麻配伍。

5. 桑叶　苦、甘，寒。入肺、肝经。疏风散热，清肝明目。本品轻清发散，善治在表之风热和泄肺热，用于外感风热、肺热咳嗽、咽喉肿痛等证，配菊花、银花、薄荷、桔梗等（桑菊饮）；清泻肝火，用于肝经风热、目赤肿痛，配菊花、决明子、车前子等。

6. 菊花　甘、苦，微寒。入肺、肝经。散风清热，清肝明目。本品体轻达表，气清上浮，性凉能清，但散风能力较弱，而清热力较佳，用治风热感冒，多配桑叶、薄荷等，如桑菊饮；无论因风热或肝火所致的目赤肿痛、翳膜遮睛等，均可使用，常与桑叶、夏枯草等同用；用于热毒疮疡、红肿热痛等证，常与金银花、甘草等配合使用。

7. 蝉蜕　甘，寒。入肺、肝经。具有散风热、利咽喉、退云翳及解痉功效。为疏散皮肤风热的主药，常与薄荷、连翘等同用于风热感冒、咽喉肿痛、皮肤瘙痒等。与菊花、谷精草、白蒺藜等配伍，治疗肝经风热所致的目赤、翳障。可与全蝎、天南星、防风等同用，治疗破伤风引起的四肢抽搐。

二、辛凉解表方（附和解方）

适用于外感风热引起的表热证。若为风热伤肺的轻证，可以疏散风热的桑叶、菊花、薄荷等为主药；若发热明显，则应配清热解毒的银花、连翘、牛蒡子等。

根据调和的原则组方，具有和解表里、调畅气机的作用，用于治疗少阳病或肝脾、肠胃不和等病证的方剂，叫作和解方。属"八法"中的"和法"。

1. 银翘散　《温病条辨》方。银花、连翘、淡豆豉、桔梗、荆芥、淡竹叶、薄荷、牛蒡子、芦根、甘草。为末，开水冲调，候温灌服，或煎汤服。功能辛凉解表，清热解毒。主治外感风热或温病初起。证见发热无汗或微汗，微恶风寒，口渴咽痛，咳嗽，舌苔薄白或薄黄，脉浮数。本方由清热解毒药与解表药组成，是辛凉解表的主要方剂，常用于治疗各种家畜的风热感冒或温病初起，也用于治疗流感、急性咽喉炎、支气管炎、肺炎及某些感染性疾病初期而见有表热证者。

2. 小柴胡汤　《伤寒论》方。柴胡、黄芩、党参、制半夏、炙甘草、生姜、大枣。水煎服或为末，开水冲调，候温灌服。功能和解少阳，扶正祛邪，解热。主治少阳病。证见寒热往来，饥不饮食，口津少，反胃呕吐，脉弦。本方为治伤寒之邪传入少阳的代表方。也可用于体虚及母畜产后或发情期间外感寒邪

第五单元　清热药及方剂

凡以清解里热为主要作用的药物，称为清热药。清热药性属寒凉，具有清热泻火、解毒、凉血、燥湿、解暑等功效，主要用于高热、热痢、湿热黄疸、热毒疮肿、热性出血及暑热等里热证。

使用清热药应注意以下几点：①清热药性多寒凉，易伤脾胃，影响运化，对脾胃虚弱的患畜，宜适当辅以健胃的药物。②热病易伤津液，清热燥湿药，又性多燥，也易伤津液，对阴虚的患畜，要注意辅以养阴药。③清热药性寒凉，多服久服能伤阳气，故对阳气不足、脾胃虚寒、食少、泄泻的患畜要慎用。

以清热药为主组成，具有清热泻火、凉血解毒等作用，用以治疗里热证的一类方剂，称为清热方。属于"八法"中的"清法"。

第一节　清热泻火药及方剂★★★★★

一、清热泻火药

能清气分热，有泻火泄热的作用。适用于急性热病，症见高热、汗出、口渴贪饮、尿液

短赤、舌苔黄燥、脉象洪数等。

1. 石膏 辛、甘，大寒。入肺、胃经。清热泻火，外用收敛生肌。本品（图5-25）大寒，具有强大的清热泻火作用，善清气分实热。用于肺胃大热、高热不退等实热亢盛证，石膏-知母相须为用（白虎汤）；清泄肺热，用于肺热咳嗽、气喘、口渴贪饮等实热证，用石膏-麻黄、杏仁（麻杏甘石汤）；泄胃热，用于胃火亢盛，配知母、生地；煅石膏末有清热、收敛、生肌作用，外用于湿疹、烫伤、疮黄溃后不敛及创伤久不收口等，常与黄柏、青黛等配伍。胃无实热及体质素虚者忌用。

2. 知母 苦，寒。入肺、胃、肾经。清热，滋阴，润肺，生津。本品（图5-26）苦寒，既泻肺热，又清胃火，适用于肺胃有实热的病证，知母-石膏同用；若用于肺热痰稠，可配黄芩、瓜蒌、贝母等；滋阴润肺，生津，用于阴虚潮热、肺虚燥咳、热病贪饮等，用知母-黄柏（知柏地黄汤）；润肺燥，常与沙参、麦冬、川贝等同用；用治热病贪饮，常与天花粉、麦冬、葛根等配伍。脾虚泄泻者慎用。

3. 栀子 苦，寒。入心、肝、肺、胃经。清热泻火，凉血解毒。本品（图5-27）有清热泻火作用，善清心、肝、三焦经之热，多用于肝火目赤以及多种火热证，常与黄连等同用；清三焦火而利尿，兼利肝胆湿热。常用于湿热黄疸，尿液短赤，多与茵陈、大黄同用（茵陈蒿汤）；凉血止血，用于血热妄行、鼻血及尿血，黄芩-栀子、生地等配伍应用。脾胃虚寒，食少便溏者慎用。

4. 芦根 甘，寒。入肺、胃经。清热生津。本品善清肺热，用于肺热咳嗽、痰稠、口干等，配黄芩、桑白皮；治肺痈，配冬瓜仁、薏苡仁、桃仁（苇茎汤）；生津止渴，用于热病伤津、烦热贪饮、舌燥津少，配天花粉、麦冬。

5. 夏枯草 苦、辛，寒。入肝胆、经。清肝火，散郁结。常与菊花、决明子、黄芩同用，治疗肝热传眼、目赤肿痛。可与玄参、贝母、牡蛎、昆布等配伍，治疗疮黄、温病等。

二、清气分热方

适用于热在气分的病证。多以石膏、知母之类清泄肺、胃为主。

1. 白虎汤 《伤寒论》方。石膏（打碎先煎）、知母、甘草、粳米。水煎至米熟汤成，去渣温服。功能清热生津。主治阳明经证或气分热盛。证见高热大汗，口干舌燥，大渴贪饮，脉洪大有力。本方用于治疗阳明经证或气分实热证。如乙型脑炎、中暑、肺炎等热性病而有上述见证者，均可在本方基础上加减应用。

2. 苇茎汤 《千金方》方。苇茎、冬瓜仁、薏苡仁、桃仁。水煎去渣，候温灌服。具有清肺化痰，祛瘀排脓功效。主治肺痈。证见发热咳嗽、痰黄臭或带脓血，口干舌红，苔黄腻，脉滑数。本方可用于治疗肺脓疡、大叶性肺炎等疾病；若病初起，可加蒲公英、金银花、连翘、鱼腥草、薄荷、牛蒡子；若已成脓，可加贝母、桔梗、生甘草等增强化痰排脓功效。

第二节 清热凉血药及方剂

一、清热凉血药

主要入血分，能清血分热，有凉血清热作用。主要用于血分实热证，温热病邪入营血，血热妄行，症见斑疹和各种出血，以及舌绛、狂躁、甚至神昏等。

1. 生地 甘、苦，寒。入心、肝、肾经。清热凉血，养阴生津。本品（图5-28）具有清热凉血及养阴作用。治血分实热证，用生地-玄参、水牛角（清营汤）；治热甚伤阴、津亏便秘，配玄参、麦冬（增液汤）；治阴虚内热，配青蒿、鳖甲、地骨皮；凉血止血，用于血热妄行出血证，配侧柏叶、茜草；生津止渴，用于热病伤津、口干舌红或口渴贪饮，配麦冬、沙参、玉竹。脾胃虚弱、便溏者不宜用。

2. 牡丹皮 苦、辛，微寒。入心、肝、肾经。清热凉血，活血散瘀。本品（图5-29）具有清热凉血作用，适用于热入血分所致的鼻衄、便血、斑疹等，用牡丹皮-生地、玄参；活血行瘀，用于瘀血阻滞，跌打损伤等，配桂枝、桃仁、当归、赤芍、乳香、没药。脾虚胃弱及孕畜忌用。

3. 白头翁 苦，寒。入大肠、胃经。清热解毒，凉血止痢。本品（图5-30）既能清热解毒，又能入血分而凉血，为治痢的要药。主要用于肠黄作泻、下痢脓血、里急后重，用白头翁-秦皮、黄连、黄柏（白头翁汤）。虚寒下痢者忌用。

4. 玄参 甘、苦、咸，寒。入肺、胃、肾经。清热养阴，润燥解毒。本品既能清热泻火，又可滋养阴液，热毒实火，阴虚内热均可使用。多与生地、麦冬、黄连、金银花等配伍（清营汤）；润燥解毒，治虚火上炎、咽喉肿痛，津枯燥结等，配生地、麦冬。脾虚泄泻者忌用。反藜芦。

5. 地骨皮 甘，寒。入肺、肾、肝经。清热凉血，退虚热。本品入血分而清热凉血，治血热妄行所致的各种出血证，配白茅根、侧柏叶等；退虚热，治阴虚发热，配青蒿、鳖甲；清泄肺热，用于肺热咳喘，配桑白皮。脾胃虚寒者忌用。

6. 水牛角 苦，寒。归心、肝经。具清热定惊，凉血止血，解毒功效。主治高热神昏，常与地黄、芍药、牡丹皮配伍，如犀角地黄汤多用于高热神昏、壮热不退、神昏抽搐等。主治血热妄行，常与地黄、玄参、牡丹皮等同用，治疗血热妄行引起的衄血、便血等。

二、清热凉血方

适用于邪热侵入营血的病证。多以水牛角、生地、玄参、丹皮、赤芍等清营凉血为主。

犀角地黄汤 《千金方》方。犀角（用10倍量水牛角代）、生地、白芍、丹皮。为末，开水冲调，候凉灌服，或水煎服。功能清热解毒，凉血散瘀。主治温热病之血分证或热入血分，有热甚动血，热扰心营见证者。本方为治热入血分之各种出血证的重要方剂，临床应用时可随证加减。鼻衄者，加白茅根、侧柏叶以凉血止血；便血者，加地榆、槐花以清肠止血；尿血者，加白茅根、小蓟以利尿止血；心火盛者，加黄连、黑栀子以清心泻火。

第三节　清热燥湿药及方剂

一、清热燥湿药

性味苦寒，苦能燥湿，寒能胜热，有清热燥湿的作用，主要用治湿热证，如肠胃湿热所致的泄泻、痢疾，肝胆湿热所致的黄疸，下焦湿热所致的尿淋漓等。

1. 黄连 苦，寒。入心、肝、胃、大肠经。清热燥湿，泻火解毒。本品（图 5-31）为清热燥湿要药。凡属湿热诸证，均可应用，尤以肠胃湿热壅滞之证最宜，如肠黄作泻，热痢后重等。治肠黄，配郁金、诃子、黄芩、大黄、黄柏、栀子、白芍（郁金散）；清热泻火，治心火亢盛、口舌生疮、三焦积热和衄血等；清热解毒，治火热炽盛，疮黄肿毒，用黄连-黄芩、黄连-黄柏、栀子-黄柏（黄连解毒汤）。脾胃虚寒，非实火湿热者忌用。

2. 黄芩 苦，寒。入肺、胆、大肠经。清热燥湿，泻火解毒，安胎。本品（图 5-32）长于清热燥湿，主要用于湿热泻痢，黄疸，热淋等；清泻上焦实火，尤以清肺热见长，用于肺热咳嗽，用黄芩-桑白皮、知母等配伍；应用清热解毒，配金银花、连翘，治热毒疮黄；清热安胎，配白术，治疗热盛，胎动不安。脾胃虚寒，无湿热实火者忌用。

3. 黄柏 苦，寒。入肾、膀胱、大肠经。清湿热，泻火毒，退虚热。本品（图 5-33）具有清热燥湿之功。其清湿热作用与黄芩相似，但以除下焦湿热为佳。用于湿热泄泻、黄疸、淋证、尿短赤等。治疗泻痢，配白头翁、黄连（白头翁汤）；退虚热，治阴虚发热，用知母-黄柏，配地黄等（知柏地黄汤）。脾胃虚寒、胃弱者忌用。

4. 秦皮 苦，寒。入肝、胆、大肠经。清热燥湿，清肝明目。本品能清热燥湿，可治湿热泻痢，用白头翁-秦皮，配黄连等（白头翁汤）；清肝明目，治肝热上炎的目赤肿痛、睛生翳障等，配黄连、竹叶。

5. 苦参 苦，寒。入心、肝、胃、大肠、膀胱经。清热燥湿，祛风杀虫，利尿。本品能清热燥湿，用治湿热所致黄疸、泻痢等。治黄疸，配栀子、龙胆；治泻痢，配木香、甘草；祛风杀虫，治皮肤瘙痒、肺风毛燥、疥癣等证。治肺风毛燥，配党参、玄参；治疥癣，配雄黄、枯矾；清热利尿，用治湿热内蕴，尿不利等，配当归、木通、车前子。脾胃虚寒，食少便溏者忌用。

6. 龙胆 苦，寒。归肝、胆经。具有泻肝胆实火，除下焦湿热功效。常与茵陈、栀子等同用治黄疸；常与黄柏、苦参、茯苓等配伍，治湿疹瘙痒等。本药能泻肝经实火，清肝经湿热，为治肝火之要药。用于肝经风热、目赤肿痛等，常与栀子、黄芩、柴胡、木通等同用，如龙胆泻肝汤；治肝经盛热、热极生风、抽搐痉挛等，多与钩藤、牛黄、黄连等配伍。

二、清热燥湿方

适用于热邪偏盛于某一脏腑的病证或湿热内盛的黄疸、热淋等证。多以黄芩、黄连、黄柏、栀子等清热燥湿为主。

1. 白头翁汤 《伤寒论》方。白头翁、黄柏、黄连、秦皮。为末，开水冲调，候温灌服。功能清热解毒，凉血止痢。主治热毒血痢。证见里急后重，泻痢频繁，或大便脓血，发热，渴欲饮水，舌红苔黄，脉弦数。本方为治热毒血痢之要方，常用于细菌性痢疾和阿米巴痢疾。

2. 茵陈蒿汤 《伤寒论》方。茵陈蒿、栀子、大黄。水煎服。功能清热，利湿，退黄。主治湿热黄疸。证见结膜、口色皆黄，鲜明如橘色，尿短赤，苔黄腻，脉滑数等。本方是治疗湿热黄疸的基础方，凡属阳证、实证、热证者，均可加减使用。

3. 郁金散 《元亨疗马集》方。郁金、诃子、黄芩、大黄、黄连、栀子、白芍、黄柏。

为末，开水冲调，候温灌服。功能清热解毒，涩肠止泻。主治肠黄。证见泄泻腹痛，荡泻如水，泻粪腥臭，舌红苔黄，渴欲饮水，脉数。本方是治马急性肠炎的基础方，临床上可根据病情加减使用。

第四节　清热解毒药及方剂

一、清热解毒药

有清热解毒作用，常用于瘟疫、毒痢、疮黄肿毒等热毒病证。

1. 金银花　甘，寒。入肺、胃、大肠经。本品（图5-34）具有较强的清热解毒作用，多用于热毒痈肿，有红、肿、热、痛症状属阳证者，配当归、陈皮、防风、白芷、贝母、天花粉、乳香等（真人活命饮）；宣散风热，用于外感风热与温病初起，用金银花-连翘，配荆芥、薄荷等（银翘散）；治热毒泻痢，配黄芩、白芍等。虚寒作泻，无热毒者忌用。

2. 连翘　苦，微寒。入心、肺、胆经。清热解毒，消肿散结。本品（图5-35）能清热解毒，广泛用于治疗各种热毒和外感风热或温病初起，用金银花-连翘（银翘散）；清热解毒，消痈散结，治疮黄肿毒等，配金银花、蒲公英等。体虚发热、脾胃虚寒、阴疮经久不愈者忌用。

3. 紫花地丁　苦、辛，寒。入心、肝经。本品有较强的清热解毒作用，用于疮黄肿毒、丹毒、肠痈等，用紫花地丁-蒲公英，配金银花、野菊花、紫背天葵（五味消毒饮）；解蛇毒，治毒蛇咬伤。

4. 蒲公英　苦、甘，寒。入肝、胃经。清热解毒，散结消肿。本品清热解毒的作用较强，治痈疽疔毒、肺痈、肠痈、乳痈等；治湿热黄疸，配茵陈、栀子；治热淋，配白茅根、金钱草等。非热毒实证不宜用。

5. 板蓝根　苦，寒。入心、肺经。清热解毒，凉血，利咽。本品（图5-36）有较强的清热解毒作用，治各种热毒、瘟疫、疮黄肿毒、大头黄等，配黄芩、连翘、牛蒡子等（普济消毒饮）；凉血，治热毒斑疹、丹毒、血痢肠黄等，配黄连、栀子、赤芍、升麻等；利咽，治咽喉肿痛、口舌生疮等，配金银花、桔梗、甘草等。脾胃虚寒者慎用。

6. 穿心莲　苦，寒。入肺、胃、大肠、小肠经。清热解毒，燥湿止泻。能清热解毒，用治肺热咳喘，常与桑白皮、黄芩等同用；治咽喉肿痛，可与山豆根、牛蒡子等配伍；治湿热下痢，可与白头翁、秦皮等同用。

7. 马齿苋　酸，寒。入心、大肠经。具凉血解毒、清肠治痢，兼有止血功效。可用于治疗热毒血痢、里急后重、热毒疮痈等。可与赤芍、黄连、车前草配伍，治疗泄泻痢疾。可内服或外用，治疗火毒痈肿。

8. 大青叶　咸、苦，大寒。归心、胃经。具有清热解毒、凉血化斑、泻火解毒、利咽消肿功效。适用于热毒喉痹、痈肿、口疮及丹毒，常与黄连、栀子、板蓝根等同用；也可治外感热病，邪入营血，高热神昏，热毒发斑，常与丹皮、栀子同用。

二、清热解毒方

适用于瘟疫、毒痢、疮痈等热毒证。多以银花、连翘、栀子、黄连、黄柏、大青叶、板蓝根、蒲公英、紫花地丁、射干、山豆根等清热解毒为主。

1. 黄连解毒汤 《外台秘要》方。黄连、黄芩、黄柏、栀子。为末，开水冲调，候温灌服，或煎汤服。功能泻火解毒。主治三焦热盛或疮疡肿毒。证见大热烦躁，甚则发狂，或见发斑，以及外科疮疡肿毒等。本方为泻火解毒之要方，适用于三焦火邪壅盛之证，但以津液未伤为宜。可用于败血症、脓毒血症、痢疾、肺炎及各种急性炎症等属于火毒炽盛者。

2. 五味消毒饮 《医宗金鉴》方。金银花、野菊花、蒲公英、紫花地丁、紫背天葵。水煎去渣，候温灌服。具有清热解毒、消疮散痈功效，主治各种疮痈肿毒。证见各种疮痈肿毒，证见局部红肿热痛、身热、口色红、脉数。若热重，可加防风、蝉蜕；血热毒盛，可加赤芍、丹皮、地黄。

第五节 清热解暑药

一、清热解暑药

1. 香薷 辛，微温。归肺、胃经。具有发汗解表，和中利湿功效。多用于外感风邪暑湿、无汗兼脾胃不和之证，治疗伤暑、发热无汗、泄泻腹痛。常与黄芩、黄连、天花粉等同用，治疗牛、马伤暑；常与扁豆、厚朴等配伍治疗暑湿。并具有通利水湿功效，与白术、茯苓等同用，用于尿不利、水肿。

2. 荷叶 苦，平。归肝、脾、胃经。具有解暑、升阳、止泻、凉血止血功效。新鲜者，善清夏季之暑邪，常与藿香、佩兰等同用治疗暑湿泄泻；本品能升发脾阳，常与白术、扁豆等配伍，用治暑热泄泻、脾虚气陷、脾虚泄泻等；还可用于鼻衄、便血、尿血等。

3. 青蒿 苦、辛，寒。归肝、胆经。具有清热解暑，退虚热，杀原虫功效。虽苦寒而不伤脾胃，并有清解暑邪、宣化湿热的作用，用治外感暑热和湿热等；治外感暑热，常与藿香、佩兰、滑石等配伍；治湿热，常与黄芩、竹茹等同用。常与地黄、鳖甲、知母、牡丹皮同用（如青蒿鳖甲汤），治疗阴虚发热。还可用于治疗梨形虫病、球虫病。

二、清热解暑方

香薷散《元亨疗马集》方。香薷、黄芩、黄连、甘草、柴胡、当归、连翘、天花粉、栀子。水煎去渣，候温灌服。具有清热解暑，养血生津功效，常用伤暑治疗。

第六单元 泻下药及方剂

泻下药及方剂

凡能攻积、逐水，引起腹泻，或润肠通便的药物，称为泻下药。主要功能有三：①清除胃肠道内的宿食、燥粪以及其他有害物质，使其从粪便排出。②清热泻火，使实热壅滞通过泻下而得到缓解或消除。③逐水退肿，使水邪从粪尿排出，以达到祛除停饮、消退水肿的目的。泻下药用于里实证。

使用泻下药应注意以下几点：①泻下药的使用，以表邪已解，里实已成为原则，如表证未解，当先解表，然后攻里，若表邪未解而里实已成，则应表里双解，以防表邪内陷。②攻下药、逐水药攻逐力较猛，易伤正气，凡虚证及孕畜不宜使用，如必要时可适当配伍补益药，攻补兼施。此外，这类药物多具有毒性，应注意剂量，防止中毒。③泻下药的作用与剂量有关，量小则力缓，量大则力峻。与配伍也有关，如大黄配厚朴、枳实则力峻；大黄配甘草则力缓。又如大黄是寒下药，如与附子、干姜配合，又可用于寒实闭结之症。因此，应根据病情掌握用药的剂量与配伍。

以泻下药为主组成，具有通导大便、排除胃肠积滞、荡涤实热、攻逐水饮作用，以治疗里实证的方剂，称为泻下方，又叫作攻里方。属"八法"中的"下法"。

第一节　攻下药及方剂★★★★

一、攻 下 药

具有较强的泻下作用，适用于宿食停积，粪便燥结所引起的里实证。又有清热泻火作用，故尤以实热壅滞，燥粪坚积者为宜。常辅以行气药，以加强泻下的力量，并消除腹满证候。

1. 大黄　苦，寒。入脾、胃、大肠、肝、心包经。攻积导滞，泻火凉血，活血祛瘀。本品（图 5-37）善于荡涤肠胃实热，燥结积滞，为苦寒攻下之要药。治热结便秘、腹痛起卧、实热壅滞等，用大黄-芒硝，配枳实、厚朴（大承气汤）；泻下泄热，治血热妄行的出血、目赤肿痛、热毒疮肿等属血分实热壅滞之证，配黄芩、黄连、丹皮等；活血祛瘀，治跌打损伤，瘀阻作痛，配桃仁、红花；清化湿热，治黄疸，用茵陈-大黄，配栀子（茵陈蒿汤）。凡血分无热郁结，肠胃无积滞，以及孕畜应慎用或忌用。

2. 芒硝　苦、咸，大寒。入胃、大肠经。软坚泻下，清热泻火。本品（图 5-38）有润燥软坚、泻下清热的功效，为治里热燥结实证之要药。适用于实热积滞、粪便燥结、肚腹胀满等，大黄-芒硝相须为用；外用，清热泻火，解毒消肿，治热毒引起的目赤肿痛、口腔溃烂及皮肤疮肿。如玄明粉配硼砂、冰片，共研细末，为冰硼散，用治口腔溃烂。孕畜禁用。

3. 番泻叶　甘、苦，寒。入大肠经。泻热导滞。本品（图 5-39）有较强的泻热通便作用，用于热结便秘，腹痛起卧等，配大黄、枳实、厚朴等。治消化不良，食物积滞，配槟榔、大黄、山楂等。

二、攻 下 方

泻下作用猛烈，适用于正气未衰的里实证。常以大黄、芒硝等为主药。

1. 大承气汤　《伤寒论》方。大黄（后下）、芒硝、厚朴、枳实。水煎服或为末，开水冲调，候温灌服。功能攻下热结，破结通肠。主治结症，便秘。证见粪便秘结，腹部胀满，二便不通，口干、舌燥，苔厚，脉沉实。本方适用于阳明腑实证，患畜主要表现为实热便秘，以"痞、满、燥、实"为本证特点。"痞、满"指腹部胀满，"燥、实"指燥粪结于肠道，腹痛拒按。临床应用时，可根据病情在本方基础上加减化裁。

2. 小承气汤 《伤寒论》方。大黄、厚朴、枳实，水煎去渣，候温灌服。具有轻下热结功效，主治阳明腑实证。主治证候为仅具痞、满、实三证而无燥证者。证见潮热、大便秘结，胸腹痞满，舌苔老黄，脉滑而疾。

3. 调胃承气汤 《伤寒论》方。大黄、芒硝、炙甘草，水煎去渣，候温灌服。具有缓下热结功效，主治阳明病胃肠燥热。证见大便不通，燥热内结，舌苔正黄，脉滑数等。

4. 增液承气汤 《温病条辨》方。玄参、麦冬、生地、大黄、芒硝。水煎去渣，候温灌服。具有滋阴增液，通便泄热功效。主治阳明温病、热结阴亏等，证见舌红口干，粪干便秘，燥结难下，腹胀腹痛等。

第二节　润下药及方剂

一、润下药

多为植物种子或果仁，富含油脂，具有润燥滑肠的作用，故能缓下通便。适用于津枯，产后血亏，病后津液未复及亡血的肠燥津枯便秘等。许多种仁药物都具有润燥滑肠作用，如杏仁、桃仁、郁李仁、火麻仁、瓜蒌仁、柏子仁、苏子等。

1. 火麻仁 甘，平。入脾、胃、大肠经。润肠通便，滋养益津。本品（图5-40）多脂，润燥滑肠，性质平和，兼有益津作用，为常用的润下药。用于邪热伤阴、津枯肠燥所致的粪便燥结，配大黄、杏仁、白芍等（麻子仁丸）；治病后津亏及产后血虚所致的肠燥便秘，配当归、生地等。

2. 郁李仁 辛、甘，平。入大肠、小肠经。润肠通便，利水消肿。本品（图5-41）富含油脂，体润滑降，具有润肠通便之功效，适用于老弱病畜之肠燥便秘，配火麻仁、瓜蒌仁等；利水消肿，用于四肢浮肿和尿不利等证，配薏苡仁、茯苓等。

3. 食用油 甘，寒。入大肠经。润燥滑肠。本品滑利而润肠，用治肠津枯燥，粪便秘结，单用或与其他泻下药同用。

4. 蜂蜜 甘，平。入肺、脾、大肠经。润肺，滑肠，解毒，补中。本品（图5-42）甘而滋润，滑利大肠，用治体虚不宜用攻下药的肠燥便秘等；润肺止咳，用治肺燥干咳，肺虚久咳等；益气补中，用于脾虚胃弱等。

二、润下方

泻下作用和缓，适用于体虚便秘之证。常以火麻仁、郁李仁、肉苁蓉等为主药。

当归苁蓉汤 《中兽医治疗学》方。当归、肉苁蓉、番泻叶、广木香、厚朴、炒枳壳、醋香附、瞿麦、通草、神曲。水煎取汁，候温加麻油，同调灌服。功能润燥滑肠，理气通便。主治老弱、久病、体虚患畜之便秘。本方药性平和，马的一般结症都可应用，但偏重于治疗老弱久病、胎产家畜的结症。

第七单元　消导药及方剂★★

　　凡能健运脾胃、促进消化、具有消积导滞作用的药物，称为**消导药**，也称**消食药**。消导药适用于消化不良、草料停滞、肚腹胀满、腹痛腹泻或便秘等。

　　使用注意：在临床应用时，常根据不同病情而配伍其他药物，不可单纯依靠消导药物取效。如食滞多与气滞有关，故常与理气药同用；便秘，则常与泻下药同用；脾胃虚弱，可配健脾胃药；脾胃有寒，可配温中散寒药；湿浊内阻，可配芳香化湿药；积滞化热，可配合苦寒清热药。

　　以消导药为主组成，具有消食化积功能，以治疗积滞痞块的一类方剂，称为**消导方**。属"八法"中的"消法"。

一、消导药

　　1. 神曲　甘、辛，温。入脾、胃经。消食化积，健胃和中。本品（图 5 - 43）具有消食健胃的作用，尤以消谷积见长，并与山楂、麦芽合称三仙。适用于草料积滞、消化不良、食欲不振、肚腹胀满、脾虚泄泻等，用山楂-神曲，配麦芽等（曲蘖散）。

　　2. 山楂　酸、甘，微温。入脾、胃、肝经。消食健胃，活血化瘀。本品（图 5 - 44）能消食健胃，尤以消化肉食积滞见长，治食积不消、肚腹胀满等，用山楂-神曲，配半夏、茯苓等（保和丸），脾胃虚弱无积滞者忌用。

　　3. 麦芽　甘，平。入脾、胃经。消食和中，回乳。本品（图 5 - 45）有消食和中的作用，尤以消草食见长，用治草料停滞、肚腹胀满、脾胃虚弱、食欲不振等。又能回乳，用于治疗乳汁郁积引起的乳房肿胀。哺乳期母畜忌用。

　　4. 鸡内金　甘，平。入脾、胃、小肠、膀胱经。消食健脾，化石通淋。本品消积作用较强，而又具健脾之功，多用于草料停滞而兼有脾虚证；化石通淋，治砂淋、石淋等，配金钱草、海金沙、牛膝等。

　　5. 莱菔子　辛、甘，平。入肺、脾经。消食导滞，降气化痰。本品生用具有消食除胀的作用。治食积气滞的肚腹胀满、嗳气酸臭、腹痛腹泻等，配神曲、山楂、厚朴等；祛痰降气，治痰涎壅盛、气喘咳嗽等证，配苏子等。

二、消导方

　　1. 曲蘖散　《元亨疗马集》方。神曲、麦芽、山楂、厚朴、枳壳、陈皮、苍术、青皮、甘草。共为末，开水冲，候温加生油，白萝卜，同调灌服。功能消积化谷，破气宽肠。证见精神倦怠，眼闭头低，拘行束步，四足如攒，口色鲜红，脉洪大。用于治疗马、牛料伤。

　　2. 保和丸　《丹溪心法》方。山楂、神曲、半夏、茯苓、陈皮、连翘、莱菔子。共为末，开水冲调，候温灌服。功能消食和胃，清热利湿。主治食积停滞。证见肚腹胀满、食欲不振、嗳气酸臭，或大便失常、舌苔厚腻、脉滑等。治一切食积。

第八单元 止咳化痰平喘药及方剂

凡能消除痰涎、制止或减轻咳嗽和气喘的药物，称为**止咳化痰平喘药**。以化痰、止咳、平喘药为主组成，具有消除痰涎、缓解或制止咳喘的作用，用以治疗肺经疾病的方剂，称为**化痰止咳平喘方**。

第一节 温化寒痰药及方剂

一、温化寒痰药

凡药性温燥，具有温肺祛寒、燥湿化痰作用的药物，称为**温化寒痰药**。适用于寒痰、湿痰所致的呛咳气喘，鼻液稀薄等。临床应用时，常与燥湿健脾药物配伍。因其性躁烈，故阴虚燥咳、热痰壅肺等情况慎用。

1. **半夏** 辛，温。有毒。入脾、胃经。降逆止呕，燥湿祛痰，宽中消痞，下气散结。本品（图5-46）辛散温燥，降逆止呕之功显著，半夏-生姜可用于多种呕吐证；燥湿祛痰，为治寒痰、湿痰之要药，适用于咳嗽气逆、痰涎壅滞等，湿痰者，用半夏-陈皮，配茯苓、甘草（二陈汤）；治马肺寒吐沫，配升麻、防风、枯矾、生姜（半夏散）。阴虚燥咳、伤津口渴、血证、热痰黏稠及孕畜禁用。反乌头。

2. **天南星** 苦、辛，温。有毒。入肺、肝、脾经。燥湿祛痰，祛风解痉，消肿毒。本品（图5-47）燥湿之功更烈于半夏，适用于风痰咳嗽、顽痰咳嗽及痰湿壅滞等，常配陈皮、半夏、白术；祛风解痉，为祛风痰的主药，常用于癫痫、口眼歪斜、中风口紧、全身风痹、四肢痉挛、破伤风等，配半夏、白附子等；消肿毒，外敷疮肿，有消肿止痛的功效。阴虚燥痰及孕畜忌用。

3. **旋覆花** 苦、辛、咸，微温。入肺、大肠经。降气平喘，消痰行水。本品（图5-48）能降气平喘，用于咳嗽气喘、气逆不降等，常配苏子等；消痰行水，配桔梗、桑白皮、半夏、瓜蒌仁等，治疗痰壅气逆及痰饮蓄积所致的咳喘痰多等证。阴虚燥咳，粪便泄泻者忌用。

4. **白前** 辛、甘，微温。入肺经。祛痰，降气止咳。本品既可祛痰以除肺气之壅实，又能止咳嗽以制肺气之上逆，肺气壅塞、痰多诸证，均可应用。偏寒者，常配紫菀、半夏；偏热者，常配桑白皮、地骨皮；外感咳嗽，可配荆芥、桔梗、陈皮等（止嗽散）。

二、温化寒痰方

二陈汤 《和剂局方》方。制半夏、陈皮、茯苓、炙甘草。水煎服或为末，开水冲调，候温灌服。功能燥湿化痰，理气和中。主治湿痰咳嗽、呕吐、腹胀。证见咳嗽痰多、色白，舌苔白润。本方为治疗以湿痰为主的多种痰证的基础方，多用于治疗因脾阳不足，运化失职，水湿凝聚成痰所引起的咳嗽、呕吐等证。

第二节 清化热痰药及方剂

一、清化热痰药

凡药性偏于寒凉、以清化热痰为主要作用的药物，称为**清化热痰药**。适用于热痰郁肺所引起的呛咳气喘，鼻液黏稠等。临床应用时，应根据病情做适当的配伍。

1. 贝母（图5-49）川贝母：苦、甘，微寒；浙贝母：苦，寒。均入心、肺经。止咳化痰，清热散结。止咳化痰，用于痰热咳嗽，用川贝母-知母；久咳，用贝母-杏仁、紫菀、款冬花、麦冬等止咳养阴药；治肺痈鼻脓，配百合、大黄、天花粉等（百合散）；清热散结，浙贝母适用于疱痈未溃者；治乳痈肿痛，常配天花粉、连翘、蒲公英、当归、青皮等。脾胃虚寒及有湿痰者忌用。反乌头。

2. 瓜蒌 甘，寒。入肺、胃、大肠经。清热化痰，宽中散结。本品（图5-50）甘寒清润，能清热化痰，用于肺热咳嗽、痰液黏稠等，常配贝母、桔梗、杏仁等；润肠通便，用于粪便燥结，常配火麻仁等。脾胃虚寒、无实热者忌用。反乌头。

3. 桔梗 苦、辛，寒。入肺经。宣肺祛痰，排脓消肿。本品（图5-51）宣肺祛痰，长于宣肺而疏散风邪，为治外感风寒或风热所致咳嗽、咽喉肿痛等的常用药。治肺热咳喘，常配贝母、板蓝根、甘草、蜂蜜等（清肺散）；排脓消肿，治肺痈、疮黄肿毒，有排脓之效。阴虚久咳者忌用。

4. 天花粉 苦、酸，寒。入肺、胃经。清肺化痰，养胃生津。本品能清肺化痰。治肺热燥咳、肺虚咳嗽、胃肠燥热或痈肿疮毒等，常配麦冬、生地；养胃生津，治热证伤津口渴者，常配生地、芦根等。脾胃虚寒者忌用。

5. 前胡 苦、辛，微寒。入肺经。降气祛痰，宣散风热。本品能降气祛痰，适用于肺气不降的痰稠喘满及风热郁肺的咳嗽；宣散风热，治风热郁肺、发热咳嗽，常配薄荷、牛蒡子、桔梗等。阴虚火嗽、寒饮咳嗽均不宜用。

二、清化热痰方

1. 麻杏甘石汤 《伤寒论》方。麻黄、杏仁、炙甘草、石膏。为末，开水冲调，候温灌服，或煎汤服。功能辛凉泄热，宣肺平喘。主治肺热气喘。证见咳嗽喘急，发热有汗或无汗，口干渴，舌红，苔薄白或黄，脉浮滑而数。本方是治疗肺热气喘的常用方剂，使用时以喘急身热为依据。

2. 清肺散 《元亨疗马集》方。板蓝根、葶苈子、甘草、浙贝母、桔梗，水煎去渣，候温灌服。具有清肺平喘、化痰止咳功效。主治肺热咳喘，咽喉肿痛。证见气促喘粗，咳嗽，口干，舌红等。用于马的肺热喘咳，也可治疗支气管炎、肺炎。加知母、瓜蒌、桑白皮、黄白药子，可治疗热盛痰多。喘甚，可加苏子、杏仁、紫菀等。加沙参、麦冬、天花粉等，可治肺燥干咳。

3. 百合散　《痊骥通玄论》方。百合、贝母、大黄、甘草、天花粉。为末，开水冲调，候温加蜂蜜调服。功能滋阴清热，润肺化痰。主治肺痈鼻脓。证见喘粗鼻咋，连声咳嗽，鼻流脓涕，口色红，脉洪数，肷吊毛焦。本方为治疗肺热鼻流脓涕的常用方，若上焦热盛，加黄芩、栀子、黄连、柴胡以清热解毒；咽喉敏感，加玄参以养阴生津。另外，本方还可用于治疗化脓性鼻炎。

第三节　止咳平喘药及方剂★★★★

一、止咳平喘药

凡以止咳、平喘为主要作用的药物，称为**止咳平喘药**。由于咳喘有寒热虚实等的不同，故临床应用时，须选用适宜药物配伍。

1. 杏仁　苦，温。有小毒。入肺、大肠经。止咳平喘，润肠通便。本品（图 5-52）苦泄降气，能止咳平喘，主要用于咳逆，喘促等证，麻黄-杏仁可用于外感风寒咳嗽（麻黄汤）；也可用于肺热气喘，配石膏、甘草（麻杏甘石汤）；治老弱病畜肠燥便秘和产后便秘，配桃仁、火麻仁等润燥滑肠。阴虚咳嗽者忌用。

2. 款冬花　辛，微苦，温。入肺经。润肺下气，止咳化痰。本品（图 5-53）为治咳喘之要药，无论寒热虚实均可使用。咳嗽偏寒，常与干姜、紫菀、五味子等配伍；肺热咳喘，常与知母、桑叶、川贝母等配伍；阴虚燥咳，常与沙参、麦冬等配伍；肺痈咳吐脓痰，常与桔梗、薏苡仁配伍。可用于多种咳嗽（款冬花-紫菀）。

3. 百部　甘、苦，微温。有小毒。入肺经。润肺止咳，杀虫灭虱。本品（图 5-54）能润肺止咳，对新久咳嗽均有疗效。与麻黄、苦杏仁配伍，治风寒咳喘；与紫菀、川贝、葛根、石膏、淡竹叶配伍，治肺痨久咳。杀虫灭虱，20%的乙醇浸液或50%的水浸液外用，对畜、禽体虱、虱卵均具有杀灭力，并善杀蛲虫，外用内服均有效。

4. 枇杷叶　苦，平。入肺、胃经。化痰止咳，和胃降逆。本品清泄肺热，化痰止咳，常用于肺热咳喘，常配黄连、桑白皮等；治肺燥咳嗽，多蜜炙用；清胃热，止呕逆，为治胃热口渴、呕逆等的常用药，常配沙参、石斛、玉竹、竹茹等。寒嗽及胃寒作呕者不宜用。

5. 紫菀　辛、苦，温。入肺经。化痰止咳，润肺下气。本品辛散苦泄，有下气化痰止咳的功效，为止咳的要药，用于治疗咳嗽，痰多喘急等。久咳不止，常与款冬花、百部、乌梅、生姜配伍；阴虚咳嗽，常与知母、贝母、桔梗、阿胶、党参、茯苓、甘草等配伍；外感咳嗽痰多，常与百部、桔梗、白前、荆芥等配伍（止嗽散）。

6. 白果　甘、苦、涩，平。有小毒。入肺经。敛肺定喘，收涩除湿。本品能敛肺气，定喘咳，适用于久病或肺虚引起的咳喘；常与麻黄、苦杏仁、黄芩、桑白皮、紫苏子、款冬花、半夏、甘草配伍治劳伤久咳；收涩除湿，用于湿热、尿白浊等，常配芡实、黄柏等。

7. 紫苏子　辛，温。入肺经。可降气化痰，止咳平喘，润肠通便。具有止咳平喘，降气祛痰，以缓和气壅痰滞之喘咳，常用于咳逆痰喘，可配前胡、半夏、厚朴、陈皮、甘草、当归、生姜、肉桂，用治上实下虚的咳喘证，如苏子降气汤。本品可用于肠燥便秘，常与火麻仁、瓜蒌仁、杏仁等同用。

二、止咳平喘方

1. 止嗽散　《医学心悟》方。荆芥、桔梗、紫菀、百部、白前、陈皮、甘草。为末，开水冲，候温灌服。功能止咳化痰，疏风解表。主治外感风寒咳嗽。证见咳嗽痰多、日久不愈、舌苔白、脉浮缓。本方为治外感咳嗽的常用方，用于外感风寒咳嗽，以咳嗽不畅、痰多为主证。

2. 苏子降气汤　《和剂局方》方。苏子、制半夏、前胡、厚朴、陈皮、肉桂、当归、生姜、炙甘草。水煎服。功能降气平喘，温肾纳气。主治上实下虚的喘咳证。证见痰涎壅盛、咳喘气短、舌苔白滑等。临床上常用于治疗痰涎壅盛，咳嗽气喘，肾气不足者。气虚咳嗽可加党参、五味子；风寒咳嗽可加麻黄、杏仁等。全方药性偏温燥，故肺肾两虚或肺热咳喘者禁用。

第九单元　温里药及方剂

凡是药性温热、能够祛除寒邪的一类药物，称为**温里药**或祛寒药。温里药具有温中散寒、回阳救逆的功效。适用于因寒邪而引起的肠鸣泄泻、肚腹冷痛、耳鼻俱凉、四肢厥冷、脉微欲绝等证。

使用注意：此类药物辛温燥热，易伤津液，热证及阴虚畜证应忌用或慎用。

以温热药为主组成，具有温中散寒，回阳救逆，温经通脉等作用，用于治疗里寒证的一类方剂，称为**温里方**或祛寒方。属"八法"中的"温法"。

一、温　里　药★★

1. 附子　大辛，大热。有毒。入心、脾、肾经。温中散寒，回阳救逆，除湿止痛。本品（图 5-55）辛热，温中散寒，能消阴翳以复阳气。用于阴寒内盛之脾虚不运、伤水腹痛、冷肠泄泻、胃寒草少、肚腹冷痛等；回阳救逆，用于大汗、大吐或大下后，四肢厥冷，脉微欲绝，或大汗不止，或吐利腹痛等虚脱危证，用附子-干姜，配甘草（四逆汤）；除湿止痛，用于风寒湿痹、下元虚冷等，常配桂枝、生姜、大枣、甘草等。热证、阴虚火旺及孕畜忌用。

2. 干姜　辛，温。入心、脾、胃、肾、肺、大肠经。温中散寒，回阳通脉。本品善温暖胃肠，脾胃虚寒、伤水起卧、四肢厥冷、胃冷吐涎、虚寒作泻等均可应用。治脾胃虚寒，常配党参、白术、甘草（理中汤）；回阳通脉，助附子回阳救逆，治阳虚欲脱证，用附子-干姜配甘草（四逆汤）；温经通脉，治风寒湿痹证。热证、阴虚及孕畜忌用。

3. **肉桂** 辛、甘，大热。入脾、肾、肝经。暖肾壮阳，温中祛寒，活血止痛。本品（图 5-56）暖肾壮阳，治肾阳不足、命门火衰的病证，常配熟地、山茱萸等（肾气丸）；温中祛寒，益火消阴，大补阳气以祛寒，治下焦命火不足、脾胃虚寒、伤水冷痛、冷肠泄泻等病证，用附子-肉桂，配茯苓、白术、干姜等；活血止痛，通血脉，治脾胃虚寒、肚腹冷痛、风湿痹痛、产后寒痛等证，常配高良姜、当归。忌与赤石脂同用。孕畜慎用。

4. **小茴香** 辛，温。入肺、肾、脾、胃经。祛寒止痛，理气和胃，暖腰肾。本品（图 5-57）辛能行散，温能祛寒，理气止痛，治子宫虚寒，伤水冷痛，肚腹胀满，寒伤腰胯等，常配干姜、木香等；配肉桂、槟榔、白术、巴戟天、白附子等治寒伤腰胯（茴香散）；芳香醒脾，开胃进食，治胃寒草少，常配益智仁、白术、干姜等。热证及阴虚火旺者忌用。

5. **吴茱萸** 辛、苦，温。有小毒。入肝、肾、脾、胃经。温中止痛，理气止呕。本品能温中止痛，疏肝暖脾，消阴寒之气，治脾虚慢草、伤水冷痛、胃寒不食等，常配干姜、肉桂等；疏肝利气、和中止呕，常配生姜、党参、大枣等，治胃冷吐涎。血虚有热及孕畜慎用。

6. **艾叶** 苦、辛，温。入脾、肝、肾经。理气血，逐寒湿，安胎。本品芳香，辛散苦燥，有散寒除湿、温经止血之功，适用于寒性出血和腹痛，特别是子宫出血、腹中冷痛、胎动不安等，常配阿胶、熟地等。阴虚血热者忌用。

7. **花椒** 辛，温。入胃、脾、肾经。具有温中散寒、杀虫止痒功效。可治冷痛、冷肠泄泻。常用治脾胃虚寒、伤水冷痛等，多与干姜、党参等同用。本品可治虫积、湿疹、疥癣，常与乌梅等配伍治蛔虫等。

二、温中散寒方

常以干姜、吴茱萸等药物为主组成，适用于中焦脾胃虚寒证。

理中汤 《伤寒论》方。干姜、党参、白术、炙甘草。水煎服，或共为末，开水冲调，候温灌服。功能温中散寒，补气健脾。主治脾胃虚寒证，证见慢草不食，腹痛泄泻，完谷不化，口不渴，口色淡白，脉象沉细或沉迟。本方是治疗脾胃虚寒的代表方剂。对于脾胃虚寒引起的慢草不食，腹痛泄泻等均可应用，如慢性胃肠炎、胃及十二指肠溃疡等属脾胃虚寒者。

三、回阳救逆方

常以附子、肉桂、干姜等药物为主组成，适用于脾肾阳虚、心肾阳虚之阴寒重证。

四逆汤 《伤寒论》方。熟附子、干姜、炙甘草。水煎服，或共为末，开水冲调，候温灌服。功能回阳救逆。主治少阴病和亡阳证。证见四肢厥逆、恶寒倦卧、神疲力乏、呕吐不渴、腹痛泄泻、舌淡苔白、脉沉微细。本方以四肢厥冷、神疲力乏、舌苔淡白、脉微沉细为应用要点。临床实践中，若因急性胃肠炎、大汗、大泻、阳虚阴盛而致的四肢厥逆，均可用本方治疗。现代临床常用于急性心衰、休克、急慢性胃肠炎吐泻失水过多、或急性病大汗出而见休克等属阴盛阳衰者。本方中皆为纯阳药物，若为阳热郁闭、邪热内陷之真热假寒四肢厥冷者，则不宜应用。

第十单元　祛湿药及方剂

凡能祛除湿邪、治疗水湿证的药物，称为祛湿药。以祛湿药物为主组成，具有化湿利水、祛风除湿作用，治疗水湿和风湿病证的一类方剂，称为祛湿方。

第一节　祛风湿药及方剂★★

一、祛风湿药

能够祛风胜湿、治疗风湿痹证的药物，称为祛风湿药。这类药物大多数味辛性温，具有祛风除湿、散寒止痛、通气血、补肝肾、壮筋骨之效。适用于风湿在表而出现的皮紧腰硬、肢节疼痛、颈项强直、拘行束步、卧地难起、筋络拘急、风寒湿痹等。其性多燥，凡阳虚血虚的患畜应慎用。

1. 羌活　辛，温。入膀胱、肾经。发汗解表，祛风止痛。本品（图5-58）发汗解表兼散风寒，用治风寒感冒、颈项强硬、四肢拘挛等，常配防风、白芷、川芎等；祛风寒，散风通痹，为祛上部风湿主药，多用于项背、前肢风湿痹痛。用于全身风湿痹痛，羌活-独活常相须为用。阴虚火旺，产后血虚者慎用。

2. 独活　辛，温。入肝、肾经。祛风胜湿，止痛。本品（图5-59）能祛风胜湿，为治风寒湿痹，尤其是腰胯、后肢痹痛的常用药物，用桑寄生-独活，配防风、细辛等（独活寄生汤）；治外感风寒挟湿，四肢关节疼痛等，用独活-羌活，常共同配伍于解表药中。血虚者忌用。

3. 秦艽　苦、辛，平。入肝、胆、胃、大肠经。祛风湿，退虚热。本品散风湿之邪；入肝经舒筋止痛。多用于风湿性肢节疼痛、湿热黄疸、尿血等。配瞿麦、当归、蒲黄、山栀等，治弩伤尿血（秦艽散）；退虚热，解热除蒸，治虚劳发热，常配知母、地骨皮等。脾虚便溏者忌用。

4. 威灵仙　辛、咸，温。入膀胱经。祛风湿，通经络，消肿止痛。本品（图5-60）性急善走，味辛散风，性温除湿。多用于风湿所致的四肢拘挛、屈伸不利、肢体疼痛、跌打损伤等，常配羌活、独活、秦艽、乳香、没药等。

5. 木瓜　酸，温。入肝、脾、胃经。舒筋活络，和胃化湿。本品味酸，生津舒筋，性温去湿，并能和胃化湿，用于风湿痹痛、腰胯无力、后躯风湿、湿困脾胃、呕吐腹泻等，治后肢风湿，常配独活、威灵仙等，并为后肢痹痛的引经药。

6. 五加皮　辛、苦，温。入肝、肾经。祛风湿，壮筋骨。本品既能祛风胜湿，又能强壮筋骨，适用于风湿痹痛、筋骨不健等；利湿，治水肿、尿不利等，常配茯苓皮、大腹皮等（五皮饮）。

7. 防己　苦、辛，寒。入膀胱、肺经。利水退肿（汉防己较佳），祛风止痛（木防己较佳）。本品善走下行，长于除湿。治水湿停留所致的水肿、胀满等，常配杏仁、滑石、连翘、栀子、半夏等；治肾虚腿肿，配黄芪、茯苓、桂心、胡芦巴等（防己散）；祛风止痛，治风湿疼痛、关节肿痛等，常配乌头、肉桂等。阴虚无湿滞者忌用。

8. 桑寄生　苦，平。入肝、肾经。祛风湿，补肝肾，强筋骨，安胎。适用于风湿痹痛及血虚、筋脉失养所致的腰胯无力，四肢痿软，背项强直，常与独活、熟地、杜仲、牛膝、当归等同用，如独活寄生汤；用治肝肾虚损，胎动不安，常与阿胶、艾叶等配伍。

9. 乌梢蛇　甘，平。入肝经。具有祛风、活络、止痉功效。主治风寒湿痹、风湿麻痹，多与羌活、防风等配伍。本品还可治疗惊痫抽搐、破伤风，常与蜈蚣、全蝎等配伍；用治破伤风，常与天麻、蔓荆子、羌活、独活、细辛等配伍，如千金散。

二、祛风湿方

适用于风寒湿邪侵袭肌表经络所致的痹痛等证，常以独活、羌活、秦艽、桑寄生等祛风胜湿药为方中主药。

1. 独活散　《元亨疗马集》方。独活、羌活、防风、肉桂、泽泻、汉防己、当归、桃仁、大黄、酒黄柏、连翘、炙甘草。研为细末，开水冲，候温加酒，同调灌服。功能疏风祛湿，活血止痛。主治风湿痹痛。证见腰胯疼痛，项背僵直，四肢关节疼痛，肌肉震颤等。

2. 独活寄生汤　《备急千金要方》方。独活、桑寄生、熟地、杜仲、牛膝、当归、白芍、川芎、党参、茯苓、甘草、细辛、桂心、秦艽、防风。水煎服，或研末，开水冲调，候温灌服。功能益肝肾，补气血，祛风湿，止痹痛。主治风寒湿痹、肝肾两亏、气血不足诸证。证见腰胯疼痛，四肢关节屈伸不利、疼痛，筋脉拘挛，脉沉细弱等。本方为治疗痹证日久、肝肾气血不足之证的常用方剂。临床上对肝肾两虚，风寒湿三气杂至，痹阻经脉导致的慢性肌肉风湿、腰胯及四肢关节疼痛、慢性风湿性关节炎及牛产后瘫痪等皆可酌情加减应用。

第二节　利湿药及方剂

一、利湿药

凡能利尿、渗除水湿的药物，称为**利湿药**。这类药多味淡性平，以利湿为主，作用比较缓和，有利尿通淋、消水肿、除水饮、止水泻的功效，还能引导湿热下行。因此，常用于尿赤涩、淋浊、水肿、水泻、黄疸和风湿性关节疼痛等。但忌用于阴虚津少，尿不利之症。

1. 茯苓　甘、淡，平。入脾、胃、心、肺、肾经。渗湿利水，健脾补中，宁心安神。本品（图5-61）味甘而淡，甘能和中，淡能渗泄，为利水渗湿之要药，兼健脾和中，尤适用于脾胃虚弱、运化水湿无力之水湿证。水湿停滞或偏寒者，多用白茯苓；偏于湿热者，多用赤茯苓；若水湿外泛而为水肿、尿涩者，多用茯苓皮。

2. 猪苓　甘、淡，平。入肾、膀胱经。利水通淋，除湿退肿。猪苓（图5-62）以淡渗见长，利水渗湿作用优于茯苓，凡因水湿停滞，尿不利，水肿胀满，肠鸣作泻，湿热淋浊等，用茯苓-猪苓，配白术、泽泻等同用（五苓散）。

3. 茵陈 苦，微寒。入脾、胃、肝、胆经。清湿热，利黄疸。本品苦泄下降，功专清利湿热。治湿热黄疸，配栀子、大黄(茵陈蒿汤)；治湿热泄泻，配黄柏、车前子等。

4. 泽泻 甘、淡，寒。入肾、膀胱经。利水渗湿，泻肾火。本品（图5-63）甘淡能利水渗湿，性寒能泻肾火和膀胱热。治水湿停滞的尿不利、水肿胀满、湿热淋浊、泻痢不止等，用泽泻-茯苓，配猪苓等；治肾阴不足、虚火偏亢，可配丹皮、熟地等（六味地黄汤）。无湿及肾虚精滑者禁用。

5. 车前子 甘、淡，寒。入肝、肾、小肠经。利水通淋，清肝明目。本品性寒而滑利，故能利水通淋，以治热淋为主。配滑石、木通、瞿麦，用治湿热淋浊、水湿泄泻、暑湿泻痢、尿不利等；清肝明目，配夏枯草、龙胆、青葙子等，治眼目赤肿、睛生翳障、黄疸等。内无湿热及肾虚精滑者忌用。

6. 金钱草 微咸，平。入肝、胆、肾、膀胱经。利水通淋，清热消肿。清湿热，利胆退黄，用于湿热黄疸，常与栀子、茵陈等同用；利水通淋，用于尿道结石，常配石韦、鸡内金、海金沙等；清热消肿，可配鲜车前草捣烂加白酒，擦患处治恶疮肿毒。

7. 滑石 甘，寒。入胃、膀胱经。利水通淋，清热解暑，外用祛湿敛湿。用治湿热下注所致的热淋、石淋、水肿等，常与金钱草、车前子、海金沙等配伍；用治马胞转，常配伍泽泻、灯芯草、茵陈、猪苓等；治暑热、暑温、暑湿泄泻，常配伍甘草（六一散）；治湿疮、湿疹，配伍石膏、枯矾或与黄柏同用。

8. 薏苡仁 甘、淡，凉。入脾、胃、肺经。具健脾、渗湿、排脓功效。炒熟用治脾虚泄泻，常与茯苓、白术同用。具有渗湿而利水，用治水肿、浮肿、沙石热淋等，常配滑石、木通等。排脓而清肺，用治肺痈等，配桃仁、芦根等。

9. 石韦 甘、苦，微寒。入肺、膀胱经。具有利尿通淋、清热止血功效。常与茅根、车前、滑石同用，治热淋、尿不利等。常与蒲黄、当归、赤芍等配伍，用治尿血、血淋。

二、利 湿 方

适用于水湿停滞所引起的各种病证，如小便不利、泄泻、水肿、尿淋、尿闭等，常以茯苓、猪苓、泽泻、车前子、木通、滑石等渗湿利水药为方中主药。

1. 五苓散 《伤寒论》方。猪苓、茯苓、泽泻、白术、桂枝。共为细末，开水冲调，候温灌服，或煎汤服。功能渗湿利水，温阳化气，和胃止呕。主治外有表证，内停水湿。证见发热恶寒，口渴贪饮，小便不利，舌苔白，脉浮。亦可治水湿内停之水肿、泄泻、小便不利、痰饮、吐涎等证。本方是利尿消肿的常用方剂。临床上凡脾虚不运，气不化水之水湿内停、小便不利、或为蓄水、或为水逆、或为痰饮、或为水肿、泄泻等，均可以本方加减治疗。本方合平胃散(陈皮、苍术、厚朴、甘草)名胃苓汤，具有行气利水，祛湿和胃的作用，用于治疗寒湿泄泻，腹胀，水肿，小便不利。现代临床常用于治疗肾炎、心源性水肿、急性肠炎、尿潴留等属于水湿内停者。

2. 八正散 《和剂局方》方。木通、瞿麦、车前子、萹蓄、滑石、灯芯草、栀子、大黄、甘草梢。共为细末，开水冲调，候温灌服，或水煎服。功能清热泻火，利水通淋。主治湿热下注引起的热淋、石淋。证见尿频、尿痛或闭而不通，或小便浑赤，淋漓不畅，口干舌红，苔黄腻，脉象滑数。本方为治疗热淋的常用方剂。凡淋证属于湿热者，均可用本方加减治疗。

第三节 化湿药及方剂

一、化湿药

气味芳香，能运化水湿，辟秽除浊的药物，称为化湿药。这类药物，多属辛温香燥。芳香可助脾运，燥可祛湿，用于湿浊内阻、脾为湿困、运化失调等所致的肚腹胀满或呕吐草少、粪稀泄泻、精神短少、四肢无力、舌苔白腻等。但阴虚血燥及气虚者应慎用。

1. 藿香 辛，微温。入脾、胃、肺经。芳香化湿，和中止痛，解表邪，除湿滞。本品（图5-64）芳香化湿，治湿浊内阻、脾为湿困、运化失调的肚腹胀满、少食、神疲、粪便溏泄、口腔滑利、舌苔白腻等偏湿的病证，常配苍术、厚朴、陈皮、甘草、半夏等。阴虚无湿及胃虚作呕者忌用。不宜久煎。

2. 苍术 辛、苦，温。入脾、胃经。燥湿健脾，发汗解表，祛风湿。本品（图5-65）气香辛烈，性温而燥。治湿困脾胃、运化失司、食欲不振、消化不良、胃寒草少、腹痛泄泻，用苍术-厚朴，配陈皮、甘草等（平胃散）；辛温解表，祛风湿，治关节疼痛、风寒湿痹，常配独活、秦艽、牛膝、薏苡仁、黄柏等。阴虚有热或多汗者忌用。

3. 佩兰 辛，平。入脾经。醒脾化湿，解暑生津。本品气味芳香，能调中辟浊。治湿热浊邪郁于中焦所致的肚腹胀满、舌苔白腻和暑湿表证等，用藿香-佩兰，配藿香、厚朴、白豆蔻等；解暑生津，治暑热内蕴、肚腹胀满，配厚朴、鲜荷叶等。阴虚血燥，气虚者不宜用。

4. 白豆蔻 辛，温。芳香。入肺、脾、胃经。芳香化湿，行气和中，化痰消滞。本品（图5-66）能行气，暖脾化湿。治胃寒草少、腹痛下痢、脾胃气滞、肚腹胀满、食积不消等，常配苍术、厚朴、陈皮、半夏等；行气止呕，治胃寒呕吐，常配半夏、藿香、生姜等。

5. 草豆蔻 辛，温。气芳香。入脾、胃经。温中燥湿，健脾和胃。气味辛香，性温和中，健脾化湿。配砂仁、陈皮、建曲等，治脾胃虚寒所致食欲不振、食滞腹胀、冷肠泄泻、伤水腹痛等；温胃止呕，治寒湿郁滞中焦，气逆作呕，常配高良姜、生姜、吴茱萸等。阴血不足、无寒湿郁滞者不宜用。

二、化湿方

适用于湿浊内阻，脾为湿困，运化失职之证，常以苍术、藿香、陈皮、砂仁、草豆蔻等芳香化湿药为方中主药。

1. 平胃散 《和剂局方》《元亨疗马集》方。苍术、厚朴、陈皮、甘草、生姜、大枣。共为末，开水冲调，候温灌服，或水煎服。功能燥湿健脾，行气和胃，消胀除满。主治胃寒食少、寒湿困脾证。证见食欲减退、肚腹胀满、大便溏泻、嗳气呕吐、舌苔白腻而厚、脉缓。现代兽医临床经常用于治疗食欲减退、急慢性胃肠炎、胃肠神经官能症等属于湿郁气滞者。

2. 藿香正气散 《和剂局方》方。藿香、紫苏、白芷、半夏、陈皮、茯苓、白术、厚朴（姜汁炙）、大腹皮、桔梗、炙甘草。共为末，生姜、大枣煎水冲调，候温灌服，或水煎灌服。功能解表化湿，理气和中。主治外感风寒，内伤湿滞，中暑。证见发热恶寒，肚腹胀满、疼痛，呕吐，肠鸣泄泻，舌苔白腻，脉象滑。本方为治外感风寒，内伤湿滞的常用方。

对暑月感冒、中暑、脾胃失和者最为适宜。现代兽医临床上常用本方加减治疗家畜急性胃肠炎、胃肠型感冒、消化不良等属于外感风寒、内伤湿滞者和牛的流行热等。本方作汤剂时，不宜久煎，以免药性耗散，影响疗效。

3. 五皮饮　《华氏中藏经》方。茯苓皮、陈橘皮、桑白皮、大腹皮、生姜皮。水煎服，或共为末，开水冲调，候温灌服。功能健脾化湿，利水消肿。主治脾虚气滞，水肿证。证见头面、四肢水肿，小便不利，胸腹胀满，呼气喘促，舌苔白腻，脉象沉缓。本方为治疗皮肤水肿的通用方剂。

第十一单元　理气药及方剂

　　凡能疏通气机，调理气分疾病的药物，称为**理气药**。其中理气力量特别强的，习称"**破气**"药。以理气药为主组成，具有调理气分，舒畅气机，消除气滞、气逆作用，用于治疗各种气分病证的方剂，称为**理气方**。

　　本类药物大部分辛温芳香，具有行气消胀、解郁、止痛、降气等作用，主要用于脾胃气滞所表现的肚腹胀满、疼痛不安、嗳气酸臭、食欲不振、大便异常，以及肺气壅滞所致咳喘等。

　　使用注意：理气药多辛温香燥，易耗气伤阴，故对气虚、阴虚的病畜应慎用，必要时可配伍补气、养阴药。

一、理气药★

　　1. 陈皮　辛、苦，温。入脾、肺经。理气健脾，燥湿化痰。本品（图5-67）辛能行气，调畅中焦脾胃气机，气行则痛止。用于中气不和而引起的肚腹胀满、食欲不振、呕吐、腹泻等；燥湿化痰，治痰湿滞塞、气逆喘咳，用半夏-陈皮，配茯苓、甘草等（二陈汤）；治肚腹胀满、消化不良，常配厚朴、苍术等（平胃散）。阴虚燥热、舌赤少津、内有实热者慎用。

　　2. 青皮　苦、辛，温。入肝、胆经。疏肝止痛，破气消积。本品（图5-68）辛散，苦降温通，故能疏肝破气而止痛。柴胡-青皮，配郁金、香附、鳖甲等，治肝气郁结所致的肚胀腹痛；健胃之功效同陈皮，而行气散结化滞之力尤胜，多用于食积胀痛、气滞血瘀等。阴虚火旺慎用。

　　3. 厚朴　苦、辛，温。入脾、胃、大肠经。行气燥湿，降逆平喘。本品（图5-69）能除胃肠滞气，燥湿运脾。用治湿阻中焦、气滞不利所致的肚腹胀满、腹痛或呃逆等，常配苍术-厚朴，配陈皮、甘草等（平胃散）；降逆平喘，外感风寒之咳喘，用杏仁-厚朴，配桂枝；痰湿内阻之咳喘，配苏子、半夏等。脾胃无积滞者慎用。

　　4. 枳实　苦，微寒。入脾、胃经。破气消积，通便利膈。治脾胃气滞，痰湿水饮所致的肚腹胀满、草料不消等，常配厚朴、白术等；治热结便秘、肚腹胀满疼痛者，常配大黄、芒硝等（大承气汤）。脾胃虚弱和孕畜忌服。

5. 香附 辛、微苦，平。入肝、胆、脾经。理气解郁，散结止痛。为疏肝理气，散结止痛的主药。香附-柴胡，配郁金、白芍等，治肝气郁结所致的肚腹胀满疼痛和食滞不消；治乳痈初起，可与蒲公英、赤芍等药配伍；用治产后腹痛，常与艾叶、当归等配伍。本品苦燥能耗血散气，故血虚气弱者不宜单用。体温过高和孕畜慎用。

6. 木香 辛、微苦，温。入脾、胃、大肠、胆经。行气止痛，和胃止泻。长于行胃肠滞气，凡消化不良、食欲减退、腹满胀痛等证，皆可应用。血枯阴虚、热盛伤津者忌用。

7. 砂仁 辛，温。入胃、脾、肾经。行气和中，温脾止泻，安胎。本品气香性温，醒脾调胃，行气宽中，适用于脾胃气滞或气虚诸证；温脾止泻，治脾胃虚寒，配干姜；安胎，用于气滞胎动不安，常配白术、桑寄生、续断等。胃肠热结者慎用。

8. 草果 辛，温。入脾、胃经。温中燥湿，除痰祛寒。本品温燥辛烈，长于温中散寒，燥湿除痰，适用于痰浊内阻、苔白厚腻等，常配槟榔、厚朴、黄芩等；温中燥湿，用于寒湿阻滞中焦，脾胃不运所致的肚腹胀满、疼痛、食少等，常配草豆蔻、厚朴、苍术等。无寒湿者不宜用。

9. 槟榔 辛、苦，温。入胃、大肠经。杀虫消积，行气利水。能驱杀多种肠内寄生虫，并有轻泻作用，有助于虫体排出；消积导滞，兼有轻泻之功，治食积气滞、腹胀便秘、里急后重等，多与理气导滞药同用；行气利水，常配吴茱萸、木瓜、苏叶、陈皮等。老弱气虚者禁用。

10. 枳壳 苦、辛、酸，温。入脾、胃经。具有行气宽中、化痰、消食功效。本品行气宽中而消食，用治宿食不消、肚胀等，常与大黄、苍术、厚朴、陈皮、莱菔子等同用。

二、理气方

1. 橘皮散 《元亨疗马集》方。青皮、陈皮、厚朴、桂心、细辛、茴香、当归、白芷、槟榔。共为末，开水冲，候温加葱白、炒盐、醋，同调灌服。功能理气散寒，和血止痛。主治马伤水起卧。证见腹痛起卧、肠鸣如雷、口色淡青、脉象沉迟等。本方广泛用于治疗马属动物伤水冷痛。

2. 越鞠丸 《丹溪心法》方。香附、苍术、川芎、神曲、栀子。水煎服，或研末，开水冲调，候温灌服。功能行气解郁，疏肝理脾。主治由于气、火、血、痰、湿、食六郁所致的肚腹胀满、嗳气呕吐、水谷不消等属于实证者。本方是治疗六郁证的基础方，临床应用时根据六郁的偏甚，适当配伍，以提高疗效。现代兽医临床上常用本方治疗胃肠神经官能症、胃及十二指肠溃疡、慢性胃炎及其他慢性胃肠病和消化不良等属于六郁所致者。

第十二单元 理血药及方剂

凡能调理和治疗血分病证的药物，称为**理血药**。血分病证一般分为血虚、血溢、血热和血瘀四种。血虚宜补血，血溢宜止血，血热宜凉血，血瘀宜活血。故理血药有补血、活血祛瘀、清热凉血和止血四类。清热凉血药已在清热药中叙述，补血药将在补益药中叙述，本单元只介绍活血祛瘀药和止血药。具有活血调血或止血作用，治疗血瘀或出血证的方剂，统称**理血方**。

使用理血药应注意以下几点：①活血祛瘀药兼有催产下胎作用，对孕畜要忌用或慎用。②在使用止血药时，除大出血应急救止血外，还须注意有无瘀血，若瘀血未尽（如出血暗紫），应酌加活血祛瘀药，以免留瘀之弊；若出血过多，虚极欲脱时，可加用补气药以固脱。

第一节　活血祛瘀药及方剂

一、活血祛瘀药

具有活血祛瘀、疏通血脉的作用，适用于瘀血疼痛，痈肿初起，跌打损伤，产后血瘀腹痛，肿块及胎衣不下等病证。由于气与血关系密切，气滞则血凝，血凝则气滞，故使用本类药物时，常与行气药同用，以增强活血功能。

1. 川芎（图5-70）　辛，温。入肝、胆、心包经。活血行气，祛风止痛。活血行气，治气血瘀滞所致的难产、胎衣不下，用当归-川芎，配赤芍、桃仁-红花等（桃红四物汤）；治跌打损伤，用当归-川芎，配红花、乳香-没药等；祛风止痛，治外感风寒，常配细辛、白芷、荆芥等；治风湿痹痛，常配羌活-独活、当归等。阴虚火旺、肝阳上亢及子宫出血忌用。

2. 丹参（图5-71）　苦，微寒。入心、心包、肝经。活血祛瘀，凉血消痈，养血安神。活血祛瘀，用于多种瘀血为患的病证。治产后恶露不尽，瘀滞腹痛等，常配桃仁-红花、当归、丹皮、益母草等；凉血消痈，治疮痈肿毒，常配金银花、乳香等；养血安神，用于温病热入营血，躁动不安等，常配生地、玄参、黄连、麦冬等。反藜芦。

3. 桃仁（图5-72）　甘、苦，平。入肝、肺、大肠经。破血祛瘀，润燥滑肠。活血祛瘀，治产后瘀血疼痛，用桃仁-红花，配川芎、延胡索、赤芍等；治跌打损伤、瘀血肿痛，用桃仁-大黄，配红花等；润肠通便，治肠燥便秘，常配柏子仁、火麻仁、杏仁等。无瘀滞及孕畜忌用。

4. 红花　辛，温。入心、肝经。活血通经，祛瘀止痛。本品为活血要药，应用广泛，主要用治产后瘀血疼痛、胎衣不下等，用桃仁-红花，配当归-川芎、赤芍等（桃红四物汤）；治跌打损伤、瘀血作痛，可与肉桂、川芎、乳香、草乌等配伍，以增强活血止痛作用。孕畜忌用。

5. 益母草　辛、苦，微寒。入肝、心、膀胱经。活血祛瘀，利水消肿。活血祛瘀，为胎产疾病的要药。治产后血瘀腹痛，常配赤芍、当归、木香等；利水消肿，主要用以消除水肿，常配茯苓、猪苓等。孕畜忌用。

6. 王不留行　苦，平。入肝、胃经。活血通经，下乳消肿。活血通经，用于产后瘀滞疼痛，常配当归、川芎、红花等；下乳消肿，治产后乳汁不通，常配通草等（通乳散）；治痈肿疼痛、乳痈等，常配瓜蒌、蒲公英、夏枯草等。孕畜忌用。

7. 赤芍　苦，凉。入肝经。凉血活血，消肿止痛。本品有清热凉血作用，用于温病热入营血、发热、舌绛、斑疹以及血热妄行、衄血等，常配生地、丹皮等；活血祛瘀、止痛，治跌打损伤、疮痈肿毒等气滞血瘀证。

8. 乳香 苦、辛，温。入心、肝、脾经。活血止痛，生肌。本品具有活血、止痛作用，兼有行气之效，主要用于气血郁滞所致的腹痛以及跌打损伤和痈疽疼痛等，与没药合用，能增强活血止痛的功效；外用有生肌功效，常与儿茶、血竭等配伍，入散剂或膏药中应用。无瘀滞及孕畜忌用。

9. 没药 苦，平。入肝经。活血祛瘀，止痛生肌。本品的活血、止痛及生肌功用与乳香基本相似，用法亦同，故常与乳香相须为用。无瘀滞及孕畜忌用。

10. 牛膝 苦、酸，平。入肝、肾经。具有补肝肾，强筋骨，逐瘀通经，引血下行功效。主治腰胯疼痛，多用于肝肾不足、腰膝痿弱之证，常与熟地黄、龟板、当归等配伍。可治产后瘀血、胎衣不下、跌打损伤，主要用于产后瘀血腹痛、胎衣不下及跌打损伤等，常与红花、川芎等配伍。还可引血下行，适用于衄血、咽喉肿痛、口舌生疮等上部的火热证，常与石膏、知母、麦冬、地黄等配伍。还用于热淋涩痛、尿血而有瘀滞者，常与瞿麦、滑石等配伍。

二、活血祛瘀方

以活血化瘀药为主组成，具有通行血脉、消散瘀血、通经止痛、疗伤消疮等作用，适用于血行不畅及瘀血阻滞的各种病证，如创伤瘀肿、母畜产后恶露不行、乳汁不通等。

1. 桃红四物汤 《医宗金鉴》方。桃仁、当归、赤芍、红花、川芎、生地。水煎服，或共为末，开水冲调，候温灌服。功能活血祛瘀、补血止痛。主治各种原因引起的血瘀诸证，如跌打损伤等引起的四肢疼痛、血虚有瘀、产后血瘀腹痛及瘀血所致的不孕症等，均可在本方的基础上加减运用。

2. 红花散 《元亨疗马集》方。红花、没药、桔梗、神曲、枳壳、当归、山楂、厚朴、陈皮、甘草、白药子、黄药子、麦芽。共为末，开水冲调，候温灌服。功能活血理气，清热散瘀，消食化积。主治料伤五攒痛，即现代兽医学中的蹄叶炎。证见站立时腰曲头低，四肢攒于腹下，食欲大减，吃草不吃料，粪稀带水，口色红，呼吸迫促，脉洪大等。

3. 生化汤 《傅青主女科》方。当归、川芎、桃仁、炮姜、炙甘草。加黄酒，童便煮，候温灌服；亦可水煎服。功能活血化瘀，温经止痛。主治产后血虚受寒，恶露不行，肚腹疼痛。本方为临床治疗产后瘀血阻滞的基础方。产后恶露不行，肚腹疼痛均可加减应用。本方宜用于产后受寒而有瘀血者。血热有瘀滞者忌用。

4. 通乳散 江西省中兽医研究所方。黄芪、党参、通草、川芎、白术、川续断、山甲珠、当归、王不留行、木通、杜仲、甘草、阿胶。共为末，开水冲调，加黄酒，候温灌服，亦可水煎服。功能补益气血，通经下乳。主治气血不足、经络不通所致的缺乳症。用于母畜体质瘦弱、气血不足之缺乳症。

第二节 止血药及方剂

一、止血药

具有制止内外出血的作用，适用于各种出血证，如咯血、便血、衄血、尿血、子宫出血及创伤出血等。治疗出血，必须根据出血的原因和不同的症状，选择适当药物进行配伍，增强疗效。如属血热妄行之出血，应与清热凉血药同用；属阴虚阳亢的，应与滋阴潜阳药同用；属于气虚不能摄血的，应与补气药同用；属于瘀血内阻的，应与活血祛瘀药同用。

1. 三七　甘、微苦，温。入肝，胃经。散瘀止血，消肿止痛。本品（图5-73）止血作用良好，又能活血散瘀，有"止血不留瘀"的特点，适用于出血兼有瘀滞肿痛者；活血散瘀，消肿止痛，为治跌打损伤之要药。可单用，亦可配入制剂，如云南白药即含有本品。

2. 白及　苦、甘、涩，微寒。入肺、胃、肝经。收敛止血，消肿生肌。本品（图5-74）性涩而收敛，止血作用良好。三七-白及，主要用于肺、胃出血；外伤出血；消肿生肌，用于疮痈初起未溃者，常配金银花、天花粉、乳香等同用；用治疮疡已溃，久不收口者，研粉外用，有敛疮生肌之效。反乌头。

3. 小蓟　甘，凉。入心、肝经。凉血止血，散痈消肿。用于各种血热出血证，如尿血、鼻衄及子宫出血等；治热毒疮肿，单味内服或外敷均有疗效。

4. 地榆　苦、酸，微寒。入肝、胃、大肠经。凉血止血，收敛解毒。凉血止血，用于各种出血证，但以治下焦血热的便血、血痢、子宫出血等最为常用；凉血、解毒、收敛，为治烧烫伤的要药。虚寒病畜不宜用。

5. 槐花　苦，微寒。入肝、大肠经。凉血止血，清肝明目。凉血止血，凡衄血、便血、尿血、子宫出血等属于热证者，皆可应用，但多用于便血，并常与地榆配伍应用；清肝明目，用于肝火上炎所致的目赤肿痛、常配夏枯草、菊花、黄芩、决明子等。孕畜忌用。

6. 茜草　苦，寒。入肝经。凉血止血，活血祛瘀。凉血止血，用于血热妄行所致衄血、便血、子宫出血、尿血等；活血祛瘀，治跌打损伤，瘀滞肿痛及痹证，常配川芎、赤芍、丹皮等活血通经之品。孕畜忌用。

7. 蒲黄　甘，平。入肝、脾、心经。止血，化瘀。用治各种出血证，可单用，也可配伍应用。如治子宫出血，常与益母草、艾叶、阿胶等配伍；治尿血，常与白茅根、大蓟、小蓟等配伍；治跌打损伤、瘀血肿痛，常配桃仁、红花、赤芍等。

8. 仙鹤草　苦、涩，平。入心、肝经。具有收敛止血、止痢、解毒功效。主治便血、尿血、吐血、衄血，用于治疗各种出血证，如衄血、便血、尿血等。可单用或与其他止血药配伍，如茜草、侧柏叶、大蓟等。可治血痢、痈肿疮毒，多用于血痢、久痢不愈、疮痈肿毒等病证。

二、止血方

以止血药为主组成，具有制止出血的作用，用于治疗血溢脉外的各种出血病证，如尿血、便血、咳血、子宫出血等。

1. 槐花散　《本事方》方。炒槐花、炒侧柏叶、荆芥炭、炒枳壳。共为末，开水冲调，候温灌服。功能清肠止血，疏风理气。主治肠风下血，血色鲜红，或粪中带血。用于大肠湿热所致的便血。

2. 秦艽散　《元亨疗马集》方。秦艽、炒蒲黄、瞿麦、车前子、天花粉、黄芩、大黄、红花、当归、白芍、栀子、甘草、淡竹叶。共为末，开水冲调，候温灌服，亦可煎汤服。功能清热通淋，祛瘀止血。主治热积膀胱、努伤尿血。证见尿血、努气弓腰、头低耳聋、草细毛焦、舌质如绵、脉滑。凡体虚努伤之尿血证，均可加减应用。

第十三单元　收涩药及方剂

　　凡具有收敛固涩作用，能治疗各种滑脱证的药物，称为**收涩药**。滑脱病证，主要表现为子宫脱出、滑精、自汗、盗汗、久泻、久痢、二便失禁、脱肛、久咳虚喘等。具有收敛固涩作用，治疗气、血、精、津液耗散滑脱的一类方剂，统称为**收涩方**。

第一节　涩肠止泻药及方剂

一、涩肠止泻药★★★

　　具有涩肠止泻的作用，适用于脾肾虚寒所致的久泻久痢、二便失禁、脱肛或子宫脱等。

　　1. 诃子　苦、酸、涩，温。入肺、大肠经。涩肠止泻，敛肺止咳。本品（图 5-75）涩肠止泻，适用于久泻久痢；敛肺利咽，适用于肺虚咳喘，常配党参、麦冬、五味子等；用于肺热咳嗽，可配瓜蒌、百部、贝母、玄参、桔梗等。泻痢初起者忌用。

　　2. 乌梅　酸、涩，平。入肝、脾、肺、大肠经。敛肺涩肠，生津止渴，驱虫。本品能敛肺止咳，治肺虚久咳，配款冬花、半夏、杏仁等；涩肠止泻，治久泻久痢，常配诃子、黄连等（乌梅散）；生津止渴，用于虚热所致的口渴贪饮，常配天花粉、麦门冬、葛根等；安蛔，适用于蛔虫引起的腹痛、呕吐等，常配干姜、细辛、黄柏等。

　　3. 肉豆蔻　辛，温。入脾、胃、大肠经。收敛止泻，温中行气。本品（图 5-76）善温脾胃，长于涩肠止泻，适用于久泻不止或脾肾虚寒引起的久泻，常配补骨脂、吴茱萸、五味子（四神丸）；温中行气，适用于脾胃虚寒引起的肚腹胀痛和食欲不振。凡热泻热痢者忌用。

　　4. 石榴皮　酸、涩，温。入大肠经。收敛止泻，杀虫。本品收敛之性较强，适于虚寒所致的久泻久痢，常与诃子、肉豆蔻、干姜、黄连等同用；驱杀蛔虫、蛲虫，可单用或与使君子、槟榔等配伍。有实邪者忌用。

　　5. 五倍子　酸、涩，寒。入肺、肾、大肠经。涩肠止泻，止咳，止血，杀虫解毒。本品（图 5-77）涩肠止泻，治久泻久痢、便血日久，常配诃子、五味子等；敛肺止咳，治肺虚久咳，常配党参、五味子、紫菀等；杀虫止痒，消疮解毒，适用于疮癣肿毒，皮肤湿烂等，可研末外敷或煎汤外洗。肺热咳嗽及湿热泄泻者忌用。

二、涩肠止泻方

乌梅散　《蕃牧纂验方》方。乌梅（去核）、干柿、诃子肉、黄连、郁金。共为末，开水冲调，候温灌服，亦可水煎服。功能涩肠止泻，清热燥湿。主治幼驹奶泻及其他幼畜的湿热下痢。凡幼驹或其他幼畜奶泻，均可加减应用。

第二节　敛汗涩精药及方剂

一、敛汗涩精药

具有固肾涩精或缩尿的作用，适用于肾虚气弱所致的自汗、盗汗、阳痿、滑精、尿频等，在应用上常配伍补肾药、补气药同用。

1. 五味子　酸，温。入肺、心、肾经。敛肺，滋肾，敛汗涩精，止泻。本品（图5-78）上敛肺气，下滋肾阴，治肺虚或肾虚不能纳气所致的久咳虚喘，常与党参、麦冬、熟地、山萸肉等；生津止渴、敛汗，治津少口渴，常配麦冬、生地、天花粉等；治体虚多汗，常与党参、麦冬、浮小麦等配伍；益肾固精，涩肠止泻，治脾肾阳虚泄泻，常配补骨脂、吴茱萸、肉豆蔻等（四神丸）；治滑精及尿频数等，可配桑螵蛸、菟丝子。表邪未解及有实热者不宜应用。

2. 牡蛎　咸、涩，微寒。入肝、肾经。平肝潜阳，软坚散结，敛汗涩精。本品（图5-79）能平肝潜阳，适用于阴虚阳亢引起的躁动不安等证，常配龟板、白芍等；敛汗涩精，治自汗、盗汗，常配黄芪-浮小麦、黄芪-麻黄根等（牡蛎散）；治滑精，常配金樱子、芡实等。

3. 浮小麦　甘、凉。入心经。止汗。主要用于自汗、虚汗；治产后虚汗不止，用黄芪-浮小麦，配麻黄根、牡蛎等。

4. 金樱子　酸、涩，平。入肾、膀胱、大肠经。固肾涩精，涩肠止泻。本品（图5-80）有固精缩尿作用，适用于肾虚引起的滑精、尿频等；涩肠止泻，用于脾虚泄泻，常配党参、白术、山药、茯苓等。

5. 桑螵蛸　甘、咸，平。入肝、肾经。具有补肾助阳、固精缩尿、止淋浊功效。治滑精、尿频，主要用于肾气不固所致的滑精早泄、尿频数等，常与益智仁、菟丝子、黄芪等配伍。本品可治阳痿，常与巴戟天、肉苁蓉、枸杞子等配伍。

二、敛汗涩精方

1. 牡蛎散　《和剂局方》方。麻黄根、生黄芪、煅牡蛎、浮小麦。共为末，开水冲调或用浮小麦煎水冲调，候温灌服，或水煎服。功能固表敛汗。主治体虚自汗。证见身常汗出，夜晚尤甚，脉虚等。临床以本方为基础，随证加减用于阳虚、气虚、阴虚、血虚之虚汗证。但主要用于阳虚卫气不固之虚汗证。

2. 玉屏风散　《世医得效方》方。黄芪、白术、防风。共为末，开水冲调，候温灌服，或水煎服。功能益气固表止汗。主治表虚自汗及体虚易感风邪者。证见自汗，恶风，苔白，舌淡，脉浮缓。本方为治表虚自汗以及体虚患畜易感风邪的常用方剂。现代临床常用于表虚卫外不固所致的感冒、多汗证。

第十四单元 补虚药及方剂

　　凡能补益机体气血阴阳的不足，治疗各种虚证的药物，称为**补虚药**。具有补益畜体气、血、阴、阳不足和扶助正气，用以治疗各种虚证的一类方剂，统称为**补虚方**。属"八法"中的"补法"。

　　使用注意：补虚药虽能扶正，但应用不当则有留邪之弊，故病畜实邪未尽时，不宜早用。若病邪未解，正气已虚，则以祛邪为主，酌加补虚药以扶正，增强抵抗力，达到既祛邪又扶正的目的。

第一节 补气药及方剂

一、补气药★★★★

　　多味甘，性平或偏温。主入脾、胃、肺经。具有补肺气，益脾气的功效，适用于脾肺气虚证。因脾为后天之本，生化之源，故脾气虚则见精神倦怠、食欲不振、肚腹胀满、粪便泄泻等；肺主一身之气，肺气虚则气短气少，动则气喘，自汗无力等。以上诸证多用补气药。又因气为血帅，气旺可以生血，故补气药又常用于血虚病证。

　　1. 人参 甘、微苦，平。入脾、肺、心经。具有大补元气、复脉固脱、补益脾肺、生津、安神功效。主治体虚欲脱、肢冷脉微、虚损劳伤、脾胃虚弱、肺虚咳喘、口干自汗、惊悸不安。本品能大补元气，用于各种虚脱证。如用于病后津气两亏、汗多口渴者，可与麦冬、五味子等配伍；用于心气不足、心神不宁，可与当归、酸枣仁、元肉等配伍。

　　2. 党参 甘、平。入脾、肺经。补中益气，健脾生津。本品（图5-81）为常用的补气药。用于久病气虚、倦怠乏力、肺虚喘促、脾虚泄泻等，常配白术-茯苓、炙甘草等（四君子汤）；用于气虚下陷所致的脱肛、子宫脱垂，常配黄芪-白术、升麻等（补中益气汤）；用于津伤口渴、肺虚气短，常配麦冬、五味子、生地等。反藜芦。

　　3. 黄芪 甘，微温。入脾、肺经。补气升阳，固表止汗，托毒生肌，利水退肿。本品（图5-82）为重要的补气药，适用于脾肺气虚、食少倦怠、气短、泄泻等，常配党参、白术、山药、炙甘草等；对气虚下陷引起的脱肛、子宫脱垂等，常配党参、柴胡-升麻等（补中益气汤）；固表止汗，用于表虚自汗，用黄芪-麻黄根、黄芪-浮小麦、牡蛎等；用于表虚易感风寒等，可配防风、白术；补益元气而托毒，多用于气血不足，疮疡脓成不溃，或溃后久不收口等；益气健脾，利水消肿，适用于气虚脾弱、尿不利、水湿停滞而成的水肿，常配防己、白术。阴虚火盛、邪热实证不宜用。

4. 甘草　甘，平。入十二经。补中益气，清热解毒，润肺止咳，缓和药性。本品炙用则性微温，善于补脾胃，益心气。治脾胃虚弱证，配党参-茯苓（四君子汤）；清热解毒，用于疮痈肿痛，常配金银花、连翘等；治咽喉肿痛，可配桔梗、牛蒡子等；润肺止咳，治咳嗽喘息等，常配化痰止咳药，肺寒咳喘或肺热咳嗽均可应用；缓和药性，调和诸药，许多处方常配伍本品。湿盛中满者不宜用。反大戟、甘遂、芫花、海藻。

5. 山药　甘，平。入脾、肺、肾经。健脾胃，益肺肾。本品（图5-83）性平不燥，作用和缓，为平补脾胃之药，不论脾阳虚或胃阴亏，皆可应用；益肺气，养肺阴，用于肺虚久咳，可配沙参、麦冬、五味子等；补益肾气，治肾虚滑精、尿频数等。

6. 白术　甘、苦，温。入脾、胃经。补脾益气，燥湿利水，固表止汗。本品（图5-84）为补脾益气的重要药物，用于脾胃气虚、运化失常所致的食少胀满、倦怠乏力等，常配党参、茯苓等（四君子汤）；用于脾胃虚寒、肚腹冷痛、泄泻等，常配党参、干姜等（理中汤）；健脾燥湿，利水，用于水湿内停或水湿外溢之水肿，用白术-茯苓，配泽泻等（五苓散）；补气固表，用于表虚自汗，常配黄芪-浮小麦；治胎动不安，常配当归、白芍、黄芩等。

二、补　气　方

适用于脾肺气虚病证，常以补气药党参、黄芪、白术、甘草等为主，配伍理气、渗湿、养阴或升举中气的药物组成。四君子汤为补气的基础方。

1. 四君子汤　《和剂局方》方。党参、炒白术、茯苓、炙甘草。共为末，开水冲调，候温灌服，或水煎服。功能益气健脾。主治脾胃气虚。证见体瘦毛焦，精神倦怠，四肢无力，食少便溏，舌淡苔白，脉细弱等。本方为治脾气虚弱的基础方。用于脾胃虚弱证，许多补气健脾的方剂，都是从本方演化而来。临床实践中，对于各种原因引起的慢性胃肠炎、胃肠功能减退、消化不良等慢性疾患，凡表现有脾气虚弱者，均可加减运用。

2. 补中益气汤　《脾胃论》方。炙黄芪、党参、白术、当归、陈皮、炙甘草、升麻、柴胡。水煎服。功能补中益气，升阳举陷。主治脾胃气虚及气虚下陷诸证。证见精神倦怠，草料减少，发热，汗自出，口渴喜饮，粪便稀溏，舌质淡，苔薄白或久泻脱肛、子宫脱垂等。本方为治疗脾胃气虚及气虚下陷诸证的常用方，中气不足，气虚下陷，泻痢脱肛，子宫脱垂或气虚发热自汗，倦怠无力等均可使用。

3. 生脉散　《内外伤辨惑论》方。党参、麦门冬、五味子。水煎服。功能补气生津，敛阴止汗。主治暑热伤气，气津两伤之证。证见精神倦怠，汗多气短，口渴舌干，或久咳肺虚，干咳少痰，气短自汗，舌红无津，脉象虚弱。本方为治气津两伤的基础方。凡热伤汗出过多，气津耗伤，体倦乏力，气短舌燥，咽干口渴，舌红无津，脉虚弱之气阴虚而无外邪者，均可应用。对于胃肠炎属气津两伤者，亦可应用。现多用本方加减治疗慢性支气管炎、心律不齐、心源性休克、失血性休克等属气津不足者。本方有收敛作用，如外邪未解或暑病热盛气津未伤者，不宜使用。

第二节　补血药及方剂

一、补血药

多味甘，性平或偏温。多入心、肝、脾经。有补血的功效，适用于体瘦毛焦、口色淡白、精神萎靡、脉弱等血虚之证。因心主血，肝藏血，脾统血，故血虚证与心、肝、脾密切相关，治疗时以补心、肝为主，配以健脾药物。如血虚兼气虚则配用补气药，如血虚兼阴虚则配以滋阴药。

1. 当归　甘、辛、苦，温。入肝、脾、心经。补血和血，活血止痛，润肠通便。本品（图5-85）善能补血活血，用于体弱血虚证，常配黄芪、党参、熟地等；活血止痛，多用于跌打损伤、痈肿血滞疼痛、风湿痹痛等。治产后瘀血疼痛，可配益母草、川芎、桃仁等；治风湿痹痛，可配羌活、独活、秦艽等；润肠通便，多用于阴虚或血虚的肠燥便秘，常配麻仁、杏仁、肉苁蓉等。阴虚内热者不宜用。

2. 白芍　苦、酸，微寒。入肝、脾经。平抑肝阳、柔肝止痛，敛阴养血。本品（图5-86）有平抑肝阳、敛阴养血的作用，适用于肝阴不足、肝阳上亢、躁动不安等，常配石决明、生地黄、女贞子等；柔肝止痛，主要用于肝旺乘脾所致的腹痛，常配甘草；养血敛阴，适用于血虚或阴虚盗汗等，常配当归、地黄等。反藜芦。

3. 熟地黄　甘，微温。入心、肝、肾经。补血滋阴。本品（图5-87）为补血要药，用于血虚诸证。治血虚体弱，常配当归、川芎、白芍等（四物汤）；滋阴要药，用于肝肾阴虚所致的潮热、出汗、滑精等，常配山茱萸、山药等（六味地黄丸）。脾虚湿盛者忌用。

4. 阿胶　甘，平。入肺、肾、肝经。补血止血，滋阴润肺，安胎。本品补血作用较佳，为治血虚的要药，用于血虚体弱，常配当归、黄芪、熟地等；止血作用，适用于多种出血证；滋阴润燥，用于妊娠胎动、下血，可配艾叶等。内有瘀滞及有表证者不宜用。

5. 何首乌　苦、甘、涩，温。入肝、心、肾经。生首乌可润肠通便，解毒疗疮；制首乌可补肝肾，益精血，壮筋骨。主治肠燥便秘，生首乌能通便泻下，适用于弱畜及老年患畜之便秘，常与当归、肉苁蓉、麻仁等配伍，还可治疮黄疔毒、瘰疬、皮肤瘙痒等，常与玄参、紫花地丁、天花粉等配伍。制首乌有补肝肾、益精血的功能，可治阴虚血少、腰膝痿弱等，多与熟地黄、枸杞子、菟丝子等配伍。

二、补血方

适用于营血亏虚的病证，常以补血药熟地、当归、白芍、阿胶等为主，配伍益气、活血化瘀、理气、安神药组成。四物汤为补血的基础方。

1. 四物汤　《和剂局方》方。熟地黄、白芍、当归、川芎。共为末，开水冲调，候温灌服，或水煎服。功能补血调血。主治血虚、血瘀诸证。证见舌淡，脉细，或血虚兼有瘀滞。本方是补血调血的基础方剂，对于营血虚损、气滞血瘀、胎前产后诸疾，均可以本方为基础，加减运用。本方合四君子汤名八珍汤（《正体类要》），双补气血，用治气血两虚者。现代多用于治疗血液系统、循环系统等多种疾病，尤其对胎前、产后病证最为常用。

2. 归芪益母汤　《牛经备要医方》方。炙黄芪、益母草、当归，水煎去渣，候温灌服。

具有补气生血、活血祛瘀功效。主治过力劳伤所致气血虚弱及产后血虚、瘀血诸证。证见头低耳耷，四肢无力，怠行喜卧，口色淡，脉细弱等。

第三节 助阳药及方剂

一、助 阳 药

味甘或咸，性温或热，多入肝、肾经，有补肾助阳，强筋壮骨作用，适于形寒肢冷、腰胯无力、阳痿滑精、肾虚泄泻等。因"肾为先天之本"，故助阳药主要用于温补肾阳。对肾阴衰微不能温养脾阳所致的泄泻，也用补肾阳药治疗。助阳药多属温燥，阴虚发热及实热证等均不宜用。

1. 肉苁蓉 甘、咸，温。入肾、大肠经。补肾壮阳，润肠通便。本品（图5-88）补肾阳，温而不燥，补而不峻，是性质温和的滋补强壮药。主要用于肾虚阳痿、滑精早泄及肝肾不足、筋骨痿弱、腰膝疼痛等，常配熟地、菟丝子、五味子、山茱萸等；润肠通便，适用于老弱血虚及病后、产后津液不足、肠燥便秘等，常配麻仁、柏子仁、当归等。阴虚火盛、脾虚便溏者忌用。

2. 淫羊藿 辛、甘，温。入肾、肝经。补肾壮阳，强筋骨，祛风除湿。本品（图5-89）有补肾壮阳的功能，主要用于肾阳不足所致的阳痿、滑精、尿频、腰膝冷痛、肢冷恶寒等，常配仙茅、山茱萸、肉苁蓉等；强筋骨、祛风湿，适用于风湿痹痛、四肢不利、筋骨痿弱、四肢瘫痪等，常与威灵仙、独活、肉桂、当归、川芎等配伍。

3. 杜仲 甘、微辛，温。入肝、肾经。补肝肾，强筋骨，安胎。本品（图5-90）能补肝肾，强筋健骨。主要用于腰胯无力、阳痿、尿频等肾阳虚证；安胎，对孕畜体虚、肝肾亏损所致的胎动不安，常配续断、阿胶、白术、党参、砂仁、艾叶等。阴虚火旺者不宜用。

4. 巴戟天 辛、甘，微温。入肝、肾经。补肾阳，强筋骨，祛风湿。本品能补肾助阳。治肾虚阳痿、滑精早泄等；强筋壮骨，治肾虚骨痿、运步困难、腰膝疼痛等，常与杜仲、续断、菟丝子等配伍；治肾阳虚的风湿痹痛，可配续断、淫羊藿及祛风湿药。阴虚火旺者不宜用。

5. 补骨脂 辛、苦，大温。入脾、肾经。温肾壮阳，止泻。本品为温性较强的补阳药，能助命门之火，用于肾阳不振的阳痿、滑精、腰胯冷痛及尿频等，常配淫羊藿、菟丝子、熟地等；止泻作用，因其既能补肾阳，又能温脾阳，故常用于脾肾阳虚引起的泄泻，多配肉豆蔻、吴茱萸、五味子等（四神丸）。阴虚火旺、粪便秘结者忌用。

6. 续断 苦、辛，微温。入肝、肾经。具有补肝肾、强筋骨、续伤折、安胎等功效。主治腰肢痿软、风湿痹痛，常用于肝肾不足、血脉不利所致的腰胯疼痛及风湿痹痛，常与杜仲、牛膝、桑寄生等配伍。可治筋骨折伤、跌打损伤，为伤科常用药，常与骨碎补、当归、赤芍、红花等配伍。还可治胎动不安，既补肝肾又能安胎，常与阿胶、艾叶、熟地黄等配伍。

二、助 阳 方

适用于肾阳虚的一类病证，常以温阳补肾药肉苁蓉、淫羊藿、杜仲、巴戟天、肉桂、附子等为主，配伍补阴、利水药组成。肾气丸为补阳的代表方。

1. 肾气丸 《金匮要略》方。附子（炮）、肉桂、熟地、山药、山茱萸、茯苓、泽泻、丹皮。水煎去渣，候温灌服。功能温补肾阳，主治各种家畜肾阳虚衰，证见尿清粪溏，后肢水肿，四肢发凉。动则气喘，公畜阳痿滑精等。

2. 巴戟散 《元亨疗马集》方。巴戟天、肉苁蓉、补骨脂、胡芦巴、小茴香、肉豆蔻、陈皮、青皮、肉桂、木通、川楝子、槟榔。共为末，开水冲调，候温灌服，或水煎服。功能温补肾阳，通经止痛，散寒除湿。主治肾阳虚衰，证见腰胯疼痛、后腿难移、腰脊僵硬等。

第四节　滋阴药及方剂

一、滋 阴 药

多味甘，性凉。主入肺、胃、肝、肾经。具有滋肾阴、补肺阴、养胃阴、益肝阴等功效，适用于舌光无苔、口舌干燥、虚热口渴、肺燥咳嗽等阴虚证。滋阴药多甘凉滋腻，凡阳虚阴盛，脾虚泄泻者不宜用。

1. 沙参 甘，凉。入肺、胃经。润肺止咳，养胃生津。本品（图 5-91）能清肺热、养肺阴，并能益气祛痰，用于久咳肺虚及热伤肺阴、干咳少痰等，常配麦冬、天花粉等；养胃阴，用于热病后或久病伤阴所致的口干舌燥、便秘、舌红脉数等，常配麦冬、玉竹等养阴生津药。肺寒湿痰咳嗽者不宜用。反藜芦。

2. 麦冬 甘、微苦，凉。入肺、胃、心经。清心润肺，养胃生津。本品（图 5-92）清热养阴，润肺止咳作用与天冬相似，适用于阴虚内热、干咳少痰等，常配天冬、生地等；养胃生津，适用于阴虚内热，或热病伤津、口渴贪饮、肠燥便秘等，常配生地、玄参等（增液汤）。寒咳多痰、脾虚便溏者不宜用。

3. 百合 甘、微苦，微寒。入心、肺经。润肺止咳，清心安神。本品清肺润燥而止咳，并能益肺气，适用于肺燥咳或肺热咳以及肺虚久咳等，常配生地、熟地、麦冬、贝母等（百合固金汤）；清热，宁心安神，用于热病后余热未清、气阴不足而致躁动不安、心神不宁等证，常配知母、生地等。外感风寒咳嗽者忌用。

4. 枸杞子 甘，平。入肝、肾经。滋补肝肾，益精明目。本品为滋阴补血的常用药，对于肝肾亏虚、精血不足、腰胯乏力等，常配菟丝子、熟地、山萸肉、山药等同用。益精明目，用于肝肾不足所致的视力减退、眼目昏暗等，常与菊花、熟地、山茱萸等配伍，如杞菊地黄丸。

5. 天冬（图 5-93）甘、微苦，寒。入肺、肾经。养阴清热，润肺滋肾。清肺化痰，用于干咳少痰的肺虚热证，常配麦冬、川贝等；治阴虚内热、口干痰稠者，可配沙参、百合、花粉等；滋肾阴、润燥通便，用于肺肾阴虚、津少口渴等，常配生地、党参等。治温病后期肠燥便秘，可与玄参、生地、火麻仁等配伍。寒咳痰多、脾虚便溏者不宜用。

6. 石斛 甘，微寒。入肺、胃、肾经。滋阴生津，清热养胃。滋养肺胃之阴而清虚热，适用于热病伤阴、津少口渴或阴虚久热不退者，常配麦冬、沙参、生地、天花粉等。湿温及温热尚未化燥者忌用。

7. 女贞子 甘、微苦，平。入肝、肾经。滋阴补肾，养肝明目。本品益肝肾之阴，强腰膝、明目，常用于肝肾阴虚所致的腰胯无力、眼目不明、滑精等，常配枸杞子、菟丝子、熟地、菊花等。脾虚泄泻及阳虚者忌用。

8. 山茱萸　酸、涩，微温。入肝、肾经。具补益肝肾、涩精敛汗功效。常与菟丝子黄、熟地黄、杜仲等配伍，治肝肾阴亏、腰肢无力、阳痿、滑精、尿频数等。可固脱敛汗，适用于大汗亡阳欲脱证，可与党参、附子、牡蛎等同用；与地黄、牡丹皮、知母等配伍，可治阴虚盗汗之证。

二、滋 阴 方

适用于阴虚的病证，主要是肝肾阴虚的病证，常以补阴药沙参、麦冬、百合、枸杞子、熟地等为主，配伍补阳或清热的药物组成。六味地黄丸为补阴的基础方。

1. 六味地黄汤　《小儿药证直诀》方。熟地黄、山萸肉、山药、泽泻、茯苓、丹皮。水煎服，亦可作为散剂服用。功能滋阴补肾。主治肝肾阴虚，虚火上炎所致的潮热盗汗，腰膝痿软无力，耳鼻四肢温热，舌燥喉痛，滑精早泄，粪干尿少，舌红苔少，脉细数。本方是滋阴补肾的代表方剂，凡肝肾阴虚不足诸证，如慢性肾炎、骨软症、贫血、消瘦、子宫内膜炎、周期性眼炎、慢性消耗性疾病等属于肝肾阴虚者，均可加减应用。本方由纯阴药物组成，凡气虚脾胃弱，消化不良、大便溏泻者忌用。加桂枝、附子，名肾气丸，温补肾阳，主治肾阳不足。

2. 百合固金汤　《医方集解》方。百合、麦冬、生地、熟地、川贝母、当归、白芍、生甘草、玄参、桔梗。水煎服，或共为末，开水冲调，候温灌服。功能养阴清热，润肺化痰。主治肺肾阴虚，虚火上炎所致燥咳气喘，痰中带血，咽喉疼痛，舌红少苔，脉细数。本方为治肺肾阴虚，咳嗽痰中带血的常用方。以咽喉疼痛、干咳无痰或痰中带血、气喘、舌红少苔、脉细数为应用要点。现代常用于慢性气管炎、支气管扩张咯血、肺炎中后期、慢性肝炎、咽炎等属于肺肾阴虚者。本方药物多属甘寒滋腻之品，对脾虚便溏患畜，应当慎用。

第十五单元　平肝药及方剂

凡能清肝热、息肝风的药物，称为平肝药。肝藏血，主筋，外应于目。故当肝受风热外邪侵袭时，表现目赤肿痛，畏光流泪，甚至云翳遮睛等症状；当肝风内动时，可引起四肢抽搐，角弓反张，甚至猝然倒地。根据本类药物疗效，可分为平肝明目药和平肝熄风药。以辛散祛风或滋阴潜阳、清热平肝药为主组成，具有疏散外风和平熄内风作用，治疗风证的一类方剂，统称祛风方。

第一节　平肝明目药及方剂★★

一、平肝明目药

具有清肝火、退目翳的功效，适用于肝火亢盛、目赤肿痛、睛生翳膜等证。

1. 石决明　咸，平。入肝经。平肝潜阳，清肝明目。本品（图5-94）善于平肝潜阳，适用于肝肾阴虚、肝阳上亢所致的目赤肿痛，常配生地、白芍、菊花等；为平肝明目要药，适用于肝热实证所致的目赤肿痛、畏光流泪等，常配夏枯草、菊花、钩藤等；治目赤翳障，常配密蒙花、夜明砂、蝉蜕等。

2. 决明子　甘、苦，微寒。入肝、大肠经。清肝明目，润肠通便。本品（图5-95）有清肝明目作用，对肝热或风热引起的目赤肿痛、畏光流泪，可单用煎服或与龙胆、夏枯草、菊花、黄芩等配伍；润肠通便，用于粪便燥结，可单用或与蜂蜜配伍。泄泻者忌用。

3. 木贼　甘、苦，平。入肝、肺经。疏风热，退翳膜。本品（图5-96）有疏风热、退翳膜的作用，用治风热目赤肿痛、畏光流泪或睛生翳膜者，常配谷精草、石决明、决明子、白蒺藜、菊花、蝉蜕等。阴虚火旺者忌用。

二、平肝明目方

决明散　《元亨疗马集》方。煅石决明、决明子、栀子、大黄、白药子、黄药子、黄芪、黄芩、黄连、没药、郁金。煎汤候温加蜂蜜、鸡蛋清，同调灌服。功能清肝明目，退翳消淤。主治肝经积热，外传于眼所致的目赤肿痛、云翳遮睛等。用于外障眼及鞭伤所致的眼目赤肿、睛生云翳、眵盛难睁、畏光等证。方中黄芪现多不用。

第二节　平肝熄风药及方剂

一、平肝熄风药

具有潜降肝阳、止熄肝风的作用，适用于肝阳上亢、肝风内动，惊痫癫狂、痉挛抽搐等证。

1. 天麻　甘，微温。入肝经。平肝熄风，镇痉止痛。本品（图5-97）有熄风止痉作用，适用于肝风内动所致抽搐拘挛之证，用天麻-钩藤，配全蝎、川芎、白芍等；若用于破伤风，可配天南星、僵蚕、全蝎等（千金散）；治偏瘫、麻木等，常配牛膝、桑寄生等；治风湿痹痛，常配秦艽、牛膝、独活、杜仲等。阴虚者忌用。

2. 钩藤　甘，微寒。入肝、心包经。熄风止痉，平肝清热。本品（图5-98）有熄风止痉作用，又可清热，适用于热盛风动所致的痉挛抽搐等证，常配天麻、蝉蜕、全蝎等；平肝清热，适用于肝经有热、肝阳上亢的目赤肿痛等，常配石决明、白芍、菊花、夏枯草；疏散风热，适用于外感风热之证，常配防风、蝉蜕、桑叶等。无风热及实火者忌用。

3. 全蝎　辛、甘，平。有毒。入肝经。熄风止痉，解毒散结，通络止痛。本品（图5-99）为熄风止痉的要药。治惊痫及破伤风等，常配蜈蚣、钩藤、僵蚕等；治中风口眼歪斜，常配白附子、白僵蚕等；解毒散结，治恶疮肿毒，用麻油煎全蝎、栀子加黄蜡为膏，敷于患处；通络止痛，治风湿痹痛，常配蜈蚣、僵蚕、川芎、羌活等。血虚生风者忌用。

4. 蜈蚣 辛，温。有毒。入肝经。熄风止痉，解毒散结，通络止痛。本品熄风止痉作用较强，适用于癫痫、破伤风等引起的痉挛抽搐，常配全蝎、钩藤、防风等；解毒散结，治疮疡肿毒，可配雄黄外用；治毒蛇咬伤；通络止痛，用于风湿痹痛，常配天麻、川芎等配伍。孕畜忌用。

5. 僵蚕 辛、咸，平。入肝、肺经。熄风止痉，祛风止痛，化痰散结。熄风止痉，化痰，治肝风内动所致的癫痫、中风等，常配天麻、全蝎、牛黄、胆南星等；祛风止痛，治风热上扰而致目赤肿痛，常配菊花、桑叶、薄荷等；治风热外感所致的咽喉肿痛，可配桂枝、荆芥、薄荷等。

二、疏散外风方

适用于外风病证，以辛散祛风药为主，根据证候表现，分别配伍清热、祛湿、祛寒、养血活血药物组成，如牵正散等。

牵正散 《杨氏家藏方》方。白附子、白僵蚕、全蝎。共为末，开水冲调，加黄酒，候温灌服。功能祛风化痰，通络止痉。主治歪嘴风。证见口眼歪斜，或一侧耳下垂，或口唇麻痹下垂等。本方主证，俗称面瘫，系由风痰阻滞头面经络所致。为治风中经络，口眼歪斜的基础方。白附子、全蝎有毒，用量不宜过大。

三、平熄内风方

适用于肝风内动、肝阳亢盛、热极风动、或热病后期的阴虚风动等病证，以平肝熄风药为主，配伍清热凉肝、滋阴养血、镇痉潜阳或化痰药组成；或以滋阴养血药为主，配伍平肝与熄风潜阳药组成。

镇肝熄风汤 《衷中参西录》方。怀牛膝、生赭石、生龙骨、生牡蛎、生龟板、生杭芍、玄参、天冬、川楝子、生麦芽、茵陈、甘草。水煎服，或共为末，开水冲调，候温灌服。功能镇肝熄风，滋阴潜阳。主治阴虚阳亢，肝风内动所致的口眼歪斜、转圈运动或四肢活动不利、痉挛抽搐、脉弦长有力。

第十六单元　安神开窍药及方剂

一、安神开窍药

1. 朱砂（图 5-100）　味甘，微寒。有毒。入心经。镇心安神，定惊解毒。配黄连、茯神等，如朱砂散，用于治疗心火上炎所致的躁动不安、惊痫等；对心血虚少所致的心神不宁配伍熟地、当归、酸枣仁等；外用治疗疮疡肿毒，配伍雄黄；治疗口舌生疮与冰片、硼砂等配伍。

2. 酸枣仁（图5-101）　味甘、酸，平。入心、肝经。养心安神，益阴敛汗。用于心肝血虚所致虚火上炎而出现的躁动不安，配伍党参、熟地、柏子仁、丹参、茯苓等；治疗虚汗常配伍山茱萸、白芍、五味子或牡蛎、浮小麦、麻黄根等。

3. 柏子仁（图5-102）　味甘，平。养心安神，润肠通便。用于血不养心引起的心神不宁，配伍酸枣仁、远志、熟地、茯神等；对于阴虚血少或产后血虚的肠燥便秘，与火麻仁、郁李仁等配伍。

4. 远志　苦、辛、温。入心、肾、肺经。具有安神、祛痰开窍、消散痈肿功效。可用于心火亢所致的心神不宁、躁动不安、夜不能寐等，常与酸枣仁、茯神、五味子、地黄等配伍。可用于咳嗽痰多，常与杏仁、桔梗、前胡、紫菀等同用。还可用于痈疽疔毒、乳房肿痛，可单用为末，加酒灌服，也可外用调敷患处。

5. 石菖蒲　味辛，微温。入心、肝、胃经。化湿和中，宣窍豁痰。用于痰湿蒙蔽清窍、清阳不升所致的神昏、癫狂，配伍远志、茯神、郁金等；配伍香附、郁金、藿香、陈皮、厚朴等，可用于湿困脾胃、食欲不振、肚腹胀满等。

二、安神开窍方

朱砂散　《元亨疗马集》方。朱砂、党参、茯神、黄连。共为末，开水冲，候温，加猪胆汁、童便，灌服。功能重镇安神，扶正祛邪。主治心热风邪。证见全身汗出，肉颤头摇，气粗喘促，左右乱跌，口色赤红，脉洪数。

第十七单元　驱虫药及方剂

一、驱 虫 药

1. 川楝子（图5-103）　味苦，寒。有小毒。入心包、肝、小肠、膀胱经。理气，止痛，杀虫。配伍使君子、槟榔等，用于驱杀蛔虫、蛲虫；对于湿热气滞所致的肚腹胀痛，配伍延胡索、木香等。

2. 南瓜子（图5-104）　味甘，平。入胃、大肠经。驱虫。既可单用驱杀绦虫，也可配伍槟榔应用；还可用于血吸虫病。

3. 蛇床子（图5-105）　味辛，苦，温。入肾经。燥湿杀虫，温肾壮阳。用于湿疹瘙痒，与白矾、苦参、金银花等煎水外洗；用于荨麻疹，配伍地肤子、荆芥、防风等煎水外洗；也用于驱杀蛔虫；治疗肾虚阳痿、腰胯冷痛、宫冷不孕等，配伍五味子、菟丝子、巴戟天等。

4. 贯众　味苦，寒。有小毒。入肝、胃经。杀虫，清热解毒。用于驱杀绦虫、钩虫、蛲虫，与芜荑、百部等同用；单用可用于湿热毒疮、时行瘟疫等。

5. 鹤草芽　味苦，涩，凉。入肝、大肠、小肠经。杀虫。研粉，空腹时应用，为驱绦虫的要药。

二、驱　虫　方

贯众散　《中兽医治疗学》方。贯众、使君子、鹤虱、芜荑、大黄、苦楝子、槟榔。共为末，开水冲调，候温灌服，也可煎汤服用。功能驱虫。主治胃肠道寄生虫。对于马胃蝇疗效较好。

第十八单元　外用药及方剂

凡以外用为主，通过涂敷、喷洗形式治疗家畜外科疾病的药物，称为**外用药**。以外用药为主组成，能够直接作用于病变局部，具有清热凉血、消肿止痛、化腐拔毒、排脓生肌、接骨续筋和体外杀虫止痒等功效的一类方剂，称为**外用方**。

使用注意：外用药多数具有毒性，内服时必须严格按制药的方法，进行处理及操作，以保证用药安全。本类药一般都与他药配伍。较少单味使用。

一、外　用　药

1. 冰片　辛、苦，微寒。入心、肝、脾、肺经。宣窍除痰，消肿止痛。本品（图5-106）为芳香走窜之药，内服有开窍醒脑之效，适用于神昏、痉厥诸证；外用清热止痛、防腐止痒，用于各种疮疡、咽喉肿痛、口舌生疮及目疾等；治咽喉肿痛，常配硼砂、朱砂、玄明粉等（冰硼散）；用于目赤肿痛，可单用点眼。

2. 硫黄　（图5-107）　酸，温。有毒。入肾、脾、大肠经。外用解毒杀虫，内服补火助阳。用治皮肤湿烂、疥癣阴疽等，常制成10%～25%的软膏外敷，或配轻粉、大风子等；用于命门火衰、阳痿等，可配附子、肉桂等；治肾不纳气的喘逆，可配胡芦巴、补骨脂等。阴虚阳亢及孕畜忌用。

3. 硼砂　甘、咸，凉。入肺、胃经。解毒防腐，清热化痰。外用有良好的清热和解毒防腐作用，主要用于口舌生疮、咽喉肿痛、目赤肿痛等；治口舌生疮、咽喉肿痛，常与冰片、玄明粉、朱砂等配伍；也可单味制成洗眼剂，治目赤肿痛；内服能清热化痰，主要用于肺热痰咳、痰液黏稠之证，常与瓜蒌、青黛、贝母等同用，以增强清热化痰之效。

4. 雄黄　辛，温。有毒。入肝、胃经。杀虫解毒。有解毒和止痒作用，外用治各种恶疮疥癣及毒蛇咬伤。治疥癣，可研末外撒或制成油剂外涂；治湿疹，可同煅白矾研末外撒；与五灵脂为末，酒调2～3g，并以药末涂患处，可治毒蛇咬伤。孕畜禁用。

5. 石灰　（图5-108）　辛，温。有毒。生肌，杀虫，止血，消胀。有较强的解毒和止血作用，外用于烫火伤，创伤出血，用风化石灰0.5kg，加水4碗，浸泡，搅拌，澄清后吹去水面浮衣，取中间清水，每水1份加麻油1份，调成乳状，搽涂烫伤处；陈石灰研末，可作刀伤止血药用；化气消胀，内治牛臌胀证，制取10%的清液500～1 000mL灌服。

6. 白矾　涩、酸，寒。入脾经。杀虫，止痒，燥湿祛痰，止血止泻。有解毒杀虫之功，外用枯矾，收湿止痒更好，主要用于痈肿疮毒，湿疹疥癣，口舌生疮等；治痈肿疮毒，常配等分雄黄，浓茶调敷；治湿疹疥癣，多与硫黄、冰片同用；治口舌生疮，可与冰片同用，研末外搽；内服多用生白矾，有较强的祛痰作用，用于风痰壅盛或癫痫等，如治风痰壅盛，喉中声如拉锯，常配半夏、牙皂、甘草、姜汁灌服；治癫痫痰盛，则以白矾、牙皂为末，温水调灌；收敛止血，可用于久泻不止，单用或配五倍子、诃子、五味子等同用；用于止血，常与儿茶配伍。

7. 木鳖子　苦、微甘、凉；有毒。入肝、脾、胃经。具有散结消肿、攻毒疗疮功效。本品能散结消肿、攻毒疗疮，适用于外敷治乳痈、槽结、瘰痂、疮痈等。

8. 斑蝥　辛，热；有大毒。入肝、胃、肾经。具破血消癥、攻毒蚀疮、引赤发泡功效。内服治疗癥瘕痞块，瘰疬，可配玄明粉。外用可治恶疮、疥癣、疔毒。

二、外 用 方

1. 冰硼散　《外科正宗》方。冰片、朱砂、硼砂、玄明粉。共为极细末，混匀，吹撒患部。功能清热解毒，消肿止痛，敛疮生肌。主治舌疮。用于咽喉肿痛，口舌生疮。

2. 青黛散　《元亨疗马集》方。青黛、黄连、黄柏、薄荷、桔梗、儿茶各等份。共为极细末，混匀，装瓶备用。用时装入纱布袋内，口噙，或吹撒于患处。功能清热解毒，消肿止痛。主治口舌生疮，咽喉肿痛。

3. 桃花散　《医宗金鉴》方。陈石灰、大黄。陈石灰用水泼成末，与大黄同炒至石灰呈粉红色为度，去大黄，将石灰研细末，过筛，装瓶备用。外用撒布于创面。功能防腐收敛止血。主治创伤出血。外撒创面或撒布后用纱布包扎，以治疗新鲜创伤出血、化脓疮、褥疮、猪坏死杆菌病等。

第十九单元　针　灸★★★★★

第一节　针灸基础知识

针灸是针术和灸术的总称。兽医针灸疗法就是不同类型的针灸工具对动物体某些特定部位施以一定的刺激，以疏通经络、宣导气血，达到扶正祛邪、防治病证的目的。由于针术与灸术常合并使用，又同属外治法，故自古以来就合称为针灸。

（一）针灸工具

1. 白针用具

（1）毫针　针体细长、针尖尖锐。针体直径0.64～1.25mm，长度有3cm、4cm、5cm、6cm、9cm、12cm、15cm、18cm、20cm、25cm、30cm等多种。针柄主要有盘龙式和平头式两种。多用于白针穴位或深刺、透刺和针刺麻醉。

（2）圆利针　针体较毫针粗，针尖较尖锐。针体直径 1.5～2mm，长度有 2cm、3cm、4cm、6cm、8cm、10cm 数种。针柄有盘龙式、平头式、八角式、圆球式 4 种。短针多用于针刺马、牛的眼部周围穴位及仔猪、禽的白针穴位；长针多用于针刺马、牛、猪的躯干和四肢上部的白针穴位。

2. 血针用具

（1）宽针　针头部如矛状、针刃锋利，针体较粗、呈圆柱状。分大、中、小三种。大宽针长约 12cm，针头部宽 8mm，用于放大家畜的颈脉、肾堂、蹄头血；中宽针长约 11cm，针头部宽 6mm，用于放大家畜的胸堂、带脉、尾本血；小宽针长约 10cm，针头部宽 4mm，用于放马、牛的太阳、缠腕血。中、小宽针有时也用于牛、猪的白针穴位。

（2）三棱针　针头部呈三棱锥状，针体圆柱状。有大小两种，大三棱针用于针刺三江、通关、玉堂等位于较细静脉或静脉丛上的穴位，或点刺分水穴；小三棱针用于针刺猪的白针穴位；有的针尾部有孔，可作缝合针使用。

3. 火针用具

火针：针柄绝热，针体光滑、比圆利针粗，针尖圆锐。针柄有盘龙式、螺旋式，夹垫石棉类隔热物质，也有用木柄、电木柄的。针体长度有 2cm、3cm、4cm、5cm、6cm、8cm、10cm 等多种。用于针刺火针穴位。

4. 艾灸用具　主要是艾炷和艾卷，都用艾绒制成。艾绒是中药艾叶经晾晒加工捣碎，去掉杂质粗梗而制成的一种灸料。艾叶性辛温、气味芳香、易于燃烧，燃烧时热力均匀温和，能穿透肌肤、直达深部，有通经活络、祛除阴寒、回阳救逆的功效。

（1）艾炷　呈圆锥形，有大小之分，一般为大枣大、枣核大、黄豆大等，使用时可根据病畜体质、病情选用。

（2）艾卷　是用陈旧的艾绒摊在棉皮纸上卷成，直径 1.5cm，长约 20cm。部分艾条中还加入了其他中药。

5. 其他用具

（1）针灸仪器

电针机：有直流电源和交直流电源两用两种规格，可用于电针治疗和针刺麻醉。

激光针灸仪：主要有氦氖激光器（图 5 - 109）和二氧化碳激光器，前者用于穴位照射（激光针疗法），后者用于穴位灸灼、烧烙（激光灸疗法）。

磁疗机：有特定电磁波谱治疗机（TDP）、旋磁疗机、电动磁按摩器、磁电复合式机等多种。

（2）针锤、针杖

针锤：用硬质木料车制而成，用于安装宽针，针体与针锤呈垂直关系，放颈脉、胸堂、带脉和蹄头血（图 5 - 110）。

针杖：用硬质木料车制而成，用于持宽针或圆利针快速针刺，针体与针杖成一线（图 5 - 111）。

（3）巧治针具

穿黄针：与大宽针相似，针尾部有一小孔，可穿马尾或棕绳，用于针刺穿黄穴，亦可作大宽针使用或穿牛鼻环。

夹气针：用竹或合金制成的扁平长针，长 28～36cm，宽 4～6mm，厚 3mm，针尖部钝圆，专用于针刺大家畜的夹气穴。

三弯针：又名浑睛虫针或开天针，针尖锐利，距尖端约 5mm 处呈直角双折弯，专用于针马的开天穴，治疗浑睛虫病。

玉堂钩：针尖部弯成半圆形，三棱状，专用于玉堂穴放血。

抽筋钩：钩尖圆而钝，专用于抽筋穴钩拉肌腱。

宿水管：由金属制成的圆锥形小管，形似毛笔帽。长约 5.5cm，尖端密封，扁圆而钝，粗端管口直径 0.8cm，有唇形缘，管壁有 8～10 个小圆孔。用于针刺云门穴放腹水。

（4）温熨用具　有软烧棒、毛刷等。软烧棒可临时制作，一端用棉花、纱布包包裹，用细铁丝结紧，呈鼓槌状，用于吸附燃料。

（5）烧烙用具　烙铁（图 5-112）。头部形状有刀形、方块形、圆柱形、锥形、球形等多种，有木质把手。

（6）拔火罐用具　火罐。用竹、陶瓷、玻璃等制成，呈圆筒形或半球形，也可用大口罐头瓶代替。

（二）针灸穴位

穴位是针灸治疗动物疾病的刺激点。在针灸文献中，穴位又有腧穴、俞穴、输穴、穴道、气穴、孔穴、骨空、明堂等多种名称。穴位是脏腑经络气血输注和聚集的特定部位，均有其特定的解剖位置。通过经络的联系，穴位既可反映脏腑经络的生理功能和病理变化，也可接受外界的各种刺激，以调整机体的功能，针灸疗法即是通过穴位的这种作用达到防治疾病的目的。

1. 穴位的分类　根据穴位的针灸方法、解剖部位及其与经脉的络属关系，有以下三种分类方法。

（1）按针法分类　可将穴位分为以下四类。

白针穴位：宜使用圆利针、毫针等针刺的穴位，操作不以放血为目的，也常可用小宽针、火针、气针、水针、电针、艾灸等疗法。例如，百会、抢风、后三里等。

血针穴位：位于体表浅静脉或血管丛上，操作以放血为目的。使用宽针、三棱针等快速点刺血针穴位，放出适量的血液，以活血、泻热、解毒。例如，三江、颈脉、肾堂、耳尖、蹄头等。

火针穴位：可施行火针术的穴位。多分布在肌肉丰厚处，其下无重要器官、关节囊、大的血管、神经干，适宜深刺。例如，九委、巴山等。

巧治穴位：是运用特制的工具，施以手术技巧来治疗疾病的穴位。例如，抽筋、肷俞、莲花、滚蹄等。

（2）按解剖区域分类　一般分为头部、躯干部、前肢和后肢穴位四大类。

（3）按经脉络属关系分类　为中医穴位分类方法，根据穴位的归经将穴位分为经穴、经外奇穴和阿是穴三类。

经穴：凡归属于十四正经循行经路上的穴位，称为十四经穴，简称经穴，每一穴位都有固定的名称。

经外奇穴：有穴名和固定部位，但尚未归属于十四正经的穴位，统称为经外奇穴或奇穴。这类穴位一般有特殊的主治功能。

阿是穴：这类穴位既无具体名称，又无固定位置，而是以病痛部位最显著处或压痛点、反应点作为针灸刺激点，即"以痛为俞"。

2. 穴位的归经　将部分穴位归属于一定的经脉上，称为穴位的归经。各条经脉都有其气血输注的穴位分布。当受到病邪侵袭时，经脉可表现出各自的外观病理体征，各经相关的疾病均可用该经的穴位来治疗。在临证应用中，主要采用循经取穴和表里相配的原则。即当探诊到某经及其所属脏腑有病时，则主要在该经选配穴位，给予适当的针灸刺激，以调整气血，加强或抑制脏腑机能，使其趋于平衡协调，而达到治疗疾病的目的。

3. 穴位的主治特性　经穴布于经络通路上，通过经络与脏腑相联系，既能反映脏腑的生理与病理变化，又能接受针灸刺激，调节机体的虚实状态，使脏腑功能恢复正常。穴位的主治特性有以下几种。

（1）近治作用　即每个穴位都能治疗穴位局部及邻近部位的病证。例如，睛俞、睛明、三江、太阳、垂睛等位于眼睛周围的穴位都能治疗眼病。

（2）远治作用　分布在同一条经络上的穴位，均能治疗该经及其所属脏腑的病证。

（3）双向调整作用　同一穴位，对处于不同病理状态的脏腑和不同性质的疾病有不同的治疗作用。

（4）相对特异性作用　同一经络上的穴位，既具有共同的主治特性，又有各自的相对特异性。

4. 取穴方法　穴位各有一定的位置，针灸治疗时取穴定位是否正确，直接影响到治疗效果。自古以来就非常强调准确定位穴位的重要性。临床常用的定位方法有以下几种。

（1）解剖标志定位法　穴位多在骨骼、关节、肌腱、韧带之间或体表静脉上，可用穴位局部解剖形态作定位标志。其中又可分为静态和动态标志定位法。

静态标志定位法：以动物不活动时的自然标志为依据。有以下几种。

①以器官作标志：例如，口角后方取锁口穴，眼眶下缘取睛明穴，耳郭顶端取耳尖穴，尾巴末端取尾尖穴，蹄匣上缘取蹄头穴等。

②以骨骼作标志：例如，顶骨外矢状嵴分叉处取大风门穴，肩胛骨前角取髆尖穴，腰荐十字部取百会穴等。

③以肌沟作标志：例如，桡沟内取前三里穴，腓沟内取后三里穴，臂三头肌长头、外头与三角肌之间的凹陷中取抢风穴，股二头肌沟中取邪气、汗沟、仰瓦、牵肾等穴。

动态标志定位法：以摇动肢体或改变体位时出现的明显标志作为定位依据。

①摇动肢体定位法：例如，上下摇动尾巴，在动与不动处取尾根穴；左右拉起上唇，在鼻翼外侧取姜牙穴等。

②改变体位定位法：血针穴位大都在体表浅静脉上，取穴时一般要改变动物体位或在血管的近心端按压，使血管怒张，从而出现明显标志。例如，取三江穴时须压低头部，在穴位下方按压；取胸堂穴时须抬高头部，在穴位上方按压。

（2）体躯连线比例定位法　在某些解剖标志之间画线，以一线的比例分点或两线的交叉点为定穴依据。例如，百会穴与股骨大转子连线中点取巴山穴，胸骨后缘与肚脐连线中点取中脘穴等。

（3）指量定位法　以术者手指第二节关节处的横宽作为度量单位来量取定位。一般将食指、中指相并（二横指）为1寸（3cm），加上无名指三指相并（三横指）为1.5寸（4.5cm），再加上小指四指相并（四横指）为2寸（6cm）。例如，腕关节内侧下2寸

（6cm）处的血管上为膝脉穴，肘后 2 寸的胸外静脉上为带脉穴等。

（4）**同身寸定位法**　以动物某一部位（多用骨骼）的长度作为 1 寸（同身寸）来量取穴位。

尾骨同身寸：以动物坐骨结节相对的一节尾椎骨（马为第 4 尾椎骨，牛、猪为第 3 尾椎骨）的长度作为 1 寸，以此为单位度量定穴。

肋骨同身寸：以动物髋结节水平线与倒数第 3 肋骨交叉点处的肋骨宽度作为 1 寸，以此为单位度量定穴。

（5）**骨度分寸定位法**　常用于小动物四肢穴位的定穴，是仿照人体穴位的定位法将身体不同部位的长度和宽度分别规定为一定的等份（每一等份为一寸），作为量取穴位的标准。如前臂规定为 12 寸（36cm），在上 3 寸（9cm）处桡沟中取前三里穴。

5. 选穴原则　穴位的主治各不相同，一穴可治多种疾病，一种病又可选用多个穴位相互配合。针灸治病必须以脏腑经络学说为指导，结合临症经验，按照辨证论治的原则，选取一定的穴位，组成针灸处方施术，才能取得较好的治疗效果。

（1）**主穴的选择**　有以下几个原则。

局部选穴：在患病区内选穴，即哪里有病就在哪里选穴。例如，眼病选睛明、太阳穴，舌肿痛选通关穴，蹄病选蹄头穴等。阿是穴（即发病区域疼痛最明显处为穴）的选取也属局部选穴。

邻近选穴：在病变部位附近选穴。这样既可与局部选穴相配合，又可因局部不便针灸（如疮疖）而代替之。例如，蹄痛选缠腕穴，膝黄（腕关节炎）选膝脉穴等。

循经选穴：根据经脉的循行路线选取穴位。如脏腑有病，就在其所属经脉上选取穴位。例如，肺热咳喘选肺经的颈脉穴、胃气不足选胃经的后三里穴等。

随症选穴：主要是针对全身疾病选取有效的穴位。例如，发热选大椎、降温穴，腹痛选三江、姜牙、蹄头穴，中暑、中毒选颈脉、耳尖、尾尖穴，急救选山根、分水穴等。

（2）**配穴的选择**　选定主穴以后，还必须选取具有共同主治性能的穴位配合应用，以发挥协同作用。配穴应少而精，一般以 3～6 个为宜。常用原则有以下几种。

单、双侧配穴：选取患病同侧或两侧的穴位配合使用。四肢病常在单侧施针，例如，抢风痛选患侧的抢风为主穴，冲天、肘俞为配穴；股胯扭伤选患侧的大胯、小胯为主穴，邪气、汗沟为配穴等。脏腑病常选双侧穴位，例如，结症选双侧的关元俞穴，中风选两侧的风门穴。

远近、前后配穴：选取患病部位附近和远隔部位或体躯前部和后部具有共同效能的穴位配合使用。例如，歪嘴风选锁口为主穴、开关为配穴，心热舌疮选通关为主穴、胸堂为配穴等，胃病选胃俞为主穴、后三里为配穴，冷痛选三江为主穴、尾尖为配穴等。

背腹、上下配穴：选取背部与腹部或体躯上部和下部的穴位配合使用。例如，脾胃虚弱选脾俞为主穴、中脘为配穴，腹痛选姜牙为主穴、蹄头为配穴等。

表里、内外配穴：选取互为表里的两条经络上的穴位或体表与体内的穴位配合使用。例如，脾虚慢草选脾经的脾俞为主穴、胃经的后三里为配穴，便秘选后海为主穴、通关为配穴等。

（三）针灸操作

1. 白针疗法　用毫针、圆利针或小宽针在白针穴位上施针，借以调整机体功能活动，治疗畜禽各种病证的方法。

【**术前准备**】患畜妥善保定，根据病情选好施针穴位，剪毛消毒。然后，根据针刺穴位选取适当长度的针具，检查并消毒针具。

【**操作方法**】

（1）**圆利针术** 进针有缓刺法、急刺法两种（图5-113）。

缓刺法：术者的刺手以拇指、食指夹持针柄，中指、无名指抵住针体。押手，根据穴位采取不同的方法。一般先将针刺至皮下，然后调整好针刺角度，捻转进针达所需深度，并施以补泻方法使之出现针感。

急刺法：术者用执笔式或全握式持针，瞄准穴位按穴位要求的针刺角度迅速刺入或以飞针法刺入穴位至所需深度。

退针：用左手按压穴位皮肤，右手捻转或抽拔针柄出针。

（2）**毫针术** 与圆利针缓刺法相似，与其他白针术的不同点是：由于针体细、对组织损伤小、不易感染，故同一穴位可反复多次施针；进针较深，同一穴位，入针均深于圆利针、宽针、火针等，且可一针透数穴；行针可运用插、捻、搓、弹、刮、摇等补泻手法。

（3）**小宽针术** 因针有锐利的针尖和针刃，易于快速进针，故又有"箭针法"之称。常左手按穴，右手持针，以拇、食指固定入针深度，速刺速拔，不留针，不行针，出针后严格消毒针孔，防止感染。适用于肌肉丰满的穴位。

2. 血针疗法 用宽针和三棱针等针具在畜体的血针穴位上施针，刺破穴部浅表静脉（丛）使之出血，从而达到泻热排毒、活血消肿、防治疾病的目的，称为血针疗法。

【**术前准备**】为了快速准确地刺破穴部血管并达到适宜的出血量，动物的保定非常关键。所以应根据施针穴位采取不同的保定体位，以使血管怒张。如针三江、太阳等穴宜用低头保定法，针刺胸堂穴宜用昂头保定法，所谓"低头看三江，抬头看胸堂"。血针因针孔较大，容易感染，因此，术前应穴位剪毛、涂以碘酊，严格消毒，针具和术者手指也应严格消毒。此外，还应备有止血器具和药品。

【**操作方法**】

（1）**宽针术** 根据不同穴位，选取规格不同的针具，血管较粗、需出血量大者，可用大、中宽针；血管细，需出血量小者，可用小宽针或眉刀针。宽针持针法多用全握式、手代针锤式或用针锤、针杖持针法。一般多垂直刺入1cm左右，以出血为准。

（2）**三棱针术** 多用于体表浅刺，如三江、分水穴；或口腔内穴位，如通关、玉堂穴等。根据不同穴位的针刺要求和持针方法，确定针刺深度，以刺破穴位血管出血为度。针刺出血后，多能自行止血，或待其达到适当的出血量后，用无菌干棉球轻压穴位，即可止血。

【**注意事项**】

（1）施宽针术时，针刃必须与血管的长轴平行，以防横断血管。针刺出血，一般可自行止血，如出血不止可压迫止血，必要时采用其他止血措施。

（2）三棱针的针尖较细，容易折断，使用时应谨防折针。

（3）血针穴位以刺破血管出血为度，不宜过深。

（4）掌握泻血量。泻血量的掌握，主要以血色由暗变鲜红为度，不同穴位亦有常规泻血量参考标准。临证亦应根据患畜体质的强弱、病证的虚实、季节气候及针刺穴位来决定泻血量。一般的，膘肥体壮、热证、实证病畜在春、夏季天气炎热时放血量可大些，反之宜小些。体质衰弱、孕畜、久泻、大失血的病畜，禁用血针。

（5）血针后，针孔要防止水浸、雨淋，术部宜保持清洁，以防感染。

3. 火针疗法 火针疗法是用特制的针具烧热后刺入穴位，以治疗疾病的一种方法（图5-114）。火针具有温经通络、祛风散寒、壮阳止泻等作用。主要用于各种风寒湿痹、慢性跛行、阳虚泄泻等证。

【术前准备】准备火针、烧针器材，封闭针孔用橡皮膏。穴位剪毛消毒。

【操作方法】先根据穴位选择适当长度的火针，检查针体并擦拭干净，用棉花将针尖及针身的一部分缠成枣核形，外紧内松；然后浸入植物油或石蜡油中，油浸透后取出，将尖部的油略挤掉一些，点燃，针尖先向下、然后向上倾斜，始终保持针尖在火焰中，并不断转动，使针体受热均匀。待油尽棉花将要燃尽时，甩掉或用镊子刮脱棉花，迅速刺入穴位中。有时可留针5min左右，轻轻地左右捻转一下针体，将针拔出。针孔用5%碘酊消毒，封盖橡皮膏或涂抗生素软膏。

【注意事项】

（1）火针穴位与白针穴位基本相同，但穴下有大的血管、神经干或位于关节囊处的穴位一般不得火针。

（2）施针时患畜应保定确实，针具应烧透，刺穴要准确。

（3）火针对穴位组织的损伤较重，针后会留下较大的针孔，容易发生感染。因此，针后必须严格消毒，并封闭针孔，保持术部清洁，要防止雨淋、水浸和患畜啃咬。

（4）火针对畜体的刺激性较强，能持续7d以上，10d之后方可在同一穴位重复施针。故针刺前应有全面的计划，每次可选3～5个穴位，轮换交替进行。

4. 水针疗法 也称穴位注射疗法，是将某些中西药液注入穴位或患部痛点、肌肉起止点来防治疾病的方法。这种疗法将针刺与药物疗法相结合，具有方法简便、提高疗效并节省药量的特点。

【术前准备】根据病情选取穴位并剪毛消毒，准备注射器和适当的药液。药液可根据病情选择。例如，治疗肌肉萎缩、功能减退的病证，可选用具有兴奋营养作用的药物，如生理盐水、维生素、葡萄糖等；治疗炎性疾病、风湿症，可选用抗生素、镇静止痛剂、抗风湿药等。

【操作方法】基本同于普通肌内注射，将注射针头刺入，行针出现针感后再注射药物。

【注意事项】

（1）穴位严格消毒，防止感染。

（2）关节腔及颅腔内不宜注射，孕畜一般慎用，脊背两侧的穴点不宜深刺，防止压迫神经。

（3）不宜选用剧毒、刺激性强的药物，药量不宜过大；两种以上药物混合注射，要注意配伍禁忌。

（4）注药前一定要回抽注射器，见无回血时再推注药液，以防止将不宜静脉注射的药液误注入血管内。葡萄糖溶液（尤其是高渗葡萄糖溶液）一定要注入深部，不要注入皮下。

（5）注射剂量通常依药物的性质、注射的部位、注射点的多少、患畜的种类、体型的大小、体质的强弱及病情而定，一般来说，每次注射的总量均小于该药的普通临床治疗用量。

（6）注射后若局部出现轻度肿胀、疼痛，或伴有发热，一般无须处理，可自行恢复。但为慎重起见，对原因不明的发热，应注意药物和穴位的选择，或停用水针。

5. 电针疗法　是将毫针或圆利针刺入穴位产生针感后，通过针体导入适量的电流，利用电刺激来加强或代替手捻针刺激以治疗疾病的一种疗法。

【术前准备】准备圆利针或毫针、电疗机及其附属用具，根据病情选定穴位（每组 2 穴），常规剪毛消毒。

【操作方法】将圆利针或毫针刺入穴位，行针使之出现针感，然后将正负极导线分别夹在针柄上。连接前先将电针机调至治疗档，各种旋钮调至"0"位，连接然后打开电源开关，调节电针机的各项参数。

（1）波形　脉冲电流的波形较多，有矩形波（方波）、尖形波、锯齿波等。多用方波治疗神经麻痹、肌肉萎缩。复合波形有疏波、密波、疏密波、间断波等。密波、疏密波可降低神经肌肉兴奋性，止痛作用明显；间断波可提高肌肉紧张度，对神经麻痹、肌肉萎缩有效。

（2）频率　电针机的频率范围在 $10\sim550\text{Hz}$。一般治疗时频率不必太高，只在针麻时才应用较高的频率。治疗软组织损伤，频率可稍高；治疗结症则频率要低。

（3）输出强度　电流输出强度的调节一般应由弱到强，逐渐进行，以患病动物能够安静接受治疗的最大耐受量为度。

各种参数调整妥当后，通电治疗，一般为 $15\sim30\text{min}$。也可根据病性和患畜体质适当调整，对体弱而敏感的患畜，治疗时间宜短些；对某些慢性且不易收效的疾病，时间可长些。在治疗过程中，为避免病畜对刺激的适应，应经常变换波形、频率和电流强度。治疗完毕，应先将各挡旋钮调回"0"位，再关闭电源开关，除去导线夹，起针消毒。电针治疗一般每天或隔天一次，$5\sim7\text{d}$ 为一疗程，每个疗程间隔 $3\sim5\text{d}$。

【注意事项】

（1）针刺靠近心脏或延脑的穴位时，必须掌握好深度和刺激强度，防止伤及心、脑导致猝死。动物也必须保定确实，防止因动物骚动而将针体刺入深部。

（2）针柄若由经氧化处理的铝丝绕制，因氧化铝为电绝缘体，电疗机的导线夹应夹在针体上。

（3）通电期间，注意金属夹与导线是否固定妥当，若因骚动而金属夹脱落，必须先将电流及频率调至零位或低挡，再连接导线。

（4）在通电过程中，有时针体会随着肌肉的震颤渐渐向外退出，需注意及时将针体复位。

（5）有些穴位，在电针过程中，呈现渐进性出血或形成皮下血肿，不须处理，几日后即可自行消散。

6. 激光针灸疗法　应用医用激光器发射的激光束照射穴位或灸烙患部以防治疾病的方法，称为**激光针灸疗法**。前者称为**激光针术**，后者称为**激光灸术**。

【术前准备】医用激光器，动物妥善保定，暴露针灸部位。

【操作方法】

（1）激光针术　打开激光机，用激光束直接照射穴位，简称光针疗法，或激光穴位照射。适用于各种动物多种疾病的治疗，如肢蹄闪伤捻挫、神经麻痹、便秘、结症、腹泻、消化不良、前胃病、不孕症和乳房炎等。一般采用低功率氦氖激光器，波长 632.8nm，输出功率 $2\sim30\text{mW}$。根据病情选配穴位，每次 $1\sim4$ 穴，每穴照射 $2\sim5\text{min}$，每天或隔天照射 1

次，5~10次为一疗程。

（2）激光灸术 根据灸烙的程度可分为激光灸灼、激光灸熨和激光烧烙三种。

激光灸灼：也称二氧化碳激光穴位照射，适应证与氦氖激光穴位照射相同。选定穴位，打开激光器预热10min，使用聚焦照头，距离穴位5~15cm，用聚焦原光束直接灸灼穴位，每穴灸灼3~5s，以穴位皮肤烧灼至黄褐色为度。一般每隔3~5d灸灼一次，总计1~3次。

激光灸熨：使用输出功率30mW的氦氖激光器，或5W以上的二氧化碳激光器，以激光散焦照射穴区或患部。适用于烧伤、创伤、肌肉风湿、肌肉萎缩、神经麻痹、肾虚腰胯痛、阴道脱、子宫脱和虚寒泄泻等病证。治疗时，装上散焦镜头，打开激光器，照头距离穴区20~30cm，照射至穴区皮肤温度升高，动物能够耐受为度。每区辐照5~10min，每次治疗总时间为20~30min，每天或隔天一次，5~7次为一疗程。

激光烧烙：应用输出功率30W以上的二氧化碳激光器发出的聚焦光束代替传统烙铁进行烧烙。适用于慢性肌肉萎缩、外周神经麻痹、慢性骨关节炎、慢性屈腱炎、骨瘤、肿瘤等。施术时，打开激光器，手持激光烧烙头，直接渐次烧烙术部，随时小心地用毛刷清除烧烙线上的碳化物，边烧烙边喷洒醋液，烧烙至皮肤呈黄褐色为度。烧烙完毕，关闭电源，烧烙部再喷洒醋液一遍，涂以消炎油膏。一般每次烧烙时间为40~50min。

【注意事项】

（1）所有参加治疗的人员应佩戴激光防护眼镜，防止激光及其强反射光伤害眼睛。

（2）开机严格按照操作规程，防止漏电、短路和意外事故的发生。

（3）随时注意患病动物的反应，及时调节激光刺激强度。灸熨范围一般要大于病变组织的面积。若照射腔、道和瘘管等深部组织时，要均匀而充分。

（4）激光照射具有累积效应，应掌握好疗程和间隔时间。

（5）做好术后护理，防止动物摩擦或啃咬灸烙部位，预防水浸或冻伤。

7. 艾灸 用点燃的艾绒在患畜体的一定穴位上熏灼，借以疏通经络，驱散寒邪，达到治疗疾病目的。艾灸疗法主要有艾炷灸和艾卷灸两种。

（1）艾炷灸 用艾绒制成的圆锥形的艾绒团，直接或隔物置于穴位皮肤上点燃。前者称为直接灸，后者称为手持灸。艾炷有小炷（黄豆大）、中炷（枣核大）、大炷（大枣大）之分。每燃尽一个艾炷，称为"一炷"或"一壮"。一般来说，初病、体质强壮者，艾炷宜大，壮数宜多；久病、体质虚弱者艾炷宜小，壮数宜少；直接灸时艾炷宜小，隔物灸时艾炷宜大。

直接灸：将艾炷直接置于穴位上，在其顶端点燃，待烧到接近底部时，再换一个艾炷。可连续灸3~7壮，至局部皮肤发热时停灸。多用于虚寒症的治疗。

隔物灸：在艾炷与穴位皮肤之间放置药物的灸法。根据药物的不同，常用的方法有以下三种。

①隔姜灸：将生姜切成0.3cm厚的薄片，用针穿透数孔，上置艾炷，放在穴位上点燃，灸至局部皮肤温热潮红为度。利用姜的温里作用，来加强艾灸的祛风散寒功效。

②隔蒜灸：方法与隔姜灸相似，只是将姜片换成用独头大蒜切成的蒜片施灸，每灸4~5壮须更换蒜片一次。隔蒜灸利用了蒜的清热作用，常用于治疗痈疽肿毒症。

③隔附子灸：以附子片或将附子研末加其他药物混合做成附子药饼作为隔灸物。由于附子辛温大热，有温补肾阳的作用，本法主要用于多种阳虚证。

（2）艾卷灸 用点燃的艾卷在穴位上熏烤来治疗疾病的方法，操作方法有以下三种。

①温和灸：将艾卷的一端点燃后，在距穴位 0.5～2cm 处熏灼，给穴位一种温和刺激，每穴灸 5～10min。适于风湿痹痛等症。

②回旋灸：将燃着的艾卷在患部的皮肤上往返、回旋熏灼，用于病变范围较大的肌肉风湿等症。

③雀啄灸：将艾卷点燃后，对准穴位，接触一下穴位皮肤，马上拿开，再接触再拿开，如雀啄食，反复进行 2～5min。多用于需较强火力施灸的慢性疾病。

（3）温针灸 是针刺和艾灸相结合的一种疗法，又称**烧针柄灸法**。即在针刺留针期间，将艾卷或艾绒裹到针柄上点燃，使艾火之温热通过针体传入穴位深层，而起到针和灸的双重作用。适用于既需留针，又需施灸的疾病。

8. 温熨 又称灸熨，是用热源物对动物患部或穴位进行温敷熨灼的刺激，以防治疾病的方法。主要针对较大的患病部位，如背腰风湿、腰胯风湿、破伤风、前后肢闪伤等。方法包括醋麸灸、醋酒灸和软烧三种。

（1）醋麸灸 用醋拌炒麦麸热敷患部的一种疗法，主治背部及腰胯风湿等症。用于马、牛等大动物时，准备麦麸 10kg，食醋 3～4kg，布袋 2 条。先将一半麦麸放在铁锅中加醋拌炒，加醋量至手握成团、放手即散为度。炒至温度达 40～60℃时装入布袋中，搭于患病部位进行热敷。快冷前炒另一半麦麸，两袋交替使用。敷至患部微出汗时，除去麸袋，以干麻袋或毛毯覆盖患部，调养于暖厩，勿受风寒。本法可一日一次，连续数日。

（2）醋酒灸 又称**火鞍法**，俗称**火烧战船**。是用醋和酒直接灸熨患部的一种疗法，主治背部及腰胯风湿，也可用于破伤风的辅助治疗。将动物保定，用毛刷蘸醋刷湿背腰部被毛，面积略大于灸熨部位，以适宜大小的白布或双层纱布浸透醋液，铺于背腰部；然后以橡皮球或注射器吸取 60°～70°以上的白酒或酒精均匀地喷洒在布上，点燃；反复地喷酒浇醋，维持火力烧至动物耳根和肘后出汗为止，以干麻袋压熄火焰，抽出白布，再换搭毡被，将患畜置暖厩内休养，勿受风寒。

（3）软烧 是以火焰熏灼患部的一种疗法。适用于体侧部的疾患，如慢性关节炎，屈腱炎，肌肉风湿等（图 5 - 115）。

术前准备：软烧棒、长柄毛刷、醋椒液（食醋 1kg、花椒 50g 混合煮沸数分钟，滤去花椒候温备用）、60°白酒 1kg 或 95％酒精 0.5kg。

操作方法：将患病动物保定于柱栏内，健肢向前方或后方转位保定，以毛刷蘸醋椒液在患部大面积涂刷，使被毛完全湿透。将软烧棒浸透醋椒液后拧干，再喷上白酒后点燃。术者摆动火棒，使火苗呈直线甩于患部及其周围。开始摆动宜慢、火苗宜小（文火）；待患部皮肤温度逐渐升高后，摆动宜快、火苗加大（武火）。在燎烧中，不时在患部涂刷醋椒液，保持被毛湿润；并及时在软烧棒上喷洒白酒，使火焰不断。每次烧灼持续 30～40min。

注意事项：烧灼时，火力宜先轻后重，勿使软烧棒槌头直接打到患部，以免造成烧伤；术后动物应注意保暖，停止使役，每日适当牵遛运动；术后 1～2d 患畜跛行有所加重，待 7～15d 后会逐渐减轻或消失；若未痊愈，1 个月后可再施术一次。

9. 特定电磁波谱疗法 简称 TDP，它是利用特定电磁波刺激穴位或患部，来治疗疾病的一种方法。适用于各种炎症，如关节炎、腱鞘炎、炎性肿胀、扭挫伤等；产科疾病，如子宫脱、阴道脱、胎衣不下、子宫炎、卵巢机能性不孕、阳痿等。

【操作方法】施术前先打开 TDP 治疗器预热 5～10min，患畜妥善保定，暴露治疗部位。然后将机器定时器调整到所需照射的时间，照射头对准患区进行照射。照射距离一般为15～40cm，照射时间每次 30～60min。一般每天或隔天 1～2 次，7d 为一疗程。隔 2～3d 后，可进行第二个疗程。

【注意事项】

（1）严格按照操作规程进行操作，避免触电等意外事故的发生。

（2）照射时，应随时注意病畜的反应，如病畜骚动不安，应及时调整照射距离，避免烧伤。

10. 埋植疗法　将肠线或某些药物埋植在穴位或患部以防治疾病的方法，称为埋植疗法。由于埋植物在体内有其一定的吸收过程，因此，对机体的刺激持续时间长，刺激强烈，从而产生明显的治疗效果。

（1）埋线疗法　最常用的是医用羊肠线，也可用丝线或马尾（图 5-116）。适用于动物的闪伤跛行、神经麻痹、肌肉萎缩、角膜炎、角膜翳、消化不良、下痢、咳嗽和气喘等。

术前准备：埋线针，肠线（剪成段置灭菌生理盐水中浸泡），穴位剪毛消毒。

操作方法有以下 3 种：

①封闭针埋线法：将针芯向后退出 1cm，取肠线 2～3 小段，放置在封闭针腔前端；将针刺入穴位内，达所需深度后，在缓缓退针的同时，将针芯前推把肠线送入穴位内；然后退出封闭针，消毒针孔。

②注射针埋线法：将肠线大段穿入 16 号针头的管腔内，针外留出多余的肠线；将注射针头垂直刺入穴位，随即将针头急速退出，使部分肠线留于穴内；用剪刀贴皮肤剪断外露肠线，然后提起皮肤，使肠线埋于穴内，最后消毒针孔。

③缝合针埋线法：用持针钳夹住带肠线的缝合针，从穴旁 1cm 处进针，穿透皮肤和肌肉，从穴位另一侧穿出；剪断穴位两边露出的肠线，轻提皮肤，使肠线完全埋进穴位内，最后消毒针孔。

注意事项：操作时应严密消毒，术后加强护理，防止术部感染；注意掌握埋植深度，不得损伤内脏、大血管和神经干；埋线后局部有轻微炎症反应，或有低热，在 1～2d 后即可消退，无须处理；如穴位感染，应作消炎治疗。热性病患者，忌用本法。

（2）埋药疗法　常埋白胡椒和蟾酥。

术前准备：包括器材、药品和穴位。

操作方法：受用于猪。

①埋白胡椒法：常用猪的膻中穴。患猪仰卧保定，膻中穴消毒，以大宽针在穴位皮肤上做一切口，捏起皮肤做成皮肤囊，在囊内包埋白胡椒 4～5 粒，消毒后，切口以胶布封闭。

②埋蟾酥法：常用猪的卡耳穴。患猪耳郭消毒，以大宽针在卡耳穴切开做一皮肤囊，在囊内埋入绿豆大蟾酥 1 粒，切口用胶布封闭。

注意事项：施术前所用器材、药品及术部的消毒，严防感染；埋入穴内的白胡椒一般经30d 左右可被吸收，不必取出；埋植蟾酥时，因药物刺激可引起局部发炎、坏死，愈合后可能会造成疤痕或缺损。

11. 拔火罐疗法　借助火焰排除火罐内部分空气，造成负压吸附在患畜穴位皮肤上来治疗疾病的一种方法。适用于各种疼痛性病患，如肌肉风湿、关节风湿、胃肠冷痛、急慢性消化不良、风寒感冒、寒性喘证、阴寒疡疽、跌打损伤，以及吸毒、排脓等。

【术前准备】火罐一至数个，患畜妥善保定，术部剃毛或剪毛涂上不易燃烧的黏浆剂。

【操作方法】用镊子夹一块酒精棉点燃后，伸入罐内烧一下再迅速抽出，立即将罐扣在术部，火罐即可吸附在皮肤上。留罐时间的长短依病情和部位而定，一般为 $10\sim20$min。起罐时，术者一手扶住罐体，使罐底稍倾斜，另一手下按罐口边缘的皮肤，使空气缓缓进入罐内，即可将罐起下。

【注意事项】

（1）局部有溃疡、水肿及大血管均不宜施术。患畜敏感，肌肤震颤不安，火罐不能吸牢者，应改用其他疗法。

（2）根据拔罐部位选用大小合适的火罐，并检查罐口是否平整、罐壁是否牢固无损。

（3）拔罐动作要做到稳、准、轻、快，排气时避免火火焰灼伤皮肤。起罐时，沿火罐口边缘指压皮肤，切不可硬拉或旋动，以免损伤皮肤。

（4）术中若患病动物感到灼痛而不安时，应提早起罐。

12. 按摩疗法　又称推拿，是运用不同手法在患畜体表一定的经络、穴位上施以机械刺激而防治疾病的方法。主要用于家畜消化不良、泄泻、痹症、肌肉萎缩、神经麻痹、关节扭伤等病证。

【基本手法】基本手法有以下几种。应根据畜种的不同，选择不同手法。

（1）按法　用手指或手掌在穴位或患部由轻到重、由上向下反复地撤压。适用于全身各部，有通经活络、调畅气血的作用。

（2）摩法　用手掌面附着于患部，以腕关节连同前臂做轻缓而有节律的盘旋摩擦。有理气和中、活血止痛、散瘀消积等作用。

（3）推法　用手掌根部在畜体穴位处或患部，用力向一定方向反复推动，向远端推为泻，向近端推为补，来回推动为清法。有疏通经络、行气散瘀等作用。

（4）拿法　用拇指和食、中指或其余四指的指腹，相对用力紧捏筋脉或穴位，如提物状。如用五指捏拿，又称抓法。有疏通经络、镇痉止痛、开窍醒神等作用。

（5）捋法　常用于耳、尾、四肢部。术者以手紧握耳、尾、肢等器官的一端，反复向另一端滑动。向远端捋为泻，向近端捋为补。有散聚软坚的作用。

（6）拽法　用手拽拉肢体关节等一定部位，具有活动脉络、排除障碍的功能。

（7）揉法　用拇指指腹或手掌掌面在治疗部位上反复地回旋揉动。用轻缓手法（柔法）为补，重快手法（刚法）为泻。有活血祛瘀、消肿散结等作用。

（8）搓法　以两手相对来回搓动患肢。有调和气血等作用。

（9）捏法　用拇指和食指的指腹相对，夹提穴位或患部皮肤，双手交替操作，缓缓向前推进，捏至皮肤发热变红为度。有疏通经络、宣通气血的作用。

（10）掐法　用拇指和食指的指甲相对，撤压穴位，为开窍解痉的强刺激手法。

（11）捶法　手握空拳轻轻捶击患部或穴位处。有宣通气血、祛风散寒的作用。

（12）拍法　用虚掌或平滑鞋底，有节律地平稳拍打家畜体表的一定部位。有松弛肌肉、调整机能的作用。

（13）分法 用两手拇指的指腹或手掌掌面，反复由穴位中心向两边分开移动。此法为泻。

（14）合法 用两手拇指的指腹或手掌掌面，分别从患部两侧或两个穴位向中间合拢，此法为补。

（15）滚法 空握掌，手心向上，用手掌背面和指关节突出部在患部来回滚动。有疏松肌肉、行气活血等作用。

【注意事项】

（1）有传染病、皮肤病者忌用。患畜怀孕期间，不能按摩其腹部诸穴。

（2）根据病情选用不同的按摩手法，如瘤胃积食、瘤胃臌气等可选按法，神经麻痹、肌肉劳损可选用捶法等。

（3）按摩时间，一般为每次 5～15min，每天或隔天 1 次，7～10 次为一疗程。间隔 3～5d 进行第二个疗程。

（4）按摩后避免风吹雨淋。

第二节 家畜常用穴位针法与主治

（一）马常用穴位（图 5 - 117 至图 5 - 130）

1. 头部穴位

穴名	定位	针法	主治
分水	上唇外面旋毛正中点，一穴	小宽针或三棱针直刺 1～2cm，出血	中暑，冷痛，歪嘴风
玉堂	口内上腭第三棱上，正中线旁开 1.5cm 处，左右侧各一穴	开口拉舌，以拇指顶住上腭，用玉堂钩钩破穴点，或用三棱针或小宽针向前上方斜刺 0.5～1cm，出血，然后用盐擦之	胃热，舌疮，上腭肿胀
通关	舌体腹侧面，舌系带两旁的血管上，左右侧各一穴	将舌拉出，向上翻转，以三棱针或小宽针刺入 0.5～1cm，出血	舌疮，胃热、慢草、黑汗风
承浆	下唇正中，距下唇边缘 3cm 的凹陷中，一穴	小宽针或圆利针向上刺入 1cm	歪嘴风，唇龈肿痛
锁口	口角后上方约 2cm 处，左右侧各一穴	毫针向后上方透刺开关穴，火针斜刺 3cm，或间接烧烙 3cm 长	破伤风，歪嘴风，锁口黄
开关	口角向后的延长线与咬肌前缘相交处，左右侧各一穴	圆利针或火针向后上方斜刺 2～3cm，毫针刺入 9cm，或向前下方透刺锁口穴，或灸烙	破伤风，歪嘴风，面颊肿胀
鼻前	两鼻孔下缘连线上，鼻内翼内侧 1cm 处，左右侧各一穴	小宽针或毫针直刺 1～3cm，毫针捻针后可适当留针	发热，中暑，感冒，过劳

（续）

穴名	定　位	针　法	主　治
姜牙	鼻孔外侧缘下方，鼻翼软骨（姜牙骨）顶端处，左右侧各一穴	将上唇向另一侧拉紧，使姜牙骨充分显露，用大宽针挑破软骨端，或切开皮肤，用姜牙钩钩拉或割去软骨尖	冷痛及其他腹痛
鼻俞	鼻梁两侧，距鼻孔上缘 3cm 的鼻颌切迹内，左右侧各一穴	小宽针横穿鼻中隔，出血（如出血不止可高吊马头，用冷水、冰块冷敷或采取其他止血措施）	肺热，感冒，中暑，鼻肿痛
三江	内眼角下方约 3cm 处的血管分叉处，左右侧各一穴	低拴马头，使血管怒张，用三棱针或小宽针顺血管刺入 1cm，出血	冷痛，肚胀，月盲，肝热传眼
睛明	下眼眶上缘，两眼角连线的内、中 1/3 交界处，左右眼各一穴	上推眼球，毫针沿眼球与泪骨之间向内下方刺入 3cm，或在下眼睑黏膜上点刺出血	肝经风热，肝热传眼，睛生翳膜
睛俞	上眼眶下缘正中，左右眼各一穴	下压眼球，毫针沿眼球与额骨之间向内后上方刺入 3cm，或在上眼睑黏膜上点刺出血	肝经风热，肝热传眼，睛生翳膜
开天	眼球角膜与巩膜交界处，一穴	将头牢固保定，冷水冲眼或滴表面麻醉剂使眼球不动，待虫体游至眼前房时，用三弯针轻手急刺 0.3cm，虫随眼房水流出；也可用注射器吸取虫体或注入 3% 精制敌百虫杀死虫体	浑睛虫病
太阳	外眼角后方约 3cm 处的血管上，左右侧各一穴	低拴马头，使血管怒张，用小宽针或三棱针顺血管刺入 1cm，出血；或用毫针避开血管直刺 5～7cm	肝热传眼，肝经风热，中暑，脑黄
上关	下颌关节后上方的凹陷中，左右侧各一穴	圆利针或火针向内下方刺入 3cm，毫针刺入 4.5cm	歪嘴风，破伤风，下颌脱臼
下关	下颌关节下方，外眼角后上方的凹陷中，左右侧各一穴	圆利针或火针向内上方刺入 2cm，毫针刺入 2～3cm	歪嘴风，破伤风
大风门	头顶部，门鬃下缘、顶骨崎分叉处为主穴，沿顶骨外崎向两侧各旁开 3cm 为二副穴，共三穴	毫针、圆利针或火针沿皮下向上方平刺 3cm，艾灸或烧烙	破伤风，脑黄，心热风邪
耳尖	耳背侧尖端的血管上，左右耳各一穴	握紧耳根，使血管怒张，小宽针或三棱针刺入 1cm，出血	冷痛，感冒，中暑

2. 躯干部穴位

穴名	定　位	针　法	主　治
风门	耳后 3cm、寰椎翼前缘的凹陷处，左右侧各一穴	毫针向内下方刺入 6cm，火针刺入 2～3cm，或灸烙	破伤风，颈风湿，风邪证

（续）

穴名	定 位	针 法	主 治
九委	颈两侧弧形肌沟内，左右侧各九穴。伏兔穴后下方3cm、鬐下缘约3.5cm为上上委，髆尖穴前方4.5cm，鬐下缘约5cm为下下委，两穴之间八等分，分点处为其余七穴	毫针直刺4.5～6cm，火针刺入2～3cm	颈风湿，破伤风
颈脉	颈静脉沟上、中1/3交界处的颈静脉上，左右侧各一穴	高拴马头，颈基部拴一细绳，打活结，用装有大宽针的针锤，对准穴位急刺1cm，出血。术后松开绳扣，血流停止	脑黄，中暑，中毒，遍身黄，破伤风
迷交感	颈侧，颈静脉沟上缘的上、中1/3交界处，左右侧各一穴	水针，针头向对侧稍斜下方刺入4～6cm，针尖抵达气管轮后，再稍退针，连接注射器，回抽无血液时注入药液。也可毫针同法刺入，或电针	腹泻，便秘，少食
大椎	第七颈椎与第一胸椎棘突间的凹陷中，一穴	毫针或圆利针稍向前下方刺入6～9cm	感冒，咳嗽，发热，癫痫，腰背风湿
鬐甲	鬐甲最高点前方，第三、四胸椎棘突间的凹陷中，一穴	毫针向前下方刺入6～9cm，火针刺入3～4cm，治鬐甲肿胀时用宽针散刺	咳嗽，气喘，肚痛，腰背风湿，鬐甲痈肿
断血	最后胸椎与第一腰椎棘突间的凹陷中，为主穴；向前、后移一脊椎为副穴	毫针、圆利针或火针直刺2.5～3cm	阉割后出血，便血，尿血等各种出血症
关元俞	最后肋骨后缘，距背中线12cm的髂肋肌沟中，左右侧各一穴	圆利针或火针直刺2～3cm，毫针直刺6～8cm，可达肾脂肪囊内，常用作电针治疗，亦可上下透刺	结症，肚胀，泄泻，冷痛，腰脊疼痛
脾俞	倒数第三肋间，距背中线12cm的髂肋肌沟中，左右侧各一穴	圆利针或火针直刺2～3cm，毫针向上或向下斜刺3～5cm	胃冷吐涎，肚胀，结症，泄泻，冷痛
胃俞	倒数第六肋间，距背中线12cm的髂肋肌沟中，左右侧各一穴	圆利针或火针直刺2～3cm，毫针向上或向下斜刺3～4cm	胃寒，胃热，消化不良，肠臌气，大肚结
命门	第二、三腰椎棘突间的凹陷中，一穴	毫针、圆利针或火针直刺3cm	闪伤腰胯，寒伤腰胯，破伤风
肷俞	肷窝中点处，左右侧各一穴	巧治，用套管针穿入盲肠放气（右侧），或剖腹术（左侧）	盲肠臌气，急腹症手术

（续）

穴名	定 位	针 法	主 治
百会	腰荐十字部，即最后腰椎与第一荐椎棘突间的凹陷中，一穴	火针或圆利针直刺 3～4.5cm，毫针刺入 6～7.5cm	腰胯闪伤、风湿，破伤风，便秘，肚胀，泄泻，疝痛
尾根	尾背侧，第一、二尾椎棘突间，一穴	火针或圆利针直刺 1～2cm，毫针刺入 3cm	腰胯闪伤、风湿，破伤风
巴山	百会穴与股骨大转子连线的中点处，左右侧各一穴	圆利针或火针直刺 3～4.5cm，毫针刺入 10～12cm	腰胯风湿、闪伤，后肢风湿、麻木
穿黄	胸前正中线旁开 2cm，左右侧各一穴	拉起皮肤，用穿黄针穿上马尾穿通两穴，马尾两端拴上适当重物，引流黄水；或用宽针局部散刺	胸黄，胸部浮肿
胸堂	胸骨两旁，胸外侧沟下部的血管上，左右侧各一穴	拴高马头，用中宽针沿血管急刺 1cm，出血（泻血量 500～1 000mL）	心肺积热，胸膊痛，五攒痛，前肢闪伤
黄水	胸骨后、包皮前，两侧带脉下方的胸腹下肿胀处	避开大血管和腹白线，用大宽针在局部散刺 1cm 深	肚底黄，胸腹部浮肿
阴俞	肛门与阴门或阴囊中点的中心缝上，一穴	火针或圆利针直刺 2～3cm，毫针直刺 4～6cm；或艾卷灸	阴道脱，子宫脱，带下；垂缕不收
阴脱	阴唇两侧，阴唇上下联合中点旁开 2cm，左右侧各一穴	毫针向前下方斜刺 6～9cm，或电针、水针	阴道脱，子宫脱
肛脱	肛门两侧旁开 2cm，左右侧各一穴	毫针向前下方刺入 4～6cm，或电针、水针	直肠脱
莲花	脱出的直肠黏膜脱肛时用此穴	巧治。用温水洗净，除去坏死风膜，以 2％明矾水和硼酸水冲洗，再涂以植物油，缓缓纳入	脱肛
后海	肛门上、尾根下的凹陷中，一穴	火针或圆利针向前上方刺入 6～10cm，毫针刺入 12～18cm	结症，泄泻，直肠麻痹，不孕症
尾本	尾腹面正中，距尾基部 6cm 处血管上，一穴	中宽针向上顺血管刺入 1cm，出血	腰胯闪伤、风湿，肠黄，尿闭
尾尖	尾末端，一穴	中宽针直刺 1～2cm，或将尾尖十字劈开，出血	冷痛，感冒，中暑，过劳

3. 前肢穴位

穴名	定位	针法	主治
膊尖	肩胛骨前角与肩胛软骨结合处，左右侧各一穴	圆利针或火针沿肩胛骨内侧向后下方刺入3～6cm，毫针刺入12cm	前肢风湿，肩膊闪伤、肿痛
膊栏	肩胛骨后角与肩胛软骨结合处，左右侧各一穴	圆利针或火针沿肩胛骨内侧向前下方刺入3～5cm，毫针刺入10～12cm	前肢风湿，肩膊闪伤、肿痛
弓子	肩胛冈后方，肩胛软骨（弓子骨）上缘中点直下方约10cm处，左右侧各一穴	用大宽针刺破皮肤，再用两手提拉切口周围皮肤，让空气进入；或以16号注射针头刺入穴位皮下，用注射器注入滤过的空气，然后用手向周围推压，使空气扩散到所需范围	肩膊麻木，肩膊部肌肉萎缩
肩井	肩端，臂骨大结节外上缘的凹陷中，左右侧各一穴	火针或圆利针向后下方刺入3～4.5cm，毫针刺入6～8cm	抢风痛，前肢风湿，肩臂麻木
抢风	肩关节后下方，三角肌后缘与臂三头肌长头、外侧头形成的凹陷中，左右侧各一穴	圆利针或火针直刺3～4cm，毫针刺入8～10cm	闪伤夹气，前肢风湿，前肢麻木
肘俞	臂骨外上髁与肘突之间的凹陷中，左右肢各一穴	火针或圆利针直刺3～4cm，毫针刺入6cm	肘部肿胀、风湿、麻痹
乘重	桡骨近端外侧韧带结节下部、指总伸肌与指外侧伸肌起始部的肌沟中，左右肢各一穴	火针或圆利针稍斜向前刺入2～3cm，毫针刺入4.5～6cm	乘重肿痛，前臂麻木、风湿
前三里	前臂外侧上部，桡骨上、中1/3交界处，腕桡侧伸肌与指总伸肌之间的肌沟中，左右肢各一穴	火针或圆利针向后上方刺入3cm，毫针刺入4.5cm	脾胃虚弱，前肢风湿
膝眼	腕关节背侧面正中，腕前黏液囊肿胀处最低位，左右肢各一穴	提起患肢，中宽针直刺1cm，放出水肿液	腕前黏液囊肿
膝脉	腕关节内侧下方约6cm处的血管上，左右肢各一穴	小宽针顺血管刺入1cm，出血	腕关节肿痛，屈腱炎
前缠腕	前肢球节上方两侧，掌内、外侧沟末端内的血管上，每肢内外侧各一穴	小宽针沿血管刺入1cm，出血	球节肿痛，屈腱炎
前蹄头	前蹄背面，正中线外侧旁开2cm、蹄缘（毛边）上1cm处，每蹄各一穴	中宽针向蹄内刺入1cm，出血	五攒痛，球节痛，蹄头痛，冷痛，结症

4. 后肢穴位

穴名	定位	针法	主治
环跳	髋关节前缘，股骨大转子前方约6cm的凹陷中，左右侧各一穴	圆利针或火针直刺3～4.5cm，毫针刺入6～8cm	雁翅肿痛，后肢风湿、麻木
大胯	髋关节前下缘，股骨大转子前下方约6cm的凹陷中，左右侧各一穴	圆利针或火针沿股骨前缘向后下方斜刺3～4.5cm，毫针刺入6～8cm	后肢风湿，闪伤腰胯
小胯	股骨第三转子后下方的凹陷中，左右侧各一穴	圆利针或火针直刺3～4.5cm，毫针刺入6～8cm	后肢风湿，闪伤腰胯
邪气	与肛门水平线相交处的股二头肌沟中，左右侧各一穴	圆利针或火针直刺4.5cm，毫针刺入6～8cm	后肢风湿、麻木，股胯闪伤
肾堂	股内侧，大腿褶下12cm处的血管上，左右肢各一穴	吊起对侧后肢，以中宽针沿血管刺入1cm，出血	五攒痛，闪伤腰胯，后肢风湿
后三里	小腿外侧，腓骨小头下方的肌沟中，左右肢各一穴	圆利针或火针直刺2～4cm，毫针直刺4～6cm	脾胃虚弱，后肢风湿，体质虚弱
曲池	跗关节背侧稍偏内的血管上，左右肢各一穴	小宽针直刺1cm，出血	胃热不食，跗关节肿痛
后缠腕	后肢球节上方两侧，跖内、外侧沟末端内的血管上，每肢内外侧各一穴	小宽针沿血管刺入1cm，出血	球节肿痛，屈腱炎
后蹄头	后蹄背面正中，蹄缘（毛边）上1cm处，每蹄各一穴	中宽针向蹄内刺入1cm，出血	同前蹄头穴
滚蹄	前、后肢系部，掌/跖侧正中凹陷中，出现滚蹄时用此穴	横卧保定，患蹄推磨式固定于木桩，局部剪毛消毒，大宽针针刃平行于系骨刺入，轻症劈开屈肌腱，重症横转针刃，推动"磨杆"至蹄伸直，被动切断部分屈肌腱	滚蹄（屈肌腱挛缩）

（二）牛常用穴位（图5-131至图5-139）

1. 头部穴位

穴名	定位	针法	主治
山根	主穴在鼻唇镜上缘正中有毛与无毛交界处，两副穴在左右两鼻孔背角处，共三穴	小宽针向后下方斜刺1cm，出血	中暑，感冒，腹痛，癫痫
鼻中	两鼻孔下缘连线中点，一穴	小宽针或三棱针直刺1cm，出血	慢草，热病，唇肿，衄血，黄疸
顺气	口内硬腭前端，齿板后切齿乳头上的两个鼻腭管开口处，左右侧各一穴	将去皮、节的鲜细柳、榆树条，端部削成钝圆形，徐徐插入20～30cm，剪去外露部分，留置2～3h或不取出	肚胀，感冒，眼生翳膜

（续）

穴名	定 位	针 法	主 治
通关	舌体腹侧面，舌系带两旁的血管上，左右侧各一穴	将舌拉出，向上翻转，小宽针或三棱针刺入1cm，出血	慢草，木舌，中暑，春秋季开针洗口有防病作用
承浆	下唇下缘正中、有毛与无毛交界处，一穴	中、小宽针向后下方刺入1cm，出血	下颌肿痛，五脏积热，慢草
锁口	口角后上方约3cm凹陷处，左右侧各一穴	小宽针或火针向后上方平刺3cm，毫针刺入4～6cm，或透刺开关穴	牙关紧闭，歪嘴风
开关	口角向后的延长线与咬肌前缘相交处，左右侧各一穴	中宽针、圆利针或火针向后上方刺入2～3cm，毫针刺入4～6cm，或向前下方透刺锁口穴	破伤风，歪嘴风，腮黄
鼻俞	鼻孔上方4.5cm处（鼻颌切迹内），左右侧各一穴	三棱针或小宽针直刺1.5cm，或透刺到对侧，出血	肺热，感冒，中暑，鼻肿
三江	内眼角下约4.5cm处的血管分叉处，左右侧各一穴	低拴牛头，使血管怒张，用三棱针或小宽针顺血管刺入1cm，出血	疝痛，肚胀，肝热传眼
睛明	下眼眶上缘，两眼角内、中1/3交界处，左右眼各一穴	上推眼球，毫针沿眼球与泪骨之间向内下方刺入3cm，或三棱针在下眼睑黏膜上散刺，出血	肝热传眼，睛生翳膜
睛俞	上眼眶下缘正中的凹陷中，左右眼各一穴	下压眼球，毫针沿眼眶上突下缘向内上方刺入2～3cm，或三棱针在上眼睑黏膜上散刺，出血	肝经风热，肝热传眼
太阳	外眼角后方约3cm处的颞窝中，左右侧各一穴	毫针直刺3～6cm；或小宽针刺入1～2cm，出血；或施水针	中暑，感冒，癫痫，肝热传眼，睛生翳膜
通天	两内眼角连线正中上方6～8cm处，一穴	火针沿皮下向上平刺2～3cm，或火烙；治脑包虫可施开颅术	感冒，脑黄，癫痫，破伤风，脑包虫
耳尖	耳背侧距尖端3cm的血管上，左右耳各三穴	捏紧耳根，使血管怒张，中宽针或大三棱针速刺血管，出血	中暑，感冒，中毒，腹痛，热性病
耳根	耳根后方，耳根与寰椎翼前缘之间的凹陷中，左右侧各一穴	中宽针或火针向内下方刺入1～1.5cm，圆利针或毫针刺入3～6cm	感冒，过劳，腹痛，风湿
天门	两耳根连线正中点后方，枕寰关节背侧的凹陷中，一穴	火针、小宽针或圆利针向后下方斜刺3cm，毫针刺入3～6cm，或火烙	感冒，脑黄，癫痫，破伤风

2. 躯干部穴位

穴名	定 位	针 法	主 治
颈脉	颈静脉沟上、中1/3交界处的血管上，左右侧各一穴	高拴牛头，徒手按压或扣颈绳，大宽针刺入1cm，出血	中暑，中毒，脑黄，肺风毛燥

（续）

穴名	定位	针法	主治
健胃	颈侧上、中 1/3 交界处的颈静脉沟上缘，左右侧各一穴	毫针向对侧斜下方刺入 4.5～6cm，或电针	瘤胃积食，前胃弛缓
丹田	第一、二胸椎棘突间的凹陷中，一穴	小宽针、圆利针或火针向前下方刺入 3cm，毫针刺入 6cm	中暑，过劳，前肢风湿，肩痛
鬐甲	第三、四胸椎棘突间的凹陷中，一穴	小宽针或火针向前下方刺入 1.5～2.5cm，毫针刺入 4～5cm	前肢风湿，肺热咳嗽，脱膊，肩肿
苏气	第八、九胸椎棘突间的凹陷中，一穴	小宽针、圆利针或火针向前下方刺入 1.5～2.5cm，毫针刺入 3～4.5cm	肺热，咳嗽，气喘
天平	最后胸椎与第一腰椎棘突间的凹陷中，一穴	小宽针、圆利针或火针直刺 2cm，毫针刺入 3～4cm	尿闭，肠黄，尿血，便血，阉割后出血
关元俞	最后肋骨与第一腰椎横突顶端之间的髂肋肌沟中，左右侧各一穴	小宽针、圆利针或火针向内下方刺入 3cm，毫针刺入 4.5cm；亦可向脊椎方向刺入 6～9cm	慢草，便结，肚胀，积食，泄泻
肺俞	倒数第五、六、七、八任一肋间与髋关节水平线的交点处，左右侧各一穴	小宽针、圆利针或火针向内下方刺入 3cm，毫针刺入 6cm	肺热咳喘，感冒，劳伤气喘
六脉	倒数第一、二、三肋间，髂骨翼上角水平线上的髂肋肌沟中，左右侧各三穴	小宽针、圆利针或火针向内下方刺入 3cm，毫针刺入 6cm	便秘，肚胀，积食，泄泻，慢草
脾俞	倒数第三肋间，髂骨翼上角水平线上的髂肋肌沟中，左右侧各一穴	小宽针、圆利针或火针向内下方刺入 3cm，毫针刺入 6cm	同六脉穴
食胀	左侧倒数第二肋间与髋结节下角水平线相交处，一穴	小宽针、圆利针或毫针向内下方刺入 9cm，达瘤胃背囊内	宿草不转，肚胀，消化不良
命门	第二、三腰椎棘突间的凹陷中，一穴	小宽针、圆利针或火针直刺 3cm，毫针刺入 3～5cm	尿痛，尿闭，血尿，胎衣不下，慢草
百会	腰荐十字部，即最后腰椎与第一荐椎棘突间的凹陷中，一穴	小宽针、圆利针或火针直刺 3～4.5cm，毫针刺入 6～9cm	腰胯风湿、闪伤，二便不利，后躯瘫痪
雁翅	髋结节最高点前缘到背中线所作垂线的中、外 1/3 交界处，左右侧各一穴	圆利针或火针直刺 3～5cm，毫针刺入 8～15cm	腰胯风湿，不孕症
肷俞	左侧肷窝部，即肋骨后、腰椎下与髂骨翼前形成的三角区内	套管针或大号采血针向内下方刺入 6～9cm，徐徐放出气体	急性瘤胃臌气
滴明	脐前约 15cm，腹中线旁开约 12cm 处的血管上，左右侧各一穴	中宽针顺血管刺入 2cm，出血	乳房炎，尿闭

（续）

穴名	定位	针法	主治
云门	脐旁开 3cm，左右侧各一穴	治肚底黄，用大宽针在肿胀处散刺；治腹水，先用大宽针破皮，再插入宿水管	肚底黄，腹水
阳明	乳头基部外侧，每个乳头一穴	小宽针向内上方刺入 1～2cm，或激光照射	乳房炎，尿闭
阴俞	肛门与阴门或阴囊中间的中心缝上，一穴	毫针、圆利针或火针直刺 1～2cm	阴道脱，子宫脱；阴囊肿胀
阴脱	阴唇两侧，阴唇上下联合中点旁开 2cm，左右侧各一穴	毫针向前下方刺入 4～8cm，或电针、水针	阴道脱，子宫脱
肛脱	肛门两侧旁开 2cm，左右侧各一穴	毫针向前下方刺入 3～5cm，或电针、水针	直肠脱
后海	肛门上、尾根下的凹陷中，一穴	小宽针、圆利针或火针向内下方刺入 3～4.5cm，毫针刺入 6～10cm	久痢泄泻，胃肠热结，脱肛，不孕症
尾根	荐椎与尾椎棘突间的凹陷中，即上下摇动尾巴，在动与不动交界处，一穴	小宽针、圆利针或火针直刺 1～2cm，毫针刺入 3cm	便秘，热泻，脱肛，热性病
尾本	尾腹面正中，距尾基部 6cm 处的血管上，一穴	中宽针直刺 1cm，出血	腰风湿，尾神经麻痹，便秘
尾尖	尾末端，一穴	中宽针直刺 1cm 或将尾尖十字劈开，出血	中暑，中毒，感冒，过劳，热性病

3. 前肢穴位

穴名	定位	针法	主治
膊尖	肩胛骨前角与肩胛软骨结合处，左右侧各一穴	小宽针、圆利针或火针沿肩胛骨内侧向后下方斜刺 3～6cm，毫针刺入 9cm	失膊，前肢风湿
膊栏	肩胛骨后角与肩胛软骨结合处，左右侧各一穴	小宽针、圆利针或火针沿肩胛骨内侧向前下方斜刺 3cm；毫针斜刺 6～9cm	失膊，前肢风湿
肩井	肩关节前上缘，臂骨大结节外上缘的凹陷中，左右肢各一穴	小宽针、圆利针或火针向内下方斜刺 3～4.5cm；毫针斜刺 6～9cm	失膊，前肢风湿，肩胛上神经麻痹
抢风	肩关节后下方，三角肌后缘与臂三头肌长头、外头形成的凹陷中，左右肢各一穴	小宽针、圆利针或火针直刺 3～4.5cm，毫针直刺 6cm	失膊，前肢风湿、肿痛、神经麻痹
肘俞	臂骨外上髁与肘突之间的凹陷中，左右肢各一穴	小宽针、圆利针或火针向内下方斜刺 3cm，毫针刺入 4.5cm	肘部肿胀，前肢风湿、闪伤、麻痹
膝眼	腕关节背外侧下缘的陷沟中，左右肢各一穴	中、小宽针向后上方刺入 1cm，放出黄水	腕部肿痛，膝黄
膝脉	掌骨内侧，副腕骨下方 6cm 处的血管上，左右肢各一穴	中、小宽针沿血管刺入 1cm，出血	腕关节肿痛，攒筋肿痛

（续）

穴名	定位	针法	主治
前缠腕	前肢球节上方两侧，掌内、外侧沟末端内的指内、外侧静脉上，每肢内外侧各一穴	中、小宽针沿血管刺入1.5cm，出血	蹄黄，球节肿痛，扭伤
涌泉	前蹄叉前缘正中稍上方的凹陷中，每肢一穴	中、小宽针沿血管刺入1～1.5cm，出血	蹄肿，扭伤，中暑，感冒
前蹄头	第三、四指的蹄匣上缘正中，有毛与无毛交界处，每蹄内外侧各一穴	中宽针直刺1cm，出血	蹄黄，扭伤，便结，腹痛，感冒

4. 后肢穴位

穴名	定位	针法	主治
环跳	髋关节前上缘，股骨大转子前方臀肌下缘的凹陷中，左右侧各一穴	小宽针、圆利针或火针直刺3～4.5cm，毫针直刺6cm	腰胯痛，后肢风湿、麻木
大转	髋关节前缘，股骨大转子前下方约6cm处的凹陷中，左右侧各一穴	小宽针、圆利针或火针直刺3～4.5cm，毫针直刺6cm	后肢风湿、麻木，腰胯闪伤
大胯	髋关节上缘，股骨大转子正上方9～12cm处的凹陷中，左右侧各一穴	小宽针、圆利针或火针直刺3～4.5cm，毫针直刺6cm	后肢风湿、麻木，腰胯闪伤
小胯	髋关节下缘，股骨大转子正下方约6cm处的凹陷中，左右侧各一穴	小宽针、圆利针或火针直刺3～4.5cm，毫针直刺6cm	后肢风湿、麻木，腰胯闪伤
邪气	股骨大转子和坐骨结节连线与股二头肌沟相交处，左右侧各一穴	小宽针、圆利针或火针直刺3～4.5cm，毫针直刺6cm	后肢风湿、闪伤，麻痹，胯部肿痛
肾堂	股内侧，大腿褶下方约9cm的血管上，左右肢各一穴	吊起对侧后肢，以中宽针顺血管刺入1cm，出血	五攒痛，后肢风湿
后三里	小腿外侧上部，腓骨小头下部的肌沟中，左右肢各一穴	毫针向内后下方刺入6～7.5cm	脾胃虚弱，后肢风湿、麻木
曲池	跗关节背侧稍偏外，中横韧带下方，趾长伸肌外侧的血管上，左右肢各一穴	中宽针直刺1cm，出血	跗骨肿痛，后肢风湿
后缠腕	后肢球节上方两侧，跖内、外侧沟末端内的血管上，每肢内外侧各一穴	中、小宽针沿血管刺入1.5cm，出血	蹄黄，球节肿痛，扭伤
滴水	后蹄叉前缘正中稍上方的凹陷中，每肢各一穴	中、小宽针沿血管刺入1～1.5cm，出血	蹄肿，扭伤，中暑，感冒
后蹄头	第三、四趾的蹄匣上缘正中，有毛与无毛交界处，每蹄内外侧各一穴	中宽针直刺1cm，出血	蹄黄，扭伤，便结，腹痛，中暑，感冒

（三）犬常用穴位（图 5-140 至图 5-144）

1. 头部穴位

穴名	定位	针法	主治
水沟	上唇唇沟上、中 1/3 交界处，一穴	毫针或三棱针直刺 0.5cm	中风，中暑，支气管炎
山根	鼻背正中有毛与无毛交界处，一穴	三棱针点刺 0.2～0.5cm，出血	中风，中暑，感冒，发热
三江	内眼角下的血管上，左右侧各一穴	三棱针点刺 0.2～0.5cm，出血	便秘，腹痛，目赤肿痛
承泣	下眼眶上缘中部，左右侧各一穴	上推眼球，毫针沿眼球与眼眶之间刺入 2～3cm	目赤肿痛，睛生云翳，白内障
睛明	内眼角上下眼睑交界处，左右眼各一穴	外推眼球，毫针直刺 0.2～0.3cm	目赤肿痛，眵泪，云翳
上关	下颌关节后上方，下颌骨关节突与颧弓之间，张口时出现的凹陷中，左右侧各一穴	毫针直刺 3cm	歪嘴风，耳聋
下关	下颌关节前下方，颧弓与下颌骨角之间的凹陷中，左右侧各一穴	毫针直刺 3cm	歪嘴风，耳聋
翳风	耳基部，下颌关节后下方的凹陷中，左右侧各一穴	毫针直刺 3cm	歪嘴风，耳聋
耳尖	耳郭尖端背面的血管上，左右耳各一穴	三棱针或小宽针点刺，出血	中暑，感冒，腹痛
天门	枕寰关节背侧正中点的凹陷中，一穴	毫针直刺 1～3cm，或艾灸	发热，脑炎，抽风，惊厥

2. 躯干部穴位

穴名	定位	针法	主治
大椎	第七颈椎与第一胸椎棘突间的凹陷中，一穴	毫针直刺 2～4cm，或艾灸	发热，咳嗽，风湿症，癫痫
身柱	第三、四胸椎棘突间的凹陷中，一穴	毫针向前下方刺入 2～4cm，或艾灸	肺热，咳嗽，肩扭伤
灵台	第六、七胸椎棘突间的凹陷中，一穴	毫针稍向前下方刺入 1～3cm，或艾灸	胃痛，肝胆湿热，肺热咳嗽
悬枢	最后（第十三）胸椎与第一腰椎棘突间的凹陷中，一穴	毫针斜向后下方刺入 1～2cm，或艾灸	风湿病，腰部扭伤，消化不良，腹泻
脾俞	倒数第二肋间、距背中线 6cm 的髂肋肌沟中，左右侧各一穴	毫针沿肋间向下方斜刺 1～2cm，或艾灸	食欲不振，消化不良，呕吐，贫血
命门	第二、三腰椎棘突间的凹陷中，一穴	毫针斜向后下方刺入 1～2cm，或艾灸	风湿症，泄泻，腰痿，水肿，中风

（续）

穴名	定　位	针　法	主　治
阳关	第四、五腰椎棘突间的凹陷中，一穴	毫针斜向后下方刺入 1～2cm，或艾灸	性机能减退，子宫内膜炎，风湿症，腰扭伤
百会	最后腰椎与第一荐椎棘突间的凹陷中，一穴	毫针直刺 1～2cm，或艾灸	腰胯疼痛，瘫痪，泄泻，脱肛
三焦俞	第一腰椎横突末端相对的髂肋肌沟中，左右侧各一穴	毫针直刺 1～3cm，或艾灸	食欲不振，消化不良，呕吐，贫血
肾俞	第二腰椎横突末端相对的髂肋肌沟中，左右侧各一穴	毫针直刺 1～3cm，或艾灸	肾炎，多尿症，不孕症，腰部风湿、扭伤
大肠俞	第四腰椎横突末端相对的髂肋肌沟中，左右侧各一穴	毫针直刺 1～3cm，或艾灸	消化不良，肠炎，便秘
关元俞	第五腰椎横突末端相对的髂肋肌沟中，左右侧各一穴	毫针直刺 1～3cm，或艾灸	消化不良，便秘，泄泻
中脘	胸骨后缘与脐的连线中点，一穴	毫针向前斜刺 0.5～1cm，或艾灸	消化不良，呕吐，泄泻，胃痛
天枢	脐眼旁开 3cm，左右侧各一穴	毫针直刺 0.5cm，或艾灸	腹痛，泄泻，便秘，带症
后海	尾根与肛门间的凹陷中，一穴	毫针稍向前上方刺入 3～5cm	泄泻，便秘，脱肛，阳痿
尾根	最后荐椎与第一尾椎棘突间的凹陷中，一穴	毫针直刺 0.5～1cm	瘫痪，尾麻痹，脱肛，便秘，腹泻
尾本	尾部腹侧正中，距尾根部 1cm 处的血管上，一穴	三棱针直刺 0.5～1cm，出血	腹痛，尾麻痹，腰风湿
尾尖	尾末端，一穴	毫针或三棱针从末端刺入 0.5～0.8cm	中风，中暑，泄泻

3. 前肢穴位

穴名	定　位	针　法	主　治
肩井	肩峰前下方、臂骨大结节上缘的凹陷中，左右肢各一穴	毫针直刺 1～3cm	肩部神经麻痹，扭伤
肩外髃	肩峰后下方、臂骨大结节后上缘的凹陷中，左右肢各一穴	毫针直刺 2～4cm，或艾灸	肩部神经麻痹，扭伤
抢风	肩关节后方，三角肌后缘、臂三头肌长头和外头形成的凹陷中，左右肢各一穴	毫针直刺 2～4cm，或艾灸	前肢神经麻痹，扭伤，风湿症
郄上	肩外髃与肘俞连线的下 1/4 处，左右肢各一穴	毫针直刺 2～4cm，或艾灸	前肢神经麻痹，扭伤，风湿症

（续）

穴名	定　位	针　法	主　治
肘俞	臂骨外上髁与肘突之间的凹陷中，左右肢各一穴	毫针直刺 2～4cm，或艾灸	前肢及肘部疼痛，神经麻痹
曲池	肘关节前外侧，肘横纹外端凹陷中，左右肢各一穴	毫针直刺 3cm，或艾灸	前肢及肘部疼痛，神经麻痹
前三里	前臂外侧上 1/4 处肌沟中，左右肢各一穴	毫针直刺 2～4cm，或艾灸	桡、尺神经麻痹，前肢神经痛，风湿症
外关	前臂外侧下 1/4 处的桡、尺骨间隙中，左右肢各一穴	毫针直刺 1～3cm，或艾灸	桡、尺神经麻痹，前肢风湿，便秘，缺乳
内关	前臂内侧下 1/4 处的桡、尺骨间隙处，左右肢各一穴	毫针直刺 1～2cm，或艾灸	桡、尺神经麻痹，肚痛，中风
涌泉	第三、四掌骨间的血管上，每肢各一穴	三棱针直刺 1cm，出血	风湿症，感冒
指间	前足背指间，掌指关节水平线上，每足三穴	毫针斜刺 1～2cm，或三棱针点刺	指扭伤或麻痹

4. 后肢穴位

穴名	定　位	针　法	主　治
环跳	股骨大转子前方，髋关节前缘的凹陷中，左右侧各一穴	毫针直刺 2～4cm，或艾灸	后肢风湿，腰胯疼痛
肾堂	股内侧上部的血管上，左右肢各一穴	三棱针或小宽针顺血管刺入 0.5～1cm，出血	腰胯闪伤、疼痛
膝下	膝关节前外侧的凹陷中，左右肢各一穴	毫针直刺 1～2cm，或艾灸	膝关节炎，扭伤，神经痛
后三里	小腿外侧上 1/4 处的胫、腓骨间隙内，左右肢各一穴	毫针直刺 1～2cm，或艾灸	消化不良，腹痛泄泻，胃肠炎，后肢疼痛、麻痹
阳辅	小腿外侧下 1/4 处的腓骨前缘，左右肢各一穴	毫针直刺 1cm，或艾灸	后肢疼痛、麻痹，发热，消化不良
解溪	跗关节背侧横纹中点、两筋之间，左右肢各一穴	毫针直刺 1cm，或艾灸	后肢扭伤，跗关节炎，麻痹
后跟	跟骨与腓骨远端之间的凹陷中，左右肢各一穴	毫针直刺 1cm，或艾灸	扭伤，后肢麻痹
滴水	第三、四跖骨间的血管上，每肢各一穴	三棱针直刺 1cm，出血	风湿症，感冒
趾间	后足背趾间，跖趾关节水平线上，每足三穴	毫针斜刺 1～2cm，或三棱针点刺	趾扭伤或麻痹

第三节 家畜常见病的针灸处方

(一) 马常见病针灸处方

1. 黑汗风（中暑） 应立即将病马移到阴凉处，冷水浇头。治疗以血针为主，配合中药清热解暑，安神开窍。

血针：颈脉为主穴，放血 1 000～2 000mL，分水、尾尖、蹄头、太阳、三江、带脉、通关等为配穴。

2. 肺热咳喘（肺炎） 治疗以血针为主，配合中药清热解毒，宣肺平喘。

血针：轻者以血堂为主穴，玉堂或胸堂为配穴；重者以颈脉为主穴，放血 500～1 000mL。

白针：大椎为主穴，肺俞、鼻前为配穴。

3. 脾虚慢草 治疗用白针、电针，配合中药益气健脾。

白针：脾俞、后三里。

电针：脾俞、胃俞，每次 15～20min，隔日 1 次。

4. 肚胀 治疗以火针为主，配合中药破气消胀。

火针：脾俞为主穴，后海、百会、关元俞为配穴。

血针：三江为主穴，蹄头为配穴。

电针：两侧关元俞，弱刺激 20min。

白针：肷俞为主穴，脾俞为配穴。

巧治：肷俞穴，急症放气。

5. 冷痛（痉挛疝） 治疗以血针为主，配合中药温中散寒，理气止痛。

血针：三江为主穴，分水、耳尖、尾尖、蹄头为配穴。

巧治：姜牙穴。

火针：脾俞为主穴，百会、后海为配穴。

电针：两侧关元俞、脾俞、后海、百会等穴。

6. 结症（便秘疝） 治疗以电针为主，配合中药泻热攻下、消积通肠，必要时施掏结术。

电针：两侧关元俞，或迷交感穴，每次 30min。

水针：两侧耳穴（耳根后方凹陷处），各注入生理盐水 50～100mL；或迷交感、后海，各注入 10％氯化钾溶液 10mL。

血针：三江为主穴，蹄头为配穴。

巧治：掏结术。

7. 脾虚泄泻 治疗以白针为主，配合中药健脾利湿。

白针：脾俞为主穴，百会、胃俞、后海、后三里为配穴。

电针：脾俞或百会为主穴，胃俞或大肠俞，或后三里、后海为配穴。

水针：脾俞，每穴注射 10％～20％的安钠咖注射液 5mL，每日 1 次，连续注射 2～3 次。

埋线：后海穴。

8. 脱肛 治疗以巧治为主，配合中药补中益气、升阳举陷。

巧治：莲花穴。先用肥皂水灌肠，排出直肠积粪，然后用温开水、0.1％高锰酸钾溶液洗净脱出的直肠，除去坏死的淤膜，挤出瘀血毒水，涂以明矾末和植物油后，轻轻还纳复位，再配合电针或水针固定。

电针：后海、肛脱穴组，首次治疗通电 2～4h，以后每次 1h，每日 1 次，7d 为一疗程。

水针：两侧肛脱穴，各注入 95％酒精 10mL。

9. 云翳遮睛 治疗以血针、水针为主，配合中药清肝泻火，明目退翳。

血针：太阳为主穴，三江、睛俞、睛明（点刺出血）为配穴。

水针：上、下眼睑皮下，注入青霉素 40 万 IU（用 1‰普鲁卡因 2mL 稀释，混入自家血 20mL），隔日 1 次。

巧治：用胡黄连水，或青霉素生理盐水，经鼻管穴冲洗患眼。

10. 肚底黄（外伤所致血清肿） 治疗以血针为主，配合中药清热解毒，消肿散瘀。

血针：宽针在肿处散刺，或配蹄头、带脉、姜牙、分水、颈脉穴。

温敷：水 5 000mL 烧开，加小麦面 100～150g、食碱少许，煮沸，候温趁热涂刷患处。

11. 歪嘴风（面神经麻痹） 治疗以电针为主，配合中药祛风活络。

电针：锁口、开关、抱腮、承浆等穴，每次选取两组（4 个）穴位，通电刺激 20～30min。每日 1 次，5～7 次为一疗程。

白针：开关为主穴，锁口、抱腮为配穴。

火针：开关、抱腮为主穴，锁口、上关、下关、风门为配穴。

水针：开关为主穴，锁口、抱腮为配穴，每穴注入 10％葡萄糖注射液 10～20mL，或维生素 B_1 注射液 5mL，或硝酸士的宁注射液。

温熨：患侧腮颊部间接烧烙，烙至耳根微汗为度。

埋线：在面神经径路上选一点，剪毛消毒后，用羊肠线穿过神经干打结（不可过紧，以免过度压迫神经）。

12. 寒伤腰胯 治疗以火针为主，配合中药暖腰肾、祛风湿。

火针：百会为主穴，其他腰胯部穴位为配穴，轮流交替施针。

白针、电针：百会为主穴，其他腰胯部穴位为配穴。

血针：尾本，肾堂。

温熨：醋酒灸或酒糟灸腰胯部。

13. 四肢风湿 治疗用血针、火针、电针等，配合中药祛风散寒、除湿通络。

血针：前肢，胸堂穴；后肢，肾堂穴。

火针：前肢，抢风为主穴，其他肩臂部穴位为配穴。后肢，巴山为主穴，其他臀、股部穴位为配穴。

电针、白针：前肢，抢风为主穴，其他肩臂部穴位为配穴。后肢，巴山为主穴，其他臀、股部穴位为配穴。

水针：患部穴位或肌肉起止点注入复方氨基比林注射液或安乃近注射液 10～20mL。

14. 五攒痛 治疗以血针为主，配合中药活血理气、消食化积（料伤型），清热利湿（走伤型）。

血针：蹄头为主穴，料伤型配玉堂、通关穴；前肢病重配胸堂，后肢病重配肾堂。

15. 滚蹄（屈腱挛缩） 治疗以巧治为主，结合修蹄并装矫形蹄铁。

巧治：滚蹄穴。侧卧保定，患肢"推磨式保定法"固定，局部剪毛消毒，中宽针针锋与屈肌腱平行刺入穴位 1cm。病轻者顺腱纤维方向摆动针锋，劈开病腱；病重者扭转针锋，左右摆动，切断部分筋腱，同时用力推动木棍，使患蹄恢复正常位置。出针后，再用力推动几下木棍，针孔消毒。

（二）牛常见病针灸处方

1. 肺热咳喘　治疗以血针为主，配合中药清肺止咳。

血针：鼻俞为主穴，颈脉、耳尖、通关为配穴。

水针：丹田为主穴，苏气、肺俞为配穴，每穴注射青霉素 80 万 IU 或柴胡注射液 5mL，每日 1 次，连用 3~4 次。

白针：肺俞为主穴，百会、苏气为配穴。

拔火罐：肺俞穴，白针后施术。

2. 脾虚慢草（消化不良）　治疗以白针、电针为主，配合中药补气健脾。

白针：脾俞为主穴，六脉、关元俞、食胀、后三里为配穴。

电针：百会为主穴，关元俞、脾俞为配穴；或两侧关元俞穴。每次 2 穴，通电 30min，每日 1 次。

水针：健胃为主穴，脾俞、后三里为配穴，每穴注入 10％葡萄糖注射液 10mL，或 0.2％硝酸士的宁注射液 10mL，或新斯的明注射液 8mg。

血针：通关为主穴，山根、蹄头为配穴。

巧治：顺气穴插枝。

3. 肚胀（瘤胃臌气）　治疗以巧治为主，配合中药行气消胀。

巧治：肷俞穴，套管针穿刺放气；顺气穴用新嫩树枝缓缓插入。

电针：关元俞为主穴，食胀、后海为配穴；或两侧反刍穴（倒数第一肋间）。

白针：脾俞、关元俞为主穴，百会、后海、苏气为配穴。

4. 宿草不转（瘤胃积食）　治疗以电针为主，配合中药消积导滞。

电针：关元俞为主穴，食胀为配穴。

水针：健胃为主穴，关元俞为配穴。注入 25％葡萄糖注射液 20mL，或新斯的明注射液 8mg。

白针、火针：脾俞为主穴，关元俞、食胀、百会、后海为配穴。

血针：通关为主穴，蹄头、滴明、耳尖、尾尖、山根为配穴。

巧治：肷俞穴，伴发瘤胃臌气时，用套管针穿刺放气。

5. 便秘　治疗以白针、电针为主，配合中药泻下通便。

白针：脾俞、后海为主穴，后三里、尾根为配穴。

电针：关元俞、脾俞穴，或两侧关元俞穴。

水针：关元俞为主穴，后三里为配穴，注射 10％葡萄糖注射液 20mL，或新斯的明注射液 8mg。

血针：蹄头、三江为主穴，通关、耳尖、尾尖、尾本、山根为配穴。

巧治：谷道入手，隔肠轻轻按捏粪结处，使其变形软化后逐渐排出。如粪结在直肠，缓缓掏出。

6. 泄泻　治疗用白针、水针，配合中药健脾止泻。

白针：后海为主穴，脾俞、关元俞、后三里为配穴。

水针：后海穴，注入 10％葡萄糖注射液 20mL。

血针：带脉为主穴，蹄头、三江、通关为配穴。

火针：脾俞为主穴，百会、肾俞为配穴。

激光针：照射后海、脾俞、六脉穴。

7. 宿水停脐（腹水） 治疗以巧治为主，配合中药健脾利湿。

巧治：云门穴，插入宿水管或套管针缓慢放出腹水。如宿水太多，分几次放完。

火针、白针：脾俞为主穴，百会、六脉为配穴。

8. 砂石淋（尿结石） 治疗以巧治为主，配合中药化石通淋。

巧治：结石在阴茎S弯曲之下者用挑石术。站立保定，术者右手抓住阴茎头用力拉出阴茎，左手于包皮口用力抓住阴茎并反转固定，见阴茎下缘有淤黑的凸起处即为结石部位，取消毒好的手术刀，刀口向外，在砂石上缘刺入 1.5cm，摆动刀尖挑出砂石，刀口消毒。

血针：肾堂为主穴，尾本、尾尖、耳尖为配穴。

水针：百会为主穴，肾俞为配穴，注射青霉素 80 万 IU、链霉素 100 万 U。

电针：百会为主穴，气门为配穴。

9. 不孕症 治疗以电针为主，配合中药催情促孕。

电针：百会为主穴，后海、雁翅、关元俞为配穴；或两侧雁翅穴。每次通电 30min，每日 1 次，7 次为 1 疗程。

激光针：阴蒂为主穴，后海为配穴，氦-氖激光照射，每次 30min，每日 1 次，7 次为一疗程。

白针：后海为主穴，百会、雁翅为配穴。

TDP：阴门区照射，每次 60min，每日 1～2 次，7 次为一疗程。

水针：百会为主穴，雁翅为配穴，注射前列腺素（$PGF_{2\alpha}$）30mg。

10. 阴道脱和子宫脱 治疗以巧治术整复固定为主，配合中药补中益气。

巧治：患畜前低、后高保定，用消毒液清洗阴门周围及脱出物，除去污物及坏死组织，水肿者用小三棱针散刺放出血水；然后涂抹明矾细末，缓缓纳入骨盆腔，舒展子宫皱襞。配合以下针法固定。

水针：两侧阴脱穴，各注射 95％酒精 10mL。

电针：阴脱、后海穴，每日 1 次，每次 2～4h。

白针：百会为主穴，命门、尾根为配穴。

11. 风湿症 治疗以火针为主，配合中药祛风湿。

火针、电针：腰部风湿，百会为主穴，肾俞为配穴；前肢风湿，抢风为主穴，其他肩臂部穴位为配穴；后肢风湿，气门为主穴，大胯、邪气、仰瓦为配穴。

血针：缠腕、蹄头、涌泉、滴水穴，重者配肾堂、尾本穴。

水针：患部穴位，每穴注射 10％葡萄糖注射液 2 份与 5％碳酸氢钠 1 份的混合液 20mL。

灸熨：患区醋酒灸或醋麸灸，软烧，艾灸。

TDP：患区照射，每次 40～60min。

12. 破伤风 先开放清理伤口，治疗以水针为主，配合药物熄风解痉。

水针：百会穴，注射破伤风类毒素 100 万 IU。

火针：百会为主穴，锁口、开关为配穴。

血针：初期应用。颈脉为主穴，山根、蹄头、耳尖为配穴。

醋麸灸：背腰部。

13. 中暑　将病牛迅速移到阴凉通风处，用冷水浇头。治疗以血针为主，配合中药清热解暑。

血针：颈脉为主穴，太阳、耳尖、尾尖、通关、山根为配穴。

白针：百会为主穴，丹田、尾根为配穴。

水针：丹田、百会穴，注射复方氯丙嗪注射液或安钠咖注射液 10mL。

（三）犬常见病针灸处方

1. 中暑　将病犬迅速移到阴凉通风处，冷敷。治疗多用血针和白针，配合强心补液。

血针：耳尖、尾尖为主穴，山根、胸堂、涌泉、滴水等为配穴。

白针：水沟、大椎为主穴，天门、指间、趾间为配穴。

2. 休克　治疗以白针、血针为主，同时配合药物急救。

白针：水沟为主穴，内关、后三里、指间、趾间为配穴。

血针：山根、耳尖为主穴，尾尖、胸堂为配穴。

艾灸：天枢穴。

3. 肺炎　治疗以白针、血针为主，配合抗生素和清热化痰药。

白针：肺俞、大椎为主穴，身柱、灵台、水沟为配穴。

血针：耳尖、尾尖为主穴，涌泉、滴水等配穴。

水针：喉俞穴，注射氨苄西林 0.15g（用 2% 普鲁卡因稀释）。

4. 肚胀　治疗用白针或电针，配合药物消食、消胀。

白针或电针：后海、后三里为主穴，百会、大肠俞、外关、内关为配穴。

艾灸：中脘、天枢、后海、后三里穴。

5. 便秘　治疗以电针、白针为主，配合药物泻下通肠。

电针：双侧关元俞穴。

白针：关元俞、大肠俞、脾俞为主穴，后三里、后海、百会、外关为配穴。

血针：三江为主穴，尾尖、耳尖为配穴。

6. 腹泻　治疗以白针为主，配合药物燥湿止泻。

白针：脾俞、后海、后三里为主穴，百会、胃俞、大肠俞、悬枢为配穴。

艾灸：天枢、中脘、脾俞、后三里穴。

水针：关元俞、后三里、后海、百会穴，注射抗生素或止泻药物。

血针：尾尖为主穴，涌泉、滴水为配穴。

7. 风湿症　治疗用白针或电针。

白针或电针：颈部风湿，选大椎、身柱、灵台穴；腰背部风湿，选悬枢、命门、百会、肾俞、尾根、后海穴；前肢风湿，选肩井、肩外髃、抢风、肘俞、郄上、前三里、外关、内关、指间穴；后肢风湿，选百会、环跳、膝下、后三里、阳辅、解溪、后跟、趾间穴。

8. 椎间盘突出　治疗以白针、电针为主，配合药物局部封闭。

白针、电针：胸腰椎发病，在邻近病变部位的背中线及其两侧的髂肋肌沟中取穴；颈椎发病，取天门、身柱穴。

水针：大椎、悬枢、百会穴，注射当归注射液或维生素 B_1。

TDP：患部照射。

9. 桡神经麻痹　治疗以白针、电针为主。

白针：抢风、前三里、郄上、外关为主穴，肩井、肩外髃、肘俞、内关、曲池、阳池、指间等为配穴。

电针：以抢风为主穴，阳池、外关、指间为配穴。

水针：抢风、前三里穴，注射维生素 B_1 或当归注射液。

第二十单元　病证防治★★★★★

病是在致病因素作用下，动物体所发生的正邪交争的整个反应过程，如感冒、肠黄等；证则是疾病过程中患病动物当前阶段多方面病理特性的综合概括后的特质表述，如感冒中的风寒表证、肠黄中的湿热泄泻证等。一个病可以表现为多种证；一个证又可以出现在多种疾病过程中。

病证防治是以中兽医学理论为指导，在确切诊断的前提下，采用中药、针灸或中西医结合等手段对动物病证进行预防与治疗等处置过程。

以下分别阐述发热、咳嗽、喘证、腹痛、泄泻、黄疸、淋证、血虚、不孕和疮黄疔毒等具有代表性的病证防治内容。

第一节　发　热

发热是指体温升高的一类证候，可以在许多疾病中出现。引起发热的原因很多，外感六淫之邪、疫疠之气，或内伤日久，阴虚、血虚、气虚、血瘀、积

发　热

滞、痰湿等，均可导致脏腑气血受伤，阴阳失调而发热。因此，治疗时应在辨证的基础上给予合理处置。

一、病因病机

根据感邪的不同和体质之虚实，一般分为外感发热和内伤发热两大类。

（一）外感发热

六淫之邪，特别是风寒、风热、暑湿等，客于肌表，肺卫失宣，即为表证发热。表邪不解，邪热郁于半表半里（少阳），正邪交争，则为半表半里发热。邪热深入，伤害脏腑，正邪斗争剧烈，阳盛于外，为里证发热。也有邪热直中脏腑，一开始就呈现里证发热者。现代兽医学中的感冒和流行性疾病之发热，多属于外感发热。

（二）内伤发热

阴血不足、气机虚弱或血瘀、积滞等，均可导致脏腑气血受伤，阴阳失调而发热。若因高热、持久性发热而灼伤津液，慢性疾病消耗，公畜配种过频而精亏，以及出血、出汗过多等，皆可使阴精津液亏损，阳无所制，浮越于外，出现阴虚发热（虚火证）。若因先天不足，重病久耗，饲养不当或劳役过度等，造成脏腑气虚，阴血化生渐减，阴枯不能滋润其阳，阳失阴护，浮游于外而发热。这种发热，因其本在气虚，故称气虚发热。若因跌打损伤，瘀血积聚，或产后瘀血，气滞则凝聚，气聚则为热，常称为血瘀发热。

二、辨证施治

外感发热多为实热证，主要应辨别证之表里深浅；内伤发热虚实兼有，关键应辨明病因及罹病之脏腑。另外，由于原因不同，病位不一，动物个体反应各有差异，加之发热本身也是一种致病因素，伤津耗气损阳及阴，使病情更加复杂，既表又里，既虚又实，既属气分又属血分，或几个脏腑相兼等，这都是临床中常见的。

（一）外感发热

根据病位深浅，可分为表证发热、半表半里证发热和里证发热。

1. 表证发热 由于感邪之不同，常见外感风寒、外感风热及外感暑湿等。

（1）**外感风寒** 是感受风寒，邪在肌表之证，症见恶寒或恶风、发热及脉浮等。由于卫表机能盛衰不同、感受风寒轻重不一，故有表实表虚之分。

风寒表实证（太阳伤寒证）：

【主征】以无汗、身痛、咳喘及脉浮紧为特征。

【治法】开启汗门，祛寒外出。

【方例】麻黄汤加减。若咳喘甚者，可用发汗汤（《抱犊集》）：杏仁45g、细辛10g、麻黄（炙）30g、苍术30g、知母（酒炒）30g、桂枝30g、陈皮30g、枳壳（炒）30g、桑白皮（炙）30g、瓜蒌仁30g、马兜铃30g、款冬花30g。为末，加蜂蜜30g，开水冲调，候温灌服，或煎汤服。马、牛200～350g，猪、羊40～100g。

风寒表虚证：本证与风寒表实同属邪在肌表的太阳经证，但因其不是表实而是表虚，故称太阳中风证。

【主征】以恶风、汗出、一般无身痛、无兼证、无喘和脉浮缓为特征。

【治法】扶阳和阴，调和营卫。

【方例】桂枝汤加减。

其他：外感风寒常有挟湿、蕴热和气血不足等兼证，应注意辨别。

①外感风寒挟湿证：表现为恶寒发热，肢体疼痛、沉重、困倦，少食纳呆，口润苔白腻，脉浮缓。治宜解表散寒除湿，方用荆防败毒散加厚朴、陈皮、藿香、神曲等。

②外感风寒兼内热证：表现为恶寒发热，口干舌赤，咽喉不利，粪干尿浓，甚或便秘尿赤，舌苔黄腻，脉洪数或弦滑。因本证为外感风寒内有蕴热的表里俱实之证，故应表里同治，汗、下、清三法并用，可选用防风通圣散。如恶寒不重时可酌减解表药，发热不高可减石膏，有汗可不用麻黄，无便秘可减去芒硝。

③气血不足之外感风寒证：是因患病动物体质素虚，气血不足，而感受风寒之邪所致。症见恶寒发热无汗，咳嗽流涕，体瘦食少，色淡脉浮。治宜扶正解表，可选用能发表散寒、和血顺气之发汗散（《元亨疗马集》）：麻黄 25g、升麻 20g、当归 30g、川芎 30g、葛根 20g、白芍 20g、党参 30g、紫荆皮 15g、香附 15g。为末，开水冲调，候温加葱白 3 根、生姜 15g、白酒 60mL，同调灌服，或煎汤服。马、牛 200～300g，猪、羊 30～60g。

（2）**外感风热**　本证与外感风寒均为邪郁肺卫，病位尚浅，病程不长，以发热恶寒俱见为共同点。但风与热皆为阳邪，阳亢之动物易感，因阳感阳，反应强烈。

【主征】发热重、恶寒轻、口干渴、尿短赤，并有口鼻咽干、咳嗽等症状。

【治法】治宜辛凉宣散以解表热、护阴津。

【方例】银翘散加减。

若外感风热挟湿，临床上除见外感风热之症状外，还可见体倦乏力，小便黄赤，可视黏膜黄染，大便不爽，苔黄腻等。治疗时除辛凉解表外，还应佐以利湿化浊，方用银翘散去荆芥，加佩兰、厚朴、石菖蒲等药物。

本证在临床辨证时应注意与温燥犯肺证加以鉴别，因为二者均为外邪侵袭肺卫之表证，且都有发热、微恶寒、咳嗽及脉浮数等症状。但温燥犯肺证多因感受秋令温燥之气所致，温燥两气互为因果，热邪化燥，燥气生热，燥热烁津，津少失润，故有明显的燥象，诸如唇干、咽干、鼻燥及干咳少痰等症状，这与外感风热只有肺卫热象而无燥象不同。

（3）**外感暑湿**　夏季天暑下迫，地湿上蒸，暑气既盛而湿气也重，故暑、湿每多兼感而成暑湿之证。

【主征】临床表现多见恶寒高热，汗出身热不解，口渴，肢体沉重，运步不灵，尿黄赤，舌红苔黄腻，脉滑数。

【治法】涤暑化湿透表。

【方例】新加香薷饮（《温病条辨》）加味：香薷 45g、厚朴 40g、连翘 40g、金银花 50g、鲜扁豆花 50g、青蒿 30g、鲜荷叶 30g、西瓜皮 150g，煎汤内服。马、牛 350～450g，猪、羊 50～100g。

若在夏令发生外感风寒又内伤饮食者，症见发热恶寒，倦怠乏力，食少呕呃，肚腹胀满，肠鸣泄泻，舌淡苔白腻等。治宜祛暑解表和中，方用藿香正气散。

2. 半表半里证发热　风寒之邪乘虚而入，而邪不太盛不能直入于里，正气不强不能祛邪外出，正邪交争，病在少阳半表半里之间。

【主征】正气强抗则为热，邪气争袭则为寒，且少阳之腑为胆，故临证以寒热往来、脉弦等为特征。

【治法】病机主要是少阳枢机不利，故治宜和解少阳。

【方例】小柴胡汤加减。

3. 里证发热　常见的有热在气分、热入营分、热入血分和湿热蕴结等。

(1) **热在气分**　气分病证，是温热病邪内入脏腑，正盛邪实，正邪相争剧烈，阳热亢盛的里热实证。多由卫分病传来，或是温热之邪直入气分。气分病证以发热不恶寒而反恶热，舌红苔黄，脉数有力为辨证要点。但因温热之邪入气分所侵袭的脏腑和部位的不同，又有不同的证候表现，一般多见有邪热入肺、热入阳明和热结肠道三种类型。

邪热入肺：

【主征】高热，呼吸喘粗，咳嗽，鼻液黄稠，口色鲜红，舌苔黄燥，脉洪数有力。

【治法】清肺化痰，下气平喘。

【方例】麻杏甘石汤。

热入阳明：

【主征】身热，大汗，口渴喜饮，口津干燥，口色鲜红，舌苔黄燥，脉洪大。

【治法】清气泄热，生津止渴。

【方例】白虎汤。

热结肠道：

【主征】发热，肠燥便干，粪结不通或稀粪旁流，腹痛，尿短赤，口津干燥，口色深红，舌苔黄厚，脉沉实有力。

【治法】攻下通便，滋阴清热。

【方例】增液承气汤（玄参、生地、麦冬、大黄、芒硝，《温病条辨》）加减。

(2) **热入营分**　根据临床证候又分为热伤营阴和热入心包两种证型。

热伤营阴：

【主征】高热不退，夜甚，躁动不安，呼吸喘促，舌质红绛，斑疹隐隐，脉细数。

【治法】清营解毒，透热养阴。

【方例】清营汤。

热入心包：

【主征】高热、神昏，四肢厥冷或抽搐，舌绛，脉数。

【治法】清心开窍。

【方例】清宫汤（玄参、莲子、竹叶心、麦冬、连翘、犀角，《温病条辨》）。

(3) **热入血分**　血分病证，是卫气营血病变的最后阶段，也是温热病发展过程中最为深重的阶段。临床常见的证型有血热妄行、气血两燔、热动肝风和血热伤阴四种。

血热妄行：

【主征】身热，神昏，黏膜、皮肤发斑，尿血，便血，口色深绛，脉数。

【治法】清热解毒，凉血散瘀。

【方例】犀角地黄汤加减。

气血两燔：

【主征】身大热，口渴喜饮，口燥苔焦，舌质红绛，发斑，衄血，便血，脉数。

【治法】清气分热，解血分毒。

【方例】清瘟败毒饮加减。

热动肝风：

【主征】高热，项背强直，阵阵抽搐，口色深绛，脉弦数。

【治法】清热平肝熄风。

【方例】羚羊勾藤汤（羚羊片、霜桑叶、川贝、生地、勾藤、菊花、茯神、白芍、生草、竹茹，《通俗伤寒论》）加减。

血热伤阴：

【主征】低热不退，精神倦怠，口干舌燥，舌红无苔，尿赤，粪干，脉细数无力。

【治法】清热养阴。

【方例】青蒿鳖甲汤加减。

（4）**湿热蕴结** 是由湿与热杂合侵害机体而引起的病证，常见大肠湿热、膀胱湿热和肝胆湿热三种证型。

大肠湿热：

【主征】发热，泻痢腥臭甚至脓血混浊，口腔干燥，口渴贪饮，尿液短赤，有时腹痛不安，回头顾腹，口色红黄，苔厚腻，脉滑数。

【治法】清热解毒，燥湿止泻。

【方例】郁金散。

膀胱湿热：

【主征】频作排尿姿势，但尿液排出困难，痛苦不安；或排尿带痛，余沥不尽，尿色混浊，带脓血，或为血尿，或带砂石。口色红，苔黄腻，脉滑数。

【治法】清热利湿。

【方例】八正散。

肝胆湿热：

【主征】发热，食欲大减，可视黏膜黄染，色泽鲜明如橘色，粪便松散恶臭，尿浓色黄，母畜带下色黄腥臭，外阴瘙痒，揩墙擦桩，公畜睾丸肿痛灼热。口色红黄，苔黄厚而腻，脉滑数。

【治法】清热燥湿，疏肝利胆。

【方例】茵陈蒿汤或龙胆泻肝汤。

（二）**内伤发热**

根据病因及主征不同，常分为阴虚发热、气虚发热和血瘀发热三种。

1. 阴虚发热

【主征】低热不退，午后热甚，身热，耳鼻及四肢末梢微热；易惊或烦躁不安；皮肤弹力减退；唇干口燥，粪球干小，尿少色黄；口色红或淡红，少苔或无苔，脉细数。

【治法】滋阴清热。

【方例】秦艽鳖甲汤。

上述阴虚发热主要指久病阴虚，也是阴虚发热之共性。不同脏腑之阴虚，其主征都有其个性，治法选方也应有所不同。

2. 气虚发热

【主征】多在劳役过度之后发热，耳鼻及四肢末梢热，神倦乏力，易出汗，食欲减少，有时泄泻；舌质淡红，脉细弱。

【治法】健脾益气。

【方例】补中益气汤。

3. 血瘀发热

【主征】常因外伤引起瘀血肿胀，局部疼痛，体表发热，有时体温升高；因产后瘀血未尽者，除有发热之外，常有腹痛及恶露不尽等表现。口色红而带紫，脉弦数。

【治法】活血化瘀。

【方例】桃红四物汤加减。若为产后瘀血者，选用生化汤更为适宜。

第二节 咳 嗽

咳嗽主要包括外感咳嗽（风寒咳嗽、风热咳嗽、肺火咳嗽）和内伤咳嗽。以冬春两季为多见。

一、病因病机

根据其病因和病性，因风寒、风热等外邪经呼吸道或肌表侵入动物体，致使肺气不宣，肃降失常，或日久不愈转为肺火而引起的咳嗽，均属外感咳嗽。

内伤咳嗽以肺虚咳嗽最为多见。常因饲养管理不良，劳役过重，饥饱不均，致使肺气亏虚；或因肺脾两虚，痰浊内生；或阴液不足，虚火上炎，灼伤肺津，均可使肺宣降失常，肺津亏乏而咳嗽。临证可分为肺气虚咳嗽和肺阴虚咳嗽两类。

二、辨证施治

（一）外感咳嗽

1. 风寒咳嗽

【主征】患病动物畏寒，被毛逆立，耳鼻俱凉，鼻流清涕，无汗，湿咳、声低，不爱饮水，小便清长，口淡而润，舌苔薄白，脉象浮紧。

【治法】疏风散寒，宣肺止咳。

【方例】荆防败毒散或止嗽散加减。

【针治】风池、肺俞、苏气、山根、耳尖、尾尖、大椎等穴。

2. 风热咳嗽

【主征】体表发热，咳嗽不爽，声音宏大，鼻流黏涕，呼出气热，口渴喜饮，舌苔薄黄，口红短津，脉象浮数。

【治法】疏风清热，化痰止咳。

【方例】银翘散或桑菊饮加减。痰稠咳嗽不爽加瓜蒌、贝母、橘红；热盛加知母、黄芩、生石膏。

【针治】玉堂、通关、苏气、山根、尾尖、大椎、耳尖等穴。

3. 肺火咳嗽

【主征】精神倦怠，饮食欲减少，口渴喜饮，大便干燥，小便短赤，干咳痛苦，鼻流黏涕或脓涕，有时出现气喘，口色红燥，脉象洪数。

【治法】清肺降火，止咳化痰。

【方例】清肺散加减。

【针治】胸堂、颈脉、苏气、百会等穴。

（二）内伤咳嗽

1. 肺气虚咳嗽

【主征】毛焦欣吊，精神倦怠，动则出汗，久咳不已，咳声低微，鼻流黏涕，食欲减退，日渐消瘦，形寒气短。口色淡白，舌质绵软，脉象迟细。

【治法】益气补肺，化痰止咳。

【方例】四君子汤合止嗽散加减。脾虚痰盛加二陈汤、白芥子、干姜。

【针治】肺俞、脾俞、百会等穴。

2. 肺阴虚咳嗽

【主征】频频干咳，昼轻夜重，痰少津干，低烧不退，舌红少苔，脉细数。

【治法】滋阴生津，润肺止咳。

【方例】清燥救肺汤或百合固金汤加减。

【针治】肺俞、脾俞、百会等穴。

第三节　喘　证

喘证是肺气升降失常，呈现以呼吸喘促、欣肋扇动为特征的证候。马骡多见。按病因及主征之不同，可分为实喘与虚喘。实喘发病急骤，因寒者为寒喘，因热者为热喘，多见于急性支气管炎、肺炎、肺充血、肺水肿等。虚喘发病缓慢，病位在肺者为肺虚喘，病深及肾者为肾虚喘，多见于慢性支气管炎和慢性肺泡气肿。

一、病因病机

实喘多因外感寒热所致。热喘多因暑月炎天，饱后重役，热邪伤肺，以致痰热壅滞，肺失宣降；或役后急喂热草热料，食热互结，聚于胃腑，上熏于肺，致使肺气不降而作喘；或外感风寒，郁而化热，热壅于肺，肺气胀满，肃降失常，气逆而喘。寒喘多因气候突然变冷和严寒季节感受风寒，寒邪侵袭于肺，肺失宣降而成喘。虚喘则由长期劳役过度，如饱后重役，奔走太急，道路不平，上坡用力过猛，日久伤肺所致；或因久咳失治，咳伤肺气，肺气亏虚，不能布津生水，致使肾之真元损伤，下元不固，肾不纳气而作喘。此外，长期饲喂霉败草料或垫料霉变，也可继发本病。

二、辨证施治

（一）实喘

1. 热喘

【主征】发病急，呼吸喘促，呼出气热，欣肋扇动，精神沉郁，耳聋头低，食欲减少或废绝，口渴喜饮，大便干燥，小便短赤，体温升高，间或咳嗽或流黄黏鼻液，出汗。口色红燥，舌苔薄黄，脉象洪数。

【治法】宣肺泄热，止咳平喘。

【方例】麻杏甘石汤加减。热重加银花、连翘、黄芩；喘重加葶苈子、马兜铃、桑白皮；痰稠加贝母、瓜蒌。

【针治】鼻俞、玉堂、大椎等穴。

2. 寒喘

【主征】咳嗽气喘，畏寒毛竖，鼻流清涕，甚或发抖，耳鼻俱凉，口腔湿润，口色淡，舌苔薄白，脉象浮紧。

【治法】宣肺散寒，止咳平喘。

【方例】麻黄45g、桂枝30g、白芍45g、细辛10g、干姜30g、五味子21g、半夏42g、贝母24g、杏仁24g、茯苓24g、甘草15g，共为末，生姜9g、大枣10枚，为引，开水冲调，候温灌服（《新编中兽医治疗大全》）。马、牛200～350g，猪、羊50～100g。

【针治】肺俞穴。

（二）虚喘

1. 肺虚喘

【主征】病势缓慢，病程较长，多有久咳病史。被毛焦燥，形寒肢冷，易自汗，易疲劳，动则喘重。咳声低微，痰涎清稀，鼻流清涕。口色淡，苔白滑，脉无力。

【治法】补益肺气，降逆平喘。

【方例】补肺汤（《永类钤法》）：党参30g、黄芪45g、熟地黄45g、五味子30g、紫菀25g、桑白皮25g。水煎温服，或为末，以熟地黄煎汤冲他药温服。痰多加制半夏、陈皮；喘重加苏子、葶苈子；汗多加麻黄根、浮小麦。马、牛200～250g，猪、羊50～100g。

【针治】肺俞、脾俞穴。

2. 肾虚喘

【主征】病情较肺虚喘深重。倦怠神疲，食少毛焦，易出汗，呼多吸少，二段式呼气，肷肋扇动和息劳沟很明显，甚或张口呼吸，全身震动，肛门也随呼吸而伸缩；或有痰鸣，出气如拉锯，静则喘轻，动则喘重。咳嗽连声，声音低弱，日轻夜重，甚至咳时放屁，鼻流黏涕或脓涕。口色暗淡或暗红，脉象沉细。

【治法】补肾纳气，下气定喘。

【方例】蛤蚧散加味（《新编中兽医治疗大全》）：蛤蚧1对、百合25g、天门冬20g、秦艽25g、贝母25g、杏仁25g、玄参25g、阿胶45g、月石30g、白芍25g、枳壳25g，共为细末，加蜂蜜150g，开水冲调，候温灌服。马、牛350～400g，猪、羊100～150g。

【针治】肺俞、百会等穴。

第四节 腹 痛

腹痛是多种原因导致胃肠、膀胱及胞宫等腑气血瘀滞不通，发生起卧不安，滚转不宁，腹中作痛的证候。各种动物均可发生，尤其马、骡更为多见。

一、病因病机

引起腹痛常见的原因有寒伤胃肠、湿热蕴积、气滞血瘀、草料所伤、粪结及尿结等。

1. 寒伤胃肠 多因气候突变，阴雨苦淋，夜露风霜，寒邪侵袭脾经，传于胃肠，清气不升，浊气不降；或因劳役之后乘热饮冷水过多，过食冰冻饲料，阴冷直中胃肠；加之素体阳气不足，脾阳不振，以致运化失调，寒凝气滞，气机阻塞，不通则痛。

2. 湿热蕴积 劳役过重，奔走太急，乘饥饲喂谷料，或喂后立即使役；或暑月炎天，天气闷热，体内湿热不得外泄；或饲养太盛，谷料浓厚或霉烂，均可导致湿热蕴结胃肠，损伤肠络，肠中血瘀气滞而作痛。

3. 血瘀作痛　各种动物均可因产前营养不良，素体虚弱，而产后又失血过多，气血虚弱，运行不畅，致使产后宫内瘀血排泄不尽；或产后失于护理，风寒乘虚侵袭；或产后过饮冷水，过食冰冻饲料，致使血被寒凝，而致产后腹痛。马骡则多因前肠系膜根处动脉瘤导致气血瘀滞，阻塞脉络，发生腹痛。

4. 气滞作痛　多因胃肠功能素弱，大量过食易发酵饲料，如新鲜苜蓿等豆类饲料、地瓜秧、花生秧、豆荚皮等，发酵产气，气聚不行，集于胃肠，则见腹围膨大，气滞不通，脉络壅塞而疼痛；饲喂发霉变质饲料，劳役过重，喘息未定，乘饥喂饮等亦可引起本病；此外，有咽气恶癖之马，由于吞咽大量气体，停滞胃肠，引起胃肠运动功能失职亦能引起本病；马患结症、肠扭转等，导致肠道阻塞，郁气不能下降或排出，也常常继发之。

5. 草料所伤　主要是劳役过度，饲喂失时，乘饥食草料过多，胃不能消化，草料停滞于胃中，形成胃结而发本病；或管理使役不当，过食草料，不得休息，立即劳役；或饱食后过多饮水，招致胃过度充满，留滞于胃，不能运转而生病；或脱缰偷吃精料，或过食精料，积于胃中，停而不动，滞而不行，阻碍气机，引起腹痛。气候突变和急食易于发酵膨胀的豆料，是其主要诱因。

6. 粪结不通　长期饲喂营养单纯、纤维质多和加工不好的劣质饲料；或饲喂不定时定量，饥饱不均，使役后立即饮喂或饮喂后立即使役；或突然更换草料或改变饲养方式；或使役不当，休闲不均；加之动物脾胃素虚，运化功能减退，老龄牙齿磨灭不整，咀嚼不全；更加天气骤变，损害胃肠功能，均可使脾胃功能不和，阴阳不顺，气血失调，聚粪成结，停而不动，止而不行，肠腔不通而腹痛起卧。

7. 小便不利　多因负重奔走过急，心肺热盛，灼伤津液，气化失常，肺失肃降，水道不通，水代谢障碍，水湿停留，出现小便不利；中下焦热盛均可下注膀胱，使膀胱结热不能气化，亦可出现小便不利；或因饲养管理不当，饲喂失宜，伤及脾胃，中焦气虚，气化无权，水谷精微不能上输于肺，肺气亏虚，无力输布，影响下焦气化而小便不利；或由于使役配种过度，使肾精亏乏，肾阴不足，阴不助阳，肾阳不足，命门火衰，影响膀胱气化而尿液潴留，小便不利。

此外，长期采食和饮用含泥沙过多的饲料及饮水，沙石积于肠胃，不断沉积；或虫扰肠中或窜入胆道；或肠管绞窄不通均可使气血逆乱，引起腹痛。

二、辨证施治

临床常见的有阴寒痛、湿热痛、血瘀痛、食滞痛、粪结痛、尿结痛和气胀痛等。

（一）阴寒痛（冷痛）

【主征】鼻寒耳冷，口唇发凉，甚或肌肉寒战。阵发腹痛，起卧不安，或刨地蹴腹，或卧地滚转，肠鸣如雷，连绵不断，有时隔数步远也可听到，含有少量金属音。有少数病例，在腹痛间歇期肠音减弱。时排稀便带水清浊不分，酸臭难闻。谷道入手，肠管紧缩，胃不扩大，肠无结粪。饮食欲废绝，口内湿滑，或流清涎，口温较低，口色青，脉沉紧。本病一般预后良好，但也有少数病例可因继发肠绞痛或肠入阴而病情转重，故应及时诊治。

【治法】温中散寒，和血顺气。

【方例】桂心散加减。

【针治】姜牙、分水、三江等穴。

（二）湿热痛

【主征】体温升高 1～2℃，耳鼻发热，精神不振，食欲减退，粪便稀溏，或荡泻无度，粪色深，粪味臭，混有黏液，口渴喜饮，腹痛不安，回头顾腹，胸前出汗，尿浓短黄。口色红黄，苔黄腻，脉滑数。

【治法】清热利湿，活血止痛。

【方例】郁金散加减。

【针治】交巢（后海）、后三里、尾根、大椎、带脉及尾本等穴。

（三）血瘀痛

【主征】产后腹痛者，肚腹疼痛，蹲腰踏地，回头顾腹，不时起卧，形寒肢冷，遇热减轻，食欲减少。若兼气血虚，又见神疲力乏，舌质淡红，苔薄白，脉虚细。瘀血寒凝重者，见肢寒耳冷，舌质暗淡，苔白滑，脉沉紧或沉涩。血瘀性腹痛者，常于使役中突然发生，起卧不安，前蹄刨地，或仰卧朝天。时痛时停，在间歇期一如常态。问诊常有习惯性腹痛史。谷道入手，肠中无粪结，但在前肠系膜根处可触及拇指头甚或鸡蛋大肿瘤，检手可感知血流不畅之沙沙音。

【治法】对产后腹痛宜行瘀散寒，补气养血。

【方例】若为瘀血寒凝者，选用生化汤加减；若因气血虚弱者，可用当归建中汤（《千金翼方》）：当归 30g、桂枝 24g、白芍 30g、生姜 24g、炙甘草 24g、大枣 15 枚。共为末，开水冲调，候温灌服或煎服。马、牛每次 120～140g，猪、羊每次 40～60g。对血瘀性腹痛，宜活血祛瘀，行气止痛。可选用血府逐瘀汤（《医林改错》）：当归 30g、生地黄 30g、桃仁 30g、红花 45g、枳壳 20g、赤芍 20g、柴胡 15g、甘草 20g、桔梗 20g、川芎 20g、牛膝 30g。为末，开水冲调，候温灌服，或煎汤服。马、牛 200～250g，猪、羊 50～150g。

（四）食滞痛

【主征】多于食后 1～2h 突然发病；或饱饲后使役中突然发病。表现急剧腹痛，时起时卧，前肢频频刨地，顾腹打尾，卧地滚转；腹围不大而气粗喘促；有时倒地仰卧，四肢朝天屈于胸部，口咬胸膛；有时两前肢伫立，后躯卧地，呈犬坐姿势；严重时前胸出汗；低头伸颈，两鼻孔内流出水样或稀粥样食物；常嗳气酸臭；初期尚排粪，但数量少而次数多，后期则排粪停止；口色赤红，脉象沉数，口腔干燥，舌有黄厚苔，口内酸臭。谷道入手检查：手入谷道后，沿左腹侧前伸，可摸到脾脏显著后移和扩大的后胃壁，胃内食物充盈、稍硬，压之留痕。插入胃管则有少量酸臭味气体外溢，胃排空障碍。

【治法】消积导滞，宽中理气。一般应首先用胃管导胃，以除去胃内一部分积食，可收到急救的效果，然后再选用方药治之。

【方例】根据情况可选用以下方剂。

（1）醋香附汤（《中兽医治疗学》）。酒三棱 60g、醋香附 45g、酒莪术 25g、炒莱菔子 30g、青木香 25g、砂仁 20g、食醋 20mL。先将前四味药煎煮 10～15min，再加入后两味煎煮 15min，最后加食醋，再煎煮 15min，纱布过滤去渣，煎煮至 500mL 为限，候温灌服。马、骡每次 200mL 左右。

（2）常醋 0.5～1L，加水适量，一次灌服。

（3）油当归方（《新编中兽医治疗大全》）。食油 500mL 或石蜡油 500mL，当归 210g 为末，先将食油或石蜡油用锅煎开，离火后，再将当归末倒入油内，搅拌成黄褐色为宜，候温灌服。

【针治】为缓解疼痛，可针三江、姜牙、分水、蹄头等穴。

（五）粪结痛

我国古代对马骡粪结痛已积累了丰富的经验，但对其分类和命名比较笼统，现一般以粪结的解剖部位分类。

【主征】粪结痛的临床表现与病程、结粪部位及肠腔被阻塞的程度等密切相关。病初食欲减少，肠音、呼吸、体温、口色及脉象均无显著变化。如为小肠结和大结肠结，仍有少量多次排粪，盲肠结时常不出现排粪停止。小结肠结排粪很快停止，直肠结则病后即不排粪。随着病程延长，病畜食欲废绝，排粪停止，肠音微弱或消失。口腔红燥或带紫，口臭难闻，有黄厚苔，脉数（盲肠粪结例外，有时出现迟脉）。

腹痛程度病初较轻微，如摇尾刨地，回头顾腹，有时起卧不安；继则腹痛加剧。小肠结时肠腔很快完全阻塞，并极易继发胃扩张，故发病急，腹痛重，急起急卧，频频滚转。继发胃扩张后，呼吸迫促，在颈部食道可见逆蠕动波，甚或鼻流黄色酸臭液体，导胃即排出多量黄褐色液体。小结肠、骨盆曲和左上大结肠粪结多为完全阻塞，腹痛也较剧烈，常因继发肚胀（肠臌胀）而腹痛加剧。盲肠、胃状膨大部和左下大结肠粪结多为不完全阻塞，病情发展较缓，腹痛较轻，有时前肢刨地，回头顾腹，有时横卧，较少滚转。直肠粪结则腹痛较轻微，常举尾努责，作排粪姿势，但不见粪便排出。

辨明粪结之部位，主要靠谷道入手。积聚在直肠及玉女关内的结粪为直肠结，手入直肠便可触及，因结粪压迫，直肠常水肿。小结肠粪结常坚硬，如拳头大，呈圆形或椭圆形，活动性大，多在腹腔中部或左肾前下方，若粪结在小结肠起始部，则位置固定于腹腔左前部。骨盆曲结多位于腹腔后部耻骨前缘，粗如手臂，粪结坚硬，表面光滑，左下大结肠常伴有多量蓄粪和少量积气。左下大结肠结位于腹腔左下方，形如暖瓶，触之留痕，可触知肠带与纵带。左上大结肠结呈圆形或椭圆形，结粪后方与骨盆曲间的肠段充满积气。胃状膨大部结位于腹腔右前方，形如半蓝球状，触之坚实，并随呼吸前后移动。盲肠结位于腹腔右侧，检手在右腹胁部可摸到表面凹凸不平的盲肠底，触之坚硬。小肠粪结多发于十二指肠和回肠。十二指肠结位于右肾后下方横向左肾下方，位置固定，状如香肠或鸭蛋。回肠结多位于回肠末端，即回盲口附近，形状与十二指肠结相似，同时伴有空肠积气。

【治法】破结通下。根据粪结部位和病情轻重可采取捶结、按压、药物及针刺等疗法，捶结、按压可参见中兽医内科学。

【方例】根据病情，可选用槟榔散：槟榔 50g、芒硝 300g、大黄 60g、枳实 50g、厚朴 50g、牵牛子 50g、山楂 100g、木香 50g、郁李仁 50g、火麻仁 100g，共为末，开水冲调，候温灌服，用于马属动物盲肠或大结肠结症；或当归苁蓉汤：当归 200g、肉苁蓉 100g、番泻叶 60g、广木香 15g、厚朴 30g、炒枳壳 30g、醋香附 30g、瞿麦 15g、通草 10g，水煎取汁，候温加麻油 400mL，同调灌服，用于阴虚肠燥结症。

【针治】电针或维生素 B_1 水针关元俞或耳穴水针。

（六）尿结痛

【主征】患病动物蹲腰努责，常作排尿姿势，但欲尿不尿或点滴而下，肚腹疼痛，踏地蹲腰，卷尾刨蹄，欲卧不卧。心肺热盛者，耳鼻俱热，口干欲饮，呼吸喘促，口色红燥，脉数；膀胱结热者，小便短赤或不通，大便不畅，舌红苔黄；肾阳不足者，小便点滴，排出无力，耳鼻和四肢末梢发凉，喜温恶寒，神疲力乏；肾阴不足者，小便量少或不通，身瘦毛焦，口干舌红；脾气虚弱者，除排尿困难外，兼见神怠身倦，食欲不振，舌淡，脉缓而弱。

【治法】因心肺热盛所致者，宜清热利湿。

【方例】滑石散加减；因膀胱积热者，宜清热通淋，方用八正散加减；因肾阳虚者，宜补肾阳，方用肾气丸加减；因肾阴不足者，宜滋阴清热，方用滋肾丸（《新编中兽医治疗大全》）：知母 30g、滑石 30g、黄柏 18g、肉桂 9g、车前子 24g、木通 15g。共为末，开水冲调，候温灌服或水煎温服。马、牛 150～200g，猪、羊 50～100g。因脾气虚者，补脾益气升阳，方用补中益气汤加减。

（七）气胀痛

【主征】多突然发生，腹围显著增大，呼吸急促，肚腹疼痛是其主征。病初肠音高朗，有金属音，腹围增大，两侧肷部特别是右侧肷部突起，有时触及疼痛，有弹性，叩之如鼓音。起卧不安，精神不振，不吃不喝，排粪迟滞或量少，口色青紫，舌苔薄白或黄腻，脉象洪数，口腔湿润；中后期，口色青紫，连连起卧，倒地翻滚，呼吸困难，脉象沉紧，严重者全身出汗。谷道入手，原发性肚胀，摸到肠道均匀充气，无结粪。

【治法】对肠内气胀严重者，应本着"急则治其标"的原则，先行穿肠放气（肷俞穴）；然后投服破气消胀、理气宽肠之剂。

【方例】消胀汤或丁香散加减。

第五节　泄　泻

泄泻是指排粪次数增多、粪便稀薄，甚至腹泻，泻粪如水样的一类证候。

一、病因病机

泄泻的主要病变部位在脾胃及大小肠。但其他脏腑疾患，如肾阳不足，也能导致脾胃功能失常，发生泄泻。泄泻发生的原因很多，如久渴失饮，空腹饮冷水太过，过食冷冻草料，或拌麸过湿，致使脏冷气虚，清浊不分，下注大肠；或因风寒外袭，夜露风霜，久卧湿地，阴雨苦淋，以致寒湿之邪，由表入里，传于胃肠，停而不散，滞而不行，水谷不化，使小肠清浊不分，大肠水湿不能吸收而作泻者，多为寒泻。如赤热炎天，重役后疲劳过度，喘息未定，乘饥食料过多，谷气凝于肠内，热毒积于肠中，遂成其患，多为热泻。若因采食过量，或过食难以消化的饲料，或偷吃、补饲精料过量而宿食停滞，损伤脾胃，不能运化水谷精微，并走大肠而发伤食泻。如老龄体衰，久病失治，胃肠虫积，脾阳不振，致脾胃运化功能失职，无力腐熟水谷，精微不能化导，水湿内生，清浊不分，津液不能渗入小肠，水粪随大便泻出，多为脾虚作泄。如配种过度，或经产母畜，命门火衰，不能助脾运化而作泻者，多为肾虚作泻。

二、辨证施治

（一）寒泻（冷肠唧泻）

【主征】常见于马、骡和猪，多发于寒冷季节。症见泻粪如水，质地均匀，气味酸臭，或带白沫，遇寒泻剧，遇暖则缓，肠鸣如雷，食欲减少，喜饮，尿液短少，头低耳耷，精神倦怠，耳寒鼻冷，间有寒战。体温大多正常。口色淡白或青黄，苔薄白，舌津多而滑利，脉象沉迟。重者肛门失禁。

【治法】温中散寒，利湿止泻。

【方例】猪苓散加减。

【针治】交巢（后海）、后三里、百会等穴。

（二）热泻

【主征】精神沉郁，食欲减少或废绝，口渴多饮，有时轻微腹痛，蜷腰卧地，泻粪稀薄腥臭黏腻，发热，尿赤短，口色赤红，舌苔黄厚，口臭，脉象沉数。

【治法】清肠泄热解毒。

【方例】郁金散加减。

【针治】带脉、尾本、后三里、大肠俞等穴。

（三）伤食泻

【主征】常见于马、牛、猪、犬和猫。症见肚腹胀满，隐隐作痛，粪稀黏稠，粪中夹有未消化的谷料，粪酸臭或恶臭，嗳气吐酸，不时放臭屁，或尿粪同泄，痛则即泄，泄后痛减，食欲废绝，常伴呕吐（马不易呕吐），吐后则痛减。口色红，苔厚腻，脉滑数。

【治法】消积导滞，调和脾胃。

【方例】保和丸。

【针治】蹄头、脾俞、后三里、关元俞等穴。

（四）虚泻

1. 脾虚泻

【主征】老弱动物多发。发病缓慢，病程较长，身形羸瘦，毛焦欣吊，病初食欲减少，饮水增多，鼻寒耳冷，腹内肠鸣，不时作泻。粪中带水，粪渣粗大，或完谷不化，舌色淡白，舌面无苔，脉象迟缓。后期，水湿下注，四肢浮肿。

【治法】补脾益气，健脾运湿。

【方例】参苓白术散或补中益气汤加减。

【针治】百会、脾俞、关元俞等穴。

2. 肾虚泻

【主征】精神沉郁，头低耳耷，毛焦欣吊，腰胯无力，卧多立少，四肢厥逆，久泻不愈，夜间泻重。治愈后，如遇气候突变，使役过重，即可复发，严重时肛门失禁，粪水外溢，腹下或后肢浮肿，口色如绵，脉象徐缓。

【治法】补肾壮阳，健脾固涩。

【方例】四神丸合四君子汤加减。

【针治】后海、后三里、尾根、百会、脾俞等穴。

第六节 黄 疸

黄疸是以可视黏膜黄染为主要症状的一类病证，有阳黄和阴黄之分。

一、病因病机

黄疸的发生多由湿热蕴结或寒湿内阻中焦，迫使胆汁不循常道而发病，受病脏腑主要是脾、胃、肝、胆。阳黄,多因为外感湿热、疫毒之邪,郁而不达,内阻中焦;或因饲喂失节,损伤脾胃,运化失司,湿浊内生,郁而化热,湿热蕴伏脾胃,熏蒸肝胆,致使肝失疏泄,胆液瘀阻,输布失常,外溢肌表,浸染皮肤黏膜而发生。

黄疸的辨证,主要是分辨阳黄和阴黄。阳黄病程较短,黄色鲜明,属于实热证;阴黄病程较长,黄色晦暗,属于虚证。但在一定的条件下,阳黄和阴黄可互相转化。

二、辨证施治

1. 阳黄　阳黄又有热重于湿与湿重于热的区别。

偏热型,因热盛于湿,热为阳邪,故黄色鲜明如橘;热盛邪实,灼伤津液,故发热口渴,粪便干硬;湿热蕴结下焦,膀胱气化失常,故尿浓,色黄;湿热蕴结,熏蒸脾胃,故食欲大减;其口色红黄,舌苔黄厚而腻,脉象弦数,均为肝胆热盛,湿热蕴结之象。

偏湿型,因湿为阴邪,湿重热轻,故黄色色泽不鲜,微有发热,湿邪内阻,津液不能正常敷布,故口不渴,粪便稀软;舌苔厚腻微黄,为湿邪不化兼有热象;湿热胶结,故口色红黄,脉象沉滑。前者多因肝胆热盛,湿从火化,湿热蕴结而发;后者多为湿邪壅盛,湿热互结,郁滞不化所致。

【主征】发病较急,眼、口、鼻及母畜阴户黏膜等处均发黄,黄色鲜明如橘;患畜精神沉郁,食欲减少,粪便干或稀,常有发热;口色红黄,舌苔黄腻,脉象弦数。

【治法】清热利湿。热重于湿者,以清热为主,利湿为辅;湿重于热者,以利湿为主,清热为辅。

【方例】偏热者,方用加味茵陈蒿汤:茵陈 120g,栀子、大黄各 60g,郁金、黄芩各 45g。共为末,开水冲调,候温灌服。如大便干燥者,酌加芒硝;小便短赤者,酌加木通、滑石。偏湿者,方用加减五苓散:茵陈 120g、白术 60g、茯苓 45g、猪苓 30g、泽泻 30g、栀子 30g。共为末,开水冲调,候温灌服。

【针灸】猪可针尾针、耳尖、太阳穴;马可针眼脉、玉堂穴。

2. 阴黄　多因劳役过重,饲喂失节,脾胃素虚,中阳不振,又感风寒湿邪,致使寒湿阻遏,湿从寒化,胆液受阻而不循常道,外溢肌肤、黏膜而黄染。或阳黄迁延日久,中阳受损,也可转化为阴黄。由于寒湿郁滞肝胆,胆汁不得疏泄,溢于血脉,遍及全身,故全身发黄,湿从寒化为阴黄,故可视黏膜色泽黄而晦暗如烟熏。湿困脾阳,阳气不能外达,故身寒冷,耳鼻俱凉;脾不健运,故食欲减退,粪便稀薄;其舌淡苔滑腻,脉象沉迟,为阳虚湿浊不化的征象。

【主征】眼、口、鼻等可视黏膜发黄,黄色晦暗;患畜精神沉郁,四肢无力,食欲减少,耳、口、鼻、四肢末梢发凉;舌苔白腻,脉沉细无力。

【治法】健脾益气,温中化湿。

【方例】茵陈术附汤:茵陈 60g、白术 40g、制附子 10g、干姜 15g、甘草 15g、茯苓 40g、猪苓 30g、泽泻 30g、陈皮 35g。共为末,开水冲调,候温灌服。

【针灸】针肝俞、脾俞、肾俞。

第七节　淋　证

淋证是排尿困难而疼痛,欲尿不尿或排尿淋漓的一种证候。根据主征之不同,常分为热淋、血淋、砂淋和膏淋。

一、病因病机

动物发生上述各种淋证，起因主要是湿热。湿热蕴结于下焦，伤及膀胱，膀胱气化失职，以致排尿淋漓涩痛，形成热淋。湿热伤及血络，迫血妄行，随尿排出，形成血淋。湿热流聚膀胱，历时日久，热灼尿液，尿中杂质凝结成块，如砂如石，积于膀胱与尿道，影响尿液排出，遂成砂淋。湿热聚于膀胱，气化不利，清浊相混，脂液失约，形成膏淋。

二、辨证施治

1. 热淋

【主征】排尿时拱腰努责，淋漓不畅，表现疼痛，尿量少但频频排尿，尿色赤黄。口色红，苔黄腻，脉滑数。

【治法】清热降火，利湿通淋。

【方例】八正散加减。内热盛者，加蒲公英、金银花等。

2. 血淋

【主征】排尿困难，疼痛不安，尿中带血，尿色鲜红。舌色红，苔黄，脉数。兼血瘀者，血色暗紫有血块。

【治法】清热利湿，凉血止血。

【方例】小蓟饮子（《重订严氏济生方》）：生地黄120g、小蓟60g、滑石60g、炒蒲黄30g、淡竹叶30g、藕节30g、通草20g、栀子20g、炙甘草10g、当归30g。共为末，开水冲调，候温灌服，或水煎服。马、牛350～450g，猪、羊50～80g。湿热盛者，加知母、黄柏。

3. 砂淋

【主征】常作排尿姿势，尿液混浊，常带砂粉状东西。病轻时尿液淋漓，尿中混有细砂状物质或尿中带血；病重时虽见排尿姿势，但排不出尿或排尿中断，痛苦不安，蹲腰踏地，后肢踢腹，欲卧不卧，欲尿无尿。色脉通常无大变化，或口色微红而干，脉滑数。

【治法】清热利湿，消石通淋。

【方例】八正散加金钱草、海金砂、鸡内金。兼有血尿加大蓟、小蓟、藕节、丹皮。

4. 膏淋

【主征】身热，排尿涩痛、频数，尿液混浊不清，色如米泔，稠如膏糊。口色红，苔黄腻，脉滑数。

【治法】清热利湿，分清化浊。

【方例】草薢分清饮（《医学心悟》）：川草薢60g、石菖蒲45g、黄柏45g、白术30g、莲子心20g、丹参40g、车前子45g。共为末，开水冲调，候温灌服，或水煎服。马、牛250～350g，猪、羊40～60g。

第八节 虚 劳

一、病因病机

多种病因作用于机体，引起脏腑、气血阴阳的亏虚，日久不复而成为虚劳。结合临床所见，引起虚劳的病因病机主要有以下五个方面：禀赋薄弱、劳役过度、饮食不节、大病久病、误治失治。

二、辨证施治

一般说来，病情单纯者，病变比较局限，容易辨清其气、血、阴、阳亏虚的属性和病及脏腑的所在。但由于气血同源、阴阳互根、五脏相关，因此，各种原因所致的虚损往往互相影响，由一虚渐致两虚，由一脏而累及他脏，使病情趋于复杂和严重，辨证时应加注意。临床上常见的有以下证型。

1. 气虚 主要指脾、肺气虚。

【主征】食欲减少，精神不振，形体消瘦，四肢无力，怠行好卧，口色淡白，脉象沉细无力。肺气虚者，呼吸气短，咳声无力，动则气喘，汗出；脾气虚者，粪便清稀，完谷不化或水粪齐下，双唇不收，舌软绵无力。

【治法】益气。

【方例】肺气虚者，用补肺散；脾气虚者，用补中益气汤或参苓白术散。

2. 血虚 主要指心、肝血虚。

【主征】精神不振，体瘦毛焦，口色、结膜淡白无华，脉象细弱。心血虚者，有时心悸，易惊；肝血虚者，筋脉拘急，蹄甲焦枯，有时视力减退或失明。

【治法】心血虚者，治宜养血安神；肝血虚者，宜补血养肝。

【方例】心血虚者，用八珍汤加龙眼肉、酸枣仁、远志等；肝血虚者，用四物汤加何首乌、女贞子、枸杞子、钩藤等。

3. 阴虚 主要指肺、肾阴虚。

【主征】精神倦怠，体瘦毛焦，虚热不退，午后热盛，盗汗，口色红，少苔或无苔，脉象细数。肺阴虚者，干咳无痰，咳声低微，或有气喘；肾阴虚者，腰拖胯軟，公畜举阳滑精，母畜不发情或不孕。

【治法】肺阴虚者，治宜养阴润肺；肾阴虚者，宜滋阴补肾。

【方例】肺阴虚者，用百合固金汤加减；肾阴虚者，用六味地黄汤加减。

4. 阳虚 主要指脾、肾阳虚。

【主征】体瘦毛焦，畏寒怕冷，耳鼻四肢发凉，口色淡白，脉象细弱。脾阳虚者，慢草或不食，久泻不止，四肢虚浮；肾阳虚者，腰膝萎软无力，公畜阳痿、滑精，母畜不孕。

【治法】脾阳虚者，治宜温中健脾；肾阳虚者，宜温肾助阳。

【方例】脾阳虚者，用理中汤加减；肾阳虚者，用肾气丸加减。

第九节 不 孕

不孕症是指适龄繁殖母畜屡经健康公畜交配而不受孕，或产1～2胎后不能再怀孕的。临床以马、牛多见，猪也常患此病。

受孕的机理是依赖于肾气充盛，精血充足，任脉畅通，太冲脉盛，发情正常，方能受孕，反之则不能受孕。

本病可分为先天性不孕和后天性不孕两类。先天性不孕，多因生殖器官的先天性缺陷和获得性疾病所致，故难以医治。后天性不孕，多因生殖器官疾病或机能异常引起，尚可进行治疗。故本症仅讨论后天性不孕。

一、病因病机

引起后天不孕的病因病机较为复杂，但主要归纳起来以虚弱不孕、宫寒不孕、肥胖不孕和血瘀不孕四种证型较为多见。

（1）虚弱不孕 多因使役过度，或长期饲养管理不当，如饲料品质不良、挤奶期过长等，引起肾气虚损，气血生化之源不足，致使气血亏损，命门火衰，冲任空虚，不能摄精成孕。

（2）宫寒不孕 多因畜体素虚，或受风寒，客居胞中；或阴雨苦淋，久卧湿地；或饮喂冰冻水草，寒湿注于胞中；或劳役过度，伤精耗血，损伤肾阳，失于温煦，冲任气衰，胞脉失养，不能摄精成孕。

（3）肥胖不孕 多因管理性因素造成体质肥胖，痰湿内生，气机不畅，影响发情，故不成孕；或脂液丰满，阻塞胞宫，不能摄精成孕。

（4）血瘀不孕 多因舍饲期间，运动不足；或长期发情不配；或胞宫原有瘤疾，致使气机不畅，胞宫气滞血凝，形成肿块而不能摄精成孕。

二、辨证施治

患畜表现不发情，或发情征象不明显，或发情期不正常，屡配不孕，是本证的共同特点。由于病因病机不同，临床将本证分为 4 种证型。

（一）虚弱不孕

【主征】形体消瘦，精神倦怠，口色淡白，脉象沉细无力，或见阴门松弛等症。

【治法】益气补血，健脾温肾。

【方例】

（1）复方仙阳汤 仙灵脾（淫羊藿）、补骨脂各120g，阳起石、枸杞子、当归各100g，菟丝子、赤芍各80g，熟地黄60g，益母草150g，煎服。马、牛500～800g，猪、羊100～200g。

（2）催情散加减 淫羊藿、阳起石、益母草、黄芪、山药、党参、当归各80g，熟地、巴戟、肉苁蓉各50g，马胎衣、生甘草各30g，为末，开水冲调，候温灌服。

（二）宫寒不孕

慢性子宫内膜炎、慢性子宫颈炎、慢性阴道炎等，常表现此证型。

【主征】患畜形寒肢冷，小便清长，大便溏泻，腹中隐隐作痛，带下清稀，口色青白，脉象沉迟，情期延长，配而不孕。

【治法】暖宫散寒，温肾壮阳。

【方例】艾附暖宫丸。艾叶、吴茱萸、川芎、肉桂各20g，醋香附、当归、续断、白芍、生地黄各30g，炙黄芪45g，为末，开水冲调，候温灌服。马、牛280～350g，猪、羊60～100g。

（三）肥胖不孕

【主征】患畜体肥膘满，动则易喘，不耐劳役，口色淡白，带下黏稠量多，脉滑。

【治法】燥湿化痰。

【方例】

（1）**启宫丸加减**　制香附、苍术、炒神曲、茯苓、陈皮各40g，川芎、制半夏各20g，为末，开水冲调，候温加适量黄酒灌服。马、牛200～350g，猪、羊60～100g。

（2）**苍术散加减**　炒苍术、滑石各25g，制香附、半夏各18g，茯苓20g，神曲25g，陈皮18g，炒枳壳、白术、当归15g，莪术、三棱、甘草各12g，升麻6g，柴胡12g。为末，开水冲调，候温灌服。

（四）血瘀不孕

卵巢囊肿、持久黄体等，常表现此证型。

【主征】发情周期反常或长期不发情，或过多爬跨，有"慕雄狂"之状。直肠检查，易发现卵巢囊肿或持久黄体。

【治法】活血化瘀。

【方例】促孕灌注液，子宫内灌注，马、牛60～100mL，猪、羊20～40mL。或生化汤加减。

此外，对于不孕症临床还常用针灸疗法治疗。

（1）**电针疗法**　电针雁翅、百会、后海、肾俞等穴，每次20～30min，每日或隔日1次，连用3～5次。

（2）**激光疗法**　用氦氖激光照射阴蒂及交巢穴，对卵巢静止、卵泡发育滞缓、卵巢囊肿、持久黄体、慢性子宫内膜炎等引起的不孕症有良好疗效。应用原光束连续直接照射，光距40～50cm，功率4～6mW，每日1次，每次确保15min，每日1次，连用7次。

（3）**穴位注射疗法**　于母畜发情后24h内，用当归或丹参注射液，百会穴注射10mL，10～30min后输精配种，可明显提高受孕率。

穴位埋藏疗法：在奶牛的风门穴皮下埋入3mg诺甲醋孕酮植入片，并配合孕马血清和阿尼前列腺素，可明显提高同步发情率和受孕率。

第十节　慢草与不食

一、病因病机

慢草不食（即消化不良）是由多种原因引起的一种常发病，以食欲减退或废绝为主要特征。主要是由于饲养管理不当、饥饱不均、劳役过重等造成脾胃功能失调，引起水谷不能正常受纳、腐熟、消化、吸收、输布。

二、辨证施治

1. 胃热　多因气候炎热，劳役过度或饮喂失调所致。

【主征】精神倦怠，耳聋头低，耳鼻俱温，食欲减退，结膜潮红，口渴喜饮。口腔腐臭，齿龈肿胀；粪球干小，覆有黏膜；小便短赤；舌红苔黄，脉洪数。

【治法】清胃泻火。

【方例】清胃散（当归、黄连、地黄、牡丹皮、升麻）加减。

【针治】针玉堂、通关、唇内等穴位。

2. 胃寒型　多因外感风寒或内伤阴冷所致。

【主征】精神沉郁，耳聋头低，食欲减退，耳鼻四肢发凉，浑身发颤，被毛逆立，口流清涎，肠鸣腹泻或排粪粗糙带水，小便清长，口淡苔白，脉沉迟。

【治法】温胃散寒，理气止痛。

【方例】温胃散或桂心散加减。

【针治】针脾俞、后三里、后海等穴。

3. 脾虚型　多因劳役过度、饲养不当或胃消化失常所致。

【主征】精神不振，倦怠喜卧；粪不成球，粗糙带水；甚至四肢浮肿，舌体如绵，口淡无苔或薄白苔，脉沉细无力。

【治法】补脾益气。

【方例】四君子汤、参苓白术散、补中益气汤加减。

【针治】针脾俞、后三里等穴。

4. 胃阴虚型　多因天时过燥，或气候炎热、渴而不得饮，或温病后期耗伤胃阴所致。

【主征】食欲大减或不食；粪球干小，肠音不整，尿少色浓；口腔干燥，口色红，少苔或无苔，脉细数。

【治法】滋养胃阴。

【方例】养胃汤（沙参、玉竹、麦冬、生扁豆、桑叶、甘草）加减。

5. 食滞型　多因饲养管理失宜，突然更换饲料，或忽吃谷料过多，或偷吃豆料、小麦、玉米等精料，使胃腑容纳太过所致。

【主征】精神倦怠，食欲废绝，肚腹胀满，腹痛腹泻，泻后痛减；粪粗味臭，含有未消化的谷料；口腔酸臭，舌红苔黄厚腻，脉沉实有力。

【治法】消积导滞，健脾理气。

【方例】曲蘗散或保和丸加减。

【针治】针后海、玉堂、关元俞等穴。

第十一节　疮黄疔毒

疮黄疔毒是皮肤与肌肉组织发生肿胀和化脓性感染的一类证候。疮是局部化脓性感染的总称；黄是皮肤完整性未被破坏的软组织肿胀；疔是以鞍、挽具伤引皮肤破溃化脓为特征的证候；毒是脏腑毒气积聚外应于体表的证候。

一、病因病机

（一）疮

"疮者，气之衰也。气衰而血涩，血涩而侵于肉理，肉理淹留而肉腐，肉腐者，乃化为脓，故曰疮也"（《元亨疗马集·疮黄疔毒论》）。例如，笼头粗糙紧硬，或系新麻头被雨淋，使两耳后中部受到磨损而引起的化脓，称为顶门疮。

（二）黄

《元亨疗马集》中记载的黄其范围广泛，涉及内科、外科和某些传染病，这里仅叙述外科性黄肿。多因劳役过度、饮喂失时，气候炎热、奔走太急，外感风邪、内伤草料，致使热邪积于脏腑，循经外传，郁于体表肌腠而成黄肿。或因跌扑挫伤，外物所伤，使气血运行不畅，瘀血凝聚于肌腠所致。根据黄肿部位不同而有相应的病名。若因热毒郁结，上冲于口，口角发生肿胀而口难张开者，为**锁口黄**；若因热邪积于肺经，上攻于鼻而引起肿胀者，为**鼻黄**；若因心肺积热，上攻于颊，郁结而成黄肿者，为**颊黄**；若因热毒积于肾经，外传于耳发生肿胀者，为**耳黄**；若因热毒积于脾、肺，上冲于腮引起黄肿者，为**腮黄**；若因热毒瘀血积聚于背部引起肿胀者，为**背黄**；若因心肺壅极，热毒蕴胸，致使胸前发生黄肿者，为**胸黄**；若因热毒郁结腹下发生肿胀者，为**肚底黄**；若因热毒结于肘头，引起肘头肿胀者，为**肘黄**；若因气血瘀滞于腕部，引起肿胀者，为**腕黄**。

（三）疗

主要发于役用动物，多见于腰、背、甲梁头、两肩膊等处。多因负重远行或骑乘急骤，时间过久，鞍、挽具失于解卸，瘀汗沉于毛窍，瘀久化热，败血凝注皮肤；或鞍、挽具装置或结构不良，动物体皮肤被鞍、挽具磨破擦烂，毒气侵入引起。

（四）毒

如前所述，**毒**乃脏腑之毒气循经外传外应于体表的证候。例如，脾开窍于口，其华在唇，脾有毒气，引起两唇角及口中破裂而出血，称**脾之毒**。根据病性及体表部位阴阳属性的不同有阴毒和阳毒。例如，胸腹下及后胯生瘰疬，称**阴毒**；前膊及脊背生毒肿，称**阳毒**。

二、辨证施治

（一）主征

1. 疮 疮口溃破流脓，味带恶臭，疮面呈赤红色，有时疮面被痂皮覆盖。

2. 黄

（1）**锁口黄**（箍口黄、束口黄） 病初口角肿胀，硬而疼痛，口角内侧赤热，咀嚼缓慢，水草渐减，如不及时治疗，黄肿逐渐扩大蔓延，继而唇角破裂，口内流涎，口难张开，口色鲜红，脉洪数。

（2）**鼻黄** 单侧或双侧鼻部肿胀，软而不痛，久之破溃流黄水，鼻孔内亦微有肿胀，色红，呼吸稍粗，口色鲜红、脉洪数。

（3）**颊黄** 颊部一侧或双侧发生软肿，压之不痛，初期肿胀较小，后逐渐扩大，甚至牵延到食槽，口流涎水，咀嚼困难，口色赤红，脉洪数。

（4）**耳黄** 单耳或双耳发生程度不同肿胀，患侧耳根肿胀，患耳下垂。一般软而无痛者易消，硬肿而痛者则溃破成脓。《司牧安骥集》："马患耳黄有单双，双少单多是寻常；耳肿耳硬生脓血，内有脓囊似宿肠。"

（5）**腮黄** 腮部一侧或双侧发生肿胀，初期肿胀较小且硬，以后逐渐肿大，可由一侧肿胀扩大到两侧，或向前肿胀至食槽则口内流涎，水草难进，咀嚼困难。或向颈部蔓延则颈部肿胀，影响颈部活动。若波及咽喉则出现呼吸困难，严重时可引起窒息。

（6）**背黄** 病初背部热痛肿硬，日久软化，触之波动，内有黄水。

（7）**胸黄** 病初胸前发生肿胀，较硬，热痛，继之扩大变软，甚至布满胸膛，无痛，针刺流出黄水，口色鲜红，脉洪大。

（8）**肚底黄** 又名锅底黄、板肚黄、滚肚黄、笤箕黄。多发于马、牛。根据病因和病程可分为湿热、损伤和脾虚三种类型。

图书在版编目（CIP）数据

2025 年执业兽医资格考试（兽医全科类）临床科目应试指南/《执业兽医资格考试应试指南》编写组编. 北京：中国农业出版社，2025.1. -- ISBN 978-7-109 -33028-3

Ⅰ. S851.63

中国国家版本馆 CIP 数据核字第 2025FH8843 号

2025 年执业兽医资格考试（兽医全科类）临床科目应试指南
2025 NIAN ZHIYE SHOUYI ZIGE KAOSHI（SHOUYI QUANKE LEI）LINCHUANG KEMU YINGSHI ZHINAN

中国农业出版社出版

地址：北京市朝阳区麦子店街 18 号楼

邮编：100125

策划编辑：武旭峰　刘　伟　　责任编辑：张艳晶

版式设计：杨　婧　　责任校对：吴丽婷

印刷：中农印务有限公司

版次：2025 年 1 月第 1 版

印次：2025 年 1 月北京第 1 次印刷

发行：新华书店北京发行所

开本：787mm×1092mm　1/16

印张：49.25

字数：1229 千字

定价：92.00 元